"十二五"普通高等教育本科国家级规划教材

国家卫生和计划生育委员会"十二五"规划教材
全国高等医药教材建设研究会"十二五"规划教材
全国高等学校教材

供8年制及7年制("5+3"一体化)临床医学等专业用

# 生物化学与分子生物学

## Biochemistry and Molecular Biology

第**3**版

U0284690

主　审　贾弘禔

主　编　冯作化　药立波

副主编　方定志　焦炳华　周春燕

编　者（以姓氏笔画为序）

卜友泉（重庆医科大学）　　　　　　苑辉卿（山东大学医学院）

王丽颖（吉林大学白求恩医学部）　　周春燕（北京大学医学部）

方定志（四川大学华西医学中心）　　赵　晶（第四军医大学）

田余祥（大连医科大学）　　　　　　胡维新（中南大学生命科学学院）

冯作化（华中科技大学同济医学院）　药立波（第四军医大学）

吕社民（西安交通大学医学院）　　　贺俊崎（首都医科大学）

朱华庆（安徽医科大学）　　　　　　高　旭（哈尔滨医科大学）

关一夫（中国医科大学）　　　　　　高国全（中山大学中山医学院）

汤其群（复旦大学上海医学院）　　　焦炳华（第二军医大学）

李恩民（汕头大学医学院）　　　　　雷群英（复旦大学上海医学院）

何凤田（第三军医大学）　　　　　　德　伟（南京医科大学）

陈　娟（华中科技大学同济医学院）

人民卫生出版社

**图书在版编目（CIP）数据**

生物化学与分子生物学 / 冯作化，药立波主编. —3 版. —北京：人民卫生出版社，2015

ISBN 978-7-117-20457-6

Ⅰ. ①生… Ⅱ. ①冯…②药… Ⅲ. ①生物化学－医学院校－教材②分子生物学－医学院校－教材 Ⅳ. ①Q5②Q7

中国版本图书馆 CIP 数据核字（2015）第 058592 号

| 人卫智网 | www.ipmph.com | 医学教育、学术、考试、健康，购书智慧智能综合服务平台 |
| 人卫官网 | www.pmph.com | 人卫官方资讯发布平台 |

**生物化学与分子生物学**

**第 3 版**

主　　编：冯作化　药立波

出版发行：人民卫生出版社（中继线 010-59780011）

地　　址：北京市朝阳区潘家园南里 19 号

邮　　编：100021

E - mail：pmph @ pmph.com

购书热线：010-59787592　010-59787584　010-65264830

印　　刷：三河市国英印务有限公司

经　　销：新华书店

开　　本：850×1168　1/16　印张：42

字　　数：1156 千字

版　　次：2005 年 8 月第 1 版　2015 年 5 月第 3 版
　　　　　2022 年 8 月第 3 版第 7 次印刷（总第 14 次印刷）

标准书号：ISBN 978-7-117-20457-6

定　　价：99.00 元

打击盗版举报电话：010-59787491　E-mail：WQ @ pmph.com

质量问题联系电话：010-59787234　E-mail：zhiliang @ pmph.com

为了贯彻教育部教高函[2004-9号]文,在教育部、原卫生部的领导和支持下,在吴阶平、裘法祖、吴孟超、陈灏珠、刘德培等院士和知名专家的亲切关怀下,全国高等医药教材建设研究会以原有七年制教材为基础,组织编写了八年制临床医学规划教材。从第一轮的出版到第三轮的付梓,该套教材已经走过了十余个春秋。

在前两轮的编写过程中,数千名专家的笔耕不辍,使得这套教材成为了国内医药教材建设的一面旗帜,并得到了行业主管部门的认可(参与申报的教材全部被评选为"十二五"国家级规划教材),读者和社会的推崇(被视为实践的权威指南、司法的有效依据)。为了进一步适应我国卫生计生体制改革和医学教育改革全方位深入推进,以及医学科学不断发展的需要,全国高等医药教材建设研究会在深入调研、广泛论证的基础上,于2014年全面启动了第三轮的修订改版工作。

本次修订始终不渝地坚持了"精品战略,质量第一"的编写宗旨。以继承与发展为指导思想:对于主干教材,从精英教育的特点、医学模式的转变、信息社会的发展、国内外教材的对比等角度出发,在注重"三基"、"五性"的基础上,在内容、形式、装帧设计等方面力求"更新、更深、更精",即在前一版的基础上进一步"优化"。同时,围绕主干教材加强了"立体化"建设,即在主干教材的基础上,配套编写了"学习指导及习题集"、"实验指导/实习指导",以及数字化、富媒体的在线增值服务(如多媒体课件、在线课程)。另外,经专家提议,教材编写委员会讨论通过,本次修订新增了《皮肤性病学》。

本次修订一如既往地得到了广大医药院校的大力支持,国内所有开办临床医学专业八年制及七年制("5+3"一体化)的院校都推荐出了本单位具有丰富临床、教学、科研和写作经验的优秀专家。最终参与修订的编写队伍很好地体现了权威性,代表性和广泛性。

修订后的第三轮教材仍以全国高等学校临床医学专业八年制及七年制("5+3"一体化)师生为主要目标读者,并可作为研究生、住院医师等相关人员的参考用书。

全套教材共38种,将于2015年7月前全部出版。

# 全国高等学校八年制临床医学专业国家卫生和计划生育委员会规划教材编写委员会

| | 学科名称 | 主审 | 主编 | 副主编 |
|---|---|---|---|---|
| 1 | 细胞生物学(第3版) | 杨恬 | 左伋 刘艳平 | 刘佳 周天华 陈誉华 |
| 2 | 系统解剖学(第3版) | 柏树令 应大君 | 丁文龙 王海杰 | 崔慧先 孙晋浩 黄文华 欧阳宏伟 |
| 3 | 局部解剖学(第3版) | 王怀经 | 张绍祥 张雅芳 | 刘树伟 刘仁刚 徐飞 |
| 4 | 组织学与胚胎学(第3版) | 高英茂 | 李和 李继承 | 曾园山 周作民 肖岚 |
| 5 | 生物化学与分子生物学(第3版) | 贾弘禔 | 冯作化 药立波 | 方定志 焦炳华 周春燕 |
| 6 | 生理学(第3版) | 姚泰 | 王庭槐 | 闫剑群 郑煜 祁金顺 |
| 7 | 医学微生物学(第3版) | 贾文祥 | 李明远 徐志凯 | 江丽芳 黄敏 彭宜红 郭德银 |
| 8 | 人体寄生虫学(第3版) | 詹希美 | 吴忠道 诸欣平 | 刘佩梅 苏川 曾庆仁 |
| 9 | 医学遗传学(第3版) | | 陈竺 | 傅松滨 张灼华 顾鸣敏 |
| 10 | 医学免疫学(第3版) | | 曹雪涛 何维 | 熊思东 张利宁 吴玉章 |
| 11 | 病理学(第3版) | 李甘地 | 陈杰 周桥 | 来茂德 卞修武 王国平 |
| 12 | 病理生理学(第3版) | 李桂源 | 王建枝 钱睿哲 | 贾玉杰 王学江 高钰琪 |
| 13 | 药理学(第3版) | 杨世杰 | 杨宝峰 陈建国 | 颜光美 臧伟进 魏敏杰 孙国平 |
| 14 | 临床诊断学(第3版) | 欧阳钦 | 万学红 陈红 | 吴汉妮 刘成玉 胡申江 |
| 15 | 实验诊断学(第3版) | 王鸿利 张丽霞 洪秀华 | 尚红 王兰兰 | 尹一兵 胡丽华 王前 王建中 |
| 16 | 医学影像学(第3版) | 刘玉清 | 金征宇 龚启勇 | 冯晓源 胡道予 申宝忠 |
| 17 | 内科学(第3版) | 王吉耀 廖二元 | 王辰 王建安 | 黄从新 徐永健 钱家鸣 余学清 |
| 18 | 外科学(第3版) | | 赵玉沛 陈孝平 | 杨连粤 秦新裕 张英泽 李虹 |
| 19 | 妇产科学(第3版) | 丰有吉 | 沈铿 马丁 | 狄文 孔北华 李力 赵霞 |

| | 学科名称 | 主审 | 主编 | 副主编 |
|---|---|---|---|---|
| 20 | 儿科学(第3版) | | 桂永浩 薛辛东 | 杜立中 母得志 罗小平 姜玉武 |
| 21 | 感染病学(第3版) | | 李兰娟 王宇明 | 宁 琴 李 刚 张文宏 |
| 22 | 神经病学(第3版) | 饶明俐 | 吴 江 贾建平 | 崔丽英 陈生弟 张杰文 罗本燕 |
| 23 | 精神病学(第3版) | 江开达 | 李凌江 陆 林 | 王高华 许 毅 刘金同 李 涛 |
| 24 | 眼科学(第3版) | | 葛 坚 王宁利 | 黎晓新 姚 克 孙兴怀 |
| 25 | 耳鼻咽喉头颈外科学(第3版) | | 孔维佳 周 梁 | 王斌全 唐安洲 张 罗 |
| 26 | 核医学(第3版) | 张永学 | 安 锐 黄 钢 | 匡安仁 李亚明 王荣福 |
| 27 | 预防医学(第3版) | 孙贵范 | 凌文华 孙志伟 | 姚 华 吴小南 陈 杰 |
| 28 | 医学心理学(第3版) | 姜乾金 | 马 辛 赵旭东 | 张 宁 洪 炜 |
| 29 | 医学统计学(第3版) | | 颜 虹 徐勇勇 | 赵耐青 杨土保 王 彤 |
| 30 | 循证医学(第3版) | 王家良 | 康德英 许能锋 | 陈世耀 时景璞 李晓枫 |
| 31 | 医学文献信息检索(第3版) | | 罗爱静 于双成 | 马 路 王虹菲 周晓政 |
| 32 | 临床流行病学(第2版) | 李立明 | 詹思延 | 谭红专 孙业桓 |
| 33 | 肿瘤学(第2版) | 郝希山 | 魏于全 赫 捷 | 周云峰 张清媛 |
| 34 | 生物信息学(第2版) | | 李 霞 雷健波 | 李亦学 李劲松 |
| 35 | 实验动物学(第2版) | | 秦 川 魏 泓 | 谭 毅 张连峰 顾为望 |
| 36 | 医学科学研究导论(第2版) | 詹启敏 王 杉 | 刘 强 李宗芳 钟晓妮 | |
| 37 | 医学伦理学(第2版) | 郭照江 任家顺 | 王明旭 尹 梅 | 严金海 王卫东 边 林 |
| 38 | 皮肤性病学 | 陈洪铎 廖万清 | 张建中 高兴华 | 郑 敏 郑 捷 高天文 |

经过再次打磨，备受关爱期待，八年制临床医学教材第三版面世了。怀纳前两版之精华而愈加求精，汇聚众学者之智慧而更显系统。正如医学精英人才之学识与气质，在继承中发展，新生方可更加传神；切时代之脉搏，创新始能永领潮头。

经过十年考验，本套教材的前两版在广大读者中有口皆碑。这套教材将医学科学向纵深发展且多学科交叉渗透融于一体，同时切合了环境-社会-心理-工程-生物这个新的医学模式，体现了严谨性与系统性，诠释了以人为本、协调发展的思想。

医学科学道路的复杂与简约，众多科学家的心血与精神，在这里汇集、凝结并升华。众多医学生汲取养分而成长，万千家庭从中受益而促进健康。第三版教材以更加丰富的内涵、更加旺盛的生命力，成就卓越医学人才对医学誓言的践行。

**坚持符合医学精英教育的需求，"精英出精品，精品育精英"仍是第三版教材在修订之初就一直恪守的理念。**主编、副主编与编委们均是各个领域内的权威知名专家学者，不仅著作立身，更是德高为范。在教材的编写过程中，他们将从医执教中积累的宝贵经验和医学精英的特质潜移默化地融入到教材中。同时，人民卫生出版社完善的教材策划机制和经验丰富的编辑队伍保障了教材"三高"（高标准、高起点、高要求）、"三严"（严肃的态度、严谨的要求、严密的方法）、"三基"（基础理论、基本知识、基本技能）、"五性"（思想性、科学性、先进性、启发性、适用性）的修订原则。

**坚持以人为本、继承发展的精神，强调内容的精简、创新意识，为第三版教材的一大特色。**"简洁、精练"是广大读者对教科书反馈的共同期望。本次修订过程中编者们努力做到：确定系统结构，落实详略有方；详述学科三基，概述相关要点；精选创新成果，简述发现过程；逻辑环环紧扣，语句精简凝练。关于如何在医学生阶段培养创新素质，本教材力争达到：介绍重要意义的医学成果，适当阐述创新发现过程，激发学生创新意识、创新思维，引导学生批判地看待事物、辩证地对待知识、创造性地预见未来，踏实地践行创新。

**坚持学科内涵的延伸与发展，兼顾学科的交叉与融合，并构建立体化配套、数字化的格局，为第三版教材的一大亮点。**此次修订在第二版的基础上新增了《皮肤性病学》。本套教材通过编写委员会的顶层设计、主编负责制下的文责自负、相关学科的协调与蹉商、同一学科内部的专家互审等机制和措施，努力做到其内容上"更新、更深、更精"，并与国际紧密接轨，以实现培养高层次的具有综合素质和发展潜能人才的目标。大部分教材配套有"学习指导及习题集"、"实验指导/实习指导"以及"在线增值服务（多媒体课件与在线课程等）"，以满足广大医学院校师生对教学资源多样化、数字化的需求。

本版教材也特别注意与五年制教材、研究生教材、住院医师规范化培训教材的区别与联系。①五年制教材的培养目标:理论基础扎实、专业技能熟练、掌握现代医学科学理论和技术、临床思维良好的通用型高级医学人才。②八年制教材的培养目标:科学基础宽厚、专业技能扎实、创新能力强、发展潜力大的临床医学高层次专门人才。③研究生教材的培养目标:具有创新能力的科研型和临床型研究生。其突出特点:授之以渔、评述结合、启示创新,回顾历史、剖析现状、展望未来。④住院医师规范化培训教材的培养目标:具有胜任力的合格医生。其突出特点:结合理论,注重实践,掌握临床诊疗常规,注重预防。

以吴孟超、陈灏珠为代表的老一辈医学教育家和科学家们对本版教材寄予了殷切的期望,教育部、国家卫生和计划生育委员会、国家新闻出版广电总局等领导关怀备至,使修订出版工作得以顺利进行。在这里,衷心感谢所有关心这套教材的人们!正是你们的关爱,广大师生手中才会捧上这样一套融贯中西、汇纳百家的精品之作。

八学制医学教材的第一版是我国医学教育史上的重要创举,相信第三版仍将担负我国医学教育改革的使命和重任,为我国医疗卫生改革,提高全民族的健康水平,作出应有的贡献。诚然,修订过程中,虽力求完美,仍难尽人意,尤其值得强调的是,医学科学发展突飞猛进,人们健康需求与日俱增,教学模式更新层出不穷,给医学教育和教材撰写提出新的更高的要求。深信全国广大医药院校师生在使用过程中能够审视理解,深入剖析,多提宝贵意见,反馈使用信息,以便这套教材能够与时俱进,不断获得新生。

愿读者由此书山拾级,会当智海扬帆!

是为序。

中国工程院院士
中国医学科学院原院长　刘德培
北京协和医学院原院长

二〇一五年四月

8

贾弘褆，北京大学基础医学院生物化学与分子生物学系教授、博士生导师。曾任北京大学基础医学院院长、生物化学与分子生物学系主任，以及国务院学位委员会学科评审组成员、国家自然科学基金委学科评审组成员、北京生物化学与分子生物学会副理事长、中国生物化学与分子生物学会常务理事等职务。现任国家重点基础研究发展计划（973 计划）咨询组、全国科学技术名词审定委员会和教育部临床医学专业认证工作委员会成员及《中国生物化学与分子生物学报》主编。

贾弘褆

从事生物化学与分子生物学教学工作 40 年；主编中英文《生物化学与分子生物学》教科书、参考书及"21 世纪学科发展丛书"——《生命科学》分册（科普读物）等 7 部，参编《生物化学》《核酸化学》《医学分子生物学》《内科学》《临床神经外科学》和《神经系统疾病的分子生物学基础》等教科书、辅助教材及专著 10 余部。曾获北京市先进个人、国家基础科学人才培养优秀个人、北京大学优秀教师、北京大学医学部桃李奖及国家级优秀教学成果二等奖。主要从事 DNA 损伤与细胞生长、死亡的信号通路及基因表达调控研究，在中外刊物发表论文 80 余篇（其中 SCI 论文 30 余篇）；曾获国家教委科技进步三等奖。

冯作化

冯作化，教授，博士生导师。华中科技大学同济医学院基础医学院生物化学与分子生物学系主任，中国生物化学与分子生物学学会理事，湖北省生物化学与分子生物学学会理事长。从事教学工作 27 年，是"湖北省教学名师"，《生物化学》国家级精品课程负责人，《生物化学》国家级双语教学示范课程负责人，《生物化学》国家级精品资源共享课程负责人。获湖北省教学成果二等奖。担任国家级医学院校七年制规划教材《医学分子生物学》主编；国家级医学院校八年制规划教材《医学分子生物学》主编，《生物化学与分子生物学》（第 2 版）主编；研究生规划教材《医学分子生物学》（第 2 版）主编；国家级医学院校五年制规划教材《医学分子生物学》（第 2 版、第 3 版）副主编，《生物化学与分子生物学》（第 8 版）副主编。从事肿瘤免疫和肿瘤转移的分子机制研究，承担国家"973"课题、国家自然科学基金重点项目等多项课题，在国际期刊发表科研论文 40 余篇，科研成果获国家科技进步二等奖、中华医学科技奖一等奖、湖北省科技进步一等奖。

药立波

药立波，教授，博士生导师。现任第四军医大学分子医药研究所所长、生物化学与分子生物学教研室主任；中国生物化学与分子生物学会教学专业委员会理事长、全军生物化学与分子生物学专业委员会副主任委员、陕西省生物化学与分子生物学学会理事长。从事生物化学与分子生物学教学 33 年，是"陕西省教学名师"，获国家教学成果二等奖。担任国家级医学院校本科规划教材《医学分子生物学》第 2 和第 3 版主编；研究生规划教材《医学分子生物学实验技术》第 1 和第 2 版主编；研究生规划教材《医学分子生物学》第 1 和第 2 版副主编；国家级医学本科规划教材《生物化学》第 5、第 6 和第 7 版编者，《生物化学与分子生物学》第 8 版主编。从事细胞信号转导机制及其在肿瘤发生和发展中的作用研究工作，是国家"973""863"、国家自然科学基金重点项目等多项课题的负责人，在癌基因和肿瘤抑制基因研究方面有重要发现，近 5 年发表 SCI 收录论文 39 篇，获发明专利 3 项。以第一完成人获国家科技进步奖二等奖 1 项、陕西省科学技术一等奖和全军科技进步一等奖各 1 项。曾获国家杰出青年科学基金资助，获"求是杰出青年学者奖"。

方定志,教授,博士生导师。四川大学海外教育学院副院长,成都市政协常委。首届(2004年)教育部"新世纪优秀人才支持计划"入选者,四川省有突出贡献优秀专家。3个专业、6种国家执业资格考试专家,四川省精品课程《生物化学》负责人。*Clin Chim Acta*等多种SCI杂志审稿人、SCI杂志 *BioScience Trends*编委。中国生物化学与分子生物学会医学生物化学与分子生物学分会常务理事,脂质与脂蛋白专业委员会常务委员、副秘书长。主持省部级教改课题2项,国际合作教改课题1项,发表教学论文30余篇。主持过国家自然科学基金等多项科研课题,发表论文94篇,其中SCI论文34篇。主编专著1部,以副主编编写国家级教材7部,参编专著、教材若干。

方定志

焦炳华,教授,博士生导师。第二军医大学生物化学与分子生物学教研室主任。现任中国生物化学与分子生物学会副理事长,全军医学科学技术委员会生物技术专业委员会副主任委员。主讲的"生物化学与分子生物学"为军队院校优质课程和上海市精品课程,领衔的"现代生物工程"课程教学团队为国家级教学团队,主编的《现代生物工程》为总后院校精品教材;教学成果获得全国教育科研创新成果一等奖、上海市教学成果一等奖和上海市优秀教材一等奖;荣获军队院校育才奖金奖、总后优秀教师、上海市模范教师等荣誉称号。主要从事生物技术药物研究工作,获国家一类新药证书1个,获中国发明专利金奖、军队和上海市科技进步二等奖等成果。

焦炳华

周春燕,教授,博士生导师。现任北京大学发展规划部副部长(挂),基础医学院生物化学与分子生物学系副主任,中国生物化学与分子生物学学会医学生物化学与分子生物学分会副理事长,中国生物化学与分子生物学会教学专业委员会副主任委员。从事生化与分子生物学教学十余年,参加16部统编教材的编写。主持国家自然科学基金、科技部、教育部等资助项目17项;主要研究方向为干细胞分化的基因表达调控机制基础研究和应用基础研究;培养博士生、硕士生数10人。近10年发表学术论文92篇,其中SCI收录论文60篇;获发明专利和实用新型专利各1项。曾获得北京市教育创新标兵、中国女医师协会五洲女子科技奖基础医学科研创新奖等荣誉。

周春燕

# 前 言

全国高等学校八年制临床医学专业卫生部规划教材《生物化学》(第 1 版)及《医学分子生物学》(第 1 版)于 2005 年 8 月正式出版。基于学科的发展趋势,经专家论证,《生物化学》和《医学分子生物学》于 2009 年 7 月合并修订,并定名为《生物化学与分子生物学》(第 2 版),并于 2010 年 8 月正式出版。为适应医学科学理论和临床研究迅速发展以及国内八年制临床医学专业教学改革与发展的需要,更好地服务教学、指导教学,2014 年 3 月,全国高等学校八年制临床医学专业第三轮规划教材编写工作启动,决定修订《生物化学与分子生物学》,以适应各医学院校生物化学与分子生物学教学的需要。

在单位推荐基础上,经全国高等医药教材建设研究会专家提名,全国高等医药教材建设研究会、国家卫生和计划生育委员会教材办公室及人民卫生出版社审定,决定由国内 20 所大学 / 医学院校的 23 位专家学者参与编写第 3 版《生物化学与分子生物学》。2014 年 5 月,全体编者在西安召开了编写会议,确定了本教材的编写思路、修订原则以及结构设计。在第 2 版六篇共 28 章的基础上,第 3 版《生物化学与分子生物学》教材内容改为四篇共 26 章:第一篇,生物分子结构与功能(第一章至第五章);第二篇,物质代谢及其调节(第六章至第十二章);第三篇,遗传信息的传递(第十三章至第二十章);第四篇,基因研究与分子医学(第二十一章至第二十六章)。

第 3 版《生物化学与分子生物学》的编写,本着强调基本理论、基本知识、基本技能的精神,精选编写内容,更新知识,既满足生物化学与分子生物学课程教学需求,又适应八年制临床医学专业的特点:在学习《生物化学与分子生物学》后,一方面要继续学习基础医学与临床医学其他各门课程,同时也要进行科研训练和从事适当的实验研究。因此,本教材的第一篇和第二篇着重介绍生物化学与分子生物学的基础知识,适当增加一些新的概念,为后续医学理论知识的学习和临床医学实践奠定坚实的基础;第三篇和第四篇的各章,则在原有内容的基础上,增加了一些适合研究生学习的内容,除了增加基础理论的深度,也增加了一些生物化学与分子生物学研究的技术 / 策略介绍,使八年制学生能够为后续医学理论知识的学习和科研训练打下生物化学与分子生物学理论与技术原理的良好基础。

在教材编写过程中,全体编者努力地以严肃的科学作风、严谨的治学态度进行编写,但难免有不尽如人意之处,期盼同行专家、使用本教材的师生和其他读者批评、指正。

冯作化　药立波

2015 年 5 月

## 第二篇 物质代谢及其调节

## 第三篇　遗传信息的传递

## 第四篇　基因研究与分子医学

# 绪　　论

生物化学与分子生物学研究生物体内的化学分子类别、结构、作用及其体内变化过程，在分子层次探讨生命活动的本质。生物化学与分子生物学既是生命科学各学科的共同基础，又是自然科学领域中进展最为迅速的前沿学科。

"生物化学"起始于19世纪中期，在20世纪初期形成独立学科。"分子生物学"则是在20世纪50年代以后，随着对核酸和蛋白质等生物大分子结构和功能的诠释而出现。生物化学和分子生物学的基本含义都是从分子水平认识各种生物学现象，所以是密不可分的单一学科。1991年，国际生物化学学会正式更名为国际生物化学与分子生物学学会。

生物化学与分子生物学相关理论与技术的诸多突破性进展正在迅速而广泛地渗透到包括医学在内的生命科学各个领域，其理论体系和前沿技术，对于所有医学和生命科学其他各领域的教师、医师、研究生和本科生的重要性毋庸置疑。

## 第一节　生物化学与分子生物学推动生命科学进入分子层次

生命，尤其是人类，是自然界最神奇最精美的创造。随着智能的出现和进化，探索和揭示自身存在与运行的奥秘成为人类始终追求的目标。现代科学技术的进步，使得我们对生命的认识有了质的飞跃。

特定的分子结构和功能及其相互作用是生命运作的根本。从分子角度解释生命的稳态、存活、繁殖、死亡、发生及进化等最基本的问题，是生物化学与分子生物学的真正价值体现。

### 一、生物化学与分子生物学的发展经历了三个阶段

500多年前，Leonardo da Vinci首开人体解剖先河，揭开了人体结构的神秘面纱；显微镜的发明帮助人们在19世纪看到了细胞；生物化学与分子生物学则在20世纪将生命科学带进了分子层次。在解码生命信息的过程中，生物化学与分子生物学的学科体系逐步形成和完善，相关的理论和技术推动了整个生命科学的发展。生物化学与分子生物学的发展可分为以下三个阶段。

（一）阐明生物的基本化学组成是生物化学与分子生物学学科形成的标志

19世纪中期至20世纪初是生物化学的初期阶段，也称为叙述或静态生物化学阶段。在此期间，主要的工作是对生物体的各种组成成分进行分离和纯化，分析其结构和理化性质，乃至在体外合成。然而受限于技术手段，这一时期对生物分子在体内的动态变化尚无法研究。

1828年，德国化学家Wöhler F在试管中合成了尿素，打破了化学方法不适用于生命物质研究的观念。这一成就被认为是生物化学的开端。

随着色谱技术等化学分析方法的发展，人们逐步认识了生物体的主要成分。1815年—1832年间，法国科学家Braconnot H先后鉴定出脂肪类、甘氨酸和亮氨酸、植物纤维素等生物体化学成分。19世纪末，Fischer E阐明了一系列生物体内的单糖及其异构体的分子结构。其后，人们又逐步阐明了麦芽糖、乳糖等二糖，以及淀粉、纤维素等多糖的基本组成和化学结构。

1838 年 Mulder G 首次报道了蛋白质的存在；1865 年，瑞士科学家 Miescher F 发现了核酸；1902 年，Fischer H 等证明多肽和蛋白质分子是由不同氨基酸通过肽键连接形成的。生物催化剂也很早就引起了人们的关注。早在 1833 年，Payen A 就报道过生物催化剂的存在；1926 年—1930 年间，Sumner J 和 Northrop J 分别获得了脲酶、胃蛋白酶和胰蛋白酶结晶，并证明酶的化学本质是蛋白质。

这一时期的另外一些重要发现是在营养学方面，发现了人类的必需氨基酸、必需脂肪酸及多种维生素；在内分泌方面，发现了多种激素。这些维生素和激素的发现许多都是源于对临床上相应物质缺乏所导致的疾病的表现及其改善方法的观察，再利用化学方法鉴定出相关分子，推动了相应疾病的治疗，因此屡获诺贝尔奖。

### （二）理解基本物质代谢途径是生物化学与分子生物学发展的重要阶段

在认识了生物体的分子组成和结构之后，理解它们在生物体内如何变化成为生物化学的主要研究内容。20 世纪 20 年代后期，生物化学进入了致力于理解生物分子体内动态代谢过程和途径，即动态生物化学阶段。放射性核素示踪是推动这一阶段生物化学与分子生物学发展的核心技术。

这一阶段的主要进展是阐明了物质代谢的基本途径及其与能量代谢的关系。大部分生物分子的来源、去路及相互转换过程在这一时期得到了深入而清晰的理解，形成了对中间代谢物、代谢关键酶、代谢途径、代谢调节机制的基本认识。建立了由合成代谢和分解代谢组成的"中间代谢"概念，阐明了以各种中间代谢物为节点的糖、脂、蛋白质和氨基酸等主要生物分子的体内代谢网络。代表性的发现包括：Embden G、Meyerhof O 和 Parnas J 共同阐明的糖酵解过程；Krebs H 揭示的柠檬酸循环通路；Krebs H 和 Henseleit K 发现的氨代谢的尿素循环；Warburg O 发现的细胞呼吸相关酶的性质和作用方式，Mitchell P 提出的 ATP 生成的氧化磷酸化偶联机制等。这一时期丰富的研究成果，极大推动了生物化学学科的成熟和发展。

### （三）生物信息大分子的结构与功能研究解码生命

生物体物质构成和代谢过程的上述研究成果虽然部分解释了生物体的运行方式，但未能解决有关生命本质的一些最核心的问题，如生命的特征和生物性状为什么能代代相传？代代相传的性状为什么又可以改变？是什么样的信息控制着生物的性状？

1865 年，Mendel G 在分析豌豆性状遗传的杂交实验结果时对上述问题提出了初步解释。他认为生物体内有某种遗传颗粒或遗传单位，能够从亲代传递到子代，这种遗传单位控制着特定的生物性状。他的实验结论直到 1900 年才得到重视，这种控制遗传性状的遗传单位被后人命名为基因（gene）。

1879 年，Flemming W 在研究细胞分裂时观察到了染色体。1902 年，Walter Sutton W 提出了染色体遗传学说，即细胞核内有两套染色体，在减数分裂时，每个配子得到一套染色体。1910 年，Morgan TH 证明了基因存在于染色体上。在生物学家们探讨生命的本质及生命活动规律的同时，化学家们开始了探索构成生命的物质基础的研究。1944 年，Avery O 和他的同事们通过实验证实了 DNA 是携带遗传信息、构成染色体的生物大分子。

20 世纪 40 年代后期，以蛋白质和核酸为主体的生物大分子研究技术快速发展。X 射线衍射分析技术极大推动了对蛋白质和核酸三维空间结构的解析；序列分析技术带来了破译生命密码的机遇。起始于 1953 年 Watson J 和 Crick F 对 DNA 双螺旋结构的阐明，生物化学与分子生物学进入了全面理解生命活动分子机制的新阶段，成长为 20 世纪后半叶及本世纪的前沿学科，引领了整个生命科学和医学的发展。

1953 年至 1970 年，是分子生物学的理论和技术体系逐步形成的时期。在此期间，先后发现了 mRNA、DNA 聚合酶和 RNA 聚合酶等关键的遗传信息传递分子；DNA 半保留复制机制、转录机制、操纵子学说等理论先后被提出；遗传密码被破译；直至提出中心法则，分子生物学作

Notes

为一门科学初步形成了较完整的理论体系：即生物大分子的结构与功能，遗传信息的复制，遗传信息的表达和基因表达的调控。

20世纪70年代以后，分子生物学技术体系亦开始建立和发展，重组DNA技术的形成和发展，使基因操作几乎无所不能。以基因操作、蛋白质结构与功能分析为核心的生物技术的出现和发展为医学研究领域带来了巨大变化，在世界各国已经或正在成为新的产业生长点。

1990年，人类基因组计划作为一项国际大协作的项目开始启动，标志着生物化学与分子生物学进入了规模化和系统化阶段。

## 二、我国科学家对生物化学与分子生物学发展的贡献

公元前2000多年，我国人民已能酿酒，是用"曲"催化谷物发酵的实践。在公元4世纪，我国医书中就有使用海藻酒等治疗"瘿病"（缺碘导致的甲状腺肿大）的记载。隋唐医药学家孙思邈曾对脚气病（维生素$B_1$缺乏）和"雀目"（维生素A缺乏）建立了食疗方法。北宋科学家沈括曾使用从男性尿中沉淀出的"秋石"治疗"虚劳冷疾"等病症，是最早报道的类固醇激素提取和应用的实例。

近代生物化学发展时期，我国生物化学家吴宪等在血液化学分析方面，创立了血滤液的制备和血糖测定法；在蛋白质研究中提出了蛋白质变性学说。我国生物化学家刘思职在免疫化学领域，用定量分析方法研究抗原抗体反应机制。新中国成立后，我国的生物化学迅速发展。

1965年，我国科学家首先采用人工方法合成了具有生物活性的牛胰岛素，解出了三方二锌猪胰岛素的晶体结构；1981年，采用有机合成和酶促相结合的方法又成功地合成了酵母丙氨酰tRNA。此外，在酶学、蛋白质结构、生物膜结构与功能方面的研究都有举世瞩目的成就。近年来，我国生物化学与分子生物学研究领域的科学家在蛋白质空间结构解析、新基因的克隆与功能、疾病相关基因的定位克隆及其功能研究方面均取得了重要的成果。特别要指出的是，人类基因组序列草图的完成也有我国科学家的一份贡献。

## 三、当代生物化学与分子生物学研究的目标和特点

### （一）生物化学与分子生物学的主要研究内容

生物化学早期主要采用化学、物理学和数学的原理和技术来研究各种形式的生命现象，后又融入了生理学、细胞生物学、遗传学和免疫学等理论和技术，加之近年来生物信息学地介入，使之与众多学科有着广泛的联系和交叉。

当代生物化学与分子生物学的研究目标和内容主要集中在以下几个方面。

1. **生物分子的结构与功能**　阐明组成生物体的所有化学成分，包括无机物、有机小分子和生物大分子的种类和作用，是生物化学与分子生物学的基本任务。在生物大分子的研究方面，除了确定其基本组成单位的种类、排列顺序和方式外，更重要的是研究其空间结构及其与功能的关系。分子结构是功能的基础，而功能则是结构的体现。各种细胞活动中的分子识别和分子间的相互作用也是当今生物化学与分子生物学的研究热点之一。无机物和有机小分子在生命活动中的调控作用仍需深入研究。

2. **物质代谢及其调节**　新陈代谢是生命的基本特征。目前对生物体内的主要物质的经典代谢途径已基本清楚，但仍有众多的问题有待探讨。例如，物质代谢中酶的结构和酶量如何适应环境变化及其有序调节的分子机制尚需进一步阐明；各种疾病状态下物质和能量代谢如何变化、与疾病进程的关系、诊断和治疗价值等，仍然是当代生物化学与分子生物学研究的重要内容。

3. **基因信息传递及其调控**　基因信息传递涉及遗传、变异、生长、分化等诸多生命过程，也与遗传病、恶性肿瘤、心血管病等多种复杂性疾病的发病机制有关。对于多细胞生物来说，遗传信息的贮存、复制、表达及其调控是其分子水平生命活动的重要部分，这些活动决定细胞和

Notes

整个机体生命活动的形式。尽管目前已经形成了基本理论框架，但是对所有的分子运行细节的理解仍十分有限。细胞微环境如何影响这些信息的传递是认识这些分子水平生命活动的另一重要问题。阐明细胞间通讯和细胞内信号转导的机制是理解细胞和整体生命活动对外界反应的关键。

4. **基因组学及其他组学的研究**　作为 20 世纪末启动的人类基因组计划的成果，2001 年 2 月公布的人类基因组草图无疑是人类生命科学历史上又一里程碑。发现和鉴定人类基因组中蕴含的所有基因仅仅是第一步，以诠释基因功能为目标的功能基因组研究已经崛起。蛋白质组学、转录组学、功能 RNA 组学、代谢组学、糖组学等新的规模化系统化研究是后基因组时代生物化学与分子生物学的重要特点，是全面认识生命活动全部分子机制的重要领域。

（二）生物化学与分子生物学研究的发展趋势

生物化学与分子生物学历经百年发展，围绕着物质代谢流、遗传信息流和细胞信息流三大主体内容，逐步完善和深化了对生物分子组成、相互作用和调控网络的认识，系统揭示了生物分子的结构和功能、生命物质体内转化的主要过程和生物信息传递的基本途径，形成了旨在解释生命现象本质和规律的理论体系。然而，目前我们对细胞中分子活动的了解仍然是局部的、静止的，对于瞬息万变的细胞和个体，仍然缺乏全面而准确的理解。自动化、规模化、信息化、系统化、定量化和动态化将是生物化学与分子生物学继续发展的必然趋势。

在未来的研究中，生物化学和分子生物学家必将以整合、动态和交叉联系的理念，通过创新性的研究技术全面认识关键生物分子在不同生理、病理状态下的功能和实时变化，借助组学等高通量研究方法系统揭示生物分子群体的变化规律及其对生理、病理过程的标识和驱动作用，应用学科融合的研究手段完整阐明从基因型到表型的涉及遗传、代谢和信号转导的复杂生理现象和病理机制，从而为生命科学和医学领域的理论突破和技术进步做出应有的贡献。

# 第二节　自然界生物体及生命活动具有共同的分子基础

地球上的生物形态大小各异，功能简繁不同，具有极大的多样性。然而从化学的角度看生命，生物却更具共同性，无论是基本化学成分、物质代谢基本规律、能量储存和利用机制，还是遗传信息传递基本法则，在生物界都具有通用性，只是在进化过程中，随着功能需求的发展变化，分子结构、反应过程和调控机制不断趋于复杂、精细。

## 一、生物体由信息大分子和多种小分子共同构成

所有活细胞都由生物信息大分子、有机小分子和无机离子构成。

（一）生物元素具有同一性

C、H、O、N、P 是构成所有生物体的主要化学元素，S、Ca、Mg、K 的含量也较为丰富。地球上的生命在形成和进化过程选择了这些元素，并在不同生物间维持着产生和利用的平衡。含氮有机物是构成蛋白质和核酸的最基本的单元分子，微生物及植物的固氮作用和动物对植物的利用维持着自然界的氮循环。植物的光合作用和动植物的呼吸功能共同维持着氧和碳的平衡。碳原子的成链能力使其成为所有有机分子不可缺少的元素，与氧和氢共同形成糖和脂，与氮共同构成氨基酸和碱基等生物分子。

（二）生物大分子具有极强的信息编码能力

以核酸和蛋白质为主体的生物大分子是各种生命活动的执行者，它们都是由小分子单体通过共价键连接而形成的多聚物。20 种氨基酸、4 种含氮碱基的排列顺序分别赋予蛋白质和核酸分子强大的信息编码能力。这些编码既包括了 DNA 为 RNA 编码、RNA 为蛋白质编码的生物分子合成模板信息，也包括了蛋白质三维结构形成、生物分子间识别的结构信息。蛋白质的氨

Notes

基酸序列信息决定了其空间结构折叠的方式，也是蛋白质间相互作用、蛋白质 - 核酸间相互作用的结构基础。例如，转录因子中 DNA 结合域的空间结构，决定了转录因子与 DNA 中的特定碱基序列之间的特异性结合。

细胞内的蛋白质依据特有的一级结构和空间结构与其他蛋白质或核酸分子相互结合，形成各种大分子复合体，如核糖体、蛋白酶体、核孔复合体等。DNA 复制、RNA 合成、蛋白质合成、物质代谢、信号转导、细胞内外环境感应等基本生命活动，都是由生物大分子复合体（macromolecular complex）时空有序地协同运作而完成的。这些高效、有序、专一和动态可调的生物大分子复合体也被称为分子机器（molecular machine）。解析所有生物信息大分子的编码模式及其意义，方可真正理解生命真谛。

### （三）小分子物质是体内代谢流的主体

生物体是开放系统，每一个生物体都需要不间断地与周围环境进行物质交换，通过新陈代谢维持机体各种功能需求和内环境的相对稳定。糖、脂、氨基酸、核苷酸等小分子物质是物质代谢的主体。食物中的蛋白质、多糖、核酸等必须先分解，以较小的分子形式吸收至体内，在体内再经历各种有序化学反应过程，为生命活动提供能量，形成特定组织结构，其中间产物还可为核酸和蛋白质等生物大分子的合成提供原料。体内物质代谢必然伴有能量转化，分解代谢常产生能量，合成代谢则消耗能量。ATP 等小分子高能化合物是生物能量的载体。

### （四）水是理想的生物溶剂

水是生物体内最主要的化学成分，约占人体体重的 60%。生物体内所有的化学反应都以水作为介质。水分子具有强偶极子、高介电常数、氢键形成等独特物理化学特性，使其成为生物体内多种有机物质的理想溶剂和化学反应介质。氢键形成是水分子间相互作用的重要化学特征，也是水分子与所有生物分子（包括核酸和蛋白质等大分子）相互作用的重要化学键，在分子结构的稳定性维持和反应特性等方面至关重要。

### （五）生物分子有其特有的化学键

生物分子中存在多种共价键，如 C-C、C-N、C-O 等，包括其特有的共价键，如维系蛋白质分子一级结构的肽键、维系核酸一级结构的磷酸二酯键等。除共价键、金属键、离子键和配位键等强化学键以外，生物分子间的相互作用以及分子内不同基团的相互作用则更多地依赖氢键、疏水力、范德华力等次级键。次级键在蛋白质和核酸的三维空间结构的形成和稳定中具有重要作用。蛋白质 - 蛋白质、蛋白质 - 核酸之间的相互作用主要依靠次级键而实现。这些较弱的化学键在生物大分子复合体的快速动态聚合及其解聚中具有独特优势。

## 二、生物体的化学反应有效利用并适应地球环境

生物化学反应在体温和一定 pH 的温和条件下进行，分步完成且伴有能量转换。酶的催化作用是生物体能够实现上述反应的根本原因。例如，葡萄糖的最终氧化产物是 $CO_2$ 和 $H_2O$，其化学氧化的方式是 C、O 或者 H、O 元素直接结合并一次性释放热能，而生物体内的酶促氧化则是通过有机酸脱羧生成 $CO_2$、电子传递生成 $H_2O$，能量逐步释放，且以 ATP 的形式储存。

### （一）酶的催化能力保证温和条件下的生物化学反应效率

生物体内的所有化学反应都需要酶的催化。酶属于生物催化剂，它降低反应活化能的作用远远强于一般化学催化剂，因此可确保细胞在 37℃、近中性 pH 的条件下高效进行各种化学反应，其反应效率较化学催化剂至少强 5～6 个数量级。

### （二）逐级酶促反应构成各种代谢途径

体内的物质代谢往往是多步连锁的连续动态化学反应，需要多种酶的序贯催化，即前一个酶催化反应的产物作为下一个酶的底物。功能上相互关联的多种酶协同配合，构成糖酵解、糖异生等各种代谢途径。这样多步反应构成的代谢途径不仅效率高，且利于不同代谢途径共享某

Notes

些基本反应步骤，多种中间产物的生成也提供了生物代谢的多样性。

（三）细胞结构分隔生物化学反应区域

真核生物细胞的亚细胞分区为体内的生物化学反应提供了更多的调控环节和层次。不同细胞器中往往含有结构与功能各异的大分子复合体，将相关的多种酶有序地组织在局部，既提高了底物的相对浓度，有利于酶与底物的接触和反应，也能够避免不同代谢过程之间的相互干扰。例如，糖的酵解在细胞质进行，而有氧氧化则在线粒体内进行。

（四）复杂调节网络赋予生物体对环境的高度适应性

应激反应和自我调节是生命的重要特征。生物体在每一瞬间，都需要不断调节自身功能与外界环境的关系，以保持体内环境的稳定并维持正常的生命活动。从分子、细胞直至整体，生物体形成了多层次复杂的调节方式。生物化学代谢途径和网络中存在一些决定反应速度与方向的关键限速步骤，由可调节的关键酶催化。调节这些酶的活性和含量可使体内化学反应具有高度的灵活性与适应性。体内多条代谢反应途径常同时进行，相互交织形成复杂的反应网络，既在整体上相互联系，又不断调整各自的运行方向和速度，使生物适应各种环境变化。这些调节的目的是既保证生物体的高效运行，又以最节约的方式控制代谢流量。

# 第三节　生物化学与分子生物学的发展引领医学进入分子医学新时代

疾病始终与人类的进化和发展并存，自然界在赋予人类各种生存优势的同时，也不断带来创伤、疾病和死亡的痛苦。古往今来，人类科学研究的目标主要有两个：一是发明各种工具和用品以改善生存条件，二是减少疾病带来的痛苦和死亡以提高生存质量和延长生存时间，以后者为目标的科学即为医学。医学在人类自身及社会发展中的价值是无法估量的。

医学科学的发展，是人类同疾病及影响健康的一切不利因素进行不间断斗争的经验总结和循序提高的过程，是不断拓展新的探索领域以求不断进步的过程。从以经验和哲学思考为主导的几大古代医学体系的建立，到以实验、解析、认知为主导的近代医学实践，医学走过了从混沌茫然到有所把握、从被动感知到主动探索、从经验主体到技术主体的各个阶段。如今，主导 21 世纪生命科学前沿的生物化学与分子生物学的发展已经引领现代医学跨入了分子时代。

生物化学与分子生物学在医学领域所要探讨的基本科学问题，将为医学的发展提供重要的理论和技术基础。首先是在理论方面，阐明疾病和亚健康状态发生和发展的分子机制。对这种机制的解释将不会是单一分子、单一结构、单一通路、单一疾病的方式，而是多层次知识的系统整合。再者是在解决理论问题的基础上，发展新型分子操作技术，为疾病的诊断、治疗和预防提供崭新的、可行的、符合人类经济和社会发展需求的手段。这些理论和技术的发展无疑将推动新的诊断、治疗和预防方法以及新的健康理念的建立。

## 一、从分子层次认识疾病将从根本上理解疾病的发生和发展机制

人类健康依赖于体内所有分子保持正常的结构和有序的反应，而一切非健康或疾病状态的产生和发展都有其分子基础。早期的物质代谢研究鉴定了一些代谢酶缺陷所引起的疾病，如今随着对生物大分子结构与功能的认识，对于疾病相关基因的研究也日益深入。

1956 年，人们第一次将一种疾病的发病机制确认为一个分子的一个特定改变。镰状细胞贫血的细胞学改变在 1910 年由芝加哥医生 Iron E 首先报道。1940 年，Pauling L 曾发现该病的病因是珠蛋白结构改变所致，但是未能确定变化的部位。1956 年，Ingram V 确认珠蛋白第 6 位氨基酸由谷氨酸突变为缬氨酸是镰状细胞贫血的致病原因。

1959 年鉴定出了第一个染色体病。Down 综合征在 1866 年被首次报道。1959 年，Lejeune J

Notes

和他的同事发现该综合征是由于 21 号染色体三体突变引起的。同年，还有 Turner 综合征和 Klinefelter 综合征被鉴定为性染色体异常。

1961 年第一次对新生儿代谢缺陷做出诊断。医生兼细菌学家 Guthrie R 建立了检验新生儿是否患有苯丙酮酸尿症的新方法。如果新生儿的苯丙酮酸尿症能在出生时即被诊断，就可以通过调整饮食结构避免含苯基丙氨酸的氨基酸的摄入，最终可以消除几乎所有的临床症状。

1976 年发现癌基因。Varmus H 和 Bishop M 从 1970 年开始进行肿瘤病毒学研究。他们从鸡肉瘤中分离到在体外能使鸡胚成纤维细胞转化、在体内能使鸡罹患肉瘤的病毒。比较研究后，发现了病毒癌基因 v-*src*。后来，他们又确立了细胞癌基因的概念。

1983 年第一次在染色体定位了致病基因。亨廷顿病的基因被定位于第 4 号染色体。该病为常染色体显性遗传，引起神经元死亡，中年出现进行性特异性的运动振颤、身体僵硬、痴呆等综合征。染色体定位 10 年后，在 6 个研究小组共 58 名研究者的共同努力下，克隆出致病基因 *huntingtin*，并确切定位在 4p16.3。

1986 年完成了第一个人类致病基因的定位克隆。慢性肉芽肿病（chronic granulomatous disease，CGD）为单基因遗传病，以炎症损害为特征。波士顿儿童医院的研究组在不知道基因编码产物的情况下完成了基因的定位（Xp21）和克隆。这是第一个通过定位克隆技术分离得到人的致病基因。同年，杜氏肌营养不良和视网膜母细胞瘤的致病基因也利用定位克隆策略被获得。

随着对基因结构与功能、蛋白质结构与功能、细胞信号转导分子机制的深入认识，疾病相关基因及其编码产物在各种疾病发生和发展中的作用将被逐渐深入地阐明。

## 二、医学进入了分子诊断和分子治疗新时代

理解疾病发生和发展的分子机制的目的是提供更多更好的疾病诊断和治疗靶标及手段。针对已知的基因变异和蛋白质活性或含量异常，利用核酸、蛋白质操作和分析技术，疾病的诊断和治疗业已进入了分子时代。

1972 年世界上第一个重组 DNA 分子在实验室制造成功。美国斯坦福大学的 Berg P 带领的研究组在实验室制造出了第一个人工重组 DNA 分子。他们的工作第一次证明了具有无限前景的基因重组技术的可行性。如今临床上正在使用或正在研究的基因工程药物都始于这一重要的技术成果。

1978 年美籍华裔科学家简悦威（Kan YW）利用 DNA 多态性与致病基因的关联性，第一次成功地对镰状细胞贫血进行了产前诊断，开创了基因诊断技术在临床应用的新时代。

1981 年第一个转基因小鼠（生长激素）构建成功，开创了建立疾病模型的工作基础。

1982 年世界上第一个基因重组产品——人胰岛素问世。DNA 重组技术的创始人之一 Boyer H 和风险投资人 Swanson R 在 1976 年建立了世界上第一家生物技术公司—— Genentech 公司。1977 年，该公司在细菌中表达了第一个人的蛋白质。1982 年，第一个 DNA 重组药物——人胰岛素上市。

1987 年，第一张含 400 个 RFLP 标志的人遗传图谱绘制完毕，为正常人群和疾病状态下的基因鉴定奠定了基础。

1990 年，第一例真正意义上的基因治疗是用腺苷脱氨酶（adenosine deaminase，ADA）基因来治疗 *ADA* 基因缺陷引起的严重复合型免疫缺陷症的患者。正常 *ADA* 基因借助逆转录病毒载体被导入患儿的 T 淋巴细胞，再回输给患儿，5 年后患儿体内仍有 10% 的造血细胞呈 *ADA* 基因阳性，这一治疗病例的成功使得基因治疗迅速开展起来。

1998 年，美国批准抗肿瘤新药赫赛汀用于 HER2 阳性乳腺癌治疗，由此开创了针对肿瘤的分子靶向治疗新阶段。

近30年来，随着对疾病分子机制的认识不断深入和基因操作技术的迅速发展，多种新的基因工程药物、基因工程疫苗、基因诊断和治疗方案不断涌现，分子诊断和分子治疗正在逐步成为医学实践的主流。

## 三、分子组学研究是未来实现个体化治疗的基础

生物化学与分子生物学目前正处于一个发展十分迅速的时期，规模化、整体化、自动化、信息化的趋势已经势不可挡地涵盖了包括医学在内的所有生命科学相关领域。事实上，这一趋势的形成是医学面临的人类疾病的复杂性和分子生物学进展到一定程度所带来的必然结果。

随着医学分子生物学研究工作的深入，人们发现对一个或几个基因进行的个别研究几乎不可能解决像肿瘤发病机制、疾病易感性、药物敏感性差异等复杂性问题，因而人类基因组计划应运而生。如今，人类基因组的序列分析已经完成，功能基因组学和蛋白质组学已经起步，分子医学的发展方向也将随之产生新的变化，进入组学时代。预期未来一段时间，生物化学与分子生物学的进展将促进医学在以下几个方面的进步。

首先，对于各种疾病发生发展的分子机制的认识会有相当大的进步。这些进步将体现在对于疾病发生的遗传学背景有更多和更深入的认识，从基因的突变、基因的多态性和个体基因组与环境相互作用的角度，都会改变目前的很多认识。尤其是在肿瘤、心血管系统疾病、糖尿病、重要感染性疾病等方面的新认识，对于这些疾病为何发生、哪些分子影响疾病的进程、哪些人群更易患病、为什么人们对同样的药物会有不同的敏感性等医学问题，都将从分子及其相互作用的复杂网络层次有更加全面的新理解。

其次，在诊断方面，基于个体与群体基因组的信息分析将改变目前疾病诊断的现状。在充分认识疾病发生、发展机制的基础上，新的诊断方法不仅将更为准确地对疾病的存在状态给予评价，更将为疾病的转归、预后及疾病在个体发生的风险性做出预测。

在疾病的治疗方面，疾病基因组学、药物基因组学、疾病蛋白质组学、疾病动物模型、RNA干扰技术等将为药物的发现和开发提供更多的新靶点，也将提供更多的药物筛选技术平台。同样，个体基因组学信息将评价和给出个体的最佳用药方案。新基因、新蛋白的结构、功能及相互作用将不断得到阐明，其中的一些将成为基因工程药物和疫苗的候选分子。基因治疗无疑是医学分子生物学另一个诱人领域，基因替代将为许多目前无法医治的疾病提供机会。最后，细胞分化和器官形成的分子机制的阐明可能使未来的器官置换成为常规。

尽管基因组学时代已经不可阻挡地到来，但是距离基因组数据可以作为制定所有疾病的医学操作规程的重要原则的那一天还相当遥远。实现上述理想，仍然需要人类几十年甚至几百年的努力。

（药立波　冯作化）

Notes

# 第一篇 生物分子结构与功能

机体是由数以亿万计分子量大小不等的分子组成。参与机体构成并发挥重要生物功能的生物大分子通常都有一定的分子结构规律，即一定的基本结构单位、按一定的排列顺序和连接方式形成的多聚体，由于分子两个末端的结构不同，基本结构单位的排列具有方向性。生物大分子不仅是生命体的结构基础，也是生命活动的分子基础。每一类生物大分子因其独特的结构而具有独特的功能。生物大分子的结构与功能的关系是生物化学与分子生物学最基础的内容。对结构的了解有助于对功能的了解，对结构的研究可增加对功能更好的理解。

蛋白质和核酸是构成生命体和生命活动的最关键的生物大分子。这两类分子分别行使不同的生理功能。核酸具有传递遗传信息等功能，对核酸结构的了解，有助于理解遗传信息的表达及其调控，对认识分子水平的生命活动极为重要。另一方面，几乎所有的生命活动过程都涉及蛋白质。核酸和蛋白质的存在与配合，是诸如遗传、繁殖、生长、运动、物质代谢等生命现象的基础。因此，研究机体的分子结构与功能必须先深入了解这两类生物大分子。

蛋白质不是简单的线性肽链分子。肽链必须折叠成复杂的空间结构，才具有蛋白质的生物学功能。氨基酸的复杂组成使蛋白质有可能形成多种构象，但在生理条件下，每种蛋白质只有一种正确的构象（天然构象）使其能够发挥特定的生物学功能，即一种特定的构象决定一种特定的功能。然而，蛋白质的构象并不是固定不变的，许多蛋白质的构象可以发生适度改变，其三维结构（即构象）能够在不打断共价键的情况下发生改变，从而使蛋白质的功能发生变化（即变构效应）。这是机体内蛋白质功能调控的重要机制。

蛋白质的结构修饰也是调控蛋白质功能的重要方式。大部分修饰方式将在后面各篇介绍。本篇着重介绍糖基化修饰。糖基化修饰是蛋白质修饰中最复杂的一种。聚糖也是生物大分子，可与蛋白质构成复合糖类，如糖蛋白和蛋白聚糖，在各种生命活动中发挥作用。糖与蛋白质结合后可形成特异的分子识别位点，从而产生更复杂的分子间相互作用，形成糖蛋白和蛋白聚糖的许多独特的功能。聚糖与蛋白质的结合，既丰富了蛋白质的结构，也是聚糖发挥生物学功能的重要方式之一。

体内许多蛋白质是结合蛋白质，由蛋白成分和非蛋白成分组成。非蛋白质成分（主要是金属离子和维生素及其衍生物）是结合蛋白质发挥功能的必要组分。维生素及其衍生物主要是通过与蛋白质结合、作为结合蛋白质中的非蛋白成分发挥生理功能。金属离子在体内的重要作用，在很大程度上也是因为许多蛋白质必须结合金属离子后才具有生物学功能。

酶是一类重要的蛋白质分子，是生物体内的催化剂；体内几乎所有的化学反应都由特异性的酶来催化，这为生物体能进行复杂而周密的新陈代谢及其精细的时空调节提供了基本保证。大部分酶都是结合蛋白质，其功能活性不是单纯由组成蛋白质的氨基酸所决定的，还需要其他称为辅助因子的化学物质。辅助因子包括金属离子和小分子有机化合物，后者主要是水溶性维生素或其衍生物。

学习第一篇内容时，要重点掌握上述生物体内重要分子的结构特性、功能及基本的理化性质与应用，这对理解生命的本质具有重要意义，也为后续课程的学习打下基础。

（冯作化　药立波）

# 第一章　蛋白质的结构与功能

蛋白质是生命活动的最主要的载体，更是功能执行者。因此，蛋白质是生物体内最重要的生物大分子之一。早在 1838 年，荷兰科学家 Mulder GJ 引入"protein"（源自希腊字 proteios，意为 primary）一词来表示这类分子。1833 年从麦芽中分离淀粉酶，随后从胃液中分离到类似胃蛋白酶的物质，推动了以酶为主体的蛋白质研究；1864 年，血红蛋白被分离并结晶；19 世纪末，证明蛋白质由氨基酸组成，并利用氨基酸合成了多种短肽；20 世纪初，应用 X 线衍射技术发现了蛋白质的二级结构——α- 螺旋，以及完成了胰岛素一级结构测定；20 世纪中叶各种蛋白质分析技术相继建立，促进了蛋白质研究迅速发展；1962 年，确定了血红蛋白的四级结构；20 世纪 90 年代以后，随着人类基因组计划实施，功能基因组与蛋白质组计划的展开，特别是对蛋白质复杂多样的结构功能、相互作用与动态变化的深入研究，使蛋白质结构与功能的研究达到新的高峰。

## 第一节　蛋白质的分子组成

蛋白质由氨基酸组成。无论是来自最古老的细胞株还是最复杂的生命形式，所有蛋白质都是由氨基酸按特定线性序列共价连接而成的分子。存在于自然界的氨基酸有 300 余种，但人体内用于合成蛋白质的氨基酸只有其中的 20 种。

蛋白质的元素组成相似，主要有碳（50%～55%）、氢（6%～7%）、氧（19%～24%）、氮（13%～19%）和硫（0%～4%）。有些蛋白质还含有少量磷或金属元素铁、铜、锌、锰、钴、钼等，个别蛋白质还含有碘。各种蛋白质的含氮量很接近，平均为 16%。由于蛋白质是体内的主要含氮物质，因此测定生物样品的含氮量就可按下式推算出蛋白质大致含量。每克样品含氮克数 ×6.25×100＝100g 样品中蛋白质含量（g%）。

### 一、L-α- 氨基酸是构成蛋白质的基本结构单位

构成蛋白质的氨基酸均属 L- 型（甘氨酸除外），它们在结构上的共同特点是氨基（脯氨酸是亚氨基）连接在与羧基相连的 α- 碳原子（α-carbon atom）上，因此称为 L-α- 氨基酸（图 1-1）。氨基酸分子中的 α- 碳原子为不对称碳原子（甘氨酸除外）。除氨基和羧基外，α- 碳原子还连有一个氢原子和一个侧链（R 基团）。用于合成蛋白质的 20 种氨基酸又称为常见氨基酸（common amino acids）。

生物体中也有 D- 型氨基酸，例如某些细菌的胞壁小肽和特殊的抗生素小肽中含有 D- 型氨基酸。哺乳动物中有一些不参与蛋白质组成的 D- 型氨基酸，例如存在于前脑中的 D- 丝氨酸和存在于脑及外周组织的 D- 天冬氨酸。

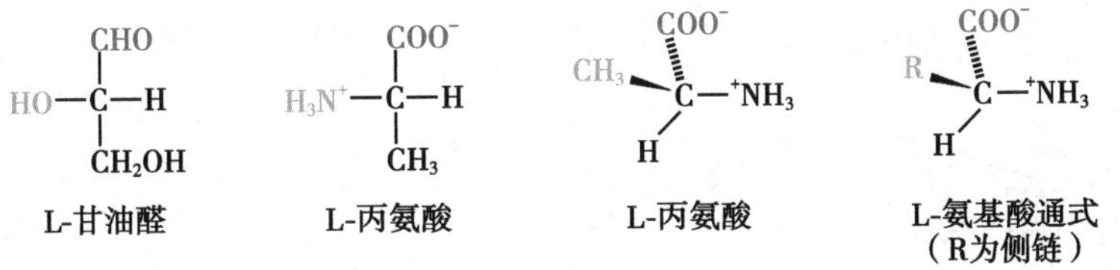

图 1-1　L- 甘油醛和 L- 氨基酸

## 二、氨基酸的侧链结构(R 基团)决定其差异性和功能

构成蛋白质的 20 种氨基酸具有共同的核心结构,即氨基、羧基、氢原子连接于 α- 碳原子,而差异则全部体现在与 α- 碳原子相连接的侧链结构 α-R 基团上。α-R 基团赋予其氨基酸不同的极性,这一特点是将 20 种氨基酸分为五类的主要依据(表 1-1)。这些 α-R 基团的结构及其化学性质各不相同,是形成蛋白质结构和功能多样性的基础。α-R 基团的结构直接影响着多肽链生物合成后的折叠(fold),有些 α-R 基团还可进一步发生化学修饰(chemical modification)(第十七章)。氨基酸 R 基团的结构和极性不仅会直接影响所形成多肽链的结构,也是蛋白质执行多种功能的结构基础。

表 1-1   20 种氨基酸的结构式及分类

| 结构式 | 中文名 | 英文名 | 缩写 | 符号 | 等电点(pI) |
|---|---|---|---|---|---|
| **1. 非极性脂肪族 R 基团的氨基酸** | | | | | |
| $H-CH-COO^-$ $\quad$ $NH_3^+$ | 甘氨酸 | Glycine | Gly | G | 5.97 |
| $CH_3-CH-COO^-$ $\quad$ $NH_3^+$ | 丙氨酸 | Alanine | Ala | A | 6.00 |
| $H_3C$ $\diagdown$ $CH-CH-COO^-$ $H_3C$ $\diagup$ $\quad$ $NH_3^+$ | 缬氨酸 | Valine | Val | V | 5.96 |
| $H_3C$ $\diagdown$ $CH-CH_2-CH-COO^-$ $H_3C$ $\diagup$ $\quad$ $NH_3^+$ | 亮氨酸 | Leucine | Leu | L | 5.98 |
| $CH_3$ $CH_2$ $CH-CH-COO^-$ $CH_3$ $\quad$ $NH_3^+$ | 异亮氨酸 | Isoleucine | Ile | I | 6.02 |
| $\overset{+}{N}H_2$ $COO^-$ (吡咯环) | 脯氨酸 | Proline | Pro | P | 6.30 |
| $CH_2-CH_2-CH-COO^-$ $S-CH_3$ $\quad$ $NH_3^+$ | 甲硫氨酸 | Methionine | Met | M | 5.74 |
| **2. 芳香族 R 基团的氨基酸** | | | | | |
| $C_6H_5-CH_2-CH-COO^-$ $\quad$ $NH_3^+$ | 苯丙氨酸 | Phenylalanine | Phe | F | 5.48 |
| $HO-C_6H_4-CH_2-CH-COO^-$ $\quad$ $NH_3^+$ | 酪氨酸 | Tyrosine | Tyr | Y | 5.66 |
| (吲哚环)$-CH_2-CH-COO^-$ $\quad$ $NH_3^+$ | 色氨酸 | Tryptophan | Trp | W | 5.89 |
| **3. 极性不带电荷 R 基团的氨基酸** | | | | | |
| $CH_2-CH-COO^-$ $OH$ $\quad$ $NH_3^+$ | 丝氨酸 | Serine | Ser | S | 5.68 |

Notes

续表

| 结构式 | 中文名 | 英文名 | 缩写 | 符号 | 等电点(pI) |
|---|---|---|---|---|---|
| CH₂—CH—COO⁻ / SH, NH₃⁺ | 半胱氨酸 | Cysteine | Cys | C | 5.07 |
| H₂N—C—CH₂—CH—COO⁻ / O, NH₃⁺ | 天冬酰胺 | Asparagine | Asn | N | 5.41 |
| H₂N—C—CH₂—CH₂—CH—COO⁻ / O, NH₃⁺ | 谷氨酰胺 | Glutamine | Gln | Q | 5.65 |
| CH₃—CH—CH—COO⁻ / OH, NH₃⁺ | 苏氨酸 | Threonine | Thr | T | 5.60 |
| **4. 带负电荷 R 基团(酸性)氨基酸** | | | | | |
| ⁻OOC—CH₂—CH—COO⁻ / NH₃⁺ | 天冬氨酸 | Aspartic acid | Asp | D | 2.97 |
| ⁻OOC—CH₂—CH₂—CH—COO⁻ / NH₃⁺ | 谷氨酸 | Glutamic acid | Glu | E | 3.22 |
| **5. 带正电荷 R 基团(碱性)氨基酸** | | | | | |
| H—N—CH₂—CH₂—CH₂—CH—COO⁻ / C=NH₂⁺ / NH₂, NH₃⁺ | 精氨酸 | Arginine | Arg | R | 10.76 |
| CH₂—CH₂—CH₂—CH₂—CH—COO⁻ / NH₃⁺, NH₃⁺ | 赖氨酸 | Lysine | Lys | K | 9.74 |
| HN—N 环—CH₂—CH—COO⁻ / NH₃⁺ | 组氨酸 | Histidine | His | H | 7.59 |

1. **非极性脂肪族 R 基团** 此类氨基酸的侧链为脂肪烃链。在蛋白质的立体结构中,这一类氨基酸多位于蛋白质内部,通过疏水键稳定蛋白质的结构。其中比较特殊的是甘氨酸、脯氨酸与甲硫氨酸。甘氨酸虽然是非极性的,但由于它的侧链很小,对疏水作用没有实际贡献。脯氨酸的脂肪族侧链与 α- 氨基中的 N 形成杂环,因此被称为亚氨基酸;由于 N 的自由度受到杂环刚性结构的限制,因此含有脯氨酸的肽段的弹性下降,继而影响到肽段的高级结构。甲硫氨酸为二个含硫氨基酸之一,其侧链为非极性的硫醚基团。

2. **芳香族 R 基团** 此类氨基酸具有芳香侧链,性质属于相对非极性,都能参与疏水作用。其中苯丙氨酸的极性最小,而酪氨酸的羟基和色氨酸的吲哚环使它们的极性较苯丙氨酸要强一些。

3. **极性不带电荷 R 基团** 相对于非极性氨基酸来说,这一类氨基酸的侧链含有能与水形成氢键的基团,亲水性强,更易溶于水。其中丝氨酸和苏氨酸的极性来自羟基,天冬酰胺和谷氨酰胺的极性来自酰胺基,而半胱氨酸的极性来自巯基。二个半胱氨酸的巯基之间易于发生氧化反应形成二硫键(disulfide bond)(图 1-2),生成的二聚化氨基酸称为胱氨酸。二硫键在维持蛋白质的结构稳定中发挥着重要功能。

4. **带负电荷(酸性)R 基团** 天冬氨酸和谷氨酸的 R 基团都含有负性解离基团羧基,属于酸性氨基酸(acidic amino acid)。

5. **带正电荷(碱性)R 基团** 赖氨酸、精氨酸和组氨酸的 R 基团分别含有氨基、胍基和咪唑基等正性解离基团,均可发生质子化,使之带正电荷,属于碱性氨基酸(basic amino acid)。

Notes

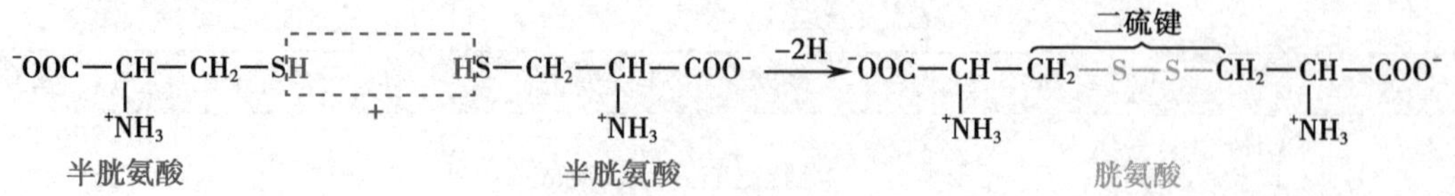


图 1-2 胱氨酸和二硫键

## 三、氨基酸具有共同或特异的理化性质

体内组成蛋白质的 20 种常见氨基酸具有共同的理化特性，包括氨基酸的酸碱性质、功能基团的化学反应等，这些理化共性和特性是进行氨基酸分离、纯化及定性、定量分析的依据。

### （一）氨基酸具有两性离子特征

所有常见氨基酸都含有可解离的 α- 氨基和 α- 羧基，它们溶解在水中时呈现两性离子（zwitterion）状态，又称为兼性离子或偶极离子（dipolar ion）。两性离子既可以作为酸（质子供体），又可以作为碱（质子受体）。

氨基酸的解离方式取决于其所处溶液的酸碱度，其解离常数的负对数 p*K* 值可通过测定滴定曲线求得。以甘氨酸为例，在低 pH 值时，占优势的离子状态为 $^{+}H_3N\text{-}CH_2\text{-}COOH$，这种状态称为完全质子化状态，含有二个可释放质子的基团（—COOH 和 $—NH_3^+$）。图 1-3 为甘氨酸的滴定曲线，当 0.1mol 甘氨酸溶于水时，溶液的 pH 约等于 6.0，分别以标准盐酸和氢氧化钠溶液进行滴定，可得到滴定曲线的 A 段和 B 段。为了便于理解，可将曲线视为甘氨酸从完全质子化状态逐渐失去质子的过程，曲线中的 A 段和 B 段，分别对应甘氨酸—COOH 和 $—NH_3^+$ 基团的去质子化过程。在 A 段曲线的中点（pH 2.34 处），—COOH 基团失去质子，等摩尔浓度的质子供体（$^{+}H_3N\text{-}CH_2\text{-}COOH$）和质子受体（$^{+}H_3N\text{-}CH_2\text{-}COO^-$）共存，此时曲线形状出现折点，pH 值等于被滴定基团的 p*K* 值，即甘氨酸的—COOH 基团的 p*K* 值为 2.34（图中标示为 $pK_{a1}$）。当滴定继续，达到另一个重要的折点（pH 5.97 处），这时—COOH 基团的质子基本移除，而移去 $—NH_3^+$ 基团质子的过程刚刚开始，此时甘氨酸大部分以两性离子 $^{+}H_3N\text{-}CH_2\text{-}COO^-$ 的状态存在。滴定曲线

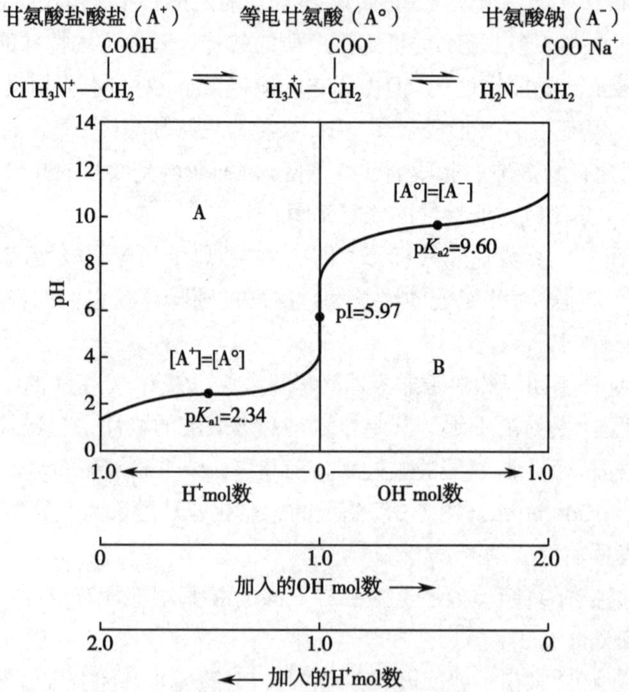


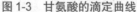

图 1-3 甘氨酸的滴定曲线

的 B 段与移去甘氨酸的—$NH_3^+$基团的质子相对应,中点 pH 值为 9.6,即甘氨酸的—$NH_3^+$基团的 p$K$ 值为 9.6(图中标示为 p$K_{a2}$)。

R 基团不解离的氨基酸的滴定曲线类似于甘氨酸,一般而言,p$K_1$(—COOH 的 p$K$ 值)的范围在 2.0~3.0,p$K_2$(—$NH_3^+$ 的 p$K$ 值)的范围在 9.0~10.0 之间。侧链可解离的氨基酸,有 3 个 p$K$ 值,其滴定曲线有 3 个折点。

在某一特定 pH 的溶液中,氨基酸解离成阳离子和阴离子的趋势及程度相等,呈电中性,此时溶液的 pH 称为该氨基酸的等电点(isoelectric point, pI)。在图 1-3 甘氨酸滴定曲线中,在 pH 5.97 时,甘氨酸大部分以两性离子 $^+H_3N$-$CH_2$-$COO^-$ 存在,为电中性,因此甘氨酸的 pI 值为 5.97。对于侧链没有可解离基团的氨基酸来说,其 pI 值是由 α- 羧基和 α- 氨基的 p$K$ 值决定的,计算公式为: pI = 1/2(p$K_1$+p$K_2$)。若一个氨基酸有 3 个可解离基团,会有 3 个 p$K$ 值,即 p$K_1$、p$K_R$、p$K_2$。pI 是其中两个 p$K$ 值的平均值。这些氨基酸为两性离子时,碱性氨基酸中只有一个氨基解离,酸性氨基酸中只有一个羧基解离。改变 pH 值时,碱性氨基酸需要两步反应转变为只带正电荷,酸性氨基酸需要两步反应转变为只带负电荷。计算等电点时,写出它们电离式(三个解离反应),取两性离子两边的 p$K$ 值的平均值。碱性氨基酸的 pI = 1/2(p$K_R$+p$K_2$),酸性氨基酸的 pI = 1/2(p$K_1$+p$K_R$)。

### (二)氨基酸的其他理化特征

1. 呈色反应 茚三酮在弱酸性溶液中与 α- 氨基酸共加热,引起氨基酸氧化脱氨、脱羧反应;茚三酮水合物被还原,还原物可与氨基酸加热分解产生的氨结合,再与另一分子还原茚三酮缩合,生成蓝紫色的化合物,此即茚三酮反应(ninhydrin reaction)。产生的化合物最大吸收峰在 570nm 波长处。由于此吸收峰值的大小与氨基酸释放出的氨量成正比,因此可作为氨基酸定量分析方法。

2. 氨基酸的紫外吸收性质 含共轭双键的氨基酸具有紫外吸收性质。根据氨基酸的吸收光谱(absorption spectrum),含有共轭双键的色氨酸、酪氨酸的最大吸收峰在 280nm 波长附近(图 1-4)。由于大多数蛋白质含有酪氨酸和色氨酸残基,且含量相对恒定,所以测定蛋白质溶液 280nm 的光吸收值($A_{280}$),是分析溶液中蛋白质含量的快速简便的方法。

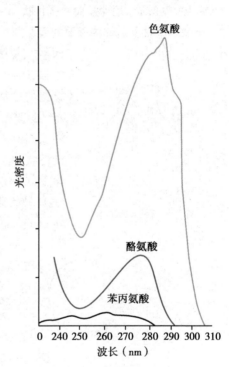

图 1-4 芳香族氨基酸的紫外吸收峰

## 四、氨基酸通过肽键连接形成蛋白质或活性肽

### (一)氨基酸通过肽键相连形成肽

肽是由氨基酸通过肽键(peptide bond)连接而成的线性大分子。肽键是由一个氨基酸的羧基与另一个氨基酸的氨基脱去一分子水反应生成的酰胺键(图 1-5)。蛋白质中肽键都是由 α- 羧基与 α- 氨基形成的 α- 肽键。某些活性肽中则可能存在非 α- 肽键。

图 1-5 肽与肽键

两分子氨基酸脱去一分子水缩合成最简单的肽，即二肽。二肽通过肽键与另一分子氨基酸缩合生成三肽；以此类推，依次能生成四肽、五肽……。一般来说，由数个、十数个氨基酸组成的肽习惯称为寡肽（oligopeptide），而很多氨基酸组成的肽称为多肽（polypeptide），二者之间没有严格界限。通常，多肽分子质量 <10kD；而蛋白质则是由一条或多条肽链组成的更大分子，但两者经常通用。

肽链具有方向性，有游离氨基的一端称氨基末端（amino terminal）或 N- 端，有游离羧基的一端称为羧基末端（carboxyl terminal）或 C- 端。肽链中的氨基酸分子因脱水缩合而基团不全，故被称为氨基酸残基（residue）。肽根据由 N- 端至 C- 端参与其组成的氨基酸残基命名，例如由甘氨酸、丙氨酸和亮氨酸残基组成的三肽命名为甘氨酰丙氨酰亮氨酸。

### （二）体内存在多种重要的生物活性肽

除蛋白质外，人体内还存在具有生物活性的小分子的肽，在代谢调节、神经传导等方面起着重要的作用。有的活性肽先由核糖体途径合成大分子前体，然后再加工成小分子活性肽，如加压素（vasopressin）和催产素（oxytocin）等；有的经非核糖体途径生成，属于酶催化反应，因此可视为氨基酸的衍生物，如谷胱甘肽。

**1. 谷胱甘肽是体内重要的还原剂**　体内含有由三肽组成的还原型谷胱甘肽（glutathione），即 γ- 谷氨酰半胱氨酰甘氨酸。其第一个肽键与一般的肽键不同，由谷氨酸的 γ- 羧基与半胱氨酸的氨基形成（图 1-6）。分子中半胱氨酸的巯基是该化合物的主要功能基团，所以常用缩写 GSH 表示还原型谷胱甘肽。GSH 的巯基具有还原性，可作为体内重要的还原剂保护蛋白质或酶分子中巯基免遭氧化，使蛋白质或酶处在活性状态。在谷胱甘肽过氧化物酶（glutathione peroxidase）的催化下，GSH 可还原细胞内产生的 $H_2O_2$，使其变成 $H_2O$，与此同时，GSH 被氧化成氧化型谷胱甘肽（GSSG），后者在谷胱甘肽还原酶（glutathione reductase）催化下，再生成 GSH（图 1-7）。

图 1-6　谷胱甘肽

图 1-7　GSH 与 GSSG 之间的转换

**2. 体内有许多激素属寡肽或多肽**　例如催产素（9 肽）、加压素（9 肽）、促肾上腺皮质激素（39 肽）、促甲状腺素释放激素（3 肽）等。促甲状腺素释放激素是一个结构特殊的三肽，其 N- 末端的谷氨酸环化成为焦谷氨酸（pyroglutamic acid），C- 末端的脯氨酸残基酰胺化成为脯氨酰胺（图 1-8），它由下丘脑分泌，可促进腺垂体分泌促甲状腺素，此外，还可影响催乳激素的分泌和抑制胰高血糖素的分泌。

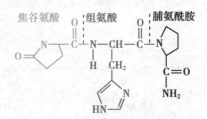

图 1-8　促甲状腺素释放激素的结构

Notes

3. 神经肽是脑内一类重要的肽　在神经传导过程中发挥重要作用的肽类被称为神经肽（neuropeptide），其种类繁多。较早发现的有脑啡肽（5 肽）、β- 内啡肽（31 肽）和强啡肽（17 肽）等。近年发现的孤啡肽（17 肽），其一级结构类似于强啡肽。它们与中枢神经系统产生痛觉抑制有密切关系。因此很早就被用于临床的镇痛治疗。除此以外，神经肽还包括 P 物质（10 肽）、神经肽 Y 家族等。

## 五、非常见氨基酸也具有重要的生物功能

非常见氨基酸（non-common amino acid）多为常见氨基酸的类似物、代谢衍生物，如甲基化、磷酸化、羟化、糖苷化、交联等，除此之外，还包括 β、γ、δ 氨基酸及 D- 型氨基酸。蛋白质中的非常见氨基酸大多是在已掺入肽段的氨基酸残基上进行修饰，例如胶原蛋白中存在 4- 羟脯氨酸和 5- 羟赖氨酸，肌球蛋白中存在 6-N- 甲基赖氨酸。

硒代半胱氨酸（selenocysteine）的结构和半胱氨酸类似，只是其中的硫原子被硒取代，存在于少数酶中，如谷胱甘肽过氧化酶、甲状腺素 5′- 脱碘酶等。硒代半胱氨酸是在蛋白质合成时直接掺入而不是合成后再修饰的。

细胞内还有许多非常见氨基酸具有重要功能，但它们不参与蛋白质组成。例如鸟氨酸和瓜氨酸，它们是尿素循环和精氨酸合成过程中的重要中间代谢物（第九章）。

# 第二节　蛋白质的分子结构

为了更好地理解和研究蛋白质的结构，1952 年丹麦科学家 Linderstrom-Lang 提出了蛋白质三级结构的概念；1958 年，英国晶体学家 Bernal 在研究蛋白质晶体结构时发现许多蛋白质是由相同的或不同的亚基组成，靠非共价键结合在一起．他将这种结构称为四级结构。现在蛋白质的一、二、三、四级结构的概念已由国际生物化学与分子生物学协会（IUBMB）的生化命名委员会采纳并做出正式定义。蛋白质的空间构象涵盖了蛋白质分子中的每一原子在三维空间的相对位置，它们是蛋白质特有性质和功能的结构基础。但并非所有的蛋白质都有四级结构，由一条肽链形成的蛋白质只有一级、二级和三级结构，由 2 条或 2 条以上肽链形成的蛋白质才有四级结构。

## 一、氨基酸残基的排列顺序是蛋白质一级结构的最主要因素

在蛋白质 / 多肽中，一级结构（primary structure）的最主要元素是指以肽键连接的所有氨基酸残基的排列顺序，此外，蛋白质分子中所有二硫键（disulfide bond）的位置也属于一级结构范畴。二硫键可使两条单独的肽链共价交联（链间二硫键），也可使一条肽链的局部成环（链内二硫键）。图 1-9 为牛胰岛素的一级结构。胰岛素有 A 和 B 两条多肽链，A 链有 21 个氨基酸残基，B 链有 30 个。如果将肽链中氨基酸残基序列（sequence）标上数码，应以游离的氨基末端为"1"，依次向羧基末端排列。牛胰岛素分子中有 3 个二硫键，1 个位于 A 链内，另 2 个二硫键位于 A、

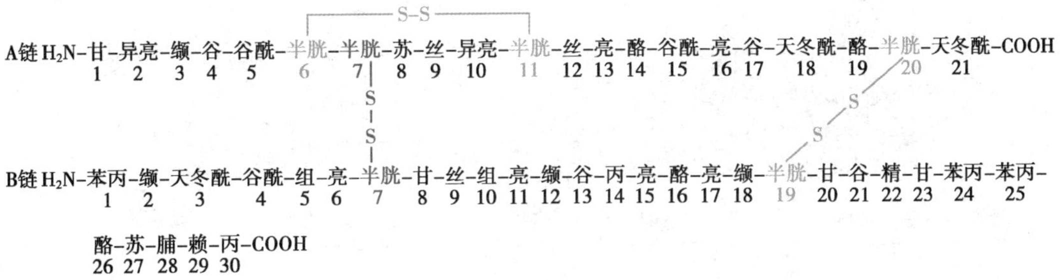

图 1-9　牛胰岛素的一级结构

B二链间。

蛋白质的一级结构是其空间构象和特异生物学功能的基础。蛋白质一级结构决定了其高级结构。随着蛋白质结构研究的深入，已认识到蛋白质一级结构并不是决定蛋白质空间构象的唯一因素。

---

### 框 1-1  Sanger 与多肽、核酸大分子测序

Sanger F 生于 1918 年。1940 年在英国剑桥大学生化系师从 Neuberger 博士，开展氨基酸代谢研究，并于 1943 年获博士学位。后任剑桥分子生物学研究所蛋白质化学科主任。科学建树颇丰，是剑桥帝国学院、皇家学会成员，也是美国科学院外籍院士、巴西科学院院士，并在英国、阿根廷、日本等很多科学机构享有最高荣誉。1943 年开始研究蛋白质结构、酶的活性中心；1953 年完成胰岛素的氨基酸序列测定，并于 1958 年获诺贝尔化学奖。此后发明 RNA 测序技术；1975 发明"双脱氧"DNA 测序技术；完成几种噬菌体基因组、人线粒体基因组测序。他的技术发明和发现对蛋白质、人类基因组研究贡献不可限量——没有他就没有人类基因组计划的成功实施。应该说，他是生物化学、分子生物学，乃至生命科学领域的超级大师；位于剑桥附近的基因组研究中心——Wellcome Trust Sanger 研究所就是以他的名字命名的。

---

## 二、多肽链中的局部特殊构象是蛋白质的二级结构

二级结构（secondary structure）是指组成蛋白质肽链的主链的局部空间构象，也就是肽链主链骨架原子的相对空间位置，不涉及氨基酸残基侧链的构象。肽链主链骨架原子包括 N（氨基氮）、$C_\alpha$（$\alpha$-碳原子）和 $C_O$（羧基碳）3 个原子依次重复排列。蛋白质的二级结构主要包括 $\alpha$-螺旋、$\beta$-折叠、$\Omega$-环、$\beta$-转角和无规卷曲等。维系这些二级结构构象的稳定主要靠肽链内部和（或）肽链间的氢键。

### （一）肽键相关及相邻的 6 个原子在同一平面上

肽键对于蛋白质构象的形成具有重要的约束力。参与形成肽键的 4 个原子（$C_O$、O、N、H）和 2 个相邻的 $C_\alpha$ 原子（$C_{\alpha 1}$、$C_{\alpha 2}$）位于同一平面，这 6 个位于同一平面的原子构成了肽单元（peptide unit）（图 1-10），其中的 $C_{\alpha 1}$ 和 $C_{\alpha 2}$ 或者羧基 O 和氨基 H 在平面上所处的位置几乎均为反式（trans）构型。在肽单元中，肽键 C-N 的键长为 0.132nm，介于 C-N 的单键长（0.149nm）和双键长（0.127nm）之间，所以具有部分双键性质，不能自由旋转，而 $C_{\alpha 1}$-$C_O$ 键和 N-$C_{\alpha 2}$ 键都是单键，可以自由转动。通常把 $C_{\alpha 1}$-$C_O$ 绕 $C_{\alpha 1}$ 旋转所得的键角标记为 $\psi$，而把 N-$C_{\alpha 2}$ 绕 $C_{\alpha 2}$ 旋转所得的键角标记为 $\varphi$。理论上 $\psi$ 和 $\varphi$ 可以是 −180°～+180° 间的任何数值，然而由于受到肽链骨架和氨基酸侧链原子间立体位阻的限制，其中许多值实际上是不存在的。多肽链骨架可以看作是一系列连续的刚性平面，有共享的 $C_\alpha$ 旋转点，刚性的肽键限制了多肽链有可能形成的构象范围。

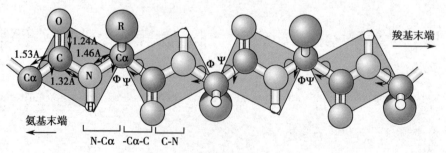

图 1-10  肽单元

---

**框1-2　Pauling 和 Corey 发现 α- 螺旋**

　　美国加州理工学院的 Corey R（1897—1971）精于计算，时常在椅子上一坐就是几个小时，工作极端勤恳。Pauling L（1901—1994）富有想象力，善于思考。Pauling 在化学键方面的实验就成了 Corey 计算键长、键角的基础。为了解析蛋白质的结构，两人测得了氨基酸结构的标准参数，分析构型，并制作了几种类型蛋白质结晶的 X- 线衍射图，潜心研究，历经 10 年，终于在 1951 年提出了符合肽键不转而其他各键可自由旋转的多肽链构象是螺旋结构——α- 螺旋。Pauling 在蛋白质研究领域颇有建树：与 Click F 合作提出 α- 角蛋白的两股链形成超螺旋的卷曲螺旋结构；他在"酶与底物相互作用"研究方面也有重要发现。基于 Pauling L 对于蛋白质与酶的杰出贡献，他于 1954 年获诺贝尔化学奖。

---

**（二）α- 螺旋是常见的蛋白质二级结构**

　　α- 螺旋（α-helix）是蛋白质二级结构的主要形式之一。氨基酸具有手性特征，因此多肽螺旋亦有手性，即有右手螺旋和左手螺旋之分。L- 氨基酰残基的 R 基团的空间干扰作用决定了它只能形成右手螺旋（right-handed helix）。对于一个多肽链来说，将右手呈半握拳状、伸出拇指，指示从 N 端→C 端行进方向，螺旋沿着其余卷曲的四指顺时针方向（自下向上看）上升，即为右手螺旋（图 1-11），此时其 ψ 为 $-45°\sim-50°$，φ 为 $-60°$。每 3.6 个氨基酸残基螺旋上升一圈，螺距为 0.54nm。氨基酸侧链（R- 基团）伸向螺旋外侧。α- 螺旋的每个肽键的 N-H 与氨基端的第 4 个肽键的羰基氧形成氢键，氢键的方向与螺旋长轴基本平行（图 1-11a）。α- 螺旋中，全部肽键的羰基氧（O）和氨基氢（H）都可参与形成氢键（hydrogen bond），以稳固 α- 螺旋结构。

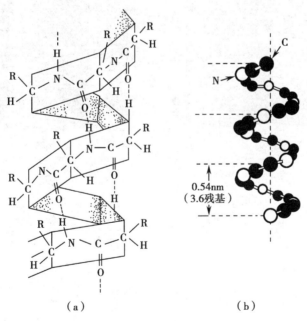

（a）　　　　　　　　　（b）

图 1-11　α- 螺旋

　　由于氨基酸残基的侧链（R 基团）分布在 α- 螺旋的外侧，其形状、大小、电荷影响了 α- 螺旋的形成。脯氨酸因其 α- 碳原子位于刚性环上，不易扭转，而且脯氨酸肽键连接的氮原子上没有氢，不能与其他氨基酸残基形成氢键，所以脯氨酸仅可以存在于 α- 螺旋的第一个螺旋圈内，在其他部位出现时，都将引起在 α- 螺旋的转折。甘氨酸的 R 基团为 H，空间占位很小，也不利于α- 螺旋的稳定。酸性或碱性氨基酸集中的区域，由于同性电荷相斥，不利于 α- 螺旋的形成。较

Notes

大的 R 基团（例如苯丙氨酸、色氨酸、异亮氨酸）集中的区域，也妨碍 α- 螺旋形成。

α- 螺旋可位于蛋白质分子表面，也可全部或部分出现在分子内部。位于极性和非极性的界面的 α- 螺旋常具有两性的特点，即由 3 至 4 个疏水氨基酸残基组成的肽段与由 3 至 4 个亲水氨基酸残基组成的肽段交替出现，使 α- 螺旋上的疏水和亲水基团交替出现。这种两性 α- 螺旋可见于血浆脂蛋白、多肽激素和钙调蛋白调节蛋白激酶等。肌红蛋白和血红蛋白分子中有许多肽链段落呈 α- 螺旋结构。毛发的角蛋白（keratin）、肌肉的肌球蛋白（myosin）以及血凝块中的血纤维蛋白（fibrin），它们的多肽链几乎全长都卷曲成 α- 螺旋。数条 α- 螺旋状的多肽链相互缠绕呈索状，从而增强其机械强度，并具有可伸缩性（弹性）。

### （三）β- 折叠使多肽链形成片层结构

β- 折叠（β-sheet）是蛋白质二级结构的另一种主要形式。β- 折叠呈折纸状（图 1-12）。在 β- 折叠结构中，多肽链充分伸展，每个肽单元以 $C_α$ 为旋转点，依次折叠成锯齿状结构，氨基酸残基侧链交替地位于锯齿状结构的上下方。所形成的锯齿状结构一般比较短，只含 5～8 个氨基酸残基，但两条以上肽链或一条肽链内的若干肽段的锯齿状结构可平行排列。平行排列的两条肽链走向可相同，也可相反（图 1-12）。两条肽链走向相同时肽链重复节段为 0.65nm，相反时为 0.70nm，并通过肽链间的肽键羰基氧和亚氨基氢形成氢键从而稳固 β- 折叠结构。形成 β- 折叠的肽段要求氨基酸残基的侧链较小，才能允许两条肽段彼此靠近。在纤维状蛋白质中 β- 折叠主要是平行形式，而球状蛋白质中反平行和平行两种形式都存在。许多蛋白质既有 α- 螺旋又有 β- 折叠，而蚕丝蛋白几乎都是 β- 折叠结构。

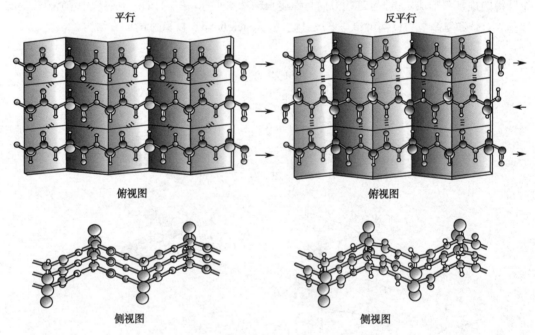

平行　　　　　　　　　　　　反平行

俯视图　　　　　　　　　　　俯视图

侧视图　　　　　　　　　　　侧视图

图 1-12　β- 折叠

### （四）β- 转角和无规卷曲在蛋白质分子中普遍存在

蛋白质二级结构的其他形式还有 β- 转角、Ω- 环（omega loop）和无规卷曲等。

β- 转角（β-turn）常发生于肽链进行 180° 反转回折时的转角上。β- 转角通常由 4 个氨基酸残基组成，其第一个氨基酸残基的羰基氧（O）与第四个氨基酸残基的氨基氢（H）形成氢键，使之成为稳定的结构。β- 转角的第二个残基常为脯氨酸，因为脯氨酸具有环状结构和固定的 φ 角，在一定程度上迫使 β- 转角形成，促进多肽链自身回折。其他常见残基有甘氨酸、天冬氨酸、天冬酰胺和色氨酸。无规卷曲（random coil）是用来阐述没有确定规律性的那部分肽链结构。对于一个特定的蛋白质而言，"无规卷曲"如同分子中其他二级结构一样具有特定且稳定的空间结构，而且常出现在肽链螺旋或折叠结构之间，共同组成特殊的模体，如螺旋 - 环 - 螺旋（helix-loop-helix，HLH）。

### （五）模体是蛋白质的超二级结构

模体（motif）是指几个具有二级结构的肽段在空间上相互接近，形成一个有规则的二级结构组合，又称为超二级结构（supersecondary structure）。简单的模体往往是一个蛋白质肽链的一部分，由2～3个二级结构折叠成相对简单的构象，例如 βαβ 环；简单的模体也可以进一步组合成更为复杂的模体，例如由一系列 βαβ 环排列成桶状结构称为 α/β 桶（α/β barrel）。图 1-13 列出了几种常见的模体形式。

模体或超二级结构具有特征性的氨基酸序列，并具有特定的功能。例如，在许多钙结合蛋白分子中通常有一个结合钙离子的模体，它由 α- 螺旋 - 环 -α- 螺旋组成（图 1-13d），在环中有几个恒定的亲水侧链，侧链末端的氧原子通过氢键而结合钙离子。锌指结构（zinc finger）也是一种常见的模体，由 1 个 α- 螺旋和 2 个反平行的 β- 折叠（图 1-13e），形似手指，具有结合锌离子功能。具有锌指结构的蛋白质都能与 DNA 或 RNA 结合。

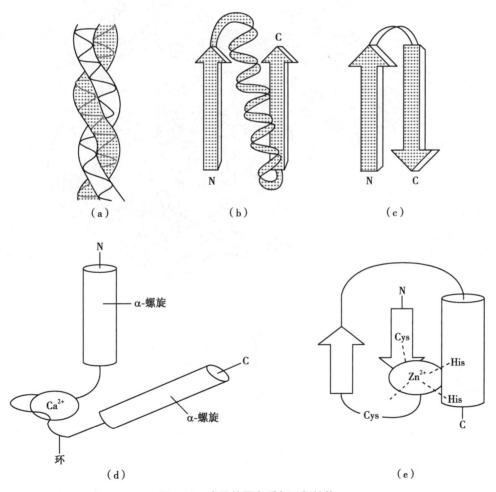

图 1-13　常见的蛋白质超二级结构

（a）、（b）、（c）分别是 αα、βαβ、ββ 型超二级结构；（d）为钙结合蛋白中结合钙离子的模体；（e）为锌指结构

### 三、多肽链在二级结构基础上进一步折叠形成三级结构

#### （一）三级结构是指整条多肽链的空间排布

蛋白质的三级结构（tertiary structure）是指整条肽链中全部氨基酸残基的相对空间位置，即整条肽链所有原子在三维空间的排布位置，包括一级结构中相距甚远的肽段的空间位置关系。

肌红蛋白（myoglobin）是由 153 个氨基酸残基构成的单一肽链蛋白质，含有一个血红素辅基。图 1-14 显示肌红蛋白的三级结构，其多肽链具有 8 个 α- 螺旋（从 N 端至 C 端标记为 A～H），占肌红蛋白氨基酸残基的 75%，螺旋之间由折转分开，其中有些是 β 转角，也有些是无规卷曲。由于侧链基团的相互作用，多肽链缠绕形成一个球状分子，亲水的 R 基团多分布在球状表面，疏水的 R 基团位于分子内部，形成一个疏水的"口袋"，血红素位于"口袋"中。

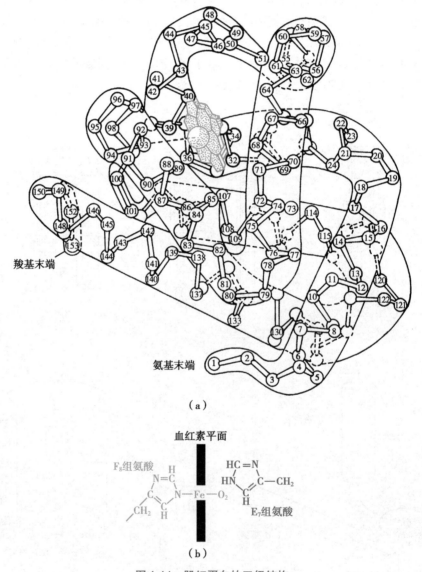

（a）

（b）

图 1-14    肌红蛋白的三级结构

#### （二）维持三级结构稳定主要依靠非共价键

蛋白质三级结构的形成和稳定主要依靠弱的相互作用力或称非共价键、次级键维系。这些非共价键主要有氢键、范德华力（Van der Waals force）、疏水作用和盐键（又称离子键）等（图 1-15）。在某些蛋白质分子中，二硫键在维系构象稳定方面也起重要作用。

Notes

　　氢键除在稳定蛋白质二级结构中起重要作用外,还可在氨基酸侧链与侧链、侧链与介质水、主链与侧链等之间形成。Van der Waals 力是一种很弱的作用力,随两个非共价键合原子或分子间距离而变化,但 Van der Waals 力的数量大,并且具有加和效应等,是一种不可忽视的作用力。疏水作用是由疏水基团或疏水侧链之间排开水而相互接近。盐键是正电荷与负电荷之间的一种静电相互作用。

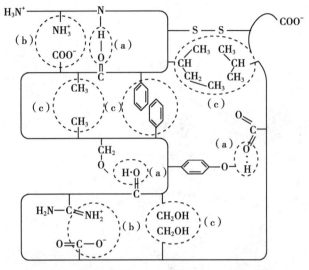

图 1-15　维持蛋白质分子构象的各种化学键
(a)氢键;(b)离子键;(c)疏水作用

### (三)三级结构可含有功能各异的结构域

　　分子量较大的蛋白质的肽链可形成在三级结构层次上的局部折叠区域,称为结构域(domain)。结构域是球状蛋白质分子中独立折叠的三维空间结构单位,呈珠(或球)状,结构紧密。即使是经过限制性蛋白酶水解,结构域与蛋白质的其他部分分离,其构象并不改变。一般而言,大多数结构域含有序列上连续的 100 至 200 个氨基酸残基,平均直径为 25Å。因而,分子质量较大的多肽/蛋白质的三级结构常可分割成 2 个以上的球状或纤维状的结构域,各行其功能。例如,由 2 个亚基构成的甘油醛 -3- 磷酸脱氢酶,每个亚基由 2 个结构域组成,N- 端第 1~146 个氨基酸残基形成的第 1 个结构域可与 NAD$^+$ 结合,第 2 个结构域(第 147~333 氨基酸残基)与底物甘油醛 -3- 磷酸结合(图 1-16)。有些蛋白质各结构域之间接触较多并紧密,从结构上很难划分,因此,并非所有蛋白质的各结构域都明显可分。

### (四)辅助蛋白参与蛋白质的折叠

　　蛋白质在体外适当的条件下,也能自发折叠成天然构象,说明一级结构是蛋白质三维结构的决定因素。但是这一过程往往需要数分钟到数天的时间,而在细胞内只需要几分钟,这是因为细胞内含有辅助蛋白折叠的蛋白质,能协助多肽正确折叠。常见的辅助蛋白有三类:①分子伴侣。分子伴侣(molecular chaperone)包括热休克蛋白、伴侣蛋白、凝集素钙连蛋白、钙网素等。分子伴侣的主要功能是阻止蛋白质合成过程中疏水区域彼此互相接触可能发生的蛋白质错误折叠和聚集。②蛋白质二硫键异构酶催化二硫键的位置变换,直至形成正确的配对。③肽基辅氨酰顺反异构酶催化脯氨酸顺反异构体间的缓慢互换,从而加速含有脯氨酸的多肽的折叠。

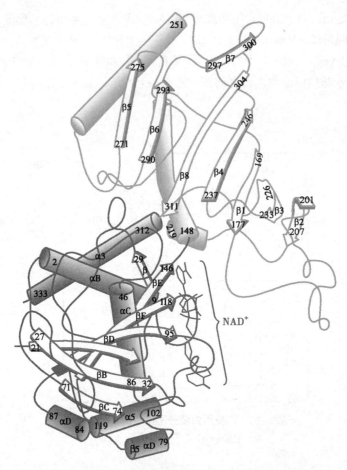

图 1-16  甘油醛 -3- 磷酸脱氢酶亚基的结构域示意图

## 四、多亚基的蛋白质具有四级结构

体内有许多蛋白质分子由 2 条或多条肽链组成，每一条多肽链都有完整的三级结构，称为亚基（subunit）。亚基与亚基之间呈特定的三维空间排布，并以非共价键相连接，这种蛋白质分子中各个亚基的空间排布及亚基接触部位的布局和相互作用，称为蛋白质的四级结构（quaternary structure）。

在四级结构中，各亚基间的结合力主要是氢键和离子键，不包括共价键。若蛋白质分子含有 2 条多肽链，但多肽链之间通过二硫键而不是非共价键相连，此类蛋白质仍被认为是只具有三级结构的蛋白质。例如胰岛素含有 A 与 B 两条链，A、B 之间通过 2 个二硫键相连，整个胰岛素分子的空间结构为三级结构，而不具有四级结构。

由多个亚基构成的蛋白质称为多聚体（multimer），其亚基数量可以从 2 个到成百个，其中亚基数量较少的蛋白质又可称为寡聚体（oligomer）。由 2 个相同亚基组成的蛋白质称为同二聚体（homodimer），若亚基不同，则称异二聚体（heterodimer）。单独的亚基一般没有生物学功能，只有完整的四级结构才有生物学功能。血红蛋白是由 2 个 α 亚基和 2 个 β 亚基组成的四聚体，α 亚基和 β 亚基分别含有 141 个和 146 个氨基酸。两种亚基的三级结构颇为相似，且每个亚基都结合有 1 个血红素辅基（图 1-17）。4 个亚基通过 8 个离子键相连，形成血红蛋白的四聚体，具有运输氧和 $CO_2$ 的功能。但每 1 个亚基单独存在时，虽可结合氧且与氧亲和力增强，但在体内组织中难于释放氧。

Notes

图 1-17　血红蛋白的四级结构示意图

## 五、蛋白质的结构与功能是其分类基础

1. **根据蛋白质分子组成分为单纯蛋白质和结合蛋白质**　单纯蛋白质（simple protein）只由氨基酸组成，结合蛋白质（conjugated protein）除了氨基酸外还连接有其他化学基团，这些非氨基酸部分称为辅基（prosthetic group），绝大部分辅基是通过共价键方式与蛋白质部分相连。构成蛋白质辅基的种类很多，常见的有色素化合物、寡糖、脂类、磷酸、金属离子甚至分子质量较大的核酸。细胞色素 c（cytochrome c）是含有色素的结合蛋白质，其铁卟啉环上的乙烯基侧链与蛋白质部分的半胱氨酸残基以硫醚键相连，铁卟啉中的铁离子是细胞色素 c 的重要功能基团。免疫球蛋白是一类糖蛋白，作为辅基的数支寡糖链通过共价键与蛋白质部分连接。

2. **根据蛋白质形状分为纤维状蛋白质和球状蛋白质**　通常把多肽链排列成线状或片状的蛋白质称为纤维蛋白（fibrous proteins），而多肽链折叠成球形的蛋白质称为球状蛋白（globular proteins）。纤维蛋白多含有大量单一形式的二级结构，在生物体中起着支撑、维持形状和外部保护的支架作用，较难溶于水；球状蛋白则含有多种二级结构，包括酶、转运蛋白、动力蛋白、调节蛋白、免疫球蛋白和各种有其他功能的蛋白质，多数是可溶于水的。

3. **根据蛋白质功能进行分类**　根据蛋白质功能可将蛋白质分为酶蛋白、调节蛋白、运输蛋白、结构蛋白等。也可根据蛋白质的定位分布进行分类，如膜蛋白、核蛋白等。

4. **根据蛋白质结构特点进行分类**　许多蛋白质具有类似的结构，在某些情况下反映了共同的进化起源。随着对肽 / 蛋白质结构和功能认识的深入，根据蛋白质的结构特点进行分类成为

Notes

当前研究的新趋势。最具代表性，应用最为广泛的结构分类数据库有 SCOP、CATH、FSSP。

SCOP（Structural Classification of Proteins）数据库将蛋白质按照类（class）、折叠（folds）、超家族（super family）、家族（family）、结构域（domain）的层次进行分类，以反映它们结构和进化的相关性。SCOP 首先从总体上将蛋白质分成 11 类，其中最主要的四类为全 α 型、全 β 型、以平行 β 折叠为主的 α/β 型和以反平行 β 折叠为主的 α+β 型。然后，再将属于同一类的蛋白质按照折叠、超家族、家族、结构域的层次组织起来。例如，SCOP 1.75 版本有 46 456 个全 α 型蛋白质，该类下有 284 个折叠类。以人血清白蛋白为例，它属于全 α 类型下的第 251 个折叠类，该折叠类下有一个超家族，超家族包括一个家族，该家族又按结构域分为血清白蛋白和维生素 D 结合蛋白两种，人血清白蛋白（PDB ID: 1AO6）属于前者。

## 第三节　蛋白质的结构与功能的关系

蛋白质的功能与其结构密切相关。具有不同生物学功能的蛋白质，通常具有不同的一级结构。蛋白质一级结构的变化，可导致其功能的改变。不同物种中具有相同功能的蛋白质的氨基酸序列虽然可能有很大的差异，但通常是相似或相同的。有些蛋白质的氨基酸序列也不是绝对固定不变的，而是有一定的可塑性。据估算，人类有 20% 至 30% 的蛋白质具有多态性（polymorphism），即在人类群体中的不同个体间，这些蛋白质存在着氨基酸序列的多样性，但几乎不影响蛋白质的功能。尽管蛋白质的结构与功能的关系很复杂，总体而言，蛋白质的功能是由其结构所决定的。

### 一、蛋白质一级结构与功能的关系

#### （一）一级结构是空间构象和功能的基础

20 世纪 60 年代 Anfinsen CB 在研究核糖核酸酶时发现，蛋白质的功能与其三级结构密切相关，而特定三级结构是以氨基酸顺序为基础的。核糖核酸酶由 124 个氨基酸残基组成，有 4 对二硫键（Cys26 和 Cys84，Cys40 和 Cys95，Cys58 和 Cys110，Cys65 和 Cys72）（图 1-18a）。用尿素（或盐酸胍）和 β- 巯基乙醇处理该酶溶液，分别破坏次级键和二硫键，使其二、三级结构遭到破坏，但肽键（一级结构中的氨基酸顺序）不受影响，此时该酶活性丧失殆尽。当用透析方法去除尿素和 β- 巯基乙醇后，松散的多肽链，循其特定的氨基酸序列，卷曲折叠成天然酶的空间构象，4 对二硫键也正确配对，这时酶活性又逐渐恢复至原来水平（图 1-18b）。这一现象充分证实蛋白质一级结构是空间构象的基础。

一级结构相似的多肽或蛋白质，其空间构象以及功能也相似。例如不同哺乳动物的胰岛素分子都由 A 和 B 两条链组成，一级结构也仅有个别氨基酸残基的差异（表 1-2），且二硫键的配对和空间构象也极相似。此外，垂体前叶分泌的促肾上腺皮质激素（ACTH）和促黑激素（α-MSH，β-MSH）共有一段相同的氨基酸序列（图 1-19），因此，ACTH 也可促进皮下黑色素生成但作用较弱。

#### （二）一级结构提供重要的生物进化信息

蛋白质一级结构（氨基酸序列）比对常被用来预测蛋白质之间结构与功能的相似性。将 2 个蛋白质的氨基酸序列准确地对齐，然后计算相同的氨基酸数。若氨基酸序列中相同的氨基酸所占比例很高，即此 2 个序列具有同源性（homology），则该 2 个蛋白质被称为同源蛋白质。严格地说，同源蛋白质仅指同一基因进化而来的蛋白质。而序列相似但非进化相关的 2 个蛋白质的序列，常被称为相似序列。

一般而言，在不同种属具有同样功能的蛋白质分子内，活性部位的氨基酸残基是保守的，其中相当部分甚至是不变的。越是重要的、普遍存在的蛋白质，在进化过程中，氨基酸残基的

Notes

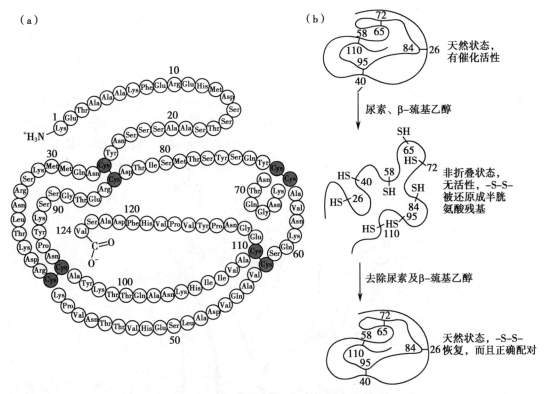

图 1-18　牛核糖核酸酶一级结构与空间结构的关系

（a）牛核糖核酸酶的氨基酸序列；（b）β- 巯基乙醇及尿素对牛核糖核酸酶的作用

表 1-2　哺乳类动物胰岛素 A 链氨基酸序列的差异

| 胰岛素 | 氨基酸残基序号 | | | |
|---|---|---|---|---|
| | A5 | A6 | A10 | A30 |
| 人 | Thr | Ser | Ile | Thr |
| 猪 | Thr | Ser | Ile | Ala |
| 狗 | Thr | Ser | Ile | Ala |
| 兔 | Thr | Gly | Ile | Ser |
| 牛 | Ala | Gly | Val | Ala |
| 羊 | Ala | Ser | Val | Ala |
| 马 | Thr | Ser | Ile | Ala |

A5 表示 A 链第 5 位氨基酸，其余类推

ACTH　$H_3N^+$—丝—酪—丝——蛋—谷—组—苯—精—色—甘——赖—脯…苯丙—$COO^-$

α-MSH　$H_3C$—C—丝—酪—丝——蛋—谷—组—苯—精—色—甘——赖—脯—缬—$CONH_2$
　　　　　　‖
　　　　　　O

β-MSH　甘—酪—脯—酪—精——蛋—谷—组—苯—精—色—甘——丝—脯—赖—天—$COO^-$
　　　　│
　　　　谷
　　　　│
　　　天—赖—谷—丙—$NH_3^+$

图 1-19　ACTH、α-MSH 和 β-MSH 一级结构比较

Notes

变异越少。最典型的例子是泛素（ubiquitin），它是一个含有 76 个氨基酸残基的蛋白质，参与调节蛋白质降解，即使在人类和果蝇这样差异巨大的生物中，它的氨基酸序列都是相同的。蛋白质中经常发生变异的氨基酸残基一般都是对蛋白质功能影响很小甚至没有影响的氨基酸残基。

　　一些广泛存在于生物界的蛋白质如细胞色素 c（cytochrome c），比较它们的一级结构，可以帮助了解物种进化间的关系（图 1-20）。物种越接近，则细胞色素 c 的一级结构越相似，其空间构象和功能也相似。例如猕猴与人类很接近，两者一级结构只相差 1 个氨基酸残基，即第 102 位氨基酸猕猴为精氨酸，人类为酪氨酸；人类和黑猩猩的细胞色素 c 一级结构完全相同。面包酵母与人类从物种进化看，两者相差极远，所以两者细胞色素 c 一级结构相差达 51 个氨基酸。灰鲸是哺乳动物，由陆上动物演化，它与猪、牛及羊只差 2 个氨基酸。

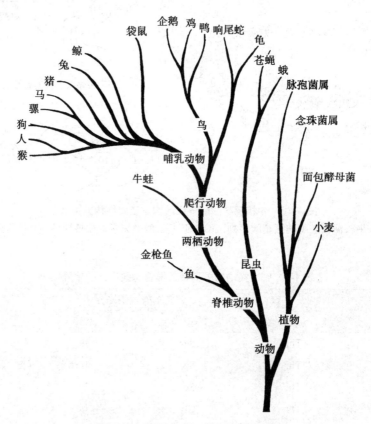

图 1-20　细胞色素 c 的生物进化树

### （三）一级结构的改变可能引起疾病

　　蛋白质分子中起关键作用的氨基酸残基缺失或被替代，会严重影响空间构象乃至生理功能，甚至导致疾病产生。在人类中目前发现的 300 多种遗传突变血红蛋白中，大多数都只有一个氨基酸残基被取代，有些对血红蛋白的结构和功能影响很小，有些则非常严重，例如镰状细胞贫血症。正常的血红蛋白（称为血红蛋白 A，HbA）中，2 个 β 亚基的第 6 位氨基酸是谷氨酸，而在镰状细胞贫血患者的血红蛋白（称为血红蛋白 S，HbS）中，谷氨酸被缬氨酸替换，即酸性氨基酸被中性氨基酸替换。这一取代导致 β 亚基的表面产生了一个疏水的"黏性位点"。黏性位点使得脱氧 HbS 之间发生不正常的聚集，形成纤维样沉淀。这些沉淀的长纤维能扭曲并刺破红细胞，引起溶血和多种继发症状。这种因蛋白质分子发生变异所导致的疾病，被称之为"分子病"，其病因为基因突变所致。

## 二、蛋白质的功能依赖特定空间结构

　　体内蛋白质所具有的特定空间构象都与其发挥特殊的生理功能有着密切的关系。例如角

蛋白含有大量 α- 螺旋结构，与富角蛋白组织的坚韧性并富有弹性直接相关；而丝心蛋白分子中含有大量 β- 折叠结构，致使蚕丝具有伸展和柔软的特性。许多蛋白质可由于构象改变而发生功能活性的变化。

### （一）血红蛋白构象改变引起功能变化

肌红蛋白（Mb）和血红蛋白（Hb）与氧结合的特点是了解蛋白质空间结构与功能关系的很好的例子。本节以肌红蛋白和血红蛋白为例阐述蛋白质空间结构与功能的关系。

1. **肌红蛋白和血红蛋白都通过血红素辅基与氧结合** 肌红蛋白和血红蛋白是体内能够携带氧的两种重要蛋白质，它们的携氧功能都是通过其辅基血红素来实现的。血红素由一个复杂的原卟啉环状结构组成，并结合一个亚铁离子（图 1-21）。亚铁离子有 6 个配位键，其中 4 个与卟啉环的 N 原子结合，另外 2 个与卟啉环平面垂直，其中一个配位键可与蛋白质来源的组氨酸残基结合，另一个配位键则与氧分子结合。

肌红蛋白（myoglobin）含有一个血红素（图 1-14），因此一分子 Mb 只能结合一分子氧。血红素中 $Fe^{2+}$ 的两个垂直于卟啉环的配位键之一与肌红蛋白的 93 位（又可称 F8，代表 α- 螺旋 F 中的第 8 个氨基酸）组氨酸残基结合，而另一个与氧分子结合的配位键接近第 64 位（E7）组氨酸（图 1-14b）。血红素分子中的两个丙酸侧链以离子键形式与肽链中的两个碱性氨基酸侧链上的正电荷相连，所以血红素辅基与蛋白质部分稳定结合。

血红蛋白和肌红蛋白的一级结构差别很大，但是 Hb 各亚基的三级结构与 Mb 极为相似。血红蛋白（hemoglobin，Hb）由 4 个亚基组成（图 1-17），每个亚基结构中间有一个疏水区域，可结合 1 个血红素并携带 1 分子氧，因此一分子 Hb 能结合 4 分子氧。成年人红细胞中的 HbA 主要由两条 α 肽链和两条 β 肽链（$α_2β_2$）组成，α 链含 141 个氨基酸残基，β 链含 146 个氨基酸残基。胎儿期主要为 $α_2γ_2$（HbF），胚胎期为 $α_2ε_2$（Hbε）。Hb 亚基之间通过 8 对盐键（图 1-22），使 4 个亚基紧密结合形成亲水的球状蛋白。

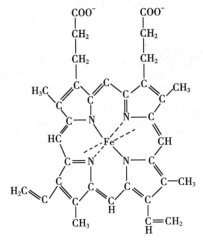

图 1-21 血红素结构

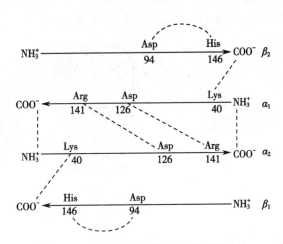

图 1-22 脱氧 Hb 亚基间和亚基内的盐键

2. **血红蛋白的构象变化影响结合氧的能力** Mb 和 Hb 均能可逆地与 $O_2$ 结合，氧合蛋白占总蛋白的百分数（氧饱和度）随 $O_2$ 浓度的变化而变化，氧解离曲线反映了它们的携氧功能。图 1-23 为 Mb 和 Hb 的氧解离曲线，前者为直角双曲线，后者为 S 状曲线。由此可见，Mb 易与 $O_2$ 结合，而 Hb 与 $O_2$ 的结合在 $O_2$ 分压较低时较难。Hb 与 $O_2$ 结合的 S 型曲线提示 Hb 的 4 个亚基与 4 个 $O_2$ 结合时平衡常数并不相同，而是有 4 个不同的平衡常数。根据 S 形曲线的特征可知，Hb 中第一个亚基与 $O_2$ 结合以后，促进第二及第三个亚基与 $O_2$ 的结合，当前 3 个亚基与 $O_2$ 结合后，又大大促进第四个亚基与 $O_2$ 结合，这种效应称为正协同效应（positive cooperative effect）。

Notes

协同效应的定义是指一个亚基与其配体(Hb 中的配体为 $O_2$)结合后,能影响此寡聚体中另一亚基与配体的结合能力。如果是促进作用则称为正协同效应;反之则为负协同效应。

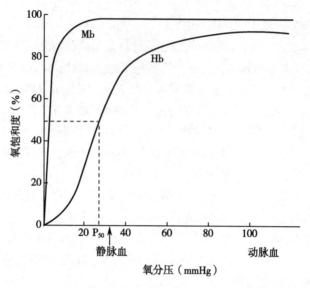

图 1-23　肌红蛋白(Mb)与血红蛋白(Hb)的氧解离曲线

Pertutz M 等利用 X 线衍射技术分析 Hb 和氧合 Hb 晶体的三维结构时,发现脱氧 Hb 和氧合 Hb 的三维结构明显不同,这一现象解释了 Hb 与 $O_2$ 结合的正协同效应。脱氧 Hb(未结合 $O_2$ 时)的 $\alpha_1/\beta_1$ 和 $\alpha_2/\beta_2$ 呈对角排列,结构较为紧密,称为紧张态(tense state,T 态),T 态 Hb 与 $O_2$ 的亲和力小。随着 $O_2$ 的结合,4 个亚基羧基末端之间的盐键(图 1-22)断裂,其二级、三级和四级结构也发生变化,使 $\alpha_1/\beta_1$ 和 $\alpha_2/\beta_2$ 的长轴形成 15° 的夹角(图 1-24),结构显得相对松弛,称为松弛态(relaxed state,R 态)。图 1-25 显示 Hb 氧合与脱氧时 T 态和 R 态相互转换的可能方式。T 态转变成 R 态是逐个结合 $O_2$ 而完成的。

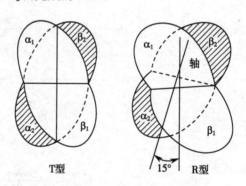

图 1-24　Hb 的 T 态和 R 态互变

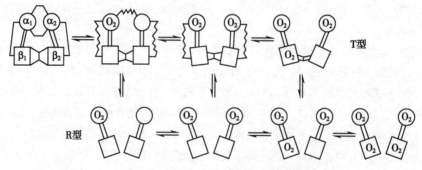

图 1-25　Hb 氧合与脱氧构象转换示意图

Notes

氧分子与Hb亚基结合后引起亚基构象变化的这种现象称为变构效应（allosteric effect）。小分子$O_2$称为变构效应剂（allosteric effector）。Hb发生变构效应的机制是：脱氧Hb中$Fe^{2+}$半径大于卟啉环中间的孔，因此$Fe^{2+}$高出卟啉环平面0.075nm，而靠近F8位组氨酸残基。当第1个$O_2$与血红素$Fe^{2+}$结合后，使$Fe^{2+}$的半径变小，进入到卟啉环中间的小孔中（图1-26），引起F肽段等一系列微小的移动，同时影响附近肽段的构象，造成两个α亚基间的盐键断裂，使亚基间结合松弛，可促进第二个亚基与$O_2$结合，依此方式可影响第三、四个亚基与$O_2$结合，最后使4个亚基全处于R态。变构效应及变构调节在酶活性调节（第五章）、物质代谢调节（第十二章）中具有普遍意义。

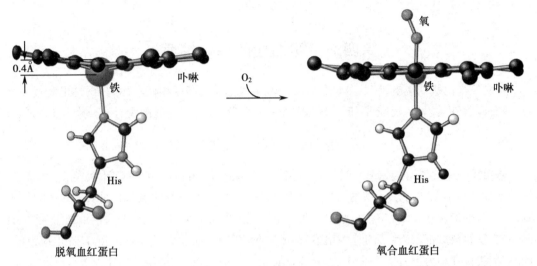

图1-26 血红素与$O_2$结合

**3. 结构的差异决定了Mb和Hb具有不同的功能** 肌红蛋白是只有三级结构的单链蛋白质，不存在变构协同效应。肌红蛋白和血红蛋白的结构不同，虽然都有携氧能力，但其生理功能不同。Hb的主要功能是在肺与组织之间运输氧，而Mb的主要功能是在肌肉组织内贮存氧。从Mb和Hb的氧解离曲线可以看出，Mb与$O_2$的亲和力明显高于Hb。体内动脉血和肺部的氧分压（$PO_2$）约为13kPa（1mmHg=133.322Pa），Mb和Hb都能达到95%的氧饱和度。在肌肉中，休息时毛细血管中的$PO_2$大约5kPa，此时Hb能维持75%左右的氧饱和度，肌肉活动时大量耗氧，$PO_2$下降至1.5kPa左右，此时Hb的氧饱和度仅10%，可以有效释放氧供给肌肉活动需要，而Mb仍能维持80%的氧饱和度，起到贮存氧的作用，Mb只有在氧分压极低的情况下才释放$O_2$。

**（二）蛋白质构象改变可导致构象病**

蛋白质的合成后加工和成熟过程中，多肽链的正确折叠对其正确构象形成和功能发挥至关重要。在一级结构不变的情况下，若蛋白质的折叠发生错误，构象发生改变，仍可影响功能，严重时可导致疾病发生，有人将此类疾病称为蛋白质构象病（protein conformational diseases）。有些蛋白质错误折叠后相互聚集，常形成抗蛋白水解酶的淀粉样纤维沉淀，产生毒性而致病，表现为蛋白质淀粉样纤维沉淀的病理改变，这类疾病包括人纹状体脊髓变性病、老年痴呆症、亨廷顿舞蹈病（Huntington disease）、疯牛病等。

疯牛病是由朊（病毒）蛋白（prion protein, PrP）引起的一组人和动物神经退行性病变，PrP与其他病原体最大的不同在于它不含核酸。PrP是染色体基因编码的蛋白质，分子质量33～35kD，它有两种构象：正常PrP的水溶性强、对蛋白酶敏感、二级结构为多个α-螺旋，称为$PrP^C$（细胞型）；致病的PrP蛋白称为$PrP^{Sc}$（瘙痒型），$PrP^{Sc}$与$PrP^C$的一级结构完全相同，但$PrP^{Sc}$的构象为全β-折叠，是$PrP^C$的构象异构体。外源或新生的$PrP^{Sc}$可以作为模板，通过复杂的机制使仅含α-螺旋的$PrP^C$重新折叠成为仅含β-折叠的$PrP^{Sc}$，并可形成聚合体。由于$PrP^{Sc}$对蛋白酶不敏感，水溶性差，而且对热稳定，可以相互聚集，最终形成淀粉样纤维沉淀而致病。

Notes

### 三、蛋白质的化学修饰是其功能调控的重要方式

基因通过转录和翻译表达的产物——蛋白质，并不一定是具有生物学功能的成熟蛋白质，新生蛋白质通常还需要进行蛋白质翻译后的化学修饰（第十七章）。如新合成的胶原蛋白（collagen）分子中多个脯氨酸残基被羟基化，使参与形成的胶原纤维趋于稳定。即使成熟的蛋白质发生化学修饰也常引起功能变化。许多合成后的蛋白质分子中的丝氨酸、苏氨酸、酪氨酸的羟基，在特定的激酶催化下均被磷酸化，形成磷酸化修饰的蛋白质，从而调节蛋白质的活性。相关内容将在后面相关章节中介绍（第五、十二、十九、二十章）。

## 第四节　蛋白质的理化性质

蛋白质是由氨基酸组成，故其理化性质必然与氨基酸相同或相似。例如，两性电离及等电点、紫外吸收性质、呈色反应等；但蛋白质又是生物大分子，具有氨基酸没有的一些理化性质。

### 一、蛋白质具有两性解离性质

蛋白质分子除两端的氨基和羧基可解离外，氨基酸残基侧链中某些基团，如谷氨酸、天冬氨酸残基中的 $\gamma$- 和 $\beta$- 羧基，赖氨酸残基中的 $\varepsilon$- 氨基、精氨酸残基的胍基和组氨酸残基的咪唑基，在一定的溶液 pH 条件下都可解离成带负电荷或正电荷的基团。当蛋白质溶液处于某一 pH 时，蛋白质解离成正、负离子的趋势相等，即成为两性离子 / 兼性离子（zwitterion），净电荷为零，此时溶液的 pH 称为蛋白质的等电点（isoelectric point, pI）。蛋白质溶液的 pH 大于等电点时，该蛋白质颗粒带负电荷，反之则带正电荷。

体内各种蛋白质的等电点不同，大多数接近 pH 5.0。所以在人体体液 pH 7.4 的环境下，大多数蛋白质解离成阴离子。少数蛋白质含碱性氨基酸较多，其等电点偏于碱性，被称为碱性蛋白质，如鱼精蛋白、组蛋白等。也有少量蛋白质含酸性氨基酸较多，其等电点偏于酸性，被称为酸性蛋白质，如胃蛋白酶和丝蛋白等。

### 二、蛋白质具有胶体性质

蛋白质属于生物大分子之一，分子质量可自 1 万～100 万之间，其分子的直径可达 1～100nm，为胶粒范围之内。蛋白质颗粒表面大多为亲水基团，可吸引水分子，使颗粒表面形成一层水化膜，从而阻断蛋白质颗粒的相互聚集，防止溶液中蛋白质的沉淀析出。除水化膜是维持蛋白质胶体稳定的重要因素外，蛋白质颗粒表面带有电荷，也可起稳定的作用。若去除蛋白质胶体颗粒表面电荷和水化膜两个稳定因素，蛋白质极易从溶液中析出。

### 三、蛋白质空间结构破坏可引起变性

在某些物理和化学因素作用下，维系蛋白质空间结构的次级键（有时也包括二硫键）断裂，使其有序的空间结构变成无序的结构，从而导致其理化性质的改变和生物活性的丧失，称为蛋白质的变性（denaturation）。一般认为蛋白质的变性主要发生二硫键和非共价键的破坏，不涉及一级结构中氨基酸序列的改变。蛋白质变性后，其理化性质及生物学性质发生改变，如溶解度降低，粘度增加，结晶能力消失，生物活性丧失，易被蛋白酶水解等。造成蛋白质变性的因素有多种，常见的有加热、乙醇等有机溶剂、强酸、强碱、重金属离子及生物碱试剂等。在临床医学上，变性因素常被应用来消毒及灭菌。此外，防止蛋白质变性也是有效保存蛋白质制剂（如疫苗等）的必要条件。

若蛋白质变性程度较轻，去除变性因素后，有些蛋白质仍可恢复或部分恢复其原有的构象

Notes

和功能,称为复性(renaturation)。如图1-18所示,在核糖核酸酶溶液中加入尿素和β-巯基乙醇,可解除其分子中的4对二硫键,并破坏分子中的次级键,使空间构象遭到破坏,丧失生物活性。变性后如经透析方法去除尿素和β-巯基乙醇,并设法使巯基氧化成正确配对的二硫键,核糖核酸酶又恢复其原有的构象,生物学活性也几乎全部重现。但是许多蛋白质变性后,空间构象严重被破坏,不能复原,称为不可逆性变性。

蛋白质从溶液中析出的现象称为蛋白质沉淀。变性的蛋白质因其疏水侧链暴露,丧失水化膜,肽链相互缠绕聚集,因而易于从溶液中沉淀。但有时蛋白质发生沉淀,并不变性。使蛋白质沉淀的方法很多,例如向溶液中加入大量中性盐可夺去蛋白质水化膜并中和电荷,使得蛋白质析出。乙醇、正丁醇、丙酮等有机溶剂可降低溶液的介电常数,夺取蛋白质水化膜,使蛋白质发生沉淀。加入有机盐和有机溶剂的沉淀法常用于蛋白质的分离和纯化。汞、铅、铜、银等重金属离子可与带负电荷的蛋白质结合,使蛋白质变性沉淀。临床上抢救重金属中毒的患者时,常用口服大量蛋白质(如牛奶)和催吐剂的方法。

蛋白质经强酸、强碱作用发生变性后,仍能溶解于强酸或强碱溶液中,若将pH调至等电点,则变性蛋白质立即结成絮状的不溶解物,这种现象称为蛋白质的结絮作用(flocculation)。此絮状物仍可溶解于强酸和强碱中。如再加热则絮状物可变成比较坚固的凝块,此凝块不易再溶于强酸和强碱中,这种现象称为蛋白质的凝固(coagulation)。实际上凝固是蛋白质变性后进一步发展的不可逆的结果。

### 四、蛋白质在紫外光谱区有特征性吸收峰

由于蛋白质分子中有含共轭双键的酪氨酸和色氨酸,因此在280nm紫外光波长处有特征性吸收峰。在此波长范围内,蛋白质溶液的光吸收值($A_{280}$)与蛋白质含量呈正比关系,因此可用作蛋白质定量测定。

### 五、蛋白质呈色反应可用于蛋白质浓度测定

1. 蛋白质经水解后产生茚三酮反应　蛋白质经水解后产生氨基酸,因而可发生茚三酮反应(ninhydrin reaction)(本章第一节)。

2. 肽链中的肽键可与双缩脲试剂反应　蛋白质和多肽分子中的肽键在稀碱溶液中与硫酸铜共热,呈现紫色或红色,称为双缩脲反应(biuret reaction)。因氨基酸不出现此反应,当蛋白质溶液中蛋白质的水解不断进行,氨基酸浓度上升,其双缩脲呈色的深度就逐渐下降,因此双缩脲反应可检测蛋白质水解程度。

3. 酚试剂呈色反应　酚试剂呈色反应是最常用的蛋白质定量方法,又称为Lowry法。此法的显色原理与双缩脲方法是相同的,只是加入了第二种试剂,即Folin酚试剂,以增加显色量,从而提高了检测蛋白质的灵敏度。在碱性条件下,蛋白质中的肽键与铜结合生成复合物。此复合物使酚试剂的磷钼酸还原,产生蓝色化合物,在一定条件下,利用蓝色深浅与蛋白质浓度的线性关系作标准曲线并测定样品中蛋白质的浓度。

4. 考马斯亮蓝呈色反应　考马斯亮蓝G-250与蛋白质通过范德华力结合后颜色由红色变为蓝色,最大吸光度由465nm变成595nm,通过测定595nm波长处光吸收的增加量可测定与其结合的蛋白质的量。这种方法干扰物少,是一种快速、灵敏的蛋白质浓度定量方法。

## 第五节　蛋白质分离、纯化和结构分析

为了研究一个蛋白质的结构和功能,需要将它从所有其他蛋白质中分离、纯化出来。经典的方法是先破碎组织细胞,将蛋白质溶解于合适的溶液中,再利用蛋白质的理化特征,采用分

Notes

步骤的分离纯化手段将溶液中的蛋白质相互分离,最终得到一个单一的蛋白质组分。继而再进一步对蛋白质的一级结构和三维结构进行分析测定。目前尚没有一种方法能纯化出所有蛋白质,每一种蛋白质的纯化过程都是许多方法综合应用的系列过程。

## 一、基于蛋白质理化性质的分离和纯化方法

### (一)根据蛋白质分子大小进行分离

利用各种蛋白质不同的分子质量和形状,可采用离心、透析、超滤、凝胶过滤层析等技术将其分离。

**1. 利用透析和超滤法浓缩蛋白质**  利用透析袋将大分子蛋白质与小分子化合物分开的方法称为透析(dialysis)。透析袋是用具有超小微孔的半透膜,如硝酸纤维素膜制成。微孔一般只允许分子质量为 10kD 以下的化合物通过。蛋白质是高分子化合物故留在袋内。将含有杂质的蛋白质溶液装入透析袋,再置于流动的水或缓冲液中,小分子物质透过薄膜,大分子蛋白质留于袋内。透析结束后还可以将透析袋再放入吸水剂(多为高分子聚合物,如聚乙二醇)中,则袋内水分透出袋外,袋内蛋白质溶液得到浓缩。

应用正压或离心力使蛋白质溶液透过有一定截留分子量的超滤膜,达到分离和浓缩蛋白质溶液的目的,称为超滤(ultra-filtration)。商品化的超滤管使得此种方法简便易行,可根据需要选择不同孔径的超滤膜以截留不同分子质量的蛋白质,且回收率高,是纯化和浓缩蛋白质的常用方法。

**2. 利用凝胶过滤层析将蛋白质按大小分离**  层析(chromatography)又称色谱法。此法是将待分离蛋白质溶液(流动相)经过一个固态物质(固定相),根据溶液中待分离的蛋白质颗粒大小、电荷多少及亲和力等,使待分离的蛋白质组分在两相中反复分配,并以不同速度流经固定相,从而达到分离蛋白质的目的。层析种类很多,有离子交换层析(ion-exchange chromatography)、凝胶过滤层析(gel filtration chromatography)、亲和层析(affinity chromatography),以及薄层层析(thin layer chromatography, TLC)等。其中凝胶过滤层析和离子交换层析应用最广。

凝胶过滤层析是根据天然蛋白质相对分子质量大小进行分离的技术,又称分子筛层析。层析柱内填满带有微孔的胶粒(如葡聚糖凝胶颗粒)制成,蛋白质溶液加入柱之顶部,随着溶液向下流动,小分子蛋白质能进入胶粒的微孔内,因而在柱中滞留时间较长,大分子蛋白质不能进入微孔内而径直流出,因此不同大小的蛋白质得以分离(图 1-27)。

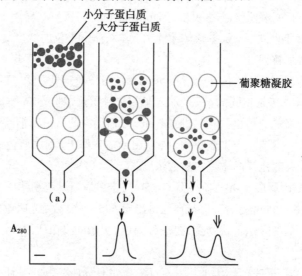

**图 1-27    凝胶过滤层析分离蛋白质**
a. 大球是葡聚糖凝胶颗粒(固定相);b. 蛋白质样品(流动相)
上柱后,小分子进入凝胶微孔,大分子不能进入,故洗脱时大
分子先洗脱下来;c. 小分子后洗脱出来

Notes

3. **利用蛋白质颗粒沉降行为差异进行超速离心分离**　超速离心法（ultracentrifugation）既可以用来分离纯化蛋白质也可以用作测定蛋白质的分子质量，其结果精确，并且可保留多聚蛋白质的活性。蛋白质在高达 50 万 g（g 为 gravity，即地心引力）的重力作用下，在溶液中逐渐沉降，直至其浮力（buoyant force）与离心所产生的力相等，此时沉降停止。不同蛋白质其密度与形态各不相同，因此用上述方法可将它们分开。蛋白质在离心场中的行为用沉降系数（sedimentation coefficient，S）表示，沉降系数（S）使用 Svedberg 单位（$1S = 10^{-13}$ 秒）。S 与蛋白质的密度和形状相关（表 1-3）。

表 1-3　蛋白质的分子量和沉降系数

| 蛋白质 | 分子量 | S |
|---|---|---|
| 细胞色素 c（牛心） | 13 370 | 1.17 |
| 肌红蛋白（马心） | 16 900 | 2.04 |
| 糜蛋白酶原（牛胰） | 23 240 | 2.54 |
| β- 乳球蛋白（羊奶） | 37 100 | 2.90 |
| 血红蛋白（人） | 64 500 | 4.50 |
| 血清白蛋白（人） | 68 500 | 4.60 |
| 过氧化氢酶（马肝） | 247 500 | 11.30 |
| 脲酶（刀豆） | 482 700 | 18.60 |
| 纤维蛋白原 | 339 700 | 7.60 |

### （二）根据蛋白质电荷性质来分离

1. **利用离子交换层析分离带电荷不同的蛋白质**　蛋白质是两性电解质，在某一特定 pH 时，各蛋白质的电荷量及性质不同，故可以通过离子交换层析得以分离。图 1-28 介绍的是阴离子交换层析，将阴离子交换树脂颗粒（如 DEAE 纤维素）填充在层析管内，由于阴离子交换树脂颗粒上带正电荷，能吸引溶液中的阴离子。然后再用含阴离子（如 Cl⁻）的溶液洗柱。含负电量小的蛋白质首先被洗脱下来，然后增加 Cl⁻ 浓度，含负电量多的蛋白质可被洗脱下来，达到分离的目的。

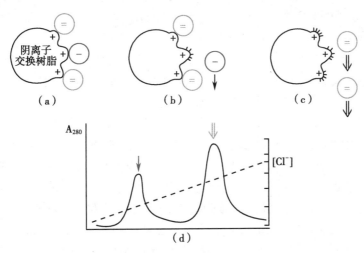

图 1-28　离子交换层析分离蛋白质

（a）样品全部交换并吸附到树脂上；（b）负电荷较少的分子用较稀的 Cl⁻
或其他负离子溶液洗脱；（c）电荷多的分子随 Cl⁻ 浓度增加依次洗脱；
（d）洗脱图 $A_{280}$ 表示为 280nm 的吸光度

Notes

2. **利用电泳技术分离蛋白质**　蛋白质在高于或低于其 pI 的溶液中为带电的颗粒，在电场中能向正极或负极移动。这种通过蛋白质在电场中泳动而达到分离各种蛋白质的技术，称为电泳（electrophoresis）。根据支撑物的不同，有薄膜电泳、凝胶电泳等。薄膜电泳是将蛋白质溶液点样于薄膜上，薄膜两端分别加正负电极，此时带正电荷的蛋白质向负极泳动；带负电荷的向正极泳动；带电多，分子质量小的蛋白质泳动速率快；带电少，分子质量大的则泳动慢，于是蛋白质被分离。凝胶电泳的支撑物为琼脂糖、淀粉或聚丙烯酰胺凝胶。凝胶置于玻璃板上或玻璃管中，凝胶两端分别加上正、负电极，蛋白质即在凝胶中泳动。电泳结束后，用蛋白质显色剂显色，即可看到一条条已被分离的蛋白质色带。

若蛋白质样品和聚丙烯酰胺凝胶系统中加入带负电荷较多的十二烷基磺酸钠（SDS），使蛋白质颗粒表面覆盖一层 SDS 分子，导致蛋白质分子间的电荷差异消失，此时蛋白质在电场中的泳动速率仅与蛋白质颗粒大小有关。加之聚丙烯酰胺凝胶具有分子筛效应，因而此种称之为SDS- 聚丙烯酰胺凝胶电泳（SDS-polyacrylamide gel electrophoresis，SDS-PAGE），常用于蛋白质的分离和分子质量的测定。

在聚丙烯酰胺凝胶中加入系列两性电解质载体，在电场中形成一个连续而稳定的线性 pH 梯度，也即 pH 从凝胶的正极向负极依次递增，电泳时被分离蛋白质处在偏离其等电点的 pH 位置时带有电荷而移动，至该蛋白质 pI 值相等的 pH 区域时，其净电荷为零而不再移动，这种通过蛋白质等电点的差异而分离蛋白质的电泳方法称为等电聚焦电泳（isoelectric equilibrium electrophoresis，IEE）。

双向凝胶电泳（two-dimentional gel electrophoresis，2-DGE），又称为二维电泳，是蛋白质组学研究中的一项最基本的技术。双向凝胶电泳的原理为第一向的蛋白质的 IEE，加之第二向的SDS-PAGE，利用蛋白质等电点和分子质量差异，将蛋白质混合物在二维平面上分离（第二十六章）。随着技术发展，包括 80 年代固相化 pH 梯度的完善而改善了双向凝胶电泳的重复性。80年代后期电喷雾质谱（electrospray ionization mass spectrometry，ESI/MS）和基质辅助的激光解析飞行时间质谱（matrix-assisted laser-desorption ionization time of flight mass spectrometry，MALDI/TOF/MS）技术发明及近年蛋白质双向电泳图谱的各种分析软件不断涌现，不仅使双向凝胶电泳的分辨率提高，而且可获取蛋白质的更多参数甚至翻译后修饰等信息。

（三）改变蛋白质的溶解度进行蛋白质浓缩

1. **利用盐析法浓缩蛋白质**　盐析（salting-out）是将硫酸铵、硫酸钠或氯化钠等加入蛋白质溶液，中和蛋白质表面电荷并破坏水化膜，导致蛋白质在水溶液中的稳定性因素被去除而沉淀。各种蛋白质盐析时所需的盐浓度及 pH 均不同。例如血清中的白蛋白及球蛋白，前者溶于 pH 7.0 左右的半饱和的硫酸铵溶液中，而后者在此溶液中沉淀。当硫酸铵溶液达到饱和时，白蛋白也随之析出。所以盐析法可将蛋白质初步分离，但欲得纯品，尚需用其他方法。许多蛋白质经纯化后，在盐溶液中长期放置逐渐析出，成为整齐的结晶。

2. **利用有机溶剂沉淀浓缩蛋白质**　利用与水互溶的有机溶剂（如甲醇、乙醇、丙酮等）能使蛋白质在水中的溶解度显著降低而沉淀。有机溶剂引起蛋白质沉淀的主要原因是加入有机溶剂使水溶液的介电常数降低，因而增加了两个相反电荷基团之间的吸引力，促进了蛋白质分子的聚集和沉淀。有机溶剂引起蛋白质沉淀的另一种解释认为与盐析相似，有机溶剂与蛋白质争夺水化水，致使蛋白质脱除水化膜，而易于聚集形成沉淀。有机溶剂沉淀时，温度是重要的控制指标。根据沉淀对象不同，采用的温度不同，为防止生物大分子在较高温度时发生变性，一般要求在低温下进行，同时还要考虑有机溶剂与水混合时的放热现象。例如使用丙酮沉淀时，必须在 0～4℃低温下进行，丙酮用量一般 10 倍于蛋白质溶液体积。蛋白质被丙酮沉淀后，应立即分离，否则蛋白质会变性。在实际生产中，常用的有机溶剂有乙醇、丙酮、异丙醇、氯仿等。丙酮的介电常数小，沉淀能力强；而乙醇无毒，广泛应用于药品生产中。

### （四）其他蛋白质分离方式

许多蛋白质具有与其结构相对应的专一分子发生可逆性结合的特征，如酶与底物及辅助因子、抗原与抗体、激素与受体等，利用这种分子间的亲和力也可对蛋白质进行纯化分离，常用的方法有亲和层析、免疫沉淀等。在具体实验中，将抗体交联至固相化的琼脂糖珠上，利用特异抗体能识别并结合相应抗原蛋白的性质，使抗原抗体复合物从蛋白质混合溶液中沉淀分离，这就是免疫沉淀法（immunoprecipitation）。进一步将抗原抗体复合物溶于含十二烷基磺酸钠和二巯基丙醇的缓冲液后加热，能使抗原从抗原抗体复合物分离而获得纯化。

## 二、蛋白质一级结构可通过两种策略进行分析

1953 年 Sanger F 首次完成胰岛素的氨基酸序列测定，揭开了蛋白质一级结构测定的序幕，随后科学家们又解开了 DNA 核苷酸序列如何决定蛋白质氨基酸序列的分子密码。随着方法学的不断改进和自动化分析仪器的产生，已有数千种蛋白质的氨基酸序列问世。要得到一个蛋白质的一级结构有两种基本策略：化学方法测定和通过 cDNA 序列分析。

### （一）用化学方法测定肽链的氨基酸序列

虽然细节上有了许多改变和革新，但 Sanger 发明的化学测序原理仍是目前氨基酸序列测定的基本方法。实际操作中，要测得一个蛋白质肽链的氨基酸残基序列，常需要将以下几种分析方法结合起来。

1. 水解法分析已纯化蛋白质的氨基酸残基组分　蛋白质经盐酸水解后成为个别氨基酸，用离子交换树脂将各种氨基酸分开，测定它们的量，算出各氨基酸在蛋白质中的百分组成或个数（图 1-29）。由于每个蛋白质与另一个蛋白质的氨基酸组分都是不同的，这种方法得到的结果被看作蛋白质的指纹图谱。但是水解方法不能确定蛋白质的氨基酸序列。

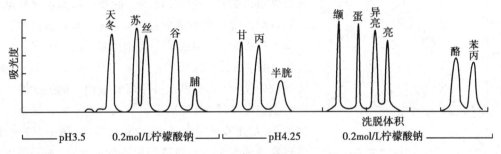

图 1-29　蛋白质水解后用离子交换层析分析其氨基酸组分

2. 标记和测定多肽链的 N 端与 C 端的氨基酸残基　Sanger 使用二硝基氟苯与多肽链 N 端的 α- 氨基作用生成二硝基苯氨基酸，然后将多肽水解，分离出带有二硝基苯基的氨基酸。目前多用丹酰氯使之生成丹酰衍生物，该物质具强烈荧光，更易鉴别。C 端的氨基酸残基可用羧肽酶将羧基端氨基酸残基水解下来。当鉴定了头、尾两端的氨基酸残基以后，此二头可作为整条肽链的标志点。

3. Edman 降解法测定肽段的氨基酸序列　将待测肽段先与异硫氰酸苯酯反应，该试剂只与氨基末端氨基酸的游离 α- 氨基作用。再用冷稀酸处理，氨基末端残基即自肽链脱落下来，成为异硫氰酸苯酯衍生物（图 1-30），用层析可鉴定为何种氨基酸衍生物。残留的肽链可继续与异硫氰酸苯酯作用。从 N- 端向 C- 端依次逐个鉴定出氨基酸的排列顺序。

自动化测序仪也是利用该方法的原理，它能以正确的比例混合试剂，分离并测定产物，十分灵敏，一般只需几个 μg 的蛋白质样品就能测定整个氨基酸序列。但是由于化学反应的效率不是 100%，每个循环中，没有参加上一个循环的肽链分子将释放游离氨基酸，造成反应的本底不断加大，最终无法再确认哪一个才是原始肽链上顺序脱下的氨基酸。即使现代的自动测序仪

Notes

可达到每个循环 99% 的效率，也只能够测定肽链中相邻的 50 个氨基酸残基。

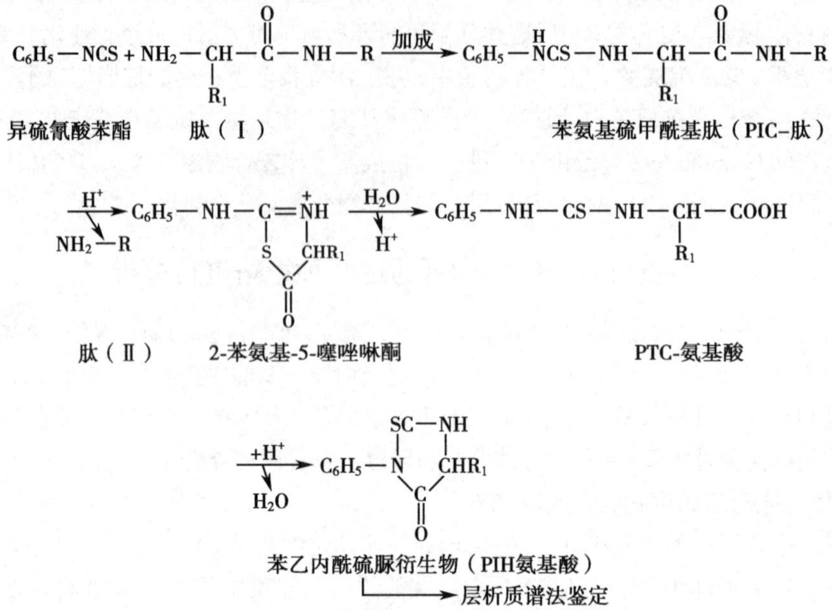

C₆H₅—NCS + NH₂—CHC—$\overset{O}{\overset{\|}{C}}$—NH—R $\xrightarrow{\text{加成}}$ C₆H₅—HCS—NH—CH—$\overset{O}{\overset{\|}{C}}$—NH—R

异硫氰酸苯酯        肽（Ⅰ）                                苯氨基硫甲酰基肽（PIC–肽）

$\overset{H^+}{\underset{NH_2\rightarrow R}{}}$ C₆H₅—NH—C⁺NH    $\xrightarrow[\text{H}^+]{\text{H}_2\text{O}}$ C₆H₅—NH—CS—NH—CH—COOH

肽（Ⅱ）    2-苯氨基-5-噻唑啉酮                    PTC-氨基酸

$\overset{+H^+}{\underset{H_2O}{}}$ C₆H₅

苯乙内酰硫脲衍生物（PIH氨基酸）
————→ 层析质谱法鉴定

图 1-30    肽的氨基酸末端测定法

**4. 大的蛋白质需分解成较小片段测序**    为了弥补 Edman 降解法测序的局限性，需要将大的多肽链分解成小片段（包括打断二硫键），分别进行测序，最后确定各片段在肽链中的先后顺序以及二硫键的位置。切割多肽链的方法有胰蛋白酶法、胰凝乳蛋白酶法、溴化氰法等。胰蛋白酶能水解赖氨酸或精氨酸的羧基所形成的肽键。所以，如果蛋白质分子中有 4 个精氨酸及赖氨酸残基，则可得到 5 个片段。胰凝乳蛋白酶水解芳香族氨基酸（苯丙氨酸、酪氨酸及色氨酸）羧基侧的肽键，溴化氰水解甲硫氨酸羧基侧的肽键。由水解生成的肽段，可用离子层析或其他层析方法将其分离纯化；如用双向纸电泳，可以得到肽图（图 1-31），由此分析肽段的多少。一般需采用数种水解法，并分析出各肽段中的氨基酸顺序，然后经过组合排列对比，最终得出完整肽链中氨基酸顺序的结果。

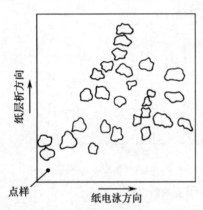

图 1-31    人血红蛋白双向肽图

（纸层析方向 / 纸电泳方向 / 点样）

**5. 质谱法测定肽段的氨基酸排列顺序**    以往质谱（mass spectrometry，MS）仅用于小分子挥发物质的分析，由于新的离子化技术的出现，如基质辅助激光解析 / 电离质谱（matrix-assisted laser desorption/ionization mass spectrometry，MALDI/MS）和电喷雾电离质谱（electrospray ionization mass spectrometry，ESI/MS）技术开始用于生物大分子的分析。其原理是：通过电离源将蛋白质分子转化为气相离子，然后利用质谱分析仪的电场、磁场将具有特定质量与电荷比值（M/Z 值）的蛋白质离子分离开来，经过离子检测器收集分离的离子，确定离子的 M/Z 值，分析鉴定未知蛋白质。实际工作中常用串联质谱（MS/MS）来对短肽进行测序，这种建立在质谱技术上的测序方法可以在几分钟内测定短肽 20～30 个氨基酸残基的序列。但是在测定长的肽链时，质谱法并不能代替 Edman 降解法。

**（二）用核酸序列来推演蛋白质中的氨基酸序列**

近年来，人们开始通过核酸序列来推演蛋白质中的氨基酸序列。蛋白质中的氨基酸顺序是从信使 RNA（mRNA）中核苷酸序列翻译过来的，因此只要找到相应的 mRNA 测出它的核苷

Notes

酸顺序，氨基酸序列也就清楚了。此方法先分离编码蛋白质的基因，测定 DNA 序列，排列出 mRNA 序列，按照三联密码的原则推演出氨基酸的序列。目前多数蛋白质的氨基酸序列都是通过此方法而获知的。

## 三、测定蛋白质空间结构有利于功能研究

解析蛋白质空间结构对于研究蛋白质结构与功能的内在关系至关重要，也为蛋白质或多肽药物的结构改造而提供理论依据。由于蛋白质的空间结构十分复杂，因而其测定的难度也较大，而且还需昂贵的仪器设备和先进的技术。随着结构生物学的发展，蛋白质二级结构和三维空间结构的测定也已普遍开展。

### （一）圆二色光谱可估算蛋白质二级结构比例

圆二色光谱（circular dichroism，CD）作为一种二级结构估算的量化工具在蛋白质研究中具有重要性。通常采用 CD 测定溶液状态下的蛋白质二级结构含量。CD 对二级结构非常敏感，α- 螺旋的 CD 峰有 222nm 处的负峰、208nm 处的负峰和 198nm 处的正峰 3 个成分；而 β- 折叠的 CD 谱很不固定。可见测定含 α- 螺旋较多的蛋白质，所得结果更为准确。蛋白质 CD 信号反映了二级结构的总和，可以估算一个未知蛋白质的二级结构的比例，且具有很高的精确度。

### （二）X 射线衍射法和核磁共振技术用于三维空间结构分析

X 射线衍射法（X-ray diffraction）和核磁共振技术（nuclear magnetic resonance，NMR）是研究蛋白质三维空间结构最准确的方法。通常采用的 X 射线衍射法，首先将蛋白质制备成晶体。迄今为止，并非所有纯化蛋白质都能制备成满意的能供三维结构分析的晶体。例如糖蛋白，由于蛋白质分子中糖基化位点和某些位点的糖链结构存在不均一性，很难获得糖蛋白的晶体。X 射线射至蛋白质晶体上，可产生不同方向的衍射，X 光片则接受衍射光束，形成衍射图。这种衍射图也即 X 射线穿过晶体的一系列平行剖面所表示的电子密度图。然后借助计算机绘制出三维空间的电子密度图。如一个肌红蛋白的衍射图有 25 000 个斑点，通过对这些斑点的位置、强度进行计算，已得出其空间结构。此外，近年建立的二维核磁共振技术，也已用于测定蛋白质三维空间结构。

### （三）生物信息学方法预测三维空间结构

在蛋白质研究领域，生物信息学着重于研究、分析蛋白质的氨基酸序列谱，从中鉴定诸如模体的结构特征、蛋白质家族或分类等。基于蛋白质之间存在氨基酸序列相似性，常可应用同源性检索算法（homology-searching algorithms）将蛋白质家族进行鉴定与分类。此法主要根据蛋白质在同一位置氨基酸的相同或相似程度，如极性、疏水性或质量大小等，给予"序列相似性"评分，以了解 2 个蛋白质的同源程度。同时，同源性检索算法也允许多肽链序列中片段的插入或缺失，使之能给出 2 个蛋白质之间最大可能的同源程度。具体来说，将新获得的氨基酸序列与 SWEISS-PROT、GenBank 或 EMBL 等序列数据库中所有的氨基酸序列进行比较，从而获得同源蛋白信息。但值得注意的是，有些蛋白质的氨基酸序列并不具有同源性，但在空间结构上却存在相似性。

氨基酸序列信息还可用来预测蛋白质的二级结构。二级结构预测的基础是氨基酸残基具有优先选择特定的构象状态的性质。Chou PY 和 Fasman GD 建立的二级结构预测算法，是利用从数据库中获得已知的蛋白质结构数据，用特定的氨基酸在二级结构中出现的频率与其他所有残基的频率的比值来预测的。如果比值为 1，表示这个特定位置的氨基酸在二级结构中随机分布的；如比值大于 1，说明这个氨基酸残基倾向于出现于此位点。如有足够多的氨基酸残基能在二级结构中定位，从理论上可确定由螺旋、转角和肽链组装成的折叠结构。

由于蛋白质空间结构的基础是一级结构，近年来根据蛋白质的氨基酸序列预测其三维空间结构，受到科学家的关注。预测蛋白质空间结构的方法主要有两类：从头预测法（ab initio）和同

Notes

源建模法（homology modeling）。从头预测法是用分子力学、分子动力学的方法，根据物理化学的基本原理，计算蛋白质分子的空间结构。从理论上说，从头预测法是最为理想的蛋白质结构预测方法，它要求方法本身可以只根据蛋白质的氨基酸序列来预测蛋白质的二级结构和高级结构，但现在还不能完全达到这个要求。同源建模法又称为比较建模法，是根据大量已知的蛋白质三维结构来预测序列已知而结构未知的蛋白质结构。开展此类工作时参考 NCBI 等国际综合性生物信息学资源是必不可少的。

## 第六节　血浆蛋白质

### 一、采用电泳法可将血浆蛋白质分成若干组分

人血浆总蛋白质浓度为 60～80g/L。电泳法是分离、分析血浆蛋白质的主要方法。采用醋酸纤维素膜电泳，可将血浆蛋白质分为 5 个组分，按泳动速度快慢依次为：白蛋白、$\alpha_1$-、$\alpha_2$-、$\beta$-和 $\gamma$- 球蛋白（globulin）。而采用聚丙烯酰胺凝胶电泳（PAGE）可将血浆蛋白分离出 100 种以上。血浆蛋白质的主要类型包括：抗蛋白酶、血液凝固蛋白、酶、激素、免疫相关蛋白、炎症反应蛋白、转运或结合蛋白等。

血浆中不仅有单纯蛋白质，也有结合蛋白质，如糖蛋白、脂蛋白等。许多血浆蛋白质可以高亲和性、高专一性地结合其配体，以发挥作为配体储存库、控制配体运输及其分布的作用。

### 二、血浆中大多数蛋白质具有特殊的生物学功能

#### （一）血浆蛋白质大多数属于分泌性蛋白质

大部分血浆蛋白质在肝中合成，$\gamma$- 球蛋白（$\gamma$-globulin）由浆细胞合成。内皮细胞也能合成部分血浆蛋白质。通常，血浆蛋白质在位于粗面内质网膜结合的多聚核糖体上合成，多以前体形式出现，继而经过高尔基体修饰、加工，释放入血浆，所以多数为分泌性蛋白。绝大多数血浆蛋白质为糖蛋白，所以这些蛋白质分子上含有 N- 或 O- 相连的寡糖链。但白蛋白例外，它不含任何糖基。

#### （二）白蛋白是血浆中含量最多的蛋白质

人血浆中白蛋白（albumin）的浓度为 32～56g/L，大约占总蛋白的 52%～65%。肝中每天合成白蛋白约 12g，占肝合成总蛋白的 25%，约为分泌蛋白的 50%。由于白蛋白的分子量较小，且血浆中含量高，因而对维持人血浆的正常渗透压很重要。渗透压的 75%～80% 由白蛋白维持。若白蛋白减少可引起严重水肿。有一种称为无白蛋白血症的患者却表现为中度水肿，这可能是其他蛋白质代偿性合成增加的结果。

血浆白蛋白具有结合各种配体分子的能力，例如非酯化脂肪酸、钙、一些类固醇激素、胆红素等。白蛋白还能和一些药物，如青霉素、磺胺、阿司匹林等结合。此外对铜的运输也起重要作用。

#### （三）很多血浆蛋白具有特殊的结合功能

1. **前白蛋白运输视黄醇**　维生素 A 是脂溶性维生素（第四章）。血浆中的维生素 A 为非酯化型，它与视黄醇结合蛋白（retinol binding protein, RBP）结合而被转运。后者又与已结合甲状腺素的前白蛋白（prealbumin, PA），形成维生素 A-RBP-PA 复合物。当运至靶组织后与特异受体结合而被利用。

2. **运铁蛋白是铁的转运载体**　铁是人体所必需的微量元素（第四章）。运铁蛋白（transferrin）是运输铁的主要物质。铁蛋白（ferritin）则是储存铁。运铁蛋白是分子质量为 76kD 的糖蛋白，属于 $\beta1$ 球蛋白，在肝中合成。1mol 的运铁蛋白可运输 2mol 的 $Fe^{3+}$。血浆中运铁蛋白的浓度

Notes

约为 300mg/dl，可结合 300μg/dl 铁。游离铁对机体有毒性，与运铁蛋白结合后无毒性作用。它主要通过血循环将铁运至需铁的组织，如骨髓及其他器官。许多组织的细胞膜有运铁蛋白的受体，当运铁蛋白与之结合后，通过胞吞作用进入细胞，在溶酶体的酸性 pH 条件下使之与铁分离。脱铁铁蛋白（apoferritin）在溶酶体内并不被降解，可通过与受体结合重回到细胞膜，再进入血液重新行使运铁使命。

3. **甲状腺素结合球蛋白运输甲状腺素**　体内 1/3～1/2 的三碘甲状腺氨酸（T3）和四碘甲状腺氨酸（T4）存在于甲状腺外，大多数在血中与两种特异的结合蛋白，即甲状腺结合球蛋白（TBG）和甲状腺结合前白蛋白（TBPA）结合。TBG 为一种糖蛋白，通常 TBG 与 T3、T4 结合的亲和力为 TBPA 的 100 倍。正常状态下，TBG 以非共价键与血浆中的 T3、T4 结合，在血液中游离的甲状腺素与结合的甲状腺含量处于动态平衡。

4. **结合珠蛋白 - 血红蛋白复合物可防止血红蛋白在肾小管沉积**　结合珠蛋白（heptoglobin，Hp）是一种血浆糖蛋白，可与细胞外的血红蛋白非共价结合为复合物。细胞外血红蛋白主要来自于衰老的红细胞。每天降解的血红蛋白有 10% 进入血循环中。余下的 90% 仍存在于衰老的红细胞中。Hp 的分子质量为 90kD，Hb 的分子质量为 65kD，二者复合物的分子质量则为 155kD。这种复合物不能通过肾小球进入肾小管，所以不会沉积于肾小管内；但游离的 Hb 却能。因而 Hp-Hb 复合物可避免由 Hb 造成的肾损伤，这种复合物还可以防止 Hb 从肾丢失，从而可保存其中的铁。Hp 也是一种急性反应蛋白，在急性炎症时血浆中 Hp 可升高。

5. **血浆铜蓝蛋白可结合铜**　血浆铜蓝蛋白属于 $\alpha_2$- 球蛋白，血浆中 90% 的铜由其运输。每个铜蓝蛋白可结合 6 个铜原子，其余 10% 的铜与白蛋白结合。

6. **免疫球蛋白参与机体的防御机制**　免疫球蛋白（immunglobulin，Ig；主要是抗体）在电泳时主要出现于 γ- 球蛋白区域，占血浆蛋白质的 20%；某些 β- 球蛋白和 $\alpha_2$- 球蛋白也是免疫球蛋白。Ig 由 B 淋巴细胞系中的特殊细胞——浆细胞所产生。Ig 能识别、结合特异抗原，形成抗原 - 抗体复合物，激活补体系统从而解除抗原对机体的损伤。

## 小　结

用于合成蛋白质的 20 种氨基酸均属 L-α- 氨基酸（甘氨酸除外），又称为常见氨基酸，根据 R 基团的特征可分为非极性脂肪族 R 基团的氨基酸、芳香族 R 基团的氨基酸、极性不带电荷 R 基团的氨基酸、带正电荷（碱性）R 基团的氨基酸以及带负电荷（酸性）R 基团的氨基酸。R 基团决定了不同氨基酸的差异性、理化性质和功能。氨基酸 R 基团的结构和极性直接影响所形成的多肽链结构。氨基酸在体内还参与物质代谢、信号转导等重要的生理活动。氨基酸属于两性离子，每种氨基酸都具有特征的解离常数和等电点。茚三酮反应、紫外吸收特性可用于氨基酸的定性和定量分析。

氨基酸可通过肽键相连而成肽或蛋白质，形成肽键的 6 个原子处于同一平面，构成刚性的肽单元。

体内有一些肽可直接以肽的形式发挥生物学作用，称为生物活性肽。

蛋白质一级结构主要是指蛋白质分子中以肽键相连的氨基酸排列顺序，还包括二硫键的位置。二级结构是指蛋白质主链局部的空间结构，不涉及氨基酸残基侧链构象，主要有 α- 螺旋、β- 折叠、β- 转角和无规卷曲等，以氢键维持其稳定性。三级结构是指多肽链主链和侧链的全部原子的空间排布位置。三级结构的形成和稳定主要靠次级键。模体和结构域是常见的蛋白质共有折叠方式。模体是指几个二级结构及其连接部分形成的特别稳定的折叠模式。结构域是球状蛋白质分子中独立折叠的三维空间结构单位。

四级结构是指蛋白质亚基之间的缔合，也主要靠非共价键维系。蛋白质可根据组成成分、形状、结构特征和功能进行分类。

蛋白质一级结构是空间构象和功能的基础。一级结构相似的蛋白质，其空间构象及功能也相近。若蛋白质的一级结构发生改变则影响其正常功能。蛋白质空间构象与功能有着密切关系。若蛋白质的折叠发生错误，尽管其一级结构不变，仍可因构象改变而影响其功能，严重时可导致蛋白构象疾病。

蛋白质的空间构象破坏，可导致其理化性质变化和生物活性的丧失，即变性。蛋白质发生变性后，只要其一级结构未遭破坏，仍可在一定条件下复性，恢复原有的空间构象和功能。

蛋白质具有两性电解质、胶体性质、紫外光吸收性质等理化特性。通常利用蛋白质的理化性质，采取不损伤蛋白质结构和功能的物理方法来纯化蛋白质，并作进一步的蛋白质结构与功能研究。

（汤其群）

# 第二章　核酸的结构与功能

核酸(nucleic acid)是以核苷酸为基本组成单位聚合而成的生物信息大分子,具有复杂的结构和重要的生物学功能。核酸可以分为脱氧核糖核酸(deoxyribonucleic acid, DNA)和核糖核酸(ribonucleic acid, RNA)两类。真核生物 DNA 存在于细胞核和线粒体内,携带遗传信息,并通过复制的方式将遗传信息进行传代。细胞以及个体的基因型(genotype)是由这种遗传信息所决定的。在绝大多数生物中,RNA 是 DNA 的转录产物,参与遗传信息的复制和表达。真核生物 RNA 存在于细胞质、细胞核和线粒体内。在某些病毒中,RNA 也可以作为遗传信息的载体。

## 第一节　核酸的化学组成和一级结构

核酸在核酸酶作用下水解成核苷酸(nucleotide),而核苷酸完全水解后可释放出等摩尔量的碱基、戊糖和磷酸。这表明构成核酸的基本组分之间具有一定的对应关系。DNA 的基本组成单位是脱氧核糖核苷酸(deoxyribonucleotide),而 RNA 的基本组成单位是核糖核苷酸(ribonucleotide)。

$$\text{核酸(DNA 和 RNA)} \longrightarrow \text{核苷酸} \begin{cases} \text{磷酸} \\ \text{核苷} \begin{cases} \text{碱基(嘌呤和嘧啶)} \\ \text{核糖或脱氧核糖} \end{cases} \end{cases}$$

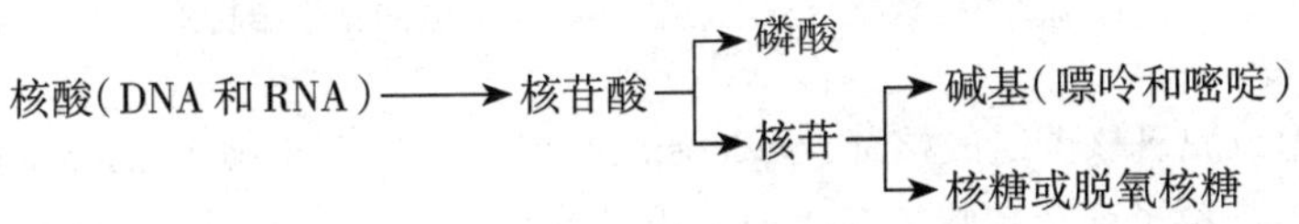

## 一、核苷酸和脱氧核苷酸是构成核酸的基本组成单位

碱基(base)是构成核苷酸的基本组分之一。碱基是含氮的杂环化合物,分为嘌呤(purine)和嘧啶(pyrimidine)两类(图 2-1)。常见的嘌呤包括腺嘌呤(adenine, A)和鸟嘌呤(guanine, G),常见的嘧啶包括尿嘧啶(uracil, U)、胸腺嘧啶(thymine, T)和胞嘧啶(cytosine, C)。DNA 中的碱基有 A、G、C 和 T;而 RNA 中的碱基有 A、G、C 和 U。碱基的各个原子分别加以编号以便于区分。杂环上的酮基和氨基受到所处环境 pH 的影响,可使嘌呤和嘧啶碱基存在两种互变异构体(图 2-2)。鸟嘌呤、尿嘧啶和胸腺嘧啶有酮式(keto)- 烯醇式(enol)的互变异构体,在体液的

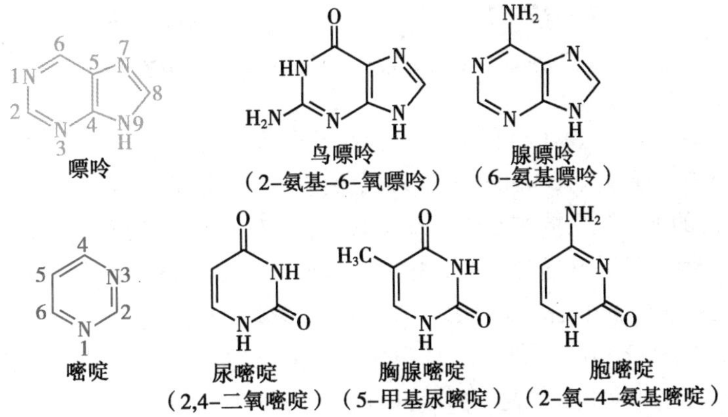

图 2-1　构成核苷酸的嘌呤和嘧啶的化学结构式

43

中性条件下以酮式为主。腺嘌呤和胞嘧啶存在氨基（amino）-亚氨基（imino）的互变异构体，在体液的中性条件下以氨基为主。这种结构互变体（tautomer）为碱基之间形成氢键提供了结构基础。杂环以何种结构互变体存在取决于环境 pH 值以及杂环的质子解离常数的大小。

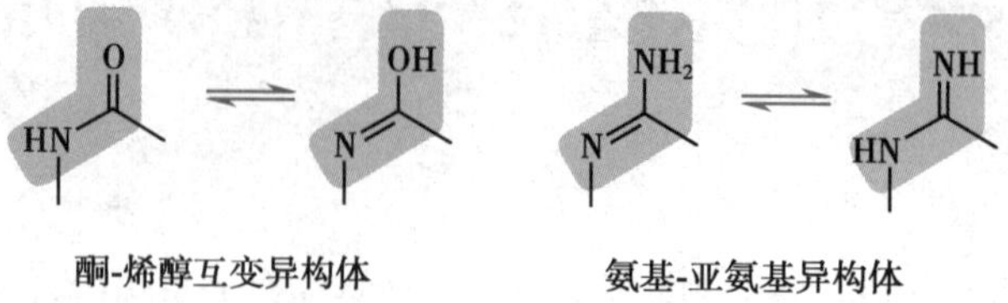

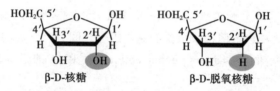

酮-烯醇互变异构体        氨基-亚氨基异构体

图 2-2    碱基的互变异构式

核糖（ribose）是构成核苷酸的另一基本组分。核苷酸中的核糖均为氧环式。为了有别于碱基的原子，核糖的碳原子标以 C-1′、C-2′、… C-5′（图 2-3）。核糖有 β-D- 核糖（β-D-ribose）和 β-D-2′- 脱氧核糖（β-D-2′-deoxyribose）之分。两者的差别仅在于 C-2′ 原子所连接的基团。核糖 C-2′ 原子上接有一个羟基，而脱氧核糖 C-2′ 原子上则没有羟基。核糖存在于 RNA 中，而脱氧核糖存在于 DNA 中。脱氧核糖的化学稳定性比核糖好，这种结构的差异使得 DNA 分子比 RNA 分子具有更好的化学稳定性，从而使 DNA 成为了遗传信息的载体。

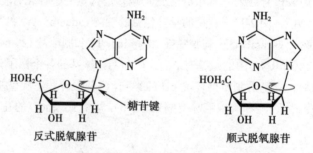

β-D-核糖                β-D-脱氧核糖

图 2-3    构成核苷酸的核糖和脱氧核糖的化学结构式

碱基与核糖或脱氧核糖组成核苷（nucleoside）或脱氧核苷（deoxynucleoside）。核糖的 C-1′ 原子和嘌呤的 N-9 原子或者嘧啶的 N-1 原子通过缩合反应形成了 β-N- 糖苷键（β-N-glycosidic bond）。对于糖环而言，碱基可以有顺式（syn）和反式（anti）两种不同的空间构象（图 2-4）。在天然条件下，由于空间位阻效应，核糖或脱氧核糖的糖苷键处在反式构象上。

糖苷键

反式脱氧腺苷                顺式脱氧腺苷

图 2-4    脱氧腺苷中碱基的顺式和反式构象

核苷或脱氧核苷 C-5′ 原子上的羟基可以与磷酸反应，脱水后形成磷酯键，生成核苷酸（nucleotide）或脱氧核苷酸（deoxynucleotide）。虽然核糖上的游离羟基均可以与磷酸发生酯化反应，但是生物体内的酯化反应多在 C-5′ 原子的羟基，属于 5′- 核苷酸或 5′- 脱氧核苷酸。根据连接的磷酸基团的数目不同，核苷酸可分为核苷一磷酸（nucleoside 5′-monophosphate，NMP）、核苷二磷酸（nucleoside 5′-diphosphate，NDP）和核苷三磷酸（nucleoside 5′-triphosphate，NTP）。核苷三磷酸的磷原子分别命名为 α、β 和 γ 磷原子以示区别（图 2-5）。构成核酸的碱基、核苷以及核苷酸的中英文名称见表 2-1 和表 2-2。表中核苷和核苷酸名称均采用缩写，如腺苷代表腺嘌呤核苷。

Notes

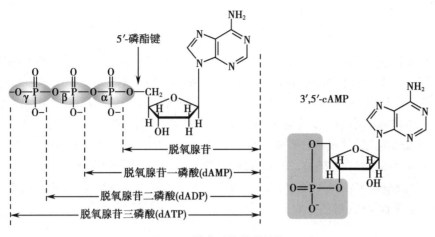

图 2-5 核苷酸的化学结构

表 2-1 构成 RNA 的碱基、核苷以及核苷酸

| 碱基 | 核苷 | 核苷酸 |
|------|------|--------|
| 腺嘌呤<br>adenine，A | 腺苷<br>adenosine | 腺苷一磷酸<br>adenosine monophosphate，AMP |
| 鸟嘌呤<br>guanine，G | 鸟苷<br>guanosine | 鸟苷一磷酸<br>guanosine monophosphate，GMP |
| 胞嘧啶<br>cytosine，C | 胞苷<br>cytidine | 胞苷一磷酸<br>cytidine monophosphate，CMP |
| 尿嘧啶<br>uracil，U | 尿苷<br>uridine | 尿苷一磷酸<br>uridine monophosphate，UMP |

AMP 的英文名称还有：adenylate 或 adenylatic acid。其他核苷酸和脱氧核苷酸亦有类似多种英文名称。

表 2-2 构成 DNA 的主要碱基、核苷以及核苷酸

| 碱基 | 脱氧核苷 | 脱氧核苷酸 |
|------|----------|------------|
| 腺嘌呤<br>adenine，A | 脱氧腺苷<br>deoxyadenosine | 脱氧腺苷一磷酸<br>deoxyadenosine monophosphate，dAMP |
| 鸟嘌呤<br>guanine，G | 脱氧鸟苷<br>deoxyguanosine | 脱氧鸟苷一磷酸<br>deoxyguanosine monophosphate，dGMP |
| 胞嘧啶<br>cytosine，C | 脱氧胞苷<br>deoxycytidine | 脱氧胞苷一磷酸<br>deoxycytidine monophosphate，dCMP |
| 胸腺嘧啶<br>thymine，T | 脱氧胸苷<br>deoxythymidine | 脱氧胸苷一磷酸<br>deoxythymidine monophosphate，dTMP |

除了构成核酸外，核苷酸以及它们的衍生物还具有许多重要的生物学功能。例如，环磷酸腺苷（cyclic AMP，cAMP）和环磷酸鸟苷（cyclic GMP，cGMP）是细胞信号转导过程中的第二信使，具有调控基因表达的作用（图 2-5）。细胞内一些参与物质代谢的酶分子的辅酶结构中都含有腺苷酸，如辅酶 I（烟酰胺腺嘌呤二核苷酸，nicotinamide adenine dinucleotide，$NAD^+$）、辅酶 II（磷酸烟酰胺腺嘌呤二核苷酸，nicotinamide adenine dinucleotide phosphate，$NADP^+$）、黄素腺嘌呤二核苷酸（flavin adenine dinucleotide，FAD）。$NAD^+$ 和 FAD 是生物氧化体系的重要组成部分，在传递质子或电子的过程中具有重要的作用。此外，核苷酸及其衍生物还具有重要的药用价值。例如由于 6- 巯基嘌呤（6-mercaptopurine，6-MP）和 5- 氟尿嘧啶（5-fluorouracil，5-FU）和天然碱基具有相似性，可以干扰肿瘤细胞的核苷酸代谢、抑制核酸合成而发挥抗肿瘤效用。

Notes

## 二、DNA 链是脱氧核糖核苷酸聚合形成的线性大分子

脱氧核糖核苷三磷酸 C-3′ 原子的羟基能够与另一个脱氧核糖核苷三磷酸的 α- 磷酸基团缩合，生成含有 3′, 5′- 磷酸二酯键（phosphodiester bond）的二脱氧核苷酸分子。这个分子一端是 C-5′ 原子的磷酸基团，另一端是 C-3′ 原子的羟基。这个 C-3′ 原子的羟基可以继续与第三个脱氧核糖核苷三磷酸的 α- 磷酸基团反应，生成含有二个 3′, 5′- 磷酸二酯键的三脱氧核苷酸分子。这样的反应可以通过末端脱氧核苷酸分子 C-3′ 原子的羟基重复进行，生成一条由 3′, 5′- 磷酸二酯键连接的多聚脱氧核糖核苷酸链，即 DNA 链（图 2-6）。多聚核苷酸链的 5′- 端是磷酸基团，3′- 端是羟基，而且只能从 3′- 端得以延长，从而使得 DNA 链具有了 5′→3′ 的方向性。交替的磷酸基团和脱氧核糖构成 DNA 链的骨架。

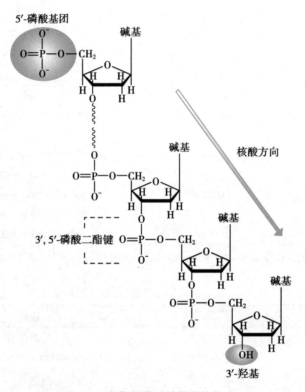

图 2-6　多聚核苷酸的化学结构式

## 三、RNA 链是核糖核苷酸组成的线性大分子

与 DNA 相似，RNA 链也是多个核苷酸分子通过 3′, 5′- 磷酸二酯键连接形成的线性大分子，并且也具有 5′→3′ 的方向性。虽然核糖核酸的 C-2′ 原子也有一个羟基，但是 RNA 链的磷酸二酯键仍然在 C-3′ 和 C-5′ 原子之间形成。它与 DNA 的差别在于：① RNA 的糖环是核糖而不是脱氧核糖；② RNA 的嘧啶是胞嘧啶和尿嘧啶，而没有胸腺嘧啶，所以构成 RNA 的四种基本核苷酸是 AMP、GMP、CMP 和 UMP。

## 四、核酸的一级结构是核苷酸的排列顺序

核酸的一级结构（primary structure）定义为构成 RNA 的核苷酸或 DNA 的脱氧核苷酸自 5′- 端至 3′- 端的排列顺序，即核苷酸序列（nucleotide sequence）。由于四种核苷酸之间的差异在于碱基的不同，因此核酸的一级结构也就是碱基序列（base sequence）（图 2-7）。按照规定，核苷酸的排列顺序和书写方向是自左向右，即自 5′- 端向 3′- 端。

Notes

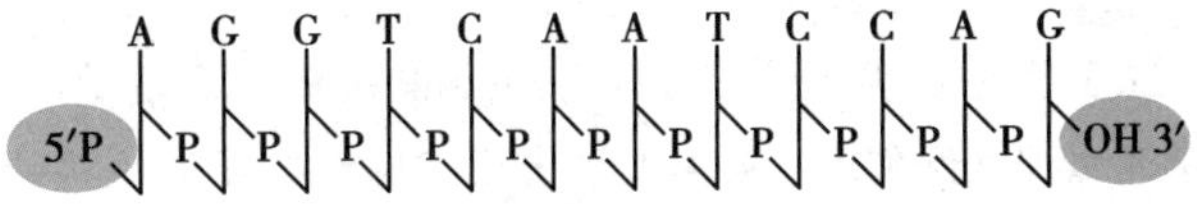

A G G T C A A T C C A G

5'P P P P P P P P P P P P OH 3'

↓

5' p-ApGpGpTpCpApApTpCpCpApG -OH 3'

↓

5' AGGTCAATCCAG 3'

↓

AGGTCAATCCAG

图 2-7　核酸的一级结构

单链 DNA 分子和 RNA 分子的大小常用核苷酸数目（nucleotide，nt）表示，双链 DNA 则用碱基对（base pair，bp）或千碱基对（kilobase pair，kb）数目来表示。小的核酸片段（<50bp）常被称为寡核苷酸（oligonucleotide）。自然界中的 DNA 和 RNA 的长度可以高达几十万个碱基。DNA 携带的遗传信息完全依靠碱基排列顺序变化。可以想象，一个由 N 个脱氧核苷酸组成的 DNA 会有 $4^N$ 个可能的排列组合，提供了巨大的遗传信息编码潜力。

## 第二节　DNA 的空间结构与功能

构成 DNA 的所有原子在三维空间的相对位置关系是 DNA 的空间结构（spatial structure）。DNA 的空间结构可分为二级结构和高级结构。

### 一、DNA 的二级结构是右手双螺旋结构

#### （一）DNA 双螺旋结构的实验基础

上世纪 50 年代初，美国生物化学家 Chargaff E 利用层析和紫外吸收光谱等技术研究了 DNA 的化学组分，提出了有关 DNA 中四种碱基组成的 Chargaff 规则：①不同生物个体的 DNA，其碱基组成不同；②同一个体不同器官或不同组织的 DNA 具有相同的碱基组成；③对于一个特定组织的 DNA，其碱基组分不随其年龄、营养状态和环境而变化；④对于一个特定的生物体而言，腺嘌呤（A）与胸腺嘧啶（T）的摩尔数相等，鸟嘌呤（G）与胞嘧啶（C）的摩尔数相等。这一规则暗示了 DNA 的碱基之间存在着某种对应的关系。

1951 年 11 月，英国帝国学院的 Franklin R 获得了高质量的 DNA 分子 X 射线衍射照片。分析结果提示 DNA 是螺旋状的分子。Watson J 和 Crick F 综合前人的研究结果，提出了 DNA 分子的双螺旋结构（double helix）模型。他们将该模型的论文发表在 1953 年 4 月 25 日的《Nature》杂志上。这一发现揭示了生物界遗传性状得以世代相传的分子机制，它不仅解释了当时已知的 DNA 的理化性质，而且还将 DNA 的功能与结构联系起来，从而奠定了现代生命科学的基础。DNA 双螺旋结构揭示了 DNA 作为遗传信息载体的物质本质，为 DNA 作为复制模板和基因转录模板提供了结构基础。DNA 双螺旋结构的发现被认为是生物学发展史上的里程碑。

框 2-1　**Watson J 和 Crick F**

　　Watson J 于 1950 年获动物学博士（印第安那大学），同年赴英国从事博士后研究。1951 年他第一次看到了由 Wilkins M 拍摄的 DNA 的 X 线衍射图像后，激发了研究核酸结构的兴趣。而后他在剑桥大学的卡文迪许实验室结识了 Crick F。两人为揭示 DNA 空间结构的奥秘开始了密切合作。当时，Crick F 正在攻读博士学位，其论文课题就是利用

Notes

X 线衍射研究蛋白质分子的 α- 螺旋结构。根据 Franklin R 的高质量的 DNA 分子 X 线衍射图像和前人的研究成果,他们于 1953 年提出了 DNA 双螺旋结构的模型。Watson J、Crick F 和 Wilkins M 因此而分享了 1962 年的诺贝尔生理学 / 医学奖。

### (二)DNA 双螺旋结构的特征

Watson 和 Crick 提出的 DNA 双螺旋结构具有下列特征。

1. **DNA 由两条多聚脱氧核苷酸链组成** 两条 DNA 链围绕着同一个螺旋轴形成右手螺旋(right-handed helix)的结构(图 2-8)。两条链中一条链的 5′→3′ 方向是自上而下,而另一条链的 5′→3′ 方向是自下而上,呈现出反向平行(anti-parallel)的特征。DNA 双螺旋结构的直径为 2.37nm,螺距为 3.54nm。

2. **脱氧核糖与磷酸位于外侧** 由脱氧核糖和磷酸基团构成的亲水性骨架(backbone)位于双螺旋结构的外侧,而疏水的碱基位于内侧(图 2-9)。从外观上,DNA 双螺旋结构的表面存在一个大沟(major groove)和一个小沟(minor groove)。

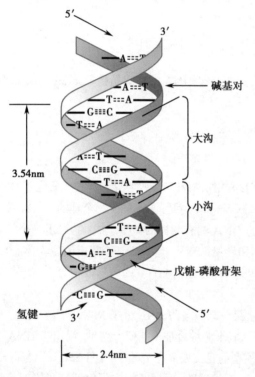

图 2-8　DNA 双螺旋结构的示意图
DNA 两条链的走向为反向平行,两条链围绕同一轴构成右手螺旋。两条链上的碱基形成了互补的碱基对

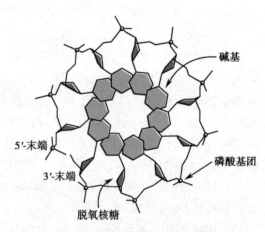

图 2-9　DNA 双螺旋结构的俯视图
为清晰起见,图中只显示了双链中的一条。脱氧核糖和磷酸基团构成的亲水性骨架位于双螺旋结构的外侧,而疏水的碱基位于内侧

3. **DNA 双链之间形成了互补碱基对** 碱基的化学结构以及 DNA 双链的反向平行特征决定了两条链之间的特有相互作用方式:一条链上的腺嘌呤与另一条链上的胸腺嘧啶形成了两个氢键;一条链上的鸟嘌呤与另一条链上的胞嘧啶形成了三个氢键(图 2-10)。这种碱基对应关系称为互补碱基对(complementary base pair),也称为 Watson-Crick 配对,DNA 的两条链则称为互补链(complementary strand)。碱基对平面与双螺旋结构的螺旋轴垂直。平均而言,每一个螺旋有 10.5 个碱基对,每两个碱基对之间的相对旋转角度约为 34.2°,每两个相邻的碱基对平面之间的垂直距离为 0.34nm。

Notes

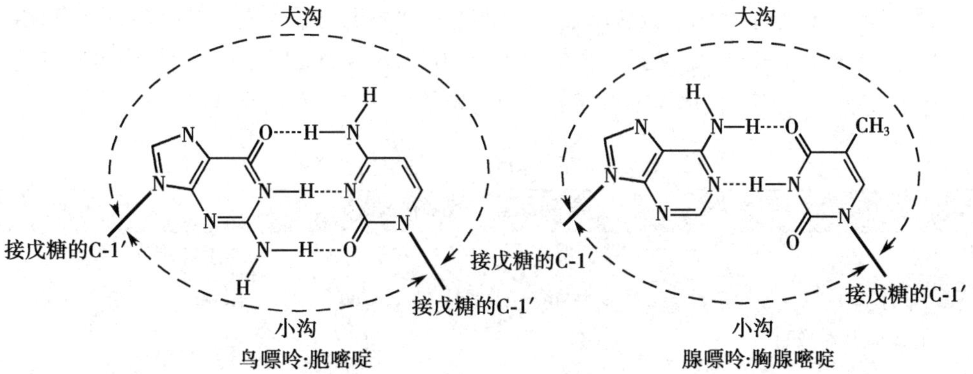

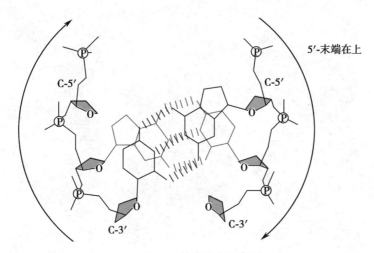

图 2-10 互补碱基对的形成

腺嘌呤与胸腺嘧啶通过两个氢键形成碱基对；鸟嘌呤与胞嘧啶通过三个氢键形成碱基对。反向平行的特点使得碱基对与磷酸骨架的连接呈非对称性，由此在双螺旋的结构中形成了一个大沟和一个小沟

4. 碱基对的疏水作用力和氢键共同维持着 DNA 双螺旋结构的稳定　相邻的两个碱基对的平面在旋进过程中会发生大 π 键电子云的相互重叠（overlapping），由此产生了疏水性的碱基堆积力（base stacking interaction）（图 2-11）。这种碱基堆积力和互补链之间碱基对的氢键共同维系着 DNA 双螺旋结构的稳定，并且前者的作用更为重要。

图 2-11　碱基堆积力示意图

（三）DNA 双螺旋结构的多样性

1951 年 11 月，Franklin R 获得了两个 DNA 分子晶体，其中的一个是在 92% 相对湿度下得到的，Franklin 将其称为 B 型。Watson 和 Crick 提出的 DNA 双螺旋结构模型是依据 B 型 DNA 晶体的 X 射线衍射图像。这是 DNA 在水性环境下和生理条件下最稳定的结构。Franklin 得到的另外一个 DNA 分子晶体是在约 70% 相对湿度下得到的，被称为 A 型。人们发现虽然 A 型 DNA 仍然保存着右手螺旋的双链结构，但是它的空间结构参数不同于 B 型 -DNA（表 2-3）。这说明 DNA 的结构不是刚性不变的，溶液的离子强度或相对湿度的变化可以使 DNA 双螺旋结构的沟槽、螺距、旋转角度等发生变化。1979 年，美国科学家 Rich A 等人在研究人工合成的 CGCGCG 的晶体结构时，意外地发现这种 DNA 具有左手螺旋（left-handed helix）的结构特征（图 2-12）。后来证明这种结构在天然 DNA 分子中同样存在，并称为 Z 型 -DNA。不同结构的 DNA 在功能上可能有所差异，与基因表达的调节和控制相适应。DNA 双螺旋结构的多样性是与 DNA 骨架的化学键性质密不可分的。由于连接 DNA 骨架原子（-P-O5'-C5'-C4'-C3'-O3'-P-）的化学键都是单键,可以允许原子绕化学键转动,由此DNA骨架表现出了构象的灵活性。沿着DNA的5′→3′方向,从P原子开始,定义了六个二面角,α、β、γ、δ、ε和ζ。由于空间位阻效应以及结构内力的牵制,每一种结构的DNA都对应着一组特定的六个二面角组合。

表2-3　不同构象DNA的结构参数

|  | A型-DNA | B型-DNA | Z型-DNA |
|---|---|---|---|
| 螺旋旋向 | 右手螺旋 | 右手螺旋 | 左手螺旋 |
| 螺旋直径 | 2.55nm | 2.37nm | 1.84nm |
| 每一螺旋的碱基对数目 | 11 | 10.5 | 12 |
| 螺距 | 2.53nm | 3.54nm | 4.56nm |
| 相邻碱基对之间的垂直间距 | 0.23nm | 0.34nm | 0.38nm |
| 糖苷键构象 | 反式 | 反式 | 嘧啶为反式,嘌呤为顺式,反式和顺式交替 |
| 相邻碱基对之间的转角 | 33° | 34.2° | 每个二聚体为−60° |
| 使构象稳定的相对环境湿度 | 75% | 92% |  |
| 碱基对平面法线与主轴的夹角 | 19° | 1° | 9° |
| 大沟特征 | 窄深 | 宽深 | 相当平坦 |
| 小沟特征 | 宽浅 | 窄深 | 窄深 |

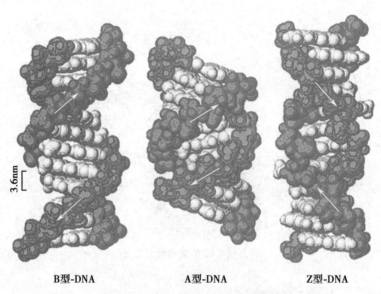

3.6nm

**B型-DNA**　　　　**A型-DNA**　　　　**Z型-DNA**

图2-12　不同类型的DNA双螺旋结构

### (四) DNA的多链结构

在DNA双螺旋结构中,除了互补的A-T和G-C碱基对的氢键外,核苷酸还能形成额外的氢键。在酸性的溶液中,胞嘧啶的N-3原子被质子化,可与鸟嘌呤的N-7原子形成氢键,同时,胞嘧啶的N-4的氢原子也可与鸟嘌呤的O-6形成氢键(图2-13)。这种氢键被称为Hoogsteen氢键。Hoogsteen氢键的形成并不破坏Watson-Crick氢键,这样就形成了C$^+$GC的三链结构(triplex),其中GC链之间是以Watson-Crick氢键结合,而C$^+$G链之间是以Hoogsteen氢键结合。同理,DNA也可以形成TAT的三链结构。通过Hoogsteen氢键结合的第三条链位于DNA双链的大沟里。形成三链结构的碱基特征是中间的一条是富含嘌呤的序列。

真核生物染色体DNA的3′-端被称为端粒(telomere),这是一段富含G的重复序列。例如人染色体端粒区的碱基序列是(TTAGGG),这个序列的重复度可以高达上万次。端粒DNA

Notes

的 3'- 端是单链结构，因此可以自身回折形成一种特殊的 G- 四链结构（G-quadruplex）。这个 G- 四链结构的基本单元由 4 个鸟嘌呤通过 8 个 Hoogsteen 氢键形成的 G- 四联体平面（G-tetrad 或 G-quartet）（图 2-13）。若干个 G- 联体平面的堆积使富含鸟嘌呤的重复序列形成了特殊的 G- 四链结构。人们推测这种 G- 四链结构是用来保护端粒的完整性。随着研究的深入，人们还发现大部分基因的启动子以及 mRNA 的 5'- 端非翻译区（5'-untranslated region, 5'-UTR）都是富含鸟嘌呤的序列，提示这些序列有可能通过形成 G- 四链结构对基因转录和蛋白质合成进行适度的调控。由于鸟嘌呤的糖苷键构象、四条链的走向以及四条链的链接方式的不同，G- 四链结构表现出了结构的多样性。

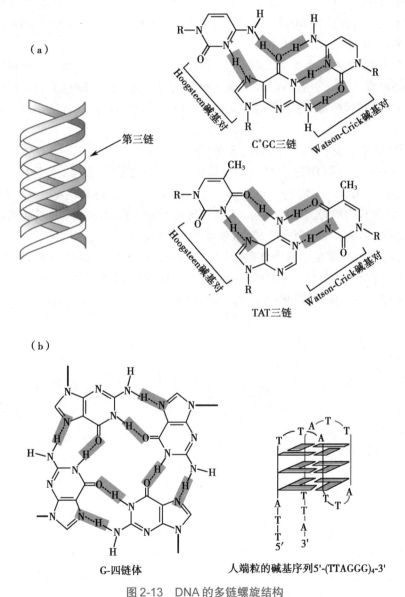

图 2-13 DNA 的多链螺旋结构

（a）由 Watson-Crick 氢键和 Hoogsteen 氢键共同构成的三链结构；（b）由 Hoogsteen 氢键构成的四链结构

## 二、DNA 在二级结构基础上形成超螺旋结构

生物体的 DNA 是长度十分可观的大分子，如人体细胞中 23 对染色体的总长度可达 2 米之长。因此，DNA 必须在双螺旋结构的基础上，经过一系列的盘绕和压缩，形成致密的结构后，

Notes

方可组装在细胞核内。

　　线性 DNA 在溶液中是以能量最低的状态存在的,此时为松弛态 DNA(relaxed DNA)。如果将 DNA 的两端固定,使之旋进过度或旋进不足,DNA 双链上就会因额外的张力而发生扭曲。这种扭曲称为 DNA 双链的超螺旋(superhelix 或 supercoil)结构。如果旋进过度的方向与 DNA 双链的螺旋方向相同时,形成正超螺旋(positive supercoil),反之则形成负超螺旋(negative supercoil)。例如一个 B 型 DNA 含有 2000 个碱基对,则大约有 200 个旋转。将其两端连接则形成了闭合环状的 DNA,这是能量最低的松弛态。如果在两端连接之前,将 DNA 顺着右手螺旋方向增加二个螺旋,然后再连接成环,增加的 2 个螺旋产生的应力就会使 DNA 形成两个正超螺旋。相反如果将双链的 DNA 分子逆着右手螺旋方向减少二个螺旋,然后再连接成环,减少的 2 个螺旋而产生的应力则使 DNA 形成两个负超螺旋。这 3 种不同空间构象的 DNA 彼此之间具有了拓扑异构体(topoisomer)的关系。

　　自然条件下的 DNA 都是以负超螺旋的构象存在的,也就是说,DNA 的实际螺旋数要少于它含有的碱基对数目应该对应的螺旋数。负超螺旋状态有利于解开 DNA 双链。DNA 的复制、转录、组装等许多过程都需要解开双链才能进行。生物体可以通过 DNA 的不同超螺旋结构来控制其功能状态。

### (一)原核生物 DNA 和线粒体 DNA 的环状超螺旋结构

　　绝大部分原核生物的 DNA 是环状的双螺旋分子。在细胞内进一步盘绕后,形成了类核(nucleoid)结构。类核结构中的80%是 DNA,其余是蛋白质。在细菌 DNA 中,超螺旋结构可以相互独立存在,形成超螺旋区(图 2-14)。各区域间的 DNA 可以有不同程度的超螺旋结构。分析表明,在大肠杆菌的 DNA,平均每200bp 就有一个负超螺旋形成。

　　线粒体和叶绿体是真核细胞中含有核外遗传物质的细胞器。线粒体 DNA(mitochondrial DNA,mtDNA)是一个具有闭合环状的双螺旋结构。人 mtDNA 的长度是 16 569bp,编码了 37 个基因,包括 13 个蛋白质、2 个 rRNA 和 22 个 tRNA。

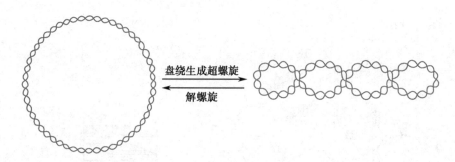

图 2-14　原核生物的超螺旋结构

### (二)真核生物 DNA 以核小体为单位形成高度有序致密结构

　　真核生物的核 DNA 以非常有序的形式组装在细胞核内。在细胞周期的大部分时间里以松散的染色质(chromatin)形式出现,而在细胞分裂期,则形成高度致密的染色体(chromosome),在光学显微镜下可以观察到。处在这样一种致密结构中的 DNA 不但要完成复制和转录等复杂的生物过程,而且还要随时能够对自身进行监测和修复。可想而知,DNA 在真核生物细胞核内是处在一种极为复杂的动态变化之中。

　　在电子显微镜下观察到的染色质呈现串珠样的结构(图 2-15a)。每一个珠状体就是一个基本组成单位,称为核小体(nucleosome)。核小体是由 DNA 和 H1、H2A、H2B、H3 和 H4 等 5 种组蛋白(histone,H)共同构成的(图 2-15b)。两分子的 H2A,H2B,H3 和 H4 形成一个八聚体的组蛋白核心(histone core),长度约 150bp 的 DNA 双链以左手螺旋方式在组蛋白八聚体上盘绕

1.75 圈形成核小体的核心颗粒（core particle）。核心颗粒是尺寸约 11nm × 6nm 的盘状颗粒。核小体的核心颗粒之间的 DNA（约 50bp）和组蛋白 H1 共同构成了连接区，使 DNA 形成串珠状的结构（图 2-15c）。这是 DNA 在核内形成致密结构的第一层次折叠，使 DNA 的长度压缩了约 6～7 倍。

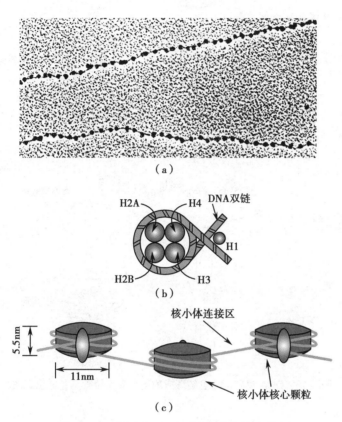

图 2-15　真核生物 DNA 形成核小体的示意图
（a）电子显微镜观察到的 DNA 染色质的串珠样结构；（b）核小体的核心颗粒结构。150bp 长的 DNA 双链盘绕在组蛋白八聚体上；（c）核小体的核心颗粒由约 50bp 长的双链 DNA 连接在一起，形成串珠样的结构

　　染色质细丝进一步盘绕形成外径为 30nm、内径为 10nm 的中空螺旋管。每圈螺旋由 6 个核小体组成，组蛋白 H1 位于螺旋管的内侧，起着稳定螺旋管的作用。这是 DNA 的第二层次折叠，使其长度又减少了约 6 倍。中空螺旋管进一步卷曲和折叠形成直径为 400nm 的超螺旋管纤维，使染色体的长度又压缩了 40 倍。之后，染色质纤维进一步压缩成染色单体，在核内组装成染色体（图 2-16）。在分裂期形成染色体的过程中，DNA 被压缩了 8000～10 000 倍，从而将近 2 米长的 DNA 有效地组装在直径只有数微米的细胞核中。整个折叠和组装过程是在蛋白质参与的精确调控下实现的。

　　真核生物染色体有端粒和着丝粒（centromere）两个功能区。端粒是染色体末端膨大的粒状结构，由染色体末端 DNA（即端粒 DNA）与 DNA 结合蛋白构成。端粒在维持染色体结构的稳定和维持复制过程中 DNA 的完整性方面有重要作用，还与衰老及肿瘤的发生发展有关。着丝粒是两个染色单体的连接位点，富含 A、T 序列。细胞分裂时，着丝粒可分开使染色体均等有序地进入子代细胞。

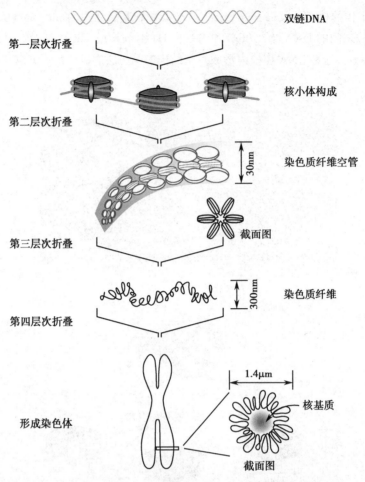

图 2-16   DNA 双链折叠盘绕形成的高度有序致密染色体示意图

# 三、DNA 是遗传信息的载体

人们早在 20 世纪 30 年代就已经知道了染色体是遗传物质, 也知道了 DNA 是染色体的组成部分。但是直到 1944 年, 美国细菌学家 Avery O 才首次证明了 DNA 是细菌遗传性状的转化因子。他们从有荚膜的致病的Ⅲ型肺炎球菌中提取出 DNA, 这种 DNA 可以使另一种无荚膜的非致病性的Ⅱ型肺炎球菌转变为致病菌, 而蛋白质和多糖物质没有这种功能。如果 DNA 被脱氧核糖核酸酶降解后, 则失去转化功能。但是已经转化了的细菌, 其后代仍保留了合成Ⅲ型荚膜的能力。这些实验结果证明了 DNA 是携带生物体遗传信息的物质基础。

DNA 是生物遗传信息的载体, 并为基因复制和转录提供了模板。它是生命遗传的物质基础, 也是个体生命活动的信息基础。基因是携带遗传信息的 DNA 片段, 它们的序列信息意义及其在 DNA 整个分子上的排布特点将在第十三章详述。DNA 具有高度稳定性的特点, 用来保持生物体系遗传的相对稳定性。同时, DNA 又表现出高度复杂性的特点, 它可以发生各种重组和突变, 适应环境的变迁, 为自然选择提供机会, 使大自然表现出了生物多样性。

# 第三节   RNA 的结构与功能

RNA 与 DNA 一样, 在生命活动中发挥着同样重要的作用。目前已知, RNA 和蛋白质共同担负着基因的表达和表达调控功能。RNA 通常以单链形式存在, 但可以通过链内的碱基配对形成局部的双螺旋二级结构和空间的高级结构。RNA 比 DNA 小得多, 但是它的种类、大小和

Notes

结构却远比 DNA 复杂得多（表 2-4），这与它的功能多样化密切相关。

表 2-4　真核细胞内主要的 RNA 种类及功能

| 种类 | 细胞定位 | 功能 |
| --- | --- | --- |
| 信使 RNA<br>messenger RNA（mRNA） | 细胞核、细胞质、线粒体 | 蛋白质的合成模板 |
| 不均一核 RNA<br>heterogeneous nuclear RNA（hnRNA） | 细胞核 | mRNA 的前体 |
| 转运 RNA<br>transfer RNA（tRNA） | 细胞核、细胞质、线粒体 | 转运氨基酸 |
| 核糖体 RNA<br>ribosomal RNA（rRNA） | 细胞核、细胞质、线粒体 | 构成核糖体 |
| 非编码 RNA<br>non-messenger RNA（nmRNA） | 细胞核、细胞质 | 参与 hnRNA 的剪接和转运以及 tRNA 的加工和修饰 |

## 一、mRNA 含有氨基酸编码信息

20 世纪 40 年代，科学家发现细胞质内蛋白质的合成速度与 RNA 水平相关。1960 年，Jacob F 和 Monod J 等人用放射性核素示踪实验证实，一类大小不一的 RNA 才是细胞内合成蛋白质的真正模板。后来这类 RNA 被证明是在核内以 DNA 为模板合成得到的，然后转移至细胞质内。这类 RNA 被命名为信使 RNA（messenger RNA，mRNA）。

在生物体内，mRNA 的丰度最小，占细胞 RNA 总量的 2%～5%。但是 mRNA 的种类最多，约有 $10^5$ 种之多，而且它们的大小也各不相同。在所有的 RNA 中，mRNA 的寿命最短。真核细胞在细胞核内新生成的 mRNA 的初级产物比成熟的 mRNA 大得多，被称为不均一核 RNA（heterogeneous nuclear RNA，hnRNA）。hnRNA 经过一系列的加工处理成为成熟的 mRNA。真核生物的 mRNA 的一般结构如图 2-17 所示。

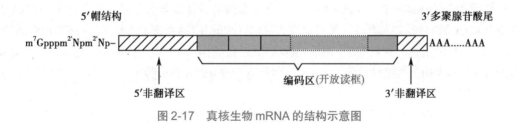

图 2-17　真核生物 mRNA 的结构示意图

1. 真核生物 mRNA 的 5'- 端有特殊帽结构　大部分真核细胞 mRNA 的 5'- 端有一反式的 7- 甲基鸟嘌呤 - 三磷酸核苷（$m^7Gppp$），被称为 5'- 帽结构（5'-cap structure）（图 2-18）。原核生物 mRNA 没有这种特殊的帽结构。mRNA 的帽结构可以与一类称为帽结合蛋白（cap-binding protein，CBP）的分子结合形成复合体。这种复合体有助于维持 mRNA 的稳定性，协同 mRNA 从细胞核向细胞质的转运，以及在蛋白质生物合成中促进核糖体和翻译起始因子的结合。

2. 真核生物 mRNA 的 3'- 端有多聚腺苷酸尾　在真核生物 mRNA 的 3'- 端，有一段由 80 至 250 个腺苷酸连接而成的多聚腺苷酸结构，称为多聚腺苷酸尾或多聚 A 尾（poly（A）-tail）。mRNA 的多聚 A 尾在细胞内与 poly（A）结合蛋白（poly（A）-binding protein，PABP）结合存在，每 10～20 个腺苷酸结合一个 PABP 单体。目前认为，这种 3'- 多聚 A 尾结构和 5'- 帽结构共同负责 mRNA 从细胞核向细胞质的转运、维持 mRNA 的稳定性以及翻译起始的调控。去除 3'- 多聚 A 尾和 5'- 帽结构可导致细胞内的 mRNA 迅速降解。

Notes

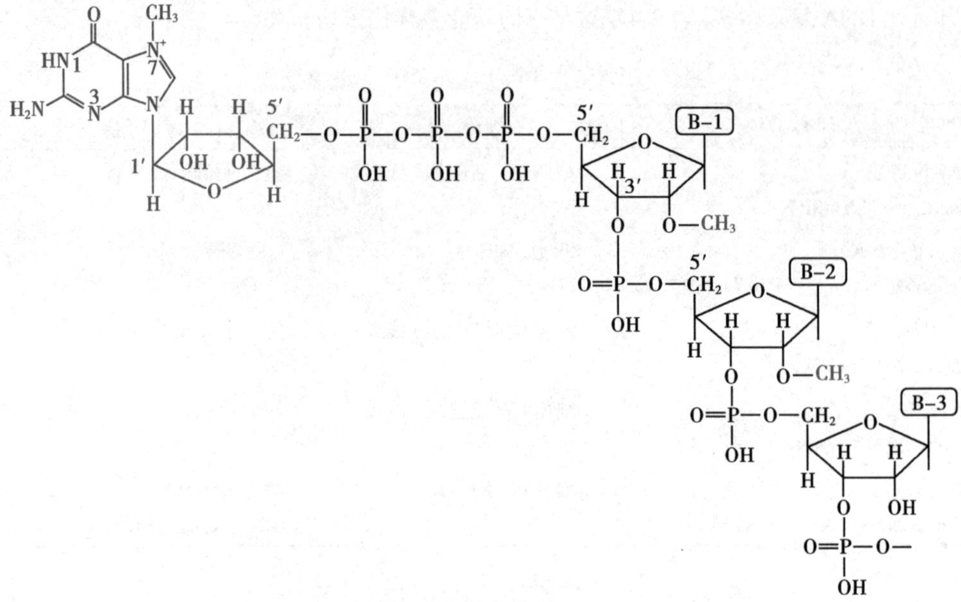

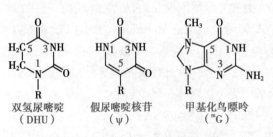

图 2-18　真核生物 mRNA 的 5'-帽结构

多数原核生物 mRNA 也有 poly(A) 尾,但长度一般不超过 15 个 A,其作用也与真核生物 mRNA 的 poly(A) 尾不同。

**3. mRNA 的碱基序列决定蛋白质的氨基酸序列**　mRNA 为蛋白质的生物合成提供模板。成熟的 mRNA 由编码区和非编码区组成。编码区是从成熟 mRNA 的 5'-端起的第一个 AUG(起始密码子)至终止密码子之间的核苷酸序列,此序列决定多肽链的氨基酸序列,称为开放读框(open reading frame,ORF)。开放读框的两侧是非编码序列或称非翻译区(untranslated region,UTR),5'-端和 3'-端的非翻译区分别称作 5'-UTR 和 3'-UTR。

## 二、tRNA 是蛋白质合成中的氨基酸转运载体

转运 RNA(transfer RNA,tRNA)作为活化氨基酸的载体参与蛋白质的生物合成。tRNA 占细胞总 RNA 的 15%,并具有较好的稳定性。目前已知的 tRNA 都是由 74~95 个核苷酸组成的。一种 tRNA 只能携带一种氨基酸,但是一种氨基酸可以对应一种以上的 tRNA,运载同一种氨基酸的 tRNA 称为同工接纳体(isoacceptor)。尽管每一种 tRNA 都有特定的碱基组成和空间结构,但是它们具有一些共性。

**1. tRNA 含有多种稀有碱基**　稀有碱基(rare base)是指除 A、G、C、U 外的一些碱基,包括双氢尿嘧啶(DHU)、假尿嘧啶核苷(pseudouridine,ψ)和甲基化的嘌呤(m⁷G,m⁷A)等(图 2-19)。

正常的嘧啶是杂环的 N-1 原子与戊糖的 C-1' 原子连接形成糖苷键,而假尿嘧啶核苷则是杂环的 C-5 原子与戊糖的 C-1' 原子相连。tRNA 中的稀有碱基占所有碱基的 10%~20%。tRNA 分子中的稀有碱基均是转录后修饰而成的。

双氢尿嘧啶　　假尿嘧啶核苷　　甲基化鸟嘌呤
(DHU)　　　(ψ)　　　(ᵐ⁷G)

图 2-19　tRNA 分子中的稀有碱基

**2. tRNA 含有茎环结构**　tRNA 存在着一些核苷酸序列,能够通过互补配对的原则,形成局部的、链内的双螺旋结构。在形成这些双螺旋结构的序列之间的不能配对的序列则膨出形成环状或襻状结构。这样的结构称为茎环结构(stem-loop)或发夹结构(hairpin)。这些茎环结构的存在使 tRNA 的二级结构呈现出酷似三叶草(cloverleaf)的形状(图 2-20)。位于两侧的茎

Notes

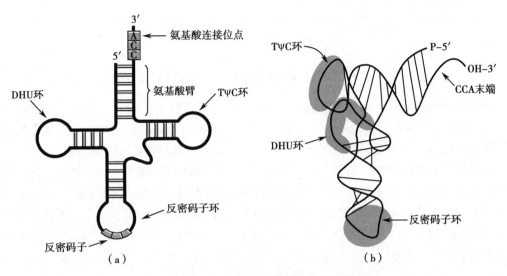

图 2-20　tRNA 的二级结构和三级结构

（a）tRNA 的二级结构形似三叶草，具有四个茎和四个环结构，其中 3′- 端的腺苷酸是氨基酸的连接位点；
（b）tRNA 的三级结构是一个倒 L 形的形状

环结构含有稀有碱基，因此它们依据各自特有的碱基种类分别称为 DHU 环和 TψC 环。位于下方的茎环结构是反密码环（anticodon loop）。位于上方的则是氨基酸接纳茎（acceptor stem），亦称氨基酸臂。虽然 TψC 环与 DHU 环在三叶草形的二级结构上各处一方，但是氢键的作用使得它们在空间上相距很近。X 线衍射图像分析表明，所有的 tRNA 具有相似的倒 L 形的空间结构。

3. tRNA 的 3′- 端可连接氨基酸　5′- 末端的 7 个核苷酸和靠近 3′- 端的一段形成了 tRNA 的氨基酸接纳茎。所有 tRNA 的 3′- 端都是以 CCA 三个核苷酸结束的，它是在 tRNA 核苷酸基转移酶（nucleotidyltransferase）催化下连接到 tRNA 的 3′- 末端的一个未成对的碱基上，因此 tRNA 的 3′- 端有 4 个未成对的核苷酸。氨基酸通过酯键连接在腺嘌呤核苷酸的 3′- 羟基上，生成氨基酰 -tRNA。此时，tRNA 成为了氨基酸的载体，而连接在 tRNA 的氨基酸则称为是被活化的氨基酸。有些氨基酸只有一种 tRNA 作为载体，而有的则可有几种 tRNA 作为载体，以适应 mRNA 所具有的密码子简并性。不同氨基酸 tRNA 的命名是在 tRNA 的右上角标注 3 字母的氨基酸英文简称，如酪氨酸的 tRNA 是 tRNA$^{Tyr}$。

4. tRNA 的反密码子能够识别 mRNA 密码子　tRNA 的反密码环由 7～9 个核苷酸组成，其中居中的 3 个核苷酸构成了一个反密码子。次黄嘌呤核苷酸（也称肌苷酸，缩写成 I）常出现于反密码子中。这个反密码子可以通过碱基互补的关系识别 mRNA 的密码子。例如，携带酪氨酸的 tRNA 反密码子是 -GUA-，可以与 mRNA 上编码酪氨酸的密码子 -UAC- 互补配对（图 2-21）。

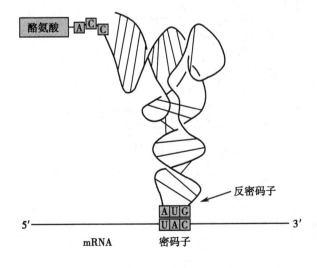

图 2-21　tRNA 反密码子与 mRNA 密码子相互识别的示意图

在蛋白质生物合成过程中，通过正确的碱基配对，mRNA 密码子与 tRNA 所携带的氨基酸之间建立了一一对应的关系

Notes

在蛋白质生物合成中，氨基酰-tRNA 的反密码子依靠碱基互补的方式辨认 mRNA 的密码子，从而正确地选择活化氨基酸进行肽链的合成（第十七章）。

### 三、rRNA 与核糖体蛋白组成的核糖体为蛋白质合成提供场所

核糖体 RNA（ribosomal RNA，rRNA）是细胞内含量最多的 RNA，约占 RNA 总量的 80% 以上。rRNA 与核糖体蛋白（ribosomal protein）共同构成核糖体（ribosome），它为蛋白质生物合成所需要的 mRNA、tRNA 以及多种蛋白因子提供了相互结合和相互作用的空间环境。

原核生物有 3 种 rRNA，依照分子量的大小分为 5S、16S、23S（S 是大分子物质在超速离心沉降中的沉降系数）。它们与不同的核糖体蛋白结合分别形成了核糖体的大亚基（large subunit）和小亚基（small subunit）。真核生物的 4 种 rRNA 也利用相类似的方式构成了核糖体的大亚基和小亚基（表 2-5）。将纯化的核糖体蛋白和 rRNA 在试管内混合，不需加入酶或 ATP 就可以自动组装成有活性的大亚基和小亚基。

表 2-5　核糖体的组成

| | 原核生物（以大肠杆菌为例） | | 真核生物（以小鼠肝为例） | |
|---|---|---|---|---|
| 小亚基 | 30S | | 40S | |
| rRNA | 16S | 1542 个核苷酸 | 18S | 1874 个核苷酸 |
| 蛋白质 | 21 种 | 占总重量的 40% | 33 种 | 占总重量的 50% |
| 大亚基 | 50S | | 60S | |
| rRNA | 23S | 2940 个核苷酸 | 28S | 4718 个核苷酸 |
| | 5S | 120 个核苷酸 | 5.8S | 160 个核苷酸 |
| | | | 5S | 120 个核苷酸 |
| 蛋白质 | 31 种 | 占总重量的 30% | 49 种 | 占总重量的 35% |

人们已经测定了 rRNA 的核苷酸序列，并推测出了它们的空间结构，如真核生物 18S rRNA 的二级结构呈花状（图 2-22），众多的茎环结构为核糖体蛋白的结合和组装提供了结构基础。原核生物 16S rRNA 的二级结构也极为相似。

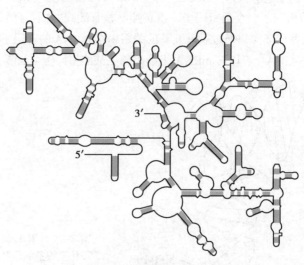

图 2-22　真核生物的 18S rRNA 的二级结构
众多的茎环结构为蛋白质的相互作用提供了结构基础

Notes

## 四、组成型非编码 RNA 直接或间接参与蛋白质合成

在上述三种 RNA 中，mRNA 是编码 RNA，tRNA 和 rRNA 都是非编码 RNA。此外，真核细胞中还存在着其他类型的非编码 RNA（non-coding RNA，ncRNA）。非编码 RNA 是指不能翻译为蛋白质的功能性 RNA 分子，作为关键因子参与调控细胞内部分生理及病理过程；大致可以分为管家非编码 RNA（housekeeping non-coding RNA）和调控型非编码 RNA（regulatory non-coding RNA）。

管家非编码 RNA 属于组成型表达，故也称之为组成型非编码 RNA，对细胞的生存及基本功能是必需的。目前已报道管家非编码 RNA 种类较多，可以简单将其分为八种类型。这些组成型非编码 RNA 都直接或间接地参与了蛋白质的合成。

1. 催化小 RNA　　也称为核酶（ribozyme），是细胞内具有催化功能的一类小分子 RNA，具有催化特定 RNA 降解的活性，在 RNA 的剪接修饰中具有重要作用。

2. 类 mRNA　　一类 3'- 端有 poly（A），无典型 ORF，不编码蛋白质的 RNA 分子，是与细胞的生长和分化、胚胎的发育、肿瘤的形成和抑制密切相关的调节因子。

3. 指导 RNA　　这是指导 mRNA 编辑的小 RNA 分子，多用来指导在 mRNA 中加入 U 的过程。

4. tmRNA　　功能上既是 tRNA，又是 mRNA，翻译时既可转运氨基酸，又可当做模板翻译产生蛋白质。

5. 端粒酶 RNA　　充当真核染色体端粒复制的模板。

6. 胞质小 RNA（small cytoplasmic RNA，scRNA）　　scRNA 存在于细胞质中，与六种蛋白质共同形成信号识别颗粒（signal recognition particle，SRP），引导含有信号肽的蛋白质进入内质网定位合成（第十七章）。

7. 核内小 RNA（small nuclear RNA，snRNA）　　snRNA 有 5 种，分别称为 U1、U2、U4、U5、U6。它们均位于细胞核内，与多种蛋白形成复合体，识别 hnRNA 上外显子和内含子的接点，参与真核细胞 hnRNA 的内含子加工剪接（第十六章）。

8. 核仁小 RNA（small nucleolar RNA，snoRNA）　　snoRNA 定位于核仁，主要参与 rRNA 的加工。rRNA 中～5% 的核糖 C-2' 被甲基化。参与甲基化修饰的酶中有 C/D 类的核仁小 RNA（small nucleolar RNA，snoRNA），C 代表 RUGAUGA 保守序列（R 代表 A 或 G），D 代表 CUGA 序列。尿嘧啶在假尿苷合酶（pseudouridine synthase）作用下，由 N-1 与 C-1' 连接变位成 C-5 与 C-1' 连接，形成假尿嘧啶核苷（pseudouridine，ψ）。此过程需 H/ACA snoRNA，此种 snoRNA 的 3'- 末端含有 ACA 保守序列。

## 五、调控型非编码 RNA 参与基因表达的调控

具有调控作用的非编码 RNA 按其大小分为两类：长链非编码 RNA（long non-coding RNA，lncRNA）和短链非编码 RNA（short non-coding RNA，sncRNA）。通常将长度大于 200nt 的非编码 RNA 称为 lncRNA，而短链非编码 RNA 的长度一般小于 200nt。sncRNA 包括 siRNA、miRNA 和 piRNA。

调控型非编码 RNA 参与转录调控、RNA 的剪切和修饰、mRNA 的稳定和翻译调控、蛋白质的稳定和转运、染色体的形成和结构稳定等细胞重要功能，进而调控胚胎发育、组织分化、器官形成等基本的生命活动，以及某些疾病（如肿瘤、神经系统疾病等）的发生和发展过程。调控型非编码 RNA 大致可以分为四种（表 2-6）。

1. lncRNA　　一般是指大于 200nt 的 RNA，在结构上类似于 mRNA，但序列中不存在开放读框，不参与或很少参与蛋白编码功能。lncRNA 位于细胞核内或胞质内，有多种不同的来源。能够转录产生 lncRNA 的 DNA 序列，目前认为有几种可能的形成机制：①编码蛋白质的基因结构

表 2-6　调控型非编码 RNA 的种类及生物学功能

| 种类 | 长度（nt） | 来源 | 主要功能 |
|---|---|---|---|
| lncRNA | >200 | 多种途径 | 比较复杂 |
| miRNA | ~22 | 含发夹结构的 pre-miRNA | 基因沉默 |
| siRNA | ~22 | 长双链 RNA | 基因沉默 |
| piRNA | ~30 | 长单链前体或起始转录产物等多途径 | 基因沉默 |

中断而转变为非编码 lncRNA；②染色质重组的结果，即两个未转录的基因与另一个独立的基因并列而转录产生含多个外显子的 lncRNA；③由非编码基因复制过程中的反移位产生；④由局部的串联复制子转录产生非编码 RNA；⑤基因中插入一个转座成分而转录产生有功能的非编码 RNA。lncRNA 具有复杂的生物学功能，并与一些疾病的发病机制密切相关。有的 lncRNA 能使基因沉默，有的则激活基因的表达。

2. 微小 RNA（microRNAs，miRNAs）　是一类长度在 22nt 左右的单链 RNA。miRNA 的特点主要表现为它的保守性、基因簇集现象和特异性表达。到目前为止，约 2000 个 miRNA 从蠕虫、蝇类、人类体内鉴别出来。miRNA 对基因表达、细胞周期调控乃至发育都产生深远而复杂的影响。miRNA 是从相应的基因转录、经加工后生成（第十六章）。成熟的 miRNA 通过与特定的蛋白质形成复合物而在翻译水平调控基因的表达（第十九章）。

3. 小干扰 RNA（small interfering RNA，siRNA）　siRNA 有内源性和外源性之分。内源性 siRNA 是由细胞自身产生的。外源性 siRNA 来源于外源入侵基因表达的长的双链 RNA 分子（包括 RNA 病毒复制子、转座子或转基因靶点等），经 Dicer 酶剪切为具有特定长度和特定序列的小片段 RNA，装载至 AGO 蛋白诱导相应 mRNA 降解。

与 miRNA 不同，真核细胞内没有特定的基因编码内源性 siRNA。细胞内的各种 RNA 分子可通过分子内或分子间的互补序列结合，形成双链 RNA 分子或局部的 RNA 双链。当双链中存在可被 Dicer 酶识别的序列时，就可被 Dicer 酶识别、加工，产生内源性 siRNA（第十六章）。

4. piRNA　这是从哺乳动物生殖细胞中分离得到的一类长度约为 30nt 的小 RNA。这种小 RNA 与 PIWI 蛋白家族成员相结合才能发挥它的调控作用，故命名为 piRNA（piwi interacting RNA，piRNA）。目前认为，piRNA 主要存在于哺乳动物的生殖细胞和干细胞中，通过与 Piwi 亚家族蛋白结合形成 piRNA 复合物（piRC）来调控基因沉默途径。

# 第四节　核酸的理化特性与分子间相互作用

作为一种生物大分子，核酸的功能也是由其结构所决定、并受到结构变化的影响。对核酸的理化性质和结构变化特点的了解，不仅能够加深对核酸结构与功能的认识，而且衍生出许多在医学研究中有重要价值的概念、技术和研究策略。

## 一、核酸分子具有强烈的紫外吸收

嘌呤和嘧啶都含有共轭双键。因此，碱基、核苷、核苷酸和核酸在紫外波段有较强的光吸收。在中性条件下，它们的最大吸收值在 260nm 附近（图 2-23）。根据 260nm 处的吸光度（absorbance，$A_{260}$）或光密度（optical density，$OD_{260}$），可以确定出溶液中的 DNA 或 RNA 的含量。实验中常以 $A_{260}=1.0$ 相当于 50μg/ml 双链 DNA、40μg/ml 单链 DNA 或 RNA、或 20μg/ml 寡核苷酸为计算标准。利用 260nm 与 280nm 的吸光度比值（$A_{260}/A_{280}$）还可以判断所提取的核酸样品的纯度，DNA 纯品的 $A_{260}/A_{280}$ 应为 1.8；而 RNA 纯品的 $A_{260}/A_{280}$ 应为 2.0。

Notes

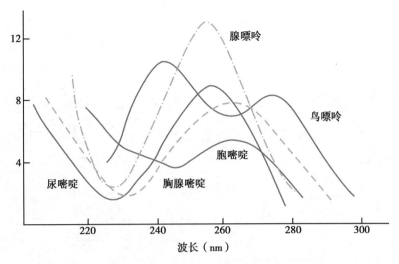

图 2-23　五种碱基的紫外线吸收光谱（pH 7.0）

## 二、核酸的分子结构决定其多种特性

除了具有紫外吸收的特性，核酸的分子结构还决定了核酸的其他各种特性。核酸为多元酸，具有较强的酸性。DNA 和 RNA 都是线性高分子，因此它们溶液的黏滞度极大。在提取高分子量 DNA 时，DNA 在机械力的作用下易发生断裂，为基因组 DNA 的提取带来一定困难。一般而言，RNA 远小于 DNA，溶液的黏滞度也小得多。

溶液中的核酸分子在引力场中可以下沉。在超速离心形成的引力场中，环状、超螺旋和线性等不同构象的核酸分子的沉降速率有很大差异，这是超速离心法提取和纯化核酸的理论基础。

## 三、核酸链变性是双链解离为单链的过程

某些理化因素（温度、pH、离子强度等）会导致 DNA 双链互补碱基对之间的氢键发生断裂，使 DNA 双链解离为单链。这种现象称为 DNA 变性（DNA denaturation）。虽然 DNA 变性破坏了 DNA 的空间结构，但不会改变它的核苷酸序列（图 2-24）。

双链 RNA 也可以变性解离成为单链 RNA。

在 DNA 解链过程中，由于有更多的共轭双键暴露出来，DNA 溶液在 260nm 处的吸光度也随之增加。这种现象称为 DNA 的增色效应（hyperchromic effect）（图 2-25）。测量 DNA 溶液在 260nm 处的吸光度变化是判定 DNA 双链是否发生变性的一个最简单和常用的方法。实验室最

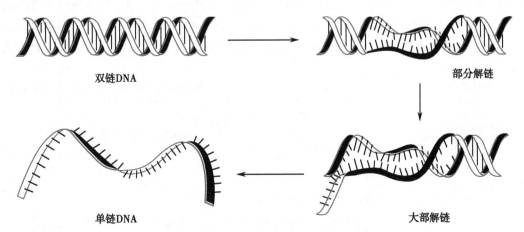

双链DNA　　　　　　　　　　　　　　　　部分解链

单链DNA　　　　　　　　　　　　　　　　大部解链

图 2-24　DNA 解链过程的示意图

在变性条件下，DNA 双链经历部分解离，大部解离，直到全部解离为两条单链的过程

Notes

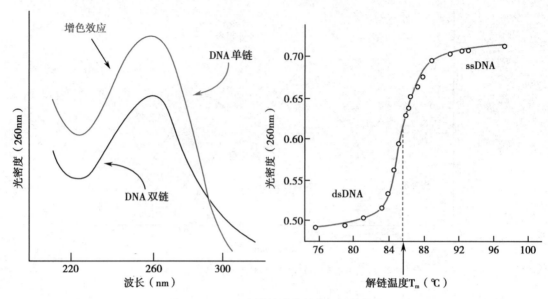

图2-25   DNA变性的增色效应和解链曲线

常用的使DNA变性的方法之一是加热。以在260nm处的吸光度（$A_{260}$，或称光密度，$OD_{260}$）相对于温度作图，所得的曲线称为DNA的解链曲线（melting curve）（图2-25）。从曲线中可以看出，DNA双链从开始解链到完全解链，是在一个相当窄的温度范围内完成的。在解链过程中，紫外吸光度的变化$\Delta A_{260}$或$\Delta OD_{260}$达到最大变化值的一半时所对应的温度定义为DNA的解链温度或融解温度（melting temperature，$T_m$）。在此温度时，50%的DNA双链解离成为单链。DNA的$T_m$值与DNA长短以及碱基的GC含量相关。GC的含量越高，$T_m$值越高；离子强度越高，$T_m$值也越高。$T_m$值可以根据DNA的长度、GC含量以及离子浓度来计算。小于20bp寡核苷酸片段的$T_m$值可用公式$T_m=4(G+C)+2(A+T)$来估算，其中G、C、A和T是寡核苷酸片段中所含相应碱基的个数。

## 四、变性的核酸可以复性或杂交形成双链

当变性条件缓慢地除去后，两条解离的互补链可重新互补配对，恢复原来的双螺旋结构，这一现象称为复性（renaturation）。例如，热变性的DNA经缓慢冷却后可以复性，这一过程也称为退火（annealing）。如果将热变性的DNA迅速冷却至4℃以下，两条解离的互补链则不能形成双链，所以DNA不能发生复性。这一特性被用来保持DNA的变性状态。

如果将不同种类的单链DNA或RNA放在同一溶液中，只要两种核酸单链之间存在着一定程度的碱基配对关系，它们就有可能形成杂化双链（heteroduplex）。这种杂化双链可以在不同的DNA单链之间形成，也可以在RNA单链之间形成，或者在DNA单链和RNA单链之间形成（图2-26）。这种现象称为核酸杂交（nucleic acid hybridization）。核酸分子杂交是分子生物学的

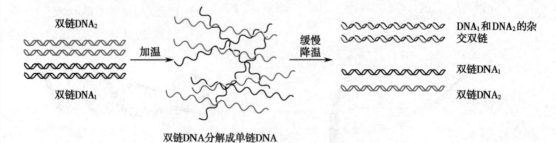

图2-26   核酸分子复性和杂交的示意图

来自不同样品的双链DNA1和双链DNA2解离后，如果它们有同源序列，当温度缓慢降低时，单链的DNA1可以和单链的DNA2形成互补的杂化双链

Notes

常用实验技术。这一原理可以用来研究 DNA 片段在基因组中的定位、鉴定核酸分子间的序列相似性、检测靶基因在待检样品中存在与否等。DNA 印迹、RNA 印迹、斑点印迹、PCR 扩增、基因芯片等核酸检测手段都是利用了核酸分子杂交的原理(第二十一章)。

## 五、核酸可与其他分子发生相互作用

除了核酸分子之间杂交之外,核酸还可以与周围环境中的分子发生各种各样的相互作用。这些分子可以是有机小分子,也可以是生物大分子。这些相互作用可以是特异性的,也可以是非特异性的。作用的方式可以是共价的,也可以是非共价的。作用部位可以是核酸的碱基,可以是磷酸骨架,也可以是戊糖环。

核酸与核酸分子间相互作用的最好例子是 mRNA 的加工。snRNA 的 U1 特异性地识别 hnRNA 内含子中 5′- 端的 GU 序列,U2 识别内含子中的腺苷酸分支点,U4、U5 和 U6 的加入使该 hnRNA 内含子形成了套索结构,并在 U2/U6 的催化下完成了转酯反应,剔除内含子,连接相邻的两个外显子(第十六章)。

核酸与蛋白质的相互作用是核酸发挥其生物学功能的重要条件。DNA 双螺旋的大沟足以容纳蛋白质的 α- 螺旋结构,它的磷酸骨架和碱基上的化学基团可以与蛋白质残基侧链基团形成氢键或产生离子相互作用。基因表达及其调控都需要通过蛋白质与核酸的相互作用而得以实现。例如,RNA 聚合酶和一些转录因子特异性地结合到基因的启动子上,启动转录过程。另外,许多基因表达调控蛋白都是通过结合特定的 DNA 序列而产生对基因表达的调控作用。

DNA 也可以与有机小分子以沟槽结合、嵌插结合和黏附结合的方式发生相互作用。沟槽结合是有机小分子在核酸双螺旋小沟一侧,通过与 AT 碱基对中的胸腺嘧啶 C-2 的羰基氧或腺嘌呤 N-3 形成氢键来结合。抗癌药物分子多是以这种方式结合在原癌基因上的。嵌插结合是具有平面特征的小分子嵌插在相邻的两个碱基对之间。它们的作用是结合 DNA 后,阻滞或抑制 DNA 的复制、DNA 的转录以及蛋白质生物合成,从而达到遏制细胞生长的目的。极性小分子也可以通过离子作用结合在 DNA 双螺旋结构的表面,但是一般不具有序列特异性。

## 六、化学修饰可影响核酸的功能

核酸的结构决定核酸的功能。在通过复制或转录产生 DNA 或 RNA 分子后,这些分子的结构不是一成不变的。核酸分子可以在碱基、磷酸骨架和戊糖上发生化学修饰,从而可以控制、改变、甚至消除核酸的功能。

最常见的 DNA 化学修饰是甲基化。在甲基转移酶的作用下,鸟嘌呤 N-7 原子、腺嘌呤 N-6 原子以及胞嘧啶 C-5 原子都可以被甲基化。甲基化修饰可提高 DNA 的稳定性,使生物能够保护自身的遗传稳定性。而在基因转录调控区的 DNA 序列中,CpG 岛(CpG island)的甲基化修饰是控制基因表达的重要方式。在戊糖环上的化学修饰多是核苷酸 C-2′ 原子的羟基甲基化。

化学修饰还包括脱去某些化学基团,例如脱氨酶可以脱去胞嘧啶上的氨基使其成为尿嘧啶。紫外线和放射性等辐射可能造成 DNA 链中相邻的嘧啶碱基之间发生链内的共价交联,形成嘧啶二聚体,其结果是使 DNA 丧失了复制的能力。DNA 的磷酸骨架中还能够发生磷硫酰化修饰,导致 DNA 降解而失去功能。

## 第五节　核　酸　酶

核酸酶是所有可以水解核酸的酶。依据核酸酶底物的不同可以将其分为 DNA 酶(deoxyribonuclease, DNase)和 RNA 酶(ribonuclease, RNase)。DNA 酶能够专一性地催化脱氧核糖核酸的水解,而 RNA 酶能够专一性地催化核糖核酸的水解。按照对底物二级结构的专一性,核酸酶还有单链酶和双链酶之分。

依据对底物的作用方式可将核酸酶分为核酸外切酶(exonuclease)和核酸内切酶(endonuclease)。核酸外切酶仅能水解位于核酸分子链末端的磷酸二酯键。根据其作用的方向性，它们还有 5′→3′ 核酸外切酶和 3′→5′ 核酸外切酶之分。从 5′- 端开始切除核苷酸的称为 5′→3′ 核酸外切酶；从 3′- 端开始切除核苷酸的称为 3′→5′ 核酸外切酶。而核酸内切酶只可以在 DNA 或 RNA 分子链的内部水解磷酸二酯键。有些核酸内切酶要求酶切位点具有核酸序列特异性，称为限制性核酸内切酶(restriction endonuclease)。一般而言，酶切位点的核酸序列具有回文结构，核酸序列的长度为 4～8bp。限制性核酸内切酶识别该序列后，可以将两条 DNA 单链同时切断(第二十二章)。此外，有些核酸内切酶则没有序列特异性的要求。

细胞内的核酸酶一方面参与 DNA 的合成与修复及 RNA 合成后的剪接等重要的基因复制和基因表达过程；另一方面负责清除多余的、结构和功能异常的核酸，同时也可以清除侵入细胞的外源性核酸，这些作用对于维持细胞的正常活动具有重要意义。核酸酶可以分泌到细胞外，例如在人体消化液中的核酸酶可以降解食物中的核酸。特别是限制性核酸内切酶，由于它能够特异性地识别酶切位点，已经成为分子生物学研究中的重要工具酶。目前已发现的约有 3 千种。

有些核酸酶属于多功能酶。例如，有些 DNA 聚合酶同时具有核酸外切酶活性，在 DNA 复制过程中可以切除错配的碱基，保证 DNA 生物合成的精确性。

## 小　结

核苷酸由碱基、戊糖和磷酸基团组成。它们通过糖苷键和磷酸酯键连接在一起形成核苷酸。DNA 和 RNA 是线性的多聚核苷酸生物大分子。DNA 由含有 A、G、C 和 T 的脱氧核糖核苷酸组成；而 RNA 由含有 A、G、C 和 U 的核糖核苷酸组成。

DNA 是多聚脱氧核苷酸链，由两条反向平行的 DNA 链组成。DNA 的一级结构是核苷酸从 5′- 端到 3′- 端的排列顺序。DNA 的二级结构是双螺旋结构。形成双螺旋结构后，DNA 在真核细胞内还将进一步折叠成为核小体、螺旋管、染色质纤维空管，最后组装成为染色体。DNA 的生物学功能是作为生物遗传信息的载体。

RNA 包括 mRNA、tRNA、rRNA 及其他非编码 RNA。成熟的 mRNA 是蛋白质生物合成的模板。tRNA 在蛋白质合成过程中作为活化氨基酸的运载体。rRNA 与核糖体蛋白组成核糖体，为蛋白质生物合成提供场所。其他非编码 RNA 则具有种类、结构和功能的多样性，是基因表达调控中必不可少的分子。

碱基、核苷、核苷酸和核酸都具有强烈的紫外吸收特性。双链 DNA 可以解离成为两条单链，即发生变性。50% 的 DNA 双链解离时的温度称为 DNA 的解链温度($T_m$)。在适当条件下，热变性的两条 DNA 互补单链可重新形成 DNA 双链，这称为复性。无论是 DNA 还是 RNA，只要它们满足碱基配对关系，就可以形成 DNA-DNA、RNA-RNA、或 RNA-DNA 的杂化双链，即互补杂交。

（关一夫）

Notes

# 第三章　糖蛋白和蛋白聚糖的结构与功能

聚糖是继核酸和蛋白质后的又一类重要的生物大分子。在细胞内，聚糖参与并影响糖蛋白从初始合成至最后亚细胞定位的各个阶段及其功能。聚糖不仅影响蛋白质折叠、稳定性和细胞内运输，而且作为糖蛋白的组分参与细胞识别、细胞黏附、细胞分化、免疫识别、细胞信号转导、微生物致病过程和肿瘤转移过程等。聚糖使蛋白质的结构更丰富、功能更复杂。此外，糖生物学研究表明，特异的聚糖结构被细胞用来编码若干重要信息。本章主要介绍糖蛋白和蛋白聚糖的结构与功能。

---

**框 3-1　糖类化合物的研究经历了三个阶段**

糖类化合物研究经历了糖化学、糖生物化学、糖生物学 3 个阶段。19 世纪早期，科学家演绎出植物可通过光合作用将 $CO_2$、$H_2O$ 和光能转化为有机物和 $O_2$，最先在蓝 - 绿藻确定的这种有机物就是葡萄糖。1820 年间，Leibig 确定食物含有碳水化（合）物等。1833 年，Payen 在发现淀粉酶的同时发现了植物细胞壁中的纤维素，将其鉴定并命名为多糖。此后化学家开展糖的立体异构体和投射分子式预测；Fischer 根据不对称碳原子将碳水化合物区分为 D-、L- 构型。1925 年，Walter Haworth 提出葡萄糖以封闭环状结构及 α、β 构型存在。1937 年，Charles Hanes 提出淀粉的螺旋状构象。1950 年代，现代物理技术发展证明了 Fischer 的投射结构预测。糖生物化学研究积累了大量资料，特别是 1980 年代糖缀合物分子中聚糖的多种功能相继被发现，糖类不再被看作仅是生物体的产能物质和结构物质。1988 年，糖生物学概念被提出。糖缀合物的结构与功能不断被揭示，聚糖的功能涉及蛋白质折叠、稳定性和细胞内运输，以及细胞识别、黏附和迁移等重要的生理作用，是继核酸和蛋白质后的又一类重要的生物大分子。当今以高通量、高效率技术探讨个体全部糖链的结构、功能以及代谢为主体内容的糖组学研究正在蓬勃发展。

---

## 第一节　糖蛋白的结构与功能

在蛋白质合成后的修饰中，糖基化是最复杂的一种修饰作用。体内蛋白质约 1/3 为糖蛋白，执行着不同的功能。糖蛋白中的聚糖不但能影响蛋白部分的构象、聚合、溶解及降解，还参与糖蛋白的相互识别、结合等功能。本节主要介绍蛋白质糖基化修饰的主要方式和特点，以及聚糖对蛋白质结构与功能的影响。

### 一、聚糖是组成糖缀合物的重要部分

#### （一）糖蛋白和蛋白聚糖是重要的糖缀合物

糖缀合物（glycoconjugate）是指糖与蛋白质、脂质等分子以共价键相互连结而形成的化合物。体内的糖缀合物主要包括糖蛋白（glycoprotein）、蛋白聚糖（proteoglycan）和糖脂。通常把糖缀合物中的糖部分称作聚糖（glycan）。聚糖一般都是复杂的杂聚物。就结构而论，糖蛋白和蛋白聚糖均由共价连接的蛋白质和聚糖两部分组成，而糖脂由聚糖与脂类物质组成。体内还

存在蛋白质、糖与脂类三位一体的糖缀合物，主要利用糖基磷脂酰肌醇（glycosylphosphatidyl inositol，GPI）将蛋白质锚定于细胞膜中。

### （二）聚糖与蛋白质可通过两种方式连接

组成糖蛋白分子中聚糖的单糖有 7 种：葡萄糖（glucose，Glc）、半乳糖（galactose，Gal）、甘露糖（mannose，Man）、N- 乙酰半乳糖胺（N-acetylgalactosamine，GalNAc）、N- 乙酰葡糖胺（N-acetylglucosamine，GlcNAc）、岩藻糖（fucose，Fuc）和 N- 乙酰神经氨酸（N-acetylneuraminic acid，NeuAc）。

由上述单糖构成结构各异的聚糖可经两种方式与糖蛋白的蛋白质部分连接。因此，根据连接方式不同可将糖蛋白聚糖分为 N- 连接型聚糖（N-linked glycan）和 O- 连接型聚糖（O-linked glycan）。N- 连接型聚糖是指与蛋白质分子中天冬酰胺残基的酰胺氮相连的糖链；O- 连接型聚糖是指与蛋白质分子中丝氨酸或苏氨酸羟基相连的糖链（图 3-1）。同样，糖蛋白也相应分成 N- 连接型糖蛋白和 O- 连接型糖蛋白。

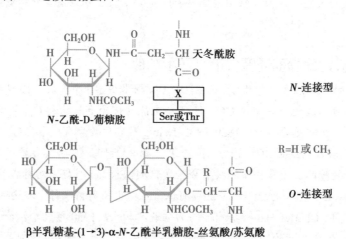

图 3-1　糖蛋白糖链的 N- 连接型和 O- 连接型

### （三）糖蛋白和蛋白聚糖中的组分存在较大差异

大多数真核细胞都能合成一定数量和类型的糖蛋白和蛋白聚糖，分布于细胞表面、细胞内分泌颗粒和细胞核内；也可被分泌出细胞，构成细胞外基质成分。糖蛋白分子中蛋白质重量百分比大于聚糖。糖蛋白分子中的含糖量因蛋白质不同而不一，有的可达 20%，有的仅为 5% 以下。蛋白聚糖中聚糖所占重量在一半以上，甚至高达 95%，以致大多数蛋白聚糖中聚糖分子质量高达 10 万以上。由于糖蛋白和蛋白聚糖中的聚糖结构迥然不同，因此两者在合成途径和功能上存在显著差异。

糖蛋白分子中单糖种类和组成比、聚糖的结构也存在显著差异。不同种属、组织的同一种糖蛋白的 N- 连接型聚糖的含量和结构可以不同。即使是同一组织中的某种糖蛋白，不同分子的同一糖基化位点的 N- 连接型聚糖结构也可以不同，这种糖蛋白聚糖结构的不均一性称为糖形（glycoform）。

## 二、N- 连接型聚糖是糖蛋白最常见的聚糖

### （一）N- 连接型糖蛋白的糖基化序列段为 Asn-X-Ser/Thr

聚糖中的 N- 乙酰葡糖胺与多肽链中天冬酰胺残基的酰胺氮以共价键连接，形成 N- 连接型糖蛋白，但是并非糖蛋白分子中所有天冬酰胺残基都可连接聚糖。只有特定的氨基酸序列，即 Asn-X-Ser/Thr（其中 X 为脯氨酸以外的任何氨基酸）3 个氨基酸残基组成的序列段（sequon）才有可能，这一序列段被称为糖基化位点（图 3-1）。1 个糖蛋白分子可存在若干个 Asn-X-Ser/Thr

Notes

序列段，这些序列段只能视为潜在糖基化位点，能否连接上聚糖还取决于周围的立体结构等。

## （二）N-连接型聚糖都有分支的五糖核心

根据结构可将 N-连接型聚糖分为 3 型：高甘露糖型、复杂型和杂合型。这 3 型 N-连接型聚糖都有一个由 2 个 N-乙酰葡糖胺（GlcNAc）和 3 个甘露糖（Man）组成的分支的五糖核心（GlcNAc$_2$Man$_3$）（图 3-2）。两个 GlcNAc 以 β-1,4-键相连，其中一个 GlcNAc 与糖基化位点 Asn-X-Ser/Thr 序列段的 Asn 连接，另一个 GlcNAc 以 β-1,4-键与 Man 连接，Man 再与另外两个 Man 分别以 α-1,3-键和 α-1,6-键连接，组成糖链的 1,3 和 1,6 臂。

复杂型 N-连接型聚糖五糖核心的内侧 Man 有时还可有以 β-1,4 连接的 GlcNAc，称为平分型 GlcNAc；而核心内侧的 GlcNAc 可有以 α-1,6-键连接的岩藻糖（Fuc），称为核心岩藻糖（图 3-2）。

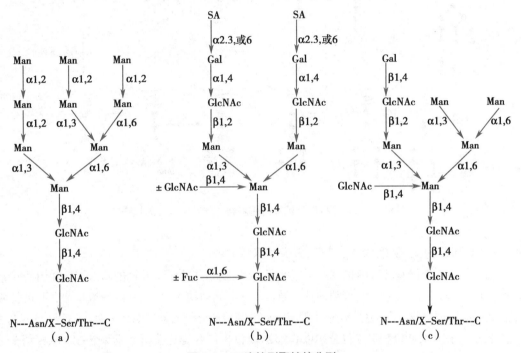

图 3-2　N-连接型聚糖的分型

a. 高甘露糖型；b. 复杂型；c. 杂合型

Man：甘露糖；GlcNAc：N-乙酰葡糖胺；SA：唾液酸；Gal：半乳糖；Fuc：岩藻糖；Asn：天冬酰胺

## （三）N-连接型聚糖合成是以长萜醇作为聚糖载体

N-连接型聚糖的合成场所是粗面内质网和高尔基体，可与蛋白质肽链的合成同时进行。在内质网上以长萜醇（dolichol）作为聚糖载体（图 3-3A），在糖基转移酶的作用下，先将 UDP-GlcNAc 分子中的 GlcNAc 转移至长萜醇，然后再逐个加上糖基。糖基必须活化成 UDP 或 GDP 的衍生物，才能作为糖基供体底物参与反应。每一步反应都有特异性的糖基转移酶（glycosyltransferase）催化，直至形成含有 14 个糖基的长萜醇焦磷酸聚糖结构，后者作为一个整体被转移至肽链的糖基化位点中的天冬酰胺的酰胺氮上。然后聚糖链依次在内质网和高尔基体进行加工，先由糖苷水解酶除去葡萄糖和部分甘露糖，然后再加上不同的单糖，成熟为各型 N-连接型聚糖。

在生物体内，有些糖蛋白的加工简单，仅形成较为单一的高甘露糖型聚糖，有些形成杂合型，而有些糖蛋白则通过多种加工形成复杂型的聚糖。图 3-3B 显示 3 型不同的聚糖从内质网到高尔基体加工的过程。不同组织的同一种糖蛋白的聚糖结构可以不同，说明 N-连接型聚糖存在极大的多样性。即使同一种糖蛋白，其相同糖基化位点的聚糖结构也可不同，显示出相当大的微观不均一性，这可能与不完全糖基化以及糖苷酶和糖基转移酶缺乏绝对专一性有关。

Notes

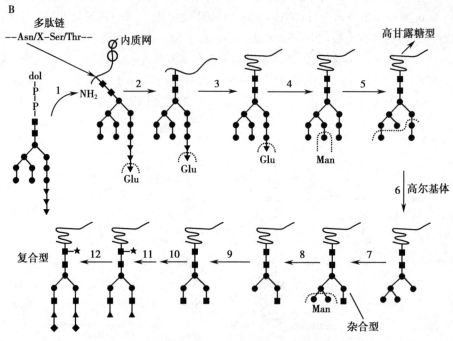

图 3-3　N- 连接型聚糖从内质网到高尔基体加工的过程

### （四）五糖核心外侧的糖基组成外链（又称天线）

高尔基体中的糖基转移酶按规定顺序发挥作用，将某些非常特异性的精细末端加到共同的核心结构，从而产生复杂型 N- 聚糖的外链结构。在哺乳动物体内，高甘露糖型和杂合型是复杂型合成时的中间产物。复杂型 N- 连接型聚糖的五糖核心外侧的糖基组成外链，五糖核心中 1，3 臂的 Man 可在其第 2 位和第 4 位分别以 β-1，2- 键和 β-1，4- 键连接一个或两个 GlcNAc；而 1，6 臂的 Man 则可在其第 2 位和第 6 位分别以 β-1，2- 键和 β-1，6- 键连接一个或两个 GlcNAc。

现在已习惯借用电子学上的术语"天线（antenna）"来形象地表示复杂型 N- 聚糖的分支结构。所以，复杂型 N- 连接型聚糖有单、双、三、四天线之分。N- 连接型聚糖外链中各种糖基的组成和连接方式较多，组成上可含有 GlcNAc、半乳糖（Gal）、唾液酸（sialic acid，SA）等。唾液酸为 N- 乙酰神经氨酸或其酯及其醇羟基的衍生物，高等动物中的唾液酸主要是乙酰神经氨酸（NeuAc）。酸性 N- 连接型聚糖的外端一般是唾液酸，中性 N- 连接型聚糖则一般以半乳糖（Gal）或岩藻糖（Fuc）为外端。N- 连接型聚糖外链的最常见的连接方式为，从外向内的顺序是唾液酸 - 半乳糖 -N- 乙酰葡糖胺基。有少数的 N- 连接型聚糖可含 N- 乙酰氨基半乳糖（GalNAc）和末端硫酸基团。图 3-4 为四天线聚糖示意图，其两条外链连于 α1，3Man 的 $C_2$ 位和 $C_4$ 位上，另两条外链连于 α1，6 Man 的 $C_2$ 位和 $C_6$ 位上，故又称为 C2，4C2，6 四天线 N- 连接型聚糖。

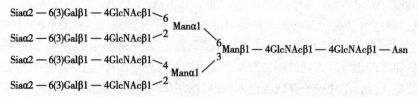

图 3-4　复杂型 N- 连接型聚糖的五糖核心外侧的糖基组成外链

## 三、O-连接型聚糖结构丰富多样

### （一）N-乙酰半乳糖胺与 Ser/Thr 的羟基连接

聚糖中的 N-乙酰半乳糖胺与多肽链的丝氨酸或苏氨酸残基的羟基以共价键相连而形成 O-连接型糖蛋白。它的糖基化位点的确切序列还不清楚，但通常存在于糖蛋白分子表面丝氨酸和苏氨酸比较集中且周围常有脯氨酸的序列中，提示 O-连接型糖蛋白的糖基化位点由多肽链的二级结构、三级结构决定。

O-连接型聚糖常由 N-乙酰半乳糖胺与半乳糖构成核心二糖（图 3-5），核心二糖可重复延长及分支，再连接上岩藻糖、N-乙酰葡糖胺等单糖。与 N-连接型聚糖合成不同，O-连接型聚糖合成是在多肽链合成后进行的，而且不需聚糖载体。在 GalNAc 转移酶作用下，将 UDP-GalNAc 中的 GalNAc 基转移至多肽链的丝氨酸（或苏氨酸）的羟基上，形成 O-连接，然后逐个加上糖基，每一种糖基都有其相应的专一性转移酶。整个过程在内质网开始，到高尔基体内完成。

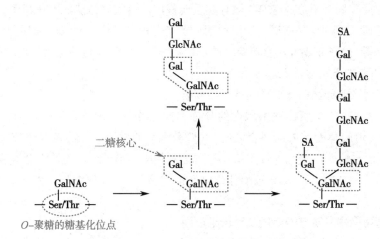

图 3-5　O-连接型聚糖常由 N-乙酰半乳糖胺与半乳糖构成核心二糖

GalNAc：N-乙酰半乳糖胺；Gal：半乳糖；GlcNAc：N-乙酰葡糖胺；SA：唾液酸

### （二）糖基与羟赖氨酸的羟基连接

这类糖基只存在于胶原中，只有一个半乳糖（Gal）或其外侧再连有葡萄糖（Glc），组成 Glc-Gal 二糖。

## 四、蛋白质的 N-乙酰葡糖胺修饰是可逆的单糖基修饰

### （一）N-乙酰葡糖胺与 Ser/Thr 连接

蛋白质糖基化修饰除 N-连接型聚糖修饰和 O-连接型聚糖修饰外，还有 β-N-乙酰葡糖胺（β-N-acetylglucosamine）单糖基修饰。β-N-乙酰葡糖胺与 Ser/Thr 连接（O-GlcNAc）的糖基化修饰主要发生于膜蛋白和分泌蛋白。蛋白质的 O-GlcNAc 糖基化修饰是在 O-GlcNAc 糖基转移酶（O-GlcNAc transferase，OGT）作用下，将 β-N-乙酰氨基葡萄糖以共价键方式结合于蛋白质的 Ser/Thr 残基上。这种糖基化修饰与 N- 或 O-聚糖修饰不同，不在内膜（如内质网、高尔基体）系统中进行，主要存在于细胞质或胞核中。

### （二）O-GlcNAc 糖基化修饰是可逆的

蛋白质发生 O-GlcNAc 糖基化后，又可经特异性的 β-N-乙酰氨基葡萄糖酶（O-GlcNAcase）的作用去除糖基，O-GlcNAc 糖基化与去糖基化是个动态可逆的过程。糖基化后，蛋白质肽链的构象将发生改变，从而影响蛋白质功能。可见，蛋白质在 OGT 与 O-GlcNAcase 作用下的这种糖基化过程与蛋白质磷酸化调节具有相似特征。此外，O-GlcNAc 糖基化位点也经常位于蛋白质

Notes

Ser/Thr 磷酸化位点处或其邻近部位。糖基化后即会影响磷酸化的进行,反之亦然。因此,某些蛋白质的 *O*-GlcNAc 糖基化与 Ser/Thr 磷酸化可能是一种相互拮抗的修饰行为,共同参与信号通路调节过程。

## 五、聚糖组分影响糖蛋白的结构和功能

蛋白质糖基化后,其聚糖组分并不仅仅是使分子量增大。聚糖组分可对蛋白质的结构与功能产生重要影响,可影响糖蛋白从初始合成至最后亚细胞定位的各个阶段。

### (一)聚糖参与糖蛋白新生肽链的折叠或聚合

不少糖蛋白的 *N*- 连接型聚糖参与新生肽链的折叠,维持蛋白质正确的空间构象。如用 DNA 定点突变方法去除某一病毒 G 蛋白的两个糖基化位点,此 G 蛋白就不能形成正确的链内二硫键而错配成链间二硫键,空间构象也发生改变。运铁蛋白受体有 3 个 *N*- 连接型聚糖,分别位于 Asn251、Asn317 和 Asn727。已发现 Asn727 与肽链的折叠和运输密切相关,Asn251 连接有三天线复杂型聚糖,此聚糖对于形成正常二聚体起重要作用。可见聚糖能影响亚基聚合。在哺乳动物新生蛋白质折叠过程中,具有凝集素活性的分子伴侣——钙连蛋白(calnexin)和(或)钙网蛋白(calreticulin)等,通过识别并结合折叠中的蛋白质(聚糖)部分,帮助蛋白质进行准确折叠,同样也能使错误折叠的蛋白质进入降解系统。

### (二)聚糖可影响糖蛋白在细胞内分拣和投送

糖蛋白的聚糖影响糖蛋白在细胞内的分拣和投送的典型例子是溶酶体酶合成后向溶酶体的定向投送。溶酶体酶在内质网合成后,其聚糖末端的甘露糖在高尔基体被磷酸化成甘露糖 -6- 磷酸,然后与溶酶体膜上的甘露糖 -6- 磷酸受体识别、结合,定向转送至溶酶体内。若聚糖链末端甘露糖不被磷酸化,那么溶酶体酶只能被分泌至血浆,而溶酶体内几乎没有酶,可导致疾病产生。

### (三)聚糖可稳固多肽链的结构及延长半衰期

糖蛋白的聚糖通常存在于蛋白质表面环或转角的序列处,并突出于蛋白质的表面。有些糖链可能通过限制与它们连接的多肽链的构象自由度而起结构性作用。*O*- 连接型聚糖常成簇地分布在蛋白质高度糖基化的区段上,有助于稳固多肽链的结构。一般来说,去除聚糖的糖蛋白,容易受蛋白酶水解,说明聚糖可保护肽链,延长半衰期。

### (四)聚糖可参与糖蛋白的功能

有些酶的活性依赖其聚糖,如 β- 羟 β- 甲戊二酰辅酶 A 还原酶(HMGCoA)去聚糖后其活性降低 90% 以上;脂蛋白脂酶 *N*- 连接型聚糖的核心五糖为酶活性所必需。当然,蛋白质的聚糖也可起屏障作用,抑制糖蛋白的作用。

### (五)聚糖成分介导蛋白质之间的相互识别

聚糖中单糖间的连接方式有 1, 2 连接、1, 3 连接、1, 4 连接和 1, 6 连接;这些连接又有 α 和 β 之分。这种结构的多样性是聚糖分子识别作用的基础。

糖蛋白与其他蛋白质分子相互作用时,糖蛋白中的聚糖可以是介导蛋白质分子相互作用的关键成分。猪卵细胞透明带中分子质量为 5.5 万的 ZP-3 蛋白,含有 *O*- 连接型聚糖,能识别精子并与之结合。受体与配体识别、结合也需聚糖的参与。如整合蛋白与其配体纤连蛋白结合,依赖完整的整合蛋白 *N*- 连接型聚糖的结合;若用聚糖加工酶抑制剂处理 K562 细胞,使整合蛋白聚糖改变成高甘露糖型或杂合型,均可降低与纤连蛋白识别和结合的能力。

细胞表面糖缀合物的聚糖还能介导细胞 - 细胞的结合。血循环中的白细胞需通过沿血管壁排列的内皮细胞,才能出血管至炎症组织。白细胞表面存在一类黏附分子称选凝素(selectin),能识别并结合内皮细胞表面糖蛋白分子中的特异聚糖结构,白细胞以此与内皮细胞黏附,进而通过其他黏附分子的作用,使白细胞移动并完成出血管的过程(图 3-6)。

Notes

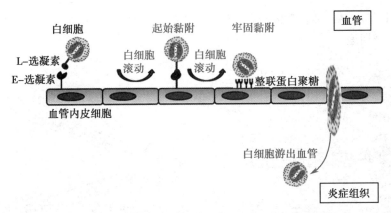

图 3-6　白细胞与内皮细胞黏附并游出血管过程

免疫球蛋白 G（IgG）属于 $N$- 连接型糖蛋白，其聚糖主要存在于 Fc 段。IgG 的聚糖可结合单核细胞或巨噬细胞上的 Fc 受体，并与补体 C1q 的结合和激活以及诱导细胞毒等过程有关（图 3-7）。若 IgG 去除聚糖，其铰链区的空间构象遭到破坏，上述与 Fc 受体和补体的结合功能就丢失。

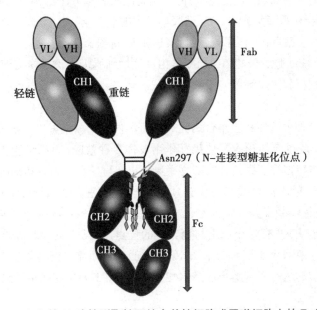

图 3-7　IgG 的 $N$- 连接型聚糖可结合单核细胞或巨噬细胞上的 Fc 受体

## 六、凝集素识别糖蛋白介导很多生物过程

凝集素（lectin）是一类能高度专一识别糖并与之高亲和力可逆结合的蛋白质。因其能凝集红血球（含血型物质），故称凝集素。红细胞的血型物质含糖达 80%～90%。ABO 血型物质是存在于细胞表面糖脂中的聚糖组分（图 3-8）。ABO 系统中血型物质 A 和 B 均是在血型物质 O 的聚糖非还原端各加上 GalNAc 或 Gal，仅一个糖基之差，使红细胞能分别识别不同的抗体，产生不同的血型。细菌表面存在各种凝集素样蛋白，可识别人体细胞表面的聚糖结构，而侵袭细胞。

凝集素包括植物凝集素和动物凝集素，不同来源凝集素的特点、分布及作用机制各不相同。植物凝集素在植物种子中含量丰富。植物凝集素通常以其提取的植物命名，如刀豆素 A（concanavalin A，ConA）、麦胚素（wheat germ agglutinin，WGA）、花生凝集素（peanut agglutinin，PNA）和大豆凝集素（soybean agglutinin，SBA）等。ConA 专一性结合复杂型两天线或高甘露糖型糖链；

Notes

WGA 识别外围 GlcNAc,所以对天线数多的复杂型糖链亲和力强。植物凝集素在分离和识别糖蛋白方面有广泛用途。

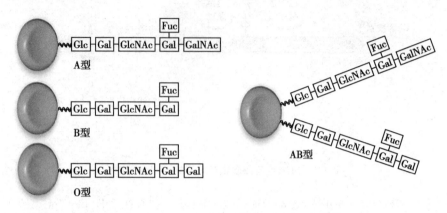

图 3-8  ABO 血型物质是存在于细胞表面中的聚糖组分

Glc:葡萄糖;Gal:半乳糖;GlcNAc:*N*- 乙酰葡萄糖胺;GalNAc:*N*- 乙酰半乳糖胺;Fuc:岩藻糖

动物凝集素具有多种多样的结构和功能。动物凝集素按分子结构分为 C- 型凝集素、S- 型凝集素、P- 型凝集素、I- 型凝集素等。C- 型凝集素中的选凝素(selectin)是介导细胞间相互识别与黏附的一类 I 型跨膜糖蛋白,该家族包括 L、E 和 P- 选凝素 3 个成员。L- 选凝素为 T 淋巴细胞、中性粒细胞及单核细胞所表达,E- 选凝素由炎症性细胞因子诱导内皮细胞表达,而 P- 选凝素则贮存于血小板颗粒和内皮细胞 weibel-Palade 小体中,受凝血酶或自由基刺激后转位于细胞膜上。

动物凝集素可分为可溶性和膜结合两大类。可溶性动物凝集素主要定位在细胞质,也表达于细胞核和细胞外,通过与其相应配体相互作用发挥多种效应,包括细胞生长和凋亡、新生血管形成和肿瘤浸润与转移等。膜结合的动物凝集素更有可能参与内吞和细胞黏附。

通常凝集素结合糖的活动都是在蛋白质的结构域中糖识别域(carbohydrate- recognition domain,CRD)内进行。凝集素与含碳水化合物残基的糖链相互作用是高度专一性的,而且凝集素具有多价结合能力,具有一个以上与糖结合的位点,糖结合位点能特异性地结合与之分子互补的糖链。单糖环具有亲水面和疏水面,单糖环的亲水面靠氢键与凝集素结合,单糖环的疏水面与凝集素蛋白质的疏水氨基酸形成疏水相互作用(图 3-9)。这些总的结合力形成了一种凝

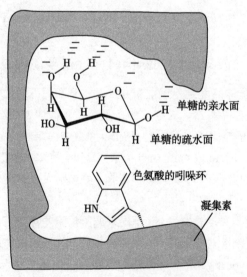

图 3-9  凝集素与含碳水化合物残基的糖链相互作用

Notes

集素具有对某一种特异性糖基专一性结合的高亲和力。例如 P- 型凝集素天然配体是溶酶体酶上磷酸化的高甘露糖型聚糖。而 E- 选凝素天然配体（图 3-6）是白细胞表面表达的 L- 选凝素上的唾液酸化和岩藻糖基化聚糖。

## 第二节　蛋白聚糖的结构与功能

蛋白质与糖胺聚糖（glycosaminoglycan）结合，可形成一种复杂的大分子——蛋白聚糖（proteoglycan）。糖胺聚糖共价连接于核心蛋白，组成蛋白聚糖。核心蛋白种类颇多，加之核心蛋白相连的糖胺聚糖链的种类、长度以及硫酸化的程度等复杂因素，使蛋白聚糖的种类更为繁多。

### 一、蛋白聚糖结构变化多、种类多

一种蛋白聚糖可含有一种或多种糖胺聚糖。糖胺聚糖是由二糖单位重复连接而成，不分支，由于糖胺聚糖的二糖单位含有糖胺而得名，可以是葡糖胺或半乳糖胺。二糖单位中 1 个是糖胺，另 1 个是糖醛酸（葡糖醛酸或艾杜糖醛酸）。除糖胺聚糖外，蛋白聚糖还含有一些 *N-* 或 *O-* 连接型聚糖。蛋白聚糖的分子量很高，不同的蛋白聚糖之间分子量差别较大，多肽链长度、多糖链的数目、分布、长度和硫酸基团分布上差别也很明显。

### （一）核心蛋白含有与糖胺聚糖结合的结构域

与糖胺聚糖链共价结合的蛋白质称为核心蛋白，核心蛋白均含有相应的糖胺聚糖取代结构域。一些蛋白聚糖通过核心蛋白特殊结构域锚定在细胞表面或细胞外基质的大分子中。

核心蛋白最小的蛋白聚糖称为丝甘蛋白聚糖（serglycan），含有肝素，主要存在于造血细胞和肥大细胞的贮存颗粒中，是一种典型的细胞内蛋白聚糖。

饰胶蛋白聚糖（decorin）的核心蛋白分子质量为 3.6 万，富含亮氨酸重复序列的模体，它因能修饰胶原蛋白而得名。

黏结蛋白聚糖（syndecan）的核心蛋白分子质量为 3.2 万，含有胞质结构域、插入膜质的疏水结构域和胞外结构域，胞外结构域连有硫酸肝素和硫酸软骨素，是细胞膜表面主要蛋白聚糖之一。

蛋白聚糖聚合体（aggrecan）是细胞外基质的重要成分之一，由透明质酸长聚糖两侧经连接蛋白而结合许多蛋白聚糖而成，由于糖胺聚糖上羧基或硫酸根均带有负电荷，彼此相斥，所以在溶液内蛋白聚糖呈瓶刷状（图 3-10）。

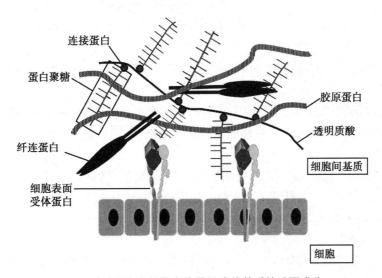

图 3-10　蛋白聚糖聚合体是细胞外基质的重要成分

（二）糖胺聚糖是含己糖醛酸和己糖胺组成的重复二糖单位

体内重要的糖胺聚糖有 6 种：硫酸软骨素（chondroitin sulfate）、硫酸皮肤素（dermatan sulfate）、硫酸角质素（keratan sulfate）、透明质酸（hyaluronic acid）、肝素（heparin）和硫酸类肝素（heparan sulfate）（图 3-11）。除透明质酸外，其他的糖胺聚糖都带有硫酸。

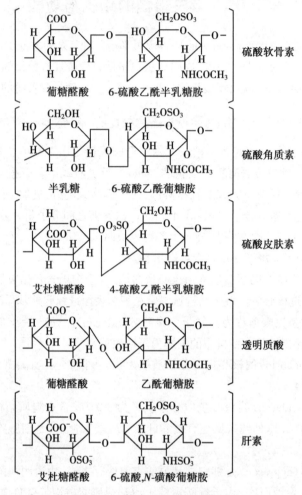

图 3-11    体内重要的糖胺聚糖

硫酸软骨素的二糖单位由 $N$-乙酰半乳糖胺和葡糖醛酸组成，最常见的硫酸化部位是 $N$-乙酰半乳糖胺残基的 $C_4$ 和 $C_6$ 位。单个聚糖约有 250 个二糖单位，许多这样的聚糖与核心蛋白以 $O$-连接方式相连，形成蛋白聚糖。

硫酸角质素的二糖单位由半乳糖和 $N$-乙酰葡糖胺组成。它所形成的蛋白聚糖可分布于角膜中，也可与硫酸软骨素共同组成蛋白聚糖聚合物，分布于软骨和结缔组织中。

硫酸皮肤素分布广泛，其二糖单位与硫酸软骨素很相似，仅一部分葡糖醛酸为艾杜糖醛酸所取代，所以硫酸皮肤素含有 2 种糖醛酸。葡糖醛酸转变为艾杜糖醛酸是在聚糖合成后进行，由差向异构酶催化。

肝素的二糖单位为葡糖胺和艾杜糖醛酸，葡糖胺的氨基氮和 $C_6$ 位均带有硫酸。肝素合成时都是葡糖醛酸，然后差向异构化为艾杜糖醛酸，并随之进行 $C_2$ 位硫酸化。肝素所连的核心蛋白几乎仅由丝氨酸和甘氨酸组成。肝素分布于肥大细胞内，有抗凝作用。硫酸类肝素是细胞膜成分，突出于细胞外。

透明质酸的二糖单位为葡糖醛酸和 $N$-乙酰葡糖胺。1 个透明质酸分子可由 50 000 个二糖单位组成，但它所连的蛋白质部分很小。透明质酸分布于关节滑液、眼的玻璃体及疏松的结缔组织中。

Notes

## 二、蛋白聚糖由糖胺聚糖共价连接于核心蛋白所组成

在内质网上，先合成核心蛋白的多肽链，多肽链合成的同时，以 O- 连接或 N- 连接的方式在丝氨酸或天冬酰胺残基上连接聚糖。聚糖的延长和加工修饰主要是在高尔基体内进行，以单糖的 UDP 衍生物为供体，在多肽链上逐个加上单糖，而不是先合成二糖单位。每一单糖都有其特异性的糖基转移酶，使聚糖依次延长。聚糖合成后再予以修饰，糖胺的氨基来自谷氨酰胺，硫酸则来自"活性硫酸"（3′- 磷酸腺苷 -5′- 磷酰硫酸）。差向异构酶可将葡糖醛酸转变为艾杜糖醛酸。

## 三、蛋白聚糖最主要功能是构成细胞间基质

在细胞基质中各种蛋白聚糖以特异的方式与弹性蛋白、胶原蛋白相连，赋予基质特殊的结构（图 3-10）。基质中含有大量透明质酸，可与细胞表面的透明质酸受体结合，影响细胞与细胞的黏附、细胞迁移、增殖和分化等细胞行为。由于蛋白聚糖中的糖胺聚糖是多阴离子化合物，结合 $Na^+$、$K^+$，从而吸收水分子；糖的羟基也是亲水的，所以基质内的蛋白聚糖可以吸引、保留水而形成凝胶，容许小分子化合物自由扩散但阻止细菌通过，起保护作用。

## 四、各种蛋白聚糖有其特殊功能

除了存在于细胞间基质外，细胞表面有众多类型的蛋白聚糖，大多数含有硫酸肝素，分布广泛，在神经发育、细胞识别结合和分化等方面起重要的调节作用。有些细胞还存在丝甘蛋白聚糖，它的主要功能是与带正电荷的蛋白酶、羧肽酶或组织胺等相互作用，参与这些生物活性分子的贮存和释放。

蛋白聚糖还存在于软骨、腱和各种黏液中。其作用也是多种多样的，除了减少摩擦、抗冲击和机械支持功能外，还能作为活跃的生物活性物质参与细胞识别，在调节生理活动中起积极作用。例如，肝素是重要的抗凝剂，能使凝血酶原失活；肝素还能特异地与毛细血管壁的脂蛋白脂肪酶结合，促使后者释放入血。在软骨中硫酸软骨素含量丰富，维持软骨的机械性能。角膜的胶原纤维间充满硫酸角质素和硫酸皮肤素，使角膜透明。在肿瘤组织中各种蛋白聚糖的合成发生改变，与肿瘤增殖和转移有关。

# 第三节　聚糖的生物信息与功能

聚糖结构的多样性和复杂性很可能赋予其携带大量生物信息的能力。上述聚糖在细胞间通讯、蛋白质折叠、蛋白质转运与定位、细胞黏附和免疫识别等方面发挥的功能，就是聚糖携带的生物信息的表现。目前对聚糖携带生物信息的详细方式、传递途径所知甚少，但已初步了解一些基本特点。

---

**框 3-2　糖复合物中聚糖蕴藏着大量的生物信息**

生物体内的大分子——聚糖被认为是继蛋白质和核酸后又一蓬勃发展的研究领域，形成了一门研究糖复合物结构与功能的新兴学科——糖生物学。聚糖的生物学功能正被科学家逐渐揭示。已有大量研究结果表明，聚糖参与了细胞识别、细胞黏附、细胞分化、免疫识别、细胞信号转导、微生物致病过程、肿瘤转移过程等。越来越多的证据表明，特异的聚糖结构被细胞用来编码若干重要信息，如蛋白质在细胞内分拣、投送、定位或分泌、延长糖蛋白半衰期、参与新生肽链的折叠并维持蛋白质正确的空间构象等。

　　应用现代先进技术分析聚糖结构揭示了糖蛋白聚糖结构的复杂性与多样性,含有的巨大信息量不亚于核酸。每一聚糖都有一个独特的能被蛋白质阅读,并与蛋白质相结合的三维空间构象,即糖密码。已知构成聚糖的单糖种类与单糖序列是特定的,即存在于同一糖蛋白同一糖基化位点的聚糖结构通常是相同的。这为"糖蛋白中聚糖合成规律可能有糖密码控制"假设提供了线索。

## 一、聚糖是可能携带生物信息的物质

　　各类聚糖的生物合成与核酸、蛋白质的生物合成不同,不需要模板的指导,聚糖中的糖基序列或不同糖苷键的形成,主要取决于糖基转移酶的特异性识别糖基底物和催化作用。依靠多种糖基转移酶特异性地、有序地将供体分子中糖基转运至接受体上,在不同位点以不同糖苷键的方式,形成有序的聚糖结构。

　　鉴于糖基转移酶(一类蛋白质)由基因编码,所以糖基转移酶遵循了基因至蛋白质信息流的规律,将信息传递至聚糖分子;另外,聚糖(如血型物质)作为某些蛋白质组分与生物表型密切相关,体现生物信息。

## 二、聚糖空间结构多样性是其携带信息的基础

　　聚糖结构具有复杂性与多样性。糖缀合物中的各种聚糖结构存在单糖种类、化学键连接方式及分支异构体的差异,形成千变万化的聚糖空间结构。尽管哺乳动物单糖种类有限,但由于单糖连接方式、修饰方式的差异,使存在于聚糖中的单糖结构不计其数。例如,2 个相同己糖的连接就有 α 及 β-1,2 连接、1,3 连接、1,4 连接和 1,6 连接,共 8 种方式,加之聚糖中的单糖修饰(如甲基化、硫酸化、乙酰化、磷酸化等),所以从理论上计算,组成糖复合物中聚糖的己糖结构可能达 $10^{12}$ 之多(尽管并非所有的结构都天然存在);目前已知糖蛋白 N- 聚糖中的己糖结构已有 2000 种。这种聚糖序列结构多样性是其携带生物信息的基础。

## 三、聚糖空间结构多样性受基因编码的糖基转移酶和糖苷酶调控

　　聚糖空间结构的多样性提示所含信息量可能不亚于核酸。每一聚糖都有一个独特的能被蛋白质阅读并与蛋白质(如凝集素等)相结合的三维空间构象,这就是现代糖生物学家假定的糖密码(sugar code)。如果真的存在着糖密码的话,那么糖密码是如何产生的,即其上游(分子)是何物呢? 这是糖生物学研究领域面临的挑战。

　　已知构成聚糖的单糖种类与单糖序列是特定的,即存在于同一糖蛋白同一糖基化位点的聚糖结构通常是相同的(但也存在不均一性),提示"糖蛋白聚糖合成规律可能由糖密码控制"。目前,从糖复合物中聚糖的生物合成过程(包括糖基供体、合成所需酶类、合成的亚细胞部位、合成的基本过程)得知,聚糖的合成受基因编码的糖基转移酶和糖苷酶调控。糖基转移酶的种类繁多,已被克隆的糖基转移酶就多达 130 余种,其主要分布于内质网或高尔基体,参与聚糖的生物合成。

　　除了受糖基转移酶和糖苷酶调控外,聚糖结构可能还受其他因素影响与调控。因此,"糖密码"所涉机制可能远比糖基转移酶 / 糖苷酶调控更为复杂。

## 小　结

　　在细胞表面和细胞间质中存在着丰富的糖蛋白和蛋白聚糖。两者都由蛋白质部分和聚糖部分所组成。糖蛋白可分 N- 连接型和 O- 连接型二型,前者聚糖以共价键方式与

Notes

糖基化位点即 Asn-X-Ser 中的天冬酰胺的酰胺 N- 连接,后者与糖蛋白特定 Ser 残基侧链的羟基共价结合。N- 连接型聚糖可分成高甘露糖型、复杂型和杂合型三型,它们都是由 14 个糖基的长萜醇焦磷酸聚糖结构经加工而成。每一步加工都有特异的糖苷酶和糖基转移酶参与。

蛋白聚糖由糖胺聚糖和核心蛋白组成。体内重要的糖胺聚糖有硫酸软骨素、硫酸类肝素、透明质酸等。蛋白聚糖是主要的细胞外基质成分,它与胶原蛋白以特异的方式相连而赋予基质以特殊的结构。

与糖类相互作用的各种蛋白质在聚糖发挥生物学功能中起到重要作用。聚糖不但能影响蛋白部分的构象、聚合、溶解及降解,还参与糖蛋白的相互识别和结合等。在细胞基质中各种蛋白聚糖与弹性蛋白、胶原蛋白以特异的方式相连而赋予基质以特殊的结构。基质中含有大量透明质酸,可与细胞表面的透明质酸受体结合,影响细胞与细胞的黏附、细胞迁移、增殖和分化等细胞生物学行为。糖组是指一种细胞或一个生物体中全部聚糖种类,而糖组学则包括聚糖种类、结构鉴定、糖基化位点分析、蛋白质糖基化的机制和功能等研究,是对蛋白质与聚糖间的相互作用和功能的全面分析。

糖缀合物中的各种聚糖结构存在单糖种类、化学键连接方式及分支异构体的差异,形成千变万化的聚糖空间结构,其复杂程度远高于核酸或蛋白质结构,很可能赋予其具有携带大量生物信息的能力。聚糖空间结构的多样性受到多种因素的调控。

（雷群英）

# 第四章 维生素与无机元素

维生素（vitamin）是维持正常生命活动过程所必需的一组结构互不相关的低分子有机化合物。人体内不能合成维生素，或合成量甚少，不能满足机体的需要，必须由食物供给。维生素不是机体组织的组成成分，也不是供能物质，然而在调节人体物质代谢和维持正常生理功能等方面却发挥着极其重要的作用，是必需营养素。按其溶解性不同，可分为脂溶性维生素（lipid-soluble vitamin）和水溶性维生素（water-soluble vitamin）两大类。

无机元素对维持人体正常生理功能也必不可少，按人体每日需要量的多寡可分为微量元素（trace element，microelement）和常量元素（macroelement）。微量元素指人体每日需要量在 100mg 以下的化学元素，主要包括铁、碘、铜、锌、锰、硒、氟、钼、钴、铬等。常量元素主要有钠、钾、氯、钙、磷、镁等。钠、钾、氯的代谢将在病理生理学中详尽介绍。

## 第一节 脂溶性维生素

脂溶性维生素包括维生素 A、D、E 和 K，除了直接参与影响特异的代谢过程外，多半还与细胞内核受体结合，影响特定基因的表达。脂溶性维生素是疏水性化合物，能溶解于脂肪，常随脂类物质吸收，在血液中与脂蛋白或特异性结合蛋白结合而运输，不易被排泄，可储存于体内（主要在肝脏），故不需每日供给。脂溶性维生素结构不一，执行不同的生物化学与生理功能。脂类吸收障碍和食物中长期缺乏此类维生素可引起相应的缺乏症，摄入过多可发生中毒。

### 一、维生素 A

（一）视黄醇是天然维生素 A 的主要形式

维生素 A（vitamin A）是由 β- 白芷酮环和两分子异戊二烯构成的不饱和一元醇。一般所说的天然维生素 A 指 $A_1$（视黄醇，retinol）(4-1)，主要存在于哺乳动物和咸水鱼肝脏中。$A_2$（3- 脱氢视黄醇）则存在于淡水鱼肝中。

维生素 A 在动物性食品（如肝、肉类、蛋黄、乳制品、鱼肝油）中含量丰富，主要以酯的形式存在，在小肠内受酯酶的作用而水解，生成的视黄醇进入小肠黏膜上皮细胞后又重新被酯化，并掺入乳糜微粒（chylomicron，CM），通过淋巴转运。乳糜微粒中的视黄醇酯可被肝细胞和其他组织摄取。视黄醇酯在肝细胞中被水解为游离视黄醇。一部分视黄醇与视黄醇结合蛋白（retinol binding protein，RBP）相结合并分泌入血。在血液中，约 95% 的 RBP 与甲状腺素视黄质运载蛋白（transthyretin，TTR）相结合。在靶组织，视黄醇与细胞表面特异受体结合并被摄取利用。在细胞内，视黄醇与细胞视黄醇结合蛋白（cellular retinal binding protein，CRBP）结合。肝细胞内过多的视黄醇则转移到肝内星形细胞，再以视黄醇酯的形式储存。

植物中无维生素 A，但含有被称为维生素 A 原（provitamin A）的多种胡萝卜素（carotene），其中以 β- 胡萝卜素（β-carotene）(4-1) 最为重要。β- 胡萝卜素可在小肠黏膜细胞中被加双氧酶加氧分解生成 2 分子视黄醇，但小肠黏膜对 β- 胡萝卜素的分解和吸收能力较低，每分解 6 分子 β- 胡萝卜素可获得 1 分子视黄醇。

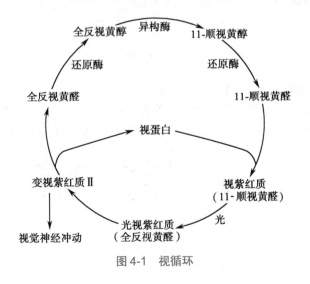

β–胡萝卜素

（4-1）

### （二）视黄醇、视黄醛和视黄酸是维生素 A 的活性形式

在细胞内一些依赖 NADH 的醇脱氢酶催化视黄醇和视黄醛（retinal）之间的可逆反应。视黄醛在视黄醛脱氢酶的催化下又不可逆的氧化生成视黄酸（retinoic acid）。视黄醇、视黄醛和视黄酸是维生素 A 的活性形式（4-1）。

1. 视黄醛与视蛋白的结合维持正常视觉功能　在感受弱光或暗光的人视网膜杆状细胞内，全反式视黄醇在异构酶的作用下转变成 11- 顺视黄醇，后者在还原酶的催化下生成 11- 顺视黄醛。11- 顺视黄醛与视蛋白（opsin）结合生成视紫红质（rhodopsin）。弱光可使视紫红质中 11- 顺视黄醛和视蛋白分别发生构型和构象改变，生成含全反视黄醛的光视紫红质。光视紫红质（photorhodopsin）再经一系列构象变化，生成变视紫红质Ⅱ（metarhodopsin Ⅱ），后者引起视觉神经冲动并随之水解释放全反视黄醛和视蛋白。全反视黄醛经还原生成全反视黄醇，从而完成视循环（图 4-1）。

图 4-1　视循环

2. 视黄酸对基因表达和组织分化具有调节作用　维生素 A 及其代谢中间产物在人体生长、发育和细胞分化等过程中起着十分重要的调控作用。全反式视黄酸（全反式维甲酸，all-trans retinoic acid，ATRA）和 9- 顺视黄酸可结合相应的细胞内核受体，与 DNA 反应元件结合，调节某些基因的表达。视黄酸具有促进上皮细胞分化与生长、维持上皮组织正常角化过程的作用。ATRA 可使银屑病角化过度的表皮正常化而用于银屑病的治疗。视黄酸对于免疫系统细胞的分化也具有重要的作用。

3. 维生素 A 和胡萝卜素是有效的抗氧化剂　维生素 A 和胡萝卜素是有效的捕获活性氧的抗氧化剂，在体内具有清除自由基和防止脂质过氧化的作用。

4. 维生素 A 及其衍生物可抑制肿瘤生长　维生素 A 及其衍生物有延缓或阻止癌前病变、防止化学致癌剂的作用。维生素 A 及其衍生物 ATRA 具有诱导肿瘤细胞分化和凋亡、增加癌细胞对化疗药物的敏感性的作用。动物实验表明摄入维生素 A 及其衍生物 ATRA 可诱导肿瘤细胞的分化和减轻致癌物质的作用。

（三）维生素 A 缺乏或过量摄入均引起疾病

若视循环的关键物质 11- 顺视黄醛的补充不足，视紫红质合成减少，对弱光敏感性降低，从明处到暗处看清物质所需的时间即暗适应时间延长，严重时会发生"夜盲症"。维生素 A 缺乏可引起严重的上皮角化，眼结膜黏液分泌细胞的丢失与角化以及糖蛋白分泌的减少均可引起角膜干燥，出现干眼病（xerophthalmia）。因此，维生素 A 又称抗干眼病维生素。

维生素 A 的摄入量超过视黄醇结合蛋白的结合能力，游离的维生素 A 可造成组织损伤。成人连续几个月每天摄取 50 000IU 以上，幼儿在一天内摄取超过 18 500IU 或一次服用 200mg 视黄醇或视黄醛，或每日服用 40mg 维生素 A 多日，均可出现维生素 A 中毒表现。其症状主要有头痛、恶心、共济失调等中枢神经系统表现；肝细胞损伤和高脂血症；长骨增厚、高钙血症、软组织钙化等钙稳态失调表现以及皮肤干燥、脱屑和脱发等皮肤表现。

---

**框 4-1　维生素 A 衍生物全反式维甲酸的抗癌作用**

全反式维甲酸（ATRA）是维生素 A 的一种天然衍生物，又称为维 A 酸。ATRA 治疗白血病的方法早在 20 世纪 80 年代就由中国科学家王振义提出，是目前国内治疗急性早幼粒细胞白血病、骨髓异常增生（白血病前期）尤其是早幼粒细胞白血病的临床首选化疗药物之一，被誉为 20 世纪 90 年代国际抗癌药物的三大发现之一。主要机制是 ATRA 对肿瘤细胞具有很强的诱导分化作用。

---

## 二、维生素 D

（一）维生素 D 是类固醇衍生物

维生素 D（vitamin D）是类固醇（steroid）的衍生物，为环戊烷多氢菲类化合物（4-2）。天然的维生素 D 有 $D_3$ 和 $D_2$ 两种。鱼油、蛋黄、肝富含维生素 $D_3$（胆钙化醇，cholecalciferol）。人体

（4-2）

皮下储存有从胆固醇生成的 7- 脱氢胆固醇,即维生素 $D_3$ 原,在紫外线的照射下,可转变成维生素 $D_3$。适当的日光浴足以满足人体对维生素 D 的需要。植物中含有麦角固醇,在紫外线的照射下,分子内 B 环断裂转变成维生素 $D_2$(麦角钙化醇,ergocalciferol)。

**(二)维生素 D 的活化形式是 1, 25- 二羟维生素 $D_3$**

进入血液的维生素 $D_3$ 主要与血浆中维生素 D 结合蛋白(vitamin D binding protein,DBP)相结合而运输。在肝微粒体 25- 羟化酶的催化下,维生素 $D_3$ 被羟化生成 25- 羟维生素 $D_3$(25-OH-$D_3$)(图 4-2)。25-OH-$D_3$ 是血浆中维生素 $D_3$ 的主要存在形式,也是维生素 $D_3$ 在肝中的主要储存形式。25-OH-$D_3$ 在肾小管上皮细胞线粒体 $1\alpha$- 羟化酶的作用下,生成维生素 $D_3$ 的活性形式 1, 25- 二羟维生素 $D_3$[1, 25-$(OH)_2$-$D_3$](图 4-2)。1, 25-$(OH)_2$-$D_3$ 经血液运输至靶细胞发挥其对钙磷代谢等的调节作用。25-OH-$D_3$ 和 1, 25-$(OH)_2$-$D_3$ 在血液中均与 DBP 结合而运输。

肾小管上皮细胞还存在 24- 羟化酶,催化 25-OH-$D_3$ 进一步羟化生成无活性的 24, 25-$(OH)_2$-$D_3$。1, 25-$(OH)_2$-$D_3$ 通过诱导 24- 羟化酶和阻遏 $1\alpha$- 羟化酶的生物合成来控制其自身的生成量(图 4-2)。

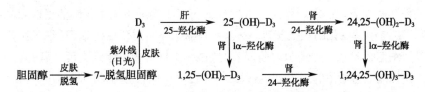

图 4-2 维生素 $D_3$ 在体内的转变

**(三)1, 25-$(OH)_2$-$D_3$ 具有调节血钙和组织细胞分化的功能**

1. 调节血钙水平是 1, 25-$(OH)_2$-$D_3$ 的重要作用 1, 25-$(OH)_2$-$D_3$ 与其他类固醇激素相似,在靶细胞内与特异的核受体结合,进入细胞核,调节相关基因的表达。1, 25-$(OH)_2$-$D_3$ 还可通过信号转导系统使钙通道开放,发挥其对钙磷代谢的快速调节作用。1, 25-$(OH)_2$-$D_3$ 促进小肠对钙、磷的吸收,影响骨组织的钙代谢,从而维持血钙和血磷的正常水平,促进骨和牙的钙化。

2. 1, 25-$(OH)_2$-$D_3$ 还具有影响细胞分化的功能 大量研究证明,肾外组织细胞也具有羟化 25-OH-$D_3$ 生成 1, 25-$(OH)_2$-$D_3$ 的能力。皮肤、大肠、前列腺、乳腺、心、脑、骨骼肌、胰岛 β 细胞、单核细胞和活化的 T 和 B 淋巴细胞等均存在维生素 D 受体。1, 25-$(OH)_2$-$D_3$ 具有调节这些组织细胞分化等功能。1, 25-$(OH)_2$-$D_3$ 对某些肿瘤细胞还具有抑制增殖和促进分化的作用。低日照与大肠癌和乳腺癌的高发病率和死亡率有一定的相关性。

**(四)维生素 D 缺乏或摄入过量均引起疾病**

当缺乏维生素 D 时,儿童可患佝偻病(rickets),成人可发生软骨病(osteomalacia)。因此,维生素 D 又称抗佝偻病维生素。

长期每日摄入 $25\mu g$ 维生素 D 可能引起中毒,特别是对维生素 D 较敏感的人容易中毒。其症状主要有异常口渴,皮肤瘙痒,厌食、嗜睡、呕吐、腹泻、尿频以及高钙血症、高钙尿症、高血压以及软组织钙化等。由于皮肤储存 7- 脱氢胆固醇有限,多晒太阳不会引起维生素 D 中毒。

## 三、维生素 E

**(一)维生素 E 是生育酚类化合物**

维生素 E(vitamin E)是苯骈二氢吡喃的衍生物,包括生育酚(tocopherol)(4-3)和三烯生育酚(tocotrienol)两类,每类又分 α、β、γ 和 δ 四种。天然维生素 E 主要存在于植物油、油性种子和麦芽等中,以 α- 生育酚分布最广、活性最高。在正常情况下,约 20%～40% 的 α- 生育酚可被小肠吸收。在机体内,维生素 E 主要存在于细胞膜、血浆脂蛋白和脂库中。

生育酚的结构式

(4-3)

### （二）维生素 E 具有抗氧化等多方面的功能

1. **维生素 E 是体内最重要的脂溶性抗氧化剂**    维生素 E 作为脂溶性抗氧化剂和自由基清除剂，主要对抗生物膜上脂质过氧化所产生的自由基，保护生物膜的结构与功能。维生素 E 捕捉过氧化脂质自由基，形成反应性较低且相对稳定的生育酚自由基，后者可在维生素 C 或谷胱甘肽的作用下，还原生成非自由基产物——生育醌。维生素 E 对细胞膜的保护作用使细胞维持正常的流动性。

2. **维生素 E 具有调节基因表达的作用**    维生素 E 除具有强的抗氧化剂作用外，还具有调节信号转导过程和基因表达的重要作用。维生素 E 可以上调或下调生育酚的摄取和降解相关的基因、脂类摄取与动脉硬化的相关基因、表达某些细胞外基质蛋白的基因、细胞黏附与炎症的相关基因以及细胞信号系统和细胞周期调节的相关基因等。因此，维生素 E 具有抗炎、维持正常免疫功能和抑制细胞增殖的作用，并可降低血浆低密度脂蛋白（LDL）的浓度。维生素 E 在预防和治疗冠状动脉粥样硬化性心脏病、肿瘤和延缓衰老方面具有一定的作用。

3. **维生素 E 促进血红素的合成**    维生素 E 能提高血红素合成的关键酶 δ- 氨基 -γ- 酮戊酸（ALA）合酶和 ALA 脱水酶的活性，从而促进血红素的合成。

### （三）维生素 E 缺乏可引起轻度贫血

维生素 E 一般不易缺乏，在严重的脂类吸收障碍和肝严重损伤时可引起缺乏症，表现为红细胞数量减少、脆性增加等溶血性贫血症。偶尔也可引起神经障碍。动物缺乏维生素 E 时其生殖器官发育受损，甚至不育。人类尚未发现因维生素 E 缺乏所致的不孕症。临床上常用维生素 E 治疗先兆流产及习惯性流产。维生素 E 缺乏病是由于血中维生素 E 含量低而引起，主要发生在婴儿，特别是早产儿。新生儿缺维生素 E 可引起贫血。

与维生素 A 和 D 不同，人类尚未发现维生素 E 中毒症，即使一次服用高出常用量 50 倍的剂量，也尚未见到中毒现象。

## 四、维生素 K

### （一）维生素 K 是 2- 甲基 -1, 4- 萘醌的衍生物

维生素 K（vitamin K）是 2- 甲基 -1, 4- 萘醌的衍生物。广泛存在于自然界的维生素 K 有 $K_1$ 和 $K_2$（4-4）。维生素 $K_1$ 又称植物甲萘醌或叶绿醌（phylloquinone），主要存在于深绿色蔬菜（如甘蓝、菠菜、莴苣等）和植物油中。维生素 $K_2$ 是肠道细菌的产物。维生素 $K_3$ 是人工合成的水溶性甲萘醌，可口服及注射。

维生素 $K_1$              维生素 $K_2$              维生素 $K_3$

(4-4)

维生素 K 主要在小肠被吸收,随乳糜微粒而代谢。体内维生素 K 的储存量有限,脂类吸收障碍可引发维生素 K 缺乏症。

**(二)维生素 K 的主要功能是促进凝血**

1. 维生素 K 是凝血因子合成所必需的辅酶  血液凝血因子 Ⅱ、Ⅶ、Ⅸ、Ⅹ 及抗凝血因子蛋白 C 和蛋白 S 在肝细胞中以无活性前体形式合成,其分子中 4～6 个谷氨酸残基需进行羧化成 γ- 羧基谷氨酸(Gla)残基才能转变为活性形式。此反应由 γ- 羧化酶催化,而许多 γ- 谷氨酰羧化酶的辅酶是维生素 K。因此,维生素 K 是凝血因子合成所必需的。

2. 维生素 K 对骨代谢具有重要作用  维生素 K 依赖蛋白不仅存在于肝中,还存在于各种组织中。已知,骨中骨钙蛋白(osteocalcin)和骨基质 Gla 蛋白均是维生素 K 依赖蛋白。研究表明,服用低剂量维生素 K 的妇女,其股骨颈和脊柱的骨盐密度明显低于服用大剂量维生素 K 时的骨盐密度。

此外,维生素 K 对减少动脉钙化也具有重要的作用。大剂量的维生素 K 可以降低动脉硬化的危险性。

**(三)维生素 K 缺乏可引起出血**

成人每日对维生素 K 的需要量为 60～80μg,因维生素 K 广泛分布于动、植物组织,且体内肠菌也能合成,一般不易缺乏。因维生素 K 不能通过胎盘,新生儿出生后肠道内又无细菌,所以新生儿有可能会缺乏维生素 K。维生素 K 缺乏的主要症状是易出血。引发脂类吸收障碍的疾病,如胰腺疾病、胆管疾病及小肠黏膜萎缩或脂肪便等均可出现维生素 K 缺乏症。长期应用抗生素及肠道灭菌药也有引起维生素 K 缺乏的可能性。

# 第二节  水溶性维生素

水溶性维生素包括 B 族维生素($B_1$、$B_2$、PP、$B_6$、$B_{12}$、生物素、泛酸和叶酸)、硫辛酸和维生素 C。水溶性维生素主要构成酶的辅助因子,是许多酶活性所必需的。水溶性维生素依赖食物提供,体内过剩的水溶性维生素可随尿排出体外,体内很少蓄积,一般不发生中毒现象,但供给不足时往往导致缺乏症。

## 一、维生素 $B_1$

**(一)维生素 $B_1$ 形成辅酶焦磷酸硫胺素**

维生素 $B_1$ 又名硫胺素(thiamine)(4-5),主要存在于豆类和种子外皮(如米糠)、胚芽、酵母和瘦肉中。硫胺素易被小肠吸收,入血后主要在肝及脑组织中经硫胺素焦磷酸激酶的催化生成焦磷酸硫胺素(thiamine pyrophosphate,TPP)。TPP 是维生素 $B_1$ 的活性形式,占体内硫胺素总量的 80%。

$$(4-5)$$

**(二)维生素 $B_1$ 在糖代谢中具有重要作用**

TPP 是 α- 酮酸氧化脱羧酶多酶复合物的辅酶,参与线粒体内丙酮酸、α- 酮戊二酸和支链氨基酸的 α- 酮酸的氧化脱羧反应。TPP 在这些反应中转移醛基。TPP 也是胞液磷酸戊糖途径中转酮酶的辅酶,参与转糖醛基反应。此外,合成乙酰胆碱所需的乙酰辅酶 A 主要来自于丙酮酸

Notes

的氧化脱羧反应,因此,维生素B1对神经传导也十分重要。

（三）维生素 B₁ 缺乏可引起脚气病

维生素 B₁ 缺乏时,糖代谢中间产物丙酮酸的氧化脱羧反应发生障碍,血中丙酮酸和乳酸堆积。由于以糖有氧分解供能为主的神经组织供能不足以及神经细胞膜髓鞘磷脂合成受阻,导致慢性末梢神经炎和其他神经肌肉变性病变,即脚气病(beriberi)。严重者可发生浮肿、心力衰竭。

维生素 B₁ 缺乏时,乙酰辅酶 A 的生成减少,影响乙酰胆碱的合成。同时,由于维生素 B₁ 对胆碱酯酶的抑制减弱,乙酰胆碱分解加强,影响神经传导。主要表现为消化液分泌减少,胃蠕动变慢,食欲不振,消化不良等。

---

**框 4-2　维生素 B₁ 的发现**

荷兰医生 Eijkman C 是第一位用现代实验方法研究维生素的人。19 世纪东南亚各国流行脚气病。荷兰政府认为脚气病是细菌引起的,于是派出一个调查团前往爪哇。Eijkman 参加了这一工作。他在偶然的实验中发现,实验室里的鸡患了一种奇怪的病,从走路不稳开始,身体自下而上发生麻痹,如不进行特殊治疗则会很快死亡。鸡病的这种神经变化与脚气病相似。Eijkman 发现,鸡的这种病与鸡患病前把带有外壳的粗谷饲料更换成煮沸的精米有关。患鸡可以通过在饲料中加入谷糠予以治疗。他指出,糙米的米皮中含有一种保护素(即维生素 B₁)。他提倡人们吃粗米、喝米糠水来防治脚气病。Eijkman 虽然没有提出此保护素的确切结构,但他却是最先发现食物中含有生命必需的微量物质的人,为后来研究维生素的营养学奠定了基础。Eijkman 荣获了 1929 年的诺贝尔生理医学奖。

---

# 二、维生素 B₂

（一）维生素 B₂ 是 FAD 和 FMN 的组成成分

维生素 B₂ 又名核黄素(riboflavin)(4-6),奶与奶制品、肝、蛋类和肉类等是维生素 B₂ 的丰富来源。核黄素主要在小肠上段通过转运蛋白主动吸收。吸收后的核黄素在小肠黏膜黄素激酶的催化下转变成黄素单核苷酸(flavin mononucleotide,FMN),后者在焦磷酸化酶的催化下进一步生成黄素腺嘌呤二核苷酸(flavin adenine dinucleotide,FAD),FMN 及 FAD 是维生素 B₂ 的活性形式。

$$
\begin{array}{c}
\text{结构式见图}
\end{array}
$$

（4-6）

维生素 B₂ 异咯嗪环上的第 1 和第 10 位氮原子与活泼的双键连接,此 2 个氮原子可反复接受或释放氢,因而具有可逆的氧化还原性。还原型核黄素及其衍生物呈黄色,于 450nm 处有吸收峰。核黄素虽然对热稳定,但对紫外线敏感,易降解为无活性的产物。

（二）FMN 和 FAD 是体内氧化还原酶的辅基

FMN 及 FAD 是体内氧化还原酶(如脂酰 CoA 脱氢酶、琥珀酸脱氢酶、黄嘌呤氧化酶等)的辅基,主要起递氢体的作用。它们参与氧化呼吸链、脂肪酸和氨基酸的氧化以及柠檬酸循环。

（三）维生素 $B_2$ 缺乏病是一种常见的营养缺乏病

维生素 $B_2$ 缺乏时，可引起口角炎、唇炎、阴囊炎、眼睑炎、畏光等症。用光照疗法治疗新生儿黄疸时，在破坏皮肤胆红素的同时，核黄素也可同时遭到破坏，引起新生儿维生素 $B_2$ 缺乏症。

## 三、维生素 PP

### （一）维生素 PP 是 $NAD^+$ 和 $NADP^+$ 的组成成分

维生素 PP 包括尼克酸（nicotinic acid，亦称烟酸）和尼克酰胺（nicotinamide，亦称烟酰胺）（4-7），两者均属吡啶衍生物。维生素 PP 广泛存在于自然界。食物中的维生素 PP 均以尼克酰胺腺嘌呤二核苷酸（$NAD^+$）或尼克酰胺腺嘌呤二核苷酸磷酸（$NADP^+$）的形式存在，它们在小肠内被水解生成游离的维生素 PP，并被吸收。运输到组织细胞后，维生素 PP 再合成辅酶 $NAD^+$ 或 $NADP^+$。$NAD^+$ 和 $NADP^+$ 是维生素 PP 在体内的活性型。过量的维生素 PP 随尿排出体外。

体内色氨酸代谢也可生成维生素 PP，但效率较低，60mg 色氨酸仅能生成 1mg 尼克酸。

尼克酸　　　　　　尼克酰胺

（4-7）

### （二）$NAD^+$ 和 $NADP^+$ 是多种不需氧脱氢酶的辅酶

$NAD^+$ 和 $NADP^+$ 在体内是多种不需氧脱氢酶的辅酶，分子中的尼克酰胺部分具有可逆的加氢及脱氢的特性。

### （三）维生素 PP 缺乏可引起癞皮病

人类维生素 PP 缺乏症称为癞皮病（pellagra），主要表现为皮炎、腹泻及痴呆。皮炎常对称的出现于暴露部位；痴呆则是神经组织变性的结果。

抗结核药物异烟肼的结构与维生素 PP 相似，两者有拮抗作用，长期服用异烟肼可能引起维生素 PP 缺乏。

近年来，尼克酸作为药物已用于临床治疗高胆固醇血症。尼克酸能抑制脂肪动员，使肝中 VLDL 的合成下降，从而降低血浆胆固醇。但如此大量服用尼克酸或尼克酰胺（每日 1～6g）会引发血管扩张、脸颊潮红、痤疮及胃肠不适等毒性症状。长期日服用量超过 500mg 可引起肝损伤。

## 四、泛　　酸

### （一）泛酸是辅酶 A 和酰基载体蛋白的组成成分

泛酸（pantothenic acid）又称遍多酸、维生素 $B_5$，由二甲基羟丁酸和 β- 丙氨酸组成（4-8），因广泛存在于动、植物组织中而得名。泛酸在肠内被吸收后，经磷酸化并与半胱氨酸反应生成 4- 磷酸泛酰巯基乙胺，后者是辅酶 A（CoA）及酰基载体蛋白（acyl carrier protein，ACP）的组成部分。

$$HO-CH_2-\underset{\underset{CH_3}{|}}{\overset{\overset{CH_3}{|}}{C}}-\underset{\underset{OH}{|}}{CH}-\underset{\underset{O}{||}}{C}-NH-CH_2-CH_2-\underset{\underset{O}{||}}{C}-OH$$

（4-8）

Notes

### （二）辅酶 A 和酰基载体蛋白参与酰基转移反应

CoA 和 ACP 是泛酸在体内的活性型，CoA 及 ACP 构成酰基转移酶的辅酶，广泛参与糖、脂类、蛋白质代谢及肝的生物转化作用。约有 70 多种酶需 CoA 及 ACP。泛酸缺乏症很少见。

### （三）泛酸缺乏可引起各种胃肠功能障碍等疾病

泛酸缺乏的早期易疲劳，引发各种胃肠功能障碍等疾病，如食欲不振、恶心、腹痛、溃疡、便秘等症状。严重时最显著特征是出现肢神经痛综合征，主要表现为脚趾麻木，步行时摇晃，周身酸痛等。若病情继续恶化，则会产生易怒、脾气暴躁、失眠等症状。

## 五、生 物 素

### （一）生物素的来源广泛

生物素（biotin）（4-9）又称维生素 H、维生素 $B_7$、辅酶 R 等，在肝、肾、酵母、蛋类、花生、牛乳和鱼类等食品中含量较多，啤酒含量较高，人肠道细菌也能合成。生物素为无色针状结晶体，耐酸而不耐碱，氧化剂及高温可使其失活。

（4-9）

### （二）生物素是多种羧化酶的辅基

生物素是体内多种羧化酶的辅基，在羧化酶全酶合成酶（holocarboxylase synthetase）的催化下与羧化酶蛋白中赖氨酸残基的 ε- 氨基以酰胺键共价结合，形成生物胞素（biocytin）残基，羧化酶则转变成有催化活性的酶。生物素作为丙酮酸羧化酶、乙酰 CoA 羧化酶等的辅基，参与 $CO_2$ 固定过程，为脂肪与碳水化物代谢所必需。

生物素除了作为羧化酶的辅基外，还有其他重要的生理作用。生物素参与细胞信号转导和基因表达。生物素还可使组蛋白生物素化，从而影响细胞周期、转录和 DNA 损伤的修复。

### （三）生物素缺乏也可导致机体不适

生物素的来源极为广泛，人体肠道细菌也能合成，很少出现缺乏症。新鲜鸡蛋清中有一种抗生物素蛋白（avidin），生物素与其结合而不能被吸收。蛋清加热后这种蛋白因遭破坏而失去作用。长期使用抗生素可抑制肠道细菌生长，也可能造成生物素的缺乏，主要症状是疲乏、恶心、呕吐、食欲不振、皮炎及脱屑性红皮病。

## 六、维生素 $B_6$

### （一）维生素 $B_6$ 包括吡哆醇、吡哆醛和吡哆胺

维生素 $B_6$ 包括吡哆醇（pyridoxine）、吡哆醛（pyridoxal）和吡哆胺（pyridoxamine）（4-10），其活化形式是磷酸吡哆醛和磷酸吡哆胺，两者可相互转变。体内约 80% 的维生素 $B_6$ 以磷酸吡哆醛的形式存在于肌肉中，并与糖原磷酸化酶相结合。

吡哆醇          吡哆醛          吡哆胺

（4-10）

维生素 $B_6$ 广泛分布于动、植物食品中。肝、鱼、肉类、全麦、坚果、豆类、蛋黄和酵母均是维生素 $B_6$ 的丰富来源。维生素 $B_6$ 的磷酸酯在小肠碱性磷酸酶的作用下水解，以脱磷酸的形式吸收。吡哆醛和磷酸吡哆醛是血液中的主要运输形式。

Notes

（二）磷酸吡哆醛的辅酶作用多种多样

1. 磷酸吡哆醛是多种酶的辅酶　磷酸吡哆醛是体内百余种酶的辅酶，参与氨基酸脱氨基与转氨作用、鸟氨酸循环、血红素的合成和糖原分解等，在代谢中发挥着重要作用。

磷酸吡哆醛是谷氨酸脱羧酶的辅酶，增加大脑抑制性神经递质 $\gamma$- 氨基丁酸的生成，临床上常用维生素 $B_6$ 治疗小儿惊厥、妊娠呕吐和精神焦虑等。磷酸吡哆醛还是血红素合成的限速酶 $\delta$- 氨基 -$\gamma$- 酮戊酸（$\delta$-aminolevulinic acid，ALA）合酶的辅酶。维生素 $B_6$ 缺乏时血红素的合成受阻，造成低血色素小细胞性贫血和血清铁增高。

高同型半胱氨酸血症（hyperhomocysteinemia）是心血管疾病、血栓形成和高血压的危险因子。2/3 以上的高同型半胱氨酸血症与叶酸、维生素 $B_{12}$ 和维生素 $B_6$ 的缺乏有关。维生素 $B_6$ 是催化同型半胱氨酸分解代谢酶的辅酶，对治疗上述疾病有一定的作用。

2. 磷酸吡哆醛可终止类固醇激素的作用　磷酸吡哆醛可以将类固醇激素 - 受体复合物从 DNA 中移去，终止这些激素的作用。维生素 $B_6$ 缺乏时，可增加人体对雌激素、雄激素、皮质激素和维生素 D 作用的敏感性，与乳腺、前列腺和子宫的激素依赖性肿瘤的发展有关。

（三）维生素 $B_6$ 过量可引起中毒

人类未发现维生素 $B_6$ 缺乏的典型病例。抗结核药异烟肼能与磷酸吡哆醛的醛基结合，使其失去辅酶作用，所以在服用异烟肼时，应补充维生素 $B_6$。

维生素 $B_6$ 与其他水溶性维生素不同，过量服用维生素 $B_6$ 可引起中毒。日摄入量超过 200mg 可引起神经损伤，表现为周围感觉神经病。

# 七、叶　酸

（一）四氢叶酸是叶酸的活性形式

叶酸（folic acid）（4-11）因绿叶中含量十分丰富而得名，又称蝶酰谷氨酸。酵母、肝、水果和绿叶蔬菜是叶酸的丰富来源。肠菌也有合成叶酸的能力。植物中的叶酸多含 7 个谷氨酸残基，谷氨酸之间以 $\gamma$- 肽键相连。动物性食物中仅牛奶和蛋黄中含蝶酰单谷氨酸。

$$H_2N-\underset{OH}{\overset{N}{\underset{N}{\bigcirc}}}\overset{N}{\underset{N}{\bigcirc}}CH-CH_2-\underset{H}{N}-\bigcirc-\overset{O}{C}-\underset{H}{N}-\underset{COOH}{CH}-CH_2-CH_2-COOH$$

（4-11）

食物中的蝶酰多谷氨酸在小肠被水解，生成蝶酰单谷氨酸。后者易被小肠上段吸收，在小肠黏膜上皮细胞二氢叶酸还原酶的作用下，生成叶酸的活性型——5，6，7，8- 四氢叶酸（5，6，7，8-tetrahydrofolic acid，$FH_4$）。含单谷氨酸的甲基四氢叶酸是四氢叶酸在血液循环中的主要形式。在体内各组织中，四氢叶酸主要以多谷氨酸形式存在。

（二）四氢叶酸是一碳单位的载体

四氢叶酸（tetrahydrofolic acid，$FH_4$）是体内一碳单位转移酶的辅酶，分子中 $N^5$、$N^{10}$ 是一碳单位的结合位点。一碳单位在体内参加嘌呤、胸腺嘧啶核苷酸等多种物质的合成。

抗癌药物氨甲蝶呤和氨蝶呤因其结构与叶酸相似，能抑制二氢叶酸还原酶的活性，使四氢叶酸合成减少，进而抑制体内胸腺嘧啶核苷酸的合成，起到抗癌作用。

（三）叶酸缺乏可导致巨幼红细胞性贫血

叶酸在食物中含量丰富，肠道的细菌也能合成，一般不发生缺乏症。孕妇及哺乳期应适量补充叶酸。口服避孕药或抗惊厥药能干扰叶酸的吸收及代谢，如长期服用此类药物时应考虑补充叶酸。

Notes

叶酸缺乏时，DNA合成受到抑制，骨髓幼红细胞DNA合成减少，细胞分裂速度降低，细胞体积变大，造成巨幼红细胞性贫血（megaloblastic anemia）。

叶酸的应用可以降低胎儿脊柱裂和神经管缺乏的危险性。叶酸缺乏可引起高同型半胱氨酸血症，增加动脉粥样硬化、血栓形成和高血压的危险性。每日服用500μg叶酸有益于预防冠心病的发生。叶酸缺乏可引起DNA低甲基化（hypomethylation），增加癌症（如结肠直肠癌）的危险性。

# 八、维生素B$_{12}$

## （一）维生素B$_{12}$的吸收需要内因子

维生素B$_{12}$含有金属元素钴（4-12），又称钴胺素（cobalamin），是唯一含金属元素的维生素，仅由微生物合成，酵母和动物肝含量丰富，不存在于植物中。维生素B$_{12}$在体内的主要存在形式有氰钴胺素、羟钴胺素、甲钴胺素和5'-脱氧腺苷钴胺素。后两者是维生素B$_{12}$的活性型。

（4-12）

食物中的维生素B$_{12}$常与蛋白质结合而存在，在胃酸和胃蛋白酶的作用下，维生素B$_{12}$得以游离并与来自唾液的亲钴蛋白（cobalophilin）结合。在十二指肠，亲钴蛋白-B$_{12}$复合物经胰蛋白酶的水解作用游离出维生素B$_{12}$，后者需要与一种由胃黏膜细胞分泌的内因子（intrinsic factor，IF）紧密结合生成IF-B$_{12}$复合物，才能被回肠吸收。IF是分子量为50kD的糖蛋白，只与活性型B$_{12}$以1:1结合。当胰腺功能障碍时，因亲钴蛋白-B$_{12}$不能分解而排出体外，从而导致B$_{12}$缺乏症。在小肠黏膜上皮细胞内，IF-B$_{12}$分解并游离出B$_{12}$。B$_{12}$再与一种称之为转钴胺素Ⅱ

（transcobalamin Ⅱ）的蛋白结合存在于血液中。转钴胺素Ⅱ-$B_{12}$复合物与细胞表面受体结合，进入细胞，在细胞内 $B_{12}$ 转变成羟钴胺素、甲钴胺素或进入线粒体转变成 5′- 脱氧腺苷钴胺素。肝内还有一种转钴胺素Ⅰ，可与 $B_{12}$ 结合而贮存于肝内。

（二）维生素 $B_{12}$ 影响一碳单位的代谢和脂肪酸的合成

维生素 $B_{12}$ 是 $N^5$-$CH_3$-$FH_4$ 转甲基酶（甲硫氨酸合成酶）的辅酶，催化同型半胱氨酸甲基化生成甲硫氨酸。$B_{12}$ 缺乏时，一是引起甲硫氨酸合成减少，二是影响四氢叶酸的再生，组织中游离的四氢叶酸含量减少，一碳单位的代谢受阻，造成核酸合成障碍。

5′- 脱氧腺苷钴胺素是 L- 甲基丙二酰 CoA 变位酶的辅酶，催化琥珀酰 CoA 的生成。当 $B_{12}$ 缺乏时，L- 甲基丙二酰 CoA 大量堆积。因 L- 甲基丙二酰 CoA 的结构与脂肪酸合成的中间产物丙二酰 CoA 相似，从而影响脂肪酸的正常合成。

（三）维生素 $B_{12}$ 缺乏可导致巨幼红细胞性贫血等多种疾病

$B_{12}$ 广泛存在于动物食品中，$B_{12}$ 缺乏症很少发生于正常膳食者，偶见于有严重吸收障碍的患者及长期素食者。当 $B_{12}$ 缺乏时，核酸合成障碍阻止细胞分裂而产生巨幼红细胞性贫血，即恶性贫血。同型半胱氨酸的堆积可造成高同型半胱氨酸血症，增加动脉硬化、血栓形成和高血压的危险性。$B_{12}$ 缺乏可导致神经疾患，其原因是由于脂肪酸的合成异常而影响髓鞘质的转换，造成髓鞘质变性退化，引发进行性脱髓鞘。

## 九、α- 硫辛酸

α- 硫辛酸（lipoic acid）的结构是 6，8- 二硫辛酸，能还原为二氢硫辛酸，为硫辛酸乙酰转移酶的辅酶，如丙酮酸脱氢酶复合物中的二氢硫辛酰胺酰基转移酶。

α- 硫辛酸有抗脂肪肝和降低血胆固醇的作用。另外，它很容易进行氧化还原反应，故可保护巯基酶免受金属离子毒害。目前，尚未发现人类有硫辛酸的缺乏症。

## 十、维生素 C

（一）维生素 C 是对热不稳定的酸性物质

维生素 C 又称 L- 抗坏血酸（ascorbic acid）（4-13），呈酸性。抗坏血酸分子中 $C_2$ 和 $C_3$ 羟基可以氧化脱氢生成脱氢抗坏血酸，后者又可接受氢再还原成抗坏血酸。还原型抗坏血酸是细胞内与血液中的主要存在形式。血液中脱氢抗坏血酸仅为抗坏血酸的 1/15。

人体不能合成维生素 C，必须由食物供给。维生素 C 极易从小肠吸收。维生素 C 广泛存在于新鲜蔬菜和水果中。植物中的抗坏血酸氧化酶能将维生素 C 氧化灭活为二酮古洛糖酸，所以久存的水果和蔬菜中维生素 C 含量会大量减少。干种子中虽然不含维生素 C，但其幼芽可以合成，所以豆芽等是维生素 C 的丰富来源。维生素 C 对碱和热不稳定，烹饪不当可引起维生素 C 的大量丧失。

（二）维生素 C 既是一些羟化酶的辅酶又是强抗氧化剂

1. 维生素 C 是一些羟化酶的辅酶　抗坏血酸是维持体内含铜羟化酶和 α- 酮戊二酸 - 铁羟化酶活性必不可少的辅因子。在含酮羟化酶催化的反应中，$Cu^+$ 被氧化生成 $Cu^{2+}$，后者在抗坏血酸的专一作用下，再还原为 $Cu^+$。

需要维生素 C 的羟化酶在体内催化许多重要的反应。如，苯丙氨酸代谢过程中，对羟苯丙酮酸羟化酶催化对羟苯丙酮酸羟化生成尿黑酸。多巴胺 β- 羟化酶催化多巴胺羟化生成去甲肾上腺素，参与肾上腺髓质和中枢神经系统中儿茶酚胺的合成。胆汁酸合成的限速酶——7α- 羟化酶，参与将 40% 的胆固醇正常转变成胆汁酸。胶原脯氨酸羟化酶和赖氨酸羟化酶分别催化前胶原分子中脯氨酸和赖氨酸残基的羟化，促进成熟的胶原分子的生成。此外，体内肉碱合成

（4-13）

Notes

过程需要两个依赖维生素 C 的羟化酶；肾上腺皮质类固醇合成过程中的羟化作用也需要维生素 C 参与。

2. 维生素 C 作为抗氧化剂可直接参与体内氧化还原反应　维生素 C 具有保护巯基的作用，它可使巯基酶的—SH 保持还原状态。维生素 C 在谷胱甘肽还原酶作用下，将氧化型谷胱甘肽（GSSG）还原成还原型（GSH）。还原型 GSH 能清除细胞膜的脂质过氧化物，起到保护细胞膜的作用。

维生素 C 能使红细胞中高铁血红蛋白（MHb）还原为血红蛋白（Hb），使其恢复运氧能力。小肠中的维生素 C 可将 $Fe^{3+}$ 还原成 $Fe^{2+}$，有利于食物中铁的吸收。

维生素 C 作为抗氧化剂，影响细胞内活性氧敏感的信号转导系统（如 NF-κB 和 AP-1），从而调节基因表达和细胞功能，促进细胞分化。

3. 维生素 C 具有增强机体免疫力的作用　维生素 C 促进体内抗菌活性、NK 细胞活性、促进淋巴细胞增殖和趋化作用、提高吞噬细胞的吞噬能力、促进免疫球蛋白的合成，从而提高机体免疫力。临床上用于心血管疾病、病毒性疾病等的支持性治疗。

### （三）维生素 C 严重缺乏可引起坏血病

维生素 C 是胶原蛋白形成所必需的物质，有助于保持细胞间质物质的完整，当严重缺乏时可引起坏血病（scurvy）。表现为毛细血管脆性增强易破裂、牙龈腐烂、牙齿松动、骨折以及创伤不易愈合等。由于机体在正常状态下可储存一定量的维生素 C，坏血病的症状常在维生素 C 缺乏 3～4 个月后出现。

维生素 C 缺乏直接影响胆固醇转化，引起体内胆固醇增多，是动脉硬化的危险因素之一。

## 第三节　微量元素

微量元素绝大多数为金属元素，在体内一般结合成化合物或络合物，广泛分布于各种组织中，含量较恒定。微量元素主要来自食物，动物性食物含量较高，种类也较植物性食物多。微量元素通过与酶、其他蛋白质、激素和维生素等结合而在体内发挥多种多样作用。其主要生理作用为：①酶的辅助因子。人体内一半以上酶的活性部位含有微量元素。许多酶需要金属离子才有活性或高活性（见第五章）。②参与体内物质运输。如血红蛋白含 $Fe^{2+}$ 参与 $O_2$ 的运输，碳酸酐酶含锌参与 $CO_2$ 的运输。③参与激素和维生素的形成。如碘是甲状腺素合成的必需成分，钴是维生素 $B_{12}$ 的组成成分等。

## 一、铁

### （一）运铁蛋白和铁蛋白分别运输和储存铁

铁（iron）是体内含量最多的一种微量元素，成年男性平均含铁量约为每公斤体重 50mg，女性约为每公斤体重 30mg。

铁的吸收部位主要在十二指肠及空肠上段。无机铁只有 $Fe^{2+}$ 可以通过小肠黏膜细胞。酸性 pH、维生素 C 和谷胱甘肽可将 $Fe^{3+}$ 还原为 $Fe^{2+}$，有利于铁的吸收。鞣酸、草酸、植酸、大量无机磷酸、含磷酸的抗酸药等可与铁形成不溶性或不能吸收的铁复合物，从而影响铁的吸收。络合物中铁的吸收率大于无机铁，氨基酸、柠檬酸、苹果酸等能与铁离子形成络合物，有利于铁的吸收。

吸收的 $Fe^{2+}$ 在小肠黏膜上皮细胞中氧化为 $Fe^{3+}$，并与铁蛋白（ferritin）结合。铁（$Fe^{3+}$）在血液中与运铁蛋白（transferrin）结合而运输。正常人血清运铁蛋白浓度为 200～300mg/dl。

体内多余的铁通过结合铁蛋白而储存，主要储存于肝、脾、骨髓、小肠黏膜、胰等器官。铁蛋白是由 24 个亚基组成的中空分子，其内可结合多达 450 个铁离子。

Notes

小肠黏膜上皮细胞的生命周期为 2～6 天,储存于细胞内的铁蛋白铁随着细胞的脱落而排泄于肠腔。这几乎是体内铁的唯一排泄途径。

### (二)体内铁主要存在于含铁卟啉和非铁卟啉的蛋白质中

铁是血红蛋白、肌红蛋白、细胞色素系统、铁硫蛋白、过氧化物酶及过氧化氢酶等的重要组成部分,在气体运输、生物氧化和酶促反应中均发挥重要作用。体内铁约 75% 存在于铁卟啉化合物中,25% 存在于非铁卟啉类含铁化合物(如含铁的黄素蛋白、铁硫蛋白、运铁蛋白等)中。成年男性及绝经后的妇女每日约需铁 1mg,经期妇女每日平均失铁 0.35～0.7mg,妊娠期妇女每日需要量约为 3.6mg。

### (三)铁的缺乏与中毒均可引起严重的疾病

铁的缺乏可引起小细胞低血色性贫血。引起缺铁性贫血的原因不限于铁摄入的不足,急性大量出血、慢性小量出血(如消化道溃疡、妇女月经失调出血等)以及儿童生长期和妇女妊娠、哺乳期得不到铁的额外补充等均可引起缺铁性贫血。

$Fe^{2+}$ 非常活泼,可与氧反应产生羟自由基和过氧化自由基。$Fe^{2+}$ 还像重金属离子那样,与体内蛋白质结合,破坏其结构。所以体内铁在储存与运输过程中均为 $Fe^{3+}$,并与特异的蛋白相结合。铁摄入过剩,部分铁蛋白变性生成血铁黄素(hemosiderin),体内铁沉积过多时可出现血色素沉着症(hemochromatosis),引起器官损伤,可出现肝硬化、肝癌、糖尿病、心肌病、皮肤色素沉着、内分泌紊乱、关节痛等。

## 二、锌

### (一)清蛋白和金属硫蛋白分别参与锌的运输和储存

锌(zinc)在人体内的含量仅次于铁,约为 1.5～2.5g。成人每日需锌 15～20mg。肉类、豆类、坚果、麦胚等含锌丰富。锌主要在小肠吸收,但不完全。某些地区的谷物中含有较多的能与锌形成不溶性复合物的 6- 磷酸肌醇,从而影响锌的吸收。血中锌与清蛋白或运铁蛋白结合而运输。血锌浓度约为 0.1～0.15mmol/L。体内储存的锌主要与金属硫蛋白(metallothionein)结合。锌主要经粪排泄,其次为尿、汗、乳汁等。

### (二)锌是含锌金属酶和锌指蛋白的组成成分

锌是含锌金属酶的组成成分,与 80 多种酶的活性有关,如碳酸酐酶、铜 - 锌 - 超氧化物歧化酶、醇脱氢酶、羧基肽酶 A 和 B、DNA 和 RNA 聚合酶等。许多蛋白质,如反式作用因子、类固醇激素和甲状腺素受体的 DNA 结合区,都有锌参与形成的锌指结构。锌指结构在转录调控中起重要作用。已知锌是重要的免疫调节剂、生长辅因子,在抗氧化、抗细胞凋亡和抗炎症中均起重要作用。锌也是合成胰岛素所必需的元素。

### (三)锌缺乏可引起多种疾病

锌的补充依赖体外摄入,如果各种原因引起锌的摄入不足或吸收困难,均可引起锌的缺乏。锌缺乏可引起消化功能紊乱、生长发育滞后、智力发育不良,皮肤炎、伤口愈合缓慢、脱发、神经精神障碍等;儿童可出现发育不良和睾丸萎缩。

## 三、铜

### (一)铜在血液中主要与铜蓝蛋白结合而运输

成人体内铜(copper)的含量约为 80～110mg,肌肉中约占 50%,10% 存在于肝。成人每日需铜约 1～3mg,孕妇和成长期的青少年可略有增加。铜主要在十二指肠吸收。血液中约 60% 的铜与铜蓝蛋白(ceruloplasmin)紧密结合,其余的与清蛋白疏松结合或与组氨酸形成复合物。铜主要随胆汁排泄。

Notes

**（二）铜是多种含铜酶的辅基**

铜是体内多种酶的辅基，含铜的酶多以氧分子或氧的衍生物为底物。如细胞色素氧化酶、多巴胺 β- 羟化酶、单胺氧化酶、酪氨酸酶、胞质超氧化物歧化酶等。铜蓝蛋白可催化 $Fe^{2+}$ 氧化成 $Fe^{3+}$，后者转入运铁蛋白，有利于铁的运输。

**（三）铜缺乏可导致小细胞低色素性贫血等疾病**

铜缺乏的特征性表现为小细胞低色素性贫血、白细胞减少、出血性血管改变、骨脱盐、高胆固醇血症和神经疾患等。铜摄入过多也会引起中毒现象，如蓝绿粪便、唾液以及行动障碍等。

## 四、锰

**（一）大部分锰与血浆中 γ- 球蛋白和清蛋白结合而运输**

正常人体内含锰（manganese）约 12～20mg。成人每日需 2～5mg。锰主要从小肠吸收，入血后大部分与血浆中 γ- 球蛋白和清蛋白结合而运输。少量与运铁蛋白结合。锰在体内主要储存于骨、肝、胰和肾。锰主要从胆汁排泄，少量随胰液排出，尿中排泄很少。

**（二）锰是多种酶的组成成分和激活剂**

锰是多种酶的组成成分和激活剂。锰金属酶有精氨酸酶、谷氨酰胺合成酶、磷酸烯醇式丙酮酸脱羧酶、Mn- 超氧化物歧化酶、RNA 聚合酶等。体内锰对多种酶的激活作用可被镁所代替。体内正常免疫功能、血糖与细胞能量调节、生殖、消化、骨骼生长、抗自由基等均需要锰。缺锰时生长发育会受到影响。

**（三）过量摄入锰可引起中毒**

锰可抑制呼吸链中复合物 I 和 ATP 酶的活性，造成氧自由基的过量产生。锰干扰多巴胺的代谢，导致精神病和帕金森神经功能障碍（锰疯狂）。过量摄入锰可引起中毒。

## 五、硒

**（一）大部分硒与 α 和 β 球蛋白结合而运输**

人体含硒（selenium）约为 14～21mg。成人日需要量在 30～50μg。硒在十二指肠吸收。入血后与 α 和 β 球蛋白结合，小部分与 VLDL 结合而运输，主要随尿及汗液排泄。

**（二）硒以硒半胱氨酸形式参与多种重要硒蛋白的组成**

硒在体内以硒半胱氨酸（selenocysteine）的形式存在于近 30 种蛋白质中。这些含硒半胱氨酸的蛋白质称为硒蛋白（selenoprotein）。谷胱甘肽过氧化物酶、硒蛋白 P、硫氧还蛋白还原酶、碘甲腺原氨酸脱碘酶均属此类。谷胱甘肽过氧化物酶是重要的含硒抗氧化蛋白，通过氧化谷胱甘肽来降低细胞内 $H_2O_2$ 的含量，保护细胞。碘甲腺原氨酸脱碘酶可激活或去激活甲状腺激素，这是硒通过调节甲状腺激素水平来维持机体生长、发育与代谢的重要途径。此外，硒还参与辅酶 Q 和辅酶 A 的合成。

**（三）硒缺乏可引发多种疾病**

缺硒可引发很多疾病，如糖尿病、心血管疾病、神经变性疾病、某些癌症等。世界上不同地区的土壤中含硒量不同，影响食用植物中硒的含量，从而影响人类硒的摄取量。克山病便是由于地域性生长的庄稼中含硒量低引起的地方性心肌病。

由于硒的抗氧化作用，服用硒（如 200μg/ 日）或含硒制剂可以明显降低某些癌症（如前列腺癌、肺癌、大肠癌）的危险性。硒过多也会引起中毒症状。

## 六、碘

**（一）碘在甲状腺中富集**

成人体内含碘（iodine）30～50mg，其中约 30% 集中在甲状腺内，用于合成甲状腺激素。60%～

Notes

80% 以非激素的形式分散于甲状腺外。成人每日需碘 100～300mg。碘的吸收部位主要在小肠。碘主要随尿排出,尿碘约占总排泄量的 85%,其他由汗腺排出。

（二）碘是甲状腺激素的组成成分

碘在人体内的一个主要作用是参与甲状腺激素的合成。碘的另一重要功能是抗氧化作用。在含碘细胞中有 $H_2O_2$ 和过氧脂质存在时,碘可作为电子供体发挥作用。碘可与活性氧竞争细胞成分和中和羟自由基,防止细胞遭受破坏。碘还可以与细胞膜多不饱和脂肪酸的双键接触,使之不易产生自由基。因此,碘在预防癌症方面有一定的积极作用。

（三）碘缺乏可引起地方性甲状腺肿

缺碘可引起地方性甲状腺肿,严重可致发育停滞、痴呆,如胎儿期缺碘可致呆小病。若摄入碘过多又可致高碘性甲状腺肿,表现为甲状腺功能亢进及一些中毒症状。

## 七、钴

（一）钴参与合成维生素 $B_{12}$

人体对钴（cobalt）的最小需要量为 $1\mu g$。来自食物中的钴必须在肠内经细菌合成维生素 $B_{12}$ 后才能被吸收利用。钴主要从尿中排泄。体内的钴主要以维生素 $B_{12}$ 的形式发挥作用（见本章第二节,维生素 $B_{12}$）。

（二）钴缺乏可引起巨幼红细胞性贫血等疾病

钴的缺乏可使维生素 $B_{12}$ 缺乏,而维生素 $B_{12}$ 缺乏可引起巨幼红细胞性贫血等疾病。由于人体排钴能力强,很少有钴蓄积的现象发生。

## 八、氟

（一）氟主要与球蛋白结合而运输

成人体内含氟（fluorine）约 2～6g,其中 90% 分布于骨、牙中,少量存在于指甲、毛发及神经肌肉中。氟的生理需要量每日为 0.5～1.0mg。氟主要从胃肠和呼吸道吸收,入血后与球蛋白结合,小部分以氟化物形式运输。血中氟含量约为 $20\mu mol/L$。氟主要从尿中排泄。

（二）氟与骨、牙的形成与钙磷代谢密切相关

氟可被羟基磷灰石吸附,生成氟磷灰石,从而加强对龋牙的抵抗作用,与骨、牙的形成及钙磷代谢密切相关。

（三）氟缺乏可引起骨质疏松

缺氟可致骨质疏松,易发生骨折;牙釉质受损易碎。氟过多可引起骨脱钙和白内障,并可影响肾上腺、生殖腺等多种器官的功能。

## 九、铬

（一）铬的最好来源是肉类

整粒的谷类、豆类、海藻类、啤酒酵母、乳制品和肉类是铬（chromium）的最好来源,尤以肝脏和其他内脏,是生物有效性高的铬的来源。人体每日摄入铬 30～40μg 便足以满足人体的需要。

（二）铬与胰岛素的作用关系密切

铬是铬调素（chromodulin）的组成成分。铬调素通过促进胰岛素与细胞受体的结合,增强胰岛素的生物学效应。铬缺乏主要表现在胰岛素的有效性降低,造成葡萄糖耐量受损,血清胆固醇和血糖上升。动物实验证明,铬还具有预防动脉硬化和冠心病的作用,并为生长发育所需要。

（三）铬失调对人体具有危害

因膳食因素所致铬摄取不足而引起的缺乏症未见报道。但过量可出现铬中毒。六价铬的

Notes

毒性比三价铬高约 100 倍,但不同化合物毒性不同。临床上铬及其化合物主要侵害皮肤和呼吸道,出现皮肤黏膜的刺激和腐蚀作用,如皮炎、溃疡、咽炎、胃痛、胃肠道溃疡,伴有周身酸痛、乏力等,严重者发生急性肾功能衰竭。

---

**框 4-3　老年人的特殊营养需求**

　　老年人有其特殊的代谢特点。例如,维生素 $B_6$ 的吸收和利用随年龄的增长而降低。老年人胃产生内因子的能力下降,容易发生维生素 $B_{12}$ 缺乏。同型半胱氨酸生成甲硫氨酸和半胱氨酸时需要叶酸、维生素 $B_{12}$ 和维生素 $B_6$ 的参与,这些维生素的缺乏可导致高同型半胱氨酸血症,而后者是动脉硬化的危险因子。老年人不爱晒太阳可使皮肤维生素 $D_3$ 的生成减少,同时随年龄的增长,肾羟化 25-OH-$D_3$ 生成 1, 25-$(OH)_2$-$D_3$ 的能力减弱。这些均可助长骨质疏松。老年人体内铬转化为铬调素的能力下降,与成年人糖尿病密切相关。此外,老年人锌的摄取和吸收减少,导致味觉迟钝、皮炎和免疫系统减弱。维生素 A 的吸收随年龄而增加,而肝清除维生素 A 的能力降低,所以老年人不但对维生素 A 的需要量下降,而且还要防止维生素 A 中毒的发生。

---

# 第四节　钙、磷及其代谢

　　钙(calcium)是人体内含量最多的无机元素之一,成人含量约为 30mol(1200g/70kg 体重),仅次于碳、氢、氧和氮。正常成人含磷(phosphorus)约 19.4mol(600g)。钙和磷不仅是骨的重要成分,还具有其他许多重要的生理作用。

## 一、钙、磷在体内分布及其功能

### (一)钙既是骨的主要成分又具有重要的调节作用

　　人体内 99% 以上的钙分布于骨中,以羟基磷灰石[hydroxyapatite, $Ca_{10}(PO_4)_6(OH)_2$]的形式存在。钙构成骨和牙的主要成分,起着支持和保护作用。

　　成人血浆(或血清)中的钙含量为 2.25～2.75mmol/L(9～11mg/dl),不到人体总量的 0.1%,约一半是游离 $Ca^{2+}$;另一半为蛋白结合钙,主要与清蛋白结合,少量与球蛋白结合。游离钙与蛋白结合钙在血浆中呈动态平衡状态。血浆 pH 可影响它们的平衡,当血浆偏酸时,蛋白结合钙解离,血浆游离钙增多;当 pH 升高时,蛋白结合钙增多,而游离钙减少。平均每增减 1 个 pH 单位,每 100ml 血浆游离钙浓度相应改变 0.42mmol(1.68mg)。血钙的正常水平对于维持骨骼内骨盐的含量、血液凝固过程和神经肌肉的兴奋性具有重要的作用。

　　分布于体液和其他组织中的钙不足总钙量的 1%。细胞外液游离钙的浓度为 1.12～1.23mmol/L;细胞内钙浓度极低,且 90% 以上储存于内质网和线粒体内,胞液钙浓度仅 0.01～0.1mol/L。胞液钙作为第二信使在信号转导中发挥许多重要的生理作用。肌肉中的钙可启动骨骼肌和心肌细胞的收缩。

### (二)磷是体内许多重要生物分子的组成成分

　　磷主要分布于骨(约占 85.7%),其次为各组织细胞(约 14%),仅少量(约 0.03%)分布于体液。成人血浆中无机磷的含量约为 1.1～1.3mmol/L(3.5～4.0mg/dl)。

　　磷除了构成骨盐成分、参与成骨作用外,还是核酸、核苷酸、磷脂、辅酶等重要生物分子的组成成分,发挥各自重要的生理功能。

　　正常人血液中钙和磷的浓度相当恒定,每 100ml 血液中钙与磷含量之积为一常数,即[Ca]×[P]=35～40。因此,血钙降低时,血磷会略有增加。

Notes

（三）钙磷代谢紊乱可引起多种疾病

维生素 D 缺乏可引起钙吸收障碍，导致儿童佝偻病（rickets）和成人骨软化症（osteomalacia）。骨基质丧失和进行性骨骼脱盐可导致中、老年人骨质疏松（osteoporosis）。甲状旁腺功能亢进与维生素 D 中毒可引起高血钙症（hypercalcemia）、尿路结石等。甲状旁腺功能减退症可引起低钙血症（hypocalcemia）。

高磷血症常见于慢性肾病患者，与冠状动脉、心瓣膜钙化等严重心血管并发症密切相关；是引起继发性甲状旁腺功能亢进、维生素 D 代谢障碍、肾性骨病等的重要因素。维生素 D 缺乏也可减少肠腔磷酸盐的吸收，是引起低磷血症的原因之一。

## 二、钙磷代谢与骨的代谢密切相关

（一）钙和磷的吸收与排泄的影响因素颇多

牛奶、豆类和叶类蔬菜是人体内钙的主要来源。十二指肠和空肠上段是钙吸收的主要部位。钙盐在酸性溶液中易溶解，凡使消化道内 pH 下降的食物均有利于钙的吸收。维生素 D 能促进钙和磷的吸收。碱性磷酸盐、草酸盐和植酸盐可与钙形成不溶解的钙盐，不利于钙的吸收。钙的吸收随年龄的增长而下降。

正常成人肾小球每日滤过约 9g 游离钙，肾小管对钙的重吸收量与血钙浓度相关。血钙浓度降低可增加肾小管对钙的重吸收率，而血钙高时吸收率下降。肾对钙的重吸收受甲状旁腺激素的严格调控。

成人每日进食 1.0～1.5g 磷，食物中的有机磷酸酯和磷脂在消化液中磷酸酶的作用下，水解生成无机磷酸盐并在小肠上段被吸收。钙、镁、铁可与磷酸根生成不溶性化合物而影响其吸收。

肾小管对血磷的重吸收也取决于血磷水平，血磷浓度降低可增高磷的重吸收率。血钙增加可降低磷的重吸收。pH 降低可增加磷的重吸收。甲状旁腺激素抑制血磷的重吸收，增加磷的排泄。

（二）骨内钙和磷的代谢是体内钙磷代谢主要组成

由于体内大部位钙和磷存在于骨中，所以骨内钙、磷的代谢成为体内钙磷代谢的主要组成。血钙与骨钙的相互转化对维持血钙浓度的相对稳定具有重要意义。人体内钙、磷代谢与动态平衡图见图 4-3。

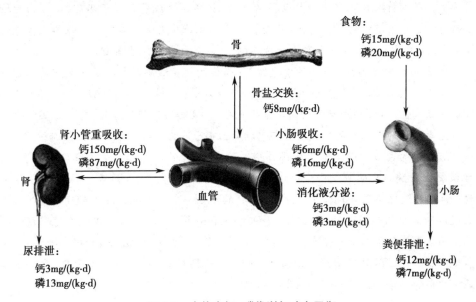

图 4-3　人体内钙、磷代谢与动态平衡

Notes

## 三、钙和磷代谢受三种激素的调节

调节钙和钙代谢的主要激素有 $1,25-(OH)_2-D_3$、甲状旁腺激素（parathyroid hormone，PTH）和降钙素（calcitonin，CT）。主要调节的靶器官有小肠、肾和骨。血钙与血磷在 $1,25-(OH)_2-D_3$、PTH 和 CT 的协同作用下维持其正常的动态平衡（表4-1）。

表4-1　$1,25-(OH)_2-D_3$、PTH 和 CT 对钙磷代谢的调节

| 激素 | 小肠吸收钙 | 溶骨 | 成骨 | 尿钙 | 尿磷 | 血钙 | 血磷 |
|---|---|---|---|---|---|---|---|
| $1,25-(OH)_2-D_3$ | ↑↑ | ↑ | ↑ | ↓ | ↓ | ↑ | ↑ |
| PTH | ↑ | ↑↑ | ↓ | ↓ | ↑ | ↑ | ↓ |
| CT | ↓ | ↓↓ | ↑ | ↑ | ↑ | ↓ | ↓ |

### （一）维生素 D 促进小肠钙的吸收和骨盐沉积

活性维生素 D（$1,25-(OH)_2-D_3$）对钙磷代谢作用的主要靶器官是小肠和骨。$1,25-(OH)_2-D_3$ 与小肠黏膜细胞特异的胞质受体结合后，进入细胞核，刺激钙结合蛋白的生成。后者作为载体蛋白促进小肠对钙的吸收。同时磷的吸收也随之增加。生理剂量的 $1,25-(OH)_2-D_3$ 可促进骨盐沉积，同时还可刺激成骨细胞分泌胶原，促进骨基质的成熟，有利于成骨。

### （二）甲状旁腺激素具有升高血钙和降低血磷的作用

甲状旁腺激素（PTH）是甲状旁腺分泌的由 84 个氨基酸残基组成的蛋白质，其主要作用靶器官是骨和肾。PTH 刺激破骨细胞的活化，促进骨盐溶解，使血钙与血磷增高。PTH 促进肾小管对钙的重吸收，抑制对磷的重吸收。同时 PTH 还可刺激肾合成 $1,25-(OH)_2-D_3$，从而间接地促进小肠对钙、磷的吸收。PTH 的总体作用是使血钙升高。

### （三）降钙素是唯一降低血钙浓度的激素

降钙素（CT）是甲状腺 C 细胞合成的由 32 个氨基酸残基组成的多肽，其作用靶器官为骨和肾。CT 通过抑制破骨细胞的活性、激活成骨细胞，促进骨盐沉积，从而降低血钙与血磷含量。CT 还抑制肾小管对钙、磷的重吸收。CT 的总体作用是降低血钙与血磷。

## 小　结

维生素是维持人体正常生命活动所必需、机体不能合成或合成量不足、必须由食物供给的一类小分子有机化合物，分为脂溶性和水溶性维生素两大类。脂溶性维生素包括维生素 A、D、E、K，水溶性维生素包括 B 族维生素、硫辛酸和维生素 C。

维生素 A 可转化为视黄醛，参与视循环；转化的视黄酸参与维持上皮组织的正常形态与生长。$1,25-$二羟维生素 $D_3$ 主要作用于小肠和骨，维持正常的钙磷代谢。维生素 E 是重要的脂溶性抗氧化剂，与动物的生殖功能相关，还参与细胞信号转导，与基因调节有关。维生素 K 作为羧化酶的辅因子参与包括凝血因子在内的蛋白翻译后的修饰过程。

水溶性维生素多以辅酶形式发挥作用。维生素 $B_1$ 的辅酶形式是焦磷酸硫胺素，是 α- 酮酸氧化脱羧酶及磷酸戊糖途径中转酮酶的辅酶。维生素 $B_2$ 的活性形式是 FAD 和 FMN，是体内氧化还原酶的辅基。维生素 PP 的活性形式是 $NAD^+$ 和 $NADP^+$，是多种不需氧脱氢酶的辅酶。泛酸的活性形式是辅酶 A 和酰基载体蛋白，构成酰基转移酶的辅酶。生物素是多种羧化酶的辅基。维生素 $B_6$ 的辅酶形式是磷酸吡哆醛和磷酸吡哆胺，是转氨酶的辅酶。叶酸的辅酶形式是四氢叶酸，是一碳单位的载体。维生素 $B_{12}$ 主要是转甲基酶的辅酶。维生素 C 是一些羟化酶的辅酶，同时又是一种强还原剂。

Notes

每日需要量在 100mg 以下的元素称为微量元素,绝大多数为金属元素。在体内一般结合成化合物或络合物,广泛分布于各组织中,含量较恒定。微量元素通过形成结合蛋白、酶、激素和维生素等在体内发挥作用,包括参与构成酶活性中心或辅酶、参与体内物质运输、参与激素和维生素的形成等重要生理作用。

钙磷主要以无机盐形式存在体内,约 99.7% 以上的钙与 87.6% 以上的磷以羟磷灰石的形式存在于骨骼和牙齿中,骨是人体内的钙磷储库和代谢的主要场所。钙磷代谢受 PTH、CT 和 1,25-二羟维生素 $D_3$ 调控,并维持血钙与血磷浓度的相对恒定。

（朱华庆）

# 第五章 酶

生物体内的新陈代谢过程及其他各种生命活动涉及各种各样的化学反应。这些反应在极为温和的条件下能高效和特异地进行，而且受到严格的调控。这是因为体内绝大多数化学反应都是由一类极为重要的生物催化剂（biocatalyst）所催化进行的。这类生物催化剂称为酶（enzyme）。酶是由活细胞产生的、对其底物具有高度特异性和高度催化效能的蛋白质。酶是正常机体不可缺少的生物分子，人体的许多疾病与酶的异常密切相关，许多酶还被用于疾病的诊断和治疗。酶学研究不仅在医学领域具有重要意义，而且对科学实践、工农业生产实践亦影响深远。

## 第一节 酶的分子结构与功能

酶的化学本质是蛋白质。酶与其他蛋白质一样，具有一级、二级、三级，乃至四级结构。单纯酶即为单纯蛋白，结合酶则是结合蛋白。酶的分子结构决定其功能，酶蛋白的结构差异是其形成不同功能特点的基础。

---

**框 5-1 酶是蛋白质的证明**

1926 年，美国生物化学家 Sumner JB（1887—1955）首次成功地从南美热带植物刀豆中分离结晶出脲酶，并首次直接证明酶的化学本质是蛋白质，进而提出酶可能都是蛋白质。由于缺乏其他例证，因此存在着长期争论。Northrop JH（1891—1987）也是美国生物化学家，他主要研究酶的离析与结晶化。1930—1938 年，他先后将胃蛋白酶、胰蛋白酶、糜蛋白酶等结晶出来，并证明它们都是蛋白质，从而结束了有关酶的化学本质的争论。由于他们对酶学研究的突出贡献，他们与从烟草花叶病毒中纯化出核蛋白的美国生物化学家 Stanley WM（1904—1971）共同获得 1946 年的诺贝尔化学奖。

---

### 一、酶具有不同的蛋白结构和组织形式

不同的酶具有不同的结构和组织形式，因而形成不同的功能特点。有的酶是由一个完整的蛋白质分子发挥一种酶的功能，有的酶则是在一个蛋白质分子内形成多种酶活性的有序组合，不同的酶亦可通过形成复合物而形成多种酶活性的有序组合。

（一）单体酶仅含有一条肽链

由一条多肽链构成的酶称为单体酶（monomeric enzyme），如牛胰核糖核酸酶、溶菌酶、羧基肽酶 A 等。

（二）寡聚酶含有两条或两条以上肽链

寡聚酶（oligomeric enzyme）是由多个相同或不同的亚基以非共价键连接组成的酶，如蛋白激酶 A 和磷酸果糖激酶 -1 均含有 4 个亚基。

（三）多酶体系是由几种酶聚合而成

多酶体系（multienzyme system）是由几种不同功能的酶彼此聚合形成的多酶复合物（multienzyme complex)。多酶体系的催化过程如同流水线,上一个酶的产物即成为下一个酶的底物,形成连续反应。如哺乳动物丙酮酸脱氢酶复合物含有3种酶和5种辅助因子(第六章)。

（四）多功能酶只有一条肽链但具有多种催化功能

多功能酶(multifunctional enzyme)或串联酶(tandem enzyme)仅含有一条肽链,但具有多种催化功能。肽链中的每一个结构域具有一种催化功能。如哺乳动物脂肪酸合酶的多肽链中含有7种不同催化功能的酶活性和一个酰基载体蛋白结构域(第七章)。

## 二、辅助因子是结合酶的重要组分

根据酶分子的组成,可将酶分为单纯酶和结合酶。

（一）单纯酶仅含有氨基酸组分

仅由氨基酸残基组成的酶称为单纯酶(simple enzyme)。单纯酶水解后的产物除了氨基酸外,没有其他组分。例如,脲酶、一些消化(蛋白)酶、淀粉酶、脂酶、核糖核酸酶等。

（二）结合酶含有氨基酸组分和非氨基酸组分

结合酶(conjugated enzyme)是由蛋白质部分和非蛋白质部分共同组成,其中蛋白质部分称为酶蛋白(apoenzyme),非蛋白质部分称为辅助因子(cofactor)。酶蛋白主要决定酶催化反应的特异性及其催化机制;辅助因子主要决定酶催化反应的性质和类型。酶蛋白与辅助因子结合形成的复合物称为全酶(holoenzyme)。酶蛋白和辅助因子单独存在时均无催化活性,只有全酶才具有催化作用。

酶的辅助因子按其与酶蛋白结合的紧密程度与作用特点不同可分为辅酶(coenzyme)与辅基(prosthetic group)。辅酶与酶蛋白的结合疏松,可以用透析或超滤的方法除去。在酶促反应中,辅酶作为底物接受质子或基团后离开酶蛋白,参加另一酶促反应并将所携带的质子或基团转移出去,或者相反。辅基则与酶蛋白结合紧密,不能通过透析或超滤将其除去。在酶促反应中,辅基不能离开酶蛋白。

酶的辅助因子多为复合有机化合物或金属有机化合物、或金属离子。作为辅助因子的有机化合物多为B族维生素的衍生物或卟啉化合物,它们在酶促反应中主要参与传递电子、质子(或基团)或起运载体作用(表5-1)。金属离子是最常见的辅助因子,如 $K^+$、$Na^+$、$Mg^{2+}$、$Cu^{2+}(Cu^+)$、$Zn^{2+}$、$Fe^{2+}(Fe^{3+})$、$Mn^{2+}$ 等(表5-2)。约2/3的酶含有金属离子。有些酶可以同时含有多种不同类型的辅助因子,如细胞色素氧化酶既含有血红素又含有 $Cu^+/Cu^{2+}$,琥珀酸脱氢酶同时含有铁和FAD。

表5-1 部分辅酶/辅基在催化中的作用

| 辅酶或辅基 | 缩写 | 转移的基团 | 所含的维生素 |
|---|---|---|---|
| 尼克酰胺腺嘌呤二核苷酸(辅酶 I) | $NAD^+$ | $H^+$、电子 | 尼克酰胺(维生素 PP) |
| 尼克酰胺腺嘌呤二核苷酸磷酸(辅酶 II) | $NADP^+$ | $H^+$、电子 | 尼克酰胺(维生素 PP) |
| 黄素单核苷酸 | FMN | 氢原子 | 维生素 $B_2$ |
| 黄素腺嘌呤二核苷酸 | FAD | 氢原子 | 维生素 $B_2$ |
| 焦磷酸硫胺素 | TPP | 醛基 | 维生素 $B_1$ |
| 磷酸吡哆醛 | | 氨基 | 维生素 $B_6$ |
| 辅酶 A | CoA | 酰基 | 泛酸 |
| 生物素 | | 二氧化碳 | 生物素 |
| 四氢叶酸 | $FH_4$ | 一碳单位 | 叶酸 |
| 辅酶 $B_{12}$ | | 氢原子,烷基 | 维生素 $B_{12}$ |

Notes

表5-2　某些金属酶和金属激活酶

| 金属酶 | 金属离子 | 金属激活酶 | 金属离子 |
|---|---|---|---|
| 过氧化氢酶 | $Fe^{2+}$ | 丙酮酸激酶 | $K^+$、$Mg^{2+}$ |
| 过氧化物酶 | $Fe^{2+}$ | 丙酮酸羧化酶 | $Mn^{2+}$、$Zn^{2+}$ |
| 谷胱甘肽过氧化物酶 | $Se^{2+}$ | 蛋白激酶 | $Mg^{2+}$、$Mn^{2+}$ |
| 己糖激酶 | $Mg^{2+}$ | 精氨酸酶 | $Mn^{2+}$ |
| 固氮酶 | $Mo^{2+}$ | 磷脂酶C | $Ca^{2+}$ |
| 核糖核苷酸还原酶 | $Mn^{2+}$ | 细胞色素氧化酶 | $Cu^{2+}$ |
| 羧基肽酶 | $Zn^{2+}$ | 脲酶 | $Ni^{2+}$ |
| 碳酸酐酶 | $Zn^{2+}$ | 柠檬酸合酶 | $K^+$ |

金属离子可以通过不同方式发挥辅助因子的作用：①作为酶活性中心的组成部分参加催化反应，使底物与酶活性中心的必需基团形成正确的空间排列，有利于酶促反应的发生；②作为连接酶与底物的桥梁，形成三元复合物；③中和电荷，减小静电斥力，有利于底物与酶的结合；④通过与酶结合而稳定酶的空间构象，稳定酶的活性中心；⑤在反应中传递电子。有的金属离子与酶结合紧密，提取过程中不易丢失，这类酶称为金属酶（metalloenzyme），如碱性磷酸酶（含$Mg^{2+}$）等。有的金属离子虽为酶的活性所必需，但与酶的结合并不紧密（可逆结合），甚至仅与底物相连接，这类酶称为金属激活酶（metal activated enzyme）。如己糖激酶从ATP转移磷酸基团时形成的中间复合物是$Mg^{2+}$-ATP-酶。

## 三、酶的活性中心是酶分子中结合底物并催化反应的特定部位

酶的活性中心（active center）或活性部位（active site）是酶分子中能与底物特异地结合并催化底物转变为产物的具有特定三维结构的区域。辅酶或辅基多参与酶活性中心的组成。

### （一）酶分子中的必需基团与酶的活性密切相关

酶分子中存在有各种化学基团，其中那些与酶的活性密切相关的基团称作酶的必需基团（essential group）。常见的必需基团有丝氨酸残基的羟基、组氨酸残基的咪唑基、半胱氨酸残基的巯基以及酸性氨基酸残基的羧基等（表5-3）。有的必需基团位于酶的活性中心内，有的必需基团位于酶的活性中心外。位于酶活性中心内的必需基团分为结合基团（binding group）和催化基团（catalytic group）。结合基团识别底物并与之特异结合，催化基团作用于底物中特定的化学键，催化底物发生化学反应，转变成产物。有些酶的结合基团同时兼有催化基团的功能。活性中心内的必需基团在一级结构中可能相距很远，但在三维空间结构中相互接近，共同组成酶的活性中心（图5-1）。酶活性中心外的必需基团虽然不直接参与结合底物和催化作用，却为维持酶活性中心的空间构象所必需。

表5-3　一些酶活性中心上的必需基团

| 名称 | 活性中心的必需基团 |
|---|---|
| 胰蛋白酶 | His42，Ser180，Asp87 |
| 弹性蛋白酶 | His57，Asp102，Ser195，Asp194，Ile16 |
| 羧基肽酶 | Arg145，Tyr248，Glu270 |
| 溶菌酶 | Glu35，Asp52，Asp102，Trp108 |
| 乳酸脱氢酶 | Asp30，Asp53，Lys58，Tyr85，Arg101，Glu140，Arg171，His195，Lys250 |
| α-胰糜蛋白酶 | His57，Asp102，Asp194，Ser195，Ile16 |

Notes

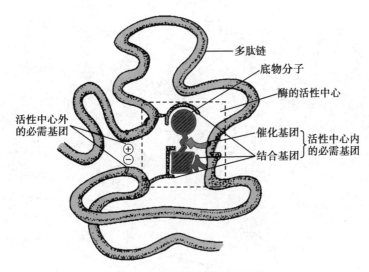

图 5-1　酶的活性中心示意图

## （二）酶活性中心的构象有利于结合底物并催化反应

酶的活性中心是酶分子中很小的具有三维结构的裂隙或凹陷区域，且多为氨基酸残基的疏水基团组成，形成疏水"口袋"（图 5-2）。这种微环境可排除水分子的干扰，有利于结合基团与底物结合、催化基团催化反应。例如，溶菌酶（lysozyme）是一种能有效地催化细菌细胞壁肽聚糖中糖苷键水解的内切糖苷酶，其活性中心是一裂隙结构，可以容纳 6 个 N- 乙酰氨基葡糖环（A、B、C、D、E、F）。溶菌酶的催化基团是 35 位 Glu 和 52 位 Asp，催化 D 环的糖苷键断裂，101 位 Asp 和 108 位 Trp 是该酶的结合基团（图 5-3）。

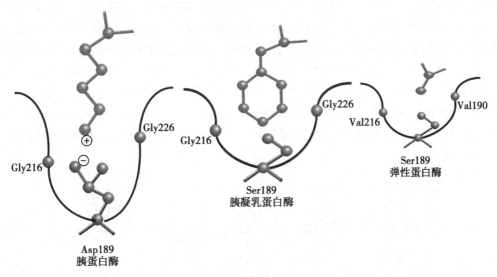

图 5-2　胰蛋白酶、胰凝乳蛋白酶和弹性蛋白酶活性中心"口袋"

A
101
B
62
63
108
C
52
D
35
E
F

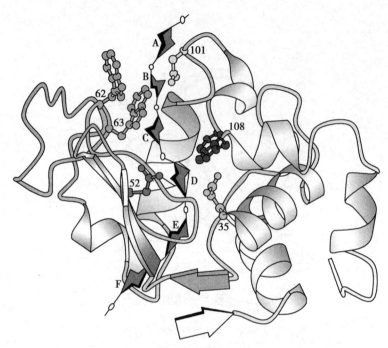

图 5-3 溶菌酶的活性中心

## 四、同工酶具有特殊的生理及临床意义

### (一)同工酶结构不同但催化的反应相同

同工酶(isoenzyme)是指催化的化学反应相同,但酶分子的结构、理化性质乃至免疫学性质不同的一组酶。同工酶是长期进化过程中基因趋异(divergence)的产物,因此从分子遗传学角度考量,同工酶也可解释为"由不同基因或复等位基因编码,催化相同反应,但呈现不同功能的一组酶的多态型"。由同一基因转录的 mRNA 前体经过不同的剪接过程,生成的多种不同 mRNA 翻译产物(一系列酶)也属于同工酶。

动物的乳酸脱氢酶(lactate dehydrogenase,LDH)是一种含锌的四聚体酶,催化乳酸与丙酮酸之间的氧化还原反应(第六章)。LDH 的亚基有两种类型:骨骼肌型(M 型)和心肌型(H 型)。两型亚基以不同的比例组成五种同工酶(图 5-4)。在 LDH 的活性中心附近,两种亚基之间有极少数的氨基酸残基不同,如 M 亚基的 30 位为丙氨酸残基,H 亚基则为谷氨酰胺残基;另外,H 亚基中的酸性氨基酸残基较多。这些差别导致 LDH 同工酶在相同 pH 条件下的解离程度不同、分子表面电荷不同。两种亚基氨基酸序列和构象差异,导致各同工酶对底物的亲和力不同。例如,$LDH_1$ 对乳酸的亲和力较大($K_m = 4.1 \times 10^{-3}$mol/L),而 $LDH_5$ 对乳酸的亲和力较小($K_m = 14.3 \times 10^{-3}$mol/L),这主要是 H 亚基对乳酸的 $K_m$ 小于 M 亚基的 $K_m$ 的缘故。体外催化反应时,$LDH_1$ 的最适 pH 为 9.8,$LDH_5$ 为 7.8。

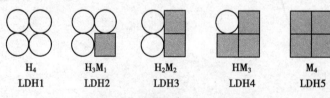

H4
LDH1
H3M1
LDH2
H2M2
LDH3
HM3
LDH4
M4
LDH5

图 5-4 乳酸脱氢酶的五种同工酶

### (二)同工酶在生物体内的表达分布具有时空特异性

Notes

同工酶存在于同一个体的不同组织,以及同一细胞的不同亚细胞结构。同一个体不同发育

阶段和不同组织器官中，编码不同亚基的基因开放程度不同，合成的亚基种类和数量不同，形成不同的同工酶谱。例如，大鼠出生前9天心肌LDH同工酶是$M_4$，出生前5天转变为$HM_3$，出生前1天为$H_2M_2$和$HM_3$，出生后第12天至第21天则是$H_3M$和$H_2M_2$。成年大鼠心肌LDH同工酶主要是$H_4$和$H_3M$。表5-4列出了人体各组织器官中LDH同工酶的分布。

表5-4 人体各组织器官LDH同工酶谱（活性%）

| LDH同工酶 | 红细胞 | 白细胞 | 血清 | 骨骼肌 | 心肌 | 肺 | 肾 | 肝 | 脾 |
|---|---|---|---|---|---|---|---|---|---|
| $LDH_1$（$H_4$） | 43 | 12 | 27 | 0 | 73 | 14 | 43 | 2 | 10 |
| $LDH_2$（$H_3M$） | 44 | 49 | 34.7 | 0 | 24 | 34 | 44 | 4 | 25 |
| $LDH_3$（$H_2M_2$） | 12 | 33 | 20.9 | 5 | 4 | 35 | 12 | 11 | 40 |
| $LDH_4$（$HM_3$） | 1 | 6 | 11.7 | 16 | 0 | 5 | 1 | 27 | 20 |
| $LDH_5$（$M_4$） | 0 | 0 | 5.7 | 79 | 0 | 12 | 0 | 56 | 5 |

### （三）检测血清中同工酶谱的变化有重要的临床意义

当组织细胞病变时，该组织细胞特异的同工酶可释放入血。因此，血浆同工酶活性、同工酶谱分析有助于疾病诊断和预后判定。例如，肌酸激酶（creatine kinase，CK）是由M型（肌型）和B型（脑型）亚基组成的二聚体酶。脑中含$CK_1$（BB型），心肌中含$CK_2$（MB型），骨骼肌中含$CK_3$（MM型）。$CK_2$仅见于心肌，且含量很高，约占人体总CK含量的14%～42%。正常血液中的CK主要是$CK_3$，几乎不含$CK_2$。心肌梗死后3～6小时，血中$CK_2$活性升高，12～24小时达峰值（升高近6倍），3～4天恢复正常。因此，$CK_2$常作为临床上心肌梗死的早期诊断指标。

## 第二节 酶的工作原理

酶与一般催化剂一样，在化学反应前后都没有质和量的改变，只能催化热力学允许的化学反应；降低反应的活化能；只能加速反应的进程，而不改变反应的平衡点，即不改变反应的平衡常数。由于酶的化学本质是蛋白质，因此酶促反应又具有不同于一般催化剂催化反应的特点和反应机制。

### 一、化学反应具有热力学和动力学特性

#### （一）热力学性质涉及反应平衡和能量平衡

1. 反应平衡可用平衡常数来描述 任何一个化学反应在正向反应与逆向反应速率相等时，反应便不再有产物的净生成，且自由能也最小。这时的化学反应状态称为反应平衡（reaction equilibrium）。反应平衡可用平衡常数（equilibrium constant，$K_{eq}$）来描述。平衡常数是指化学反应达到平衡时，反应产物浓度积与剩余底物浓度积之比。若有一反应为$S_1 + S_2 \rightleftharpoons P_1 + P_2$，则其平衡常数为：

$$K_{eq} = \frac{[P_1]_{eq}[P_2]_{eq}}{[S_1]_{eq}[S_2]_{eq}} \tag{5-1}$$

在一定的温度下，$K_{eq}$与反应的初始浓度无关，它反映化学反应的本性。$K_{eq}$越大则反应越倾向于产物的生成，即正向反应进行得越完全；$K_{eq}$越小则逆向反应的程度越大。所以，$K_{eq}$是化学反应可能进行的最大限度的量度。

2. 自由能变是化学反应的动力 化学热力学是研究化学反应过程中能量变化的科学。Gibbs JW综合考虑了焓（enthalpy，$H$）和熵（entropy，$S$）两个因素，于1878年提出了一个新的状态函数——自由能（free energy）。自由能是可用于做功的能量。反应物的自由能（$G$）与其焓、温度（$T$）和熵相关，等于其焓减去绝对温度和熵的乘积，即$G = H - TS$。

Notes

在生物系统中,生物分子在等温、等压条件下,其化学反应中能量的变化可用自由能变($\Delta G$)来量度。自由能变是指化学反应中产物与底物之间的自由能之差。

$$\Delta G = G_{产物} - G_{底物} = H_{产物} - H_{底物} - T(S_{产物} - S_{底物})$$

$$\Delta G = \Delta H - T \Delta S \tag{5-2}$$

自由能变是化学反应的动力,影响化学反应的方向。$\Delta G < 0$ 的化学反应有能量的释放为释能反应(exergonic reaction),可自发进行。$\Delta G > 0$ 的化学反应为吸能反应(endergonic reaction),必须向反应系统中提供足够的能量,化学反应才能进行。如果 $\Delta G = 0$,则化学反应的正向与逆向的反应速率相等,反应处于平衡状态。

3. **标准自由能变与平衡常数有关**    生物化学常采用标准自由能变($\Delta G^{o\prime}$)来研究酶促反应的热力学。标准自由能变是指在标准状态下的自由能变。标准状态设定反应体系的压力为 1 个大气压(101.3kPa),温度为 298K(25℃),pH 为 7.0,反应的底物浓度和产物浓度均为 1mol/L。在反应 $S_1 + S_2 \rightleftharpoons P_1 + P_2$ 中,其标准自由能变为:

$$\Delta G = G^{o\prime} + RT \ln \frac{[P_1][P_2]}{[S_1][S_2]} \tag{5-3}$$

式中 $R$ 为气体常数(8.315J/mol·K),$T$ 为绝对温度(298K,即 25℃)。从方程式(5-3)可知,$\Delta G$ 受底物浓度的影响。在反应达到平衡时,反应的自由能不再变化。即 $\Delta G = 0$。将方程式(5-1)代入方程式(5-3),得 $\Delta G = \Delta G^{o\prime} + RT \ln K^\prime_{eq} = 0$,经整理得:

$$\Delta G^{o\prime} = -RT \ln K^\prime_{eq} \tag{5-4}$$

从方程式(5-4)可知,标准自由能变与平衡常数密切相关。具有不同平衡常数的反应具有不同的标准自由能变。已知某反应的平衡常数便可求得该反应的标准自由能变。

### (二)动力学性质是对反应速率的描述

反应的自由能变可以预测化学反应的可能性和反应自发进行的方向,但不能说明反应进行的快慢。动力学则是研究化学反应速率及其影响因素的科学。在一定条件下,如果反应体系的总体积在反应中保持不变,反应速率(velocity,$v$)可用反应体系中底物或产物的浓度随时间进程的变化率来表示。任何反应速率均由底物浓度和速率常数(rate constant,$k$)所决定。例如,单底物反应 S→P,其反应速率可以表示为 $v = k[S]$;对于双底物反应,$v = k[S_1][S_2]$。

## 二、酶具有与一般催化剂相似的催化原理

### (一)酶与一般催化剂一样能降低反应的活化能

1. **活化能是化学反应的能障**    任何一种热力学允许的化学反应均有自由能的改变。含自由能较低的反应物(酶学上称为底物)分子,很难发生化学反应。只有达到或超过一定能量水平的分子,才有可能发生相互碰撞并进入化学反应过程,这样的分子称为活化分子。若将低自由能的底物分子(基态)转变为能量较高的过渡态(transition state)分子,化学反应就有可能发生。活化能(activation energy)是指在一定温度下,一摩尔底物(substrate)从基态转变成过渡态所需要的自由能,即过渡态中间物比基态底物高出的那部分能量。活化能是化学反应的能障(energy barrier)。欲使反应速率加快,可给予底物活化能(如加热)或降低反应的活化能,从而使基态底物更容易转化为过渡态。与一般催化剂相比,酶能使底物分子获得更少的能量便可进入过渡态,即降低活化能,从而加快反应速率(图 5-5)。

2. **活化能的降低可使反应速率呈指数上升**    化学反应速率与自由能变化的关系可用下述方程式表示:$v = -\dfrac{d[S]}{dt} = \dfrac{k_B T}{h}[S]e^{-\Delta G^*/RT}$

式中 [S] 代表底物浓度,$k_B$ 是玻尔茨曼常数,$h$ 是普朗克常数,$\Delta G^*$ 代表反应的活化能。在标准状态下,$[S] = 1mol/L$,$T = 298K$,$RT = 0.59$,$(k_B T/h) = 6.2 \times 10^{12} s^{-1}$。假定反应的活化能

Notes

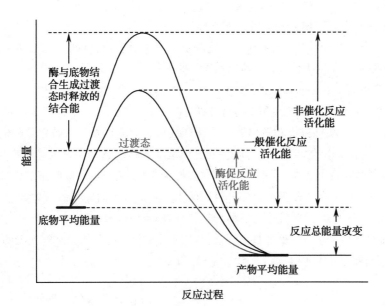

图 5-5　酶促反应的活化能

$\Delta G^* = 41.8$kJ/mol。将这些数据代入上式，反应速率 $v = 2.7 \times 10^5$mmol·s$^{-1}$。若反应的活化能降低一倍，即 $\Delta G^* = 20.9$kJ/mol 时，反应速率 $v = 1.3 \times 10^9$mmol·s$^{-1}$。由此可见，反应活化能降低 1 倍，反应速率可提高约 5000 倍，呈现指数上升。

### （二）酶能加速化学反应而不改变反应的平衡点

从反应热力学可知，任何化学反应均趋向最后达到其平衡点。反应达到平衡时自由能的变化仅取决于底物与产物的自由能之差，而与采取什么样的途径无关。因为催化剂不能改变反应的 $\Delta G$，所以从方程式 $\Delta G^{o\prime} = -RT \ln K'_{eq}$ 可知，催化剂不能改变反应的平衡常数。酶与一般催化剂一样，只加快反应速率，使其缩短到达反应平衡的时间，而不能改变反应的平衡点。

## 三、酶具有不同于一般催化剂的显著特点

酶作为一种催化剂，它具有一般催化剂的共同性质。但作为一种生物催化剂，酶又因其化学本质是蛋白质而具有与一般催化剂不同的特点。

### （一）酶对底物反应具有极高的催化效率

酶的催化效率通常比无催化剂时的自发反应高 $10^8 \sim 10^{20}$ 倍，比一般无机催化剂高 $10^7 \sim 10^{13}$ 倍。例如，在过氧化氢分解成水和氧的反应（$2H_2O_2 \rightarrow 2H_2O + O_2$）中，无催化剂时反应的活化能 75 312J/mol；用胶体钯作催化剂时，反应的活化能降至 48 953J/mol；用过氧化氢酶催化时，反应活化能降至 8368J/mol（表 5-5）。

表 5-5　某些酶与一般催化剂催化效率的比较

| 底物 | 催化剂 | 反应温度（℃） | 速率常数 |
|---|---|---|---|
| 苯甲酰胺 | $H^+$ | 52 | $2.4 \times 10^{-6}$ |
|  | $OH^-$ | 53 | $8.5 \times 10^{-6}$ |
|  | α- 胰凝乳蛋白酶 | 25 | 14.9 |
| 尿素 | $H^+$ | 62 | $7.4 \times 10^{-7}$ |
|  | 脲酶 | 21 | $5.0 \times 10^6$ |
| $H_2O_2$ | $Fe^{2+}$ | 56 | 22 |
|  | 过氧化氢酶 | 22 | $3.5 \times 10^6$ |

### （二）酶对底物具有高度的特异性或专一性

与一般催化剂不同，酶对其所催化的底物和反应类型具有严格的特异性或称选择性。一种酶只作用于一种或一类化合物，或一种化学键，催化一定的化学反应并产生一定结构的产物，这种现象称为酶的特异性（specificity）或专一性。根据各种酶对其底物结构要求的严格程度不同，酶的特异性可分为绝对特异性和相对特异性。

1. **有的酶对其底物具有极其严格的绝对特异性**　有的酶仅对一种特定结构的底物起催化作用，产生具有特定结构的产物。酶对底物的这种极其严格的选择性称为绝对特异性（absolute specificity）。例如，脲酶仅水解尿素，对甲基尿素则无反应（图 5-6），碳酸酐酶仅催化碳酸生成 $CO_2$ 和 $H_2O$。有些酶对立体异构体有选择性，即仅催化立体异构体中的一种异构体发生反应，产生特定的产物。这种特异性又称为立体异构特异性（stereospecificity）。例如，乳酸脱氢酶仅催化 L- 乳酸脱氢生成丙酮酸，而对 D- 乳酸无作用（图 5-7）。淀粉酶只水解淀粉的 α-1, 4- 糖苷键，却不能水解纤维素的 β-1, 4- 糖苷键。

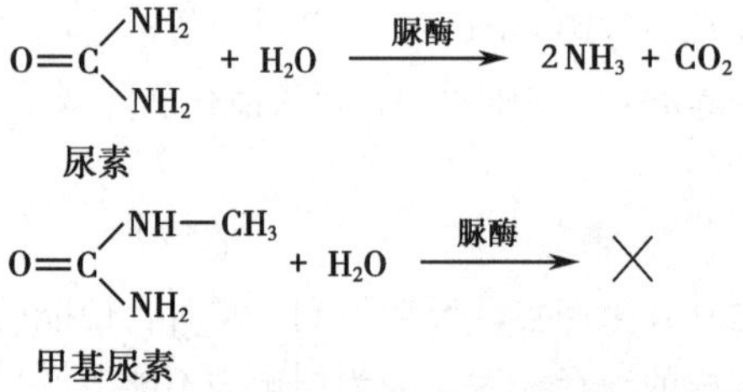

图 5-6　脲酶催化尿素水解的绝对专一性

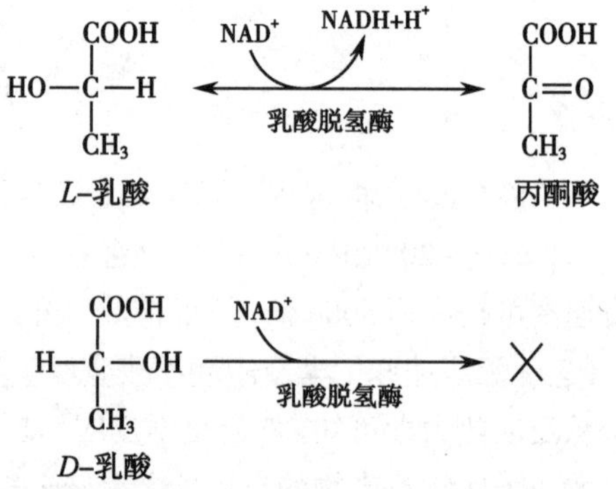

图 5-7　乳酸脱氢酶催化 L- 乳酸脱氢的立体异构特异性

2. **多数酶对其底物具有相对特异性**　许多酶可对一类化合物或一种化学键起催化作用，这种对底物分子不太严格的选择性称为相对特异性（relative specificity）。例如，蔗糖酶不仅水解蔗糖，也可水解棉子糖中的同一种糖苷键。消化系统的蛋白酶仅对构成肽键的氨基酸残基种类有选择性，而对具体的蛋白质无严格要求（图 5-8）。人体内有多种蛋白激酶，它们均催化底物蛋白质丝氨酸（或苏氨酸）残基上羟基的磷酸化，对其两侧的共有序列（consensus sequence）的要求既相似又各不相同。例如，蛋白激酶 A 和蛋白激酶 G 的共有序列分别为 -X-R-（R/K）-X-（S/T）-X- 和 -X-（R/K）$_{2-3}$-X-（S/T）-X-。

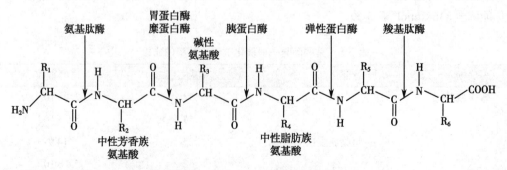

图 5-8　消化道中各种蛋白酶对肽键的专一性

### （三）酶活性和酶量具有可调节性

体内酶的活性和酶量受代谢物和 / 或激素的调节。从结果来考量，酶活性的调节有激活和

Notes

抑制两种方式;从机制来考量,酶活性调节有变构调节和酶促化学修饰调节。酶在体内既可以合成,也可以降解。机体通过对酶活性和酶量的精确调节,以适应内外环境的变化。

**(四)酶具有不稳定性**

酶是蛋白质。在某些理化因素(如强酸、强碱、高温等)的作用下,酶可因蛋白质变性而失去催化活性。因此,酶促反应通常是在常温、常压和接近于中性的缓冲体系中进行。

## 四、酶对底物具有多元催化作用

**(一)酶与底物间的相互作用可产生多种效应**

1. 酶与底物结合时相互诱导发生构象改变　1958年考斯兰德(Koshland)提出酶-底物结合的诱导契合假说(induced-fit hypothesis),认为酶在发挥催化作用之前必须先与底物结合,这种结合不是锁与钥匙式的机械关系,而是在酶与底物相互接近时,其结构相互诱导、相互变形和相互适应,进而结合成酶-底物复合物(图5-9)。此假说后来得到X-射线衍射分析的有力支持。酶构象的变化有利于其与底物结合,并使底物转变为不稳定的过渡态,易受酶的催化攻击转化为产物。过渡态的底物与酶活性中心的结构最相吻合,两者在过渡态达到最优化。

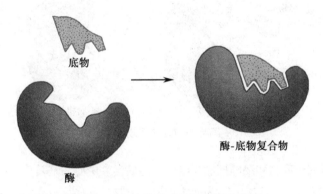

图5-9　酶与底物结合的诱导契合作用

### 框5-2　酶与底物的"诱导契合"学说的提出

　　1894年,Fisher E等人针对酶对底物的专一性提出了酶与底物结合的"锁钥假说",即酶与底物的结合方式就好像一把钥匙配一把锁一样,在它们相互作用之前,底物的结构和酶活性中心的结构就十分吻合,即它们的结构具有互补性。该假说认为底物至少有3个功能团与酶的3个功能团相结合。底物与酶的反应基团都需有特定的空间构象,如果有关基团的位置发生改变,则不可能发生结合反应。但是锁钥学说具有较大的局限性。因为科学家发现当底物与酶结合时,酶分子上的某些基团常常发生明显的变化。另外,酶常常能够催化同一个生物化学反应中正逆两个方向的反应。因此,"锁钥假说"把酶和底物的结构看成是固定不变的,不符合实际,也与大量实验证明不吻合。

　　1958年,Koshland DE提出了酶与底物结合的"诱导契合"学说,认为酶并不是事先就以一种与底物互补的形状存在,而是在受到诱导之后才形成互补的形状。酶与底物在空间距离上彼此接近时,酶分子与底物分子相互诱导,使它们的构象发生有利于相互结合的变化,从而互补契合进行反应,形成酶-底物复合物。反应结束后,当产物从酶活性上脱落下来后,酶的活性中心又恢复了原来的构象。后来,科学家对羧基肽酶等进行了X射线衍射研究,研究结果有力地支持了这个学说。最终,诱导契合学说取代了"锁钥假说"的地位。

2. **形成酶-底物过渡态复合物过程中释放结合能**　酶与底物相互诱导契合形成过渡态复合物过程中,过渡态底物与酶的活性中心以次级键(氢键、离子键、疏水键、van der waals 力)相结合,这一过程是释能反应,所释放的能量称为结合能(binding energy)。结合能可以抵消一部分活化能,是酶促反应降低活化能的主要能量来源。酶与过渡态底物结合时可生成数个次级键,每形成一个次级键,可以提供4~30kJ/mol 的结合能。

3. **邻近效应和定向排列有利于底物形成过渡态**　如果酶催化两个底物相互作用,那么限制它们在酶活性中心中的运动则有利于反应。结合能的释放可使两个底物聚集到酶的活性中心部位,并与酶活性中心内的结合基团稳定地结合,进入最佳的反应位置和最佳的反应状态(过渡态)。同时,这两个过渡态分子的相互靠近形利于反应的正确定向关系。这种现象称为邻近效应(proximity effect)和定向排列(orientation arrange)(图 5-10)。该过程是将分子间的反应转变成类似分子内的反应,使反应速率显著提高。当酶催化单个底物反应时,邻近效应和定向效应可使酶的催化基团与底物的反应基团更容易接触。X 射线衍射分析已经证明在溶菌酶及羧肽酶中存在着邻近效应和定向排列作用。

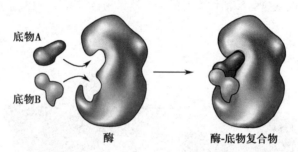

底物A
底物B
酶　　　　酶-底物复合物

图 5-10　酶与底物的邻近效应与定向排列

4. **表面效应有利于底物和酶的接触与结合**　酶的活性中心多是其分子内部疏水的"口袋",酶促反应发生在这样的疏水环境中。这可使底物分子脱溶剂化(desolvation),排除周围大量水分子对酶和底物分子中功能基团的干扰性吸引或排斥,防止两者之间形成水化膜,利于底物和酶分子的密切接触与结合。酶与底物相互作用这种现象称为表面效应(surface effect)。

**(二)酶对底物呈现多元催化**

酶促反应中,底物可与酶形成瞬时共价键,因而很容易反应形成产物和游离的酶,这种方式称为共价催化(covalent catalysis)。共价催化是通过亲核催化作用或亲电子催化作用进行。亲核催化(nucleophilic catalysis)是酶活中心亲核基团(如丝氨酸蛋白酶的 Ser—OH、巯基酶的 Cys—SH、谷氨酰胺合成酶的 Tyr—OH 等)未共用的电子攻击过渡态底物上具有部分正电性的原子或基团,形成瞬间共价键。亲电子催化(electrophilic catalysis)是酶活性中心内亲电子基团与富含电子的底物形成共价键。由于酶分子的氨基酸侧链缺乏有效的亲电子基团,亲电子催化常常需要缺乏电子的有机辅因子或金属离子参加。

有些酶可通过广义酸碱催化(general acid-base catalysis)机制催化底物发生反应。广义酸碱催化(即质子转移)是生物化学最常见的反应。酶具有两性解离的性质,所含有的多种功能基团具有不同的解离常数。即使是同一种功能基团,处于不同的微环境时的解离程度也有差异。酶活性中心内,有些基团是质子供体(酸),有些基团是质子受体(碱)(表 5-6),这些基团在酶活性中心的准确定位有利于质子的转移。

实际上许多酶促反应常常涉及多种催化机制的参与。例如,胰凝乳蛋白酶的催化部位由 3 个氨基酸残基组成,即 His57、Asp102 和 Ser195。195 位的丝氨酸残基上—OH 是催化基团,此—OH 的氧原子含有未配对电子,在 57 位组氨酸残基碱催化的帮助下,对肽键进行亲核攻击,使其断裂。胰凝乳蛋白酶与肽链羧基侧形成共价的酰基酶。后者再水解生成游离的酶(图 5-11)。

Notes

表 5-6　酶分子中参与广义酸碱催化作用的基团

| 氨基酸残基 | 酸（质子供体） | 碱（质子接受体） |
|---|---|---|
| 谷氨酸，天冬氨酸 | R—COOH | R—COO⁻ |
| 赖氨酸，精氨酸 | R—⁺NH₃ | R—N̈H₂ |
| 半胱氨酸 | R—SH | R—S⁻ |
| 组氨酸 | （咪唑阳离子） | （咪唑） |
| 丝氨酸 | R—OH | R—O⁻ |
| 酪氨酸 | R—⟨苯⟩—OH | R—⟨苯⟩—O⁻ |

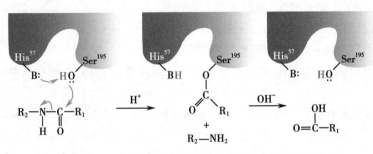

图 5-11　胰凝乳蛋白酶的共价催化和酸碱催化机制

　　酶催化底物反应的同时，酶分子中的多功能基团（包括辅酶或辅基）的协同作用也可大大提高酶的催化效率，反应速率可提高约 $10^2 \sim 10^5$ 倍。

## 第三节　酶促反应动力学

　　酶促反应动力学（kinetics of enzyme-catalyzed reactions）是研究酶促反应的速率以及各种因素对酶促反应速率影响的科学。酶促反应速率可受多种因素的影响。例如，底物浓度、酶浓度、温度、pH、激活剂、抑制剂等。在研究酶的结构与功能的关系以及探讨酶的作用机制时，需要酶促动力学数据加以说明，在探讨某些药物的作用机制和酶的定量分析等方面，也需要掌握酶促反应动力学的知识。

### 一、采用酶促反应初速率研究酶促反应动力学

（一）酶活性是指酶催化化学反应的能力

　　研究酶促反应动力学经常涉及酶的活性。其衡量尺度是酶促反应速率的大小。酶促反应速率可用单位时间内底物的减少量或产物的生成量来表示。由于底物的消耗量不易测定，所以实际工作中经常是测定单位时间内产物的生成量。

　　同一种酶因测定条件和方法的不同，酶活性单位可有不同的标准。1961 年 IUB 酶学委员会规定统一采用国际单位（international unit，IU）表示酶活性。在规定的条件下（如一定的温度、pH 和足够的底物量等），每分钟催化 1μmol 底物转变为产物所需的酶量定义为 1 个国际单位。1979 年酶学委员会又推荐用开特（Katal，Kat）来表示酶活性单位。1 开特是指在特定条件下，

每秒钟将 1mol 底物转化成产物所需的酶量。$1IU = 16.67 \times 10^{-9} Kat$。在酶的纯化过程中常用比活性（specific activity）来比较酶的纯度。比活性单位是指每 mg 蛋白质所含酶的单位数。比活性越高，表示其纯度也越高。

**（二）酶促反应初速率是反应刚刚开始时测得的反应速率**

为了防止各种因素对所研究的酶促反应速率的干扰，最简单的方法是测定酶促反应的初速率（initial velocity）。酶促反应初速率是指反应刚刚开始，各种影响因素尚未发挥作用时的酶促反应速率，即反应时间进程曲线为直线部分时的反应速率（图 5-12）。

测定酶促反应初速率的条件是底物浓度 [S] 高于酶浓度 [E]。对于一个典型的酶促反应来说，酶浓度一般在 nmol/L 水平，[S] 比 [E] 高 5～6 个数量级。这样，在反应进行时间不长（如反应开始 60 秒钟之内）时，底物的消耗很少（<5%），可以忽略不计。此时，随着反应时间的延长，产物量增加，反应速率与酶浓度呈正比。下面提及的"反应速率"均指反应初速率。

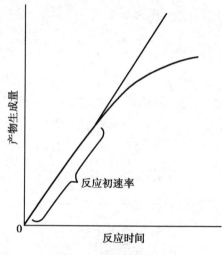

图 5-12　酶促反应初速率

**（三）有两类方法可用来测定底物或产物的变化量**

根据底物或产物的理化性质，可采用直接测定法或间接测定法对酶促反应中底物或产物的变化量进行检测。

1. **直接测定法是对底物或产物量的变化直接进行检测**　有些酶促反应的底物或产物可以不用任何辅助反应便可直接测定。直接检测底物和产物量的变化，即为直接测定法（direct assay）。例如，在细胞色素 c（cytochrome c，Cyt c）氧化酶催化还原型 $Cyt\ c\text{-}Fe^{2+}$ 生成氧化型 $Cyt\ c\text{-}Fe^{3+}$ 的反应中，$Cyt\ c\text{-}Fe^{2+}$ 在 550nm 处有吸收，而 $Cyt\ c\text{-}Fe^{3+}$ 则没有。通过直接检测反应液在 550nm 处吸光度的减少量可反映 $Cyt\ c\text{-}Fe^{2+}$ 的减少程度。

2. **间接测定法是利用辅助反应对底物或产物量的变化进行检测**　有些酶促反应的底物或产物不能直接被检测，必须使用某些辅助试剂才能检测。这样的测定方法即为间接测定法（indirect assay）。

（1）利用其他反应物或产物进行检测：在一些反应中，虽然酶促反应的直接产物和底物不能直接检测，但可以检测反应体系中的其他物质。例如，二氢乳清酸脱氢酶催化二氢乳清酸与泛醌反应，生成乳清酸和泛醇，泛醇再与氧化型 2,6- 二氯酚靛酚（在 610nm 处有吸收）反应，生成还原型 2,6- 二氯酚靛酚（在 610nm 处无吸收）(5-1)，因此检测反应液在 610nm 处吸光度下降的程度，可反映泛醇的生成量。

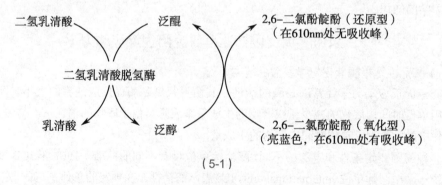

（5-1）

（2）利用酶偶联法测定反应的底物或产物量的变化：在一个初始酶促反应的基础上，再偶联其他酶促反应并对偶联反应的产物进行检测，可间接反映待测酶促反应的底物（或产物）的变化量。这种方法即为酶偶联测定法（enzyme-linked assay）。例如，测定丙氨酸转氨酶的活性可以将其与乳酸脱氢酶（指示酶）偶联，通过检测 NADH 在波长 340nm 处吸收峰的下降来计算丙氨酸转氨酶的活性。

## 二、底物浓度的变化影响酶促反应速率

### （一）酶促反应速率对底物浓度作图呈矩形双曲线

酶促反应速率与底物浓度密切相关。在酶浓度和其他反应条件不变的情况下，反应初速率（$v$）对底物浓度[S]作图呈矩形双曲线（图 5-13）。从图中可知，当[S]很低时，$v$ 随[S]的增加而升高，呈线性关系（曲线的 a 段），反应呈一级反应。继续增加[S]，$v$ 上升的幅度不断变缓，呈现出一级反应与零级反应的混合级反应（曲线的 b 段）。当[S]增加到一定数值后，所有酶的活性中心均被底物所饱和，$v$ 便不再增加（曲线的 c 段），$v$ 达最大速率（maximum velocity，$V_{max}$），此时的反应可视为零级反应。

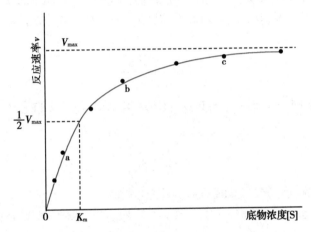

图 5-13　底物浓度对酶促反应速率的影响

### （二）反应速率与底物浓度的关系可用米 - 曼氏方程表示

**1. 米 - 曼氏方程可以很好地解释底物浓度曲线**　1902 年 Henri V 提出了酶 - 底物中间复合物学说：首先酶（E）与底物（S）生成酶 - 底物中间复合物（ES），然后 ES 分解生成产物（P），并使 ES 中的酶游离出来，即：E + S $\rightleftharpoons$ ES $\longrightarrow$ E + P。

1913 年德国化学家 Michaelis L 和 Menten M 根据 ES 中间复合物学说，经过大量实验，将 $v$ 对[S]的矩形曲线加以数学处理，得出单底物 $v$ 与[S]的数学关系式：$v = \dfrac{V_{max}[S]}{K_m + [S]}$，即著名的米 - 曼氏方程，简称米氏方程（Michaelis equation）。式中 $K_m$ 为米氏常数（Michaelis constant），$V_{max}$ 为最大反应速率。当[S]很低时（[S] << $K_m$），方程式分母中的[S]可以忽略不计，米氏方程可以简化为：$v = \dfrac{V_{max}}{K_m}[S]$。此时 $v$ 与[S]呈正比，反应呈一级反应（相当于图 5-13 中曲线的 a 段）。当[S]很高时（[S] >> $K_m$），米氏方程式中 $K_m$ 可以忽略不计，此时 $v = V_{max}$，反应呈零级反应（相当于图 5-13 中曲线的 c 段）。

**2. 米 - 曼氏方程揭示了单底物反应的动力学特性**　米氏方程的推导基于这样的假设（或前提）：①反应是单底物反应；②测定的反应速率为初速率（即指反应刚刚开始，各种影响因素尚未发挥作用时的酶促反应速率）；③当[S] >> [E]时，在初速率范围内，底物的消耗很少（<5%），可以忽略不计。

根据 ES 中间复合物学说，反应体系为：

Notes

$$E + S \xrightleftharpoons[k_2]{k_1} ES \xrightarrow{k_3} E + P \qquad (5\text{-}5)$$

在酶促反应中,酶以游离酶和ES的形式存在。若以$[E_t]$代表总酶浓度,则游离酶浓度$[E]=[E_t]-[ES]$。在反应系统中,ES的生成速率$=k_1([E_t]-[ES])[S]$,ES的分解速率$=k_2[ES]+k_3[ES]$。当反应系统处于稳态时,ES的生成速率等于ES的分解速率,即:$k_1([E_t]-[ES])[S]=k_2[ES]+k_3[ES]$,经整理得:

$$\frac{([E_t]-[ES])[S]}{[ES]} = \frac{k_2+k_3}{k_1} \qquad (5\text{-}6)$$

令

$$\frac{k_2+k_3}{k_1} = K_m \qquad (5\text{-}7)$$

将(5-7)式代入(5-6)式并整理得:$[ES]=\dfrac{[E_t][S]}{K_m+[S]} \qquad (5\text{-}8)$

由于在初速率范围内,反应体系中剩余的底物浓度($>95\%$)远超过生成的产物浓度。因此,逆反应可不予考虑,整个反应的速率与ES的浓度呈正比,即$v=k_3[ES]$,将其与(5-8)式合并整理得:

$$v = \frac{k_3[E_t][S]}{K_m+[S]} \qquad (5\text{-}9)$$

当所有酶均形成ES时(即$[ES]=[E_t]$),反应达$V_{max}$,即$V_{max}=k_3[E_t]$,代入(5-9)式即得米-曼氏方程:

$$v = \frac{V_{max}[S]}{K_m+[S]}$$

（三）动力学参数可用来比较酶促反应的动力学性质

1. $K_m$ 值等于 $v$ 为 $V_{max}$ 一半时的 $[S]$    当 $v$ 等于 $V_{max}$ 的一半时,米氏方程可以表示为:

$$\frac{V_{max}}{2} = \frac{V_{max}[S]}{K_m+[S]}$$

经整理得 $K_m=[S]$,即 $K_m$ 值等于反应速率为最大反应速率一半时的底物浓度。$K_m$ 具有与底物相同的浓度单位。

2. $K_m$ 值是酶的特征性常数    $K_m$ 值的大小并非固定不变,它与酶的结构、底物结构、反应环境的pH、温度和离子强度有关,而与酶浓度无关。各种酶的 $K_m$ 值是不同的。一般来说,细胞内底物浓度低的酶比底物浓度高的酶具有较低的 $K_m$ 值。酶的 $K_m$ 值多在 $10^{-6}\sim10^{-2}$ mol/L 的范围(表5-7)。

表 5-7    某些酶对其底物的 $K_m$

| 酶 | 底物 | $K_m$（mol/L） |
| --- | --- | --- |
| 己糖激酶(脑) | ATP | $4\times10^{-4}$ |
|  | D-葡萄糖 | $5\times10^{-5}$ |
|  | D-果糖 | $1.5\times10^{-3}$ |
| 碳酸酐酶 | $HCO_3^-$ | $2.6\times10^{-2}$ |
| 胰凝乳蛋白酶 | 甘氨酰酪氨酰甘氨酸 | $1.08\times10^{-1}$ |
|  | N-苯甲酰酪氨酰氨 | $2.5\times10^{-3}$ |
| β-半乳糖苷酶 | D-乳糖 | $4.0\times10^{-3}$ |
| 过氧化氢酶 | $H_2O$ | $2.5\times10^{-2}$ |
| 溶菌酶 | 己-N-乙酰氨基葡糖 | $6.0\times10^{-3}$ |

Notes

3. $K_m$ 在一定条件下可反映酶对底物的亲和力　米氏常数 $K_m$ 是单底物反应中 3 个速率常数的综合，即 $K_m = \dfrac{k_2 + k_3}{k_1}$。已知，$k_3$ 为限速步骤的速率常数。当 $k_3 << k_2$ 时，$K_m \approx k_2/k_1$。即相当于 ES 分解为 E + S 的解离常数（dissociation constant，$K_s$）。此时，$K_m$ 可反映酶对底物的亲和力。$K_m$ 越大，酶对底物的亲和力越小；$K_m$ 越小，酶对底物的亲和力则越大。但是，并非所有的酶反应都是 $k_3 << k_2$，有时甚至 $k_3 >> k_2$，这时的 $K_m$ 不能确切反映酶对底物的亲和力。

4. $V_{max}$ 是酶被底物完全饱和时的反应速率　当所有的酶均与底物形成 ES 时（即 $[ES] = [E_t]$），反应速率达到最大，即 $V_{max} = k_3[E_t]$。

5. $k_{cat}$ 代表酶的转换数　当酶促反应达到最大反应速率时，$k_3$ 用 $k_{cat}$ 表示，即 $k_{cat} = V_{max}/[E_t]$。$k_{cat}$ 表示酶被底物完全饱和时，单位时间内每个酶分子（或活性中心）催化底物转变成产物的分子数。因此，$k_{cat}$ 也称为酶的转换数（turnover number），单位是 $s^{-1}$。若知道 $[E_t]$ 和 $V_{max}$，便可求得酶的转换数。多数酶的转换数在 $1 \sim 10^4 s^{-1}$ 之间。例如，延胡索酸酶对其底物延胡索酸的转换数为 $8 \times 10^2$。

6. 在低底物浓度时，$k_{cat}/K_m$ 代表酶的催化效率　当 $[S] << K_m$ 时，方程式（5-9）中分母的 $[S]$ 可以忽略不计，（5-9）式可简化为 $v = \dfrac{k_{cat}}{K_m}[E_t][S]$。

即当 $[S] << K_m$ 时，$v$ 与 $[E_t]$ 和 $[S]$ 呈正比，反应为二级反应。$k_{cat}/K_m$ 是此二级反应的速率常数，也称特异性常数（specificity constant），其单位是 $L/(mol \cdot s)$。此时反应速率的大小取决于 E 和 S 由于相互渗透而相互碰撞的速率。这种被渗透控制的碰撞速率（diffusion-controlled rate of encounter，DCRE）的上限是 $10^8 \sim 10^9 L/(mol \cdot s)$。$k_{cat}/K_m$ 越接近此数据，酶的催化效率越高。因此，$k_{cat}/K_m$ 可以代表酶的催化效率（表 5-8）。

表 5-8　一些 $k_{cat}/K_m$ 值接近 DCRE 的酶

| 酶 | $k_{cat}/K_m (L \cdot mol^{-1} \cdot s^{-1})$ |
| --- | --- |
| 乙酰胆碱酯酶 | $1.6 \times 10^8$ |
| 碳酸酐酶 | $8.3 \times 10^7$ |
| 过氧化氢酶 | $4 \times 10^7$ |
| 巴豆酸酶 | $2.8 \times 10^8$ |
| 延胡索酸酶 | $1.6 \times 10^8$ |
| 磷酸丙糖异构酶 | $2.4 \times 10^8$ |
| β- 内酰胺酶 | $1 \times 10^8$ |
| 超氧化物歧化酶 | $7 \times 10^9$ |

（四）采用作图法可求得酶促反应的动力学参数

酶促反应的 $v$ 对 $[S]$ 作图为矩形双曲线，从此曲线上很难准确地求得反应的 $V_{max}$ 和 $K_m$。于是，人们对米氏方程式进行种种变换，采用直线作图法求得 $V_{max}$ 和 $K_m$。其中以林 - 贝氏（Lineweaver-Burk）作图法最为常用。

1. 林 - 贝氏作图法是求得 $V_{max}$ 和 $K_m$ 的最常用方法　林 - 贝氏作图法又称双倒数作图法。将米氏方程式的两边同时取倒数，并加以整理，则得出一线性方程式，即林 - 贝氏方程式：

$$\frac{1}{v} = \frac{K_m}{V_{max}} \cdot \frac{1}{[S]} + \frac{1}{V_{max}}$$

以 $1/v$ 对 $1/[S]$ 作图得纵轴的截距等于 $1/V_{max}$ 而在横轴截距为 $-1/K_m$ 的直线（图 5-14）。

2. 其他一些作图法也可较准确地求取 $V_{max}$ 和 $K_m$　若在上述双倒数方程式两边同时乘以 $[S]$，则得：

Notes

$$\frac{[\mathrm{S}]}{v} = \frac{K_\mathrm{m}}{V_\mathrm{max}} + \frac{1}{V_\mathrm{max}} \cdot [\mathrm{S}]$$

以[S]/$v$ 对[S]作图也得一直线。直线的斜率为 $1/V_\mathrm{max}$，横轴截距为 $-K_\mathrm{m}$。此作图法称为海涅斯 - 沃尔弗（Hanes-Wolff）作图法（图 5-15）。

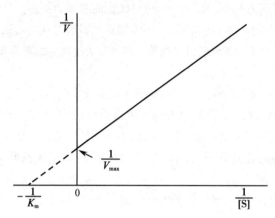

图 5-14　双倒数作图法

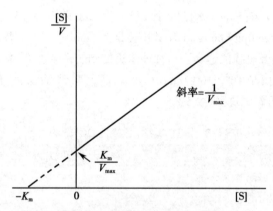

图 5-15　海涅斯 - 沃尔弗作图法

若将米氏方程式两边均除以[S]，再进行整理，得另一方程式：

$$v = V_\mathrm{max} - K_\mathrm{m} \cdot \frac{v}{[\mathrm{S}]}$$

以 $v$ 对 $v/[\mathrm{S}]$ 作图，得斜率为 $-K_\mathrm{m}$ 而纵轴截距为 $V_\mathrm{max}$ 的直线。此作图法称为伊迪 - 霍夫斯蒂（Eadie-Hofstee）作图法（图 5-16）。

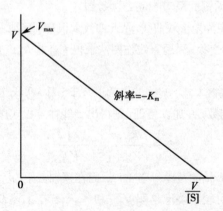

图 5-16　伊迪 - 霍夫斯蒂作图法

Notes

## 三、酶浓度升高可增加酶促反应速率

当[S]≫[E]时，随着酶浓度的增加，酶促反应速率增大，呈现正比关系（图5-17a）。即[E]₁>[E]₂>[E]₃，底物浓度曲线上的反应速率增大，而[E]的变化并不影响酶促反应的$K_m$。由于[S]≫[E]，反应中[S]浓度的变化量可以忽略不计，反应速率$v$与$[E_t]$呈线性关系（图5-17b）。

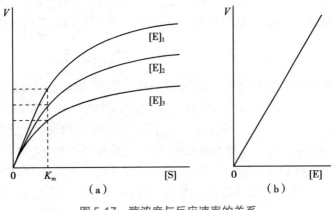

图 5-17　酶浓度与反应速率的关系

## 四、温度对酶促反应速率有双重影响

温度对酶促反应速率的影响有两重性。一方面，随着反应体系温度的升高，底物分子的热运动加快，增加分子碰撞机会，提高酶促反应速率；另一方面，当温度升高达到一定临界值时，温度的升高可使酶蛋白变性，使酶促反应速率下降。大多数酶在60℃时开始变性，80℃时多数酶的变性已不可逆。酶促反应速率最大时反应系统的温度称为酶反应的最适温度（optimum temperature）。反应系统的温度低于最适温度时，温度每升高10℃反应速率可增加1.7～2.5倍。当反应温度高于最适温度时，反应速率则因酶变性失活而降低。哺乳动物组织中酶的最适温度多在35～40℃之间（图5-18）。

能在较高温度生存的生物，细胞内酶的最适反应温度亦较高。1969年从美国黄石国家森林公园火山温泉中分离得到一种能在70～75℃环境中生长的栖热水生菌（*Thermus aquaticus*），从

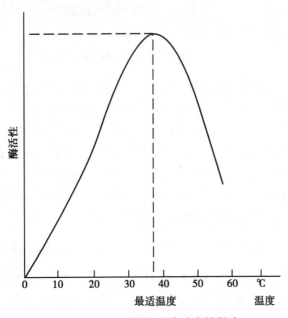

图 5-18　温度对酶促反应速率的影响

Notes

该菌的 YT1 株中提取到耐热的 *Taq* DNA 聚合酶,其最适温度为 72℃,95℃时的半衰期为 40min。此酶已作为工具酶广泛应用于分子生物学实验中。

酶的最适温度不是酶的特征性常数,它与反应时间有关。酶在短时间内可以耐受较高的温度。因此,反应时间短,最适反应温度可能会高一些;如果反应时间长,最适温度则可能低一些。酶在低温下活性降低,随着温度的回升酶活性逐渐恢复。医学上用低温保存酶和菌种等生物制品就是利用酶的这一特性。临床上采用低温麻醉时,机体组织细胞中的酶在低温下活性低下,物质代谢速率减慢,组织细胞耗氧量减少,对缺氧的耐受性升高,对机体具有保护作用。

## 五、pH 的变化可影响酶的活性

酶是蛋白质,具有两性解离性质。在不同的 pH 条件下,酶分子中可解离的基团呈现不同的解离状态。酶活性中心的一些必需基团需要在一定的 pH 条件下保持特定的解离状态才能表现出酶的活性。酶活性中心外的一些基团也只有在一定的解离状态下才能维系酶的正确空间构象。例如,提高 pH,可因去除组氨酸残基咪唑基的正电荷而影响它与底物的结合。此外,底物和辅助因子也可因 pH 的改变影响其解离状态。酶催化活性最高时反应系统的 pH 称为酶的最适 pH(optimum pH)(图 5-19)。如胰蛋白酶的最适 pH 为 7.8。在最适 pH 时,酶、底物和辅助因子的解离状态均有利于酶发挥其最大的催化活性。人体内酶的最适 pH 多在 6.5~8.0 之间。但也有少数酶例外,如胃蛋白酶的最适 pH 为 1.8,精氨酸酶的最适 pH 为 9.8。

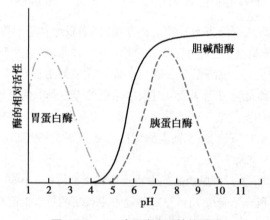

图 5-19  pH 对几种酶活性的影响

## 六、激活剂可加速酶促反应速率

使酶从无活性变为有活性或使酶活性增加的物质称为酶的激活剂(activator)。酶的大多数激活剂是金属离子,如 $Mg^{2+}$、$K^+$、$Mn^{2+}$ 等。某些有机化合物对酶也有激活作用(如胆汁酸盐是胰脂酶的激活剂)。按酶对激活剂的依赖程度不同,可将激活剂分为二类。必需激活剂(essential activator)为酶促反应所必需,如缺乏则测不到酶的活性。大多数金属离子属于必需激活剂。必需激活剂参加酶与底物或与酶 - 底物复合物结合反应,但激活剂本身不转化为产物。非必需激活剂(non-essential activator)可以提高酶的催化活性,但不是必需的。这类激活剂不存在时,酶仍有一定活性。如 $Cl^-$ 对唾液淀粉酶的激活作用便属此类。

## 七、抑制剂对酶活性具有可逆或不可逆性抑制作用

在酶促反应中,凡能与酶结合而使酶的催化活性下降或消失,但又不引起酶变性的物质称为酶的抑制剂(inhibitor,I)。抑制剂可与酶活性中心内或活性中心外的必需基团结合,从而抑制酶的活性。加热、强酸、强碱等理化因素导致酶发生不可逆变性而使酶失活,这种情况则不

Notes

属于抑制作用范畴。根据抑制剂与酶是否共价结合及抑制效果的不同,酶的抑制剂分为可逆性抑制剂(reversible inhibitor)和不可性逆抑制剂(irreversible inhibitor)。

（一）可逆性抑制剂与酶非共价结合

可逆性抑制作用的抑制剂可以与游离酶结合,形成二元复合物 EI;也可以与 ES 结合,形成三元复合物 ESI。所形成的 EI 和 ESI 均不能进一步生成产物。可逆性抑制剂与酶非共价结合,可以通过透析、超滤或稀释等物理方法将抑制剂除去,使酶的催化活性恢复。可逆性抑制作用遵守米-曼氏方程。这里仅介绍三种典型的可逆性抑制作用。

1. 竞争性抑制剂与底物竞争酶的活性中心　竞争性抑制剂的结构与底物结构相似或部分相似,可与底物共同竞争与酶的活性中心结合,从而抑制酶的活性(5-2)。这种抑制作用称为竞争性抑制作用(competitive inhibition)。

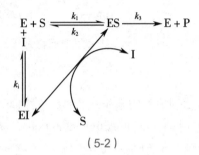

$$(5\text{-}2)$$

反应式中 $k_i$ 为 EI 的解离常数,又称抑制常数。抑制剂与酶形成二元复合物 EI,增加底物浓度可使 EI 转变为 ES。按照米氏方程式的推导方法,有竞争性抑制剂存在时的米氏方程式为:

$$v = \frac{V_{\max}[S]}{K_m\left(1+\dfrac{[I]}{k_i}\right)+[S]}$$

将上述方程式两边同时取倒数则得其双倒数方程式为: $\dfrac{1}{v} = \dfrac{K_m}{V_{\max}}\left(1+\dfrac{[I]}{k_i}\right)\dfrac{1}{[S]} + \dfrac{1}{V_{\max}}$。若以 $1/v$ 对 $1/[S]$ 作图,得直线图形(图 5-20)。

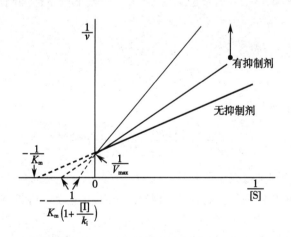

图 5-20　竞争性抑制作用双倒数作图

与无抑制剂时相比,有抑制剂时的直线斜率增大,此时横轴截距所代表的"$K_m$"增大。此"$K_m$"称为表观 $K_m$(apparent $K_m$),即:表观 $K_m = K_m\left(1+\dfrac{[I]}{k_i}\right)$。竞争性抑制剂使酶促反应的表观 $K_m$ 增大,即酶对底物的亲和力降低。但不影响 $V_{\max}$。抑制剂对酶的抑制程度取决于抑制剂与酶

Notes

的相对亲和力，以及抑制剂浓度与底物浓度的相对比例。当[I]<<[S]时，底物可能占据所有酶分子的活性中心，达到最大反应速率。

磺胺类药物抑菌的机制即属于酶的竞争性抑制作用。细菌利用对氨基苯甲酸、谷氨酸和二氢蝶呤为底物，通过$FH_2$合成酶催化合成$FH_2$，进一步在$FH_2$还原酶的催化下合成$FH_4$。磺胺类药物与对氨基苯甲酸的化学结构相似，竞争性结合$FH_2$合成酶的活性中心，抑制$FH_2$以至于$FH_4$合成（5-3），干扰一碳单位代谢。从而达到抑制细菌生长的目的。人类是从食物获得叶酸后将其还原生成$FH_2$，因而不受磺胺类药物的干扰。

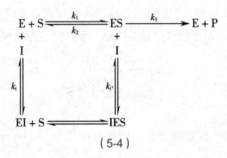

（5-3）

2. **非竞争性抑制剂不影响酶对底物的亲和力**　非竞争性抑制剂与酶活性中心外的某个部位结合，表现为非竞争性抑制作用（non-competitive inhibition）。非竞争性抑制剂既可与游离酶结合形成EI，也可与ES结合形成IES，EI也可与S形成IES（5-4）。

$$\begin{array}{ccccc}
E+S & \underset{k_2}{\overset{k_1}{\rightleftarrows}} & ES & \overset{k_3}{\longrightarrow} & E+P \\
+ & & + & & \\
I & & I & & \\
k_i\updownarrow & & \updownarrow k_{i'} & & \\
EI+S & \rightleftarrows & IES & &
\end{array}$$

（5-4）

式中$k_i'$为IES的解离常数。若反应式中$k_i=k_i'$时，则非竞争性抑制剂存在时的米氏方程式为：

$$v=\frac{V_{\max}[S]}{(K_m+[S])\left(1+\dfrac{[I]}{k_i}\right)}$$

该方程式的双倒数形式为：

$$\frac{1}{v}=\frac{K_m}{V_{\max}}\left(1+\frac{[I]}{k_i}\right)\frac{1}{[S]}+\frac{1}{V_{\max}}\left(1+\frac{[I]}{k_i}\right)$$

以$1/v$对$1/[S]$作图，则得直线图形（图5-21）。非竞争性抑制剂存在时，直线的斜率增大，而$K_m$不变，即非竞争性抑制剂不影响酶对底物的亲和力，但非竞争性抑制剂使酶促反应的$V_{\max}$降低。

亮氨酸对精氨酸酶的抑制、哇巴因对细胞膜$Na^+$-$K^+$-ATP酶的抑制、麦芽糖对α淀粉酶的抑制都属于非竞争性抑制。

3. **反竞争性抑制剂只与酶-底物复合物结合**　此类抑制剂也是与酶活性中心外的调节位点结合。与非竞争性抑制剂不同的是，反竞争性抑制剂不能与游离的酶结合，当底物与酶结合后，酶才能与抑制剂结合，通过形成三元复合物IES，使中间产物ES的量下降，抑制酶促反应（5-5）。这种抑制作用称为反竞争性抑制作用（uncompetitive inhibition）。

Notes

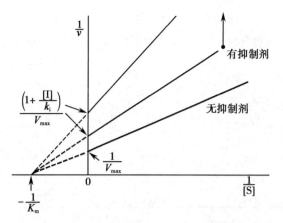

图 5-21 非竞争性抑制作用双倒数作图

$$E + [S] \underset{k_2}{\overset{k_1}{\rightleftharpoons}} ES \overset{k_3}{\longrightarrow} E + P$$
$$+$$
$$I$$
$$\Big\updownarrow k_i$$
$$IES$$

（5-5）

反竞争性抑制剂存在时的米氏方程式为：

$$v = \frac{V_{\max}[S]}{K_m + \left(1 + \dfrac{[I]}{k_i}\right)[S]}$$

此方程式的双倒数形式为：

$$\frac{1}{v} = \frac{K_m}{V_{\max}} \cdot \frac{1}{[S]} + \frac{1}{V_{\max}}\left(1 + \frac{[I]}{k_i}\right)$$

以 $1/v$ 对 $1/[S]$ 作图，也得一直线图形（图 5-22）。反竞争性抑制剂不改变直线的斜率，但使酶促反应的 $V_{\max}$ 降低，这是由于一部分 ES 与 I 结合，生成不能转变为产物的 IES 的缘故。反竞争性抑制剂使酶促反应的表观 $K_m$ 降低。其原因是由于 IES 的形成，使 ES 量下降，增加酶对底物的亲和力，从而增进底物与酶结合的作用。苯丙氨酸对胎盘型碱性磷酸酶（placental alkaline phosphatase）的抑制属于反竞争性抑制。反竞争性抑制与其他两种可逆性抑制作用的特点比较列于表 5-9。

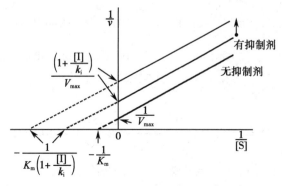

图 5-22 反竞争性抑制作用双倒数作图

表 5-9　三种可逆性抑制作用的比较

| 作用特点 | 无抑制剂 | 竞争性抑制剂 | 非竞争性抑制剂 | 反竞争性抑制剂 |
|---|---|---|---|---|
| I 的结合部位 | | E | E、ES | ES |
| 动力学特点 | | | | |
| 　表观 $K_m$ | $K_m$ | 增大 | 不变 | 减小 |
| 　$V_{max}$ | $V_{max}$ | 不变 | 降低 | 降低 |
| 双倒数作图 | | | | |
| 　横轴截距 | $-1/K_m$ | 增大 | 不变 | 减小 |
| 　纵轴截距 | $1/V_{max}$ | 不变 | 增大 | 增大 |
| 　斜率 | $K_m/V_{max}$ | 增大 | 增大 | 不变 |

## （二）不可逆性抑制剂与酶共价结合

有些抑制剂与酶共价结合，不能通过透析、超滤或稀释等方法将其除去，这种抑制作用称为不可逆性抑制作用。根据抑制剂作用的专一性和作用机制不同，可将不可逆性抑制剂分为三类：基团特异性抑制剂（group-specific inhibitor）、底物类似物（substrate analog）和自杀性抑制剂（suicide inhibitor）。

1. **基团特异性抑制剂与酶分子中特异的基团共价结合**　抑制剂与酶活性中心的必需基团共价结合，可使酶失去活性。例如，胆碱酯酶活性中心的催化基团是丝氨酸残基上的羟基，有机磷农药专一地与该羟基结合（5-6），使胆碱酯酶失活，导致乙酰胆碱堆积，引起副交感神经兴奋，患者可出现恶心、呕吐、多汗、肌肉震颤，瞳孔缩小，惊厥等一系列症状。有机磷中毒可采用解磷定（pyridine aldoxime methyliodide，PAM）治疗，解磷定可与有机磷化合物结合而使其与酶分离（5-7）。

半胱氨酸残基上的巯基是许多酶的必需基团。低浓度的重金属离子（$Hg^{2+}$、$Ag^+$、$Pb^{2+}$ 等）及 $As^{3+}$ 等可与酶分子中的巯基共价结合，使酶失活。例如，路易氏气（一种化学毒气）能不可逆地抑制体内巯基酶的活性（5-8），从而引起神经系统、皮肤、黏膜、毛细血管等病变和代谢功能紊乱。二巯基丙醇（British anti-lewisite，BAL）可以解除这种抑制（5-9）。

$$
\begin{array}{ccccc}
\underset{\text{有机磷化合物}}{\overset{RO}{\underset{R'O}{}}\!P\!\overset{O}{\underset{O-X}{}}} & + & \underset{\text{羟基酶}}{E-OH} & \longrightarrow & \underset{\text{失活的酶}}{\overset{RO}{\underset{R'O}{}}\!P\!\overset{O}{\underset{O-E}{}}} + \underset{\text{酸}}{HX}
\end{array}
$$

（5-6）

（5-7）

（5-8）

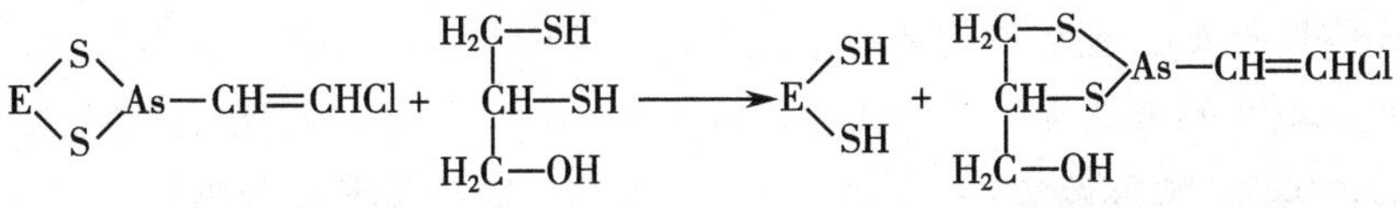

（5-9）

**2. 底物类似物可共价地修饰酶的活性中心**　与基团特异性抑制剂不同,底物类似物与底物的结构相似,可特异地与酶的活性中心共价结合,不可逆地抑制酶的活性。此类抑制剂可作为亲和标记物,用来定性酶活性中心的功能基团。例如,甲苯磺酰基 -L- 苯丙氨酸氯甲基酮(tosyl-L-phenylalanine chloromethyl ketone,TPCK)含有与胰凝乳蛋白酶天然底物相同的特异性基团(苯环),可进入酶的活性中心并与活性中心组氨酸残基咪唑环共价结合,抑制胰凝乳蛋白酶的活性(图 5-23)。

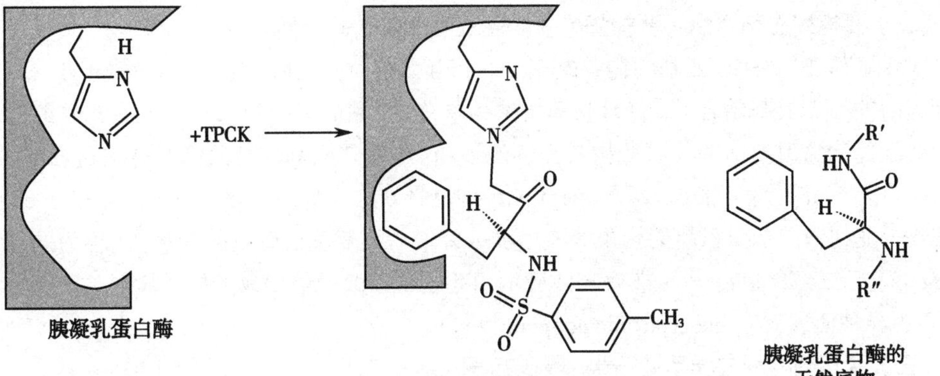

图 5-23　TPCK 对胰凝乳蛋白酶活性中心组氨酸咪唑环的亲和标记

**3. 自杀性抑制剂是由酶催化底物产生**　自杀性抑制剂可以作为酶的底物与酶活性中心相结合,生成酶 - 底物复合物,并接受酶的催化作用。而底物转化生成的产物成为真正的抑制剂,进一步与酶活性中心共价结合,或者对辅酶进行修饰,对酶产生抑制作用。

$$E+S \rightleftharpoons ES \longrightarrow E \cdot I \longrightarrow E-I$$

例如,单胺氧化酶通过其辅基 FAD 氧化 N,N- 二甲基丙炔酰胺,后者被氧化后不能游离出氧化产物,反而对 FAD 进行烷化修饰,生成稳定的烷化 FAD,酶的活性受到不可逆的抑制。

## 第四节　酶 的 调 节

细胞内许多酶的活性是可以调节的。通过适当的调节,这些酶可在有活性和无活性、或者高活性和低活性两种状态之间转变。此外,某些酶在细胞内的量可以发生改变,从而改变酶在细胞内的总活性。细胞根据内外环境的变化而调整细胞内代谢时,都是通过对关键酶的活性进行调节而实现的。在细胞信号转导过程和相关反应中,也常常涉及酶活性的调节。

### 一、变构效应剂能直接调节酶的活性

**（一）变构效应剂与变构酶结合引发酶的构象改变**

体内一些代谢物或信号分子可与某些酶的活性中心外的某个部位可逆结合,引起酶的构象改变,从而改变酶的催化活性。可引起酶发生构象改变而调节酶活性的分子称为变构效应

剂(allosteric effector)。根据变构效应剂对变构酶的调节效果(激活或抑制),分为变构激活剂(allosteric activator)和变构抑制剂(allosteric inhibitor)。受变构效应剂调节的酶称为变构酶(allosteric enzyme)。变构酶属于调节酶。变构效应剂可以是代谢途径的终产物、中间产物、酶的底物或其他物质。以底物作为变构效应剂的酶称为同促酶(homotropic enzyme),具有变构调节作用的底物通常产生激活效应;以非底物分子作为变构效应剂的酶称为异促酶(heterotropic enzyme)。

变构效应剂与酶结合的部位称为调节部位(regulatory site)。变构效应剂与调节部位结合,可改变催化部位的构象,从而改变催化部位结合底物的能力或催化底物反应的能力。有的酶是单体酶,调节部位与催化部位存在于同一分子中。许多变构酶是由数个(常为偶数)亚基组成的多聚体,各亚基之间以非共价键相连。在多聚体变构酶中,调节部位和催化部位分别存在于不同的亚基,从而有催化亚基和调节亚基之分,变构效应剂结合于调节亚基,改变调节亚基的构象、继而改变催化亚基的构象,改变催化部位结合底物的能力或催化反应的能力。

### (二)变构效应剂可引起变构酶分子中各亚基间的协同作用

在多聚体变构酶中,亚基的构象改变可以相互影响而产生协同效应(cooperativity)。变构效应剂与酶的一个亚基结合后,引起亚基发生构象改变,继而引起相邻亚基发生构象改变。如果后续亚基的构象改变增加其对变构效应剂的亲和力,使效应剂与酶的结合越来越容易,则此协同效应称为正协同效应(positive cooperativity);反之则称为负协同效应(negative cooperativity)。以底物为变构效应剂所引起的构象改变增加或降低后续亚基对底物的亲和力,称为同种协同效应(homotropic cooperativity);非底物效应剂引起的构象改变增加或降低后续亚基对底物的亲和力,称为异种协同效应(heterotropic cooperativity)。

### (三)变构酶的动力学不遵守米 - 曼氏方程

变构酶不遵守米 - 曼氏动力学。当底物能够通过正协同效应影响变构酶的亚基活性时,底物浓度 - 反应速率曲线不是矩形双曲线,而是呈"S"形曲线(图 5-24),与血红蛋白的氧结合曲线相同。与血红蛋白的变构一样,许多变构酶也有两种构象形式,即紧缩态(tense state,T state)和松弛态(relaxed state,R state);T 态和 R 态对底物的亲和力或催化活性不同。变构效应剂通过引起变构酶各亚基 R 态与 T 态互变、改变酶的催化速率。

同促酶未与底物结合时,酶分子处于与底物亲和力低的 T 态构象,第 1 个底物与酶的结合较难,底物浓度 - 反应速率曲线上升较缓慢。一旦第 1 个底物与酶的亚基之一结合,产生正协同效应,使邻近亚基逐步变成对底物亲和力高的 R 态,底物浓度 - 反应速率曲线急剧上升,形成"S"曲线的中部。随后,大多数酶被底物逐渐饱和,反应速率增幅减慢;直至所有酶的亚基均变成 R 态构象,反应达最大速率。

非底物变构激活剂结合异促酶时,可使酶分子的所有亚基均转变成 R 态构象,酶的 $K_m$ 值降低($V_{max}$ 不变),即底物与酶的亲和力增加。这时较低的底物浓度即可达到较高的反应速率,所以,非底物变构激活剂使底物 - 速率曲线左移,几乎近似矩形双曲线(图 5-24)。相反,变构抑制剂对 T 态构象有高亲和力,与酶结合后将酶"固定"于 T 态构象,增加了底物与酶结合

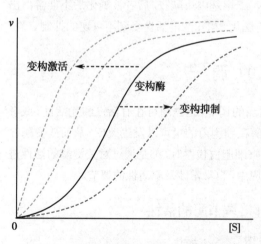

图 5-24    变构酶的底物浓度 - 反应速率曲线

的难度,使酶的 $K_m$ 值增加。这时需要较高浓度的底物才能将 T 态构象转变成 R 态构象,所以变构抑制剂使底物 - 速率曲线右移(图 5-24)。

Notes

## 二、酶的活性可经共价修饰来调节

### （一）磷酸化与去磷酸化是最常见的共价修饰方式

一些酶分子中的某些基团可在其他酶的催化下，共价结合某些化学基团；同时又可在另一种酶的催化下，将此结合上的化学基团去掉，从而影响酶的活性。对酶活性的这种调节方式称为酶的共价修饰（covalent modification）或化学修饰（chemical modification）。共价修饰后的酶从无或低活性变为有或高活性，或者相反。酶的共价修饰有多种形式，其中最常见的形式是磷酸化和去磷酸化修饰，蛋白激酶和蛋白磷酸酶分别催化酶的磷酸化和去磷酸化（第十二章）。

### （二）共价修饰可引起级联放大效应

在一个连锁反应中，一个酶被磷酸化或去磷酸化激活后，后续的其他酶可同样的依次被其上游的酶共价修饰而激活，引起原始信号的放大，这种多步共价修饰的连锁反应称为级联反应（cascade reaction）。级联反应的主要作用是产生快速、高效的放大效应，在通过信号转导调节物质代谢的过程中起着十分重要的作用。

## 三、酶原需经激活后才具有催化活性

有些酶在细胞内合成及初分泌时，只是没有活性的酶的前体，只有经过蛋白质水解作用，去除部分肽段后才能成为有活性的酶。这些无活性的酶的前体称为酶原（zymogen）。例如，胃肠道的蛋白水解酶、一些具有蛋白质水解作用的凝血因子、免疫系统的补体等在初分泌时均以酶原的形式存在。酶原在特定的场所和一定条件下被转变成有活性的酶，此过程称为酶原的激活。酶原激活的机制是分子内部一个或多个肽键的断裂，引起分子构象的改变，从而暴露或形成酶的活性中心。例如，胰蛋白酶原进入小肠时，肠激酶（需 $Ca^{2+}$）或胰蛋白酶自肽链 N 端水解掉一个六肽后，引起酶分子构象改变，形成酶活性中心，于是无活性的胰蛋白酶原转变成有活性的胰蛋白酶（图 5-25）。此外，胃蛋白酶原、胰凝乳蛋白酶原、弹性蛋白酶原及羧基肽酶原等均需激活后才具有消化蛋白质的活性。

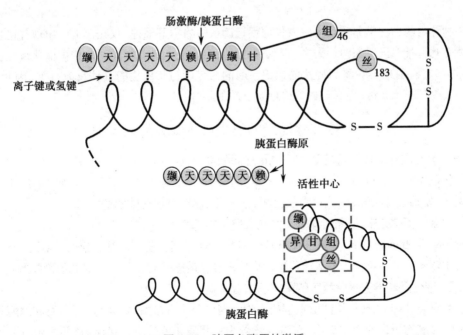

图 5-25 胰蛋白酶原的激活

酶原的存在和酶原的激活具有重要的生理意义。消化道蛋白酶以酶原形式分泌，可避免胰腺细胞和细胞外基质蛋白遭受蛋白酶的水解破坏，同时还能保证酶在特定环境和部位发挥其

Notes

催化作用。生理情况下，血管内的凝血因子不被激活，不发生血液凝固，可保证血流畅通运行。一旦血管破损，一系列凝血因子被激活，凝血酶原被激活生成凝血酶，后者催化纤维蛋白原转变成纤维蛋白，产生血凝块以阻止大量失血，对机体起保护作用。

## 四、酶含量的调节可控制酶的总活性

机体内的各种酶都处于不断合成与降解的动态平衡过程中。因此，除改变酶的活性外，细胞也可通过改变酶蛋白合成与分解的速率来调节酶的含量，进而影响酶促反应速率。

### （一）酶蛋白合成可被诱导或阻遏

某些底物、产物、激素、生长因子及某些药物等可以在基因转录水平上影响酶蛋白的生物合成。通过诱导基因转录而促进酶合成的物质称之为诱导物（inducer），诱导物诱发酶蛋白合成的作用称为诱导作用（induction）。反之，通过抑制基因转录而减少酶蛋白合成的物质称为辅阻遏物（co-repressor），辅阻遏物通过激活阻遏蛋白而抑制基因的转录，这种作用称为阻遏作用（repression）。酶基因被诱导表达后，尚需经过翻译后的加工修饰等过程，所以从诱导酶的合成到其发挥效应，一般需要几小时以上方可见效。但是，一旦酶被诱导合成后，即使去除诱导因素，酶的活性仍然持续存在，直到该酶被降解或抑制。因此，与酶活性的调节相比，酶合成的诱导与阻遏是一种缓慢而长效的调节。例如，胰岛素可诱导合成 HMG-CoA 还原酶，促进体内胆固醇合成，而胆固醇则阻遏 HMG-CoA 还原酶的合成；糖皮质激素可诱导磷酸烯醇式丙酮酸羧激酶的合成，促进糖异生。镇静催眠类药物苯巴比妥可诱导肝微粒体加单氧酶合成。

### （二）酶的降解与一般蛋白质降解途径相同

细胞内各种酶的半衰期相差很大。如鸟氨酸脱羧酶的半衰期很短，仅 30min，而乳酸脱氢酶的半衰期可长达 130h。酶的降解与一般蛋白质降解途径相同，即溶酶体途径和依赖 ATP 的泛素-蛋白酶体途径。有关内容详见第九章。

## 第五节　酶的分类与命名

生物体内酶的种类非常众多。人体内现已确认的酶不下千种，仅在血液中出现并已被确定的酶就有几百种。虽然酶的种类多，但其催化的反应只有六种基本类型。依据催化反应的类型将酶进行分类，有助于对酶的特性的认识。酶的命名则与其催化的具体反应有关，因此，酶的命名不仅仅是一个名称，而且可以明确地定义酶的特性。

### 一、按催化反应的类型可将酶分为六大类

#### （一）催化氧化还原反应的酶属于氧化还原酶类

氧化还原酶类（oxidoreductases）包括催化传递电子／氢以及需氧参加反应的酶。例如，乳酸脱氢酸、琥珀酸脱氢酶、细胞色素氧化酶、过氧化氢酶、过氧化物酶等。

#### （二）催化底物之间基团转移或交换的酶属于转移酶类

转移酶类（transferases）包括催化氨基酸与 α-酮酸之间氨基与酮基交换的转氨酶，将甲基从一个底物转移到另一底物的甲基转移酶，将 ATP 的 γ-磷酸基转移到另一底物的激酶等。

#### （三）催化底物发生水解反应的酶属于水解酶类

水解酶类（hydrolases）按其所水解的底物不同可分为蛋白酶、核酸酶、脂肪酶和脲酶等。根据蛋白酶对底物蛋白的作用部位，可进一步分为内肽酶和外肽酶。同样，核酸酶也可分为外切核酸酶和内切核酸酶。

#### （四）催化从底物移去一个基团并形成双键的反应或其逆反应的酶属于裂合酶类

裂合酶类（lyases）催化一种底物非水解地裂解成两种产物并产生双键的反应或其逆反应。

Notes

例如，脱水酶、脱羧酶、醛缩酶、水化酶等。许多裂合酶的反应方向相反，一个底物去掉双键，并与另一底物结合形成一个分子，这类酶常被称为合酶（synthase）。

（五）催化同分异构体相互转化的酶属于异构酶类

异构酶类（isomerases）催化分子内部基团的位置互变，几何或光学异构体互变，以及醛酮互变。例如，变位酶、表构酶、异构酶、消旋酶等。

（六）催化两种底物形成一种产物并同时偶联有高能键水解释能的酶属于合成酶类

合成酶类（synthetases）又称连接酶类（ligases）。此类酶催化分子间的缩合反应，或同一分子两个末端的连接反应。在催化反应的同时，伴有 ATP 或其他核苷三磷酸高能磷酸键的水解释能。例如，DNA 连接酶、氨基酰 -tRNA 合成酶、谷氨酰胺合成酶等。除反应机制不同，合成酶与合酶的区别还在于后者催化反应时不涉及核苷三磷酸水解释能。

## 二、酶有系统名称和推荐名称

（一）酶的系统命名法可反映酶的多种信息但比较繁琐

以往的习惯命名法常不能充分反映酶的相关信息，甚至出现一酶多名等混乱现象。当时的国际生物化学学会（IUB）（现更名为国际生物化学与分子生物学学会，IUBMB）酶学委员会根据酶的分类、酶催化的整体反应，于 1961 年提出系统命名法。该法规定每个酶有一个系统名称和编号。名称标明了酶的底物及反应性质；底物名称之间以"："分隔。编号由 4 个阿拉伯数字组成，前面冠以 EC（Enzyme Commission）。这 4 个数字中第 1 个数字是酶的分类号，第 2 个数字代表在此类中的亚类，第 3 个数字表示亚 - 亚类，第 4 个数字表示该酶在亚 - 亚类中的序号（表 5-10）。系统命名适合从事酶学及相关专业工作者应用。

表 5-10　酶的分类与命名举例

| 酶的分类 | 系统名称 | 编号 | 催化反应 | 推荐名称 |
|---|---|---|---|---|
| 1. 氧化还原酶类 | L- 乳酸：NAD⁺- 氧化还原酶 | EC1.1.1.27 | L- 乳酸 +NAD⁺ ⇌ 丙酮酸 +NADH+H⁺ | L- 乳酸脱氢酶 |
| 2. 转移酶类 | L- 丙氨酸：α- 酮戊二酸氨基转移酶 | EC2.6.1.2 | L- 丙氨酸 +α- 酮戊二酸 ⇌ 丙酮酸 +L- 谷氨酸 | 丙氨酸转氨酶 |
| 3. 水解酶类 | 1,4-α-D- 葡聚糖 - 聚糖水解酶 | EC3.2.1.1 | 水解含有 3 个以上 1,4-α-D- 葡萄糖基的多糖中 1,4-α-D- 葡萄糖苷键 | α- 淀粉酶 |
| 4. 裂合酶类 | D- 果糖 -1,6- 二磷酸 D- 甘油醛 -3- 磷酸裂合酶 | EC4.1.2.13 | D- 果糖 -1,6- 二磷酸 ⇌ 磷酸二羟丙酮 + D- 甘油醛 -3- 磷酸 | 果糖二磷酸醛缩酶 |
| 5. 异构酶类 | D- 甘油醛 -3- 磷酸醛 - 酮 - 异构酶 | EC5.3.1.1 | D- 甘油醛 -3- 磷酸 ⇌ 磷酸二羟丙酮 | 磷酸丙糖异构酶 |
| 6. 合成酶类 | L- 谷氨酸：氨连接酶（生成 ADP） | EC6.3.1.2 | ATP+L- 谷氨酸 +NH₃ → ADP+Pᵢ+L- 谷氨酰胺 | 谷氨酰胺合成酶 |

（二）推荐名称简便而常用

由于系统名称较烦琐，国际酶学委员会还同时为每一个酶从常用的习惯名称中挑选出一个推荐名称。推荐名称简便，适宜非酶学专业人员应用。

## 第六节　酶 与 医 学

酶在生命活动中的重要作用使其成为医学研究中非常重要的领域。酶可以作为疾病诊断和治疗的靶点，也可成为治疗用的药物。医学各领域的研究都会涉及酶的研究或应用。

Notes

## 一、酶与疾病的发生、诊断及治疗密切相关

若体内酶的质和量发生异常，机体的物质代谢必然出现异常，甚至导致疾病的发生。许多疾病又常常伴随有酶活性的改变。临床上常通过测定组织器官、体液，特别是血液中一些酶活性的改变作为某些疾病的诊断或辅助诊断指标。有些酶并可作为药物治疗疾病。

（一）许多疾病与酶的质和量的异常相关

1. 酶的先天性缺陷是先天性疾病的重要病因之一　基因突变可造成一些酶的先天性缺陷，导致相关疾病的发生。如酪氨酸酶缺陷引起白化病，苯丙氨酸羟化酶缺陷引起苯丙酮尿症，葡糖 -6- 磷酸脱氢酶缺陷引起溶血性贫血，肝细胞中葡糖 -6- 磷酸酶缺陷，可引起Ⅰa 型糖原贮积症。

2. 酶原异常激活和酶活性异常改变可引起疾病　除酶基因突变，酶原异常激活和酶活性异常改变也可成为疾病的原发病因。急性胰腺炎是由于胰蛋白酶原在胰腺中被激活，胰腺细胞遭到水解破坏所致。酶的各种竞争性抑制剂、不可逆性抑制剂可通过影响酶的活性而诱发疾病。有机磷农药抑制胆碱酯酶活性可产生乙酰胆碱堆积的临床症状。

3. 一些疾病可以引起酶活性的改变　一些原发疾病引起酶活性的改变可进一步加重病情和引发继病或合并症。例如，严重肝病时可因肝合成的凝血因子减少而影响血液凝固；肝糖原合成与分解的酶活性下降可引起饥饿性低血糖。慢性酒精中毒病人可因乙醇、乙醛的氧化产生过量的 NADH，抑制三羧酸循环和激活脂肪酸和胆固醇的生物合成，引起脂肪肝和动脉硬化。

（二）体液中酶活性的改变可作为疾病的诊断指标

组织器官损伤可使其组织特异性的酶释放入血，有助于对组织器官疾病的诊断。如急性肝炎时血清丙氨酸转氨酶活性升高；急性胰腺炎时血、尿淀粉酶活性升高；前列腺癌患者血清酸性磷酸酶含量增高；骨癌患者血中碱性磷酸酶含量升高；卵巢癌和睾丸肿瘤患者血中胎盘型碱性磷酸酶升高。因此，测定血清中酶的增多或减少可用于辅助诊断和预后判断。

（三）酶作为药物可用于疾病的治疗

1. 有些酶作为助消化的药物　酶作为药物最早用于助消化。如消化腺分泌功能下降所致的消化不良，可服用胃蛋白酶、胰蛋白酶、胰脂肪酶、胰淀粉酶等予以纠正。

2. 有些酶用于清洁伤口和抗炎　在清洁化脓伤口的洗涤液中，加入胰蛋白酶、溶菌酶、木瓜蛋白酶、菠萝蛋白酶等可加强伤口的净化、抗炎和防止浆膜黏连等。在某些外敷药中加入透明质酸酶可以增强药物的扩散作用。

3. 有些酶具有溶解血栓的疗效　临床上常用链激酶、尿激酶及纤溶酶等溶解血栓，用于治疗心、脑血管栓塞等疾病。

（四）有些药物通过抑制或激活体内某种酶的活性起治疗作用

一些药物通过抑制某些酶的活性，纠正体内代谢紊乱。如抗抑郁药通过抑制单胺氧化酶而减少儿茶酚胺的灭活，治疗抑郁症。洛伐他汀通过竞争性抑制 HMG-CoA 还原酶的活性，抑制胆固醇的生物合成，降低血胆固醇。给新生儿服用苯巴比妥可诱导肝细胞 UDP- 葡萄糖醛酸基转移酶的生物合成，减轻新生儿黄疸，防止出现胆红素脑病。

## 二、酶作为试剂可用于生物化学分析

（一）有些酶可作为酶偶联测定法中的指示酶或辅助酶

当有些酶促反应的底物或产物不能被直接测定时，可偶联另一种或两种酶，使初始反应产物定量地转变为可测量的某种产物，从而测定初始反应的底物、产物或初始酶活性。这种方法称为酶偶联测定法。若偶联一种酶，这个酶即为指示酶（indicator enzyme）；若偶联两种酶，则前一种酶为辅助酶（auxiliary enzyme），后一种酶为指示酶。例如，临床上测定血糖时，利用葡糖氧化酶将葡萄糖氧化为葡萄糖酸，并释放 $H_2O_2$，过氧化物酶（proxidase）催化 $H_2O_2$ 与 4- 氨基安

Notes

替比林及苯酚反应生成水和红色醌类化合物，测定红色醌类化合物在 505nm 处的吸光度即可计算出血糖浓度。此反应中的过氧化物酶即为指示酶。

**（二）有些酶可作为酶标记测定法中的标记酶**

临床上经常需检测许多微量分子，过去一般都采用免疫同位素标记法。鉴于同位素应用限制，现今多以酶标记代替同位素标记。例如，酶联免疫吸附测定（enzyme-linked immunosorbent assays, ELISA）法就是利用抗原 - 抗体特异性结合的特点，将标记酶与抗体偶联，对抗原或抗体做出检测的一种方法。常用的标记酶有辣根过氧化物酶、碱性磷酸酶、葡萄糖氧化酶、β-D- 半乳糖苷酶等。

**（三）多种酶成为基因工程常用的工具酶**

多种酶已常规用于基因工程操作过程中。例如，Ⅱ型限制性内切核酸酶、DNA 连接酶、逆转录酶、DNA 聚合酶等。

## 小 结

酶是由活细胞合成的、对其底物具有高效催化效能的蛋白质。单纯酶仅由氨基酸残基组成。结合酶包括酶蛋白和辅助因子两部分；酶蛋白主要决定反应的特异性和催化机制，辅助因子决定反应的性质和类型。只有全酶才具有催化活性。辅助因子多为金属离子或有机化合物，后者多含有 B 族维生素或卟啉组分。酶不同于一般催化剂的最显著特点是酶对底物具有高度的催化效率，并对底物具有高度的特异性。酶是蛋白质，它还表现出酶活性的可调节性和不稳定性。变构调节和酶促共价修饰调节是酶活性调节的两种重要方式。

同工酶催化相同的化学反应，但酶的结构、理化性质，乃至于免疫学性质不同。酶原是细胞初合成和分泌时不具有催化活性的酶的前体物，酶原需在特定的场所被激活后，才能成为具有催化活性的酶。

酶的活性中心是酶分子中能与底物结合并催化底物生成产物的具有三维结构特定区域，多是裂缝或裂隙或疏水的"口袋"，为催化底物反应提供一个疏水的微环境。酶与底物结合时发生相互诱导与契合，形成酶 - 底物复合物。酶与底物的相互作用有多种效应，并对底物有多元催化作用。

酶促反应速率受底物浓度、酶浓度、温度、pH、激活剂和抑制剂等多种因素的影响。米氏方程式可定量地解释酶促反应 $v$ 与 [S] 的关系。$K_m$ 是 $v$ 为 $V_{max}$ 一半时的底物浓度，是酶的特征性常数。在一定的条件下，$K_m$ 可以代表酶对底物的亲和力。采用 Lineweaver-Burk 作图法能准确求得 $K_m$ 和 $V_{max}$。

不可逆性抑制剂与酶分子共价结合，可逆性抑制剂与酶分子非共价结合。竞争性抑制剂与底物竞争结合酶的活性中心，使酶促反应的表观 $K_m$ 增高，但 $V_{max}$ 不变。非竞争性抑制剂可与游离酶和酶 - 底物复合物结合，使 $V_{max}$ 下降，但不改变 $K_m$。反竞争性抑制剂只与酶 - 底物复合物结合，引起表观 $K_m$ 和 $V_{max}$ 均降低。

酶与医学的关系非常密切。许多疾病与酶的质和量的异常有关，而多种疾病也伴随着体液酶的变化。临床上有多种酶用于疾病的诊断和鉴别诊断，有些酶还可作为临床药物用于疾病的治疗。

（田余祥）

# 第二篇  物质代谢及其调节

生命活动的基本特征之一是生物体内各种物质按一定规律不断进行的新陈代谢，以实现生物体与外环境的物质交换、自我更新，以及维持机体内环境的相对稳定。物质代谢包括分解代谢与合成代谢两个方面，两者处于动态平衡。体内的许多物质（糖、脂类、蛋白质）通过分解代谢过程不断消耗，许多损伤或修饰的物质也通过分解代谢而被清除；消耗和清除的物质通过两方面来源获得补充，一是食物，二是体内的合成代谢。物质的分解代谢也是合成代谢所需的能量与合成材料（小分子和基团）的来源。

机体内的能量代谢包括能量的产生或释放、能量在体内的贮存和能量在体内的利用。体内的能量代谢与物质代谢偶联在一起，物质分解代谢通常伴有能量的释放和贮存，其中最为重要的是物质氧化时伴有 ADP 磷酸化而产生 ATP，为生命活动直接提供能量。ATP 是体内能量代谢中的核心分子，体内的合成代谢通常需要消耗 ATP 以提供能量。此外，ATP 分子中的高能磷酸基团可转移至其他核苷酸，生成 GTP、CTP、UTP 等，而这些核苷酸则在体内多种反应中参与活化底物分子，是物质代谢不可或缺的因素。

本篇介绍体内几类营养物质的代谢过程及其调节。包括糖代谢、脂质代谢、氨基酸代谢、核苷酸代谢，以及这些物质的分解代谢如何通过偶联氧化磷酸化而产生 ATP。这些营养物质代谢（包括分解代谢和合成代谢）所涉及的化学反应都是由酶催化进行。每一个代谢过程都涉及多种酶催化的多个反应，这些反应依次有序地进行，形成特定的代谢途径（即有序进行的多个酶促反应的组合）。体内的物质代谢并不是由各个代谢途径各自孤立的进行，不同代谢途径之间相互联系、相互影响，形成复杂的代谢网络。

除营养物质之外，体内有许多来自体外或在体内产生的非营养物质（即不能彻底分解供能或提供合成材料的物质）。除了合成一些重要物质（如胆汁酸、血红素等）外，机体对非营养物质的代谢主要是生物转化作用，通过酶促反应使这些物质水溶性提高、极性增强、易于排出体外。

各种物质代谢之间有着广泛的联系，而且机体具有严密调节物质代谢的能力，使其构成一个统一的整体。各个代谢途径的反应速度是依据机体的需要进行调节的。代谢途径的调节是对关键酶的调节，通过调控关键酶的活性而控制代谢途径的反应速度。调控关键酶活性的因素包括小分子变构调节剂（底物、产物、中间产物）、因微环境变化而产生的信号、随机体状态变化而产生的激素等，形成多层次的网络式调控机制，以保证体内物质代谢的正常进行。正常的物质代谢是生命过程所必需的，所有代谢途径的正常运行是机体维持正常功能的基础，而物质代谢的紊乱往往是一些疾病发生的重要原因。因此，物质代谢的知识是医学生物化学的重要组成内容。

学习这一篇时，要注意掌握各类物质代谢的基本反应途径、关键酶与主要调节环节、重要生理意义、各类物质代谢的相互联系与调节规则，以及代谢异常与疾病关系等问题。要了解各代谢途径之间的联系。除了脱氢和还原反应外，代谢过程中的大部分反应都与基团有关。因此，熟悉营养物质中的常见基团，对于理解物质代谢中涉及的化学反应是很有帮助的。

（冯作化　药立波）

# 第六章  糖 代 谢

糖是机体生命活动所需的一种重要营养物质。糖的主要生理功能是为生命活动提供能源和碳源。人体所需要能量的50%～70%来自糖。1mol葡萄糖完全氧化成为二氧化碳和水可释放2840kJ/mol（679kcal/mol）的能量。其中约34%转化储存于ATP，以供应机体生理活动所需的能量。葡萄糖不仅是机体的主要供能物质，也是机体的重要碳源，糖代谢的中间产物可转变成其他的含碳化合物，如氨基酸、脂肪酸、核苷酸等。此外，糖还参与组成机体组织结构，参与组成糖蛋白和糖脂，调节细胞信息传递。糖的磷酸衍生物可用于合成许多重要的生物活性物质，如$NAD^+$、FAD、ATP等。除葡萄糖外，其他的单糖如果糖、半乳糖、甘露糖等所占比例很小，而且是通过转变为葡萄糖代谢的中间产物进行代谢。因此，本章重点介绍葡萄糖在机体内的代谢。

## 第一节  糖代谢概况

糖是人类食物的主要成分，约占食物总量的50%以上。机体主要从食物获取糖类物质，经消化吸收后，糖类物质在体内经历一系列复杂化学反应，满足机体多种生理活动的需要。

### 一、糖在小肠内消化吸收

人类食物中的糖主要有植物淀粉、动物糖原以及麦芽糖、蔗糖、乳糖、葡萄糖等。人体内没有β-糖苷酶，不能消化食物中所含的纤维素，但纤维素具有刺激肠蠕动等作用，也是维持健康所必需。食物中的糖以淀粉为主。唾液和胰液中都有α-淀粉酶（α-amylase），可水解淀粉分子内的α-1,4-糖苷键。由于食物在口腔停留的时间很短，所以淀粉消化主要在小肠内进行。在胰液α-淀粉酶作用下，淀粉被水解为麦芽糖（maltose）、麦芽三糖（约占65%）及含分支的异麦芽糖和由4～9个葡萄糖残基构成的α-极限糊精（α-limit dextrin）（约占35%）。寡糖在小肠黏膜刷状缘进一步消化，α-糖苷酶（包括麦芽糖酶）水解麦芽糖和麦芽三糖，α-极限糊精酶（α-limit dextrinase）（包括异麦芽糖酶）可水解α-1,4-糖苷键和α-1,6-糖苷键，将α-极限糊精和异麦芽糖水解成葡萄糖（glucose）。肠黏膜细胞还存在有蔗糖酶和乳糖酶等分别水解蔗糖和乳糖。有些人因乳糖酶缺乏，在食用牛奶后发生乳糖消化吸收障碍，而引起腹胀、腹泻等症状。

糖被消化成单糖后才能在小肠被吸收，再经门静脉进入肝脏。小肠黏膜细胞对葡萄糖的摄入是一个依赖特定载体转运的、主动耗能的过程，在吸收过程中同时伴有$Na^+$的转运。这类葡萄糖转运体称为$Na^+$依赖型葡萄糖转运体（sodium-dependent glucose transporter，SGLT），它们主要存在于小肠黏膜和肾小管上皮细胞（图6-1）。

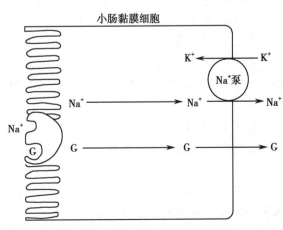

图6-1  $Na^+$依赖型葡萄糖转运体

## 二、糖代谢是指葡萄糖在体内分解与合成的复杂过程

葡萄糖被吸收入血后，在体内代谢首先需进入细胞。这是依赖一类葡萄糖转运体(蛋白)实现的。人体内现已发现有 12 种葡萄糖转运体(glucose transporter，GLUT)，分别在不同的组织细胞中起作用。其中 GLUT1～5 的功能较为明确，如 GLUT1 存在于脑、肌肉、脂肪组织等各组织中，GLUT2 主要存在于肝和胰的 β 细胞中，GLUT4 则主要存在于脂肪和肌组织。葡萄糖经转运体运输进入细胞后，经过复杂的化学反应而满足机体生理功能的各种需求。

糖代谢是指葡萄糖在体内分解与合成的复杂过程，包括葡萄糖经历一系列复杂化学反应而形成不同产物的过程，也包括非糖物质通过复杂化学反应而生成葡萄糖的过程。葡萄糖在不同类型细胞中的代谢途径有所不同，其分解代谢方式还在很大程度上受氧供状况的影响：在供氧充足时，葡萄糖进行有氧氧化，彻底氧化成 $CO_2$ 和 $H_2O$；在缺氧时，则进行糖酵解生成乳酸。此外，葡萄糖也可进入磷酸戊糖途径等进行代谢，以发挥不同的生理作用。葡萄糖可经合成代谢聚合生成糖原，储存在肝或肌肉组织。有些非糖物质如乳酸、氨基酸等还可经糖异生途径转变成葡萄糖或糖原。

# 第二节　糖的无氧氧化

在缺氧条件下，葡萄糖经酵解生成丙酮酸进而还原为乳酸(lactate)，称为乳酸发酵(lactic acid fermentation)。由一分子葡萄糖裂解为两分子丙酮酸(pyruvate)的过程则称为糖酵解(glycolysis)。在某些植物、脊椎动物组织和微生物，酵解产生的丙酮酸转变为乙醇和 $CO_2$，即乙醇发酵(ethanol fermentation)。在有氧条件下，丙酮酸可彻底氧化分解为 $CO_2$ 和 $H_2O$，即糖的有氧氧化(aerobic oxidation)。所以，糖酵解是糖代谢的核心途径。因为人体内糖的无氧氧化(anaerobic oxidation)产物主要是乳酸，所以本节仅讨论以生成乳酸为结局的糖无氧氧化过程。

## 一、糖的无氧氧化分为糖酵解和乳酸生成两个阶段

葡萄糖经无氧氧化生成乳酸的过程包括两个阶段(图 6-2)：第一阶段是糖酵解，第二阶段为乳酸生成。除葡萄糖外，其他己糖也可转变成磷酸己糖而进入糖酵解(详见后述)。糖的无氧氧化途径的全部反应在细胞质进行。

(一)一分子葡萄糖经糖酵解分解为两分子丙酮酸

1. 葡萄糖磷酸化成为葡糖 -6- 磷酸　葡萄糖进入细胞后发生磷酸化反应，生成葡糖 -6- 磷酸(glucose-6-phosphate，G-6-P)。催化此反应的是己糖激酶(hexokinase)，需要 $Mg^{2+}$。这个反应的 $\Delta G^{o\prime}$ 为 $-16.7kJ/mol(-4.0kcal/mol)$，是不可逆反应。哺乳动物体内已发现有 4 种己糖激酶同工酶(Ⅰ至Ⅳ型)。肝细胞中存在的是Ⅳ型，称为葡糖激酶(glucokinase)。它对葡萄糖的亲和力很低，$K_m$ 值为 10mmol/L 左右，而其他己糖激酶的 $K_m$ 值在 0.1mmol/L 左右。葡糖激酶的另一个特点是受激素调控。这些特性使葡糖激酶在维持血糖水平和糖代谢中起着重要的作用。

2. 葡糖 -6- 磷酸转变为果糖 -6- 磷酸　这是由磷酸己糖异构酶催化的醛糖与酮糖间的异构反应。葡糖 -6- 磷酸转变为果糖 -6- 磷酸(fructose-6-phosphate，F-6-P)是需要 $Mg^{2+}$ 参与的可逆反应。

3. 果糖 -6- 磷酸转变为果糖 -1,6- 二磷酸　这是第二个磷酸化反应，需 ATP 和 $Mg^{2+}$，由磷酸果糖激酶 -1(phosphofructokinase-1，PFK-1)催化，是非平衡反应，倾向于生成果糖 -1,6- 二磷酸(fructose-1,6-bisphosphate，F-1,6-BP)。

4. 磷酸己糖裂解成 2 分子磷酸丙糖　此步反应是可逆的，由醛缩酶催化，因为有利于己糖

Notes

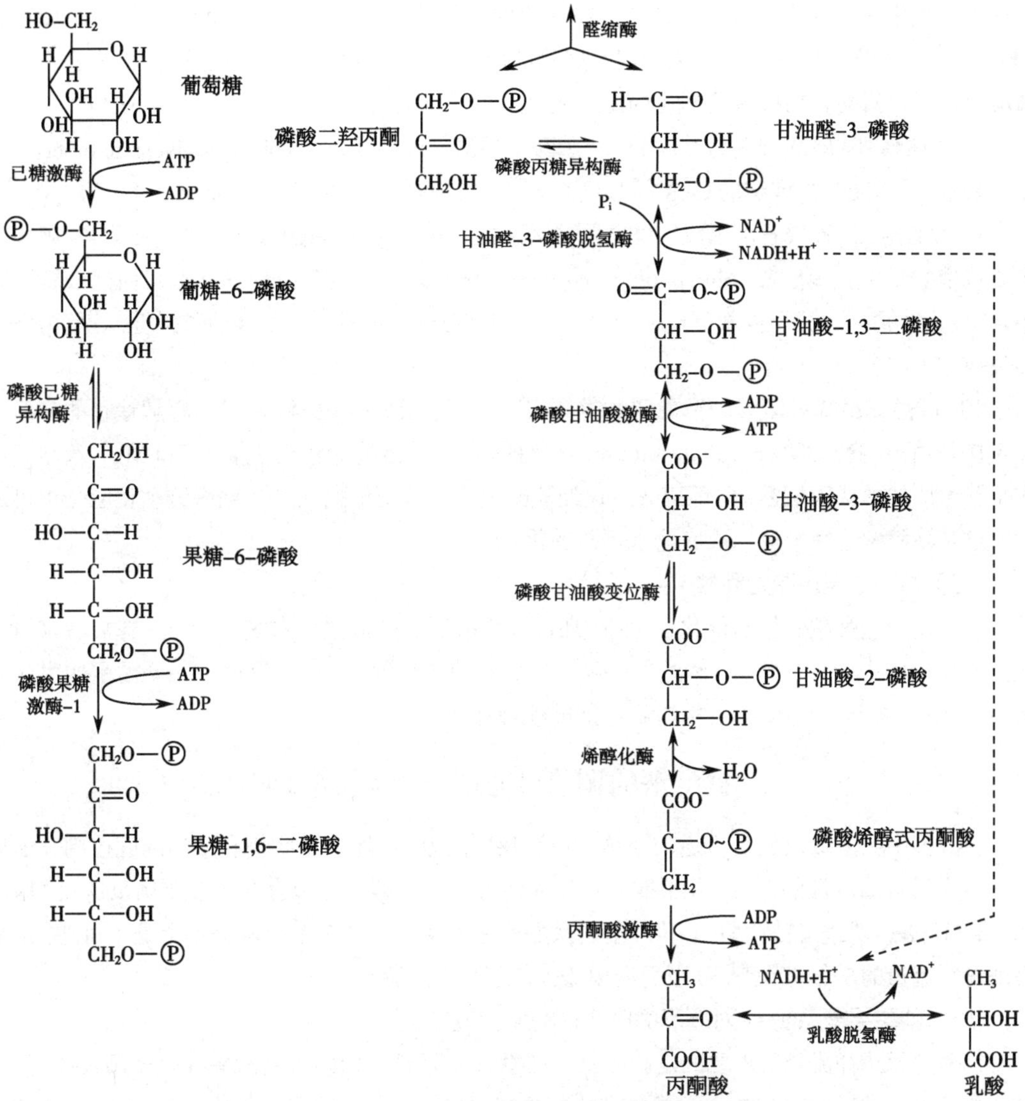

图中的化学结构（糖酵解途径）：

葡萄糖 → 已糖激酶（ATP→ADP）→ 葡糖-6-磷酸 → 磷酸已糖异构酶 → 果糖-6-磷酸 → 磷酸果糖激酶-1（ATP→ADP）→ 果糖-1,6-二磷酸 → 醛缩酶 → 磷酸二羟丙酮 ⇌（磷酸丙糖异构酶）甘油醛-3-磷酸 → 甘油醛-3-磷酸脱氢酶（Pi，NAD⁺→NADH+H⁺）→ 甘油酸-1,3-二磷酸 → 磷酸甘油酸激酶（ADP→ATP）→ 甘油酸-3-磷酸 → 磷酸甘油酸变位酶 → 甘油酸-2-磷酸 → 烯醇化酶（H₂O）→ 磷酸烯醇式丙酮酸 → 丙酮酸激酶（ADP→ATP）→ 丙酮酸 ⇌（乳酸脱氢酶，NADH+H⁺→NAD⁺）乳酸

图 6-2　糖的无氧氧化

的合成，所以称为醛缩酶。最终产生 2 分子丙糖，即磷酸二羟丙酮（dihydroxyacetone phosphate）和甘油醛 -3- 磷酸（glyceraldehyde-3-phophate）。

5. 磷酸二羟丙酮转变为甘油醛 -3- 磷酸　甘油醛 -3- 磷酸和磷酸二羟丙酮是同分异构体，在磷酸丙糖异构酶（phosphotriose isomerase）催化下可相互转变。当甘油醛 -3- 磷酸在下一步反应中被移去后，磷酸二羟丙酮迅速转变为甘油醛 -3- 磷酸，继续进行酵解。

上述 5 步反应为酵解途径中的耗能阶段，1 分子葡萄糖的分解代谢消耗 2 分子 ATP，产生 2 分子甘油醛 -3- 磷酸。而在后面 5 步反应中，磷酸丙糖转变成丙酮酸，总共生成 4 分子 ATP，所以为能量的释放和储存阶段。

6. 磷酸甘油醛氧化为甘油酸 -1,3- 二磷酸　反应中甘油醛 -3- 磷酸的醛基氧化成羧基及羧基的磷酸化均由甘油醛 -3- 磷酸脱氢酶催化，以 NAD⁺ 辅酶接受氢和电子。参加反应的还有无机磷酸，当甘油醛 -3- 磷酸的醛基氧化脱氢成羧基即与磷酸形成混合酸酐。该酸酐是一高能化合物，其磷酸键水解时 $\Delta G^{\circ\prime} = -61.9\text{kJ/mol}$（$-14.8\text{kcal/mol}$），可将能量转移至 ADP，生成 ATP。

7. 甘油酸 -1,3- 二磷酸转变成甘油酸 -3- 磷酸　磷酸甘油酸激酶（phosphoglycerate kinase）催化混合酸酐上的磷酸从羧基转移到 ADP，形成 ATP 和甘油酸 -3- 磷酸。反应需要 $Mg^{2+}$。这

Notes

是酵解过程中第一次产生 ATP 的反应,将底物的高能磷酸基直接转移给 ADP 生成 ATP,这种 ADP 或其他核苷二磷酸的磷酸化作用与底物的脱氢作用直接相偶联的反应过程称为底物水平磷酸化作用。磷酸甘油酸激酶催化的此反应是一可逆反应,逆反应则需消耗 1 分子 ATP。

8. 甘油酸 -3- 磷酸转变为甘油酸 -2- 磷酸　磷酸甘油酸变位酶(phosphoglycerate mutase)催化磷酸基从甘油酸 -3- 磷酸的 $C_3$ 位转移到 $C_2$,这步反应是可逆的,反应需要 $Mg^{2+}$。

9. 甘油酸 -2- 磷酸脱水生成磷酸烯醇式丙酮酸　烯醇化酶(enolase)催化甘油酸 -2- 磷酸脱水生成磷酸烯醇式丙酮酸(phosphoenolpyruvate,PEP)。尽管这个反应的标准自由能改变比较小,但反应时可引起分子内部的电子重排和能量重新分布,形成了 1 个高能磷酸键,这就为下一步反应作了准备。

10. 磷酸烯醇式丙酮酸的高能磷酸基转移至 ADP 生成丙酮酸和 ATP　酵解途径的最后一步反应是由丙酮酸激酶(pyruvate kinase)催化的,丙酮酸激酶的作用需要 $K^+$ 和 $Mg^{2+}$ 参与。反应最初生成烯醇式丙酮酸,但烯醇式迅速经非酶促反应转变为酮式。在胞内这个反应是不可逆的。这是糖酵解途径中第二次底物水平磷酸化。

（二）丙酮酸被还原为乳酸

这一反应由乳酸脱氢酶催化,丙酮酸还原成乳酸所需的氢原子由 NADH 提供,后者来自上述第 6 步反应中的甘油醛 -3- 磷酸的脱氢反应。在缺氧情况下,这对氢用于还原丙酮酸生成乳酸,NADH 重新转变成 $NAD^+$,糖酵解才能继续进行。

## 二、糖酵解的调节可通过三个关键酶调控

糖酵解中大多数反应是可逆的。这些可逆反应的方向、速率由底物和产物浓度控制。催化这些可逆反应酶活性的改变,并不能决定反应的方向。酵解途径中有 3 个非平衡反应:己糖激酶 / 葡糖激酶、磷酸果糖激酶 -1 和丙酮酸激酶催化的反应。这 3 个反应基本上是不可逆的,是酵解途径流量的 3 个调节点,分别受变构效应剂和激素的调节。

（一）磷酸果糖激酶 -1 对调节酵解途径的流量最重要

调节酵解途径流量最重要的是磷酸果糖激酶 -1 的活性。磷酸果糖激酶 -1 是一四聚体,受多种变构效应剂的影响。ATP 和柠檬酸是此酶的变构抑制剂。磷酸果糖激酶 -1 有 2 个 ATP 结合位点,一是活性中心内的催化部位,ATP 作为底物结合;另一个是活性中心以外的与变构效应剂结合的部位,与 ATP 的亲和力较低,因而需要较高浓度 ATP 才能与之结合并抑制酶的活性。磷酸果糖激酶 -1 的变构激活剂有 AMP、ADP、果糖 -1,6- 二磷酸和果糖 -2,6- 二磷酸(fructose-2, 6-bisphosphate,F-2,6-BP)。AMP 可与 ATP 竞争结合变构调节部位,抵消 ATP 的抑制作用。果糖 -1,6- 二磷酸是磷酸果糖激酶 -1 的反应产物,这种产物正反馈作用是比较少见的,它有利于糖的分解。

果糖 -2,6- 二磷酸是磷酸果糖激酶 -1 最强的变构激活剂,在生理浓度范围(μmol/L 水平)内即可发挥效应。其作用是与 AMP 一起取消 ATP、柠檬酸对磷酸果糖激酶 -1 的变构抑制作用。果糖 -2,6- 二磷酸由磷酸果糖激酶 -2(phosphofructokinase-2,PFK-2)催化果糖 -6- 磷酸 $C_2$ 磷酸化而成;果糖二磷酸酶 -2(fructosebisphosphatase-2,FBP-2)则可水解其 $C_2$ 位磷酸,使其转变成果糖 -6- 磷酸(图 6-3)。

磷酸果糖激酶 -2/ 果糖二磷酸酶 -2 是一个双功能酶,在酶蛋白中具有 2 个分开的催化中心。除了 AMP 和柠檬酸可对激酶活性进行变构调节外(图 6-3),磷酸果糖激酶 -2/ 果糖二磷酸酶 -2 还可在激素作用下,以共价修饰方式进行调节。胰高血糖素通过 cAMP 及依赖 cAMP 的蛋白激酶(PKA)磷酸化其 32 位丝氨酸,磷酸化后其激酶活性减弱而磷酸酶活性升高。磷蛋白磷酸酶将其去磷酸后,酶活性的变化则相反。

Notes

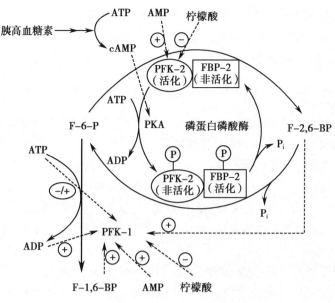

图 6-3　磷酸果糖激酶 -1 的活性调节

**（二）丙酮酸激酶是糖酵解的第二个重要的调节点**

丙酮酸激酶是糖酵解的第二个重要的关键酶。果糖 -1, 6- 二磷酸是丙酮酸激酶的变构激活剂，而 ATP 则有抑制作用。此外，在肝内丙氨酸也有变构抑制作用。丙酮酸激酶还受化学修饰调节。依赖 cAMP 的蛋白激酶（PKA）和依赖 $Ca^{2+}$、钙调蛋白的蛋白激酶均可使其磷酸化而失活。胰高血糖素可通过 cAMP 激活 PKA 而抑制丙酮酸激酶活性。

**（三）己糖激酶受到反馈抑制调节**

己糖激酶受其反应产物葡糖 -6- 磷酸的反馈抑制，但葡糖激酶分子内不存在葡糖 -6- 磷酸的变构调节部位，故不受葡糖 -6- 磷酸的影响。长链脂酰 CoA 对其有变构抑制作用，这在饥饿时减少肝和其他组织摄取葡萄糖有一定意义。胰岛素可诱导葡糖激酶基因的转录，促进该酶的合成。

糖无氧氧化是体内葡萄糖分解供能的一条重要途径。对于绝大多数组织，特别是骨骼肌，调节流量是为适应这些组织对能量的需求。当消耗能量多，细胞内 ATP/AMP 比例降低时，磷酸果糖激酶 -1 和丙酮酸激酶均被激活，加速葡萄糖的分解。反之，细胞内 ATP 的储备丰富时，通过糖无氧氧化分解的葡萄糖就减少。肝的情况不同。正常进食时，肝仅氧化少量葡萄糖，主要由氧化脂肪酸获得能量。进食后，胰高血糖素分泌减少，胰岛素分泌增加，果糖 -2,6- 二磷酸合成增加，加速糖循糖酵解途径分解，主要是生成乙酰 CoA 以合成脂酸；饥饿时胰高血糖素分泌增加，抑制了果糖 -2,6- 二磷酸的合成和丙酮酸激酶的活性，即抑制糖酵解，这样才能有效地进行糖异生，维持血糖水平（详见糖异生调节）。

## 三、糖无氧氧化可不利用氧而快速供能

糖无氧氧化最主要的生理意义在于迅速提供能量，这对肌肉收缩更为重要。肌肉内 ATP 含量很低，仅 $5\sim7\mu mol/g$ 新鲜组织，只要肌肉收缩几秒钟即可耗尽。这时即使氧不缺乏，但因葡萄糖进行有氧氧化反应过程比糖酵解长，来不及满足需要，通过糖无氧氧化则可迅速得到 ATP。当机体缺氧或剧烈运动肌肉局部血流不足时，能量主要通过糖无氧氧化获得。红细胞没有线粒体，完全依赖糖无氧氧化供应能量。神经元、白细胞、骨髓细胞等代谢极为活跃，即使不缺氧也常由糖无氧氧化提供部分能量。糖无氧氧化时每分子磷酸丙糖有 2 次底物水平磷酸化，可生成 2 分子 ATP。因此 1mol 葡萄糖可生成 4mol ATP，在葡萄糖和果糖 -6- 磷酸发生磷酸化时共

Notes

消耗 2mol ATP,故净得 2mol ATP。1mol 葡萄糖经糖无氧氧化生成 2 分子乳酸可释放 196kJ/mol（46.9kcal/mol）的能量。在标准状态下 ATP 水解为 ADP 和 Pi 时 $\Delta G^{\circ\prime}=-30.5$kJ/mol（-7.29kcal/mol），所以可储能 61kJ/mol（14.6kcal/mol），效率为 31%。

## 四、其他单糖可转变成糖酵解的中间产物

除葡萄糖外,其他己糖如果糖、半乳糖和甘露糖也都是重要的能源物质,它们可转变成糖酵解的中间产物磷酸己糖而进入糖酵解提供能量。

### (一)果糖被磷酸化后进入糖酵解

果糖是膳食中重要的能源物质,水果和蔗糖中含有大量果糖,从食物摄入的果糖每天约有100g。果糖的代谢一部分在肝,一部分被周围组织(主要是肌和脂肪组织)摄取。在肌和脂肪组织中,己糖激酶使果糖磷酸化生成果糖 -6- 磷酸。果糖 -6- 磷酸可进入糖酵解分解,在肌组织中也可合成糖原。

在肝中,葡糖激酶与己糖(包括果糖)的亲和力很低,因此果糖在肝的代谢不同于肌组织。肝内存在特异的果糖激酶,催化果糖磷酸化生成果糖 -1- 磷酸,后者被特异的果糖 -1- 磷酸醛缩酶(B 型醛缩酶)分解成磷酸二羟丙酮及甘油醛。甘油醛在丙糖激酶催化下磷酸化成甘油醛 -3- 磷酸。这些果糖代谢产物恰好是糖酵解的中间代谢产物,可循糖酵解氧化分解,也可逆向进行糖异生,促进肝内糖原储存。

### (二)半乳糖转变为葡糖 -1- 磷酸进入糖酵解

半乳糖和葡萄糖是立体异构体,它们仅仅在 $C_4$ 位的构型上有所区别。牛乳中的乳糖是半乳糖的主要来源,半乳糖在肝内转变为葡萄糖(图 6-4)。尿嘧啶核苷二磷酸半乳糖(uridine diphosphate galactose, UDPGal)不仅是半乳糖转变为葡萄糖的中间产物,也是半乳糖供体,用以合成糖脂、蛋白聚糖和糖蛋白。另一方面,由于差向异构酶反应可自由逆转,用于合成糖脂、蛋白聚糖和糖蛋白的半乳糖并不必依赖食物而可由 UDPG 转变生成。

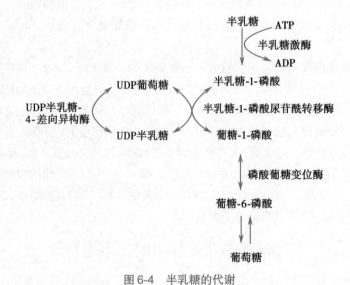

图 6-4 半乳糖的代谢

### (三)甘露糖转变为果糖 -6- 磷酸进入糖酵解

甘露糖在结构上是葡萄糖 $C_2$ 位的立体异构物。它在日常饮食中含量甚微,是多糖和糖蛋白的消化产物。甘露糖在体内通过两步反应转变成果糖 -6- 磷酸而进入糖酵解代谢。首先,甘露糖在己糖激酶的催化下,磷酸化生成甘露糖 -6- 磷酸,接着被磷酸甘露糖异构酶催化转变为果糖 -6- 磷酸,从而进入糖酵解进行代谢转变,生成糖原、乳酸、葡萄糖、戊糖等(图 6-5)。

Notes

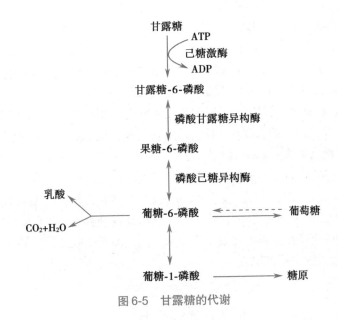

图 6-5 甘露糖的代谢

## 第三节 糖的有氧氧化

葡萄糖在有氧条件下彻底氧化成水和二氧化碳的反应过程称为有氧氧化（aerobic oxidation）。有氧氧化是糖氧化的主要方式，绝大多数细胞都通过这种方式获得能量。糖的有氧氧化可概括如图 6-6。

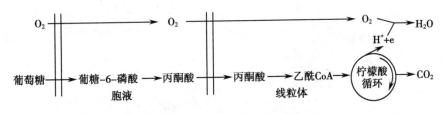

图 6-6 葡萄糖有氧氧化概况

### 一、糖的有氧氧化反应分为三个阶段

第一阶段葡萄糖经酵解途径分解成丙酮酸。第二阶段丙酮酸进入线粒体内氧化脱羧生成乙酰 CoA。第三阶段为柠檬酸循环，并偶联进行氧化磷酸化。

（一）葡萄糖循糖酵解分解为丙酮酸

同糖无氧氧化第一阶段。

（二）丙酮酸进入线粒体氧化脱羧生成乙酰 CoA

丙酮酸在线粒体经过 5 步反应，氧化脱羧生成乙酰 CoA（acetyl-CoA）的总反应式为：丙酮酸 $+NAD^+ + HS\text{-}CoA \longrightarrow$ 乙酰 $CoA + NADH + H^+ + CO_2$

此反应由丙酮酸脱氢酶复合体催化。在真核细胞中，该酶复合体存在于线粒体中，是由丙酮酸脱氢酶（$E_1$），二氢硫辛酰胺转乙酰基酶（$E_2$）和二氢硫辛酰胺脱氢酶（$E_3$）3 种酶按一定比例（依生物体不同而异）组合成多酶复合体。在哺乳动物细胞中，酶复合体由 60 个转乙酰基酶组成核心，周围排列 12 个丙酮酸脱氢酶和 6 个二氢硫辛酰胺脱氢酶。参与反应的辅酶/辅基有硫胺素焦磷酸酯（TPP）、硫辛酸、FAD、$NAD^+$ 及 CoA。硫辛酸是带有二硫键的八碳羧酸，通过与转乙酰基酶的赖氨酸 ε- 氨基相连，形成与酶结合的硫辛酰胺而成为酶的柔性长臂，可将乙酰基从酶复合体的一个活性部位转到另一个活性部位。丙酮酸脱氢酶的辅基是 TPP，二氢硫辛酰胺脱氢酶的辅基/辅酶是 FAD、NAD⁺。

丙酮酸脱氢酶复合体催化的反应可分 5 步描述（图 6-7）：①丙酮酸脱羧形成羟乙基 -TPP，TPP 噻唑环上的 N 与 S 之间活泼的碳原子可释放出 H⁺，而成为碳离子，与丙酮酸的羧基作用，产生 $CO_2$，同时形成羟乙基 -TPP；②由二氢硫辛酰胺转乙酰基酶（E₂）催化使羟乙基 -TPP-E1 上的羟乙基被氧化成乙酰基，同时转移给硫辛酰胺，形成乙酰硫辛酰胺 -E₂；③二氢硫辛酰胺转乙酰基酶（E₂）还催化乙酰硫辛酰胺上的乙酰基转移给辅酶 A 生成乙酰 CoA 后，离开酶复合体，同时氧化过程中的 2 个电子使硫辛酰胺上的二硫键还原为 2 个巯基；④二氢硫辛酰胺脱氢酶（E₃）使还原的二硫硫辛酰胺脱氢重新生成硫辛酰胺，以进行下一轮反应，同时将氢传递给 FAD，生成 $FADH_2$；⑤在二氢硫辛酰胺脱氢酶（E₃）催化下，将 $FADH_2$ 上的 H 转移给 NAD⁺，形成 NADH+H⁺。

在整个反应过程中，中间产物并不离开酶复合体，这就使得上述各步反应得以迅速完成，而且因没有游离的中间产物，所以不会发生副反应。丙酮酸氧化脱羧反应的 $\Delta G^{\circ\prime} = -39.5 kJ/mol$（-9.44kcal/mol），故反应是不可逆的。

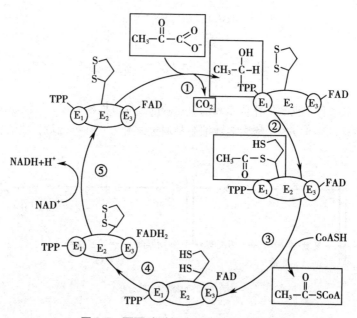

图 6-7  丙酮酸脱氢酶复合体作用机制

### （三）乙酰 CoA 进入柠檬酸循环以及氧化磷酸化生成 ATP

柠檬酸循环的第一步是乙酰 CoA 与草酰乙酸缩合成 6 个碳原子的柠檬酸，然后柠檬酸经过一系列反应重新生成草酰乙酸，完成一轮循环。通过柠檬酸循环，乙酰 CoA 的 2 个碳原子被氧化成 $CO_2$。在每一个循环中，有 1 次底物水平磷酸化，可生成 1 分子 ATP；有 4 次脱氢反应，氢的接受体分别为 NAD⁺ 或 FAD，生成 3 分子 NADH 和 1 分子 $FADH_2$，它们既是柠檬酸循环中的脱氢酶的辅酶/辅基，又是电子传递链的第一个环节。电子传递链是由一系列氧化还原系组成，它们的功能是将 H⁺/电子依次传递至氧，生成水（第八章）。在 H⁺/电子沿电子传递链传递过程中能量逐步释放，同时伴有 ADP 磷酸化成 ATP，将能量储存于 ATP 中，即氧化与磷酸化反应是偶联在一起的。

## 二、柠檬酸循环将乙酰 CoA 彻底氧化

柠檬酸循环（citric acid cycle）亦称三羧酸循环（tricarboxylic acid cycle，TCA cycle），这是因为该循环反应中第一个中间产物是含有三个羧基的柠檬酸。由于该学说由 Krebs 提出，故此循环又被称为 Krebs 循环。

Notes

### 框 6-1　Krebs 对代谢研究的贡献

　　Krebs HA（1900—1981）1933 年前曾经做过 Kaiser Wilhelm 生物研究所 Warburg OH 教授的助手，1934 年后，先后在英国剑桥大学、Sheffield 大学从事生物化学研究。Krebs 在代谢研究方面有两个重大发现：尿素循环和柠檬酸循环。其中柠檬酸循环是能量代谢和物质转变的枢纽，被称为 Krebs 循环。其发现过程有一个小趣事。1937 年，Krebs 利用鸽子胸肌的组织悬液，测定了在不同有机酸作用下丙酮酸氧化过程的耗氧率，从而推理得出结论：一系列有机三羧酸和二羧酸以循环方式存在，可能是肌肉中碳水化合物氧化的主要途径。Krebs 将这一发现投稿至 *Nature* 编辑部，遗憾的是被拒稿。接着 Krebs 改投荷兰的杂志 *Enzymologia*，2 个月内论文就得以发表。1953 年，Krebs 因发现这两大重要循环获得诺贝尔生理学/医学奖。此后，他经常用这段拒稿经历鼓励青年学者专注于自己的研究兴趣，坚持自己的学术观点。1988 年，在 Krebs 辞世 7 年后，*Nature* 杂志公开表示，拒绝 Krebs 的论文是有史以来所犯的最大错误。

#### （一）柠檬酸循环由八步反应组成

　　柠檬酸循环是由一系列酶促反应构成的循环反应系统，在反应过程中，首先由乙酰 CoA（主要来自于 3 大营养物质的分解代谢）与草酰乙酸缩合生成含 3 个羧基的柠檬酸（citric acid），再经过 4 次脱氢、2 次脱羧，生成 4 分子还原当量（reducing equivalent，一般是指以氢原子或氢离子形式存在的一个电子或一个电子当量）和 2 分子 $CO_2$，又重新生成草酰乙酸。柠檬酸循环由八步反应组成（图 6-8）。

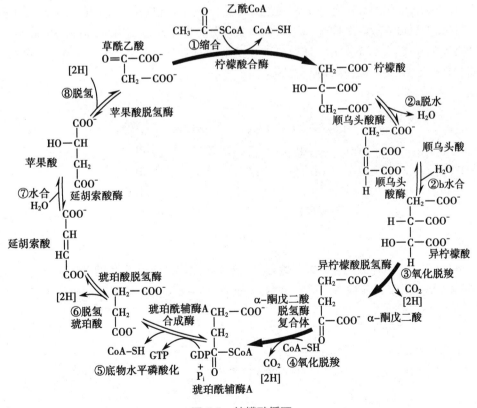

图 6-8　柠檬酸循环

　　1. 乙酰 CoA 与草酰乙酸缩合成柠檬酸　柠檬酸合酶（citrate synthase）催化 1 分子乙酰 CoA（acetyl-CoA）与 1 分子草酰乙酸缩合成柠檬酸（6-1），缩合反应所需能量来自乙酰 CoA 的高能硫

Notes

酯键。由于高能硫酯键水解时可释出较多的自由能，$\Delta G^{\circ\prime}$ 为 $-31.4\text{kJ/mol}$（$-7.5\text{kcal/mol}$），使反应成为单向、不可逆反应。柠檬酸合酶对草酰乙酸的 $K_m$ 很低，即使线粒体内草酰乙酸的浓度很低，反应也可以迅速进行。

$$\underset{\text{草酰乙酸}}{\begin{matrix}O=C-COOH\\|\\CH_2\\|\\COOH\end{matrix}} + \underset{\text{乙酰CoA}}{\begin{matrix}O\\\|\\C-CH_3\\|\\SCoA\end{matrix}} + H_2O \longrightarrow \underset{\text{柠檬酸}}{\begin{matrix}CH_2COOH\\|\\HO-C-COO^-\\|\\CH_2COOH\end{matrix}} + \underset{\text{辅酶A}}{HSCoA} + H^+$$

(6-1)

2. **柠檬酸经顺乌头酸转变为异柠檬酸** 柠檬酸与异柠檬酸（isocitrate）的异构化可逆互变反应由顺乌头酸酶催化（6-2）。原来在 $C_3$ 的羟基转到 $C_2$ 上，反应中的中间产物顺乌头酸仅与酶结合在一起以复合物的形式存在。

$$\underset{\text{柠檬酸}}{\begin{matrix}COO^-\\|\\CH_2\\|\\{}^-OOC-C-OH\\|\\CH_2\\|\\COO^-\end{matrix}} \xrightarrow{H_2O} \underset{\text{[酶–顺乌头酸]复合物}}{\left[\begin{matrix}COO^-\\|\\CH\\\|\\{}^-OOC-C\\|\\CH_2\\|\\COO^-\end{matrix}\right]} \xrightarrow{H_2O} \underset{\text{异柠檬酸}}{\begin{matrix}COO^-\\|\\H-C-OH\\|\\{}^-OOC-C-H\\|\\CH_2\\|\\COO^-\end{matrix}}$$

(6-2)

3. **异柠檬酸氧化脱羧转变为 α- 酮戊二酸** 异柠檬酸在异柠檬酸脱氢酶（isocitrate dehydrogenase）催化下氧化脱羧产生 $CO_2$，其余碳链骨架部分转变为 α- 酮戊二酸（α-ketoglutarate），脱下的氢由 $NAD^+$ 接受，生成 $NADH+H^+$（6-3）。这是柠檬酸循环反应中的第一次氧化脱羧，释出的 $CO_2$ 可被视作乙酰 CoA 的 1 个碳原子氧化产物。

$$\underset{\text{异柠檬酸}}{\begin{matrix}COO^-\\|\\H-C-OH\\|\\{}^-OOC-C-H\\|\\CH_2\\|\\COO^-\end{matrix}} \xrightarrow[Mg^{2+}]{\overset{NAD^+\quad NADH+H^+}{\diagup\quad\diagdown CO_2}} \underset{\text{α–酮戊二酸}}{\begin{matrix}COO^-\\|\\C=O\\|\\CH_2\\|\\CH_2\\|\\COO^-\end{matrix}}$$

(6-3)

4. **α- 酮戊二酸氧化脱羧生成琥珀酰 CoA** 柠檬酸循环途径中发生的第二次氧化脱羧反应是 α- 酮戊二酸氧化脱羧生成琥珀酰 CoA（succinyl CoA）（6-4）。α- 酮戊二酸氧化脱羧时释放出

$$\underset{\text{α–酮戊二酸}}{\begin{matrix}COO^-\\|\\C=O\\|\\CH_2\\|\\CH_2\\|\\COO^-\end{matrix}} + NAD^+ + HS-CoA \longrightarrow \underset{\text{琥珀酰CoA}}{\begin{matrix}O=C\sim SCoA\\|\\CH_2\\|\\CH_2\\|\\COO^-\end{matrix}} + NADH + H^- + CO_2$$

(6-4)

Notes

的自由能很多,足以形成高能硫酯键。这样,一部分能量就可以高能硫酯键的形式储存在琥珀酰CoA内。催化α-酮戊二酸氧化脱羧的酶是α-酮戊二酸脱氢酶复合体(α-ketoglutarate dehydrogenase complex),其组成和催化反应过程与丙酮酸脱氢酶复合体类似,这就使得α-酮戊二酸的脱羧、脱氢、形成高能硫酯键等反应可迅速完成。

5. **琥珀酰 CoA 合成酶催化底物水平磷酸化反应**   这步反应产物是琥珀酸(6-5)。当琥珀酰 CoA 的高能硫酯键水解时,$\Delta G^{\circ\prime}$ 约 $-33.4kJ/mol$($-7.98kcal/mol$)。它可与 GDP 的磷酸化偶联,生成高能磷酸键。反应是可逆的,由琥珀酰 CoA 合成酶(succinyl-CoA synthetase)催化。这是底物水平磷酸化的又一例子,是柠檬酸循环中唯一直接生成高能磷酸键的反应。

$$\begin{array}{ccc}
O=C\text{~}SCoA & & COO^- \\
| & & | \\
CH_2 & GDP+P_i \quad GTP & CH_2 \\
| & \rightleftharpoons & | \quad + HSCoA \\
CH_2 & & CH_2 \\
| & & | \\
COO^- & & COO^- \\
\text{琥珀酰CoA} & & \text{琥珀酸}
\end{array}$$

$$(6\text{-}5)$$

6. **琥珀酸脱氢生成延胡索酸**   反应由琥珀酸脱氢酶(succinate dehydrogenase)催化(6-6)。该酶结合在线粒体内膜上,是柠檬酸循环中唯一与内膜结合的酶。其辅基是 FAD,还含有铁硫中心,来自琥珀酸的电子通过 FAD 和铁硫中心,经电子传递链被传递至氧,并释放能量生成 1.5 分子 ATP(第八章)。

7. **延胡索酸加水生成苹果酸**   延胡索酸酶(fumarate hydratase)催化此可逆反应(6-7)。

$$\begin{array}{ccc}
COO^- & & COO^- \\
| & FAD \quad FADH_2 & | \\
CH_2 & & C\text{-}H \\
| & \rightleftharpoons & \| \\
CH_2 & & H\text{-}C \\
| & & | \\
COO^- & & COO^- \\
\text{琥珀酸} & & \text{延胡索酸}
\end{array}
\qquad
\begin{array}{ccc}
COO^- & & COO^- \\
| & & | \\
C\text{-}H & & HO\text{-}C\text{-}H \\
\| & + H_2O \rightleftharpoons & | \\
H\text{-}C & & H\text{-}C\text{-}H \\
| & & | \\
COO^- & & COO^- \\
\text{延胡索酸} & & \text{苹果酸}
\end{array}$$

$$(6\text{-}6)\qquad\qquad\qquad (6\text{-}7)$$

8. **苹果酸脱氢生成草酰乙酸**   柠檬酸循环的最后反应由苹果酸脱氢酶(malate dehydrogenase)催化。苹果酸脱氢生成草酰乙酸;脱下的氢由 $NAD^+$ 接受,生成 $NADH+H^+$(6-8)。在细胞内草酰乙酸不断地被用于柠檬酸合成,故这一可逆反应向生成草酰乙酸的方向进行。

$$\begin{array}{ccc}
COO^- & & COO^- \\
| & NAD^+ \quad NADH+H^+ & | \\
HO\text{-}C\text{-}H & & C=O \\
| & \rightleftharpoons & \| \\
H\text{-}C\text{-}H & & CH_2 \\
| & & | \\
COO^- & & COO^- \\
\text{苹果酸} & & \text{草酰乙酸}
\end{array}$$

$$(6\text{-}8)$$

**(二)一次柠檬酸循环生成 2 分子 $CO_2$**

在柠檬酸循环反应过程中,从 2 个碳原子的乙酰 CoA 与 4 个碳原子的草酰乙酸缩合成 6 个碳原子的柠檬酸开始,反复地脱氢氧化。羟基氧化成羧基后,通过脱羧方式生成 $CO_2$。二碳单位进入柠檬酸循环后,生成 2 分子 $CO_2$,这是体内 $CO_2$ 的主要来源。脱氢反应共有 4 次。其中 3 次脱氢(3 对氢或 6 个电子)由 $NAD^+$ 接受,1 次(1 对氢或 2 个电子)由 FAD 接受。这些电子传

Notes

递体将电子传给氧时才能生成 ATP。柠檬酸循环本身每循环一次只能以底物水平磷酸化生成 1 个 ATP。

柠檬酸循环的总反应为：

$$CH_3CO{\sim}SCoA + 3NAD^+ + FAD + GDP + Pi + 2H_2O \longrightarrow 2CO_2 + 3NADH + 3H^+ + FADH_2 + HS\text{-}CoA + GTP$$

每一次柠檬酸循环消耗一分子乙酰 CoA 中的乙酰基（2 个 C），产生 2 分子 $CO_2$，但并非直接将乙酰基的 2 个碳原子氧化。用 $^{14}C$ 标记乙酰 CoA 进行的实验证明，生成的 2 个 $CO_2$ 的碳原子 1 个来自乙酰 CoA，另一个来自草酰乙酸。这是由于中间反应过程中碳原子置换所致。从这个意义上讲，最后再生的草酰乙酸被更新了，但含量既没有增加，也没有减少。

另外，柠檬酸循环的中间产物（包括草酰乙酸在内）本身并无量的变化。不能通过柠檬酸循环从乙酰 CoA 合成草酰乙酸或其他中间产物；同样，这些中间产物也不能直接在柠檬酸循环中被氧化成 $CO_2$ 和 $H_2O$。柠檬酸循环中的草酰乙酸主要来自丙酮酸的直接羧化，也可通过苹果酸脱氢生成。无论何种来源，其最终来源是葡萄糖。

**（三）柠檬酸循环具有重要的生理意义**

1. **柠檬酸循环是一条"两用代谢途径"**　柠檬酸循环在绝大多数生物中是分解代谢途径，并且它也是一个准备提供大量自由能的重要系统。循环的中间产物仅需适量就可维持该循环的分解功能。然而，多种生物合成途径也利用柠檬酸循环的中间产物作为合成反应的起始物。因此柠檬酸循环可看作是两用代谢途径（amphibolic pathway），既是分解代谢，又可为合成代谢提供原料。这些利用和添补柠檬酸循环中间产物的反应总结如图 6-9。

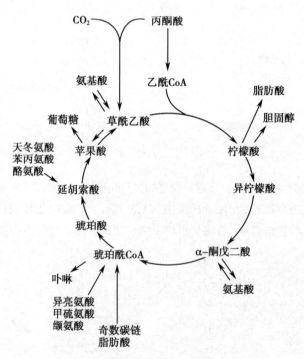

图 6-9　柠檬酸循环的两用代谢功能

2. **柠檬酸循环是三大营养物质的最终代谢通路**　糖、脂肪、氨基酸在体内进行生物氧化都将产生乙酰 CoA，然后进入柠檬酸循环进行降解，柠檬酸循环中只有一个底物水平磷酸化反应生成高能磷酸键。循环本身并不是释放能量、生成 ATP 的主要环节。其作用在于通过 4 次脱氢，为氧化磷酸化反应生成 ATP 提供还原当量。

3. **柠檬酸循环是糖、脂肪、氨基酸代谢联系的枢纽**　三大营养物质可在一定程度上通过柠

Notes

檬酸循环相互转变。柠檬酸是将乙酰 CoA 运输至胞质的载体,柠檬酸在胞质中裂解产生的乙酰 CoA 是合成脂肪酸和胆固醇的原料(第七章)。许多氨基酸的碳架是柠檬酸循环的中间产物,通过草酰乙酸可转变为葡萄糖(参见糖异生一节);反之,由葡萄糖提供的丙酮酸转变成的草酰乙酸及柠檬酸循环中的其他二羧酸则可用于合成一些非必需氨基酸如天冬氨酸、谷氨酸等(第九章)。此外,琥珀酰 CoA 可用以与甘氨酸合成血红素。因而,柠檬酸循环是提供生物合成的前体的重要途径。

## 三、糖有氧氧化是机体获得 ATP 的主要方式

柠檬酸循环中 4 次脱氢反应产生的 NADH 和 $FADH_2$ 可传递给电子传递链产生 ATP。除柠檬酸循环外,其他代谢途径中生成的 NADH 或 $FADH_2$,也可经电子传递链传递生成 ATP。例如,糖酵解途径中甘油醛 -3- 磷酸脱氢时生成的 NADH,在氧供应充足时就可进入电子传递链,而不再用以还原丙酮酸成乳酸。NADH 的氢经电子传递链传递给氧时,可生成 2.5 分子 ATP;$FADH_2$ 的氢则只能生成 1.5 分子 ATP。加上底物水平磷酸化生成的 1 分子 ATP,乙酰 CoA 经柠檬酸循环彻底氧化分解共生成 10 分子 ATP。若从丙酮酸脱氢开始计算,共产生 12.5 分子 ATP。1mol 的葡萄糖彻底氧化生成 $CO_2$ 和 $H_2O$,可净生成 5 或 7+2×12.5=30 或 32mol ATP(表 6-1)。

总的反应为:葡萄糖 + 30ADP + 30Pi + $6O_2$ $\longrightarrow$ 30ATP + $6CO_2$ + $36H_2O$

表 6-1　葡萄糖有氧氧化生成的 ATP

| | 反应 | 辅酶 / 辅基 | 最终获得 ATP |
|---|---|---|---|
| 第一阶段 | 葡糖 $\longrightarrow$ 葡糖 -6- 磷酸 | | −1 |
| | 果糖 -6- 磷酸 $\longrightarrow$ 果糖 -1, 6- 二磷酸 | | −1 |
| | 2×甘油醛 -3- 磷酸 $\longrightarrow$ 2×甘油酸 -1, 3- 二磷酸 | 2NADH(细胞质) | 3 或 5[*] |
| | 2×甘油酸 -1, 3- 二磷酸 $\longrightarrow$ 2×甘油酸 -3- 磷酸 | | 2 |
| | 2×磷酸烯醇式丙酮酸 $\longrightarrow$ 2×丙酮酸 | | 2 |
| 第二阶段 | 2×丙酮酸 $\longrightarrow$ 2×乙酰 CoA | 2NADH(线粒体) | 5 |
| 第三阶段 | 2×异柠檬酸 $\longrightarrow$ 2×α- 酮戊二酸 | 2NADH(线粒体) | 5 |
| | 2×α- 酮戊二酸 $\longrightarrow$ 2×琥珀酰 CoA | 2NADH | 5 |
| | 2×琥珀酰 CoA $\longrightarrow$ 2×琥珀酸 | | 2 |
| | 2×琥珀酸 $\longrightarrow$ 2×延胡索酸 | 2FADH2 | 3 |
| | 2×苹果酸 $\longrightarrow$ 2×草酰乙酸 | 2NADH | 5 |
| | 由一个葡萄糖总共获得 | | 30 或 32 |

注:[*] 获得 ATP 的数量取决于还原当量进入线粒体的穿梭机制

## 四、糖有氧氧化的调节是基于能量的需求

机体代谢反应途径主要通过对关键酶变构调节和共价修饰调节,保证中间产物适量生成而避免过量造成的浪费,从而维持相对的稳定。在糖的有氧氧化过程中,丙酮酸通过柠檬酸循环代谢的速率在两个水平受到调节:丙酮酸脱氢酶复合体催化丙酮酸转变成乙酰 CoA,通过对丙酮酸脱氢酶复合体的调节可影响乙酰 CoA 的生成;乙酰 CoA 进入柠檬酸循环后,其代谢速率受到柠檬酸循环中关键酶的调节。

### (一)丙酮酸脱氢酶复合体的调节

丙酮酸脱氢酶复合体的活性可通过变构调节和化学修饰 2 种方式进行快速调节。丙酮酸脱氢酶复合体的反应产物乙酰 CoA 及 NADH 对酶有反馈抑制作用,当乙酰 CoA/CoA 比例升高时,酶活性被抑制。$NADH/NAD^+$ 比例升高可能也有同样作用。此外,ATP 对丙酮酸脱氢酶复合体有抑制作用,AMP 则能将酶激活。当乙酰 CoA 充足时,或 ATP/ADP 和 $NADH/NAD^+$ 比值

Notes

增高时,丙酮酸脱氢酶复合体的活性被变构抑制,从而阻止过量乙酰 CoA 生成。而当机体需要能量时,或 ATP/ADP 降低时,该酶被 AMP 等变构激活,大量产生乙酰 CoA。

　　丙酮酸脱氢酶复合体可被丙酮酸脱氢酶激酶磷酸化。复合体中的脱氢酶组分的丝氨酸残基的羟基可在蛋白激酶作用下磷酸化,磷酸化后酶复合体构象改变,失去活性。磷蛋白磷酸酶能去除丝氨酸残基的磷酸基,使之恢复活性。乙酰 CoA 和 NADH 除对酶有直接抑制作用外,还可间接通过增强丙酮酸脱氢酶激酶的活性而使其失活(图 6-10)。

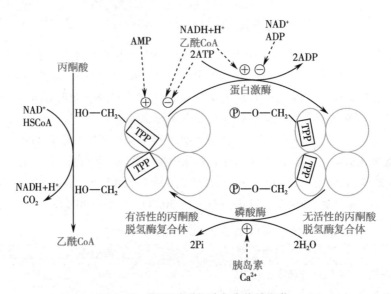

图 6-10　丙酮酸脱氢酶复合体的调节

### (二)柠檬酸循环的调节

　　1. 柠檬酸循环受底物、产物和关键酶活性调节　　柠檬酸循环的速率和流量主要受 3 种因素的调控(图 6-11):底物的供应量、产物的堆积量和细胞的能量状态。

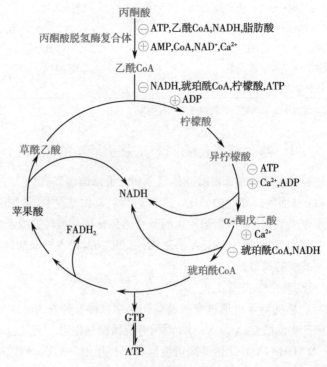

图 6-11　柠檬酸循环的调控

（1）柠檬酸循环中有 3 个关键酶：在柠檬酸循环中有 3 步不可逆反应，即由柠檬酸合酶、异柠檬酸脱氢酶和 α- 酮戊二酸脱氢酶催化的反应。这三个酶都受到多种因素调节：①底物影响：乙酰 CoA 和草酰乙酸作为柠檬酸合酶的底物，其含量随细胞代谢状态而改变，从而影响柠檬酸合成的速率。②底物反馈抑制：异柠檬酸脱氢酶和 α- 酮戊二酸脱氢酶的催化产物有 NADH，NADH 对柠檬酸合酶、异柠檬酸脱氢酶、α- 酮戊二酸脱氢酶这三个关键酶都有抑制作用。此外，柠檬酸抑制柠檬酸合酶的活性；琥珀酰 CoA 抑制 α- 酮戊二酸脱氢酶和柠檬酸合酶的活性。③能量状态的调节作用：ATP 可抑制柠檬酸合酶和异柠檬酸脱氢酶的活性；ADP 则是柠檬酸合酶和异柠檬酸脱氢酶的变构激活剂。④ $Ca^{2+}$ 的调节作用：当线粒体内 $Ca^{2+}$ 浓度升高时，$Ca^{2+}$ 不仅可直接与异柠檬酸脱氢酶和 α- 酮戊二酸脱氢酶结合，降低其对底物的 $K_m$ 而增强酶活性，也可激活丙酮酸脱氢酶复合体，从而推动柠檬酸循环和有氧氧化的进行。

（2）柠檬酸循环与上游和下游反应协调：在正常情况下，糖酵解和柠檬酸循环的速度是相协调的。这样，在酵解途径中产生了多少丙酮酸，柠檬酸循环就正好需要多少丙酮酸来提供乙酰 CoA。这种协调不仅通过高浓度的 ATP、NADH 的抑制作用，亦通过柠檬酸对磷酸果糖激酶 -1 的变构抑制作用而实现。氧化磷酸化的速率则从下游对柠檬酸循环的运转产生调控作用。如果氧化磷酸化速度减慢，NADH 就会积累，从而抑制柠檬酸合酶和 α- 酮戊二酸脱氢酶活性，降低柠檬酸循环的运行速率。

**2. 柠檬酸循环的多种酶以复合体形式存在于线粒体**　过去通常认为柠檬酸循环中的酶是线粒体中的可溶性成分（琥珀酸脱氢酶除外，它与线粒体内膜相偶联）。这可能是因为在酶蛋白分离过程中细胞裂解，破坏了细胞内的高级组织结构所致。目前逐渐有证据显示这些酶在线粒体中是以多种酶组成的复合体形式存在：如有些从柠檬酸循环中分离得到的酶能共同形成超分子聚合体；有些酶与线粒体的内膜偶联；有些酶在线粒体基质中移动时，其扩散速度比在溶液中的单纯蛋白分子的扩散速度慢。这种酶复合体被称为代谢区室（metabolon），它在细胞内能够有效地将代谢中间产物从一种酶传递给另一种酶。这些酶在细胞内形成的具有高级结构的复合体具有高效介导中间产物流通的功能，因此也可影响代谢的速率。

**（三）腺苷酸是调节糖有氧氧化的重要核苷酸**

有氧氧化的调节是为了适应机体或器官对能量的需要，有氧氧化全过程中许多酶的活性都受细胞内 ATP/ADP 或 ATP/AMP 比例的影响，因而能得以协调。当细胞消耗 ATP 以致 ATP 水平降低，ADP 和 AMP 浓度升高时，磷酸果糖激酶 -1、丙酮酸激酶、丙酮酸脱氢酶复合体及柠檬酸循环中的相关酶，乃至氧化磷酸化反应的酶均可被激活，从而加速有氧氧化，补充 ATP。反之，当细胞内 ATP 含量丰富时，上述酶的活性降低，氧化磷酸化亦减弱。在两种比例中，ATP/AMP 对有氧氧化的调节作用更为明显。当 ATP 被转变成 ADP 后，细胞可通过腺苷酸激酶利用 ADP 再产生一些 ATP：2ADP→ATP＋AMP。ATP 和 ADP 同时消耗，ATP/ADP 的变化要相对小一些。细胞内 ATP 的浓度约为 AMP 的 50 倍。由于 AMP 的浓度很低，所以每生成 1 分子 AMP，ATP/AMP 的变动比 ATP/ADP 的变动大得多，从而发挥有效的调节作用。

# 五、糖有氧氧化可抑制糖无氧氧化

酵母菌在无氧时进行生醇发酵；若将其转移至有氧环境，生醇发酵即被抑制。有氧氧化抑制生醇发酵（或无氧氧化）的现象称为巴斯德（Pastuer）效应。肌组织也有这种情况。缺氧时，丙酮酸不能进入柠檬酸循环，而在胞质中转变成乳酸。通过糖无氧氧化消耗的葡萄糖为有氧时的 7 倍。关于丙酮酸的代谢去向，由 NADH 去路决定。有氧时 NADH 可进入线粒体内氧化，丙酮酸就进行有氧氧化而不生成乳酸。缺氧时 NADH 以丙酮酸作为氢接受体，使后者还原生成乳酸。所以有氧抑制了糖无氧氧化。缺氧时通过糖无氧氧化途径分解的葡萄糖增加是由于缺氧时氧化磷酸化受阻，ADP 与 Pi 不能合成 ATP，ADP/ATP 比例升高，反映在胞质内则是磷酸果

Notes

糖激酶 -1 及丙酮酸激酶活性增强的结果。

---

### 框 6-2　Warburg 效应

　　肿瘤细胞具有独特的代谢规律。以糖代谢为例,肿瘤细胞消耗的葡萄糖远远多于正常细胞,更重要的是,即使在有氧时,肿瘤细胞中葡萄糖也不彻底氧化而是被分解生成乳酸,这种现象由德国生物化学家 Warburg OH 所发现,故称 Warburg 效应(Warburg effect)。

　　肿瘤细胞为何偏爱这种低产能的代谢方式成为近年来的研究热点。Warburg 效应使肿瘤细胞获得生存优势,至少体现在两方面:一是提供大量碳源,用以合成蛋白质、脂类、核酸,满足肿瘤快速生长的需要;二是关闭有氧氧化通路,避免产生自由基,从而逃避细胞凋亡。肿瘤选择 Warburg 效应的根本机制在于对关键酶的调节。例如,肿瘤组织中往往过量表达 M2 型丙酮酸激酶(PKM2),并且其二聚体形式占主体,能够诱发 Warburg 效应。异柠檬酸脱氢酶 1/2(IDH1/2)在神经胶质瘤中常发生基因突变,突变后促进体内产生 2- 羟戊二酸(2-HG),该产物积累与肿瘤发生发展密切相关。此外,肿瘤组织中磷酸戊糖途径比正常组织更为活跃,有利于进行生物合成代谢,目前认为一部分原因是肿瘤抑制基因 *TP53* 发生突变,从而失去了对葡糖 -6- 磷酸脱氢酶的抑制作用。这些肿瘤代谢特征已成为疾病诊治的新依据和突破点。

---

## 第四节　磷酸戊糖途径

　　细胞内的葡萄糖通过有氧氧化分解、生成大量 ATP,这是葡萄糖分解代谢的主要途径。此外尚存在其他代谢途径,磷酸戊糖途径(pentose phosphate pathway)就是另一重要途径。葡萄糖经此途径代谢的主要意义是产生磷酸核糖和 NADPH,而不是生成 ATP。

### 一、磷酸戊糖途径分为两个阶段

　　磷酸戊糖途径在细胞质中进行,其过程可分为 2 个阶段。第一阶段是氧化反应,葡糖 -6- 磷酸生成磷酸戊糖、NADPH 及 $CO_2$;第二阶段是非氧化反应,包括一系列基团转移,重新生成 6 碳糖(图 6-12)。

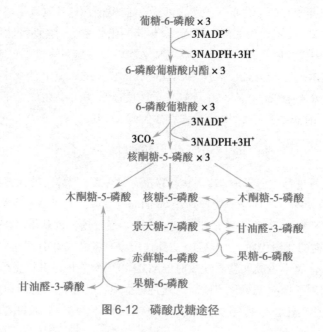

图 6-12　磷酸戊糖途径

Notes

### （一）葡糖 -6- 磷酸在氧化阶段生成磷酸戊糖和 NADPH

首先，葡糖 -6- 磷酸由葡糖 -6- 磷酸脱氢酶（glucose-6-phosphate dehydrogenase）催化脱氢、生成 6- 磷酸葡糖酸内酯（6-phosphogluconolactone），在此反应中 $NADP^+$ 为电子受体，平衡趋向于生成 NADPH，需要 $Mg^{2+}$ 参与。6- 磷酸葡糖酸内酯在内酯酶（lactonase）的作用下水解为 6- 磷酸葡糖酸（6-phosphogluconate），后者在 6- 磷酸葡糖酸脱氢酶作用下再次脱氢并自发脱羧而转变为核酮糖 -5- 磷酸，同时生成 NADPH 及 $CO_2$。核酮糖 -5- 磷酸在异构酶作用下，即转变为核糖 -5- 磷酸；或在差向异构酶作用下，转变为木酮糖 -5- 磷酸（6-9）。在第一阶段，葡糖 -6- 磷酸生成核糖 -5- 磷酸的过程中，同时生成 2 分子 NADPH 及 1 分子 $CO_2$。

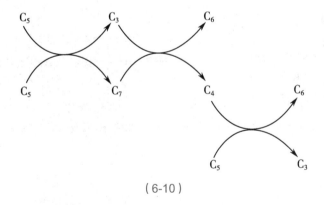

（6-9）

### （二）经过基团转移反应产生磷酸己糖和磷酸丙糖

在第一阶段中共生成 1 分子磷酸戊糖和 2 分子 NADPH。前者用以合成核苷酸，后者用于许多化合物的合成代谢。但细胞合成代谢中 NADPH 的消耗量远大于核糖，因此，多余的磷酸戊糖进入第二阶段反应，经过一系列基团转移反应，每 3 分子磷酸戊糖转变成 2 分子磷酸己糖和 1 分子磷酸丙糖（6-10）。

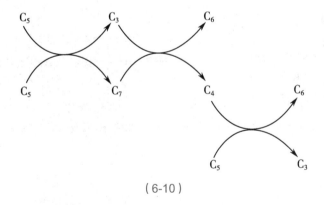

（6-10）

第二阶段的基团转移反应可分为两类。一类是转酮醇酶（transketolase）反应，转移含 1 个酮基、1 个醇基的 2 碳基团；另一类是转醛醇酶（transaldolase）反应，转移 3 碳单位。接受体都是醛糖。首先由转酮醇酶从木酮糖 -5- 磷酸带出一个 2C 单位（羟乙醛）转移给核糖 -5- 磷酸，产生景天糖 -7- 磷酸和甘油醛 -3- 磷酸，反应需 TPP 作为辅基并需 $Mg^{2+}$ 参与（6-11）。接着由转醛醇酶从景天糖 -7- 磷酸转移 3C 的二羟丙酮基给甘油醛 -3- 磷酸生成赤藓糖 -4- 磷酸和果糖 -6- 磷酸（6-12）。最后赤藓糖 -4- 磷酸在转酮醇酶催化下可接受来自木酮糖 -5- 磷酸的羟乙醛基，生成果糖 -6- 磷酸和甘油醛 -3- 磷酸（6-13）。

磷酸戊糖之间的互相转变由相应的异构酶、差向异构酶催化，这些反应均为可逆反应。磷酸戊糖途径总的反应为：3× 葡糖 -6- 磷酸 +6NADP$^+$ $\longrightarrow$ 2× 果糖 -6- 磷酸 + 甘油醛 -3- 磷酸 + 6NADPH $+6H^+ +3CO_2$。

Notes

木酮糖–5–磷酸    核糖–5–磷酸    景天糖–7–磷酸    甘油醛–3–磷酸

（6-11）

景天糖–7–磷酸    赤藓糖–4–磷酸    果糖–6–磷酸

（6-12）

赤藓糖–4–磷酸  木酮糖–5–磷酸    果糖–6–磷酸    甘油醛–3–磷酸

（6-13）

由磷酸戊糖途径产生的果糖 -6- 磷酸和甘油醛 -3- 磷酸可进入糖酵解途径进行分解代谢，因此磷酸戊糖途径也称磷酸戊糖旁路（pentose phosphate shunt）。但果糖 -6- 磷酸也可经磷酸己糖异构酶催化转变为葡糖 -6- 磷酸，重新进入磷酸戊糖途径。

## 二、磷酸戊糖途径主要受 NADPH/NADP⁺ 比值的调节

葡糖 -6- 磷酸可进入多条代谢途径。葡糖 -6- 磷酸脱氢酶是磷酸戊糖途径的关键酶，其活性决定葡糖 -6- 磷酸进入此途径的流量。摄取高碳水化合物饮食，尤其在饥饿后重新进食时，肝内此酶含量明显增加，以适应脂酸合成时 NADPH 的需要。磷酸戊糖途径的流量取决于 NADPH 需求。NADPH 是葡糖 -6- 磷酸脱氢酶的抑制剂，而 NADP⁺ 是该酶的激活剂。因此，此酶活性的快速调节，主要受 NADPH/NADP⁺ 比例的影响。比例升高，磷酸戊糖途径被抑制；比例降低时被激活。

Notes

### 三、磷酸戊糖途径是 NADPH 和磷酸戊糖的主要来源

#### （一）磷酸戊糖途径为核酸生物合成提供核糖

核糖是核酸和游离核苷酸的组成成分。体内的核糖并不依赖从食物摄入，而是通过磷酸戊糖途径生成。葡萄糖既可经葡糖 -6- 磷酸脱氢、脱羧的氧化反应产生磷酸核糖，也可通过糖酵解的中间产物甘油醛 -3- 磷酸和果糖 -6- 磷酸经过前述的基团转移反应生成磷酸核糖。两种方式的相对重要性因种而异。人类主要通过氧化反应生成核糖。肌组织缺乏葡糖 -6- 磷酸脱氢酶，磷酸核糖靠基团转移反应生成。

#### （二）提供 NADPH 作为供氢体参与多种代谢反应

NADPH 与 NADH 不同，它携带的氢不是通过电子传递链氧化释出能量，而是参与许多代谢反应，发挥不同的功能。

1. NADPH 是体内许多合成代谢的供氢体　例如，从乙酰 CoA 合成脂肪酸、胆固醇（第七章）。又如，机体合成非必需氨基酸时，先由 α- 酮戊二酸与 NADPH 及 $NH_3$ 生成谷氨酸。谷氨酸可与其他 α- 酮酸进行转氨基反应而生成相应的氨基酸（第九章）。

2. NADPH 参与体内羟化反应　有些羟化反应与生物合成有关，例如，从鲨烯合成胆固醇，从胆固醇合成胆汁酸、类固醇激素等。有些羟化反应则与生物转化（biotransformation）有关（第十一章）。许多羟化反应需要 NADPH 提供氢。

3. NADPH 用于维持谷胱甘肽的还原状态　谷胱甘肽（glutathione，GSH）是一个三肽。2 分子 GSH 可以脱氢氧化成为氧化型谷胱甘肽（GSSG），后者可在谷胱甘肽还原酶作用下被 NADPH 重新还原成为还原型谷胱甘肽（reduced glutathione）（6-14）。

$$2G—SH \xrightarrow[\text{NADP}^+]{\quad A \quad\nearrow\quad AH_2 \quad} G—S—S—G$$

（6-14）

还原型谷胱甘肽是体内重要的抗氧化剂，可保护一些含—SH 的蛋白质或酶免受氧化剂（尤其是过氧化物）的损害。在红细胞中还原型谷胱甘肽更具有重要作用——保护红细胞膜的完整性。葡糖 -6- 磷酸脱氢酶缺陷者，其红细胞不能经磷酸戊糖途径得到充分的 NADPH，则难使谷胱甘肽保持于还原状态，此时红细胞尤其是较老的红细胞易于破裂，发生溶血性黄疸。这种溶血现象常在食用蚕豆（是强氧化剂）后诱发，故称为蚕豆病。

## 第五节　糖原的合成与分解

糖原（glycogen）是葡萄糖的多聚体，是动物体内糖的储存形式。摄入的糖类除满足供能外，大部分转变成脂肪（甘油三酯）储存于脂肪组织内，只有一小部分以糖原形式储存。糖原作为葡萄糖储备的生物学意义在于当机体需要葡萄糖时它可以迅速被动用以供急需，而脂肪则不能。肝和骨骼肌是贮存糖原的主要组织器官，但肝糖原和肌糖原的生理意义不同。肌糖原主要为肌肉收缩提供急需的能量；肝糖原则是血糖的重要来源，这对于一些依赖葡萄糖作为能量来源的组织（如脑、红细胞等）尤为重要。

### 一、糖原合成是将葡萄糖连接成多聚体

糖原合成（glycogenesis）是指由葡萄糖生成糖原的过程，主要发生在肝和骨骼肌。糖原合成时，葡萄糖先活化，再连接形成直链和支链。

Notes

### （一）葡萄糖活化为尿苷二磷酸葡萄糖

葡萄糖在葡糖激酶作用下磷酸化成为葡糖 -6- 磷酸，后者再转变成葡糖 -1- 磷酸。这是为葡萄糖与糖原分子连接作准备。葡糖 -1- 磷酸与尿苷三磷酸（UTP）反应生成尿苷二磷酸葡糖（uridine diphosphate glucose，UDPG）及焦磷酸（6-15）。此反应可逆，由 UDPG 焦磷酸化酶（UDPG pyrophosphorylase）催化。UDPG 可看作"活性葡萄糖"，在体内充当葡萄糖供体。由于焦磷酸在体内迅速被焦磷酸酶水解，使反应向生成 UDPG 的方向进行。在体内，焦磷酸水解有利于合成代谢反应的进行。

$$\text{葡糖–1–磷酸} + ⑫\sim⑫\sim⑫—\text{尿苷} \rightleftharpoons \text{UDPG} + PPi$$

（6-15）

### （二）UDPG 中的葡萄糖基连接形成链状分子

在糖原合酶（glycogen synthase）作用下，UDPG 的葡萄糖基转移给糖原引物的糖链末端，形成 α-1, 4- 糖苷键。糖原引物是细胞内原有的较小的糖原分子。上述反应反复进行，可使糖链不断延长。

游离葡萄糖不能作为 UDPG 的葡萄糖基的接受体。如果细胞内的糖原已经耗尽，糖原的重新合成则依赖于一种糖原蛋白（glycogenin）作为葡萄糖基的受体，糖原蛋白是一种蛋白 - 酪氨酸 - 葡糖基转移酶，它可对其自身进行化学修饰，将 UDPG 分子的转移连接到自身的酪氨酸残基上，结合到糖原蛋白上的葡萄糖分子即成为糖原合成的引物（图 6-13）。

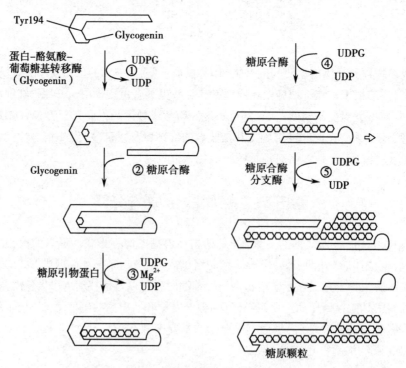

图 6-13　糖原引物的生成

### （三）分支酶催化形成糖原的大量分支

在糖原合酶的作用下，糖链只能延长，不能形成分支。当糖链长度达到 12～18 个葡萄糖基时,分支酶(branching enzyme)将一段糖链(约 6～7 个葡萄糖基)转移到邻近的糖链上,以α-1,6- 糖苷键相接,从而形成分支(图 6-14)。分支的形成不仅可增加糖原的水溶性,更重要的是可增加非还原端数目,以便磷酸化酶能迅速分解糖原。糖原合成还有一条三碳途径(见糖异生)。

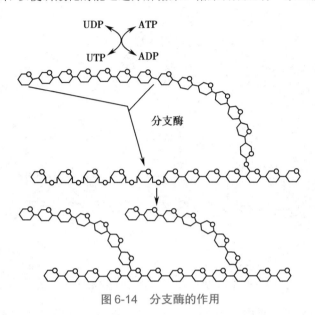

图 6-14　分支酶的作用

### (四)糖原合成是耗能过程

从葡萄糖合成糖原是耗能的过程。葡萄糖磷酸化时消耗 1 个 ATP,糖原合酶反应中生成的 UDP 必须利用 ATP 重新生成 UTP,即 ATP 中的高能磷酸键转移给了 UTP,因此反应虽消耗 1 个 ATP,但无高能磷酸键的损失。而焦磷酸水解成 2 分子磷酸时又损失 1 个高能磷酸键,故共消耗 2 个 ATP。

## 二、糖原分解是从非还原端进行磷酸解

糖原分解(glycogenolysis)是指肝糖原分解成为葡萄糖的过程。由肝糖原分解而来的葡糖 -6- 磷酸,除了水解成葡萄糖而释出之外,也可经糖酵解或磷酸戊糖途径等进行代谢。但当机体需要补充血糖(如饥饿)时,后两条代谢途径均被抑制,肝糖原则绝大部分分解成葡萄糖释放入血。在糖原分解产生的葡糖 -6- 磷酸进入糖酵解途径。

### (一)糖原磷酸化酶分解 α-1,4- 糖苷键

糖原分解的第一步是从糖链的非还原端开始,在糖原磷酸化酶(glycogen phosphorylase)作用下分解 1 个葡萄糖基,生成葡糖 -1- 磷酸,糖原磷酸化酶只能分解 α-1,4- 糖苷键,对 α-1,6- 糖苷键无作用。由于是磷酸解生成葡糖 -1- 磷酸而不是水解成游离葡萄糖,自由能变动较小,反应是可逆的。但细胞内无机磷酸盐的浓度约为葡糖 -1- 磷酸的 100 倍,所以反应只能向糖原分解方向进行。

### (二)脱支酶分解 α-1,6- 糖苷键

当糖链上的葡萄糖基逐个磷酸解至分支点约 4 个葡萄糖基时,由于位阻,糖原磷酸化酶不能再发挥作用。这时由葡聚糖转移酶(glucan transferase)将 3 个葡萄糖基转移到邻近糖链的末端,仍以 α-1,4- 糖苷键连接。剩下 1 个以 α-1,6- 糖苷键与糖链形成分支的葡萄糖基被 α-1,6- 葡萄糖苷酶水解成游离葡萄糖。除去分支后,糖原磷酸化酶即可继续发挥作用。目前认为葡聚糖转移酶和 α-1,6- 葡萄糖苷酶是同一酶的 2 种活性,合称脱支酶(debranching enzyme)(图 6-15)。在糖原磷酸化酶和脱支酶的共同作用下,最终产物中约 85% 为葡糖 -1- 磷酸,15% 为游离葡萄糖。葡糖 -1- 磷酸转变为葡糖 -6- 磷酸后,由葡糖 -6- 磷酸酶(glucose-6-phosphatase)水解成葡萄

Notes

糖释放入血。葡糖 -6- 磷酸酶只存在于肝、肾中，而不存在于肌肉中。所以只有肝和肾脏可补充血糖；肌糖原不能分解成葡萄糖，只能进行糖酵解或有氧氧化。

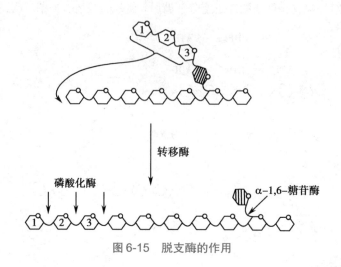

图 6-15　脱支酶的作用

## 三、糖原合成与分解受到彼此相反的调节

糖原的合成与分解的过程中只有部分反应是可逆的，实际上是两条代谢途径（图 6-16），可分别进行调控，而且是反向调控。当糖原合成途径活跃时，分解途径则被抑制，才能有效地合成糖原；反之亦然。

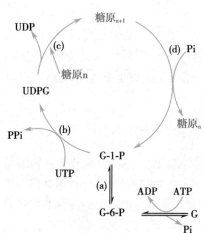

图 6-16　糖原合成与分解
(a) 磷酸葡萄糖变位酶；(b) UDPG 焦磷酸化酶；(c) 糖原合酶和分支酶；(d) 糖原磷酸化酶和脱支酶

糖原合成途径中的糖原合酶和糖原分解途径中的糖原磷酸化酶都是催化不可逆反应的关键酶。这两个酶分别是二条代谢途径的调节点，其活性决定不同途径的代谢速率，从而影响糖原代谢的方向。糖原合酶和糖原磷酸化酶的快速调节有化学修饰和变构调节两种方式。

### （一）糖原磷酸化酶是糖原分解的关键酶

1. 糖原磷酸化酶的活性通过磷酸化和去磷酸化进行调节　肝糖原磷酸化酶有磷酸化和去磷酸化两种形式。当该酶 14 位丝氨酸被磷酸化时，活性很低的糖原磷酸化酶（称为磷酸化酶 b）就转变为活性强的糖原磷酸化酶（称为磷酸化酶 a）。这种磷酸化过程由糖原磷酸化酶 b 激酶催化。糖原磷酸化酶 b 激酶也有两种形式。去磷酸的糖原磷酸化酶 b 激酶没有活性，在蛋白激酶 A 作用下被磷酸化而激活，其去磷酸则由磷蛋白磷酸酶 -1 催化（图 6-17）。

蛋白激酶 A 也有活性及无活性两种形式，其活性受 cAMP 调节。ATP 在腺苷酸环化酶作用下生成 cAMP，而腺苷酸环化酶的活性受激素调节。cAMP 在体内很快被磷酸二酯酶水解成 AMP，蛋白激酶 A 随即转变为无活性型。这种通过一系列酶促反应将信号放大的连锁反应称为级联放大系统（cascade system），与酶含量调节相比（一般以几小时或天计），反应快，效率高。其意义有二：一是放大效应；二是级联中各级反应都存在有可以被调节的方式。

2. 糖原磷酸化酶的活性也可受变构调节　葡萄糖是糖原磷酸化酶的变构调节剂。当血糖升高时，葡萄糖进入肝细胞，与磷酸化酶 a 的变构调节部位结合，引起构象改变，暴露出磷酸化的第 14 位丝氨酸，然后在磷蛋白磷酸酶 -1 催化下去磷酸化而失活。因此，当血糖浓度升高时，

Notes

可降低肝糖原的分解。这种调节方式速度更快,仅需几毫秒。

**(二)糖原合酶是糖原合成的关键酶**

糖原合酶亦分为a、b两种形式。糖原合酶a有活性,磷酸化成糖原合酶b则失去活性(图6-17)。蛋白激酶A可将糖原合酶的多个丝氨酸残基磷酸化而使之失活。此外,磷酸化酶b激酶也可磷酸化其中1个丝氨酸残基,使糖原合酶失活。

**(三)磷酸化修饰对两个关键酶进行反向调节**

糖原磷酸化酶和糖原合酶的活性都是通过磷酸化和去磷酸化进行调节。两种酶磷酸化和去磷酸化的方式相似,但效果不同,糖原磷酸化酶经磷酸化修饰被激活,而糖原合酶经磷酸化后则活性受到抑制(图6-17)。这种精细的调控,避免了由于分解、合成两个途径同时进行所造成的ATP的浪费。

使磷酸化酶a、糖原合酶和磷酸化酶b激酶去磷酸化的磷蛋白磷酸酶-1的活性也受到精细调节。磷蛋白磷酸酶抑制物是胞内一种蛋白质,与此酶结合后可抑制其活性。此抑制物本身具活性的磷酸化形式也是由蛋白激酶A调控的(图6-17)。

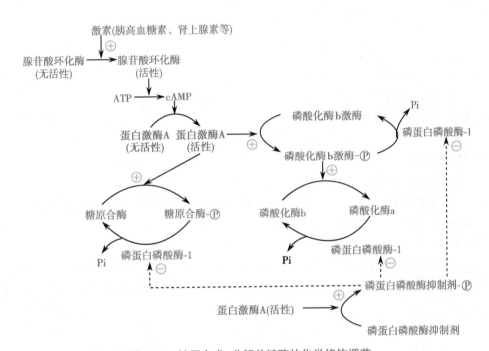

图6-17　糖原合成、分解关键酶的化学修饰调节

**(四)糖原合成与分解可由激素反向调节**

糖原合成与分解的生理性调节主要靠胰岛素和胰高血糖素。胰岛素抑制糖原分解,促进糖原合成,其具体机制尚未确定,可能通过激活磷蛋白磷酸酶-1而加速糖原合成、抑制糖原分解。胰高血糖素可诱导生成cAMP,激活蛋白激酶A,促进糖原分解。肾上腺素也可通过cAMP促进糖原分解,但可能仅在应激状态发挥作用。

**(五)肌组织和肝的糖原代谢调节特点不同**

骨骼肌内糖原代谢的两个关键酶的调节与肝糖原不同。这是因为肌糖原的生理功能不同于肝糖原,肌糖原不能补充血糖,仅仅是为骨骼肌活动提供能量。因此,在糖原分解代谢时肝主要受胰高血糖素的调节,而骨骼肌主要受肾上腺素调节。骨骼肌内糖原合酶及磷酸化酶的变构效应物主要为AMP、ATP及葡糖-6-磷酸。AMP可激活磷酸化酶b,而ATP、葡糖-6-磷酸可抑制磷酸化酶a,但对糖原合酶有激活作用,使肌糖原的合成与分解受细胞内能量状态的控制。当肌肉收缩、ATP被消耗时,AMP浓度升高,而葡糖-6-磷酸水平亦低,这就使得肌糖原分解加

Notes

快,合成被抑制。而当静息时,肌肉内 ATP 及葡糖 -6- 磷酸水平较高,有利于糖原合成。

$Ca^{2+}$ 的升高可引起肌糖原分解增加。当神经冲动引起胞内、$Ca^{2+}$ 升高时,因为磷酸化酶 b 激酶的 δ 亚基就是钙调蛋白(calmodulin),$Ca^{2+}$ 与其结合,即可激活磷酸化酶 b 激酶,促进磷酸化酶 b 磷酸化成磷酸化酶 a,加速糖原分解。这样,在神经冲动引起肌肉收缩的同时,即可加速糖原分解,以获得肌肉收缩所需能量。

# 第六节　糖　异　生

体内糖原的储备有限,正常成人每小时可由肝释出葡萄糖 210mg/kg 体重,照这样计算,如果没有补充,10 多个小时肝糖原即被耗尽,血糖来源断绝。但事实上即使禁食 24 小时,血糖仍保持正常范围。这时除了周围组织减少对葡萄糖的利用外,主要还是依赖肝将氨基酸、乳酸等转变成葡萄糖,不断补充血糖。这种从非糖化合物(乳酸、甘油、生糖氨基酸等)转变为葡萄糖或糖原的过程称为糖异生(gluconeogenesis)。糖异生的主要器官是肝。肾在正常情况下糖异生能力只有肝的 1/10,长期饥饿时肾糖异生能力则可大为增强。

## 一、糖异生不完全是糖酵解的逆反应

从丙酮酸生成葡萄糖的具体反应过程称为糖异生途径(gluconeogenic pathway)。葡萄糖经糖酵解分解生成丙酮酸时,$\Delta G^{\circ\prime}$ 为 −502kJ/mol(−120kcal/mol)。从热力学角度而言,由丙酮酸生成葡萄糖不可能全部循酵解途径逆行。酵解途径与糖异生途径的多数反应是共有的、可逆的,但酵解途径中有 3 个不可逆反应——磷酸烯醇式丙酮酸→丙酮酸、果糖 -6- 磷酸→果糖 -1,6- 二磷酸和葡萄糖→葡糖 -6- 磷酸,在糖异生途径中须用另外的反应和酶代替。

### (一)丙酮酸经丙酮酸羧化支路转变为磷酸烯醇式丙酮酸

1. 丙酮酸转变成磷酸烯醇式丙酮酸　糖酵解途径中磷酸烯醇式丙酮酸由丙酮酸激酶催化生成丙酮酸。在糖异生途径中其逆过程由 2 个反应组成(6-16)。催化第一个反应的是丙酮酸羧化酶(pyruvate carboxylase),其辅基为生物素。$CO_2$ 先与生物素结合,需消耗 ATP;然后活化的 $CO_2$ 再转移给丙酮酸生成草酰乙酸。第二个反应由磷酸烯醇式丙酮酸羧激酶催化草酰乙酸转变成磷酸烯醇式丙酮酸。反应中消耗一个高能磷酸键,同时脱羧。上述二步反应共消耗 2 个 ATP。

$$
\begin{array}{ccccc}
\text{COO}^- & & \text{COO}^- & & \text{COO}^- \quad \text{O} \\
| & \xrightarrow{\ \text{CO}_2\ } & | & \xrightarrow{\ \text{CO}_2\ } & | \quad \quad \| \\
\text{C=O} & \overset{\text{ATP} \quad \text{ADP+P}_i}{} & \text{C=O} & \overset{\text{GTP} \quad \text{GDP}}{} & \text{C--O--P--O}^- \\
| & & | & & \| \quad \quad | \\
\text{CH}_3 & & \text{CH}_2 & & \text{CH}_2 \quad \text{O}^- \\
& & | & & \\
& & \text{COOH} & & \\
\text{丙酮酸} & & \text{草酰乙酸} & & \text{磷酸烯醇式丙酮酸}
\end{array}
$$

(6-16)

2. 反应过程中需要将草酰乙酸运输出线粒体　由于丙酮酸羧化酶仅存在于线粒体,故胞质中的丙酮酸必须进入线粒体,才能羧化生成草酰乙酸。而磷酸烯醇式丙酮酸羧激酶在线粒体和胞质中都存在,因此草酰乙酸可在线粒体中直接转变为磷酸烯醇式丙酮酸再进入胞质,也可在胞质中被转变为磷酸烯醇式丙酮酸。但是,草酰乙酸不能直接透过线粒体膜,需借助两种方式将其转运入胞质(图 6-18)。一种是经苹果酸脱氢酶作用,将其还原成苹果酸,然后通过线粒体膜进入胞质,再由胞质中苹果酸脱氢酶将苹果酸脱氢氧化为草酰乙酸而进入糖异生反应途径。另一种方式是经谷草转氨酶的作用,生成天冬氨酸后再运输出线粒体,进入胞质中的天冬氨酸再经胞质中谷草转氨酶的催化而恢复生成草酰乙酸。

Notes

在糖异生途径的随后反应中，甘油酸-1, 3-二磷酸还原成甘油醛-3-磷酸时，需 NADH 供氢。当以乳酸为原料异生成糖时，其脱氢生成丙酮酸时已在胞质中产生了 NADH 以供利用；而以丙酮酸或生糖氨基酸为原料进行糖异生时，NADH 必须由线粒体提供，这些 NADH 可来自脂肪酸 β- 氧化或柠檬酸循环，通过将草酰乙酸还原成苹果酸，运输到线粒体外，苹果酸再脱氢转变成草酰乙酸，产生 NADH 以供利用。

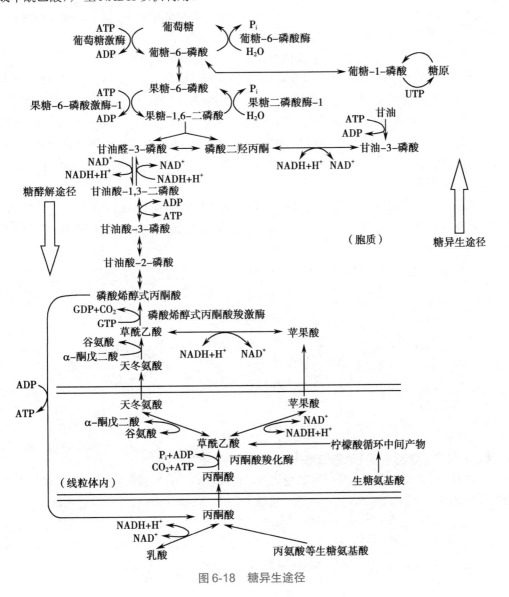

图 6-18 糖异生途径

**（二）果糖 -1, 6- 二磷酸转变为果糖 -6- 磷酸**

此反应由果糖二磷酸酶 -1 催化（图 6-18）。$C_1$ 位的磷酸酯进行水解是放能反应，所以反应易于进行。

**（三）葡糖 -6- 磷酸水解为葡萄糖**

此反应由葡糖 -6- 磷酸酶催化（图 6-18）。与果糖 -1, 6- 二磷酸转变为果糖 -6- 磷酸类似，由葡糖 -6- 磷酸转变为葡萄糖也是磷酸酯水解反应，而不是葡糖激酶催化反应的逆反应，热力学上是可行的。

因为有丙酮酸羧化酶、磷酸烯醇式丙酮酸羧激酶、果糖二磷酸酶 -1 及葡糖 -6- 磷酸酶分别催化的反应代替了酵解途径中 3 个不可逆反应，从而使整个反应途径可以逆向进行，所以乳酸、丙氨酸等生糖氨基酸（第九章）可通过丙酮酸异生为葡萄糖。

Notes

## 二、糖异生和糖酵解通过 2 个底物循环进行调节而彼此协调

糖异生与糖酵解是方向相反的两条代谢途径，其中 3 个限速步骤分别由不同的酶催化底物互变，称为底物循环（substrate cycle）。当催化互变反应的两种酶活性相等时，代谢不能向任何方向推进，结果仅是无谓地消耗 ATP 而释放热能，形成无效循环（futile cycle）。如果两种酶活性不相等，代谢就会朝着酶活性强的方向进行。要进行有效的糖异生，就必须抑制糖酵解；反之亦然。这种协调主要依赖对 2 个底物循环的调节。

### （一）第一个底物循环在果糖 -6- 磷酸与果糖 -1，6- 二磷酸之间进行

糖酵解时，果糖 -6- 磷酸磷酸化成果糖 -1，6- 二磷酸；糖异生时，果糖 -1，6- 二磷酸去磷酸而成果糖 -6- 磷酸，由此构成一个底物循环（6-17）。在细胞内，催化这两个反应的酶活性常呈相反的变化。果糖 -2，6- 二磷酸、AMP 激活果糖 -6- 磷酸激酶 -1，同时抑制果糖二磷酸酶 -1 的活性，因此促进糖酵解、抑制糖异生（6-17）。胰高血糖素通过 cAMP 和蛋白激酶 A 将果糖 -6- 磷酸激酶 -2 磷酸化而失活，降低肝细胞内果糖 -2，6- 二磷酸水平，从而促进糖异生、抑制糖酵解。胰岛素则有相反的作用。

目前认为，果糖 -2，6- 二磷酸水平是肝内糖酵解和糖异生的主要调节信号。进食后，胰高血糖素 / 胰岛素比例降低，果糖 -2，6- 二磷酸水平升高，糖酵解增强而糖异生减弱。饥饿时，胰高血糖素分泌增加，果糖 -2，6- 二磷酸水平降低，糖异生增强而糖酵解减弱。维持底物循环虽然损失一些 ATP，但却可使代谢调节更为灵敏、精细。

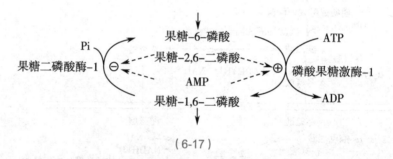

（6-17）

### （二）第二个底物循环在磷酸烯醇式丙酮酸和丙酮酸之间进行

果糖 -1，6- 二磷酸是丙酮酸激酶的变构激活剂（6-18），通过果糖 -1，6- 二磷酸可将两个底物循环相联系和协调。胰高血糖素可抑制果糖 -2，6- 二磷酸合成，从而减少果糖 -1，6- 二磷酸的生成，这就可降低丙酮酸激酶的活性。胰高血糖素还通过 cAMP 使丙酮酸激酶磷酸化而抑制其活性，使糖异生增强而糖酵解减弱。肝内丙酮酸激酶可被丙氨酸抑制。饥饿时，丙氨酸是主要的糖异生原料，故丙氨酸的这种抑制作用有利于丙氨酸异生成糖。

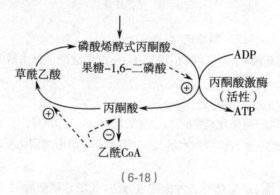

（6-18）

Notes

乙酰 CoA 是丙酮酸羧化酶的激活剂，同时又是丙酮酸脱氢酶的抑制剂。饥饿时，大量脂酰 CoA 在线粒体内进行 β- 氧化，生成大量乙酰 CoA。这样既抑制了丙酮酸脱氢酶，阻止丙酮酸继

续氧化，又激活了丙酮酸羧化酶，使其转变为草酰乙酸，从而加速糖异生(6-18)。

胰高血糖素可通过 cAMP 快速诱导磷酸烯醇式丙酮酸羧激酶基因的表达，增加酶的合成。相反，胰岛素可显著降低磷酸烯醇式丙酮酸羧激酶 mRNA 水平，并对 cAMP 有对抗作用，说明胰岛素对该酶有重要的调节作用。

## 三、糖异生的生理意义

### （一）维持血糖浓度恒定是糖异生最重要的生理作用

空腹或饥饿时，机体可利用氨基酸、甘油等异生成葡萄糖，以维持血糖水平恒定。正常成人的脑组织不能利用脂肪酸，主要利用葡萄糖供给能量；红细胞没有线粒体，完全通过糖无氧氧化获得能量；骨髓、神经等组织由于代谢活跃，经常进行糖无氧氧化。这样，即使在饥饿状况下机体也需消耗一定量的葡萄糖，以维持生命活动。此时这些葡萄糖全部依赖糖异生生成。

糖异生的主要原料为乳酸、氨基酸及甘油。乳酸来自肌糖原分解。肌肉内糖异生活性低，生成的乳酸不能在肌肉内重新合成糖，经血液转运至肝后异生成糖。这部分糖异生主要与运动强度有关。而在饥饿时，糖异生的原料主要为氨基酸和甘油。饥饿早期，随着脂肪组织中脂肪的分解加速，运送至肝的甘油增多，每天约可生成 10～15g 葡萄糖。但糖异生的主要原料为氨基酸。肌肉的蛋白质分解成氨基酸后以丙氨酸和谷氨酰胺形式运行至肝，每天生成约 90～120g 葡萄糖，约需分解 180～200g 蛋白质。长期饥饿时每天消耗这么多蛋白质是无法维持生命的。经过适应，脑每天消耗的葡萄糖可减少，其余依赖酮体供能。这时甘油仍可异生提供约 20g 葡萄糖，所以每天消耗的蛋白质可减少至 35g 左右。

### （二）糖异生是补充或恢复肝糖原储备的重要途径

糖异生是肝补充或恢复糖原储备的重要途径，这在饥饿后进食更为重要。肝糖原的合成并不完全是利用肝细胞直接摄入的葡萄糖。肝灌注实验表明，如果灌注液中加入一些可异生成糖的甘油、谷氨酸、丙酮酸、乳酸，可使肝糖原迅速增加。以同位素标记不同碳原子的葡萄糖输入动物后，分析其肝糖原中葡萄糖标记的情况，结果表明相当一部分摄入的葡萄糖先分解成丙酮酸、乳酸等三碳化合物，后者再异生成糖，合成糖原。这既解释了肝摄取葡萄糖的能力低，但仍可合成糖原，又可解释为什么进食 2～3 小时内，肝仍要保持较高的糖异生活性。合成糖原的这条途径称为三碳途径。

### （三）肾糖异生增强有利于维持酸碱平衡

长期饥饿时，肾糖异生增强，有利于维持酸碱平衡。长期禁食后，肾糖异生作用增强。发生这一变化的原因可能是饥饿造成的代谢性酸中毒所致。此时体液 pH 降低，促进肾小管中磷酸烯醇式丙酮酸羧激酶的合成，从而使糖异生作用增强。另外，当肾中 α- 酮戊二酸因异生成糖而减少时，可促进谷氨酰胺脱氨生成谷氨酸以及谷氨酸的脱氨反应，肾小管细胞将 $NH_3$ 分泌入管腔，与原尿中 $H^+$ 结合，降低原尿 $H^+$ 浓度，有利排氢保钠作用的进行，对防止酸中毒有重要作用。

## 四、肌肉收缩产生的乳酸在肝中糖异生形成乳酸循环

肌肉收缩（尤其是氧供应不足时）通过糖无氧氧化生成乳酸。肌肉内糖异生活性低，所以乳酸通过细胞膜弥散进入血液后，再入肝、异生为葡萄糖。葡萄糖释入血液后又可被肌肉摄取，这就构成了一个循环，称为乳酸循环，又称 Cori 循环（图 6-19）。乳酸循环的形成是由于肝和肌肉组织中酶的特点所致。肝内糖异生活跃，又有葡糖 -6- 磷酸酶可水解葡糖 -6- 磷酸，释出葡萄糖。肌肉除糖异生活性低外，又没有葡糖 -6- 磷酸酶。肌肉内生成的乳酸既不能异生成糖，更不能释放出葡萄糖。乳酸循环的生理意义就在于既避免损失乳酸，又可防止乳酸堆积引起酸中毒。乳酸循环是耗能的过程，2 分子乳酸异生成葡萄需消耗 6 分子 ATP。

Notes

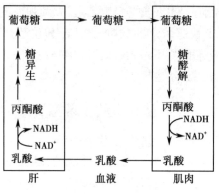

图 6-19　乳酸循环

# 第七节　葡萄糖的其他代谢途径

细胞内葡萄糖除了氧化分解供能或进入磷酸戊糖途径外,还可代谢生成葡糖醛酸、多元醇、2,3-二磷酸甘油酸等重要代谢产物。

## 一、糖醛酸途径生成葡糖醛酸

糖醛酸途径(glucuronate pathway)是指以葡糖醛酸为中间产物的葡萄糖代谢途径,在糖代谢中所占比例很小。首先,葡糖 -6- 磷酸转变为尿苷二磷酸葡萄糖(UDPG),过程见糖原合成。然后在 UDPG 脱氢酶催化下,UDPG 氧化生成尿苷二磷酸葡糖醛酸(uridine diphosphate glucuronic acid,UDPGA)。后者再转变为木酮糖 -5- 磷酸,与磷酸戊糖途径相衔接(图 6-20)。

图 6-20　糖醛酸途径

对人类而言,糖醛酸途径的主要生理意义是生成活化的葡糖醛酸——UDPGA。葡糖醛酸是组成蛋白聚糖的糖胺聚糖(如透明质酸、硫酸软骨素、肝素等)的组成成分(第三章)。此外,葡糖醛酸在肝内生物转化过程中参与很多结合反应(第十一章)。

Notes

## 二、多元醇途径可产生少量多元醇

葡萄糖代谢还可生成一些多元醇,如山梨醇(sorbitol)、木糖醇(xylitol)等,称为多元醇途径(polyol pathway)。这些代谢过程仅局限于某些组织,在葡萄糖代谢中所占比例极小。例如,在醛糖还原酶作用下,由 NADPH+$H^+$ 供氢,葡萄糖可还原生成山梨醇。在 2 种木糖醇脱氢酶催化下,糖醛酸途径中的 L-木酮糖可生成中间产物木糖醇,后者再转变为 D-木酮糖。

多元醇本身无毒且不易通过细胞膜,在肝、脑、肾上腺、眼等组织具有重要的生理、病理意义。例如,生精细胞可利用葡萄糖经山梨醇生成果糖,使得人体精液中果糖浓度超过 10mmol/L。精子以果糖作为主要能源,而周围组织主要利用葡萄糖供能,这样就为精子活动提供了充足的能源保障。1 型糖尿病患者血糖水平高,透入眼中晶状体的葡萄糖增加从而生成较多的山梨醇,山梨醇在局部增多可使渗透压升高而引起白内障。

## 三、甘油酸-2,3-二磷酸旁路调节血红蛋白的运氧能力

红细胞内的糖酵解存在侧支循环——甘油酸-2,3-二磷酸旁路(2,3-BPG shunt pathway)(图 6-21),即在甘油酸-1,3-二磷酸(1,3-BPG)处形成分支,生成中间产物甘油酸-2,3-二磷酸(2,3-BPG),再转变成甘油酸-3-磷酸而返回糖酵解。此支路仅占糖酵解的 15%～50%,但是由于 2,3-BPG 磷酸酶的活性较低,2,3-BPG 的生成大于分解,导致红细胞内 2,3-BPG 升高。

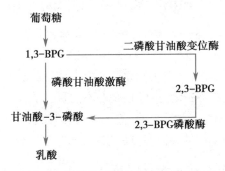

图 6-21　甘油酸-2,3-二磷酸旁路

红细胞内 2,3-BPG 的主要生理功能是调节血红蛋白(Hb)运氧。2,3-BPG 是一个负电性较高的分子,可与血红蛋白结合,结合部位在 Hb 分子 4 个亚基的对称中心孔穴内。2,3-BPG 的负电荷基团与组成孔穴侧壁的 2 个 β 亚基的带正电荷基团形成盐键(图 6-22),从而使 Hb 分子的 T 构象更趋稳定,降低与 $O_2$ 的亲和力。当血液通过氧分压较高的肺部时,2,3-BPG 的影响不大;

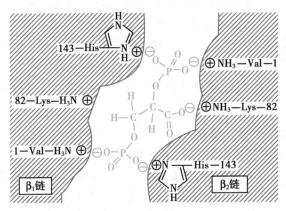

图 6-22　甘油酸-2,3-二磷酸与血红蛋白的结合

而当血液流过氧分压较低的组织时,2,3-BPG 则显著增加 $O_2$ 释放,以供组织需要。人体能通过改变红细胞内 2,3-BPG 的浓度来调节对组织的供氧。在氧分压相同的条件下,随 2,3-BPG 浓度增大,释放的 $O_2$ 增多。

# 第八节 血糖及其调节

血糖(blood sugar, blood glucose)指血中的葡萄糖。血糖水平相当恒定,维持在 3.89~6.11mmol/L 之间,这是进入和移出血液的葡萄糖平衡的结果(6-19)。适当调控血糖的来源和去路,维持稳定的血糖水平,是维持机体正常代谢和正常生理功能的必要条件。

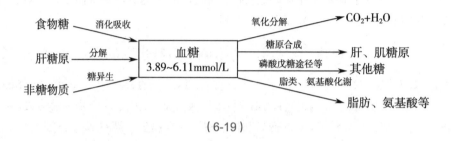

(6-19)

## 一、血糖的来源和去路相对平衡

血糖的来源为肠道吸收、肝糖原分解和糖异生生成葡萄糖释入血液内。血糖的去路则为周围组织以及肝的摄取利用。这些组织中摄取的葡萄糖的利用、代谢各异。某些组织用其氧化供能;肝、肌肉用其合成糖原;脂肪组织和肝可将其转变为甘油三酯等。

以上这些代谢过程在机体不断地进行,但是在不同状态下有很大的差异,这与机体能量来源、消耗等有关。糖代谢的调节不是孤立的,它还涉及脂肪及氨基酸的代谢。血糖水平保持恒定是糖、脂肪、氨基酸代谢协调的结果;也是肝、肌肉、脂肪组织等各器官组织代谢协调的结果。

## 二、血糖水平的平衡主要受到激素调节

调节血糖水平的激素主要有胰岛素、高血糖素、肾上腺素和糖皮质激素等。血糖水平的恒定是这些激素联合作用的结果。

### (一)胰腺分泌胰岛素和胰高血糖素应对血糖的变化

胰腺的 β 细胞产生胰岛素(insulin),α 细胞产生胰高血糖素(glucagon)。当食用高碳水化合物饮食时,葡萄糖从肠道进入血液使血糖升高,导致胰岛素分泌增加。胰岛素可促进血糖进入组织细胞氧化分解、合成肝糖原和转化成非糖物质,它还可通过抑制胰高血糖素的分泌抑制肝糖原分解和糖异生,从而达到迅速降低血糖的效果。当机体消耗血糖使其浓度降低时,胰岛素分泌减少而胰高血糖素分泌增加,从而促进肝糖原分解,升高血糖。但是胰高血糖素的分泌增加又对胰岛素的分泌起促进作用,胰高血糖素促进肝糖原分解的同时,胰岛素分泌增加很快发挥相反的降血糖作用。这样,通过拮抗作用使肝糖原分解缓慢进行,使血糖在正常浓度范围内保持较小幅度的波动。

1. **胰岛素是降低血糖的唯一激素** 胰腺释放的胰岛素主要受血液供给胰岛的血糖水平的调节。当血糖升高时,GLUT4 载体将葡萄糖运输至 β 细胞,被己糖激酶Ⅳ(葡萄糖激酶)转化为葡糖 -6- 磷酸后进入糖酵解。葡萄糖代谢活跃使 ATP 增加,导致细胞膜上 ATP 调控的 $K^+$ 通路关闭。$K^+$ 外流减少使细胞膜去极化,导致细胞膜上电压调控的 $Ca^{2+}$ 通路开放。$Ca^{2+}$ 流入触发细胞外排释放胰岛素。副交感神经和交感神经的刺激也能分别增加或者抑制胰岛素的释放。

Notes

一个简单的反馈回路控制着激素分泌：胰岛素通过刺激各组织的葡萄糖摄入来降低血糖；而血糖的降低，可使己糖激酶所催化反应的减弱而被 β 细胞检测到，从而减少或者停止胰岛素的分泌。这个反馈调节持续不断地维持血糖浓度相对恒定。

胰岛素刺激骨骼肌和脂肪组织的葡萄糖摄入，葡萄糖转化成葡糖 -6- 磷酸。在肝内，胰岛素激活糖原合酶，使糖原磷酸化酶失活，促进糖原合成。

胰岛素还能刺激过剩燃料的储存，例如以脂肪的形式储存。在肝中，胰岛素可激活糖酵解途径将葡糖 -6- 磷酸氧化成丙酮酸，也可促进丙酮酸氧化成乙酰 CoA。如果不需要进一步氧化分解供能，乙酰 CoA 在肝中就被用于合成脂肪酸，这些脂肪酸再生成甘油三酯以血浆极低密度脂蛋白（VLDL）的形式输出至全身组织。VLDL 甘油三酯释放的脂肪酸可被脂肪细胞摄入，胰岛素可促进脂肪细胞利用这些脂肪酸合成甘油三酯。简单地说，胰岛素促使多余的血糖转变成两种储存形式——糖原（存在于肝和骨骼肌）和甘油三酯（存在于在脂肪组织）。

**2. 胰高血糖素是升高血糖的主要激素**　血糖升高或血内氨基酸升高可刺激胰高血糖素的分泌。当饮食中碳水化合物摄取几个小时后，大脑和其他组织氧化葡萄糖的作用可导致血糖水平轻微降低。血糖降低触发胰高血糖素的分泌并减少胰岛素的释放。高蛋白食物也可刺激胰高血糖素的分泌。

胰高血糖素可通过几个方面的作用升高血糖。它能通过激活糖原磷酸化酶和使糖原合酶失活来刺激肝糖原的分解；这两种效应均是由 cAMP 依赖的关键酶磷酸化来实现的。胰高血糖素在肝中可抑制葡萄糖分解（糖酵解），促进葡萄糖（糖异生途径）合成。以上两种效应都与果糖 -2, 6- 二磷酸的量减少有关。通过抑制果糖 -6- 磷酸激酶 -2，激活果糖二磷酸酶 -2，从而减少果糖 -2, 6- 二磷酸的合成，后者是果糖 -6- 磷酸激酶 -1 最强的变构激活剂，又是果糖二磷酸酶 -1 的抑制剂；于是糖酵解被抑制，糖异生加速。胰高血糖素也可通过依赖 cAMP 的磷酸化抑制肝内丙酮酸激酶的活性，从而阻止磷酸烯醇式丙酮酸转化为丙酮酸及丙酮酸进入柠檬酸循环被氧化；而磷酸烯醇式丙酮酸的累积有利于糖异生。胰高血糖素通过刺激参加糖异生作用的磷酸烯醇式丙酮酸羧激酶的合成而使得这种效果增强。

总之，在肝中胰高血糖素通过刺激糖原分解，促进糖异生及阻止糖酵解来输出葡萄糖，从而使血糖恢复到正常水平。

尽管调节的主要靶器官是肝，胰高血糖素也能作用于脂肪组织。它通过引起 cAMP 依赖的甘油三酯脂肪酶磷酸化，促使甘油三酯的释放。活化的脂肪酶释放游离脂肪酸，这些脂肪酸被运送至肝和其他组织、提供能量。胰高血糖素的作用就是通过肝刺激葡萄糖的合成和释放，动员脂肪组织释放脂肪酸来作为葡萄糖的替代品给除了大脑以外的其他组织提供能量。胰高血糖素所有的作用都是通过 cAMP 依赖的蛋白磷酸化作用调控的。

**（二）机体升高血糖的激素还有肾上腺素和糖皮质激素**

**1. 肾上腺素是强有力的升高血糖的激素**　肾上腺素（adrenaline, epinephrine）是强有力的升高血糖的激素。给动物注射肾上腺素后血糖水平迅速升高，可持续几小时，同时血中乳酸水平也升高。肾上腺素的作用机制是通过肝和肌肉的细胞膜受体、cAMP、蛋白激酶级联激活磷酸化酶，加速糖原分解。在肝，糖原分解为葡萄糖；在肌肉则经糖无氧氧化生成乳酸，并通过乳酸循环间接升高血糖水平。肾上腺素主要在应激状态下发挥调节作用，对经常性、尤其是进食情况引起的血糖波动没有生理意义。

**2. 糖皮质激素可升高血糖**　糖皮质激素（glucocorticoid）作用机制有两方面：①促进肌蛋白质分解而使糖异生的原料增多，同时使磷酸烯醇式丙酮酸羧激酶的合成加强，从而加速糖异生；②通过抑制丙酮酸的氧化脱羧，阻止体内葡萄糖的分解利用；③协同增强其他激素促进脂肪动员的效应，促进机体利用脂肪酸供能。

Notes

## 第九节　糖代谢异常与临床疾病

正常的糖代谢是维持机体正常生理功能的必要条件。糖代谢异常可导致机体功能的紊乱，严重时可导致疾病的发生。糖代谢异常主要包括葡萄糖贮存和动员的异常、以及血糖水平异常。

### 一、先天性酶缺陷导致糖原贮积症

糖原贮积症（glycogen storage disease）是一类遗传性代谢病，其特点为体内某些器官组织中有大量糖原堆积。引起糖原贮积症的原因是患者先天性缺乏与糖原代谢有关的酶类。根据所缺陷的酶在糖原代谢中的作用，受累的器官部位不同，糖原的结构亦有差异，对健康或生命的影响程度也不同。例如，缺乏肝磷酸化酶时，婴儿仍可成长，肝糖原沉积导致肝大，并无严重后果。缺乏葡糖 -6- 磷酸酶，以致不能动用糖原维持血糖，则将引起严重后果。溶酶体的 α- 葡糖苷酶可分解 α-1,4- 糖苷键和 α-1,6- 糖苷键。缺乏此酶，所有组织均受损，常因心肌受损而突然死亡。糖原贮积症分型见表6-2。

表 6-2　糖原贮积症分型

| 型别 | 缺陷的酶 | 受害器官 | 糖原结构 |
| --- | --- | --- | --- |
| I | 葡萄糖 -6- 磷酸酶缺陷 | 肝、肾 | 正常 |
| II | 溶酶体 α1→4 和 1→6 葡糖苷酶 | 所有组织 | 正常 |
| III | 脱支酶缺失 | 肝、肌肉 | 分支多，外周糖链短 |
| IV | 分支酶缺失 | 所有组织 | 分支少，外周糖链特别长 |
| V | 肌磷酸化酶缺失 | 肌肉 | 正常 |
| VI | 肝磷酸化酶缺陷 | 肝 | 正常 |
| VII | 肌肉和红细胞磷酸果糖激酶缺陷 | 肌肉、红细胞 | 正常 |
| VIII | 肝脏磷酸化酶激酶缺陷 | 脑、肝 | 正常 |

### 二、糖代谢障碍导致血糖水平异常及糖尿病

正常人体内存在一整套精细的调节糖代谢的机制，在一次性食入大量葡萄糖之后，血糖水平不会出现大的波动和持续升高。人体对摄入的葡萄糖具有很大耐受能力的现象，称为葡萄糖耐量（glucose tolerance）或耐糖现象。临床上因糖代谢障碍可发生血糖水平紊乱。

（一）低血糖是指血糖浓度低于 3.33mmol/L

空腹血糖浓度低于 3.33～3.89mmol/L 时称为低血糖（hypoglycemia）。低血糖影响脑的正常功能，因为脑细胞所需的能量主要来自葡萄糖的氧化。当血糖水平过低时，就会影响脑细胞的功能，从而出现头晕、倦怠无力、心悸等，严重时出现昏迷，称为低血糖休克。如不及时给患者静脉补充葡萄糖，可导致死亡。出现低血糖的病因有：①胰性（胰岛 β- 细胞功能亢进、胰岛 α- 细胞功能低下等）；②肝性（肝癌、糖原贮积病等）；③内分泌异常（垂体功能低下、肾上腺皮质功能低下等）；④肿瘤（胃癌等）；⑤饥饿或不能进食者等。

（二）高血糖是指空腹血糖高于 7.22mmol/L

临床上将空腹血糖浓度高于 7.22～7.78mmol/L 称为高血糖（hyperglycemia）。当血糖浓度高于 8.89～10.00mmol/L，则超过了肾小管的重吸收能力，则可出现糖尿，这一血糖水平称为肾糖阈。持续性高血糖和糖尿，特别是空腹血糖和糖耐量曲线高于正常范围，主要见于糖尿病（diabetes mellitus）。遗传性胰岛素受体缺陷也可引起糖尿病的临床表现。某些慢性肾炎、肾病综合征等引起肾脏对糖的重吸收障碍也可出现糖尿，但血糖及糖耐量曲线均正常。生理性高

Notes

血糖和糖尿可因情绪激动，交感神经兴奋，肾上腺素分泌增加，从而使得肝糖原大量分解所致。临床上静脉滴注葡萄糖速度过快，也可使血糖迅速升高并出现糖尿。

（三）糖尿病是最常见的糖代谢紊乱疾病

糖尿病是一种因部分或完全胰岛素缺失、或细胞胰岛素受体减少、或受体敏感性降低导致的疾病，它是除了肥胖症之外人类最常见的内分泌紊乱性疾病。

由于胰岛素调节血糖水平，故糖尿病患者的血糖水平升高。当血糖水平超过肾糖阈，则使葡萄糖从尿液中排出。糖尿病的特征即为高血糖和糖尿。临床上将糖尿病分为胰岛素依赖型（1 型）和非胰岛素依赖型（2 型）。1 型多发生于青少年，主要与遗传有关，定位于人类组织相容性复合体上的单个基因或基因群，是自身免疫病。2 型糖尿病和肥胖关系密切，可能是由细胞膜上胰岛素受体丢失所致。

糖尿病常伴有多种并发症，包括视网膜毛细血管病变、白内障以及神经轴突萎缩和脱髓鞘（导致运动神经元、传感器和自主神经功能障碍），动脉硬化性疾病和肾脏病。这些并发症的严重程度与血糖水平升高的程度直接相关。

## 三、高糖刺激产生损伤细胞的生物学效应

引起糖尿病并发症的生化机制仍不太清楚，目前认为血中持续的高糖刺激能够使细胞生成晚期糖化终产物（advanced glycation end products，AGEs），同时发生氧化应激。例如，红细胞通过葡萄糖转运体 GLUT1 摄取血中的葡萄糖，首先使血红蛋白的氨基发生不依赖酶的糖化作用（hemoglobin glycation），生成糖化血红蛋白（glycated hemoglobin，GHB），此过程与酶催化的糖基化反应（glycosylation）不同。GHB 可进一步反应生成 AGEs，如羧甲基赖氨酸、甲基乙二醛等，它们与体内多种蛋白发生广泛交联，对肾、视网膜、心血管等造成损伤。AGEs 还能被其受体（AGER）识别，激活多条信号通路，产生活性氧而诱发氧化应激，使细胞内多种酶类、脂质等发生氧化，从而丧失正常的生理功能。氧化应激又可进一步促进 AGEs 的形成及交联，二者交互作用，共同参与糖尿病并发症的发生与发展。

红细胞的寿命约为 120 天，因此糖化血红蛋白（GHB）的数量可间接反映血糖的平均浓度，比利用葡萄糖氧化酶进行血糖的实时检测更为简便。一般来说，正常情况下，GHB 约占血红蛋白总量的 5%，相当于 120mg/100ml；糖尿病未经治疗时，GHB 最高可达到血红蛋白总量的 13%，相当于 300mg/100ml；治疗糖尿病时，最佳方案是将 GHB 控制在血红蛋白总量的 7% 左右。

## 小　结

糖类的主要生物学功能是在机体代谢中提供能源和碳源，也是组织和细胞结构的重要组成成分。

葡萄糖的分解代谢主要包括无氧氧化、有氧氧化和磷酸戊糖途径。糖原合成与分解是葡萄糖在体内储存和动用的方式，糖异生是体内合成葡萄糖的途径。

糖无氧氧化是在不需氧情况下葡萄糖生成乳酸的过程，在胞质中进行，分两个阶段：糖酵解和丙酮酸还原成乳酸。糖酵解阶段有底物水平磷酸化、生成 ATP。糖酵解的关键酶是果糖 -6- 磷酸激酶 -1、丙酮酸激酶和己糖激酶。

糖有氧氧化是指葡萄糖在有氧条件下彻底氧化生成水和 $CO_2$ 的反应过程，在胞质和线粒体中进行，分三个阶段：糖酵解、丙酮酸氧化脱羧生成乙酰 CoA 及柠檬酸循环和氧化磷酸化。除了通过底物水平磷酸化产生 ATP，柠檬酸循环主要产生 NADH 和 $FADH_2$，经氧化磷酸化产生更多的 ATP。糖有氧氧化的关键酶包括果糖 -6- 磷酸激酶 -1、丙酮酸

Notes

激酶、己糖激酶、丙酮酸脱氢酶复合体、柠檬酸合酶、异柠檬酸脱氢酶和 α- 酮戊二酸脱氢酶。

磷酸戊糖途径在胞质中进行，产生磷酸核糖和 NADPH。关键酶是葡萄糖 -6- 磷酸脱氢酶。

肝糖原和肌糖原是体内糖的储存形式。肝糖原在饥饿时补充血糖，肌糖原通过无氧氧化为肌收缩供能。糖原合成与分解的关键酶分别为糖原合酶和糖原磷酸化酶。

糖异生是指非糖物质在肝和肾转变为葡萄糖或糖原的过程，饥饿时补充血糖。关键酶是丙酮酸羧化酶、磷酸烯醇式丙酮酸羧激酶、果糖二磷酸酶 -1 和葡糖 -6- 磷酸酶。

血糖是指血中的葡萄糖。血糖水平相对恒定，受多种激素的调控。胰岛素具有降低血糖的作用；而胰高血糖素、肾上腺素、糖皮质激素有升高血糖的作用。糖代谢紊乱可导致高血糖及低血糖，糖尿病是最常见的糖代谢紊乱疾病。

（陈　娟）

# 第七章 脂质代谢

脂质（lipids）种类多、结构复杂，决定了其在生命体内功能的多样性和复杂性。脂质分子不由基因编码，独立于从基因到蛋白质的遗传信息系统之外，不易溶于水是其最基本的特性，决定了脂质在以基因到蛋白质为遗传信息系统、以水为基础环境的生命体内的特殊性，也决定了其在生命活动或疾病发生发展中的特别重要性。一些原来认为与脂质关系不大甚至不相关的生命现象和疾病，可能与脂质及其代谢关系十分密切。近年来种种迹象表明，在分子生物学取得重大进展基础上，脂质及其代谢研究将再次成为生命科学、医学和药学等的前沿领域。

---

**框 7-1　脂质与生命活动和疾病的关系可能远比想象的密切**

1904 年 Knoop F 通过动物实验首先提出了脂肪酸 β- 氧化假说，1944 年 LeLoir L 采用无细胞体系验证了 β- 氧化机制，1953 年 Lehninger A 证明 β- 氧化在线粒体进行，"活泼乙酸"即乙酰辅酶 A 的发现（Lynen F，1951 年）终于揭示了脂肪酸分解代谢过程。核素技术的应用证明乙酰辅酶 A 是脂肪酸生物合成的基本原料，丙二酸单酰辅酶 A 的发现演绎了脂肪酸生物合成过程（1950 年代）。血浆不同密度脂蛋白（1930—1970 年）、脂蛋白受体（1960—1970 年）的陆续发现，揭示了血浆脂质的运输和代谢。脂质作为细胞信号传递分子的发现和脂代谢异常在动脉粥样硬化、心脑血管病发生中作用的证实，表明脂质与正常生命活动、健康、疾病发生的关系十分密切。脂质研究正在再次成为生命科学和医药学最活跃的领域，与疾病关系的研究正从脂蛋白异常血症、动脉粥样硬化、心脑血管病扩展到代谢性疾病、退行性疾病、免疫系统疾病、感染性疾病、神经精神疾病和肿瘤等。

---

## 第一节　脂质的构成、功能及分析

### 一、脂质是种类繁多、结构复杂的一类大分子物质

脂质是脂肪和类脂的总称。脂肪即甘油三酯（triglyceride，TG），也称三脂酰甘油（triacylglycerol）。类脂包括固醇及其酯、磷脂和糖脂等。

**（一）甘油三酯是甘油的脂肪酸酯**

甘油三酯是甘油的三个羟基分别被相同或不同的脂肪酸酯化形成的酯（7-1），其脂酰链组

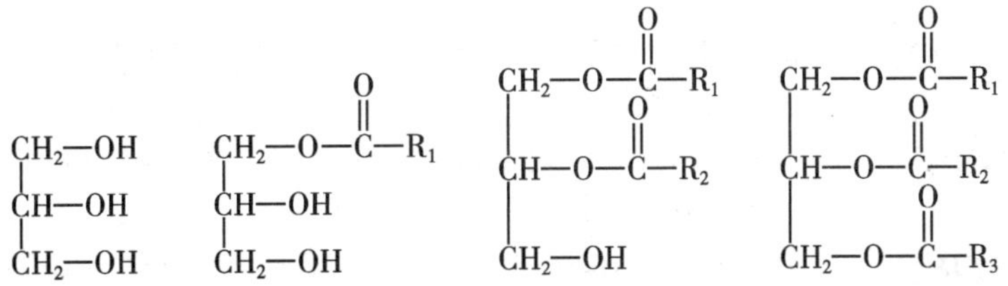

甘油　　甘油一酯　　　甘油二酯　　　　甘油三酯

(7-1)

成复杂，长度和饱和度多种多样。体内还存在少量甘油一酯（monoacylglycerol）和甘油二酯（diacylglycerol，DAG）。

#### （二）脂肪酸是脂肪烃的羧酸

脂肪酸（fatty acid）的结构通式为 $CH_3(CH_2)_nCOOH$。高等动植物脂肪酸碳链长度一般在 14~20 之间，为偶数碳（表 7-1）。脂肪酸系统命名法根据脂肪酸的碳链长度命名；碳链含双键，则标示其位置。Δ 编码体系从羧基碳原子起计双键位置，ω 或 n 编码体系从甲基碳起计双键位置。不含双键的脂肪酸为饱和脂肪酸（saturated fatty acid），不饱和脂肪酸（unsaturated fatty acid）含有双键。含一个双键的脂肪酸称为单不饱和脂肪酸（monounsaturated fatty acid）；含二个及以上双键的脂肪酸称为多不饱和脂肪酸（polyunsaturated fatty acid）。根据双键位置，多不饱

表 7-1　常见的脂肪酸

| 习惯名 | 系统名 | 碳原子数和双键数 | 簇 | 分子式 |
| --- | --- | --- | --- | --- |
| **饱和脂肪酸** | | | | |
| 月桂酸（lauric acid） | n- 十二烷酸 | 12：0 | | $CH_3(CH_2)_{10}COOH$ |
| 豆蔻酸（myristic acid） | n- 十四烷酸 | 14：0 | | $CH_3(CH_2)_{12}COOH$ |
| 软脂肪酸（palmitic acid） | n- 十六烷酸 | 16：0 | | $CH_3(CH_2)_{14}COOH$ |
| 硬脂肪酸（stearic acid） | n- 十八烷酸 | 18：0 | | $CH_3(CH_2)_{16}COOH$ |
| 花生酸（arachidic acid） | n- 二十烷酸 | 20：0 | | $CH_3(CH_2)_{18}COOH$ |
| 山箭酸（behenic acid） | n- 二十二烷酸 | 22：0 | | $CH_3(CH_2)_{20}COOH$ |
| 掬焦油酸（lignoceric acid） | n- 二十四烷酸 | 24：0 | | $CH_3(CH_2)_{22}COOH$ |
| **单不饱和脂肪酸** | | | | |
| 棕榈（软）油酸（palmitoleic acid） | 9- 十六碳一烯酸 | 16：1 | ω-7 | $CH_3(CH_2)_5CH=CH(CH_2)_7COOH$ |
| 油酸（oleic acid） | 9- 十八碳一烯酸 | 18：1 | ω-9 | $CH_3(CH_2)_7CH=CH(CH_2)_7COOH$ |
| 异油酸（vaccenic acid） | 反式 11- 十八碳一烯酸 | 18：1 | ω-7 | $CH_3(CH_2)_5CH=CH(CH_2)_9COOH$ |
| 神经酸（nervonic acid） | 15- 二十四碳单烯酸 | 24：1 | ω-9 | $CH_3(CH_2)_7CH=CH(CH_2)_{13}COOH$ |
| **多不饱和脂肪酸** | | | | |
| 亚油酸（linoleic acid） | 9，12- 十八碳二烯酸 | 18：2 | ω-6 | $CH_3(CH_2)_4(CH=CHCH_2)_2(CH_2)_6COOH$ |
| α- 亚麻酸（α-linolenic acid） | 9，12，15- 十八碳三烯酸 | 18：3 | ω-3 | $CH_3CH_2(CH=CHCH_2)_3(CH_2)_6COOH$ |
| γ- 亚麻酸（γ-linolenic acid） | 6，9，12- 十八碳三烯酸 | 18：3 | ω-6 | $CH_3(CH_2)_4(CH=CHCH_2)_3(CH_2)_3COOH$ |
| 花生四烯酸（arachidonic acid） | 5，8，11，14- 二十碳四烯酸 | 20：4 | ω-6 | $CH_3(CH_2)_4(CH=CHCH_2)_4(CH_2)_2COOH$ |
| timnodonic acid（EPA） | 5，8，11，14，17- 二十碳五烯酸 | 20：5 | ω-3 | $CH_3CH_2(CH=CHCH_2)_5(CH_2)_2COOH$ |
| clupanodonic acid（DPA） | 7，10，13，16，19- 二十二碳五烯酸 | 22：5 | ω-3 | $CH_3CH_2(CH=CHCH_2)_5(CH_2)_4COOH$ |
| cervonic acid（DHA） | 4，7，10，13，16，19- 二十二碳六烯酸 | 22：6 | ω-3 | $CH_3CH_2(CH=CHCH_2)_6CH_2COOH$ |

Notes

和脂肪酸分属于 ω-3、ω-6、ω-7 和 ω-9 四簇（表 7-2）。高等动物体内的多不饱和脂肪酸由相应的母体脂肪酸衍生而来，但 ω-3、ω-6 和 ω-9 簇多不饱和脂肪酸不能在体内相互转化。

表7-2 不饱和脂肪酸

| 簇 | 母体不饱和脂肪酸 | 结构 |
| --- | --- | --- |
| ω-7 | 软油酸 | 9-16：1 |
| ω-9 | 油酸 | 9-18：1 |
| ω-6 | 亚油酸 | 9, 12-18：2 |
| ω-3 | 亚麻酸 | 9, 12, 15-18：3 |

### （三）磷脂可分为甘油磷脂和鞘磷脂两类

磷脂（phospholipids）由甘油或鞘氨醇、脂肪酸、磷酸和含氮化合物组成。含甘油的磷脂称为甘油磷脂（glycerophospholipids），结构通式如下（7-2）。因取代基团 -X 不同，形成不同的甘油磷脂（表 7-3）。

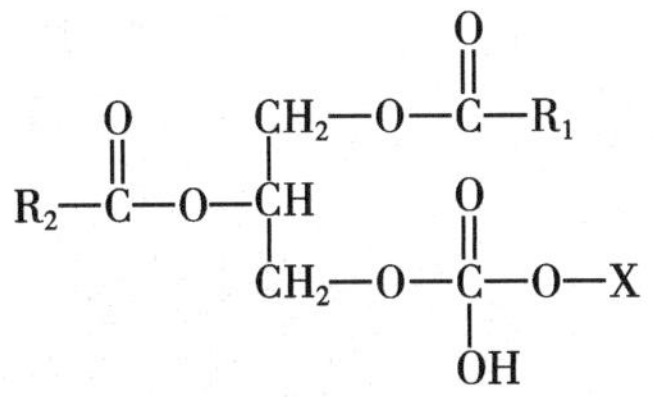

$$\begin{array}{c} CH_2-O-\overset{O}{\overset{\|}{C}}-R_1 \\ R_2-\overset{O}{\overset{\|}{C}}-O-CH \\ CH_2-O-\overset{O}{\overset{\|}{C}}-O-X \\ OH \end{array}$$

（7-2）

表7-3 体内几种重要的甘油磷脂

| HO-X | X取代基团 | 甘油磷脂名称 |
| --- | --- | --- |
| 水 | —H | 磷脂酸 |
| 胆碱 | —CH₂CH₂N⁺(CH₃)₃ | 磷脂酰胆碱（卵磷脂） |
| 乙醇胺 | —CH₂CH₂N⁺H₃ | 磷脂酰乙醇胺（脑磷脂） |
| 丝氨酸 | —CH₂CH—COO⁻ ，上方 N⁺H₃ | 磷脂酰丝氨酸 |
| 肌醇 | 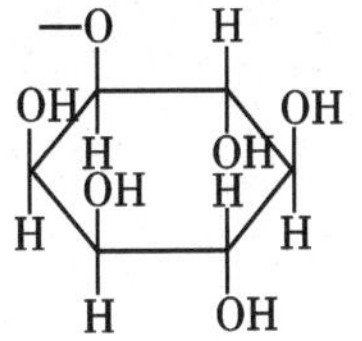 （肌醇环结构） | 磷脂酰肌醇 |
| 甘油 | —CH₂CHOHCH₂OH | 磷脂酰甘油 |
| 磷脂酰甘油 | 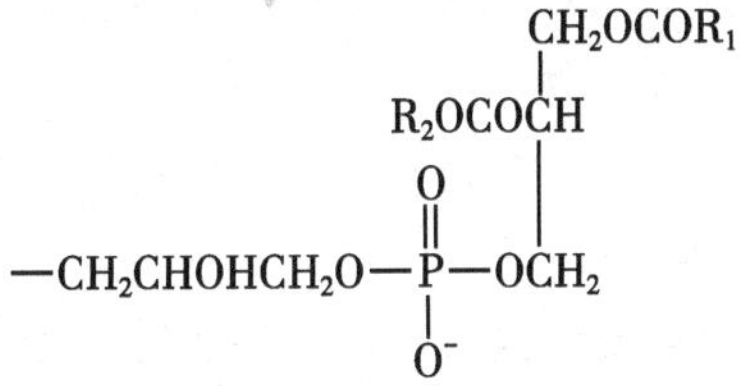 （二磷脂酰甘油结构） | 二磷脂酰甘油（心磷脂） |

含鞘氨醇（sphingosine）或二氢鞘氨醇（dihydrosphingosine）的磷脂称为鞘磷脂（sphingophospholipids）。鞘氨醇的氨基以酰胺键与 1 分子脂肪酸结合成神经酰胺（ceramide），为鞘脂的母体结构。鞘脂的结构通式如下（7-3），因取代基 -X 不同，可分为鞘磷脂和鞘糖脂（sphingoglycolipid）两类。鞘磷脂的取代基为磷酸胆碱或磷酸乙醇胺，鞘糖脂的取代基为葡萄糖、半乳糖或唾液酸等。

Notes

神经酰胺                                   鞘脂

$$（7-3）$$

### （四）胆固醇以环戊烷多氢菲为基本结构

胆固醇属固醇类（steroids）化合物，由环戊烷多氢菲（perhydrocylopentanophenanthrene）母体结构衍生形成。因 $C_3$ 羟基氢是否被取代或 $C_{17}$ 侧链（一般为 8～10 个碳原子）不同而衍生出不同的类固醇（7-4）。动物体内最丰富的类固醇化合物是胆固醇（cholesterol），植物不含胆固醇而含植物固醇，以 β- 谷固醇（β-sitosterol）最多，酵母含麦角固醇（ergosterol）。

环戊烷多氢菲                              胆固醇

β–谷固醇                                  麦角固醇

$$（7-4）$$

## 二、脂质具有多种复杂的生物学功能

### （一）甘油三酯是机体重要的能源物质

由于性质独特，甘油三酯是机体重要供能和储能物质。第一，甘油三酯氧化分解产能多。1g甘油三酯彻底氧化可产生 38kJ 能量，而 1g 蛋白质或 1g 碳水化合物彻底氧化只产生 17kJ 能量。第二，甘油三酯疏水，储存时不带水分子，占体积小。第三，机体有专门的储存组织——脂肪组织。甘油三酯是脂肪酸的重要储存库。甘油二酯还是重要的细胞信号分子。

### （二）脂肪酸具有多种重要生理功能

脂肪酸是脂肪、胆固醇酯和磷脂的重要组成成分。一些不饱和脂肪酸具有更多、更复杂的生理功能。

1. **提供必需脂肪酸**  人体自身不能合成、必须由食物提供的脂肪酸称为必需脂肪酸（essential fatty acid）。人体缺乏 $\Delta^9$ 及以上去饱和酶，不能合成亚油酸（$18:2，\Delta^{9,12}$）、α- 亚麻酸（$18:3，\Delta^{9,12,15}$），必须从含有 $\Delta^9$ 及以上去饱和酶的植物食物中获得，为必需脂肪酸。花生四烯酸（$20:4，\Delta^{5,8,11,14}$）虽能在人体以亚油酸为原料合成，但消耗必需脂肪酸，一般也归为必需脂肪酸。

2. 合成不饱和脂肪酸衍生物 前列腺素、血栓噁烷、白三烯是二十碳多不饱和脂肪酸衍生物。前列腺素(prostaglandin, PG)以前列腺酸(prostanoic acid)为基本骨架(7-5),有一个五碳环和两条侧链($R_1$ 及 $R_2$)。

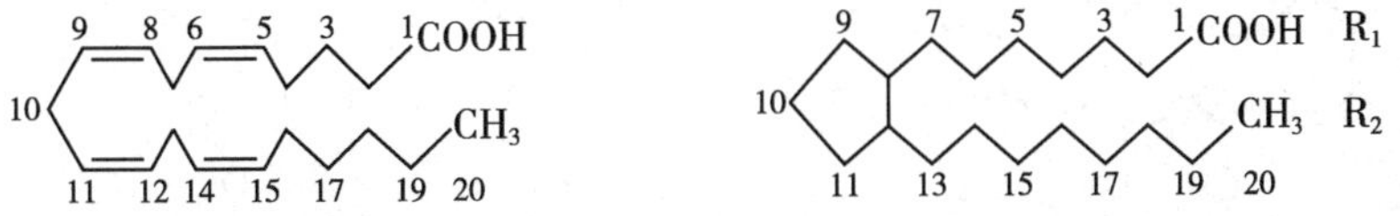

花生四烯酸
( 20:4, $\Delta^{5,8,11,14}$ )

前列腺酸

( 7-5 )

根据五碳环上取代基团和双键位置不同,前列腺素分为 PGA~PGI 等 9 型(7-6)。体内 PGA、PGE 及 PGF 较多;$PGC_2$ 和 $PGH_2$ 是 PG 合成的中间产物。$PGI_2$ 带双环,除五碳环外,还有一个含氧的五碳环,又称为前列腺环素(prostacyclin)。

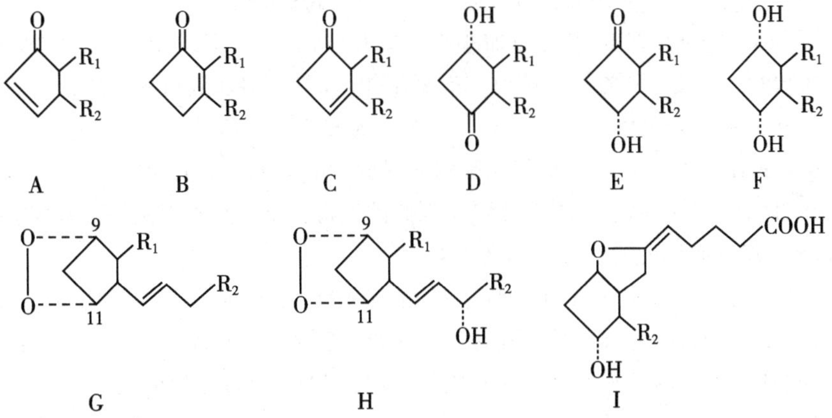

A    B    C    D    E    F

G    H    I

( 7-6 )

根据 $R_1$ 及 $R_2$ 侧链双键数目,前列腺素又分为 1、2、3 类,在字母右下角标示(7-7)。

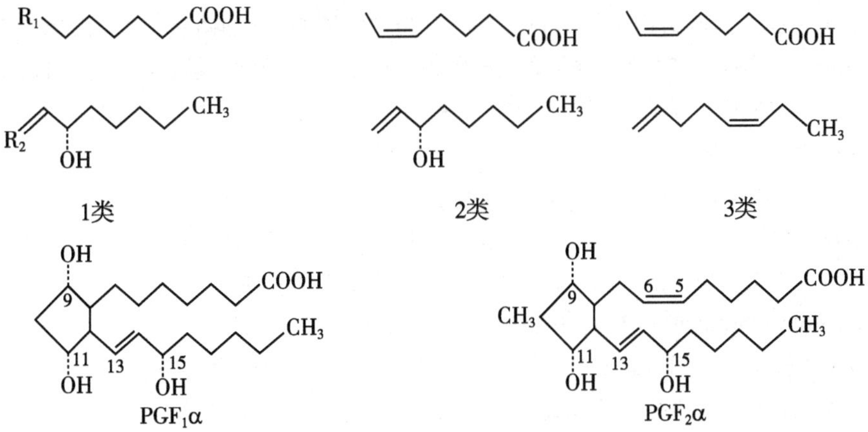

1类    2类    3类

$PGF_1\alpha$    $PGF_2\alpha$

( 7-7 )

血栓噁烷(thromboxane $A_2$, TX $A_2$)有前列腺酸样骨架但又不同,五碳环被含氧噁烷取代(7-8)。

白三烯(leukotriene, LT)不含前列腺酸骨架,有 4 个双键,所以在 LT 右下角标以 4。白三烯合成的初级产物为 $LTA_4$(7-9),在 5、6 位上有一氧环。如在 12 位加水引入羟基,并将 5、6 位环氧键断裂,则为 $LTB_4$。如 $LTA_4$ 的 5、6 位环氧键打开,6 位与谷胱甘肽反应则可生成 $LTC_4$、$LTD_4$

Notes

及 LTE$_4$ 等衍生物。现已证明过敏反应慢反应物质（slow reacting substances of anaphylatoxis，SRS-A）就是这 3 种衍生物的混合物。

血栓噁烷A$_2$

（7-8）

白三烯A$_4$（LTA$_4$）

（7-9）

　　前列腺素、血栓噁烷和白三烯具有很强生物活性。PGE$_2$ 能诱发炎症，促进局部血管扩张，使毛细血管通透性增加，引起红、肿、热、痛等症状。PGE$_2$、PGA$_2$ 能使动脉平滑肌舒张，有降血压作用。PGE$_2$ 及 PGI$_2$ 能抑制胃酸分泌，促进胃肠平滑肌蠕动。卵泡产生的 PGE$_2$、PGF$_{2\alpha}$ 在排卵过程中起重要作用。PGF$_{2\alpha}$ 可使卵巢平滑肌收缩，引起排卵。子宫释放的 PGF$_{2\alpha}$ 能使黄体溶解。分娩时子宫内膜释出的 PGF$_{2\alpha}$ 能使子宫收缩加强，促进分娩。

　　血小板产生的 TXA$_2$、PGE$_2$ 能促进血小板聚集和血管收缩，促进凝血及血栓形成。血管内皮细胞释放的 PGI$_2$ 有很强舒血管及抗血小板聚集作用，抑制凝血及血栓形成。可见 PGI$_2$ 有抗 TXA$_2$ 作用。北极地区因纽特人摄食富含二十碳五烯酸的海水鱼类食物，能在体内合成 PGE$_3$、PGI$_3$ 及 TXA$_3$。PGI$_3$ 能抑制花生四烯酸从膜磷脂释放，抑制 PGI$_2$ 及 TXA$_2$ 合成。由于 PGI$_3$ 活性与 PGI$_2$ 相同，而 TXA$_3$ 活性较 TXA$_2$ 弱得多，因此因纽特人抗血小板聚集 / 抗凝血作用较强，被认为是他们不易患心肌梗死的重要原因之一。

　　过敏反应慢反应物质（SRS-A）是 LTC$_4$、LTD$_4$ 及 LTE$_4$ 混合物，其支气管平滑肌收缩作用较组胺、PGF$_{2\alpha}$ 强 100～1000 倍，作用缓慢而持久。LTB$_4$ 能调节白细胞功能，促进其游走及趋化作用，刺激腺苷酸环化酶，诱发多形核白细胞脱颗粒，使溶酶体释放水解酶类，促进炎症及过敏反应发展。IgE 与肥大细胞表面受体结合后，可引起肥大细胞释放 LTC$_4$、LTD$_4$ 及 LTE$_4$。这 3 种物质能引起支气管及胃肠平滑肌剧烈收缩，LTD$_4$ 还能使毛细血管通透性增加。

　　（三）磷脂是重要的结构成分和信号分子

　　1. 磷脂是构成生物膜的重要成分　磷脂分子具有亲水端和疏水端，在水溶液中可聚集成脂质双层，是生物膜的基础结构。细胞膜含有所有类型的磷脂，甘油磷脂中以磷脂酰胆碱（phosphatidyl choline）、磷脂酰乙醇胺（phosphatidyl ethanolamine）、磷脂酰丝氨酸（phosphatidylserine）含量最高，而鞘磷脂中以神经鞘磷脂为主。各种磷脂在不同生物膜中所占比例不同。磷脂酰胆碱（也称卵磷脂，lecithin）大量存在于细胞膜中，心磷脂（cardiolipin）是线粒体膜的主要脂质。

　　2. 磷脂酰肌醇是第二信使的前体　磷脂酰肌醇（phosphatidylinositol）中肌醇的 4、5 位被磷酸化生成的磷脂酰肌醇 -4，5- 二磷酸（phosphatidylinositol 4，5-bisphosphate，PIP$_2$）是细胞膜磷脂的重要成分，主要存在于细胞膜的内层。在激素等刺激下可被水解为甘油二酯（DAG）和三磷酸肌醇（inositol triphosphate，IP$_3$），均能在胞内传递细胞信号。

　　（四）胆固醇是生物膜的重要成分和具有重要生物学功能固醇类物质的前体

　　1. 胆固醇是细胞膜的基本结构成分　胆固醇 C$_3$ 羟基亲水，能在细胞膜中以该羟基存在于磷脂的极性端之间，疏水的环戊烷多氢菲和 C$_{17}$ 侧链与磷脂的疏水端共存于细胞膜。胆固醇是动物细胞膜的另一基本结构成分，但亚细胞器膜含量较少。环戊烷多氢菲环使胆固醇比细胞膜其他脂质更强直，是决定细胞膜性质的重要分子。

　　2. 胆固醇可转化为一些具有重要生物学功能的固醇化合物　体内一些内分泌腺，如肾上腺皮质、睾丸、卵巢等能以胆固醇（酯）为原料合成类固醇激素，胆固醇在肝脏可转变为胆汁酸，在皮肤可转化为维生素 D$_3$。

### 三、脂质组分的复杂性决定了脂质分析技术的复杂性

脂质是不溶于水的大分子有机化合物,加之组成多样、结构复杂,脂质的分析技术、方法通常也很复杂。一般需先提取分离,还可能需要进行酸、碱或酶处理,然后再根据其特点、性质和分析目的,选择不同分析方法进行分析。

#### (一)用有机溶剂提取脂质

通常根据脂质的性质,采用不同的有机溶剂抽提不同的脂质,中性脂质用乙醚、氯仿、苯等极性较小的有机溶剂抽提,膜脂用乙醇、甲醇等极性较大的有机溶剂抽提。血浆脂质的常规临床定量分析通常不需要抽提、分离,直接采用酶法测定。抽提获得的脂质为粗纯物,需进一步分离后分析。

#### (二)用层析分离脂质

层析也称色谱,是脂质分离最常用和最基本方法,有柱层析和薄层层析(thin-layer chromatography,TCL)两种形式。通常采用硅胶为固定相,氯仿等有机溶剂为流动相。由于极性较高脂质(如磷脂)与硅胶的结合比极性较低、非极脂质(如甘油三酯)紧密,所以硅胶对不同极性脂质的吸附能力不同。抽提获得的混合脂质通过层析系统时,非极性脂质移动速度较极性脂质快,从而将不同极性脂质分离,用于下一步分析。

#### (三)根据分析目的和脂质性质选择分析方法

脂质分离后,常常需要进行定量或定性分析。层析后用碱性蕊香红、罗丹明或碘等染料显色,然后扫描显色的斑点可进行定量分析。也可通过显色斑点对比样品与已知脂质(标准品)的迁移率进行定性分析。还可以洗脱、收集层析分离的脂质,采用适当的化学方法(如滴定、比色等)测定含量。更精细的定量、定性分析,可根据分析目的和脂质性质,选用质谱法、红外分光光度法、荧光法、核磁共振法、气-液色谱法(gas-liquid chromatography)等分析。

#### (四)复杂的脂质分析还需特殊处理

脂质的组成及结构复杂,对其分析常常需要特殊处理。如甘油三酯、胆固醇酯、磷脂中的脂肪酸多种多样、结构差异大。对其分析需经特殊处理,使其释放,再结合前述方法分析。甘油三酯、磷脂、胆固醇酯可用稀酸和碱处理使脂肪酸释放,鞘脂则需强酸处理才能释放脂肪酸。采用特定的磷脂酶可特异释放磷脂特定分子部位的脂肪酸。

## 第二节　脂质的消化吸收

### 一、胆汁酸盐协助脂质消化酶消化脂质

脂质不溶于水,在以水为基础环境的消化道,不能与消化酶充分接触。胆汁酸盐有较强乳化作用,能降低脂-水相间的界面张力,将脂质乳化成细小微团(micelles),使脂质消化酶吸附在乳化微团的脂-水界面,极大地增加消化酶与脂质接触面积,促进脂质消化。含胆汁酸盐的胆汁、含脂质消化酶的胰液分泌后进入十二指肠,所以小肠上段是脂质消化的主要场所。

胰腺分泌的脂质消化酶包括胰脂酶(pancreatic lipase)、辅脂酶(colipase)、磷脂酶 $A_2$(phospholipase $A_2$,$PLA_2$)和胆固醇酯酶(cholesterol esterase)。胰脂酶特异水解甘油三酯 1、3 位酯键,生成 2-甘油一酯(2-monoglyceride)及 2 分子脂肪酸。辅脂酶($M_r$,10kD)在胰腺泡以酶原形式存在,分泌入十二指肠腔后被胰蛋白酶从 N 端水解,移去五肽而激活。辅脂酶本身不具脂酶活性,但可通过疏水键与甘油三酯结合($K_d$,$1 \times 10^{-7}$mol/L)、通过氢键与胰脂酶结合(分子比为 1∶1;$K_d$ 值为 $5 \times 10^{-7}$mol/L),将胰脂酶锚定在乳化微团的脂-水界面,使胰脂酶与脂肪充分接触,水解脂肪。辅脂酶还可防止胰脂酶在脂-水界面上变性、失活。可见,辅脂酶是胰脂酶发挥脂肪

Notes

消化作用必不可少的辅助因子。胰磷脂酶 $A_2$ 催化磷脂 2 位酯键水解，生成脂肪酸（fatty acid）和溶血磷脂（lysophosphatide）。胆固醇酯酶水解胆固醇酯（cholesterol ester，CE），生成胆固醇（cholesterol）和脂肪酸。溶血磷脂、胆固醇可协助胆汁酸盐将食物脂质乳化成更小的混合微团（mixed micelles）。这种微团体积更小（直径约 20nm），极性更大，易穿过小肠黏膜细胞表面的水屏障被黏膜细胞吸收。

## 二、吸收的脂质经再合成进入血循环

脂质及其消化产物主要在十二指肠下段及空肠上段吸收。食入脂质含少量由中（6～10C）、短链（2～4C）脂肪酸构成的甘油三酯，它们经胆汁酸盐乳化后可直接被肠黏膜细胞摄取，继而在细胞内脂肪酶作用下，水解成脂肪酸及甘油（glycerol），通过门静脉进入血循环。脂质消化产生的长链（12～26C）脂肪酸、2- 甘油一酯、胆固醇和溶血磷脂等，在小肠进入肠黏膜细胞。长链脂肪酸在小肠黏膜细胞首先被转化成脂酰 CoA（acyl CoA），再在滑面内质网脂酰 CoA 转移酶（acyl CoA transferase）催化下，由 ATP 供能，被转移至 2- 甘油一酯羟基上，重新合成甘油三酯。再与粗面内质网上合成的载脂蛋白（apolipoprotein，apo）B48、C、AⅠ、AⅣ 等及磷脂、胆固醇共同组装成乳糜微粒（chylomicron，CM），被肠黏膜细胞分泌、经淋巴系统进入血液循环。

## 三、脂质消化吸收在维持机体脂质平衡中具有重要作用

体内脂质过多，尤其是饱和脂肪酸、胆固醇过多，在肥胖、高脂血症（hyperlipidemia）、动脉粥样硬化（atherosclerosis）、2 型糖尿病（type 2 diabetes mellitus，T2DM）、高血压和肿瘤等疾病的发生发展中具有重要作用。小肠被认为是介于机体内、外脂质间的选择性屏障。脂质通过该屏障过多会导致其在体内堆积、代谢障碍，促进上述疾病发生。小肠的脂质消化、吸收能力具有很大可塑性。脂质本身可刺激小肠、增强脂质消化吸收能力。这不仅能促进摄入增多时脂质的消化吸收，保障体内能量、必需脂肪酸、脂溶性维生素供应，也能增强机体对食物缺乏环境的适应能力。小肠脂质消化吸收能力调节的分子机制可能涉及小肠的特殊分泌物质或特异的基因表达产物，可能是预防体脂过多、治疗相关疾病、开发新药物、采用膳食干预措施的新靶标。

# 第三节　甘油三酯代谢

## 一、甘油三酯氧化分解产生大量 ATP 供机体需要

### （一）储存脂肪的分解代谢从脂肪动员开始

脂肪动员（fat mobilization）指储存在白色脂肪细胞内的脂肪在脂肪酶作用下，逐步水解，释放游离脂肪酸和甘油供其他组织细胞氧化利用的过程（图 7-1）。

曾经认为，脂肪动员由激素敏感性甘油三酯脂肪酶（hormone-sensitive triglyceride lipase，HSL）、也称激素敏感性脂肪酶（hormone sensitive lipase，HSL）调控。HSL 催化甘油三酯水解的第一步，是脂肪动员的关键酶。但后来发现 HSL 并不主要催化甘油三酯水解的第一步；脂肪动员也还需多种酶和蛋白质参与，如脂肪组织甘油三酯脂肪酶（adipose triglyceride lipase，ATGL）和 Perilipin-1。

脂肪动员由多种内外刺激通过激素触发。当禁食、饥饿或交感神经兴奋时，肾上腺素、去甲肾上腺素、胰高血糖素等分泌增加，作用于白色脂肪细胞膜受体，激活腺苷酸环化酶，使腺苷酸环化成 cAMP，激活 cAMP 依赖蛋白激酶，使胞质内 Perilipin-1 和 HSL 磷酸化。磷酸化的 Perilipin-1 一方面激活 ATGL，另一方面使因磷酸化而激活的 HSL 从细胞质转移至脂滴表面。脂肪在脂肪细胞内分解的第一步主要由 ATGL 催化，生成 1,3- 甘油二酯和 2,3- 甘油二酯及脂肪酸。第二步主要由 HSL 催化，主要水解甘油二酯 sn-3 位酯键，生成甘油一酯和脂肪酸。最

Notes

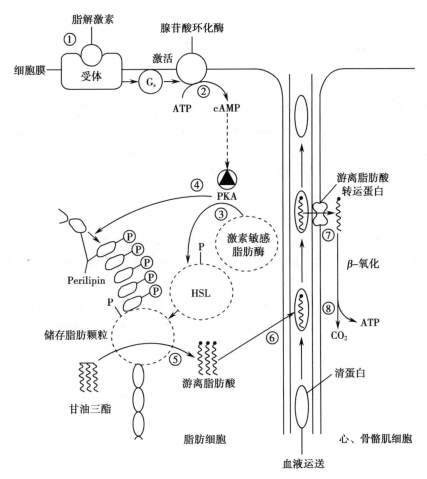

图 7-1　脂肪动员

后，在甘油一酯脂肪酶（monoacylglycerol lipase，MGL）的催化下，生成甘油和脂肪酸。所以，上述激素能够启动脂肪动员、促进脂肪水解为游离脂肪酸和甘油，称为脂解激素。而胰岛素、前列腺素 $E_2$ 等能对抗脂解激素的作用，抑制脂肪动员，称为抗脂解激素。

　　游离脂肪酸不溶于水，不能直接在血浆中运输。血浆清蛋白具有结合游离脂肪酸的能力（每分子清蛋白可结合 10 分子游离脂肪酸），能将脂肪酸运送至全身，主要由心、肝、骨骼肌等摄取利用。

### （二）甘油转变为甘油 3- 磷酸后被利用

　　甘油可直接经血液运输至肝、肾、肠等组织利用。在甘油激酶（glycerokinase）作用下，甘油转变为甘油 -3- 磷酸；然后脱氢生成磷酸二羟丙酮（7-10），循糖代谢途径分解，或转变为葡萄糖。

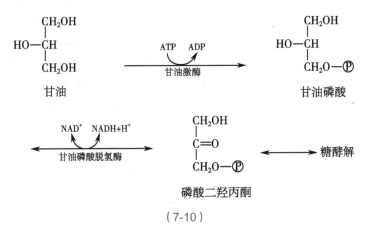

（7-10）

肝的甘油激酶活性最高，脂肪动员产生的甘油主要被肝摄取利用，而脂肪组织和骨骼肌因甘油激酶活性很低，对甘油的摄取利用很有限。

---

### 框 7-2　脂肪酸 β- 氧化学说

　　1904 年，Knoop F 采用不能被机体分解的苯基标记脂肪酸 ω- 甲基，喂养犬，检测尿液中的代谢产物。发现不论碳链长短，如果标记脂肪酸碳原子是偶数，尿中排出苯乙酸；如果标记脂肪酸碳原子是奇数，尿中排出苯甲酸。据此，Knoop F 提出脂肪酸在体内氧化分解从羧基端 β- 碳原子开始，每次断裂 2 个碳原子，即"β- 氧化学说"。

---

### （三）β- 氧化是脂肪酸分解的核心过程

　　除脑外，大多数组织均能氧化脂肪酸，以肝、心肌、骨骼肌能力最强。在 $O_2$ 供充足时，脂肪酸可经脂肪酸活化、转移至线粒体、β- 氧化（β-oxidation）生成乙酰 CoA 及乙酰 CoA 进入柠檬酸循环彻底氧化 4 个阶段，释放能量产生大量 ATP。

　　1. 脂肪酸活化为脂酰 CoA　脂肪酸被氧化前必须先活化，由内质网、线粒体外膜上的脂酰 CoA 合成酶（acyl-CoA synthetase）催化生成脂酰 CoA（7-11），需 ATP、CoA-SH 及 $Mg^{2+}$ 参与。

$$\text{脂肪酸+CoA–SH} \xrightarrow[\substack{\text{ATP} \quad \text{AMP}}]{\substack{\text{脂酰CoA合成酶} \\ Mg^{2+}}} \text{脂酰CoA+PP}_i$$

（7-11）

　　脂酰 CoA 含高能硫酯键，不仅可提高反应活性，还可增加脂肪酸的水溶性，因而提高脂肪酸代谢活性。活化反应生成的焦磷酸（$PP_i$）立即被细胞内焦磷酸酶水解，可阻止逆向反应进行，故 1 分子脂肪酸活化实际上消耗 2 个高能磷酸键。

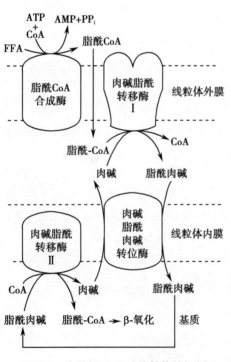

图 7-2　脂酰 CoA 进入线粒体的机制

　　2. 脂酰 CoA 进入线粒体　催化脂肪酸氧化的酶系存在于线粒体基质，活化的脂酰 CoA 必须进入线粒体才能被氧化。脂酰 CoA 不能直接透过线粒体内膜，需要肉碱（carnitine，或称 L-β- 羟 -γ- 三甲氨基丁酸）协助转运。线粒体外膜存在的肉碱脂酰转移酶 I（carnitine acyl transferase I），催化脂酰 CoA 与肉碱合成脂酰肉碱（acyl carnitine），后者在线粒体内膜肉碱 - 脂酰肉碱转位酶（carnitine-acylcarnitine translocase）作用下，通过内膜进入线粒体基质，同时将等分子肉碱转运出线粒体。进入线粒体的脂酰肉碱，在线粒体内膜内侧肉碱脂酰转移酶 II 作用下，转变为脂酰 CoA 并释出肉碱（图 7-2）。

　　脂酰 CoA 进入线粒体是脂肪酸 β- 氧化的限速步骤，肉碱脂酰转移酶 I 是脂肪酸 β- 氧化的限速酶。当饥饿、高脂低糖膳食或糖尿病时，机体没有充足的糖供应，或不能有效利用糖，需脂肪酸供能，肉碱脂酰转移酶 I 活性增加，脂肪酸氧化增强。相反，饱食后脂肪酸合成加强，丙二酸单酰 CoA 含量增加，抑制肉碱脂酰转移酶 I 活性，使脂肪酸的氧化被抑制。

　　3. 脂酰 CoA 分解产生乙酰 CoA、$FADH_2$ 和 NADH　线粒体基质中存在由多个酶结合在一

起形成的脂肪酸 β- 氧化酶系,在该酶系多个酶顺序催化下,从脂酰基 β- 碳原子开始,进行脱氢、加水、再脱氢及硫解四步反应(图 7-3),完成一次 β- 氧化。

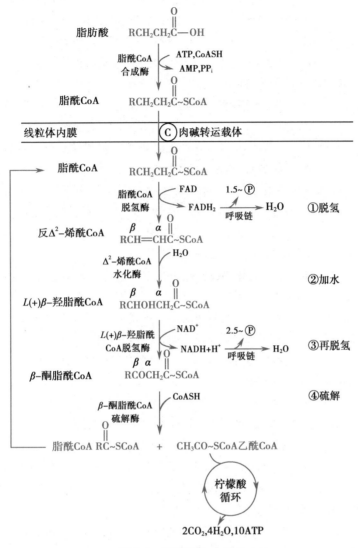

图 7-3 脂肪酸的 β- 氧化

(1)脱氢生成烯脂酰 CoA:脂酰 CoA 在脂酰 CoA 脱氢酶(acetyl CoA dehydrogenase)催化下,从 α、β 碳原子各脱下一个氢原子,由 FAD 接受生成 FADH$_2$,同时生成反 Δ$^2$ 烯脂酰 CoA。

(2)加水生成羟脂酰 CoA:反 Δ$^2$ 烯脂酰 CoA 在烯酰 CoA 水化酶(enoyl CoA hydratase)催化下,加水生成 L(+)-β- 脂酰 CoA。

(3)再脱氢生成 β- 酮脂酰 CoA:L(+)-β- 羟脂酰 CoA 在 L-β- 羟脂酰 CoA 脱氢酶(L-3-hydroxyacyl CoA dehydrogenase)催化下,脱下 2H,由 NAD$^+$ 接受生成 NADH + H$^+$,同时生成 β- 酮脂酰 CoA。

(4)硫解产生乙酰 CoA:β- 酮脂酰 CoA 在 b- 酮硫解酶(β-ketothiolase)催化下,加 CoASH 使碳链在 β 位断裂,生成 1 分子乙酰 CoA 和少 2 个碳原子的脂酰 CoA。

经过上述四步反应,脂酰 CoA 的碳链被缩短 2 个碳原子。脱氢、加水、再脱氢及硫解反复进行,最终完成脂肪酸 β- 氧化。生成的 FADH$_2$、NADH 经呼吸链氧化,与 ADP 磷酸化偶联,产生 ATP。生成的乙酰 CoA 主要在线粒体通过柠檬酸循环彻底氧化;在肝细胞内,乙酰 CoA 转变成酮体,通过血液运送至肝外组织氧化利用。

Notes

**4. 脂肪酸氧化是机体 ATP 的重要来源**    脂肪酸彻底氧化生成大量 ATP。以软脂酸为例，1 分子软脂酸彻底氧化需进行 7 次 β- 氧化，生成 7 分子 $FADH_2$、7 分子 NADH 及 8 分子乙酰 CoA。在 pH 7.0, 25℃的标准条件下氧化磷酸化，每分子 $FADH_2$ 产生 1.5 分子 ATP，每分子 NADH 产生 2.5 分子 ATP；每分子乙酰 CoA 经柠檬酸循环彻底氧化产生 10 分子 ATP。因此 1 分子软脂酸彻底氧化共生成 $(7 \times 1.5) + (7 \times 2.5) + (8 \times 10) = 108$ 分子 ATP。因为脂肪酸活化消耗 2 个高能磷酸键，相当于 2 分子 ATP，所以 1 分子软脂酸彻底氧化净生成 106 分子 ATP。

### （四）不同的脂肪酸还有不同的氧化方式

**1. 不饱和脂肪酸 β- 氧化需转变构型**    不饱和脂肪酸也在线粒体进行 β- 氧化。不同的是，饱和脂肪酸 β- 氧化产生的烯脂酰 CoA 是反式 $\Delta^2$ 烯脂酰 CoA，而天然不饱和脂肪酸中的双键为顺式。因双键位置不同，不饱和脂肪酸 β- 氧化产生的顺式 $\Delta^3$ 烯脂酰 CoA 或顺式 $\Delta^2$ 烯脂酰 CoA 不能继续 β- 氧化。顺式 $\Delta^3$ 烯脂酰 CoA 在线粒体特异 $\Delta^3$ 顺→$\Delta^2$ 反烯脂酰 CoA 异构酶（$\Delta^3$-cis→$\Delta^2$-trans enoyl-CoA isomerase）催化下转变为 β- 氧化酶系能识别的 $\Delta^2$ 反式构型，继续 β- 氧化。顺式 $\Delta^2$ 烯脂酰 CoA 虽然也能水化，但形成的 D(-)-β- 羟脂酰 CoA 不能被线粒体 β- 氧化酶系识别。在 D(-)-β- 羟脂酰 CoA 表异构酶（epimerase，又称差向异构酶）催化下，右旋异构体［D(-)型］转变为 β- 氧化酶系能识别的左旋异构体［L(+)型］，继续 β- 氧化。

**2. 超长碳链脂肪酸需先在过氧化酶体氧化成较短碳链脂肪酸**    过氧化酶体（peroxisomes）存在脂肪酸 β- 氧化的同工酶系，能将超长碳链脂肪酸（如 $C_{20}$、$C_{22}$）氧化成较短碳链脂肪酸。氧化第一步反应在以 FAD 为辅基的脂肪酸氧化酶作用下脱氢，脱下的氢与 $O_2$ 结合成 $H_2O_2$，而不是进行氧化磷酸化；进一步反应释出较短碳链脂肪酸，在线粒体内 β- 氧化。

**3. 丙酰 CoA 转变为琥珀酰 CoA 进行氧化**    人体含有极少量奇数碳原子脂肪酸，经 β- 氧化生成丙酰 CoA；支链氨基酸氧化分解亦可产生丙酰 CoA。丙酰 CoA 彻底氧化需经 β- 羧化酶及异构酶作用，转变为琥珀酰 CoA，进入柠檬酸循环彻底氧化。

**4. 脂肪酸氧化还可从远侧甲基端进行**    即 ω- 氧化（ω-oxidation）。与内质网紧密结合的脂肪酸 ω- 氧化酶系由羧化酶、脱氢酶、NADP、$NAD^+$ 及细胞色素 $P_{450}$（Cytochrome $P_{450}$, Cyt $P_{450}$）等组成。脂肪酸 ω- 甲基碳原子在脂肪酸 ω- 氧化酶系作用下，经 ω- 羟基脂肪酸、ω- 醛基脂肪酸等中间产物，形成 α, ω- 二羧酸。这样，脂肪酸就能从任一端活化并进行 β- 氧化。

### （五）脂肪酸在肝分解可产生酮体

脂肪酸在肝内 β- 氧化产生的大量乙酰 CoA，部分被转变成酮体（ketone bodies），向肝外输出。酮体包括乙酰乙酸（acetoacetate）（30%）、β- 羟丁酸（β-hydroxy-butyrate）（70%）和丙酮（acetone）（微量）。

**1. 酮体在肝生成**    酮体生成以脂肪酸 β- 氧化产生的乙酰 CoA 为原料，在肝线粒体由酮体合成酶系催化完成（图 7-4）。

（1）2 分子乙酰 CoA 缩合成乙酰乙酰 CoA：由乙酰乙酰 CoA 硫解酶（thiolase）催化，释放 1 分子 CoA。

（2）乙酰乙酰 CoA 与乙酰 CoA 缩合成 HMG-CoA：由羟基甲基戊二酸单酰 CoA 合酶（HMG-CoA synthase）催化，生成羟基甲基戊二酸单酰 CoA（3-hydroxy-3-methyl glutaryl CoA, HMG-CoA），释放出 1 分子 CoA。

（3）HMG-CoA 裂解产生乙酰乙酸：在 HMG-CoA 裂解酶（HMG-CoA lyase）作用下完成，生成乙酰乙酸和乙酰 CoA。

（4）乙酰乙酸还原成 β- 羟丁酸：由 NADH 供氢，在 β- 羟丁酸脱氢酶（β-hydroxybutyrate dehydrogenase）催化下完成。少量乙酰乙酸转变成丙酮。

**2. 酮体在肝外组织氧化利用**    肝组织有活性较强的酮体合成酶系，但缺乏利用酮体的酶系。肝外许多组织具有活性很强的酮体利用酶，能将酮体重新裂解成乙酰 CoA，通过柠檬酸循

Notes

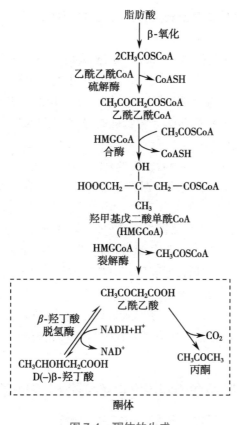

图 7-4 酮体的生成

环彻底氧化。所以肝内生成的酮体需经血液运输至肝外组织氧化利用。

（1）乙酰乙酸利用需先活化：乙酰乙酸活化有两条途径。在心、肾、脑及骨骼肌线粒体，由琥珀酰 CoA 转硫酶（succinyl CoA thiophorase）催化生成乙酰乙酰 CoA（7-12）。在心、肾和脑线粒体，也可由乙酰乙酸硫激酶（acetoacetate thiokinase）催化，直接活化生成乙酰乙酰 CoA。

$$
\begin{array}{cc}
\text{CH}_3 & \text{COOH} \\
| & | \\
\text{CO} & \text{CH}_2 \\
| & | \quad\xrightarrow{\text{琥珀酸CoA转硫酶}}\quad \\
\text{CH}_2 & \text{CH}_2 \\
| & | \\
\text{COOH} & \text{CO~SCoA}
\end{array}
\quad
\begin{array}{cc}
\text{CH}_3 & \text{COOH} \\
| & | \\
\text{CO} & \text{CH}_2 \\
| & | \\
\text{CH}_2 & \text{CH}_2 \\
| & | \\
\text{CO~SCoA} & \text{COOH}
\end{array}
$$

乙酰乙酸 琥珀酸CoA　　　　　乙酰乙酰CoA 琥珀酸

（7-12）

（2）乙酰乙酰 CoA 硫解生成乙酰 CoA：由乙酰乙酰 CoA 硫解酶（acetoacetyl CoA thiolase）催化（7-13）。

$$\text{CH}_3\text{COCH}_2\text{CO~SCoA} \xrightarrow[\text{CoASH}]{\text{乙酰乙酰CoA硫解酶}} 2\text{CH}_3\text{CO~SCoA}$$

（7-13）

β- 羟丁酸的利用是先在 β- 羟丁酸脱氢酶催化下，脱氢生成乙酰乙酸，再转变成乙酰 CoA 被氧化。正常情况下，丙酮生成量很少，可经肺呼出。

3. 酮体是肝向肝外组织输出能量的重要形式　酮体分子小，溶于水，能在血液中运输，还能通过血脑屏障、肌组织的毛细血管壁，很容易被运输到肝外组织利用。心肌和肾皮质利用酮体能力大于利用葡萄糖能力。脑组织虽然不能氧化分解脂肪酸，却能有效利用酮体。当葡萄糖供应充足时,脑组织优先利用葡萄糖氧化供能;但在葡萄糖供应不足或利用障碍时,酮体是脑组织的主要能源物质。

正常情况下,血中仅含少量酮体,为 0.03~0.5mmol/L(0.3~5mg/dl)。在饥饿或糖尿病时,由于脂肪动员加强,酮体生成增加。严重糖尿病患者血中酮体含量可高出正常人数 10 倍,导致酮症酸中毒(ketoacidosis)。血酮体超过肾阈值,便可随尿排出,引起酮尿(ketonuria)。此时,血丙酮含量也大大增加,通过呼吸道排出,产生特殊的"烂苹果气味"。

4. 酮体生成受多种因素调节

(1)餐食状态影响酮体生成:饱食后胰岛素分泌增加,脂解作用受抑制、脂肪动员减少,酮体生成减少。饥饿时,胰高血糖素等脂解激素分泌增多,脂肪动员加强,脂肪酸 β- 氧化及酮体生成增多。

(2)糖代谢影响酮体生成:餐后或糖供给充分时,糖分解代谢旺盛、供能充分,肝内脂肪酸氧化分解减少,酮体生成被抑制。相反,饥饿或糖利用障碍时,脂肪酸氧化分解增强,生成乙酰 CoA 增加;同时因糖来源不足或糖代谢障碍,草酰乙酸减少,乙酰 CoA 进入柠檬酸循环受阻,导致乙酰 CoA 大量堆积,酮体生成增多。

(3)丙二酸单酰 CoA 抑制酮体生成:糖代谢旺盛时,乙酰 CoA 及柠檬酸增多,激活乙酰 CoA 羧化酶,促进丙二酸单酰 CoA 合成,后者竞争性抑制肉碱脂酰转移酶 I,阻止脂酰 CoA 进入线粒体进行 β- 氧化,从而抑制酮体生成。

## 二、不同来源脂肪酸在不同器官以不完全相同的途径合成甘油三酯

(一)肝、脂肪组织及小肠是甘油三酯合成的主要场所

体内甘油三酯合成在细胞质中完成,以肝合成能力最强。但肝不是甘油三酯的储存器官,合成的甘油三酯需与载脂蛋白 B100 等载脂蛋白及磷脂、胆固醇组装成极低密度脂蛋白(very low density lipoprotein, VLDL),分泌入血,运输至肝外组织。营养不良、中毒,以及必需脂肪酸、胆碱或蛋白质缺乏等可引起肝细胞 VLDL 生成障碍,导致甘油三酯在肝细胞蓄积,发生脂肪肝。脂肪细胞可大量储存甘油三酯,是机体储存甘油三酯的"脂库"。

(二)甘油和脂肪酸是合成甘油三酯的基本原料

机体能将葡萄糖分解代谢的中间产物转化成甘油 -3- 磷酸,也能利用葡萄糖分解代谢中间产物乙酰 CoA(acetyl CoA)合成脂肪酸。人和动物即使完全不摄取,亦可由糖转化合成大量甘油三酯。小肠黏膜细胞主要利用摄取的甘油三酯消化产物重新合成甘油三酯,当其以乳糜微粒形式进入血液循环并被逐渐水解后,所释放的脂肪酸亦可作为脂肪组织等组织 / 器官合成甘油三酯的原料。脂肪组织还可水解极低密度脂蛋白甘油三酯,释放脂肪酸用于合成甘油三酯。

(三)甘油三酯合成有甘油一酯和甘油二酯两条途径

1. 脂肪酸活化成脂酰 CoA　脂肪酸作为甘油三酯合成的基本原料,须在脂酰 CoA 合成酶(acyl-CoA synthetase)的催化下,活化成脂酰 CoA(acyl CoA)才能参与甘油三酯合成(7-14)。

$$脂肪酸+CoA\text{--}SH \xrightarrow[\substack{ATP \quad Mg^{2+} \quad AMP}]{脂酰CoA合成酶} 脂酰CoA+PP_i$$

(7-14)

2. 小肠黏膜细胞以甘油一酯途径合成甘油三酯　由脂酰 CoA 转移酶催化、ATP 供能,将脂酰 CoA 的脂酰基转移至 2- 甘油一酯羟基上合成甘油三酯。

3. 肝和脂肪组织细胞以甘油二酯途径合成甘油三酯　以葡萄糖酵解途径中间产物转变生成的甘油 -3- 磷酸为起始物,先合成 1,2- 甘油二酯,最后通过酯化甘油二酯羟基生成甘油三酯(7-15)。

Notes

$$
葡萄糖 \longrightarrow
\begin{array}{l}
\text{CH}_2\text{OH} \\
\text{HO—CH} \\
\text{CH}_2\text{—O—}\textcircled{P}
\end{array}
\quad
\xrightarrow[\text{R}_1\text{COCoA}\quad\text{CoA}]{\text{脂酰CoA转移酶}}
\quad
\begin{array}{l}
\text{CH}_2\text{OCR}_1 \\
\text{HO—CH} \\
\text{CH}_2\text{—O—}\textcircled{P}
\end{array}
$$

3-磷酸甘油　　　　　　　　　　　　　　　　　　1-脂酰-3-磷酸甘油

$$
\xrightarrow[\text{R}_2\text{COCoA}\quad\text{CoA}]{\text{脂酰CoA转移酶}}
\quad
\begin{array}{l}
\text{CH}_2\text{OCR}_1 \\
\text{R}_2\text{COCH} \\
\text{CH}_2\text{O—}\textcircled{P}
\end{array}
\quad
\xrightarrow[\text{P}_i]{\text{磷脂酸磷酸酶}}
$$

磷脂酸

$$
\begin{array}{l}
\text{CH}_2\text{OCR}_1 \\
\text{R}_2\text{COCH} \\
\text{CH}_2\text{OH}
\end{array}
\quad
\xrightarrow[\text{R}_3\text{COCoA}\quad\text{CoA}]{\text{脂酰CoA转移酶}}
\quad
\begin{array}{l}
\text{CH}_2\text{OCR}_1 \\
\text{R}_2\text{COCH} \\
\text{CH}_2\text{OCR}_3
\end{array}
$$

1,2-甘油二酯　　　　　　　　　　　　　　　　　甘油三酯

（7-15）

合成甘油三酯的三分子脂肪酸可为同一种脂肪酸，也可是 3 种不同脂肪酸。肝、肾等组织含有甘油激酶，可催化游离甘油磷酸化生成甘油 -3- 磷酸（7-16），供甘油三酯合成。脂肪细胞甘油激酶活性很低，不能直接利用甘油合成甘油三酯。

$$
\begin{array}{l}
\text{CH}_2\text{OH} \\
\text{HO—C—H} \\
\text{CH}_2\text{OH}
\end{array}
\quad
\xrightarrow[\text{ATP}\quad\text{ADP}]{\text{肝、肾甘油激酶}}
\quad
\begin{array}{l}
\text{CH}_2\text{OH} \\
\text{HO—C—H} \\
\text{CH}_2\text{O—}\textcircled{P}
\end{array}
$$

甘油　　　　　　　　　　　　　　　　　　甘油磷酸

（7-16）

## 三、内源性脂肪酸的合成需先合成软脂酸再加工

### （一）软脂酸由乙酰 CoA 在脂肪酸合酶催化下合成

1. 软脂酸在胞质中合成　催化哺乳类动物脂肪酸合成的酶存在于肝、肾、脑、肺、乳腺及脂肪等多种组织的细胞质，肝的活性最高（合成能力较脂肪组织大 8～9 倍），是人体合成脂肪酸的主要场所。虽然脂肪组织能以葡萄糖代谢的中间产物为原料合成脂肪酸，但脂肪组织的脂肪酸来源主要是小肠消化吸收的外源性脂肪酸和肝合成的内源性脂肪酸。

2. 乙酰 CoA 是软脂酸合成的基本原料　用于软脂酸（palmitic acid）合成的乙酰 CoA 主要由葡萄糖分解供给，在线粒体内产生，不能自由透过线粒体内膜，需通过柠檬酸 - 丙酮酸循环（citrate pyruvate cycle）（图 7-5）进入胞质。在此循环中，乙酰 CoA 首先在线粒体内柠檬酸合酶（citrate synthase）催化下，与草酰乙酸缩合生成柠檬酸；后者通过线粒体内膜载体转运进入胞质，被 ATP- 柠檬酸裂解酶（citrate lyase）裂解，重新生成乙酰 CoA 及草酰乙酸。进入胞质的草酰乙酸不能自由透过线粒体内膜，可在苹果酸脱氢酶（malate dehydrogenase）作用下，由 NADH 供氢，还原成苹果酸，可再经线粒体内膜载体转运至线粒体内，脱氢生成草酰乙酸，开始新一轮循环。但苹果酸主要是在苹果酸酶（malic enzyme）作用下氧化脱羧、产生 $CO_2$ 和丙酮酸，脱下

Notes

的氢将 $NADP^+$ 还原成 NADPH；丙酮酸可通过线粒体内膜上的载体转运至线粒体内，重新生成线粒体内草酰乙酸，然后继续与乙酰 CoA 缩合，将乙酰 CoA 运转至胞质，用于软脂酸合成。

软脂酸合成还需 ATP、NADPH、$HCO_3^-$($CO_2$)及 $Mn^{2+}$ 等原料。NADPH 主要有两个来源，一是磷酸戊糖途径，二是在上述乙酰 CoA 转运过程中，细胞质苹果酸酶催化的苹果酸氧化脱羧。

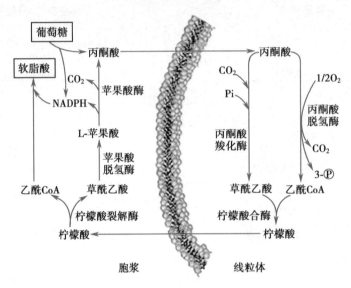

图 7-5　柠檬酸 - 丙酮酸循环

乙酰 CoA 首先在线粒体内与草酰乙酸缩合生成柠檬酸，通过线粒体内膜上的载体转运进入胞液；胞液中 ATP 柠檬酸裂解酶使柠檬酸裂解释出乙酰 CoA 及草酰乙酰。进入胞液的乙酰 CoA 可用以合成脂肪酸，而草酰乙酸则在苹果酸脱氢酶的作用下，还原成苹果酸。苹果酸也可在苹果酸酶的作用下分解为丙酮酸，再转运入线粒体，最终均形成线粒体内的草酰乙酸，再参与转运乙酰 CoA

**3. 一分子软脂酸由 1 分子乙酰 CoA 与 7 分子丙二酸单酰 CoA 缩合而成**

（1）乙酰 CoA 转化成丙二酸单酰 CoA：是软脂酸合成的第一步反应，催化此反应的乙酰 CoA 羧化酶（acetyl CoA carboxylase）是脂肪酸合成的关键酶（或限速酶），以 $Mn^{2+}$ 为激活剂，含生物素辅基，起转移羧基作用。该羧化反应为不可逆反应，过程如下：

$$酶 - 生物素 + HCO_3^- + ATP \longrightarrow 酶 - 生物素 -CO_2 + ADP + P_i$$

$$酶 - 生物素 -CO_2 + 乙酰 CoA \longrightarrow 酶 - 生物素 + 丙二酸单酰 CoA$$

总反应：$ATP + HCO_3^- + 乙酰 CoA \longrightarrow 丙二酸单酰 CoA + ADP + P_i$

乙酰 CoA 羧化酶活性受变构调节及化学修饰调节。该酶有两种存在形式。无活性单体分子质量约 4 万；有活性多聚体通常由 10~20 个单体线状排列构成，分子质量 60~80 万，活性为单体的 10~20 倍。柠檬酸、异柠檬酸可使此酶由单体聚合成多聚体，将酶激活；软脂酰 CoA 及其他长链脂酰 CoA 可使多聚体解聚成单体，抑制酶活性。乙酰 CoA 羧化酶还可在一种 AMP 激活的蛋白激酶（AMP-activated protein kinase，AMPK）催化下发生酶蛋白（79、1200 及 1215 位丝氨酸残基）磷酸化而失活。胰高血糖素能激活该蛋白激酶，抑制乙酰 CoA 羧化酶活性；胰岛素能通过蛋白磷酸酶的去磷酸化作用，使磷酸化的乙酰 CoA 羧化酶脱磷酸恢复活性。高糖膳食可促进乙酰 CoA 羧化酶蛋白合成，增加酶活性。

（2）软脂酸经 7 次缩合、还原、脱水、再还原基本反应循环合成：各种脂肪酸生物合成过程基本相似，均以丙二酸单酰 CoA 为基本原料，从乙酰 CoA 开始，经反复加成反应完成，每次（缩合 - 还原 - 脱水 - 再还原）循环延长 2 个碳原子。16 碳软脂酸合成需经 7 次循环反应。

Notes

催化大肠杆菌脂肪酸合成的是脂肪酸合酶复合体（fatty acid synthase complex），其核心由 7 种独立的酶 / 多肽组成，这 7 种多肽包括酰基载体蛋白（acyl carrier protein，ACP）、乙酰 CoA-ACP 转酰基酶（acetyl-CoA-ACP transacylase，AT；以下简称乙酰基转移酶）、β- 酮脂酰 -ACP 合酶（β-ketoacyl-ACP synthase，KS；β- 酮脂酰合酶）、丙二酸单酰 CoA-ACP 转酰基酶（malonyl-CoA-ACP transacylase，MT；丙二酸单酰转移酶）、β- 酮脂酰 -ACP 还原酶（b-ketoacyl-ACP reductase，KR；β- 酮脂酰还原酶）、β- 羟脂酰 -ACP 脱水酶（β-hydroxyacyl-ACP dehydratase，HD；脱水酶）及烯脂酰 -ACP 还原酶（Enoyl-ACP reductase，ER；烯脂酰还原酶）。细菌酰基载体蛋白是一种小分子蛋白质（$M_r$，8860），以 4′- 磷酸泛酰巯基乙胺（4′-phosphopantetheine）为辅基，其巯基（酶 - 泛 -SH）能结合脂酰，是脂酰基载体。此外，细菌脂肪酸合酶体系还有至少另外 3 种成分。

哺乳类动物脂肪酸合酶（fatty acid synthase）是由两个相同亚基（$M_r$，240kD）首尾相连形成的二聚体（$M_r$，480kD）。每个亚基含有 3 个结构域。结构域 1 含有乙酰基转移酶（AT）、丙二酸单酰转移酶（MT）及 β- 酮脂酰合酶（KS），与底物的"进入"、缩合反应相关。结构域 2 含有 β- 酮脂酰还原酶（KR）、β- 羟脂酰脱水酶（HD）及烯脂酰还原酶（ER），催化还原反应；该结构域还含有一个肽段，具有与细菌酰基载体蛋白（ACP）相同的辅基（含酶 - 泛 -SH）和类似的作用。结构域 3 含有硫酯酶（thioesterase，TE），与脂肪酸的释放有关。3 个结构域之间由柔性的区域连接，使结构域可以移动，利于各酶之间的协调、连续作用。

细菌、动物脂肪酸合成过程类似。细菌软脂酸合成步骤（图 7-6）包括：①乙酰 CoA 在乙酰转移酶作用下被转移至 ACP 的巯基（—SH），再从 ACP 转移至 β- 酮脂酰合酶的半胱氨酸巯基上；②丙二酸单酰 CoA 在丙二酸单酰转移酶作用下，先脱去 HSCoA，再与 ACP 的—SH 连接；③缩合，β- 酮脂酰合酶上连接的乙酰基与 ACP 上的丙二酸单酰基缩合、生成 β- 酮丁酰 ACP，释放 $CO_2$；④加氢，由 NADPH 供氢，β- 酮丁酰 ACP 在 β- 酮脂酰还原酶作用下加氢、还原成 D-（−）-β- 羟丁酰 ACP；⑤脱水，D-（−）-β- 羟丁酰 ACP 在脱水酶作用下，脱水生成反式 $\Delta^2$ 烯丁酰 ACP；⑥再加氢，NADPH 供氢，反式 $\Delta^2$ 烯丁酰 ACP 在烯酰还原酶作用下，再加氢生成丁酰 ACP。

丁酰 -ACP 是脂肪酸合酶复合体催化合成的第一轮产物。通过这一轮反应，即酰基转移、缩合、还原、脱水、再还原等步骤，产物碳原子由 2 个增加至 4 个。然后，丁酰由 ACP 的巯基（酶 - 泛 -SH）转移至 β- 酮脂酰合酶的半胱氨酸巯基（即酶 - 半胱 -SH）上，ACP 的巯基又可与另一丙二酸单酰基结合，进行缩合、还原、脱水、再还原等步骤的第二轮循环。经 7 次循环后，生成 16 碳软脂酰 -ACP；由硫酯酶水解，软脂酸从脂肪酸合酶复合体释放。软脂酸合成的总反应式为：

$$CH_3COSCoA + 7HOOCCH_2COSCoA + 14NADPH + 14H^+ \longrightarrow CH_3(CH_2)_{14}COOH + 7CO_2 + 6H_2O + 8HSCoA + 14NADP^+$$

**（二）软脂酸延长在内质网和线粒体内进行**

脂肪酸合酶复合体催化合成软脂酸，更长碳链脂肪酸的合成通过对软脂酸加工、延长完成。

1. **内质网脂肪酸延长途径以丙二酸单酰 CoA 为二碳单位供体**　该途径由脂肪酸延长酶体系催化，NADPH 供氢，每通过一轮缩合、加氢、脱水及再加氢等循环反应延长 2 个碳原子；循环反复进行可使碳链延长。过程与软脂酸合成相似，但脂酰基不是以 ACP 为载体，而是连接在 CoASH 上进行。该酶体系可将脂肪酸延长至 24 碳，但以 18 碳硬脂酸为主。

2. **线粒体脂肪酸延长途径以乙酰 CoA 为二碳单位供体**　该途径在脂肪酸延长酶体系作用下，软脂酰 CoA 与乙酰 CoA 缩合，生成 β- 酮硬脂酰 CoA；再由 NADPH 供氢，还原为 β- 羟硬脂酰 CoA；接着脱水生成 α，β- 烯硬脂酰 CoA。最后，烯硬脂酰 CoA 由 NADPH 供氢，还原为硬脂酰 CoA。通过缩合、加氢、脱水和再加氢等反应，每轮循环延长 2 个碳原子；一般可延长至 24 或 26 个碳原子，但仍以 18 碳硬脂酸为最多。

Notes

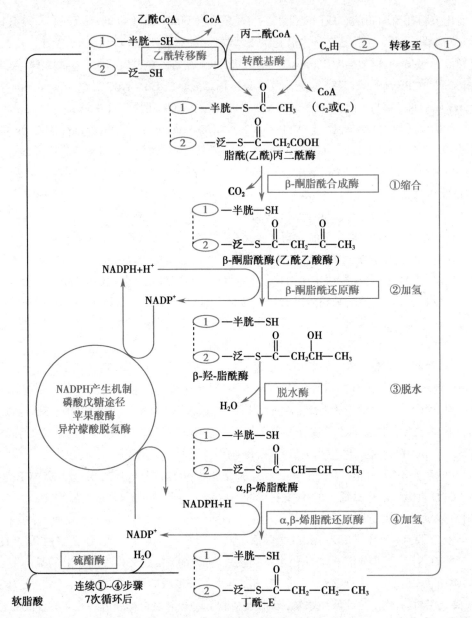

图 7-6　软脂酸的生物合成

经过第一轮反应，即酰基转移、缩合、还原、脱水、再还原等步骤，碳原子由 2 个增加至 4 个，形成脂肪酸合酶催化合成的第一轮产物丁酰 -E。此时，丁酰连接在酶的 ACP 巯基（E2- 泛 -SH）上，接着被转移至 β- 酮脂酰合酶的半胱氨酸巯基（E1- 半胱 -SH），ACP 巯基（E2- 泛 -SH）继续接受丙二酰基，进行缩合、还原、脱水、再还原等步骤的第二轮反应。经过 7 次循环之后，生成 16 个碳原子的软脂酰 -E2，然后经硫酯酶的水解，即生成终产物游离的软脂酸

## （三）不饱和脂肪酸的合成需多种去饱和酶催化

上述脂肪酸合成途径合成的产物均为饱和脂肪酸，人体含不饱和脂肪酸，主要有软油酸（$16:1$，$\Delta^9$）、油酸（$18:1$，$\Delta^9$）、亚油酸（$18:2$，$\Delta^{9,12}$），α- 亚麻酸（$18:3$，$\Delta^{9,12,15}$）及花生四烯酸（$20:4$，$\Delta^{5,8,11,14}$）等。由于只含 $\Delta^4$、$\Delta^5$、$\Delta^8$ 及 $\Delta^9$ 去饱和酶（desaturase），缺乏 $\Delta^9$ 以上去饱和酶，人体只能合成软油酸和油酸等单不饱和脂肪酸，不能合成亚油酸、α- 亚麻酸及花生四烯酸等多不饱和脂肪酸。植物因含有 $\Delta^9$、$\Delta^{12}$ 及 $\Delta^{15}$ 去饱和酶，能合成 $\Delta^9$ 以上多不饱和脂肪酸。人体所需多不饱和脂肪酸必须从食物（主要是从植物油脂）中摄取。

Notes

**（四）脂肪酸合成受代谢物和激素调节**

1. **代谢物通过改变原料供应量和乙酰 CoA 羧化酶活性调节脂肪酸合成**　ATP、NADPH 及乙酰 CoA 是脂肪酸合成原料，可促进脂肪酸合成；脂酰 CoA 是乙酰 CoA 羧化酶的抑制剂，抑制脂肪酸合成。凡能引起这些代谢物水平有效改变的因素均可调节脂肪酸合成。例如，高脂膳食和脂肪动员可使细胞内脂酰 CoA 增多，抑制乙酰 CoA 羧化酶活性，抑制脂肪酸合成。进食糖类食物后，糖代谢加强，NADPH、乙酰 CoA 供应增多，有利于脂肪酸合成；糖代谢加强还使细胞内 ATP 增多，抑制异柠檬酸脱氢酶，导致柠檬酸和异柠檬酸蓄积并从线粒体渗至胞质，激活乙酰 CoA 羧化酶，促进脂肪酸合成。

2. **胰岛素是调节脂肪酸合成的主要激素**　胰岛素可通过刺激一种蛋白磷酸酶活性，使乙酰 CoA 羧化酶脱磷酸而激活，促进脂肪酸合成。此外，胰岛素可促进脂肪组织合成磷脂酸，增加脂肪合成。胰岛素还能增加脂肪组织脂蛋白脂酶活性，增加脂肪组织对血液甘油三酯脂肪酸摄取，促使脂肪组织合成脂肪贮存。该过程长期持续，与脂肪动员之间失去平衡，会导致肥胖。

胰高血糖素能增加蛋白激酶活性，使乙酰 CoA 羧化酶磷酸化而降低活性，抑制脂肪酸合成。胰高血糖素也能抑制甘油三酯合成，甚至减少肝细胞向血液释放脂肪。肾上腺素、生长素能抑制乙酰 CoA 羧化酶，调节脂肪酸合成。

3. **脂肪酸合酶可作为药物治疗的靶点**　脂肪酸合酶的活性改变与一些疾病有关。如脂肪酸合酶基因在很多肿瘤组织高表达；动物研究证明，脂肪酸合酶抑制剂可明显减缓肿瘤生长，减轻体重，是极有潜力的抗肿瘤和抗肥胖的候选药物。

# 第四节　磷 脂 代 谢

## 一、磷脂酸是甘油磷脂合成的重要中间产物

**（一）甘油磷脂合成的原料来自糖、脂质和氨基酸代谢**

人体各组织细胞内质网均含有甘油磷脂合成酶系，以肝、肾及肠等活性最高。甘油磷脂合成的基本原料包括甘油、脂肪酸、磷酸盐、胆碱（choline）、丝氨酸、肌醇（inositol）等。甘油和脂肪酸主要由葡萄糖转化而来，甘油骨架 2 位的多不饱和脂肪酸为必需脂肪酸，只能从食物（植物油）摄取。胆碱可由食物供给，亦可由丝氨酸及甲硫氨酸合成。丝氨酸是合成磷脂酰丝氨酸的原料，脱羧后生成乙醇胺又是合成磷脂酰乙醇胺的原料。乙醇胺从 S- 腺苷甲硫氨酸获得 3 个甲基生成胆碱。甘油磷脂合成还需 ATP、CTP。ATP 供能，CTP 参与乙醇胺、胆碱、甘油二酯活化，形成 CDP- 乙醇胺、CDP- 胆碱、CDP- 甘油二酯等活化中间物（7-17）。

**（二）甘油磷脂合成有两条途径**

1. **磷脂酰胆碱和磷脂酰乙醇胺主要通过甘油二酯途径合成**　甘油二酯是该途径的重要中间物，胆碱和乙醇胺被活化成 CDP- 胆碱（CDP-choline）和 CDP- 乙醇胺（CDP-ethanolamine）后，分别与甘油二酯缩合，生成磷脂酰胆碱（phosphatidyl choline，PC）和磷脂酰乙醇胺（phosphatidyl ethanolamine，PE）（7-18）。这两类磷脂占组织及血液磷脂 75% 以上。

磷脂酰胆碱是真核生物细胞膜含量最丰富的磷脂，在细胞增殖和分化过程中具有重要作用，对维持正常细胞周期具有重要意义。一些疾病如肿瘤、阿尔茨海默病（Alzheimer's disease）和脑卒中（stroke）等的发生与磷脂酰胆碱代谢异常密切相关。国内外科学家们正在努力探讨磷脂酰胆碱代谢在细胞增殖、分化和细胞周期中的作用，如在肿瘤、阿尔茨海默病和脑卒中等疾病发生中的作用及其机制。一旦取得突破，将为相关疾病的预防、诊断和治疗提供新靶点。

尽管磷脂酰胆碱也可由 S- 腺苷甲硫氨酸提供甲基，使磷脂酰乙醇胺甲基化生成，但这种方式合成量仅占人 PC 合成总量 10%～15%。哺乳类动物细胞磷脂酰胆碱的合成主要通过甘油二酯

Notes

$$HOCH_2CHCOOH \xrightarrow[CO_2]{} HOCH_2CH_2NH_2 \xrightarrow[3S-腺苷甲硫氨酸]{} HOCH_2CH_2N^+(CH_3)_3$$
$$\quad\;\; |$$
$$\quad NH_2$$

丝氨酸            乙醇胺                                              胆碱

乙醇胺 激酶    ATP → ADP                     胆碱 激酶    ATP → ADP

$(P)-OCH_2CO_2NH_2$                               $(P)-OCH_2CH_2N^+(CH_3)_3$

磷酸乙醇胺                                          磷酸胆碱

CTP：磷酸 乙醇胺胞苷酰 转移酶    CTP → PPi          CTP：磷酸 胆碱胞苷酰 转移酶    CTP → PPi

$CDP-OCH_2CH_2NH_2$                         $CDP-OCH_2CH_2N^+(CH_3)_3$

CDP-乙醇胺                                          CDP-胆碱

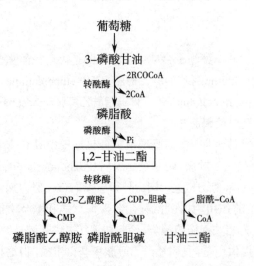

CDP-胆碱                                          CDP-甘油二酯

（7-17）

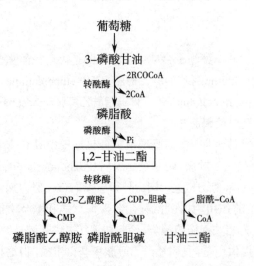

葡萄糖

↓

3-磷酸甘油

转酰酶    2RCOCoA → 2CoA

↓

磷脂酸

磷酸酶    Pi

1,2-甘油二酯

转移酶

CDP-乙醇胺 → CMP    CDP-胆碱 → CMP    脂酰-CoA → CoA

磷脂酰乙醇胺    磷脂酰胆碱    甘油三酯

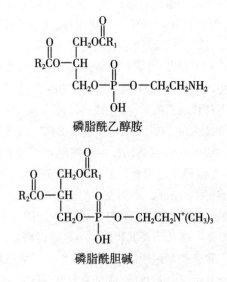

磷脂酰乙醇胺

磷脂酰胆碱

（7-18）

Notes

途径完成。该途径中,胆碱需先活化成 CDP- 胆碱,所以也被称为 CDP- 胆碱途径(CDP-choline pathway),CTP:磷酸胆碱胞苷转移酶(CTP: phosphocholine cytidylyltransferase,CCT)是限速酶,它催化磷酸胆碱(phosphocholine)与 CTP 缩合成 CDP- 胆碱。后者向甘油二酯提供磷酸胆碱,合成磷脂酰胆碱。

　　人 CCT 有 α 和 β 两种亚型,分别由 *PCYT1A* 和 *PCYT1B* 基因编码。CCTβ 又有 β1 和 β2 两种剪接变异体。CCTα、β1 和 β2 分别由 367、330 和 372 个氨基酸残基组成,含 4 个结构域,氨基酸残基 73-323 是高度同源序列,β 剪接变异体之间的差异仅在 323 位氨基酸残基之后的 C 末端(图 7-7)。氨基酸残基 1-72 为 N 端结构域,CCTα 在该结构域中含有一个核靶向作用区。氨基酸残基 73-235 为催化结构域,其中 HXGH 和 RTEGISTS 两个 CTP 结合模体是胞苷转移酶家族的特征序列,能与 CTP 结合;两个 CTP 结合基序之间的赖氨酸残基高度保守,能结合磷酸胆碱。氨基酸残基 236-299 称为膜结合结构域(membrane-binding domain)或结构域 M(domain M),为双性 α- 螺旋(amphipathic α helix)结构区,能与中性脂质和阴离子脂质结合。C 末端是磷酸化结构域(phosphorylation domain),也称结构域 P(domian P),含多个丝氨酸残基,能够被磷酸化。

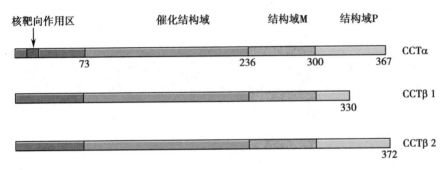

图 7-7　CTP:磷酸胆碱胞苷转移酶(CCT)氨基酸序列结构示意图

　　CCT 活性通过游离形式与膜结合形式之间的转换进行调节。游离 CCT 无活性,当其与膜(包括内质网膜和核膜)结合后,转变为活性 CCT。CCT 通过膜结合结构域感应膜双分子层的弯曲弹性张力(curvature elastic stress),使游离酶蛋白与膜结合或使膜结合酶蛋白解离,从而调节酶活性。磷脂酰胆碱含量是膜双分子层弯曲弹性张力的主要决定因素之一,磷脂酰胆碱缺乏的膜,能促进 CCT 与其结合,使 CCT 转变为活性形式,促进磷脂酰胆碱合成。CCT 活性还受转录水平调节。CCTα 活性的调节主要与细胞增殖、分化和细胞周期有关。

　　磷脂酰丝氨酸也可由磷脂酰乙醇胺羧化或乙醇胺与丝氨酸交换生成。

　　2. 磷脂酰肌醇、磷脂酰丝氨酸及心磷脂主要通过 CDP- 甘油二酯途径合成　肌醇、丝氨酸无需活化,CDP- 甘油二酯是该途径重要中间物,与丝氨酸、肌醇或磷脂酰甘油缩合,生成磷脂酰肌醇、磷脂酰丝氨酸及心磷脂(7-19)。

　　甘油磷脂合成在内质网膜外侧面进行。胞质存在一类促进磷脂在细胞内膜之间交换的蛋白质,称磷脂交换蛋白(phospholipid exchange proteins),催化不同种类磷脂在膜之间交换,使新合成的磷脂转移至不同细胞器膜上,更新膜磷脂。例如在内质网合成的心磷脂可通过这种方式转至线粒体内膜,构成线粒体内膜特征性磷脂。

　　Ⅱ型肺泡上皮细胞可合成由 2 分子软脂酸构成的特殊磷脂酰胆碱,生成的二软脂酰胆碱是较强乳化剂,能降低肺泡表面张力,有利于肺泡伸张。新生儿肺泡上皮细胞合成二软脂酰胆碱障碍,会引起肺不张。

Notes

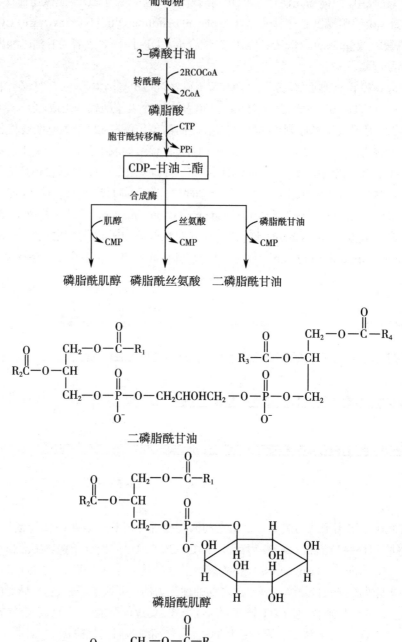

（7-19）

## 二、甘油磷脂由磷脂酶催化降解

生物体内存在多种降解甘油磷脂的磷脂酶（phospholipase），包括磷脂酶 A₁、A₂、B₁、B₂、C 及 D，它们分别作用于甘油磷脂分子中不同的酯键（图 7-8），降解甘油磷脂。

溶血磷脂 1 具较强表面活性，能使红细胞膜或其他细胞膜破坏引起溶血或细胞坏死。溶血磷脂还可进一步水解，如溶血磷脂 1 在溶血磷脂酶 1（即磷脂酶 B₁）作用下，水解与甘油骨架 1

Notes

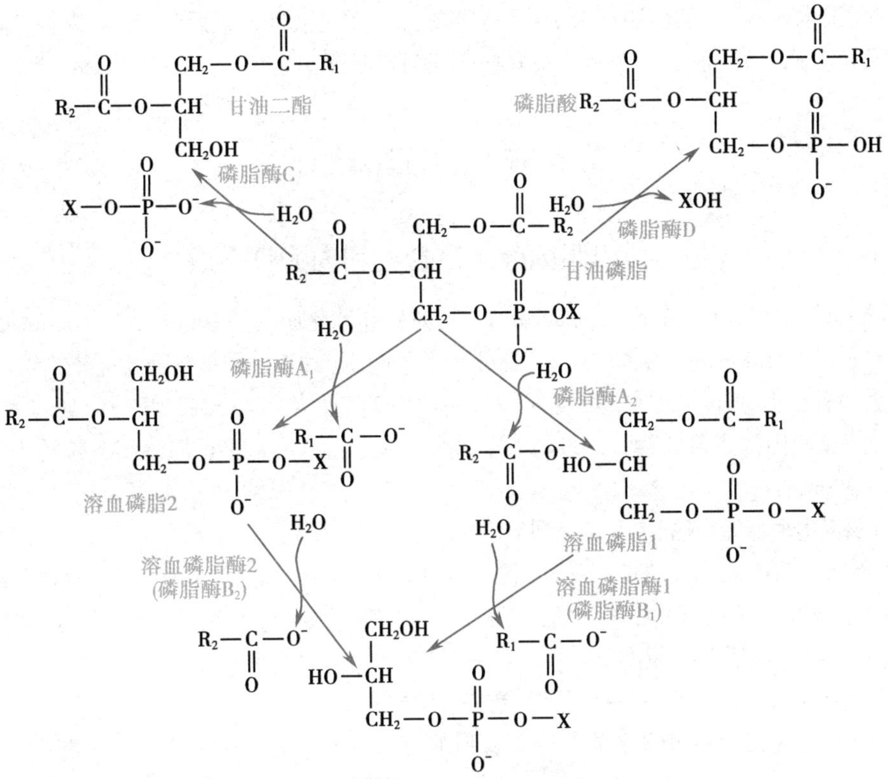

图中化学结构（甘油二酯、磷脂酸、甘油磷脂、溶血磷脂1、溶血磷脂2等，磷脂酶A₁、A₂、B₁、B₂、C、D）

图 7-8 磷脂酶的甘油磷脂水解作用
X 为含氮碱

位 -OH 缩合的酯键，生成不含脂肪酸的甘油磷酸胆碱，溶血磷脂就失去对细胞膜结构的溶解作用。

## 三、鞘氨醇是神经鞘磷脂合成的重要中间产物

神经鞘磷脂是人体含量最多的鞘磷脂，由鞘氨醇、脂肪酸及磷酸胆碱构成。人体各组织细胞内质网均存在合成鞘氨醇酶系，以脑组织活性最高。合成鞘氨醇的基本原料是软脂酰 CoA、丝氨酸和胆碱，还需磷酸吡哆醛、NADPH 及 FAD 等辅酶参加。在磷酸吡哆醛参与下，由内质网 3- 酮二氢鞘氨醇合成酶催化，软脂酰 CoA 与 L- 丝氨酸缩合并脱羧生成 3- 酮基二氢鞘氨醇（3-ketodihydrosphingosine），再由 NADPH 供氢、还原酶催化，加氢生成二氢鞘氨醇，然后在脱氢酶催化下，脱氢生成鞘氨醇。

在脂酰转移酶催化下，鞘氨醇的氨基与脂酰 CoA 进行酰胺缩合，生成 N- 脂酰鞘氨醇，最后由 CDP- 胆碱提供磷酸胆碱生成神经鞘磷脂（7-20）。

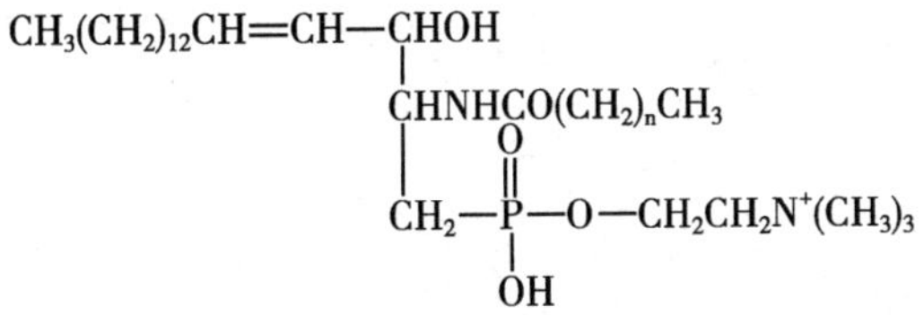

$$CH_3(CH_2)_{12}CH=CH-CHOH$$
$$CHNHCO(CH_2)_nCH_3$$
$$CH_2-P-O-CH_2CH_2N^+(CH_3)_3$$
$$OH$$

**神经鞘磷脂**

（7-20）

## 四、神经鞘磷脂在神经鞘磷脂酶催化下降解

神经鞘磷脂酶（sphingomyelinase）存在于脑、肝、脾、肾等组织细胞溶酶体，属磷脂酶 C 类，

Notes

能使磷酸酯键水解，产生磷酸胆碱及 N- 脂酰鞘氨醇。如先天性缺乏此酶，则鞘磷脂不能降解，在细胞内积存，引起肝、脾肿大及阿尔茨海默病等鞘磷脂沉积病症。

# 第五节　胆固醇代谢

## 一、体内胆固醇来自食物和内源性合成

胆固醇有游离胆固醇（free cholesterol，FC），亦称非酯化胆固醇（unesterified cholesterol）和胆固醇酯（cholesterol ester）两种形式，广泛分布于各组织，约 1/4 分布在脑及神经组织，约占脑组织 20%。肾上腺、卵巢等类固醇激素分泌腺，胆固醇含量达 1%～5%。肝、肾、肠等内脏及皮肤、脂肪组织，胆固醇含量约为每 100g 组织 200～500mg，以肝最多。肌组织含量约为每 100g 组织 100～200mg。

### （一）体内胆固醇合成的主要场所是肝

除成年动物脑组织及成熟红细胞外，几乎全身各组织均可合成胆固醇，每天合成量约为 1g 左右。肝是主要合成器官，占体内合成胆固醇总量的 70%～80%，其次是小肠，合成 10%。胆固醇合成酶系存在于胞质及光面内质网膜。

### （二）乙酰 CoA 和 NADPH 是胆固醇合成基本原料

$^{14}C$ 及 $^{13}C$ 标记乙酸甲基碳及羧基碳，与肝切片孵育证明，乙酸分子中的 2 个碳原子均参与构成胆固醇，是合成胆固醇唯一碳源。乙酰 CoA 是葡萄糖、氨基酸及脂肪酸在线粒体分解代谢的中间产物，不能自由透过线粒体内膜，需在线粒体内与草酰乙酸缩合生成柠檬酸，通过线粒体内膜载体进入胞质，裂解成乙酰 CoA，作为胆固醇合成原料。每转运 1 分子乙酰 CoA，由柠檬酸裂解成乙酰 CoA 时消耗 1 分子 ATP。胆固醇合成还需 NADPH 供氢、ATP 供能。合成 1 分子胆固醇需 18 分子乙酰 CoA、36 分子 ATP 及 16 分子 NADPH。

### （三）胆固醇合成由以 HMG-CoA 还原酶为限速酶的一系列酶促反应完成

胆固醇生物合成过程复杂，有近 30 步酶促反应，大致可划分为三个阶段（图 7-9）。

1. 由乙酰 CoA 合成甲羟戊酸　2 分子乙酰 CoA 在乙酰乙酰 CoA 硫解酶作用下，缩合成乙酰乙酰 CoA；再在羟基甲基戊二酸单酰 CoA 合酶（HMG-CoA synthase）作用下，与 1 分子乙酰 CoA 缩合成羟基甲基戊二酸单酰 CoA（3-hydroxy-3-methyl glutaryl CoA，HMG-CoA）。在线粒体中，HMG-CoA 被裂解生成酮体；而在胞质生成的 HMG-CoA，则在内质网 HMG-CoA 还原酶（HMG-CoA reductase）作用下，由 NADPH 供氢，还原生成甲羟戊酸（mevalonic acid，MVA）(7-21)。HMG-CoA 还原酶是合成胆固醇的限速酶。

2. 甲羟戊酸经 15 碳化合物转变成 30 碳鲨烯　甲羟戊酸经脱羧、磷酸化生成活泼的异戊烯焦磷酸（$\Delta^3$-isopentenyl pyrophosphate，IPP）和二甲基丙烯焦磷酸（3, 3-dimethylallyl pyrophosphate，

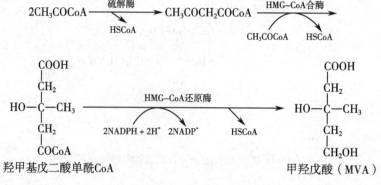

（7-21）

DPP)。3 分子 5 碳焦磷酸化合物（IPP 及 DPP）缩合成 15 碳焦磷酸法尼酯（farnesyl pyrophosphate，FPP）。在内质网鲨烯合酶（squalene synthase）催化下，2 分子 15 碳焦磷酸法尼酯经再缩合、还原生成 30 碳多烯烃——鲨烯（squalene）。

3. **鲨烯环化为羊毛固醇后转变为胆固醇** 30 碳鲨烯结合在胞质固醇载体蛋白（sterol carrier protein，SCP）上，经内质网单加氧酶、环化酶等催化，环化成羊毛固醇，再经氧化、脱羧、还原等反应，脱去 3 个甲基，生成 27 碳胆固醇。在脂酰 -CoA：胆固醇脂酰转移酶（acyl-CoA：cholesterol acyltransferase，ACAT）作用下，细胞内游离胆固醇能与脂酰 CoA 缩合，生成胆固醇酯储存。

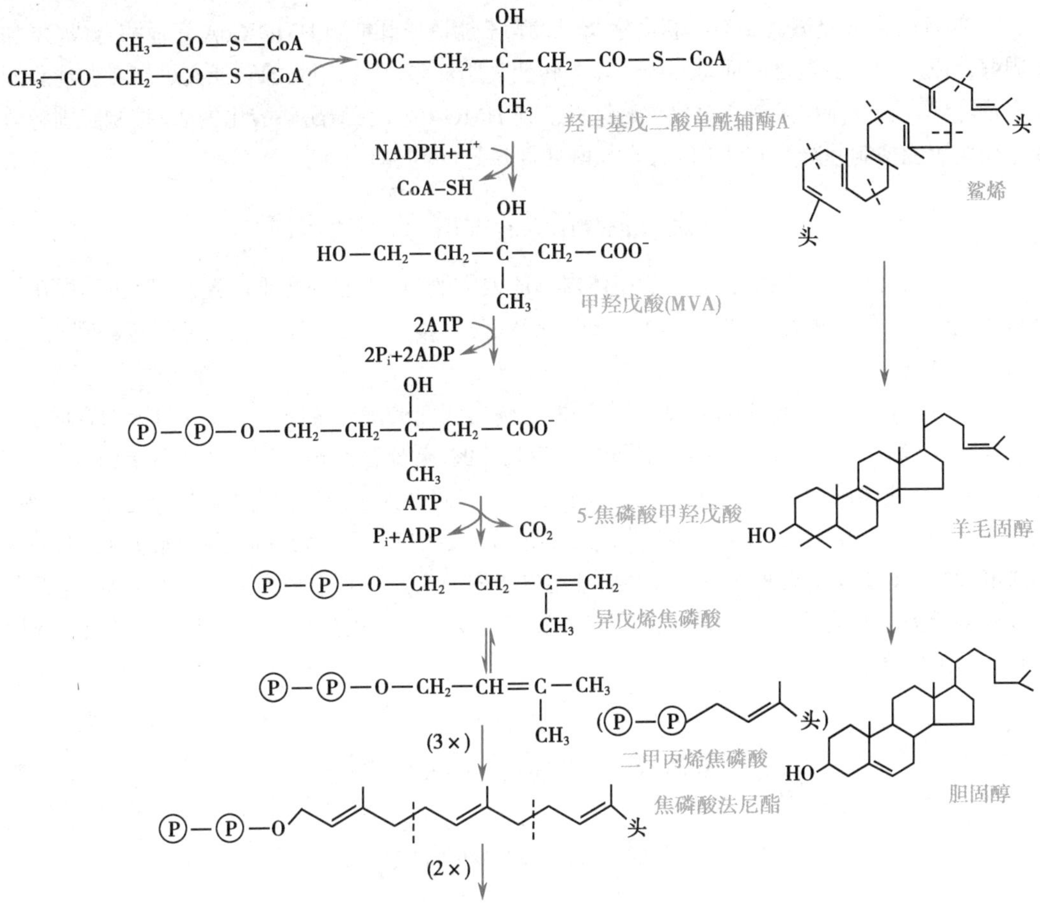

图 7-9 胆固醇的生物合成

**（四）胆固醇合成通过 HMG-CoA 还原酶调节**

1. **HMG-CoA 还原酶活性具有与胆固醇合成相同的昼夜节律性** 动物实验发现，大鼠肝胆固醇合成有昼夜节律性，午夜最高，中午最低。进一步研究发现，肝 HMG-CoA 还原酶活性也有昼夜节律性，午夜最高，中午最低。可见，胆固醇合成的周期节律性是 HMG-CoA 还原酶活性周期性改变的结果。

2. **HMG-CoA 还原酶活性受变构调节、化学修饰调节和酶含量调节** 胆固醇合成产物甲羟戊酸、胆固醇及胆固醇氧化产物 7β- 羟胆固醇、25- 羟胆固醇是 HMG-CoA 还原酶的变构抑制剂。胞质 cAMP 依赖性蛋白激酶可使 HMG-CoA 还原酶磷酸化丧失活性，磷蛋白磷酸酶可催化磷酸化 HMG-CoA 还原酶脱磷酸恢复酶活性。细胞内胆固醇含量增加，会抑制 HMG-CoA 还原酶基因转录，酶蛋白合成减少，活性降低。

3. **细胞胆固醇含量是影响胆固醇合成的主要因素之一** 主要通过改变 HMG-CoA 还原酶合成影响胆固醇合成。该酶在肝细胞的半衰期约为 4 小时，如酶蛋白合成被阻断，酶蛋白含量在几小时内便降低。细胞胆固醇升高可抑制 HMG-CoA 还原酶合成，从而抑制胆固醇合成。反之，降低细胞胆固醇含量，可解除胆固醇对酶蛋白合成的抑制作用。此外，胆固醇及其氧化产物如 7β- 羟胆固醇、25 羟胆固醇可以通过变构调节对 HMG-CoA 还原酶活性产生较强抑制作用。

**4. 餐食状态影响胆固醇合成**　饥饿或禁食可抑制肝合成胆固醇。研究发现，大鼠禁食 48 小时，胆固醇合成减少 11 倍，禁食 96 小时减少 17 倍，但肝外组织的合成减少不多。禁食除使 HMG-CoA 还原酶活性降低外，乙酰 CoA、ATP、NADPH 不足也是胆固醇合成减少的重要原因。相反，摄取高糖、高饱和脂肪酸膳食，肝 HMG-CoA 还原酶活性增加，乙酰 CoA、ATP、NADPH 充足，胆固醇合成增加。

**5. 胆固醇合成受激素调节**　胰岛素及甲状腺素能诱导肝细胞 HMG-CoA 还原酶合成，增加胆固醇合成。甲状腺素还能促进胆固醇在肝转变为胆汁酸，所以甲状腺功能亢进患者血清胆固醇含量降低。胰高血糖素能通过化学修饰调节使 HMG-CoA 还原酶磷酸化失活，抑制胆固醇合成。皮质醇能抑制并降低 HMG-CoA 还原酶活性，减少胆固醇合成。

## 二、转化为胆汁酸是胆固醇的主要去路

胆固醇的母核——环戊烷多氢菲在体内不能被降解，所以胆固醇不能像糖、脂肪那样在体内被彻底分解；但其侧链可被氧化、还原或降解转变为其他具有环戊烷多氢菲母核的产物，或参与代谢调节，或排出体外。

在肝被转化成胆汁酸（bile acid）是胆固醇在体内代谢的主要去路。正常人每天约合成 1～1.5g 胆固醇，其中 2/5（0.4～0.6g）在肝被转化为胆汁酸，随胆汁排出。胆固醇是肾上腺皮质、睾丸、卵巢等合成类固醇激素的原料。肾上腺皮质细胞储存大量胆固醇酯，含量可达 2%～5%，90% 来自血液，10% 自身合成。肾上腺皮质球状带、束状带及网状带细胞以胆固醇为原料分别合成醛固酮、皮质醇及雄激素。睾丸间质细胞以胆固醇为原料合成睾丸酮，卵泡内膜细胞及黄体以胆固醇为原料合成雌二醇及孕酮。胆固醇可在皮肤被氧化为 7- 脱氢胆固醇，经紫外光照射转变为维生素 $D_3$。

# 第六节　血浆脂蛋白代谢

## 一、血脂是血浆所有脂质的统称

血浆脂质包括甘油三酯、磷脂、胆固醇及其酯、以及游离脂肪酸等。磷脂主要有卵磷脂（磷脂酰胆碱）（约 70%）、神经鞘磷脂（约 20%）及磷脂酰乙醇胺与磷脂酰丝氨酸（约占 10%）。血脂有两种来源，外源性脂质从食物摄取入血，内源性脂质由肝细胞、脂肪细胞及其他组织细胞合成后释放入血。血脂不如血糖恒定，受膳食、年龄、性别、职业以及代谢等影响，波动范围较大（表 7-4）。

表 7-4　正常成人 12～14 小时空腹血脂的组成及含量

| 组成 | 血浆含量 | | 空腹时主要来源 |
| --- | --- | --- | --- |
| | mg/mL | mmol/L | |
| 总脂 | 400～700（500）* | | |
| 甘油三酯 | 10～150（100） | 0.11～1.69（1.13） | 肝 |
| 总胆固醇 | 100～250（200） | 2.59～6.47（5.17） | 肝 |
| 胆固醇酯 | 70～200（145） | 1.81～5.17（3.75） | |
| 游离胆固醇 | 40～70（55） | 1.03～1.81（1.42） | |

Notes

续表

| 组成 | 血浆含量 | | 空腹时主要来源 |
| --- | --- | --- | --- |
| | mg/mL | mmol/L | |
| 总磷脂 | 150~250(200) | 48.44~80.73(64.58) | 肝 |
| 卵磷脂 | 50~200(100) | 16.1~64.6(32.3) | 肝 |
| 神经磷脂 | 50~130(70) | 16.1~42.0(22.6) | 肝 |
| 脑磷脂 | 15~35(20) | 4.8~13.0(6.4) | 肝 |
| 游离脂肪酸 | 5~20(15) | | 脂肪组织 |

*括号内为均值

## 二、血浆脂蛋白是血脂的运输及代谢形式

### (一)血浆脂蛋白是脂质与蛋白质的复合体

1. **血浆脂蛋白中的蛋白质主要是载脂蛋白** 迄今已从人血浆脂蛋白分离出 20 多种载脂蛋白(apolipoprotein, apo),主要有 apo A、B、C、D 及 E 等五大类(表 7-5)。载脂蛋白在不同脂蛋白的分布及含量不同,apo B48 是乳糜微粒(chylomicron, CM)特征载脂蛋白,低密度脂蛋白(low density lipoprotein, LDL)几乎只含 apo B100,高密度脂蛋白(high density lipoprotein, HDL)主要含 apo A I 及 apo A II。

表 7-5 人血浆脂蛋白中主要蛋白质的结构、功能及含量

| 载脂蛋白 | 分子质量 | 氨基酸残基数 | 分布 | 功能 | 血浆含量*(mg/dl) |
| --- | --- | --- | --- | --- | --- |
| A I | 28 300 | 243 | HDL | 激活 LCAT,识别 HDL 受体 | 123.8±4.7 |
| A II | 17 500 | 77×2 | HDL | 稳定 HDL 结构,激活 HL | 33±5 |
| A IV | 46 000 | 371 | HDL, CM | 辅助激活 LPL | 17±2△ |
| B100 | 512 723 | 4536 | VLDL, LDL | 识别 LDL 受体 | 87.3±14.3 |
| B48 | 264 000 | 2152 | CM | 促进 CM 合成 | ? |
| C I | 6500 | 57 | CM, VLDL, HDL | 激活 LCAT? | 7.8±2.4 |
| C II | 8800 | 79 | CM, VLDL, HDL | 激活 LPL | 5.0±1.8 |
| C III | 8900 | 79 | CM, VLDL, HDL | 抑制 LPL,抑制肝 apo E 受体 | 11.8±3.6 |
| D | 22 000 | 169 | HDL | 转运胆固醇酯 | 10±4△ |
| E | 34 000 | 299 | CM, VLDL, HDL | 识别 LDL 受体 | 3.5±1.2 |
| J | 70 000 | 427 | HDL | 结合转运脂质,补体激活 | 10△ |
| (a) | 500 000 | 4529 | LP(a) | 抑制纤溶酶活性 | 0~120△ |
| CETP | 64 000 | 493 | HDL, d>1.21 | 转运胆固醇酯 | 0.19±0.05△ |
| PTP | 69 000 | — | HDL, d>1.21 | 转运磷脂 | — |

*四川大学华西基础医学与法医学院生物化学与分子生物学教研室、载脂蛋白研究室对 625 例成都地区正常成人的测定结果;△ 国外报道参考值;CETP:胆固醇酯转运蛋白;LPL:脂蛋白脂肪酶;PTP:磷脂转运蛋白;HL:肝脂肪酶

2. **不同脂蛋白具有相似基本结构** 大多数载脂蛋白如 apo A I、A II、C I、C II、C III 及 E 等均具双性 α- 螺旋(amphipathic α helix)结构,不带电荷的疏水氨基酸残基构成 α- 螺旋非极性面,带电荷的亲水氨基酸残基构成 α- 螺旋极性面。在脂蛋白表面,非极性面借其非极性疏水氨基酸残基与脂蛋白内核疏水性较强的甘油三酯(triglyceride, TG)及胆固醇酯(cholesterol ester, CE)以疏水键相连,极性面则朝外,与血浆的水相接触。磷脂及游离胆固醇具有极性及非极性基团,可以借非极性疏水基团与脂蛋白内核疏水性较强的 TG 及 CE 以疏水键相连,极性基团朝外,与

Notes

血浆的水相接触。所以,脂蛋白是以 TG 及 CE 为内核,载脂蛋白、磷脂及游离胆固醇单分子层覆盖于表面的复合体,一般呈球状,保证不溶于水的脂质能在水相的血浆中正常运输和代谢。

### (二)血浆脂蛋白可用电泳法和超速离心法分类

不同脂蛋白所含脂质和蛋白质不一样,其理化性质如密度、颗粒大小、表面电荷、电泳行为,免疫学性质及生理功能均有不同,可将脂蛋白分为不同种类(表7-6)。

表 7-6　血浆脂蛋白的分类、性质、组成及功能

| 分类 | 密度法 / 电泳法 | 乳糜微粒 / 原点 | 极低密度脂蛋白 / 前β-脂蛋白 | 低密度脂蛋白 / β-脂蛋白 | 高密度脂蛋白 / α-脂蛋白 |
|---|---|---|---|---|---|
| 性质 | 密度 | <0.95 | 0.95~1.006 | 1.006~1.063 | 1.063~1.210 |
| | $S_f$ 值 | >400 | 20~400 | 0~20 | 沉降 |
| | 电泳位置 | 原点 | $\alpha_2$- 球蛋白 | β- 球蛋白 | $\alpha_1$- 球蛋白 |
| | 颗粒直径(nm) | 80~500 | 25~80 | 20~25 | 5~17 |
| 组成(%) | 蛋白质 | 0.5~2 | 5~10 | 20~25 | 50 |
| | 脂质 | 98~99 | 90~95 | 75~80 | 50 |
| | 甘油三酯 | 80~95 | 50~70 | 10 | 5 |
| | 磷脂 | 5~7 | 15 | 20 | 25 |
| | 胆固醇 | 1~4 | 15 | 45~50 | 20 |
| | 游离胆固醇 | 1~2 | 5~7 | 8 | 5 |
| | 酯化胆固醇 | 3 | 10~12 | 40~42 | 15~17 |
| 载脂蛋白组成(%) | apo A I | 7 | <1 | — | 65~70 |
| | apo A II | 5 | — | — | 20~25 |
| | apo A IV | 10 | — | — | — |
| | apo B100 | — | 20~60 | 95 | — |
| | apo B48 | 9 | — | — | — |
| | apo C I | 11 | 3 | — | 6 |
| | apo C II | 15 | 6 | 微量 | 1 |
| | apo C III 0~2 | 41 | 40 | | 4 |
| | apo E | 微量 | 7~15 | <5 | 2 |
| | apo D | | | | 3 |
| 合成部位 | | 小肠黏膜细胞 | 肝细胞 | 血浆 | 肝、肠、血浆 |
| 功能 | | 转运外源性甘油三酯及胆固醇 | 转运内源性甘油三酯及胆固醇 | 转运内源性胆固醇 | 逆向转运胆固醇 |

1. **电泳法按电场中的迁移率对血浆脂蛋白分类**　不同脂蛋白的质量和表面电荷不同,在同一电场中移动的快慢不一样。α- 脂蛋白(α-lipoprotein)泳动最快,相当于 $\alpha_1$- 球蛋白位置;β- 脂蛋白(β-lipoprotein)相当于 β- 球蛋白位置;前 β- 脂蛋白(pre-β-lipoprotein)位于 β- 脂蛋白之前,相当于 $\alpha_2$- 球蛋白位置;乳糜微粒不泳动,留在原点(点样处)(图7-10)。

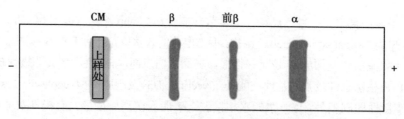

图 7-10　血浆脂蛋白琼脂糖凝胶电泳谱

Notes

2. **超速离心法按密度对血浆脂蛋白分类** 不同脂蛋白因含脂质和蛋白质种类和数量不同，密度不一样。将血浆在一定密度盐溶液中超速离心，脂蛋白会因密度不同而漂浮或沉降，通常用 Svedberg 漂浮率（$S_f$）表示脂蛋白上浮或下沉特性。在 26℃、密度为 1.063 的 NaCl 溶液、每秒每达因克离心力的力场中，上浮 $10^{-13}$cm 为 $1S_f$ 单位，即 $1S_f = 10^{-13}$cm/（s•dyn•g）。CM 含脂最多，密度最小，易上浮；其余脂蛋白按密度由小到大依次为极低密度脂蛋白（very low density lipoprotein，VLDL）、低密度脂蛋白和高密度脂蛋白；分别相当于电泳分类中的 CM、前 β- 脂蛋白、β- 脂蛋白及 α- 脂蛋白。

人血浆还有中密度脂蛋白（intermediate density lipoprotein，IDL）和脂蛋白 a[lipoprotein（a），Lp（a）]。IDL 是 VLDL 在血浆中向 LDL 转化的中间产物，组成及密度介于 VLDL 及 LDL 之间。Lp（a）的脂质成分与 LDL 类似，蛋白质成分中，除含一分子载脂蛋白 B100 外，还含一分子载脂蛋白 a[apolipoprotein（a）]，是一类独立脂蛋白，由肝产生，不转化成其他脂蛋白。因蛋白质及脂质含量不同，HDL 还可分成亚类，主要有 $HDL_2$ 及 $HDL_3$。

## 三、不同来源脂蛋白具有不同功能和不同代谢途径

### （一）乳糜微粒主要转运外源性甘油三酯及胆固醇

CM 代谢途径又称外源性脂质转运途径或外源性脂质代谢途径（图 7-11a）。食物脂肪消化后，小肠黏膜细胞用摄取的中长链脂肪酸再合成甘油三酯，并与合成及吸收的磷脂和胆固醇，加上 apo B48、AⅠ、AⅡ、AⅣ 等组装成新生 CM，经淋巴道入血，从 HDL 获得 apo C 及 E，并将部分 apo AⅠ、AⅡ、AⅣ 转移给 HDL，形成成熟 CM。Apo CⅡ激活骨骼肌、心肌及脂肪等组织毛细血管内皮细胞表面脂蛋白脂肪酶（lipoprotein lipase，LPL），使 CM 中 TG 及磷脂逐步水解，产生甘油、脂肪酸及溶血磷脂。

随着 CM 内核 TG 不断被水解，释出大量脂肪酸被心肌、骨骼肌、脂肪组织及肝组织摄取利用，CM 颗粒不断变小，表面过多的 apo AⅠ、AⅡ、AⅣ、C、磷脂及胆固醇离开 CM 颗粒，形成新生 HDL。CM 最后转变成富含胆固醇酯、apo B48 及 apo E 的 CM 残粒（remnant），被细胞膜 LDL 受体相关蛋白（LDL receptor related protein，LRP）识别、结合并被肝细胞摄取后彻底降解。Apo CⅡ是 LPL 不可缺少的激活剂，无 apo CⅡ时，LPL 活性很低；加入 apo CⅡ后，LPL 活性可增加 10～50 倍。正常人 CM 在血浆中代谢迅速，半衰期为 5～15 分钟，因此正常人空腹 12～14 小时血浆中不含 CM。

### （二）极低密度脂蛋白主要转运内源性甘油三酯

VLDL 是运输内源性 TG 的主要形式，其血浆代谢产物 LDL 是运输内源性胆固醇的主要形式，VLDL 及 LDL 代谢途径又称内源性脂质转运途径或内源性脂质代谢途径（图 7-11b）。肝细胞以葡萄糖分解代谢中间产物为原料合成 TG，也可利用食物来源的脂肪酸和机体脂肪酸库中的脂肪酸合成 TG，再与 apo B100、E 以及磷脂、胆固醇等组装成 VLDL。此外，小肠黏膜细胞亦可合成少量 VLDL。

VLDL 分泌入血后，从 HDL 获得 apo C，其中 apo CⅡ激活肝外组织毛细血管内皮细胞表面的脂蛋白脂肪酶。和 CM 代谢一样，VLDL 中 TG 在 LPL 作用下，水解释出脂肪酸和甘油供肝外组织利用。同时，VLDL 表面的 apo C、磷脂及胆固醇向 HDL 转移，而 HDL 胆固醇酯又转移到 VLDL。该过程不断进行，VLDL 中 TG 不断减少，CE 逐渐增加，apo B100 及 E 相对增加，颗粒逐渐变小，密度逐渐增加，转变为 IDL。IDL 胆固醇及 TG 含量大致相等，载脂蛋白则主要是 apo B100 及 E。肝细胞膜 LRP 可识别和结合 IDL，因此部分 IDL 被肝细胞摄取、降解。未被肝细胞摄取的 IDL（在人约占总 IDL50%，在大鼠约占 10%），其 TG 被 LPL 及肝脂肪酶（hepatic lipase，HL）进一步水解，表面 apo E 转移至 HDL。这样，IDL 中剩下的脂质主要是 CE，剩下的载脂蛋白只有 apo B100，转变为 LDL。VLDL 在血液中的半衰期为 6～12 小时。

Notes

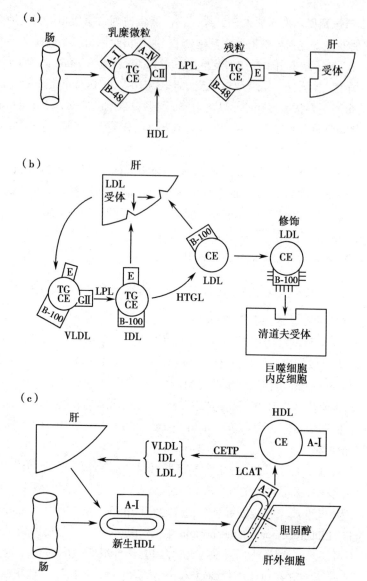

图 7-11　血脂转运及脂蛋白代谢

(a)外源性乳糜微粒代谢；(b)内源性 VLDL 及 LDL 代谢；(c)胆固醇逆向转运：HDL 代谢

### (三)低密度脂蛋白主要转运内源性胆固醇

人体多种组织器官能摄取、降解 LDL,肝是主要器官,约 50% LDL 在肝降解。肾上腺皮质、卵巢,睾丸等组织摄取及降解 LDL 能力亦较强。血浆 LDL 降解既可通过 LDL 受体(LDL receptor)途径(图 7-12)完成,也可通过单核 - 吞噬细胞系统完成。正常人血浆 LDL,每天约 45% 被清除,其中 2/3 经 LDL 受体途径,1/3 经单核 - 吞噬细胞系统。血浆 LDL 半衰期为 2～4 天。

1974 年,Brown 及 Goldstein 首先在人成纤维细胞膜表面发现了能特异结合 LDL 的 LDL 受体。他们纯化了该受体,证明它是 839 个氨基酸残基构成的糖蛋白,分子质量 160 000。后来发现,LDL 受体广泛分布于全身,特别是肝、肾上腺皮质、卵巢、睾丸、动脉壁等组织的细胞膜表面,能特异识别、结合含 apo B100 或 apo E 的脂蛋白,故又称 apo B/E 受体(apo B/E receptor)。当血浆 LDL 与 LDL 受体结合后,形成受体 - 配体复合物在细胞膜表面聚集成簇,经内吞作用进入细胞,与溶酶体融合。在溶酶体蛋白水解酶作用下,apo B100 被水解成氨基酸;胆固醇酯则被胆固醇酯酶水解成游离胆固醇和脂肪酸。游离胆固醇在调节细胞胆固醇代谢上具有重要作用:①抑制内质网 HMG-CoA 还原酶,从而抑制细胞自身胆固醇合成;②从转录水平抑制 LDL

Notes

受体基因表达,抑制受体蛋白合成,减少细胞对 LDL 进一步摄取;③激活内质网脂酰 CoA:胆固醇脂酰转移酶,将游离胆固醇酯化成胆固醇酯在胞质贮存。同时,游离胆固醇还有重要生理功能:①被细胞膜摄取,构成重要的膜成分;②在肾上腺、卵巢及睾丸等固醇激素合成细胞,可作为类固醇激素合成原料。LDL 被该途径摄取、代谢的量,取决于细胞膜上受体量。肝、肾上腺皮质、性腺等组织 LDL 受体数目较多,故摄取 LDL 亦较多。

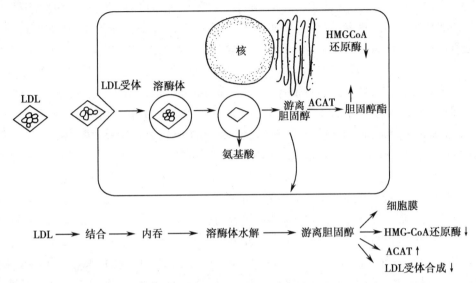

图 7-12 低密度脂蛋白受体代谢途径

血浆 LDL 还可被修饰,如氧化修饰 LDL(oxidized LDL,Ox-LDL),被清除细胞即单核 - 吞噬细胞系统中的巨噬细胞及血管内皮细胞清除。这两类细胞膜表面有清道夫受体(scavenger receptor,SR),可与修饰 LDL 结合而清除血浆修饰 LDL。

(四)高密度脂蛋白主要逆向转运胆固醇

新生 HDL 主要由肝合成,小肠可合成部分。在 CM 及 VLDL 代谢过程中,其表面 apo A I、AⅡ、AⅣ、C 以及磷脂、胆固醇等脱离亦可形成。HDL 可按密度分为 HDL₁、HDL₂ 及 HDL₃。HDL₁ 也称作 HDLc,仅存在于摄取高胆固醇膳食后血浆,正常人血浆主要含 HDL₂ 及 HDL₃。新生 HDL 的代谢过程实际上就是胆固醇逆向转运(reverse cholesterol transport,RCT)过程,它将肝外组织细胞胆固醇,通过血循环转运到肝,转化为胆汁酸排出,部分胆固醇也可直接随胆汁排入肠腔(图 7-11c)。

RCT 第一步是胆固醇自肝外细胞包括动脉平滑肌细胞及巨噬细胞等移出至 HDL。大量研究证明,HDL 是细胞胆固醇移出不可缺少的接受体(acceptor)。存在于细胞间液中富含磷脂及 apo A I、含较少游离胆固醇的新生 HDL,呈盘状,根据电泳位置将其称为前 β₁-HDL,能作为 FC 接受体,促进细胞胆固醇外流。

巨噬细胞、脑、肾、肠及胎盘等组织细胞膜存在 ATP 结合盒转运蛋白 A1(ATP-binding cassette transporter A1,ABCA1),又称为胆固醇流出调节蛋白(cholesterol-efflux regulatory protein,CERP),可介导细胞内胆固醇及磷脂转运至细胞外,在 RCT 中发挥重要作用。ABCA1 为 ABC 转运蛋白超家族成员,是 2261 个氨基酸残基组成的跨膜蛋白。ABCA1 有 4 个结构域,其中 2 个为跨膜结构域,含有由 12 个疏水基序构成的疏水区,胆固醇可能通过该疏水区从细胞内流出至细胞外;另 2 个结构域为伸向细胞质的 ATP 结合部位,能为胆固醇跨膜转运提供能量。

RCT 第二步是 HDL 所运载的胆固醇的酯化及胆固醇酯的转运。新生 HDL 从肝外细胞接受的 FC,分布在 HDL 表面。在血浆卵磷脂:胆固醇脂酰转移酶(lecithin: cholesterol acyl transferase,LCAT)作用下,HDL 表面卵磷脂的 2 位脂酰基转移至胆固醇 3 位羟基生成溶血卵磷脂及

Notes

胆固醇酯。CE 在生成后即转入 HDL 内核，表面则可继续接受肝外细胞 FC，消耗的卵磷脂也可从肝外细胞补充。该过程反复进行，HDL 内核 CE 不断增加，双脂层盘状 HDL 逐步膨胀为单脂层球状并最终转变为成熟 HDL。LCAT 由肝实质细胞合成和分泌，在血浆中发挥作用，HDL 表面的 apo A I 是 LCAT 激活剂。

实际上，HDL 成熟过程是多种酶及蛋白质参与的逐渐演变过程。新生 HDL 接受 FC 后，在 LCAT 作用下将 FC 酯化成 CE。HDL 中的 apo D 是一种转脂蛋白，能将 CE 由 HDL 表面转移至内核。随着该过程的不断进行，新生 HDL 先转变为密度较大、颗粒较小的 $HDL_3$。血浆胆固醇酯转运蛋白（cholesterol ester transfer protein，CETP）能促成 HDL 和 VLDL 之间的 CE 和 TG 交换，迅速将 CE 由 HDL 转移至 VLDL，将 TG 由 VLDL 转移至 HDL。

血浆中还存在磷脂转运蛋白（phospholipid transfer protein，PTP），能促进磷脂由 HDL 向 VLDL 转移。HDL 在血浆 LCAT、apo A、apo D 及 CETP 和 PTP 共同作用下，将从肝外细胞接受的 FC 不断酯化，酯化的胆固醇酯约 80% 转移至 VLDL 和 LDL，20% 进入 HDL 内核。同时，HDL 表面的 apo E 及 C 转移到 VLDL，而 TG 又由 VLDL 转移至 HDL。由于 HDL 内核的 CE 及 TG 不断增加，使 HDL 颗粒进一步增大、密度逐步降低，由 $HDL_3$ 转变为密度更小、颗粒更大的 $HDL_2$。在高胆固醇膳食后血浆中，$HDL_2$ 还可大量地进一步转变为 $HDL_1$。

RCT 最后一步在肝进行。机体不能将胆固醇彻底分解，只能在肝转化成胆汁酸排出或直接以 FC 形式通过胆汁排出。肝细胞膜存在 HDL 受体（HDL recepter）、LDL 受体及特异的 apo E 受体。研究表明，血浆 CE 的 90% 以上来自 HDL，其中约 70% 在 CETP 作用下由 HDL 转移至 VLDL，后者再转变成 LDL，通过 LDL 受体途径在肝被清除；20% 通过 HDL 受体在肝被清除；10% 由特异的 apo E 受体在肝被清除。机体通过这种机制，还可将外周组织衰老细胞膜中的胆固醇转运至肝代谢并排出。HDL 的血浆半衰期为 3～5 天。

除参与 RCT 外，HDL 还是 apo CII 贮存库。CM 及 VLDL 进入血液后，需从 HDL 获得 apo CII 才能激活 LPL，水解其 TG。CM 及 VLDL 中 TG 水解完成后，apo CII 又回到 HDL。

## 四、血浆脂蛋白代谢紊乱导致脂蛋白异常血症

### （一）不同脂蛋白的异常改变引起不同类型高脂血症

血浆脂质水平异常升高，超过正常范围上限称为高脂血症（hyperlipidemia）。在目前临床实践中，高脂血症指血浆胆固醇或 / 和甘油三酯超过正常范围上限，一般以成人空腹 12～14 小时血浆甘油三酯超过 2.26mmol/L（200mg/dl），胆固醇超过 6.21mmol/L（240mg/dl），儿童胆固醇超过 4.14mmol/L（160mg/dl）为高脂血症诊断标准。事实上，在高脂血症患者血浆中，一些脂蛋白脂质含量升高，而另外脂蛋白脂质含量可能降低。因此，有人认为将高脂血症称为脂蛋白异常血症（dyslipoproteinemia）更为合理。传统的分类方法将脂蛋白异常血症分为六型（表 7-7）。

脂蛋白异常血症还可分为原发性和继发性两大类。原发性脂蛋白异常血症发病原因不明，已证明有些是遗传性缺陷。继发性脂蛋白异常血症是继发于其他疾病如糖尿病、肾病和甲状腺功能减退等。

表 7-7    脂蛋白异常血症分型

| 分型 | 血浆脂蛋白变化 | 血脂变化 | |
|---|---|---|---|
| I | 乳糜微粒升高 | 甘油三酯↑↑↑ | 胆固醇↑ |
| IIa | 低密度脂蛋白升高 | | 胆固醇↑↑ |
| IIb | 低密度及极低密度脂蛋白同时升高 | 甘油三酯↑↑ | 胆固醇↑↑ |
| III | 中间密度脂蛋白升高（电泳出现宽 β 带） | 甘油三酯↑↑ | 胆固醇↑↑ |
| IV | 极低密度脂蛋白升高 | 甘油三酯↑↑ | |
| V | 极低密度脂蛋白及乳糜微粒同时升高 | 甘油三酯↑↑↑ | 胆固醇↑ |

Notes

（二）血浆脂蛋白代谢相关基因遗传性缺陷引起脂蛋白异常血症

现已发现，参与脂蛋白代谢的限速酶如 LPL 及 LCAT，载脂蛋白如 A I、B、C II、C III 和 E，以及脂蛋白受体如 LDL 受体等的遗传性缺陷，都能导致血浆脂蛋白代谢异常，引起脂蛋白异常血症。在这些已经阐明发病分子机制的遗传性缺陷中，Brown 及 Goldstein 对 LDL 受体研究取得的成就最为重大，他们不仅阐明了 LDL 受体的结构和功能，而且证明了 LDL 受体缺陷是引起家族性高胆固醇血症的重要原因。LDL 受体缺陷是常染色体显性遗传，纯合子携带者细胞膜 LDL 受体完全缺乏，杂合子携带者 LDL 受体数目减少一半，其 LDL 都不能正常代谢，血浆胆固醇分别高达 15.6～20.8mmol/L（600～800mg/dl）及 7.8～10.4mmol/L（300～400mg/dl），携带者在 20 岁前就发生典型的冠心病症状。

## 小　结

脂质能溶于有机溶剂但不溶于水，分子中含脂酰基或能与脂肪酸起酯化反应。脂肪（甘油三酯）是机体重要的能量物质，胆固醇、磷脂及糖脂是生物膜的重要组分，参与细胞识别及信号传递，还是多种生物活性物质的前体。多不饱和脂肪酸衍生物具有重要生理功能。

肝、脂肪组织及小肠是合成甘油三酯的主要场所，肝合成能力最强；基本原料为甘油和脂肪酸，主要分别由糖代谢提供和糖转化形成。小肠黏膜细胞以脂酰 CoA 酯化甘油一酯合成甘油三酯，肝细胞及脂肪细胞以脂酰 CoA 先后酯化 3- 磷酸甘油及甘油二酯合成甘油三酯。

甘油三酯水解生成甘油和脂肪酸。甘油经活化、脱氢、转化成磷酸二羟丙酮后，循糖代谢途径代谢。脂肪酸活化后进入线粒体，经脱氢、加水、再脱氢及硫解 4 步反应的重复循环完成 β- 氧化，生成乙酰 CoA，并最终彻底氧化，释放大量能量。肝 β- 氧化生成的乙酰 CoA 还能转化成酮体，经血液运输至肝外组织利用。

人体脂肪酸合成的主要场所是肝，基本原料乙酰 CoA 需先羧化为丙二酸单酰 CoA。在胞质脂肪酸合酶体系催化下，由 NADPH 供氢，通过缩合、还原、脱水、再还原 4 步反应的 7 次循环合成 16 碳软脂酸。更长碳链脂肪酸的合成在肝细胞内质网和线粒体中通过对软脂酸加工、延长完成。脂肪酸脱氢可生成不饱和脂肪酸，但人体不能合成多不饱和脂肪酸，只能从食物摄取。

甘油磷脂合成以磷脂酸为重要中间产物，需 CTP 参与。甘油磷脂的降解由磷脂酶 A、B、C 和 D 催化完成。神经鞘磷脂的合成以软脂酰 CoA、丝氨酸和胆碱为基本原料，先合成鞘氨醇，再与脂酰 CoA、CDP- 胆碱合成神经鞘磷脂。

胆固醇合成以乙酰 CoA 为基本原料，先合成 HMG-CoA，再逐步合成胆固醇。HMG-CoA 还原酶是胆固醇合成的限速酶。细胞内胆固醇含量是胆固醇合成的重要调节因素，无论是外源性还是自身合成，只要升高了细胞胆固醇含量，都能抑制胆固醇合成。胆固醇在体内可转化成胆汁酸、类固醇激素和维生素 $D_3$。

脂质以脂蛋白形式在血中运输和代谢。超速离心法将血浆脂蛋白分为乳糜微粒、极低密度脂蛋白、低密度脂蛋白和高密度脂蛋白。CM 主要转运外源性甘油三酯及胆固醇，VLDL 主要转运内源性甘油三酯，LDL 主要转运内源性胆固醇，HDL 主要逆向转运胆固醇。

（方定志）

Notes

# 第八章 生 物 氧 化

生物体内的物质可通过加氧、脱氢、失去电子的方式被氧化,也可以通过脱氧、加氢、获得电子的方式被还原。生物体内发生的所有氧化还原反应被统称为生物氧化(biological oxidation)。营养物质经柠檬酸循环或其他代谢途径进行脱氢反应,产生的氢原子以还原当量 $NADH+H^+$ 或 $FADH_2$ 的形式存在,是生物氧化过程中产生的主要还原性电子载体($H \leftrightarrow H^+ + e^-$)。机体进行有氧呼吸时,将这些载体携带的电子通过电子传递链中连续的氧化还原反应传递至氧分子,最终使氢质子与氧结合生成水,电子传递过程中释放的能量使 ADP 磷酸化生成 ATP,ATP 作为能量载体用于机体的各种生命活动。此外,许多非营养物质通过氧化或还原的方式(生物转化)被转化成为易于排泄的形式,是体内非营养物质代谢的重要方式之一。

## 第一节 氧化还原酶的基本类型

生物体内的有机化合物通过各种化学反应参与机体的代谢过程,而氧化还原反应是其中重要的反应类型之一。某个物质失去的电子会同时传递给另一个物质,因此氧化反应与还原反应总是相伴进行。与自然界发生的氧化还原反应不同的是,生物氧化反应条件温和,反应需在酶的催化下逐步进行。营养物质是经过多步酶促反应被逐渐氧化,逐步释放能量,而能量的捕获和利用也是逐步进行。

### 一、生物氧化需要酶和辅助因子

生物氧化反应是酶促反应,需要有辅助因子参与。金属离子、有机化合物以及某些蛋白质分子等都可作为辅酶或辅基参与生物氧化反应。如 $Fe^{2+}$ 可以通过失去一个电子被氧化成 $Fe^{3+}$;$O_2$ 可以通过接受电子被还原为 $H_2O$;小分子有机化合物如 $NADH/NAD^+$ 可以通过传递氢原子($H^+ + e^-$),进行电子、质子的传递而发生氧化还原反应。某些蛋白质(如细胞色素 c)通过其辅基中金属离子得失电子参与反应;很多酶(如柠檬酸循环中的脱氢酶)通过 NAD、FAD 传递氢原子。因此,能够传递电子、传递氢的生物分子都能参与生物氧化过程,其中递氢体同时也具有递电子作用。通常,将 1 摩尔的氢原子(含 1 个氢质子和 1 个电子)称为 1 个还原当量。机体代谢途径产生的 $NADH+H^+$、$FADH_2$ 等都是还原当量,是具有还原性的电子载体,以辅助因子的方式传递氢。

氧化还原反应由多种氧化还原酶(oxidative-reductive enzymes)催化,在酶的分类中属于氧化还原酶类(第五章),可催化电子得失、脱/加氢(包括加水脱氢/脱水)和加氧等反应。

### 二、氧化酶以氧为直接受氢体

氧化酶(习惯命名)是一大类酶的统称,泛指催化有氧分子($O_2$)参与反应的酶。这些酶又可分为 4 组,即氧化酶(oxidases)、需氧脱氢酶(aerobic dehydrogenases)、加氧酶(oxygenases)以及氢过氧化物酶(hydroperoxidases)。它们分别存在于不同亚细胞结构中,多数氧化酶仅催化物质间的转化,并不参与 ATP 的生成。

(一)某些氧化酶直接将氧还原生成水

由这类酶催化的反应是通过金属离子辅基将电子直接传递给氧。如细胞色素 c 氧化酶(cytochrome c oxidase），以铁离子或铜离子为辅基，电子通过 $Fe^{2+}/Fe^{3+}$ 以及 $Cu^+/Cu^{2+}$ 之间的传递，直接还原 $O_2$，生成 $H_2O$；此反应释放的能量可参与 ATP 的生成。抗坏血酸氧化酶（ascorbate oxidase）是一种蓝铜氧化酶（blue copper oxidase），其活性中心含 $Cu^{2+}$，可通过 $Cu^{2+}/Cu^+$ 之间的电子传递催化抗坏血酸（维生素 C）氧化脱氢生成脱氢抗坏血酸和 $H_2O$。

### （二）需氧脱氢酶直接将氧还原成过氧化氢

需氧脱氢酶多为黄素酶类（flavoenzymes），其辅基是黄素单核苷酸（flavin mononucleotide，FMN）与黄素腺嘌呤二核苷酸（flavin adenine dinucleotide，FAD），酶蛋白与 FMN 或 FAD 结合紧密，因而称为黄素酶。黄素酶种类多，如醛脱氢酶、黄嘌呤氧化酶、L-氨基酸氧化酶等，它们催化的脱氢反应以 $O_2$ 为直接受氢体，产物为 $H_2O_2$。黄嘌呤氧化酶（xanthine oxidase）可催化次黄嘌呤（hypoxanthine）及黄嘌呤（xanthine）氧化生成尿酸（uric acid）（第十章）和 $H_2O_2$。

### （三）加氧酶和过氧化酶直接将氧加到底物分子

加氧酶和氢过氧化物酶主要存在于微粒体中，可以直接将氧原子加到底物分子上，参与体内某些代谢物、药物及毒物的转化或清除（第四节）。

## 三、不需氧脱氢酶不以氧为直接受氢体

催化底物脱氢而又不以氧作为直接受氢体的酶称之为不需氧脱氢酶（anaerobic dehydrogenases）。这类酶催化的反应并不将氢（$H^+ + e^-$）直接传递给 $O_2$，而是使 H 活化并传递给辅酶或辅基，生成还原型辅酶或辅基，这些还原型产物再进行氢/电子的传递。不需氧脱氢酶主要参与三类反应：①作为氢或电子载体，间接将氢或电子传递给 $O_2$ 生成 $H_2O$ 并释放能量，此反应与 ATP 的生成有关；②催化代谢物间的氧化还原反应，促进代谢物之间氢的交换；③通过催化可逆的反应，促进还原当量在细胞内的转运或穿梭。

### （一）某些不需氧脱氢酶以尼克酰胺腺嘌呤核苷酸为受氢体

在糖酵解、柠檬酸循环、脂肪酸 β-氧化、磷酸戊糖途径等代谢途径以及穿梭作用中催化氧化还原反应的酶，有许多是以 $NAD^+$ 和 $NADP^+$ 为辅酶。$NAD^+$ 和 $NADP^+$ 是尼克酰胺（维生素 PP）的衍生物（第四章），都是通过尼克酰胺环传递质子和电子：尼克酰胺分子中芳环的五价氮原子，能接受 2H 中的双电子成为三价氮，为双电子传递体；同时芳环接受一个氢质子进行加氢反应。由于此反应只能接受 1 个氢质子和 2 个电子，同时游离出一个 $H^+$ 在溶液中，因此将还原型的 $NAD^+$ 写成 $NADH + H^+$（NADH），还原型的 $NADP^+$ 写成 $NADPH + H^+$（NADPH）（图 8-1）。如 $NAD^+$ 是丙酮酸脱氢酶复合体的辅酶之一，催化丙酮酸生成乙酰辅酶 A 和 NADH。

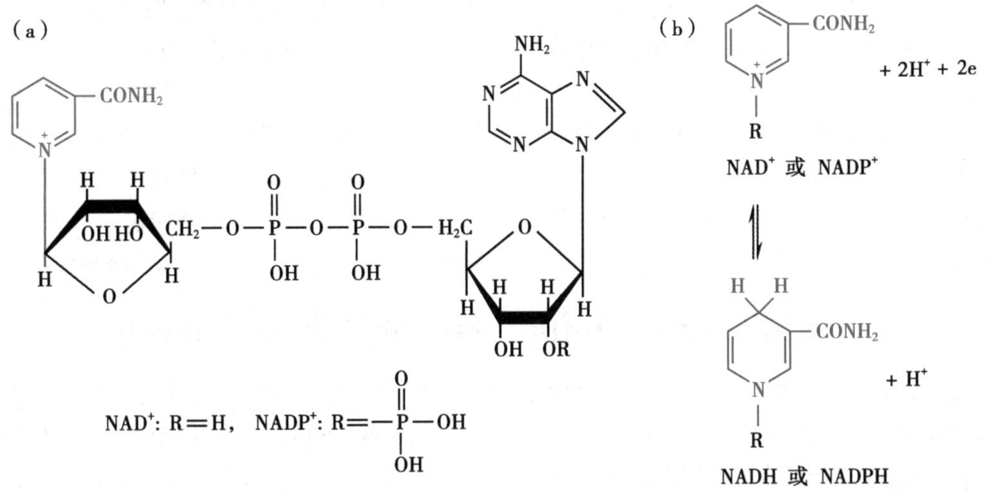

图 8-1　$NAD(P)^+$ 的加氢和 $NAD(P)H$ 的脱氢反应
（a）$NAD(P)^+$ 的结构式；（b）加氢和脱氢反应

### （二）某些不需氧脱氢酶以黄素核苷酸为受氢体

琥珀酸脱氢酶、脂酰 CoA 脱氢酶、NADH- 泛醌还原酶等分别以 FMN、FAD 为辅基。这 2 种辅基中的异咯嗪环可接受 1 个质子和 1 个电子形成不稳定的 FMNH· 和 FADH·，再接受 1 个质子和 1 个电子转变为还原型 FMNH$_2$ 和 FADH$_2$。反之，FMNH$_2$、FADH$_2$ 氧化时也逐步脱去电子和质子转变为 FMN 和 FAD，属于单、双电子传递体（图 8-2）。

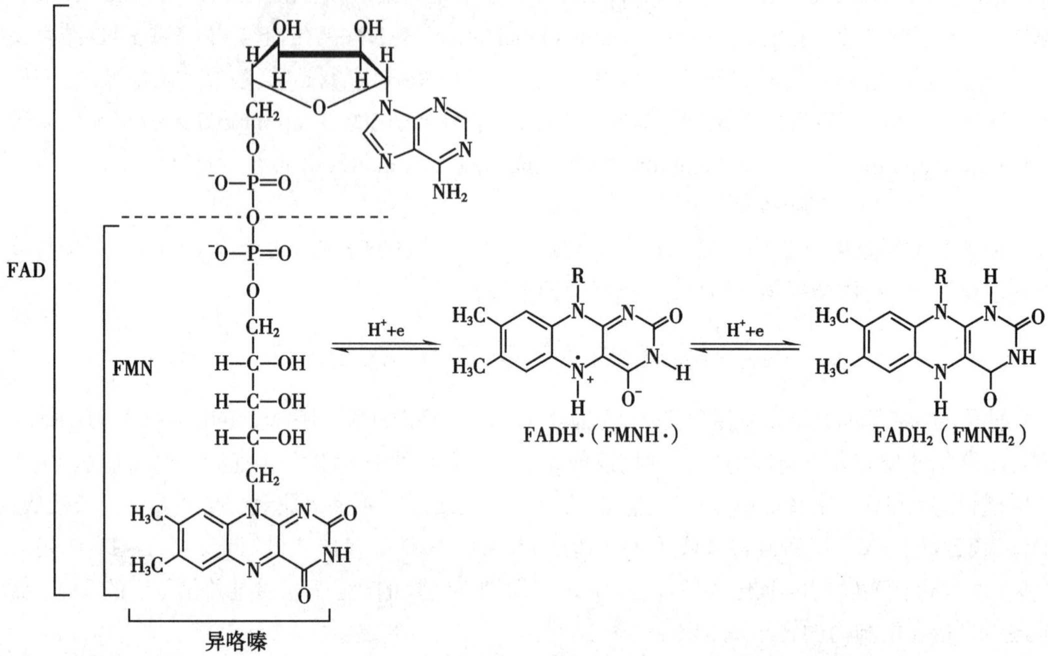

图 8-2　FMN/FAD 的加氢和 FMNH$_2$/FADH$_2$ 的脱氢反应

### （三）某些氧化还原酶以金属离子为电子载体

泛醌 - 细胞色素 c 还原酶（复合体Ⅲ）是以血红素（heme）为辅基，血红素结合的铁离子可进行 $Fe^{2+} \leftrightarrow Fe^{3+} + e^-$ 反应来传递电子。

## 第二节　线粒体氧化体系与氧化磷酸化

生物氧化是机体获得能量的重要方式。在机体能量代谢中，ATP 是重要的能量载体分子。细胞内由 ADP 磷酸化生成 ATP 的方式有两种，一种是底物水平磷酸化（第六章），能够产生少量的 ATP；另一种是氧化磷酸化，是体内产生 ATP 的主要方式。人体内 90% 的 ATP 是在线粒体中产生，合成 ATP 所需的能量由线粒体氧化体系提供，此体系将营养物质脱氢反应产生的还原当量通过一系列由酶催化的氧化还原反应逐步失去电子，最终使氢质子与氧结合生成水，电子传递过程伴随着能量的逐步释放，此释能过程与驱动 ADP 磷酸化生成 ATP 相偶联，即还原当量的氧化过程与 ADP 的磷酸化过程相偶联，因而称为氧化磷酸化（oxidative phosphorylation）。

### 一、氧化呼吸链是由具有电子传递功能的蛋白复合体组成

氧化磷酸化在线粒体中进行，包含两个关键过程，一是电子传递，二是将电子传递过程中释放的能量用于产生 ATP。参与电子传递（即氧化还原反应）的组分由含辅助因子的多种酶复合体组成，按一定顺序排列在线粒体内膜中，形成一个连续的传递链，称为氧化呼吸链（oxidative respiratory chain），也称电子传递链（electron transfer chain）。

组成呼吸链的几种酶复合体通过辅酶或辅基传递氢 / 电子，有的直接传递氢，有的传递电子。

Notes

这些递氢体、递电子体大多位于复合体的内部。由于辅酶/辅基类型不同，与蛋白结合的方式不同，发生氧化还原反应的机制不同，这些传递体具有不同的氧化还原电位（oxidation-reduction potential 或 redox potential），决定了它们在呼吸链中的排列次序。

（一）递氢/递电子体是氧化呼吸链的核心组分

1. 电子传递体同时传递氢　呼吸链中 $NAD^+$、FMN、FAD 和泛醌都能在传递电子的同时传递氢。$NAD^+$ 接受 1 个质子和 2 个电子还原为 $NADH^+ + H^+$（图 8-1）。FMN 和 FAD 接受 2 个质子和 2 个电子转变为 $FMNH_2$ 和 $FADH_2$，反应是逐步进行（图 8-2），可在双、单电子传递体间进行电子传递。

泛醌（ubiquinone）又称辅酶 Q（coenzyme Q，CoQ 或 Q），是一种脂溶性醌类化合物，其结构中异戊二烯单位的数目因物种而异，人体内的 CoQ 是 10 个异戊二烯单位连接的侧链，用 CoQ10（Q10）表示。CoQ 因侧链的疏水性而能够在线粒体内膜中自由扩散。泛醌结构中的苯醌部分在氧化还原反应中同时传递质子和电子，传递过程逐步进行，分别为泛醌、半醌、二氢泛醌 3 种分子状态，在双、单电子传递体间进行电子传递（图 8-3）。

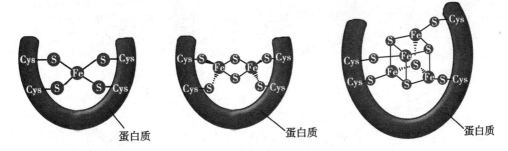

图 8-3　泛醌的加氢和二氢泛醌的脱氢反应

2. 铁硫蛋白和细胞色素传递电子　氧化呼吸链含有多种铁硫蛋白（iron-sulfur protein），因含有铁硫中心（iron-sulfur center，Fe-S center）而得名。铁硫中心是 Fe 离子通过与无机硫（S）原子和/或铁硫蛋白中的半胱氨酸残基的 SH 连接而成，有多种形式，最简单的铁硫中心是 1 个 Fe 离子与 4 个半胱氨酸残基的 S 相连，复杂的铁硫中心可以含 2 个、4 个 Fe 离子并通过与无机 S 原子及半胱氨酸残基的 S 连接，形成 $Fe_2S_2$、$Fe_4S_4$（图 8-4）。铁硫中心可进行 $Fe^{2+} \leftrightarrow Fe^{3+} + e^-$ 的可逆反应，每次传递一个电子，因此铁硫蛋白通过铁硫中心进行单电子传递，是单电子传递体。

图 8-4　线粒体中铁硫中心的结构

细胞色素（cytochrome，Cyt）是一类含血红素样辅基的蛋白质，其血红素中的铁离子可进行 $Fe^{2+} \leftrightarrow Fe^{3+} + e^-$ 反应，是单电子传递体。各种还原型细胞色素均有 3 个特征性的 α、β、γ 可见光吸收峰（表 8-1）；氧化型细胞色素在 3 个吸收峰处的吸光度值有明显改变，可作为分析细胞色素种类和状态的指标。根据吸光度和最大吸收波长不同，可将线粒体中的细胞色素蛋白分为细胞色素 a、b、c（Cyt a、Cyt b、Cyt c）3 类及不同的亚类（图 8-5）。各种细胞色素光吸收性质的差异是由于血红素中卟啉环的侧链基团以及血红素在蛋白中所处环境不同所致。Cyt b 的铁卟啉是铁 - 原卟啉Ⅸ，与血红蛋白的血红素相同，称为血红素 b。在 Cyt a 中，与原卟啉Ⅸ环相连的 1

Notes

个甲基被甲酰基取代,1 个乙烯基侧链连接一条聚异戊二烯长链,称血红素 a。细胞色素 a 和 b 中的血红素与其蛋白质通过非共价键紧密连接。Cyt c 的铁 - 原卟啉Ⅸ,其乙烯基侧链通过共价键与肽链的半胱氨酸残基的 SH 相连,称血红素 c。参与呼吸链组成的细胞色素有 Cyt a、Cyt $a_3$、Cyt b、Cyt $c_1$ 和 Cyt c 等 5 种,而 Cyt $b_5$ 和 Cyt $P_{450}$ 主要在肝脏的微粒体中起作用。

表 8-1　各种还原型细胞色素的主要光吸收峰

| 细胞色素 | 波长（nm） | | |
| --- | --- | --- | --- |
| | α | β | γ |
| a | 600 | | 439 |
| b | 562 | 532 | 429 |
| c | 550 | 521 | 415 |
| $c_1$ | 554 | 524 | 418 |

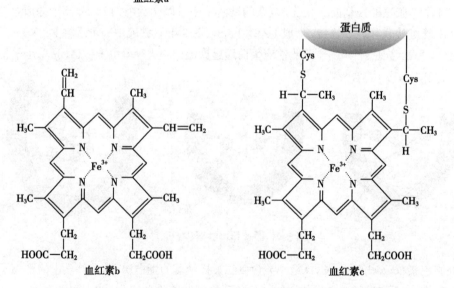

图 8-5　组成氧化呼吸链中细胞色素的 3 种血红素辅基的结构

## （二）呼吸链中有 4 个蛋白复合体

采用含胆酸、脱氧胆酸去污剂的溶液破裂线粒体内膜结构提取线粒体膜蛋白,经硫酸铵分级分离纯化出呼吸链成分,得到 4 种蛋白酶复合体(complex)(表 8-2)。其中,复合体Ⅰ、Ⅲ和Ⅳ完全镶嵌在线粒体内膜中,复合体Ⅱ镶嵌在内膜的基质侧。复合体是线粒体内膜呼吸链的天然

Notes

存在形式,参与电子传递过程,同时驱动产生跨线粒体内膜的质子梯度(图8-6)。

表8-2　人线粒体呼吸链酶复合体

| 复合体 | 酶名称 | 质量(kD) | 多肽链数 | 功能辅基 | 含结合位点 |
|---|---|---|---|---|---|
| 复合体 I | NADH-泛醌还原酶 | 850 | 42 | FMN, Fe-S | NADH(基质侧)<br>CoQ(脂质核心) |
| 复合体 II | 琥珀酸-泛醌还原酶 | 140 | 4 | FAD, Fe-S | 琥珀酸(基质侧)<br>CoQ(脂质核心) |
| 复合体 III | 泛醌-细胞色素 c 还原酶 | 250 | 11 | 血红素 $b_L$, $b_H$, $c_1$, Fe-S | Cyt c(膜间隙侧) |
| 细胞色素 c | | 13 | 1 | 血红素 c | Cyt $c_1$, Cyt a |
| 复合体 IV | 细胞色素 c 氧化酶 | 162 | 13 | 血红素 a, 血红素 $a_3$,<br>$Cu_A$, $Cu_B$ | Cyt c(膜间隙侧) |

注:细胞色素 c 不参与酶复合体组成,而是作为可溶性蛋白在复合体 III 和 IV 之间自由移动。

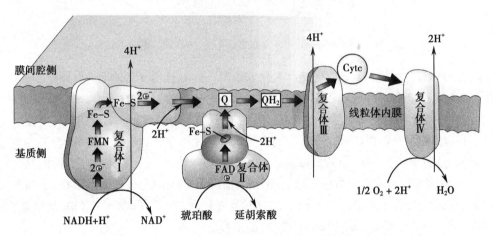

图8-6　电子传递链中酶复合体组成及电子传递示意图

1. **复合体 I 是 NADH-泛醌还原酶**　呼吸链的复合体 I(complex-I)又称为 NADH-泛醌还原酶(NADH-ubiquinone reductase),是呼吸链的主要入口。在 4 个复合体中,复合体 I 含亚基最多,分子质量最大,含黄素蛋白(flavoprotein)、铁硫蛋白等,其辅基为 FMN 和多个 Fe-S 中心。复合体 I 的构象呈"L"形,有两条臂,横臂嵌于线粒体内膜中为疏水蛋白部分,含 1 个 Fe-S 辅基;另一条臂伸向线粒体基质,包括两部分:黄素蛋白及 FMN 和 2 个 Fe-S 辅基,铁硫蛋白及 3 个 Fe-S 辅基(图8-6)。

2. **复合体 II 是琥珀酸-泛醌还原酶**　呼吸链的复合体 II(complex-II)又称为琥珀酸-泛醌还原酶(succinate-Q reductase),实际上就是柠檬酸循环中的琥珀酸脱氢酶。人体的复合体 II 又称黄素蛋白 2(FP2),由 4 个亚基组成,以 FAD、Fe-S 和血红素 b(heme $b_{566}$)为辅基。其中 2 个疏水亚基(细胞色素结合蛋白)将复合体锚定于内膜,含有血红素 b 辅基和 Q 结合位点;另外 2 个亚基位于基质侧,分别是黄素蛋白(含 FAD 辅基和底物琥珀酸的结合位点)、铁硫蛋白(含 3 个 Fe-S 辅基)(图8-6)。

3. **复合体 III 是泛醌-细胞色素 c 还原酶**　呼吸链的复合体 III(complex-III)又称泛醌-细胞色素 c 还原酶(ubiquinone cytochrome c reductase)。人复合体 III 含有细胞色素 b($b_{562}$,$b_{566}$)、细胞色素 $c_1$ 和一种可移动的铁硫蛋白。

在生理状态下,人复合体 III 为同二聚体,每个单体中有 11 个亚基。其中铁硫蛋白(含 2 个 Fe-S)和 Cyt $c_1$ 都有球形结构域,并以疏水区段锚定于内膜。Cyt b 亚基有 2 个不同的血红素辅

Notes

基：对电子亲和力较低的，称血红素 $b_L$（即 $b_{566}$），靠近膜间隙侧；亲和力较高的，称 $b_H$（$b_{562}$），接近内膜基质侧。这 3 个核心蛋白亚基负责完成电子传递、$QH_2$ 的氧化和 Cyt c 的还原。复合体 III 有 2 个 Q 结合位点，分别邻近膜间隙和基质侧，称为 $Q_P$ 和 $Q_N$ 位点（图 8-7）。

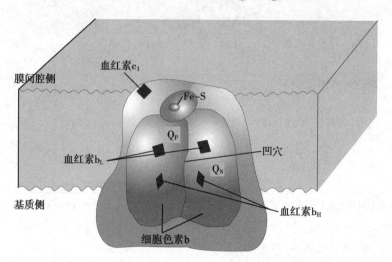

图 8-7    复合体 III（泛醌-细胞色素 c 还原酶）同二聚体的结构

4. **复合体 IV 是细胞色素 c 氧化酶**    人复合体 IV（complex-IV）又被称为细胞色素 c 氧化酶（cytochrome c oxidase）。复合体 IV 包含 13 个亚基，其中亚基 SU1～SU3 构成复合体 IV 的核心结构，含所有必需的 Fe、Cu 离子结合位点，负责电子传递、Cyt c 的氧化和 $O_2$ 的还原，其他 10 个亚基分布其周围起调节作用。SU2 亚基中的半胱氨酸 -SH 可结合 2 个 Cu 离子，每个 Cu 离子都可传递电子，形成一个双核中心（binuclear center）的功能单元——$Cu_A$ 中心，其结构类似 $Fe_2S_2$（图 8-8）。亚基 SU1 含有 2 个血红素辅基，分别为血红素 a 和 $a_3$（与蛋白质合称 Cyt a+$a_3$），与血红素 $a_3$ 邻近处还结合 1 个 Cu 离子——CuB，这样，血红素 $a_3$ 中的 Fe 离子和 CuB 就形成了第二个双核中心——血红素 $a_3$-CuB（Fe-Cu）中心（图 8-9）。

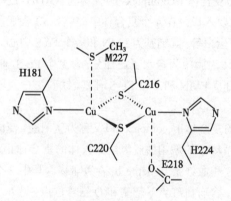

图 8-8    复合体 IV（细胞色素 c 氧化酶）$Cu_A$ 中心

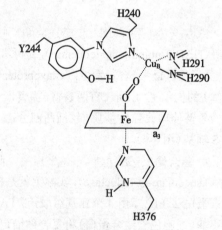

图 8-9    复合体 IV（细胞色素 c 氧化酶）的血红素 $a_3$-$Cu_B$ 中心

# 二、线粒体中有两条重要的呼吸链

## （一）4 个复合体与泛醌和细胞色素 c 组成两条呼吸链

呼吸链中各组分的排列顺序可根据其标准氧化还原电位（E°）来确定。简单来讲，标准氧化还原电位 E°（单位：电压，Volts）是指在特定条件下，参与氧化还原反应的组分对电子的亲和

Notes

力大小。电位高的组分对电子的亲和力强,易接受电子。相反,电位低的组分倾向于给出电子。因此,呼吸链中的电子应从电位低的组分向电位高的组分进行传递(表8-3)。另外,也可利用其他实验证明呼吸链组分的排列顺序,如利用呼吸链特异的抑制剂阻断某一组分后观察电子传递;检测呼吸链各组分氧化 / 还原态特有的吸收光谱,观察离体线粒体各组分被氧化的顺序;体外呼吸链复合体重组等。

表 8-3　呼吸链中各种氧化还原对的标准氧化还原电位

| 氧化还原对 | E°(V) | 氧化还原对 | E°(V) |
|---|---|---|---|
| $NAD^+/NADH + H^+$ | −0.32 | Cyt $c_1$ $Fe^{3+}/Fe^{2+}$ | 0.22 |
| $FMN/FMNH_2$ | −0.219 | Cyt c $Fe^{3+}/Fe^{2+}$ | 0.254 |
| $FAD/FADH_2$ | −0.219 | Cyt a $Fe^{3+}/Fe^{2+}$ | 0.29 |
| Cyt $b_L$($b_H$) $Fe^{3+}/Fe^{2+}$ | 0.05(0.10) | Cyt $a_3$ $Fe^{3+}/Fe^{2+}$ | 0.35 |
| $Q_{10}/Q_{10}H_2$ | 0.06 | $1/2O_2/H_2O$ | 0.816 |

线粒体内膜呼吸链由 4 个蛋白酶复合体、介于复合体Ⅰ或Ⅱ与Ⅲ之间的泛醌、以及介于复合体Ⅲ与Ⅳ之间的细胞色素 c 共同组成。复合体Ⅱ并不是处于复合体Ⅰ的下游,复合体Ⅰ和复合体Ⅱ是各自获取还原当量,分别向泛醌传递。因此,4 个复合体与泛醌和细胞色素 c 组成了两条电子传递链。

一条称为 NADH 呼吸链,从 NADH 开始到还原 $O_2$ 生成 $H_2O$(图8-6)。电子传递顺序是:

$$NADH \longrightarrow 复合体Ⅰ \longrightarrow CoQ \longrightarrow 复合体Ⅲ \longrightarrow Cyt\ c \longrightarrow 复合体Ⅳ \longrightarrow O_2$$

另一条称为 $FADH_2$ 呼吸链,或称琥珀酸氧化呼吸链,即底物脱下 2H 直接或间接转给 FAD 生成 $FADH_2$,再经泛醌到 $O_2$ 而生成 $H_2O$(图8-6)。电子传递顺序是:

$$琥珀酸 \longrightarrow 复合体Ⅱ \longrightarrow CoQ \longrightarrow 复合体Ⅲ \longrightarrow Cyt\ c \longrightarrow 复合体Ⅳ \longrightarrow O_2$$

(二) NADH 和 $FADH_2$ 分别是两条氧化呼吸链的电子供体

物质代谢过程中,各种脱氢酶催化底物脱下的成对氢原子以还原当量形式存在,如 NADPH、NADH、$FADH_2$、$FMNH_2$。这些还原当量通过参与氧化还原反应行使各自的功能。机体内的 NADPH 通常是还原反应的辅酶,传递的电子和质子主要用于生物合成途径中的还原反应、羟化反应、抗氧化等(第六章)。$FMNH_2$ 是许多黄素酶的辅基,与酶蛋白结合紧密,不能在不同的酶之间传递电子,主要是帮助黄素酶短暂的持有氢 / 电子,作为中间体传递氢 / 电子给下游分子。

在线粒体中,NADH 和 $FADH_2$ 是氧化呼吸链的电子供体。营养物质的分解代谢如糖酵解、柠檬酸循环、脂肪酸氧化产生大量的还原性辅酶 / 辅基(NADH 和 $FADH_2$)。NADH 是许多脱氢酶的辅酶,是水溶性的电子载体,可在不同酶之间进行电子传递。细胞胞质中的 NADH 可以在糖异生中发挥作用,也可以通过穿梭机制进入线粒体基质。

呼吸链的复合体Ⅰ即为 NADH 脱氢酶,可使线粒体 NADH 所携带的还原当量通过氧化呼吸链彻底氧化并释能,因此,NADH 是线粒体的 NADH 呼吸链的电子供体。复合体Ⅱ是柠檬酸循环中的琥珀酸脱氢酶,通过结合底物琥珀酸并将还原当量传递给辅基 FAD,生成的 $FADH_2$ 直接进入呼吸链进行氧化释能。因此,$FADH_2$ 是琥珀酸氧化呼吸链的电子供体。

## 三、蛋白复合体与泛醌和细胞色素 c 协同传递质子和电子

(一) 复合体Ⅰ传递电子并将质子泵出线粒体内膜

复合体Ⅰ的功能是将 NADH 的还原当量传递给泛醌,并具有质子泵功能。

复合体Ⅰ催化 $NADH + H^+ \rightarrow NAD^+ + QH_2$ 反应,将 NADH 的还原当量传递至 Q,生成 $QH_2$。其电子传递顺序如下:$NADH \rightarrow FMN \rightarrow Fe\text{-}S \rightarrow Q$(图8-6)。复合体Ⅰ中突出于基质侧的黄素蛋白辅基 FMN 接受 NADH 中的 2 个质子和 2 个电子生成 $FMNH_2$,将电子传递给 Fe-S,再经嵌于线

Notes

粒体内膜中疏水蛋白的 Fe-S 将电子传递给内膜中的 Q，泛醌被还原为 $QH_2$。泛醌不包含在复合体中，而是作为内膜中可移动的电子载体，在各复合体间募集、穿梭传递还原当量，在电子传递和质子移动的偶联中起核心作用。

复合体 I 可催化两个同时进行的过程：将一对电子从 NADH 传递给泛醌的过程中，同时偶联质子的泵出过程，将 4 个 $H^+$ 从内膜基质侧（negative side，显负电，N 侧）泵到内膜胞质侧（positive side，显正电，P 侧），泵出质子所需的能量来自电子传递过程。

### （二）复合体 II 只传递电子而没有质子泵功能

复合体 II 的功能是催化还原当量从琥珀酸传递给泛醌，但无质子泵功能。

复合体 II 介导的电子传递次序是：琥珀酸→FAD→Fe-S→Q（图 8-10）。该电子传递过程释放的自由能较小，而且复合体 II 是在线粒体内膜的基质侧，没有跨内膜的结构，因此复合体 II 没有质子泵的功能。血红素 b 辅基没有参与该电子传递过程，它结合此过程中"漏出"的电子，防止单电子从琥珀酸传递给分子氧而产生活性氧。

代谢途径中另外一些以 FAD 为辅基的脱氢酶，如脂酰 CoA 脱氢酶、α- 磷酸甘油脱氢酶、胆碱脱氢酶等，将底物脱下的 2H 经 FAD 直接传递给泛醌而进入呼吸链。

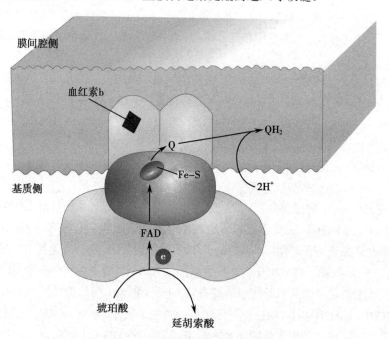

图 8-10 复合体 II（琥珀酸 - 泛醌还原酶）介导的电子传递

### （三）复合体 III 将电子从还原型泛醌传递给细胞色素 c 并泵出质子

复合体 III 的功能是将泛醌从复合体 I、II 募集的还原当量传递到给细胞色素 c，同时还具有质子泵功能，每传递 2 个电子向膜间隙侧泵出 $4H^+$。

由于 Q 是双电子载体，而 Cyt c 是单电子载体，所以复合体 III 将电子从 $QH_2$ 传递给 Cyt c 的过程是通过一个称为"Q 循环"（Q cycle）的复杂机制来完成的（图 8-11）。简单而言，在 1 次 Q 循环中，结合在复合体 III 的 $Q_P$ 位点的 $QH_2$ 将其中一个电子经 Fe-S 传递给膜间隙侧的 Cyt $c_1$，后者再传递给 Cyt c；另一个电子经 Cyt b 传递给结合在复合体 III 的 $Q_N$ 位点的 Q 使之转变为 $\cdot Q^-$；位于 $Q_P$ 位点的 $QH_2$ 失去 2 个电子后转变为 Q 重新释放到内膜中。随后另一分子的 $QH_2$ 再结合于 $Q_P$ 位点重复上述电子传递过程，使 $Q_N$ 位点的 $\cdot Q^-$ 能够再接受一个电子、并接受来自基质的 $2H^+$ 被还原为 $QH_2$。因此，一次 Q 循环的结果是，有 2 分子 $QH_2$ 被氧化，生成 1 分子 Q 和 1 分子 $QH_2$，将 2 个电子经 Cyt $c_1$ 传递给 2 分子 Cyt c，同时向膜间隙释放 $4H^+$：

$$QH_2 + 2Cyt\ c（氧化态）+ 2H^+（基质）\longrightarrow Q + 2Cyt\ c（还原态）+ 4H^+$$

Notes

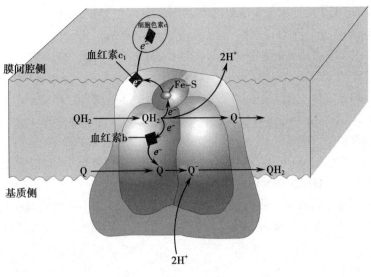

图 8-11 Q 循环

Cyt c 是氧化呼吸链中唯一的水溶性球状蛋白，与线粒体内膜的胞质侧表面疏松结合，不包含在上述复合体中。Cyt c 从复合体Ⅲ中的 Cyt $c_1$ 获得电子传递到复合体Ⅳ。

**（四）复合体Ⅳ将电子从细胞色素 c 传递给氧并泵出质子**

复合体Ⅳ作为电子传递链的出口，其功能是将还原型 Cyt c 的电子传递给 $O_2$ 生成 $H_2O$，同时每传递 2 个电子将 2 个质子泵至内膜胞质侧。从 Cyt c 将电子经复合体Ⅳ传递给氧的顺序为：Cyt c→$Cu_A$ 中心→血红素 a→血红素 $a_3$-$Cu_B$ 中心→$O_2$（图 8-12）。

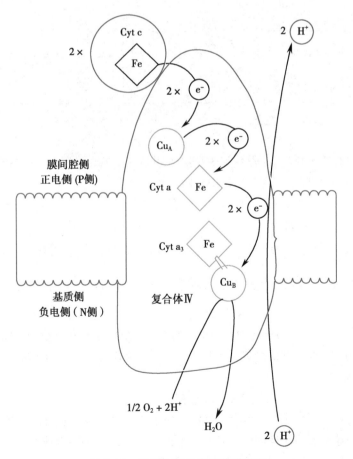

图 8-12 复合体Ⅳ的电子传递过程

复合体Ⅳ传递电子的过程主要由双核中心完成，还原型 Cyt c 的电子经 $Cu_A$ 双核中心传递到 Cyt a，再到 Cyt $a_3$-$Cu_B$（Fe-Cu）双核中心。1 分子 $O_2$ 需要从 Fe-Cu 中心接受 4 个电子，并从线粒体基质获得 $4H^+$，方可还原成 2 分子 $H_2O$。Fe-Cu 传递电子、结合 $O_2$ 的基本过程为：Cyt a 传递第一个、第二个电子到氧化态的 Cyt $a_3$-$Cu_B$ 双核中心（$Cu^{2+}$ 和 $Fe^{3+}$），使双核中心的 $Cu^{2+}$ 和 $Fe^{3+}$ 被还原为 $Cu^+$ 和 $Fe^{2+}$，并使双核中心结合 $O_2$，形成过氧桥连接的 $Cu_B$ 和 Cyt $a_3$，相当于 2 个电子传递给结合的 $O_2$。Fe-Cu 中心再获得 $2H^+$ 和第三个电子，$O_2$ 分子键断开，Cyt $a_3$ 出现 $Fe^{4+}$ 中间态；再接受第四个电子，$Fe^{4+}$ 还原为 $Fe^{3+}$ 并形成 $Cu_B^{2+}$ 和 Cyt $a_3$ 的 $Fe^{3+}$ 各结合 1 个 OH 基团的中间态。最后再获得 $2H^+$，Fe-Cu 中心解离出 2 个 $H_2O$ 分子后恢复至初始氧化状态（图 8-13）。生成的 $H_2O$ 通过亚基Ⅰ、Ⅲ间的亲水通道排入胞质侧。

上述 $O_2$ 获得电子过程所产生的强氧化性 $\cdot O_2^-$ 和 $O_2^{2-}$ 离子中间物始终和双核中心紧密结合，被束缚于复合体Ⅳ分子表面而不释放到周围介质，故不会对细胞组分造成损伤。

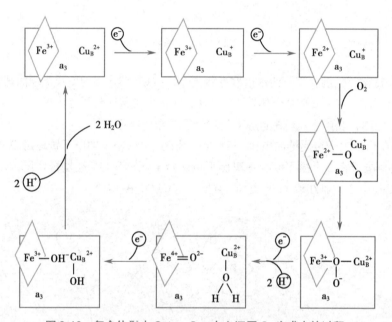

图 8-13　复合体Ⅳ中 Cyt $a_3$-$Cu_B$ 中心还原 $O_2$ 生成水的过程

复合体Ⅳ也有质子泵功能，每传递 1 个电子到 Fe-Cu 中心就有 1 个 $H^+$ 跨内膜转移到膜间隙，并从基质吸收 1 个 $H^+$。在复合体Ⅳ中有两个质子通道，一个通道使基质中 $H^+$ 到达 Fe-Cu 中心，与氧分子结合；另一通道使 $H^+$ 跨内膜转移到膜间隙。相当于每传递 2 个电子使 $2H^+$ 跨内膜向胞质侧转移。总反应结果为：

$$4Cyt\ c（还原态）+8H^+（基质）+O_2 \longrightarrow 4Cyt\ c（氧化态）+4H^+（胞质）+2H_2O$$

## 四、氧化呼吸链建立质子跨膜梯度驱动 ATP 合酶合成 ATP

电子在呼吸链传递的过程中逐步释放能量，其中部分能量被用于将 ADP 磷酸化，从而使能量以生成 ATP 的形式被储存起来。电子的氧化过程与 ADP 磷酸化过程相偶联的机制是体内生成 ATP 的主要方式，而 ATP 的合成是由呼吸链的质子泵建立的跨膜质子梯度驱动 ATP 合酶来完成的。

### （一）复合体Ⅰ、Ⅲ、Ⅳ是氧化磷酸化偶联部位

呼吸链中的 4 个复合体及其他组分都能够传递电子，并在传递过程中逐渐释放出能量，用于合成 ATP。理论推测的呼吸链中能够产生足够的能量促使 ATP 合成的部位被称为氧化磷酸化的偶联部位，可根据下述实验方法及数据大致确定。

Notes

1. **根据 P/O 比值推测氧化磷酸化偶联部位**　一对电子通过氧化呼吸链传递给 1 个氧原子生成 1 分子 $H_2O$，其释放的能量使 ADP 磷酸化生成 ATP，此过程需要消耗氧和磷酸。P/O 比值（P/O ratio）是指氧化磷酸化过程中，每消耗 1/2 摩尔 $O_2$ 所需磷酸的摩尔数。P/O 比值也等于一对电子通过呼吸链传递给氧原子所能生成的 ATP 分子数。

实验证明，通过 NADH 呼吸链传递电子，P/O 比值约为 2.5，说明传递一对电子需消耗 1 个氧原子和 2.5 分子的磷酸，因此，一对电子通过 NADH 氧化呼吸链传递，可偶联生成 2.5 分子 ATP。如果通过琥珀酸呼吸链传递电子，P/O 比值约为 1.5，即传递一对电子可偶联生成 1.5 分子 ATP。NADH 氧化呼吸链与琥珀酸氧化呼吸链 P/O 比值的差异提示，在 NADH 和泛醌之间（复合体 I）存在 1 个氧化磷酸化偶联部位。另外，采用抗坏血酸作为底物，直接通过 Cyt c 传递电子，其 P/O 比值接近 1，推测 Cyt c 和 $O_2$（复合体 IV）之间存在 1 个偶联部位；因为此实验中测得的 P/O 比值小于 1.5，因此推测在泛醌和 Cyt c 之间（复合体 III）有一个偶联部位。

2. **根据自由能变化确定偶联部位**　在恒温 / 恒压条件下，总能量中能做功的部分称为自由能（free energy, G）。根据热力学公式，pH 7.0 时标准自由能变化（$\Delta G^{\circ\prime}$）与还原电位变化（$\Delta E^{\circ\prime}$）之间存在以下关系：$\Delta G^{\circ\prime} = -nF\Delta E^{\circ\prime}$。式中 n 为传递电子数；F 为法拉第常数（96.5kJ/mol·V）。

根据复合体 I、III、IV 的电子传递过程的还原电位差进行计算，相对应的 $\Delta G^{\circ\prime}$ 分别约为 -69.5、-36.7、-112kJ/mol，而生成每摩尔 ATP 需能量约 30.5kJ，说明这 3 个部位均提供足够生成 1 摩尔 ATP 所需的能量。

**（二）氧化磷酸化偶联的机制是产生跨线粒体内膜质子梯度**

英国科学家 Mitchell P 提出的化学渗透假说（chemiosmotic hypothesis）阐明了还原当量的氧化与 ADP 磷酸化相偶联的机制。其基本要点是：电子经氧化呼吸链传递时释放能量，通过复合体 I、III、IV 的质子泵功能，驱动 $H^+$ 从线粒体基质泵至内膜的胞质侧。由于质子不能自由穿过线粒体内膜返回基质，这种质子的泵出引起内膜两侧的质子浓度和电位的差别（胞质侧质子的浓度和正电性高于线粒体基质），从而形成跨线粒体内膜的质子电化学梯度（$H^+$ 浓度梯度和跨膜电位差），储存电子传递释放的能量。当质子顺浓度梯度回流至基质时释放储存的势能，驱动 ADP 与 Pi 生成 ATP。如一对电子自 NADH 传递至氧可释放约 -220kJ/mol 的能量，同时将 10 个 $H^+$ 从基质转移至内膜胞质侧，形成的 $H^+$ 梯度储存约 -200kJ/mol，当质子顺浓度梯度回流时用于驱动 ATP 合成。

---

**框 8-1　Mitchell 与化学渗透学说**

Mitchell P（1920—1992）一直从事线粒体功能研究，特别是 ADP 是如何磷酸化生成 ATP 的。基于 Keilin D 于 1929 年通过对动物、植物和微生物细胞色素研究提出的有氧氧化和呼吸链的概念，Mitchell P 着重研究与呼吸链和光氧化还原系统相关的 3 个问题——What is it? What does it do? How does it do it? Mitchell P 分离了线粒体内膜的各种酶，分析这些酶在 ADP 转变为 ATP 过程中都是如何发挥作用的、它们之间的功能有何差别。在此基础上，他于 1961 年提出了"化学渗透学说"，揭示了"质子流通过复合体 $F_0$ 的释能运动驱动 $F_1$ 使 ADP 磷酸化生成 ATP"的机制。他的发现对生物能学理论、细胞能量的储存、离子 / 代谢物转运、细胞稳态等生命科学的各个方面都产生了巨大影响。由于 Mitchell P 创建的化学渗透理论阐明了氧化磷酸化的偶联机制，他于 1978 年获诺贝尔化学奖。

---

化学渗透假说已得到广泛的实验支持：包括氧化磷酸化需依赖于完整封闭的线粒体内膜；线粒体内膜对 $H^+$、$OH^-$、$K^+$、$Cl^-$ 是不通透的；电子传递链可驱动形成能够测定的跨内膜电化学梯度；降低内膜外的质子浓度，能使 ATP 的生成减少等。

呼吸链电子传递过程驱动质子从线粒体基质转移到内膜胞质侧的机制虽已有叙述,但还不完全清楚。实验证明一对电子经复合体 I、III 和 IV 传递时分别向内膜胞质侧泵出 $4H^+$、$4H^+$ 和 $2H^+$。呼吸链电子传递、氧化磷酸化及各种抑制剂的作用位点见图 8-14。

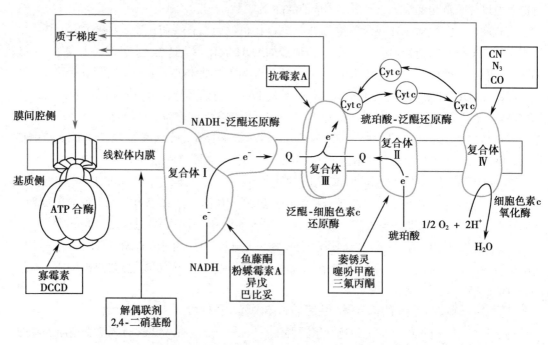

图 8-14   化学渗透假说示意图及各种抑制剂对电子传递链的影响

### (三)质子顺梯度回流时驱动 ATP 合酶合成 ATP

呼吸链中复合体质子泵作用形成的跨线粒体内膜的 $H^+$ 浓度梯度和电位差,储存了电子传递过程所释放的能量。当质子顺浓度梯度回流至基质时可释放这些能量,ATP 合酶(ATP synthase)则利用这些能量催化 ADP 与 Pi 生成 ATP。ATP 合酶又称复合体 V(complex V),位于线粒体内膜上。ATP 合酶是多蛋白组成的蘑菇样结构,含 $F_1$(亲水部分,$F_1$ 表示第一个被鉴定的与氧化磷酸化相关的因子)和 $F_0$(疏水部分,$F_0$ 表示寡霉素敏感 oligomycin-sensitive)两个功能结构域。$F_1$ 为线粒体基质侧的蘑菇头状突起,催化 ATP 合成;而 $F_0$ 的大部分结构嵌入线粒体内膜中,组成离子通道,用于质子的回流。

动物细胞中,线粒体 $F_1$ 部分由 $\alpha_3\beta_3\gamma\delta\varepsilon$ 亚基复合体和寡霉素敏感蛋白(oligomycin sensitive conferring protein,OSCP,易与寡霉素结合而失去活性)、$IF_1$ 等亚基组成。$IF_1$ 可调节 ATP 合成。3 个 $\alpha$、$\beta$ 亚基间隔排列,像桔子瓣样围绕 $\gamma$ 亚基形成六聚体。$\alpha$、$\beta$ 亚基是同源蛋白,每组 $\alpha\beta$ 结合 1 分子 ATP,形成 $\alpha\beta$ 功能单元。每个 $\beta$ 亚基有 1 个催化中心,但 $\beta$ 亚基必须与 $\alpha$ 亚基结合才有活性。$F_0$ 镶嵌在线粒体内膜中,它由疏水的 a、$b_2$、$c_{9\sim12}$ 亚基组成,形成跨内膜质子通道。动物细胞线粒体 $F_0$ 还有其他辅助亚基。c 亚基为脂蛋白,由短环连接的 2 个反向跨膜 $\alpha$ 螺旋组成(图 8-15),9~12 个 c 亚基围成环状结构;a 亚基紧靠 c 亚基环状结构的外侧,含 5 个跨膜 $\alpha$ 螺旋并形成 2 个半穿透线粒体内膜、不连通的亲水质子半通道,分别开口于内膜基质侧和胞质侧(图 8-15),两个半

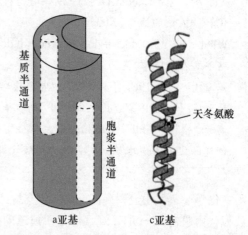

图 8-15   ATP 合酶 $F_0$ 中 a 亚基和 c 亚基的结构

Notes

通道内口则分别与 1 个 c 亚基相对应；2 个 b 亚基呈长轴状，两端分别是亲水和疏水结构，亲水端与 $F_1$ 相连，而疏水端嵌入内膜与 $F_0$ 的疏水亚基结合，对整个蛋白的结构起支撑作用（图 8-16）。

现在认为，ATP 合酶通过 $F_1$、$F_0$ 各亚基有序组装，形成可旋转的发动机样结构，完成质子回流并驱动 ATP 合成。$F_0$ 中起支撑作用的 b 亚基通过长的亲水端锚定 $F_1$ 的 α 亚基，并通过 δ 和 $\alpha_3\beta_3$ 稳固结合，而嵌入内膜的疏水端与 $F_0$ 中的 a 亚基结合，使 a、$b_2$ 和 $\alpha_3\beta_3$、δ 亚基组成稳定的发动机"定子"部分。$F_1$ 中的 γ 和 ε 亚基共同形成中心轴，上端穿过 $\alpha_3\beta_3$ 的六聚体，γ 亚基可与其中 1 组 αβ 功能单元中的 β 亚基疏松结合（相互作用），影响 β 亚基活性中心构象；下端与嵌入内膜的 c 亚基环紧密结合，使 c 亚基环、γ 和 ε 亚基组成"转子"部分（图 8-16a）。

胞质侧高浓度质子形成的强大势能驱动质子从 $F_0$ 的 a 亚基胞质侧进入半通道，当内口对应的 1 个 c 亚基关键 Asp61 残基所带负电荷被 $H^+$ 中和后，c 亚基能与疏水内膜相互接触而发生转动，当其转到能接触连通基质侧另一半通道内口的位置时，$H^+$ 梯度势能又迫使该 c 亚基 Asp61 结合的 $H^+$ 从半通道出口顺梯度释放进入线粒体基质。同理，各 c 亚基可依次进行上述循环，从高浓度的胞质侧获得 $H^+$，再通过半通道向低浓度基质释放 $H^+$，导致 c 环和 γ、ε 亚基相对 $\alpha_3\beta_3$ 转动（图 8-16b）。这样，质子顺梯度向基质回流，驱动转子部分围绕定子部分旋转，使 $F_1$ 中的 αβ 功能单元利用质子回流所释放的能量催化 ADP 和 Pi 结合而生成 ATP。

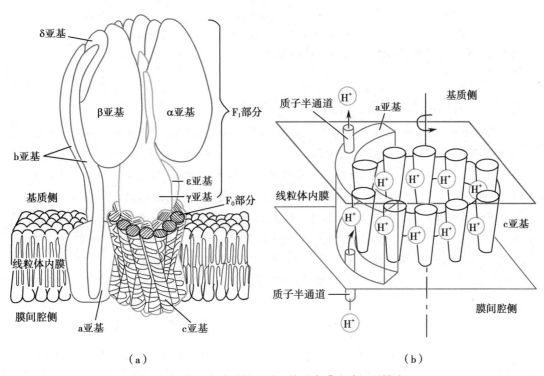

（a） （b）

图 8-16 ATP 合酶结构和质子的跨内膜流动机制模式图

（a）$F_0$-$F_1$ 复合体组成可旋转的发动机样结构，$F_1$ 的 $\alpha_3$、$\beta_3$ 和 δ 亚基以及 $F_0$ 的 a、$b_2$ 亚基共同组成定子部分，而 $F_1$ 的 γ、ε 亚基及 $F_0$ 的 c 亚基环组成转子部分；（b）$F_0$ 的 a 亚基有 2 个质子半通道，分别开口内膜两侧，并与 1 个对应的 c 亚基相互作用，质子顺梯度从 a 亚基开口于胞质侧的质子半通道进入，与 c 亚基结合，随 c 亚基旋转到 a 亚基开口于基质侧的质子半通道时排入线粒体基质

由此可知，跨内膜质子电化学梯度势能是 ATP 合酶转动的驱动力。ATP 合酶在转动过程中，γ 亚基依次和各 β 亚基接触，其相互作用发生周期性变化，并使每个 β 亚基活性中心构象循环改变，促进 ATP 合成和释放。

ATP 合成的结合变构模型（binding-change model）和旋转催化机制（rotational catalysis mechanism）认为，β 亚基有 3 种构象：疏松型（L）无催化活性，与底物 ADP 和 Pi 疏松结合；紧密型（T）

Notes

有 ATP 合成活性，可紧密结合 ATP；开放型（O）无活性，与 ATP 亲和力低。每组 αβ 功能单元中的 β 亚基催化中心构象随着转动而循环改变时，底物 ADP 和 Pi 先结合于 L 型 β 亚基，质子流能量驱动该 β 亚基变构为 T 型，用于合成 ATP，再转变到 O 型时，促使该 β 亚基释放出 ATP（图 8-17）。ATP 合酶转子循环一周生成 3 分子 ATP。目前的实验数据表明，合成 1 分子 ATP 需要 4 个质子，其中 3 个质子通过 ATP 合酶穿线粒体内膜回流进基质，另 1 个质子用于转运 ADP、Pi 和 ATP。每分子 NADH 经氧化呼吸链传递泵出 $10H^+$，生成约 2.5（10/4）分子 ATP，而琥珀酸氧化呼吸链每传递 2 个电子泵出 $6H^+$，生成 1.5（6/4）分子 ATP。

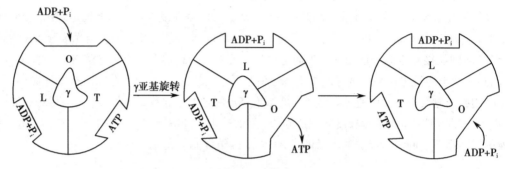

图 8-17    ATP 合酶的工作机制

β 亚基的三种构象：O 开放型；L 疏松型；T 紧密结合型。质子回流驱动 γ 亚基旋转致使各组 β 亚基构象相互转化，依次结合底物、生成、释出产物 ATP

---

### 框 8-2    Boyer 和 Walker 解析 ATP 合酶与 ATP 生成

Boyer P（1918—）主要从事酶学研究，他在氧化磷酸化及 ATP 合酶研究中的卓越成就是揭示了 ATP 合酶催化的分子机制。膜结合的 ATP 合酶存在于各种生物中，高度保守。Boyer 等研究者应用化学衍生、构象探针、$^{18}O$ 交换磷酸、定位突变等创新性实验技术，证明 ATP 合成是"结合变构"机制（the binding change mechanism）。Walker J（1941—）专注于膜生物学研究，对牛心和真细菌线粒体 ATP 合酶的结构进行了深入探讨。Mitchell 和 Walker 两人在不同实验室揭示了跨膜质子浓度差驱动 ATP 合酶合成 ATP 的机制，他们与 Skou J（$Na^+-K^+$-ATP 合酶研究）共同获得了 1997 年诺贝尔化学奖。

---

## 五、线粒体内膜选择性协调转运氧化磷酸化相关代谢物

线粒体基质与细胞胞质之间有线粒体内、外膜相隔，外膜对物质的通透性高、选择性低，内膜则相反，对物质的进出有高度的选择性。内膜含有转运蛋白体系，对进出内膜的各种物质进行选择性转运，以保证线粒体内生物氧化的顺利进行（表 8-4）。

表 8-4    线粒体内膜的某些转运蛋白对代谢物的转运

| 转运蛋白 | 进入线粒体 | 出线粒体 |
| --- | --- | --- |
| ATP-ADP 转位酶 | $ADP^{3-}$ | $ATP^{4-}$ |
| 磷酸盐转运蛋白 | $H_2PO_4^- + H^+$ | |
| 二羧酸转运蛋白 | $HPO_4^{2-}$ | 苹果酸 |
| α- 酮戊二酸转运蛋白 | 苹果酸 | α- 酮戊二酸 |
| 谷氨酸 - 天冬氨酸转运蛋白 | 谷氨酸 | 天冬氨酸 |
| 单羧酸转运蛋白 | 丙酮酸 | $OH^-$ |

Notes

续表

| 转运蛋白 | 进入线粒体 | 出线粒体 |
|---|---|---|
| 三羧酸转运蛋白 | 苹果酸 | 柠檬酸 |
| 碱性氨基酸转运蛋白 | 鸟氨酸 | 瓜氨酸 |
| 肉碱转运蛋白 | 脂酰肉碱 | 肉碱 |

### (一)胞质 NADH 的还原当量通过两种穿梭机制转运进入线粒体

线粒体内生成的 NADH 可直接参加氧化磷酸化过程,但在胞质中生成的 NADH 不能自由穿过线粒体内膜,可通过两种穿梭机制(shuttle mechanism)将其还原当量转运进入线粒体,然后进行氧化磷酸化。这两种穿梭机制将还原当量转运进入线粒体的方式不同,因而生成不同数量的 ATP。

1. α- 磷酸甘油穿梭主要存在于脑和骨骼肌中 如图 8-18 所示,胞质中的 NADH 在磷酸甘油脱氢酶(glycerophosphate dehydrogenase)的催化下,使磷酸二羟丙酮还原为 α- 磷酸甘油,后者通过线粒体外膜,再经位于线粒体内膜近胞质侧含 FAD 辅基的磷酸甘油脱氢酶催化下氧化,生成磷酸二羟丙酮及 $FADH_2$。还原当量 $FADH_2$ 直接将 2H 传递给泛醌进入呼吸链。需要指出的是,此机制是 $FADH_2$ 将 NADH 携带的一对电子从内膜的胞质侧直接传递给泛醌进行氧化磷酸化,因此,1 分子的 NADH 经此穿梭能产生 1.5 分子 ATP。

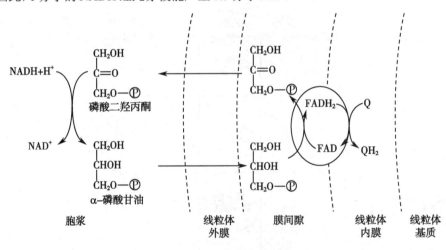

图 8-18 α- 磷酸甘油穿梭

2. 苹果酸 - 天冬氨酸穿梭主要存在于肝和心肌中 此穿梭机制需要 2 种内膜转运蛋白和 4 种酶协同参与,将胞质中的 NADH 转入线粒体呼吸链。胞质中的 NADH 脱氢,使草酰乙酸还原成苹果酸,苹果酸经内膜上的转运蛋白进入线粒体基质后重新生成草酰乙酸和 NADH。线粒体基质中的草酰乙酸转变为天冬氨酸后重新被转运回到胞质,而 NADH 通过 NADH 呼吸链进行氧化,生成 2.5 个 ATP 分子(图 8-19)。

### (二)ATP-ADP 转位酶反向转运 ATP 和 ADP 出入线粒体

线粒体内膜富含 ATP-ADP 转位酶(ATP-ADP translocase),又称腺苷酸移位酶(adenine nucleotide translocase)。该酶是由 2 个 30kD 亚基组成的二聚体,形成跨膜蛋白通道,结合内膜胞质侧的 $ADP^{3-}$(在细胞 pH 条件下,ADP 呈解离状态)转运至线粒体基质中,同时从基质转运出 $ATP^{4-}$,使 $ADP^{3-}$ 进入基质、$ATP^{4-}$ 从基质中移出紧密偶联,维持线粒体内外腺苷酸水平基本平衡。此时,胞质中的 $H_2PO_4^-$ 经磷酸盐转运蛋白(phosphate transporter)与 $H^+$ 同向转运到线粒体基质(图 8-20)。进入线粒体后,$H_2PO_4^-$ 与 ADP 脱水缩合生成 ATP,然后以 $ATP^{4-}$ 的形式转运出线粒体,$H^+$ 则留在了线粒体内,因此,每分子 ATP 在线粒体中生成并转运到胞质时还需多 1 个 $H^+$ 转入线粒体基质。

Notes

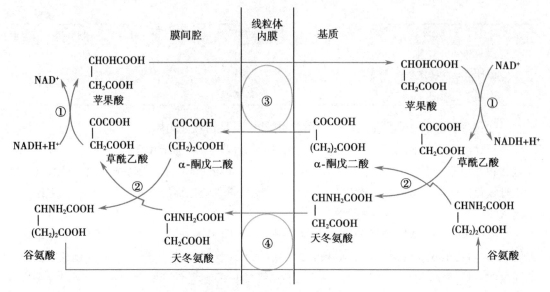

图 8-19　苹果酸 - 天冬氨酸穿梭

①苹果酸脱氢酶；②谷草转氨酶；③α- 酮戊二酸转运蛋白；④天冬氨酸 - 谷氨酸转运蛋白

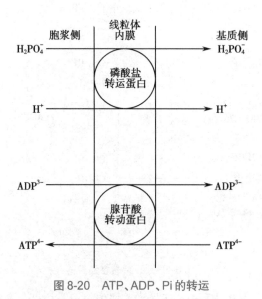

图 8-20　ATP、ADP、Pi 的转运

# 六、ATP 在机体能量代谢中起核心作用

## （一）高能磷酸化合物水解时释放较多的自由能

生物体能量代谢有明显的特点：其一，细胞内生物大分子体系多通过弱键能的非共价键维系，不能承受能量的大增或大量释放的化学过程，故代谢反应都是有序逐步进行、能量逐步得失；其二，生物体不直接利用营养物质的化学能，需要使之转变为细胞可以利用的能量形式，如 ATP 的化学能。ATP 是高能磷酸化合物，可直接为生理活动供能。所谓高能磷酸化合物是指那些水解时能释放较大自由能且含有磷酸基的化合物，通常其水解时的标准自由能变化（释放）$\Delta G^{\circ\prime}$ 大于 25kJ/mol。水解时释放能量较多的磷酸酯键，称为高能磷酸键，用"～P"表示。事实上，并不存在键能特别高的化学键，相反，共价键的断裂是需要提供能量的，而高能磷酸键水解时，是高能化合物底物转变为产物时，产物比底物具有更低的自由能，因而释放的能量较多。为了简便起见，仍然称之为高能磷酸键、高能磷酸化合物。生物体内常见的高能化合物包括高能磷酸化合物和含有辅酶 A 的高能硫酯化合物等（表 8-5）。

Notes

表 8-5 一些重要有机磷酸化合物水解标准自由能变化（释放）

| 化合物 | $\Delta G^{\circ\prime}$ | |
| --- | --- | --- |
| | kJ/mol | (kcal/mol) |
| 磷酸烯醇式丙酮酸 | −61.9 | (−14.8) |
| 氨基甲酰磷酸 | −51.4 | (−12.3) |
| 甘油酸 -1, 3- 二磷酸 | −49.3 | (−11.8) |
| 磷酸肌酸 | −43.1 | (−10.3) |
| ATP→ADP+Pi | −30.5 | (−7.3) |
| 乙酰辅酶 A | −31.5 | (−7.5) |
| ADP→AMP+Pi | −27.6 | (−6.6) |
| 焦磷酸 | −27.6 | (−6.6) |
| 葡糖 -1- 磷酸 | −20.9 | (−5.0) |

### （二）ATP 是体内最重要的高能磷酸化合物

**1. ATP 是体内能量捕获和释放利用的重要方式**　体内营养物分解产生的能量大约 40% 用于产生 ATP。ATP 是细胞储存能量的重要方式，也是细胞可以直接利用的能量形式。ATP 可水解生成 ADP 和 Pi、或 AMP 和焦磷酸（PPi）。在标准状态下，ATP 水解时的 $\Delta G^{\circ\prime}$ 为 −30.5kJ/mol（−7.3kcal/mol）。在活细胞中，ATP、ADP 和无机磷浓度比标准状态低得多，而 pH 比标准状态的 pH 7.0 高，ATP 和 ADP 的磷酸基都处于解离状态，显示 $ATP^{4-}$ 和 $ADP^{3-}$ 的多电荷负离子形式，并与细胞内 $Mg^{2+}$ 形成复合物。考虑到浓度等各种影响因素，细胞内 ATP 水解时的 $\Delta G^{\circ\prime}$ 可能达到 −52.3kJ/mol（−12.5kcal/mol），可用于驱动与之偶联的反应。因此，ATP 在生物能学上最重要的意义在于，其水解反应（释放大量自由能）与需要供能的反应偶联，使这些反应在生理条件下可以进行。如营养物质分解代谢产生的 ATP 直接用于各种代谢物的活化反应、合成生物大分子的反应等，通过 ATP 使分解代谢与合成代谢紧密相连。另外，ATP 还可直接通过水解反应为耗能的跨膜转运、肌肉收缩、蛋白构象的改变等重要的生命过程提供能量。

**2. ATP 是体内能量转移和磷酸核苷化合物相互转变的核心**　ATP 末端的高能磷酸酯键水解释放的能量位于各种磷酸化合物的磷酸酯键释放能量的中间位置，既方便从释能更多的化合物中获得能量由 ADP 生成 ATP，又可直接水解 ATP 释能以驱动那些需要供能的反应，使 ATP 在能量转移时发挥重要作用。

细胞中存在的腺苷酸激酶（adenylate kinase）可催化 ATP、ADP、AMP 间互变：

$$ATP + AMP \longrightarrow 2ADP$$

UTP、CTP、GTP 可为糖原、磷脂、蛋白质合成时提供能量，但它们一般不能从营养物质氧化过程中直接生成，需要在核苷二磷酸激酶的催化下，从 ATP 中获得～P 生成：

$$ATP + NDP \longrightarrow ADP + NTP（N = U、C、G）$$

**3. ATP 通过转移自身基团提供能量**　由于 ATP 分子中的高能磷酸键水解释放能量多，易释放 Pi、PPi 基团，很多酶促反应由 ATP 通过共价键与底物或酶分子相连，将 ATP 分子中的 Pi、PPi 或者 AMP 基团转移到底物或酶蛋白上而形成中间产物，经过化学转变后再将这些基团水解而形成终产物。因此，ATP 通过共价键参与酶促反应并提供能量，而不仅仅是单纯的水解反应。另外，ATP 也能通过这种基团转移的方式，将能量有效地转移给底物分子，使其获得更多的自由能而活化，有利于进行下一步的反应。例如，ATP 给葡萄糖提供磷酸基和能量，合成的葡糖 -6- 磷酸进入糖酵解或其他代谢途径后容易进行后续反应。

**4. 磷酸肌酸是高能键能量的储存形式**　ATP 充足时，通过转移末端～P 给肌酸，生成磷酸肌酸（creatine phosphate，CP），储存于需能较多的骨骼肌、心肌和脑组织中。当 ATP 迅速消耗时，磷酸肌酸可将～P 转移给 ADP，生成 ATP，用于补充 ATP 的不足（图 8-21）。另外，磷酸烯醇

Notes

式丙酮酸、甘油酸 -1, 3- 二磷酸等高能化合物中的磷酸基也易转移给 ADP，迅速合成 ATP。所以，ATP 在体内能量捕获、转移、储存和利用过程中处于中心位置（图 8-22）。

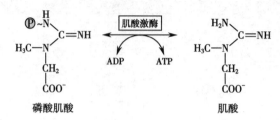

图 8-21　高能磷酸键在 ATP 和肌酸间的转移

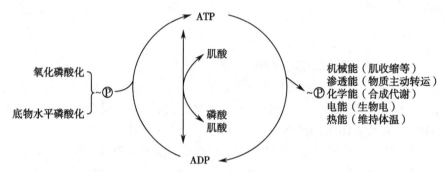

图 8-22　机体能量的产生、储存和利用以 ATP 为中心

## 第三节　氧化呼吸链的调节和影响因素

ATP 是机体最主要的能量载体，其生成量主要取决于氧化磷酸化的速率。机体根据自身能量需求，通过调节氧化磷酸化来调节 ATP 的合成。另外，凡是能影响呼吸链组分和 ATP 合酶功能的因素，都会通过干扰氧化磷酸化而影响 ATP 的生成。

### 一、体内能量状态可调节氧化磷酸化速率

电子的传递和 ADP 的磷酸化是氧化磷酸化的根本，通常线粒体中氧的消耗量是被严格调控的，其消耗量取决于 ADP 的含量。因此，正常机体中氧化磷酸化速率主要受 ADP 的浓度、ATP/ADP 比率来调节，只有在底物 ADP 和 Pi 充足时，电子传递的速率和耗氧量才会提高。

细胞内 ADP 的浓度以及 ATP/ADP 的比值能够迅速感应机体能量状态的变化。当机体蛋白质合成等耗能代谢途径活跃时，对能量的需求大为增加，ATP 分解为 ADP 和 Pi 的速率增加，使 ATP/ADP 的比值降低、ADP 的浓度增加，ADP 进入线粒体后迅速用于磷酸化，氧化磷酸化随之加速，耗氧量增加，合成的 ATP 用于满足需求，直到 ATP/ADP 的比值回升至正常水平后，氧的消耗恢复至起始水平，氧化磷酸化速率也随之放缓。通过这种方式使 ATP 的合成速率适应机体的生理需要。另外，ADP 的浓度也同时调节柠檬酸循环、糖酵解代谢途径，满足氧化磷酸化对还原当量的需求。ADP 的浓度较低时，氧化磷酸化速率降低，同时通过变构调节的方式抑制糖酵解、降低柠檬酸循环的速率，减少还原当量的产生。因此，细胞内 ADP 的水平能够协调调节产能的相关途径，包括还原当量的生成量、氧化磷酸化的速率、氧的消耗等。

### 二、抑制剂通过不同机制阻断氧化磷酸化过程

#### （一）呼吸链抑制剂阻断电子的传递

此类抑制剂（inhibitors）能在特异部位阻断呼吸链中电子传递，包括复合体Ⅰ、Ⅱ、Ⅲ、Ⅳ的抑

Notes

制剂（图 8-14）。例如，鱼藤酮（rotenone）、粉蝶霉素 A（piericidin A）及异戊巴比妥（amobarbital）是复合体 I 的抑制剂，它们能够与铁硫蛋白结合，阻断电子从铁硫中心到泛醌的传递，从而抑制 NADH 的氧化。萎锈灵（carboxin）、噻吩甲酰等是复合体 II 的抑制剂，可与琥珀酸脱氢酶结合抑制 $FADH_2$ 的电子传递。抗霉素 A（antimycin A）阻断 Cyt $b_H$ 到泛醌间的电子传递，噻唑菌醇则作用于复合体 III 的 Q 结合位点，都是复合体 III 抑制剂。$CN^-$、$N^{3-}$ 可紧密结合复合体 IV 中氧化型 Cyt $a_3$，阻断电子由 Cyt a 到 $Cu_B$-Cyt $a_3$ 的传递。CO 与还原型 Cyt $a_3$ 结合，直接阻断电子传递给 $O_2$。在火灾事故中，室内装饰材料中的 N 和 C 经高温可形成 HCN，产生的 $CN^-$ 和燃烧不完全形成的 CO 可使细胞内呼吸停止，危及生命。

（二）解偶联剂阻断 ADP 的磷酸化过程

解偶联剂（uncoupler）可使氧化与磷酸化反应分离（即解偶联），电子能够经呼吸链正常传递，复合体的质子泵作用建立跨内膜的质子浓度差，但由此储存的能量不能使 ADP 磷酸化合成 ATP。其基本机制是质子不经过 ATP 合酶回流至基质来驱动 ATP 的合成，而是经过其他途径进入基质，因而 ATP 的合成受到抑制。如二硝基苯酚（dinitrophenol，DNP）为脂溶性物质，可自由穿过线粒体内膜，其结构中酚羟基活泼易解离，进入基质时可释出 $H^+$，返回胞质侧时结合 $H^+$，从而破坏了电化学梯度。机体也存在内源性解偶联剂能使组织产热增加，如人（尤其是新生儿）、哺乳动物中存在含有大量线粒体的棕色脂肪组织，其线粒体内膜中富含一种特别的蛋白，称解偶联蛋白 1（uncoupling protein-1，UCP1）。它是由 2 个 32kD 亚基组成的二聚体，在线粒体内膜上形成质子通道，内膜胞质侧的 $H^+$ 可经此通道返回线粒体基质，使氧化磷酸化解偶联而不合成 ATP，质子浓度梯度储存的能量以热能形式释放，因此棕色脂肪组织是产热御寒组织。新生儿硬肿症即是因为缺乏棕色脂肪组织，不能维持正常体温而使皮下脂肪凝固所致。现已发现在骨骼肌等组织的线粒体中存在 UCP1 的同源蛋白 UCP2、UCP3，但无解偶联作用。UCP2 表达下降可促进肥胖的发生，UCP2 还能负调控胰岛素的分泌，因此与 2 型糖尿病的发病有关。另外，体内游离脂肪酸也利用质子的结合与解离、促进质子回流至线粒体基质中。

（三）ATP 合酶抑制剂同时抑制电子传递和 ATP 的生成

这类抑制剂对电子传递及 ADP 磷酸化均有抑制作用。例如寡霉素（oligomycin）可结合 ATP 合酶的 $F_0$ 亚基，二环己基碳二亚胺（dicyclohexylcarbodiimide，DCCP）共价结合 $F_0$ 的 c 亚基谷氨酸残基，阻断质子从 $F_0$ 质子半通道回流，抑制 ATP 合酶活性，从而抑制 ATP 的生成。由于质子回流至基质依赖于 ATP 合酶，其功能丧失导致线粒体内膜两侧质子电化学梯度增高，从而抑制呼吸链质子泵的功能、抑制电子传递。

抑制剂的存在，能使氧化磷酸化的速率降低，对氧的消耗减少，严重阻碍 ATP 的合成。

## 三、甲状腺激素促进氧化磷酸化和产热

甲状腺激素（thyroid hormone）可诱导细胞膜上 $Na^+$，$K^+$-ATP 酶的生成，使 ATP 加速分解为 ADP 和 Pi，ADP 增多则促进氧化磷酸化。甲状腺激素（T3）还可诱导解偶联蛋白基因表达，引起物质氧化释能、产热比率均增加，但 ATP 合成相对减少，导致机体耗氧量和产热同时增加，所以甲状腺功能亢进患者表现基础代谢率增高。

## 四、线粒体 DNA 突变可影响氧化磷酸化并导致疾病

线粒体是能量代谢最重要的亚细胞器，在细胞内含量丰富、更新速率快，以满足机体对能量的需求。线粒体的另一重要特性是含有 DNA，可自主进行 DNA 合成，其表达产物直接参与呼吸链中复合体的组成。因此线粒体 DNA（mitochondrial DNA，mtDNA）对线粒体的更新、维持呼吸链的功能都极为重要。

Notes

### （一）线粒体功能蛋白质由核基因组/线粒体基因组共同编码

与线粒体功能相关的蛋白质有 1000 多种，主要由存在于细胞核的基因编码，部分由线粒体基因编码。人的线粒体 DNA（第十三章）编码 13 种呼吸链中复合体的相关蛋白，包括：复合体 I 中疏水部分的 7 个亚基 ND1～ND6 和 ND4L；复合体 III 中的 Cyt b；复合体 IV 中的 SU1～SU3 亚基，以及 ATP 合酶中的 ATP6、ATP8 亚基。线粒体基因编码的 tRNA 和 rRNA 参与线粒体蛋白质的合成。因此，线粒体 DNA 缺陷会导致氧化磷酸化功能损伤和能量代谢障碍，并且引起细胞结构、功能的病理生理改变，发生线粒体病（mitochondrial diseases）。

### （二）线粒体基因突变可导致能量代谢障碍和疾病

与细胞核内的基因组 DNA 相比，线粒体 DNA（mtDNA）易发生突变，其突变率远高于核内的基因组 DNA。主要原因是：mtDNA 缺乏组蛋白、DNA 结合蛋白的保护，相对"裸露"，容易受到损伤；线粒体缺乏损伤修复系统，DNA 受到损伤后不易修复而发生突变；线粒体的基因序列常有部分区域重叠，各种位点的突变都可能累及到重要的功能域，导致功能丧失；线粒体自身更新快，其 DNA 合成很活跃，但催化复制的 DNA 聚合酶 γ 不具校读功能；不能纠正 DNA 合成过程中的碱基错配而导致突变；线粒体消耗氧用于进行氧化磷酸化外，还是产生反应活性氧的主要部位（第四节），活性氧的强氧化性极易对 DNA 造成损伤，也是引起线粒体 DNA 突变的主要诱因。

线粒体 DNA 突变会直接影响呼吸链的功能，使氧化磷酸化的能力降低，ATP 合成减少，导致能量代谢障碍，与多种疾病的发生有关。体细胞线粒体 DNA 突变数量会随着年龄增长而积累。当突变超过一定阈值，野生型 mtDNA 的数量不足以维持呼吸链的正常功能时，导致组织或器官功能异常，就可能出现临床表现。能量需求高的组织如骨骼肌、脑、心、肾等更易受突变影响。因此，mtDNA 突变与耗能较多的神经系统疾病有关，如遗传性视神经病变、Leigh 氏综合征（亚急性坏死性脑病）等；与能量代谢异常的疾病有关，如糖尿病；8-oxo-dG 导致的碱基错配也是多种肿瘤常见的突变。另外，mtDNA 突变的累积，氧化磷酸化能力的降低，活性氧生成会增多，能够导致神经元变性或过度凋亡（细胞的程序化死亡），是衰老相关的退行性疾病，如帕金森综合征、阿尔茨海默病（老年性痴呆症）的病因之一。

### （三）核基因突变也能造成线粒体功能障碍

线粒体蛋白生物合成受核基因组和线粒体基因组两套遗传系统共同调控。核基因编码 900 多种线粒体功能必需的酶和蛋白质，还包括聚合酶、装配因子、转运蛋白、代谢酶等，需在胞质合成后转运到线粒体内。因此，相关核基因的突变造成线粒体功能障碍特别是氧化磷酸化的缺陷也将导致线粒体疾病。

## 第四节 细胞抗氧化体系和非线粒体氧化-还原体系

除了营养物质相关的氧化还原反应之外，体内（细胞内）还存在多种氧化还原反应。如非营养物质的转化、生物大分子的氧化还原修饰等。这些氧化还原反应对维持机体正常功能、防止机体（细胞）损伤具有重要的意义。线粒体呼吸链是机体获取能量的重要机制，但同时也是产生活性氧、引起细胞氧化损伤的原因之一，因而机体有相应的保护防御机制。

### 一、线粒体氧化呼吸链可产生反应活性氧

反应活性氧类（reactive oxygen species, ROS）主要指 $O_2$ 得到单电子的还原产物，包括超氧阴离子（$\cdot O_2^-$）、羟自由基（$\cdot OH$）、过氧化氢（$H_2O_2$）及其衍生的 $\cdot HO_2 \cdot$ 等。这些未被完全还原的氧分子，化学性质非常活泼，氧化性远远大于 $O_2$，合称为反应活性氧类。

$O_2$ 得到单个电子产生超氧阴离子（$\cdot O_2^-$），超氧阴离子通过逐步的还原反应而产生不同的产

Notes

物，如 $H_2O_2$、羟自由基（•OH）、$H_2O$（图 8-23）。

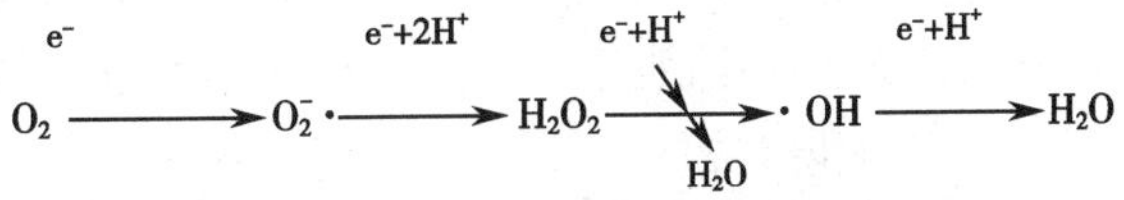

$$O_2 \xrightarrow{e^-} O_2^- \cdot \xrightarrow{e^-+2H^+} H_2O_2 \xrightarrow[H_2O]{e^-+H^+} \cdot OH \xrightarrow{e^-+H^+} H_2O$$

图 8-23　ROS 逐步还原的产物

线粒体呼吸链是 ROS 产生的主要部位，细胞内 95% 以上活性氧来自线粒体。呼吸链的各复合体在传递电子的过程中，"漏出"的电子能够直接传递给氧，产生部分被还原的氧，因而得到 ROS 这样的"副产物"，特别是•$O_2^-$ 的产生主要源自呼吸链。细胞正常呼吸时，大约有 1%～5% 的氧会接受漏出的电子而形成 ROS，当细胞受损伤、呼吸链电子传递功能受到影响时，会产生更多的 ROS。

线粒体 ROS 主要在复合体 I（20%）和复合体Ⅲ（80%）中生成。复合体 I 到 $QH_2$ 的电子传递、复合体Ⅲ通过 Q 循环传递电子的过程都是单电子传递，泛醌接受单电子生成的半醌型泛醌（QH•）在内膜中自由移动，通过非酶促反应直接将单个电子泄漏给 $O_2$ 而生成•$O_2^-$，因此半醌自由基（QH•）是•$O_2^-$ 的单电子来源。

除呼吸链外，生物体还有其他酶系可产生 ROS。但这些酶产生的 ROS 远低于线粒体呼吸链。胞质中的黄嘌呤氧化酶、微粒体中的细胞色素 $P_{450}$ 氧化还原酶等催化的反应，需要氧为底物，也可产生•$O_2^-$。细胞过氧化酶体中，FAD 将从脂肪酸等底物获得的电子交给 $O_2$ 可生成 $H_2O_2$ 和•OH。另外，细菌感染、组织缺氧等病理过程，电离辐射、吸烟、药物等外源因素也可使细胞产生大量的 ROS。呼吸链产生的•$O_2^-$ 大部分流向基质（70%～80%），会引起线粒体 DNA 损伤；小部分可通过不同方式释放到线粒体内膜的胞质侧、与其他途径产生的 ROS 一起在细胞的胞质、细胞核中发挥作用，影响细胞的功能。

ROS 生成量的不同，对细胞产生的影响也不同。正常生理条件下，少量的 $H_2O_2$ 有一定生理作用，如在粒细胞和吞噬细胞中，$H_2O_2$ 可氧化杀死入侵的细菌；甲状腺细胞中产生的 $H_2O_2$ 可使 $2I^-$ 氧化为 $I_2$，进而使酪氨酸碘化生成甲状腺激素。少量的 ROS 还是对细胞增殖、凋亡等具有重要调控作用的信号分子。

衰老、疾病、强烈刺激因素等造成线粒体呼吸链损伤时，因为电子漏出增多，ROS 生成量的骤增和积聚，极易诱发氧化应激，引起蛋白质、脂质、DNA 等各种生物大分子的损伤，甚至破坏细胞的正常结构和功能，对机体有致命损害。线粒体基质中的顺乌头酸酶，其铁硫中心易被•$O_2^-$ 氧化而丧失功能，直接影响柠檬酸循环的功能。•$O_2^-$ 还可迅速氧化一氧化氮（NO），产生过氧亚硝酸盐（$ONOO^-$，也属于 ROS），后者能使脂质氧化、蛋白质硝基化而损伤细胞膜和膜蛋白。正常情况下，机体可以通过抗氧化酶类及抗氧化物及时清除活性氧，防止其累积造成有害影响。

## 二、抗氧化体系具有清除反应活性氧的功能

机体利用各种抗氧化酶、小分子抗氧化剂等，形成重要的防御体系以对抗 ROS 的损害。正常细胞线粒体内外都存在清除•$O_2^-$ 等 ROS 的各种氧化还原酶体系，共同参与氧化还原反应的调控，使 ROS 产生和清除的过程处于动态平衡，维持正常细胞内•$O_2^-$ 水平维持在 $10^{-11}$～$10^{-10}$mol/L、$H_2O_2$ 水平为 $10^{-9}$mol/L 的生理安全浓度。

分布广泛的超氧化物歧化酶（superoxide dismutase，SOD）可催化一分子•$O_2^-$ 氧化生成 $O_2$，另一分子•$O_2^-$ 还原生成 $H_2O_2$：

$$2 \cdot O_2^- + 2H^+ \longrightarrow H_2O_2 + O_2$$

哺乳动物细胞有 3 种 SOD 同工酶，在胞外、胞质中存在活性中心含 $Cu^{2+}/Zn^{2+}$ 的 Cu/Zn-SOD；线粒体 SOD 活性中心含 $Mn^{2+}$，称 Mn-SOD。SOD 的酶活性很强，是人体防御内、外环境中超

氧离子损伤的重要酶，可使细胞内·$O_2^-$的浓度迅速降低 4～5 个数量级。Cu/Zn-SOD 基因缺陷使·$O_2^-$不能及时清除而损伤神经元，可引起肌萎缩性侧索硬化症。另外，敲除线粒体内 Mn-SOD 基因的小鼠出生后 10 天内即死亡，但敲除胞质中 Cu/Zn-SOD 基因的小鼠则存活，提示细胞中线粒体内源产生·$O_2^-$等的毒害作用和线粒体抗氧化系统的重要性。

生成的 $H_2O_2$ 可被过氧化氢酶（catalase）分解为 $H_2O$ 和 $O_2$。过氧化氢酶主要存在于过氧化酶体、胞质及微粒体中，含有 4 个血红素辅基，催化活性极强，每秒钟可催化超过 40 000 个底物分子转变为产物。其催化反应如下：

$$2H_2O_2 \longrightarrow 2H_2O + O_2$$

过氧化物酶（peroxidase）存在于动物组织的红细胞、白细胞和乳汁中，以血红素为辅基，可催化 $H_2O_2$ 直接氧化酚类和胺类等底物，催化反应如下：

$$R + H_2O_2 \longrightarrow RO + H_2O \quad 或 \quad RH_2 + H_2O_2 \longrightarrow R + 2H_2O$$

谷胱甘肽过氧化物酶（glutathione peroxidase，GPx）也是体内防止活性氧损伤的重要酶，可去除 $H_2O_2$ 和其他过氧化物类（ROOH）。GPx 含硒（Se）代半胱氨酸残基（由 Se 原子取代半胱氨酸中的 S 原子），是活性必需基团。在细胞胞质、线粒体以及过氧化酶体中，GPx 通过还原型谷胱甘肽（GSH）将 $H_2O_2$ 还原为 $H_2O$，将 ROOH 类转变为醇，同时产生氧化型谷胱甘肽（GSSG）。它催化的反应如下：

$$H_2O_2 + 2GSH \longrightarrow 2H_2O + GSSG \quad 或 \quad 2GSH + ROOH \longrightarrow GSSG + H_2O + ROH$$

反应生成的 GSSG 可经谷胱甘肽还原酶催化，由 $NADPH + H^+$ 提供还原当量，再转变成 GSH。还原型的谷胱甘肽也可发挥抗氧化作用，抵抗活性氧对蛋白质中—SH 的氧化。

体内其他小分子抗氧化剂有抗坏血酸（维生素 C），可以清除·OH 自由基，生成的脱氢抗坏血酸，再经还原酶催化转变为还原型；维生素 E 能捕捉并清除生物膜内 ROS，产生的维生素 E 自由基可被抗坏血酸还原再生为维生素 E。二者的偶联作用可消除自由基对膜内脂质、蛋白质的损伤。另外还有 β-胡萝卜素、泛醌等。它们与体内的抗氧化酶共同组成人体抗氧化物体系。

## 三、细胞微粒体中存在加氧酶类

加氧酶类，可分为加单氧酶（monooxygenase）和加双氧酶（dioxygenase）。

### （一）微粒体细胞色素 $P_{450}$ 单加氧酶催化底物分子羟化

微粒体细胞色素 $P_{450}$ 单加氧酶催化 $O_2$ 中的一个氧原子加入底物（RH）分子，另一个氧原子被 NADPH 提供的氢还原成 $H_2O$，又称为混合功能氧化酶（mixed function oxidase）或羟化酶（hydroxylase）。这类酶富含于肝脏和肾上腺的微粒体，参与类固醇激素、胆汁酸及胆色素等的生成，以及药物、毒物的生物转化过程（第十一章），其反应式如下：

$$RH + NADPH + H^+ + O_2 \longrightarrow ROH + NADP^+ + H_2O$$

加氧酶类在体内含量最丰富、反应最复杂，其中较重要的是含核黄素及细胞色素的酶体系。细胞色素 $P_{450}$ 单加氧酶需要细胞色素 $P_{450}$（Cytochrome $P_{450}$，Cyt $P_{450}$）参与，还原型 Cyt $P_{450}$ 与 CO 结合后在波长 450nm 处出现最大吸收峰。Cyt $P_{450}$ 属于 Cyt b 类，通过辅酶血红素中 Fe 离子价键变化进行单电子传递。细胞色素 $P_{450}$ 在生物中广泛分布，哺乳动物 Cyt $P_{450}$ 分属 10 个基因家族。人 Cyt $P_{450}$ 有几百种同工酶，可特异性地对不同的底物进行羟化。某些组织的线粒体内膜上也存在加单氧酶。

加单氧酶催化的反应过程涉及 NADPH、黄素蛋白、以 Fe-S 为辅基的铁氧化还原蛋白和 Cyt $P_{450}$，反应机制如下：NADPH 首先将电子交给黄素蛋白。黄素蛋白再将电子递给以 Fe-S 为辅基的铁氧化还原蛋白。与底物结合的氧化型 Cyt $P_{450}$ 接受铁氧化还原蛋白的 1 个 $e^-$ 后，转变成还原型 Cyt $P_{450}$，与 $O_2$ 结合形成 $RH \cdot P_{450} \cdot Fe^{2+} \cdot O_2$，Cyt $P_{450}$ 铁卟啉中 $Fe^{2+}$ 将电子交给 $O_2$ 形成 $RH \cdot P_{450} \cdot Fe^{3+} \cdot O_2^-$，再接受铁氧化还原蛋白的第 2 个 $e^-$，使氧活化（$O_2^{2-}$）。此时 1 个氧原子使底

Notes

物(RH)羟化(ROH),另 1 个氧原子与来自 NADPH 的质子结合生成 $H_2O$(图 8-24)。

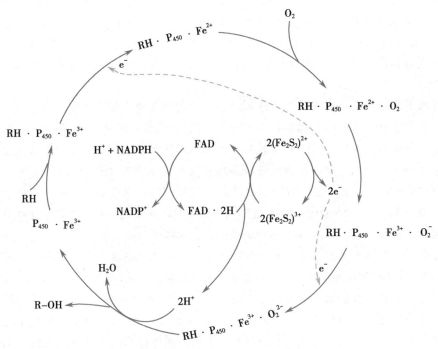

图 8-24 微粒体细胞色素 $P_{450}$ 加单氧酶反应机制

### (二)加双氧酶催化底物分子的双键加入两个氧原子

加双氧酶中,部分酶以 Fe 离子为辅基,如肝脏中尿黑酸加双氧酶可催化尿黑酸氧化成丁烯二酰乙酰乙酸。3-羟基邻胺苯甲酸加双氧酶可促进 3-羟基邻胺苯甲酸氧化,进而再转变为尼克酸。也有部分酶的辅基为血红素,如肝脏中的色氨酸加双氧酶,可催化色氨酸氧化成甲酰犬尿酸原(图 8-25)。

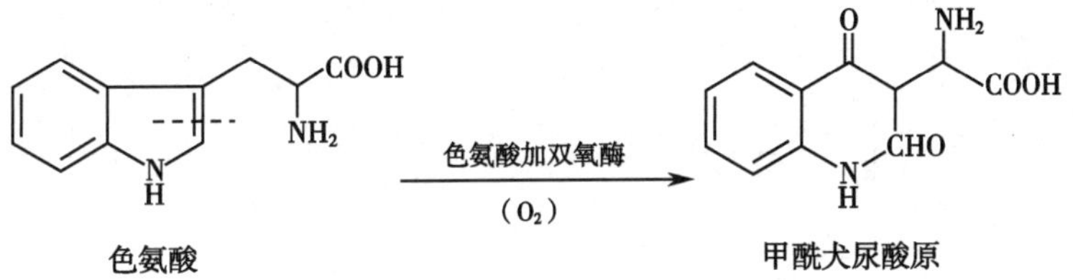

图 8-25 色氨酸加双氧酶催化的加双氧反应

## 小 结

生物氧化是生物体内发生的氧化还原反应,由多种氧化还原酶类催化完成。在不同的亚细胞结构中,不同的氧化还原酶作用于特定的底物,其产物各具特点,发挥各自的功能。

线粒体是极为重要的细胞器,其主要功能是对营养物质代谢产生的还原当量 NADH、$FADH_2$ 进行氧化磷酸化并合成 ATP,为生命活动提供能量。线粒体内膜中几种具有电子传递功能的酶复合体与泛醌和细胞色素 c 组成氧化呼吸链,酶复合体的辅酶或辅基发挥传递氢/电子作用。氧化磷酸化的实质是通过呼吸链对还原当量 NADH、$FADH_2$ 进行氧化,产生的能量驱动 ATP 合酶将 ADP 磷酸化产生 ATP。

Notes

线粒体内有两条呼吸链，由 4 种酶复合体与泛醌和细胞色素 c 按序组成。NADH 呼吸链的组成及电子传递顺序是：NADH→复合体Ⅰ→CoQ→复合体Ⅲ→Cyt c→复合体Ⅳ→$O_2$，传递一对电子可生成 2.5 分子 ATP；$FADH_2$ 呼吸链的组成及电子传递顺序是：琥珀酸→复合体Ⅱ→CoQ→复合体Ⅲ→Cyt c→复合体Ⅳ→$O_2$，传递一对电子可生成 1.5 分子 ATP。

呼吸链的作用是传递还原当量的氢／电子，同时建立跨线粒体内膜的质子梯度差而储存能量。呼吸链复合体Ⅰ、Ⅲ和Ⅳ有质子泵功能，在完成一对电子传递过程中，各向内膜胞质侧泵出 $4H^+$、$4H^+$ 和 $2H^+$，形成跨线粒体内膜的质子电化学梯度（电荷和浓度梯度），储存电子传递释放的能量。跨内膜质子梯度势能是 ATP 合酶工作的驱动力，用于结合 ADP 和 Pi 并生成、释出 ATP。ATP 在体内能量捕获、转移、储存和利用过程中处于中心位置。胞质中生成的 NADH 须通过 α-磷酸甘油穿梭或苹果酸-天冬氨酸穿梭机制将还原当量转运进入线粒体，然后再进入呼吸链进行氧化磷酸化。

呼吸链也是体内反应活性氧类（ROS）的最主要来源。ROS 产生过多会对机体产生危害，机体存在抗氧化酶类及抗氧化物体系能及时清除活性氧，维护机体的正常功能。

正常机体氧化磷酸化速率主要受 ADP/ATP 调节。也可因外源、内源性的抑制剂而降低或丧失功能。主要有呼吸链传递抑制剂、解偶联剂、ATP 合酶抑制剂分别通过不同的作用机制抑制氧化磷酸化的功能。线粒体基因和相关核基因突变造成线粒体氧化磷酸化功能障碍，可引起线粒体病，特别是耗能较多的神经、骨骼系统容易产生疾病。

（苑辉卿）

Notes

# 第九章　氨基酸代谢

食物中的蛋白质是人体的重要营养物质，主要作用是为人体提供氨基酸。氨基酸在人体内不仅可作为蛋白质合成的原料，还能转变成一些不用于蛋白质合成的氨基酸和多种重要的生理活性物质。氨基酸在机体的物质代谢和能量代谢中具有重要的意义，与机体正常功能密不可分。利用氨基酸合成蛋白质的过程将在第十七章介绍，本章重点介绍氨基酸在体内代谢的相关内容。

## 第一节　氨基酸代谢概况

体内的氨基酸处于不断地被获取、利用和消耗的动态变化过程中。除了用于蛋白质生物合成之外，氨基酸在分解代谢和代谢转换过程中不断被消耗，而体内消耗掉的氨基酸主要依赖食物蛋白进行补充。

### 一、外源性氨基酸和内源性氨基酸构成氨基酸代谢库

通过消化食物蛋白质而吸收氨基酸（外源性氨基酸）、体内组织蛋白质降解产生氨基酸以及少量合成氨基酸（内源性氨基酸），是体内氨基酸的主要来源。所有这些来源的氨基酸混在一起，分布于体内各处，参与代谢，称为氨基酸代谢库（metabolic pool）。氨基酸代谢库通常以游离氨基酸总量计算。由于氨基酸不能自由通过细胞膜，所以氨基酸代谢库在体内的分布是不均一的，肌肉中氨基酸占代谢库的 50% 以上，肝内氨基酸约占 10%，肾内氨基酸占 4%，血浆氨基酸占 1%～6%。

氨基酸代谢库中的氨基酸在体内能够被充分利用（图 9-1）。

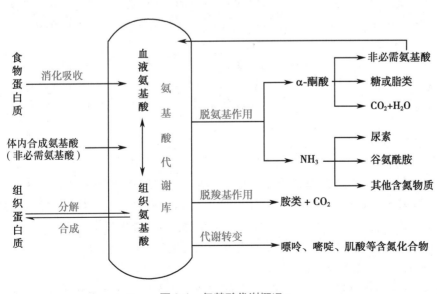

图 9-1　氨基酸代谢概况

## 二、氨基酸可用于蛋白质合成或被代谢消耗

### (一)大部分氨基酸用于蛋白质生物合成

体内氨基酸的主要用途是合成蛋白质/多肽。从食物蛋白质消化、吸收的氨基酸大部分用于体内蛋白质的合成。体内组织蛋白质降解所产生的氨基酸大部分也被重新用于蛋白质合成。就数量而言,从食物获取的氨基酸主要是满足体内蛋白质合成的需要。

### (二)氨基酸通过分解代谢和代谢转换而被消耗

氨基酸是水溶性物质,但不会被机体排泄。正常人尿中排出的氨基酸极少。氨基酸主要是通过分解代谢和代谢转换而被机体消耗。

**1. 氨基酸的碳骨架可进入能量代谢**    氨基酸不会随尿排出,但体内也不能贮存过多的氨基酸。当氨基酸代谢库中的氨基酸过多时,尤其是因食物蛋白质与人体蛋白质的氨基酸组成差异造成某些类型的氨基酸超过机体合成蛋白质的需要时,这些氨基酸就会进入分解代谢,彻底氧化,产生能量。机体每日产生的能量约有18%来自氨基酸的氧化分解。因氨基酸过量而将其消耗,并不会等量减少碳水化合物和脂类的消耗。

当机体处于饥饿状态时,会主动降解一些蛋白质,释放氨基酸。这些氨基酸并不直接氧化供能,而是转变成为葡萄糖或酮体;产生的葡萄糖可满足饥饿时机体对葡萄糖的需要,酮体也可进入能量代谢。

**2. 氨基酸代谢转换而产生多种物质**    许多氨基酸可通过代谢转变而产生其他含氮化合物,包括神经递质、核苷酸、激素及其他多种生理活性物质,此外还可以产生一些重要的化学基团,用于调节许多重要分子的功能,或者用于非营养物质的代谢(转化)。机体利用氨基酸所产生的物质见表9-1。

表9-1    氨基酸衍生的重要含氮化合物

| 氨基酸 | 衍生的化合物 | 生理功用 |
|---|---|---|
| 天冬氨酸、谷氨酰胺、甘氨酸 | 嘌呤碱 | 含氮碱基、核酸成分 |
| 天冬氨酸 | 嘧啶碱 | 含氮碱基、核酸成分 |
| 甘氨酸 | 卟啉化合物 | 血红素、细胞色素 |
| 甘氨酸、精氨酸、甲硫氨酸 | 肌酸、磷酸肌酸 | 能量储存 |
| 色氨酸 | 5-羟色胺、尼克酸 | 神经递质、维生素 |
| 苯丙氨酸、酪氨酸 | 儿茶酚胺、甲状腺素 | 神经递质、激素 |
| 酪氨酸 | 黑色素 | 皮肤色素 |
| 谷氨酸 | γ-氨基丁酸 | 神经递质 |
| 甲硫氨酸、鸟氨酸 | 精胺、亚精胺 | 细胞增殖促进剂 |
| 半胱氨酸 | 牛磺酸 | 结合胆汁酸成分 |

## 三、氮平衡状态反映氨基酸摄入与消耗的状态

体内每时每刻都在发生氨基酸的分解代谢,使体内的氨基酸减少;每日进食又可补充体内的氨基酸。氨基酸的摄入和消耗的状态可用氮平衡(nitrogen balance)来描述。食物中的含氮物质绝大部分是蛋白质,即氨基酸。机体通过尿、粪所排出的含氮物质主要是由氨基酸分解代谢产生,或由氨基酸转换生成。因此,测定尿与粪中的含氮量(排出氮)及摄入食物的含氮量(摄入氮)可以反映体内氨基酸的代谢状况。

氮的总平衡,即机体摄入氮=排出氮,这是正常成人的氨基酸代谢状态。氮的正平衡,即摄入氮>排出氮,反映了摄入的氨基酸较多地用于体内蛋白质合成,而分解代谢相对较少,儿

Notes

童、孕妇和恢复期患者属于此种情况。氮的负平衡，即摄入氮＜排出氮，提示蛋白质摄入量不足或过度降解，氨基酸被过多分解而排泄，见于饥饿或消耗性疾病患者。

## 第二节　体内氨基酸的来源

体内氨基酸的来源包括外源性氨基酸和内源性氨基酸。内源性氨基酸不能保证机体的需要，提供足够食物蛋白质以获得机体所需的氨基酸，对正常代谢和各种生命活动十分重要。对于生长发育期的儿童和康复期的患者，供给足量、优质的蛋白质尤为重要。

### 一、机体从食物蛋白质获取氨基酸

#### （一）氨基酸可分为营养必需氨基酸和营养非必需氨基酸

用于合成蛋白质的氨基酸有 20 种，人体不能合成其中 8 种氨基酸：缬氨酸、异亮氨酸、亮氨酸、苏氨酸、甲硫氨酸、赖氨酸、苯丙氨酸和色氨酸。这些氨基酸只能从食物蛋白质中获取，因而称为营养必需氨基酸（nutritionally essential amino acid）。其余的 12 种氨基酸均可以在人体内合成，称为营养非必需氨基酸（nutritionally nonessential amino acid）。其中，组氨酸和精氨酸虽能在人体内合成，但合成量不多，需要从食物中补充，这两种氨基酸被视为营养非必需氨基酸（nutritionally semiessential amino acid），也有人将其归为营养必需氨基酸。

#### （二）营养必需氨基酸决定食物蛋白质的营养价值

从食物蛋白质中获取氨基酸是人体氨基酸的主要来源。根据氮平衡实验计算，在不进食蛋白质时，成人每天最低分解约 20g 蛋白质。然而，摄入 20g 食物蛋白质却不能补充体内分解的蛋白质。由于食物蛋白质与人体蛋白质中氨基酸组成的差异，人体需要摄入更多的食物蛋白质才能获得足够的营养必需氨基酸。就食物蛋白质的营养价值而言，含有营养必需氨基酸种类多、数量足的蛋白质，其营养价值高，反之则营养价值低。由于动物性蛋白质所含营养必需氨基酸的种类、比例与人类需要相近，故营养价值高。营养价值低的蛋白质混合食用，则营养必需氨基酸可以互相补充，从而提高营养价值，称为食物蛋白质的互补作用。不过，即使是混合食用，也需要较多的食物蛋白质才能满足机体的需要。成人每天最低需要 30～50g 蛋白质，才能使摄入的各种氨基酸都达到人体所需量。为了长期保持氮平衡，我国营养学会推荐成人每天的蛋白质需要量为 80g。

#### （三）食物蛋白质在胃和肠道被消化成氨基酸和寡肽

食物蛋白质的消化是人体从食物中获取氨基酸的必要条件，未经消化的蛋白质不能被直接吸收进入体内。消化还可以消除食物蛋白质的抗原性，避免食物蛋白质引起的过敏反应和毒性反应。口腔的唾液中没有水解蛋白质的酶类，食物蛋白质的消化自胃开始，而主要的消化过程是在小肠进行。

1. 食物中的蛋白质在胃中部分消化　食物蛋白质进入胃后，经胃蛋白酶进行部分消化。食物可刺激胃黏膜分泌胃泌素（gastrin），胃泌素则促进胃黏膜壁细胞分泌盐酸、主细胞分泌胃蛋白酶原（pepsinogen）。胃蛋白酶原在经盐酸或胃蛋白酶的自身催化作用下，水解掉酶原 N 端碱性前体片段，生成有活性的胃蛋白酶。胃蛋白酶的最适 pH 是 1.5～2.5，酸性的胃液能使蛋白质变性，有利于蛋白质的水解。胃蛋白酶主要识别和水解由芳香族氨基酸的羧基所形成的肽键，因而只是将蛋白质部分降解。食物在胃中停留的时间短，蛋白质消化不完全，只产生少量氨基酸，主要的产物是多肽。此外，胃蛋白酶还具有凝乳作用，使乳中的酪蛋白与 $Ca^{2+}$ 凝集成凝块，使乳汁在胃中的停留时间延长，有利于乳汁中蛋白质的消化。

2. 蛋白质在小肠被水解成氨基酸和小肽　小肠是食物蛋白质消化的主要部位。胰和肠黏膜细胞分泌的多种蛋白酶和肽酶在小肠内将食物中的蛋白质进一步水解成氨基酸和小肽。

Notes

（1）胰液蛋白酶消化蛋白质产生寡肽和少量氨基酸：食物蛋白质在小肠内的消化主要依靠胰酶完成，这些酶的最适 pH 为 7.0 左右。胰液中的蛋白酶基本上分为两类，即内肽酶（endopeptidase）和外肽酶（exopeptidase）。内肽酶包括胰蛋白酶（trypsin）、糜蛋白酶（chymotrypsin）和弹性蛋白酶（elastase），这些酶主要识别和水解由特定氨基酸形成的肽键（第五章，图 5-8），因而可以特异性地水解蛋白质内部的一些肽键，使较大的肽链断裂成为较小的肽链。外肽酶包括羧基肽酶 A 及羧基肽酶 B 两种。前者主要水解除脯氨酸、精氨酸、赖氨酸以外的多种氨基酸残基组成的 C 端肽键，后者主要水解由碱性氨基酸组成的 C- 端肽键。因此，外肽酶自肽链的羧基末端开始，将氨基酸残基逐个水解下来。

胰腺细胞所产生的各种蛋白酶和肽酶都是以无活性酶原的形式分泌，这些酶原进入十二指肠后被肠激酶（enterokinase）激活。由十二指肠黏膜细胞分泌的肠激酶被胆汁激活后，水解各种酶原，使之激活成为相应的有活性的酶。其中，胰蛋白酶原激活为胰蛋白酶后，又能激活糜蛋白酶原、弹性蛋白酶原和羧基肽酶原。胰蛋白酶的自身激活作用较弱。由于胰液中各种蛋白酶均以酶原形式存在，同时胰液中还存在胰蛋白酶抑制剂，能保护胰腺组织免受蛋白酶的自身消化。

（2）小肠黏膜细胞的消化酶将寡肽水解成氨基酸：食物蛋白经胃液和胰液中蛋白酶的消化后，所得到的产物中仅有 1/3 是氨基酸，其余 2/3 是寡肽。寡肽的水解主要在小肠黏膜细胞内进行。小肠黏膜细胞的胞液中存在两种寡肽酶（oligopeptidase）：氨基肽酶（aminopeptidase）和二肽酶（dipeptidase）。氨基肽酶从氨基末端逐步水解寡肽，最后剩下二肽，被二肽酶水解成氨基酸（图 9-2）。

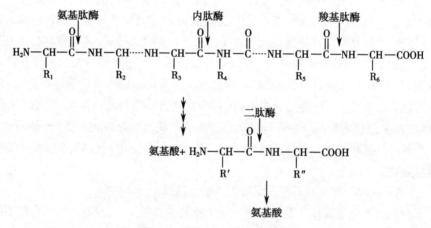

图 9-2    蛋白水解作用示意图

（四）氨基酸和寡肽通过主动转运机制被吸收

1. 氨基酸转运载体通过耗能过程转运氨基酸    肠黏膜细胞膜上具有转运氨基酸的载体蛋白，能与氨基酸和 $Na^+$ 形成三联体，将氨基酸和 $Na^+$ 转运入细胞，$Na^+$ 则借钠泵排出细胞外，该过程与葡萄糖的吸收载体系统类似（第六章）。具有不同侧链结构的氨基酸和小肽是通过不同的载体转运吸收。在小肠黏膜的刷状缘转运蛋白（transporter）包括中性氨基酸转运蛋白（分为极性和疏水性两种）、碱性氨基酸转运蛋白、酸性氨基酸转运蛋白、亚氨基酸转运蛋白、β- 氨基酸转运蛋白。结构相似的氨基酸由同一载体转运，因而在吸收过程中相互竞争结合载体。含量多的氨基酸，转运的量就相对大一些。

氨基酸的主动转运不仅存在于小肠黏膜细胞，类似的作用也存在于肾小管细胞、肌细胞等细胞膜上，这对于细胞浓集氨基酸具有重要作用。

2. γ- 谷氨酰基循环介导氨基酸的吸收转运    除了通过载体转运氨基酸，还有一个特殊的

Notes

反应体系能够将氨基酸转运入细胞。这个反应体系称为 γ- 谷氨酰基循环（γ-glutamyl cycle）（图 9-3）。在这个反应体系中，位于细胞膜的 γ- 谷氨酰基转移酶从胞内的谷胱甘肽获取谷氨酰基，同时从胞外获取待转运的氨基酸，形成 γ- 谷氨酰氨基酸，将氨基酸转运进入细胞。经过一个反应循环，氨基酸在细胞内释放，谷胱甘肽则被重新合成，并参与下一轮转运。催化此循环中各个反应的酶存在于小肠黏膜细胞、肾小管细胞和脑组织中。

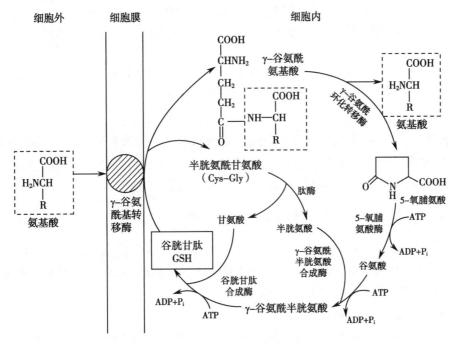

图 9-3　γ- 谷氨酰基循环

3. **肽转运体系将小肽转运进入肠黏膜细胞**　肠黏膜细胞上还存在着吸收二肽或三肽的转运体系。此种转运也是一个耗能的主动吸收过程。吸收作用在小肠近端较强，故肽吸收入细胞甚至先于游离氨基酸。不同二肽的吸收具有相互竞争作用。

（五）未被消化吸收的蛋白质被肠道细菌代谢

在食物通过小肠的过程中，并非所有的蛋白质都被彻底消化和完全吸收。肠道细菌的蛋白酶可将残留的蛋白质水解成氨基酸，肠道细菌即可利用这些氨基酸进行代谢并获取能量。肠道细菌对这部分蛋白质及其消化产物的代谢，称为腐败作用（putrefaction）。因为，这些蛋白质和氨基酸被肠道细菌代谢的过程中，会产生许多对人体有害的物质；但在此过程中，也会产生少量脂肪酸及维生素等可被机体利用的物质。

1. **肠道细菌将氨基酸脱羧基产生胺类物质**　肠道细菌将氨基酸分解代谢的过程中，可将氨基酸脱羧基产生相应的胺。例如，组氨酸脱羧基生成组胺，赖氨酸脱羧基生成尸胺，色氨酸脱羧基生成色胺，酪氨酸脱羧基生成酪胺等。这些胺类若被人体吸收，可能对机体产生有害的影响。如酪胺和由苯丙氨酸脱羧基生成的苯乙胺，若不能在肝内分解而进入脑组织，则可分别经羟化形成 β- 羟酪胺和苯乙醇胺。它们的化学结构与儿茶酚胺类似（9-1），称为假神经递质（false neurotransmitter），可取代正常神经递质儿茶酚胺，阻碍神经冲动传递，使大脑发生异常抑制，这可能是肝性脑病症状的发生原因之一。

2. **肠道细菌将氨基酸脱氨基生成氨**　肠道细菌对氨基酸的代谢也可通过脱氨基作用开始，脱氨基作用所产生的氨，是肠道中氨的重要来源之一。此外，人体内产生的尿素排泄入肠道后，可被肠道细菌产生的尿素酶水解而生成氨。这些氨均可被吸收入血液，在肝中合成尿素。降低肠道的 pH 值，可减少氨的吸收。

Notes

苯乙醇胺 β-羟酪胺 多巴胺 去甲肾上腺素

假神经递质 儿茶酚胺

（9-1）

3. 腐败作用产生其他有害物质　除了胺类和氨以外，通过腐败作用还可产生其他有害物质，例如苯酚、吲哚、甲基吲哚及硫化氢等。正常情况下，这些有害物质大部分随粪便排出，只有小部分被吸收，经肝的代谢转变而解毒，故不会发生中毒现象。

## 二、体内蛋白质降解释放氨基酸

虽然机体依靠食物蛋白获取氨基酸，但机体的氨基酸代谢库中的游离氨基酸并非全部来自食物蛋白。在人体的生命活动中，蛋白质被不断地降解和重新合成。因此，机体氨基酸代谢库亦包含由体内蛋白质降解所产生的氨基酸。

### （一）体内蛋白质被不断地转换更新

所有生命体的蛋白质都在不断更新。体内的任何蛋白质都会被降解，又不断地被重新合成。体内蛋白质的降解与合成的动态平衡，称为蛋白质转换（protein turnover）。人体每日更新体内蛋白质总量的 1%～2%，其中主要是肌肉蛋白质。所释放的氨基酸有 70%～80% 被重新用于合成蛋白质，其余 20%～30% 被降解。

不同蛋白质的降解速率不同，因而在细胞内有长寿蛋白质和短寿蛋白质。蛋白质降解的速率以半衰期（$t_{1/2}$）表示，半衰期是指将浓度或数量减少 50% 所需要的时间。不同蛋白质的半衰期不同。例如，人肝中蛋白质的半衰期短的 <30 分钟，长的 >150 小时，肝中大部分蛋白质的半衰期为 1～8 天；血红蛋白、结缔组织中的一些蛋白质的半衰期可达 180 天以上。

### （二）体内蛋白质降解是机体不同状况下的特定需要

1. 蛋白质降解是蛋白质功能调控的机制之一　例如，酶活性的调节包括活性调节和酶量调节两个方面，而酶量的调节就是通过合成与降解而实现的。许多调节酶的半衰期都较短。例如色氨酸加氧酶、酪氨酸转氨酶、HMG-CoA 还原酶，它们的半衰期为 0.5～2 小时。而许多调控基因表达的蛋白质的半衰期都低于 30 分钟，如果某些因素导致这些蛋白质的半衰期延长，则会导致基因表达的异常。这些具有调节功能的蛋白质在需要时合成，随后被迅速降解，降解释放的氨基酸即进入氨基酸代谢库。

2. 损伤的结构蛋白需要更新　组织细胞的结构蛋白多为长寿蛋白质，但仍然以一定的速率被降解。细胞代谢过程中经常产生影响蛋白质结构的物质，尤其是氧化物，可通过氧化作用而损伤蛋白质。这些蛋白质即通过特定的机制被降解，细胞则重新合成相同的蛋白质以替代被降解的蛋白质。

3. 饥饿状态引起蛋白质降解而释放氨基酸　在机体处于饥饿状态时，机体也会降解一部分蛋白质，释放出氨基酸。氨基酸分解代谢的中间产物通过糖异生途径转变成葡萄糖，对维持血糖水平具有重要意义。

Notes

### （三）真核细胞内有两条主要的蛋白质降解途径

细胞内存在与肠道消化食物蛋白质的酶相似的酶，如内肽酶、氨基肽酶和羧基肽酶。然而，这些酶并不能任意水解细胞内的蛋白质，否则细胞将被迅速破坏。细胞内蛋白质降解是一主动调节过程，主要通过两条途径来降解细胞内蛋白质，即不依赖 ATP 的溶酶体降解途径和依赖 ATP 的泛素 - 蛋白酶体途径。

1. **外在和长寿蛋白质在溶酶体通过 ATP 非依赖途径降解**　细胞内的溶酶体（lysosome）的主要功能是进行细胞内消化，可降解从细胞外摄入的蛋白质、细胞膜蛋白和胞内长寿蛋白质。溶酶体含有多种蛋白酶，称为组织蛋白酶（cathepsin）。根据完成生理功能的不同阶段可将其分为初级溶酶体、次级溶酶体和残体。初级溶酶体由高尔基体分泌形成，含有多种水解酶原，只有当溶酶体破裂，或其他物质进入，酶才被激活。初级溶酶体内的水解酶包括蛋白酶（组织蛋白酶）、核酸酶、脂酶、磷酸酶、硫酸酯酶、磷脂酶类等 60 余种，这些酶均属于酸性水解酶，反应的最适 pH 值为 5 左右。初级溶酶体膜有质子泵，将 $H^+$ 泵入溶酶体，使其 pH 值降低。次级溶酶体是正在进行或完成消化作用的消化泡，内含水解酶和相应底物，异噬溶酶体（phagolysosome）消化外源的物质，自噬溶酶体（autophagolysosome）消化来自细胞本身的各种组分。残体又称后溶酶体（post-lysosome），已失去酶活性，仅留未消化的残渣。残体可通过外排作用排出细胞，也可能留在细胞内逐年增多。

具有摄入胞外物质能力的细胞，可通过内吞作用摄入胞外的蛋白质，由溶酶体的组织蛋白酶将其降解。溶酶体亦可清除细胞自身无用的生物大分子、衰老的细胞器等，即自体吞噬过程，并将所吞噬的蛋白质降解。

2. **异常和短寿蛋白质在蛋白酶体通过需要 ATP 的泛素途径降解**　细胞内的异常蛋白质和短寿蛋白质主要通过依赖 ATP 的泛素 - 蛋白酶体途径降解。降解过程包括两个阶段：首先是泛素与被选择降解的蛋白质共价连接，然后是蛋白酶体（proteasome）识别被泛素标记的蛋白质并将其降解。

泛素（ubiquitin）是一个由 76 个氨基酸残基组成的小肽，因其广泛存在于真核细胞而得名。泛素与底物蛋白质的共价连接是非特异性的，这种连接使底物蛋白质带上了泛素标记，称为泛素化（ubiquitination）。泛素化是通过 3 个酶促反应而完成的（图 9-4）。第一个反应是泛素 C- 末端的羧基与泛素激活酶（ubiquitin-activating enzyme，$E_1$）的半胱氨酸通过硫酯键结合，这是一个需要 ATP 的反应，此反应将泛素分子激活。在第二个反应中，泛素分子被转移至泛素结合酶（ubiquitin-conjugating enzyme，$E_2$）的巯基上。随后，由泛素 - 蛋白连接酶（ubiquitin-protein ligase，$E_3$）识别待降解蛋白质，并将活化的泛素转移至蛋白质的赖氨酸的 ε- 氨基，形成异肽键（isopeptide bond）。而此泛素分子中赖氨酸的 ε- 氨基又可被连接上下一个泛素，如此重复反应，可连接多个泛素分子，形成泛素链（ubiquitin chain）。

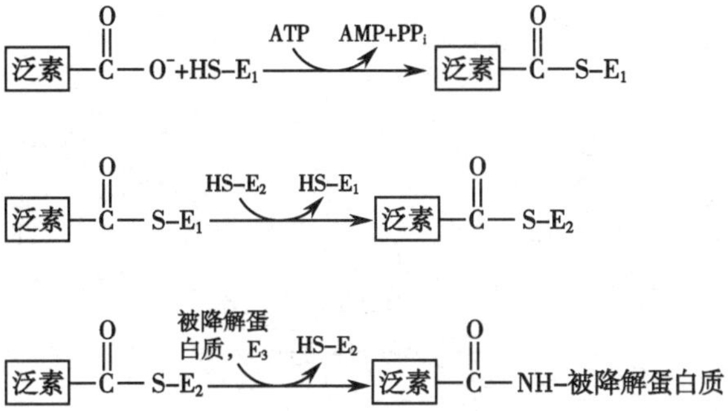

图 9-4　蛋白质泛素化的 3 步反应

蛋白酶体是存在于细胞核和胞质内的 ATP- 依赖性蛋白酶,由核心颗粒(core particle,CP)和调节颗粒(regulatory particle)组成。核心颗粒是由 2 个 α 环(每个环有 7 个 α 亚基)和 2 个 β 环(每个环有 7 个 β 亚基)组成的圆柱体,中心形成一个空腔。两个调节颗粒分别位于圆柱形核心颗粒的两端,形成空心圆柱两端的盖子。调节颗粒中的一些亚基可识别、结合待降解的泛素化蛋白,另一些亚基具有 ATP 酶活性。当泛素化的蛋白质与调节颗粒的泛素识别位点结合后,调节颗粒底部的 ATP 酶水解 ATP 获取能量,使蛋白质去折叠,并使去折叠的蛋白质转位进入核心颗粒的中心空腔。每个 β 环中的 $β_1$、$β_2$、$β_5$ 亚基具有蛋白酶活性,这三个 β 亚基具有不同的底物特异性,$β_1$ 亚基、$β_2$ 亚基、$β_5$ 亚基分别在酸性残基、碱性残基、疏水性残基之后裂解肽链。因此,这三个亚基可将蛋白质水解成约含 7~9 个氨基酸残基的肽,而胞质中的肽酶(peptidases)将这些肽进一步水解成氨基酸。调节颗粒能释放泛素,泛素并不被降解,因而可重复使用。

---

### 框 9-1  Ciechanover A 等对体内蛋白质降解研究的贡献

1978 年,以色列科学家 Ciechanover A 和 Hershko A 从网织红细胞裂解液中分离出两种组分:APF-I(active principle fraction I)和 APF-II。每一组分单独存在时都不具有活性,然而一旦将这两种组分混合,就会引发 ATP 依赖的蛋白质降解。1980 年 Ciechanover A、Hershko A 和美国科学家 Rose I 发表文章指出,APF-I 可以以共价键形式与提取物中的许多蛋白质牢固结合,而且一个靶蛋白能结合多个 APF-I 分子。在随后的研究中证明 APF-I 就是泛素。APF-II 可分成两个亚类即 APF-IIa 和 APF-IIb。APF-IIa 的主要成分是原来被命名的蛋白酶体,而 APF-IIb 含有催化泛素标记底物蛋白的三种酶,即泛素激活酶、泛素结合酶和泛素蛋白连接酶。这些研究揭示了泛素介导的蛋白质降解机制。泛素控制的蛋白质降解具有重要的生理意义,它不仅能够清除错误的蛋白质,而且对细胞生长周期、DNA 复制及染色体结构都有重要的调控作用。Ciechanover A、Hershko A 和 Rose I 因此被授予 2004 年诺贝尔化学奖。

---

## 三、营养非必需氨基酸可在体内通过不同途径合成

机体可通过不同的代谢途径合成营养非必需氨基酸,其中一些是由代谢中间物合成的,少数是由营养性必需氨基酸生成。

### (一)α- 酮戊二酸还原氨化生成谷氨酸

α- 酮戊二酸是柠檬酸循环的中间产物,也是体内合成谷氨酸的重要原料。谷氨酸脱氢酶可利用游离氨将 α- 酮戊二酸重新氨化生成谷氨酸。此反应不仅催化谷氨酸的生成,而且对其他氨基酸的合成也具有重要意义。通过转氨酶催化的转氨基(transamination)反应,谷氨酸的氨基可以转移到其他 α- 酮酸,生成相应的氨基酸和 α- 酮戊二酸,而 α- 酮戊二酸又可经氨化反应再形成谷氨酸(9-2)。

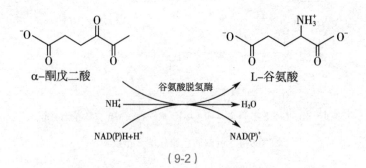

### （二）丙酮酸和草酰乙酸通过转氨基作用转变成丙氨酸和天冬氨酸

丙酮酸通过转氨基作用生成 L- 丙氨酸，草酰乙酸通过转氨基作用生成 L- 天冬氨酸（9-3）。二者均可从谷氨酸获取氨基，分别由谷 - 丙转氨酶和谷 - 草转氨酶催化（本章第三节）。

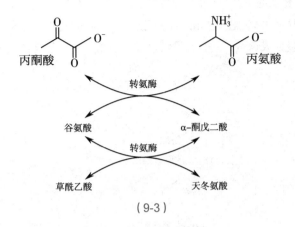

（9-3）

### （三）谷氨酰胺合成酶利用谷氨酸和游离氨合成谷氨酰胺

此反应与谷氨酸脱氢酶催化的反应都是利用游离氨合成氨基酸。谷氨酸脱氢酶（glutamate dehydrogenase）（催化谷氨酸 ⟷ α- 酮戊二酸反应）是将游离氨固定成为（氨基酸的）氨基（9-2），谷氨酰胺合成酶（glutamine synthetase）则是将游离氨转变成酰胺基团（9-4）。两个反应过程均消耗能量，谷氨酸脱氢酶反应需要消耗还原当量（$NAD^+$ 或 $NADP^+$），谷氨酰胺合成酶反应伴有 ATP 水解。

（9-4）

### （四）天冬氨酸在天冬酰胺合成酶催化下生成天冬酰胺

天冬酰胺酶可催化天冬氨酸生成天冬酰胺。细菌的天冬酰胺合成酶可利用游离氨合成天冬酰胺。但哺乳动物的天冬酰胺合成酶（asparagine synthetase）不是利用游离氨，而是从谷氨酰胺获取氨基（9-5），因此，在生成天冬酰胺的同时，将谷氨酸酰胺转变成谷氨酸。谷氨酸则通过谷氨酰胺合成酶的作用重新生成谷氨酰胺。

（9-5）

（五）利用甘油 -3- 磷酸可合成丝氨酸

糖酵解途径的中间产物甘油 -3- 磷酸可作为原料合成丝氨酸（9-6）。首先 α- 羟基被 NAD⁺
氧化成氧代基团，再经转氨基作用形成磷酸丝氨酸，然后经脱磷酸生成丝氨酸。

（六）甘氨酸在哺乳动物中有几条合成途径

肝细胞胞质中有甘氨酸转氨酶，能催化氨基从谷氨酸转移到乙醛酸，生成甘氨酸。此外，
还有两条重要的甘氨酸合成途径：一条由胆碱合成甘氨酸；另一条是丝氨酸在羟甲基转移酶的
催化下合成甘氨酸（9-7）。

（9-6）　　　　　　　　　　　　（9-7）

### （七）脯氨酸可从谷氨酸转变而成

脯氨酸可从谷氨酸生成。在脯氨酸的分解代谢过程中，脯氨酸通过 3 步反应转变成谷氨酸，然后继续分解代谢。而这 3 步反应都是可逆反应，因此，相应的酶亦可催化谷氨酸转变成脯氨酸（9-8）。

### （八）甲硫氨酸分解代谢过程中可产生半胱氨酸

甲硫氨酸（营养性必需氨基酸）分解代谢需要丝氨酸参与，在此过程中，通过巯基与羟基的交换将丝氨酸转变成半胱氨酸。

甲硫氨酸在甲基化反应中提供甲基（本章第五节），同时生成同型半胱氨酸。同型半胱氨酸可重新甲基化生成甲硫氨酸，也可进入分解代谢。在分解代谢过程中，同型半胱氨酸与丝氨酸发生巯基和羟基的交换，生成半胱氨酸和同型丝氨酸（9-9）。

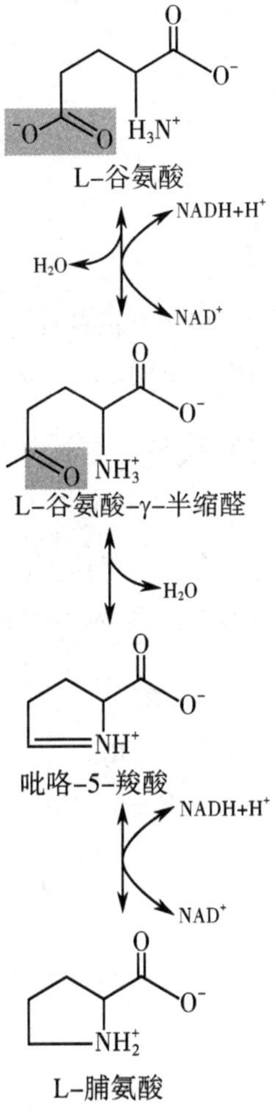

左图各物质（9-8）：
- L-谷氨酸
- （+$H_2O$，$NADH+H^+$，$NAD^+$）
- L-谷氨酸-γ-半缩醛
- （+$H_2O$）
- 吡咯-5-羧酸
- （+$NADH+H^+$，$NAD^+$）
- L-脯氨酸

（9-8）

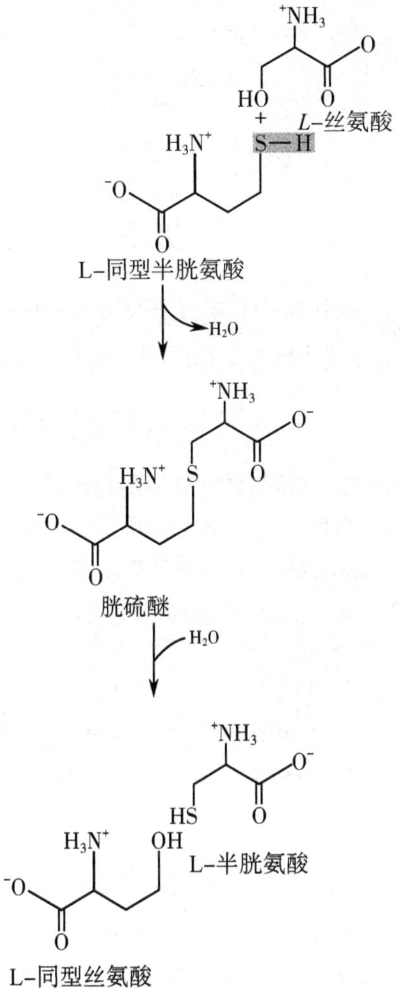

右图各物质（9-9）：
- L-丝氨酸
- L-同型半胱氨酸
- （+$H_2O$）
- 胱硫醚
- （+$H_2O$）
- L-半胱氨酸
- L-同型丝氨酸

（9-9）

### （九）苯丙氨酸在苯丙氨酸羟化酶的催化下形成酪氨酸

在体内，苯丙氨酸羟化酶（phenylalanine hydroxylase）催化苯丙氨酸转变为酪氨酸。此酶具有两种活性。酶活性 I 催化 $O_2$ 还原成 $H_2O$ 以及苯丙氨酸转变为酪氨酸，酶活性 II 催化 NADPH 将二氢生物蝶呤还原成四氢生物蝶呤（9-10）。苯丙氨酸羟化酶主要存在于肝等组织中，催化的反应不可逆，故酪氨酸不能转变为苯丙氨酸。苯丙氨酸是一种营养性必需氨基酸。当食物中有足够量的苯丙氨酸时，不需提供酪氨酸。反之，膳食中酪氨酸含量充足可以减少苯丙氨酸向酪氨酸的转变。

Notes

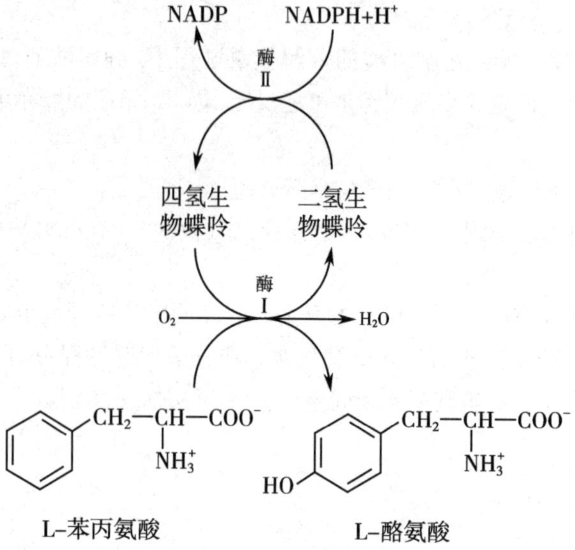

NADP
NADPH+H⁺
酶
Ⅱ
四氢生物蝶呤
二氢生物蝶呤
酶
Ⅰ
$O_2$
$H_2O$
$CH_2—CH—COO^-$
$NH_3^+$
HO
L-苯丙氨酸
L-酪氨酸

（9-10）

## 第三节 氨基酸氮的代谢

氨基酸氮的代谢实际上就是氨基或其中氮原子的去向。除了用于合成各种含氮化合物外（本章第五节），绝大部分氨基酸分子中的氮在氨基酸的分解代谢中以氨的形式被除去。

### 一、脱氨基是氨基酸分解代谢的起始反应

#### （一）待分解的氨基酸经转氨酶作用除去α-氨基

L-氨基酸分解代谢的第一步是经转氨酶（transaminase）催化转氨基作用移去α-氨基。转氨基作用（transamination）是指转氨酶将某一氨基酸的α-氨基转移至另一种α-酮酸的酮基上，生成相应的氨基酸，原来的氨基酸转变成α-酮酸（9-11）。

$R_1$
H—C—$NH_2$
COOH
+
$R_2$
C=O
COOH
转氨酶
$R_1$
C=O
COOH
+
$R_2$
H—C—$NH_2$
COOH

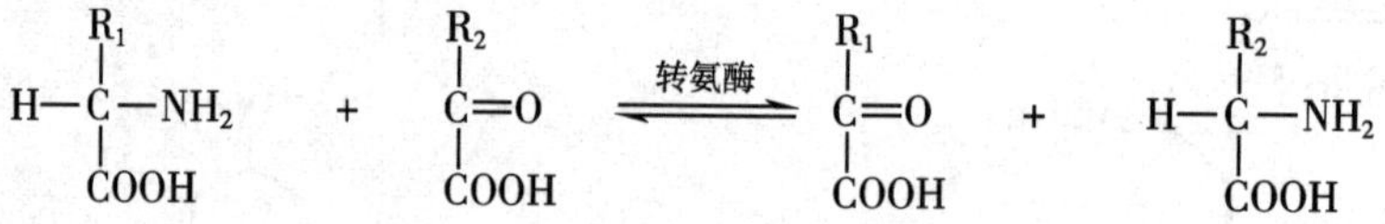

（9-11）

除赖氨酸、脯氨酸、羟脯氨酸外，大多数氨基酸都能通过转氨基作用脱去氨基。在转氨基作用中，α-氨基被转移到另一α-酮酸而使后者生成氨基酸，所以并未发生真正的脱氨基作用。转氨基反应是可逆反应，平衡常数大约等于1。转氨酶又称氨基转移酶（aminotransferase），催化转氨基作用，该酶催化的反应实际上是一种氨基酸的分解和另一种氨基酸的合成。转氨基作用并不只限于α-氨基。鸟氨酸的δ-氨基也能与α-酮戊二酸进行转氨基反应，生成谷氨酸和谷氨酸-γ-半醛（9-12）。

体内存在多种转氨酶，不同氨基酸与α-酮酸之间的转氨基作用只能由专一转氨酶催化，即每一种转氨酶识别一对特定的氨基酸与α-酮酸。体内有两类重要的转氨酶，一类是谷氨酸转氨酶，另一类是丙氨酸转氨酶。谷氨酸转氨酶是最重要的转氨酶，催化氨基从氨基酸转移至α-酮戊二酸生成谷氨酸（9-13）。

不同的谷氨酸转氨酶将氨基从不同的氨基酸转移至α-酮戊二酸，生成谷氨酸。谷氨酸则可在氨基酸生物合成过程中作为氨基供体或在氨基酸分解代谢途径完成脱氨基作用。在谷氨

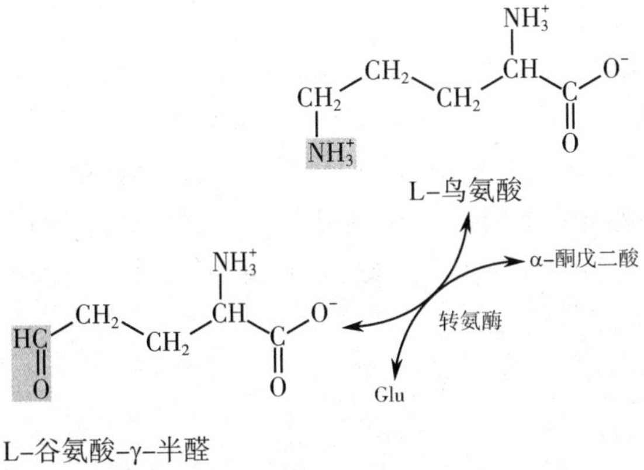

L–鸟氨酸
α–酮戊二酸
转氨酶
Glu
L–谷氨酸–γ–半醛

（9-12）

α–氨基酸
α–酮戊二酸
α–酮酸
谷氨酸

（9-13）

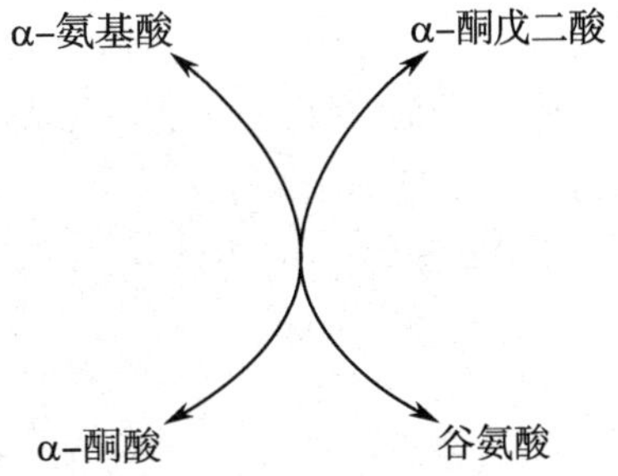

酸转氨酶中，临床上较为重视的是谷 - 丙转氨酶（glutamate-pyruvate transaminase，GPT 或 ALT）和谷 - 草转氨酶（glutamate-oxaloacetate transaminase，GOT 或 AST），这两种转氨酶在体内广泛存在，但各组织的含量不同（表 9-2）。正常情况下，这些转氨酶主要存在于细胞内。当某些原因使细胞膜通透性增高或细胞破坏时，转氨酶可大量释放入血，造成血清中转氨酶活性明显增高。例如，急性肝炎患者血清 ALT 活性明显增高；心肌梗死患者血清 AST 活性明显上升。临床上可作为疾病诊断和预后预测的参考指标。

表 9-2　正常成人各组织中 AST 及 ALT 活性（单位 / 克　湿组织）

| 组织 | AST | ALT | 组织 | AST | ALT |
|---|---|---|---|---|---|
| 心 | 156 000 | 7100 | 胰腺 | 28 000 | 2000 |
| 肝 | 142 000 | 44 000 | 脾 | 14 000 | 1200 |
| 骨骼肌 | 99 000 | 4800 | 肺 | 10 000 | 700 |
| 肾 | 91 000 | 19 000 | 血清 | 20 | 16 |

丙氨酸转氨酶在哺乳动物的组织内含量也很高，催化氨基从氨基酸转移至丙酮酸生成丙氨酸。丙氨酸也是谷氨酸转氨酶的底物，因此，进行转氨基作用的各种氨基酸的氨基氮最终都会集中到谷氨酸（9-14）。

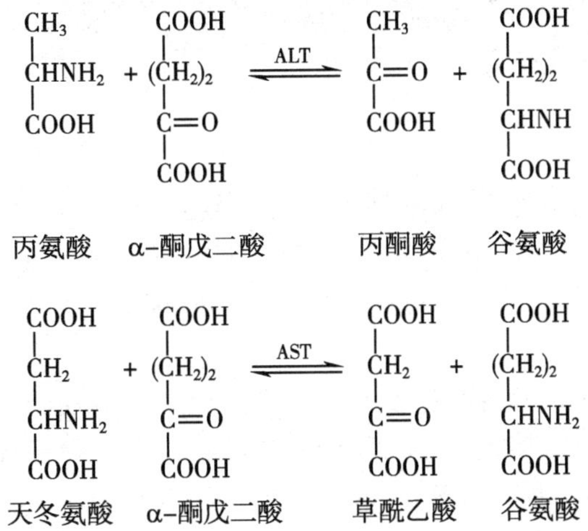

ALT
丙氨酸
α–酮戊二酸
丙酮酸
谷氨酸
AST
天冬氨酸
α–酮戊二酸
草酰乙酸
谷氨酸

（9-14）

### （二）所有转氨酶均有相同的辅基和相同的作用机制

酶促反应的特异性是由酶蛋白决定的，而反应类型则是由辅基决定的。各种转氨酶中的酶

Notes

蛋白特异性选择底物,而采用同一种辅酶催化转氨基反应。

　　转氨酶的辅酶是维生素 $B_6$ 的磷酸酯,即磷酸吡哆醛(pyridoxal phosphate),它结合于转氨酶活性中心的赖氨酸 ε- 氨基上。在转氨基过程中,磷酸吡哆醛是氨基的中间载体,先从氨基酸接受氨基,自身转变成磷酸吡哆胺,同时氨基酸则转变成 α- 酮酸;随后,氨基从磷酸吡哆胺转移至另一种 α- 酮酸,磷酸吡哆胺恢复成磷酸吡哆醛,而 α- 酮酸则生成相应的氨基酸。通过醛式(磷酸吡哆醛)和氨基化形式(磷酸吡哆胺)的可逆转变,磷酸吡哆醛在转氨酶催化的转氨基反应中起着传递氨基的作用(9-15)。

氨基酸　　　　　磷酸吡哆醛　　　　　　　　　　Schiff碱

α-酮酸　　　　　磷酸吡哆胺　　　　　　　　　Schiff碱异构体

（9-15）

### （三）联合脱氨基作用将氨基最终从氨基酸除去并产生氨

　　1. 谷氨酸脱氢酶催化 L- 谷氨酸脱去氨基而产生氨　　L- 谷氨酸是哺乳动物组织内唯一能以相当高的速率进行氧化脱氨反应的氨基酸。肝、肾、脑等组织中广泛存在着 L- 谷氨酸脱氢酶(glutamate dehydrogenase),此酶既能利用 $NAD^+$ 又能利用 $NADP^+$ 作为辅酶接受还原当量,催化谷氨酸进行氧化脱氨,生成 α- 酮戊二酸和氨(9-16)。

谷氨酸　　　　　　　　　　　　　　　　　　　　　　α-酮戊二酸

（9-16）

　　体内多种氨基酸都可以通过转氨基作用将氨基转移至 α- 酮戊二酸,形成谷氨酸,经谷氨酸的氧化脱氨作用,这些氨基酸中的 α- 氨基最终被转变成为氨。转氨基作用和谷氨酸氧化脱氨的结合被称为转氨脱氨作用(transdeamination),又称联合脱氨作用。大多数氨基酸都可经此途径脱去氨基。

　　谷氨酸脱氢酶催化的反应是可逆反应,谷氨酸和 $NH_3$ 的相对浓度可影响反应方向。一般情况下,反应偏向于谷氨酸的合成,而当谷氨酸浓度高而 $NH_3$ 浓度低时,则偏向于脱氨反应。另一方面,谷氨酸脱氢酶是一种变构酶,由 6 个相同的亚基组成。GTP 和 ATP 是此酶的变构抑制剂,而 GDP 和 ADP 是变构激活剂。体内能量不足时,谷氨酸脱氢酶被 GDP 和 ADP 激活,从而加速氨基酸脱氨基,使更多的氨基酸进入能量代谢。

　　2. 氨基酸可通过嘌呤核苷酸循环脱去氨基而产生氨　　依赖 L- 谷氨酸脱氨酶的联合脱氨基作用主要在肝、肾、脑组织中进行,而骨骼肌和心肌中 L- 谷氨酸脱氨酶活性很弱,氨基酸主要

Notes

通过嘌呤核苷酸循环（purine nucleotide cycle）脱去氨基。在此过程中，氨基酸首先通过连续的转氨基作用将氨基转移给草酰乙酸，生成天冬氨酸。天冬氨酸与次黄嘌呤核苷酸（IMP）反应生成腺苷酸代琥珀酸，后者经裂解释放出延胡索酸并生成腺苷一磷酸（AMP）。AMP 在腺苷酸脱氨酶的催化下，脱去氨基，最终完成氨基酸的脱氨基作用（图9-5）。嘌呤核苷酸循环实际上是另一种形式的联合脱氨基作用。

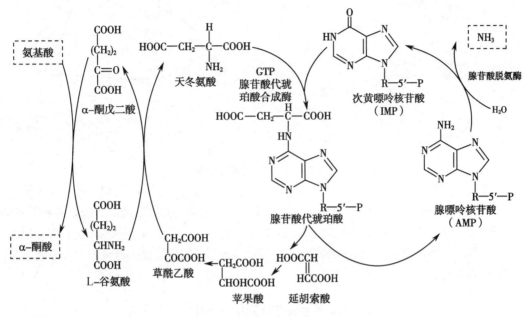

图9-5　嘌呤核苷酸循环

## 二、氨在血液中以丙氨酸及谷氨酰胺形式转运

通过联合脱氨基作用所产生的氨，有一小部分可通过谷氨酸脱氢酶催化的反应重新用于合成谷氨酸，并通过转氨基作用再用于其他营养非必需氨基酸的合成。而大部分氨则通过进一步代谢而排出体外。正常情况下，血氨水平在 47～65μmol/L。氨基酸脱氨基过程中所产生的氨，并不是以游离氨的形式进入血液，各组织中产生的氨是以无毒的方式经血液运输到肝合成尿素，或运至肾以铵盐的形式排出。氨主要以丙氨酸及谷氨酰胺两种形式经血液转运。

（一）丙氨酸-葡萄糖循环将氨从肌肉运输到肝

肌肉中氨基酸经转氨基作用将氨基转给丙酮酸生成丙氨酸；丙氨酸经血液运到肝。在肝中，丙氨酸通过联合脱氨基作用释放出氨和丙酮酸，前者用于合成尿素，后者经糖异生途径生成葡萄糖。葡萄糖由血液运到肌肉，沿糖酵解途径降解成丙酮酸，又能接受氨基生成丙氨酸。丙氨酸和葡萄糖反复地在肌和肝之间进行氨的转运，这一转运途径称为丙氨酸-葡萄糖循环（alanine-glucose cycle）（图9-6）。通过这个循环，将肌肉细胞内产生的氨以无毒的丙氨酸形式运输到肝，同时又为肌肉细胞提供生成丙酮酸所需的葡萄糖。

（二）谷氨酰胺是运输氨的重要分子

谷氨酰胺是机体利用谷氨酸和氨合成的营养非必需氨基酸，又是运输氨的重要分子。在脑和肌肉等组织，谷氨酰胺合成酶催化氨与谷氨酸合成谷氨酰胺，并由血液运送到肝或肾。再经谷氨酰胺酶（glutaminase）水解成谷氨酸和氨。

谷氨酰胺既是氨的解毒产物，又是氨的储存及运输形式。谷氨酰胺在脑中固定和转运氨的过程中起着重要作用，临床上氨中毒的患者可服用或输入谷氨酸盐，通过合成谷氨酰胺而降低游离氨的浓度。

Notes

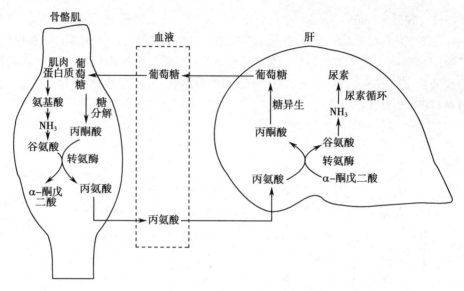

图 9-6　丙氨酸 - 葡萄糖循环

谷氨酰胺还可以提供酰胺基使天冬氨酸转变成天冬酰胺。正常细胞能合成足量的天冬酰胺供蛋白质合成的需要，但白血病细胞却不能或很少合成天冬酰胺，必须从血液中获取。因此，临床上应用天冬酰胺酶（asparaginase）将天冬酰胺水解成天冬氨酸，减少血液中的天冬酰胺，有助于白血病治疗。

## 三、肝合成尿素是机体排泄氨的主要方式

正常情况下，人体内的氨只有小部分在肾以铵盐的形式由尿排出，体内的氨主要在肝合成尿素（urea）。因此，尿素是人体氨基酸氮代谢的终产物。肝中合成释放入血、然后被肾脏清除的尿素占排泄氮的 80%～90%。

### （一）肝细胞通过鸟氨酸循环途径合成尿素

尿素并不是利用氨直接合成。在肝细胞中存在着一个专门合成尿素的循环反应过程，此循环从鸟氨酸开始，通过逐步加入基团而将其转变成精氨酸，然后将精氨酸水解成鸟氨酸和尿素，由此产生尿素，而鸟氨酸又用于下一个循环。因此，这一循环过程称为鸟氨酸循环（ornithine cycle），又称尿素循环（urea cycle），全过程包括 5 步反应。

1. $CO_2$、$NH_3$ 和 ATP 缩合形成氨基甲酰磷酸　转运到肝细胞内的氨首先被用于合成氨基甲酰磷酸（carbamoyl phosphate），合成反应由氨基甲酰磷酸合酶Ⅰ（carbamoyl phosphate synthase Ⅰ，CPS-Ⅰ）催化。此酶是一种肝线粒体酶，与谷氨酸脱氢酶协同作用，利用从谷氨酸脱去的氨合成氨基甲酰磷酸。氨基甲酰磷酸的形成需要 2 分子 ATP，碳酸氢盐和 ATP 反应生成羧基磷酸和 ADP，氨置换磷酸根，形成氨基甲酸和磷酸，然后，利用第 2 个 ATP 使氨基甲酸磷酸化，形成氨基甲酰磷酸（9-17）。

CPS-Ⅰ是尿素循环过程中的关键酶，催化不可逆反应。CPS-Ⅰ是一种变构酶，其变构激活剂是 N- 乙酰谷氨酸（N-acetyl glutamic acid，AGA）。AGA 与 CPS-Ⅰ结合后使其构象改变，增加合酶对 ATP 的亲和力。

人体组织中有两种类型的氨基甲酰磷酸合酶。氨基甲酰磷酸合酶Ⅰ参与尿素合成，氨基甲酰磷酸合酶Ⅱ是一种胞质酶，它是用谷氨酰胺而非氨作为氮的供体，催化嘧啶的生物合成（第十章）。

2. 氨基甲酰磷酸与鸟氨酸反应生成瓜氨酸　氨基甲酰磷酸是具有高的基团转移潜能的中间物。在第 2 步反应中，鸟氨酸氨基甲酰转移酶（ornithine carbamoyl transferase，OCT）将氨基

Notes

$$（9-17）$$

甲酰基团转移到鸟氨酸上,生成瓜氨酸和磷酸(9-18)。这个反应在线粒体的基质中进行,而随后的反应则是在胞质中进行。在线粒体内膜存在一种碱性氨基酸转运蛋白,此转运蛋白将瓜氨酸向线粒体外转运,同时将鸟氨酸向线粒体内转运,从而保证整合循环反应过程可以持续进行。

$$（9-18）$$

3. 瓜氨酸与天冬氨酸反应生成精氨酸代琥珀酸　瓜氨酸被转运到胞质后,在精氨酸代琥珀酸合成酶(argininosuccinate synthetase)的催化下,与天冬氨酸反应生成精氨酸代琥珀酸(argininosuccinate)(9-19)。通过这一反应,天冬氨酸为尿素合成提供第二个氨基。这个反应需要 ATP,并涉及瓜氨酰 -AMP 中间体的形成。随后,AMP 被天冬氨酸所取代,进一步形成精氨酸代琥珀酸。

$$（9-19）$$

4. 精氨酸代琥珀酸裂解成精氨酸和延胡索酸　精氨酸代琥珀酸的裂解是由精氨酸代琥珀酸裂解酶催化,裂解反应产生精氨酸和来自于天冬氨酸骨架的延胡索酸(9-20)。

延胡索酸通过加水而形成苹果酸,后者在依赖 -NAD$^+$ 的氧化反应中生成草酰乙酸,这与柠檬酸循环中延胡索酸转变成草酰乙酸的反应相同,但这两个反应是由胞质中的延胡索酸酶和苹果酸脱氢酶催化的。草酰乙酸通过转氨基作用从谷氨酸获得氨基,重新形成天冬氨酸。

Notes

5. **精氨酸裂解释放出尿素并再形成鸟氨酸**　在胞液中,精氨酸经精氨酸酶催化水解,生成尿素和鸟氨酸(9-21)。线粒体内膜上的载体通过双向转运,在将瓜氨酸从线粒体运出的同时,将鸟氨酸转运进入线粒体,进行下一轮循环反应。

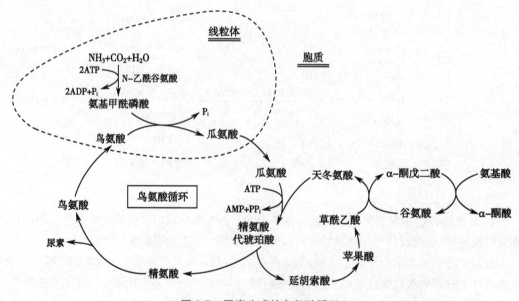

（9-20）　　　　　　　　　　　　　　　　　　　　　　　（9-21）

尿素作为代谢终产物排出体外,目前尚未发现它在体内有什么其他的生理功能。尿素合成的总反应为(9-22):

$$2HN_3 + CO_2 + 3ATP + 3H_2O \rightleftharpoons H_2N-CO-NH_2 + 2ADP + AMP + 4P_i$$

（9-22）

尿素合成的各反应步骤及其在细胞中的定位总结于图 9-7。从图中可见,尿素分子中 2 个氮原子的供给途径是不同的,1 个来自氨,另 1 个来自天冬氨酸。天冬氨酸脱去氨基后生成延胡索酸,而后者又通过转氨基作用获得由其他氨基酸转移来的氨基,重新生成天冬氨酸。因此,尿素分子中 2 个氮原子的提供形式虽然不同,但都是各种氨基酸分解代谢过程中所脱掉的氨基。此外,尿素合成是一个耗能过程。合成 1 分子尿素需要消耗 4 个高能磷酸键,因此,尿素合成过程不可逆。

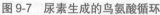

Notes

图 9-7　尿素生成的鸟氨酸循环

## 框 9-2 鸟氨酸循环的证实

20 世纪 40 年代，体内通过鸟氨酸循环合成尿素的方式通过核素示踪方法得到了证实。重要的实验证据主要来自四个方面的实验结果：①以含 $^{15}N$ 的铵盐饲养大鼠，食入的 $^{15}N$ 大部分以 $^{15}N$ 尿素随尿排出。用含 $^{15}N$ 的氨基酸饲养大鼠亦得相同结果。这说明氨基酸的最终代谢产物是尿素，氨是氨基酸转变成尿素的中间物之一；②用含 $^{15}N$ 的氨基酸饲养大鼠，自肝提取的精氨酸含 $^{15}N$。再用提取的精氨酸与精氨酸酶一起保温，生成的尿素分子中，其两个氮原子都含 $^{15}N$，但鸟氨酸不含 $^{15}N$；③用第 3、4 及 5 位上含有重氢的鸟氨酸饲养小白鼠，自肝提取的精氨酸亦含有重氢。核素分布的位置和量都与鸟氨酸相同；④用 $H^{14}CO_3^-$ 盐和鸟氨酸与大鼠肝匀浆一起保温，生成的尿素和瓜氨酸的 $>C=O$ 基都含 $^{14}C$，且量相等。这些实验结果证明了尿素是通过鸟氨酸循环途径合成。

### （二）尿素合成受食物蛋白质和两个关键酶活性的调节

**1. 食物蛋白的摄入量影响尿素的合成** 通过食物蛋白获取的氨基酸，可改变体内氨基酸代谢库中游离氨基酸的量。如果超过体内合成蛋白质的需要，代谢库中的过量氨基酸就会进入分解代谢，产生氨。因此，高蛋白质膳食增加体内氨基酸的量，体内分解代谢的氨基酸多，因而增加尿素合成，尿素可占排出氮的 90%；反之，低蛋白质膳食不会增加体内游离氨基酸的量，因而尿素合成较少。

**2. N- 乙酰谷氨酸激活氨基甲酰磷酸合酶 I 启动尿素合成** 氨基甲酰磷酸合酶 I 是尿素循环启动的关键酶，此酶是由 N- 乙酰谷氨酸激活。N- 乙酰谷氨酸是以谷氨酸和乙酰 CoA 为底物，由 N- 乙酰谷氨酸合酶催化合成。体内氨基酸分解代谢增加时，大量的谷氨酰胺作为氨的运输载体被转运到肝细胞内，并在肝细胞内水解产生谷氨酸和氨。因此，在释放氨的同时也导致细胞内的谷氨酸水平升高。谷氨酸和乙酰 CoA 是 N- 乙酰谷氨酸合酶的激活剂，谷氨酸增多导致 N- 乙酰谷氨酸合酶激活，合成 N- 乙酰谷氨酸，进而激活氨基甲酰磷酸合酶 I，启动鸟氨酸循环，合成尿素。

**3. 精氨酸代琥珀酸合成酶活性影响尿素合成** 参与尿素合成的酶系中的每一种酶的相对活性相差很大，其中精氨酸代琥珀酸合成酶的活性最低，是尿素合成启动以后的关键酶，增加或降低精氨酸代琥珀酸合成酶的活性，可调节尿素的合成速度。

### （三）尿素合成障碍引起高氨血症和氨中毒

**1. 血液中的氨有 3 个主要来源**

（1）氨基酸脱氨基作用和胺类分解可产生氨：氨基酸脱氨基作用产生的氨是体内氨的主要来源。一些胺类物质也可在胺氧化酶的作用下生成醛类物质并释放氨。这些氨主要以谷氨酰胺和丙氨酸的形式在血液中运输，正常情况下不会增加血液中游离氨的浓度，但如果产生过多，也可能引起血氨升高。

（2）肠道细菌腐败作用产生的氨被吸收入血：蛋白质在肠道细菌作用下进行腐败作用产生氨和胺。另一方面，血液中尿素渗入肠道，可被细菌尿素酶水解，也产生氨。肠道产氨量较多，每天约 4g。肠内腐败作用增强时，氨的产生量增多。肠道内产生的氨主要在结肠吸收入血，是血氨的主要来源之一。由肠道吸收的氨运输至肝所合成的尿素相当于正常人每天排出尿素总量的 1/4。$NH_3$ 比 $NH_4^+$ 易于穿过细胞膜而被吸收，在碱性环境中 $NH_4^+$ 偏向于转变成 $NH_3$。因此肠道偏碱时，氨的吸收增强。临床上对高血氨患者采用弱酸性透析液作结肠透析，而禁止用碱性的肥皂水灌肠，就是为了减少氨的吸收。

（3）经肾排泄的氨可被重新吸收入血：肾小管上皮细胞分泌的氨主要来自谷氨酰胺。谷氨酰胺被运输到肾，在谷氨酰胺酶的催化下水解成谷氨酸和 $NH_3$。正常情况下，谷氨酸被肾小管

Notes

上皮细胞重吸收而进一步利用，氨则分泌到肾小管管腔中与尿中的 $H^+$ 结合成 $NH_4^+$，以铵盐的形式由尿排出体外，这对调节机体的酸碱平衡起着重要作用。酸性尿有利于肾小管细胞中的氨扩散入尿，但碱性尿则妨碍肾小管细胞中的 $NH_3$ 的分泌，氨被吸收入血，成为血氨的另一个来源。

2. 尿素合成障碍可导致高血氨症    肠道细菌产生的氨被吸收入门静脉血，使门脉血中氨的水平高于全身血。健康的肝能迅速地将氨从门脉血中移走。由肾重吸收入血的氨，也会被肝通过合成尿素而除去。正常生理情况下，血氨的来源和去路保持动态平衡，血氨浓度处于较低的水平。氨在肝中合成尿素是维持这种平衡的关键。如果门脉血经旁路绕过肝，或肝功能受损，不能将氨基酸脱下的氨转变成尿素时，可导致血氨浓度升高，称为高氨血症（hyperammonemia）。

除肝功能受损外，鸟氨酸循环中的任何一个合成酶遗传缺陷均可引起高氨血症。遗传性缺陷可分为下列 5 型：① 1 型血氨过多症，因氨基甲酰磷酸合酶 I 缺陷引起。② 2 型血氨过多症，这是一种 X 连锁缺陷病，因鸟氨酸氨基甲酰转移酶缺失所致。③瓜氨酸血症，这是一种罕见的失调，可能属于隐性遗传。一类患者精氨酸代琥珀酸合成酶活性缺失；另一类患者精氨酸代琥珀酸合成酶活性极低，$K_m$ 值是正常人的 25 倍。④精氨酸代琥珀酸尿症，是一种罕见的隐性遗传病，以血、脑脊液和尿液中的精氨酸代琥珀酸的水平升高为主要特征；有精氨酸代琥珀酸裂解酶缺失。⑤高精氨酸血症，这种尿素合成缺陷者的精氨酸酶水平降低。

3. 血氨浓度过高可导致氨中毒    当肝功能严重损伤时，全身血液中的氨可以上升到中毒的水平（超过 $70\mu mol/L$）。氨对中枢神经系统有剧毒。氨中毒的症状包括震颤、谵语、视力模糊，严重病例则出现昏迷和死亡。高血氨毒性的作用机制尚不完全清楚。一般认为至少有 3 种机制可能影响脑的功能：①高血氨可减少脑内 α- 酮戊二酸，导致能量代谢障碍。正常情况下，氨进入脑组织后可与脑中的 α- 酮戊二酸结合生成谷氨酸，谷氨酸进一步结合氨，生成谷氨酰胺，从而将氨安全地转运出脑。高血氨时，脑中氨的增加可使脑细胞中的 α- 酮戊二酸大量减少，导致柠檬酸循环减弱、ATP 生成减少，引起大脑功能障碍。②脑星状细胞内谷氨酰胺增多，可导致水分渗入细胞，引起脑水肿。③谷氨酸以及由谷氨酸产生的 γ- 氨基丁酸都是重要的信号分子。过多谷氨酸用于合成谷氨酰胺，可导致脑内谷氨酸和 γ- 氨基丁酸减少，影响脑的功能。

# 第四节    氨基酸碳链骨架的代谢

氨基酸脱氨基后所生成的 α- 酮酸（α-keto acid）如何进一步代谢，取决于机体所处的状态，或者是氨基酸脱氨基时所处的微环境以及是否与其他代谢途径相偶联。一般来说，氨基酸的碳链骨架（α- 酮酸）可通过三条途径进一步代谢。

## 一、某些 α- 酮酸可直接氨基化而重新形成氨基酸

在机体内的许多生理活动中需要将氨基酸脱去氨基，但氨基酸经脱氨基作用生成的 α- 酮酸并不一定进入分解代谢，而是重新氨基化，形成原来的氨基酸，或经过一个循环反应过程后，重新形成原来的氨基酸。例如，运输氨的丙氨酸 - 葡萄糖循环过程中由丙氨酸脱氨基产生丙酮酸，经过一系列反应后，最终仍以丙酮酸重新产生丙氨酸；在嘌呤核苷酸循环中，谷氨酸和 α- 酮戊二酸通过转氨基作用互变；将胞质 NADH 运输进入线粒体的苹果酸 - 天冬氨酸穿梭过程中，谷氨酸和 α- 酮戊二酸相互转变，以及天冬氨酸经转氨基作用产生草酰乙酸，而最终又从草酰乙酸重新生成天冬氨酸；等。这些氨基酸脱氨基形成 α- 酮酸，并不进入分解代谢，而是重复产生原有的氨基酸，以完成特定的代谢活动。

Notes

## 二、氨基酸脱氨基后的碳链骨架可转变成糖或酮体

氨基酸分解代谢的主要功能之一是补充体内的葡萄糖。在饥饿状态下，机体为补充血液中的葡萄糖，通过分解组织蛋白质而释放出氨基酸，脱氨基后产生的碳链骨架通过进一步分解，产生丙酮酸或柠檬酸循环的中间物，进而通过糖异生途径合成葡萄糖。部分氨基酸在分解时可产生乙酰乙酸（即酮体），或产生乙酰 CoA，而乙酰 CoA 在饥饿状态下可由肝细胞用于合成乙酰乙酸。

各种氨基酸脱氨后产生的 α- 酮酸结构差异很大，其代谢途径也不尽相同。但在分解代谢过程中，不同的氨基酸可以产生相同中间代谢产物（图 9-8）。例如，有 6 种氨基酸可以产生丙酮酸，3 种氨基酸可以产生琥珀酰 CoA，5 种氨基酸可以产生 α- 酮戊二酸，5 种氨基酸可以产生乙酰乙酸。

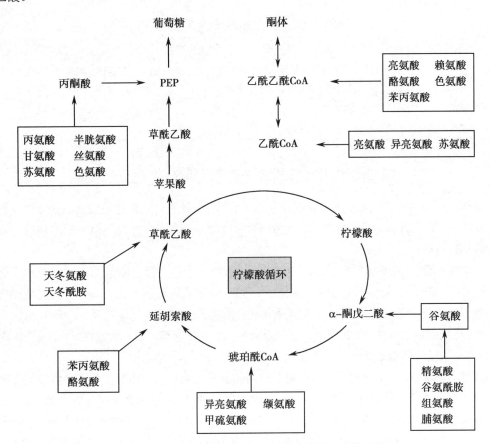

图 9-8　氨基酸分解代谢产生用于合成葡萄糖和酮体的材料

利用氨基酸分解代谢产生能用于合成葡萄糖的中间产物，并非都是通过简单的反应而产生。有些氨基酸可以通过简单的反应即可生成合适的中间产物，但许多氨基酸都需要经过较为复杂的反应才能产生合适的中间产物。如甘氨酸是通过羟甲基转移酶（hydroxymethyl-transferase）催化的反应转变成丝氨酸，进而代谢产生丙酮酸。脯氨酸、精氨酸、组氨酸需要经过 3 步或 5 步反应转变成为谷氨酸，进而脱氨基生成 α- 酮戊二酸。

支链氨基酸（缬氨酸、亮氨酸及异亮氨酸）的分解代谢相似，都可分为 3 个阶段：①通过转氨基作用脱去氨基，分别转变为相应的支链 α- 酮酸。②线粒体的支链 α- 酮酸脱氢酶，催化由亮氨酸、异亮氨酸和缬氨酸演变而来的 α- 酮酸氧化脱羧。这种脱氢酶的结构和调节与丙酮酸脱氢酶极其相似，其亚单位均为 α- 酮酸脱羧酶、转酰基酶和二氢硫辛酰脱氢酶。α- 酮酸经氧化脱羧基作用，并有 CoA 参加，生成脂酰 CoA。③脂酰 CoA 经进一步氧化，缬氨酸代谢产生琥珀酰

CoA；亮氨酸产生乙酰乙酸和乙酰 CoA；异亮氨酸产生乙酰 CoA 和琥珀酰 CoA。

酪氨酸在酪氨酸转氨酶催化下，经转氨基而生成对羟苯丙氨酸，后者经过尿黑酸等中间产物进一步转变成乙酰乙酸和延胡索酸。而色氨酸分解最后可产生乙酰乙酰 CoA 及丙酮酸。

经过分解反应后，每种氨基酸的全部或部分碳链骨架可转换为（葡萄）糖（13 种氨基酸）、酮体（2 种氨基酸）或糖 / 酮体（5 种氨基酸）（表 9-3）。能够分解产生乙酰 CoA 和乙酰乙酸的氨基酸即为生酮氨基酸（ketogenic amino acid）。丙酮酸和柠檬酸循环的中间产物均可转变成磷酸烯醇式丙酮酸，进而循糖异生途径转变成葡萄糖，因此，能产生丙酮酸和柠檬酸循环中间物的氨基酸即为生糖氨基酸（glucogenic amino acid）。而有些氨基酸分解后可产生两个产物分子，分别转变成葡萄糖和酮体，因而属于生糖兼生酮氨基酸（glucogenic and ketogenic amino acid）。20 种氨基酸进入分解代谢后，其中 18 种可作为糖异生的原料用于合成葡萄糖。因此，氨基酸是机体在饥饿状态下合成葡萄糖的主要原料。

表 9-3　氨基酸生糖及生酮性质的分类

| 类别 | 氨基酸 |
| --- | --- |
| 生糖氨基酸 | 甘氨酸、丝氨酸、缬氨酸、组氨酸、精氨酸、半胱氨酸、脯氨酸、丙氨酸、谷氨酸、谷氨酰胺、天冬氨酸、天冬酰胺、甲硫氨酸 |
| 生酮氨基酸 | 亮氨酸、赖氨酸 |
| 生糖兼生酮氨基酸 | 异亮氨酸、苯丙氨酸、酪氨酸、苏氨酸、色氨酸 |

### 三、氨基酸脱氨基后的碳链骨架可彻底氧化分解供能

机体内是不能贮存氨基酸的。在满足蛋白质合成、糖异生以及转化生成其他含氮化合物需要的基础上，多余的氨基酸经脱氨基产生 α- 酮酸，彻底氧化生成 $CO_2$ 和 $H_2O$，同时释放能量供生理活动的需要。

如图 9-8 所示，氨基酸分解代谢的中间产物主要有 3 类：一是丙酮酸，可进入线粒体氧化产生乙酰 CoA，进入柠檬酸循环而彻底氧化；二是酮体，可直接分解产生乙酰 CoA；三是柠檬酸循环的中间产物。第三类产物氧化分解具有共同的途径——通过柠檬酸循环中的反应转变成苹果酸，运输到线粒体外，在胞质内经几步反应依次转变成草酰乙酸、磷酸烯醇式丙酮酸、丙酮酸，然后进入线粒体彻底氧化。

通过上述反应，氨基酸氧化降解产生机体所需要的能量。机体由氨基酸产生能量的比例取决于生物的种类和机体的代谢状态。食肉动物进食后，90% 的能量来自氨基酸氧化，而素食动物只有很小部分能量来自氨基酸。一般在下列 3 种代谢情况下，氨基酸才氧化降解：①细胞蛋白质进行正常合成和降解时，蛋白质合成不以蛋白质降解释放出的某些氨基酸为合成原料，这些氨基酸会进行氧化分解；②食物富含蛋白质，消化产生的氨基酸超过了蛋白质合成的需要，过量的氨基酸在体内被氧化降解；③机体处于饥饿状态或未控制的糖尿病状态时，机体不能利用或不能合适地利用糖作为能源，细胞的蛋白质被用做重要的能源。

## 第五节　氨基酸代谢转换产生的特殊产物

机体内许多重要的生理过程中所需要的含氮化合物可通过氨基酸代谢转换而产生，此外，通过氨基酸的分解代谢还可以产生一些特殊的化学基团，作为化学修饰反应中的修饰基团，或生物合成反应中所需要的结构成分。这些物质或结构成分并不是氨基酸分解代谢的副产品，而是机体依据生理功能的需要、以氨基酸为原料产生这些特殊的含氮化合物或结构成分。这是氨基酸在体内除蛋白质合成和能量代谢之外的另一重要生物学意义。

Notes

## 一、机体利用某些氨基酸产生具有生物活性的胺类化合物

### （一）脱羧基反应将氨基酸转变成胺类物质

氨基酸的分解代谢通常始于脱氨基反应。然而，当机体利用氨基酸代谢转换而产生其他含氮化合物时，则以脱羧基反应作为第一步反应（9-23）。催化脱羧基反应的酶称为脱羧酶（decarboxylase），氨基酸脱羧酶的辅酶也是磷酸吡哆醛。

$$
\underset{\text{氨基酸}}{\text{HOOC}-\overset{R}{\underset{}{\text{CH}}}-\text{NH}_2} \underset{\text{脱羧酶}}{\overset{-\text{CO}_2}{\rightleftharpoons}} \underset{\text{胺}}{\text{R}-\text{CH}_2-\text{NH}_2} \underset{\text{单胺氧化酶}}{\overset{O_2\ H_2O \quad H_2O_2\ NH_3}{\longrightarrow}} \underset{\text{醛}}{\text{RCHO}} \overset{+1/2O_2}{\rightleftharpoons} \underset{\text{羧酸}}{\text{RCOOH}}
$$

（9-23）

氨基酸通过脱羧基作用（decarboxylation）可产生相应的胺类。其中一些胺类本身就是重要的生物活性物质，另一些胺类则通过进一步转变而产生生物活性物质。在参与特定的生理反应之后，胺类物质可通过生物转化作用而被分解（第十一章）。在需要时则重新从氨基酸产生。体内广泛存在胺氧化酶（amine oxidase），将胺氧化成相应的醛、氨和 $H_2O_2$，此酶属于黄素蛋白。醛类还可以继续氧化成羧酸，羧酸再氧化成 $CO_2$ 和水或随尿排出，从而避免胺类的蓄积。

### （二）氨基酸脱羧基可产生重要的生物活性物质

**1. 谷氨酸脱羧基生成 γ- 氨基丁酸**　γ- 氨基丁酸（γ-aminobutyric acid，GABA）在脑中的浓度很高，其作用是抑制突触传递。当需要 GABA 时，谷氨酸脱羧酶催化谷氨酸脱羧基生成 GABA（9-24）。此酶在脑及肾组织中活性很高。

γ- 氨基丁酸可与 α- 酮戊二酸进行转氨基作用，生成琥珀酸半醛，后者在氧化成琥珀酸进入柠檬酸循环而被代谢。

$$
\underset{\text{L-谷氨酸}}{\overset{\text{COOH}}{\underset{\text{COOH}}{\overset{|}{\underset{|}{\overset{(\text{CH}_2)_2}{\underset{\text{CHNH}_2}{|}}}}}}} \underset{\overset{\longrightarrow}{\text{CO}_2}}{\overset{\text{L-谷氨酸脱羧酶}}{\longrightarrow}} \underset{\text{γ-氨基丁酸}}{\overset{\text{COOH}}{\underset{\text{CH}_2\text{NH}_2}{\overset{|}{\underset{|}{\overset{(\text{CH}_2)_2}{|}}}}}}
$$

（9-24）

**2. 组氨酸脱羧基生成组胺**　肥大细胞及嗜碱性细胞在过敏反应、炎症性病变部位以及创伤等情况下产生组胺（histamine）。组胺是一种强烈的血管扩张剂，能增加毛细血管的通透性。

组胺是通过组氨酸脱羧酶催化组氨酸脱羧基而生成（9-25），在体内广泛分布，乳腺、肺、肝、肌及胃黏膜中含量较高，主要存在于肥大细胞中。组胺可经氧化或甲基化而灭活。

$$
\underset{\text{组氨酸}}{\text{HN}\diagdown\text{N}-\text{CH}_2-\overset{\text{NH}_2}{\underset{}{\text{CH}}}-\text{COOH}} \underset{\overset{\longrightarrow}{\text{CO}_2}}{\overset{\text{组氨酸脱羧酶}}{\longrightarrow}} \underset{\text{组胺}}{\text{HN}\diagdown\text{N}-\text{CH}_2-\text{CH}_2-\text{NH}_2}
$$

（9-25）

**3. 色氨酸经 5- 羟色氨酸生成 5- 羟色胺**　5- 羟色胺（5-hydroxytryptamine，5-HT 或称血清素，serotonin）是一种神经递质，在脑的视丘下部、大脑皮层以及神经细胞的突触小泡内含量很高，具有抑制作用，直接影响神经传导。5- 羟色胺还存在于胃肠、血小板、乳腺细胞中，具有强

烈的血管收缩作用。

**5- 羟色胺是由色氨酸转变而成**　色氨酸首先通过色氨酸羟化酶的作用生成 5- 羟色氨酸（5-hydroxytryptophan），然后再由 5- 羟色氨酸脱羧酶的作用脱去羧基，生成 5- 羟色胺（9-26）。5- 羟色胺经单胺氧化酶的催化作用，生成 5- 羟色醛，进一步氧化生成 5- 羟吲哚乙酸等随尿排泄。

（9-26）

**4. 利用精氨酸和甲硫氨酸可合成多胺类物质**　体内一些多胺（polyamine）类物质具有重要的生物学功能。如精脒（spermidine）及精胺（spermine）是调节细胞生长的重要物质。凡属生长旺盛的组织，如胚胎、再生肝、肿瘤组织或给予生长素后的细胞等，多胺都有所增加。多胺促进细胞增殖的作用可能与其稳定细胞结构、与核酸分子结合、促进核酸及蛋白质的生物合成有关。

精脒和精胺是以精氨酸和甲硫氨酸为原料进行合成的。精氨酸由精氨酸酶水解产生鸟氨酸，后者经鸟氨酸脱羧酶催化脱羧基生成腐胺（putrescine）。腐胺和由甲硫氨酸产生的脱羧基 S- 腺苷甲硫氨酸作为原料，由丙胺转移酶催化产生精脒和精胺（9-27）。鸟氨酸脱羧酶（ornithine decarboxylase）是多胺合成的关键酶。在活跃增殖的细胞中，鸟氨酸脱羧酶的活性较高，多胺含量增加。

$$L-鸟氨酸 \xrightarrow[-CO_2]{鸟氨酸脱羧酶} H_2N-(CH_2)_4-NH_2（腐胺）$$

$$S-腺苷甲硫氨酸（SAM）\xrightarrow[-CO_2]{SAM脱羧酶} 腺苷-S-(CH_2)_3-NH_2（脱羧基SAM）$$

$$腐胺+脱羧基SAM \xrightarrow[-腺苷-S-CH_3]{丙胺转移酶} H_2N-(CH_2)_4-NH-(CH_2)_3-NH_2（精脒）$$

$$精脒+脱羧基SAM \xrightarrow[-腺苷-S-CH_3]{丙胺转移酶} H_2N-(CH_2)_3-NH-(CH_2)_4-NH-(CH_2)_3-NH_2（精胺）$$

（9-27）

在体内，小部分多胺氧化为 $NH_3$ 及 $CO_2$，大部分多胺与乙酰基结合随尿排出。目前临床上试用测定患者血或尿中多胺的水平来作为肿瘤辅助诊断及病情变化的生化指标之一。

## 二、通过分解氨基酸可获得一碳单位

### （一）一碳单位是由四氢叶酸转运的分子结构成分

**1. 一碳单位包括多种含一个碳原子的基团**　一碳单位（one-carbon unit）是指某些氨基酸在分解代谢中产生的含有一个碳原子的基团，包括甲基（—$CH_3$）、甲烯基（=$CH_2$）、甲炔基（—CH=）、甲酰基（O=CH—）和亚氨甲基（HN=CH—）。一碳单位是体内合成核苷酸的重要材料。

Notes

2. 一碳单位主要由四氢叶酸转运 一碳单位不能游离存在。四氢叶酸（tetrahydrofolic acid，$FH_4$）是一碳单位的运载体。机体从食物中获得叶酸，经叶酸还原酶催化还原生成二氢叶酸，再由二氢叶酸还原酶催化还原而生成四氢叶酸。四氢叶酸既是一碳单位的运载体，也是一碳单位代谢的辅酶。一碳单位通过四氢叶酸转运而参与代谢。

### （二）一碳单位主要经氨基酸分解而获得

1. 一碳单位从几种氨基酸分解过程中产生 一碳单位主要来自甘氨酸、丝氨酸、组氨酸和色氨酸的分解代谢。与氨基酸的一般分解代谢过程不同，当体内需要一碳单位时，通过一些特殊的酶（如转移酶、裂解酶、合成酶等）从上述氨基酸的分解过程中获取一碳单位，并将一碳单位转移到四氢叶酸，使其结合在 $FH_4$ 的 $N^5$、$N^{10}$ 位。$FH_4$ 的 $N^5$ 携带甲基和亚氨甲基，$N^5$ 和 $N^{10}$ 结合甲烯基与甲炔基，$N^5$ 或 $N^{10}$ 结合甲酰基。有 4 种氨基酸可通过代谢产生一碳单位：甲烯基由丝氨酸和甘氨酸生成（9-28）；组氨酸代谢可产生亚氨甲基和甲炔基（9-29）；甲酰基由色氨酸代谢生成，色氨酸经色氨酸加氧酶（tryptophan oxygenase）催化开环、生成一碳单位——甲酰基（9-30）。

$$HO-CH_2-\underset{\underset{NH_2}{|}}{CH}-COOH + FH_4 \xrightarrow{\text{羟甲基转移酶}} N^5,N^{10}-CH_2-FH_4 + H_2N-CH_2-COOH$$

丝氨酸      $N^5,N^{10}$-甲烯四氢叶酸      甘氨酸

$$H_2N-CH_2-COOH + FH_4 + NAD^+ \xrightarrow{\text{甘氨酸裂解酶系}} N^5,N^{10}-CH_2-FH_4 + (NADH, H^+) + NH_3 + CO_2$$

甘氨酸      $N^5,N^{10}$-甲烯四氢叶酸

（9-28）

组氨酸 → 亚氨甲基谷氨酸 → 谷氨酸

$$N^5,N^{10}\text{-甲炔四氢叶酸} \xleftarrow{-NH_3} N^5\text{-亚氨甲基四氢叶酸}$$

（9-29）

色氨酸 → 犬尿氨酸 → $HCOOH \xrightarrow{FH_4, ATP} N^{10}-CHO-FH_4$

（9-30）

2. 四氢叶酸携带的一碳单位可以相互转变 从上面的反应中可以看到，从几种氨基酸的分解代谢过程中并不能直接获得全部的一碳单位。但四氢叶酸所携带的一碳单位可在酶的作用下改变其氧化状态，因而可以通过氧化还原反应而进行转换，从而依据机体的需要产生适当的一碳单位。在不同一碳单位的相互转换中（图 9-9），只有甲基例外。由甲烯基还原生成甲基的反应是不可逆的，其他一碳单位的相互转换都是可逆反应。

Notes

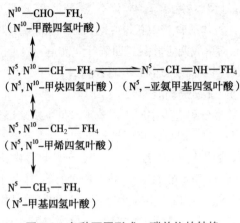

图 9-9　各种不同形式一碳单位的转换

# 三、含硫氨基酸可产生重要的化学修饰基团

## （一）甲硫氨酸是甲基转移的中间载体

1. S- 腺苷甲硫氨酸是甲基的直接供体　甲硫氨酸分子中含有 S- 甲基,可在腺苷转移酶（adenosyl transferase）的催化下与 ATP 反应,生成 S- 腺苷甲硫氨酸（S-adenosyl methionine, SAM）,这种与有机四价硫化物结合的甲基是高度活化的,称为活性甲基,SAM 是体内甲基最重要的直接供体。S- 腺苷甲硫氨酸在甲基转移酶（methyltransferase）催化下,将甲基转移至其他物质使其甲基化。甲基化反应是体内非常重要的反应,可修饰 DNA 的结构而控制基因表达,修饰非营养物质而使之失活,还可在合成反应中通过加甲基而生成胆碱、肌酸、肉碱以及肾上腺素等生物活性物质。

2. 甲硫氨酸转甲基后可通过甲硫氨酸循环再生　在甲基化反应中,SAM 去甲基后生成 S-腺苷同型半胱氨酸,后者再脱去腺苷生成同型半胱氨酸（homocysteine）。$N^5$-$CH_3$-$FH_4$ 转甲基酶（即甲硫氨酸合成酶）将四氢叶酸所携带的甲基转移到同型半胱氨酸,重新生成甲硫氨酸,形成一个循环,称为甲硫氨酸循环（methionine cycle）（图 9-10）。此循环的意义是通过 SAM 提供甲基以进行体内甲基化反应,而 $N^5$-$CH_3$-$FH_4$ 为同型半胱氨酸提供甲基再生成甲硫氨酸,以进行体内广泛存在的甲基化反应。

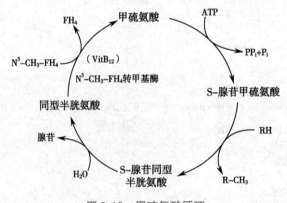

图 9-10　甲硫氨酸循环

在甲硫氨酸循环反应中,虽然同型半胱氨酸接受甲基后可生成甲硫氨酸,但体内不能合成同型半胱氨酸,它只能由甲硫氨酸转变生成,故甲硫氨酸不能在体内合成,必须由食物供给。

在甲硫氨酸循环中,维生素 $B_{12}$ 是合成甲硫氨酸的 $N^5$-$CH_3$-$FH_4$ 转甲基酶的辅酶。维生素 $B_{12}$ 缺乏时,$N^5$-$CH_3$-$FH_4$ 上的甲基不能转移给同型半胱氨酸。这不仅影响甲硫氨酸的合成,同时也

Notes

妨碍四氢叶酸的再利用。如果大部分四氢叶酸被甲基占据，导致其他一碳单位减少，就会影响核苷酸的合成，进而影响 DNA 的合成，影响到细胞的分裂。患者出现巨幼红细胞性贫血。

（二）半胱氨酸代谢产生修饰基团

1. **半胱氨酸可生成牛磺酸** 牛磺酸（taurine）是结合胆汁酸的组成成分之一。脑组织中含有较多牛磺酸，生理作用尚不清楚，可能与脑的发育有关。体内的牛磺酸是由半胱氨酸代谢转变而生成。半胱氨酸先氧化成磺基丙氨酸，再经磺基丙氨酸脱羧酶催化脱羧而成牛磺酸（9-31）。

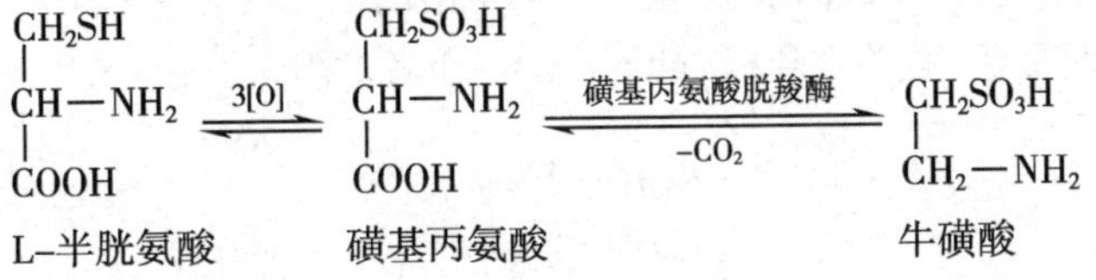

$$
\begin{array}{c}
\underset{\text{L–半胱氨酸}}{
\begin{array}{c}
CH_2SH \\
| \\
CH-NH_2 \\
| \\
COOH
\end{array}}
\xrightleftharpoons{3[O]}
\underset{\text{磺基丙氨酸}}{
\begin{array}{c}
CH_2SO_3H \\
| \\
CH-NH_2 \\
| \\
COOH
\end{array}}
\xrightarrow[-CO_2]{\text{磺基丙氨酸脱羧酶}}
\underset{\text{牛磺酸}}{
\begin{array}{c}
CH_2SO_3H \\
| \\
CH_2-NH_2
\end{array}}
\end{array}
$$

（9-31）

2. **半胱氨酸生成活性硫酸根** 半胱氨酸是体内硫酸根的主要来源。半胱氨酸可以直接脱去巯基和氨基，生成丙酮酸、氨和 $H_2S$。$H_2S$ 经氧化生成硫酸根。在体内生成的硫酸根，一部分可以无机盐的形式随尿排出体外，一部分由 ATP 活化生成活性硫酸根，即 3'-磷酸腺苷 -5'-磷酸硫酸（3'-phopho-adenosine 5'-phosphosulfate, PAPS）（图 9-11）。PAPS 化学性质活泼，在肝生物转化中可提供硫酸根使某些物质生成硫酸酯。此外，PAPS 参与硫酸角质素及硫酸软骨素等化合物中硫酸化氨基糖的合成。

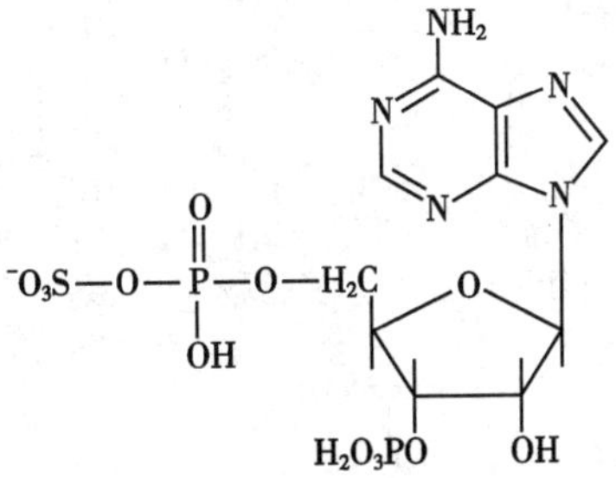

图 9-11 PAPS 结构

# 四、机体利用氨基酸合成其他含氮化合物

（一）以苯丙氨酸和酪氨酸为原料产生儿茶酚胺和黑色素

1. **苯丙氨酸通过转变成为酪氨酸而进一步代谢** 在本章第二节中已经介绍，酪氨酸可由苯丙氨酸转变而成。除转变为酪氨酸外，少量苯丙氨酸可经转氨基作用生成苯丙酮酸，但这不是苯丙氨酸代谢的主要途径。苯丙氨酸转变成酪氨酸是苯丙氨酸正常分解代谢或转变成其他物质的主要途径。苯丙氨酸羟化酶（phenylalanine hydroxylase）催化苯丙氨酸转变为酪氨酸，苯丙氨酸羟化酶主要存在于肝等组织中，催化的反应不可逆。先天性苯丙氨酸羟化酶缺陷患者，不能将苯丙氨酸羟化成酪氨酸，苯丙氨酸经转氨基作用大量生成苯丙酮酸（9-32）。大量的苯丙酮酸及其部分代谢产物（苯乳酸及苯乙酸等）由尿中排出，称为苯丙酮酸尿症（phenylketonuria, PKU）。苯丙酮酸堆积使脑发育障碍，故患者智力低下。PKU 在氨基酸代谢障碍中较为常见。治疗原则是早期发现，供给低苯丙氨酸膳食。

2. **酪氨酸可转变为儿茶酚胺和黑色素** 机体内的某些神经递质、激素及黑色素可通过酪氨酸的分解代谢而合成。由酪氨酸产生神经递质的反应过程由酪氨酸羟化酶（tyrosine hydroxylase）催化的反应开始（9-32）。酪氨酸羟化酶是以四氢蝶呤为辅酶的单加氧酶。酪氨酸在肾上腺髓质及神经组织经酪氨酸羟化酶催化生成 3，4-二羟苯丙氨酸（3，4-dihydroxyphenylalanine, DOPA，

Notes

多巴）。通过多巴脱羧酶的作用，多巴转变成多巴胺（dopamine）。多巴胺是一种神经递质。帕金森病（Parkinson disease）患者多巴胺生成减少。在肾上腺髓质，多巴胺的侧链再经 β- 羟化生成去甲肾上腺素（norepinephrine），最后甲基化生成肾上腺素（epinephrine）。多巴胺、去甲肾上腺素及肾上腺素统称为儿茶酚胺（catecholamine）。酪氨酸羟化酶是合成儿茶酚胺的关键酶。

由酪氨酸生成黑色素的反应过程则是由酪氨酸酶催化的反应开始（9-32）。在黑色素细胞中酪氨酸经酪氨酸酶（tyrosinase）催化，羟化生成多巴，多巴经氧化变成多巴醌，再经脱羧环化等反应，最后聚合为黑色素（melanin）。先天性酪氨酸酶缺乏的患者，因不能合成黑色素，患者皮肤毛发色浅或者是白色，称为白化病（albinism）。患者对阳光敏感，易患皮肤癌。

（9-32）

3. 苯丙氨酸和酪氨酸脱羧羟化产生假性神经递质　两种氨基酸在脑内脱羧羟化产生假性神经递质——苯乙醇胺和 β- 羟酪胺（章胺），此过程与肠道细菌通过腐败作用产胺类似，前者由苯丙氨酸产生，后者由酪氨酸产生。假性神经递质产量增多可能与肝性脑病的发生有关。

Notes

### （二）利用色氨酸生成不同物质

色氨酸除了可转变成 5- 羟色胺、分解产生一碳单位外，还可产生多种作用不明显的酸性中间代谢物。少部分色氨酸转变为尼克酸，但其合成量少，不能满足机体的需要。

### （三）以氨基酸为原料合成肌酸

肌酸（creatine）是体内贮存能量的重要化合物。在肌酸激酶（creatine kinase, CK）催化下，肌酸接受 ATP 的高能磷酸基形成磷酸肌酸，贮存能量（图 9-12）。高能磷酸基又可从磷酸肌酸转移至 ADP，形成 ATP 而使能量能够被利用（第八章）。

肌酸与磷酸肌酸的终末代谢产物是肌酸酐（creatinine）。肌酸酐主要在肌肉中通过磷酸肌酸的非酶促反应而生成（图 9-12）。肌酸酐随尿排出，正常人排出量较恒定。当肾功能障碍时，肌酸酐排出受阻，血中的浓度升高。血中肌酸酐的测定有助于肾功能不全的诊断。人体内每天都有一定量的肌酸转变成肌酸酐而被排出体外。机体又利用氨基酸重新合成肌酸。肌酸的合成是以甘氨酸为骨架，接受精氨酸提供的脒基而生成胍乙酸，进而由 S- 腺苷甲硫氨酸提供甲基而甲基化，生成肌酸。

肌酸激酶由两种亚基组成，即 M 亚基（肌型）和 B 亚基（脑型），构成 3 种同工酶：MM、MB 和 BB。它们在体内各组织中的分布不同，MM 主要分布在骨骼肌，MB 主要分布在心肌，BB 主要分布在脑。心肌梗死时，血中 MB 肌酸激酶活性增高，可作为辅助诊断的指标之一。

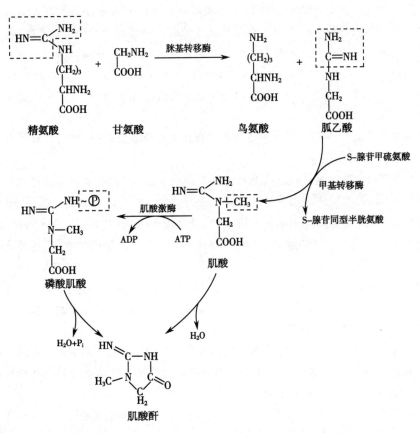

图 9-12　肌酸代谢

### （四）以氨基酸为原料合成乙醇胺和胆碱

乙醇胺和胆碱是体内合成磷脂的重要原料，胆碱还是合成乙酰胆碱（重要的神经递质）的原料。乙醇胺是由丝氨酸经脱羧基反应而生成。乙醇胺通过 S- 腺苷甲硫氨酸提供甲基，在氮原子上连接 3 个甲基而生成胆碱。此外，丝氨酸本身也是合成磷脂酰丝氨酸的原料。

Notes

**（五）卟啉化合物的合成需要甘氨酸作为原料**

血红素是血红蛋白、肌红蛋白、细胞色素、过氧化物酶多种功能蛋白的辅基，在体内多种细胞内合成。血红素的卟啉环是以甘氨酸和琥珀酰CoA为原料合成的。

**（六）以氨基酸为原料合成碱基**

人体基本上不需要从食物中获取核苷酸，因为体内能够从头合成核苷酸。合成核苷酸的碱基是以氨基酸为主要原料。在嘌呤环和嘧啶环的合成过程中，都只有一个碳原子来自$CO_2$，其他碳原子都来源于氨基酸，由甘氨酸和一碳单位提供。除甘氨酸为嘌呤环提供一个氮原子外，嘌呤环和嘧啶环中的氮原子主要由谷氨酰胺和天冬氨酸提供。$N^5, N^{10}-CH_2-FH_4$则为胸腺嘧啶核苷酸的合成提供甲基。

**（七）精氨酸是NO的原料**

一氧化氮（NO）的细胞信号转导功能研究近年来受到高度关注。而体内NO是由精氨酸经一氧化氮合酶（nitric oxide synthase, NOS）催化生成的，而精氨酸酶则通过减少精氨酸而抑制NO的产生。

## 小　结

人体的氨基酸主要来自食物蛋白质。在胃和小肠的各种蛋白质水解酶作用下，食物蛋白质被水解成氨基酸和二肽。小肠中的氨基酸载体和 γ- 谷氨酰基循环是氨基酸吸收的重要方式。体内不能合成而必须由食物供应的氨基酸称为营养必需氨基酸，人体需要的营养必需氨基酸有8种。人体内蛋白质不断更新，也可分解产生氨基酸。机体有两条蛋白质降解途径：一条是溶酶体蛋白水解酶的降解途径；另一条是胞质内的依赖ATP和泛素的蛋白酶体降解途径。外源性与内源性的氨基酸组成机体的"氨基酸代谢库"，参与体内代谢。

氨基酸可直接作为合成蛋白质的原料。通过适当的分解代谢，可转变成多种重要的生理活性物质。

体内大多数氨基酸通过脱氨基作用生成氨及相应的 α- 酮酸，开始分解过程。在转氨酶的催化下，α- 氨基酸的氨基首先转移至 α- 酮戊二酸，生成 L- 谷氨酸。在 L- 谷氨酸脱氢酶的催化下，L- 谷氨酸进行氧化脱氨作用，生成氨和 α- 酮戊二酸。由于该过程可逆，因此也是体内合成营养非必需氨基酸的重要途径。在骨骼肌等组织中，氨基酸主要通过嘌呤核苷酸循环脱去氨基。

α- 酮酸是氨基酸的碳骨架，部分可转变成氨基酸。有些可转变成丙酮酸和柠檬酸循环的中间产物，称为生糖氨基酸，有些可转变成乙酰乙酰CoA，称为生酮氨基酸。两者均可经柠檬酸循环氧化，产生$CO_2$、$H_2O$和能量。

氨是有毒物质，体内的氨通过丙酮酸和谷氨酰胺等形式运至肝，大部分经乌氨酸循环生成尿素，排出体外。乌氨酸循环受到多种因素的调节。肝功能受损时可产生高氨血症和肝性脑病。体内少部分氨在肾脏以铵盐的形式排出。

体内某些氨基酸在分解代谢过程中产生具有生理活性的物质分子，或产生特殊的化学基团，作为合成核苷酸、某些神经递质和一氧化氮的原料，或在物质转化过程中提供修饰基团。

（冯作化）

Notes

# 第十章　核苷酸代谢

生物体内广泛存在的核苷酸主要为嘌呤核苷酸和嘧啶核苷酸，核苷酸是多种生命活动所必需的有机小分子。人体内的核苷酸主要由机体自身合成，因此不属于营养必需物质。人体内存在分解核苷酸的酶系，形成特有分解产物排出体外。本章讨论嘌呤核苷酸和嘧啶核苷酸的合成与分解过程，这些反应过程的障碍是一些疾病产生的基础，也是其治疗的靶位。

## 第一节　核苷酸代谢概述

### 一、核苷酸除了作为合成核酸的重要原料外还具有其他多种生物学功能

核苷酸在生物体内的功能归纳在表 10-1。这些作用包括：①核苷酸是构成生物信息大分子 DNA 和 RNA 的单体分子；②多种核苷酸衍生物作为活性中间物参与生物合成过程；③核苷酸及其衍生物是多种代谢酶和蛋白质发挥作用的辅助因子；④一些特殊的核苷酸还可以作为细胞内信号转导信使；⑤细胞活动的化学能也主要来自含高能磷酸键的核苷酸。

表 10-1　核苷酸的重要生理功能举例

| 功能物质或生理过程 | 核苷酸及其衍生物的种类 |
| --- | --- |
| 重要的辅酶 / 辅基 | FAD、NAD、NADH、NADP、NADPH、CoA |
| 高能化合物 | ATP、GTP、CTP、UTP |
| 神经递质 | ATP |
| 细胞内第二信使 | cAMP、cGMP |
| 酶或蛋白质的变构调节 | GTP、GDP、AMP、ADP、ATP、TTP、dCTP、dATP |
| 蛋白质生物合成 | GTP　ATP |
| 糖原合成 | UDP |
| 糖醛酸代谢 | UDP |
| 蛋白质糖基化 | UDP、GDP |
| 蛋白质磷酸化 | ATP |
| 磷脂合成 | CDP |
| 甲基供体 | S- 腺苷甲硫氨酸 |

### 二、核苷酸的合成代谢有从头合成和补救合成两种途径

自身内源性合成是体内核苷酸的主要来源。核苷酸存在两种不同的合成代谢途径。依据是否需要从合成含氮碱基开始，分为从头合成（de novo synthesis）和补救合成（salvage synthesis）。

从头合成途径指的是需要由氨基酸、一碳单位和磷酸核糖等作为原料，从头合成嘌呤或嘧啶，再合成核苷酸（图 10-1）。嘌呤和嘧啶从头合成的原料来源和合成路线都是通过放射性核素示踪实验确定的，这些合成代谢途径的阐明推动了通过干预核苷酸合成代谢实现治疗作用的药物，即抗代谢药物的研究。

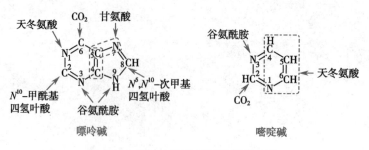

图 10-1　嘌呤和嘧啶碱基的元素来源

---

### 框 10-1　核苷酸合成代谢机制的阐明催生了抗代谢药物

20 世纪 40 年代以后，核苷酸合成代谢的原料和途径逐步得以阐明，随之人们发现了一系列可抑制核苷酸合成代谢的药物。这些药物通过抑制核苷酸的合成，进而抑制 DNA 的合成，可用于肿瘤治疗。抑制核苷酸合成代谢的药物是抗代谢药物的主要类别。

1947 年，Farber S 发现叶酸衍生物氨甲蝶呤可以抑制急性白血病的进程。1948 年，Hitchings G 合成 6- 巯基嘌呤（6-MP），6-MP 结构上与次黄嘌呤相似，是嘌呤核苷酸合成抑制剂，用于治疗儿童白血病。1953 年，美国 FDA 批准了氨甲蝶呤和 6- 巯基嘌呤作为抗癌药物用于临床。

1957 年，Heidelberger C 设计并合成了抗癌新药 5- 氟尿嘧啶（5-FU）。5-FU 在细胞内转变成 5- 氟尿嘧啶脱氧核苷酸，是胸苷酸合酶抑制剂，干扰了脱氧尿嘧啶核苷酸向脱氧胸腺嘧啶核苷酸的转变，因而抑制 DNA 的合成，用于治疗消化道癌症和乳腺癌等。

---

补救合成途径无需从头合成碱基，而是利用体内核苷酸降解产生的游离嘌呤 / 嘧啶碱或核苷来合成核苷酸。核苷酸的补救合成途径回收利用现成的嘌呤 / 嘧啶碱或核苷，与从头合成途径相比，其合成过程较为简单，节省能耗。体内某些组织 / 器官缺乏嘌呤核苷酸从头合成的酶系，如脑和骨髓等，因而补救合成途径在这些器官至关重要。此时一旦由于遗传缺陷导致补救合成途径受阻，则会导致严重遗传代谢疾病。

### 三、核苷酸的降解具有重要生物学意义

生物体在细胞内和细胞外广泛存在核酸酶，将进入的核酸逐步分解为核苷酸，或进一步分解为碱基、戊糖和磷酸，以维持细胞内遗传物质的稳定。

由于膳食来源的核酸和核苷酸在消化吸收的过程中被大量降解，因而核苷酸并非人体必需营养物。膳食来源的核酸大部分以核酸 - 蛋白质复合体的形式存在，经消化道丰富酶系的作用可消化分解为蛋白质和核酸。进入小肠后，核酸受水解酶作用分解为核苷酸。核苷酸进一步水解为磷酸和核苷，核苷再水解为碱基和戊糖或磷酸戊糖。这些水解产物可被细胞吸收，通过补救合成途径重新得到利用，但大部分则在肠黏膜彻底分解。其中戊糖可进入相关糖代谢途径，而大部分嘌呤和嘧啶碱基则分解后随尿液排出（图 10-2）。

### 四、磷酸核糖焦磷酸处于从头合成和补救合成代谢的中心位置

磷酸核糖焦磷酸（phosphoribosyl pyrophosphate，PRPP）由核糖 -5′- 磷酸在 PRPP 合成酶（PRPP synthetase）催化下生成。PRPP 在嘌呤和嘧啶核苷酸的从头合成途径中都充当重要中间物。在嘌呤核苷酸从头合成途径中，氨基酸等前体物质在 PRPP 的结构上不断添加元素或基团并成环，得到次黄嘌呤核苷酸（inosine monophosphate，IMP），再转变得到腺嘌呤核苷酸（AMP）

Notes

和鸟嘌呤核苷酸（GMP）。而在嘧啶核苷酸从头合成途径中，氨基酸等前体物质先形成环状中间物（乳清酸），再与 PRPP 结合，继而反应得到尿嘧啶核苷酸（UMP），而后转变得到胞苷三磷酸（CTP）和胸腺嘧啶核苷酸（TMP）。补救合成途径中嘌呤／嘧啶碱在各种嘌呤／嘧啶磷酸核糖转移酶的催化下与 PRPP 反应生成相应的核苷酸。由此可见 PRPP 同时参与了核苷酸的从头合成和补救合成途径，因而 PRPP 处于核苷酸合成代谢的中心位置（图 10-3）。

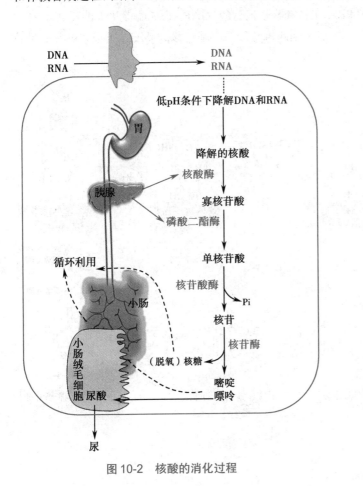

图 10-2 核酸的消化过程

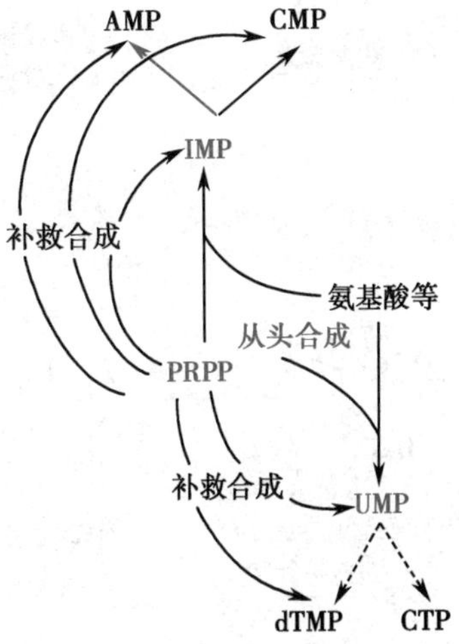

图 10-3 PRPP 处于核苷酸合成代谢的中心位置

# 第二节 嘌呤核苷酸的合成与分解代谢

## 一、嘌呤核苷酸的从头合成起始于核糖 -5′- 磷酸

嘌呤核苷酸从头合成途径从核糖 -5′- 磷酸起始逐步合成出嘌呤环。所有反应都在细胞质中完成。人体内从头合成嘌呤核苷酸的主要器官是肝，其次是小肠黏膜和胸腺。几乎所有生物都能从头合成嘌呤核苷酸。放射性核素掺入实验表明嘌呤碱的前体分子是氨基酸、$CO_2$ 和甲酰四氢叶酸。嘌呤核苷酸的从头合成途径分为两个阶段：首先合成嘌呤核苷酸的共同前体 IMP，然后由 IMP 转化为 AMP 和 GMP。

（一）嘌呤核苷酸从头合成途径中最初合成的核苷酸是 IMP

IMP 合成可分为两个阶段共 11 步反应（图 10-4）。第一阶段仅需 1 步反应生成 PRPP；第二阶段是经由 10 步反应合成 IMP。

第一阶段，来源于磷酸戊糖途径的核糖 -5′- 磷酸在 PRPP 合成酶（又称 PRPP 激酶）的催化下将 1 分子焦磷酸从 ATP 转移到核糖 -5′- 磷酸的 C-1′ 上，形成 PRPP。PPRP 不仅是嘌呤从头合

Notes

成过程中的第一个中间物,同时也是嘧啶核苷酸从头合成过程中所需的核糖 -5′- 磷酸的供体。

　　第二阶段,从图 10-4 中的反应②开始,在谷氨酰胺 -PRPP 氨基转移酶(GPAT)催化下,谷氨酰胺侧链的 N 原子代替了 PRPP 的 C-1′ 焦磷酸基团,形成 5′- 磷酸核糖胺(PRA)。反应②是嘌呤核苷酸从头合成的关键步骤,催化这一反应的 GPAT 是 IMP 合成过程中的关键酶。PRA 高度不稳定,其半衰期在 pH7.5 条件下只有 30 秒。

　　接着依次进行的是:反应③,PRA 在甘氨酰胺核苷酸(GAR)合成酶催化下消耗 ATP 经甘氨酸酰化生成 GAR;反应④,$N^5,N^{10}$- 次甲基四氢叶酸的甲基转移到 GAR,形成甲酰甘氨酰胺

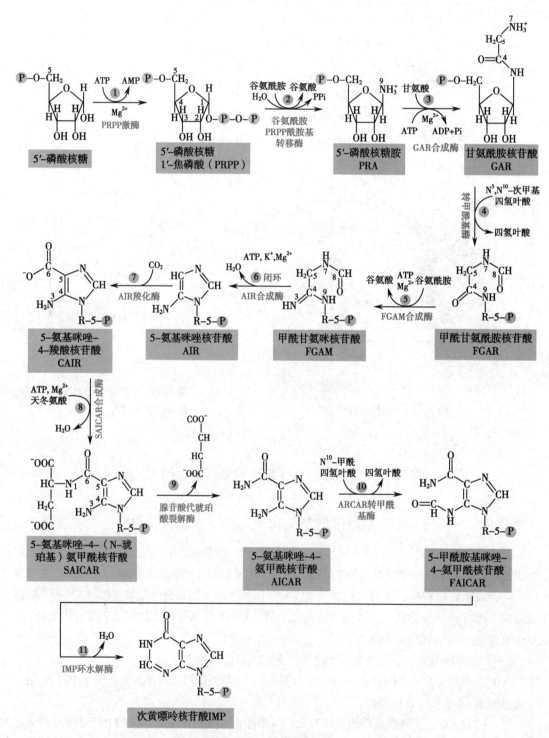

图 10-4　次黄嘌呤核苷酸的从头合成

Notes

核苷酸（FGAR）；反应⑤，在 ATP 存在下，FGAR 从谷氨酰胺接受酰胺基转变为甲酰甘氨脒核苷酸（FGAM）；反应⑥，FGAM 脱水环化，得到 5- 氨基咪唑核苷酸（AIR）；反应⑦，$CO_2$ 掺入并成为嘌呤环上的 C-6，产生 5- 氨基咪唑 -4- 羧酸核苷酸（CAIR）；反应⑧，天冬氨酸继续添加到嘌呤环中，缩合得到 5- 氨基咪唑 -4-（N- 琥珀基）氨甲酰核苷酸（SAICAR）；反应⑨，SAICAR 脱去 1 分子延胡索酸，分解转变为 5- 氨基咪唑 -4- 氨甲酰核苷酸（AICAR）；反应⑩，$N^{10}$- 甲酰四氢叶酸供给甲酰基，使 AICAR 转变为 5- 甲酰胺基咪唑 -4- 氨甲酰核苷酸（FAICAR）；最后一步是第二次环化反应，第一个环上的甲酰基与氨基脱水缩合得到 IMP。

上述 11 步从头合成反应共消耗 5 个 ATP 分子和谷氨酰胺、$CO_2$、天冬氨酸、$N^{10}$- 甲酰四氢叶酸等多种前体分子。

## （二）AMP 和 GMP 是由 IMP 转变生成

IMP 并非核酸分子的组成单位，却是生成 AMP 或 GMP 的重要中间产物（图 10-5）。AMP 的生成需要 IMP 和天冬氨酸，两者在 GTP 供能下合成腺苷酸代琥珀酸（AMPS），AMPS 随即在 AMPS 裂解酶的催化下分解成 AMP 和延胡索酸。GMP 的生成过程是：IMP 在 IMP 脱氢酶催化下氧化生成黄嘌呤核苷酸（XMP），XMP 在鸟苷酸合成酶作用下，经氨基化生成 GMP。AMP 和 GMP 再经磷酸化就可得到相应的 ADP、GDP 和 ATP、GTP。

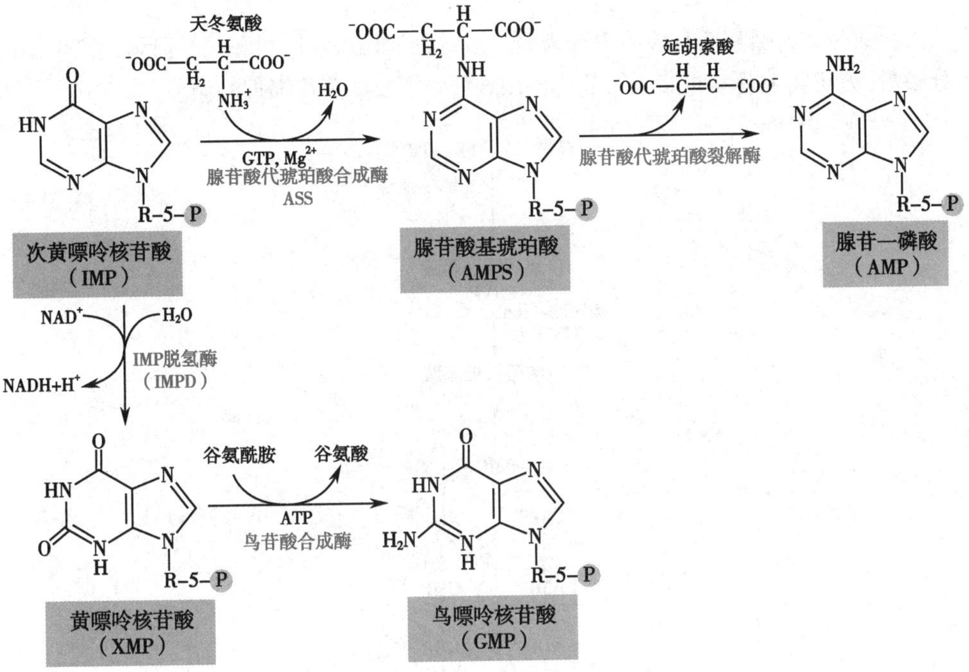

图 10-5 IMP 转变为 AMP 和 GMP

## 二、嘌呤核苷酸的补救合成代谢有两种方式

嘌呤核苷酸的补救合成既可利用游离嘌呤碱进行，也可以嘌呤核苷为基础合成嘌呤核苷酸。

### （一）嘌呤碱与 PRPP 经磷酸核糖转移酶催化可得到嘌呤核苷酸

在相应的磷酸核糖转移酶的催化下，由 PRPP 提供磷酸核糖，腺嘌呤、次黄嘌呤和鸟嘌呤可分别生成 AMP、IMP 和 GMP。两个重要的酶参与了上述反应，它们是腺嘌呤磷酸核糖转移酶（adenine phosphoribosyl transferase，APRT）和次黄嘌呤 - 鸟嘌呤磷酸核糖转移酶（hypoxanthine-guanine phosphoribosyl transferase，HPRT）。反应式如下：

$$腺嘌呤 + PRPP \xrightarrow{APRT} AMP + PPi$$

Notes

$$次黄嘌呤 + PRPP \xrightarrow{HPRT} IMP + PPi$$

$$鸟嘌呤 + PRPP \xrightarrow{HPRT} GMP + PPi$$

嘌呤核苷酸的补救合成途径是脑和骨髓合成核苷酸的唯一途径,这使得 HPRT 成为补救途径的关键酶。自 1967 年 Rosenbloom FM 鉴定出 Lesch-Nyhan 综合征与 HPRT 缺陷有关以来,已发现多种严重遗传疾病与核苷酸代谢紊乱有关。

### （二）腺嘌呤核苷经核苷激酶催化可得到 AMP

人体内腺嘌呤核苷可以在腺苷激酶催化下,利用 ATP 提供的磷酸基团实现磷酸化并得到腺嘌呤核苷酸。

$$腺嘌呤核苷 + ATP \xrightarrow{腺苷激酶} AMP + ADP$$

生物体内除腺苷激酶外,并不存在作用在其他嘌呤核苷的激酶,故嘌呤核苷酸补救合成途径中主要以磷酸核糖转移酶催化的反应为主。同时,体内嘌呤核苷酸可以相互转化。IMP 可以转变成 XMP、AMP 及 GMP,AMP、GMP 也可以转变成 IMP。AMP 与 GMP 之间可以实现相互转变。

## 三、嘌呤核苷酸的合成代谢受到反馈抑制调节

从头合成是体内嘌呤核苷酸的主要来源。该过程消耗大量原料和能量,因此精密的调控体系十分必需,方可实现营养和能源的节约。该过程中主要涉及反馈抑制调节(图 10-6)。

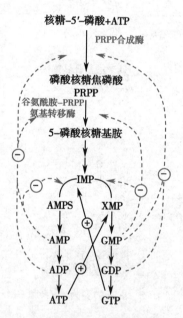

图 10-6 嘌呤核苷酸从头合成的反馈调节

嘌呤核苷酸从头合成途径中,主要的调控环节是第一步生成 PRPP 的反应和第二步生成 5′- 磷酸核糖胺(PRA)的反应。催化这两步反应的 PRPP 合成酶和谷氨酰胺 -PRPP 氨基转移酶(GPAT)都受到嘌呤核苷酸产物的反馈抑制。IMP 及其转化终产物 AMP、GMP 均可抑制 PRPP 合成酶和 GPAT,从而抑制嘌呤核苷酸的从头合成。GPAT 是变构酶,其活化结构为单体,形成二聚体会导致其失活。IMP、AMP 和 GMP 能够促进其从活化向失活结构的过渡,从而抑制 GPAT 的活性。然而,PRPP 作为底物可以促进 GPAT 的活性,加速 PRA 的产生。因此,嘌呤核苷酸合成过程中,对 PRPP 合成酶的控制比对 GPAT 的调控更为重要。

IMP 转化为 AMP 时需要 GTP,转化为 GMP 时需要 ATP 的作用。GTP 促进 AMP 的生成,

ATP 促进 GMP 的生成。过量的 AMP 抑制 AMP 的生成，不影响 GMP 的合成；同样，过量的 GMP 抑制 GMP 的生成，不影响 AMP 的合成。这种复杂的交互调节可维持 ATP 与 GTP 的平衡。

嘌呤核苷酸的补救合成途径也存在反馈抑制调节。APRT 受 AMP 的反馈抑制，而 HPRT 受 IMP 与 GMP 的反馈抑制。

### 四、嘌呤核苷酸在人体内的分解代谢终产物是尿酸

嘌呤核苷酸分解时，首先在核苷酸酶的作用下水解成核苷和磷酸；然后核苷在核苷磷酸化酶的催化下磷酸解得到核糖 -1'- 磷酸和游离的嘌呤碱，在这一反应中，腺苷需先在腺苷脱氨酶（adenosine deaminase，ADA）的作用下，氧化为次黄嘌呤核苷再分解，而鸟苷可直接分解。*ADA* 基因缺陷或活性异常可导致免疫缺陷病。

核糖 -1'- 磷酸在磷酸核糖变位酶的作用下可转变为核糖 -5'- 磷酸，重新用于核苷酸从头合成或进入其他糖代谢途径；分解得到的嘌呤碱也可在补救合成途径中获得重新利用。

人体嘌呤核苷酸分解代谢产生的大部分嘌呤碱基可进一步经氧化等反应途径，最终生成尿酸（uric acid）（图 10-7）。嘌呤氧化分解过程中，次黄嘌呤和鸟嘌呤分别经氧化和脱氨反应生成黄嘌呤，黄嘌呤在黄嘌呤氧化酶（xanthine oxidase）的催化下氧化生成尿酸。

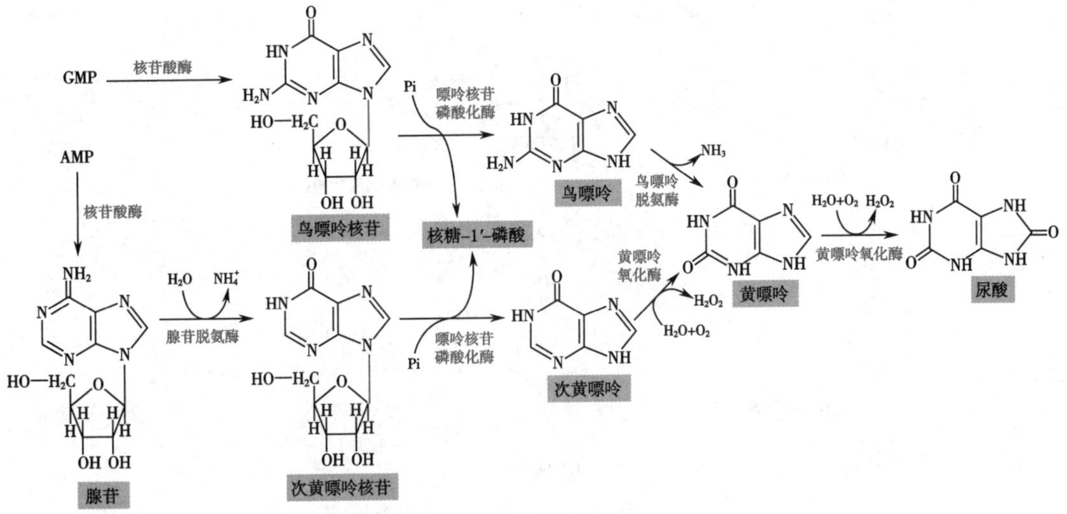

图 10-7　嘌呤核苷酸的分解代谢

嘌呤核苷酸的分解代谢过程主要在肝、小肠和肾中进行，这些器官的黄嘌呤氧化酶活性较高。人体内嘌呤碱的最终分解代谢物为尿酸，并随尿液排出体外。嘌呤脱氧核苷酸通过相同的途径最终降解为尿酸。

## 第三节　嘧啶核苷酸的合成与分解代谢

### 一、嘧啶核苷酸的从头合成过程比嘌呤核苷酸简单

嘧啶环的 C 和 N 原子来自谷氨酰胺、$CO_2$ 和天冬氨酸。与嘌呤核苷酸的从头合成不同，嘧啶核苷酸从头合成途径首先合成的是 6- 羧基尿嘧啶，即含有嘧啶环的乳清酸（orotic acid，OA），OA 再与 PRPP 结合成为乳清酸核苷酸（orotidine-5'-monophosphate，OMP），最后生成 UMP。肝是合成嘧啶核苷酸的主要器官，反应过程在胞质和线粒体进行。胞嘧啶核苷酸和胸腺嘧啶核苷酸均可由 UMP 转变而来（图 10-8）。

Notes

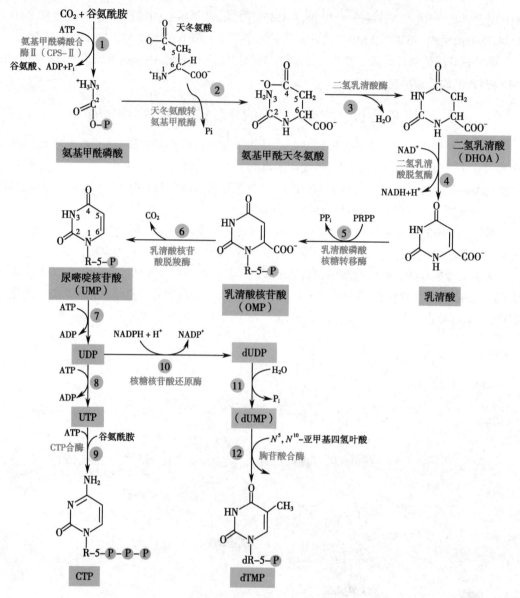

图 10-8　嘧啶核苷酸的从头合成及其转换

**（一）UMP 的从头合成可分为 6 步反应**

6 步反应包括：①嘧啶环的合成起始于氨基甲酰磷酸（carbamoyl phosphate，CP）的生成。谷氨酰胺、$CO_2$ 和 ATP 经细胞质中氨基甲酰磷酸合成酶Ⅱ（CPSⅡ）催化生成 CP，谷氨酰胺的酰胺 N 原子为氮源。氨基甲酰磷酸同时也是尿素合成的原料，但尿素合成是在线粒体中进行，且由氨基甲酰磷酸合酶Ⅰ催化的反应（第九章），这两种酶并不相同；②产生的 CP 在天冬氨酸转氨甲酰酶（aspartate transcarbamoylase，ATCase）催化下，与天冬氨酸结合生成氨基甲酰天冬氨酸；③氨基甲酰天冬氨酸在二氢乳清酸酶催化下脱水环化形成二氢乳清酸（dihydroorotic acid，DHOA）；④ DHOA 在二氢乳清酸脱氢酶（dihydroorotate dehydrogenase，DHODH）作用下，脱氢氧化得到 OA；⑤ OA 在乳清酸磷酸核糖转移酶（orotate phosphoribosyltransferase，OPRTase）催化下与 PRPP 结合，生成乳清酸核苷酸（orotidine-5′-monophosphate，OMP）；⑥ OMP 在乳清酸核苷酸脱羧酶（orotidine-5′-decarboxylase，OMPD）催化下脱去羧基，形成 UMP。

哺乳动物的嘧啶核苷酸从头合成是多功能酶的典型范例。该过程的前 3 步反应需要的 CPSⅡ、ATCase 和二氢乳清酸酶这 3 种酶活性是位于同一多功能酶的不同结构域上的，反应在细胞质完成；催化第四步反应的二氢乳清酸脱氢酶则位于线粒体；催化第五步和第六步反应的

Notes

OPRTase 和 OMPD 两种酶活性又是属于 1 条肽链构成的双功能酶，这一双功能酶亦被称为尿嘧啶单核苷酸合成酶（uridine monophosphate synthetase，UMPS），位于细胞质内。这些多功能酶对高效、均衡地催化嘧啶核苷酸的合成很有益处。

### （二）CTP 来源于 UTP 的氨基化

人体内不能从头合成 CTP，而是在核苷三磷酸的水平才转变生成的。UMP 经尿苷酸激酶和核苷二磷酸激酶的连续磷酸化作用，先生成 UTP；UTP 在 CTP 合酶的催化下，消耗 1 分子 ATP，接受谷氨酰胺的 δ- 氨基成为 CTP。

### （三）dTMP 来源于 dUMP 的甲基化

体内的 dTMP 则是来源于 dUMP。从头合成途径的产物 UMP 磷酸化形成 UDP；UDP 还原生成 dUDP；dUDP 去磷酸生成 dUMP；dUMP 在胸苷酸合酶（thymidylate synthase）作用下，甲基化后生成 dTMP。四氢叶酸（$FH_4$）是胸苷酸合酶的辅酶，在此反应中四氢叶酸氧化生成二氢叶酸（$FH_2$），同时其携带的亚甲基一碳单位形成的甲基被转移到 dUMP 上，生成 dTMP。$FH_2$ 需要在二氢叶酸还原酶的作用下重新生成 $FH_4$，再用于运载一碳单位。由于 dTMP 的生成对于 DNA 合成至关重要，因此二氢叶酸还原酶是重要的抑制 DNA 合成的药物靶位。

## 二、嘧啶核苷酸存在与嘌呤核苷酸类似的补救合成途径

### （一）部分嘧啶碱与 PRPP 可由核糖磷酸转移酶催化得到嘧啶核苷酸

嘧啶磷酸核糖转移酶能利用尿嘧啶、胸腺嘧啶及乳清酸作为底物，与 PRPP 生成相应的嘧啶核苷酸，但对胞嘧啶不起作用。

$$嘧啶 + PRPP \xrightarrow{\text{嘧啶磷酸核糖转移酶}} 嘧啶核苷酸 + PPi$$

### （二）嘧啶核苷可由嘧啶核苷激酶催化得到嘧啶核苷酸

嘧啶核苷激酶可催化嘧啶核苷转变成嘧啶核苷酸。尿苷激酶（uridine kinase）催化尿嘧啶核苷及胞嘧啶核苷生成 UMP 和 CMP；而胸苷激酶（thymidine kinase）催化脱氧胸苷生成 dTMP，反应分别如下：

$$\begin{array}{l} 尿嘧啶核苷 \\ 胞嘧啶核苷 \end{array} + ATP \xrightarrow{\text{尿苷激酶}} \begin{array}{l} UMP \\ CMP \end{array} + ADP$$

$$脱氧胸腺嘧啶 + ATP \xrightarrow{\text{胸苷激酶}} dTMP + ADP$$

嘧啶核苷酸补救合成以核苷激酶催化的反应为主。胸苷激酶的活性与细胞增殖状态密切相关，其在正常肝中活性低，再生肝中活性升高，而恶性肿瘤中也有明显升高，并与肿瘤的恶性程度有关。

## 三、嘧啶核苷酸的合成代谢同样受到精细调节

虽然天冬氨酸转氨甲酰酶（ATCase）是细菌中调节嘧啶核苷酸从头合成过程的关键酶，但是对哺乳动物而言，氨基甲酰磷酸合成酶Ⅱ（CPSⅡ）则是至关重要的调节酶。这两种酶都受到产物的反馈抑制调节。此外，哺乳动物体内嘧啶核苷酸 UMP 合成过程的 2 个多功能酶均受到阻遏和去阻遏这两种方式的调节。嘌呤和嘧啶核苷酸的合成过程都涉及 PRPP 合成酶，它同时受到来自嘌呤和嘧啶核苷酸合成过程的调控，维持着嘌呤和嘧啶核苷酸合成过程协调、平行地进行。

### （一）底物的去阻遏作用

嘧啶核苷酸代谢过程中底物对催化反应的酶具有去阻遏（激活）作用。如 ATP 可激活 PRPP 合成酶和 CPSⅡ，PRPP 激活乳清酸磷酸核糖转移酶（OPRTase），它们均可促进嘧啶核苷酸的合成。

（二）产物的反馈抑制调节

细胞内核苷酸合成过程中主要的 4 种反馈抑制如下：① UMP 反馈抑制 CPSⅡ；② UMP 和 CTP 反馈抑制 ATCase；③嘌呤核苷酸合成途径产生的 ADP 和 GDP 反馈抑制 PRPP 激酶；④ CTP 反馈抑制 CTP 合酶。

## 四、嘧啶核苷酸经分解代谢得到小分子可溶性物质

嘧啶核苷酸可以彻底分解为可溶性的小分子物质。

嘧啶核苷酸首先通过核苷酸酶和核苷磷酸化酶的作用，脱去磷酸及核糖，产生嘧啶碱。胞嘧啶脱氨基转变为尿嘧啶，尿嘧啶还原为二氢尿嘧啶，再水解开环，最终可生成小分子可溶性物质如 $NH_3$、$CO_2$ 及 β- 丙氨酸。而胸腺嘧啶则降解为 β- 氨基异丁酸（β-aminoisobutyric acid），直接随尿排出体外或进一步分解为 $CO_2$ 和水（图 10-9）。嘧啶碱的分解代谢主要在肝中进行，嘧啶碱的降解产物均具有较好的溶解性。

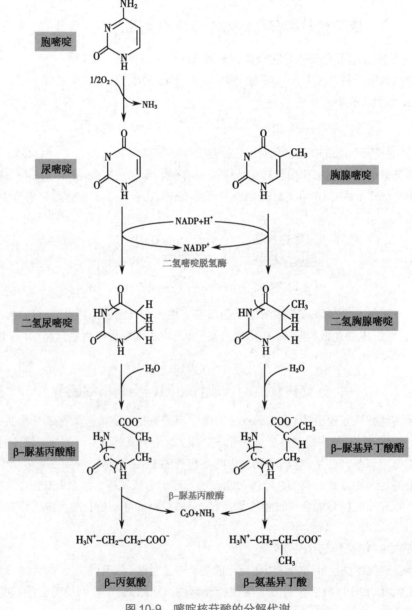

图 10-9　嘧啶核苷酸的分解代谢

## 第四节 体内核苷酸的转化

### 一、脱氧核糖核苷酸由核糖核苷二磷酸还原而生成

DNA 由脱氧核糖核苷酸组成。脱氧核苷酸的脱氧核糖并非先自行合成、然后与相应碱基和磷酸分子连接的，而是由相应核糖核苷酸在 D- 核糖的 C-2′ 处直接还原得到的。除 dTMP 是从 dUMP 转变而来以外，其他脱氧核糖核苷酸都是在核苷二磷酸（NDP）水平上由核糖核苷酸还原酶催化下进行的。还原型辅酶Ⅱ（NADPH）是 H 供体。核糖核苷酸还原酶从 NADPH 获得电子时，需要硫氧化还原蛋白作为电子载体，其分子量为 12kD，所含的巯基在核糖核苷酸还原酶作用下氧化为二硫键。后者再经硫氧化还原蛋白还原酶（thioredoxin reductase）的催化，重新生成还原型的硫氧化还原蛋白，由此构成一个复杂的酶体系（图 10-10）。在 DNA 合成旺盛、分裂速度较快的细胞中，核糖核苷酸还原酶体系活性较强。

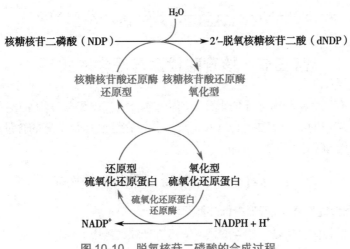

图 10-10 脱氧核苷二磷酸的合成过程

核糖核苷酸还原酶由 $R_1$ 和 $R_2$ 两个亚基构成，两个亚基结合在一起并有 $Mg^{2+}$ 存在时才能发挥酶活性。核糖核苷酸还原酶存在酶活性调节位点，该位点影响整个酶的活性，ATP 结合时可使酶活化，dATP 可抑制该酶活性。同时还存在底物特异性位点，使得该酶受到底物激活调控（图 10-11）。

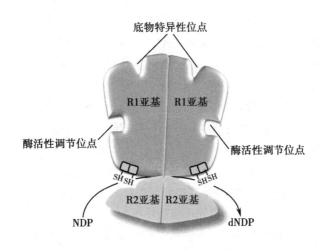

图 10-11 核糖核苷酸还原酶的结构

Notes

实际上，体内 4 种 NDP（A、G、C、U）都是经上述还原反应生成相应的 dNDP，再磷酸化得到 dNTP 的。当某个特定的 NDP 在核糖核苷酸还原酶催化下还原成 dNDP 时，需要相应的 NTP 来促进该反应的发生，同时其他的 NTP 又能抑制该酶的活性，以此维持各种脱氧核糖核苷酸合成反应的平衡进行。

## 二、核苷二磷酸和核苷三磷酸可以相互转化

四种核苷（或脱氧核苷）一磷酸可以分别在特异的核苷一磷酸激酶作用下，由 ATP 供给磷酸基，而转变成核苷（或脱氧核苷）二磷酸。在各种生物体内都已经可以分离纯化出上述功能的激酶来催化此类反应。例如 AMP 激酶可以使 AMP 转化为 ADP。

$$AMP + ATP \xrightarrow{\text{AMP 激酶}} ADP + ADP$$

核苷二磷酸与核苷三磷酸可在核苷二磷酸激酶（NDP kinase）的催化下实现相互转变。核苷二磷酸激酶的特异性不如核苷一磷酸激酶高，NDP 激酶可以催化所有嘌呤、嘧啶的核糖或脱氧核糖核苷二、三磷酸之间的转化。

$$XDP + YTP \underset{\text{X、Y 代表任意核苷或脱氧核苷}}{\overset{\text{核苷二磷酸激酶}}{\rightleftharpoons}} XTP + YDP$$

## 第五节　核苷酸代谢与医学的关系

核苷酸是所有生命活动所必需的小分子，体内的合成代谢和分解代谢途径都比较复杂，这些复杂途径需要精细的调控才能适应环境需要。作用在这些途径中酶的含量或活性异常是一些疾病发生的原因，也是药物作用的靶点。

## 一、核苷酸代谢障碍可引发多种疾病

### （一）多种遗传性疾病与核苷酸代谢缺陷有关

人类的多种遗传性疾病是由核苷酸代谢缺陷所导致。其中 Lesch-Nyhan 综合征和重症联合免疫缺陷这两大严重疾病的相关研究较为深入。

1. HPRT 缺陷可导致 Lesch-Nyhan 综合征　　Lesch-Nyhan 综合征是一种罕见的嘌呤代谢病，属 X 染色体连锁隐性遗传，1964 年由 Lesch M 和 Nyhan WL 报道。临床特征是出现强迫性自身肢体残毁现象，即咬唇、咬臂、咬腿，故又称自毁容貌综合征。因病情严重程度而异，还有发育停滞，手足徐动或舞蹈样不自主运动、惊厥等症状，自伤行为约从 2～3 岁时出现。痛风性关节痛亦为常见症状，较大的儿童还可出现痛风结节。实验室检查可见各种体液中的尿酸含量都有明显增高，尿酸/肌酐比值也上升。尿中常可发现橘红色的尿酸结晶或尿路结石。

该病病因已被确定为 Xq26-q27.2 上的 *HPRT* 基因缺陷。*HPRT* 位于染色体 Xq26.1 编码次黄嘌呤-鸟嘌呤磷酸核糖转移酶（HPRT），该酶是嘌呤核苷酸补救合成的关键酶。人体内 HPRT 活性不足可产生两个效应：一是导致核酸分解产生的嘌呤核苷不能用于合成核苷酸，因而只能进入分解代谢，产生过多的尿酸；二是因补救途径受阻，PRPP 含量增高，激活核苷酸的从头合成，加剧嘌呤堆积。尽管基因缺陷已经明确，然而核苷酸补救途径合成障碍如何导致神经系统病变的机制尚未阐明。

2. 腺苷脱氨酶缺陷引起重症联合免疫缺陷　　部分隐性遗传的重症联合免疫缺陷（severe combined immunodeficiency，SCID）遗传病患者存在着腺苷脱氨酶（ADA）基因缺陷。*ADA* 基因位于染色体 20q12-q13.11，该酶在体内催化腺嘌呤核苷和脱氧腺嘌呤核苷转化为次黄嘌呤核苷和脱氧次黄嘌呤核苷。ADA 的缺陷会导致腺嘌呤核苷酸及其二磷酸和三磷酸衍生物的堆积，尤其是 dATP 的堆积。dATP 可直接抑制脱氧核苷酸生成的关键酶——核苷酸还原酶的活性，导

Notes

致脱氧核苷酸的锐减,严重影响 DNA 合成。ADA 有 2 种同工酶,*ADA1* 基因主要在淋巴细胞表达,其缺陷可致免疫细胞分化增殖障碍,胸腺萎缩,导致 T 细胞和 B 细胞功能不足,形成联合免疫功能低下。

---

**框 10-2　世界上第一例基因治疗策略是重建核苷酸分解途径**

　　1990 年,世界上第一例基因治疗在一位年仅 4 岁携带着 *ADA* 单基因缺陷的小女孩实施。Anderson W 使用逆转录病毒携带正常 *ADA* 基因片段,转染体外培养的患儿自身的 T 淋巴细胞,获得该基因表达,数日后将细胞输回患儿体内。在 10 个半月中,患儿共接受了 7 次携带 *ADA* 基因的逆转录病毒转染的自体细胞回输。经过基因治疗后,患儿免疫功能明显改善,且未见由细胞回输和由于治疗本身带来的副作用。

---

　　**3. 乳清酸尿症与嘧啶核苷酸代谢异常有关**　由于嘧啶核苷酸降解终产物溶解性良好,嘧啶核苷酸合成 / 分解代谢相关的疾病相对较少,而乳清酸尿症是其中之一。UMP 合成的最后两步反应中的酶 OPRT 或 OMPD(都位于 3q13)存在缺陷则会影响嘧啶合成,导致血中乳清酸堆积、出现乳清酸尿症。

　　由于尿嘧啶核苷酸合成减少,胞嘧啶核苷酸和胸腺嘧啶核苷酸合成均受影响,导致 RNA 和 DNA 合成原料不足。生长迟缓、严重贫血、白细胞减少是其常见表现。上述表现者为 I 型乳清酸尿症,临床上可应用胞嘧啶核苷和尿嘧啶核苷治疗。补充这些核苷的意义在于,一方面通过补救途径,即自身核苷酸激酶的催化来补充 UMP 的合成;另一方面也可反馈抑制嘧啶的从头合成,减少乳清酸等中间物的堆积。该疾病为常染色体隐性遗传病。而 II 型乳清酸尿症仅涉及乳清酸核苷酸脱羧酶,症状较轻。

　　**4. 叶酸缺乏导致新生儿脊柱裂**　新生儿脊柱裂是一类典型新生儿缺陷,其病因在于发育早期神经管功能的不完整或紊乱。该病在全美新生儿中的发病率为 1/1000。多项研究显示,孕妇在妊娠前 3 个月若膳食中补充摄入叶酸,则可降低新生儿 70% 的疾病风险。这显示了叶酸的多种衍生物在合成 DNA 前体物质的过程中的重要作用。

　　**(二)高尿酸血症可引起痛风**

　　血中尿酸水平超过溶解能力就称为高尿酸血症(hyperuricemia)。组织中的尿酸盐晶体会沉淀出来,沉积于皮下组织,形成痛风(gout)石。持续性高尿酸血症较易引起痛风性关节炎,原因是尿酸盐结晶沉积于关节等处触发炎症反应,多发于中老年男性。

　　痛风可能是一种多基因病,有家族遗传倾向性。它可能涉及的酶的缺陷包括:HPRT、PRPP 合成酶、GPAT(基因位于 4q12)、葡糖 -6- 磷酸酶(基因位于 17q21)和黄嘌呤氧化酶(基因位于 2p23-p22)。大多数病人的高尿酸血症是由肾中尿酸排泄减少导致的,仅有 10% 患者的病因是尿酸生成过多。HPRT 的部分缺陷会影响嘌呤核苷酸的补救合成,导致生成的 IMP、GMP、GDP 减少,削弱了对嘌呤核苷酸从头合成途径中 PRPP 合成酶和 GPAT 的抑制作用,导致嘌呤核苷酸从头合成增强。糖原累积疾病中的 Von Gierke 症也会导致尿酸的过量产生,该疾病由葡糖 -6- 磷酸酶缺陷所致。该酶的缺陷导致葡糖 -6- 磷酸转化为葡萄糖的反应过程受阻,继而转向其他糖分解代谢途径,包括磷酸戊糖途径,生成过多的核糖 -5′- 磷酸,激活 PRPP 合成酶,导致嘌呤从头合成过剩。

　　此外,从膳食中摄入过量富含嘌呤的食物,肿瘤组织中核苷酸的过量降解以及由于肾病引发的尿酸排泄障碍都是痛风的可能成因。

　　临床上使用别嘌呤醇(allopurinol)作为痛风治疗的常规药物。别嘌呤醇是次黄嘌呤的类似物,可由黄嘌呤脱氢酶催化生成别嘌呤二醇,对黄嘌呤脱氢酶有很强的抑制作用,因而可抑制

Notes

尿酸的生成。此外，别嘌呤醇可与 PRPP 反应生成别嘌呤核苷酸，一方面消耗 PRPP，另一方面通过反馈抑制阻碍嘌呤核苷酸的从头合成，最终抑制尿酸的生成。

## 二、抗代谢物的作用机制主要在于阻断核苷酸合成途径

抗代谢物是能与体内代谢酶发生专一性结合，从而干预代谢途径的药物。这些药物往往与体内的代谢物（包括合成代谢原料、中间产物、终产物等）在结构上相似，大部分属于酶的抑制剂。狭义的抗代谢药物指的是干扰核酸合成的药物，尤其是阻断核苷酸合成的药物。这些药物是肿瘤化学治疗的主要药物。

### （一）常用抗代谢物多为核苷酸代谢过程重要底物或辅酶的类似物

肿瘤治疗中所使用的抗代谢物的作用主要是阻断核苷酸的合成。核苷酸的抗代谢物是嘌呤、嘧啶、氨基酸、核苷和叶酸的类似物（图 10-12）。

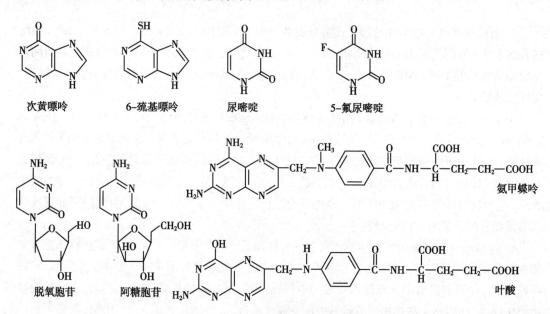

次黄嘌呤    6-巯基嘌呤    尿嘧啶    5-氟尿嘧啶

脱氧胞苷    阿糖胞苷    氨甲蝶呤    叶酸

图 10-12  常见抗代谢物的结构式及类似代谢物

### （二）抗代谢物也可影响代谢旺盛的正常细胞

抗代谢物会竞争性抑制和干扰核苷酸合成代谢，或"以假乱真"掺入核酸中，从而阻止核酸以及蛋白质的生物合成。这些核苷酸类似物是研究代谢途径的有效工具，也可用于肿瘤治疗。肿瘤细胞生长代谢旺盛，因而抗代谢物可有效杀伤肿瘤细胞。但是抗代谢物也会同时作用于体内更新旺盛的正常组织细胞。抗代谢药物引起的白细胞、红细胞和血小板减少，厌食、恶心、呕吐及脱发等副作用，分别是其作用于正常骨髓造血细胞、消化道上皮细胞和毛囊细胞的结果。

### （三）常见抗代谢物涉及多种作用机制

1. 嘌呤类似物 6- 巯基嘌呤    6- 巯基嘌呤（6-MP）是次黄嘌呤类似物，可反馈抑制 PRPP 酰胺转移酶而干扰磷酸核糖胺的形成，从而阻断嘌呤核苷酸的从头合成；它经过磷酸化还可得到6-MP 核苷酸，抑制 IMP 向 AMP 和 GMP 的转化；同时还可以抑制 HGPRT 活性阻断补救合成途径。主要用于急性淋巴细胞白血病的维持治疗，大剂量对绒毛膜上皮癌亦有较好的疗效。

2. 嘧啶类似物 5- 氟尿嘧啶    5- 氟尿嘧啶（5-FU）的结构与胸腺嘧啶相似，它在体内可转变为脱氧氟尿嘧啶核苷一磷酸（FdUMP）和氟尿嘧啶核苷三磷酸（FUTP）。FdUMP 是胸苷酸合酶的抑制剂，可使 dTMP 合成受阻，DNA 合成受到影响；FUTP 掺入 RNA 分子后，异常的结构会破坏 RNA 的功能，因而干扰蛋白质的合成。临床上对消化系统肿瘤（食管癌、胃癌、肠癌、胰腺癌、肝癌）和乳腺癌疗效较好。

Notes

3. 核苷类似物阿糖胞苷　阿糖胞苷是胞嘧啶阿拉伯糖苷（arabinocytidine），也是一类重要的抗肿瘤药物。阿糖胞苷进入人体后经激酶磷酸化后转为阿糖胞苷二磷酸，抑制二磷酸胞苷还原为二磷酸脱氧胞苷；进一步磷酸化形成的阿糖胞苷三磷酸，是抑制 DNA 聚合酶的抑制剂。临床上用于治疗成人急性粒细胞性白血病或单核细胞白血病。

4. 叶酸类似物氨甲蝶呤　氨甲蝶呤（methotrexate，MTX）是叶酸类似物，能竞争性抑制二氢叶酸还原酶活性，使二氢叶酸不能还原为四氢叶酸，嘌呤核苷酸和 dTMP 的合成受阻，DNA合成障碍，从而抑制了嘌呤和嘧啶核苷酸的合成，故能干扰蛋白质的合成。临床用于治疗儿童急性白血病和绒毛膜上皮癌。

## 小　结

　　生物体内广泛存在的核苷酸是多种生物学活动所必需的有机小分子。人体内的核苷酸主要由机体自身合成，因此不属于营养必需物质。

　　核苷酸的合成代谢途径有从头合成和补救合成两种途径，其中从头合成为主要途径。从头合成途径指的是需要氨基酸、一碳单位和磷酸核糖等作为原料，从头合成嘌呤核苷或嘧啶碱，再合成核苷酸；而补救合成途径则利用体内核苷酸降解产生的游离嘌呤/嘧啶碱或核苷重新合成核苷酸。

　　PRPP 同时参与核苷酸的从头合成和补救合成途径，处于核苷酸合成代谢的中心，故PRPP 合成酶是所有核苷酸合成的关键调节酶。谷氨酰胺 -PRPP 氨基转移酶（GPAT）是嘌呤核苷酸从头合成途径的关键酶；黄嘌呤 - 鸟嘌呤磷酸核糖转移酶（HPRT）是嘌呤核苷酸补救途径的关键酶；氨基甲酰磷酸合成酶Ⅱ（CPSⅡ）是嘧啶核苷酸从头合成的关键酶。

　　嘌呤核苷酸可分解产生磷酸、戊糖和嘌呤碱。人体嘌呤核苷酸分解代谢的终产物为尿酸。嘧啶分解后产生的 β- 氨基酸可随尿排出或进一步代谢。核苷酸分解代谢产生的中间物如碱基、核苷还可以被重新利用，参加补救合成代谢。

　　体内的脱氧核糖核苷酸只能通过核糖核苷酸的还原得到，胸苷酸合酶催化 dUMP 甲基化为 dTMP，四氢叶酸（FH$_4$）是胸苷酸合酶的辅酶。核苷二磷酸和三磷酸之间可以实现相互转化。

　　核苷酸代谢紊乱会引起严重遗传性疾病及痛风等。多种用于肿瘤治疗的抗代谢物属于嘌呤、嘧啶、叶酸和氨基酸类似物，可以竞争性抑制核苷酸代谢过程，抑制肿瘤恶性增殖。

（药立波）

Notes

# 第十一章　非营养物质代谢

　　进入人体内的物质并非都是营养物质。实际上,有许多非营养物质可以通过各种途径进入人体。所谓非营养物质,是指既不是构建组织细胞的成分,又不能氧化供能的物质。有些非营养物质对人体有一定的生物学效应或毒性作用。进入体内的非营养物质需经过各种代谢后及时排出体外。

　　非营养性物质按其来源可分为内源性和外源性两类。内源性物质包括体内各种生物活性物质(如激素、神经递质)及对机体有毒的代谢产物(如氨、胺类、胆红素等)。外源性物质包括药物、毒物、食品添加剂、环境污染物、肠道中细菌作用的产物等,统称为异源物(xenobiotic)。非营养物质一般具有较强的生物活性,水溶性较低,需要经过一定的代谢途径(即肝的生物转化作用)转变成水溶性较强的衍生物,通过泌尿道或胆道排出体外,以保持内环境的恒定。

## 第一节　生物转化作用

　　任何物质在生物体内所发生的代谢转变过程均属(广义的)生物转化。这里是一种狭义的"转化"概念,专指机体对内、外源性非营养性物质进行代谢转化,改变其生物活性,增强其水溶性,使其易于排出体外的过程,即生物转化(biotransformation)。非营养物质在体内主要以生物转化的方式进行代谢。

### 一、肝是生物转化作用的主要器官

#### (一)非营养物质主要在肝进行代谢

　　肝脏不仅是糖、脂、蛋白质、维生素及激素等物质的代谢中心,还具有分泌、排泄和生物转化等功能,是体内"物质代谢的中枢"。虽然其他组织如肺、肾、肠等也有一定的生物转化功能,但体内的非营养物质主要在肝进行代谢,通过生物转化后排出体外。肝生物转化的生理意义在于提高体内非营养物质的水溶性,使其易于从胆汁或尿液排出。

#### (二)肝的生物转化作用不等于解毒作用

　　大多数情况下,机体对非营养物质的转化可使生物活性降低或消除(灭活作用),或使有毒物质的毒性减低或消除,即解毒作用(detoxification)。但生物转化作用并不是绝对地产生"灭活"和"解毒"效应,有些物质经过肝的生物转化后,其毒性反而增强或溶解性反而下降,不易排出体外。所以,不能将生物转化简单地理解为"解毒作用"。

### 二、肝的生物转化反应可分为两相

　　肝的生物转化涉及多种酶促反应,但总体上可分为两相反应。第一相反应(氧化、还原、水解)主要是将非营养物质分子中的某些非极性基团转变为极性基团,增加其水溶性,有利于其排出体外。有些物质经过第一相反应后水溶性和极性改变不明显,因而需要第二相反应(结合反应),将非营养物质加上一极性更强的物质或基团,进一步增加其水溶性而促进排泄。

#### (一)第一相反应包括氧化、还原和水解反应

　　非营养物质在体内的代谢,首先是通过氧化(oxidation)、还原(reduction)和水解(hydrolysis)

反应,使分子的结构发生改变,极性增强,即水溶性增加。

**1. 氧化反应是第一相反应中最常见的反应类型**　肝细胞含有参与生物转化的各种氧化酶,如加单氧酶系、单胺氧化酶和脱氢酶等。

(1) **加单氧酶系是最重要的氧化酶**:肝细胞微粒体的加单氧酶系(monooxygenase)(又称羟化酶或混合功能氧化酶)能催化多种脂溶性物质从氧分子中接受 1 个氧原子生成羟基化合物或环氧化合物,另 1 氧原子被 NADPH 还原为水(第八章)。

$$RH + O_2 + NADPH + H^+ \longrightarrow ROH + NADP^+ + H_2O$$

加单氧酶系是肝中非常重要的代谢药物和毒物的酶系,进入人体的异源物约一半以上经此系统氧化。该酶还参与许多重要物质的羟化过程,如维生素 $D_3$ 的羟化、胆汁酸和类固醇激素合成过程中的羟化作用等。

许多毒物、药物在加单氧酶系的催化下增加水溶性和减低活性,有利于排出。但也有例外,如发霉的谷物、花生等常含有黄曲霉素 $B_1$,经加单氧酶系的作用生成的黄曲霉素 2,3- 环氧化物,可与 DNA 分子中鸟嘌呤结合(11-1),引起 DNA 突变。所以,黄曲霉素是致肝癌的重要危险因子。

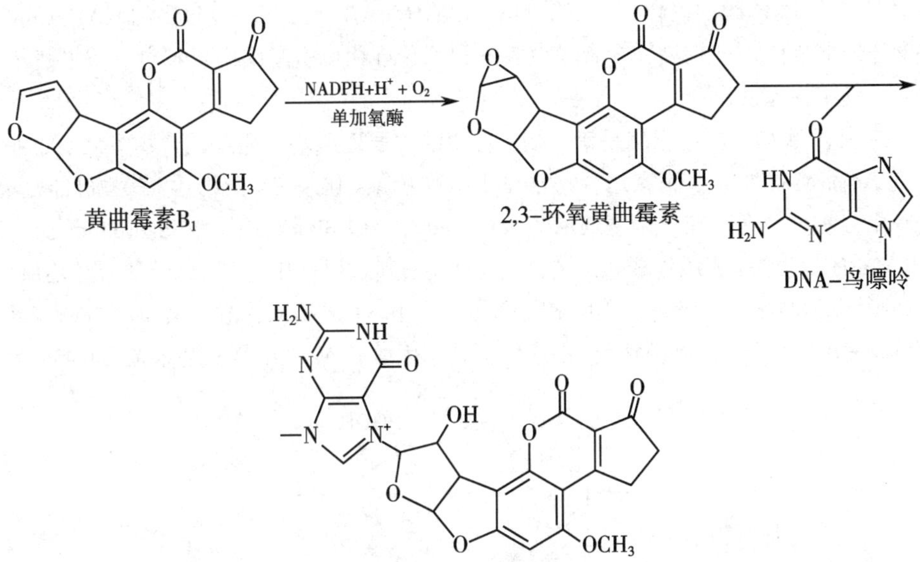

(11-1)

(2) **单胺氧化酶氧化脂肪族和芳香族胺类**:单胺氧化酶(monoamine oxidase, MAO)类属于黄素蛋白,在肝线粒体中活性最高。这类酶可催化胺类氧化脱胺基,生成相应的醛,再进一步氧化为酸,这样使分子的水溶性增加,容易随尿排出。许多内源性胺(如组胺、5- 羟色胺、酪胺等)和外源性胺(如抗疟药伯氨喹啉、致幻药麦斯卡林等)都可经此类酶进行生物转化(11-2)。

$$RCH_2NH_2 + O_2 + H_2O \longrightarrow RCHO + NH_3 + H_2O_2$$
$$RCHO + NAD^+ + H_2O \longrightarrow RCOOH + NADH + H^+$$

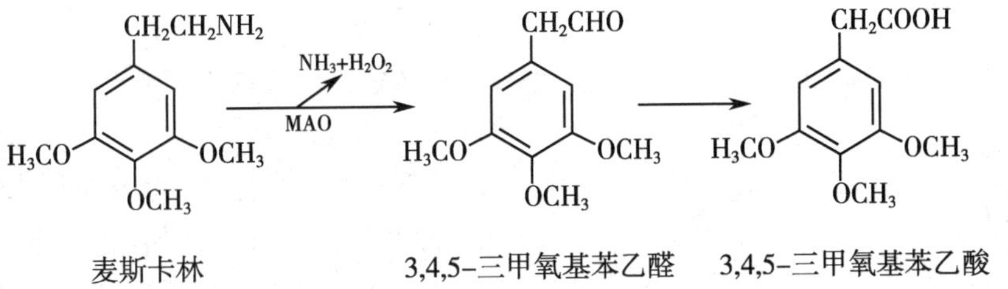

麦斯卡林　　　3,4,5-三甲氧基苯乙醛　　3,4,5-三甲氧基苯乙酸

(11-2)

(3) **脱氢酶系将乙醇氧化生成乙酸**:肝内代谢乙醇的酶主要有醇脱氢酶(alcohol dehydrogenase, ADH)和醛脱氢酶(aldehyde dehydrogenase, ALDH),催化乙醇氧化生成相应的醛和酸:

$$CH_3CH_2OH + NAD^+ \longrightarrow CH_3CHO + NADH + H^+$$

$$CH_3CHO + NAD^+ + H_2O \longrightarrow CH_3COOH + NADH + H^+$$

长期大量饮酒易伤肝。70kg 体重的成年人每小时可代谢 7～14g 乙醇，超量摄入的乙醇，除经 ADH 和 ALDH 氧化外，还可诱导微粒体乙醇氧化系统（microsomal ethanol oxidizing system，MEOS）的活性。MEOS 是乙醇 -P$_{450}$ 单加氧酶，仅在血中乙醇浓度很高时起作用。MEOS 催化乙醇生成乙醛，在大量摄入乙醇时导致体内乙醛大量增加。MEOS 催化反应时可增加肝对氧和 NADPH 的消耗，且还可催化脂质过氧化产生羟乙基自由基，后者可进一步促进脂质过氧化，产生大量脂质过氧化物，引发肝细胞氧化损伤。

乙醇经上述两种代谢途径氧化均生成乙醛，后者在 ALDH 的催化下氧化成乙酸。人体肝内 ALDH 活性最高。ALDH 的基因型有正常纯合子、无活性型纯合子和两者的杂合子 3 型。东方人这三种基因型的分布比例是 45：10：45。无活性型纯合子完全缺乏 ALDH 活性，杂合子型部分缺乏 ALDH 活性。东方人群大约有 30%～40% 的人 ALDH 基因有变异，部分 ALDH 活性低下，此乃该人群饮酒后乙醛在体内堆积，引起血管扩张、面部潮红、心动过速、脉搏加快等反应的重要原因。此外，乙醇的氧化使肝细胞胞液 NADH/NAD$^+$ 比值升高，过多的 NADH 可将胞液中丙酮酸还原成乳酸。严重酒精中毒导致乳酸和乙酸堆积可引起酸中毒和电解质平衡紊乱，还可使糖异生受阻引起低血糖。

**2. 硝基还原酶和偶氮还原酶是第一相反应中的主要还原酶**　硝基化合物多见于工业试剂、杀昆虫剂、食品防腐剂等。偶氮化合物常见于食品色素、化妆品、药物等，有些可能是前致癌剂。这些化合物分别在微粒体硝基还原酶（nitroreductase）和偶氮还原酶（azoreductase）的催化下，由 NADPH 提供氢，还原生成相应的胺，从而失去其致癌作用。例如，硝基苯经还原反应生成苯胺（氨基苯）（11-3），后者再在单胺氧化酶的作用下，生成相应的酸。又如，偶氮染料甲基红在偶氮还原酶的催化下，偶氮键断裂，生成邻氨基苯甲酸和 *N*- 二甲基氨基苯胺（11-4）。

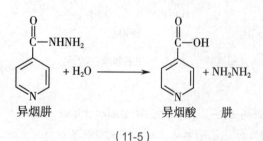

硝基苯　　亚硝基苯　　羟氨苯　　氨基苯

（11-3）

甲基红　　邻氨基苯甲酸　　*N*–二甲基氨基苯胺

（11-4）

**3. 水解反应主要的酶是酰胺酶、酯酶、糖苷酶和环氧化物水解酶**　水解酶（hydrolyase）主要存在于肝细胞内质网和胞质中，催化酯类、酰胺类、糖苷类化合物及环氧化物的水解，以降低或消除其生物活性。例如，抗结核病药物异烟肼经酰胺酶水解生成异烟酸和肼（11-5）。

许多物质经水解后即丧失或减弱其生物活性，通常还要进一步经结合反应才能排出体外。如解热镇痛药阿司匹林（乙酰水杨酸）的生物转

异烟肼　　　　　　异烟酸　　　肼

（11-5）

化过程,首先是经酯酶(esterases)水解生成水杨酸,然后是与葡糖醛酸的结合反应;也可以水解后先氧化成羟基水杨酸,再结合葡糖醛酸(11-6)。

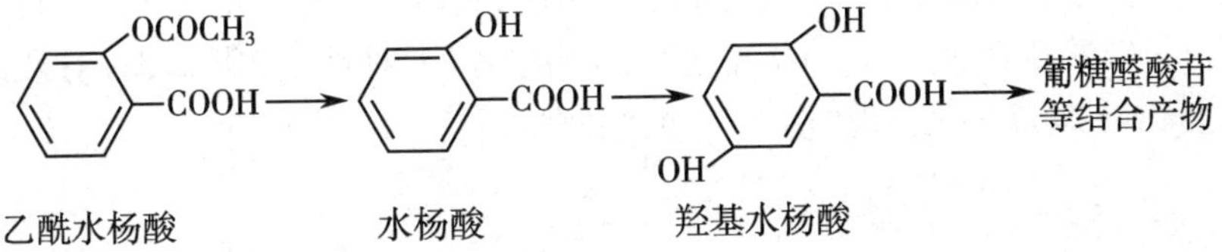

OCOCH₃ → OH → OH → 葡糖醛酸苷等结合产物

乙酰水杨酸　　　　水杨酸　　　　羟基水杨酸

（11-6）

在药物设计时,经常将药物制成其酯或酰胺类前体,进入体内经生物转化的水解反应后才能发挥作用,有利改善药物的性能。如将阿司匹林与氯霉素制成阿司匹林氯霉素酯,口服吸收后在肝中快速水解成阿司匹林与氯霉素,可同时发挥解热和抗菌作用。

### （二）第二相反应是结合反应

非营养物质经第一相反应后,如果其水溶性仍不够大,需进行第二相反应。有些异源物也可不经过第一相反应而直接进入第二相反应。

第二相反应是结合反应(conjugation reaction),在肝细胞的微粒体、胞质或线粒体进行,是体内最重要的生物转化方式。凡含有羟基、羧基或氨基等基团的非营养物质(如药物、毒物或激素等),在肝内可与某种极性物质结合,掩盖其功能基团,增加水溶性,使之失去生物学活性(或毒性),并促进其排出。常见的结合物或基团有葡糖醛酸、硫酸、乙酰基、甲基、谷胱甘肽及氨基酸等,其中以葡糖醛酸(glucuronic acid)结合反应最多见。

1. 葡糖醛酸结合是最重要和普遍的结合反应  尿苷二磷酸葡萄糖(uridine diphosphate glucose, UDPG)可通 UDPGA 脱氢酶催化、生成尿苷二磷酸葡糖醛酸(UDPGA)。UDPGA 作为供体在 UDP-葡糖醛酸基转移酶(UDP-glucuronyltransferase, UGT)催化下,将具有多个羟基和可解离羧基的葡糖醛酸基转移到非营养物质的极性基团上(如羟基、羧基、氨基等),生成 β-D-葡糖醛酸苷(11-7),使其毒性降低、易于排出。如苯酚、胆红素、吗啡、苯巴比妥类药物等均可在肝脏与葡糖醛酸结合而进行生物转化。临床"保肝"治疗时,应用葡糖醛酸类制剂(如肝泰乐)增强肝的生物转化功能,实际上就是促进非营养物质的代谢转变,防止其对肝的损伤。

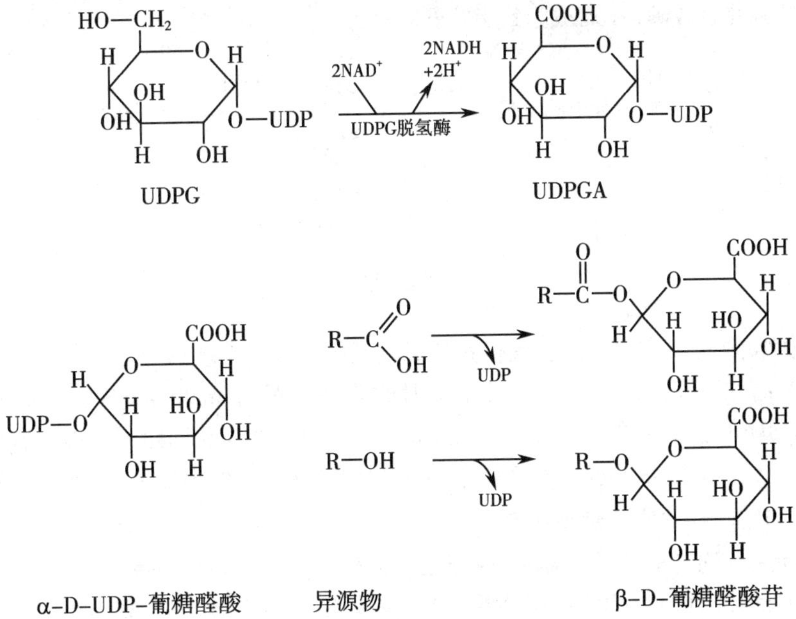

UDPG ──2NAD⁺ → 2NADH+2H⁺ / UDPG脱氢酶──→ UDPGA

α-D-UDP-葡糖醛酸　　　异源物　　　β-D-葡糖醛酸苷

（11-7）

2. 硫酸结合也是常见的结合反应　3′- 磷酸腺苷 5′- 磷酸硫酸（PAPS）为活性硫酸供体，在肝内硫酸基转移酶（sulfotransferase，SULT）的催化下，将硫酸根转移到类固醇激素、酚或胺类（如甲状腺素、3- 羟吲哚、酪胺等）的羟基上，生成硫酸酯，既可增加其水溶性，又可促进其失活。如雌酮在肝内与硫酸结合而失活（11-8）。严重肝病患者，此种结合作用减弱，导致血中雌酮过多，可使某些局部小动脉扩张出现"蜘蛛痣"或"肝掌"。

雌酮　　　　　　　　　　　　　　　　　　雌酮硫酸酯

（11-8）

3. 乙酰基化反应是某些含胺异源物的重要代谢途径　肝细胞胞质中富含 N- 乙酰基转移酶（N-acetyltransferase），催化乙酰 CoA 的乙酰基转移到芳香族胺类化合物（如苯胺、磺胺、异烟肼等）的氨基上，生成相应的乙酰化衍生物。如大部分磺胺类药物在肝中通过乙酰基的结合反应而丧失抑菌功能（11-9）。然而，磺胺类药物经乙酰化后，其溶解度并不增加，反而降低，在酸性尿中易于析出，故在服用磺胺类药物时应服用适量小苏打（碳酸氢钠），提高其溶解度，利于随尿排出。

$$H_2N{-}\!\!\!\langle\ \rangle\!\!\!{-}SO_2NHR + CH_3CO{\sim}SCoA \longrightarrow CH_3CO{-}NH{-}\!\!\!\langle\ \rangle\!\!\!{-}SO_2NHR + HS{\sim}CoA$$

磺胺　　　　　　　　　乙酰辅酶A　　　　　　　　　　　N–乙酰磺胺　　　　　　　辅酶A

（11-9）

4. 甲基化反应是代谢内源化合物的重要反应　肝细胞内含有各种甲基转移酶（methyltransferase），以 S- 腺苷甲硫氨酸（SAM）为甲基供体，催化含有羟基、巯基或氨基的化合物的甲基化反应。如尼克酰胺甲基化生成 N- 甲基尼克酰胺（11-10）。大量服用尼克酰胺时，由于消耗甲基，引起胆碱和卵磷脂合成障碍，而成为致脂肪肝因素。

尼克酰胺 + S–腺苷甲硫氨酸 ——甲基转移酶——→ + S–腺苷同型半胱氨酸

N–甲基尼克酰胺

（11-10）

5. 谷胱甘肽结合反应是细胞自我保护的重要反应　许多致癌剂、环境污染物、癌症治疗药物以及内源性活性物质含有亲电中心，在谷胱甘肽 S- 转移酶（glutathione S-transferase，GST）的催化下，与 GSH 的巯基结合，生成谷胱甘肽结合产物（11-11），从而阻断这些化合物与 DNA、RNA 或蛋白质结合。肝细胞膜上有依赖 ATP 的谷胱甘肽结合产物输出泵，可将各种谷胱甘肽结合产物排出肝细胞，经胆汁排出体外。

6. 某些氨基酸可与非营养物质的羧基结合　有些药物、毒物的羧基被激活成酰基辅酶 A 后，在酰基转移酶催化下可与甘氨酸、牛磺酸结合，生成相应的结合产物。如苯甲酸通过与甘氨酸结合生成马尿酸（苯甲酰甘氨酸）（11-12），随尿液排出体外。

Notes

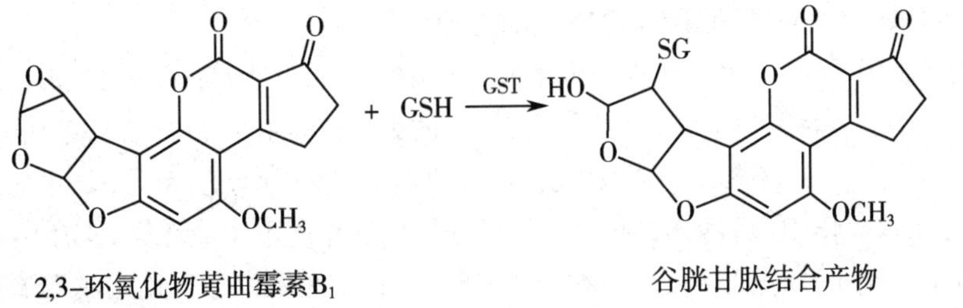
GST
GSH
2,3-环氧化物黄曲霉素B1
谷胱甘肽结合产物

(11-11)

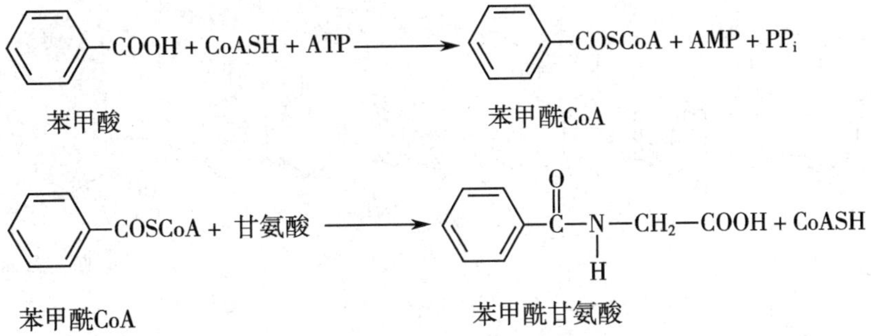
COOH + CoASH + ATP
COSCoA + AMP + PPi
苯甲酸
苯甲酰CoA
COSCoA + 甘氨酸
COOH + CoASH
苯甲酰CoA
苯甲酰甘氨酸

(11-12)

## 三、生物转化反应具有连续性、多样性及双重性的特点

### （一）生物转化的第一相与第二相反应往往是连续进行的

非营养物质在体内的生物转化过程是连续进行的。先进行第一相反应，接着进行第二相结合反应，增加其极性，最终排出体外。如阿司匹林先水解生成水杨酸，然后是与葡糖醛酸的结合反应；也可以水解后先氧化成羟基水杨酸，再结合葡糖醛酸（图 11-1）。

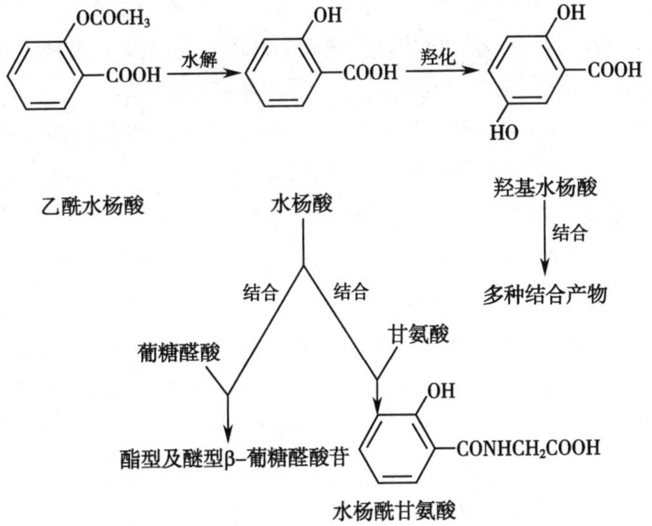
水解
羟化
乙酰水杨酸
水杨酸
羟基水杨酸
结合
多种结合产物
结合
结合
葡糖醛酸
甘氨酸
酯型及醚型β-葡糖醛酸苷
水杨酰甘氨酸

图 11-1　阿司匹林的生物转化过程

### （二）非营养物质可经多种反应实现生物转化（多样性）

同一种非营养物质可经过不同的生物转化途径，生成不同的代谢产物。如阿司匹林先水解生成水杨酸，既可与甘氨酸结合生成水杨酰甘氨酸，又可与葡糖醛酸结合生成葡糖醛酸苷，还可以水解后先氧化成羟基水杨酸，再进行多种结合反应（图 11-1）。

### （三）生物转化反应具有解毒与致毒的双重性

一种物质在体内经过生物转化后，其毒性可能减弱（解毒），也可能增强（致毒），即生物转化具有解毒与致毒的双重性。例如，发霉的谷物、花生的黄曲霉素 $B_1$，经肝微粒体加单氧酶系的作用下生成的黄曲霉素 2, 3- 环氧化物是致癌物质。香烟中含有一种芳香烃——苯并芘（benzopyrene，BP），本身并无致癌作用，进入人体在肝微粒体环氧化物作用下生成环氧化物，后者经环氧化物水解酶（epoxide hydrolase）水解，生成相应的二醇，再经加单氧酶系作用生成的苯并芘二醇环氧化合物（DHEP-BP）(11-13)具有致癌作用的，能与蛋白质和核酸结合，引起细胞坏死或致癌作用。环氧化物主要通过水解清除或与 GSH 结合。

加单氧酶系　　　　环氧水解酶　　　　加单氧酶系

苯并芘　　　　　　苯并芘-7,8-二醇　　　苯并芘二醇环氧化合物

（11-13）

## 四、生物转化作用受许多因素的调节和影响

肝的生物转化作用不是一成不变的。在不同个体之间，肝的生物转化作用存在着差异，即使是同一个体，在不同状况下，肝的生物转化作用也可能不同。肝的生物转化作用受多种生理、病理和遗传因素的影响。

### （一）多种生理病理和遗传因素可影响生物转化作用

1. **不同年龄体内生物转化能力不同**　人肝生物转化酶有一个发育的过程：新生儿肝生物转化酶系发育尚不完善，对内、外源性非营养物质的转化能力较弱，容易发生药物及毒素中毒。如肝微粒体 UDP- 葡糖醛酸转移酶活性在出生 5～6 天后才开始升高，1 到 3 个月后接近成人水平。进入体内的氯霉素（90%）与葡糖醛酸结合后解毒，故新生儿易发生氯霉素中毒导致"灰色婴儿综合征"。新生儿的高胆红素血症也与缺乏葡糖醛酸基转移酶有关。老年人肝的生物转化能力仍属正常，但其肝血流量及肾的廓清速率下降，导致老年人血浆药物清除率下降。因此，临床上对新生儿及老年人的用药剂量较成人低。

2. **某些生物转化反应存在明显的性别差异**　某些生物转化反应存在性别差异。例如女性体内醇脱氢酶活性高于男性，女性对乙醇的代谢处理能力比男性强。氨基比林在男性体内的半衰期约 13.4 小时，而女性则为 10.3 小时，说明女性对氨基比林的转化能力比男性强。妊娠期妇女肝清除抗癫痫药的能力升高，但晚期妊娠妇女的生物转化能力普遍降低。

3. **营养状况对生物转化作用亦产生影响**　蛋白质的摄入可以增加肝细胞整体生物转化酶的活性，提高生物转化的效率。饥饿数天（7 天），肝谷胱甘肽 S- 转移酶（GST）作用受到明显影响，其参加的生物转化反应水平降低。大量饮酒，因乙醇氧化为乙醛及乙酸，再进一步氧化成乙酰辅酶 A，产生 NADH，可使细胞内 $NAD^+$/NADH 比值降低，从而减少 UDP- 葡糖转变成 UDP葡糖醛酸，影响了肝内葡糖醛酸结合反应。

4. **疾病尤其严重肝病可明显影响生物转化作用**　肝实质损伤直接影响肝生物转化酶类的合成。例如严重肝病时微粒体单加氧酶系活性可降低 50%。肝细胞损害导致 NADPH 合成减少亦影响肝对血浆药物的清除率。肝功能低下对包括药物或毒物在内的许多异源物的摄取及灭活速度下降，药物的治疗剂量与毒性剂量之间的差距减小，容易造成肝损害，故对肝病患者用药应特别慎重。

Notes

**5. 遗传因素亦可显著影响生物转化酶的活性** 遗传变异可引起种群或个体之间存在生物转化的酶类的多态性，导致个体之间生物转化酶类分子结构的差异或酶合成量的差异。变异产生的低活性酶可因影响药物代谢而造成药物在体内的蓄积。相反，变异导致的高活性酶则可缩短药物的作用时间或造成药物代谢毒性产物的增多。目前已知，许多肝生物转化的酶类存在酶活性异常的多态性，如醛脱氢酶、葡糖醛酸基转移酶、谷胱甘肽 S- 转移酶等。又如，$N$- 乙酰基转移酶 2B 的多态性可造成其活性丢失，从而影响异烟肼等芳香胺的代谢，增加芳香族化合物致癌的危险性。

**（二）许多生物转化的酶类是诱导酶**

一些药物或毒物可诱导肝内生物转化相关酶的合成，从而可加速自身的代谢，亦可影响其他异源物的生物转化。如长期服用苯巴比妥可诱导肝微粒体加单氧酶系的合成，加速药物代谢过程，使机体对此类催眠药产生耐药性，同时对氯霉素、非那西丁、氢化可的松等药物的转化能力也大大增强。苯巴比妥还可诱导肝微粒体 UDP- 葡糖醛酸转移酶的合成，促进游离胆红素与葡糖醛酸的结合反应，故临床上可用于治疗新生儿黄疸。有些毒物，如香烟中的苯并芘可诱导肺泡吞噬细胞内羟化酶（属加单氧酶系）的合成，故吸烟者羟化酶的活性明显高于非吸烟者。

由于多种物质在体内转化常由同一酶系的催化，因此同时服用多种药物时可出现药物之间对同一转化酶系的竞争性抑制作用，使多种药物的生物转化作用相互抑制，可导致某些药物药理作用强度的改变，因此同时服用多种药物时应予注意。例如保泰松可抑制双香豆素类药物的代谢，二者同时服用时保泰松可增强双香豆素的抗凝作用，易发生出血现象。

**（三）食物对肝生物转化活性也有影响**

食物中亦常含有诱导或抑制生物转化酶的非营养物质。蛋白质的摄入可以增加肝细胞整体酶的活性，提高生物转化效率。烧烤食物、甘蓝、萝卜等含有肝微粒体加单氧酶系的诱导物，而水田芥则含有该酶的抑制剂，食物中的黄酮类可抑制加单氧酶的活性。

# 第二节 胆汁酸的代谢

胆固醇在肝脏可转变为胆汁酸（bile acid），肝内生成的胆汁酸盐协助脂质消化酶消化脂质，在脂质消化吸收中具有非常重要的作用（第七章）。胆汁酸实际上是非营养物质，不能彻底分解产生能量或其他可用于生物生成的材料。其最终去路是经肠道排泄。

## 一、胆汁兼具消化和排泄功能

**（一）胆汁可分为肝胆汁和胆囊胆汁**

胆汁（bile）由肝细胞分泌，通过肝内胆道系统流出并储存于胆囊，再通过胆管系统进入十二指肠，参与膳食中脂类的消化和吸收。从肝细胞初分泌的胆汁称肝胆汁（hepatic bile），澄清透明，金黄色，固体成分含量较少。肝胆汁进入胆囊后，胆囊壁上皮细胞吸收其中的水分和无机盐等，并分泌黏液掺入胆汁，使肝胆汁浓缩成为胆囊胆汁（gallbladder bile），呈暗褐色或棕绿色。正常人肝胆汁和胆囊胆汁的部分性质和化学百分组成见表 14-1。

**（二）胆汁成分包括消化相关物质和排泄物**

胆汁中的成分除水外，主要固体成分是胆汁酸盐（简称胆盐，bile salts），约占固体成分的 50%。除胆汁酸盐外，胆汁中与食物消化相关的物质还有多种酶类（脂肪酶、磷脂酶、淀粉酶等）。此外，胆汁中的其他固体成分包括无机盐、黏蛋白、磷脂、胆色素，胆固醇及其他排泄物。进入体内的药物、毒物及重金属盐均可经肝生物转化后随胆汁排出。因此，胆汁既是一种消化液，促进脂类的消化吸收，也可作为排泄液，将体内某些代谢产物及异源物运输至肠道，随粪便排出。

Notes

表 14-1    两种胆汁的部分性质和化学百分组成

|  | 肝胆汁 | 胆囊胆汁 |
|---|---|---|
| 比重 | 1.009～1.013 | 1.026～1.032 |
| pH | 7.1～8.5 | 5.5～7.7 |
| 水 | 96～97 | 80～86 |
| 固体成分 | 3～4 | 14～20 |
| 无机盐 | 0.2～0.9 | 0.5～1.1 |
| 黏蛋白 | 0.1～0.9 | 1～4 |
| 胆汁酸盐 | 0.5～2 | 1.5～10 |
| 胆色素 | 0.05～0.17 | 0.2～1.5 |
| 总脂类 | 0.1～0.5 | 1.8～4.7 |
| 胆固醇 | 0.05～0.17 | 0.2～0.9 |
| 磷脂 | 0.05～0.08 | 0.2～0.5 |

## 二、胆汁酸促进脂类的消化、吸收和胆固醇排泄

胆汁酸是胆汁的重要成分,是一类含有固醇核的 24 碳羧酸的总称,在胆汁中常以钠盐或钾盐形式存在,称胆汁酸盐。

### (一)胆汁酸的最重要功能是促进脂类的消化及吸收

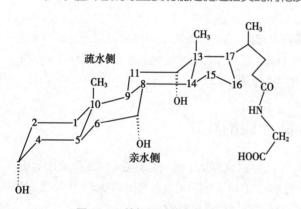

图 11-2    甘氨胆酸的立体构型

胆汁酸是较强的乳化剂,其分子内部既含有亲水基团(如羟基、羧基等),又含有疏水基团(如甲基、烃基)。亲水基团均为 α 型,而甲基为 β 型,两类不同性质的基团恰好位于环戊烷多氢菲核的两侧,所以使胆汁酸的立体构型具有亲水和疏水两个侧面(图 11-2)。此结构特点使胆汁酸具有较强的界面活性,能降低脂 - 水界面的表面张力。胆汁酸盐可将脂类乳化成细小微团,扩大脂类和脂酶的接触面,有利于脂类的消化和吸收。

### (二)胆汁酸的另一个最重要功能是排泄胆固醇

人体内约 99% 胆固醇随胆汁从肠道排出体外,其中 1/3 以胆汁酸形式、2/3 直接以胆固醇的形式排出体外。胆汁中的胆固醇难溶于水,与胆汁酸及卵磷脂结合形成可溶性的微团,经胆道转运至肠道排出体外。如果肝合成胆汁酸或卵磷脂的能力下降、消化道丢失胆汁酸过多或肠肝循环中的肝摄取胆汁酸过少、以及排入胆汁中的胆固醇过多(如胆固醇血症患者),均可造成胆汁酸、卵磷脂与胆固醇比值降低(小于 10:1),易引起胆固醇从胆汁中析出沉淀,形成胆结石(gallstone)。依据胆固醇含量可将胆结石分为 3 类:胆固醇结石(cholesterol stone)、黑色素结石(black pigment stone)和棕色素结石(brown pigment stone)。结石中胆固醇含量超过 50% 的称为胆固醇结石;黑色素结石中一般为 10%～30%,棕色素结石含胆固醇较少。

### (三)胆汁酸对胆固醇的代谢具有负反馈调节作用

胆固醇合成的关键酶 HMG-CoA 还原酶(第七章)和胆汁酸生成的关键酶 7α- 羟化酶均为诱导酶,受胆汁酸浓度升高的负反馈抑制作用。因此,胆汁酸可同时抑制胆固醇和胆汁酸的生物合成。胆汁酸还有许多其他生理作用,如增加小肠中多价金属离子(如铁、钙)的溶解度、抑菌作用和刺激黏液分泌、影响大肠黏膜细胞对水和电解质的吸收、促进大肠运动等。

Notes

## 三、胆汁酸有游离型、结合型及初级、次级之分

### （一）胆汁酸按其结构可分为游离型胆汁酸和结合型胆汁酸

游离型胆汁酸（free bile acid）包括胆酸（cholic acid）、鹅脱氧胆酸（chenodeoxy cholic acid）、脱氧胆酸（deoxycholic acid）和少量的石胆酸（lithocholic acid）。上述 4 种游离型胆汁酸的 24 位羧基与甘氨酸或牛磺酸结合的产物称为结合型胆汁酸（conjugated bile acid），主要包括甘氨胆酸（glycocholic acid）、甘氨鹅脱氧胆酸（glycochenodeoxycholic acid）、牛磺胆酸（taurocholic acid）及牛磺鹅脱氧胆酸（taurochenodeoxycholic acid）等。胆汁中所含的胆汁酸以结合型胆汁酸为主（占 90% 以上），其中甘氨胆酸与牛磺胆酸的比例为 3∶1。结合型胆汁酸水溶性较大，形成的结合型胆汁酸盐更稳定，在钙浓度较高的胆囊中和在十二指肠的偶尔酸性条件下均不发生沉淀。上述胆汁酸的结构见图 11-3。

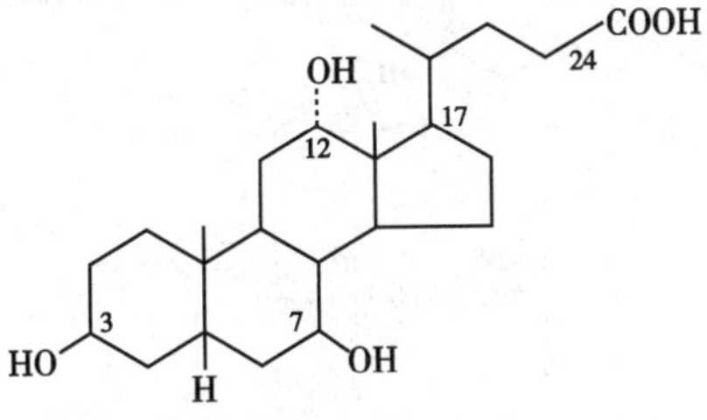


胆酸

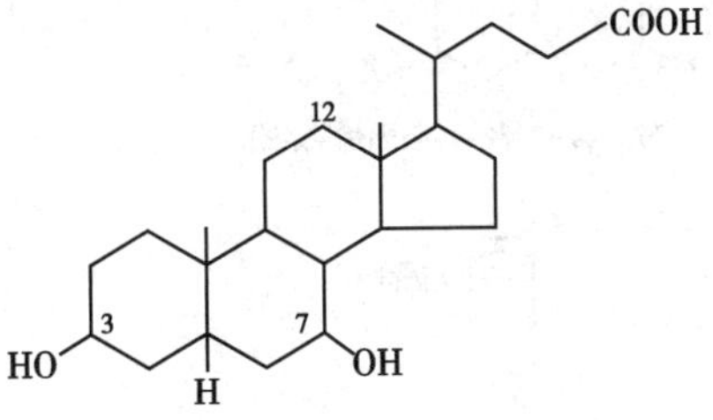


鹅脱氧胆酸

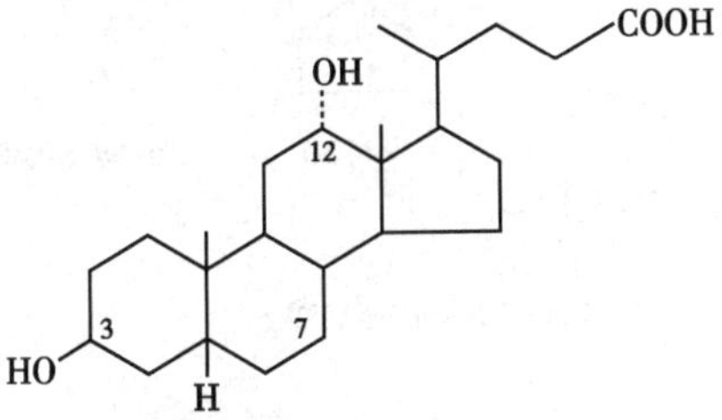


脱氧胆酸

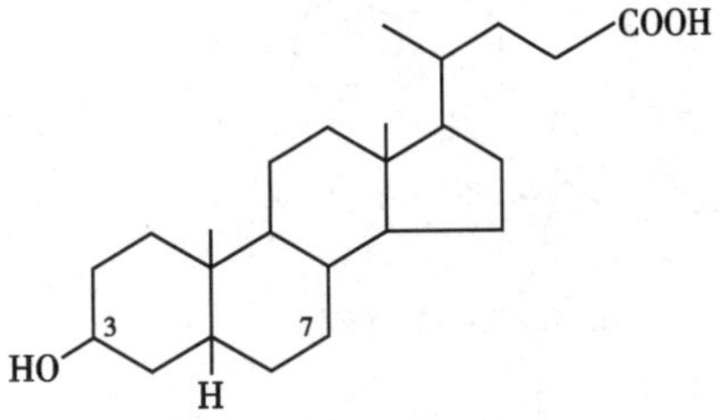


石胆酸

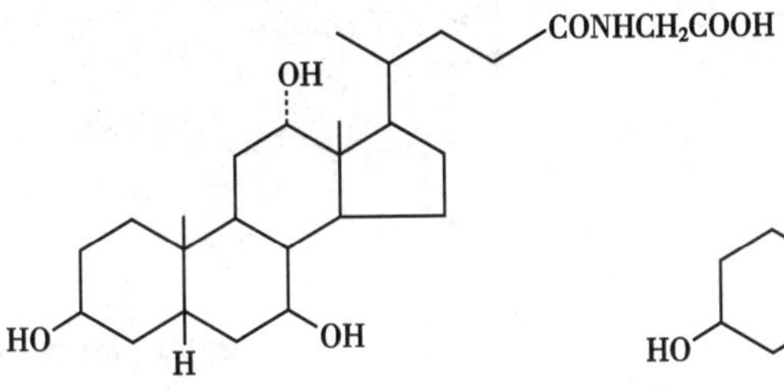


甘氨胆酸

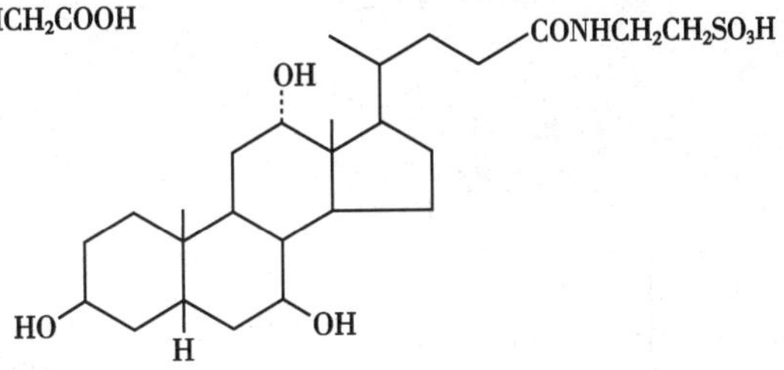


牛磺胆酸

图 11-3　几种主要胆汁酸的结构

### （二）胆汁酸按其生成部位及来源可分为初级胆汁酸和次级胆汁酸

1. 初级胆汁酸在肝内生成　肝细胞内，以胆固醇为原料直接合成的胆汁酸称为初级胆汁酸（primary bile acid），包括胆酸和鹅脱氧胆酸及其与甘氨酸或牛磺酸的结合产物。肝细胞内由胆固醇转变为初级胆汁酸的过程很复杂，需经过多步酶促反应完成。胆固醇首先在 7α- 羟化酶的催化下，生成 7α- 羟胆固醇，再经过 3α（3β- 羟基差相异构化为 3α- 羟基）及 12α 羟化、加氢还原、最后侧链氧化断裂后形成 24 碳的胆烷酰辅酶 A。24 碳的胆烷酰辅酶 A 既可水解生成游离型初级胆汁酸（胆酸和鹅脱氧胆酸）（图 11-4），也可直接与甘氨酸或牛磺酸的结合生成相应的结合型初级胆汁酸（图 11-5）。

Notes

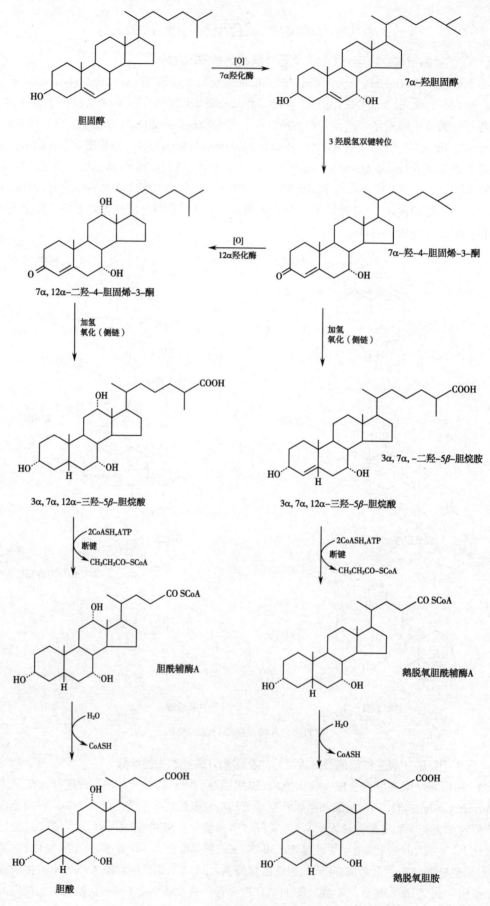

图 11-4 游离型初级胆汁酸的生成

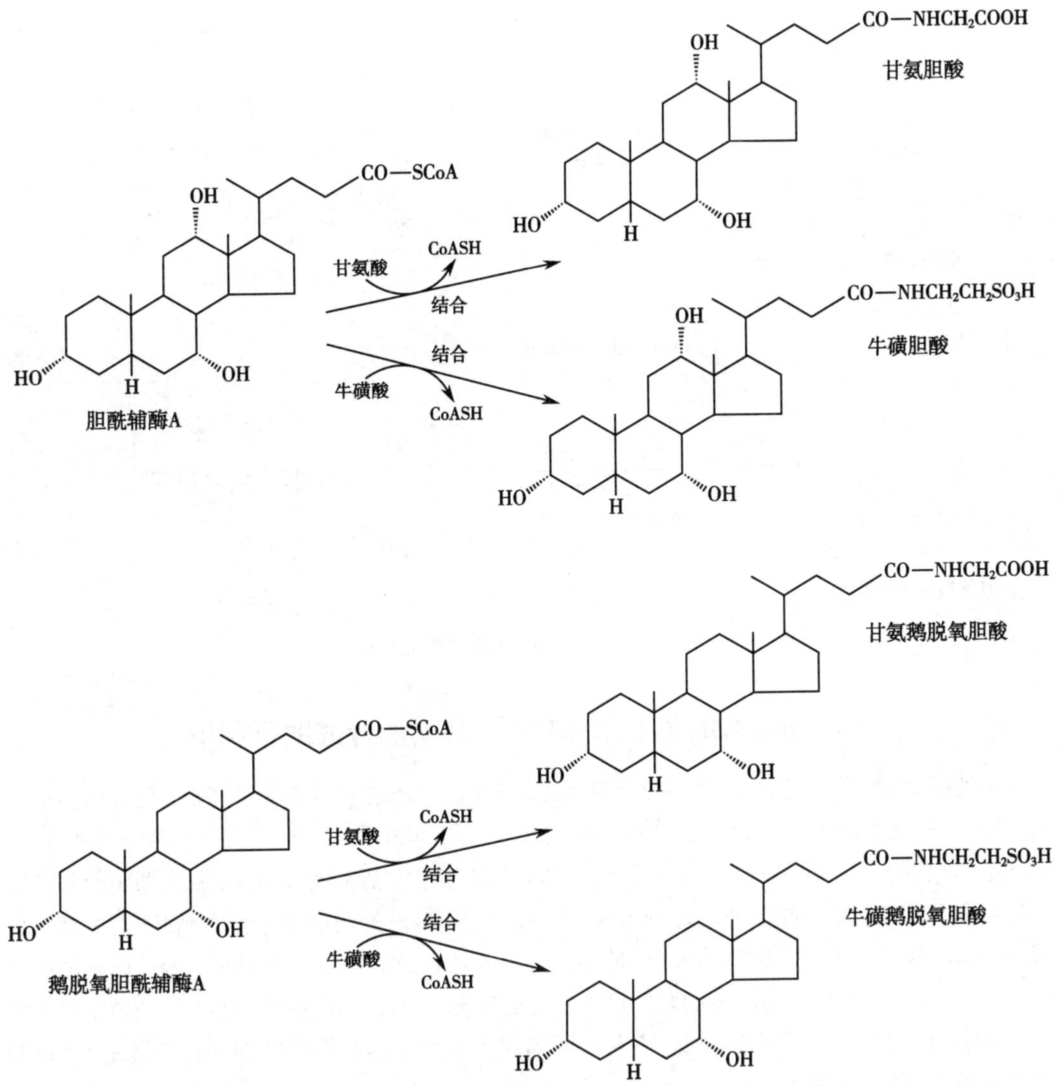

图 11-5　结合型初级胆汁酸的生成

2. **胆固醇 7α- 羟化酶是胆汁酸合成的关键酶**　调节胆汁酸生成的关键酶是胆固醇 7α- 羟化酶,甲状腺素可诱导其合成,所以甲亢患者血浆胆固醇含量降低,而甲减患者血浆胆固醇含量升高。胆固醇 7α- 羟化酶的活性受终产物胆汁酸的负反馈调节,临床上口服药物考来烯胺(阴离子交换树脂)可减少肠道胆汁酸的重吸收,从而促进肝内胆固醇转化成胆汁酸,以降低血清胆固醇含量。食物胆固醇在抑制 HMG-CoA 还原酶合成的同时,诱导胆固醇 7α- 羟化酶合成,肝细胞通过这两个酶的协同作用维持肝细胞内胆固醇的水平。

3. **次级胆汁酸是肠道细菌作用的产物**　肝细胞合成的初级胆汁酸进入肠道,经肠道细菌酶催化的去结合反应和脱 7α- 羟基作用转变为次级胆汁酸(second bile acid)。胆酸脱去 7α- 羟基,生成脱氧胆酸;鹅脱氧胆酸脱去 7α- 羟基生成石胆酸(图 11-6)。这两种游离型次级胆汁酸若经肠肝循环被重吸收进入肝,可与甘氨酸或牛磺酸结合而成为结合型次级胆汁酸。肠道细菌还可将鹅脱氧胆酸转化成熊脱氧胆酸(ursodeoxycholic acid),即将鹅脱氧胆酸 7α- 羟基转变为 7β- 羟基。熊脱氧胆酸在慢性肝病治疗时具有抗氧化应激作用,可降低肝内胆汁酸潴留所引起的肝损伤,减缓疾病的进程。

Notes

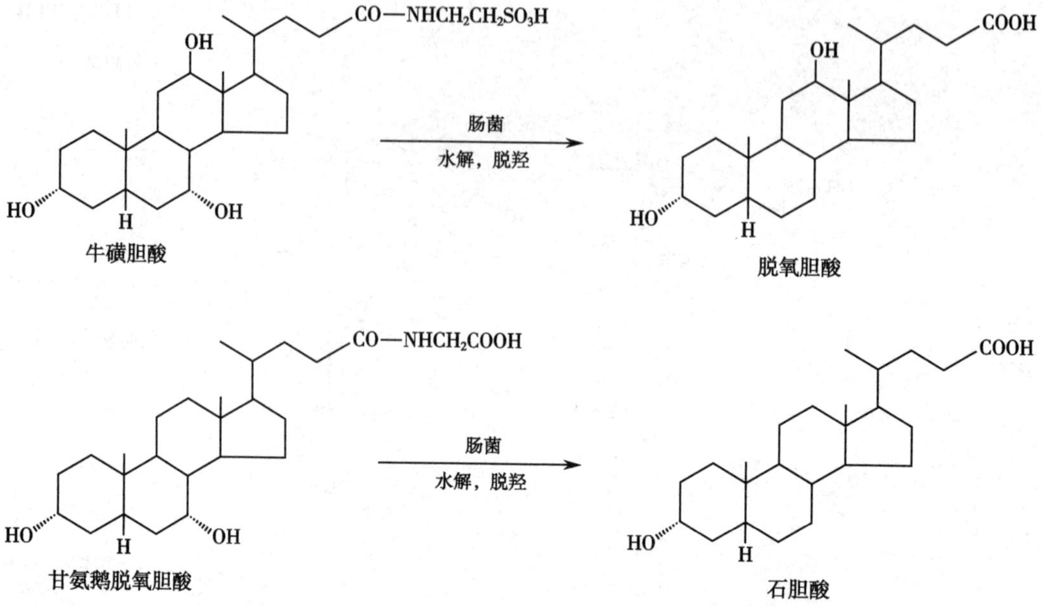

图 11-6 游离型次级胆汁酸的生成

## 四、胆汁酸的肠肝循环有利机体对胆汁酸的再利用

胆汁酸(包括游离型、结合型、初级及次级)随胆汁经胆总管排入十二指肠,促进脂类的消化、吸收。在肠道内约95%以上胆汁酸可被重吸收入血,其余的(约为5%石胆酸)随粪便排出。胆汁酸的重吸收有两种方式,以结合型胆汁酸在回肠部位主动重吸收为主,游离型胆汁酸在小肠各部及大肠被动重吸收为辅。这种由肠道重吸收的胆汁酸经门静脉重新回到肝,在肝细胞内游离型胆汁酸可再重新合成为结合型胆汁酸,并同肝新合成的初级结合型胆汁酸一同再随胆汁排入肠道,这一过程称为胆汁酸的肠肝循环(enterohepatic circulation)(图 11-7)。未被重吸收的胆汁酸主要为石胆酸,其溶解度小,不易被肠黏膜上皮细胞再吸收而随粪便直接排出,所以胆汁中石胆酸的含量甚微。

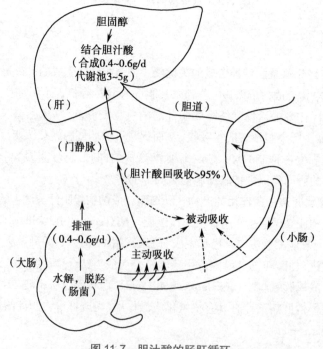

图 11-7 胆汁酸的肠肝循环

　　胆汁酸肠肝循环的生理意义在于使有限的胆汁酸重复利用，促进脂类的消化与吸收。正常人每日合成约 1～1.5g 胆固醇，其中约 2/5（0.4～0.6g）在肝中转变为胆汁酸。肝胆内的胆汁酸代谢池约有 3～5g 胆汁酸，即使全部倾入小肠，也难满足饱餐后脂类消化吸收。依靠胆汁酸的肠肝循环可弥补胆汁酸的合成不足，使有限的胆汁酸池能够发挥最大限度的乳化作用。未被重吸收的胆汁酸（每日约 0.4～0.6g）在肠道细菌的作用下，衍生成多种胆烷酸并由粪便排出。

　　若胆汁酸的肠肝循环被破坏，如腹泻或切除回肠，则胆汁酸不能重复吸收，不仅影响脂类的消化吸收，而且造成胆汁中胆汁酸、卵磷脂与胆固醇比值降低（小于 10∶1），极易形成胆固醇结石。

# 第三节　血红素的生物合成

　　血红素是在体内合成，首先合成卟啉环（porphyrin ring），再螯合 $Fe^{2+}$ 生成血红素，最后与相应蛋白质结合形成各种含血红素蛋白，包括血红蛋白、肌红蛋白、细胞色素、过氧化氢酶及过氧化物酶等。机体是利用琥珀酰 CoA、甘氨酸和 $Fe^{2+}$ 为原料，从头合成血红素，食物中的血红素并不是体内血红素的主要来源。

## 一、血红素的化学结构

　　血红素属铁卟啉化合物，由卟啉环与 $Fe^{2+}$ 螯合而成。卟啉环为四吡咯环结构，其还原型为卟啉原类化合物（porphyrinogens），氧化型为卟啉（porphyrin）类化合物，两者结构上的区别在于卟啉环中 4 个吡咯环的连接键桥，前者为甲烯基（—$CH_2$—）而后者为甲炔基（＝CH—）。体内卟啉原类化合物主要包括原卟啉原（protoporphyrinogen）、尿卟啉原（uroporphyrinogen）和粪卟啉原（coproporphyrinogen）。卟啉原类化合物都是无色的，对光敏感，极易氧化为与之相应的有色的卟啉类化合物，卟啉原（protoporphyrin）、尿卟啉（uroporphyrin）和粪卟啉原（coproporphyrin）。若血红素合成障碍，导致卟啉类化合物或其前体在体内蓄积，导致排泄增多，所引起的疾病称为卟啉症（porphyria）。临床上表现为皮肤、腹部和神经 3 大症候群。

## 二、血红素的生物合成及调节

　　血红素可在体内多数组织细胞内合成，合成通路相同，但最主要的合成部位是骨髓和肝。人体内 85% 以上的血红素存在于血红蛋白中，主要在骨髓的幼红细胞和网织红细胞中合成。

　　（一）血红素合成过程分为 4 个阶段

　　血红素合成的原料为琥珀酰 CoA、甘氨酸和 $Fe^{2+}$ 等。整个生物合成过程可分为 4 个阶段，合成的起始和终末阶段在线粒体，中间过程则在胞质中进行。

　　1. 血红素合成首先在线粒体生成 δ- 氨基 -γ- 酮戊酸　血红素合成的起始反应在线粒体内，琥珀酰 CoA 与甘氨酸缩合生成 δ- 氨基 -γ- 酮戊酸（δ-aminolevulinic acid，ALA）。ALA 合酶（ALA synthase）催化甘氨酸脱羧，琥珀酰 CoA 脱去 CoA 后两者缩合成 ALA（图 11-8）。ALA 合酶是血红素合成过程的关键酶，其辅酶为磷酸吡哆醛，此酶活性受血红素的反馈调节。

　　2. ALA 在细胞质内生成胆色素原　ALA 生成后由线粒体进入胞质，在 ALA 脱水酶（ALA dehydrase）催化下，2 分子 ALA 脱水缩合生成 1 分子吡咯衍生物——胆色素原（porphobilinogen，PBG）（图 11-9）。ALA 脱水酶含有巯基，对铅等重金属的不可逆性抑制作用十分敏感，故铅中毒时体内 ALA 升高而胆色素原不增加。

　　3. 胆色素原在胞质生成尿卟啉原Ⅲ及粪卟啉原Ⅲ　在胞质中，在尿卟啉原Ⅰ同合酶（uroporphyrinogen Ⅰ cosynthase），又称胆色素原脱氨酶（PBG deaminase）的催化下，4 分子胆色素原脱氨

Notes

缩合，头尾连接生成 1 分子线状四吡咯（linear tetrapyrrole）。再经尿卟啉原Ⅲ同合酶（uroporphyrinogen Ⅲ cosynthase）催化，线状四吡咯环化生成尿卟啉原Ⅲ（UPG Ⅲ）。尿卟啉原Ⅲ进一步经尿卟啉原Ⅲ脱羧酶（uroporphyrinogen Ⅲ decarboxylase）催化，使其 4 个乙酸基（A）脱羧变为甲基（M），从而生成粪卟啉原Ⅲ（coproporphyrinogen Ⅲ，CPG Ⅲ）（图 11-10）。

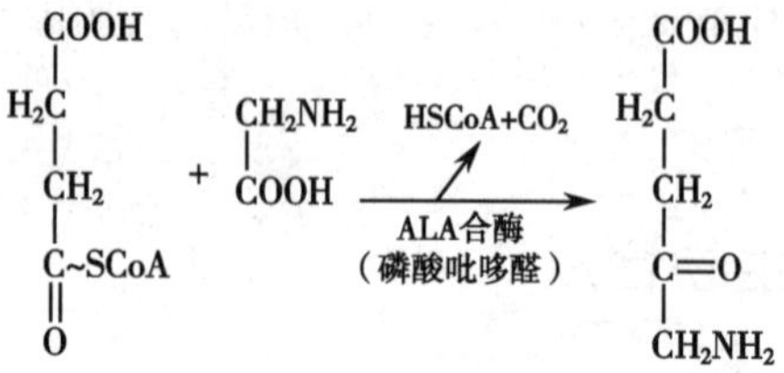

图 11-8　δ- 氨基 -γ- 酮戊酸（ALA）的生成 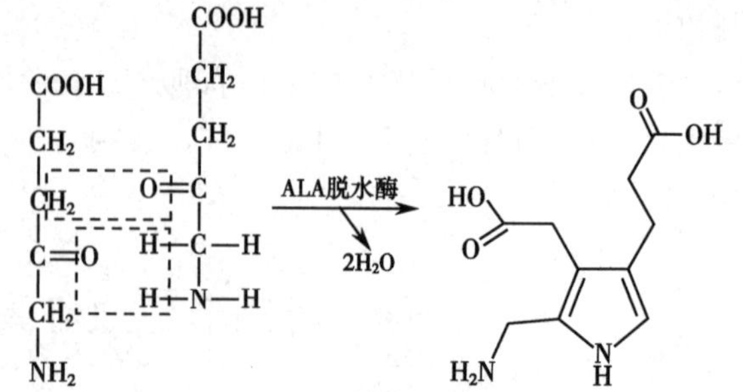　　　　图 11-9　胆色素原的形成

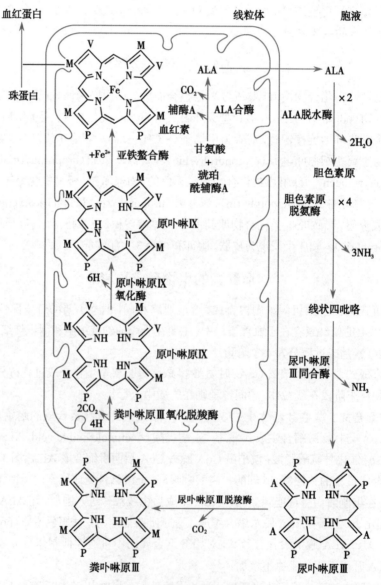

图 11-10　血红素的生物合成

A: —CH₂COOH; P: —CH₂CH₂COOH; M: —CH₃; V: —CHCH₂

Notes

无尿卟啉原Ⅲ同合酶时，线状四吡咯可自然环化成尿卟啉原Ⅰ（UPG-Ⅰ），两种尿卟啉原的区别在于：UPG Ⅰ第7位侧链是乙酸基（A），第8位为丙酸基（P）；而 UPG Ⅲ则与之相反（图 11-11）。正常情况下 UPG Ⅲ与 UPG Ⅰ为 10 000∶1，在某些病理下，UPG Ⅲ生成受阻而生成大量 UPG Ⅰ，后者不能合成血红素，只能随尿液排出。例如，先天性红细胞生成性卟啉症，由于先天性缺乏 UPG Ⅲ同合酶，而使线状四吡咯向 UPG Ⅲ的转变受阻，致使红细胞内 UPG Ⅰ生成增多。患者尿中有大量 UPG Ⅰ的氧化产物尿卟啉Ⅰ和粪卟啉Ⅰ的出现。

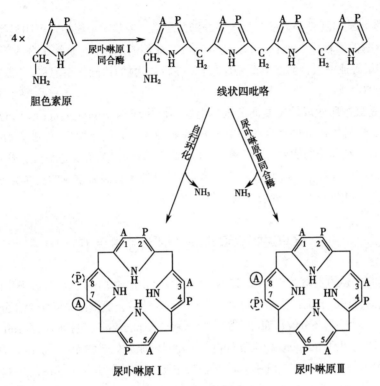

图 11-11　尿卟啉原Ⅲ的生成
A 代表乙酸基，P 代表丙酸基

**4. 粪卟啉原Ⅲ在线粒体生成血红素**　在胞质中生成的粪卟啉原Ⅲ再进入线粒体，由粪卟啉原Ⅲ氧化脱羧酶催化，使其 2、4 位的丙酸基（P）脱羧脱氢生成乙烯基（V），生成原卟啉原Ⅸ（Protoporphyrinogen Ⅸ）。再经原卟啉原Ⅸ氧化酶催化脱氢，使连接 4 个吡咯环的甲烯基氧化成甲炔基，生成原卟啉Ⅸ（protoporphyrinogen Ⅸ）。原卟啉Ⅸ是血红素的直接前体。在亚铁螯合酶（ferrochelatase，又称血红素合成酶）催化下与 $Fe^{2+}$ 螯合生成血红素，铅等重金属对亚铁螯合酶有抑制作用。

血红素生成后从线粒体转入胞液，在骨髓的幼红细胞和网织红细胞中，与珠蛋白结合而成血红蛋白。在肝脏或其他组织细胞胞液中与相应蛋白质结合成各种含血红素蛋白。血红素生物合成的全过程见图 11-10。

血红素合成的特点可归结如下：①大多数组织均可合成血红素，但主要部位是骨髓与肝，成熟红细胞不含线粒体，故不能合成血红素；②血红素合成的原料为琥珀酰 CoA、甘氨酸和 $Fe^{2+}$等；③血红素合成的起始和终末阶段在线粒体，中间过程则在胞液中进行；④ ALA 合酶是调节血红素合成的关键酶，受血红素的反馈抑制。

**（二）血红素的合成受多种因素的调节**

**1. ALA 合酶是血红素合成途径的关键酶**　ALA 合酶的辅酶为磷酸吡哆醛，维生素 $B_6$ 缺乏将减少血红素的合成。ALA 合酶含量少且半衰期短（约 1 小时），其调节包括酶活性和酶含量的调节。血红素是 ALA 合酶的变构抑制剂。正常情况下，血红素生成后迅速与珠蛋白结合成血红蛋白，无过多的血红素堆积。当血红素合成速度大于珠蛋白合成速度时，则过量的游离血红素对 ALA 合酶有反馈抑制作用。血红素还可被氧化为高铁血红素（hematin），后者不仅是 ALA 合酶的强烈抑制剂，而且有利于珠蛋白的合成，促进血红蛋白的生成。此外，血红素在体内可激活 ALA 合酶基因的负调控蛋白，从而抑制 ALA 合酶的合成。许多在肝脏进行生物转化的物质（如致癌剂、药剂、杀虫剂等）及肝内的睾酮 5β- 还原物，均可诱导 ALA 合酶的产生，从而促进血红素的生成。

2. ALA 脱水酶与亚铁螯合酶对重金属的抑制敏感　铅等重金属中毒可明显抑制 ALA 脱水酶和亚铁螯合酶的活性，引起体内卟啉化合物或其前体的堆积，而血红素合成下降，这些是铅中毒的重要体征。亚铁螯合酶还需要还原剂（如谷胱甘肽）的协同作用，任何还原条件的中断也会抑制血红素的合成。

3. EPO 是红细胞生成的主要调节剂　促红细胞生成素（erythropoietin, EPO）是一种糖蛋白，由肾合成。当机体缺氧时，肾分泌 EPO 增加，释放入血并运至骨髓，促进原始红细胞的增殖和分化、加速有核红细胞的成熟，并可诱导 ALA 合酶的合成，从而促进血红素和血红蛋白的生成。EPO 是红细胞生成的主要调节剂，慢性肾炎、肾功能不良患者常见的贫血与 EPO 合成降低有关。临床上也用 EPO 治疗多种因素引起的红细胞减少症。

# 第四节　胆色素的代谢与黄疸

血红素具有重要的生物学功能，但其本身亦是非营养物质，不能彻底分解产生能量或其他可用于生物合成的材料。含血红素蛋白分解时，蛋白质部分按一般蛋白质降解途径分解，游离的血红素释放出 $Fe^{2+}$，而卟啉环分解代谢的产物是胆色素（bile pigment），包括胆绿素（biliverdin）、胆红素（bilirubin）、胆素原（bilinogen）和胆素（bilin）。除胆素原族化合物无色外，其余均有一定颜色，这些化合物随胆汁排出体外，故统称胆色素。其中胆红素居于胆色素代谢的中心，是人体胆汁中的主要色素。

## 一、胆红素是卟啉环的分解代谢产物

### （一）胆红素主要来自红细胞的破坏

机体每日产生 250～400mg 胆红素，其中约 20% 来自肌红蛋白、含血红素的酶的降解（如细胞色素、过氧化氢酶、过氧化物酶等）及造血过程中少量红细胞的过早破坏。80% 来自衰老红细胞破坏所释放的血红蛋白。体内红细胞不断更新，衰老的红细胞主要被肝、脾、骨髓等单核吞噬系统吞噬。单核吞噬系统细胞破坏衰老红细胞，释放出血红蛋白分解为珠蛋白和血红素，血红素代谢生成胆红素。

### （二）血红素加氧酶和胆绿素还原酶催化胆红素的生成

1. 血红素经两步反应生成胆红素　血红素是 4 个吡咯环由甲炔桥（=CH—）连接形成的铁卟啉化合物。在单核吞噬系统细胞中，由微粒体血红素加氧酶（heme oxygenase, HO）催化，使铁卟啉环上的 α 甲炔桥碳原子两侧氧化断裂，甲炔桥的碳转变为 CO，螯合的 $Fe^{2+}$ 氧化为 $Fe^{3+}$ 释出并可再利用。断裂的卟啉环两端的吡咯环被羟化，生成线状四吡咯结构的胆绿素。血红素加氧酶是胆红素生成的关键酶，需要 $O_2$ 和 NADPH 参加，受底物血红素的诱导。

胆绿素进一步在胞质胆绿素还原酶（biliverdin reductase）催化下，由 NADPH 供氢，使甲炔桥（=CH—）还原成甲烯桥（—$CH_2$—），生成胆红素。上述反应机制如图 11-12 所示。

2. 血红素加氧酶在体内有其特殊的生理作用　迄今已发现 3 种血红素加氧酶同工酶：HO-1、HO-2 和 HO-3。其中 HO-1（32kD）在血红素代谢中具有重要地位，血红素可迅速激活 HO-1 生

Notes

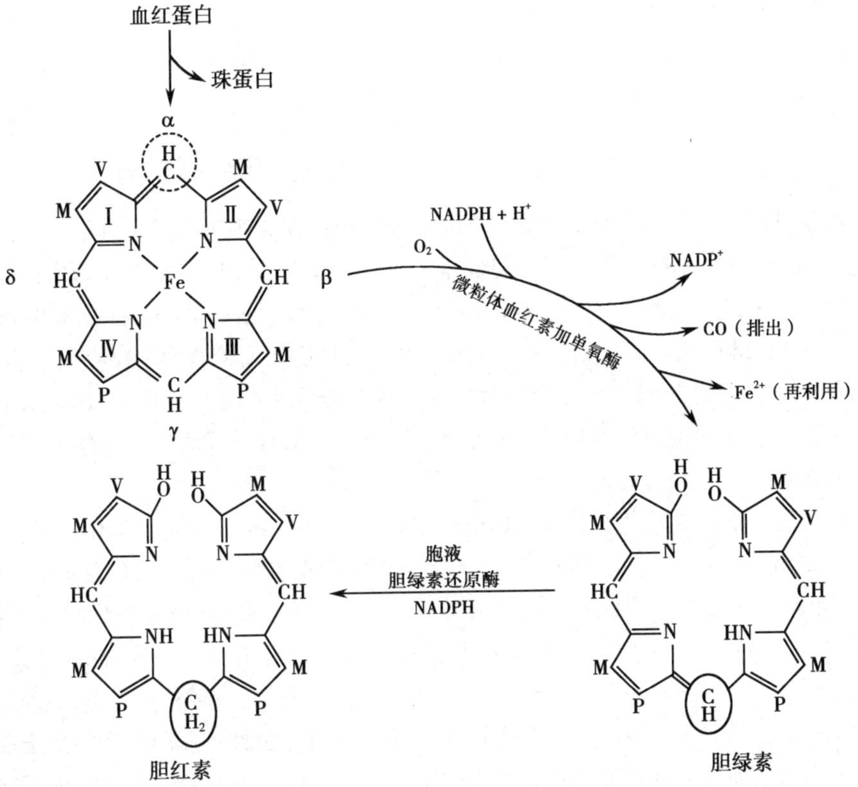

图 11-12 胆红素的生成

P：—CH₂CH₂COOH；M：—CH₃；V：—CH=CH₂

物合成，以及时清除循环系统中的血红素。HO-1 是诱导酶，主要存在于脾、肝和骨髓等降解衰老红细胞的组织器官。HO-1 可被许多因素诱导（如氧化应激、缺氧、NO、白介素 -10、内毒素等），其诱导作用是对细胞一种保护机制。许多疾病均可见 HO-1 的表达增加，例如心肌缺血、急性肾功衰竭、动脉粥样硬化、毒血症、急性胰腺炎、肿瘤等。HO-2 不受底物的诱导，在大脑内恒定表达，对大脑起重要的抗氧化作用。

3. **血红素加氧酶对机体有保护作用**　HO 对机体的保护作用是通过其催化生成的产物 CO、胆红素而实现的。HO 氧化血红素时产生的 CO 是机体内源性 CO 的主要来源。CO 因对血红蛋白有高度的亲和力而被视为对机体有害的物质。但有研究发现，低浓度的 CO 与 NO 功能相似，可作为信息分子和神经递质。CO 与鸟苷酸环化酶分子中的血红素结合，升高细胞内 cGMP 含量，再通过 cGMP 依赖的蛋白激酶 G 发挥生理功能，如舒张血管、增加血流量及调节血压等。CO 激活 GC 所产生的 cGMP，还可抑制血小板的激活和聚集以发挥抗炎作用。

内源性 CO 随肺呼出，因此测定呼出气中 CO 的量，可评估机体 HO-1 的活性及细胞的应激状态，继而推测疾病的严重程度。如糖尿病和哮喘患者呼出气中 CO 的含量明显增加。

### （三）血红素具有亲脂特性和一定的抗氧化作用

1. **血红素的空间结构赋予其疏水亲脂的特性**　胆红素分子中虽然含有羧基、羟基和亚氨基等极性基团，但由于胆红素分子形成瓦楞状的刚性折叠，使极性基团包埋于分子内部，而疏水基团则暴露在分子表面，因此胆红素具有疏水亲脂性质，极易透过生物膜。成人体内约有 <5% β- 胆红素（β- 甲烯桥断裂所生成），不能形成分子内氢键而呈水溶性。

2. **胆红素具有抗氧化作用**　适宜水平的胆红素是体内强有力的抗氧化剂，可有效清除超氧化物和过氧化自由基，抑制过氧化脂质的产生。例如，氧化应激可诱导脑细胞 HO-2 的表达，从而增加胆红素的量，清除过氧化自由基以抵御氧化应激状态。脑细胞胆红素的抗氧化作用通过胆绿素还原酶循环（biliverdin reductase cycle）实现：胆红素氧化成胆绿素，胆绿素在胆绿素还原酶催化下，利用 NADH 或 NADPH 再还原成胆红素，该循环可使胆红素的作用增大一万倍。因此，脑细胞胆红素的抗氧化能力甚至优于维生素 E 和维生素 C。

## 二、血液中的血红素主要与清蛋白结合而运输

胆红素是难溶于水的脂溶性物质，在单核吞噬系统的细胞中生成后透过细胞膜，直接释放入血，主要与血浆清蛋白结合而运输。胆红素 - 清蛋白复合体是胆红素在血液中的转运形式，此时的胆红素尚未经肝细胞进行结合转化，故称为未结合胆红素（unconjugated bilirubin）、游离胆红素（free bilirubin）或血胆红素。在血液中，胆红素与清蛋白结合后不仅克服了胆红素的疏水性，有利于运输，而且限制了胆红素自由透过各种生物膜进入组织细胞，尤其是脑组织，产生毒性作用。胆红素与清蛋白结合后分子量变大，可防止其从肾小球滤过随尿排出，故正常人尿中无游离胆红素。

正常人血清胆红素含量为 1.7～17.1μmol/L（0.2～1.0mg/dl），而每 100ml 血浆中的清蛋白能结合 20～25mg 胆红素，故足以防止其进入脑组织而产生毒性作用。只有当血浆中胆红素浓度过高时，如新生儿发生高胆红素血症，过多的胆红素可通过血脑屏障，与中枢基底神经核的脂类结合，损害中枢神经系统的功能，引起胆红素脑病（bilirubin encephalopathy）或称核黄疸（kernicterus）。另外，胆红素与清蛋白结合是非共价可逆性的，某些阴离子药物（如磺胺类药物、镇痛药、抗炎药等）或有机阴离子（如脂肪酸、胆汁酸等）可竞争性抑制胆红素与清蛋白的结合，将胆红素游离出来而进入其他组织产生毒性作用。故在新生儿患高胆红素血症时，需慎用上述阴离子药物。因此，胆红素与血浆清蛋白的结合仅是暂时性的解毒作用，其根本性的解毒依赖于肝生物转化作用的葡糖醛酸结合反应。

## 三、胆红素在肝细胞中转化为结合型胆红素并分泌入胆小管

### （一）胆红素可渗透肝细胞膜而被摄取

血液中胆红素以胆红素 - 清蛋白复合体的形式运输至肝，在肝细胞膜血窦域中清蛋白与胆红素分离，脂溶性的胆红素可以自由双向渗透肝细胞膜进入肝细胞。因此，肝细胞进一步处理胆红素的能力决定肝细胞对胆红素的摄取量。

### （二）Y 蛋白或 Z 蛋白是胆红素在肝细胞质的主要载体

胆红素进入肝细胞后，即与胞质内两种可溶性载体蛋白——Y 蛋白或 Z 蛋白结合。其中 Y 蛋白对胆红素亲和力强，当 Y 蛋白结合饱和时，Z 蛋白的结合才增多。这种结合使胆红素不能返流入血，从而使胆红素不断渗入肝细胞。Y 蛋白可与多种物质结合，故又称"配体蛋白"（ligandin），在肝细胞内含量丰富，是谷胱甘肽 S- 转移酶（GST）家族成员。甲状腺素、磺溴酞钠（BSP，一种诊断用染料）等可与胆红素竞争结合 Y 蛋白，影响胆红素的转运。Y 蛋白是一种诱导蛋白，苯巴比妥可诱导 Y 蛋白的合成。新生儿在出生 7 周后 Y 蛋白才达到正常水平，故临床上可用苯巴比妥治疗新生儿溶血性黄疸。

### （三）胆红素在肝细胞内质网中转化为结合胆红素

肝细胞质内胆红素以胆红素 -Y 蛋白或胆红素 -Z 蛋白形式，运送至滑面内质网进一步转化。在滑面内质网 UDP- 葡糖醛酸基转移酶（UDP-glucoronyl transferase，UGT）的催化下，胆红素与载体蛋白分离，接受尿苷二磷酸葡糖醛酸（UDPGA）的葡糖醛酸，生成葡糖醛酸胆红素。胆红素分子侧链上 2 个丙酸基的羧基均可与葡糖醛酸 C1 上的羟基结合，主要生成双葡糖醛酸胆红素（bilirubin diglucuronide）（占 70%～80%）（图 11-13）和少量单葡糖醛酸胆红素。这两种葡糖醛酸胆红素称为结合胆红素（conjugated bilirubin）或肝胆红素，两者均可被分泌入胆汁。也有少量胆红素与硫酸根结合生成硫酸酯。

Notes

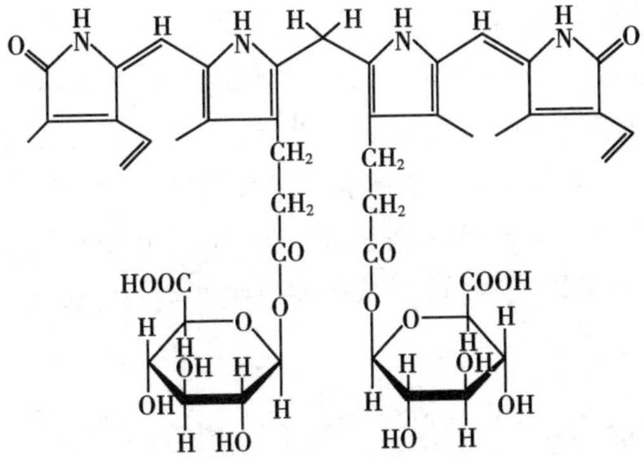

图 11-13 人体内的双葡糖醛酸胆红素结构

胆红素经上述肝的生物转化后，其分子内部氢键被破坏，转变为极性较强的结合胆红素，水溶性增强，与血浆清蛋白亲和力减小，既有利于随胆汁排出或透过肾小球从尿排出，也防止其透过细胞膜或血脑屏障产生毒性作用。因此，胆红素与葡糖醛酸结合反应是肝细胞对有毒性胆红素的一种生物转化解毒方式。UDP-葡糖醛酸基转移酶是诱导酶，苯巴比妥可诱导该酶以及 Y 蛋白的合成，故临床上可用苯巴比妥消除新生儿溶血性黄疸。

重氮试剂（重氮苯磺酸）可用来鉴别未结合胆红素与结合胆红素。胆红素分子内甲烯桥是重氮试剂作用的关键部位。未结合胆红素由于分子内氢键的形成而呈卷曲结构，甲烯桥深埋于分子内部，必须先加入乙醇或尿素等破坏其氢键后，才能与重氮试剂起反应，生成紫红色偶氮化合物，此反应称重氮试验间接反应阳性。因此，未结合胆红素又称为间接（反应）胆红素（indirect bilirubin）。结合胆红素由于分子内部氢键被破坏，处于比较伸展的状态，甲烯桥不再深埋于分子内部，可以直接发生偶氮反应，故又称直接（反应）胆红素（direct bilirubin）。

未结合胆红素与结合胆红素的理化性质区别见表 11-2。

表 11-2 两种胆红素理化性质的比较

| 理化性质 | 未结合胆红素（间接胆红素） | 结合胆红素（直接胆红素） |
| --- | --- | --- |
| 水溶性 | 小 | 大 |
| 脂溶性 | 大 | 小 |
| 与清蛋白亲合力 | 大 | 小 |
| 对细胞膜的通透性及毒性 | 大 | 小 |
| 能否通过肾小球 | 不能 | 能 |
| 与重氮试剂反应* | 间接阳性 | 直接阳性 |

*重氮试剂反应又称凡登白反应（van den Bergh's test），临床检验已停止使用。

### （四）肝细胞向胆小管分泌结合胆红素

生理条件下，97% 以上的胆红素在肝内转化为结合胆红素，由肝细胞分泌进入胆管系统，随胆汁排入肠道。肝细胞膜上多耐药相关蛋白（MRP2），是肝细胞向胆小管分泌结合胆红素的主要转运蛋白。胆小管内的结合胆红素浓度远高于肝细胞内，故肝细胞向胆小管排泄结合胆红素是逆浓度梯度的主动转运耗能的过程。此过程易受缺氧、感染及药物等因素的影响，因此是肝代谢胆红素的薄弱环节，即限速步骤。肝内外堵塞、肝炎、感染等均可导致排泄障碍，结合胆红素就可返流入血，使血液中结合胆红素水平增高，尿中出现胆红素。

## 四、胆红素在肠道内经历转化及肠肝循环

### （一）胆素原是胆红素经肠道细菌作用的产物

结合胆红素随胆汁排入肠道后，在回肠下段或结肠内肠菌作用下，进行水解和还原反应。

Notes

小肠 β- 葡糖苷酶催化结合胆红素脱去葡糖醛酸,再逐步还原生成无色的胆素原,包括中胆素原(mesobilirubinogen)、粪胆素原(stercobilinogen)和尿胆素原(urobilinogen)(图 11-14)。大部分胆素原(80%～90%)随粪便排出体外,在肠道下段与空气接触,氧化生成棕黄色的粪胆素,它是粪便颜色的主要来源。正常成人每日从粪便排出 40～280mg 胆素原。胆道完全梗阻时,结合胆红素不能排入肠腔,粪便中因无粪胆素而呈灰白色,临床上称为白陶土色粪便。婴儿肠菌少,未被细菌作用的胆红素可直接随粪便排出,故粪便呈胆红素的橙黄色。

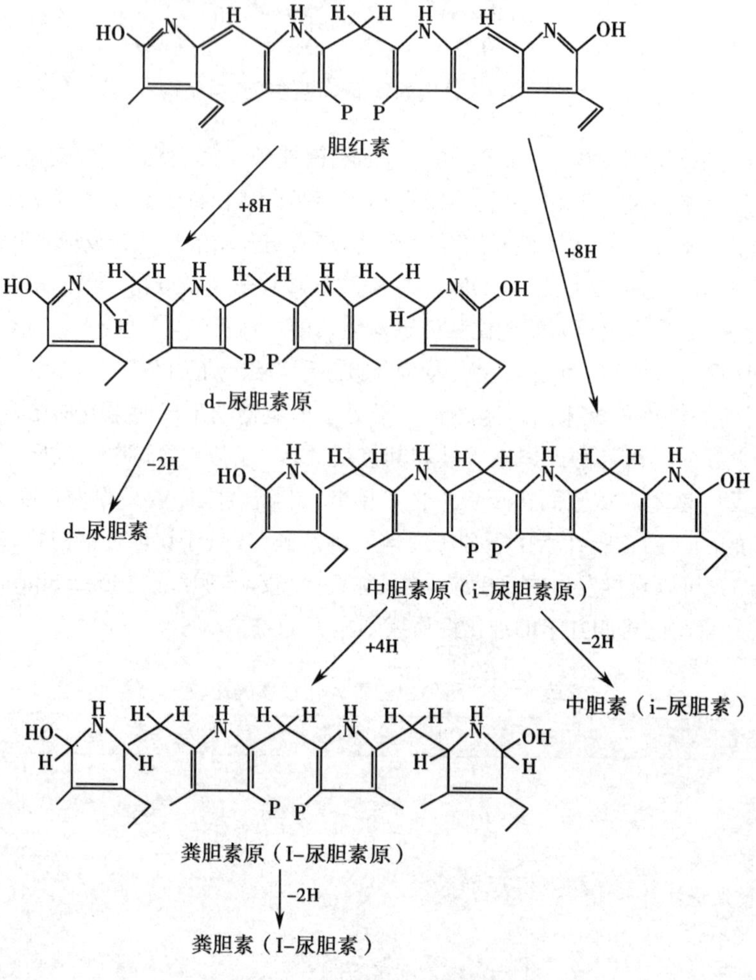

**图 11-14  胆红素在肠道内的转化**

### (二)少量胆素原可被肠黏膜重吸收进入胆素原的肠肝循环

生理情况下,肠道中生成的胆素原约有 10%～20% 被肠黏膜细胞重吸收,经门静脉入肝,其中大部分(约 90%)不经任何转变随胆汁再次排入肠腔,形成胆素原的肠肝循环(enterohepatic circulation)(图 11-15)。有小部分重吸收的胆素原随血液进入体循环,并运送至肾脏随尿排出,称为尿胆素原。正常人每日随尿排出尿胆素原约 0.5～4.0mg,尿胆素原被空气氧化后生成尿胆素,是尿的主要色素。

尿胆素原、尿胆素、尿胆红素在临床上称为尿三胆,是鉴别黄疸类型的诊断指标。正常人尿中检测不到胆红素。尿胆素原的排出受多种因素影响,如胆红素的生成量、肝细胞功能、胆道通畅程度及尿液的 pH 值。胆红素的来源增多(如溶血性贫血)或减少(如再生障碍性贫血),经肝脏摄取、转化与排泄入肠道,转变成胆素原的量也增加或减少,经重吸收并进入体循环,随尿排出尿胆素原的量也随之相应变化;在肝功能不良时,受损肝细胞不能使重吸收的胆素原有

Notes

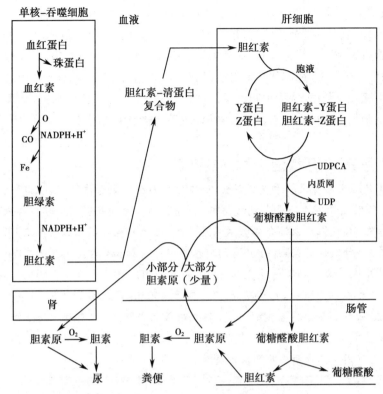

图 11-15　胆红素的生成与胆素原的肠肝循环

效地随胆汁排出，则逸入体循环的胆素原增多，尿中排出的尿胆素原因此增加。如肝炎早期，尚未见黄疸之前，就可发现尿胆素原排出增多；当胆道堵塞时，肝内结合胆红素不能顺利随胆汁排入肠道，导致胆素原的形成障碍，尿胆素原的量亦明显降低，甚至呈阴性。同时，由于胆道阻塞后，造成胆汁中的结合胆红素返流入血液，从而使尿胆红素排出量增加；尿液的 pH 值酸性时，尿胆素原可生成脂溶性分子，易被肾小管吸收，从而尿中排出量减少，反之，碱性尿可促进尿胆素原的排泄。

## 五、血液胆红素含量增高可出现黄疸

### （一）胆红素过多是引起黄疸的原因

胆红素来源增多（如大量红细胞破坏），去路不畅（如胆道阻塞）或肝疾病（肝炎、肝硬化）均可引起血中胆红素浓度增高，引起黄疸。

正常人血浆中胆红素的总量不超过 1mg/dl。当体内胆红素生成过多，或肝摄取、结合、排泄过程发生障碍，均可引起血清胆红素浓度升高，即高胆红素血症。胆红素为金黄色色素，在血清中含量过高时，可扩散入组织，造成组织黄染，称为黄疸（jaundice）。巩膜、皮肤、指甲床下和上腭含有较多弹性蛋白，对胆红素有较强的亲和力，故易被黄染。黏膜中含有能与胆红素结合的血浆清蛋白，因此也易被染黄。黄疸的程度取决于血清胆红素的浓度。当血清胆红素浓度在 1～2mg/dl（17.1～34.2μmol/L）之间时，肉眼不易观察到巩膜、皮肤及黏膜黄染，称为隐性黄疸（occult jaundice）。当胆红素浓度超过 2mg/dl 时，肉眼可见组织黄染，称为显性黄疸（clinical jaundice）。当血清胆红素达 7～8mg/dl 以上时，黄疸即较明显。

### （二）黄疸根据病因分为 3 种类型

临床上黄疸的机制较复杂，这里仅根据黄疸发病原因不同，将黄疸分为 3 类：溶血性黄疸（hemolytic jaundice）、阻塞性黄疸（obstructive jaundice）和肝细胞性黄疸（hepatocellular jaundice）。

1. **溶血性黄疸又称肝前性黄疸**　由于红细胞大量破坏，单核吞噬系统生成过量的胆红素，

Notes

超出了肝摄取、结合和排泄的能力，造成血中未结合胆红素蓄积所致。某些药物、自身免疫反应（如输血不当）、疾病（如恶性疟疾、过敏、镰刀型红细胞贫血、蚕豆病）等均可引起大量红细胞破坏，导致溶血性黄疸。其特征为：①血清未结合胆红素增多，重氮试剂反应间接阳性；②血清结合胆红素浓度变化不大，尿胆红素呈阴性；③肝对胆红素的摄取、结合和排泄增多，过多的胆红素随胆汁进入肠道，故尿、粪中尿胆素原、尿胆素、粪胆素原、粪胆素排出相应增多，粪便颜色加深；④伴有其他特征，如贫血、脾肿大及末梢血液网织红细胞增多等。

---

### 框 11-1　蓝光法治疗新生儿溶血性黄疸

　　新生儿肝脏生物转化酶系发育不全，如 UDP- 葡糖醛酸基转移酶（UGT）的的活性较低。因此，新生儿肝生物转化生成结合胆红素能力弱，无法及时清除单核吞噬系统的细胞产生的胆红素，使血清未结合胆红素浓度升高，导致新生儿高胆红素血症，并引发新生儿溶血性黄疸（肝前性黄疸）。约 50% 的新生儿在出生后 5 天内肉眼可见黄疸。约 5% 的新生儿血清中未结合胆红素超过 250μmol/L（15mg/dl），可严重地损害新生儿的大脑，产生核黄疸，或称血红素脑病。若将胆红素暴露于 450nm 蓝光的光源下，可使其立体异构体发生变化，破坏其分子内氢键的形成，形成极性的光胆红素，有利于其随胆汁排出，故临床上利用蓝光治疗新生儿黄疸。苯巴比妥可诱导肝内 Y 蛋白和 UDP- 葡糖醛酸基转移酶的合成，也可用于治疗新生儿溶血性黄疸。

---

　　**2. 阻塞性黄疸又称肝后性黄疸**　由于胆管系统堵塞，胆汁排泄通道受阻，使胆小管和毛细胆管内压力不断增高而破裂，导致结合胆红素随胆汁返流入血，造成血中结合胆红素明显升高，临床出现黄疸。先天性胆道闭锁、胆管炎、胆结石、肿瘤（如胰腺癌）等均可引起阻塞性黄疸。其特征为：①血液中未结合胆红素无明显变化，结合胆红素浓度明显升高，重氮试剂反应直接阳性；②结合胆红素因水溶性，易被肾小球滤出，故尿胆红素强阳性，尿的颜色加深，可呈茶水色；③因胆道堵塞，肝内结合胆红素不能随胆汁排入肠道，导致肠菌生成胆素原减少，粪便中胆素原、胆素的量亦明显降低，粪便颜色变浅；如完全阻塞性黄疸患者粪便因无胆色素而变成灰白色或白陶土色；④其他特征，如血清胆固醇和碱性磷酸酶活性明显增高，还可有脂肪泻或出血倾向。

　　**3. 肝细胞性黄疸又称肝原性黄疸**　由于肝细胞受损，对胆红素的摄取、结合和排泄能力降低而导致黄疸。一方面肝摄取胆红素障碍，使未结合胆红素蓄积在血液中；另一方面，肝细胞受损肿胀，常伴有周围毛细胆管阻塞或破坏，使肝内部分结合胆红素返流入血，而使血中结合胆红素增多。此外，经肠肝循环到达肝的胆素原可经损伤的肝细胞进入体循环，并从尿中排出，使尿胆素原升高。肝硬化、肝炎、肝肿瘤、伤寒感染、中毒（如砷、四氯化碳）等，均可引起肝损伤、纤维化、甚至坏死，引发肝细胞性黄疸。其特征为：①血液中未结合胆红素和结合胆红素浓度均升高，重氮试剂反应呈双相反应（直接反应、间接反应均为阳性）；②尿胆红素阳性；③尿胆素原升高，若胆小管堵塞严重，则尿胆素原反而减少；④粪便胆素原含量正常或减少；⑤其他特征，如血清谷丙转氨酶（ALT）活性明显升高。各种黄疸血、尿、粪的变化见表 14-3。

表 14-3　各型黄疸血、尿、粪的变化

| 指标 | 正常 | 溶血性黄疸 | 阻塞性黄疸 | 肝细胞性黄疸 |
|---|---|---|---|---|
| 血清胆红素 | | | | |
| 浓度 | <1mg/dl | >1mg/dl | >1mg/dl | >1mg/dl |
| 结合胆红素 | 极少 | | ↑↑ | ↑ |
| 未结合胆红素 | 0～0.8mg/dl | ↑↑ | ↑ | ↑ |

Notes

续表

| 指标 | 正常 | 溶血性黄疸 | 阻塞性黄疸 | 肝细胞性黄疸 |
|---|---|---|---|---|
| 尿三胆 | | | | |
| 　尿胆红素 | − | − | ++ | ++ |
| 　尿胆素原 | 0～4mg/24h | ↑ | ↓ | 不一定 |
| 　尿胆素 | 少量 | ↑ | ↓ | 不一定 |
| 粪便胆素原 | 40～280mg/24h | ↑ | ↓或− | ↓或正常 |
| 粪便颜色 | 正常 | 深 | 完全阻塞时陶土色 | 变浅或正常 |

"−"代表阴性,"++"代表强阳性

## 小　结

　　人体内存在许多非营养性物质,既不是构建组织细胞的成分,又不能氧化供能,而且其中一些对人体有一定的生物学效应或毒性作用,需经过各种代谢后及时排出体外。非营养性物质经过肝的生物转化作用,转化成水溶性强、易于随胆汁和尿排出体外。肝的生物转化过程包括两相:第一相反应包括氧化、还原和水解反应,第二相反应是结合反应。生物转化反应具有连续性、多样性及解毒与致毒的双重性的特点。肝的生物转化作用受年龄、性别、疾病、遗传因素、诱导物、食物等因素的影响。

　　胆汁酸是胆固醇在体内的主要代谢产物,其主要功能是促进脂类的消化、吸收和排泄胆固醇。胆固醇 7α- 羟化酶是胆汁酸合成的关键酶,受胆汁酸反馈抑制调节。胆汁酸按其结构可分为游离型胆汁酸和结合型胆汁酸,按其生成部位及来源又可分为初级胆汁酸和次级胆汁酸。初级胆汁酸合成于肝,包括胆酸和鹅脱氧胆酸及其与甘氨酸和牛磺酸的结合产物。肝将合成的初级胆汁酸分泌入肠道,由肠道细菌酶的催化,经去结合反应和脱 7α- 羟基作用转变为次级胆汁酸,包括脱氧胆酸和石胆酸。肠道内约 95% 以上胆汁酸可被重吸收回到肝脏,再随胆汁排入肠道,称为胆汁酸的肠肝循环。此循环的生理意义在于使有限的胆汁酸重复利用,满足脂类消化吸收之需。

　　血红素为体内一类含血红素蛋白的辅基,属铁卟啉化合物,最主要的合成部位是骨髓和肝。血红素合成的原料为琥珀酰 CoA、甘氨酸和 $Fe^{2+}$ 等。血红素合成的起始和终末阶段在线粒体,中间过程则在胞质中进行。ALA 合酶是血红素合成的调节酶,受血红素的反馈抑制调节。

　　胆色素是含铁卟啉化合物在体内分解代谢的产物,包括胆红素、胆绿素、胆素原和胆素。胆色素代谢的器官主要是肝。胆红素主要来源于衰老红细胞血红蛋白释放的血红素降解生成。血红素加氧酶和胆绿素还原酶催化血红素经胆绿素生成胆红素。胆红素为疏水亲脂性,在血浆中与清蛋白结合而运输,称为未结合胆红素。胆红素在肝与葡萄糖醛酸结合生成水溶性的结合胆红素,由肝细胞分泌随胆汁排入肠道。结合胆红素在肠菌的作用下,水解和还原反应生成无色胆素原,胆素原遇空气被氧化为棕黄色的粪胆素;少量胆素原被小肠重吸收入肝,再排入肠腔,构成胆素原的肠肝循环。有小部分重吸收的胆素原经体循环入肾随尿排出,称为尿胆素原。其被空气氧化后生成尿胆素。尿胆素原、尿胆素、尿胆红素在临床上称为尿三胆,是鉴别黄疸类型的诊断指标。

　　凡能引起红细胞破坏过多、胆管阻塞、肝细胞损伤的因素均可能使血胆红素浓度升高,引起黄疸。黄疸因发病原因不同可分为 3 类:溶血性黄疸、阻塞性黄疸和肝细胞性黄疸。蓝光法可治疗新生儿溶血性黄疸。

(德　伟)

Notes

# 第十二章　物质代谢的整合与调节

体内的物质代谢有多种形式，例如，消化吸收的营养物质分解供能，分解产生的中间代谢物用于生物合成，非营养物质进行生物转化与排泄等。因此，在体内存在有多种物质代谢途径。这些代谢途径并不是各自独立存在、独立运行，而是相互关联、相互影响，整合形成代谢网络，并且该网络还受到复杂精细的动态调节。值得注意的是，并非每一种细胞内都存在所有的代谢途径，许多细胞中只有一部分代谢途径。因此，体内在器官之间又存在物质代谢的整合与调节。体内物质代谢的整合与调节具有极其重要的生理意义，一方面可使细胞统筹调配各种物质的供需平衡，另一方面可使组织器官在保持各自代谢特色的基础上实现彼此的协调配合，利于适应环境和维持代谢稳态。本章着重介绍代谢整体性和动态性的分子基础、基本规律和功能意义，从细胞水平、组织水平和整体水平分析生理、病理条件下的代谢特征及其变化趋势。

> **框 12-1　物质代谢的整体性和动态性是组学研究的基础**
>
> 生物体与外界环境不断进行物质和能量交换，同时维持自身代谢稳态，对其机制的理解随着物质代谢整体性和动态性认识的形成和发展而逐步加深。ATP 循环学说（Lipmann F，1941 年）、电子传递链的发现（Kennedy E 和 Lehninger A，1948 年）确立了物质代谢与能量代谢的联系。20 世纪上叶，科学家在解析物质分解与合成代谢的同时，结合酶促反应机制，揭示了底物、代谢产物（包括 ADP 和 ATP）对代谢途径的调节作用。胰岛素（Banting FG，1922 年）和其他激素的陆续发现、放射免疫分析技术（Schally AV，1959 年）的发明促进了激素作用机制研究，奠定了神经 - 激素在物质代谢调节中的核心地位。同时，变构调节（Monod 等，1963 年）和化学修饰（Krebs EG 和 Beavo JA，1979 年）理论将酶活性调节与以激素为代表的信号途径相联系。至 20 世纪 80—90 年代，激素、受体、信号转导分子与酶的活性和含量调节相关联，使人们认识到代谢网络、信号转导网络与基因表达网络互相整合、协调应变，为当代开展一系列组学研究奠定了基础。

## 第一节　代谢的整体性和动态性

体内物质代谢具有两大特征：一是整体性，各代谢途径相互联系、转化、制约，整合形成网络；二是动态性，各代谢途径的关键酶受到动态调节，以不断适应环境变化。这两大代谢特征使细胞能够时刻满足能量利用和物质转变的双重需求。

### 一、体内物质代谢是有机联系的统一整体

体内的各条物质代谢途径并不是孤立存在的，而是相互交织在一起，整合形成代谢网络。这种代谢整合建立在通用反应组分、共同中间产物、两用代谢途径、酶的区隔分布等基本代谢规律的基础上。

（一）通用反应组分是代谢整合的分子基础

1. ATP 是能量"流通"的共同形式　糖、脂、蛋白质在体内氧化分解所释放的化学能大多以 ATP 的形式储存和利用。各种生理、生化活动均直接利用 ATP。因为合成代谢需消耗能量，这些能量直接或间接地来自分解代谢所产生的 ATP，所以 ATP 的生成和利用也是联系、协调、整合各种代谢途径的关键因素。

2. NADH 和 FADH$_2$ 参与营养物分解产能　糖、脂、蛋白质氧化分解时，常脱氢生成多种还原当量，其中 NADH 和 FADH$_2$ 在有氧时进入呼吸链，通过氧化磷酸化生成大量 ATP。由 NADH 和 FADH$_2$ 介导产能效率高，同时也将各种能源物质的分解利用统筹起来，使之既相互补充、又相互制约。

3. NADPH 为合成代谢提供还原当量　在还原性生物合成（reductive biosynthesis）途径中，产物比其前体更具有还原性，如利用乙酰 CoA 合成脂肪酸和胆固醇的过程就属于还原性合成，需要额外提供还原当量。NADPH 是提供还原当量的主要形式，在体内主要由糖分解的磷酸戊糖途径产生。NADPH 是联系氧化与还原反应、整合分解与合成代谢途径的"桥梁"。

4. 活性供体是介导基团转移的常见形式　除了氢和电子的传递之外，代谢反应还伴随其他多种活性基团的转移，这些活性基团分别由特定种类的载体所携带，形成相应的活性供体，具有各异的生理功能（表 12-1）。由少数种类的活性供体参与复杂多样的代谢反应，既体现了代谢控制的节约高效，也有利于各代谢途径之间共享资源、彼此联系与制约。

表 12-1　代谢中常见的活性供体或载体

| 活性供体或载体 | 所携带基团 | 功能举例 |
| --- | --- | --- |
| ATP | 高能磷酸键 | 酶的磷酸化修饰 |
| 辅酶 A（CoA） | 脂酰基 | 脂肪酸的 β- 氧化 |
| 酰基载体蛋白（ACP） | 脂酰基 | 脂肪酸的合成 |
| 硫辛酰胺 | 脂酰基 | 丙酮酸氧化脱羧 |
| 焦磷酸硫胺素 | 醛基 | 脱羧反应 |
| 生物素 | $CO_2$ | 羧化反应 |
| 四氢叶酸 | 一碳单位 | 嘌呤的从头合成 |
| S- 腺苷甲硫氨酸（SAM） | 甲基 | 甲基的直接供体 |
| 3′- 磷酸腺苷 -5′- 磷酰硫酸（PAPS） | 硫酸根 | 活性硫酸根供体 |
| 尿苷二磷酸葡萄糖（UDPG） | 葡萄糖 | 活性葡萄糖单位 |
| 尿苷二磷酸葡糖醛酸（UDPGA） | 葡糖醛酸 | 肝生物转化的结合反应 |

（二）共同中间产物是代谢整合的物质基础

1. 各种代谢物形成各自的代谢池　体内各种代谢物既可以来源于外源性营养物质的分解，也可以来源于机体自身的内源性生物合成。每一种代谢物无论来源如何，都汇聚形成各自的代谢池（metabolic pool），无论何种代谢去路，均从同一代谢池中消耗这种代谢物。例如，无论是消化吸收的葡萄糖、肝糖原分解的葡萄糖、抑或由非糖物质异生的葡萄糖，均汇聚在共同的血糖代谢池，进而参与氧化供能、储备糖原、合成脂类与蛋白质等各种组织代谢。共享代谢池能够协调代谢物合成与分解的动态平衡，同时也使代谢途径之间得以相互联系、相互影响。

2. 共同中间产物是各条代谢途径的交汇点　在体内各种代谢途径中，存在一些分解 / 合成代谢途径交汇的枢纽。生物合成依赖于分解代谢，合成生物分子需要以更小的组件分子作为原料，这些组件分子大多来源于分解代谢途径，而且不同营养物质分解可以产生相同的中间产物（intermediate）。这些共同中间产物常处于分解 / 合成代谢途径的交汇点，使各条代谢途径之间通过共同节点得以相互整合、交织形成网络。例如，乙酰 CoA 是联系糖代谢、脂代谢、氨基酸代

Notes

谢的枢纽分子,丙酮酸、草酰乙酸是联系糖代谢与氨基酸代谢的枢纽分子。

3. 共同中间产物的代谢流量和去向由关键酶决定 共同中间产物的代谢过程较为复杂,主要体现在两方面:一是这些中间产物具有多种来源和去路,关联多条代谢途径;二是这些来源和去路受到有序的动态调节,不同时空条件下的代谢选择具有特异性。例如,饱食时乙酰CoA 可经糖分解生成,用于柠檬酸循环供能、合成脂肪酸与胆固醇;饥饿时乙酰CoA 可经脂肪酸 β- 氧化、酮体分解生成,用于柠檬酸循环供能、合成酮体。这些不同的代谢选择和流量分配,归根结底,是由其上下游的关键酶活性所决定的。

（三）两用代谢途径是代谢整合的功能基础

体内一些代谢途径既与合成有关、又与分解有关,称为两用代谢途径(amphibolic pathway)。柠檬酸循环就是两用代谢途径的典型代表,它有机地联系并整合了各种分解 / 合成代谢途径,根据细胞内的能量供求情况在分解与合成之间灵活地切换其功能角色。能量匮乏时,柠檬酸循环是糖、脂肪和氨基酸分解代谢的最终共同产能途径;能量充足时,柠檬酸循环又成为三大营养物质相互转变、合成碱基等重要生物分子的必经之路。因此,两用代谢途径可以看作是整合物质代谢的功能主干线。

（四）酶的区隔分布是代谢整合的亚细胞结构基础

真核细胞被内膜系统分隔成许多相对独立的区域(compartment),同一代谢途径所涉及的一系列酶存在于特定区域或亚细胞结构中(表 12-2)。酶的这种区隔分布主要有三种形式:①自由分布,这些酶与该区域内的中间产物发生随机碰撞,从而控制整条途径的代谢流量,如细胞质中糖酵解的 10 种酶;②按照一定空间排布规律组成多酶复合体,这些酶并不将中间产物直接释放到环境介质中,而是使之迅速发生连锁反应生成最终产物,如线粒体中丙酮酸脱氢酶复合体的 3 种酶;③各种酶活性以不同结构域的形式整合于一条多肽链上,组成多功能酶,如哺乳动物细胞质中脂肪酸合酶的 7 种酶活性。酶的区隔分布有利于连续完成同一代谢途径中的系列连锁酶促反应,既提高了反应速率,又便于调控,还能避免不同代谢途径之间相互干扰。

表 12-2 主要代谢途径的酶在细胞内的分布

| 代谢途径 | 酶的分布 | 代谢途径 | 酶的分布 |
|---|---|---|---|
| 糖酵解 | 细胞质 | 柠檬酸循环 | 线粒体 |
| 戊糖磷酸途径 | 细胞质 | 氧化磷酸化 | 线粒体 |
| 糖异生 | 细胞质 | 脂肪酸 β- 氧化 | 线粒体 |
| 糖原合成 | 细胞质 | 多种水解酶 | 溶酶体 |
| 脂肪酸合成 | 细胞质 | 尿素合成 | 细胞质、线粒体 |
| 胆固醇合成 | 内质网、细胞质 | 血红素合成 | 细胞质、线粒体 |
| 磷脂合成 | 内质网 | | |

在各种亚细胞结构中,线粒体是代谢途径和代谢调节信号的关键整合点。线粒体不仅是氧化磷酸化生成 ATP 的场所,而且是两用代谢途径的“发祥地”,担负联系、分流、整合细胞各种代谢途径的功能。此外,线粒体具有调节细胞内 $Ca^{2+}$ 浓度、各种活性氧水平的功能,因此线粒体功能与细胞信号转导、代谢稳态调节、细胞死亡等密切相关。线粒体是整合物质代谢的重要功能场所。

## 二、物质代谢是高度开放的稳态系统

体内各条代谢途径所交织形成的代谢网络并不是静止不变的,而是需要应对环境变化及时做出调整,因此代谢调节是生物适应性的必然要求,其本质是调节关键酶的活性与含量。代谢调节具有复杂的非线性特征,有利于维持稳态。

Notes

（一）关键酶是代谢调节的根本对象

一条代谢途径中包含一系列酶催化的连锁酶促反应，其中一个或几个酶是整条途径代谢流量的限制因素，称为关键酶（key enzyme）。关键酶是代谢调节的根本对象，主要有以下几种类型：①催化反应速度最慢、决定整个代谢途径速度的酶；②催化单向反应、决定整个代谢途径方向的酶；③处于代谢途径的起始处或分支处，决定代谢物流向的酶。关键酶的共同特点是，其活性与含量受到精确调节。表12-3列出一些重要代谢途径的关键酶。通过调节这些关键酶，使得体内各条代谢途径之间此消彼长、彼此协调，实现对整个代谢网络的动态调节。

表 12-3　某些重要代谢途径的关键酶

| 代谢途径 | 关键酶 |
| --- | --- |
| 糖原分解 | 磷酸化酶 |
| 糖原合成 | 糖原合酶 |
| 糖酵解 | 己糖激酶 |
| | 磷酸果糖激酶 -1 |
| | 丙酮酸激酶 |
| 糖有氧氧化 | 丙酮酸脱氢酶复合体 |
| | 柠檬酸合酶 |
| | 异柠檬酸脱氢酶 |
| 糖异生 | 丙酮酸羧化酶 |
| | 磷酸烯醇式丙酮酸羧激酶 |
| | 果糖二磷酸酶 -1 |
| 脂肪酸合成 | 乙酰 CoA 羧化酶 |
| 胆固醇合成 | HMG-CoA 还原酶 |

（二）代谢物和激素是调节关键酶活性的始动因素

改变关键酶活性是快速进行代谢调节的重要方式，主要有两种机制。第一种机制的始动因素是小分子代谢物，可以是底物、产物或中间代谢物，它们结合在关键酶活性中心以外的部位，通过改变酶的构象而调节酶活性，称为变构调节（第五章），这一调节机制能够满足机体对能量与代谢物的基本供需平衡。第二种机制的始动因素是激素，由激素引发一系列酶依次发生连锁的化学修饰，从而改变酶活性，称为化学修饰调节（第五章），在这种调节机制中，下游酶是上游酶催化的底物，所以这一连串的酶促化学修饰具有级联放大效应，利于快速应激。

（三）代谢调节具有错综复杂的非线性特征

1. 某些代谢物同时作为反应物和调节剂　代谢网络中经常有一些重要的代谢物"身兼数职"，一方面是代谢反应的参与者（如底物、产物、中间代谢物），另一方面又作为代谢途径中关键酶的调节剂。例如，乙酰 CoA 既是糖、脂肪、氨基酸分解的产物，也是柠檬酸循环、脂肪酸合成、酮体合成的底物，同时还能调节丙酮酸氧化脱羧、丙酮酸羧化支路的关键酶活性。这种多角色分工使代谢网络及其调节更具复杂性。

2. 一种代谢物同时调节多个关键酶　不同代谢途径之间通常共享某些调节组件，这样既能保证代谢调节的高效节能，还能由相同信息流引发对整个代谢网络的广泛调节效应。例如，ATP是糖分解产能途径中多个关键酶的共同抑制剂，ADP/AMP 则作为其激活剂，二者统筹协调控制产能的速率，以达到机体的能量供求平衡。需注意的是，同一代谢物引起的多种调节效应可能是协同叠加的（如 ATP 协同抑制糖有氧氧化的多个关键酶），也可能是正负交叠的（如柠檬酸既抑制糖酵解的关键酶、又激活脂肪酸合成的关键酶）。这种"一对多"的调节模式体现出体内代谢调节的复杂与精细程度。

Notes

3. **多种代谢物同时调节一个关键酶**　体内各代谢途径之间相互交织，多种代谢物同时携带着各自代谢途径的不同信息流，对特定的关键酶进行综合调节，其中既有激活的因素也有抑制的因素，这些因素或叠加或抵消，进而整合为这些关键酶的最终激活信号（或抑制信号）。例如，丙酮酸激酶受多种代谢物调节，AMP 和果糖 -1, 6- 二磷酸使之活化，而 ATP 和丙氨酸使之失活，这些因素将此酶与糖分解状态、能量供求情况综合关联起来。因此，这种"多对一"的调节模式反映了代谢调节中信息集成与整合的复杂性。

4. **同工酶使组织代谢具有功能特异性**　同一种代谢物在不同组织器官中的代谢途径不尽相同，其中一部分原因是这些组织中存在同工酶，同工酶的差异决定了不同组织相同代谢途径对底物选择的优先性，进而导致代谢速率和方向的差异。例如，在肝和心肌细胞中，乳酸脱氢酶与乳酸的亲和力高，促进乳酸脱氢产生丙酮酸，分别将肝中的乳酸进行糖异生、将心肌细胞中的乳酸彻底氧化供能；而在骨骼肌组织中，乳酸脱氢酶与丙酮酸的亲和力高，促进糖的无氧氧化。因此，同工酶强化了组织代谢的功能特异性，在组织水平解释了更为精细的代谢定向调节机制。

### （四）代谢调节维持稳态

生物体对抗外环境变化，维持内环境恒定，即稳态。从生物化学角度认识稳态，就是生物体通过调节机制、补偿外环境变化而维持的代谢动力学稳定状态，称之为代谢稳态（metabolic homeostasis）。当某一代谢途径流量改变时，同时会导致多种代谢物的浓度变化，细胞通过代谢调节机制对抗这些代谢物的浓度变化。一方面，代谢调节的最终目的是维持稳态，另一方面，稳态又是通过代谢调节而实现的。

例如，从静止状态转变为工作状态时，为适应需要，细胞内代谢途径流量可提高两个数量级以上，但细胞内代谢产物——ATP 和 $O_2$ 的浓度却依然维持相对恒定，其浓度变化不会超过静止状态的 0.5～3 倍。这是因为，当组织代谢速率增加的同时，也会增加氧耗和 ATP 转换速率。相反，当缺血、缺氧时，骨骼肌和其他组织会抑制代谢速率，同时降低氧耗和 ATP 转换速率。总之，细胞对稳态的要求与代谢调节之间始终保持相对平衡，既满足了活动对能量的需求，又维持了稳态。

## 三、代谢的整合与调节满足能量代谢和物质转变的需要

代谢的整合与调节使细胞内整个代谢网络"牵一发而动全身"，尤其是三大营养物质代谢通过共同中间产物紧密联系、相互转化（图 12-1），以实时满足细胞对于能量利用和物质转变两方面的需要。通常一种物质的代谢发生障碍时，也可引起其他物质的代谢紊乱。例如，糖尿病患者的糖代谢障碍可引起脂代谢、氨基酸代谢异常，乃至水 / 无机盐代谢紊乱。

### （一）糖、脂和氨基酸在能量代谢中相互补充、相互制约

糖、脂、氨基酸均可在体内氧化分解供能，并且这三种能源物质在供能方面可相互代替、相互补充、相互制约。通常，机体氧化分解供能以糖、脂为主，较少分解氨基酸供能。这是因为，人类普通膳食所含热量物质主要是糖类（占总热量 60%～70%）和脂肪（占总热量 20%～25%），其中脂肪还是机体储能的主要形式。与糖、脂不同，蛋白质是组成细胞的基本成分，通常并无多余储存，能水解释放的氨基酸有限；再则，氨基酸氧化分解供能时产氨（第九章），氨的转化可能会使机体冒"损肝伤肾"风险而付出高昂代价。

糖、脂、氨基酸的最终共同产能途径是柠檬酸循环，所以任一供能物质的分解代谢占优势，常可抑制其他供能物质的分解。例如，脂肪分解增强、生成 ATP 增多时，ATP/ADP 比值增高，可抑制糖酵解的关键酶——磷酸果糖激酶 -1，从而抑制葡萄糖分解。同样，葡萄糖氧化分解增强、ATP 增多时，可抑制异柠檬酸脱氢酶，导致线粒体内柠檬酸堆积；过量的柠檬酸通过柠檬酸 - 丙酮酸循环穿梭进入细胞质，激活乙酰 CoA 羧化酶，促进脂肪酸合成、抑制脂肪酸分解。

Notes

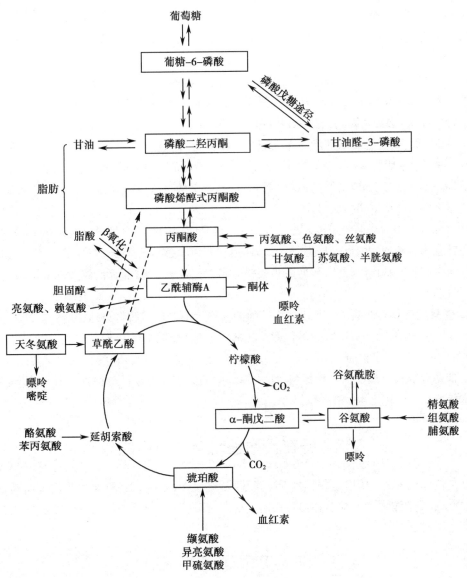

图 12-1 糖、脂、氨基酸代谢途径的相互联系
□ 为枢纽性中间代谢物

在饥饿状态下,蛋白质水解释放的氨基酸也可在一定程度上代替葡萄糖、脂肪氧化分解供能。可见,糖、脂、氨基酸在能量代谢中相互制约、互补供能。

（二）糖和氨基酸是参与体内物质转变的主要营养物质

1. 糖可转变为脂肪而脂肪绝大部分不能转变为糖 当摄入的葡萄糖量超过体内能量需求时,除合成糖原外(第六章),过剩的葡萄糖代谢所产生的柠檬酸、ATP 可激活乙酰 CoA 羧化酶,使葡萄糖的分解产物乙酰 CoA 羧化生成丙二酰 CoA,进而合成脂肪酸和脂肪(第七章)。可见,葡萄糖在体内能够转变为脂肪。

但是,脂肪分解释出的脂肪酸不能在体内转变为葡萄糖,这是因为脂肪酸分解生成的大量乙酰 CoA 不能逆行转变为丙酮酸,故无法进行糖异生。只有脂肪分解释出的甘油可转变成磷酸二羟丙酮而进入糖异生途径,转变成葡萄糖。因此,脂肪只有一小部分结构成分(甘油)可以转变为葡萄糖。

2. 糖与大多数氨基酸的碳骨架可相互转变 人体蛋白质水解后释放出氨基酸,除生酮氨基酸(亮氨酸、赖氨酸)外,其余氨基酸脱氨基所生成的相应 α- 酮酸都可经糖异生途径转变为葡萄糖（第九章）。例如，丙氨酸经脱氨基作用生成丙酮酸可异生为葡萄糖。精氨酸、组氨酸、脯氨酸先转变成谷氨酸，进一步脱氨基生成 α- 酮戊二酸，再经草酰乙酸、磷酸烯醇式丙酮酸异生为葡萄糖。

糖代谢的一些中间代谢物，如丙酮酸、草酰乙酸、α- 酮戊二酸等也可经转氨基作用转化为某些非必需氨基酸。但苏、甲硫、赖、亮、异亮、缬、苯丙及色氨酸等 8 种氨基酸不能由糖的中间代谢物转变而来，必须由食物供给（第九章）。

3. **氨基酸可转变为脂肪而脂肪绝大部分不能转变为氨基酸**　所有氨基酸均可分解生成乙酰 CoA，进而合成脂肪酸和脂肪。此外，氨基酸分解生成的乙酰 CoA 也可合成胆固醇。某些氨基酸（如丝氨酸）还是合成磷脂的原料（第七章）。氨基酸虽然可转变为脂肪和其他脂质，但不是体内脂类物质合成的主要原料。

脂肪分解释出的脂肪酸不能转变为氨基酸，这是因为脂肪酸分解的产物乙酰 CoA 不能经糖异生转变为葡萄糖，也就无法通过转氨基作用转变为非必需氨基酸。仅脂肪分解释出的甘油可经糖异生和转氨基作用，进一步转变为某些非必需氨基酸。因此，脂肪绝大部分结构成分（脂肪酸）不能转变为氨基酸。

4. **磷酸戊糖和某些氨基酸是合成核苷酸的原料**　嘌呤碱从头合成途径所需的原料包括甘氨酸、天冬氨酸、谷氨酰胺及氨基酸代谢产生的一碳单位；嘧啶碱从头合成途径需要以天冬氨酸、谷氨酰胺及一碳单位为原料（第十章）。所以，氨基酸是体内核苷酸合成的重要原料来源。磷酸戊糖是合成核苷酸的另一种原料，可由糖分解的磷酸戊糖途径所提供。所以，葡萄糖、某些氨基酸可在体内转化为核酸分子组件。

## 第二节　肝在代谢整合与调节中的作用

肝是机体代谢的功能中心，在糖、脂、氨基酸、维生素、辅酶、激素、药物代谢方面具有独特的代谢特点，发挥着整合与调节体内各代谢途径的关键作用。其他组织器官则被称为"肝外"或"外周"组织器官。

### 一、肝是物质代谢的核心器官

（一）肝的组织结构和化学组成决定其代谢核心地位

肝作为物质代谢的核心器官，具有特殊的组织结构和化学组成。第一，肝具有肝动脉、门静脉双重血液供应。通过肝动脉，肝可接受肺输送的 $O_2$ 和其他组织器官输送的代谢产物；通过门静脉，肝能够从消化道获取大量营养物质。第二，肝具有肝静脉、胆道两大输出系统。肝静脉与体循环相联系，利于肝内代谢产物向肝外组织输出；胆道系统与消化道相联系，便于肝内的代谢产物和毒物向消化道排泄。第三，肝具有丰富的血窦。血窦血流缓慢，与肝细胞接触面积大、时间长，有利于物质交换。第四，肝细胞内酶的种类多、含量大，其中有些酶是肝特有的。以上特点决定了肝在物质代谢中的多功能及枢纽作用。

（二）肝在物质代谢中承担加工、输送、分配的角色

肝是人体代谢最活跃的器官，其耗 $O_2$ 量占全身耗 $O_2$ 量的 20%。此外，肝在糖、脂、氨基酸、维生素、激素等代谢中均具有独特而重要的作用，其中某些代谢途径是其他组织器官所不能替代的。例如，肝是体内合成尿素、酮体的主要器官，也是合成内源性甘油三酯、胆固醇、蛋白质等最多、最活跃的器官。尽管肝合成糖原、糖异生及氨基酸代谢也十分活跃，但是肝的能量供应通常以氧化脂肪酸为主。这些代谢特点使肝成为与肝外组织代谢联系最密切的器官；肝担负将食物营养物转化为能源和前体物质、输送给肝外组织利用的角色。此外，肝在胆汁酸、胆色素和非营养物质转化中发挥重要的作用（第十一章）。

Notes

## 二、肝是调节血糖的主要器官

### （一）肝糖原分解是血糖的首要补给

肝糖原是餐后葡萄糖的重要储备形式，在饥饿时最先被动用，以便迅速补给血糖。肝糖原合成仅在餐后血糖含量较高时进行，这依赖于肝细胞的两个重要代谢特点。一是肝细胞含有葡糖转运蛋白 2（glucose transporter 2，GLUT2），后者与葡萄糖的亲和力较低，使肝细胞只能在餐后有效摄取血中过量的葡萄糖。二是肝内葡糖激酶（glucokinase）的 $K_m$ 比肝外组织己糖激酶（hexokinase）的 $K_m$ 高得多，只能在高浓度葡萄糖情况下将葡萄糖转化为葡糖 -6- 磷酸，进而合成肝糖原储备。

当血中葡萄糖浓度过低时，肝糖原迅速分解补充血糖，供肝外组织利用。所以肝糖原的合成与分解是血糖调节的首要环节。肝受损可导致糖原转换能力降低，严重肝病患者还可出现耐糖能力下降、餐后高血糖、饥饿时低血糖等症候。

### （二）肝中糖异生是血糖的后援补给

肝糖原分解补充血糖仅能持续 16～24 小时，这是因为肝糖原的储存有限（占肝重的 10%，<150g）。较长时间禁食后，肝糖原几乎耗尽，此时肝糖异生作用成为血糖的主要来源，以确保脑等重要组织的能源供给。即使在正常情况下，每日肝内将氨基酸、乳酸等非糖物质通过糖异生转变的葡萄糖仍可达 80～160g。肝是糖异生的主要器官，故肝糖原耗尽后肝仍能持续补给血糖。

### （三）肝内糖代谢的枢纽是葡糖 -6- 磷酸

葡糖 -6- 磷酸是肝内糖代谢的枢纽，将糖酵解、糖异生、糖原合成、磷酸戊糖途径彼此相联系。餐后，肝内生成的葡糖 -6- 磷酸主要有三条去路：①在肝内氧化分解，但不是肝的主要供能形式；②进入磷酸戊糖途径；③用于合成肝糖原。饥饿时，肝内的葡糖 -6- 磷酸主要来源于两条代谢途径：①肝糖原分解；②糖异生；此时葡糖 -6- 磷酸主要去磷酸化而生成葡萄糖，补充血糖。

此外，肝内生成的葡糖 -6- 磷酸还是葡萄糖、果糖、半乳糖和甘露糖互变的枢纽物质（第六章）。通过这一枢纽，小肠吸收的其他单糖可在肝内转变为葡萄糖，葡萄糖也可转变为其他单糖。

## 三、肝是合成内源性脂类和酮体的场所

### （一）肝中活跃合成内源性脂类

肝是合成内源性甘油三酯的主要场所。餐后，肝除了将过剩的葡萄糖合成糖原外，还可将葡萄糖分解生成的大量乙酰 CoA，转变成脂肪酸，进一步合成甘油三酯，这是内源性甘油三酯的主要来源。肝合成的内源性甘油三酯以极低密度脂蛋白（VLDL）形式输出肝外。

体内大多数组织都能合成胆固醇和磷脂，但肝合成最为活跃。肝可利用糖及某些氨基酸合成胆固醇、磷脂，是血液中胆固醇、磷脂的主要来源（第七章）。其中，肝还对于维持体内胆固醇平衡具有重要意义。肝能够将胆固醇转变为胆汁酸，经由胆道排出，这是体内胆固醇排出的唯一通路。

### （二）饥饿时肝合成酮体供应肝外组织

饥饿时，脂肪动员释放的脂肪酸成为多数组织的主要能源供给，但脑组织不能利用脂肪酸。而肝则将脂肪酸转换为新的能源形式——酮体，并向肝外组织输出。在肝内，脂肪动员产生的脂肪酸经 β- 氧化生成大量乙酰 CoA，其中一部分经柠檬酸循环彻底氧化供能，其余大部分乙酰 CoA 在肝细胞内合成酮体后释放入血，供肝外组织摄取利用。酮体是饥饿时肝外组织的重要能源补给，其中大约 30% 被心肌利用，60%～70% 供给脑组织。

### （三）肝的能量供应以氧化脂肪酸为主

肝细胞葡糖激酶 $K_m$ 值很大，所以肝内糖酵解速度依赖高底物浓度，只有当葡萄糖浓度较高时才能被肝细胞分解。通常，肝的能量供应以氧化脂肪酸为主。餐后，肝可摄取食物中的外

Notes

源性脂肪酸，其中一部分经 β- 氧化为肝提供所需能量，另一部分用于重新合成甘油三酯。饥饿时，肝可利用脂肪动员产生的内源性脂肪酸，通过 β- 氧化供能。

## 四、肝有合成尿素与调节氨基酸代谢池的功能

### （一）合成尿素是肝的特有功能

合成尿素是肝所特有的功能，只有肝细胞线粒体内才含有氨 - 依赖的氨基甲酰磷酸合酶 I 及鸟氨酸氨基甲酰转移酶（第九章），其他组织不能进行尿素合成。鸟氨酸循环不仅可解除"氨毒"，还有利于体内氨基酸的实时更新，这是因为从反应总平衡看，移除氨有利于氨基酸转换反应的进行。

### （二）肝可调节氨基酸代谢池

肝内参与氨基酸代谢的酶类十分丰富，所以氨基酸的转氨基、脱氨基、转甲基、脱羧基等反应在肝内非常活跃。肝通过这些反应既可进行氨基酸的分解代谢，又可合成非必需氨基酸，还可利用某些氨基酸合成各种含氮类化合物，如嘌呤类衍生物、嘧啶类衍生物（第十章）、肌酸、乙醇胺、胆碱（第九章）等。肝通过多种氨基酸转化反应，将糖、脂和氨基酸代谢整合为一体，有调整氨基酸代谢池的功能。

## 五、肝参与多种维生素和辅酶的代谢

肝参与脂溶性维生素的吸收和运输。肝合成的胆汁酸经胆道排入消化道，促进吸收脂溶性维生素，此环节若发生障碍则导致脂溶性维生素缺乏。肝合成和分泌视黄醇结合蛋白、维生素 D 结合蛋白，分别与视黄醇、维生素 D 相结合，使之在血液中运输。

多种维生素主要在肝中储存，如维生素 A、E、K 和 $B_{12}$，其中肝维生素 A 的含量占体内总量的 95%。肝也是维生素 $B_1$、$B_2$、$B_6$、泛酸和叶酸含量较多的器官。

肝还能转化多种维生素。肝可将胡萝卜素转化成维生素 A，将维生素 PP 转化为辅酶 I（$NAD^+$）和辅酶 II（$NADP^+$），将泛酸转变为 CoA，将维生素 $B_1$ 转化为焦磷酸硫胺素，将维生素 $D_3$ 转变为 25- 羟维生素 $D_3$。

可见，肝在维生素的吸收、运输、储存、转化各方面均具有重要作用，由于许多维生素是辅酶的前体，故肝通过整合维生素和辅酶代谢而发挥其代谢核心控制作用。

## 六、肝参与多种激素和药物的灭活

激素起效后必须迅速灭活（inactivation），以保证激素调节功能正常发挥。肝是多种激素灭活的场所，在肝细胞内，这些激素与葡糖醛酸、活性硫酸等发生结合反应而失活。严重肝病可导致激素灭活障碍，使体内雌激素、醛固酮、抗利尿激素等含量升高，患者出现男性乳房女性化、蜘蛛痣、肝掌、水钠潴留等症状。此外，一些药物和毒物也需在肝内进行生物转化，使之极性增大而易于排出体外（第十一章）。

## 第三节　肝外组织器官的代谢特点和联系

尽管肝外各组织器官的基本代谢方式相同，但它们分别选择性地"偏好"不同的供能物质和代谢途径，这样既满足了各自不同的功能需求，又实现了代谢途径之间的互补、联系及整合。

## 一、脂肪组织是机体最重要的"能储"

### （一）餐后脂肪组织加强脂肪合成

餐后脂肪组织合成并储存大量脂肪，主要有三种来源：①脂肪细胞直接将糖转变为内源

Notes

性脂肪。胰岛素促进脂肪细胞摄取葡萄糖，使食物中的糖类转变为磷酸甘油，加强脂肪合成；②利用肝内合成的脂肪酸。肝内合成的内源性脂肪以 VLDL 的形式进入血液，脂蛋白脂肪酶（LPL）将 VLDL 中的脂肪水解，释放的脂肪酸被脂肪细胞摄取，转化为脂肪组织中的脂肪储备；③来源于乳糜微粒的脂肪酸。小肠吸收的外源性脂肪以乳糜微粒的形式进入血液，被 LPL 水解，释放的脂肪酸被脂肪细胞摄取，在脂肪组织中合成脂肪储备。此外，进食后血浆中游离脂肪酸的水平较低，这是因为胰岛素能抑制脂肪动员（第七章）。

### （二）饥饿时脂肪组织加强脂肪动员

饥饿时，胰岛素水平降低而胰高血糖素分泌增强，通过激活脂肪细胞中的 Perilipin-1 和 HSL（第七章），促进脂肪动员，使脂肪分解成脂肪酸和甘油，并释入血循环，供机体其他组织氧化利用。此时血中游离脂肪酸水平升高，酮体水平也随之升高。

## 二、脑利用葡萄糖和酮体氧化供能

### （一）脑是机体耗氧最多的器官

脑功能复杂，活动频繁，能量消耗多且连续。人脑重量仅占体重 2%，但其耗氧量占静息时全身耗氧总量的 20%～25%。

### （二）脑的主要能源是葡萄糖和酮体

与其他组织相比，脑组织己糖激酶活性高，因此即使在血糖水平较低时也能利用葡萄糖。葡萄糖是脑的主要供能物质，脑每天消耗的葡萄糖约为 100g。由于脑组织几乎无糖原储存（其糖原含量仅占 0.1%），因此脑消耗的葡萄糖主要由血糖供应。长期饥饿时，脑主要利用由肝生成的酮体供能。饥饿 3～4 天时，脑每天消耗的酮体约为 50g。

### （三）脑具有特异的氨基酸代谢库

虽然血液氨基酸可迅速与脑组织交换，但氨基酸在脑内富集量有限。脑内的游离氨基酸中大约 75% 为天冬氨酸、谷氨酸、谷氨酰胺、N- 乙酰天冬氨酸和 γ- 氨基丁酸，其中谷氨酸含量最多，说明脑内具有特殊的氨基酸稳态调节机制。

脑中的氨由联合脱氨基作用产生，即其他氨基酸可经转氨基作用生成谷氨酸，经谷氨酸脱氢酶催化脱去氨基（第九章）。

## 三、心肌主要利用脂肪酸、酮体和乳酸氧化供能

### （一）心肌细胞以有氧氧化供能为主

与骨骼肌不同，心肌持续、有节律地舒缩活动，运动时加剧，但极少有"负氧债"（oxygen debt repayment）情况发生。因此，有氧运动有利心脏健康。心肌细胞富含肌红蛋白、细胞色素及线粒体。前者利于储氧，后两者利于有氧氧化，所以心肌分解代谢以有氧氧化为主。

心肌与骨骼肌均富含乳酸脱氢酶（LDH），但心肌以 $LDH_1$ 为主，而骨骼肌则以 $LDH_5$ 为主。$LDH_1$ 与乳酸亲和力强，催化乳酸氧化成丙酮酸，有利于有氧氧化的进行。

### （二）心肌细胞的主要能源是脂肪酸、酮体和乳酸

心肌主要通过有氧氧化分解脂肪酸、酮体和乳酸获得能量，极少进行糖酵解，这主要取决于以下几个特点：①心肌含有硫激酶的几种同工酶，可催化碳链长度不同的脂肪酸进行 β- 氧化，这使脂肪酸成为被心肌优先利用的能源；②心肌富含分解酮体的酶类，能够利用肝生成的酮体供能；③心肌不仅富含 $LDH_1$，还富含细胞色素及线粒体，利于乳酸氧化；④脂肪酸分解产生大量乙酰 CoA，强烈抑制糖酵解中的磷酸果糖激酶 -1，从而抑制葡萄糖分解。

心肌可从血液摄取各种营养物，但摄取量有一定域值限制。营养物水平超过域值越高，被心肌摄取越多。因此，心肌在餐后不排斥利用葡萄糖，餐后数小时或饥饿时利用脂肪酸和酮体，运动中或运动后则利用乳酸。

Notes

## 四、骨骼肌兼有氧氧化和无氧氧化供能机制

不同类型骨骼肌的生理特点不同,进行无氧氧化、氧化磷酸化的程度也各异。红肌(如长骨肌)耗能多,而且富含肌红蛋白及细胞色素,适合通过氧化磷酸化产能。白肌(如胸肌)则相反,耗能少,主要依赖糖的无氧氧化供能。

无论何种肌组织,其收缩所需能量的直接来源是 ATP,但其 ATP 含量有限,不足以维持持续、剧烈的肌收缩活动。经短时间后,储存于肌内的高能物质——磷酸肌酸在肌酸激酶催化下开始分解,将能量和高能磷酸键转移给 ADP 而生成 ATP(第八章)。此外,骨骼肌有一定糖原储备。但有氧运动时,肌组织主要利用脂肪酸的有氧氧化供能;仅在剧烈运动时,以肌糖原的无氧氧化供能。肌糖原分解不能直接补充血糖,乳酸循环是整合肝糖异生与肌组织糖无氧氧化的重要机制(第六章)。

## 五、成熟红细胞依赖糖的无氧氧化供能

糖的无氧氧化是成熟红细胞的唯一供能途径,这是因为成熟红细胞没有线粒体,而各种营养物质的有氧氧化都依赖于线粒体,因此成熟红细胞既不能通过有氧氧化葡萄糖提供能量,也不能通过有氧氧化脂肪酸和其他非糖物质供能。

## 六、肾兼具糖异生和酮体生成功能

除肝外,肾也可进行糖异生和酮体合成。一般情况下肾的糖异生作用较弱,仅占肝糖异生葡萄糖产量的 10%。但饥饿 5~6 周后,肾的糖异生作用大大加强,每天产生葡萄糖约 40g,几乎与肝糖异生的量相等。肾髓质无线粒体,主要靠糖的无氧氧化供能;而肾皮质则主要通过有氧氧化脂肪酸和酮体供能。

# 第四节　物质代谢的调节机制

单细胞生物主要通过细胞内代谢物的浓度变化,进行酶的活性调节或含量调节,这种方式称为原始调节或细胞水平代谢调节。微环境变化也可使细胞产生应答而调节代谢。高等生物除细胞水平调节外,还出现了内分泌细胞/器官主导的激素调节。更为重要的是,这些激素的分泌受中枢神经系统控制,以便相互协作,对机体代谢进行综合调节,即整体水平调节。

## 一、细胞水平调节的本质是调节关键酶的活性与含量

从本质上看,细胞水平的代谢调节就是调节关键酶的活性与含量。活性调节属于快速调节,可在数秒或数分钟内完成,有变构调节和化学修饰两种活性调节方式。含量调节属于迟缓调节,需要数小时或更长时间,主要通过调节基因表达和蛋白质降解速率来实现。

(一)变构调节是控制关键酶活性的基本机制

1. 代谢物是酶变构调节的效应剂　代谢途径中有很多关键酶属于变构酶(表 12-4)。一些小分子代谢物可以作为变构效应剂(allosteric effector),通过非共价键结合在酶的调节部位,引起酶分子构象变化,从而改变酶活性。作为变构效应剂的小分子代谢物可以是底物、产物或中间代谢物,对酶的调节作用可以是激活或抑制作用。

(1)底物激活关键酶:一些底物可作为变构激活剂,激活相应的关键酶,在底物充足时使相应的代谢途径加速。例如,在丙酮酸脱氢酶复合体的催化下,丙酮酸氧化脱羧生成乙酰 CoA、$CO_2$ 和 NADH。其中 CoA、$NAD^+$ 均可看作反应底物,它们能激活丙酮酸脱氢酶复合体,促进糖的有氧氧化。

Notes

表 12-4　一些代谢途径中的变构酶及其效应剂

| 代谢途径 | 变构酶 | 激活剂 | 抑制剂 |
|---|---|---|---|
| 糖酵解 | 己糖激酶 | | 葡糖 -6- 磷酸、长链脂酰 CoA |
| | 磷酸果糖激酶 -1 | AMP、ADP、FDP | ATP、柠檬酸 |
| | 丙酮酸激酶 | FDP | ATP、丙氨酸 |
| 柠檬酸循环 | 柠檬酸合酶 | ADP | ATP、柠檬酸、NADH |
| | 异柠檬酸脱氢酶 | ADP | ATP |
| 糖异生 | 丙酮酸羧化酶 | 乙酰 CoA | ADP |
| 糖原分解 | 磷酸化酶 | AMP、G-1-P、$P_i$ | ATP、葡糖 -6- 磷酸 |
| 脂肪酸合成 | 乙酰 CoA 羧化酶 | 柠檬酸、异柠檬酸 | 长链脂酰 CoA |
| 氨基酸代谢 | 谷氨酸脱氢酶 | ADP、亮氨酸、甲硫氨酸 | GTP、ATP、NADH |
| 嘌呤合成 | PRPP 酰胺转移酶 | PRPP | IMP、AMP、GMP |
| 嘧啶合成 | 天冬氨酸转氨甲酰酶 | | CTP、UTP |
| 核酸合成 | 脱氧胸苷激酶 | dCTP、dATP | dTTP |

（2）产物通常抑制关键酶：一般而言，产物作为变构效应剂的作用是抑制某些关键酶，使相应的代谢途径减弱，称为反馈抑制（feedback inhibition）。这种负反馈调节很常见，能够避免产物生成过剩，从而节约资源。例如，葡糖 -6- 磷酸是己糖激酶的反应产物，可反馈抑制此酶的活性，避免葡萄糖过度分解。

（3）某些产物具有激活作用：产物的正反馈调节极为少见，典型的例子是磷酸果糖激酶 -1。在磷酸果糖激酶 -1 的催化下，果糖 -6- 磷酸发生磷酸化而生成果糖 -1，6- 二磷酸。作为反应产物的果糖 -1，6- 二磷酸，可激活磷酸果糖激酶 -1，有利于加快糖的分解。

（4）中间产物兼有抑制和激活作用：中间产物的代谢调节作用往往具有双重性，一方面作为产物抑制其上游的关键酶活性，另一方面作为底物激活其下游的关键酶活性，从而协调整个代谢网络。例如，柠檬酸作为一种重要的中间代谢产物，对于糖、脂代谢具有整合调节作用。当糖分解代谢活跃、产能充足时，ATP 通过抑制柠檬酸脱氢酶而抑制柠檬酸循环，过剩的柠檬酸通过柠檬酸 - 丙酮酸循环运出线粒体，在胞质中，柠檬酸抑制糖酵解的关键酶——磷酸果糖激酶 -1，减弱上游糖分解；另一方面，柠檬酸又可激活脂肪酸合成的关键酶——乙酰 CoA 羧化酶，促进下游脂肪酸合成；从而使上、下游代谢途径的流量得以平衡。

**2. 变构调节可维持能量与代谢物的供需平衡**　变构调节的始动因素是小分子代谢物，根据小分子代谢物的浓度变化来改变关键酶的活性，是细胞内代谢的一种基本调节机制。变构调节的重要生理意义主要体现在三个方面。

（1）变构调节有利于维持体内的能量供需平衡：从广义上讲，AMP、ADP 和 ATP 可以看作反应底物或产物，它们常作为产能途径中多种关键酶的变构效应剂，协调产能与耗能之间的平衡。例如，ATP 可抑制磷酸果糖激酶 -1、丙酮酸激酶、丙酮酸脱氢酶复合体、柠檬酸合酶、异柠檬酸脱氢酶活性，从而抑制糖酵解、氧化脱羧、柠檬酸循环的进行，避免糖分解产能过剩，以节约能源。

（2）变构调节有利于维持体内代谢物的供需平衡：代谢途径终产物常可通过抑制该途径的关键酶而产生负反馈调节，避免生成过剩的代谢产物。例如，胆固醇合成后可反馈抑制 HMG-CoA 还原酶，使细胞内胆固醇生成不至于过多。另一方面，代谢底物则往往激活代谢途径中的相应关键酶，加速该途径的进行。例如，CoA 和 $NAD^+$ 是丙酮酸脱氢酶复合体的反应底物，可激活此酶而促进糖的有氧氧化。

（3）变构调节可协调不同代谢途径并合理分配资源：很多中间产物可抑制某代谢途径中的关键酶，同时激活另一代谢途径的关键酶，使不同代谢途径之间相互协调，达到合理利用资源

Notes

的目的。例如，细胞内能量供给充足时，葡糖 -6- 磷酸可抑制糖原磷酸化酶、阻断糖原分解，也可抑制己糖激酶、使糖酵解和有氧氧化减弱；同时，葡糖 -6- 磷酸还可激活糖原合酶，使过剩的葡萄糖合成糖原储备。又如前面提到的柠檬酸的调节作用，可协调上游的糖酵解和下游的脂肪酸合成。

**（二）化学修饰是控制关键酶活性的应激机制**

**1. 激素引发一连串化学修饰酶的依次激活**　代谢途径中有很多关键酶的活性可通过化学修饰进行调节。在激素作用下，一连串的化学修饰酶发生依次激活，下游酶中某些氨基酸残基由上游酶催化引发基团的共价修饰，从而改变酶活性（第五章）。

（1）酶促化学修饰有多种形式：常见的化学修饰有磷酸化 / 脱磷酸化、乙酰化 / 脱乙酰化、甲基化 / 脱甲基化、腺苷化 / 脱腺苷化等。其中，以磷酸化与脱磷酸化最为常见。酶蛋白分子中丝氨酸、苏氨酸或酪氨酸的羟基是磷酸化 / 脱磷酸化的位点。有的酶磷酸化后表现为活性形式，而有的酶脱磷酸化后才表现酶活性（表 12-5）。

表 12-5　磷酸化 / 脱磷酸化修饰对酶活性的调节

| 酶 | 化学修饰类型 | 酶活性改变 |
| --- | --- | --- |
| 糖原磷酸化酶 | 磷酸化 / 脱磷酸化 | 激活 / 抑制 |
| 磷酸化酶 b 激酶 | 磷酸化 / 脱磷酸化 | 激活 / 抑制 |
| 糖原合酶 | 磷酸化 / 脱磷酸化 | 抑制 / 激活 |
| 丙酮酸脱氢酶复合体 | 磷酸化 / 脱磷酸化 | 抑制 / 激活 |
| 磷酸果糖激酶 -2 | 磷酸化 / 脱磷酸化 | 抑制 / 激活 |
| 丙酮酸激酶 | 磷酸化 / 脱磷酸化 | 抑制 / 激活 |
| HMG-CoA 还原酶 | 磷酸化 / 脱磷酸化 | 抑制 / 激活 |
| HMG-CoA 还原酶激酶 | 磷酸化 / 脱磷酸化 | 激活 / 抑制 |
| 乙酰 CoA 羧化酶 | 磷酸化 / 脱磷酸化 | 抑制 / 激活 |
| 脂肪细胞甘油三酯脂酶 | 磷酸化 / 脱磷酸化 | 激活 / 抑制 |

（2）相反的酶促化学修饰协调酶活性的"开"与"关"：酶促化学修饰反应是不可逆的，方向相反的化学修饰需要由两个不同的酶催化完成。以磷酸化 / 脱磷酸化为例，磷酸化修饰是由 ATP 提供磷酸基、由蛋白激酶（protein kinase）催化完成；脱磷酸化则是由磷蛋白磷酸酶（phosphoprotein phosphatase）催化、通过水解反应去除磷酸基团（图 12-2）。蛋白激酶与磷酸酶通过磷酸化、脱磷酸化的转变实现酶活性的"开"、"关"调节。

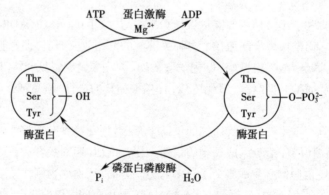

图 12-2　酶的磷酸化与脱磷酸

**2. 化学修饰通过级联放大效应快速应激**　化学修饰的始动因素是激素，通过一系列连锁的酶促化学修饰来调节关键酶活性，是一种应激调节机制。化学修饰有重要生理意义，利于机体

Notes

快速应激，这主要取决于以下特点：①化学修饰涉及连锁的酶促反应，上游的一个酶分子可催化下游多个底物酶分子发生反应，故有级联放大效应；②催化化学修饰的酶自身也常受变构调节和化学修饰调节，所以化学修饰经常偶联变构调节、激素调节，形成由信号分子（激素等）、信号转导分子和效应分子（受化学修饰调节的关键酶）组成的级联反应，使细胞内酶活性调节更精细、更协调。这样，应激时只需少量激素释放即可通过信号级联反应，迅速引起关键酶活性的放大及生理效应，使机体快速应对紧急状况。

**（三）调节基因转录和蛋白质降解可控制关键酶的含量**

1. **诱导与阻遏基因表达调节酶含量** 酶的底物、产物、激素、药物、各种内外环境变化可调节酶蛋白基因的表达，有两种类型。

（1）酶的合成增加：有些酶的表达因某些底物或类似物存在而增加。例如，尿素循环的酶可被高蛋白质膳食诱导合成而增加；糖皮质激素可诱导一些氨基酸分解酶和糖异生关键酶的合成增强；胰岛素则可诱导糖酵解和脂肪酸合成途径中关键酶的合成。再如，很多药物、毒物可促进肝微粒体中加单氧酶或其他一些药物代谢酶的诱导表达，使药物失活而解毒，但这也是引起耐药的原因之一。

（2）酶的合成减少：有些酶的表达因某些产物或类似物存在而减少。例如，肝中胆固醇合成时，HMG-CoA 还原酶的基因表达可被胆固醇所阻遏。但肠黏膜细胞中胆固醇的合成不受胆固醇的影响，因此摄取高胆固醇膳食时，血胆固醇仍有升高的危险。

2. **控制蛋白质降解调节酶含量** 细胞内业已存在的酶蛋白降解会减少酶含量；反之，减少降解会使细胞维持一定的酶含量。细胞内酶蛋白的降解有两条途径：一是酶蛋白的非特异性降解，由溶酶体（lysosome）蛋白水解酶催化；二是酶蛋白的特异性降解，需要 ATP- 依赖的泛素 - 蛋白酶体（proteasomes）途径（第九章）。凡能改变或影响这两种蛋白质降解机制的因素均可主动调节酶蛋白的降解速度，进而调节酶含量。

## 二、微环境变化通过刺激细胞内分子感应器而引起细胞代谢改变

除了通过代谢调节满足自身的物质和能量需求之外，细胞所处微环境的动态变化也是诱发细胞内代谢调节的重要因素。细胞内存在一些特殊的分子感应器，如 HIF-1α 和 AMPK 等，它们能够感知细胞微环境中某些刺激信号的变化幅度，通过激活特定信号通路而引起各代谢途径的相应改变。

**（一）HIF-1α 通过感受微环境中的氧变化调节细胞代谢**

缺氧诱导因子 -1（hypoxia inducible factor-1，HIF-1）是普遍存在于人和哺乳动物细胞内的一类转录因子，相当于细胞内的"氧感应器"，通过感受微环境中的氧浓度变化而调节相关代谢酶类的转录。

HIF-1 是由 α 亚基和 β 亚基组成的异源二聚体，其中 HIF-1α 是由氧浓度调节表达的功能性亚基，而 HIF-1β 则是持续表达的结构性亚基。常氧时，HIF-1α 迅速降解，有两方面原因：一是 HIF-1α 结构中有一段氧依赖降解（oxygen dependent degradation，ODD）区域，介导其通过泛素 - 蛋白酶体途径降解；二是 HIF-1α 存在各种化学修饰（包括羟基化、泛素化、乙酰化、磷酸化等），可参与其稳定性调节。只有在低氧条件下，HIF-1α 才能稳定存在，这是其发挥功能的前提。

低氧时，HIF-1α 具有转录激活功能。HIF-1α 先与 HIF-1β 形成异源二聚体，此二聚体可识别并结合靶基因上的低氧反应元件（hypoxic response element，HRE），进而激活低氧反应基因的转录。目前已知受 HIF-1α 调控的低氧靶基因有上百个，这些基因表达产物主要调节葡萄糖和能量代谢、血管重塑、细胞增殖等，使细胞表现出对低氧的一系列适应性反应。例如，HIF-1α 可诱导葡糖转运蛋白和糖酵解酶类的基因表达，促进葡萄糖的摄取与酵解利用；HIF-1α 也可诱导丙酮酸脱氢酶激酶 1（pyruvate dehydrogenase kinase 1，PDK1）表达，使丙酮酸脱氢酶复合体发

生磷酸化而失活，从而抑制糖的有氧氧化、促进无氧氧化；HIF-1α 还可诱导瘦素表达，通过调节糖、脂代谢而维持能量稳态。

### （二）AMPK通过感受微环境中的能量变化调节细胞代谢

AMP 激活的蛋白激酶（AMP-activated protein kinase，AMPK）是一种在细胞内进行能量代谢调节的蛋白激酶，相当于细胞内的"能量感应器"，通过感受微环境中的能量变化而调节糖、脂代谢途径的关键酶。

AMPK 是由 α 亚基、β 亚基和 γ 亚基组成的异源三聚体，结构非常保守。α 亚基具有蛋白激酶的催化活性，γ 亚基具有结合 AMP 或 ATP 的调节活性，β 亚基将 α、γ 亚基二者相连接。AMPK 活性主要受 AMP/ATP 比值调控。当处于缺血、缺氧等微环境时，细胞出现葡萄糖水平下降、能量消耗等应激状态，使 AMP/ATP 比值升高，激活 AMPK，包括化学修饰和变构调节两种活化机制：一是 AMPK α 亚基中的 Thr172 发生磷酸化而激活；二是 AMP 通过变构效应激活 AMPK。

AMPK 活化后，使下游效应分子发生广泛的磷酸化反应，一方面抑制耗能的合成代谢，另一方面激活产能的分解代谢，整合并调节骨骼肌、肝、脂肪组织、胰等重要器官的糖、脂代谢，以应对能量匮乏状态。

AMPK 对于糖代谢的调节作用体现在：①既可直接激活葡糖转运蛋白 1（glucose transporter 1，GLUT1）和 GLUT4，也可通过调节去乙酰化酶活性而诱导 GLUT4 表达，促进葡萄糖的摄取；②使磷酸果糖激酶 -1 的 Ser466 发生磷酸化而激活，加强糖酵解；③某些肝特异性转录因子，例如碳水化合物反应元件结合蛋白（carbohydrate response element binding protein，ChREBP）或肝细胞核因子 4α（hepatic nuclear factor 4α，HNF4α），可在 AMPK 作用下发生磷酸化修饰，促进丙酮酸激酶等糖酵解酶类的基因转录；④使 CREB 转录共激活因子（CREB-regulated transcription coactivator 2，CRTC2）磷酸化后滞留于胞质，或者使肝转录因子 FoxO 磷酸化后被降解，抑制磷酸烯醇式丙酮酸羧激酶等糖异生酶类的基因转录。

AMPK 对于脂代谢的调节作用体现在：①使乙酰 CoA 羧化酶发生磷酸化而失活，抑制脂肪酸合成。同时由于丙二酰 CoA 生成减少，使其对肉碱脂酰转移酶 I 的抑制作用减弱，因此脂肪酸分解增强；②使 HMG-CoA 还原酶发生磷酸化而失活，抑制胆固醇合成。

## 三、激素水平的调节在器官代谢层面整合各条代谢途径

激素水平的调节是指激素通过特异受体和信号转导途径（第二十章），对代谢网络中关键酶的活性与含量进行调节，其中活性调节体现了应激的短期效应，而含量调节体现了适应的长期效应。激素调节将信号转导网络、基因表达网络与物质代谢网络有机地联系起来，在器官代谢层面实现多条代谢途径的整合与调节。

### （一）胰岛素协调多器官的糖、脂、氨基酸代谢

胰岛素作用的靶器官主要是肝、肌、脂肪组织，对三大营养物代谢的综合调节效应是：促进血糖利用、使血糖来源减少；促进脂类合成、抑制脂肪动员；抑制蛋白质分解利用。

**1. 胰岛素调节代谢关键酶的活性**　餐后，胰岛素分泌增多，引发体内一系列连锁的化学修饰，使代谢关键酶发生广泛的脱磷酸化反应，迅速激活或抑制其活性，从而调节相关代谢途径的速率，主要体现在以下方面：①激活磷酸果糖激酶 -2，促进糖酵解；②激活丙酮酸脱氢酶复合体，促进糖的有氧氧化；③抑制果糖二磷酸酶 -2，减弱糖异生；④激活糖原合酶，促进糖原合成；⑤激活乙酰 CoA 羧化酶，促进脂肪酸合成；⑥激活 HMG-CoA 还原酶，促进胆固醇合成；⑦激活脂肪组织中的脂蛋白脂酶，促进从血浆脂蛋白中摄取甘油三酯的脂肪酸，利于脂肪组织合成脂肪储存；⑧抑制甘油三酯脂肪酶，减弱脂肪动员。

**2. 胰岛素调节代谢关键酶的含量**　胰岛素也可改变某些关键酶的基因表达水平，从而调节相应代谢途径的流量。例如，胰岛素可诱导葡糖激酶合成，促进肝将过量血糖转变为肝糖原；胰

Notes

岛素诱导肝 HMG-CoA 还原酶表达，促进胆固醇合成；胰岛素也可抑制磷酸烯醇式丙酮酸羧激酶合成，减弱糖异生；胰岛素还能抑制氨基酸分解的酶类合成，使骨骼肌不能分解利用氨基酸。

### （二）胰高血糖素协调多器官的糖、脂、氨基酸代谢

胰高血糖素发挥作用的主要靶器官是肝，对三大营养物代谢的综合调节效应是：使血糖来源增多、抑制血糖利用；促进脂类分解、抑制脂类合成；促进蛋白质分解利用。

1. **胰高血糖素调节代谢关键酶的活性**  饥饿时，胰高血糖素分泌增多，通过激活 cAMP-蛋白激酶 A 系统，使代谢关键酶发生广泛的磷酸化反应，迅速激活或抑制其活性，从而调节相关代谢途径的速率，主要体现在以下方面：①抑制磷酸果糖激酶 -2 和丙酮酸激酶，减弱糖酵解；②激活果糖二磷酸酶 -2，促进糖异生；③激活糖原磷酸化酶，促进肝糖原分解；④抑制糖原合酶，减弱肝糖原合成；⑤抑制乙酰 CoA 羧化酶，减弱脂肪酸合成；⑥抑制 HMG-CoA 还原酶，减弱胆固醇合成；⑦激活 Perilipin-1 和 HSL，促进脂肪动员。

2. **胰高血糖素调节代谢关键酶的含量**  胰高血糖素也可改变某些关键酶的基因表达水平，从而调节相应代谢途径的流量。例如，胰高血糖素可诱导磷酸烯醇式丙酮酸羧激酶合成，促进糖异生；胰高血糖素也可诱导 HMG-CoA 合酶表达，促进酮体合成；胰高血糖素还可诱导氨基转移酶类、鸟氨酸循环酶类合成，促进氨基酸分解、合成尿素解毒。

## 四、整体水平的调节是通过神经 - 内分泌系统综合调控体内物质代谢

整体水平的代谢调节是指神经 - 内分泌系统通过调节体内各种激素释放以及整合各激素的调节作用，从整体上协调不同组织器官内的各种代谢途径，综合调控体内的物质代谢，使代谢各具特色的组织器官彼此相互联系，以适应餐后、饥饿、营养过剩、应激等状态变化，维持代谢稳态。

### （一）饥饿 - 进食循环是整体水平调节的典型例子

1. **不同膳食组成决定体内不同的代谢状态**  进食成分不同的膳食后，体内激素水平和整体代谢状态各不相同。本节主要讨论四种情况。

（1）进食混合膳食：体内胰岛素水平中度升高。在胰岛素作用下，由小肠吸收的葡萄糖经血液循环被各种组织细胞摄取，分解供能；部分葡萄糖在肝内合成肝糖原、在骨骼肌中合成肌糖原；还有部分葡萄糖转换为乙酰 CoA，在肝中合成内源性甘油三酯，通过 VLDL 输送到脂肪、骨骼肌等组织。而氨基酸经小肠吸收后，部分用于合成肝内蛋白质；部分经肝输送到肝外组织；其余部分在肝内转换为乙酰 CoA，合成甘油三酯并以 VLDL 形式输出。由小肠吸收的甘油三酯以乳糜微粒形式运输，部分经肝转换为内源性甘油三酯；大部分输送到脂肪组织、骨骼肌等转换、储存或利用。

（2）进食高糖膳食：体内胰岛素水平明显升高，胰高血糖素降低。小肠吸收的葡萄糖受胰岛素调节，一部分在肝合成肝糖原、在骨骼肌中合成肌糖原；一部分经肝合成内源性甘油三酯，输送至脂肪组织和骨骼肌；大部分葡萄糖直接被输送到脂肪组织、骨骼肌、脑等组织转换、储存或利用。

（3）进食高蛋白膳食：体内胰岛素水平中度升高，胰高血糖素水平升高。在两者协同作用下，肝糖原分解补充血糖，供应脑等各组织。此时，由小肠吸收的氨基酸主要在肝通过丙酮酸异生为葡萄糖，供应脑及其他肝外组织；部分氨基酸转化为乙酰 CoA，合成甘油三酯，供应脂肪组织等肝外组织；还有部分氨基酸直接输送到骨骼肌。

（4）进食高脂膳食：体内胰岛素水平降低，胰高血糖素水平升高。在胰高血糖素作用下，肝糖原分解补充血糖，供给脑等各组织；肌组织氨基酸分解，转化为丙酮酸，输送至肝异生为葡萄糖，供应脑及其他肝外组织。由小肠吸收的甘油三酯主要输送到脂肪、骨骼肌等组织。脂肪组织在接受吸收的甘油三酯同时，也部分分解脂肪生成脂肪酸，输送到其他组织氧化供能（脑除外）。肝还可将脂肪酸进一步转换为酮体，作为能源供应脑等肝外组织。

Notes

**2. 禁食12～24小时肝糖原分解伴有适度脂肪动员和糖异生**　除夜间睡眠，成人在工作日一日三餐的时间间隔一般为4～6小时，12小时后即处于空腹状态。进食混合膳食12小时后，体内胰岛素水平降低，胰高血糖素升高。事实上，在胰高血糖素作用下，餐后6～8小时肝糖原即开始分解补充血糖，主要供给脑，兼顾其他组织需要。餐后16～24小时，尽管肝糖原分解仍可持续进行，但水平较低，此时主要依赖糖异生补充血糖；同时，脂肪组织适度动员，分解的脂肪酸供应肝、肌等组织；肝内还将脂肪酸转变为酮体输出，主要供应肌组织；骨骼肌在接受脂肪组织输出的脂肪酸同时，部分蛋白质分解，补充肝糖异生的原料。对于正常成人而言，此时一般代谢状态均属正常。

**3. 较长时间饥饿时大多数组织由糖氧化供能转换为脂肪氧化供能**　在饥饿24小时后，肝糖原即已耗尽。饥饿1～3天时，体内糖利用减少而脂肪动员加强，血糖趋于降低，血中的甘油和游离脂肪酸明显增多、氨基酸也增多；胰岛素分泌极少，胰高血糖素分泌增加，体内代谢呈现以下四个特点。

（1）大多数组织从葡萄糖供能转变为脂肪供能：此时，仅脑组织和红细胞仍主要分解利用经糖异生产生的葡萄糖；而其他大多数组织均减少对葡萄糖的摄取、利用，增加脂肪的氧化分解供能。

（2）脂肪动员加强且肝酮体生成增多：饥饿时，当糖原耗尽后，脂肪是最早被动员的"能储"，可释出大量脂肪酸供各组织氧化利用（脑除外），其中约25%脂肪酸在肝内转变为酮体。此时，脂肪酸和酮体成为心肌、骨骼肌和肾皮质的重要供能物质，部分酮体可被大脑利用。

（3）肝糖异生作用增强：肝糖异生作用在饥饿16～36小时内明显增强。此时经糖异生产生的葡萄糖约为150g/d，主要来自氨基酸，部分来自乳酸、甘油。肝是饥饿初期糖异生的主要场所，而肾皮质中仅进行少量糖异生。

（4）骨骼肌蛋白质分解加强：这一过程略迟于脂肪动员。蛋白质分解加强时，释放入血的氨基酸增多。骨骼肌蛋白质分解的氨基酸大部分转变为丙氨酸和谷氨酰胺释放入血。

**4. 更长时间饥饿后储存的脂肪/蛋白质耗竭**　饥饿4～7天后，脂肪动员进一步加强，肝内脂肪酸氧化生成大量酮体；脑利用酮体增加，超过葡萄糖，占总耗氧量的60%；肌组织以脂肪酸为主要能源，以保证酮体优先供应脑。由于骨骼肌蛋白质分解几乎耗竭，不能再进一步分解结构蛋白质以免危及生命，故蛋白质分解减弱，氨基酸不再作为糖异生的主要原料。此时，糖异生作用比饥饿1～3日时明显减弱，肝主要以乳酸和丙酮酸为原料进行糖异生；肾的糖异生作用在饥饿晚期明显增强，生成葡萄糖约为40g/d，几乎与肝的糖异生强度相等。

**（二）应激时糖、脂和蛋白质分解加强**

应激（stress）是指在特殊内外环境刺激下（如中毒、感染、发热、创伤、疼痛、大剂量运动或恐惧等），机体所作出的一系列应对反应。应激反应可以是"一过性"的，也可以是持续性的。在应激状态下，交感神经兴奋，肾上腺髓质、皮质激素分泌增多，血浆胰高血糖素、生长激素水平升高，而胰岛素分泌减少，引起一系列代谢改变。

**1. 应激状态下血糖升高**　肾上腺素、胰高血糖素分泌增加，激活糖原磷酸化酶，促进肝糖原分解。肾上腺皮质激素、胰高血糖素又可使糖异生加强。同时，肾上腺皮质激素、生长激素还可使外周组织对糖的利用降低。这些激素的作用均可使血糖升高，充分保证脑和红细胞的能源供给。

**2. 应激状态下脂肪动员增强**　血浆游离脂肪酸升高，成为心肌、骨骼肌和肾等组织的主要能量来源。

**3. 应激状态下蛋白质分解加强**　骨骼肌释出丙氨酸等增多，氨基酸分解增强，尿素生成和尿氮排出增加。

总之，应激时糖、脂、蛋白质分解增强，血中分解代谢中间产物（如葡萄糖、氨基酸、脂肪酸、甘油、乳酸、尿素等）含量增加，如表12-6所示。

Notes

表 12-6　应激时机体的代谢改变

| 内分泌腺 / 组织 | 激素及代谢变化 | 血中含量变化 |
|---|---|---|
| 垂体前叶 | ACTH 分泌增加 | ACTH↑ |
| | 生长激素分泌增加 | 生长激素↑ |
| 胰腺 α- 细胞 | 胰高血糖素分泌增加 | 胰高血糖素↑ |
| 胰腺 β- 细胞 | 胰岛素分泌抑制 | 胰岛素↓ |
| 肾上腺髓质 | 去甲肾上腺素 / 肾上腺素分泌增加 | 肾上腺素↑ |
| 肾上腺皮质 | 皮质醇分泌增加 | 皮质醇↑ |
| 肝 | 糖原分解增加 | 葡萄糖↑ |
| | 糖原合成减少 | |
| | 糖异生增强 | |
| | 脂肪酸 β- 氧化增加 | |
| 骨骼肌 | 糖原分解增加 | 乳酸↑ |
| | 葡萄糖的摄取利用减少 | 葡萄糖↑ |
| | 蛋白质分解增加 | 氨基酸↑ |
| | 脂肪酸 β- 氧化增强 | |
| 脂肪组织 | 脂肪分解增强 | 游离脂肪酸↑　甘油↑ |
| | 葡萄糖的摄取利用减少 | |
| | 脂肪合成减少 | |

**（三）肥胖是由多因素引起的物质和能量代谢紊乱**

1. **肥胖是代谢综合征的重要指征**　摄取热量过剩会引起肥胖。通常采用体重指数（body mass index，BMI）作为测量参数，BMI＝kg（体重）/m²（身高的平方）。BMI 在 18.5～24.9 为正常，25.0～29.9 为超重（overweight），≥30.0 为肥胖（obesity）。

肥胖是代谢综合征的重要指征。现代医学将与心血管病、2 型糖尿病发病相关的几种危险因素共存的症候群称为"代谢综合征"（metabolic syndrome）。代谢综合征包括很多参数和指征，除肥胖外还有高血压、血脂 / 葡萄糖稳态失调、高胰岛素血症（hyperinsulinemia），甚至包括炎症在内。代谢综合征的生物化学特征主要表现为糖、脂代谢异常，罹患人群多数有体脂（尤其是腹部脂肪）过剩、胰岛素耐受、血胆固醇水平升高、血浆脂蛋白异常等。只要有上述因素之一即预示发生心脏病、中风或糖尿病的风险增加；几种因素同时存在风险尤甚。此外，肥胖还与痴呆、脂肪肝、呼吸道疾病和某些肿瘤的发生相关。

2. **肥胖源于能量摄取与消耗的失衡**　脂静学理论（lipostat theory）认为，体重超过某一限值会引起摄食抑制、耗能增强，这是因为脂肪组织可产生反馈信号，通过摄食中枢调节摄食行为和能量代谢。有几种激素参与摄食、能量 / 物质代谢调节。肥胖即是物质 / 能量代谢调节失衡引起的代谢紊乱。

（1）瘦素缺陷或缺乏可导致肥胖：抑制食欲和进食的激素有瘦素（leptin）、胆囊收缩素（cholecystokinin，CCK）、α- 促黑（素细胞）激素（α-melanocyte-stimulating hormone，α-MSH）等。瘦素缺陷或缺乏可导致肥胖。

瘦素是脂肪细胞合成的含 167 个氨基酸残基的多肽，由 OB 基因编码。脂肪组织体积增加时分泌瘦素，通过血循环输送至下丘脑弓状核，与瘦素受体（由 DB 基因编码）结合，抑制食欲和脂肪合成，同时刺激脂肪酸氧化，增加耗能，减少储脂。瘦素还能增加线粒体解偶联蛋白表达，使氧化与磷酸化解偶联，增加产热。此外，瘦素尚有间接降低基础代谢率、影响性器官发育与生殖等作用。

（2）生长激素释放肽刺激食欲和肥胖：促进食欲和进食的激素有生长激素释放肽（ghrelin）、

Notes

神经肽 Y（neuropeptideY, NPY）等。胃黏膜细胞分泌的生长激素释放肽由 28 个氨基酸残基组成，经血循环运送至脑垂体，通过结合其受体而促进生长激素的分泌；它还作用于下丘脑神经元，刺激食欲。尽管生长激素释放肽是一种短效激素，但在 Prader-Willi 综合征患者血中极度升高，使患者具有不可控制的食欲，导致极度肥胖。

（3）脂联素促进肌脂肪酸氧化 / 抑制肝脂肪酸合成：脂联素（adiponectin）是脂肪细胞合成的由 224 个氨基酸残基组成的多肽，可促进骨骼肌对脂肪酸的摄取和氧化，抑制肝内脂肪酸合成和糖异生，促进肝、骨骼肌对葡萄糖的摄取和酵解。脂联素的这些作用是通过增加靶细胞内 AMP，使 AMP 激活的蛋白激酶（AMP-activated protein kinase，AMPK）发生活化，进一步引起下游效应蛋白磷酸化，从而影响脂肪酸和糖代谢。肥胖或 2 型糖尿病患者血中脂联素表达水平显著降低。

（4）胰岛素抵抗导致肥胖：肥胖与遗传、环境、膳食、活动等多种因素有关。进食热量过多、糖量过多及体力活动过少是产生非生理性肥胖的重要原因。与 2 型糖尿病相似，肥胖与高胰岛素血症（即胰岛素抵抗，insulin resistance）密切相关。胰岛素水平反映脂库大小和能量流通平衡状态。正常情况下，胰岛素作用于下丘脑受体，通过抑制神经肽 Y 释放、刺激产生促黑（素细胞）激素，从而抑制摄食、增加产热，并通过一定信号途径促进骨骼肌、肝和脂肪组织的分解代谢。脂肪组织则通过释放游离脂肪酸、甘油、瘦素、脂联素和促炎性细胞因子（proinflammatory cytokine）调节代谢。瘦素、脂联素可增加胰岛素的敏感性；瘦素、脂联素或其他相关因子缺陷可引起胰岛素抵抗，导致肥胖。

肥胖还表现为与性别、年龄相关的生理阶段性。在肥胖形成期，靶细胞对胰岛素敏感（无抵抗），血糖降低，耐糖能力正常。肥胖稳定期则表现为高胰岛素血症（胰岛素抵抗），耐糖能力降低，血糖正常或升高。肥胖或胰岛素抵抗的程度越严重，则血糖浓度越高，同时伴有脂代谢异常，如血浆总胆固醇和低密度脂蛋白 - 胆固醇（low-density lipoprotein cholesterol，LDL-C）升高，高密度脂蛋白 - 胆固醇（high-density lipoprotein cholesterol，HDL-C）降低，甘油三酯升高。

## 小　结

　　体内各种物质代谢途径相互联系、相互补充、相互制约，它们通过共享一些通用反应组分和共同中间产物，以两用代谢途径为核心，遵循酶的区隔分布特点，整合形成统一的整体，即代谢网络。同时，代谢网络又是不断变化的，各条代谢途径的关键酶受到动态调节，表现出复杂的非线性特征，不断适应环境变化。代谢的整体性和动态性保证了三大营养物作为能源可相互替代、相互制约，并在一定程度上相互转变。

　　各种组织器官具有独特的代谢方式。肝中代谢酶系的特殊分布使其成为物质代谢的"中枢"器官，肝在血糖调节、脂类和氨基酸的合成与分解、氨的解毒、非营养物质转化等方面均发挥重要功能，并与肝外组织代谢密切联系和整合。

　　代谢调节可分为三级水平，即细胞水平、激素水平、整体水平调节。细胞水平调节是指改变关键酶的活性和含量，其中活性调节较快，包括变构调节和化学修饰两种方式。激素水平调节是指激素通过特异受体、信号转导分子、效应分子组成的信号级联反应调节细胞内的关键酶，整合靶器官内的各条代谢途径。整体水平调节是指由神经 - 内分泌系统主导激素的合成、释放，整合不同组织器官之间的代谢，综合调控体内物质代谢和能量代谢，维持稳态。

（赵　晶）

Notes

# 第三篇　遗传信息的传递

生物体内的遗传信息传递遵循中心法则。DNA 以半保留复制的方式将亲代细胞的遗传信息高度忠实地传递给子代；DNA 序列中的遗传信息以合成 RNA 的方式被"转录"出来，其中，蛋白质一级结构信息被信使 RNA（mRNA）转录，通过"翻译"过程进行蛋白质的生物合成。自从 1953 年 DNA 双螺旋结构被解释以来，人们对中心法则的具体过程及其精细调节的认识步步深入，对生命活动真谛的理解日益准确。

DNA、RNA、蛋白质的合成过程均由细胞内复杂的大分子复合体负责完成。本篇对于这些过程的叙述主要包括：基本规律和特点；模板、酶及其他因子；何处如何起始；链的延长方向和机制；何处如何终止；以及合成后的加工修饰等。

DNA 的生物合成并不是简单的化学反应，而是通过精密的机制控制的基因组复制过程，是一个生命体内全部遗传信息的忠实复制和传递，是细胞增殖和个体延续（繁衍）的基础。生命体的全部遗传信息都贮存于基因组中，基因组的复杂结构不仅有利于遗传信息的贮存，也是控制遗传信息复制、传递和表达的基础。

生物体内虽有精细的体系保证 DNA 复制过程的正确性，但在复制过程中和复制过程后，DNA 仍会由于多种因素的影响而发生结构变化（即损伤和变异）。细胞的损伤修复系统则可修复这些损伤，使结构变异控制在最低的程度。

RNA 和蛋白质的生物合成也不是单纯的化学反应，而是遗传信息表达的过程。DNA 中贮存的 RNA 序列信息通过转录过程指导 RNA 的合成，其中一部分 RNA（mRNA）可指导蛋白质的生物合成，此过程称为基因表达。对于 RNA 编码基因而言，转录过程即为基因表达；而蛋白质编码基因的表达则包括转录和翻译两个过程。

基因表达在体内（细胞内）受到精确调控，而基因表达调控的本质是控制转录和翻译，即控制 RNA 的产量和蛋白质的产量。细胞内有多种蛋白质和 RNA 参与基因表达过程的调控，蛋白质与 DNA、蛋白质与RNA、蛋白质与蛋白质之间的相互作用是这些调控的结构基础。基因表达的调控可发生在多个层次、多个环节，可在染色质结构调整、转录起始、转录后加工、翻译起始、翻译后加工等多个层次控制基因表达水平，最终控制蛋白质的数量和功能。

基因表达调控也是细胞对微环境产生应答的一个重要方面。细胞所处微环境中的信号分子可结合特异性受体，通过细胞内信号转导而调控基因的表达。一系列细胞内信号转导分子有序相互作用，构成了信号转导通路。每一条信号转导通路最终通过各种蛋白激酶将效应分子磷酸化。除了控制细胞运动、调节细胞代谢外，各信号转导通路可激活不同的转录因子，调控不同的基因表达。

在学习本篇内容时，要重视对名词概念的理解，理解基因信息传递各过程的基本规律和特点；把握起始、延长和终止过程中大分子复合体的动态变化；认识信息传递的复杂性和网络特点。本篇的各章内容之间有着密切关联，因此学习时要善于对比联系。此外，细胞信号转导不仅是调控基因表达的重要机制，也是调节细胞代谢的重要机制，需要与第二篇的内容联系起来。

（冯作化　药立波）

# 第十三章　真核基因与基因组

随着人们对遗传学和基因组学复杂性的深入了解，基因的定义也在发生着变化。简而言之，基因（gene）是能够编码蛋白质或 RNA 等具有特定功能产物的、负载遗传信息的基本单位，除了某些以 RNA 为基因组的 RNA 病毒外，通常是指染色体或基因组的一段 DNA 序列。基因包括编码成熟 RNA 的序列（外显子）及其间隔序列（内含子），以及编码区前后对基因表达具有调控作用的序列。

基因组（genome）是指一个生物体内所有遗传信息的总和。1920 年德国科学家 Winkles H 首先使用基因组一词来描述生物的全部基因和染色体。基因组从"基因（gene）"和"染色体（chromosome）"两个词组合而成。人类基因组包含了细胞核染色体 DNA（常染色体和性染色体）及线粒体 DNA 所携带的所有遗传物质。

不同生物的基因及基因组的大小和复杂程度各不相同，所贮存的遗传信息量有着巨大的差别，其结构与组织形式上也各有特点。本章重点讨论真核基因与基因组的结构和功能。

## 第一节　真核基因的结构与功能

对于大多数生物而言，DNA 是基因的物质基础，基因的功能实际上就是 DNA 的功能，包括：①利用 4 种碱基的不同排列荷载遗传信息；②通过复制将所有的遗传信息稳定、忠实地遗传给子代细胞。在这一过程中为适应环境变化，可能会发生基因突变；③作为基因表达（gene expression）的模板，使其所携带的遗传信息通过各种 RNA 和蛋白质在细胞内有序合成而表现出来。基因的功能通过其结构中所蕴含的两部分信息而完成：一是可以在细胞内表达为蛋白质或功能 RNA 的编码区（coding region）序列；二是为表达这些基因（即合成 RNA）所需要的启动子（promoter）、增强子（enhancer）等调控区（regulatory region）序列，又称为非编码序列（non-coding sequence）。

### 一、真核基因的基本结构

基因的基本结构包含编码蛋白质或 RNA 的编码序列（coding sequence）及与之相关的非编码序列，包括编码区序列、将编码区序列分隔成数个片段的间隔序列、编码区两侧对于基因表达具有调控功能的调控序列。原核基因结构简单，其编码区序列是连续的。与原核生物相比较，真核基因结构最突出的特点是其不连续性，被称为断裂基因（split gene）。

如图 13-1 所示，如果将成熟 mRNA 分子序列与基因中编码 RNA 的 DNA 序列比较，可以发现 DNA 的序列并不是全部都保留在成熟的 mRNA 分子中，有一些区段经过剪接（splicing）被去除。基因中与成熟 mRNA 分子对应的序列称为外显子（exon）；位于外显子之间、与 mRNA 剪接过程中被删除部分相对应的间隔序列则称为内含子（intron）。外显子与内含子相间排列，每个基因的内含子数目比外显子要少 1 个。内含子序列和外显子序列同时出现在最初合成 mRNA 前体中，在合成后被剪接（第十六章）。如全长为 7.7kb 的鸡卵清蛋白基因有 8 个外显子和 7 个内含子，最初合成的 RNA 前体与之等长，内含子序列被切除后的成熟 mRNA 分子的长度仅为

1.2kb。不同的基因中外显子的数量不同,少则数个,多则数十个。外显子的数量是描述基因结构的重要特征之一。

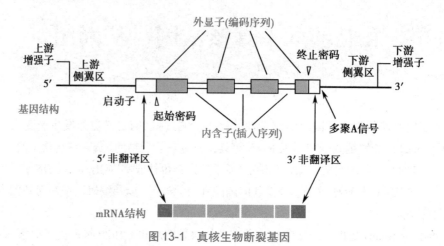

图 13-1  真核生物断裂基因

---

**框 13-1  断裂基因的发现**

　　1977 年 Roberts RJ 和 Sharp PA 与他们各自的研究小组分别利用腺病毒 *fiber* 和 *hexon* 基因转录生成的 mRNA 与其转录模板 DNA 分子杂交,然后在电镜下观察,发现 *fiber* mRNA-DNA 和 *hexon* mRNA-DNA 杂合分子中,未能与 mRNA 杂交的单链 DNA 均存在着环(loop)结构,即在腺病毒基因编码区(外显子)之间存在着非编码的间隔序列(内含子),首次证明断裂基因是真核基因结构的一个基本特征。断裂基因的 DNA 片段在拼接过程中有可能因拼接模式发生改变而产生新的基因,而一些遗传病也可归因于拼接过程中的差错。Roberts 和 Sharp 的发现改变了科学家以往对进化的认识,对于现代生物学的基础研究,对肿瘤以及其他遗传性疾病的转化医学研究,具有特别重要的意义。他们也因此荣获 1993 年诺贝尔生理学/医学奖。

---

　　原核细胞的基因基本没有内含子。高等真核生物绝大部分编码蛋白质的基因都有内含子,但组蛋白编码基因例外。同时,编码 rRNA 和一些 tRNA 的基因也都有内含子。内含子的数量和大小在很大程度上决定了高等真核基因的大小。低等真核生物的内含子分布差别很大,有的酵母的结构基因较少有内含子,有的则较常见。在不同种属中,外显子序列通常比较保守,而内含子序列则变异较大。外显子与内含子接头处有一段高度保守的序列,即内含子 5′- 端大多数以 GT 开始,3′- 端大多数以 AG 结束;这一共有序列(consensus sequence)是真核基因中 RNA剪接的识别信号。

　　为方便叙述编码序列和调节序列的关系,人们约定将一个基因的 5′- 端称之为上游,3′- 端称为下游;为标定 DNA 信息的具体位置,将基因序列中开始 RNA 链合成的第一个核苷酸所对应的碱基记为 +1,在此碱基上游的序列记为负数,向 5′- 端依次为 −1、−2……;在此碱基下游的序列记为正数,向 3′- 端依次为 +2、+3……。零不用于标记碱基位置。

## 二、基因编码区编码多肽链和特定的 RNA 分子

　　基因编码区中的 DNA 碱基序列决定一个特定的成熟 RNA 分子的序列,换言之,DNA 的一级结构决定着其转录产物 RNA 分子的一级结构。有的基因仅为一些有特定功能的 RNA 编码,如 rRNA、tRNA 及其他小分子 RNA 等;而大多数基因则通过 mRNA 进一步为蛋白质多肽链编码。无论是编码 RNA 还是编码蛋白质,基本原则是基因的编码序列决定了其编码产物的序列

Notes

和功能。因此,编码序列中一个碱基的突变,有可能使基因功能发生重要的变化。这些变化可能是原有功能的丧失,或是新功能的获得。当然,也有的碱基突变不会影响编码产物的序列或功能。

需要指出的是,有些相同的 DNA 序列由于其起始位点的变化或不同的剪接方式可以编码不同的蛋白质多肽链。

## 三、调控序列参与真核基因表达调控

除编码序列外,真核基因的组成结构还包括对基因表达起调控作用的区域,如启动子、增强子和绝缘子等调节区。位于基因转录区前后并与其紧邻的 DNA 序列通常是基因的调控区,又称为旁侧序列(flanking sequence)。真核基因的调控序列远较原核生物复杂,迄今为止对其了解仍很有限。这些调控序列又被称为顺式作用元件(cis-acting elements),包括启动子、上游调控元件、增强子、加尾信号和一些细胞信号反应元件等(图 13-2)。

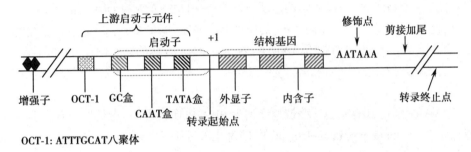

图 13-2　真核基因的一般结构

1. 启动子提供转录起始信号　启动子(promoter)是 DNA 分子上能够介导 RNA 聚合酶结合并形成转录起始复合体的序列。大部分真核细胞基因的启动子位于基因转录起点的上游,启动子本身通常不被转录;但有一些启动子(如编码 tRNA 基因的启动子)的 DNA 序列可以位于转录起始点的下游,这些 DNA 序列可以被转录。真核生物主要有 3 类启动子(图 13-3),分别

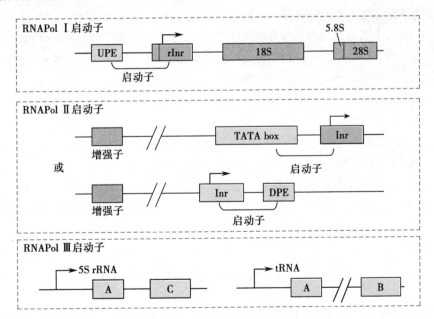

图 13-3　真核基因三类启动子

UPE:上游启动子元件(upstream promoter element);rInr:核糖体起始因子元件(ribosomal initator element);Inr:起始元件(initiator element);DPE:下游启动子元件(downstream promoter element)

Notes

对应于细胞内存在的三类不同的 RNA 聚合酶和相关蛋白质(第十六章),因此现在也有学者按 RNA 聚合酶定义启动子,即 RNA Pol I 启动子、RNA Pol II 启动子和 RNA Pol III 启动子。

(1)I 类启动子富含 GC 碱基对:具有 I 类启动子的基因主要是编码 rRNA 的基因,由 RNA Pol I 转录。I 类启动子由核心启动子和上游启动子元件组成。围绕转录起始点的核心启动子(core promoter)又称为核糖体起始因子元件(ribosomal initator element,rInr),上游启动子元件(upstream promoter element,UPE)又称上游调控元件(upstream control element,UCE),这两部分组成 I 类启动子,能增强转录的起始。两部分序列都富含 GC 碱基对,只有在转录起始点处富含 AT 碱基对。

(2)II 类启动子可由不同序列元件组合组成:具有 II 类启动子的基因主要是编码蛋白质(mRNA)的基因和一些小 RNA 基因,由 RNA Pol II 转录。II 类启动子通常是由 TF II B 识别序列、TATA 盒(TATA box)、上游调控元件(如增强子)和起始元件(initiator element,Inr)、以及下游启动子元件(downstream promoter element,DPE)和下游核心元件(downstream core element,DCE)等通过不同组合组成。含有 TATA 盒的启动子通常没有 DPE,但常有 DCE。Inr 可以与 TATA 盒或 DPE 组合,在一个启动子中出现。Inr 的序列高度保守($Py_2CAPy_5$,Py 代表任意嘧啶),位于转录起始点;TATA 盒的核心序列是 TATAA,决定着 RNA 合成的起始位点;DPE 不含有 TATA 盒序列。有的 II 类启动子在 TATA 盒的上游还可存在 CAAT 盒、GC 盒等特征序列,共同组成启动子。

除核心启动子外,还有其他一些调控序列为 RNA Pol II 的准确、有效转录所必需,包括:启动子近侧元件(promoter proximal element,PSE)和上游激活子序列(upstream activator sequence,UAS)等。

(3)III 类启动子包括 A 盒、B 盒和 C 盒:具有 III 类启动子的基因包括 5S rRNA、tRNA、U6 snRNA 等 RNA 分子的编码基因,由 RNA Pol III 转录。III 类启动子可位于转录起始点上游或下游。5S rRNA 基因启动子的 A 盒和 C 盒由中间序列(intermediate element,IE)分隔,位于转录起始点下游,被称为 5S 内部控制区(internal control region,ICR)。tRNA 基因启动子含有 A 盒与 B 盒,也是位于转录起始点下游。其他小分子 RNA 基因启动子则位于转录起始点上游。

**2. 增强子增强邻近基因的转录**    增强子(enhancer)是可以增强真核基因启动子工作效率的顺式作用元件,是真核基因中最重要的调控序列,决定着每一个基因在细胞内的表达水平(第十九章)。这一调控序列能够在相对于启动子的任何方向和任何位置(上游或者下游)上发挥作用,但大部分位于上游。增强子序列距离所调控基因距离近者几十个碱基对,远的可达几千个碱基对。通常数个增强子序列形成一簇,有时增强子序列也可位于内含子之中。不同的增强子序列结合不同的调节蛋白。

**3. 沉默子是负调节元件**    沉默子(silencer)是可抑制基因转录的特定 DNA 序列,当其结合一些反式作用因子时对基因的转录起阻遏作用,使基因沉默。

**4. 绝缘子是异染色质扩散的屏障**    绝缘子(insulator)是具有独立调节作用的染色质结构,可位于增强子或沉默子与启动子之间,阻止他们对启动子的增强或抑制作用;亦可位于活化基因与异染色质(heterochromatin)之间,阻止异染色质扩展对活化基因造成的抑制作用。

# 第二节    真核基因组的结构与功能

细胞或生物体所有遗传物质的总和称为基因组。病毒、原核生物以及真核生物所贮存的遗传信息量有着巨大的差别,其基因组的结构与组织形式也各有特点,包括基因组中基因的组织排列方式以及基因的种类、数目和分布等。人类基因组包含了细胞核染色体 DNA(常染色体和性染色体)及线粒体 DNA 所携带的所有遗传物质,其组成如图 13-4 所示。

Notes

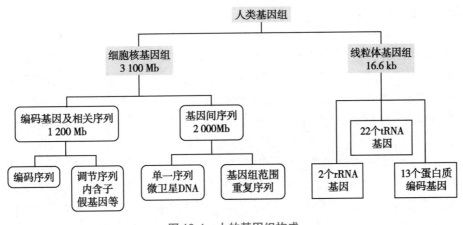

图 13-4 人的基因组构成

## 一、真核基因组具有独特的结构

真核生物的基因组庞大，具有以下结构特点：①真核基因组中基因的编码序列所占比例远小于非编码序列。人的基因组 3100Mb，蛋白质编码基因的编码序列约占 1.5%，内含子占 25.9%；在一个蛋白质编码基因的全部序列中，编码成熟 mRNA 的序列平均占 5%。②高等真核生物基因组含有大量的重复序列，人基因组几乎一半由重复序列组成，这些重复序列主要是微卫星 DNA（microsatellite DNA，约占全基因组 3%）和基因组上广泛分布的重复序列（genome-wide repeat，约占全基因组 44%）。③真核基因组中存在多基因家族和假基因。人类基因组约有 3 万个编码基因（包括编码蛋白质和 RNA），存在着 1.5 万个基因家族。在一个基因家族中，还存在着假基因（psuedogene）。④人基因组中，大约 60% 的基因具有可变剪接，80% 的可变剪接会使蛋白质的序列发生改变。⑤真核基因组 DNA 与蛋白质结合形成染色体，储存于细胞核内，除配子细胞外，体细胞的基因组为二倍体（diploid），即有两份同源的基因组。

## 二、真核基因组中存在大量重复序列

真核细胞基因组存在着大量重复序列。人基因组中，重复序列占将近一半的基因组长度。重复序列的长度不等，短的仅含两个碱基，长的多达数百、乃至上千个碱基。重复序列有多种分类方法，根据重复序列的分布方式可以分为串联重复序列（tandemly repeat DNA）和散在重复序列（interspersed repeat DNA）；根据重复序列的重复频率，可以分为高度重复序列、中度重复序列和单一序列等。

### （一）高度重复序列

高度重复序列（highly repetitive sequence）是真核基因组中存在的、重复频率可达 $10^3$ 次以上的短核苷酸重复序列，不编码蛋白质或 RNA。在人基因组中，高度重复序列约占基因组长度的 20%。高度重复序列按其结构特点分为反向重复序列（inverted repeat sequence）和卫星 DNA（satellite DNA）。前者由两个相同顺序的互补拷贝在同一 DNA 链上反向排列而成，反向重复的单位长度约为 300bp 或略短，多数是散在，而非群集于基因组中。卫星 DNA 的重复单位一般由 2~10bp 组成，成串排列，主要存在于染色体的着丝粒区域和端粒区。

高度重复序列的功能主要是：①参与复制水平的调节。反向重复序列常存在于 DNA 复制起点区的附近，是一些蛋白质（包括酶）的结合位点；②参与基因表达的调控。高度重复序列可以转录到核内不均一 RNA 分子中，而有些反向重复序列可以形成发夹结构，有助于稳定 RNA 分子；③参与染色体配对。如 α 卫星 DNA 成簇样分布在染色体着丝粒附近，可能与染色体减数分裂时染色体配对有关。

Notes

### （二）中度重复序列

中度重复序列（moderately repetitive sequence）指在真核基因组中重复出现 $10\sim10^3$ 次的核苷酸序列。少数在基因组中成串排列在一个区域，大多数与单拷贝基因间隔排列。转座子（transposon）是构成中度重复序列的重要成分。依据重复序列的长度，中度重复序列可分为以下两种类型。

1. **短分散重复片段**　短分散重复片段（short interspersed repeat element，SINE）的平均长度约为 100～400bp，与平均长度约为 1000bp 的单拷贝序列间隔排列。其中 Alu 家族是典型的中度重复序列。

Alu 家族是哺乳类动物（包括人）基因组中含量最丰富的一种短分散片段中度重复序列，平均每 3kb DNA 就有一个 *Alu* 序列。Alu 家族每个成员的长度约 300bp，由于每个单位长度中有一个限制性内切酶 Alu 的切点（AG↓CT），将其切成长 130bp 和 170bp 的两段，因而命名为 *Alu* 序列（或 Alu 家族）。Alu 成员之间约有 87% 的序列一致性。

2. **长分散重复片段**　长分散重复片段（long interspersed repeat element，LINE）重复序列的平均长度为 3500～5000bp，与平均长度为 13 000bp（个别可达到数万个碱基）的单拷贝序列间隔排列。

中度重复序列在基因组中所占比例在不同种属之间差异很大，在人基因组中约为 20%。这些序列大多不编码蛋白质，其功能可能类似于高度重复序列。

真核生物基因组中的 rRNA 基因也属于中度重复序列。与其他中度重复序列不同，各重复单位中的 rRNA 基因都是相同的。rRNA 基因通常集中成簇存在，而不是分散于基因组中，这样的区域称为 rDNA 区，如染色体的核仁组织区（nucleolus organizer region）即为 rDNA 区。人类的 rRNA 基因位于 13、14、15、21 和 22 号染色体的核仁组织区，每个核仁组织区平均含有 50 个 rRNA 基因的重复单位；5S rRNA 基因似乎全部位于 1 号染色体（1q42～43）上，每个单倍体基因组约有 1000 个 5S rRNA 基因。此外，真核生物基因组中的 tRNA 基因也属于中度重复序列。

### （三）单一序列

单一序列（unique sequence）在单倍体基因组中只出现 1 次或数次，大多数蛋白质编码基因为单一序列（又称单拷贝序列）；近年来，人们发现微 RNA（microRNA，miRNA）和长非编码RNA（long-intervening non-coding RNA，lincRNA）的编码序列也是单一序列。此外，单一序列还包括一些无（或未知）功能的序列，以及突变的基因或假基因。

## 三、真核基因组中存在大量的多基因家族与假基因

真核基因组的另一结构特点是存在多基因家族（multigene family）。多基因家族是指由某一祖先基因经过重复和变异所产生的一组在结构上相似、功能相关的基因。在细菌或病毒基因组中，80% 以上的基因是具有独特结构或功能的基因，但在人的基因组中，这类基因不足 20%。

多基因家族大致可分为两类：一类是基因家族成簇地分布在某一条染色体上，它们可同时发挥作用，合成某些蛋白质，如组蛋白基因家族就成簇地集中在第 7 号染色体长臂 3 区 2 带到 3 区 6 带区域内。另一类是一个基因家族的不同成员成簇地分布于不同染色体上，这些不同成员编码一组功能上紧密相关的蛋白质，如人的 α- 珠蛋白（α-globin）和 β- 珠蛋白（β-globin）基因家族分别位于第 11 号和第 16 号染色体。一个多基因家族中可有多个基因，根据结构与功能的不同又可以分为亚家族（subfamily），例如人的低分子量 G 蛋白基因家族至少有 50 多个成员，其中又进一步分为 *RAS*、*RAC* 等亚家族。还有一些 DNA 序列相似，但功能不一定相关的若干个单拷贝基因或若干组基因家族可以被归为基因超家族（gene superfamily），例如免疫球蛋白基因超家族。

人的基因组中存在假基因（psuedogene），以 ψ 来表示。假基因是基因组中存在的一段与正常基因非常相似但不能正常表达的 DNA 序列。这类基因可能曾经有过功能，但在进化中获得

Notes

的一个或几个突变,造成了序列上的细微改变从而阻碍了正常的转录和翻译功能,使它们不再能编码正常的蛋白质产物。假基因可以分为两种类型:加工的假基因(processed pseudogene)和未加工的假基因(nonprocessed pseudogene)。加工的假基因可能是基因经过转录后生成的 RNA 前体通过剪接失去内含子形成 mRNA,mRNA 经逆转录产生 cDNA,再整合到染色体 DNA 中去,成为假基因;这种类型的假基因没有内含子,通常也会缺失启动子序列,但可能会有残存的 3′- 端多聚腺苷序列。在假基因形成过程中,还可能会发生缺失、倒位或点突变等变化,从而使假基因不能表达。未加工的假基因可能是由于在基因组复制过程中产生了突变,使得复制的基因在表达时出现异常,成为假基因;这种类型假基因的结构与正常基因的功能基因相似,仍可保留内含子。人的基因组中大约有 1.2 万个假基因。人们曾认为假基因是没有功能的。但有证据表明,假基因可以通过不同方式发挥对基因表达的调节作用。有些内源性 siRNA 来源于假基因的转录产物;假基因的转录产物虽不能翻译为正常的多肽链,但可以影响其同源功能基因的表达。此外,加工假基因还可能因为整合在基因组的特定位点而以一种组织特异性的方式得到表达。

## 四、线粒体 DNA 结构有别于染色体 DNA

线粒体是细胞内的一种重要细胞器,是生物氧化的场所,一个细胞可拥有数百至上千个线粒体。线粒体 DNA(mitochondrial DNA,mtDNA)可以独立编码线粒体中的一些蛋白质,因此 mtDNA 是核外遗传物质。mtDNA 的结构与原核生物的 DNA 类似,是环状分子。线粒体基因的结构特点也与原核生物相似。

人的线粒体基因组全长 16 569bp,共编码 37 个基因(图 13-5),包括 13 个编码构成呼吸链一些酶的基因、22 个编码 mt-tRNA 的基因、2 个编码 mt-rRNA(16S 和 12S)的基因。

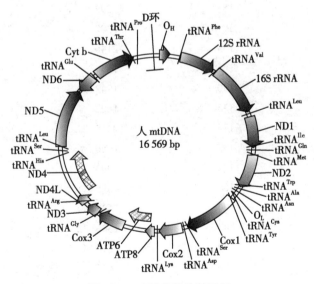

图 13-5　人的线粒体基因组

## 五、人基因组中有约 2 万个蛋白质编码基因

通过基因组测序,人们对数种生物的基因组大小和所含有的基因数量已有所了解。一般而言,在进化过程中随着生物体复杂程度的增加,基因组大小或基因数量也会随之增加。但是这种关系并不是完全对应。例如,人的基因组最大,复杂程度也最高,但所含的基因数量并不是最多。根据美国国家生物技术信息中心(The National Center for Biotechnology Information)2014 年 2 月公布的数据,人类基因组大小约为 3100Mb,有 3 万个编码基因,其中蛋白质编码基

因约有 2 万个。除了基因组大小和基因数量,基因密度对生物复杂性的影响也不容忽视。基因密度是指每 Mb 长度的序列中所有的平均基因数。人的基因密度较低,基因组中大量的调控序列、转座子和内含子等的存在可能使人类基因能够更为有效地发挥功能。

## 六、人的基因在染色体上的分布特征

真核生物基因组 DNA 与蛋白质结合,以染色体的方式存在于细胞核内。不同的真核生物具有不同的染色体数目。人类基因组的染色体 DNA 包括 22 对常染色体及 1 对性染色体的 DNA,不同染色体的大小在 47~250Mb 之间。其中,最长的染色体是第 1 号染色体,约 250Mb,含有 3958 个确定的基因;最小的是第 21 号染色体,约 47Mb,含有 584 个基因(表 13-1)。一些遗传性疾病相关的基因,如阿尔茨海默症、肌萎缩性侧索硬化症和唐氏综合征等,均位于第 21 号染色体。

值得注意的是基因在染色体上并不是均匀分布。其中基因密度最大的是第 19 号染色体,平均每百万碱基有 34 个基因;密度最小的是 Y 染色体,平均每百万碱基只有将近 8 个基因。人基因组中存在无基因的"沙漠区",即在 500kb 区域内,没有任何蛋白质编码基因的序列。这种"沙漠区"约占人基因组的 20%。这种基因分布是如何形成的、有何意义,目前尚不清楚。

表 13-1　人类染色体与线粒体上的编码基因数

| 染色体 / 线粒体 | 碱基数(Mb) | 基因数[*] | 基因数 /Mb |
|---|---|---|---|
| 1 | 247 | 3958(18) | 16 |
| 2 | 243 | 2787 | 11.5 |
| 3 | 200 | 2203(3) | 11 |
| 4 | 191 | 1702(5) | 8.9 |
| 5 | 181 | 1892 | 10.5 |
| 6 | 171 | 2302 | 13.5 |
| 7 | 159 | 2146 | 13.5 |
| 8 | 146 | 1534 | 10.5 |
| 9 | 140 | 1742(5) | 12.4 |
| 10 | 135 | 1607 | 11.9 |
| 11 | 134 | 2364(2) | 17.6 |
| 12 | 132 | 1950 | 14.8 |
| 13 | 114 | 993 | 8.7 |
| 14 | 106 | 1655(21) | 15.6 |
| 15 | 100 | 1428(9) | 14.3 |
| 16 | 89 | 1535(22) | 17.2 |
| 17 | 79 | 2010(4) | 25.4 |
| 18 | 76 | 657 | 8.6 |
| 19 | 64 | 2188 | 34.2 |
| 20 | 62 | 1014 | 16.4 |
| 21 | 47 | 584 | 12.4 |
| 22 | 50 | 956(23) | 19.1 |
| X | 155 | 1805 | 11.6 |
| Y | 58 | 458 | 7.9 |
| 线粒体(Mt) | 16kb | 37 | 2.3 |
| 合计 | | 41 507(112) | |

Notes

[*]括号中数字为未定位的基因数,资料来源 www.ncbi.nlm.nih.gov/projects/genome

## 小　结

基因是能够编码蛋白质或 RNA 等具有特定功能产物的、负载遗传信息的基本单位，除了某些以 RNA 为基因组的 RNA 病毒外，通常是指染色体或基因组的一段 DNA 序列。

基因的基本结构包含编码蛋白质或 RNA 的编码序列及其与之相关的非编码序列。真核基因结构最突出的特点是其不连续性，被称为断裂基因。

基因组是指一个生物体内所有遗传信息的总和。真核基因组的特点包括：基因编码序列在基因组中所占比例小于非编码序列，高等真核生物基因组含有大量的重复序列，存在多基因家族和假基因，具有可变剪接，真核基因组 DNA 与蛋白质结合形成染色体、储存于细胞核内。

线粒体 DNA 是核外遗传物质，可以独立编码线粒体中的一些蛋白质。人的线粒体基因组全长 16 569bp，共编码 37 个基因。

人基因组中有约 2 万个蛋白质编码基因，分布在 22 对常染色体及 1 对性染色体，但并不是均匀分布。

（周春燕）

Notes

# 第十四章　DNA 的生物合成

生物体内或细胞内进行的 DNA 合成主要包括 DNA 复制、DNA 修复合成和逆转录合成 DNA 等过程。DNA 复制（replication）是以 DNA 为模板的 DNA 合成，是基因组的复制过程。在这个过程中，亲代 DNA 作为合成模板，按照碱基配对原则合成子代 DNA 分子，其化学本质是酶促脱氧核苷酸聚合反应。DNA 的忠实复制以碱基配对规律为分子基础，酶促修复系统可以校正复制中可能出现的错误。原核生物和真核生物 DNA 复制的规律和过程非常相似，但具体细节上有许多差别，真核生物 DNA 复制过程和参与的分子更为复杂和精致。本章主要讨论 DNA 复制和 DNA 的逆转录合成，DNA 的修复将在下一章叙述。

## 第一节　DNA 复制的基本特征

DNA 复制的主要特征包括：半保留复制（semi-conservative replication）、双向复制（bidirectional replication）和半不连续复制（semi-discontinuous replication）。DNA 复制具有高保真性（high fidelity）。

### 一、DNA 以半保留方式进行复制

DNA 生物合成的半保留复制规律是遗传信息传递机制的重要发现之一。在复制时，亲代双链 DNA 解开为两股单链，各自作为模板（template），按碱基配对规律合成与模板序列互补的子代 DNA 链。亲代 DNA 模板在子代 DNA 中的存留有 3 种可能性：全保留式、半保留式或混合式（图 14-1a）。

1958 年，Messelson M 和 Stahl FW 用实验证实自然界的 DNA 复制方式是半保留式的。他们利用细菌可利用 $NH_4Cl$ 作氮源合成 DNA 的特性，将细菌在含 $^{15}NH_4Cl$ 的培养液中培养若干代（每一代约 20min），此时细菌 DNA 全部是含 $^{15}N$ 的"重"DNA；再将细菌放回普通的 $^{14}NH_4Cl$ 培养液中培养，新合成的 DNA 则有 $^{14}N$ 的掺入；提取不同培养代数的细菌 DNA 做密度梯度离心分析，因 $^{15}N$-DNA 和 $^{14}N$-DNA 的密度不同，DNA 因此形成不同的致密带。结果表明，细菌在重培养基中生长繁殖时合成的 $^{15}N$-DNA 是一条高密度带；转入普通培养基培养 1 代后得到 1 条中密度带，提示其为 $^{15}N$-DNA 链与 $^{14}N$-DNA 链的杂交分子；在第二代时可见中密度和低密度 2 条带，表明它们分别为 $^{15}N$-DNA 链 /$^{14}N$-DNA 链、$^{14}N$-DNA 链 /$^{14}N$-DNA 链组成的分子（图 14-1b）。随着在普通培养基中培养代数的增加，低密度带增强，而中密度带保持不变。这一实验结果证明，亲代 DNA 复制后，是以半保留形式存在于子代 DNA 分子中的。

半保留复制规律的阐明，对于理解 DNA 的功能和物种的延续性有重大意义。依据半保留复制的方式，子代 DNA 保留了亲代的全部遗传信息，体现在代与代之间 DNA 碱基序列高度一致性上（图 14-2）。

遗传的保守性是相对而不是绝对的，自然界还存在着普遍的变异现象。遗传信息的相对恒定是物种稳定的分子基础，但并不意味着同一物种个体与个体之间没有区别。例如病毒是简单的生物，流感病毒就有很多不同的毒株，不同毒株的感染方式、毒性差别可能很大，在预防上有

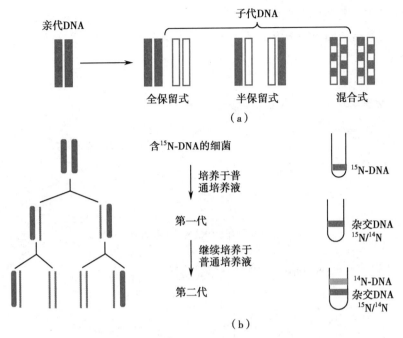

**图 14-1　证明 DNA 半保留复制的经典实验**

（a）DNA 复制方式的 3 种可能性；（b）¹⁵N 标记 DNA 实验证明半保留复制假设

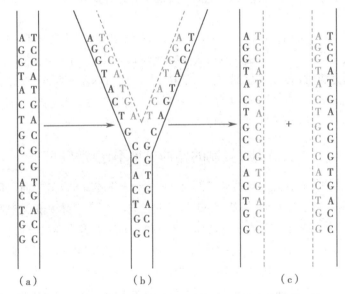

**图 14-2　半保留复制保证子代和亲代 DNA 碱基序列一致**

（a）母链 DNA；（b）复制过程形成的复制叉；（c）两个子代细胞的双链 DNA，
实线链来自母链，虚线链是新合成的子链

相当大的难度。又如，地球上曾有过的人口和现有的几十亿人，除了单卵双胞胎之外，两个人之间不可能有完全一样的 DNA 分子组成（基因型）。在强调遗传恒定性的同时，不应忽视其变异性。

## 二、DNA 复制从起点向两个方向延伸

细胞的增殖有赖于基因组复制而使子代得到完整的遗传信息。原核生物基因组是环状 DNA，只有一个复制起点。复制从起点开始，向两个方向进行解链，进行的是单点起始双向复制（图 14-3a）。复制中的模板 DNA 形成 2 个延伸方向相反的开链区，称为复制叉（replication fork）。

Notes

复制叉指的是正在进行复制的双链 DNA 分子所形成的 Y 字形结构,其中,已解旋的两条模板单链以及正在进行合成的新链构成了 Y 形的头部,尚未解旋的 DNA 模板双链构成了 Y 形的尾部(图 14-2b)。

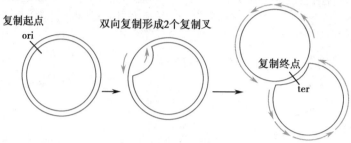

（a）原核生物环状DNA的单点起始双向复制

（b）真核生物DNA的多点起始双向复制

图 14-3 DNA 复制的起点和方向

真核生物基因组庞大而复杂,由多条染色体 DNA 组成,全部染色体 DNA 均需复制,每条染色体 DNA 又有多个起点,呈多起点双向复制特征(图 14-3b)。每个起点产生两个移动方向相反的复制叉,复制完成时,复制叉相遇并汇合连接。从一个 DNA 复制起点起始的 DNA 复制区域称为复制子(replicon)。复制子是含有一个复制起点的独立完成复制的功能单位。高等生物有数以万计的复制子,复制子间长度差别很大,约在 13～900kb 之间。

## 三、DNA复制的延伸呈半不连续特征

DNA 双螺旋结构的特征之一是两条链的反向平行,一条链为 5′→3′ 方向,其互补链是 3′→5′ 方向。DNA 合成酶只能催化 DNA 链从 5′→3′ 方向的合成,故子链沿着模板复制时,只能从 5′→3′ 方向延伸。在同一复制叉上,解链方向只有一个,此时一条子链的合成方向与解链方向相同,可以边解链,边合成新链;而另一条链的复制方向则与解链方向相反,因此,两条新链合成的方式具有不同的特点。1968 年,冈崎(Okazaki R)用电子显微镜结合放射自显影技术观察到,复制过程中会出现一些较短的新 DNA 片段,后人证实这些片段只出现于同一复制叉的一股链上。由此提出,子代 DNA 合成是以半不连续的方式完成的,从而克服 DNA 空间结构对 DNA 新链合成的制约。

目前认为,在 DNA 复制过程中,沿着解链方向生成的子链 DNA 的合成是连续进行的,这股链称为前导链(leading strand);另一股链因为复制的方向与解链方向相反,不能连续延长,必须待模板链解开至足够长度,逐段地从 5′→3′ 生成引物并复制子链。延长过程中,模板被打开一段,起始合成一段子链;再打开一段,再起始合成另一段子链,这一不连续复制的链称为后随链(lagging strand)。前导链连续复制而后随链不连续复制的方式称为半不连续复制(图 14-4)。在引物生成和子链延长上,后随链都比前导链迟一些,因此,两条互补链的合成是不对称的。

沿着后随链的模板链合成的新 DNA 片段被命名为冈崎片段(Okazaki fragment)。真核冈崎片段长度 100～200 核苷酸残基,而原核是 1000～2000 核苷酸残基。复制完成后,这些不连续片段经过去除引物,填补引物留下的空隙,连接成完整的 DNA 长链。

Notes

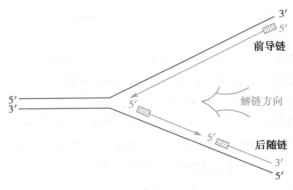

图 14-4　DNA 的半不连续复制

# 第二节　DNA 复制的酶学和拓扑学变化

DNA 复制是酶促核苷酸聚合反应，底物是 dATP、dGTP、dCTP 和 dTTP，总称 dNTP。dNTP 底物有 3 个磷酸基团，最靠近脱氧核糖的称为 α-P，向外依次为 β-P 和 γ-P。在聚合反应中，α-P 与子链末端脱氧核糖的 3'-OH 连接。

模板是指解开成单链的 DNA 母链，遵照碱基互补规律，指引子链合成以及子链延长的方向性。引物提供 3'-OH 末端使 dNTP 可以依次聚合。由于底物的 5'-P 是加合到延长中的子链（或引物）3'- 端脱氧核糖（或核糖）的 3'-OH 基上生成磷酸二酯键的，因此新链的延长只可沿 5'→3' 方向进行。核苷酸和核苷酸之间生成 3', 5'- 磷酸二酯键而逐一聚合，是复制的基本化学反应（图 14-5）。图 14-5 的反应可简示为：$(dNMP)_n + dNTP \rightarrow (dNMP)_{n+1} + PPi$。N 代表 4 种碱基的任一种。

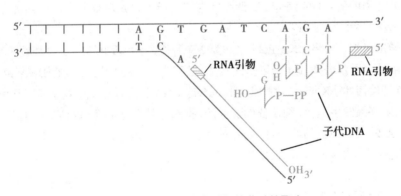

图 14-5　复制过程中脱氧核苷酸的聚合

## 一、DNA 聚合酶催化脱氧核苷酸间的聚合

DNA 聚合酶的全称是依赖 DNA 的 DNA 聚合酶（DNA-dependent DNA polymerase），简称 DNA Pol，是 1958 年由 Kornberg A 在 *E.coli* 中首先发现的。他从 100kg 细菌沉渣中提取仅 0.5g 纯酶，在试管内加入模板 DNA、dNTP 和引物，该酶可催化新链 DNA 生成。这一结果直接证明了 DNA 是可以复制的，是继 DNA 双螺旋确立后的又一重大发现。当时将此酶又称为复制酶（replicase）。在发现其他种类的 DNA Pol 后，Kornberg 发现的 DNA 聚合酶被称为 DNA Pol I。

### （一）原核生物有 3 种 DNA 聚合酶

大肠杆菌经人工处理和筛选，可培育出基因变异菌株。DNA Pol I 基因缺陷的菌株，经实验证明照样可进行 DNA 复制。从变异菌株中相继提取到的其他 DNA Pol 被分别称为 DNA Pol II

和 DNA Pol Ⅲ。这三种聚合酶都有 5′→3′ 延长脱氧核苷酸链的聚合活性及 3′→5′ 核酸外切酶活性。

DNA Pol Ⅲ 的聚合反应比活性远高于 Pol Ⅰ，每分钟可催化多至 $10^5$ 次聚合反应，因此 DNA Pol Ⅲ 是原核生物复制延长中真正起催化作用的酶。DNA Pol Ⅲ 是由 10 种亚基组成不对称异聚合体（图 14-6），由 2 个核心酶、1 个 γ- 复合物和 1 对 β 亚基构成。核心酶由 α、ε、θ 亚基共同组成，主要作用是合成 DNA，兼有 5′→3′ 聚合活性；ε 亚基是复制保真性所必需的；两侧的 β 亚基发挥夹稳模板链，并使酶沿模板滑动的作用；其余的 6 个亚基统称 γ- 复合物，包括 γ、δ、δ′、ψ、χ 和 τ，有促进全酶组装至模板上及增强核心酶活性的作用。

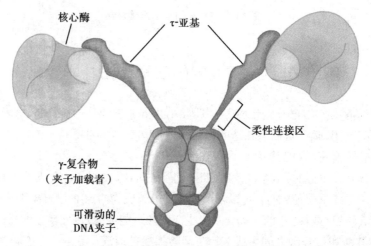

核心酶　　　τ-亚基

柔性连接区

γ-复合物
（夹子加载者）

可滑动的
DNA夹子

图 14-6　*E.coli* DNA Pol Ⅲ 全酶的分子结构

DNA Pol Ⅰ 的二级结构以 α- 螺旋为主，只能催化延长约 20 个核苷酸，说明它不是复制延长过程中起主要作用的酶。DNA Pol Ⅰ 在活细胞内的功能主要是对复制中的错误进行校对，对复制和修复中出现的空隙进行填补。

用特异的蛋白酶可以将 DNA Pol Ⅰ 水解为 2 个片段，小片段共 323 个氨基酸残基，有 5′→3′ 核酸外切酶活性。大片段共 604 个氨基酸残基，被称为 Klenow 片段，具有 DNA 聚合酶活性和 3′→5′ 核酸外切酶活性。Klenow 片段是实验室合成 DNA 和进行分子生物学研究常用的工具酶。

DNA Pol Ⅱ 基因发生突变，细菌依然能存活，推想它是在 Pol Ⅰ 和 Pol Ⅲ 缺失情况下暂时起作用的酶。DNA Pol Ⅱ 对模板的特异性不高，即使在已发生损伤的 DNA 模板上，它也能催化核苷酸聚合。因此认为，它参与 DNA 损伤的应急状态修复。

---

### 框 14-1　科学之家

Kornberg A 因 DNA 聚合酶的发现，与他以前的导师 Ochoa S 发现 RNA 合成机制，共同获得了 1959 年的诺贝尔生理 / 医学奖。在获奖 10 年之后，人们才知道，他所发现的 DNA 聚合酶并非细菌真正用于复制 DNA 的酶，在细胞内执行这个任务的是另一种新发现的酶——DNA 聚合酶 Ⅲ。Kornberg A 发现的酶是 DNA 聚合酶 Ⅰ，在 DNA 复制中起校对和填补空隙的作用。非常有趣的是，DNA 聚合酶 Ⅲ 是他的次子（加州大学旧金山分校的生物化学教授）在哥伦比亚大学读书时发现的。Kornberg 家族是"科学之家"，Kornberg A 的长子（斯坦福大学的 Kornberg RD）由于在真核生物转录酶结构研究中成绩卓越获得了 2006 年的诺贝尔化学奖；Kornberg A 的妻子也是他的实验助手，他们对酶的研究情有独钟，共发现了 30 多种酶。他曾写了一本自传式的普及生物化学特别是酶知识的作品，书名就叫《酶的情人》。

Notes

（二）常见的真核细胞 DNA 复制酶有 5 种

在真核细胞至少发现有 15 种 DNA 聚合酶。其中 5 种常见的真核 DNA 聚合酶是 Pol α、Pol β、Pol γ、Pol δ 和 Pol ε，它们在功能上与原核细胞的比较见表 14-1。

表 14-1　真核生物和原核生物 DNA 聚合酶的比较

| E.coli | 真核细胞 | 功能 |
|---|---|---|
| I | | 填补复制中的 DNA 空隙，DNA 修复和重组 |
| II | | 复制中的校对，DNA 修复 |
| | β | DNA 修复 |
| | γ | 线粒体 DNA 合成 |
| III | ε | 前导链合成 |
| DnaG | α | 引物酶 |
| | δ | 后随链合成 |

在真核生物的 DNA 链延长中起催化作用的主要是 DNA Pol δ，相当于原核生物的 DNA Pol III；此外它还有解螺旋酶的活性。至于高等生物中是否还有独立的解螺旋酶和引物酶，目前还未能确定。但是，在病毒感染培养细胞（Hela/SV40）的复制体系中，发现 SV40 病毒的 T 抗原有解螺旋酶活性。DNA Pol α 催化新链延长的长度有限，但它能催化 RNA 链的合成，因此认为它具有引物酶活性。DNA Pol β 复制的保真度低，可能是参与应急修复复制的酶。DNA Pol ε 与原核生物的 DNA Pol I 相类似，在复制中起校读、修复和填补引物缺口的作用。DNA Pol γ 是线粒体 DNA 复制的酶，见本章第五节。

## 二、DNA 聚合酶的碱基选择和校对功能实现复制的保真性

DNA 复制的保真性是遗传信息稳定传代的保证。生物体至少有 3 种机制实现保真性：①遵守严格的碱基配对规律；②聚合酶在复制延长中对碱基的选择功能；③复制出错时有即时的校对功能。

（一）复制的保真性依赖正确的碱基选择

DNA 复制保真的关键是正确的碱基配对，而碱基配对的关键又在于氢键的形成。G 和 C 以 3 个氢键、A 和 T 以 2 个氢键维持配对，错配碱基之间难以形成氢键。除化学结构限制外，DNA 聚合酶对碱基配对具有选择作用。

DNA Pol III 是在原核生物 DNA 链延长中起催化作用的酶。利用"错配"实验发现，DNA Pol III 对核苷酸的掺入（incorporation）具有选择功能。例如，用 21 聚腺苷酸 poly（dA）21 作模板，用 poly（dT）20 作复制引物，可以观察引物 3′-OH 端连上的是否为胸苷酸（T）。尽管反应体系中 4 种核苷酸都存在，第 21 位也只会出现 T。但若只向反应体系加单一种的 dNTP 作底物，就"迫使"引物在第 21 位延长中出现错配。用柱层析技术可以把 DNA Pol III 各个亚基组分分离，然后又再重新组合。如果重新组合的 DNA-Pol III 不含 ε 亚基，复制错配频率出现较高，说明 ε 亚基是执行碱基选择功能的。

嘌呤的化学结构能形成顺式和反式构型，与相应的嘧啶形成氢键配对，嘌呤应处于反式构型。而要形成嘌呤-嘌呤配对，则其中一个嘌呤必须旋转 180°，形成反式构型。DNA Pol III 对嘌呤的不同构型表现不同亲和力，因此实现其选择功能。

前已述及，DNA Pol III 的 10 个亚基中，以 α、ε 和 θ 作为核心酶并组成较大的不对称二聚体。核心酶中，α 亚基有 5′→3′ 聚合活性，ε 有 3′→5′ 核酸外切酶活性以及碱基选择功能。θ 亚基未发现有催化活性，可能起维系二聚体的作用。对各亚基功能的深入研究认为：在核苷酸聚合之前或在聚合当时，酶就可以控制碱基的正确选择。

Notes

**（二）聚合酶中的核酸外切酶活性在复制中辨认切除错配碱基并加以校正**

原核生物的 DNA Pol I、真核生物的 DNA Pol δ 和 DNA Pol ε 的 3′→5′ 核酸外切酶活性都很强，可以在复制过程中辨认并切除错配的碱基，对复制错误进行校正，此过程又称错配修复（mismatch repair）。

以 DNA Pol I 为例（图 14-7）。图中的模板链是 G，新链错配成 A 而不是 C。DNA Pol I 的 3′→5′ 外切酶活性就把错配的 A 水解下来，同时利用 5′→3′ 聚合酶活性补回正确配对的 C，复制可以继续下去，这种功能称为校对（proofreading）。实验也证明：如果是正确的配对，3′→5′ 外切酶活性是不表现的。DNA Pol I 还有 5′→3′ 外切酶活性，实施切除引物、切除突变片段的功能。

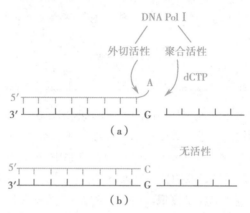

图 14-7　DNA Pol I 的校对功能
（a）DNA Pol I 的外切酶活性切除错配碱基，并用
其聚合活性掺入正确配对的底物；（b）碱基配对
正确，DNA Pol I 并不表现外切酶活性

## 三、复制中的解链伴有 DNA 分子拓扑学变化

DNA 分子的碱基埋在双螺旋内部，只有解成单链，才能发挥模板作用。Watson J 和 Crick F 在建立 DNA 双螺旋结构模型时曾指出，生物细胞如何解开 DNA 双链是理解 DNA 复制机制的关键。目前已知，多种酶和蛋白质分子共同完成 DNA 的解链。

**（一）多种酶参与 DNA 解链和稳定单链状态**

复制起始时，需多种酶和辅助的蛋白质因子（表 14-2），共同解开并理顺 DNA 双链，且维持 DNA 分子在一段时间内处于单链状态。

表 14-2　原核生物复制中参与 DNA 解链的相关蛋白质

| 蛋白质（基因） | 通用名 | 功能 |
| --- | --- | --- |
| DnaA（dnaA） | | 辨认复制起始点 |
| DnaB（dnaB） | 解旋酶 | 解开 DNA 双链 |
| DnaC（dnaC） | | 运送和协同 DnaB |
| DnaG（dnaG） | 引物酶 | 催化 RNA 引物生成 |
| SSB | 单链结合蛋白 /DNA 结合蛋白 | 稳定已解开的单链 DNA |
| 拓扑异构酶 | 拓扑异构酶 II 又称促旋酶 | 解开超螺旋 |

大肠杆菌（Escherichia coli, E.coli）结构简单，繁殖速度快，是较早用于分子遗传学研究的模式生物。对大肠杆菌变异株进行分析，可以阐明各种基因的功能。早期发现的与 DNA 复制相关的基因被命名为 dnaA，dnaB……dnaX 等，分别编码 DnaA，DnaB……DnaX 等蛋白分子。

DnaB 的作用是利用 ATP 供能来解开 DNA 双链，为解螺旋酶（helicase）。E.coli DNA 复制

Notes

起始的解链是由 DnaA、B、C 共同起作用而发生的。

DNA 分子只要碱基配对，就会有形成双链的倾向。单链结合蛋白（single stranded binding protein，SSB）具有结合单链 DNA 的能力，维持模板的单链稳定状态并使其免受胞内广泛存在的核酸酶降解。SSB 作用时表现协同效应，保证 SSB 在下游区段的继续结合。可见，它不像聚合酶那样沿着复制方向向前移动，而是不断地结合、脱离。

### （二）DNA 拓扑异构酶改变 DNA 超螺旋状态

DNA 拓扑异构酶（DNA topoisomerase），简称拓扑酶。拓扑酶广泛存在于原核及真核生物，分为 I 型和 II 型两种，最近还发现了拓扑酶 III。原核生物拓扑异构酶 II 又叫促旋酶（gyrase），真核生物的拓扑酶 II 还有几种不同亚型。

拓扑一词，在物理学上是指物体或图像作弹性移位而保持物体原有的性质。DNA 双螺旋沿轴旋绕，复制解链也沿同一轴反向旋转，复制速度快，旋转达 100 次 / 秒，会造成复制叉前方的 DNA 分子打结、缠绕、连环现象。闭环状态的 DNA 也会按一定方向扭转形成超螺旋（图 14-8）。用一橡皮圈沿相同方向拧转，可体会这种状态。复制中的 DNA 分子也会遇到这种超螺旋及局部松弛等过渡状态，需要拓扑酶作用以改变 DNA 分子的拓扑构象，理顺 DNA 链结构来配合复制进程。

拓扑酶既能水解、又能连接 DNA 分子中磷酸二酯键（图 14-9），可在将要打结或已打结处切口，下游的 DNA 穿越切口并作一定程度旋转，把结打开或解松，然后旋转复位连接。在复制中主要有两类拓扑酶用于松解超螺旋结构。拓扑酶 I 切断 DNA 双链中一股，使 DNA 解链旋转中不致打结，适当时候又把切口封闭，使 DNA 变为松弛状态，这一反应无需 ATP。拓扑酶 II 可在一定位置上，切断处于正超螺旋状态的 DNA 双链，使超螺旋松弛；然后利用 ATP 供能，松弛状态 DNA 的断端在同一酶的催化下连接恢复。这些作用均可使复制中的 DNA 解开螺旋、连环或解连环，达到适度盘绕。母链 DNA 与新合成链也会互相缠绕，形成打结或连环，也需拓扑异构酶 II 的作用。DNA 分子一边解链，一边复制，所以复制全过程都需要拓扑酶。

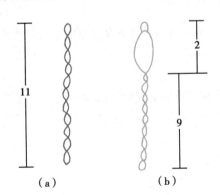

图 14-8　复制过程正超螺旋的形成
（a）代表超螺旋解开前；（b）代表超螺旋局部解开后，其下方 9 个螺旋被压缩

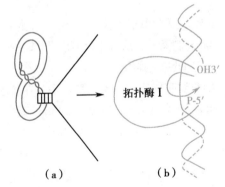

图 14-9　拓扑酶的作用方式
（b）是把（a）局部放大经拓扑酶 I 作用，两个环变为一个环

## 四、DNA 连接酶连接复制中产生的单链缺口

DNA 连接酶（DNA ligase）连接 DNA 链 3'-OH 末端和另一 DNA 链的 5'-P 末端，两者生成磷酸二酯键，从而将两段相邻的 DNA 链连成完整的链。连接酶的催化作用需要消耗 ATP。实验证明：连接酶只能连接双链中的单链缺口，它并没有连接单独存在的 DNA 单链或 RNA 单链的作用。复制中的后随链是分段合成的，产生的冈崎片段之间的缺口，要靠连接酶接合。图 14-10 显示连接酶的催化作用，图的上部说明其作用于互补双链上一股不连续 DNA 链；图的下部显示 DNA 连接酶的催化作用。

Notes

DNA 连接酶不但在复制中起最后接合缺口的作用，在 DNA 修复、重组中也起接合缺口作用。如果 DNA 两股都有单链缺口，只要缺口前后的碱基互补，连接酶也可连接。因此它也是基因工程的重要工具酶之一。

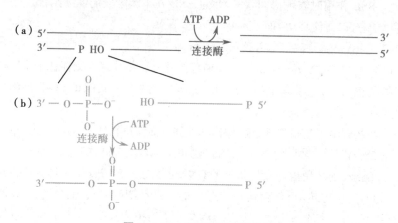

图 14-10　DNA 连接酶的作用

（a）连接酶连接双链 DNA 上单链的缺口；（b）被连接的缺口放大，是连接酶催化的反应

# 第三节　原核生物 DNA 复制过程

原核生物染色体 DNA 和质粒等都是共价环状闭合的 DNA 分子，复制过程具有共同的特点，但并非绝对相同，下面以大肠杆菌 DNA 复制为例，了解原核生物 DNA 复制的过程和特点。

## 一、复制的起始

起始是复制中较为复杂的环节，在此过程中，各种酶和蛋白因子在复制起始点处装配引发体，形成复制叉并合成 RNA 引物。

### （一）DNA 的解链

1. **复制有固定起始点**　复制不是在基因组上的任何部位随机起始。*E.coli* 上有一个固定的复制起始点，称为 *ori*C，跨度为 245bp，碱基序列分析发现这段 DNA 上有 3 个 13bp 正向重复序列（GATCTNTTNTTTT）和 2 对 9bp 反向重复序列（TTATNCANA）（图 14-11）。上游的正向重复序列称为识别区；下游的反向重复序列碱基组成以 A、T 为主，称为富含 AT（AT rich）区。DNA 双链中，AT 间的配对只有 2 个氢键维系，故富含 AT 的部位容易发生解链。

2. **DNA 解链需多种蛋白质参与**　DNA 解链过程由 DnaA、B、C 三种蛋白质共同参与完成。DnaA 蛋白是同四聚体，负责辨认并结合于 *ori*C 的正向重复序列（AT 区）上。然后，几个 DnaA 蛋白互相靠近，形成 DNA 蛋白质复合体结构，促使 AT 区的 DNA 进行解链。DnaB 蛋白（解旋酶）在 DnaC 蛋白的协同下，结合和沿解链方向移动，使双链解开足够用于复制的长度，并且逐步置换出 DnaA 蛋白。此时，复制叉已初步形成。

SSB（单链结合蛋白）此时结合到 DNA 单链上，在一定时间内使复制叉保持适当的长度，利于核苷酸依据模板掺入。

3. **解链过程中需要 DNA 拓扑异构酶**　解链是一种高速的反向旋转，其下游势必发生打结现象。拓扑酶Ⅱ通过切断、旋转和再连接的作用，实现 DNA 超螺旋的转型，即把正超螺旋变为负超螺旋。实验证明：负超螺旋 DNA 比正超螺旋有更好的模板作用。从道理上也是可以理解的：扭得不那么紧的超螺旋当然比过度扭紧的更容易解开成单链。

Notes

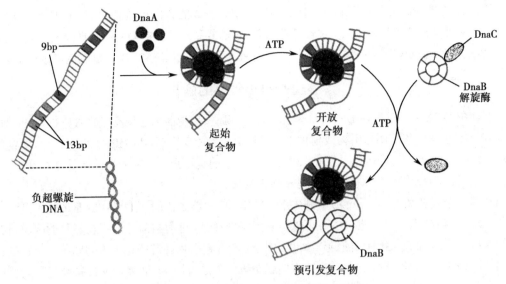

图 14-11　原核生物的复制起始部位及解链

## （二）引物合成和引发体形成

复制起始过程需要先合成引物（primer），引物是由引物酶催化合成的短链 RNA 分子。

母链 DNA 解成单链后，不会立即按模板序列将 dNTP 聚合为 DNA 子链。这是因为 DNA Pol 不具备催化两个游离 dNTP 之间形成磷酸二酯键的能力，只能催化核酸片段的 3'-OH 末端与 dNTP 间的聚合。为此，复制起始部位合成的引物只能是 RNA，引物酶属于 RNA 聚合酶。短链引物 RNA 为 DNA 的合成提供 3'-OH 末端，在 DNA Pol 催化下逐一加入 dNTP 而形成 DNA 子链。

引物酶是复制起始时催化 RNA 引物合成的酶。它不同于催化转录的 RNA 聚合酶（第十六章）。利福平（rifampicin）是转录用 RNA Pol 的特异性抑制剂，而引物酶对利福平不敏感。

在 DNA 双链解链基础上，形成了 DnaB、DnaC 蛋白与 DNA 复制起点相结合的复合体，此时引物酶进入。形成含有解旋酶 DnaB、DnaC、引物酶（即 DnaG 蛋白）和 DNA 的复制起始区域共同构成的复合结构，称为引发体（primosome）。引发体的蛋白质组分在 DNA 链上的移动需由 ATP 供给能量。在适当位置上，引物酶依据模板的碱基序列，从 5'→3' 方向催化 NTP（不是 dNTP）的聚合，生成短链的 RNA 引物（图 14-12）。

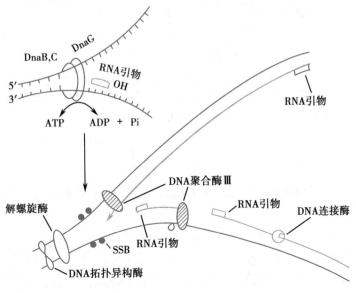

图 14-12　引发体和复制叉的生成

Notes

引物长度约为十几个至几十个核苷酸不等。引物合成的方向也是从 5'- 端至 3'- 端。已合成的引物必然留有 3'-OH 末端，此时就可进入 DNA 的复制延长。在 DNA Pol Ⅲ 催化下，引物末端与新配对进入的 dNTP 生成磷酸二酯键。新链每次反应后亦留有 3'-OH，复制就可进行下去。

## 二、复制中 DNA 链的延长

复制中 DNA 链的延长在 DNA Pol 催化下进行。原核生物催化延长反应的酶是 DNA Pol Ⅲ。底物 dNTP 的 α- 磷酸基团与引物或延长中的子链上 3'-OH 反应后，dNMP 的 3'-OH 又成为链的末端，使下一个底物可以掺入。复制沿 5'→3' 延长，指的是子链合成的方向。前导链沿着 5'→3' 方向连续延长，后随链沿着 5'→3' 方向呈不连续延长。

在同一个复制叉上，前导链的复制先于后随链，但两链是在同一 DNA Pol Ⅲ 催化下进行延长的。这是因为后随链的模板 DNA 可以折叠或绕成环状，进而与前导链正在延长的区域对齐（图 14-13）。图中可见，由于后随链作 360° 的绕转，前导链和后随链的延长方向和延长点都处在 DNA Pol Ⅲ 核心酶的催化位点上。解链方向就是酶的前进方向，亦即复制叉向待解开片段伸展的方向。因为复制叉上解开的模板单链走向相反，所以其中一股出现不连续复制的冈崎片段。

DNA 复制延长速度相当快。以 *E.coli* 为例，营养充足、生长条件适宜时，细菌 20min 即可繁殖一代。*E.coli* 基因组 DNA 全长约 3000kb，依此计算，每秒钟能掺入的核苷酸达 2500 个。

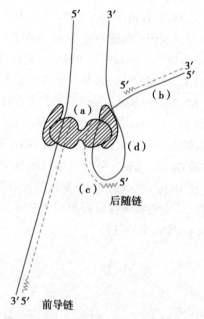

图 14-13　同一复制叉上前导链和后随链由相同的 DNA Pol 催化延长
（a）DNA Pol Ⅲ 的核心酶和 β 亚基；（b），（c），（d）分别是后随链的先复制，
正在复制和未复制的片段，实线是母链，虚线代表子链

## 三、复制的终止

复制的终止过程包括切除引物、填补空缺和连接切口。原核生物基因是环状 DNA，复制是双向复制，从起始点开始各进行 180°，同时在终止点上汇合。

由于复制的半不连续性，在后随链上出现许多冈崎片段。每个冈崎片段上的引物是 RNA 而不是 DNA。复制的完成还包括去除 RNA 引物和换成 DNA，最后把 DNA 片段连接成完整的子链。这一过程用图 14-14 加以说明。实际上此过程在子链延长中已陆续进行，不必等到最后的终止才连接。

Notes

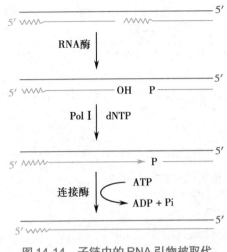

图 14-14　子链中的 RNA 引物被取代
齿状线代表引物

引物的水解需靠细胞核内的 RNA 酶，水解后留下空隙（gap）。空隙的填补由 DNA Pol I 而不是 DNA Pol III 催化，从 5'→3' 用 dNTP 为原料生成相当于引物长度的 DNA 链。dNTP 的掺入要有 3'-OH，在原引物相邻的子链片段提供 3'-OH 继续延伸，就是说，由后复制的片段延长以填补先复制片段的引物空隙。填补至足够长度后，还是留下相邻的 3'-OH 和 5'-P 的缺口（nick）。缺口由连接酶连接。按照这种方式，所有的冈崎片段在环状 DNA 上连接成完整的 DNA 子链。前导链也有引物水解后的空隙，在环状 DNA 最后复制的 3'-OH 末端继续延长，即可填补该空隙及连接，完成基因组 DNA 的复制过程。

## 第四节　真核生物基因组 DNA 复制和调控

真核生物的基因组复制在细胞分裂周期的 DNA 合成期（S 期）进行。细胞周期进程在体内受到微环境中的增殖信号、营养条件等诸多因素影响，多种蛋白因子和酶控制细胞进入 S 期的时机和 DNA 合成的速度。真核生物 DNA 合成的基本机制和特征与原核生物相似，但是由于基因组庞大及核小体的存在，反应体系、反应过程和调节都更为复杂。本节重点介绍真核生物 DNA 复制的进展。

### 一、真核生物 DNA 复制基本过程

针对参与真核生物复制过程的酶和蛋白调节因子及真核生物 DNA 复制的基本过程，本部分只概括介绍，读者可以参照原核生物复制过程进行对比学习。

（一）真核生物复制的起始与原核生物基本相似

真核生物 DNA 分布在许多染色体上，各自进行复制。每个染色体有上千个复制子，复制的起始点很多。复制有时序性，就是说复制子以分组方式激活而不是同步启动。转录活性高的 DNA 在 S 期早期就进行复制。高度重复的序列如卫星 DNA、连接染色体双倍体的部位即中心体（centrosome）和线性染色体两端即端粒（telomere）都是 S 期的最后才复制的。

真核生物复制起始点比 E.coli 的 oriC 短。酵母 DNA 复制起始点含 11bp 富含 AT 的核心序列：A（T）TTTATA（G）TTTA（T），称为自主复制序列（autonomous replication sequence，ARS）。把 ARS 克隆至基因工程载体如质粒上，可以启动其他外源基因的复制。

真核生物复制起始也是打开复制叉，形成引发体和合成 RNA 引物。目前已知的真核 DNA 复制叉蛋白质的主要类型及其功能见表 14-3。

Notes

表 14-3　真核 DNA 复制叉主要蛋白质的功能

| 蛋白质 | 功能 |
| --- | --- |
| RPA | 单链 DNA 结合蛋白, 激活 DNA 聚合酶, 使解旋酶容易结合 DNA |
| PCNA | 激活 DNA 聚合酶和 RFC 的 ATPase 活性 |
| RFC | 有依赖 DNA 的 ATPase 活性, 结合于引物 - 模板链, 激活 DNA 聚合酶, 促使 PCNA 结合于引物 - 模板链 |
| Pol α/ 引发酶 | 合成 RNA-DNA 引物 |
| Pol δ/ε | DNA 复制, 核苷酸切除修复, 碱基切除修复 |
| FEN1 | 核酸酶, 切除 RNA 引物 |
| RNase H I | 核酸酶, 切除 RNA 引物 |
| DNA 连接酶 I | 连接冈崎片段 |
| DNA 解旋酶 | DNA 双螺旋解链, 参与组装引发体 |
| 拓扑异构酶 | 去除负超螺旋 (使解旋酶容易解旋), 去除复制叉前方产生的正超螺旋 |

1. **DNA 聚合酶 α/ 引发酶复合物合成 RNA-DNA 引物**　人 DNA 聚合酶 α (Pol α) 分子由 4 个亚基 (p180、p70、p58、p48) 组成, 可能所有真核生物均有类似的亚基。其中, p180 是催化亚基, p48 具有引发酶活性, p58 是 p48 的稳定性和活性所必需的, 而 p70 则与组装引发体有关。Pol α/ 引发酶复合物是唯一能合成 RNA 引物的酶。Pol α/ 引发酶的引发反应比较特殊: 首先合成 RNA 引物, 再利用其 DNA 聚合酶活性将引物延伸, 产生起始 DNA (initiator DNA, iDNA) 短序列, 形成 RNA-DNA 引物。之后, Pol α/ 引发酶脱离模板链 DNA, 由其他 DNA 聚合酶利用 RNA-DNA 引物合成前导链和后随链。

2. **复制蛋白 A 促进双螺旋 DNA 解旋并激活 Pol α/ 引发酶**　复制蛋白 A (replication protein A, RPA) 是单链 DNA 结合蛋白, 以异源三聚体形式存在。其结构特征和功能与 *E.coli* 单链 DNA 结合蛋白 SSB 相似。

RPA 可促使双螺旋 DNA 进一步解旋, 在一定条件下激活 Pol α/ 引发酶活性, 并且为 Pol δ 依赖复制因子 C (RFC) 和增殖细胞核抗原 (PCNA) 合成 DNA 所必需。RPA p70 亚基可结合 Pol α 的引发酶亚基; RPA 三聚体与 SV40 T 抗原结合。这些相互作用是组装引发体复合物所必需的。RPA 还参与 DNA 重组和修复。

3. **复制因子 C 促进三聚体 PCNA 结合引物 - 模板链**　真核生物复制因子 C (replication factor C, RFC) 含有 5 个亚基 (p140、p40、p38、p37、p36)。RFC 大亚基 p140 负责结合 PCNA, 它的 N- 端具有 DNA 结合活性。3 个小亚基 (p40、p37 和 p36) 组成稳定的核心复合物, 具有依赖 DNA 的 ATPase 活性, 但必须有 p140 存在, 其 ATPase 活性才能被 PCNA 激活。p38 可能在 p140 和核心复合物之间起连接作用。

RFC 的主要作用是促使同源三聚体 PCNA 环形分子结合引物 - 模板链或双螺旋 DNA 的切口。RFC 的这一功能是 Pol δ 在模板 DNA 链上组装、形成具有持续合成能力全酶所必需的。RFC 还具有 DNA 夹子加载蛋白的功能——将环形 DNA 夹子 PCNA 装到 DNA 模板上。

4. **增殖细胞核抗原促进 Pol δ 持续合成的能力**　增殖细胞核抗原 (proliferating cell nuclear antigen, PCNA) 分子为同源三聚体, 尽管氨基酸序列保守性在种属间并不高, 但酵母和人 PCNA 的三维结构几乎相同, 即形成闭合环形的 "DNA 夹子"。所以, PCNA 是真核 DNA 聚合酶的可滑动 DNA 夹子。

通过 RFC 介导, PCNA 三聚体装载于 DNA, 并可沿 DNA 滑动。当 DNA 合成完成时, RFC 还能将 PCNA 三聚体从 DNA 上卸载。所以, PCNA 是 Pol δ 的进行性因子, 在 DNA 复制中使 Pol δ 获得持续合成能力。PCNA 上述功能与其自身结构有关: PCNA 内表面的某些氨基酸残基是激活 Pol δ 所必需的, 而外表面 (包括 N- 端、C- 端和结构域连接环) 若干区域可与 Pol δ、RFC

Notes

相互作用。

PCNA 可与许多蛋白质分子结合,例如核酸酶 FEN1、DNA 连接酶 I、CDK 抑制蛋白 p21、p53 诱导蛋白 GADD45、核苷酸切除修复蛋白 XPG、DNA(胞嘧啶 -5)甲基转移酶、错配修复蛋白 MLH1 和 MSH2,以及细胞周期蛋白 D 等。与各种蛋白质的广泛相互作用提示,PCNA 是协调 DNA 复制、修复、表观遗传和细胞周期调控的核心因子。PCNA 也能激活 Pol ε,Pol ε 负责 DNA 前导链的复制、DNA 的修复。

5. Pol δ 负责 DNA 后随链的复制和 DNA 损伤修复　Pol δ 分子是异源二聚体(p125 和 p50)。p125 是催化亚基,具有 DNA 聚合酶活性和 3′→5′ 核酸外切酶活性,其 N- 端区与 PCNA 相互作用。PCNA 能够激活哺乳动物 p125 的 DNA 聚合酶活性,但 p50 必须存在。在小鼠和果蝇中先后发现不依赖 PCNA 的 Pol δ。Pol δ 在 DNA 合成过程中 DNA 后随链的合成,而在 DNA 损伤修复中则参与核苷酸切除修复和碱基切除修复。

6. FEN1 和 RNase H I 与冈崎片段 5′- 端的 RNA 引物切除有关　FEN1(flap endonuclease 1)是一种特异切割具有"帽边"或"盖子"(flap)结构的 DNA 内切酶。人和小鼠 FEN1 分子为一条多肽链,具有核酸内切酶和 5′→3′ 核酸外切酶活性。FEN1 可特异地去除冈崎片段 5′- 端的 RNA 引物,这一过程还需要其他因子如 PCNA、解旋酶 Dna2 参与。如果 DNA 双螺旋的一端发生解旋,一条链的 5′- 端因部分序列游离而形成盖子结构,FEN1 即表现内切酶活性,有效地切割盖子结构分支点,释放未配对片段。如果 DNA(或 RNA)的 5′- 端序列完全互补,没有盖子结构,FEN1 就通过 5′→3′ 核酸外切酶活性降解 DNA(或 RNA)。

RNase H I 是核酸内切酶,参与冈崎片段成熟时切除 5′- 端 RNA 引物,具有特殊的底物特异性,其底物 RNA 连接在 DNA 链的 5′- 端(像冈崎片段中那样),但切割后在 DNA 链的 5′- 端残留一个核糖核苷酸,这个核苷酸再被 FEN1 切除。

7. Waga S 和 Lewin B 等提出真核复制叉模型　该模型总结了参与真核复制叉的主要分子及其在复制起始阶段的主要功能(图 14-15)。每个复制叉有 1 个 Pol α/ 引发酶复合物和 2 个 Pol δ 复合物,前者合成 RNA-DNA 引物,而后者功能类似于 E.coli DNA Pol III:即一个 Pol δ 复合物负责合成前导链,另一个合成后随链。

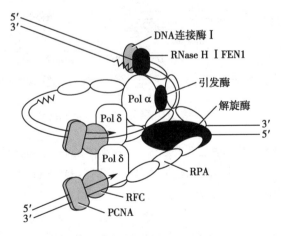

图 14-15　真核 DNA 复制叉模型

RFC 识别引物 iDNA 的 3′- 端并去除 Pol α/ 引发酶,然后 PCNA 结合 DNA 并引入 Pol δ。核酸酶 RNase H I 和 FEN1 负责切除成熟冈崎片段 5′- 端的 RNA 引物,然后 Pol δ(或 Pol ε)负责填补冈崎片段之间的空隙,最后由 DNA 连接酶 I 连接缺口。RPA 的功能类似于 E.coli 的 SSB 蛋白。另外,解旋酶对于复制叉的形成和移动必不可少。拓扑异构酶对于释放复制叉前进时产生的扭曲应力十分重要。

### （二）真核生物复制中DNA链的延长发生DNA聚合酶α/δ转换

DNA Pol δ和Pol α分别兼有解螺旋酶和引物酶活性，前者延长核酸链长度的能力远比后者大，对模板链的亲和力也是Pol δ较高。以前有些研究者认为Pol α合成后随链，Pol δ合成前导链。现在认为Pol α主要负责催化合成引物，后随链多次合成的引物包含有DNA片段。在复制叉及引物生成后，DNA Pol δ通过PCNA的协同作用，逐步取代Pol α，在RNA引物的3′-OH基础上连续合成前导链。后随链引物也由Pol α催化合成，然后由PCNA协同，Pol δ置换Pol α，继续合成DNA子链（图14-16）。真核生物是以复制子为单位各自进行复制的，所以引物和随从链的冈崎片段都比原核生物的短。

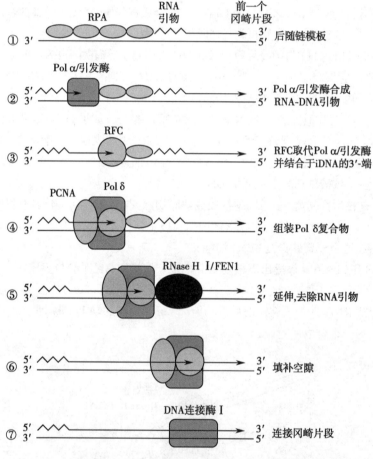

图 14-16　真核 DNA 聚合酶转换和后随链合成

实验证明，真核生物的冈崎片段长度大致与一个核小体（nucleosome）所含DNA碱基数（135bp）或其若干倍相等。可见后随链的合成到核小体单位之末时，DNA Pol δ会脱落，DNA Pol α再引发下游引物合成，引物的引发频率是相当高的。Pol α与Pol δ之间的转换频率高，PCNA在全过程也要多次发挥作用。以上描述的实际是真核生物复制子内后随链的起始和延长交错进行的复制过程。前导链的连续复制，亦只限于半个复制子的长度。当后随链延长了一个或若干个核小体的长度后，要重新合成引物。

真核生物DNA合成，就酶的催化速率而言，远比原核生物慢，估算为50dNTP/s。但真核生物是多复制子复制，总体速度是不慢的。原核生物复制速度与其培养（营养）条件有关。真核生物在不同器官组织、不同发育时期和不同生理状况下，复制速度大不一样。

### （三）切除RNA引物有两种机制

冈崎片段的成熟过程是指将不连续合成产生的短冈崎片段转变成长的无间隙DNA产物，

这一过程包括切除 RNA 引物、填补间隙、连接两个 DNA 片段等。目前已知切除 RNA 引物有以下两种机制。

1. **第一种机制**　在后随链成熟过程中，切除冈崎片段 5'- 端 RNA 引物依赖两种核酸酶（RNase H I 和 FEN1）。具体步骤是：首先 RNase H I 切割连接在冈崎片段 5'- 端的 RNA 片段，在 RNA-DNA 引物连接点旁留下 1 个核糖核苷酸，然后 FEN1 切除最后这个核糖核苷酸（图 14-17a）。

2. **第二种机制**　解旋酶 Dna2 具有依赖 DNA 的 ATPase、3'→5' 解旋酶活性，其解旋作用可以使前一个冈崎片段的 5'- 端引物形成盖子结构，再由 FEN1 的内切酶活性切除（图 14-17b）。不仅冈崎片段 5'- 端的 RNA 引物被切除，由 Pol α 合成的 iDNA 也可能在 Dna2 的解旋作用下被新生的冈崎片段所置换，然后被 FEN1 切除，形成的空隙由 Pol δ 或 Pol ε 负责填补，这两种酶的 3'→5' 核酸外切酶活性将增强复制的准确性，维持细胞基因组的完整。

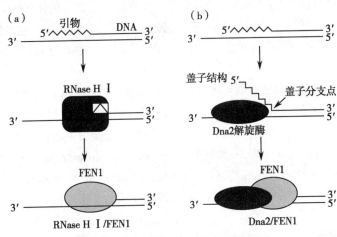

图 14-17　切除 RNA 引物的两种机制

#### （四）真核生物 DNA 合成后需要立即组装成核小体

真核生物 DNA 不是游离存在的，而是与组蛋白组装形成核小体结构。复制后的染色质 DNA 需要重新装配，原有组蛋白及新合成的组蛋白结合到复制叉后的 DNA 链上，使 DNA 合成后立即组装成核小体。核小体的破坏仅局限在紧邻复制叉的一段短的区域内，复制叉的移动使核小体破坏。但是随着复制叉向前移动，核小体又在子链上迅速形成了。

在真核生物细胞的 S 期（DNA 复制的时期），用等量已有的和新合成的组蛋白混合物装配染色质的途径称作复制 - 偶联途径（replication-coupled pathway）。其基本过程是复制时复制叉向前移行，前方核小体组蛋白八聚体解聚形成（H3-H4）₂ 四聚体和二个 H2A-H2B 二聚体，产生的已有的（H3-H4）₂ 四聚体和 H2A-H2B 二聚体与新合成的同样的四聚体和二聚体在复制叉后约 600bp 处与两条子链随机组装成新的核小体。核小体形成需要一种辅助因子 CAF-1 的参与。CAF-1 系由 5 个亚基组成的分子量为 238kD 的复合蛋白，被 PCNA 招募到复制叉上。CAF-1 作为同组蛋白结合的分子伴侣控制把单个组蛋白或组蛋白复合体释放给 DNA。CAF-1 把复制和核小体组装连接起来，保证了在 DNA 复制后立即组装核小体。

## 二、真核生物 DNA 复制的调节

真核生物 DNA 复制调控主要发生在复制起始和末端，而且与细胞周期密切相关。

#### （一）细胞周期调控蛋白控制 DNA 复制的起始

真核生物的细胞周期分为四个时期。其中，前面三个时期 $G_1$、S 和 $G_2$ 为细胞间期，占细胞周期的大部分，主要执行细胞正常的代谢。M 期很短暂，为细胞分裂期，即母细胞分裂为两个子细胞。在细胞周期中，细胞在前一个细胞时期要进入下一个细胞时期，必须准备有足够的物

Notes

质和原料。否则,细胞必须停止在前一个细胞时期,以防止DNA复制和细胞分裂紊乱。因此,细胞必须检查所有的条件是否满足其进入到下一个细胞时期的需要。细胞周期存在一些检查位点(checkpoint),可防止在细胞周期的上一个时期还没完全完成时过早进入到下一个时期。细胞周期中至少有两个检查位点,一个存在于$G_1$期,另一个存在于$G_2$期。主要由细胞周期蛋白(cyclins)和细胞周期蛋白依赖激酶(cyclin-dependent kinase,CDK)来控制。

1. **细胞周期蛋白和CDK调控DNA复制所需的酶和相关蛋白质**   在一些因子的作用下,细胞周期蛋白的基因被激活而合成周期蛋白,细胞周期蛋白结合CDK,此后CDK可以被磷酸化或去磷酸化。CDK被激活后可以进一步在细胞核中激活相关的因子,促使DNA复制相关的酶和蛋白质合成。

2. **细胞周期蛋白和CDK调控复制起点激活并保证每个细胞周期中DNA只能复制一次**   真核染色体复制仅仅出现在细胞周期的S期,而且只能复制一次。染色体任何一部分的不完全复制,均可能导致子代染色体分离时发生断裂和丢失。不适当的DNA复制也可能产生严重后果,如增加基因组中基因调控区的拷贝数,从而可能在基因表达、细胞分裂、对环境信号的应答等方面产生灾难性缺陷。

真核细胞DNA复制的起始分两步进行,即复制基因的选择和复制起点的激活,这两步分别出现于细胞周期的特定阶段。复制基因(replicator)是指DNA复制起始所必需的全部DNA序列。复制基因的选择出现于$G_1$期,在这一阶段,基因组的每个复制基因位点均组装前复制复合物(pre-replicative complex,pre-RC),又称复制许可因子(replication licensing factor,RLF)。复制起点的激活仅出现于细胞进入S期以后,这一阶段将激活pre-RC,募集若干复制基因结合蛋白和DNA聚合酶,并起始DNA解旋。在真核细胞中,这两个阶段相分离可以确保每个染色体在每个细胞周期中仅复制一次。

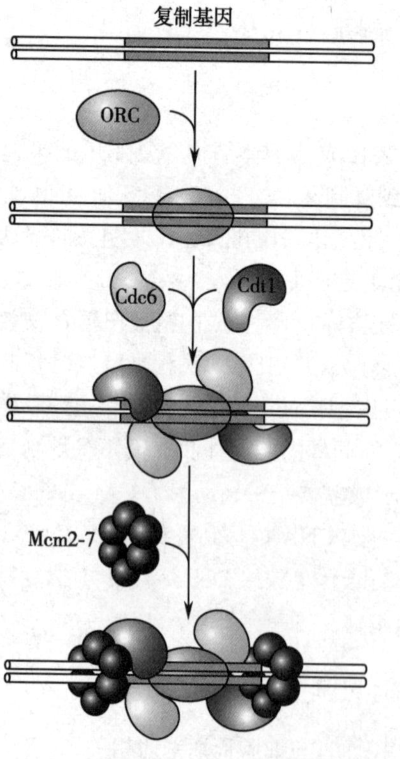

在复制基因的选择阶段($G_1$期)将组装pre-RC。pre-RC由4种类型的蛋白质组成,它们按顺序在每个复制基因位点进行组装(图14-18)。首先,由复制起始识别复合物(origin recognition complex,ORC)识别并结合复制基因。然后,ORC至少募集两种解旋酶加载蛋白Cdc6和Cdt1。最后,这3种蛋白质一起募集真核细胞解旋酶Mcm2-7。

真核细胞通过CDK严格控制pre-RC的激活。pre-RC在$G_1$期形成,但复制起点DNA不会立即解旋或募集DNA聚合酶,因为pre-RC只能在S期被CDK2激活并起始复制。在S期,细胞周期蛋白A和CDK2结合,使pre-RC磷酸化,从而被激活。pre-RC磷酸化导致在复制起点组装其他复制因子并起始复制,这些复制因子包括3种DNA聚合酶等。3种DNA聚合酶在复制起点的组装顺序是,首先结合Pol δ和Pol ε,然后是Pol α/引发酶。这一顺序确保在第一个RNA引物合成之前,所有3种DNA聚合酶均存在于复制起点。Pre-RC在被激活后,或它们所结合的DNA被复制后即发生解体。

**复制基因**

ORC

Cdc6    Cdt1

Mcm2-7

图14-18　前复制复合物(pre-RC)的形成

## (二)端粒酶参与解决染色体末端复制问题

真核生物DNA复制与核小体装配同步进行,复制完成后随即组合成染色体并从$G_2$期过渡到M期。染色体DNA是线性结构。复制中冈崎片段的连接,复制子之间的连接,都易于理解,

Notes

因为都可在线性 DNA 的内部完成。

染色体两端 DNA 子链上最后复制的 RNA 引物,去除后留下空隙。剩下的 DNA 单链母链如果不填补成双链,就会被核内 DNase 酶解。某些低等生物作为少数特例,染色体经多次复制会变得越来越短(图 14-19)。早期的研究者们在研究真核生物复制终止时,曾假定有一种过渡性的环状结构帮助染色体末端复制的完成,后来一直未能证实这种环状结构的存在。然而,染色体在正常生理状况下复制,是可以保持其应有长度的。

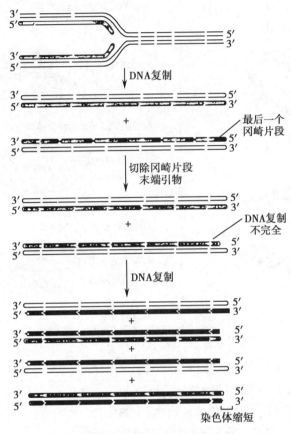

图 14-19 线性 DNA 复制的末端

端粒(telomere)是真核生物染色体线性 DNA 分子末端的结构。形态学上,染色体 DNA 末端膨大成粒状,这是因为 DNA 和它的结合蛋白紧密结合,像两顶帽子那样盖在染色体两端,因而得名。在某些情况下,染色体可以断裂,这时,染色体断端之间会发生融合或断端被 DNA 酶降解。但正常染色体不会整体地互相融合,也不会在末端出现遗传信息的丢失。可见,端粒在维持染色体的稳定性和 DNA 复制的完整性中有着重要的作用。DNA 测序发现端粒结构的共同特点是富含 T、G 短序列的多次重复。如仓鼠和人类端粒 DNA 都有(Tn Gn)x 的重复序列,重复达数十至上百次,并能反折成二级结构。

20 世纪 80 年代中期发现了端粒酶。1997 年,人类端粒酶基因被克隆成功并鉴定了酶由三部分组成:约 150nt 的端粒酶 RNA(human telomerase RNA,hTR)、端粒酶协同蛋白 1(human telomerase associated protein 1,hTP1)和端粒酶逆转录酶(human telomerase reverse transcriptase,hTRT)。可见该酶兼有提供 RNA 模板和催化逆转录的功能。

复制终止时,染色体端粒区域的 DNA 确有可能缩短或断裂。端粒酶通过一种称为爬行模型(inchworm model)(图 14-20)的机制维持染色体的完整。其作用靠 hTR(An Cn)x 辨认及结合母链 DNA(Tn Gn)x 的重复序列并移至其 3'- 端,开始以逆转录的方式复制;复制一段后,hTR(An Cn)x 爬行移位至新合成的母链 3'- 端再以逆转录的方式复制延伸母链;延伸至足够长

Notes

度后，端粒酶脱离母链，代之以 DNA Pol，此时母链形成非标准的 G-G 发夹结构允许其 3′-OH 反折，同时起引物和模板的作用，在 DNA Pol 催化下完成末端双链的复制。

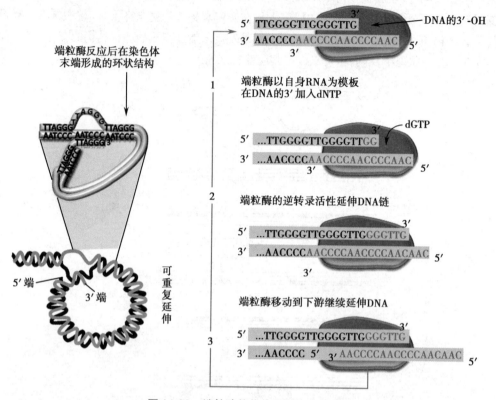

图 14-20 端粒酶催化作用的爬行模型

研究发现，培养的人成纤维细胞随着培养传代次数增加，端粒长度逐渐缩短。生殖细胞端粒长于体细胞，成年人细胞端粒比胚胎细胞端粒短。据上述的实验结果，至少可以认为在细胞水平，老化是和端粒酶活性下降有关的。当然，生物作为个体的老化，受多种环境因素和体内生理条件的影响，不能简单地归结为某单一因素的作用。

此外，在增殖活跃的肿瘤细胞中发现端粒酶活性增高。但在临床研究中也发现某些肿瘤细胞的端粒比正常同类细胞显著缩短。可见，端粒酶活性不一定与端粒的长度成正比。端粒和端粒酶的研究，在肿瘤学发病机制、寻找治疗靶点上，已经成为一个重要领域。

## 第五节 逆转录和其他复制方式

双链 DNA 是大多数生物的遗传物质。某些病毒的遗传物质是 RNA。原核生物的质粒，真核生物的线粒体 DNA，都是染色体外存在的 DNA。这些非染色体基因组，采用特殊的方式进行复制。

### 一、逆转录病毒的基因组 RNA 以逆转录机制复制

逆转录病毒（retrovirus）的基因组是 RNA 而不是 DNA，其基因组信息复制时，信息流动方向（RNA→DNA）与转录过程（DNA→RNA）相反，因而称为逆转录（reverse transcription），这是一种特殊的核酸复制方式。1970 年，Temin H 和 Baltimore D 分别从 RNA 病毒中发现能催化以 RNA 为模板合成双链 DNA 的酶，称为逆转录酶（reverse transcriptase），全称是依赖 RNA 的 DNA 聚合酶（RNA dependent DNA polymerase）。

Notes

从单链 RNA 到双链 DNA 的生成可分为三步：首先是逆转录酶以病毒基因组 RNA 为模板，催化 dNTP 聚合生成 DNA 互补链，产物是 RNA/DNA 杂化双链（duplex）。然后，杂化双链中的 RNA 被逆转录酶中有 RNase 活性的组分水解，被感染细胞内的 RNase H（H＝Hybrid）也可水解 RNA 链。RNA 分解后剩下的单链 DNA 再用作模板，由逆转录酶催化合成第二条 DNA 互补链（图 14-21）。逆转录酶有三种活性：RNA 或 DNA 作模板的 dNTP 聚合活性和 RNase 活性，作用需 $Zn^{2+}$ 为辅助因子。合成反应也按照 5′→3′ 延长的规律。有研究发现，病毒自身的 tRNA 可用作复制引物。

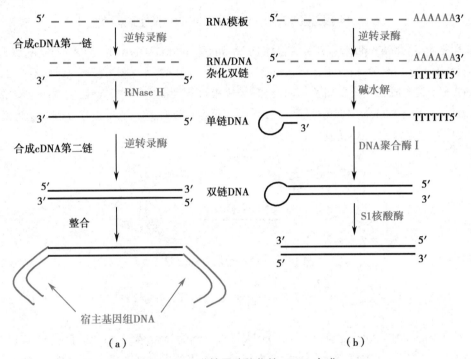

图 14-21　逆转录酶催化的 cDNA 合成

（a）逆转录病毒细胞内复制。病毒的 tRNA 可作为 cDNA 第二链合成的引物；（b）试管内合成 cDNA。单链 cDNA 的 3′- 端能够形成发夹状的结构作为引物，在大肠杆菌聚合酶 I Klenow 作用下，合成 cDNA 的第二链

按上述方式，RNA 病毒在细胞内复制成双链 DNA 的前病毒（provirus）。前病毒保留了 RNA 病毒全部遗传信息，并可在细胞内独立繁殖。在某些情况下，前病毒基因组通过基因重组（recombination），插入到细胞基因组内，并随宿主基因一起复制和表达。这种重组方式称为整合（integration）。前病毒独立繁殖或整合，都可成为致病的原因。

## 二、逆转录的发现发展了中心法则

逆转录酶和逆转录现象是分子生物学研究中的重大发现。中心法则认为：DNA 的功能兼有遗传信息的传代和表达，因此 DNA 处于生命活动的中心位置。逆转录现象说明：至少在某些生物，RNA 同样兼有遗传信息传代与表达功能。这是对传统的中心法则的补充和发展。

对逆转录病毒的研究，拓宽了 20 世纪初已注意到的病毒致癌理论，至 20 世纪 70 年代初，从逆转录病毒中发现了癌基因。至今，癌基因研究仍是病毒学、肿瘤学和分子生物学的重大课题。艾滋病病原人类免疫缺陷病毒（human immuno deficiency virus，HIV）也是 RNA 病毒，有逆转录功能。

分子生物学研究还应用逆转录酶作为获取基因工程目的基因的重要方法之一，此法称为 cDNA 法。在人类这样庞大的基因组 DNA（$3.1 \times 10^9$ bp）中，要选取其中一个目的基因，有相当

Notes

大难度。对 RNA 进行提取、纯化，相对较为可行。取得 RNA 后，可以通过逆转录方式在试管内操作。用逆转录酶催化 dNTP 在 RNA 模板指引下的聚合，生成 RNA/DNA 杂化双链。用酶或碱把杂化双链上的 RNA 除去，剩下的 DNA 单链再作第二链合成的模板。在试管内以 DNA Pol I 的大片段，即 Klenow 片段催化 dNTP 聚合。第二次合成的双链 DNA，称为 cDNA。c 是互补（complementary）的意思。cDNA 就是编码蛋白质的基因，通过转录又得到原来的模板 RNA。现在已利用该方法建立了多种不同种属和细胞来源的含所有表达基因的 cDNA 文库，方便人们从中获取目的基因。

## 三、真核生物线粒体 DNA 按 D 环方式复制

D 环复制（D-loop replication）是线粒体 DNA（mitochondrial DNA，mtDNA）的复制形式。复制时需合成引物。mtDNA 为闭合环状双链结构，第一个引物以内环为模板延伸。至第二个复制起始点时，又合成另一个反向引物，以外环为模板进行反向的延伸。最后完成两个双链环状 DNA 的复制（图 14-22）。复制中呈字母 D 形状而得名。D 环复制的特点是复制起始点不在双链 DNA 同一位点，内、外环复制有时序差别。

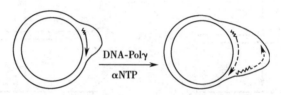

图 14-22　进行中的 D 环复制
左：第一个引物在第一起始点上合成；
右：延长至第二起始点，合成第二引物

真核生物的 DNA Pol γ 是线粒体催化 DNA 进行复制的 DNA 聚合酶。20 世纪 50 年代以前，只知道 DNA 存在于细胞核染色体。后来在细菌染色体外也发现有能进行自我复制的 DNA，例如质粒，以后就利用了质粒作为基因工程的常用载体。真核生物细胞器——线粒体，也发现存在 mtDNA。人类的 mtDNA 已知有 37 个基因。线粒体的功能是进行生物氧化和氧化磷酸化，其中 13 个 mtDNA 基因就是为 ATP 合成有关的蛋白质和酶编码的。其余 24 个基因转录为 tRNA（22 个）和 rRNA（2 个），参与线粒体蛋白质的合成。

mtDNA 容易发生突变，损伤后的修复又较困难。mtDNA 的突变与衰老等自然现象有关，也和一些疾病的发生有关。所以 mtDNA 的突变与修复，成为医学研究上引起广泛兴趣的问题。mtDNA 翻译时，使用的遗传密码和通用的密码有一些差别。

## 小　结

DNA 复制是指 DNA 基因组的扩增过程。在这个过程中，以亲代 DNA 作为合成的模板，按照碱基配对原则合成子代分子。复制需要多种酶和蛋白辅助因子的参与。细胞内的 DNA 复制具有半保留性、半不连续性和双向性等特征。

原核生物 DNA 的复制过程包括起始、延长和终止。起始是将 DNA 双链解开形成复制叉。复制中 DNA 链的延长由引物或延长中的子链提供 3'-OH，供 dNTP 掺入生成磷酸二酯键，延长中的子链有前导链和后随链之分，复制产生的不连续片段称为冈崎片段。复制的终止需要去除 RNA 引物、填补留下的空隙并连接片段之间的缺口使其成为连续的子链。

Notes

　　真核生物基因组 DNA 复制发生于细胞周期的 S 期，其过程与原核生物相似，但更为复杂和精致。真核生物复制起始也是打开复制叉，形成引发体和合成 RNA 引物，多种蛋白质参与此过程。复制的延长发生 DNA 聚合酶 α/δ 转换，复制终止有两种机制切除 RNA 引物。复制与核小体装配同步进行。真核生物 DNA 复制调控主要发生在复制起始和末端，细胞周期调控蛋白控制 DNA 复制的起始，确保每个染色体在每个细胞周期中仅复制一次。端粒酶延伸端粒 DNA 解决染色体末端复制问题。

　　非染色体基因组采用特殊的方式进行复制。逆转录是 RNA 病毒的复制形式。逆转录现象的发现，加深了人们对中心法则的认识，拓宽了 RNA 病毒致癌、致病的研究。在基因工程操作上，还可用逆转录酶制备 cDNA。D 环复制是真核生物线粒体 DNA 的复制方式。

（高国全）

# 第十五章 DNA 损伤与修复

遗传物质 DNA 等的稳定性是维持生物物种稳定性的最主要因素。然而，生物体不断地受到内、外环境因素的影响，DNA 的改变是不可避免的。各种内外因素所导致的生物体 DNA 组成与结构的变化称为 DNA 损伤（DNA damage）。DNA 损伤可使 DNA 发生突变；有时甚至使 DNA 失去作为复制和（或）转录模板的功能。

在长期的生物进化中，生物体细胞已形成自己的 DNA 损伤修复系统，可随时修复受损的 DNA，恢复 DNA 的正常结构，保持细胞的正常功能。通常情况下，生物体细胞 DNA 发生损伤的同时即伴有 DNA 损伤修复系统的启动。生物体受损细胞的转归，在很大程度上取决于 DNA 损伤修复的效果，如能正确修复，则细胞 DNA 结构恢复正常，细胞得以维持正常状态；如损伤严重，DNA 不能被有效修复，则可能通过凋亡这种方式，清除 DNA 受损的细胞，降低 DNA 损伤对生物体遗传信息稳定性的影响；当 DNA 发生不完全修复时，DNA 则发生突变，染色体发生畸变，可诱导细胞出现功能改变，甚至出现衰老，或细胞发生恶性转化等生理病理变化。然而，如果遗传物质具有绝对的稳定性，那么生物将失去进化的基础，就不会呈现大千世界万物生辉的自然景象。因此，突变造就了生物多样性，突变与修复之间的良好平衡是维持生物物种稳定性和多样性的关键。

## 第一节　DNA 损伤

DNA 损伤诱发因素很多，通常分为内部因素与外部因素。前者主要包括机体代谢过程中产生的有毒生物活性分子，DNA 复制过程中发生的碱基错配，以及 DNA 本身的热不稳定性等，可诱发 DNA"自发"损伤。后者则主要包括辐射、化学毒物、药物、病毒感染、植物以及微生物的代谢产物等。需要注意的是，内部因素与外部因素的作用是不能截然分开的，因为外部因素是通过产生内部因素引发 DNA 损伤的。

### 一、多种因素可导致 DNA 损伤

#### (一)内部因素

1. DNA 复制错误　在 DNA 复制过程中，碱基的异构互变、4 种 dNTP 间比例的不平衡等均可能引起碱基错配，产生非 Watson-Crick 碱基配对。尽管绝大多数错配的碱基会被 DNA 聚合酶的校读功能所纠正，但依然不可避免地有极少数的错配碱基被保留下来，DNA 复制的错配率约 $1/10^{10}$。

此外，复制错误还表现为片段的缺失或插入。特别是 DNA 上的短片段重复序列，在真核细胞染色体上广泛分布，导致 DNA 复制系统工作时可能出现"打滑"现象，使得新生成的 DNA 上的重复序列的拷贝数发生变化。DNA 重复片段在长度方面表现出的高度的多态性，在遗传性疾病的研究上有重大价值。亨廷顿病、脆性 X 综合征、肌强直性营养不良等神经退行性疾病均属于此类。

2. DNA 自身的不稳定性　DNA 结构自身的不稳定性是 DNA 自发性损伤中最频繁和最重

要的因素。当DNA受热或所处环境的pH值发生改变时,DNA分子上连接碱基和核糖之间的糖苷键可自发发生水解,导致碱基的丢失或脱落,其中以脱嘌呤最为普遍。另外,含有氨基的碱基还可能发生自发脱氨基反应,转变为另一种碱基,即碱基的转变,如C转变为U,A转变为I(次黄嘌呤)等。

3. **机体代谢过程中产生的活性氧**　机体代谢过程中产生的活性氧(reactive oxygen species, ROS)可以直接作用于碱基,如作用于鸟嘌呤,产生8-羟基脱氧鸟嘌呤,等。

(二)外部因素

最常见的导致DNA损伤的外部因素,包括物理因素、化学因素和生物因素等。这些因素导致的DNA损伤各有特点。

1. **物理因素**　物理因素中最常见的是电磁辐射,可导致受辐射的组织细胞发生DNA损伤。根据作用原理的不同,通常将电磁辐射分为电离辐射和非电离辐射。α粒子、β粒子、X射线、γ射线等,能直接或间接引起被照射穿透组织发生电离,属电离辐射;紫外线(ultraviolet, UV)和波长长于紫外线的电磁辐射则属非电离辐射。

(1)电离辐射导致DNA损伤:电离辐射可直接作用于DNA等生物大分子,断裂化学键,破坏分子结构;同时还可激发细胞内的自由基反应,发挥间接破坏作用。这些作用最终可导致DNA分子发生碱基氧化修饰、碱基环结构破坏与脱落、DNA链交联或断裂等多种变化。

(2)紫外线照射导致DNA损伤:按波长的不同,紫外线可分为UVA(400~320nm)、UVB(320~290nm)和UVC(290~100nm)3种。UVA的能量较低,一般不造成DNA等生物大分子损伤。260nm左右的紫外线,其波长正好在DNA和蛋白质等生物大分子的吸收峰附近,容易导致这些生物大分子损伤。大气臭氧层可吸收320nm以下的大部分的紫外线,一般不会造成地球上生物的损害。但近年来,由于环境污染,臭氧层的破坏日趋严重,UV对生物的影响越来越成为公众所关心的重要健康问题。

低波长紫外线的吸收,可使DNA分子中同一条链两个相邻的胸腺嘧啶碱基(T),以共价键连接形成胸腺嘧啶二聚体结构(TT),或称为环丁烷型嘧啶二聚体,见图15-1。紫外线也可导致其他嘧啶间形成类似的二聚体结构,如CT或CC等。二聚体的形成可使DNA产生弯曲和扭结,影响DNA双螺旋,使复制与转录受阻。另外,紫外线还会导致DNA链间的其他交联或链的断裂等损伤。

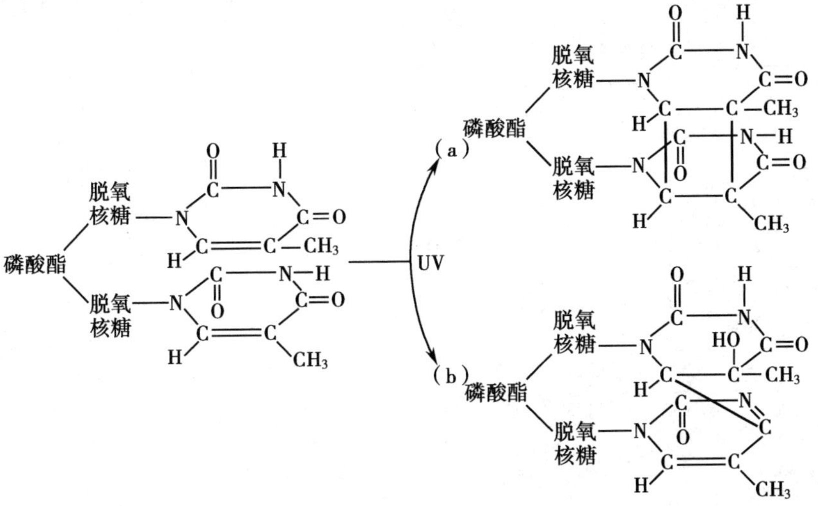

图 15-1　胸腺嘧啶二聚体的形成

2. **化学因素**　能引起DNA损伤的化学因素种类繁多,主要包括自由基、碱基类似物、碱基修饰物和嵌入染料等。另外,需要特别提出的是,许多肿瘤化疗药物是通过诱导DNA损伤,包括碱基改变、单链或双链 DNA 断裂等，阻断 DNA 复制或 RNA 转录，进而抑制肿瘤细胞增殖。因此，对 DNA 损伤，以及后继的肿瘤细胞死亡机制的认识，将十分有助于对肿瘤化疗药物的改进。

（1）自由基导致 DNA 损伤：自由基是指能够独立存在，外层轨道带有未配对电子的原子、原子团或分子。自由基的化学性质异常活跃，可引发多种化学反应，影响细胞功能。自由基的产生可以是外界因素与体内物质相互作用的结果，如电离辐射产生的氢自由基（·H）和羟自由基（·OH）等，而生物体内代谢过程也可产生自由基，如活性氧自由基等。·H 具有极强的还原性质，而·OH 则具有极强的氧化性质。这些自由基可与 DNA 分子直接相互作用，导致碱基、核糖、磷酸基的损伤，引发 DNA 结构与功能异常。

（2）碱基类似物导致 DNA 损伤：碱基类似物是人工合成的一类与 DNA 正常碱基结构类似的化合物，通常被用作促突变剂或抗癌药物。在 DNA 复制时，因结构相似，碱基类似物可取代正常碱基掺入到 DNA 链中，并与互补链上的碱基配对，进而引发碱基对的置换。比如，5- 溴尿嘧啶（BU）是胸腺嘧啶的类似物，有酮式和烯醇式两种结构，前者与腺嘌呤配对，后者与鸟嘌呤配对，可导致 AT 配对与 GC 配对间的相互转变。

（3）碱基修饰剂、烷化剂导致 DNA 损伤：这是一类能够对 DNA 链中碱基的某些基团进行修饰的化合物，这些化合物可改变碱基间的配对性质，进而改变 DNA 的结构。例如亚硝酸能引起碱基的脱氨基反应，腺嘌呤脱氨基后成为次黄嘌呤，不能与原来的胸腺嘧啶配对，而与胞嘧啶配对；而胞嘧啶脱氨基后成为尿嘧啶，不能与原来的鸟嘌呤配对，而与腺嘌呤配对，进而改变碱基序列。此外，众多的烷化剂如氮芥、硫芥、二乙基亚硝胺等可导致 DNA 碱基上的氮原子烷基化，引起分子电荷变化，改变碱基配对；或烷基化的鸟嘌呤脱落形成无碱基位点；或引起 DNA 链中的鸟嘌呤连接成二聚体，导致 DNA 链交联，甚至断裂。这些变化均可以引起 DNA 序列或结构的异常。

（4）嵌入性染料导致 DNA 损伤：溴化乙锭、吖啶橙等染料可直接插入到 DNA 分子碱基对中，导致碱基之间的距离增大一倍，极易造成 DNA 的两条链错位，在 DNA 复制过程中往往引发核苷酸的缺失、移码或插入。

物理因素和化学因素造成的 DNA 损伤的情况如图 15-2 所示。

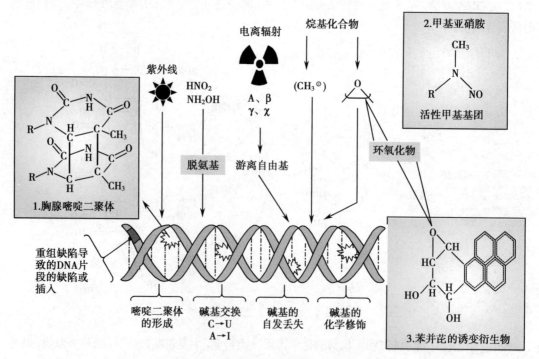

图 15-2　物理和化学因素对 DNA 的损伤

Notes

3. 生物因素　生物因素主要指病毒，如麻疹病毒、风疹病毒、疱疹病毒等，可导致 DNA 发生损伤。另外真菌代谢产生的毒素，如黄曲霉菌代谢产生的黄曲霉素等也有诱发 DNA 损伤的作用。

## 二、DNA 损伤有多种类型

DNA 分子中的碱基、核糖与磷酸二酯键等都是 DNA 损伤因素作用的靶点。根据 DNA 分子结构改变的不同，DNA 损伤主要有 DNA 分子碱基结构与糖基结构的破坏、DNA 链共价交联、DNA 单链或双链断裂等多种类型。

1. DNA 分子碱基结构与糖基结构的破坏　化学毒物可通过对 DNA 分子碱基的某些基团进行修饰而改变碱基的性质。例如：①亚硝酸可导致碱基脱氨，破坏 DNA 分子碱基的结构；②在羟自由基的攻击下，DNA 分子嘧啶碱基易发生抽氢反应，导致碱基环破裂；③具有氧化活性的物质可造成 DNA 分子中嘌呤和嘧啶碱基的氧化修饰，比如形成 8- 羟基脱氧鸟苷等氧化代谢产物；④自由基可能与 DNA 分子糖基上的碳原子或羟基氢等反应，破坏其糖基结构。

2. DNA 链共价交联　DNA 链共价交联有多种形式。DNA 双螺旋链中的一条链上的碱基与另一条链上的碱基以共价键相连接，称为 DNA 链间交联（DNA interstrand cross-linking）。而 DNA 分子中同一条链中的两个碱基以共价键相连接，称为 DNA 链内交联（DNA intrastrand cross-linking）。紫外线照射后形成的嘧啶二聚体就是 DNA 链内交联的典型例子。另外，DNA 分子还可与蛋白质以共价键相互结合，称为 DNA- 蛋白质交联（DNA protein cross-linking）。

3. DNA 链断裂　DNA 链断裂是电离辐射致 DNA 损伤的主要形式。而某些化学毒剂也可导致 DNA 链断裂。糖基结构的破坏、碱基的损伤和脱落等都是引起 DNA 链断裂的原因。糖基结构的破坏或碱基损伤可引起 DNA 双螺旋局部变性，形成酶敏感位点，特异的核酸内切酶能识别并切割这样的部位，造成链断裂。另外，DNA 链上被损伤的碱基也可以被另一种特异的 DNA- 糖基化酶除去，形成无嘌呤或无嘧啶位点（apurinic/apyrimidinic site，AP 位点），也称无碱基位点，这些位点在内切酶等的作用下可形成链断裂。DNA 断裂可以发生在 DNA 单链或双链上，单链断裂能迅速在细胞中以另一互补单链为模板重新合成，完成修复；而双链断裂在原位修复的几率很小，需依赖重组修复，详见后述。

实际上，DNA 的损伤是相当复杂的。当 DNA 分子发生严重损伤时，在局部范围内损伤的类型往往不止一种，而是多种类型的损伤复合存在。最常见的复合性 DNA 损伤中主要包括碱基结构破坏、糖基结构破坏和链断裂等，而这种损伤部位被称为局部多样性损伤部位。

上述 DNA 损伤可导致 DNA 模板发生碱基置换、插入和缺失等变化，并可能影响染色体高级结构。就碱基置换而言，DNA 链中的一种嘌呤被另一种嘌呤取代，或一种嘧啶被另一种嘧啶取代，称为转换；而嘌呤被嘧啶取代或反之，则称为颠换。转换和颠换在 DNA 复制时可引起碱基错配，导致基因突变。碱基的插入和缺失则可能引起基因移码突变，往往造成基因信息错乱，使基因表达产物发生质变，对细胞的功能造成不同程度的影响。

## 第二节　DNA 损伤的修复

在生命活动中，生物体发生 DNA 损伤是不可避免的。这种损伤所导致的结局一方面取决于 DNA 损伤的程度，同时也取决于细胞对损伤 DNA 的修复能力。DNA 损伤修复（DNA repair）是指纠正 DNA 两条单链间错配的碱基、清除 DNA 链上受损的碱基或糖基、修补 DNA 断裂，恢复 DNA 正常结构的过程。DNA 损伤的修复是机体维持 DNA 结构完整性与稳定性，保证生命延续和物种稳定的重要环节。

细胞内存在多种修复 DNA 损伤的途径。常见的 DNA 损伤修复途径包括直接修复途径、切除修复途径、重组修复途径和损伤跨越修复途径等（表15-1）。需要特别注意的是，一种DNA损伤可通过多种途径来修复，而一种修复途径也可同时参与多种DNA损伤的修复过程。

表 15-1　常见的 DNA 损伤的修复途径

| 修复途径 | 修复对象 | 参与修复的酶或蛋白 |
|---|---|---|
| 光复活修复 | 嘧啶二聚体 | 光复活酶 |
| 碱基切除修复 | 受损的碱基 | DNA糖基化酶、无嘌呤/无嘧啶核酸内切酶 |
| 核苷酸切除修复 | 嘧啶二聚体、DNA螺旋结构改变 | 大肠杆菌中 UvrA、UvrB、UvrC 和 UvrD，人 XP 系列蛋白 XPA、XPB、XPC……XPG 等 |
| 错配修复 | 复制或重组中碱基配对错误 | 大肠杆菌中的 MutH、MutL、MutS，人的 MLH1、MSH2、MSH3、MSH6 等 |
| 重组修复 | 双链断裂 | RecA 蛋白、Ku 蛋白、DNA-PKcs、XRCC4 |
| 损伤跨越修复 | 大范围的损伤或复制中来不及修复的损伤 | RecA 蛋白、LexA 蛋白、其他类型的 DNA 聚合酶 |

# 一、有些 DNA 损伤可以直接修复

直接修复是一种最简单的 DNA 损伤修复方式。修复酶直接作用于受损的 DNA，将之恢复为原来的结构。

1. 嘧啶二聚体的直接修复　嘧啶二聚体的直接修复又称为光复活修复或光复活作用。生物体内存在着一种光复活酶（photoreactivating enzyme），能够直接识别和结合于 DNA 链上的嘧啶二聚体部位。在波长 300～500nm 的可见光激发下，光复活酶可将嘧啶二聚体解聚为原来的单体核苷酸形式，完成修复（图 15-3）。光复活酶最初在低等生物中发现。高等生物虽然也存在光复活酶，但是光复活修复并不是高等生物修复嘧啶二聚体的主要方式。

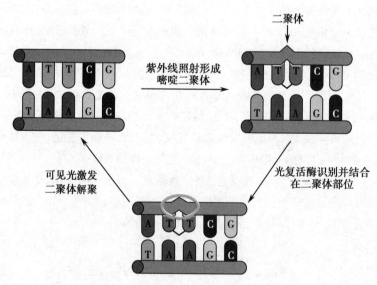

图 15-3　胸腺嘧啶二聚体的光复活修复

2. 烷基化碱基的直接修复　催化此类直接修复的酶是一类特异的烷基转移酶，可以将烷基从核苷酸转移到自身肽链上，修复 DNA 的同时自身发生不可逆转性失活。比如，人类 $O^6$- 甲基鸟嘌呤 -DNA 甲基转移酶，能够将 $O^6$ 位的甲基转移到酶自身的半胱氨酸残基上，使甲基化的鸟嘌呤恢复正常结构（图 15-4）。

3. 无嘌呤位点的直接修复　DNA 链上的嘌呤碱基受损时，可能被糖基化酶水解而脱落，生

Notes

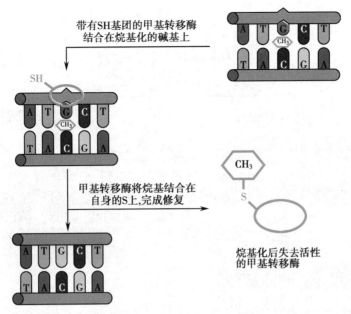

图 15-4 烷基化碱基的直接修复

成无嘌呤位点。DNA嘌呤插入酶能催化游离嘌呤碱基与DNA缺嘌呤部位重新生成糖苷共价键,导致嘌呤碱基的直接插入。这种作用具有很强的专一性。

4. 单链断裂的直接修复 DNA连接酶能够催化DNA双螺旋结构中一条链上缺口处的5′-磷酸基团与相邻片段的3′-羟基之间形成磷酸二酯键,从而直接参与部分DNA单链断裂的修复,如电离辐射所造成的单链切口。

## 二、切除修复是最普遍的DNA损伤修复方式

切除修复(excision repair)是生物界最普遍的一种DNA损伤修复方式。通过此修复方式,可将不正常的碱基或核苷酸去除,替换成正常的碱基或核苷酸。依据识别损伤机制的不同,又分为碱基切除修复和核苷酸切除修复两种类型。

1. 碱基切除修复 碱基切除修复(base excision repair,BER)依赖于生物体内存在的一类特异的DNA糖基化酶。整个修复过程包括:①识别水解:DNA糖基化酶特异性识别DNA链中已受损的碱基并将其水解去除,产生一无碱基位点;②切除:在此位点的5′-端,用无碱基位点核酸内切酶将DNA链的磷酸二酯键切开,去除磷酸核糖部分,形成缺口;③合成:DNA聚合酶在缺口处以另一条链为模板修补合成互补序列;④连接:由DNA连接酶将切口重新连接,DNA恢复正常结构(图15-5)。

抑癌蛋白p53在哺乳动物细胞中参与调控碱基切除修复。直接证据是DNA的受损碱基在表达野生型p53的细胞可被有效切除修复,而在p53缺失的细胞,DNA受损碱基切除修复的速度明显减慢。

2. 核苷酸切除修复 与碱基切除修复不同,核苷酸切除修复(nucleotide excision repair,NER)系统并不识别具体的损伤,而是识别损伤对DNA双螺旋结构所造成的扭曲,但修复过程与碱基切除修复相似,也包括4个相似的步骤:①由一个酶系统识别DNA损伤部位;②在损伤两侧切开DNA链,去除两个切口之间的一段受损的寡核苷酸;③在DNA聚合酶作用下,以另一条链为模板,合成一段新的DNA,填补缺损区;④由连接酶连接,完成损伤修复。

切除修复是DNA损伤修复的一种普遍形式,它并不局限于某种特殊原因造成的损伤,而能一般性地识别和纠正DNA链及DNA双螺旋结构的变化,修复系统能够使用相同的机制和一套修复蛋白去修复一系列性质各异的损伤。

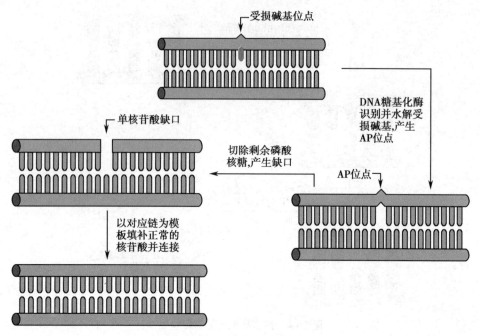

图 15-5  单个碱基的切除修复

遗传性着色性干皮病（xeroderma pigmentosum，XP）的发病，就是由于 DNA 损伤核苷酸切除修复系统基因缺陷所致。有关人类 XP 相关的核苷酸切除修复系统缺陷基因的一般情况，见以下文本框中的内容，以及表 15-2。此外，柯凯氏综合征和人毛发二硫键营养不良症等疾病的遗传病因也是 DNA 损伤核苷酸切除修复系统基因缺陷。

> **框 15-1    遗传性 XP**
>
> 　　遗传性 XP 是由匈牙利裔的皮肤科教授 Kaposi M 与其岳父，于 1870 年在他们合著的皮肤病教材中最先描述的。XP 患者的皮肤对阳光极度敏感，易受照射损伤，可在幼年时罹患皮肤癌，同时伴有智力发育迟缓，神经系统功能紊乱等症状。Cleaver JE 等首先发现，XP 是由于患者对紫外线照射造成的皮肤细胞的 DNA 损伤的切除修复缺陷所致。后来经细胞融合技术进一步发现，XP 患者的皮肤细胞与大鼠的体细胞融合后所形成的杂种细胞会重新获得 DNA 损伤切除修复的能力，从而可幸免于紫外线照射所造成的损伤；而且对于某些来自于 XP 患者的成纤维细胞经相互融合后也会重新获得上述能力。这些现象提示，XP 具有多型性，而且各型之间互补。以往曾有 7 种互补型（A、B、C、D、E、F、G）被发现，而与之相对应的 DNA 损伤核苷酸切除修复缺陷相关基因分别被命名为 *XPA*、*XPB*、*XPC*、*XPD*、*XPE*、*XPF* 和 *XPG* 等。

人类的 DNA 损伤核苷酸切除修复需要大约 30 多种蛋白的参与。其修复过程如下：①损伤部位识别蛋白 XPC 和 XPA 等，再加上复制所需的 SSB，结合在损伤 DNA 部位；② XPB、XPD 发挥解旋酶的活性，与上述蛋白分子共同作用在受损 DNA 周围形成一个凸起；③ XPG 与 XPF 发生构象改变，分别在凸起的 3′- 端和 5′- 端发挥核酸内切酶活性，在增殖细胞核抗原（PCNA）的帮助下，切除并释放受损的寡核苷酸；④遗留的缺损区由聚合酶 δ 或 ε 进行修补合成；⑤由连接酶完成连接。

核苷酸切除修复不仅能够修复整个基因组中的损伤，而且能够修复那些正在转录的基因的模板链上的损伤，后者又称为转录偶联修复（transcription-coupled repair），因此，更具积极意义。在此修复中，所不同的是由 RNA 聚合酶承担起识别损伤部位的任务。

Notes

表 15-2　人类 XP 相关的 DNA 损伤核苷酸切除修复途径缺陷基因

| 基因名称 | 基因的染色体定位 | 编码蛋白大小（aa） | 编码蛋白细胞定位 | 编码蛋白的主要功能 |
|---|---|---|---|---|
| XPA | 9q22.3 | 273 | 细胞核 | 可能结合受损 DNA，为切除修复复合体其他因子到达 DNA 受损部位指示方向 |
| XPB | 2q21 | 782 | 细胞核 | 在受损核苷酸切除修复中，发挥解螺旋酶的功能 |
| XPC | 3p25 | 940 | 细胞核 | 可能是受损 DNA 识别蛋白 |
| XPD | 19q13.3 | 760 | 细胞核 | 转录因子 TFⅡH 的一个亚单位，与 XPB 一起，在受损核苷酸切除修复中，发挥解螺旋酶的功能 |
| XPE | 11q12-13<br>11p11-12 | 1140<br>427 | 细胞核 | 主要结合受损 DNA 嘧啶二聚体处 |
| XPF | 16p13.12 | 905 | 细胞核 | 结构专一性 DNA 修复核酸内切酶，在 DNA 损伤切除修复中，在受损 DNA 核苷酸的 5′ 端切口 |
| XPG | 13q33 | 1186 | 细胞核 | 镁依赖的单链核酸内切酶，在 DNA 损伤切除修复中，在受损核苷酸的 3′ 端切口 |

3. 碱基错配修复　错配是指非 Watson-Crick 碱基配对。碱基错配修复也可被看作是碱基切除修复的一种特殊形式，是维持细胞中 DNA 结构完整稳定的一种重要方式，主要负责纠正：①复制与重组中出现的碱基配对错误；②碱基损伤所致的碱基配对错误；③碱基插入；④碱基缺失。从低等生物到高等生物，细胞均拥有保守的碱基错配修复途径。

大肠杆菌中，参与 DNA 复制中错配修复的蛋白包括 Mut（mutase）H、MutL、MutS、DNA 解旋酶、单链 DNA 结合蛋白（SSB）、核酸外切酶Ⅰ、DNA 聚合酶Ⅲ，以及 DNA 连接酶等 10 余种蛋白成分，修复过程十分复杂。修复过程中面临的主要问题是如何区分母链和子链。在细菌 DNA 中甲基化修饰是一个重要标志，母链是高度甲基化的，比如其中的 A 就是甲基化修饰的，而新合成子链中的 A 的甲基化修饰尚未进行，这就提示错配修复应在此链上进行。首先由 MutS 蛋白识别错配碱基，随后由 MutL 和 MutH（dGATC 核酸内切酶）协同其他相关蛋白，将包含错配点在内的一小段单链 DNA 水解、切除，经修补、连接后，恢复 DNA 正确的碱基配对。

继细菌错配修复机制研究之后，真核细胞的错配修复机制的研究也取得很大进展。现已发现多种与大肠杆菌 MutS、MutL 高度同源的参与错配修复的蛋白，如与大肠杆菌 MutS 高度同源的人类的 MSH2（MutS Homolog 2）、MSH6、MSH3 等。MSH2 和 MSH6 的复合物可识别包括碱基错配、插入、缺失等 DNA 损伤，而由 MSH2 和 MSH3 形成的蛋白复合物则主要识别碱基的插入与缺失。真核细胞并不像原核细胞那样以甲基化来区分母链和子链，可能是依赖修复酶与复制复合体之间的联合作用识别新合成的子链。有关人类错配修复途径成员的一般情况见表 15-3。

表 15-3　人类错配修复途径成员的一般情况

| 基因名称 | 染色体定位 | mRNA（碱基） | 蛋白（aa） | 主要功能 | 细胞定位 | 组织分布 |
|---|---|---|---|---|---|---|
| MLH1 | 3p21.3 | 2484 | 756 | 错配修复 | 细胞核 | 大肠、乳腺、肺、脾、睾丸、前列腺、甲状腺、胆囊、心脏 |
| MLH3 | 14q24.3 | 4895 | 1453 | 错配修复 | 细胞核 | 广泛，尤多见于消化道上皮 |
| PMS1 | 2q31-33 | 3121 | 932 | 错配修复 | 细胞核 | 与 MLH1 组织分布一致 |
| PMS2 | 7p22 | 2859 | 862 | 错配修复 | 细胞核 | 与 MLH1 组织分布一致 |

Notes

续表

| 基因名称 | 染色体定位 | mRNA（碱基） | 蛋白（aa） | 主要功能 | 细胞定位 | 组织分布 |
|---|---|---|---|---|---|---|
| *MSH2* | 2p22-21 | 3181 | 934 | 错配修复 | 细胞核 | 广泛,在肠道表达多限于隐窝 |
| *MSH3* | 5q11-12 | 3187 | 1137 | 错配修复 | 细胞核 | 在非小细胞肺癌和造血系统恶性肿瘤中表达减少 |
| *MSH4* | 1p31 | 3085 | 936 | 染色体重组 | 细胞核 | 睾丸、卵巢 |
| *MSH5* | 6p21.3 | 2883 | 834 | 染色体重组 | 细胞核 | 广泛,尤在睾丸、胸腺和免疫系统中高表达 |
| *MSH6* | 2p16 | 4263 | 1360 | 错配修复 | 细胞核 | |

## 三、DNA 严重损伤时需要重组修复

双链 DNA 分子中的一条链的断裂,可被模板依赖的 DNA 损伤修复途径修复,不会给细胞带来严重后果。但 DNA 分子的双链断裂是一种极为严重的损伤。与其他修复方式不同的是,双链断裂修复没有互补链提供修复断裂的遗传信息,需要另外一种更为复杂的机制,即重组修复来完成。重组修复是指依靠重组酶系,将另一段未受损伤的 DNA 移到损伤部位,提供正确的模板,进行修复的过程。通常,重组修复导致染色体畸变的可能性很大。因此,一般认为双链断裂的 DNA 损伤与细胞的致死性效应有直接的联系。依据机制的不同,重组修复可分为同源重组修复和非同源末端连接重组修复。

1. 同源重组修复 所谓同源重组修复(homologous recombination repair),指的是参加重组的两段双链 DNA 在相当长的范围内序列相同(≥200bp),这样就能够保证重组后生成的新区序列正确。大肠杆菌和酵母同源重组的分子机制已比较清楚,起关键作用的是 RecA(酵母/Rad51)蛋白,也被称作重组酶,它是一个由 352 个氨基酸组成的蛋白。多个 RecA 单体在 DNA 上聚集,形成右手螺旋蛋白细丝,细丝中具有深的螺旋凹槽,可以识别和容纳 DNA 链。在 ATP 存在的情况下,RecA 可与损伤的 DNA 单链区结合,使 DNA 伸展,同时 RecA 可识别一段与受损 DNA 序列相同的姐妹链,并使之与受损 DNA 链并列排列,交叉互补,并分别以结构正常的两条 DNA 链为模板重建新链。最后在其他酶的作用下,解开交叉互补,连接新合成的链,完成同源重组。同源重组生成的新片段具有很高的忠实性。

酵母菌等真核生物参与 DNA 损伤重组修复的蛋白质的结构和功能与 *E.coli* 相应的蛋白相似。例如,Rad51 蛋白相当于 RecA,MRX 蛋白(或 Rad50、Rad58 和 Rad60)相当于 RecBCD(第二十二章)。真核生物 DNA 重组修复过程见图 15-6。

2. 非同源末端连接重组修复 非同源末端连接重组修复(non-homologous end joining recombination repair),是哺乳动物细胞 DNA 双链断裂的另一种修复方式,顾名思义,即两个 DNA 分子的末端不需要同源性就能连接起来。因此,非同源末端连接重组修复的 DNA 链的同源性不高,修复的 DNA 序列中可存在一定的错误。对于拥有巨大基因组的哺乳动物细胞来说,发生错误的位置可能并不在必需基因上,这样依然可以维持受损细胞的存活。非同源末端连接重组修复中起关键作用的蛋白分子是 DNA 依赖的蛋白激酶(DNA-dependent protein kinase, DNA-PK),是一种核内的丝氨酸/苏氨酸蛋白激酶,由一个分子量大约为 465kD 的催化亚基(DNA-PKcs)和一个杂二聚体蛋白 Ku 组成。DNA-PKcs 的主要作用是介导 DNA-PK 的催化功能,Ku 蛋白可与双链 DNA 断端连接,促进断裂双链重接。

另一个参与非同源末端连接重组修复的重要蛋白是 XRCC4(X-ray repair, complementing defective, in Chinese hamster),能与 DNA 连接酶形成复合物,并增强连接酶的活力,在 DNA 连

Notes

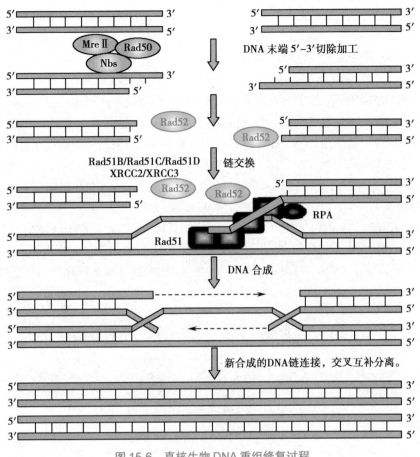

图 15-6　真核生物 DNA 重组修复过程

接酶与组装在 DNA 末端的 DNA-PK 复合物相结合的过程中起中间体作用。非同源末端连接重组修复既是修复 DNA 损伤的一种方式，又可以被看作是一种生理性基因重组策略，将原来并未连在一起的基因或片段连接产生新的组合，如 B 淋巴细胞、T 淋巴细胞的受体基因、免疫球蛋白编码基因的重排构建等。

## 四、某些修复发生在跨越损伤 DNA 的复制事件之后

当 DNA 双链发生大范围的损伤时，DNA 损伤部位失去了模板作用，或在 DNA 复制过程中，双链已经解开形成复制叉，致使 DNA 损伤修复无法通过前述方式进行有效修复。在这些情况下，细胞可以诱导一个或多个应急途径，跨过损伤部位先进行复制，再设法修复。而根据损伤部位跨越机制的不同，这种跨越损伤 DNA 的修复又被分为重组跨越损伤修复与合成跨越损伤修复两种不同类型。

1. 重组跨越损伤修复　当 DNA 链的损伤较大，致使损伤链不能作为模板复制时，细胞利用同源重组的方式，将 DNA 模板进行重组交换，使复制能够继续下去。然而，在大肠杆菌中，还有某些新的机制，当复制进行到损伤部位时，DNA 聚合酶Ⅲ停止移动，并从模板上脱离下来，然后在损伤部位的下游重新启动复制，因此在子链 DNA 上产生一个缺口。RecA 重组蛋白将另一股健康母链上对应的序列重组到子链 DNA 的缺口处填补。通过重组跨越，解决了大范围受损 DNA 分子的复制问题，但其损伤并没有真正地被修复，只是转移到了新合成的一个子代DNA 分子上，由细胞的其他修复途径来完成后继修复，或是在不断复制之中被"稀释"掉。

2. 合成跨越损伤修复　在大肠杆菌中，当 DNA 双链发生大片段、高频率的损伤时，细胞可以紧急启动应急修复系统，诱导产生新的 DNA 聚合酶，替换停留在损伤位点的原来的 DNA 聚

合酶Ⅲ，在子链上以随机方式插入正确或错误的核苷酸使复制继续，越过损伤部位之后，这些新DNA聚合酶完成使命从DNA链上脱离，再由原来的DNA聚合酶Ⅲ继续复制。因为诱导产生的这些新的DNA聚合酶的活性低，识别碱基的精确度差，一般无校对功能，所以这种合成跨越损伤复制过程的出错率会大大增加，是大肠杆菌SOS反应或SOS修复的一部分。

在大肠杆菌细胞中，SOS修复反应是由RecA蛋白和LexA阻遏物的相互作用引发的，有近30个相关蛋白参与此修复反应。正常情况下RecA基因，以及其他相关蛋白编码基因的上游，有一段共同的操纵序列（5′-CTG-N10-CAG-3′）被LexA阻遏蛋白识别结合，发挥阻遏抑制作用，结果这些SOS修复反应相关基因低水平表达，不发生SOS修复反应。当DNA严重受损时，RecA蛋白首先被激活，激活LexA的自水解酶活性，使LexA发生自水解。当LexA阻遏蛋白因自水解而从RecA基因，以及其他SOS修复反应相关基因的操纵序列上解离下来后，一系列原本受LexA抑制的基因得以表达，参与SOS修复活动中，完成损伤DNA的修复。当完成修复后，LexA阻遏蛋白被重新合成，SOS修复反应相关基因又被重新关闭（图15-7）。需要指出的是，SOS反应诱导的产物可参与重组修复、切除修复、错配修复等各种途径的修复过程。这种修复机制因海空紧急呼救信号"SOS"而得名。

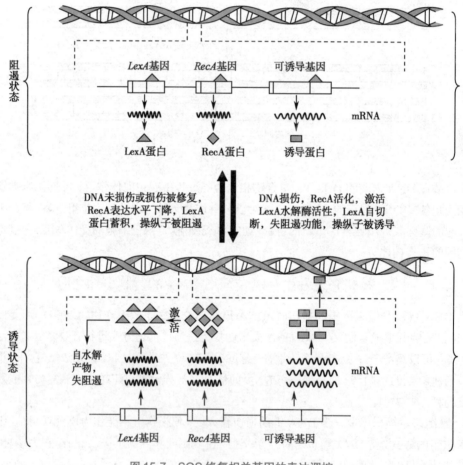

图 15-7  SOS 修复相关基因的表达调控

此外，对于受损的DNA分子，除了启动上述诸修复途径以修复损伤之外，细胞还可以通过其他的途径将损伤的后果降至最低。比如，通过DNA损伤应激反应活化的细胞周期检查点机制，延迟或阻断细胞周期进程，为损伤修复提供充足的时间，然后诱导修复基因转录翻译，加强损伤修复，使细胞能够安全进入新一轮的细胞周期。另外，细胞还可以激活凋亡机制，诱导严重受损的细胞发生凋亡，在整体上维持生物体基因组的稳定。

## 第三节　DNA 损伤和修复的意义

遗传物质稳定地世代相传是维持物种稳定的最主要因素;但是,如果遗传物质是绝对一成不变的话,那么,生物也就失去了进化的基础,也就不会有新的物种出现。因此生命和生物多样性依赖于 DNA 损伤或突变与损伤修复之间的良好的动态平衡。

### 一、DNA 损伤具有双重效应

DNA 损伤通常有两种直接生物学后果。一是给 DNA 带来永久性的改变即突变,可能改变基因的编码序列或者基因的调控序列;二是 DNA 的这些改变使得 DNA 不能用作复制和转录的模板,使细胞的功能出现障碍,重则死亡。就 DNA 损伤的结果而言,既有消极的一面,也有积极的一面。对独立个体而言,DNA 损伤通常都是有害的。从长远的生物进化史来看,进化过程是遗传物质不断突变的结果。可以说没有突变就没有如今的生物物种的多样性。在短暂的历史时期,我们无法看到一个物种的自然演变,只能见到长期突变的累积结果,适者生存。因此,突变是进化与分化的分子基础。

DNA 突变可能只是改变基因型,体现为个体差异,而不影响其基本表型。例如基因的多态性已被广泛应用于亲子鉴定、个体识别、器官移植配型、以及疾病易感性分析等。DNA 损伤若发生在与生命活动密切相关的基因上,可能导致细胞,甚至是个体的死亡。而人类常利用这种特性来杀死某些病原微生物。

另外,DNA 突变也是某些遗传性疾病发病的分子基础。有遗传倾向的疾病,如高血压、糖尿病和肿瘤等,均是多种基因与环境因素共同作用的结果。

### 二、DNA 损伤修复缺陷可导致肿瘤等多种疾病发生

细胞中 DNA 损伤的生物学后果,主要取决于 DNA 损伤的程度和细胞的修复能力。如果损伤得不到及时正确的修复,就可能导致细胞功能的异常。DNA 碱基的损伤可导致遗传密码子的变化,经转录和翻译产生功能异常的 RNA 与蛋白质,引起细胞功能的改变、甚至发生恶性转化。双链 DNA 的断裂可通过重组修复途径加以修复,但非同源重组修复的忠实性差,修复过程中可能丧失或获得新的核苷酸,造成染色体畸形,导致严重的生物学后果。DNA 交联影响染色体的高级结构,妨碍基因的正常表达,对细胞的功能同样产生影响。DNA 损伤与肿瘤、衰老以及免疫性疾病等多种疾病的发生有着密切的关联(表 15-4)。

表 15-4　DNA 损伤修复缺陷相关的人类疾病

| 疾病 | 易患肿瘤或疾病 | 修复途径缺陷 |
| --- | --- | --- |
| 着色性干皮病 | 皮肤癌、黑色素瘤 | 核苷酸切除修复 |
| 遗传性非息肉性结肠癌 | 结肠癌、卵巢癌 | 错配修复<br>转录偶联修复 |
| 遗传性乳腺癌 | 乳腺癌、卵巢癌 | 同源重组修复 |
| 布卢姆综合征 | 白血病、淋巴瘤 | 非同源末端连接重组修复 |
| 范可尼贫血 | 再生障碍性贫血、白血病、生长迟缓 | 重组跨越损伤修复 |
| 柯凯氏综合征 | 视网膜萎缩、侏儒、耳聋、早衰、对 UV 敏感 | 核苷酸切除修复、转录偶联修复 |
| 毛发硫营养不良症 | 毛发易断、生长迟缓 | 核苷酸切除修复 |

Notes

1. **DNA 损伤修复缺陷与肿瘤**　先天性 DNA 损伤修复缺陷患者容易发生恶性肿瘤。肿瘤发生是 DNA 损伤对机体的远后效应之一。众多研究表明，DNA 损伤→DNA 修复异常→基因突变→肿瘤发生是贯穿肿瘤发生发展过程的前始动环节。DNA 损伤可导致原癌基因的激活，也可使抑癌基因失活。癌基因与抑癌基因的表达失衡是细胞恶变的重要分子机制。参与 DNA 修复的多种基因具有抑癌基因的功能，目前已发现这些基因在多种肿瘤中发生突变而失活。1993年研究发现，人类遗传性非息肉性结肠癌（HNPCC）细胞存在错配修复和转录偶联修复缺陷，造成细胞基因组的不稳定性，进而引起调控细胞生长基因的突变，诱发细胞恶变。在 HNPCC中 *MLH1* 和 *MSH2* 基因的突变时有发生。*MLH1* 基因的突变形式主要有错义突变、无义突变、缺失和移码突变等。而 *MSH2* 基因的突变形式主要有移码突变、无义突变、错义突变以及缺失或插入等；其中以第 622 位密码子发生 C/T 转换，导致脯氨酸突变为亮氨酸最为常见，结果使MSH2 蛋白的功能丧失，碱基错配修复难以正常进行。

*BRCA* 基因（breast cancer gene）编码蛋白参与 DNA 损伤修复的启动，调控细胞周期。*BRCA*基因的失活可增加细胞对辐射的敏感性，导致细胞对双链 DNA 断裂修复能力下降。现已发现*BRCA1* 基因在 70% 的家族遗传性乳腺癌和卵巢癌病例中发生突变而失活。

需要特别指出的是，DNA 修复功能缺陷虽可引起肿瘤发生，但已癌变的细胞本身 DNA 修复功能往往并不低下，相反还可能显著升高，使得癌细胞能够充分修复化疗药物引起的 DNA 的损伤，这也是大多数抗癌药物不能奏效的原因之一，所以关于 DNA 修复的研究可为肿瘤化疗药物开发提供新理论基础。

2. **DNA 损伤修复缺陷与人类遗传性疾病**　着色性干皮病（XP）患者的皮肤对阳光敏感，照射后出现红斑、水肿，继而出现色素沉着、干燥、角化过度，最终甚至会出现黑色素瘤、基底细胞癌、鳞状上皮癌及棘状上皮瘤等瘤变发生。具有不同临床表现的 XP 患者存在明显的遗传异质性，表现为不同程度的核酸内切酶缺乏引发的切除修复功能缺陷，所以患者的肺、胃肠道等器官在受到有害环境因素刺激时，有较高的肿瘤发生率。在对 XP 的研究中还发现一些患者虽具有明显的临床症状，但在 UV 辐射后的核苷酸切除修复中却没有明显的缺陷表型，将其定名为"XP 变种"（XP variant, XPV）。这类患者的细胞在培养中表现出对 UV 辐射的轻微增高的敏感性，变种的切除修复功能正常，但复制后修复功能有缺陷。

共济失调 - 毛细血管扩张症（Ataxia telangiectasia, AT）是一种常染色体隐性遗传病，主要影响机体的神经系统、免疫系统与皮肤。AT 患者的细胞对射线及拟辐射的化学因子（如博来霉素等）敏感，具有极高的染色体自发畸变率，以及对辐射所致 DNA 损伤修复的缺陷。患者的肿瘤发病率相当高。AT 的发生与在 DNA 损伤的信号转导网络中起关键作用的 ATM 分子的突变有关。

此外，DNA 损伤核苷酸切除修复缺陷可以导致人毛发硫营养不良症、柯凯氏综合征、范可尼贫血等遗传病。

3. **DNA 损伤修复与衰老**　从 DNA 修复功能的比较研究中发现，寿命长的动物如大象、牛等的 DNA 损伤修复能力较强；寿命短的动物如小鼠、仓鼠等 DNA 损伤的修复能力较弱。人的DNA 修复能力也很强，但到一定年龄后逐渐减弱，突变细胞数、染色体畸变率同时也相应增加。如人类常染色体隐性遗传的早衰症和韦尔纳氏综合征患者的体细胞极易衰老，一般早年死于心血管疾病或恶性肿瘤。

4. **DNA 损伤修复缺陷与免疫性疾病**　DNA 修复功能先天性缺陷的病人的免疫系统常有缺陷，主要是 T 淋巴细胞功能缺陷。随着年龄的增长，细胞的 DNA 修复功能逐渐衰退，如果同时发生免疫监视功能障碍，便不能及时清除癌化的突变细胞，从而导致发生肿瘤。因此，DNA 损伤修复与衰老、免疫和肿瘤等均是紧密关联的。

Notes

## 小　结

　　DNA 损伤是指各种体内外因素导致的 DNA 组成与结构上的变化,主要有碱基或戊糖基的破坏、碱基错配、DNA 单链或双链断裂、DNA 链共价交联等多种表现形式。

　　细胞内在因素,如 DNA 复制中的错配、DNA 结构本身的不稳定性、机体代谢中产生的某些代谢物等,均可诱发 DNA 的"自发"损伤。体外环境中的物理因素(电离辐射、紫外线)、化学因素(自由基、碱基类似物、碱基修饰剂、嵌入性染料)和生物因素等也均可损伤 DNA。

　　DNA 损伤具有双重生物学效应。各种因素诱发的 DNA 结构改变是生物进化的基础;同时 DNA 的损伤也可使细胞功能出现障碍,与多种疾病,如肿瘤等相关。

　　生物存在 DNA 损伤修复机制,可以纠正碱基的错配,清除 DNA 链上的损伤,恢复 DNA 的正常结构。这一机制对于维持 DNA 结构的完整性与稳定性,保证生命延续和物种稳定至关重要。细胞有直接修复、切除修复、重组修复和跨越损伤修复等多种 DNA 损伤修复途径。一种 DNA 损伤可通过多种途径修复,一种修复途径也可参与多种 DNA 损伤的修复。DNA 损伤修复的缺陷与肿瘤、衰老、免疫疾病等密切相关。

（李恩民）

# 第十六章 RNA 的生物合成

生物体内或细胞内的 RNA 生物合成(RNA biosynthesis)是以核酸(DNA 或 RNA)分子为模板、以核糖核苷酸为底物合成多核苷酸链(核糖核酸)的过程。RNA 生物合成是酶促反应过程,但不是简单的代谢反应,而是传递遗传信息的过程,是基因表达过程的一个部分。通过 RNA 的生物合成,遗传信息从染色体的贮存状态转送至胞质,从功能上衔接 DNA 和蛋白质这两种生物大分子。而在以 RNA 为遗传物质的生物(RNA 病毒)中,RNA 的生物合成又是遗传信息复制的过程。本章介绍原核生物、真核生物及病毒 RNA 合成的主要机制和特点。

## 第一节 RNA 合成概述

生物体内的 RNA 生物合成是非常复杂的过程,但都具有共同的、最基本的特征,即依赖模板的存在。RNA 生物合成对模板的依赖,是 RNA 生物合成的重要特点,也是遗传信息能够忠实传递的关键机制。

### 一、RNA 合成有 DNA 依赖和 RNA 依赖两种方式

RNA 生物合成是以 DNA 或 RNA 单链为模板,4 种核糖核苷三磷酸(ATP、GTP、UTP 和 CTP)为原料,由酶催化合成 RNA 分子的过程。在生物界,RNA 合成有两种方式,即分别利用 DNA 或 RNA 为模板的合成方式。模板不同,RNA 合成的性质就不一样。RNA 合成可以是基因表达的过程,也可以是基因复制的过程。

#### (一) 依赖 DNA 的 RNA 合成是转录

生物体以 DNA 为模板合成 RNA 的过程称为转录(transcription),意指将 DNA 的碱基序列转抄为 RNA 的碱基序列。DNA 是遗传信息的载体,DNA 分子上的遗传信息是决定蛋白质氨基酸序列的原始模板,而 mRNA 是蛋白质合成的直接模板。任何 DNA 分子中的遗传信息都必须首先按照碱基互补配对原则转化为单链 RNA 分子,才能得到表达,这个过程就是转录。

转录是以单链 DNA 为模板,在 DNA 依赖的 RNA 聚合酶催化下合成 RNA。转录产物包括编码蛋白质的 mRNA 以及一些非编码 RNA,如 tRNA、rRNA、snRNA、miRNA 等。转录的 RNA 产物(原核生物 mRNA 除外)通常要经过一系列加工和修饰才能成为成熟的 RNA 分子。

以 DNA 为模板的复制和转录都是酶促的核苷酸聚合过程,有许多相似之处。这两个过程都以 DNA 为模板;都需依赖 DNA 的聚合酶;聚合过程都是核苷酸之间生成磷酸二酯键;都从 5′→3′ 方向延长多核苷酸链;都遵从碱基配对规律。但相似之中又有区别(表 16-1)。

表 16-1 以 DNA 为模板的复制和转录的区别

|  | 复制 | 转录 |
| --- | --- | --- |
| 模板 | 两股链均复制 | 仅模板链转录 |
|  | 全部基因组被复制 | 任一种细胞内仅部分基因转录 |
| 原料 | dNTP | NTP |
| 酶 | DNA 聚合酶 | RNA 聚合酶 |

358

续表

| | 复制 | 转录 |
|---|---|---|
| 产物 | 模板半保留的子代双链 DNA | mRNA, tRNA, rRNA 等 |
| 配对 | A-T, G-C | A-U, T-A, G-C |

### （二）依赖 RNA 的 RNA 合成是复制

一些 RNA 病毒只有 RNA 基因组，即其基因组完全由 RNA 构成，不含 DNA，它们在宿主细胞中是以病毒的单链 RNA 为模板合成 RNA，这种 RNA 合成方式称为 RNA 复制（RNA replication），是一种 RNA 依赖的 RNA 合成（RNA-dependent RNA synthesis）。

## 二、DNA 依赖的 RNA 合成是选择性和不对称转录

DNA 复制是整个基因组 DNA 的合成；与此不同，转录的一个重要特点是具有很高的选择性，不是将 DNA 的全部序列进行转录。

### （一）转录是基因表达过程的第一阶段

遗传信息通过基因表达进行传递，基因表达包括转录和翻译。转录是基因表达的第一步。基因组 DNA 中，只有一部分序列是基因，只有这些序列可以进行转录。因此，转录对 DNA 模板是有选择性的。另一方面，在任意时间点上都只是部分基因发生转录，基因组中有一部分 DNA 甚至从不被转录。基因转录具有高度选择性，表现为在生长发育的不同阶段和不同环境条件下细胞转录的基因不同。

### （二）转录以一条 DNA 链为模板链

与复制时 DNA 两条链均可作为模板不同，转录只能以双链 DNA 分子中的一股单链为模板。在基因中，DNA 的一条链含有 RNA 的序列信息，其碱基序列与该基因转录产物 mRNA 的序列基本相同（仅 T 代替 U），称为有意义链（sense strand）或编码链（coding strand）。与之互补的另一条 DNA 链则作为模板转录出 RNA，称为模板链（template strand）（图 16-1）。

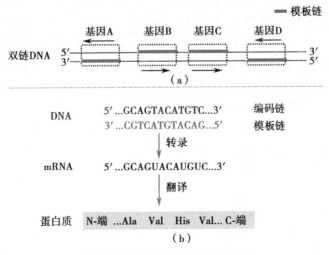

图 16-1 DNA 模板及转录产物

### （三）一次转录涉及的 DNA 序列为一个转录单位

在每一次转录中，DNA 序列中所蕴含的信号可以控制转录的起始和终止，从而限定进行转录的 DNA 区段。一次转录所涉及的 DNA 区段称为一个转录单位（transcriptional unit）。在真核细胞中，一个转录单位通常是单个基因，由一个结构基因和相应的顺式调控元件组成，其转录初级产物是单顺反子（monocistron），即只含有一个开放阅读框。而在原核细胞中一个转录单位

Notes

则可以含有多个连续的结构基因,其转录初级产物是多顺反子(polycistron),即含有多个开放阅读框。

（四）以 DNA 为模板的转录是不对称转录

不同基因的模板链在 DNA 分子中并不是固定在某一股链上;对同一条 DNA 单链而言,在某个基因区段可作为模板链,而在另一个基因区段则可能是编码链(图 16-1)。例如在腺病毒基因中大多数蛋白质以一条 DNA 链为模板,少数蛋白质则以另一条互补的 DNA 链为模板。不在同一 DNA 链的模板链,其转录方向相反。

## 三、RNA 聚合酶催化 RNA 的合成

RNA 的生物合成属于酶促反应,由 RNA 聚合酶(RNA Pol)催化完成,合成方向 $5' \to 3'$,核苷酸间的连接方式为 $3', 5'$-磷酸二酯键。但仅有 RNA Pol、模板、底物(NTP)还不足以完成转录过程,RNA Pol 进行转录时还需要其他蛋白因子以及 $Mg^{2+}$ 和 $Mn^{2+}$ 作为辅基等。

### 框 16-1　RNA 聚合酶的发现

早在 1955 年,Grunberg-Manago M 和 Ochoa S 就已报道分离出了催化合成 RNA 的酶,尽管人们随后发现他们分离得到的酶是多聚核苷磷酸化酶,但是他们发现的酶在 Nirenberg M 和 Matthaei JH 合成第一个遗传密码子中发挥了重要作用。Ochoa S 因阐明 RNA 生物合成机制而获得了 1959 年诺贝尔生理学 / 医学奖。1959 年,美国科学家 Hurwitz J 在大肠杆菌的抽提液中分离得到了 RNA 聚合酶。与此同时,Weiss SB 在大鼠肝细胞核提取物中也发现了参与 RNA 合成的物质。他们发现,提纯的 RNA 聚合酶在体外能够以 DNA 为模板,在加入 ATP、GTP、CTP、UTP 及 $Mg^{2+}$ 等后合成 RNA,合成的 RNA 与 DNA 模板链完全互补。

（一）RNA 聚合酶不需要引物而直接启动 RNA 链的合成

DNA 依赖的 RNA Pol 催化 RNA 的转录合成。其化学机制与 DNA 的复制合成相似。RNA Pol 通过在 RNA 的 3'-OH 端加入核苷酸,延长 RNA 链而合成 RNA。3'-OH 在反应中是亲核基团,攻击进入的核苷三磷酸的 α-磷酸,并释放出焦磷酸,总的反应可以表示为:(NMP)n + NTP → (NMP)$_{n+1}$ + PPi。

RNA 聚合酶和双链 DNA 结合时活性最高,但是只以双链 DNA 中的一股 DNA 链为模板。新加入的核苷酸以 Watson-Crick 碱基配对原则和模板的碱基互补。

复制中 DNA 聚合酶在启动 DNA 链延长时需要 RNA 引物存在;而转录时 RNA 聚合酶能够直接启动转录起点处的两个核苷酸间形成磷酸二酯键(图 16-2),因而 RNA 链的起始合成不需要引物。

（二）原核生物只有一种 RNA 聚合酶

原核生物只有一种 RNA 聚合酶,催化合成 mRNA、tRNA 和 rRNA。大肠杆菌(E.coli)的 RNA 聚合酶是目前研究得比较透彻的分子。这是一个分子量达 480kD、由 4 种亚基(α、α、β、β')与 σ 因子组成的五聚体蛋白质。有证据表明,大肠杆菌 RNA 聚合酶还有第五种亚基(ω 亚基)存在,其功能不详,本章不予赘述。其他各主要亚基及功能见表 16-2。

大肠杆菌 RNA Pol 的 5 个亚基(ααββ'ω)组成核心酶(core enzyme)。核心酶催化 RNA 合成,但不具有起始转录的能力,只有加入了 σ 因子的酶才能在 DNA 的特定起始点上起始转录。σ 因子与核心酶共同称为全酶(holoenzyme)。全酶中的 σ 亚基的功能是辨认转录起始点,细胞内的转录起始需要全酶。转录延长阶段则仅需核心酶。

Notes

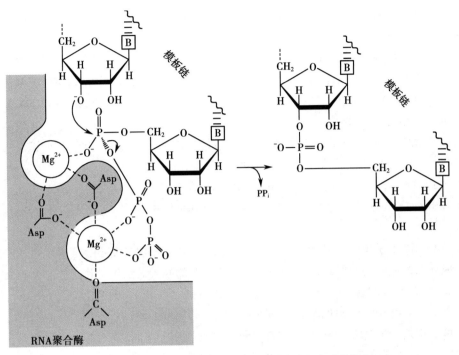

图 16-2　DNA 依赖的 RNA 聚合酶催化 RNA 合成的机制

表 16-2　大肠杆菌 RNA 聚合酶组分

| 亚基 | 分子量 | 亚基数目 | 功能 |
| --- | --- | --- | --- |
| α | 36 512 | 2 | 决定哪些基因被转录 |
| β | 150 618 | 1 | 催化聚合反应 |
| β′ | 155 613 | 1 | 结合 DNA 模板，双螺旋解链 |
| σ | 70 263 | 1 | 辨认起始点，结合启动子 |

其他原核生物的 RNA Pol 在结构和功能上均与大肠杆菌相似。抗生素利福平（rifampicin）或利福霉素可以特异抑制原核生物的 RNA Pol，成为抗结核菌治疗的药物。它专一性地结合 RNA 聚合酶的 β 亚基。若在转录开始后才加入利福平，仍能发挥其抑制转录的作用，这说明 β 亚基是在转录全过程都起作用的。

（三）真核生物有三种 RNA 聚合酶

真核生物具有 3 种主要的 RNA 聚合酶，分别是 RNA 聚合酶Ⅰ（RNA Pol Ⅰ）、RNA 聚合酶Ⅱ（RNA Pol Ⅱ）和 RNA 聚合酶Ⅲ（RNA Pol Ⅲ）。此外，在植物中尚存在 RNA Pol Ⅳ 和 RNA Pol Ⅴ，主要负责转录产生 siRNA。

1. 真核生物 RNA 聚合酶也是由多个亚基组成　所有真核生物的 RNA Pol 都有 2 个不同的大亚基和十几个小亚基。3 种真核生物 RNA Pol 都具有核心亚基，与大肠杆菌 RNA Pol 的核心酶的各亚基间有一些序列同源性。最大的亚基（160～220kD）和另一大亚基（128～150kD）与大肠杆菌 RNA Pol 的 β′ 和 β 相似。

酵母的 RNA Pol Ⅰ 和 RNA Pol Ⅲ 各有 2 个不同的亚基，与大肠杆菌 RNA Pol 的 α 亚基有一定相似性；酵母的 RNA Pol Ⅱ 有 2 个相同的亚基，与大肠杆菌 RNA Pol 的 α 亚基也有一定同源性。除核心亚基外，3 种真核生物 RNA Pol 都有 5 个共同小亚基，其中 2 个是相同的。另外，每种真核生物 RNA Pol 各自还有 5～7 个特有的小亚基。这些小亚基的作用尚不完全清楚，但是，每一种亚基对真核生物 RNA Pol 发挥正常功能都是必需的。

2. 真核生物 RNA 聚合酶不能直接与启动子序列结合　真核生物 RNA 聚合酶Ⅰ、Ⅱ、Ⅲ都不

Notes

能直接与各自的启动子结合,而是依赖于称为转录因子的蛋白质的帮助才能与启动子结合,起始转录。

介导 RNA 聚合酶Ⅰ、Ⅱ、Ⅲ的转录起始的启动子不同,相应地分为Ⅰ类启动子、Ⅱ类启动子、Ⅲ类启动子(第十三章)。因此,3 种 RNA 聚合酶所需转录因子也不一样。转录因子是按照其辅助的 RNA 聚合酶分类的,如 RNA 聚合酶Ⅱ的转录因子称为 TFⅡA、TFⅡB……,RNA 聚合酶Ⅲ的转录因子称为 TFⅢA、TFⅢB……。

3. 真核生物的 3 种 RNA 聚合酶催化产生不同的 RNA　3 种 RNA 聚合酶所识别的启动子不同(第十三章),因而所介导转录的基因类型不同,催化产生不同的 RNA。

RNA PolⅠ位于细胞核的核仁区(nucleolus),催化合成 rRNA 前体,rRNA 前体再加工成 28S、5.8S 及 18S rRNA。RNA PolⅢ位于核仁外,催化转录 tRNA、5S rRNA 和一些核小 RNA(snRNA)的合成。

RNA PolⅡ在核内转录生成核不均一 RNA(hnRNA),然后加工成 mRNA 并输送给胞质的蛋白质合成体系。此外,RNA PolⅡ还合成一些具有重要的基因表达调节作用的非编码 RNA,如长链非编码 RNA(lncRNA)、微 RNA(miRNA)和 piRNA(与 Piwi 蛋白相作用的 RNA)的合成。在此意义上可以说,RNA PolⅡ是真核生物中最活跃、最重要的酶。

真核细胞的 3 种 RNA 聚合酶不仅在功能和理化性质上不同,而且对一种毒蘑菇含有的环八肽毒素——α- 鹅膏蕈碱(α-amanitine)的敏感性也不同(表 16-3)。

表 16-3　真核生物的 RNA 聚合酶

| 种类 | Ⅰ | Ⅱ | Ⅲ |
|---|---|---|---|
| 转录产物 | rRNA 的前体 45S rRNA | mRNA 前体 hnRNA, lncRNA, piRNA, miRNA | tRNA, 5S rRNA snRNA |
| 对鹅膏蕈碱的反应 | 耐受 | 敏感 | 高浓度下敏感 |
| 细胞内定位 | 核仁 | 核内 | 核内 |

## 第二节　原核生物的转录过程

原核生物的转录过程可分为转录起始、转录延长和转录终止三个阶段。转录起始的信号由位于转录起始位点上游的启动子序列所控制,通过 RNA 聚合酶对启动子的特异识别和结合来启动转录。转录的终止由 DNA 上的终止子控制。

### 一、RNA 聚合酶结合到 DNA 的启动子上起始转录

#### (一)原核生物启动子是 RNA 聚合酶识别与结合的位点

原核生物启动子是 RNA Pol 识别与结合的 DNA 序列,也是控制转录的关键部位。原核生物是以 RNA Pol 全酶结合到启动子上而启动转录的,其中由 σ 亚基辨认启动子,其他亚基相互配合。

启动子结构的阐明回答了转录从哪里起始这一问题,是转录机制研究的重要发现。研究中采用了一种巧妙的方法,即 RNA 聚合酶保护法。在实验中,先将提取的 DNA 与提纯的 RNA 聚合酶混合温育一定时间,再加入核酸外切酶进行反应。结果显示,大部分 DNA 链被核酸酶水解为核苷酸,但一个 40~60bp 的 DNA 片段被保留下来。这段 DNA 没有被水解,是因为 RNA 聚合酶结合在上面,因而受到保护。受保护的 DNA 位于转录起始点的上游,并最终被确认为是被 RNA 聚合酶辨认和紧密结合的区域,是转录起始调节区(图 16-3)。

对数百个原核生物基因操纵子转录上游区段进行的碱基序列分析,证明 RNA 聚合酶保护

Notes

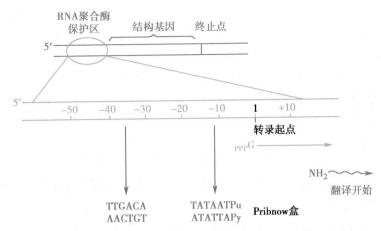

图 16-3　RNA 聚合酶保护法研究转录起始区

图中部为受酶保护的 DNA 区段放大图，图最下方示 −35 区段和 −10 区段的共有序列

区存在共有序列。以开始转录的 5′- 端第一位核苷酸位置为 +1，即转录起点（transcription start site, TSS 或 initiator），用负数表示其上游的碱基序号，发现 −35 和 −10 区 A-T 配对比较集中。−35 区的最大共有序列是 TTGACA。−10 区的共有序列是 TATAAT，是 1975 年由 Pribnow D 首先发现的，故称为 Pribnow 盒（Pribnow box）。−35 与 −10 区相隔 16～18 个核苷酸，−10 区与转录起点相距 6 或 7 个核苷酸。A-T 配对相对集中，表明该区段的 DNA 容易解链，因为 A-T 配对只有两个氢键维系。比较 RNA Pol 结合不同区段测得的平衡常数，发现 RNA Pol 结合在 −10 区比结合在 −35 区更为牢固。

### （二）RNA Pol 全酶介导转录起始

转录起始就是 RNA Pol 在 DNA 模板的转录起始区装配形成转录起始复合体，打开 DNA 双链，并完成第一和第二个核苷酸间聚合反应的过程。转录起始过程需要全酶，由全酶中的 σ 亚基辨认起始点，延长过程的核苷酸聚合仅需核心酶催化。转录起始过程中，形成的转录起始复合物中包含有 RNA Pol 全酶、DNA 模板和与转录起点配对的 NTPs。

1. **RNA Pol 识别并结合启动子**　起始阶段的第一步是由 RNA Pol 全酶识别并结合启动子，σ 亚基的不同区段（region 4 和 2）识别结合 −35 区和 −10 区，σ 亚基首先辨认的 DNA 区段是 −35 区的 TTGACA 序列，在这一区段，酶与模板的结合松弛；当 σ 亚基识别结合 −10 区的 TATAAT 序列后，全酶跨过了转录起点，形成与模板的稳定结合。此时形成的是闭合转录复合体（closed transcription complex），其中的 DNA 仍保持完整的双链结构。

2. **形成开放起始复合物**　起始的第二步是 DNA 双链打开，闭合转录复合体成为开放转录复合体（open transcription complex）。开放转录复合体中 DNA 分子接近 −10 区域的部分双螺旋解开后转录开始（图 16-4）。无论是转录起始或延长中，DNA 双链解开的范围都只在 17bp 左右，这比复制中形成的复制叉小得多。

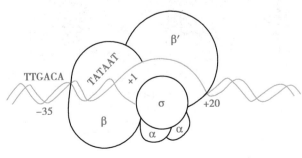

图 16-4　原核生物 RNA 聚合酶全酶起始转录

Notes

3. **催化第一个磷酸二酯键形成**　起始的第三步是第一个磷酸二酯键的形成。转录起始不需引物，两个与模板配对的相邻核苷酸，在 RNA Pol 催化下生成磷酸二酯键。转录起点配对生成的 RNA 的第一位核苷酸，也是新合成的 RNA 分子的 5′- 端，总是 GTP 或 ATP。当 5′-GTP 与第二位的 NTP 聚合生成磷酸二酯键后，仍保留其 5′- 端 3 个磷酸基团，生成聚合物是 5′-pppGpN-OH 3′，其 3′- 端的游离羟基，可以接收新的 NTP 并与之聚合，使 RNA 链延长下去。RNA 链的 5′- 端结构在转录延长中一直保留，至转录完成。

## 二、RNA Pol 核心酶延长 RNA 链

第一个磷酸二酯键生成后，转录复合体的构象发生改变，σ 亚基从转录起始复合物上脱落，并离开启动子，RNA 合成进入延长阶段。

### （一）RNA Pol 核心酶催化 RNA 链延伸

在 RNA 链延伸阶段，仅有 RNA Pol 的核心酶留在 DNA 模板上，并沿 DNA 链不断前移，催化 RNA 链的延长。实验证明，σ 因子若不脱落，RNA Pol 则停留在起始位置，转录不继续进行。化学计量又证明，每个原核细胞，RNA Pol 各亚基比例为：$\alpha : \beta : \beta′ : \sigma = 4000 : 2000 : 2000 : 600$，σ 因子的量在胞内明显比核心酶少。在体外进行的 RNA 合成实验也证明，RNA 的生成量与核心酶的加入量成正比；开始转录后，产物量与 σ 因子加入与否无关。脱落后的 σ 因子又可再形成另一全酶，反复使用。

### （二）DNA 分子在转录过程中只是局部解链状态

RNA 链延长时，核心酶会沿着模板 DNA 链移动。聚合反应局部前方的 DNA 双链不断解链，核心酶移过的区段又重新恢复双螺旋结构。核心酶可以覆盖 40bp 以上的 DNA 区段，但转录解链范围约 17bp。RNA 链延长过程中的解链和再聚合可视为一个 17bp 左右的解链区在 DNA 上的动态移动，其外观类似泡状，被称为"转录泡"（transcription bubble）。

在解链区局部（图 16-5），RNA Pol 的核心酶催化着模板指导的 RNA 链延长，转录产物 3′- 端会有一小段暂时与模板 DNA 保持结合状态，形成一 8bp 的 RNA-DNA 杂合双链（hybrid duplex）。随着 RNA 链不断生长，5′- 端脱离模板向转录泡外伸展。从化学结构看，DNA/DNA 双链结构比 DNA/RNA 形成的杂化双链稳定。核酸的碱基之间有 3 种配对方式，其稳定性是：$G \equiv C > A = T > A = U$。GC 配对有 3 个氢键，是最稳定的；AT 配对只在 DNA 双链形成；AU 配对可在 RNA 分子或 DNA/RNA 杂化双链上形成，是 3 种配对中稳定性最低的。所以已转录完毕的局部 DNA 双链，就必然会复合而不再打开。根据这些道理，也就易于理解转录泡为什么会形成，而转录产物又是为什么可以向外伸出了。

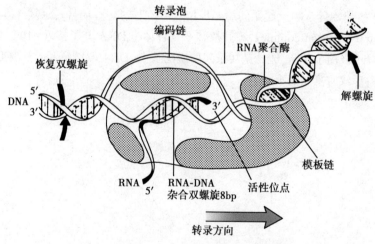

图 16-5　大肠杆菌的转录泡局部结构示意

Notes

观察图 16-5 中的"转录泡"局部,可概括出转录延长以下特点:①核心酶负责 RNA 链延长反应;②RNA 链从 5'- 端向 3'- 端延长,新的核苷酸都是加到 3'-OH 上;③对 DNA 模板链的阅读方向是 3'- 端向 5'- 端,合成的 RNA 链与之呈反向互补,即酶是沿着模板链的 3'→5' 方向或沿着编码链的 5'→3' 方向前进的;④合成区域存在着动态变化的 8bp 的 RNA-DNA 杂合双链;⑤模板 DNA 的双螺旋结构随着核心酶的移动发生解链和再复合的动态变化。

## 三、原核生物的转录与翻译同时进行

在电子显微镜下观察原核生物的转录产物,可看到像羽毛状的图形(图 16-6)。进一步分析表明,在同一个 DNA 模板分子上,有多个转录复合体同时在进行着 RNA 的合成;在新合成的 mRNA 链上还可观察到结合在上面的多个核糖体,即多聚核糖体(polysome)。结论是,在原核生物,RNA 链的转录合成尚未完成,蛋白质的合成已经将其作为模板开始进行翻译了。转录和翻译的同步进行在原核生物是较为普遍的现象,保证了转录和翻译都以高效率运行,满足它们快速增殖的需要。真核生物有核膜将转录和翻译过程分隔在细胞内的不同区域,因此没有这种转录和翻译同步现象。

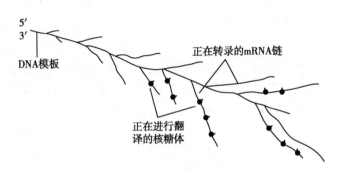

图 16-6　原核生物转录和翻译同步现象示意图

## 四、转录终止有 ρ 因子依赖和非依赖两种方式

RNA Pol 在 DNA 模板上停顿下来不再前进,转录产物 RNA 链从转录复合物上脱落下来,就是转录终止。原核生物基因转录的终止是由终止子(terminator)控制。终止子是结构基因下游的一段序列,当终止子序列转录到 RNA 分子后,可使 RNA 形成特殊的结构,导致 RNA Pol 的移动停止。原核生物基因的终止子有两种类型,一种直接终止转录,另一种则需要依赖一种蛋白质因子(ρ 因子)的协助才能终止转录。因此,原核生物的转录终止分为依赖 ρ(Rho)因子与非依赖 ρ 因子两大类。

### (一)依赖 ρ 因子的转录终止

用 T4 噬菌体 DNA 作体外转录实验,发现一些基因的体外转录产物比在细胞内转录出的产物要长。这说明某些基因的转录终止子并不足以终止转录,同时也说明细胞内的某些因子可能协助终止转录。1969 年,Roberts J 在 T4 噬菌体感染的大肠杆菌中发现了能控制转录终止的蛋白质,命名为 ρ 因子。体外转录体系中加入 ρ 因子后,转录产物长于细胞内的现象不复存在。

ρ 因子是由相同亚基组成的六聚体蛋白质。ρ 因子能结合 RNA,又以对 poly C 的结合力最强,但对 poly dC/dG 组成的 DNA 的结合能力就低得多。在依赖 ρ 因子终止的转录过程中,从基因转录终止子转录的 RNA 3'- 端序列含有较丰富而且有规律的 C 碱基。ρ 因子正是识别产物 RNA 上这一终止信号,并与之结合。结合 RNA 后的 ρ 因子和 RNA Pol 都可发生构象变化,从而使 RNA Pol 的移动停顿,ρ 因子中的解旋酶活性使 DNA/RNA 杂化双链拆离,RNA 产物从转录复合物中释放(图 16-7),转录终止。

Notes

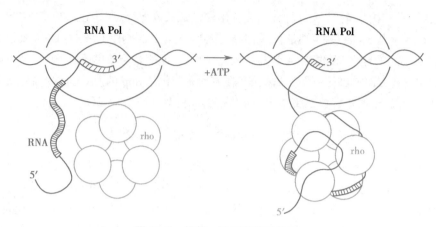

图 16-7   依赖 ρ 因子的转录终止
RNA 链上条纹线处代表富含 C 的 ρ 因子结合区段；ρ 因子结合 RNA（图右侧部分）
发挥其 ATP 酶及解旋酶活性

### （二）非依赖 ρ 因子的转录终止

这一类的转录终止依赖于 RNA 产物 3'- 端的特殊结构，不需要蛋白因子的协助，即非依赖 ρ 因子的转录终止。这一类基因转录终止子的序列特点（编码链）是有一段富含 G-C 序列的回文区，后面跟着一连串的 T。当终止子的序列转录到 RNA 分子后，这段回文序列使 RNA 分子形成发夹（茎 - 环）结构，在 RNA 分子 3'- 端有一连串的 U（约有 6 个）。这种由发夹结构和一串 U 组成的特殊结构就是非依赖 ρ 因子的终止信号（图 16-8）。

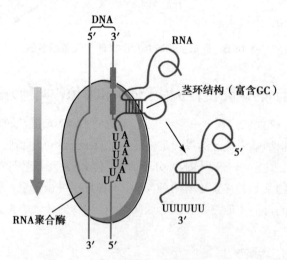

图 16-8   不依赖 ρ 因子的转录终止模式

如图 16-8 所示，RNA 链延长至终止子时，转录出的碱基序列随即形成茎 - 环结构。这种二级结构是阻止转录继续向下游推进的关键。其机制可从两方面理解：一是 RNA 分子形成的茎环结构可能改变 RNA 聚合酶的构象。RNA 聚合酶不但覆盖转录延长区，也覆盖新合成 RNA 链的 3'- 端区段，包括 RNA 的茎环结构。酶的构象改变导致酶 - 模板结合方式的改变，使酶不再向下游移动，于是转录停止。其二，转录复合物（酶 -DNA-RNA）上形成的局部 RNA/DNA 杂化短链以 rU：dA 的碱基配对最不稳定，RNA 链上的多聚 U 可促使 RNA 链从模板上脱落，转录终止。

Notes

## 第三节　真核生物 mRNA 的转录及加工

真核生物基因转录的基本过程和一些基本机制与原核生物转录相似，但机制更为复杂。真核生物有 3 种 RNA 聚合酶，蛋白质编码基因由 RNA PolⅡ转录，而不编码蛋白质的各种非编码 RNA 则可分别由 3 种 RNA 聚合酶转录产生。本节重点阐述真核生物蛋白质编码基因的转录和加工，以及真核基因转录的一些共同机制，非编码 RNA 生物合成的特点在第四节介绍。

### 一、真核生物基因转录需要调整染色质结构并需要转录因子协助

#### （一）染色质结构调整是真核基因转录的必要条件

真核生物的染色质是由 DNA 与组蛋白、非组蛋白和少量 RNA 及其他物质结合而形成，具有核小体结构。染色质的高级结构是以核小体为基本结构单位经过进一步的盘绕、折叠而成。这种结构特性决定了真核基因转录与原核基因转录的差异。

1. **染色体结构是控制真核基因转录的重要因素**　存在于直径大于 30nm 的染色质纤维压缩状态下的 DNA 区段不能转录，即处于"非活化的基态"。在真核细胞中，约 10% 的染色质比其他染色质结构更紧密，这种形式的染色质就是异染色质，是没有转录活性的；其他结构松散的染色质是常染色质。转录活性高的基因都位于结构较松散的常染色质中，而不具有转录活性的基因都位于结构紧密的异染色质中。

组成核小体核心的组蛋白（H2A、H2B、H3、H4）都是富含赖氨酸和精氨酸的碱性蛋白质，它们外露在核小体核心外的氨基末端能与包绕其外的基因组 DNA 结合，使基因启动子区不能暴露、不能与蛋白质调节因子相互作用。因此，由组蛋白和基因组 DNA 两部分组成的染色质结构实际上起着阻遏基因转录的作用。

2. **染色质结构改变是真核基因转录的必要调节**　染色质紧密的超螺旋结构限制了转录因子与 DNA 的接近与结合，从而抑制了真核细胞基因的转录过程。真核基因的转录首先需要基因所处的染色质环境的活化或去阻遏，如染色质去凝聚，核小体变成开放式的疏松结构，以利于染色质 DNA 暴露、与特异转录因子结合从而启动转录；也就是说，真核细胞染色质结构调整是转录的必要条件。

转录相关的染色质结构改变被称为染色质重塑（chromatin remodeling）。在开放状态的染色质结构形成过程中，依赖 ATP 的染色质重塑复合物（ATP-dependent chromatin remodeling complex）起着重要作用。这些复合物能够改变染色质的结构，有利于基因转录或抑制基因转录（第十九章）。在需要基因转录时，染色质的结构必须是松散的，有利于激活因子、转录因子与 DNA 元件的相互作用，从而起始转录。

组蛋白的末端共价修饰如乙酰化、磷酸化、甲基化等也可以影响组蛋白与 DNA 双链的亲和性，改变染色质的疏松或凝聚状态，进而影响转录因子与启动子的结合，从而有利于基因转录起始。

#### （二）通过转录因子协同 RNA 聚合酶介导转录起始

真核基因转录过程，同样可分为起始、延长和终止三个阶段。与原核生物显著不同的是，起始和延长过程都需要众多相关的蛋白质因子参与。

1. **真核生物 RNA 聚合酶需要转录因子协助识别和结合启动子**　真核基因的转录起始点上游都有特异的 DNA 序列控制转录，包括启动子、增强子等，称为顺式作用元件（第十三章）。真核生物 RNA 聚合酶并不能直接识别和结合这些元件。转录起始需要特定的转录因子协助 RNA Pol 对起始点上游 DNA 序列进行辨认和结合，生成转录前起始复合体（preinitiation complex，PIC）。能直接或间接识别和结合启动子及其上游调节序列等顺式作用元件的蛋白质称为转录因子

Notes

（transcription factors，TF），其中直接或间接结合 RNA 聚合酶，为转录起始前复合体装配所必需的，又称为通用转录因子（general transcription factor，GTF）或基本转录因子（basal transcription factor）。真核生物中不同的 RNA Pol 需要不同的基本转录因子配合完成转录的起始和延长。

2. **基础转录装置决定转录起始点**　真核细胞 RNA 聚合酶启动转录时需要通用转录因子辅助，才能形成具有活性的转录复合体。3 种 RNA 聚合酶各自有一套通用转录因子。这些通用转录因子和 RNA 聚合酶组成转录任何启动子所需的基本转录装置（basal transcription apparatus）。转录起始时，由于 RNA Pol 不直接识别和结合模板的起始区，而是依靠转录因子识别并结合起始序列，故基础转录装置决定了转录起始点。

---

### 框 16-2　真核生物转录过程的阐明

在发现了原核生物中的 RNA 聚合酶后，科学家们逐渐推导出了真核生物的转录过程，但一直不清楚转录的具体细节。直到 2001 年美国科学家 Kornberg RD 在《科学》杂志上发表了第一张 RNA 聚合酶的全动态晶体图片，才解决了这一难题。Kornberg 小组利用 X 射线和计算机技术测算并描绘出 RNA 聚合酶中各原子的真正位置，构建出了真核生物转录机构整个活动的晶体图片。Kornberg 因此获得 2006 年诺贝尔化学奖。有趣的是，他的父亲 Kornberg A 找到了 DNA 复制所需的 DNA 聚合酶，与 Ochoa S 分享了 1959 年诺贝尔生理学 / 医学奖。

---

## 二、RNA 聚合酶Ⅱ催化 mRNA 的合成

真核细胞 RNA 聚合酶Ⅱ负责蛋白质编码基因的转录，RNA 聚合酶Ⅱ启动转录所需要的通用转录因子包括 TFⅡA、TFⅡB、TFⅡD、TFⅡE、TFⅡF、TFⅡH（它们在转录起始中的作用见表 16-4），在真核生物进化中高度保守。

表 16-4　参与 RNA PolⅡ转录的 TFⅡ的作用

| 转录因子 | 功能 |
| --- | --- |
| TFⅡD | TBP 亚基结合 TATA 盒 |
| TFⅡA | 辅助 TBP-DNA 结合 |
| TFⅡB | 稳定 TFⅡD-DNA 复合物，结合 RNA Pol |
| TFⅡE | 解螺旋酶，结合 TFⅡH |
| TFⅡF | 促进 RNA PolⅡ结合及作为其他因子结合的桥梁 |
| TFⅡH | 解旋酶、作为蛋白激酶催化 CTD 磷酸化 |

（一）RNA PolⅡ与通用转录因子协同组成转录起始复合物

RNA 聚合酶Ⅱ及其通用转录因子结合Ⅱ类启动子时，关键是识别启动子中的 TATAAA（TATA 盒）共有序列（图 16-9）。TFⅡD 是识别 TATA 盒的关键转录因子，它不是一种单一蛋白质，而是由 TATA 结合蛋白质（TATA-binding protein，TBP）和 8～10 个 TBP 相关因子（TBP-associated factors，TAFs）共同组成的复合物。TBP 结合一个 10bp 长度 DNA 片段，刚好覆盖 TATA 盒，而含有 TAFs 的 TFⅡD 则可覆盖一个 35bp 或者更长的区域。

图 16-9　真核 RNA 聚合酶Ⅱ识别的启动子共有序列

生成具有转录活性的转录前起始复合物，即闭合转录复合体的步骤（图 16-10）主要包括：①由 TFⅡD 中的 TBP 识别 TATA 盒，并在 TAFs 的协助下结合到启动子区，然后 TFⅡB 与 TBP 结合，同时 TFⅡB 也能与 DNA 的 TFⅡB 识别序列结合，TFIIA 可以稳定与 DNA 结合的 TFⅡB-TBP 复合体；② TFⅡB-TBP 复合体与 RNA PolⅡ-TFⅡF 复合体结合，此举可降低 RNA PolⅡ 与 DNA 的非特异部位的结合，协助 RNA PolⅡ 靶向结合启动子；③ TFⅡE 和 TFⅡH 加入，形成闭合复合体，装配完成。

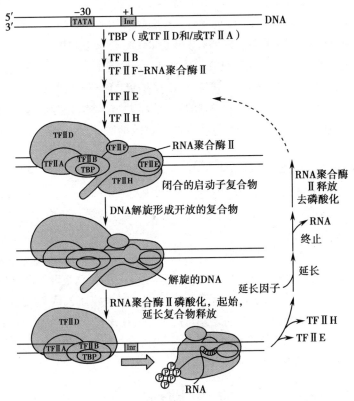

图 16-10　真核 RNA 聚合酶Ⅱ与通用转录因子的作用过程

### （二）RNA PolⅡ的 CTD 结构在转录中起重要作用

RNA PolⅡ 由 12 个亚基组成，其最大亚基的羧基端有一段由 7 个氨基酸残基（Tyr-Ser-Pro-Thr-Ser-Pro-Ser）组成的共有重复序列，称为羧基末端结构域（carboxyl-terminal domain，CTD）。RNA PolⅠ 和 RNA PolⅢ 中都没有 CTD 结构。所有真核生物的 RNA PolⅡ 都具有 CTD，只是其中的 7 个氨基酸共有序列的重复程度不同。酵母 RNA PolⅡ 的 CTD 有 27 个重复共有序列，其中 18 个与上述 7 氨基酸共有序列完全一致；哺乳类动物 RNA PolⅡ 的 CTD 有 52 个重复共有序列，其中 21 个与上述 7 氨基酸共有序列完全一致。CTD 对于维持细胞的活性是必需的。体内外实验均证明，CTD 的可逆磷酸化在真核生物转录起始和延长阶段发挥重要作用。去磷酸化的 CTD 在转录起始中发挥作用，当 RNA PolⅡ 完成转录启动，离开启动子时，CTD 的许多 Ser 和一些 Tyr 残基必须被磷酸化，为其他在转录延长阶段发挥作用的蛋白质提供识别或定位信号。

### （三）TFⅡE 和 TFⅡH 介导的 DNA 解链促进 RNA 聚合酶Ⅱ向前移动

当 RNA PolⅡ 与 TFⅡB-TBP、TFⅡF 形成复合体结合到启动子区，此时 THⅡE 进入复合体并招募 THⅡH 到闭合复合体。TFⅡH 具有解旋酶（helicase）活性，能使转录起始点附近的 DNA 双螺旋解开，使闭合复合体成为可转录复合体（开放复合体）。TFⅡH 还具有激酶活性，它的一个亚基能使 RNA 聚合酶Ⅱ的 CTD 磷酸化。还有一种使 CTD 磷酸化的蛋白质是周期蛋白依赖性激酶 9（cyclin-dependent kinase 9，CDK9）。CTD 磷酸化能使开放复合体的构象发生改变，启动

Notes

转录。CTD 磷酸化在转录延长期也很重要，而且影响转录后加工过程中转录复合体和参与加工的酶之间的相互作用。

当转录起始复合物合成了一段含有 60～70 个核苷酸的 RNA 时，TFⅡE 和 TFⅡH 释放，RNA 聚合酶Ⅱ进入转录延长期。

### （四）转录延长过程中形成转录泡

RNA 聚合酶Ⅱ的结构研究显示，在形成有活性的转录复合物过程中伴随着其构象的改变。闭合的复合物包含完整的、直线型的双链启动子 DNA；开放的复合物则包含一段解链的启动子 DNA，即形成转录泡。TFⅡE 和 TFⅡH 负责引入负超螺旋和解螺旋的启动子 DNA，提供转录的模板。TBP 使启动子 DNA 弯曲缠绕在聚合酶和 TFⅡB 的 C 末端结构域。TFⅡB 的 N 末端结构域则引导 DNA 在聚合酶表面定位，通过在保守的 TATA 盒至转录起始位点间的直线移动，使转录起始位点与酶的活性中心并列排布。通过 TFⅡH 的 ATP 酶亚基和解链酶（helicase）亚基引入负超螺旋，热力学上的解旋产生了一个瞬时的转录泡，并被 TFⅡF 捕获。此时 DNA 弯曲 90°，下降到 RNA PolⅡ的中央裂隙中，RNA 开始合成。在链延伸过程中，转录泡处形成 DNA-RNA 杂交分子。

### （五）转录延长过程需要移动核小体

真核生物基因组 DNA 在双螺旋结构的基础上，与多种组蛋白组成核小体（nucleosome）高级结构。RNA Pol 的前移处处都遇上核小体。通过体外转录实验可以观察到转录延长中核小体移位和解聚现象。

用含核小体结构的 DNA 片段作模板，进行体外转录分析。从 DNA 电泳图像观察，DNA 能保持约 200bp 及其倍数的阶梯形电泳条带。据此认为，核小体只是发生了移位。但在用培养细胞的转录实验中则观察到，组蛋白中含量丰富的精氨酸发生了乙酰化，DNA 分子上还出现了 AMP 生成 ADP，再形成多聚 ADP 的现象。前者降低正电荷，后者减少负电荷。核小体组蛋白 -DNA 的结构的稳定是靠碱性氨基酸提供正电荷和核苷酸磷酸根上的负电荷来维系的。据此推论：核小体在转录过程可能发生解聚和重新装配（图 16-11）。

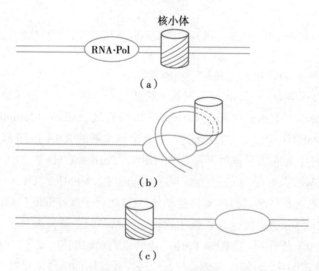

图 16-11　真核生物转录延长中的核小体移位
（a）RNA Pol 前移将遇到核小体；（b）原来绕在组蛋白上的 DNA
解聚及弯曲；（c）一个区段转录完毕，核小体移位

### （六）真核生物蛋白质编码基因转录没有固定的终止位点

RNA 聚合酶Ⅱ的转录没有明确的终止信号，转录通过最后一个外显子后，RNA 聚合酶Ⅱ继续向下游转录几千个碱基，没有固定的终止部位（图 16-12）。

真核生物的转录终止与转录后修饰密切相关。例如,真核生物 mRNA 所特有的聚腺苷酸[poly(A)]尾结构,是在转录后才加上的,因为在 DNA 模板链上并未找到相应的聚胸苷酸[poly(dT)]。目前认为,RNA PolⅡ所催化的 hnRNA 的转录终止与 poly(A)尾的形成同时发生的。

在编码蛋白质的 DNA 序列下游有一个共同序列 AATAAA,再远处的下游还有相当多的 GT 序列。这些序列就是转录终止与修饰的相关信号,被称为修饰点(图 16-12)。RNA PolⅡ所催化的转录会越过这一修饰点并将其转录下来,转录产物中与修饰点所对应的序列会被特异的核酸酶识别并切断,随即由 poly(A)聚合酶在断端的 3'-OH 延伸,加上 poly(A)尾结构。断端下游的 RNA 虽继续转录,但很快被 RNA 酶降解。

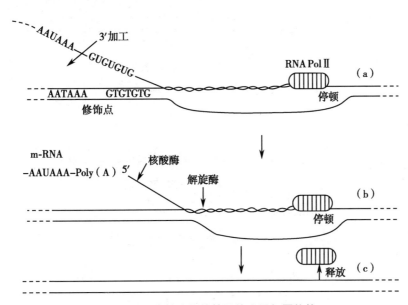

图 16-12　真核生物的转录终止及加尾修饰

## 三、真核生物 mRNA 由 hnRNA 经转录后加工成为成熟分子

真核生物转录生成的 RNA 分子是初级 RNA 转录物(primary RNA transcript),几乎所有的初级 RNA 转录物都要经过加工(processing),才能成为具有功能的成熟的 RNA。加工主要在细胞核中进行。RNA PolⅡ在核内转录生成 RNA,需要进行 5'- 端和 3'- 端(首、尾部)的修饰以及剪接(splicing),才能成为成熟的 mRNA,被转运到核糖体,指导蛋白质翻译。

### (一)前体 mRNA 在 5'- 端加上 "帽" 结构

RNA PolⅡ转录产生的前体 mRNA(precursor mRNA)也称为初级 mRNA 转录物、核不均一 RNA(hnRNA)、或杂化核 RNA。大多数真核 mRNA 的 5'- 端有 7- 甲基鸟嘌呤的帽结构。RNA PolⅡ催化合成的新生 RNA 在长度达 25～30 个核苷酸时,其 5'- 末端的核苷酸就与 7- 甲基鸟嘌呤核苷通过不常见的 5',5'- 三磷酸连接键相连(图 16-13)。

加帽过程由鸟苷酸转移酶(guanyltransferase)和甲基转移酶(methyltransferase)催化完成(图 16-13)。首先,新生 RNA 的 5'- 端核苷酸的 γ- 磷酸被水解,在鸟苷酸转移酶的作用下与另一个 GTP 分子的 5'- 端结合,形成 5',5'- 三磷酸结构;然后由 S- 腺苷甲硫氨酸(SAM)先后提供甲基,使加上去的鸟嘌呤的 N7 和原新生 RNA 的 5'- 端核苷酸的核糖 2'-O 甲基化。5'- 端的帽结构可以使 mRNA 免遭核酸酶的攻击,也能与帽结合蛋白质复合体(cap-binding complex of protein)结合,并参与 mRNA 和核糖体的结合,启动蛋白质的生物合成(第十七章)。

Notes

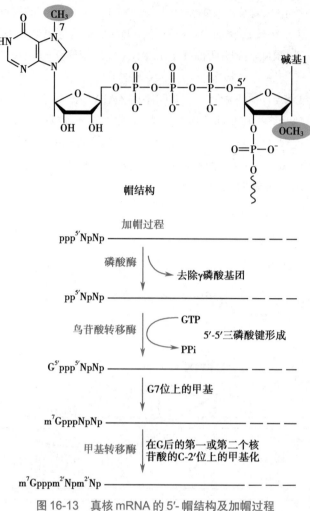

**帽结构**

图 16-13  真核 mRNA 的 5'- 帽结构及加帽过程

### （二）前体 mRNA 在 3'- 端特异位点断裂并加上多聚腺苷酸尾结构

除了组蛋白 mRNA 外，真核生物的 mRNA 在 3'- 端都有 poly（A）尾结构，约含 80～250 个腺苷酸。如前所述，poly（A）尾并非由 DNA 模板编码。而是由 poly（A）聚合酶催化生成的。前体 mRNA 上的断裂点也是聚腺苷酸化（polyadenylation）的起始点。容易发生断裂的碱基顺序通常是 A＞U＞C＞G，因此大多数前体 mRNA 的断裂位点是 A，断裂位点前一个碱基通常是 C，CA 断裂位点通常称为 poly（A）位点。断裂点的上游 10～30nt 有 AAUAAA 信号序列，是高度保守的特异性 poly（A）信号，与 RNA 的断裂和 poly（A）的加入密切相关。断裂点的下游 20～40nt 有富含 G 和 U 的序列，这是保守性差的 poly（A）信号，有富含 U（U-rich）和富含 GU（GU-rich）两种类型，二者可同时存在或单独存在于 poly（A）信号中。

Poly（A）的长度不是固定的。细胞内 mRNA 的 poly（A）尾会随着时间不断缩短。随着 poly（A）缩短，其翻译活性逐步下降。因此推测，poly（A）的有无和长短，是维持 mRNA 作为翻译模板的活性以及增加 mRNA 本身稳定性的因素。一般真核生物在胞质内出现的 mRNA，其 poly（A）长度为 100～200 个核苷酸之间。

前体 mRNA 分子的断裂和 poly（A）尾的形成过程十分复杂，需要多种蛋白质参与其中（图 16-14）。其主要步骤和重要分子有：①由 4 个亚基组成的裂解与聚腺苷酸化特异因子（cleavage and polyadenylation specificity factor，CPSF）结合 AAUAAA 信号序列，形成不稳定的复合体；②至少有另外 3 种蛋白质参与前体 mRNA 的断裂，即断裂激动因子（cleavage stimulatory factor，CStF）、断裂因子Ⅰ（cleavage factorⅠ，CFⅠ）和断裂因子Ⅱ（CFⅡ）与 CPSF-RNA 复合体结合；

Notes

③ CStF 与断裂点下游富含 G 和 U 的序列相互作用形成稳定的多蛋白复合体；④多聚腺苷酸聚合酶（poly（A）polymerase，PAP）加入到多蛋白复合体，前体 mRNA 在断裂点断裂，随即在断裂产生的游离 3′-OH 进行多聚腺苷酸化。在加入大约前 12 个腺苷酸时，速度较慢，随后快速加入腺苷酸，完成多聚腺苷酸化。多聚腺苷酸化的快速期有一种多聚腺苷酸结合蛋白Ⅱ（poly（A）binding protein Ⅱ，PABPⅡ）参与。PABPⅡ和慢速期已合成的多聚腺苷酸结合，加速多聚腺苷酸聚合酶的反应速度。当 poly（A）尾足够长时，PABPⅡ还可使多聚腺苷酸聚合酶停止作用。

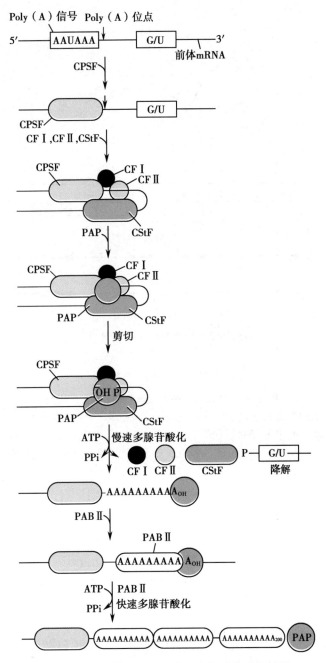

图 16-14　真核 mRNA 3′- 末端多聚腺苷酸化过程

### （三）前体 mRNA 通过剪接除去内含子序列

真核细胞的核内出现的初级转录物的分子量往往比在胞质中出现的成熟 mRNA 大几倍，甚至数十倍。成熟 mRNA 来自 hnRNA，而 hnRNA 和 DNA 模板链可以完全配对。hnRNA 中被剪接去除的核酸序列是与内含子对应的序列（第十三章），而最终出现在成熟 mRNA 分子中、作

Notes

为模板指导蛋白质翻译的序列是与外显子对应的序列。去除初级转录物上的内含子序列,将外显子序列连接为成熟 RNA 的过程称为 mRNA 剪接(mRNA splicing)。

以鸡的卵清蛋白基因为例说明 mRNA 剪接:卵清蛋白的基因有 8 个外显子和 7 个内含子(图 16-15),全长为 7.7kb。图中蓝色并用数字表示的部分是外显子,其中 L 是前导序列;用字母表示的白色部分是内含子。初级转录物即 hnRNA 的长度等于基因的外显子与内含子长度之和,内含子序列也转录于初级转录物中。剪接后,成熟的 mRNA 分子仅为 1.2kb,为 386 个氨基酸编码。

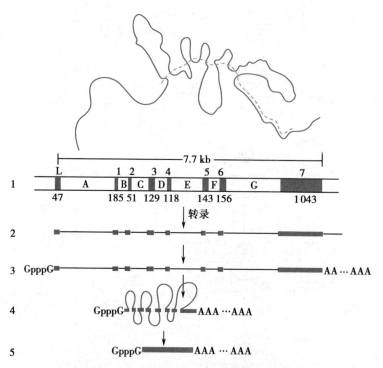

图 16-15 卵清蛋白基因及其转录、转录后修饰
1. 卵清蛋白基因的外显子和内含子;2. 转录初级产物 hnRNA;3. hnRNA 的
首、尾修饰;4. 通过剪接过程除去内含子序列;5. 胞质中出现的成熟 mRNA。
图上方为成熟 mRNA 与 DNA 模板链杂交的电镜所见示意图,虚线代表 mRNA,
实线为 DNA 模板

**1. 内含子在剪接接口处剪除** RNA 的剪接部位必须十分精确,一个核苷酸的滑移可能导致剪接位点 3'- 端后面整个读码框的移位,导致 mRNA 编码完全不同的氨基酸序列。因此,正确的剪接位点必须有明确的标志。大多数内含子都以 GU 为其 5'- 端的起始,而其末端则为 AG-OH-3'。5'-GU……AG-OH-3' 称为剪接接口(splicing junction)或边界序列,也称为剪接部位(splice site)。剪接后,GU 或 AG 不一定被剪除。

**2. 剪接包括两步转酯反应** mRNA 前体中的内含子是以所谓"套索"(lariat)结构的形式被切除的。内含子的 5'- 端 G 和分支点 A 以 2',5'- 磷酸二酯键相连成"套索"状结构,并被切除,同时两个外显子接合。这个剪接过程包括两步转酯反应(transesterication reaction)(图 16-16):第一步转酯反应是将内含子的 5'- 磷与外显子 1 的 3'- 氧之间的酯键转变为内含子的 5'- 磷与分支点 A 的 2'- 氧之间的酯键;第二步转酯反应是将外显子 2 的 5'- 磷与内含子 3'- 氧之间的酯键转变为外显子 2 的 5'- 磷与外显子 1 的 3'- 氧之间的酯键,并释出"套索"状结构的内含子,外显子 1 和外显子 2 接合。在这两步反应中磷酸二酯键的数目并没有改变,因此剪接反应本身不需要消耗能量。

Notes

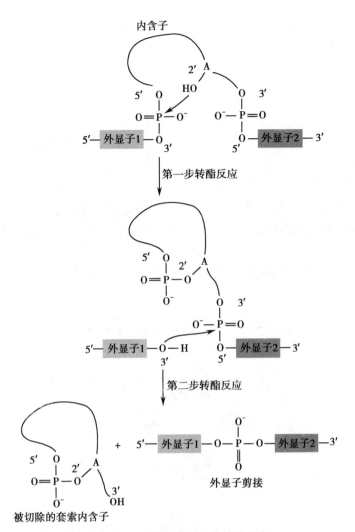

图 16-16　剪接过程的二次转酯反应

3. 剪接体是内含子剪接场所　mRNA 前体的剪接发生在剪接体（spliceosome）。剪接体是一种超大分子（supramolecule）复合体，由 5 种核内小 RNA（snRNA）与多种蛋白质装配而成。这 5 种 snRNA 分别称为 U1、U2、U4、U5 和 U6，长度范围在 100～300 个核苷酸，分子中的碱基以尿嘧啶含量最为丰富，因而以 U 作分类命名。每一种 snRNA 分别与多种蛋白质结合，形成 5 种核小核糖核蛋白颗粒（small nuclear ribonucleoprotein particle，snRNP）。真核生物从酵母到人类，snRNP 中的 RNA 和蛋白质都高度保守。各种 snRNP 在内含子剪接过程中先后结合到 hnRNA 上，使内含子形成套索并拉近上、下游外显子。剪接体的装配需要 ATP 提供能量。

剪接的发生需要剪接体与 mRNA 前体适当部位结合，这个过程是从 U1 snRNP 识别 5'- 剪接部位起始的。由于 U1 snRNA 包含有能与内含子 5'- 剪接部位附近序列互补的高保守的 6 个核苷酸序列，U1 snRNP 首先结合到 mRNA 前体分子的该区域；U2 snRNA 含有能与包括分支点 A 在内的部分序列互补（虽然这个 A 不是配对碱基），U2 snRNP 能结合到内含子的该区域（图 16-17）。

U4 snRNP 和 U6 snRNP 因其中的 snRNAs 能碱基配对，形成复合体，再加上 U5 snRNP，形成 U4/U5/U6 复合体。U4/U5/U6 复合体和先期已与 mRNA 前体分子结合的 U1 snRNP、U2 snRNP 装配成无活性的剪接体；再通过内部的重排，U1 snRNP 和 U4 snRNP 被排除出剪接体，U6 snRNP 与内含子 5'- 剪接部位和 U2 snRNP 结合，无活性的剪接体转变为有活性的剪接体。然后，发生第一次转酯化反应，产生"套索"中间物和切开的 5'- 外显子；此后剪接体催化第二次转

Notes

酯化反应，通过上述两步转酯化反应完全切除内含子、连接外显子，切除的内含子很快被降解（图16-18）。

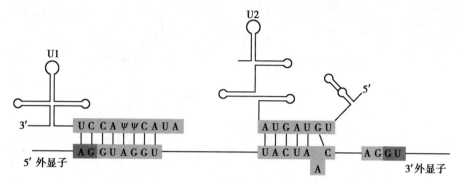

图 16-17　U1 snRNP 和 U2 snRNP 分别与 5'- 剪接位、分支点 A 附近特异序列结合

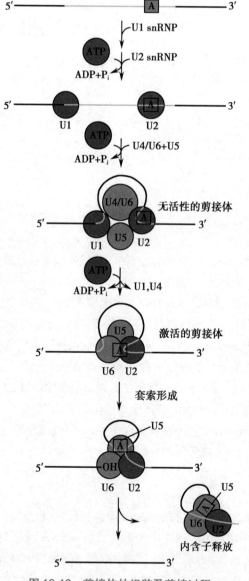

图 16-18　剪接体的组装及剪接过程

4. **前体 mRNA 分子的加工有剪切和剪接两种模式**　前体 mRNA 分子的加工除上述剪接外，还有一种剪切（cleavage）模式。剪切指的是剪去某些内含子后，在上游的外显子 3′- 端直接进行多聚腺苷酸化，不进行相邻外显子之间的连接反应。剪接是指剪切后又将相邻的外显子片段连接起来，然后进行多聚腺苷酸化。

5. **前体 mRNA 分子可发生选择性剪接**　许多前体 mRNA 分子经过加工只产生一种成熟的 mRNA，翻译成相应的一种多肽；有些则可剪切或（和）剪接加工成结构有所不同的 mRNA，这一现象称为选择性剪接（alternative splicing）。也就是说，这些真核生物前体 mRNA 分子的加工可能具有 2 个以上的加多聚腺苷酸的断裂和多聚腺苷酸化的位点，因而可采取剪切（图 16-19a）或（和）选择性剪接（图 16-19b）形成不同的 mRNA。选择性剪接现象的存在提高了有限的基因数目的利用，是增加生物蛋白质多样性的机制之一。

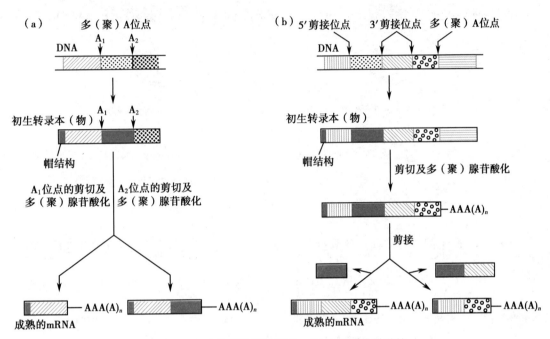

图 16-19　真核细胞基因前体 mRNA 的选择性剪接

例如，果蝇发育过程中的不同阶段会产生 3 种不同形式的肌球蛋白重链，这是由于同一肌球蛋白重链的前体 mRNA 分子通过选择性剪接机制，产生 3 种不同形式的 mRNA。同一种前体 mRNA 分子在大鼠甲状腺产生降钙素（calcitonin），而在大鼠脑产生降钙素 - 基因相关肽（calcitonin-gene related peptide，CGRP），是由于两种机制都参与了加工过程（图 16-20）。

**（四）mRNA 编辑是对基因的编码序列进行转录后加工**

有些基因的蛋白质产物的氨基酸序列与基因的初级转录物序列并不完全对应，mRNA 上的一些序列在转录后发生了改变，称为 RNA 编辑（RNA editing）。

例如人类基因组上只有 1 个载脂蛋白 B（apolipoprotein B，apo B）的基因，转录后发生 RNA 编辑，编码产生的 apo B 蛋白却有 2 种，一种是 apo B100，由 4536 个氨基酸残基构成，在肝细胞合成；另一种是 apo B48，含 2152 个氨基酸残基，由小肠黏膜细胞合成。这两种 apo B 都是由 *APOB* 基因产生的 mRNA 编码的，然而小肠黏膜细胞存在一种胞嘧啶核苷脱氨酶（cytosine deaminase），能将 *APOB* 基因转录生成的 mRNA 的第 2153 位氨基酸的密码子 CAA（编码 Gln）中的 C 转变为 U，使其变成终止密码子 UAA，因此 apo B48 的 mRNA 翻译在第 2153 个密码子处终止（图 16-21）。RNA 编辑作用说明，基因的编码序列经过转录后加工，是可有多用途分化的，因此也称为分化加工（differential RNA processing）。

Notes

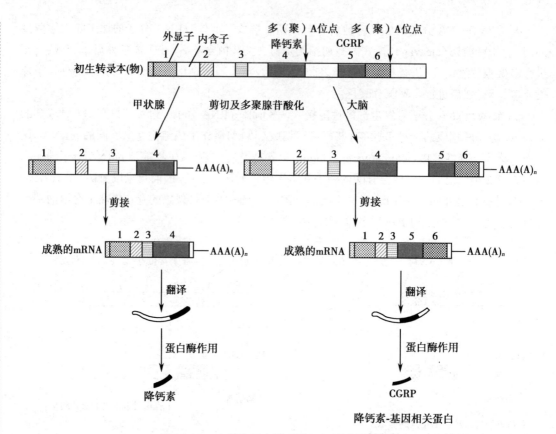

图 16-20　大鼠降钙素基因转录物的选择性剪接

人肝细胞　5′---CAACUGCAGACAUAUAUGAUACAAUUUGAUCAGUAU-3′
（Apo B100）　— Gln — Leu — Gln — Thr — Tyr — Met — Ile — Gln — Phe — Asp — Gln — Yyr —

人肠上皮细胞---CAACUGCAGACAUAUAUGAUAUAAUUUGAUCAGUAU-
（Apo B48）　— Gln — Leu — Gln — Thr — Tyr — Met — Ile — Stop

氨基酸残基数　2146　　　2148　　　　2150　　　　2152　　　　2154　　　　2156

图 16-21　*APOB* 基因的 mRNA 在肝和肠黏膜编码不同多肽链

# 第四节　真核生物非编码 RNA 的生物合成

真核细胞内的非编码 RNA 也是以 DNA 为模板转录生成,分别有 3 种 RNA 聚合酶负责转录。转录及加工过程的基本机制相同,但也有许多不同的特点。非编码 RNA 的类型很多,本节介绍这些非编码 RNA 的转录与加工的主要特点。

## 一、组成型非编码 RNA 的合成

组成型非编码 RNA（第二章）的基因主要含有Ⅰ类和Ⅲ类启动子(表 16-3),因此,主要由 RNA PolⅠ和 RNA PolⅢ催化转录产生组成型非编码 RNA,转录后也需要经过加工才能产生成熟的 RNA 分子。

### （一）rRNA 的合成和加工

1. RNA 聚合酶Ⅰ转录合成 45S rRNA 前体　真核生物的 45S rRNA 前体是由 rRNA 基因编码,RNA 聚合酶Ⅰ催化合成,在核仁中加工产生组成核糖体的 18S、28S 和 5.8S rRNA;而核糖体的另一组分 5S rRNA 则来源于 RNA 聚合酶Ⅲ催化合成的单独的转录产物。

RNA 聚合酶Ⅰ结合的启动子是Ⅰ类启动子。含有Ⅰ类启动子的基因主要是 rRNA 的基因。

Notes

这类基因有成百上千个拷贝,每一个拷贝都具有相同的序列,具有相同的启动子序列(但在不同的物种之间差异很大)。

人 rRNA 基因的启动子包括核心元件(core element)和上游调控元件(upstream control element, UCE)两部分,前者位于 $-45 \sim +20$,转录起始的效率很低,后者位于 $-156 \sim -107$,能增强转录的起始,两部分序列都富含 GC 碱基对。两个元件之间的距离非常重要,距离过远或过近都会降低转录起始效率。

RNA 聚合酶 I 的转录因子有上游结合因子(upstream binding factor, UBF)和选择因子 1(selectivity factor 1, SL1)。SL1 由 4 个亚基组成,其中 1 个是 TATA 盒结合蛋白(TATA box binding protein, TBP),另 3 个是特异性辅助 RNA Pol I 转录的 TBP 结合因子(TBP-associated factors, TAFs)。转录起始时先由 UBF 与核心元件及 UCE 中的 GC 丰富序列结合,使这两部分靠拢,然后 SL1 加入并与 UBF 结合,随后 RNA 聚合酶 I 与 SL1 中的 TBP 结合形成起始复合物并起始转录(图 16-22)。

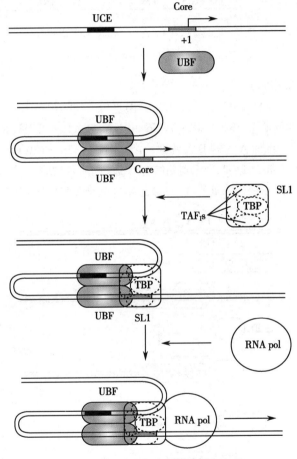

图 16-22　RNA 聚合酶 I 的转录起始

**2. 真核 rRNA 前体经过剪接形成不同类别的 rRNA**　真核细胞的 rRNA 基因(rDNA)属于丰富基因(redundant gene)族的 DNA 序列,即染色体上一些相似或完全一样的纵列串联基因(tandem gene)单位的重复。属于丰富基因族的还有 5S rRNA 基因、组蛋白基因、免疫球蛋白基因等。不同物种基因组可有数百或上千个 rDNA,每个基因又被不能转录的基因间隔(gene spacer)分段隔开。可转录片段为 $7 \sim 13$kb,间隔区也有若干 kb 大小。这些基因间隔不是内含子。rDNA 位于核仁内,每个基因各自为一个转录单位。

真核生物细胞核内都可发现一种 45S 的转录产物,它是 3 种 rRNA 的前身。45S rRNA 通过一种所谓"自剪切"机制,在核仁小 RNA(snoRNAs)以及多种蛋白质分子组成的核仁小核糖核蛋白(snoRNPs)的参与下,通过逐步剪切成为成熟的 18S、5.8S 及 28S 的 rRNA(图 16-23)。前

Notes

体 rRNA 的加工除自剪切外，通常还涉及核糖 2′-OH 的甲基化修饰。rRNA 成熟后，就在核仁上装配，与核糖体蛋白质一起形成核糖体，输送到胞质。生长中的细胞，其 rRNA 较稳定；静止状态的细胞，其 rRNA 的寿命较短。

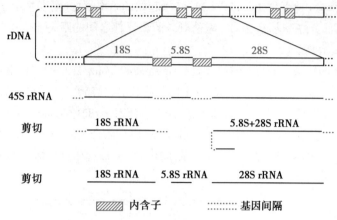

图 16-23    真核前体 rRNA 转录后的剪切

（二）tRNA 的合成和加工

1. RNA 聚合酶 Ⅲ 转录合成 tRNA    RNA 聚合酶 Ⅲ 识别和起始转录的启动子是 Ⅲ 类启动子，含有 Ⅲ 类启动子的基因包括 5S rRNA、tRNA、U6 snRNA、7SL RNA、7SK RNA 等。

tRNA 基因的启动子包括 A 盒和 B 盒两部分，分别位于 +10～+20 和 +50～+60 的区域。转录起始时，先由转录因子 ⅢC（TFⅢC）识别并结合 B 盒，同时延伸到 A 盒，随后转录因子 ⅢB 结合在转录起始点周围，RNA 聚合酶 Ⅲ 就位，形成起始复合物并起始转录（图 16-24）。

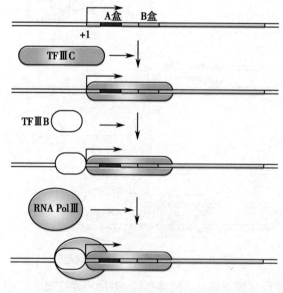

图 16-24    RNA 聚合酶 Ⅲ 的转录起始过程

2. 真核生物前体 tRNA 的加工包括剪接和核苷酸的碱基修饰    真核生物的大多数细胞有 40～50 种不同的 tRNA 分子。编码 tRNA 的基因在基因组内都有多个拷贝。前体 tRNA 分子需要多种转录后加工才能成为成熟的 tRNA。

以酵母前体 tRNA$^{Tyr}$ 分子为例，加工主要包括以下变化：①酵母前体 tRNA$^{Tyr}$ 分子 5′- 端的 16 个核苷酸前导序列由 RNase P 切除；②氨基酸臂的 3′- 端 2 个 U 被 RNase D 切除，再由核苷酸转移酶加上特有的 CCA 末端；③茎 - 环结构中的一些核苷酸碱基经化学修饰为稀有碱基，包括某些嘌呤甲基化生成甲基嘌呤、某些尿嘧啶还原为二氢尿嘧啶（DHU）、尿嘧啶核苷转变为假尿嘧

Notes

啶核苷（ψ）、某些腺苷酸脱氨成为次黄嘌呤核苷酸（I）等；④通过剪接切除茎 - 环结构中部 14 个核苷酸的内含子。前体 tRNA 分子必须折叠成特殊的二级结构，剪接反应才能发生，内含子一般都位于前体 tRNA 分子的反密码子环（图 16-25）。

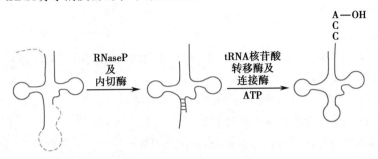

图 16-25　前体 tRNA 的剪接

### （三）一些内含子 RNA 具有自我剪接和催化功能

1982 年美国科学家 Cech T 和他的同事发现四膜虫（tetrahymena thermophilic）编码 rRNA 前体的 DNA 序列含有间隔内含子序列，他们在体外用从细菌纯化得到的 RNA 聚合酶转录从四膜虫纯化的编码 rRNA 前体的 DNA，结果是在没有任何来自四膜虫的蛋白质情况下，rRNA 前体能准确地剪接去除内含子。这种由 RNA 分子催化自身内含子剪接的反应称为自剪接（self-splicing）。随后，在其他原核生物以及真核生物的线粒体、叶绿体的 rRNA 前体加工中，亦证实了这种剪接。

一些噬菌体的 mRNA 前体及细菌 tRNA 前体也发现有这类自身剪接的内含子，并被称之为Ⅰ型内含子（group Ⅰ intron）。Ⅰ型内含子以游离的鸟嘌呤核苷或鸟嘌呤核苷酸作为辅因子完成剪接。鸟嘌呤核苷或鸟嘌呤核苷酸的 3′-OH 与内含子的 5′- 磷酸共同参与转酯反应。这种转酯反应与前述的 mRNA 内含子剪接的转酯反应类似，不过参与反应的不是分支点 A 的 2′-OH，切除的内含子是线状，而不是"套索"状。

某些线粒体和叶绿体的 mRNA 前体和 tRNA 前体还有另一类自身剪接的内含子，称为Ⅱ型内含子。这类内含子的剪接与前面介绍的前体 mRNA 内含子剪接相同，但是没有剪接体参与（图 16-26）。自身剪接内含子的 RNA 具有催化功能，是一种核酶（ribozyme）。

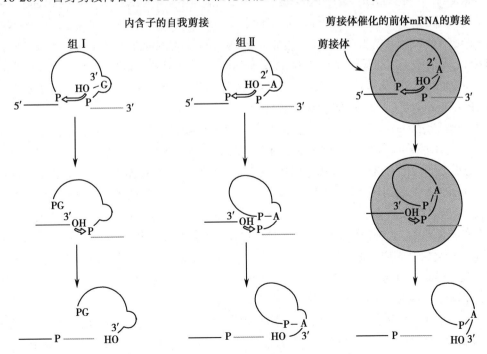

图 16-26　Ⅰ和Ⅱ型内含子的剪切

## 二、调控型非编码 RNA 的合成

调控型 ncRNA 的种类复杂多样（第二章），在真核细胞内也都是通过转录和加工而产生的。下面重点介绍它们在真核细胞内的合成过程。

### （一）长链非编码 RNA 的合成

lncRNA 可从不同的 DNA 序列转录产生，包括蛋白质编码基因、假基因以及蛋白质编码基因之间的基因组 DNA 序列。

**1. 从蛋白质编码基因反向转录产生 lncRNA**　在蛋白质编码基因内，都有一个主要启动子（major promoter）。RNA 聚合酶Ⅱ结合到主要启动子，转录产生的是 mRNA。在一些蛋白质编码基因内，还存在次要启动子（minor promoter）。次要启动子可位于蛋白质编码基因内的不同位点，其控制的转录方向与主要启动子控制的转录方向可能相同，也可能相反。RNA 聚合酶Ⅱ结合到次要启动子，转录产生的 RNA 不能编码蛋白质，是长链非编码 RNA。

**2. 由假基因转录生成 lncRNA**　基因组中的大部分假基因都是不能转录的。然而，有许多假基因是可以转录的，如抑癌基因 PTEN、肾上腺类固醇羟化酶基因 P450c21A、GAPDH 基因、Oct4 基因的相应假基因，都可以转录。由于假基因的编码序列中存在突变，转录产生的 RNA 并不能进一步翻译产生功能蛋白，所以这些 RNA 都是非编码 RNA。

**3. 从蛋白质编码基因间序列转录产生 lncRNA**　虽然 lncRNA 可以从蛋白质编码基因的 DNA 序列转录产生，但大部分 lncRNA 是从蛋白质编码基因之间的基因组 DNA 序列转录产生。蛋白质编码基因在基因组中所占的比例非常低，但基因组 DNA 的大部分序列都是可以转录的，甚至有研究推测 90% 的基因组 DNA 序列都是可转录的。因此，大部分 lncRNA 可能具有自身的基因。不过，目前了解甚少。

### （二）短链非编码 RNA 的合成

**1. miRNA 由 RNA 聚合酶Ⅱ转录合成**　miRNA 的合成过程大致可以分成五个阶段（图 16-27）：① miRNA 基因有 RNA 聚合酶Ⅱ催化转录，产生初级转录物——pri-miRNA；② pri-miRNA 经过一种 RNase Ⅲ内切酶 Drosha 剪切之后，形成长约 70~90nt、具有发卡结构的前体 miRNA（pre-miRNA）；③ pre-miRNA 通过 exportin-5 运输到细胞质中；④在胞质中，另一种 RNase Ⅲ内切酶——Dicer 从发夹状前体的一条臂上切割得到 20~23bp 的双链 RNA（dsRNA）；⑤ dsRNA 与 Argonaute（AGO）家族的蛋白质结合，其中一条链是最终行使功能的 miRNA，其互补链则被视为目标 RNA 而被切割和释放，21~25nt 的成熟 miRNA 最终形成。miRNA 是通过与 AGO 蛋白组成特定的复合体而发挥对蛋白质合成的调节作用，这种复合体称为 miRNA 诱导的沉默复合体（miRNA-induced silencing complex，miRISC）。

**2. siRNA 由 Dicer 从双链 RNA 切割而成**　内源性 siRNA 是从细胞内的双链 RNA 加工而产生的。内源性 siRNA 的前体分子主要有以下几个来源：①当 lncRNA 分子内存在互补片段时，可形成分子内的双链区域，siRNA 的序列存在于完全互补的双链片段中。②蛋白质编码基因或者 lncRNA 的基因转录时，并不是在特定的位点终止转录。当两个距离较近而转录方向相反的基因转录时，其转录过程可能持续到两个基因的会聚区。在这种情况下，在转录重叠区域所产生的 RNA 片段互补，所产生的 RNA 分子可在局部结合，形成双链。③一些含有次要启动子的蛋白质编码基因中，如果次要启动子的转录方向与主要启动子的转录方向相反，可转录产生天然反义转录物（NAT）。NAT 与 mRNA 互补结合，可产生双链 RNA 分子。④由假基因转录产生的 RNA，可能通过不同方式形成双链 RNA 分子。

如果双链 RNA 分子中存在 Dicer 识别的序列，Dicer 可将双链 RNA 切割，形成约 21nt 的短双链 siRNA。每条链的 5′- 端有一个磷酸根，3′- 端有双核苷酸的单链突出，这是 RNase Ⅲ切割产物的特征。双链 siRNA 的一条链称为向导链（guide strand），而另一条链称为乘客链

Notes

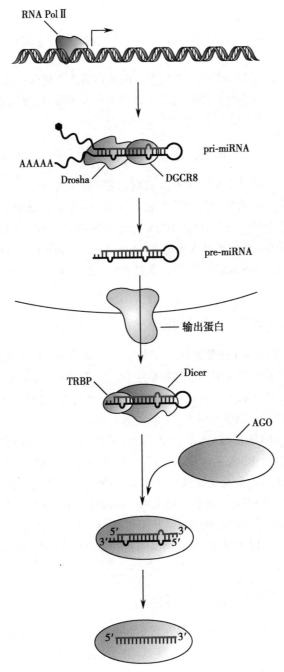

图 16-27　miRNA 的产生及 miRISC 的组装

（passenger strand）。其中向导链与 Argonaute2（AGO2）蛋白组装形成 RNA 诱导的沉默复合物（RISC）。人体内有八种 Argonaute 蛋白，其中四种属于 Argonaute 亚类，即 AGO1-4，另外四种属于 Piwi 亚类，即 hPiwi1-4。向导链 RNA 利用所携带的序列信息识别互补的同源靶 RNA 分子。siRNA 和 AGO2 复合物具有序列特异的 RNA 内切酶活性，定点切割互补的 mRNA，引发其降解。

　　3. piRNA 由 Piwi 蛋白切割产生　piRNA 是长度为 24～30nt 的单链 RNA，它和 Argonaute 的 Piwi 亚家族成员结合形成 piRNA 复合物（piRC）来调控基因沉默途径，主要存在于哺乳动物的生殖细胞和干细胞中。piRNA 的生成不依赖 Dicer，而由 Piwi 蛋白切割产生。piRNA 对生成配子细胞和维持生殖干细胞稳定性都有重要作用。

## 第五节　基因组 RNA 复制的主要特点

自然界中的绝大多数生物都是以 DNA 作为遗传物质携带遗传信息,而在一些 RNA 病毒中,遗传物质则是 RNA。在这些病毒的整个生命周期中并不涉及 DNA 的作用,作为遗传物质的 RNA 是通过复制(而不是转录)过程产生的。

### 一、大多数 RNA 病毒的基因组是单链 RNA 分子

绝大多数生物的基因组是 DNA,只有少数病毒基因组是 RNA。大多数 RNA 病毒的基因组是单链 RNA 分子,如单链 RNA 噬菌体、脊髓灰质炎病毒(poliovirus)、鼻病毒(rhinovirus)的基因组。少数病毒的基因组是双链 RNA 分子,如呼肠孤病毒(reovirus)。根据单链 RNA 基因组与其 mRNA 序列之间的异同,可分为正链 RNA(positive-strand RNA)和负链 RNA(negative-strand RNA),正链 RNA 与 mRNA 序列一致,负链 RNA 与 mRNA 序列互补,它们在复制过程中各有不同的特点。

### 二、许多病毒基因 RNA 复制利用宿主翻译系统合成有关酶和蛋白质

病毒基因组 RNA 包含病毒携带的全部遗传信息,基因组 RNA 复制是以病毒全长 RNA 分子为模板,在真核细胞中合成一套同样的 RNA 分子。要完成这个复制过程,病毒需要利用宿主的转录、翻译系统识别、转录病毒基因组序列,并翻译出多种与复制有关的酶和蛋白质。例如,合成能够特异识别并复制病毒 RNA 的 RNA 聚合酶。正链 RNA 病毒基因组携带有编码复制酶(RNA 依赖的 RNA 聚合酶)的基因,病毒 RNA 可直接作为 mRNA 附着到宿主细胞核糖体上,翻译出此复制酶,使病毒能以 RNA 为模板合成新的 RNA 分子。负链 RNA 病毒基因组进入寄主细胞后不能直接作为 mRNA,而是先要以负链 RNA 为模板利用病毒体自身所携带的 RNA 依赖的 RNA 聚合酶合成与负链 RNA 互补的正链 RNA,再以此正链 RNA 作为 mRNA 合成病毒蛋白和酶,并以正链 RNA 为模板合成互补的负链基因组 RNA。

此外,真核细胞中还发现了带 RNA 基因组的亚病毒,他们需辅助病毒才能完成其基因组的复制。

### 三、多数 RNA 病毒可利用 RNA 复制酶合成 RNA

除逆转录病毒外,其他 RNA 病毒都是在宿主细胞内以病毒的单链 RNA 为模板合成 RNA,这种 RNA 依赖的 RNA 合成又称为 RNA 复制(RNA replication)。催化 RNA 复制的酶是 RNA 依赖的 RNA 聚合酶(RNA-dependent RNA polymerase, RDRP),也称为 RNA 复制酶(RNA replicase),由病毒的 RNA 编码。RNA 复制酶只能复制病毒 RNA,不能以 DNA 为模板合成 RNA。

以 RNA 噬菌体为例,大多数 RNA 噬菌体的 RNA 复制酶由 4 个亚基组成,其中一个亚基是由噬菌体 RNA 复制酶基因编码的,是复制酶的活性部位。另外 3 个亚基是延长因子 Tu、延长因子 Ts 和 S1 蛋白(核糖体 30S 小亚基的一种蛋白质),都由宿主细胞自身的基因编码,参与宿主细胞蛋白质合成。这 3 种蛋白质可能在协助复制酶定位和结合病毒 RNA 的 3'- 端的过程中起作用。RNA 依赖的 RNA 合成的化学反应过程、机制与依赖于 DNA 的 RNA 合成是相同的,合成的方向也是从 5'→3',RNA 复制酶不具有校正功能。RNA 复制酶只特异地识别并复制病毒RNA,而对宿主 RNA 不进行复制。

Notes

## 小 结

RNA 合成包括转录和 RNA 复制。

转录是在 DNA 依赖的 RNA 聚合酶催化下,以 DNA 为模板,以 4 种 NTP 为原料合成与模板互补的 RNA 的过程,是基因表达的第一步。RNA 转录具有选择性和不对称性。RNA 合成方向是 $5' \rightarrow 3'$。转录的过程可以分为起始、延长和终止 3 个阶段。

原核生物只有一种 RNA 聚合酶,催化 mRNA、tRNA 和 rRNA 的合成。σ 亚基识别启动子,全酶启动转录,核心酶的作用是延长 RNA 链。原核生物基因转录终止有依赖于 ρ 因子和不依赖于 ρ 因子两种方式。

真核生物具有 3 种主要的 RNA 聚合酶。RNA 聚合酶 I 催化 rRNA 前体的合成,RNA 聚合酶 II 催化 mRNA 和核小分子 RNA 合成,RNA 聚合酶 III 催化 tRNA 和 5S rRNA 等的合成;真核生物的 3 种 RNA 聚合酶各有其自己的启动子;RNA 聚合酶 II 的启动子由位于转录起始位点的 5′- 侧的 TATA 盒以及其他上游启动子元件构成。RNA 聚合酶 II 在通用转录因子协助下识别转录起始位点。

真核细胞 3 种 RNA 聚合酶的初级产物都需要经过加工才能成为成熟 RNA。mRNA 前体的加工包括合成 5′- 端加帽、3′- 端加 poly(A) 尾、剪接除去内含子。mRNA 前体的剪接加工主要由剪接体来完成。一个前体 mRNA 分子可经过剪接和剪切两种模式而加工成多个 mRNA 分子。有些真核的 rRNA、tRNA 和 mRNA 前体含有自身剪接内含子,这类内含子的剪接不需要蛋白质参与,内含子自身的 RNA 具有催化剪接的功能。有些 mRNA 要经过编辑。

RNA 病毒的基因组完全由 RNA 构成,它们在宿主细胞中以病毒的单链 RNA 为模板合成 RNA,这种依赖于 RNA 的 RNA 合成方式称为 RNA 复制。病毒基因组 RNA 有正、负链之分,其复制过程不同。

(贺俊崎)

# 第十七章　蛋白质的生物合成

细胞内的蛋白质合成，即蛋白质的生物合成（protein biosynthesis），是以 mRNA 为信息模板来合成多肽链。在这一过程中，核苷酸序列"语言"被解读转换为与之截然不同的氨基酸序列"语言"，因此又被形象地称为翻译（translation）。多肽链合成后，还需要经过复杂的翻译后加工修饰才能成为成熟的有功能的蛋白质，并被正确地靶向输送至特定的亚细胞区域或分泌至细胞外，才能发挥其特定的功能。

## 第一节　蛋白质生物合成体系

蛋白质生物合成是细胞最为复杂的生命活动过程之一。蛋白质生物合成体系非常复杂，除了作为合成原料的氨基酸之外，还需要 mRNA 作为模板、tRNA 作为氨基酸的"运载工具"以及氨基酸与 mRNA 之间的分子"适配器"、核糖体作为蛋白质合成的场所、有关的酶和蛋白质因子等参与反应、ATP 和 GTP 提供反应所需能量。

### 一、mRNA 是蛋白质合成的信息模板

mRNA 是指导多肽链合成的直接模板，而 mRNA 的核苷酸序列"抄录"自基因组 DNA，因此指导多肽链合成的真正序列信息实际源于基因组 DNA。mRNA 或基因组 DNA 中的核苷酸序列作为遗传信息，决定多肽链中的氨基酸序列。核苷酸序列与氨基酸序列之间的对应关系是以遗传密码（genetic code）的形式来实现的。

#### （一）遗传密码的基本单位是三联体密码子

遗传密码是指 mRNA 或 DNA 中编码蛋白质的序列信息。从数学的排列组合观点来看，mRNA 或 DNA 中的核苷酸均仅有四种，而蛋白质中的常见氨基酸有 20 种，因此至少需要三个核苷酸对应一个氨基酸，则有 $64（4^3）$ 种组合，才能满足编码 20 种氨基酸的要求。这就是美籍俄裔理论物理学家 Gamow G 于 1954 年提出的三联体密码子假说。后续研究证实，遗传密码的基本单位确实是核苷酸三联体，称为三联体密码子（triplet codon），简称密码子（codon）。如表 17-1 所示，四种核苷酸一共组成 64 个密码子。其中 61 个编码 20 种用于肽链合成的氨基酸；另有 3 个不编码任何氨基酸，而作为肽链合成的终止密码子（terminator codon）。此外，编码甲硫氨酸的密码子（AUG），还是肽链合成的起始信号，故也称为起始密码子（initiator codon）。

准确地讲，多肽链的氨基酸序列是由 mRNA 的编码区即开放阅读框（open reading frame，ORF）所规定的。ORF 是由很多密码子连续串联排列组成的一段编码区，第一个为起始密码子，最后一个为终止密码子。多肽链合成时，翻译机器就是从起始密码子开始"阅读"，直至最后的终止密码子，按照各密码子的排列顺序，将其依序解读为相应的氨基酸序列而合成多肽链。真核生物 mRNA 为单顺反子，仅含有一个 ORF，故仅编码一条多肽链。原核生物 mRNA 为多顺反子，往往含有两个或多个 ORF，编码多条多肽链。

#### （二）遗传密码具有五个基本特点

1. 方向性　组成密码子的各碱基在 mRNA 序列中的排列具有方向性。翻译时的阅读方向

表 17-1　遗传密码表

| 第一个核苷酸 | 第二个核苷酸 | | | | 第三个核苷酸 |
| (5′端) | U | C | A | G | (3′端) |
| --- | --- | --- | --- | --- | --- |
| | 苯丙氨酸 | 丝氨酸 | 酪氨酸 | 半胱氨酸 | U |
| | 苯丙氨酸 | 丝氨酸 | 酪氨酸 | 半胱氨酸 | C |
| U | 亮氨酸 | 丝氨酸 | 终止信号 | 终止信号 | A |
| | 亮氨酸 | 丝氨酸 | 终止信号 | 色氨酸 | G |
| | 亮氨酸 | 脯氨酸 | 组氨酸 | 精氨酸 | U |
| | 亮氨酸 | 脯氨酸 | 组氨酸 | 精氨酸 | C |
| C | 亮氨酸 | 脯氨酸 | 谷氨酰胺 | 精氨酸 | A |
| | 亮氨酸 | 脯氨酸 | 谷氨酰胺 | 精氨酸 | G |
| | 异亮氨酸 | 苏氨酸 | 天冬酰胺 | 丝氨酸 | U |
| | 异亮氨酸 | 苏氨酸 | 天冬酰胺 | 丝氨酸 | C |
| A | 异亮氨酸 | 苏氨酸 | 赖氨酸 | 精氨酸 | A |
| | *甲硫氨酸 | 苏氨酸 | 赖氨酸 | 精氨酸 | G |
| | 缬氨酸 | 丙氨酸 | 天冬氨酸 | 甘氨酸 | U |
| | 缬氨酸 | 丙氨酸 | 天冬氨酸 | 甘氨酸 | C |
| G | 缬氨酸 | 丙氨酸 | 谷氨酸 | 甘氨酸 | A |
| | 缬氨酸 | 丙氨酸 | 谷氨酸 | 甘氨酸 | G |

*位于 mRNA 起始部位的 AUG 为肽链合成的起始信号。作为起始信号的 AUG 具有特殊性,在原核生物中此种密码子代表甲酰甲硫氨酸,在真核生物中代表甲硫氨酸。

只能从 5′- 端至 3′- 端,即从 mRNA 的起始密码子 AUG 开始,按 5′→3′ 的方向逐一阅读,直至终止密码子。mRNA 开放阅读框中从 5′- 端到 3′- 端排列的核苷酸顺序决定了肽链中从 N- 端到 C-端的氨基酸排列顺序(图 17-1a)。

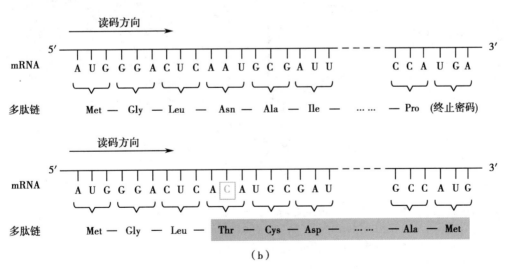

图 17-1　遗传密码的连续性与框移突变

(a)氨基酸的排列顺序对应于 mRNA 序列中密码子的排列顺序;(b)核苷酸插入导致框移突变,框内为插入的核苷酸

2. 连续性　mRNA 的密码子之间没有间隔核苷酸。从起始密码子开始,密码子被连续阅读,直至终止密码子出现。由于密码子的连续性,在开放阅读框中发生插入或缺失 1 个或 2 个碱基的基因突变,都会引起 mRNA 的阅读框发生移动,称为移码(frame shift),使后续的氨基

Notes

酸序列大部分被改变(图 17-1b),其编码的蛋白质彻底丧失功能,称之为移码突变(frame-shift mutation);如同时连续插入或缺失 3 个碱基,则只会在蛋白产物中增加 1 个或缺失 1 个氨基酸,但不会导致阅读框移位,对蛋白质的功能影响相对较小。

3. **简并性**　64 个密码子中有 61 个编码氨基酸,而氨基酸只有 20 种,因此有的氨基酸可由多个密码子编码,这种现象被称为简并性(degeneracy)。例如,UUU 和 UUC 都是苯丙氨酸的密码子,UCU、UCC、UCA、UCG、AGU 和 AGC 都是丝氨酸的密码子。密码子 AUG 具有特殊性,不仅代表甲硫氨酸,如果位于 mRNA 起始部位,它还代表肽链合成的起始密码子(initiator codon)。

为同一种氨基酸编码的各密码子称为简并性密码子,也称同义密码子。多数情况下,同义密码子的前两位碱基相同,仅第三位碱基有差异,即密码子的特异性主要由前两位核苷酸决定,如苏氨酸的密码子是 ACU、ACC、ACA、ACG。这意味着第三位碱基的改变往往不改变其密码子编码的氨基酸,合成的蛋白质具有相同的一级结构。因此,遗传密码的简并性具有重要的生物学意义,它在某种程度上降低了有害突变的出现频率,而且也可以使基因组 DNA 的碱基组成有较大的变动余地,利于物种稳定性的保持。

4. **摆动性**　mRNA 中的密码子能够与 tRNA 的反密码子通过碱基互补配对而相互识别结合。这种碱基配对有时并不严格遵循 Watson-Crick 碱基配对原则,出现摆动(wobble)现象。此时 mRNA 密码子的第 1 位和第 2 位碱基(5′→3′)与 tRNA 反密码子的第 3 位和第 2 位碱基(5′→3′)之间仍为 Watson-Crick 配对,而反密码子的第 1 位碱基与密码子的第 3 位碱基配对存在碱基配对摆动现象。

如某种 tRNA 上的反密码子第 1 位碱基为次黄嘌呤(I),则可分别与 mRNA 分子中的密码子第 3 位的 A、C 或 U 配对;反密码子第 1 位的 U 可分别与密码子第 3 位的 A 或 G 配对;反密码子第 1 位的 G 可分别与密码子第 3 位的 C 或 U 配对(图 17-2)。由此可见,摆动配对能使一种 tRNA 识别 mRNA 序列中的多种简并性密码子。

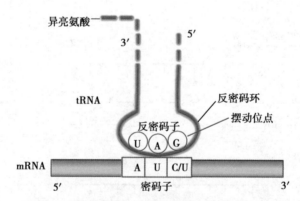

图 17-2　密码子与反密码子的识别方式与摆动配对
图中的 tRNA 携带异亮氨酸,其反密码子环中的第一位 G 既可以识别 mRNA 密码子第三位的 C,也可以识别 U,同时也显示了密码子与反密码子的识别方式

5. **通用性**　除个别例外,从细菌到人类都使用着同一套遗传密码,这就是遗传密码的通用性。这一方面为地球上的生物来自同一起源的进化论提供了有力依据,另外也为在基因工程研究中利用细菌等生物来制造人类蛋白质提供了依据。虽然遗传密码是通用的,但仍有个别例外。例如,对于哺乳类动物的线粒体基因组来讲,有些密码子编码方式不同于通用遗传密码,如 UAG 不代表终止信号而代表色氨酸,CUA、AUA 编码有所不同,此外终止密码子亦不一样。

Notes

## 框 17-1 破译遗传密码

从 1953 年提出遗传密码问题到 1966 年破译全部遗传密码,其间经历了从抽象的理论分析到具体的实验研究的过程。遗传密码的破译及蛋白质合成机制的阐明是分子生物学领域中极具挑战性的课题和最为激动人心的发现之一。

1953 年,DNA 双螺旋发现者 Crick F 和 Watson J 在他们发表的"DNA 结构的生物学意义"一文中提出"碱基的排列顺序就是携带遗传信息的密码"的论断。

1954 年,美籍俄裔理论物理学家 Gamow G 看到该论文后,开始思考遗传密码问题,并提出三联体密码子假说。Crick F 等人又于 1961 年 12 月发表题为"蛋白质遗传密码的一般性质"的论文,对该学说进行了完善并根据大量实验证据进行深入演绎推理。

1961 年 5 月,年轻的美国生化学家 Nirenberg MW 及德国化学家 Matthaei J 发现在无细胞蛋白质合成体系中加入多聚尿嘧啶核苷酸(poly U)后,可合成多聚苯丙氨酸,提示UUU 是编码苯丙氨酸的密码子。该发现在当年夏天于莫斯科召开的第五届国际生化大会上轰动全场,成为破译遗传密码的一项里程碑式实验。其后,Nirenberg MW 和美籍巴基斯坦裔生化学家 Khorana HG 等人又不断改进实验方法和设计,分别采用不同的同聚核苷酸和异聚核苷酸破译了多个密码子。经过多位科学家近 5 年的共同努力,于 1966 年最终破译了全部 64 个密码子。

1968 年,Nirenberg MW、Khorana HG 以及另一位美国生化学家 Holley RW 因为在蛋白质合成方面的贡献共同荣获当年诺贝尔生理学 / 医学奖。Holley RW 的突出贡献是分离并测定了首个氨基酸与 mRNA 之间的"适配器"分子即酵母丙氨酸 tRNA 的结构。

## 二、tRNA 具有运载工具和分子"适配器"的双重作用

鉴于核苷酸序列与氨基酸序列不能直接匹配的问题,DNA 双螺旋发现者之一 Crick F 于 1956 年提出了"适配器假说"或称"连接物假说"(adaptor hypothesis),认为在氨基酸与模板 mRNA 之间必然存在一个分子"适配器",并指出该分子应该是不同于模板 RNA 的另一类 RNA 分子。该分子后被证实就是 tRNA。

tRNA 在蛋白质合成中具有重要作用。其结构中有两个关键部位,即氨基酸接受臂和反密码子环。这就赋予了 tRNA 作为蛋白质合成原料即氨基酸的搬运工具以及作为 tRNA 和 mRNA 之间分子"适配器"的双重角色。

### (一)tRNA 是氨基酸的运载工具

tRNA 分子中的一个关键功能部位就是位于其倒 L 型结构一端的氨基酸接受臂,能够结合氨基酸,氨基酸与氨基酸接受臂的 -CCA 末端的腺苷酸 3'- 羟基通过酯键链接。存在于细胞液中的作为肽链合成原料的各种氨基酸都需要先与相应的 tRNA 结合,形成各种氨基酰 -tRNA(aminoacyl-tRNA),再被运载至核糖体,方可用于多肽链的合成。因此,tRNA 可以说是蛋白质合成原料即氨基酸的运载工具或载体。

1. 氨基酰 -tRNA 合成酶催化氨基酸的活化并与 tRNA 连接 参与肽链合成的氨基酸需要与相应的 tRNA 结合,形成各种氨基酰 -tRNA,这也称为氨基酸的活化。该过程是由氨基酰 -tRNA 合成酶(aminoacyl-tRNA synthetase)所催化的耗能反应,每个氨基酸活化需消耗 2 个来自 ATP 的高能磷酸键。总反应式如下:

$$氨基酸 + tRNA + ATP \longrightarrow 氨基酰 \text{-rRNA} + AMP + PPi$$

该反应过程的主要步骤包括:①氨基酰 -tRNA 合成酶催化 ATP 分解为焦磷酸与 AMP;②AMP、酶、氨基酸三者结合为中间复合体(氨基酰 -AMP-E),其中氨基酸的羧基与磷酸腺苷的

Notes

磷酸基团以酐键相连,成为活化的氨基酸;③活化氨基酸与 tRNA 分子的 3'-CCA 末端(氨基酸接受臂)上的腺苷酸的核糖 2' 或 3' 位的游离羟基以酯键结合,形成相应的氨基酰 -tRNA(图 17-3)。

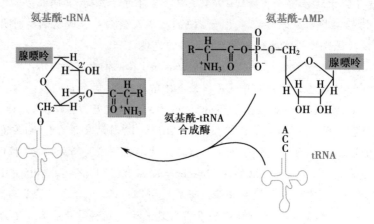

图 17-3　氨基酰 -tRNA 的形成

2. **氨基酰 -tRNA 合成酶保证氨基酸和 tRNA 之间的正确连接**　已知用于蛋白质合成的常见氨基酸有 20 种,而已发现的 tRNA 则多达数十种。一种氨基酸通常可与 2～6 种对应的 tRNA 特异性结合,与密码子的简并性相适应。能负载同一种氨基酸的不同 tRNA 称为同工 tRNA (isoacceptor tRNA)。反过来讲,一种 tRNA 只能转运一种特定的氨基酸。不同的 tRNA 的命名采用右上标的不同氨基酸的三字母代号,如 tRNA$^{Tyr}$ 表示这是一种专门转运酪氨酸的 tRNA。

因为用于蛋白质合成的模板 mRNA 中的密码子不能直接识别与其对应的氨基酸,而只能通过与 tRNA 中反密码子的碱基互补配对相互识别。因此,氨基酸与相应 tRNA 的准确连接对于蛋白质的保真至关重要。这主要由氨基酰 -tRNA 合成酶的高度专一性和校对活性实现。

首先,氨基酰 -tRNA 合成酶具有高度专一性。每一种氨基酰 -tRNA 合成酶既能特异性地识别其特异的底物氨基酸,又能辨认应该结合该种氨基酸的一组同工 tRNA,从而保证这些同工 tRNA 与特定氨基酸的正确结合。

其次,氨基酰 -tRNA 合成酶还有校对活性(proofreading activity),能将错误结合的氨基酸水解释放,即将任何错误的氨基酰 -AMP-E 复合物或氨基酰 -tRNA 的酯键水解,再换上与密码子相对应的氨基酸,改正反应的任一步骤中出现的错配,保证氨基酸和 tRNA 结合反应的误差小于 $10^{-4}$。

3. **肽链合成的起始需要特殊的起始氨基酰 -tRNA**　无论是原核生物还是真核生物,编码甲硫氨酸(Met)的密码子同时又都作为起始密码子。目前已知,尽管同样都携带着 Met,但结合在起始密码子处的 Met-tRNA$^{Met}$,与结合开放阅读框内部的 Met 密码子的 Met-tRNA$^{Met}$ 在结构上是有差别的,是两种不同的 tRNA。结合于起始密码子的属于专门的起始氨基酰 -tRNA。在原核生物,起始氨基酰 -tRNA 是 fMet-tRNA$^{fMet}$,其中的 Met 被甲酰化,成为 N- 甲酰甲硫氨酸(N-formyl methionine, fMet)。在真核生物,具有起始功能的是 tRNA$_i^{Met}$(initiator-tRNA),它与 Met 结合后,参与形成翻译起始复合物,识别 mRNA 的起始密码子 AUG。Met-tRNA$_i^{Met}$ 和 Met-tRNA$^{Met}$ 可分别被起始或延长过程起催化作用的酶和蛋白质因子识别。

(二)tRNA 是氨基酸与 mRNA 分子之间的分子"适配器"

除了氨基酸结合部位,tRNA 上另一重要功能部位是位于其倒 L 型结构另一端的反密码子环。tRNA 凭借反密码子与 mRNA 上的密码子通过碱基互补配对作用相互识别结合。不同的 tRNA 特异性地与特定氨基酸结合,而后在核糖体通过其反密码子与 mRNA 模板上的密码子配对结合,从而使不同的氨基酸按照 mRNA 模板中不同的密码子依序装配出相应的多肽链,这就解决了氨基酸无法直接与蛋白质合成模板 mRNA 中的密码子匹配的问题。形象地说,tRNA 不仅是氨基酸的运载工具，而且还是连接氨基酸与 mRNA 密码子之间的分子"适配器"（adaptor）。

## 三、核糖体是蛋白质合成的场所

合成肽链所需要的 mRNA 与 tRNA 结合、肽键形成等过程全部是在核糖体（第二章）上完成的。核糖体（ribosome）类似于一个移动的多肽链"装配厂"，沿着模板 mRNA 链从 5′ 端向 3′ 端移动。在此期间，携带着各种氨基酸的 tRNA 分子依据密码子与反密码子配对关系快速进出其中，为延长的肽链提供氨基酸原料；肽链合成完毕，核糖体立刻离开 mRNA 分子。

原核生物的核糖体上有 A 位、P 位和 E 位这 3 个重要的功能部位（图 17-4），在肽链合成中，分别作为氨基酰 -tRNA 进入的位置、肽酰 -tRNA 结合的位置和空载 tRNA 排出的部位。A 位结合氨基酰 -tRNA，称氨基酰位（aminiacyl site）；P 位结合肽酰 -tRNA，称肽酰位（peptidyl site）；E 位是排出位（exit site），由此释放已经卸载了氨基酸的 tRNA。真核生物的核糖体上没有 E 位，空载的 tRNA 直接从 P 位脱落。

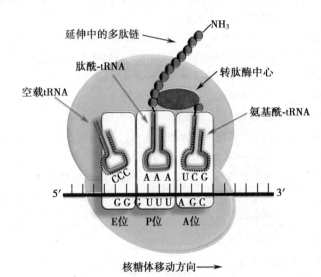

图 17-4　核糖体在翻译中的功能部位

## 四、蛋白质合成体系还需要能量、酶类和蛋白因子

蛋白质生物合成需要由 ATP 和 GTP 提供能量，需要 $Mg^{2+}$、肽酰转移酶（或称转肽酶）、氨基酰 -tRNA 合成酶等多种酶参与反应，从起始、延长到终止的各阶段还需要核糖体以外的其他多种蛋白质因子（表 17-2、表 17-3）。这些因子有：①起始因子（initiation factor，IF），原核生物（prokaryote）和真核生物（eukaryote）的起始因子分别用 IF 和 eIF 表示；②延长因子（elongation factor，EF），原核生物与真核生物的延长因子分别用 EF 和 eEF 表示；③释放因子（release factor，RF）又称终止因子（termination factor），原核生物与真核生物的释放因子分别用 RF 和 eRF 表示。

表 17-2　原核生物肽链合成所需要的蛋白质因子

| | 种类 | 生物学功能 |
|---|---|---|
| 起始因子 | IF-1 | 占据核糖体 A 位，防止 A 位结合其他 tRNA |
| | IF-2 | 促进 fMet-tRNA^fMet 与小亚基结合 |
| | IF-3 | 促进大、小亚基分离；提高 P 位结合 fMet-tRNA^fMet 的敏感性 |
| 延长因子 | EF-Tu | 促进氨基酰 -tRNA 进入 A 位，结合并分解 GTP |
| | EF-Ts | EF-Tu 的调节亚基 |
| | EF-G | 有转位酶活性，促进肽酰 -tRNA 由 A 位移至 P 位；促进 tRNA 卸载与释放 |

Notes

续表

| | 种类 | 生物学功能 |
|---|---|---|
| 释放因子 | RF-1 | 特异识别终止密码子 UAA、UAG；诱导转变为酯酶 |
| | RF-2 | 特异识别终止密码子 UAA、UGA；诱导肽酰转移酶转变为酯酶 |
| | RF-3 | 具有 GTP 酶活性，介导 RF-1 及 RF-2 与核糖体的相互作用 |

表 17-3　真核生物肽链合成所需要的蛋白质因子

| | 种类 | 生物学功能 |
|---|---|---|
| 起始因子 | eIF-1 | 多功能因子，参与翻译的多个步骤 |
| | eIF-2 | 促进 Met-tRNA$_i^{Met}$ 与小亚基结合 |
| | eIF-2B | 结合小亚基，促进大、小亚基分离 |
| | eIF-3 | 结合小亚基，促进大、小亚基分离；介导 eIF-4F-mRNA 与小亚基结合 |
| | eIF-4A | eIF-4F 复合物成分；有 RNA 解螺旋酶活性，解除 mRNA 5′- 端的发夹结构，使其与小亚基结合 |
| | eIF-4B | 结合 mRNA，协助 mRNA 扫描定位起始密码子 AUG |
| | eIF-4E | eIF-4F 复合物成分，识别结合 mRNA 的 5′- 端的帽结构 |
| | eIF-4G | eIF-4F 复合物成分，结合 eIF-4E、eIF-3 和 PAB |
| | eIF-5 | 促进各种起始因子从小亚基解离 |
| | eIF-6 | 促进大、小亚基分离 |
| 延长因子 | eEF1-α | 促进氨基酰 -tRNA 进入 A 位；结合分解 GTP，相当于 EF-Tu |
| | eEF1-βγ | 调节亚基，相当于 EF-Ts |
| | eEF-2 | 有转位酶活性，促进肽酰 -tRNA 由 A 位移至 P 位；促进 tRNA 卸载与释放，相当于 EF-G |
| 释放因子 | eRF | 识别所有终止密码子，具有原核生物各类 RF 的功能 |

# 第二节　肽链的生物合成过程

翻译过程包括起始（initiation）、延长（elongation）和终止（termination）三个阶段。真核生物的肽链合成过程与原核生物的肽链合成过程基本相似，只是反应更复杂、涉及的蛋白质因子更多。

## 一、翻译起始阶段形成起始复合物

翻译的起始是指 mRNA、起始氨基酰 -tRNA 与核糖体结合而形成翻译起始复合物（translation initiation complex）的过程。

（一）原核生物翻译起始复合物的形成

原核生物翻译起始复合物的形成需要 30S 小亚基、mRNA、fMet-tRNA$^{fMet}$ 和 50S 大亚基，还需 3 种 IF、GTP 和 Mg$^{2+}$。其主要步骤（图 17-5a）如下：

1. **核糖体大小亚基分离**　完整核糖体在 IF 的帮助下，大、小亚基解离，为结合 mRNA 和 fMet-tRNA$^{fMet}$ 做好准备。IF 的作用是稳定大、小亚基的分离状态，如没有 IF 存在，大、小亚基极易重新聚合。

2. **核糖体小亚基结合于 mRNA 的起始密码子附近**　小亚基与 mRNA 结合时，可准确识别开放阅读框的起始密码子 AUG，而不会结合内部的 AUG，从而正确地翻译出编码蛋白。保证这一结合准确性的机制是，各种 mRNA 的起始密码子 AUG 上游约 8～13 核苷酸处，存在一段由 4～9 个核苷酸组成的共有序列 -AGGAGG-，可被 16S rRNA 通过碱基互补而精确识别。这

Notes

段序列被称为核糖体结合位点(ribosomal binding site,RBS)。该序列于1974年由Shine J和Dalgarno L发现,故此也称为Shine-Dalgarno序列,简称为SD序列(图17-5b)。此外,mRNA上邻近RBS上游,还有一段短核苷酸序列,可被小亚基蛋白rpS-1识别并结合。通过上述RNA-RNA、RNA-蛋白质相互作用,小亚基可以准确定位mRNA上的起始密码子AUG。

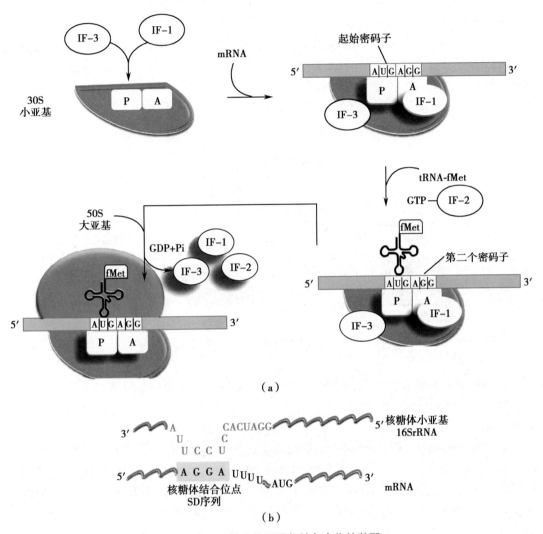

（a）

（b）

图17-5　原核生物翻译起始复合物的装配

(a)翻译起始复合物的装配过程;(b)rRNA识别mRNA的核糖体结合位点,保证翻译起始在起始密码子处

3. fMet-tRNA^fMet 结合在核糖体 P 位　fMet-tRNA^fMet 与结合了 GTP 的 IF-2 一起,识别并结合对应于小亚基 P 位的 mRNA 的起始密码子 AUG 处。此时,A 位被 IF-1 占据,不与任何氨基酰-tRNA 结合。

4. 核糖体大亚基结合形成翻译起始复合物　结合于 IF-2 的 GTP 被水解,释放的能量促使3 种 IF 释放,大亚基与结合了 mRNA、fMet-tRNA^fMet 的小亚基结合,形成由完整核糖体、mRNA、fMet-tRNA^fMet 组成的翻译起始复合物。

如前所述,原核生物的核糖体上存在着 3 个 tRNA 的结合区,分别称为氨基酰位(A 位)、肽酰位(P 位)和排出位(E 位)。在肽链合成时,新的氨基酰-tRNA 先进入的是 A 位,形成肽键后移至 P 位。但是在翻译起始复合物装配时,结合起始密码子 AUG 的 fMet-tRNA^fMet 直接结合至核糖体 P 位,A 位空留,且对应于起始密码子 AUG 后一个密码子,为新的氨基酰-tRNA 的进入及肽链延长做好了准备。

（二）真核生物翻译起始复合物的形成

真核生物翻译起始复合物的装配所需要的起始因子种类更多更复杂，mRNA 的 5'- 端的帽和 3'- 端的多聚 A 尾都是正确起始所依赖的。而且，起始 tRNA 先于 mRNA 结合在小亚基上，与原核生物的装配顺序不同（图 17-6）。

1. 核糖体大小亚基分离　起始因子 eIF-2B、eIF-3 与核糖体小亚基结合，在 eIF-6 参与下，促进 80S 核糖体解离成大、小亚基。

2. Met-tRNA$_i^{Met}$ 定位结合于小亚基 P 位　在 eIF-2B 的作用下，eIF-2 与 GTP 结合，再与 Met-tRNA$_i^{Met}$ 共同结合于小亚基，经水解 GTP 而释放出 GDP-eIF-2，从而使 Met-tRNA$_i^{Met}$ 结合于小亚基的 P 位，形成 43S 前起始复合物。

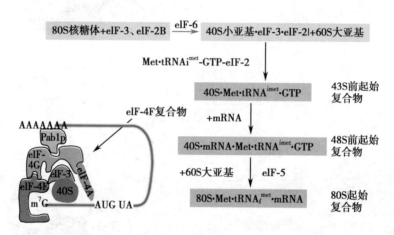

图 17-6　真核生物翻译起始复合物的装配

3. mRNA 与核糖体小亚基定位结合　Met-tRNA$_i^{Met}$- 小亚基沿着 mRNA，从 5'→3' 方向扫描，遇到起始密码子时，Met-tRNA$_i^{Met}$ 的反密码子与起始密码子 AUG 配对结合，形成 48S 前起始复合物。

小亚基 -Met-tRNA$_i^{Met}$ 复合体不会将开放阅读框内部的 AUG 错认为起始密码子，这是由于 eIF-4F 复合物（亦称为帽结合蛋白复合物）的特殊作用。eIF-4F 复合物包括了 eIF-4E、eIF-4G、eIF-4A 等各组分。其中，eIF-4G 结合多聚 A 尾结合蛋白 PAB，并与 eIF-4E 相互作用，而 eIF-4E 则负责结合 mRNA 的 5'- 端的帽结构，确保核糖体小亚基从 mRNA 的 5'- 端开始扫描，帮助 Met-tRNA$_i^{Met}$ 识别起始密码子。此外，核糖体中的 rRNA 和蛋白质亦参与对起始密码子周围序列的识别以决定真正的肽链合成起点。例如，真核生物的起始密码子常位于一段共有序列 CCRCCAUGG 中（R 为 A 或 G），该序列被称为 Kozak 共有序列（Kozak consensus sequence），为 18S rRNA 提供识别和结合位点。

4. 核糖体大亚基结合　一旦 48S 复合物定位于起始密码子，eIF-2 上结合的 GTP 即在 eIF-5 的作用下水解为 GDP 并从 48S 起始复合物中解离，继而导致其他起始因子离开 48S 前起始复合物。此时 60S 核糖体大亚基即可结合到 48S 前起始复合物，完成了 80S 起始复合物的最后装配。

# 二、延长阶段通过循环反应合成肽链

翻译起始复合物形成后，核糖体从 mRNA 的 5'- 端向 3'- 端移动，依据密码子顺序，从 N 端开始向 C 端合成多肽链。这是一个在核糖体上重复进行的进位、成肽和转位的循环过程（图 17-7），每完成 1 次循环，肽链上即可增加 1 个氨基酸残基。这一过程除了需要 mRNA、tRNA 和核糖体外，还需要数种延长因子以及 GTP 等参与。真核生物肽链延长过程与原核生物基本相似，只是

Notes

反应体系和延长因子不同。这里主要介绍真核生物的肽链延长过程,也会论及原核生物的特点。

1. **进位** 进位(entrance),又称注册(registration),是指一个氨基酰-tRNA 按照 mRNA 模板的指令进入并结合到核糖体 A 位的过程。起始复合物中的 A 位是空闲的,并对应着开放阅读框的第二个密码子,进入 A 位的氨基酰-tRNA 种类即由该密码子决定。氨基酰-tRNA 进位时需要先形成 GTP 复合物,这一三元复合物(氨基酰-tRNA-GTP)的形成需要 eEF-1α 和 eEF-1βγ。核糖体对氨基酰-tRNA 的进位有校正作用。肽链生物合成以很高速度进行,延长阶段的每一过程都有时限。在此时限内,只有正确的氨基酰-tRNA 能迅速发生反密码子-密码子互补配对结合而进入 A 位。反之,错误的氨基酰-tRNA 因反密码子-密码子不能配对结合,而从 A 位解离。这是维持肽链生物合成的高度保真性的机制之一。

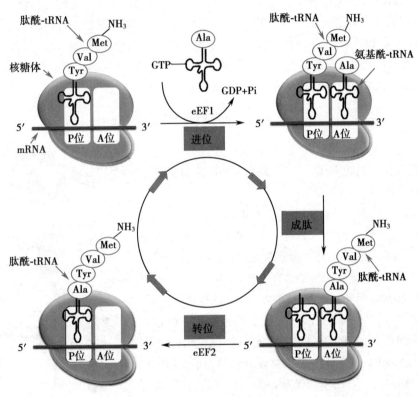

图 17-7　真核生物肽链延长过程

2. **成肽** 是指肽酰转移酶(转肽酶)催化两个氨基酸间肽键形成的反应。在起始复合物中,肽酰转移酶催化 P 位上的起始 tRNA 所携带的甲硫氨酰与 A 位上新进位的氨基酰-tRNA 的 α-氨基结合,形成二肽。第一个肽键形成后,二肽酰-tRNA 占据着核糖体 A 位,而卸载了氨基酸的 tRNA 仍在 P 位。从第三个氨基酸开始,肽酰转移酶催化的是 P 位上 tRNA 所连接的肽酰基与 A 位氨基酰基间的肽键形成。需要指出的是,肽酰转移酶的化学本质不是蛋白质,而是 RNA,因此属于一种核酶。原核生物核糖体大亚基中的 23S rRNA 具有肽酰转移酶的活性,在真核生物中,该酶的活性位于大亚基的 28S rRNA 中。

3. **转位** 指的是核糖体沿着 mRNA 的移位。成肽反应后,核糖体需要向 mRNA 的 3'-端移动一个密码子的距离,方可阅读下一个密码子。移位的结果是:①成肽后位于 P 位的 tRNA 所携带的氨基酸或肽在反应中交给了 A 位上的氨基酸,空载的 tRNA 从核糖体直接脱落;②成肽后位于 A 位的带有合成中的肽链的 tRNA(肽酰-tRNA)转到了 P 位上;③A 位得以空出,且准确定位在 mRNA 的下一个密码子,以接受一个新的对应的氨基酰-tRNA 进位。

转位需要 GTP,此过程需要延长因子的帮助。真核生物的转位过程需要的是延长因子 eEF-2。

Notes

该延长因子的含量和活性直接影响蛋白质合成速度，因此在细胞适应环境变化过程中是一个重要的调控靶点。

经过第二轮进位 - 成肽 - 转位，P 位出现三肽酰 -tRNA，A 位空留并对应于第四个氨基酰 -tRNA 进位。重复此过程，则有三肽酰 -tRNA、四肽酰 -tRNA 等陆续出现于核糖体 P 位，A 位空留，开始下一氨基酰 -tRNA 进位。这样，核糖体从 5'→3' 阅读 mRNA 中的密码子，连续进行进位、成肽、转位的循环过程，每次循环向肽链 C- 端添加一个氨基酸，使肽链从 N- 端向 C- 端延长。

原核生物的肽链延长机制与真核生物相同，但亦有差异。首先，所需要的延长因子不同，进位时需要 EF-Tu 和 EF-Ts，转位时需要 EF-G。其次，成肽反应后位于 P 位的空载 tRNA 要先进入核糖体上的 tRNA 出口位，或称 E 位，然后再脱落。

在肽链延长阶段中，每生成一个肽键，都需要直接从 2 分子 GTP（进位与转位各 1 分子）获得能量，即消耗 2 个高能磷酸键化合物；任何步骤出现不正确连接都需消耗能量而水解清除；加上合成氨基酰 -tRNA 时，已消耗了 2 个高能磷酸键，所以在蛋白质合成过程中，每生成 1 个肽键，平均需消耗 4 个高能磷酸键。这些能量用于维持遗传信息从 mRNA 到蛋白质的翻译过程的高度保真性；这使肽链以高速度合成，但出错率低于 $10^{-4}$。

## 三、终止阶段释放新生肽链

肽链上每增加一个氨基酸残基，就需要经过一次进位、成肽和转位反应。如此往复，直到核糖体的 A 位对应到了 mRNA 的终止密码子上。

终止密码子不被任何氨基酰 -tRNA 识别，只有释放因子 RF 能识别终止密码子而进入 A 位，这一识别过程需要水解 GTP。RF 的结合可触发核糖体构象改变，将肽酰转移酶活性转变为酯酶活性，水解肽链与结合在 P 位的 tRNA 之间的酯键，释出合成的肽，促使 mRNA、tRNA 及 RF 从核糖体脱离。mRNA 模板和各种蛋白质因子、其他组分都可被重新利用。

原核生物有 3 种 RF。RF1 识别 UAA 或 UAG，RF2 识别 UAA 或 UGA，RF3 则与 GTP 结合并使其水解，协助 RF1 与 RF2 与核糖体结合。真核生物仅有 eRF 一种释放因子，所有 3 种终止密码子均可被 eRF 识别。真核生物中肽链合成完成后的水解释放过程尚未完全了解，推测可能有其他的蛋白质因子参与这一过程。

无论在原核细胞还是真核细胞内，1 条 mRNA 模板链上都可附着 10～100 个核糖体。这些核糖体依次结合起始密码子并沿 5'→3' 方向读码移动，同时进行肽链合成，这种由多个核糖体结合在 1 条 mRNA 链上同时进行肽链合成所形成的聚合物称为多聚核糖体（polyribosome 或 polysome）（图 17-8）。多聚核糖体的形成可以使肽链生物合成以高速度、高效率进行。

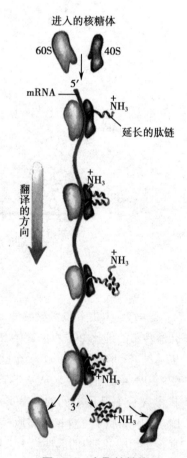

图 17-8　多聚核糖体

## 第三节　肽链合成后的加工和靶向输送

有些基因编码的多肽链并不形成蛋白质，而是多种小分子生物活性肽的来源。如阿黑皮素原（pro-opiomelanocortin，POMC）可被水解而生成促肾上腺皮质激素、β- 促脂解素、α- 促黑激

Notes

素、促皮质素样中叶肽、γ- 促脂解素、β- 内啡肽、β- 促黑激素、γ- 内啡肽及 α- 内啡肽等 9 种活性物质（图 17-9）。但绝大多数肽链在细胞质合成后，经过正确折叠形成蛋白质，并准确地到达其发挥功能的亚细胞区域或分泌到细胞外，发挥蛋白质的生物功能。

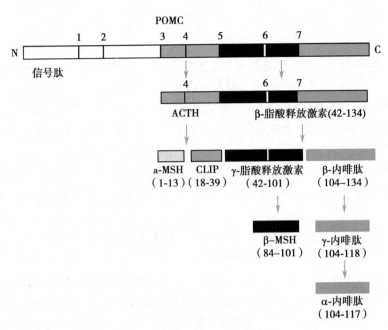

图 17-9　POMC 的水解修饰

POMC 的水解位点由 Arg-Lys、Lys-Arg 或 Lys-Lys 序列构成，用数字 1～7 表示。各活性物质下方括号内的数字为其在 POMC 中对应的氨基酸编号（将 ACTH 的 N- 端第一位氨基酸残基编为 1 号）

## 一、翻译后加工修饰使新生肽链成为成熟的有功能的蛋白质

新生肽链并不具有生物活性，它们必须正确折叠形成具有生物活性的三维空间结构，有的形成必需的二硫键，有的经过亚基的聚合形成具有四级结构的蛋白质。除此以外，许多蛋白质在翻译后还需经过蛋白水解作用切除一些肽段或氨基酸残基，或对某些氨基酸残基的侧链基团进行化学修饰等处理后才能成为有活性的成熟蛋白质。这一过程称为翻译后加工（post-translational processing）。

新生肽链的加工修饰有些在肽链合成过程中进行，即共翻译（co-translational），但绝大多数加工修饰发生在肽链合成完成后，即翻译后（post-translational），故一般都统称为翻译后加工。

（一）一级结构的加工修饰涉及肽链水解和共价修饰

在蛋白质一级结构层次进行的加工主要有：肽链的氨基或羧基末端的水解切除，前体蛋白质的水解加工，氨基酸残基的共价化学修饰等。这些加工修饰可以直接控制蛋白质的活性，对于蛋白质在细胞内发挥生物学功能具有重要作用。

此处重点介绍前两种加工方式，共价修饰在第四节中介绍。

1. 合成后肽链的末端被水解切除　新生肽链的 N 端的甲硫氨酸残基，在肽链离开核糖体后，大部分即由特异的蛋白水解酶切除。原核细胞中约半数成熟蛋白质的 N- 端经脱甲酰基酶切除 N- 甲酰基而保留甲硫氨酸，另一部分被氨基肽酶（aminopeptidase）水解而去除 N- 甲酰甲硫氨酸。真核细胞分泌型蛋白和跨膜蛋白的前体的 N- 端都有一 13～36 个氨基酸残基（以疏水氨基酸残基为主）的肽段，称为信号肽（signal peptide），这些信号肽在蛋白质成熟过程中需要被切除。有些情况下，C- 端的氨基酸残基也可被酶切除；从而使其蛋白质呈现特定功能。

2. 肽链中肽键水解　某些无活性的蛋白质前体可经蛋白酶水解，生成具有活性的蛋白质，如胰岛素原被酶解而生成胰岛素，多种蛋白酶原经裂解而活化成蛋白酶（第五章）。

### （二）蛋白质空间构象的形成涉及肽链折叠和亚基聚合

蛋白质的功能依赖于空间结构。因此，新生肽链合成后需要在一些酶或蛋白质的参与下进行正确折叠，才能形成具有生物活性的三维构象。结构较为复杂的蛋白质还涉及亚基的聚合和辅基连接。

1. 新生肽链折叠需要分子伴侣参与　细胞中大多数天然蛋白质的折叠都不是自发完成的。肽链在合成时，还未折叠的肽段有许多疏水基团暴露在外，具有分子内或分子间聚集的倾向，使蛋白质不能形成正确空间构象。这种结构混乱的肽链集合体产生过多对细胞有致命的影响。因此，肽链的折叠过程是在其他酶或蛋白质的辅助下快速完成。这些辅助性蛋白质可以指导新生肽链按特定方式正确折叠，它们被称为分子伴侣（molecular chaperone）。

分子伴侣的主要作用是：①封闭待折叠肽链暴露的疏水区段；②创建一个隔离的环境，可以使肽链的折叠互不干扰；③促进肽链折叠和去聚集；④遇到应激刺激，使已折叠的蛋白质去折叠。

分子伴侣并不能加快肽链折叠反应的速度，只是通过消除不正确折叠，增加功能性蛋白质折叠产率而促进天然蛋白质折叠。许多分子伴侣是 ATP 酶，能提供水解 ATP 产生的自由能。分子伴侣可逆地与未折叠肽段的疏水部分结合随后松开，如此重复进行可防止错误的聚集发生，使肽链正确折叠。分子伴侣也可识别并结合错误聚集的肽段，使之解聚后，再诱导其正确折叠。

细胞内分子伴侣可分为两大类，一类为核糖体结合性分子伴侣，包括触发因子和新生链相关复合物；另一类为非核糖体结合性分子伴侣，包括热激蛋白、伴侣蛋白等。鉴于篇幅所限，此处仅以热激蛋白、伴侣蛋白为例，简要介绍它们在多肽链折叠中的作用。此外，真核生物的肽链折叠机制尚有待阐明，故此处仅以大肠杆菌中的两种常见的折叠为例予以介绍。

（1）热激蛋白：热激蛋白（heat shock protein，HSP）亦称为热休克蛋白。属于应激反应性蛋白，高温刺激可诱导其合成。在蛋白质翻译后加工过程中，HSP 可促进需要折叠的肽链折叠为有天然空间构象的蛋白质。各种生物都有相应同源蛋白质，以大肠杆菌为例。

大肠杆菌中参与蛋白质折叠的热激蛋白包括 HSP70、HSP40 和 Grp E。HSP70 由基因 *Dna K* 编码，故 HSP70 又被称为 Dna K 蛋白。它有两个功能域（图 17-10）：一个是 N- 端的 ATP 酶结构域，能结合和水解 ATP；另一个是 C- 端的肽链结合结构域。辅助肽链折叠需要这两个结构域的相互作用及 HSP40（亦称 Dna J）和 Grp E 辅助。在 ATP 存在下，Dna J 和 Dna K 的相互作用可抑制肽链的聚集，Grp E 则作为核苷酸交换因子控制 Dna K 的 ATP 酶活性。

HSP 促进肽链折叠的基本过程称为 HSP70 反应循环，其具体步骤如图 17-10 所示。首先，Dna J 与未折叠或部分折叠的肽链结合，将肽链导向 Dna K-ATP 复合物，激活 Dna K 的 ATP 酶，使 ATP 水解，形成稳定的 Dna J-Dna K-ADP- 肽链复合物。接着，在 Grp E 的作用下，ATP 与 ADP 交换，复合物解离，释放出完全折叠的蛋白质或部分折叠的肽链，其中部分折叠的肽链可进入新一轮 HSP70 反应循环，最后完全折叠。

人类的 HSP 蛋白家族可存在于细胞胞质、内质网腔、线粒体、细胞核等部位，涉及多种细胞保护功能；如使线粒体和内质网蛋白质保持未折叠状态而转运、跨膜，再折叠成功能构象；通过上述类似机制，避免或消除蛋白质变性后因疏水基团暴露而发生的不可逆聚集，以利于清除变性或错误折叠的肽链中间物。

（2）伴侣蛋白 Gro EL 和 Gro ES：伴侣蛋白（chaperonin）是分子伴侣的另一个家族，代表性成员如大肠杆菌的 Gro EL 和 Gro ES，其主要作用是为非自发性折叠肽链提供能折叠形成天然空间构象的微环境。估计大肠杆菌细胞中约 10%～20% 的蛋白质折叠需要这一家族成员的辅助。

Gro EL 是由 14 个相同亚基组成的多聚体，可形成一桶状空腔，顶部是空腔的出口；Gro ES

Notes

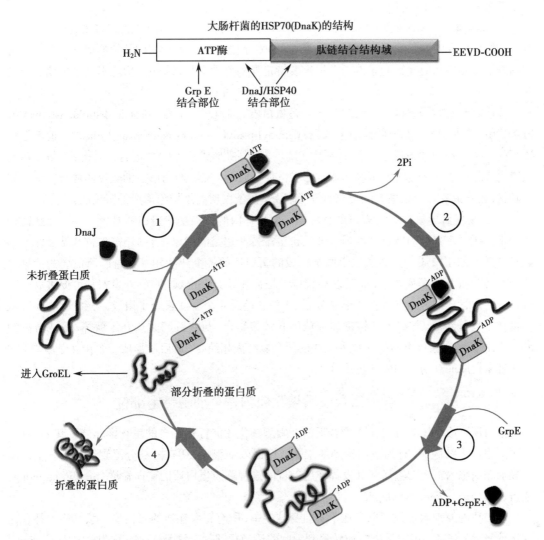

图 17-10　HSP70 辅助肽链折叠

是由 7 个相同亚基组成的圆顶状复合物，可作为 Gro EL 桶的盖子。需要折叠的肽链进入 Gro EL 的桶状空腔后，Gro ES 可作为"盖子"瞬时封闭 Gro EL 出口。封闭后的桶状空腔提供了能完成该肽链折叠的微环境，消耗大量 ATP，帮助肽链在密闭的 Gro EL 空腔内折叠（图 17-11）。折叠完成后，形成了天然空间构象的蛋白质被释放，Gro EL-Gro ES 复合物被再利用，尚未完全折叠的肽链可进入下一轮循环，重复以上过程，直到形成天然空间构象。

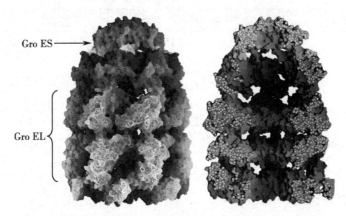

图 17-11　Gro ES-Gro EL 复合物
左为复合物整体结构示意图，右为复合物纵切面

Notes

　　**2. 二硫键形成和脯氨酸处正确折叠需要特定异构酶参与** 参与组成肽链的 20 种氨基酸中，有一些结构特殊的氨基酸（如半胱氨酸、脯氨酸）对于蛋白质正确空间构象的形成非常重要。含有这些氨基酸残基的肽链的正确折叠还需要特定异构酶的参与，这些异构酶本质上也属于分子伴侣。

　　目前，已发现有两种此类异构酶，一个是蛋白质二硫化物异构酶（protein disulfide isomerase，PDI），另一个是肽酰 - 脯氨酸顺反异构酶（peptidyl-prolyl cis-trans isomerase，PPIase）。前者催化错配的二硫键断裂并形成正确的二硫键连接，使蛋白质形成热力学稳定的天然构象，从而帮助肽链内或肽链之间二硫键的正确形成。后者可促进肽酰 - 脯氨酸间形成的顺反两种异构体之间的转换，使多肽在各脯氨酸弯折处形成正确折叠，是蛋白质三维构象形成的限速酶。

　　**3. 亚基聚合形成功能性蛋白质复合物** 生物体内的许多功能蛋白质是由 2 条以上肽链构成的蛋白质。多聚体的肽链之间通过非共价键维持一定空间构象，有些还需与辅基结合才能形成具有活性的蛋白质。由 2 条以上肽链构成的蛋白质的各个亚基相互聚合时所需要的信息蕴藏在肽链的氨基酸序列之中，而且这种聚合过程往往又有一定顺序，前一步骤常可促进后一聚合步骤的进行。成人血红蛋白由 2 条 α 链、2 条 β 链及 4 个血红素分子组成。合成好的 α 链从核糖体上自行释放，与尚未从核糖体释放的 β 链相结合，与 β 链同时离开核糖体，形成游离的 αβ 二聚体。此二聚体再与线粒体内生成的两个血红素相结合，最后才形成一个由 4 条肽链和 4 个血红素构成的有功能的血红蛋白分子。

## 二、蛋白质合成后被靶向输送至细胞特定部位

　　蛋白质合成后还需要被输送到合适的亚细胞部位才能行使各自的生物学功能。其中，有的蛋白质驻留于细胞液，有的被运输到细胞器或镶嵌入细胞膜，还有的被分泌到细胞外。蛋白质合成后在细胞内被定向输送到其发挥作用部位的过程称为蛋白质的靶向输送（protein targeting）或蛋白质分选（protein sorting）。

　　蛋白质的亚细胞定位信息存在于其自身结构中，所有靶向输送的蛋白质一级结构中都存在分选信号（表 17-4），可引导蛋白质转移到细胞的适当靶部位。这类序列统称为信号序列（signal sequence），是决定蛋白质靶向输送特性的最重要元件。这些序列有的在肽链的 N 端，有的在 C 端，有的在肽链内部；有的输送完成后切除，有的保留。通过对信号序列的分析，现代生物信息学可以从基因的结构推测其编码的蛋白质在细胞内的可能位置。

　　蛋白质的转运方式可分为两大类：一类是细胞内的蛋白质合成与转运同时发生，即翻译转运同步；另一类是蛋白质从核糖体上释放后才发生转运，属翻译后转运。

表 17-4　蛋白细胞亚组分分选信号

| 蛋白种类 | 信号序列 | 结构特点 |
|---|---|---|
| 分泌蛋白和质膜蛋白 | 信号肽 | 15～30 个氨基酸残基，位于 N- 端，中间为疏水性氨基酸残基 |
| 核蛋白 | 核定位信号 | 4～8 个氨基酸残基组成，位于内部，含 Pro、Lys 和 Arg，典型序列为 K-K/R-X-K/R |
| 内质网蛋白 | 内质网滞留信号 | C- 端的 Lys-Asp-Glu-Leu（KDEL） |
| 核基因组编码的线粒体蛋白 | 前导肽 | 20～35 个氨基酸，位于 N- 端 |
| 溶酶体蛋白 | 溶酶体靶向信号 | 甘露糖 -6- 磷酸（Man-6-P） |

　　**（一）分泌型蛋白在内质网加工转运**

　　分泌型蛋白质的合成与转运同时发生。它们的 N- 端都有信号肽（signal peptide）结构，由数十个氨基酸残基组成。信号肽具有以下共性：①N- 端有带正电荷的碱性氨基酸残基；②中段

Notes

为疏水核心区，主要含疏水的中性氨基酸；③C-端由一些极性相对较大、侧链较短的氨基酸残基组成，邻近有可被信号肽酶（signal peptidase）裂解的位点（图17-12a）。信号肽可以被细胞质中的信号识别颗粒（signal recognition particle，SRP）所识别。SRP是由7SL-RNA和6种不同的多肽链组成的RNA-蛋白质复合体。

含有信号肽的多肽的翻译转运机制（图17-12b）和步骤包括：①在核糖体上合成时，信号肽部分位于N端首先被合成，并被SRP所捕捉，SRP随即结合到核糖体上；②内质网膜上有SRP的受体（亦称为SRP对接蛋白），借此受体，SRP-核糖体复合体被引导到内质网膜上；③在内质网膜上，肽转位复合物（peptide translocation complex）形成跨内质网膜的蛋白质通道，正在合成的肽链穿过内质网膜孔进入内质网；④SRP脱离信号肽和核糖体，肽链继续延长直至完成；⑤信号肽在内质网内被信号肽酶切除；⑥肽链在内质网中折叠形成最终构象，随内质网膜"出

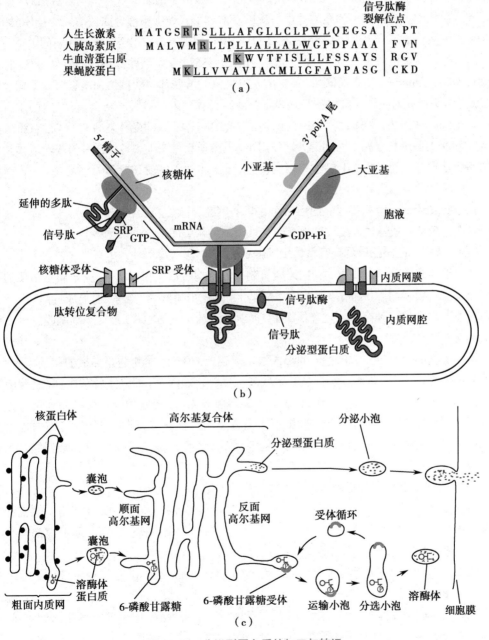

图 17-12　分泌型蛋白质的加工与转运

（a）信号肽结构，带阴影的字母为碱性氨基酸残基，带下划线的部分为疏水性氨基酸残基区域；
（b）信号肽引导合成中的核糖体和多肽至内质网；（c）囊泡形成和转运

"芽"形成的囊泡转移至高尔基复合体，最后在高尔基复合体中被包装进分泌小泡，转运至细胞膜，再分泌到细胞外（图17-12c）。

### （二）定位于内质网的蛋白质C-端含有滞留信号序列

内质网中含有多种帮助新生肽链折叠成天然构型的蛋白质，如分子伴侣等。与分泌型蛋白质一样，需要停留在内质网中执行功能的蛋白质先经粗面内质网上的附着核糖体合成并进入内质网腔，然后随囊泡输送到高尔基复合体。由于内质网定位的蛋白质肽链的C-端含有滞留信号序列，在高尔基复合体中的内质网蛋白质通过这一滞留信号序列与内质网上相应受体结合，随囊泡输送回内质网。

### （三）大部分线粒体蛋白质在细胞液合成后靶向输入线粒体

线粒体虽然含有DNA、核糖体、mRNA及tRNA等，可以进行蛋白质的生物合成，但绝大部分线粒体蛋白质是由细胞核基因组的基因编码、在细胞液中的游离核糖体上合成后释放、靶向输送到线粒体中。90%以上的线粒体蛋白质以其前体形式在细胞液合成后输入线粒体，如氧化磷酸化相关蛋白质等，其中大部分蛋白质定位于基质，其他定位于内膜、外膜或膜间隙。

线粒体基质定位的蛋白质前体的N-端有由20～35个氨基酸残基构成的信号序列，称为前导肽（leading peptide），富含丝氨酸、苏氨酸及碱性氨基酸残基。线粒体基质蛋白质的靶向输送过程是：①新合成的线粒体蛋白质与热激蛋白或线粒体输入刺激因子结合，以稳定的未折叠形式转运至线粒体外膜；②通过信号序列识别，结合线粒体外膜的受体复合物；③在热激蛋白水解ATP和跨内膜电化学梯度的动力共同作用下，蛋白质穿过由外膜转运体和内膜转运体共同构成的跨膜蛋白质通道，进入线粒体基质；④蛋白质前体被蛋白酶切除信号序列，在分子伴侣作用下折叠成有功能构象的蛋白质。

输送到线粒体内膜和膜间隙的蛋白质除了上述前导肽外，还含有另一段信号序列，其作用是引导蛋白质从基质输送到线粒体内膜或穿过内膜进入膜间隙。

### （四）质膜蛋白质由囊泡靶向转运至细胞膜

定位于细胞质膜的蛋白质的靶向跨膜机制与分泌型蛋白质相似。不过，质膜蛋白质的肽链并不完全进入内质网腔，而是锚定在内质网膜上，通过内质网膜"出芽"而形成囊泡。随后，跨膜蛋白质随囊泡转移到高尔基复合体加工，再随囊泡转运至细胞膜，最终与细胞膜融合而构成新的质膜。

不同类型的跨膜蛋白质以不同的形式锚定于膜上。例如，单跨膜蛋白质的肽链中除N-端的信号序列外，还有一段由疏水性氨基酸残基构成的跨膜序列，即终止转移序列，是跨膜蛋白质在膜上的嵌入区域。当合成中的肽链向内质网腔导入时，疏水的终止转移序列可与内质网膜的脂双层结合，从而使导入中的肽链不再向内质网腔内转移，形成一次性跨膜的锚定蛋白质。多次跨膜蛋白质的肽链中因有多个信号序列和多个终止转移序列，可在内质网膜上形成多次跨膜。

### （五）细胞核蛋白质由核输入因子运载经核孔入核

细胞核内含有多种蛋白质，如参与DNA复制、转录的各种酶及蛋白质因子等。它们都是在细胞液中合成后经核孔进入细胞核的。所有被靶向输送的细胞核蛋白质其肽链内都含有特异的核定位序列（nuclear localization signal，NLS）。

细胞核蛋白质的靶向输送需要核输入因子（nuclear importin）αβ异二聚体和低分子量G蛋白RAN。核输入因子αβ异二聚体可作为细胞核蛋白质的受体，识别并结合NLS序列。细胞核蛋白质的靶向输送过程如图17-13所示：①细胞液中合成的细胞核蛋白质与核输入因子αβ异二聚体结合形成复合物，并被导向核孔；②RAN水解GTP释能，细胞核蛋白质-核输入因子复合物通过耗能机制经核孔进入细胞核基质；③核输入因子β和α先后从上述复合物中解离，移出核孔而被再利用，细胞核蛋白质定位于细胞核内，NLS位于肽链内部，不被切除。

Notes

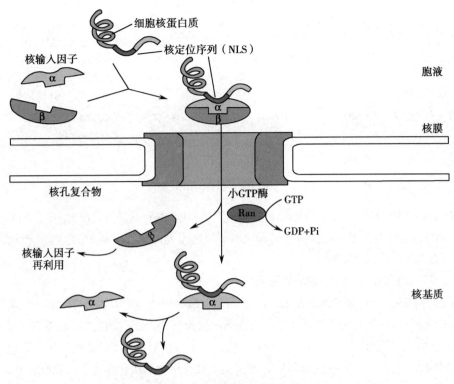

图 17-13　细胞核蛋白质的靶向输送

生物体蛋白质历经肽链合成的起始、延长与终止及其加工和靶向输送后发挥生物学功能；其后，在特定的时空条件下被降解。蛋白质的生物合成及其降解是几乎所有生命活动的基础。

## 第四节　蛋白质功能相关的化学修饰

蛋白质的翻译后加工修饰有多种形式，氨基酸残基的共价化学修饰就是其中最为常见的一种。这种翻译后化学修饰是对蛋白质进行共价加工的过程，由专一的酶催化，特异性地在蛋白质的一个或多个氨基酸残基上以共价键方式加上相应的化学基团或分子。修饰的位置包括蛋白质的 N 末端、C 末端和氨基酸残基的侧链基团。这种翻译后修饰并不仅仅是一种简单的表面上的"化妆"或"装饰"，它对于调节蛋白质的溶解度、活性、稳定性、亚细胞定位以及介导蛋白质之间的相互作用均具有重要作用。

尽管蛋白质的翻译后化学修饰种类繁多，但目前机制相对清楚的仅仅是其中的一小部分。常见的修饰有磷酸化、糖基化、乙酰化、甲基化、脂基化、泛素化和 SUMO 化修饰等。其中糖基化修饰和泛素化修饰已分别在第三章和第九章介绍，本节主要介绍其他几种常见类型的修饰（表 17-5）。

表 17-5　不同的翻译后化学修饰方式

| 修饰方式 | 修饰物 | 供体 | 氨基酸残基 | 酶 |
|---|---|---|---|---|
| 磷酸化修饰 | 磷酸 | ATP | Ser, Thr, Tyr | 磷酸化：蛋白激酶<br>去磷酸化：蛋白磷酸酶 |
| 乙酰化修饰 | 乙酰基 | 乙酰辅酶 A | Lys | 乙酰化：HAT<br>去乙酰化：HDAC |
| 甲基化修饰 | 甲基 | SAM | Lys, Arg | 甲基化：PKMT, PRMT<br>去甲基化：LSD1 |

Notes

续表

| 修饰方式 | 修饰物 | 供体 | 氨基酸残基 | 酶 |
|---|---|---|---|---|
| 脂基化修饰 | 棕榈酰基<br>法呢基 | 棕榈酰辅酶 A<br>法呢基焦磷酸 | Cys | 棕榈酰化：PAT<br>法呢基化：法呢基转移酶<br>去棕榈酰化：硫酯酶 |
| SUMO 化修饰 | SUMO | SUMO | Lys | SUMO 化：E1, E2, E3<br>去 SUMO 化：SUP |

# 一、磷酸化修饰

蛋白质的磷酸化修饰是最常见的翻译后化学修饰方式。这种修饰方式由 Krebs E 和 Fischer E 于 1955 年发现，两人也因其在蛋白质磷酸化调节机制方面的研究所做出的巨大贡献而共同获得 1992 年的诺贝尔生理学 / 医学奖。

## （一）蛋白质磷酸化由蛋白激酶催化完成

蛋白质磷酸化（protein phosphorylation）是由蛋白激酶催化、将 ATP 或 GTP 的 γ 位磷酸基转移到底物蛋白的特定氨基酸残基上的过程。在磷酸化反应中，由于蛋白质氨基酸侧链加入了一个带有强负电的磷酸基团，发生酯化作用，从而改变了蛋白质的构象、活性及其与其他分子相互作用的性能。大部分细胞中至少有 30% 的蛋白质被可逆的磷酸化和去磷酸化修饰所调控。

蛋白激酶（protein kinase, PK）是目前已知最大的蛋白家族，约有 500 多种。所有蛋白激酶都有一个非常保守的催化核心和多种调控模式。催化核心由 250～300 个氨基酸残基组成。催化核心以外的区域往往与 PK 的酶活性调节和亚细胞定位有关，但没有进化同源性。大多数蛋白激酶表现出一定的底物特异性，但并不是绝对的。一种蛋白质可以是几种蛋白激酶的底物，同样一种蛋白激酶可以有多种底物。

底物蛋白中能够与磷酸结合的基团主要是酪氨酸、丝氨酸、苏氨酸残基侧链的羟基。这些氨基酸在蛋白质分子中数量很多，但并不是所有的残基的侧链羟基都可与磷酸基团结合。在蛋白质分子中，通常是一个或数个酪氨酸、丝氨酸或苏氨酸残基被磷酸化，特定位点的磷酸化是由蛋白激酶的特异性所决定的。

根据底物的磷酸化位点可将蛋白激酶分为 3 大类：①蛋白质丝氨酸 / 苏氨酸激酶（protein serine/threonine kinase），是一大类特异性催化蛋白质丝氨酸和（或）苏氨酸残基磷酸化的激酶家族；②蛋白质酪氨酸激酶（protein tyrosine kinase, PTK），是一类特异性催化蛋白质酪氨酸残基磷酸化的激酶家族，分为受体型 PTK 和非受体型 PTK；③双重底物特异性蛋白激酶（double specific protein kinase, DSPK），这类激酶可以使底物蛋白的酪氨酸和丝氨酸或苏氨酸残基磷酸化。这些蛋白激酶的特点将在第二十章介绍。

## （二）蛋白质去磷酸化由蛋白质磷酸酶催化完成

蛋白质磷酸化的逆过程是去磷酸化，由蛋白质磷酸酶（protein phosphatase, PP）催化，将磷酸基从蛋白质上除去，故称为蛋白质去磷酸化（protein dephosphorylation）。蛋白磷酸酶的数量远远少于蛋白激酶，与蛋白激酶相比，其底物特异性低。根据磷酸化的氨基酸残基不同可将蛋白磷酸酶分为两类：①蛋白质丝氨酸 / 苏氨酸磷酸酶。将磷酸化的丝氨酸和（或）苏氨酸残基去磷酸化的蛋白磷酸酶有 PP1、PP2A、PP2B、PP2C、PPX 等，其亚细胞定位各有侧重，均有亚型。PP1 主要存在于细胞质（其中 PP1A 位于糖原产生的区域，PP1G 位于肌质网，PP1M 位于肌丝，PP1N 位于细胞核）；PP2A 主要存在于细胞质，少数在线粒体和细胞核；PP2C 主要存在于细胞质；PPX 存在于细胞核和中心体。②蛋白质酪氨酸磷酸酶。目前已发现有 30 多种蛋白质酪氨酸磷酸酶，其中 1/3 是跨膜的蛋白质酪氨酸磷酸酶，类似受体分子；大部分（约 2/3）则位于胞质，

Notes

为非受体型蛋白质酪氨酸磷酸酶。这两类酶除高度保守的催化亚单位外，非催化区氨基酸序列有很大区别。

### （三）蛋白质磷酸化修饰的生物学作用

蛋白质的磷酸化修饰是生物体内普遍存在的一种调节方式，几乎涉及所有生命活动过程。从其直接分子效应来讲，它能直接增强或减弱被修饰蛋白质的酶活性或其他活性，改变其亚细胞定位及与其他蛋白质或生物分子的相互作用。藉此作用，蛋白质的磷酸化修饰在细胞信号转导、神经活动、肌肉收缩以及细胞增殖、分化和凋亡等生理和病理过程中均起重要作用。如：激素等细胞外信号分子与受体结合后，可激活细胞内蛋白激酶，后者可磷酸化细胞内一系列底物蛋白，从而引发一系列生物学效应。此外，在物质代谢调节、DNA 损伤修复等过程中，关键酶的活性也大都是通过蛋白质磷酸化和去磷酸化而进行调节的。

## 二、乙酰化修饰

乙酰化也是细胞内蛋白质修饰的一种重要形式。细胞内许多蛋白质都可以发生乙酰化修饰。

### （一）蛋白质乙酰化由乙酰基转移酶催化完成

蛋白质乙酰化（protein acetylation）是指在乙酰基转移酶的催化下，将乙酰基团转移到底物蛋白的赖氨酸残基侧链上的过程。乙酰辅酶 A 是乙酰基团的供体。当底物蛋白发生乙酰化修饰时，乙酰化会中和赖氨酸残基的正电荷，从而影响底物蛋白的构象和功能（图 17-14）。例如，组蛋白中的赖氨酸残基的乙酰化修饰，是调控基因表达的重要方式。催化组蛋白中赖氨酸乙酰化的酶是组蛋白乙酰基转移酶（histone acetyltransferase, HAT）家族。目前已知，人的 HAT 家族有多个亚家族，至少包括 15 个成员，其中以 PCAF、p300 和 CBP 最具特征性、作用最强。

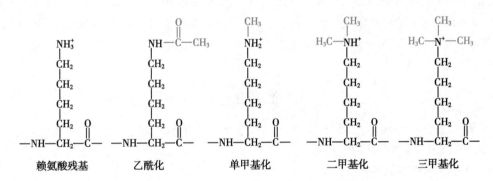

图 17-14　赖氨酸残基的乙酰化和甲基化修饰

### （二）蛋白质去乙酰化由去乙酰化酶催化完成

蛋白质乙酰化的逆反应过程是由蛋白质去乙酰化酶催化完成，称为蛋白质去乙酰化（protein deacetylation）。例如，催化组蛋白赖氨酸残基去乙酰化的酶是组蛋白去乙酰化酶（histone deace-tylase, HDAC）家族。根据其功能及序列同源性，分为 3 类。第一类，主要包括 HDAC1、HDAC2 和 HDAC3；第二类，主要包括 HDAC4、HDAC5 和 HDAC6；第三类有 7 个成员（SIRT1 至 SIRT7）。前两类酶的辅助因子为 $Zn^{2+}$，第三类则为依赖 $NAD^+$ 的去乙酰化酶。

### （三）蛋白质乙酰化的生物学作用

早在 40 多年前，科学家最先发现组蛋白的乙酰化修饰。随后，又陆续发现更多的非组蛋白如转录因子 p53 和 E2F1 等也被乙酰化修饰。目前认为，组蛋白的乙酰化主要参与染色质结构的重塑和转录激活，而转录因子等非组蛋白的乙酰化则参与调节转录因子与 DNA 的结合、影响蛋白质之间的相互作用及蛋白质的稳定性。近年来，也发现乙酰化可以修饰代谢酶，由此调节代谢酶的活性及代谢通路。

Notes

## 三、甲基化修饰

蛋白质的甲基化同其他翻译后修饰过程一样，机制复杂，在生命调控过程中地位重要。

### （一）蛋白质甲基化由甲基转移酶催化完成

蛋白质甲基化（protein methylation）是指在甲基转移酶催化下，甲基由 S-腺苷甲硫氨酸转移至相应蛋白质的过程。甲基虽然不能明显改变整个氨基酸的电荷，只是替代了氨基上的氢原子，但却减少了氢键的形成数量，而且甲基的加入增加了空间阻力，进而影响底物蛋白质与其他蛋白质的相互作用。

催化蛋白质甲基化的酶是甲基转移酶，包括蛋白质赖氨酸甲基化酶（protein lysine methyltransferase，PKMT）和蛋白质精氨酸甲基化酶（protein arginine methyltransferase，PRMT），分别催化底物蛋白在赖氨酸（图 17-4）或精氨酸侧链氨基上进行甲基化。另外，也有在天冬氨酸或谷氨酸侧链羧基上进行甲基化形成甲酯的形式，由其他酶催化完成。

### （二）蛋白质去甲基化由去甲基化酶催化完成

与磷酸化和乙酰化修饰不同，蛋白质的甲基化修饰的可逆性在研究早期存在较大争议。但近年来陆续发现，细胞内确实有相应的去甲基化酶催化去甲基化过程，如赖氨酸特异性去甲基化酶 LSD1 以及可以将甲基化的精氨酸转化为瓜氨酸的肽酰精氨酸脱亚氨酶 4（peptidyl arginine deiminase 4，PADI4）等。

### （三）蛋白质甲基化的生物学作用

蛋白质甲基化修饰可产生多种不同的效应，包括影响蛋白质之间的相互作用、蛋白质和 RNA 之间的相互作用、蛋白质的定位、RNA 加工、细胞信号转导等。如组蛋白甲基化可影响异染色质形成、基因印记和转录调控。组蛋白 H3K9、H3K27 和 H4K20 的甲基化与染色体的钝化过程有关；而 H4K9 的甲基化可能与大范围的染色质水平的抑制有关；H3K4、H3K36 和 H3K79 位点的甲基化与染色体转录激活过程有关；组蛋白 H3R2、H3R4、H3R17 和 H3R26 位点精氨酸甲基化修饰可以增强转录。

## 四、脂基化修饰

脂基化蛋白是一类膜结合蛋白，其特定的脂基化修饰可帮助这类蛋白在细胞膜上定位，并进一步协助该蛋白发挥其生物学功能。

### （一）蛋白质脂基化有多种类型

蛋白质脂基化（protein lipidation）是在酶的催化下，疏水性的脂肪酸或类异戊二烯基团（isoprenoid group）被共价连接至蛋白质分子上的过程。这些疏水性基团通常与蛋白质分子中半胱氨酸残基侧链基团中的巯基通过共价键相连。常见的修饰包括棕榈酰化（palmitoylation）、法呢基化（farnesylation）和四异戊二烯化（geranylgeranylation）等，分别由棕榈酸酰基转移酶（palmitoyl acyltransferase，PAT）、法呢基转移酶（farnesyl transferase）和四异戊二烯转移酶（geranylgeranyl transferase）催化完成。

蛋白质脂基化修饰基本上都是不可逆过程，只有棕榈酰化修饰是可逆的。棕榈酸和半胱氨酸残基之间的硫酯键可以被硫酯酶（thioesterase）催化破坏。

### （二）蛋白质脂基化的生物学作用

蛋白质的脂基化引入了疏水性基团，能够增强蛋白质在细胞膜上的亲和性，有些蛋白质分子常同时发生棕榈酰化和法呢基化修饰，可使其与生物磷脂膜具有更好的相溶性，将蛋白质锚定在细胞膜上。此外，被脂基化修饰的蛋白质分子在介导细胞信号转导方面尤其具有重要作用，此外也与蛋白质的亚细胞定位、蛋白质的转运、蛋白质之间的相互作用以及蛋白质的稳定性等有关。蛋白质脂基化异常与肿瘤等疾病的发生发展密切相关，法呢基转移酶和棕榈酰基转

Notes

移酶的靶向抑制剂对肿瘤细胞的生长具有明显的抑制作用。

## 五、类泛素化修饰

泛素发现后，科学家又陆续发现了一些与之结构和功能类似的小分子蛋白，称为类泛素或泛素样蛋白（ubiquitin-like protein，UBL），包括小泛素相关修饰物（small ubiquitin related modifier，SUMO）、NEDD 和 ISG15 等。

与泛素的作用方式类似（见第九章中泛素化修饰），这些类泛素蛋白也可以作为蛋白质修饰物，在特定酶的催化下，与底物蛋白共价结合，这就是蛋白质的类泛素化修饰（ubiquitin-like modification），包括 SUMO 化修饰和 NEDD 化修饰等。与前述的磷酸化和乙酰化等蛋白质修饰方式不同，泛素化修饰和类泛素化修饰的修饰物不是磷酸和乙酰基等"小"的化学基团，而是"大"的小分子蛋白质。

此处仅着重介绍 SUMO 化修饰。

### （一）SUMO 的结构

SUMO 蛋白分布广泛，存在于从酵母到人的各种真核生物细胞中。人 SUMO 家族包括 SUMO1、SUMO2、SUMO3 和 SUMO4 四个成员。其分子量均在 12kD 左右，约含 100 个氨基酸残基。SUMO 与泛素的一级结构相似度很低，如 SUMO1 仅有约 18% 的序列与泛素相同。但 SUMO 与泛素的三维结构极为相似，即一个 β- 折叠缠绕一个 α- 螺旋的球状折叠，而且参与反应的 C- 端双 Gly 残基位置也十分相似。不同的是 SUMO 的 N- 端还含有一个约 10～25 个氨基酸残基的柔韧延伸，而泛素无此结构；二者的表面电荷分布也不同，这提示它们可能具有不同的功能。

### （二）SUMO 化修饰与泛素化修饰过程类似

与泛素化修饰类似，SUMO 化修饰也依赖 ATP，需要 E1、E2 和 E3 三种酶参与。SUMO E1 活化酶是一种含 SAE1 和 SAE2 两个亚基的异二聚体。SUMO E2 结合酶仅有一种，即 Ubc9。SUMO E3 连接酶有多种，包括 PIAS 家族的 PIAS1 和 PIAS3，以及核孔蛋白 RanBP2 等。

首先，由 SUMO E1 活化酶催化，消耗 1 分子 ATP，使 SUMO 通过其 C 末端的甘氨酸残基与 SAE2 亚基中的半胱氨酸残基形成硫酯键相连。然后，SUMO 被转移至 SUMO E2 结合酶即 Ubc9，同样与 Ubc9 中的半胱氨酸残基以硫酯键相连。Ubc9 催化使 SUMO 的 C 末端的甘氨酸残基与底物蛋白的赖氨酸残基通过异肽键相连，Ubc9 通常和一个特异性的 SUMO E3 连接酶一起发挥催化作用。被 SUMO 化修饰的底物蛋白赖氨酸残基通常出现于一种特殊的序列模式中，即 Ψ-K-X-D/E（Ψ 代表疏水性氨基酸，K 是 SUMO 修饰的赖氨酸，X 代表任意氨基酸，D 为天冬氨酸，E 为谷氨酸）。SUMO E2 结合酶 Ubc9 能够与该序列结合从而决定了 SUMO 化底物的选择性。

SUMO 化修饰是可逆的。去 SUMO 化由 SUMO 特异性蛋白酶（SUMO-specific protease，SUP）催化水解异肽键，从而释放 SUMO（图 17-15）。

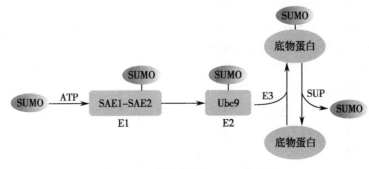

图 17-15　蛋白质的 SUMO 化修饰

### （三）SUMO 化修饰的生物学作用

SUMO 的分子结构及修饰过程都与泛素类似，但二者功能完全不同。SUMO 化修饰可参与转录调节、核转运、维持基因组完整性及信号转导等多种细胞内活动，是一种重要的多功能蛋白质翻译后修饰方式。目前发现的 SUMO 化修饰的底物蛋白已超过 120 余种，绝大部分属于核蛋白。但近年来发现一些非核蛋白及外来蛋白也可以发生 SUMO 化，说明该修饰在细胞核外也发挥重要作用。

1. **SUMO 化的核内底物多数都是转录调节因子或共调节因子**　在哺乳动物中，SUMO 化对许多转录因子产生负调控作用，包括转录因子 ELK、SP3、SREBP、STAT1、SRF、c-Myb、C/EBP；此外，对转录共激活因子 p300 以及雄激素受体和孕激素受体也可起到负性调控的作用。但 SUMO 也可通过热激蛋白 HSF1、HSF2 和 β-catenin 活化因子 TCF4 对转录激活起正性调控作用。

2. **SUMO 参与维持基因组的完整性及调节染色体凝集与分离**　SUMO 结合对于维持高度有序的染色质结构及协助染色体分离都有一定的作用。研究发现，裂殖酵母若缺失 SUMO 连接虽然可以存活，但长势很差，对 DNA 损伤剂非常敏感，发生染色体丢失和畸形有丝分裂的频率也大大增加。

3. **SUMO 参与 DNA 修复过程**　SUMO E3 连接酶 MMS21/NSE2 能催化 SMC5/6 复合体 SUMO 化，参与 DNA 双链断裂的修复，若此 E3 连接酶功能丧失则会引起 DNA 损伤敏感性增高。

4. **SUMO 可拮抗泛素的作用以增加蛋白质的稳定性**　SUMO 可与泛素竞争结合底物蛋白的同一赖氨酸结合位点，从而达到阻止蛋白降解的作用。如在正常情况下，转录因子 NF-κB 在胞质中与抑制物 IκBα 结合处于非活性状态，在外界刺激作用下，IκBα 发生泛素化随之被蛋白酶体降解，从而使 NF-κB 进入细胞核，激活靶基因转录。而 SUMO 可与泛素竞争结合 IκBα 的同一赖氨酸位点，使之免受泛素 - 蛋白酶体系统的降解。

5. **SUMO 可调节蛋白质的核质转运及信号转导**　RanGAP1 是第一个被发现的 SUMO 的重要底物。SUMO 化的 RanGAP1 具有活化小 GTP 酶蛋白 Ran 的重要功能。因为 Ran 是核孔复合体中的重要成分，具有控制蛋白质核质转运的功能，RanGAP1 的 SUMO 化便成了 Ran 发挥核质转运功能不可缺少的条件。

## 六、不同翻译后修饰过程的相互协调与影响

在体内，各种翻译后修饰过程不是孤立存在的。在很多细胞活动中，需要各种翻译后修饰的蛋白质共同作用。

### （一）在细胞信号转导的过程中存在多种蛋白质翻译后修饰

细胞外信号分子与膜受体结合，将细胞所处环境的刺激信号导入细胞内，首先被活化的是一些脂基化修饰的蛋白质，信号经由这些蛋白质向下游传递。在信号传递的过程中，信号转导蛋白被依次激活。而许多蛋白质激活的方式是蛋白质磷酸化修饰。其中，许多信号转导蛋白本身就是蛋白激酶，通过磷酸化修饰而被激活，进而又将下游分子磷酸化。在大多数的信号转导过程中，脂基化蛋白是一系列蛋白质磷酸化修饰的开端，这些磷酸化修饰过程又分别受到特定的蛋白激酶调节，是细胞信号转导过程中的主体。

### （二）一种蛋白质可以有一种以上的翻译后修饰

在 RNA 聚合酶Ⅱ控制的基因表达过程中，磷酸化和糖基化修饰对 RNA 聚合酶Ⅱ起到了不同的作用。RNA 聚合酶 C- 端是高度糖基化区域，聚合酶从进入细胞核到与转录因子相互作用的过程中，蛋白质会迅速并且完全发生去糖基化，同时发生磷酸化。这说明 RNA 聚合酶只有在非磷酸化时才可能有大量的乙酰葡萄糖基团，并且磷酸化和糖基化是分别在核膜的内、外两侧发生。糖基化同磷酸化的作用位点可能相同，并影响 RNA 聚合酶的磷酸化程度。

组蛋白可以同时被甲基化和乙酰化共同修饰。组蛋白上乙酰化和甲基化的主要作用位点

Notes

是组蛋白 H3 和 H4 末端保守的赖氨酸残基。组蛋白乙酰化修饰贯穿整个细胞周期,而甲基化修饰多发生在 G₂ 期以及异染色质组装过程。有实验显示,组蛋白末端赖氨酸的乙酰化和甲基化具有修饰的特殊关联性,这种关联性可能具有对抗或者协同的生物学功能。

## 第五节　蛋白质生物合成与医学

生物体内蛋白质的合成和加工是一个十分复杂的过程,任何一个环节发生错误都可能导致疾病的发生。由于蛋白质的生物合成对于细胞的存活和增殖不可或缺,因此很多抗生素以及一些毒素或生物活性物质正是通过干扰原核生物或真核生物的蛋白质生物合成而发挥其作用。

### 一、蛋白质生物合成与疾病发生

细胞内蛋白质合成的直接信息模板是 mRNA,mRNA 的序列信息则"抄录"自基因组 DNA。因此,基因编码区如果发生突变,就有可能造成蛋白质一级结构中关键氨基酸残基的改变,造成蛋白质结构和功能异常,进而导致疾病发生。如典型的蛋白质分子病镰刀形红细胞贫血,往往就是因为编码人的珠蛋白基因出现单个碱基突变,从而导致珠蛋白 β 亚基第 6 位氨基酸残基由谷氨酸改变为缬氨酸。

蛋白质生物合成过程的异常与一些疾病也密切相关。例如,总体来讲,恶性肿瘤细胞的蛋白质合成速率明显高于正常细胞。

此外,多肽链的正确折叠对于蛋白质形成正确的空间构象和执行其功能也至关重要。因此,蛋白质合成后的加工修饰如蛋白质折叠异常,会导致蛋白质空间构象异常,进而也可引起相应的疾病如阿尔茨海默病、帕金森病等,故此类疾病被统称为蛋白质空间构象病。

### 二、蛋白质生物合成的干扰及抑制

蛋白质生物合成是许多药物和毒素的作用靶点。这些药物或毒素可以通过阻断原核或真核生物蛋白质合成体系中某组分的功能、从而干扰和抑制蛋白质生物合成过程。原核生物与真核生物的翻译过程既相似又有差别,这些差别在临床医学中有重要应用价值。如抗生素能杀灭细菌但对真核细胞无明显影响,可以蛋白质生物合成所必需的关键组分作为研究新的抗菌药物的靶点。某些毒素也作用于基因信息传递过程,对毒素作用原理的了解,不仅能研究其致病机制,还可从中发现寻找新药的途径。

#### （一）许多抗生素通过抑制肽链生物合成发挥作用

某些抗生素(antibiotics)可抑制细胞的蛋白质合成,仅仅作用于原核细胞蛋白质合成的抗生素可作为抗菌药,抑制细菌生长和繁殖,预防和治疗感染性疾病。作用于真核细胞的蛋白质合成的抗生素可以作为抗肿瘤药(表 17-6)。

**1. 抑制肽链合成起始的抗生素**　伊短菌素(edeine)和密旋霉素(pactamycin)引起 mRNA 在核糖体上错位而阻碍翻译起始复合物的形成,对所有生物的蛋白质合成均有抑制作用。伊短菌素还可以影响起始氨基酰 -tRNA 的就位和 IF-3 的功能。晚霉素(eveninomycin)结合于 23S rRNA,阻止 fMet-tRNA^fMet 的结合。

**2. 抑制肽链延长的抗生素**

(1) 干扰进位的抗生素:四环素(tetracycline)和土霉素(terramycin)特异性结合 30S 亚基的 A 位,抑制氨基酰 -tRNA 的进位。粉霉素(pulvomycin)可降低 EF-Tu 的 GTP 酶活性,从而抑制 EF-Tu 与氨基酰 -tRNA 结合;黄色霉素(kirromycin)阻止 EF-Tu 从核糖体释出。

(2) 引起读码错误的抗生素:氨基糖苷(aminoglycoside)类抗生素能与 30S 亚基结合,影响翻译的准确性。例如,链霉素(streptomycin)与 30S 亚基结合,改变 A 位上氨基酰 -tRNA 与其对

Notes

应的密码子配对的精确性和效率,使氨基酰 -tRNA 与 mRNA 错配;潮霉素 B(hygromycin B)和新霉素(neomycin)能与 16S rRNA 及 rpS12 结合,干扰 30S 亚基的解码部位,引起读码错误。这些抗生素均能使延长中的肽链引入错误的氨基酸残基,改变细菌蛋白质合成的忠实性。

　　(3)影响成肽的抗生素:氯霉素(chloramphenicol)可结合核糖体 50S 亚基,阻止由肽酰转移酶催化的肽键形成;林可霉素(lincomycin)作用于 A 位和 P 位,阻止 tRNA 在这两个位置就位而抑制肽键形成;大环内酯类(macrolide)抗生素如红霉素(erythromycin)能与核糖体 50S 亚基中肽链排出通道结合,阻止新生肽链从核糖体大亚基中排出,从而阻止肽键的进一步形成;嘌呤霉素(puromycin)的结构与酪氨酰 -tRNA 相似,在翻译中可取代酪氨酰 -tRNA 而进入核糖体 A 位,中断肽链合成;放线菌酮(cycloheximide)特异性抑制真核生物核糖体肽酰转移酶的活性。

　　(4)影响转位的抗生素:夫西地酸(fusidic acid)、硫链丝菌肽(thiostrepton)和微球菌素(micrococcin)抑制 EF-G 的酶活性,阻止核糖体转位。壮观霉素(spectinomycin)结合核糖体 30S 亚基,阻碍小亚基变构,抑制 EF-G 催化的转位反应。

表 17-6　常用抗生素抑制肽链生物合成的原理与应用

| 抗生素 | 作用位点 | 作用原理 | 应用 |
| --- | --- | --- | --- |
| 伊短菌素 | 原核、真核核糖体小亚基 | 阻碍翻译起始复合物的形成 | 抗病毒药 |
| 四环素、土霉素 | 原核核糖体小亚基 | 抑制氨基酰 -tRNA 与小亚基结合 | 抗菌药 |
| 链霉素、新霉素、巴龙霉素 | 原核核糖体小亚基 | 改变构象引起读码错误、影响肽链延长 | 抗菌药 |
| 氯霉素、林可霉素、红霉素 | 原核核糖体大亚基 | 抑制肽酰转移酶、阻断肽链延长 | 抗菌药 |
| 嘌呤霉素 | 原核、真核核糖体 | 使肽酰基转移到它的氨基上后脱落 | 抗肿瘤药 |
| 放线菌酮 | 真核核糖体大亚基 | 抑制肽酰转移酶、阻断肽链延长 | 医学研究 |
| 夫西地酸、微球菌素 | EF-G | 抑制 EF-G、阻止转位 | 抗菌药 |
| 壮观霉素 | 原核核糖体小亚基 | 阻止转位 | 抗菌药 |

### (二)某些毒素抑制真核生物蛋白质合成

　　某些毒素可经不同机制干扰真核生物蛋白质合成而呈现毒性作用。白喉毒素(diphtheria toxin)是真核细胞蛋白质合成的抑制剂,能在肽链延长阶段阻断蛋白质合成而呈现毒性。它作为一种修饰酶,可使 eEF-2 发生 ADP 糖基化共价修饰,生成 eEF-2 腺苷二磷酸核糖衍生物(称为白喉酰胺),使 eEF-2 失活(图 17-16)。

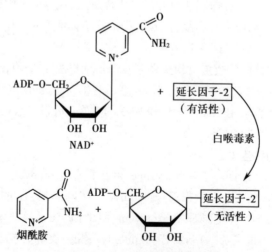

图 17-16　白喉毒素的作用原理

Notes

蓖麻毒素（ricin）是蓖麻籽中所含的植物糖蛋白，由 A、B 两条肽链组成，两链间由一个二硫键连接。A 链是一种蛋白酶，可作用于真核生物核糖体大亚基的 28S rRNA，催化其中特异腺苷酸发生脱嘌呤基反应，使 28S rRNA 降解而致核糖体大亚基失活；B 链对 A 链的毒性发挥具有重要的促进作用，B 链上的半乳糖结合位点也是毒素发挥毒性作用的活性部位。

### （三）干扰素经抑制蛋白质生物合成而呈现抗病毒作用

干扰素（interferon, IFN）是真核细胞被病毒感染后分泌的一类具有抗病毒作用的蛋白质，可抑制病毒的繁殖。

干扰素抑制病毒繁殖的作用机制有两种：一是干扰素能诱导细胞内一种特异的蛋白激酶活化，该活化的蛋白激酶使 eIF-2 磷酸化而失活，从而抑制病毒蛋白质合成。二是干扰素能与双链 RNA 共同活化特殊的 $2'$, $5'$ 寡聚腺苷酸（$2'$-$5'$A）合成酶，催化 ATP 聚合，生成核苷酸间以 $2'$, $5'$ 磷酸二酯键连接的 $2'$-$5'$A 多聚物，后者活化核酸酶 RNase L 来降解病毒 mRNA，从而阻断病毒蛋白质合成。干扰素除抗病毒作用外，还有调节细胞生长分化、激活免疫系统等作用；临床应用十分广泛。现在我国已能用基因工程技术生产人类干扰素，是继基因工程生产的胰岛素之后，较早获准在临床使用的基因工程药物。

## 小　结

蛋白质的生物合成，又称翻译，是由 tRNA 携带和转运特定的氨基酸，在核糖体上按照 mRNA 所提供的编码信息合成具有特定序列多肽链的过程。

mRNA 是蛋白质合成的信息模板。mRNA 的编码区即开放阅读框中从 $5'$- 端到 $3'$- 端的核苷酸三联体密码子的排列顺序决定了肽链中从 N- 端到 C- 端的氨基酸序列。遗传密码具有通用性、方向性、连续性、简并性和摆动性的特点。tRNA 是氨基酸的转运工具，氨基酸与 tRNA 的特异连接由氨基酰 -tRNA 合成酶催化；tRNA 也是衔接氨基酸与 mRNA 的分子适配器，它通过其反密码子与 mRNA 的密码子相互识别。rRNA 与多种蛋白质组成核糖体，是蛋白质生物合成的场所。

肽链合成过程包括起始、延长和终止三个阶段。起始阶段是在各种翻译起始因子的协助下，核糖体、起始氨基酰 -tRNA 和 mRNA 在起始密码子处装配成翻译起始复合物。肽链延长包括进位、成肽和转位三步循环反应，每循环一次，肽链延长一个氨基酸残基，该过程需要多种延长因子和 GTP 等参与。当 mRNA 链上的终止密码子到达核糖体 A 位，释放因子即结合核糖体，肽链脱落，mRNA 释放，核糖体大小亚基分开，翻译过程终止。

新生肽链还需经历折叠、翻译后加工修饰才能形成具有正确三维空间结构的有活性的成熟蛋白质，并依靠信号肽等序列信息完成在细胞内的靶向定位。蛋白质的生物合成与医学密切相关。蛋白质生物合成过程的异常参与疾病的发生发展；不少抗生素通过抑制蛋白质生物合成而发挥其杀菌或抑菌作用；干扰素、白喉毒素等也通过抑制蛋白质生物合成而发挥其生物活性。

（卜友泉）

# 第十八章　原核生物基因表达调控

原核细胞中虽含有全套遗传信息，但并非所有基因同时表达。随着环境的变化，细胞内的基因可以有规律的选择性、程序性、适度地表达，以适应环境，发挥其生理功能。不同的基因对环境信号的应答也不相同。在特定环境信号刺激下，有些基因的表达开放或增强，有些基因的表达则关闭或下降。基因表达的变化是通过特定的因素控制的，这就是所谓的调控，即基因表达的调节和控制（regulation and control）。基因表达调控在细胞适应环境、维持自身增殖等方面均具有重要的生物学意义。原核生物（如细菌）可以根据外界环境因素变化调整自身的基因表达，使其生长和繁殖处于较佳状态。原核生物对环境变化反应快，主要原因是原核生物的转录和翻译过程是偶联的，且 mRNA 降解快、半衰期短。原核生物基因表达调控主要在转录水平，其次是翻译水平。

## 第一节　原核生物基因表达特点

原核生物与真核生物的基因表达有许多共同之处，也有一些不同的特点。原核生物有两个独有的特点：原核生物的基因组中，通常是数个甚至十几个结构基因共同组成一个转录单位，同时转录；另一个特点是原核生物基因的转录和翻译是偶联进行的。

### 一、操纵子是原核生物的转录单位

原核生物基因组中，只有少数基因是由单一结构基因构成，大多数结构基因都是以操纵子（operon）的形式组成转录单位（图 18-1）。操纵子由调控区与信息区组成，上游是调控区，包括启动子（promoter）、操纵元件（operator）以及其他元件；下游是信息区，由串联在一起的 2 个以上结构基因组成；最后是转录终止子。在操纵子的邻近有一个阻遏蛋白基因，编码阻遏蛋白，其功能是结合和封闭操纵子中的操纵元件，控制操纵子的转录。

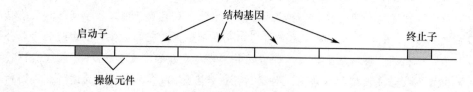

图 18-1　操纵子的基本结构

一个操纵子是一个转录单位，而基因表达的转录调控也是以操纵子为单元进行的。在基因转录过程中，RNA 聚合酶识别并结合启动子序列，启动转录，将操纵子中的所有结构基因转录生成一条 mRNA 分子，该 mRNA 分子含有操纵子中各个结构基因的序列，因而作为模板指导几条多肽链的合成。在基因表达调控中，控制 RNA 聚合酶与一个操纵子的启动子的结合，就可以控制该操纵子中所有结构基因的表达。

### 二、原核生物中 mRNA 的转录、翻译和降解偶联进行

在细菌中，转录和翻译在细胞内的同一部位进行，这两个过程是紧密联系、同时进行的

（图 18-2）。RNA 聚合酶结合到 DNA 上开始转录，并沿着 DNA 移动，合成 RNA；一旦转录开始，核糖体就会结合到 mRNA 的 5′- 端并开始翻译。当 mRNA 的合成尚在进行时，许多核糖体结合到 mRNA 上进行翻译，并随着 mRNA 的延伸而向前移动。转录结束后，核糖体会继续移动直到翻译结束。mRNA 则会从 5′- 端开始，迅速降解。mRNA 的合成、被核糖体用于翻译以及随后的降解都是迅速、连续的进行。一个 mRNA 分子只能生存几分钟或更短的时间。

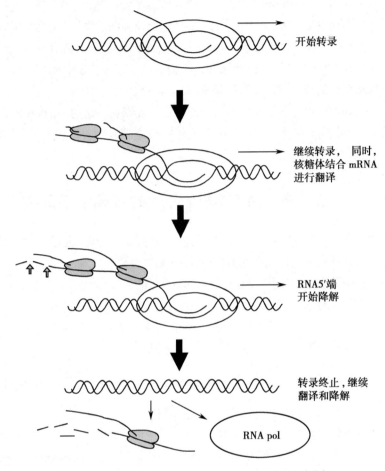

图 18-2　细菌中 mRNA 的转录、翻译和降解同时进行

细菌的转录和翻译以相似的速度进行。在 37℃，mRNA 的转录以大约 40 核苷酸 / 秒的速度进行，翻译则是以大约 15 氨基酸 / 秒的速度进行，两者的速度很接近。对于一个 5000 核苷酸的 mRNA（编码一个约 180kD 的蛋白质），转录和翻译大约需要 2 分钟。当一个基因开始表达，其 mRNA 通常于 2.5 分钟左右出现在细胞内，而相应的蛋白质在随后约 0.5 分钟出现。

细菌的翻译效率非常高，大部分 mRNA 的翻译都是由数量众多、紧密排列的核糖体进行。例如 *trp* mRNA，每分钟约起始 15 次转录，所产生的 15 个 mRNA 分子，每一个在降解之前都会由约 30 个核糖体进行翻译。

大部分细菌 mRNA 都非常不稳定，开始转录后 1 分钟左右就开始降解，常常是 3′- 端转录尚未完成，5′- 端已开始降解。mRNA 的稳定性对其编码的蛋白质的产量有很大的影响。其稳定性通常以半衰期表示，每一种 mRNA 都有其半衰期，细菌 mRNA 的平均半衰期约为 2 分钟。

## 三、mRNA 所携带的信息差别很大

细菌 mRNA 所编码的蛋白质数量有很大差异。有的 mRNA 只带有一个结构基因的信息（编码一个蛋白质），称为单顺反子 mRNA（monocistronic mRNA）；大部分 mRNA 都是从操纵子

Notes

转录而成，带有编码几个甚至十几个蛋白质的序列信息，这种 mRNA 是从几个首尾相连的结构基因（存在于一个操纵子中）一次转录而成，称为多顺反子 mRNA（polycistronic mRNA）。

在多顺反子 mRNA 中，各个编码区之间存在间隔序列，间隔序列的长度有很大差异。在细菌中，这种间隔序列可以长达 30 个核苷酸，但也可以很短，在前一编码区的终止密码子和后一编码区的起始密码子之间可以少至 1～2 个核苷酸，有的顺反子甚至可以发生重叠，一个编码区的最后一个核苷酸即为下一个编码区的第一个核苷酸。

大部分多顺反子 mRNA 中的各个顺反子的翻译起始是独立发生的。在这些多顺反子 mRNA 中，每一个编码区之前都有一个核糖体结合位点。大部分情况下，核糖体独立地结合于每个顺反子之前，开始翻译。当一个蛋白质翻译结束，核糖体的亚基就会解离而离开 mRNA。翻译一个特定顺反子的核糖体的数量取决于其起始位点的效率。

在细菌的某些 mRNA 中，邻近顺反子的翻译是直接连锁在一起的；这类 mRNA 中的顺反子之间的间隔序列非常短，当核糖体完成一个顺反子的翻译时，已经接近下一个顺反子的起始密码子，可以启动下一个顺反子的翻译。

## 第二节　原核生物基因表达的转录水平调控

基因表达的基本内容是 RNA 合成（转录）与加工和蛋白质合成（翻译）与加工，这些反应是通过蛋白质与核酸的相互作用而精确进行的，如 RNA 聚合酶和转录因子、延长因子与 DNA 的相互作用，核糖体和翻译起始因子、终止因子与 mRNA 的相互作用等。所谓基因表达调控，实际上就是调节和控制上述蛋白质与核酸相互作用的过程。调控的分子机制实际上是蛋白质与蛋白质之间、蛋白质与核酸之间的相互作用。因此，了解与调控相关的核酸和蛋白质的结构特点及相互作用的特点有助于了解基因表达调控的基本机制。

### 一、转录调控是以特定的 DNA 序列和蛋白质结构为基础

#### （一）特定的 DNA 序列是转录起始调控的结构基础

在基因内和基因外都有一些特定的 DNA 序列，与结构基因表达调控相关，能够被基因调控蛋白特异性识别和结合，这些特定的 DNA 序列称为顺式作用元件（cis-acting elements），亦称为顺式调控元件。在原核生物中主要是启动子、阻遏蛋白结合位点、正调控蛋白结合位点、增强子等。

*E.coli* 的启动子区长约 40～60bp，在转录起点（+1）的上游有两个共有序列，即 −10 区和 −35 区（图 18-3）。操纵元件（operator）紧接在启动子下游，是阻遏蛋白识别和结合的一小段 DNA 序列，通常与启动子有部分重叠。正调控蛋白结合位点是正调控蛋白识别和结合的 DNA 序列，如 *E.coli* 的 CAP 蛋白结合位点。CAP 蛋白只有结合到相应的 DNA 序列，才能对基因转录产生正向调控作用。细菌中也存在可称为增强子的 DNA 元件，特定的蛋白质可与这种元件结合并激活基因转录，而这些元件的位置并不影响其功能。

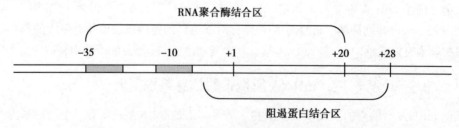

图 18-3　*E.coli* 的启动子区

## （二）调控蛋白具有结合DNA所需的结构特征

在原核生物细胞中存在一些能够与顺式作用元件特异性结合、对基因表达的转录起始过程有调控作用的蛋白质，对基因表达有激活作用的蛋白质称为激活蛋白或正调控蛋白，对基因表达有抑制作用的蛋白质称为阻遏蛋白。

蛋白质对特异DNA序列的识别与结合可通过各种特定结构进行。通过DNA-蛋白质相互作用分析，现已鉴定出多种结合特异DNA序列的蛋白质结构模体（motifs），例如最常见的原核调节蛋白中的螺旋-转角-螺旋（HTH）和真核调节蛋白的锌指结构（zinc finger）。这些结构是蛋白质与DNA序列特异结合的结构模体（structural motif），通常是与DNA大沟接触，但也有例外，例如大肠杆菌的整合宿主因子通过其结构中所含的反平行β伸展选择性地与DNA小沟相互作用，细菌组蛋白样蛋白通过环状β折叠结构与DNA小沟结合。

在 *lac* 阻遏蛋白、CAP、*trp* 阻遏蛋白、λ阻遏蛋白等基因转录调控蛋白中，都有一个类似的结构模体，即HTH结构。不同蛋白因子的HTH结构并不完全一样，但与各自的靶位点的结合都如同锁与钥匙一样匹配。

# 二、特定蛋白质与DNA结合后控制转录起始

## （一）σ因子和启动子决定转录是否能够起始

启动子是RNA聚合酶特异性识别和结合的部位。启动子有方向性，位于转录起始点上游，本身并不被转录。每一个基因和操纵子都具有启动子，不同启动子的序列具有较高的同源性，但不一定完全一样。

1. **启动子决定转录方向**　在结构基因中，RNA序列信息是在一条DNA链上，此链为有意义链（sense strand），即编码链（coding strand），其核苷酸序列与RNA相同（只是DNA中的T在mRNA中为U）。编码链的互补链是合成RNA的模板（即模板链）。一个基因的DNA双链的碱基对的顺序数，是按照编码链的上、下游方向确定的。转录启动时，σ因子识别并结合 −35 区和 −10 区，全酶结合DNA后覆盖的区域是 −40～+20。转录起始位点是在σ因子结合区的下游，开始合成RNA后，RNA聚合酶的核心酶只能向编码链的下游移动，即沿着模板链的 $3'→5'$ 方向移动。因此，启动子决定着转录的方向。如果启动子倒转了方向（见后面的倒位蛋白调控），RNA聚合酶的移动也随之倒转方向，原来转录的结构基因就不再被转录。

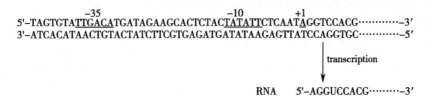

图18-4　启动子及其与转录的关系

2. **启动子序列影响转录起始效率**　*E.coli* 启动子中，在 −35 区和 −10 区的两个序列称为共有序列（consensus sequence）或一致性序列（图18-5）。这两个序列中各碱基的出现频率为：−35，$T_{80}T_{82}G_{78}A_{65}C_{54}A_{95}$；−10，$T_{80}A_{95}T_{45}A_{60}A_{50}T_{96}$（下角标数字表示核苷酸在所有启动子中出现的频率）。

一般来说，强启动子（转录起始效率高）的序列与上述序列最接近，弱启动子（基因表达较少量的mRNA）则与上述序列相差较大，这种调控作用与σ因子的作用有关。识别 *E.coli* 启动子中共有序列的σ因子主要是 $σ^{70}$ 亚单位。启动子序列与上述序列越接近，$σ^{70}$ 与之结合的能力越强。

3. **σ因子控制特定基因的表达**　σ因子与RNA聚合酶的核心酶紧密结合，在转录起始阶段，合成8～10个核苷酸，σ因子随即解离，核心酶进入RNA延伸阶段。游离的σ因子本身并不直

Notes

| | | –35区 | | –10区 | | RNA转录起点 |
|---|---|---|---|---|---|---|
| *trp* | | TTGACA | N17 | TTAACT | N7 | A |
| tRNA*tyr* | | TTTACA | N16 | TATGAT | N7 | |
| *lac* | | TTTACA | N17 | TATGTT | N6 | A |
| *recA* | | TTGATA | N16 | TATAAT | N7 | A |
| *Ara* BAD | | CTGACG | N16 | TACTGT | N6 | A |
| 共有序列 | | TTGACA | | TATAAT | | |

图 18-5  *E.coli* 启动子的共有序列及 5 个操纵子的 –10 和 –35 区序列

接结合特定的 DNA。不同的 σ 因子可以竞争结合 RNA 聚合酶的核心酶。环境变化可诱导产生特定的 σ 因子，从而打开一套特定的基因。如 σ32 因子就是一个较典型的例子。

σ32 由 *E.coli* 的 *rpoH*（或 *HtpR*、*hin*）基因编码，分子质量为 32kD，控制热休克蛋白基因的表达。σ32 的合成属于温度诱导型，30℃生长条件下，σ32 的含量大约为 50 拷贝 / 细胞；温度升高（如 42℃）时，4～6 分钟内就会增加到原来的 17 倍，随后又逐渐下降，大约 15 分钟后，稳定在原来的 5 倍左右。σ32 的温度诱导合成的调控发生在翻译水平。在低温或稳定生长状态下，*rpoH* mRNA 的翻译处于被阻遏状态，当温度突然升高时，阻遏被解除，开始大量翻译合成，σ32 浓度增加，导致热休克蛋白的大量合成，产生热应激反应。几分钟后，*E.coli* 基本适应高温环境，σ32 的合成减少。

σ32 对热休克蛋白基因表达的调控发生在转录水平。与通常的启动子相比，大多数热激蛋白基因的共有序列有类似的 –35 区序列，但 –10 区序列完全不同，而且两个共有序列中间的间隔序列较短，不能被 σ70-RNA 聚合酶识别，只能被 σ32-RNA 聚合酶识别。热应激发生时，由于游离的 σ32 浓度的大量增加，与 σ70 竞争结合 RNA 聚合酶的核心酶，形成大量的 σ32-RNA 聚合酶，进而与热激蛋白基因的启动子结合，大量转录 mRNA，合成热激蛋白。当 *E.coli* 适应热环境，进入稳定生长状态时，σ32 减少，σ70-RNA 聚合酶重新增多，又可以启动正常基因的表达。

### （二）阻遏蛋白结合操纵元件对转录起始进行负调控

阻遏蛋白是一类在转录水平对基因表达产生负调控作用的蛋白质。阻遏蛋白主要通过抑制开放启动子复合物的形成而抑制基因的转录。阻遏蛋白与 DNA 结合后，RNA 聚合酶仍有可能与启动子结合，但不能形成开放起始复合物，不能启动转录；这种作用称为阻遏（repression），特定的信号分子与阻遏蛋白结合，使阻遏蛋白失活，从 DNA 上脱落下来，称为去阻遏或脱阻遏（derepression）。

阻遏蛋白都可以与信号分子结合而发生变构，在不同构象时，阻遏蛋白或者与 DNA 结合，或者与 DNA 解离。在可诱导型操纵子中，信号分子使阻遏蛋白从 DNA 释放下来，解除对转录的抑制作用；在可阻遏型操纵子中，信号分子使阻遏蛋白结合 DNA，抑制转录。在两种情况下，阻遏蛋白结合于 DNA 后都是抑制转录，这种类型的基因表达调控称为负调控。

1. **乳糖操纵子是可诱导型操纵子**    *E.coli* 的乳糖操纵子（*lac* operon）的结构基因 Z、Y、A 分别编码 β- 半乳糖苷酶（β-galactosidase）、半乳糖苷通透酶（β-galactoside permease，也称乳糖通透酶）和半乳糖苷乙酰化酶（galactoside acetylase），加上调控元件 P（启动子）、O（操纵元件）、以及 CAP 结合位点，构成乳糖操纵子。

RNA 聚合酶全酶中的 σ 亚基识别并结合在 –35 区和 –10 区，全酶覆盖着 –40～+ 20 的区段。与操纵子相邻的 I 基因编码产生阻遏蛋白。阻遏蛋白为四聚体，每个亚基相同。在没有乳

Notes

糖的条件下，阻遏蛋白能与操纵元件结合。操纵元件具有回文序列，位于 −7～+28 区段，与启动子有部分重叠（图 18-3）。阻遏蛋白与操纵元件结合后，抑制结构基因的转录。

乳糖操纵子是一种典型的可诱导操纵子。当有乳糖存在时，一小部分乳糖可生成异乳糖（allolactose，即半乳糖和葡萄糖以 β-1, 6- 糖苷键相连，而乳糖分子中是 β-1, 4- 糖苷键）。阻遏蛋白的每个亚基能与一分子异乳糖结合，使阻遏蛋白的构象发生改变，变构后的阻遏蛋白不能与操纵元件结合，不能阻止开放的启动子复合物的形成，RNA 聚合酶开始转录结构基因（图 18-6）。如果阻遏蛋白已经结合操纵元件，异乳糖也能结合阻遏蛋白而使之与 DNA 解离。虽然异乳糖是诱导基因表达的因子，但常称乳糖为诱导剂（inducer）。在实验中常用的诱导剂是异丙基硫代半乳糖苷（isopropyl thiogalactoside，IPTG），它是乳糖和异乳糖的类似物，能诱导乳糖操纵子的表达，但本身不进行代谢。

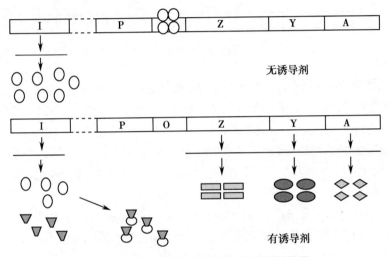

无诱导剂

有诱导剂

图 18-6　乳糖操纵子阻遏蛋白的负调控作用

### 框 18-1　Jacob 与乳糖操纵子、变构调节和反馈调节理论

很早就已发现，在含有乳糖和葡萄糖的混合培养基中，E.coli 首先利用葡萄糖维持生长；一旦葡萄糖消耗殆尽，细菌生长呈短暂停止后又进入增殖。原来是细菌在后期开启了 β- 半乳糖苷酶基因表达；该酶可以水解乳糖成半乳糖和葡萄糖，所以细菌重新获得碳源而继续增殖。为什么早期 β- 半乳糖苷酶基因不表达，而在葡萄糖用完后才表达呢？1960 年，法国生物学家 Jacob F（1920—2013）和 Monod J（1910—1976）提出了著名的乳糖操纵子模型，并首次使用"operon"和"operator"等术语，揭示了 β- 半乳糖苷酶基因先期阻遏、后期激活的道理。他们还提出了小分子化合物 cAMP 对激活蛋白的变构激活理论，以及反馈调节理论。自那以后，生物调节、基因表达调控研究成了生物学最热门的领域和前沿。Jacob 和 Monod 由于他们的理论创新而获得 1965 年诺贝尔生理学 / 医学奖。Jacob 于 1996 年被遴选为法国科学院院士，并获得 Lewis Thomas 科学著作奖。

2. 色氨酸操纵子是可阻遏操纵子　E.coli 中色氨酸操纵子（trp operon）是一种典型的可阻遏操纵子。色氨酸操纵子的结构基因（E, D, C, B, A）编码 5 种酶，在色氨酸合成代谢过程中发挥作用，第一个结构基因之前还有编码前导 mRNA 的前导序列，调控元件有启动子和操纵元件。色氨酸操纵子表达的调控有两种方式，一种通过阻遏蛋白的调控；另一种是通过转录衰减作用（attenuation）。此处介绍阻遏蛋白的作用。

色氨酸操纵子的阻遏蛋白是一种由两个亚基组成的二聚体蛋白质，是色氨酸操纵子上游的

Notes

R 基因的产物。无色氨酸时，该阻遏蛋白不能与操纵元件结合，对转录无抑制作用；细胞内有较大量的色氨酸时，阻遏蛋白与色氨酸形成复合物后能与操纵元件结合，抑制转录（图 18-7）。

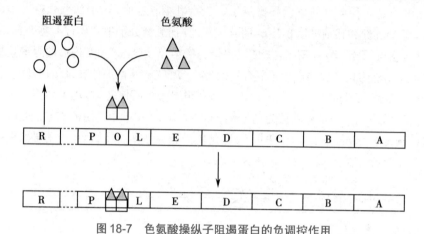

图 18-7　色氨酸操纵子阻遏蛋白的负调控作用

### （三）激活蛋白结合正调控元件对转录起始进行正调控

**1. 正调控蛋白可结合启动子邻近序列进行调控**　与负调控相反，一些调控蛋白结合于特异 DNA 序列后可促进基因的转录，这种基因表达调控的方式称为正调控。*E.coli* 中的一些弱启动子结合 RNA 聚合酶的作用很弱，对于这些启动子来说，正调控作用是很重要的。转录的激活是通过一种激活蛋白结合于邻近的特异 DNA 序列，该蛋白可与 RNA 聚合酶作用，促进转录的启动。

*E.coli* 的分解代谢物基因活化蛋白（catabolite gene activator protein，CAP）是一种正调控蛋白，可将葡萄糖饥饿信号传递给许多操纵子，使细菌在缺乏葡萄糖的环境中可以利用其他碳源。CAP 本身的活性是由 cAMP 激活的。cAMP 结合于 CAP，诱导 CAP 发生构象改变，使之能够结合于特定的 DNA 序列（图 18-8），激活邻近基因的转录。cAMP 水平降低时，cAMP 与 CAP 解离，CAP 转回到无活性的构象，并与 DNA 解离，这将关闭与葡萄糖以外其他糖代谢相关的操纵子。由于 CAP 的作用依赖于 cAMP，因此，也有人将 CAP 称为 cAMP 受体蛋白。

共有序列

5′-AATTAA<u>TGTGA</u>GTTAGC<u>TCACT</u>CATTAGGCACCCCAGGC<u>TTT</u>ACATTTATGCTTCCGGCTCG<u>TATGTT</u>GTGTGGA<u>A</u>ATT-3′
3′-TTAATTACACTCAATCGAGTGAGTAATCCGTGGGGTCCGAAATGTAAATACGAAGGCCGAGCATACAACACACCTTTAA-5′
−35　　　　　　　　　−10　　　　+1

图 18-8　乳糖操纵子的 CAP 结合位点

**2. 激活蛋白结合增强子可远距离进行转录起始正调控**　谷氨酰胺合成酶基因（*glnA*）启动子是由含有 σ54 的 RNA 聚合酶全酶所识别，σ54 全酶可以稳定地结合 *glnA* 的启动子，但是不能打开转录起始部位的 DNA 双链、形成开放的起始复合物，所形成的只是"闭合起始复合物"（closed complex），不能转录。在启动子的上游 100 多 bp 处，有两个 ntrC 蛋白结合位点（增强子），正向影响谷氨酰胺合成酶基因的表达。

ntrC 蛋白是大肠杆菌氮代谢基因的激活蛋白，其自身活性可通过磷酸化和去磷酸化而被调节。非磷酸化的 ntrC 蛋白也可以与 DNA 上的 ntrC 蛋白结合位点结合，但对转录没有调控作用。当磷酸化的 ntrC 结合于上述位点，或结合在位点上的 ntrC 蛋白被磷酸化，即可发挥调控功能，启动转录。ntrC 蛋白有一个 ATP 酶活性结构域，通过水解 ATP 提供能量，提高 RNA 聚合酶解开 DNA 螺旋的能力，形成"开放起始复合物"（open complex），然后开始转录（图 18-9）。

ntrC 蛋白的调控活性由 ntrB 蛋白控制。ntrB 蛋白既具有激酶活性，使 ntrC 磷酸化，又具有磷酸酶活性，使 ntrC 蛋白去磷酸化。ntrB 蛋白的活性由 PⅡ蛋白调控，两者结合时，ntrB 蛋白以

Notes

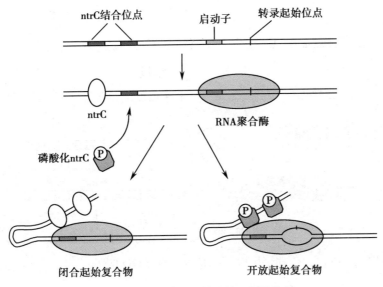

图 18-9　ntrC 蛋白对转录的正调控作用

磷酸酶活性为主；两者解离时，ntrB 蛋白则以激酶活性为主。当谷氨酰胺缺乏时，细胞内 α- 酮戊二酸 / 谷氨酰胺的比值增高，可使尿苷酸化酶（uridylating enzyme）激活。该酶催化 UMP 与 PⅡ蛋白结合，使 PⅡ蛋白与 ntrB 蛋白解离，导致 ntrB 蛋白的激酶活性增高，将 ntrC 磷酸化，进而激活谷氨酰胺合成酶基因的表达。

## 三、原核基因表达的转录过程可通过不同模式进行调控

### （一）去阻遏和正调控机制对转录起始进行双重调控

在大肠杆菌的许多操纵子中，基因的转录不是由单一因子调控的，而是通过负调控因子和正调控因子进行复合调控的。比较典型的是一些与糖代谢有关的操纵子。

细菌通常优先以葡萄糖作为能源，当培养环境中有葡萄糖时，即使加入乳糖、阿拉伯糖等其他糖，细菌也不利用这些糖，不产生代谢这些糖的酶，直到葡萄糖消耗完毕，代谢其他糖的酶才会根据相应的糖是否存在而被诱导产生。这种现象称为"葡萄糖效应"。这是由于葡萄糖代谢产物能抑制细胞腺苷酸环化酶和激活磷酸二酯酶的活性，结果使细胞内 cAMP 水平降低。当葡萄糖耗尽时，细胞内 cAMP 水平升高，即可通过 CAP 调控其他操纵子的表达。CAP 和其他因子形成的复合调控作用，在乳糖操纵子和阿拉伯糖操纵子研究得较清楚。

1. 乳糖操纵子受阻遏蛋白和 CAP 的双重调节　启动子、操纵元件和 CAP 结合位点共同构成乳糖操纵子的调控区（图 18-10）。在没有乳糖的条件下，由 I 基因表达的阻遏蛋白能与操纵元件结合。由于操纵元件与启动子有部分重叠（图 18-1），阻遏蛋白与操纵元件结合后，抑制结构基因的转录。但是阻遏蛋白的抑制作用并不是绝对的，偶有阻遏蛋白与操纵元件解聚，因此每个细胞中都会有少量的半乳糖苷酶、通透酶存在。

当有乳糖存在时，乳糖经通透酶作用进入细胞，经 β- 半乳糖苷酶催化，转变成半乳糖和葡萄糖，但 β- 半乳糖苷酶可催化一小部分乳糖转变成异乳糖，异乳糖与阻遏蛋白结合，使阻遏蛋白构象改变而与操纵元件解离，解除阻遏作用。

*lac* 操纵子中的 *lac* 启动子是弱启动子，其 −35 区与共有序列相差甚远，RNA 聚合酶与之结合的能力很弱，只有 CAP 结合到启动子上游的 CAP 结合位点后（图 18-10），促进 RNA 聚合酶与启动子结合，才能有效转录。乳糖操纵子的转录起始是由 CAP 和阻遏蛋白两种调控因子来控制的。在这种调控作用中，CAP 起正调控作用。从图 18-10 中可见，CAP 和阻遏蛋白这两种因素，可因葡萄糖和乳糖的存在与否而有 4 种不同的组合。

Notes

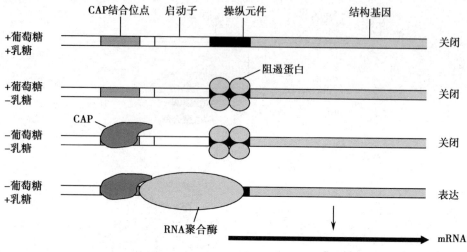

图 18-10　乳糖操纵子调控的机制

（1）葡萄糖和乳糖都存在：乳糖的存在可诱导去阻遏。但由于葡萄糖的存在使细胞内 cAMP 水平降低，cAMP-CAP 复合物不能形成，CAP 不能结合到 CAP 结合位点上，转录仍不能启动，基因处于关闭状态。

（2）有葡萄糖无乳糖：此时无诱导剂存在，阻遏蛋白与 DNA 结合；由于葡萄糖的存在，CAP 也不能发挥正调控作用，基因处于关闭状态。

（3）葡萄糖和乳糖都不存在：在没有葡萄糖存在的情况下，可形成 cAMP-CAP 复合物。但由于没有诱导剂，阻遏蛋白的负调控作用使基因仍然处于关闭状态。

（4）无葡萄糖有乳糖：此时 CAP 可以发挥正调控作用，阻遏蛋白由于诱导剂的存在而失去负调控作用，基因被打开，启动转录。

2. AraC 的变构调节使阿拉伯糖操纵子调控更精细　阿拉伯糖操纵子（ara operon）含有 3 个结构基因（B、A、D），分别编码异构酶（isomerase）、激酶（kinase）、表位酶（epimerase），催化阿拉伯糖转变为木酮糖 -5- 磷酸，后者进入磷酸戊糖途径。调控区由启动子（P）和起始区（araI）以及操纵元件（O）组成。C 基因是调节基因，编码调控蛋白 AraC，该基因的启动子与 ara 操纵子的操纵元件（araO_1）重叠。此外在 C 基因内存在着 AraC 蛋白的结合位点 araO_2（图 18-11）。

ara 操纵子的基因表达调控中，CAP 蛋白主要起去阻遏作用，而不是正调控作用。其调控作用依赖 AraC 蛋白的存在，而基因表达抑制或激活的诱导因素是葡萄糖和阿拉伯糖（图 18-11）。

（1）无 AraC 蛋白：如果没有 AraC 蛋白，无论阿拉伯糖是否存在，ara 操纵子都不能表达。此时 RNA 聚合酶可以结合 C 基因的启动子，启动 C 基因表达，产生 AraC 蛋白。

（2）有 AraC 蛋白和葡萄糖，有或无阿拉伯糖：AraC 结合到 araO_1、araO_2 和 araI。AraC 结合到 araO_1，可产生阻遏效应，抑制 C 基因表达。而 AraC 蛋白同时结合于 araI 和 araO_2，则可将两个位点拉在一起，使 DNA 形成一个环，这是一种阻遏型构象，AraC 不能结合阿拉伯糖，ara 操纵子处于关闭状态。因此，在未结合阿拉伯糖时，AraC 可发挥负调控作用。由于葡萄糖代谢的影响，细胞内 cAMP 水平很低，CAP 未活化，不能结合 DNA，阿拉伯糖操纵子中的 CAP 结合位点是空的。

（3）有 AraC 蛋白，无葡萄糖和阿拉伯糖：在无葡萄糖的情况下，细胞内 cAMP 水平升高，形成有活性的 cAMP-CAP 复合物。该复合物结合到 CAP 结合位点，可以改变结合在 araI 的 AraC 蛋白的构象，导致 DNA 的 araI 位点和 araO_2 位点分离，使环解开，阻遏状态解除。但此时无阿拉伯糖存在，AraC 蛋白不能激活转录。操纵子仍不能被转录。

（4）无葡萄糖，有 AraC 和阿拉伯糖：此时阻遏状态被 cAMP-CAP 复合物解除，阿拉伯糖与

Notes

AraC 蛋白结合,使 AraC 蛋白变构激活,从而促进 RNA 聚合酶与启动子结合,启动转录。在阿拉伯糖的作用下,结合于 araI 的 AraC 蛋白发挥正调控作用。

　　AraC 蛋白与 araO_2 结合之后失去结合阿拉伯糖的能力,cAMP-CAP 打破环化阻遏构象,阿拉伯糖结合 AraC 蛋白后激活转录,这些作用都是很确定的。通过重组技术删除 araO_2 后,在没有 CAP 和 cAMP、只有 AraC 蛋白和阿拉伯糖的条件下,结构基因的启动子即可启动转录。CAP 和阿拉伯糖都可以使 AraC 蛋白经受变构调节,因而具有不同的活性。ara 操纵子这种操作机制可对环境变化提供快速而可逆的反应,比 lac 操纵子复杂而又精细。

（a）阿拉伯糖操纵子的调控区

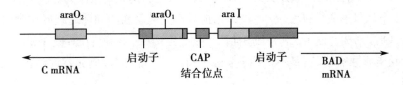

（b）阿拉伯糖操纵子的调控

1. 无AraC

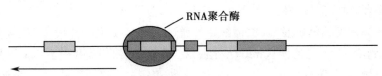

2. 有AraC和葡萄糖,有或无阿拉伯糖

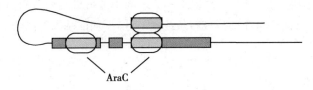

3. 有AraC,无葡萄糖和阿拉伯糖

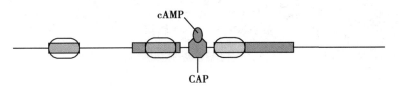

4. 无葡萄糖,有AraC和阿拉伯糖

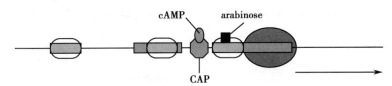

图 18-11　阿拉伯糖操纵子的转录起始调控

### （二）色氨酸操纵子有阻遏和衰减两种负调控机制

　　E.coli 的色氨酸操纵子（trp operon）有 5 个结构基因,编码合成色氨酸所需的酶。上游调控区由启动子（P）和操纵元件（O）组成。R 基因是调节基因,编码阻遏蛋白。trp 操纵子是一种阻遏型操纵子,无色氨酸时,阻遏蛋白不能与操纵元件结合,对转录无抑制作用;细胞内有较大量的色氨酸时,阻遏蛋白与色氨酸（诱导物）形成复合物后能与操纵元件结合,抑制转录（图 18-7）。

*trp* 操纵子的另一个调控方式是转录衰减作用（attenuation）。细菌中的 mRNA 转录和蛋白质翻译合成是偶联在一起的（图 18-2）。这一特点使细菌的一些操纵子中的特殊序列能被用来控制转录水平。这些特殊的序列称为衰减子（attenuator），位于一些操纵子中第一个结构基因之前的前导序列中，是一段能减弱转录作用的顺序。*trp* 操纵子的衰减子位于结构基因 E 和操纵元件（O）之间的前导序列（leader sequence）中（图 18-7），离 E 基因上游约 30～60 个核苷酸。

前导序列和其他结构基因能转录产生具有 6700 个核苷酸的全长多顺反子 mRNA。从前导序列转录的是前导 mRNA（140 个核苷酸）。这一段 mRNA 中有 4 段特殊的序列（图 18-12），片段 1 和 2、2 和 3、3 和 4 能配对形成发夹结构，而形成发夹能力的强弱依次为片段 1/2＞片段 2/3＞片段 3/4。这 4 个片段形成何种发夹结构，是由前导序列转录物的翻译过程所控制的。在完全没有蛋白质合成时，形成片段 1/2 和片段 3/4 两个发夹结构（图 18-12a），片段 3 和 4 所形成的发夹结构之后紧接着寡尿嘧啶，这是不依赖于 ρ 因子的转录终止信号，转录在此终止，后面的结构基因不能转录。

前导 mRNA 的编码区（含片段 1）有 14 个密码子，其中含有两个相邻的色氨酸密码子。这两个相邻的色氨酸密码子以及原核生物中转录与翻译的偶联是产生衰减作用的基础。当细胞内进行蛋白质合成时，前导序列转录不久核糖体就与前导 mRNA 结合，并翻译前导肽序列。如果细胞内有较高浓度的色氨酸，核糖体翻译可通过片段 1，并到达片段 2。因遇到翻译终止密码，核糖体在到达片段 3 之前便从 mRNA 上脱落。在这种情况下，片段 1/2 和片段 2/3 之间都不能形成发夹结构，而只有片段 3/4 形成发夹结构，即形成转录终止信号，从而导致 RNA 聚合酶作用停止（图 18-12b）。如果细胞内没有色氨酸时，色氨酰 -tRNA 缺乏，核糖体就停止在两个相邻的色氨酸密码子的位置上，片段 1 和 2 之间不能形成发夹结构，而片段 2 和 3 之间可形成发夹结构，因此，片段 3/4 不能形成转录终止信号，后面的基因得以转录（图 18-12c）。

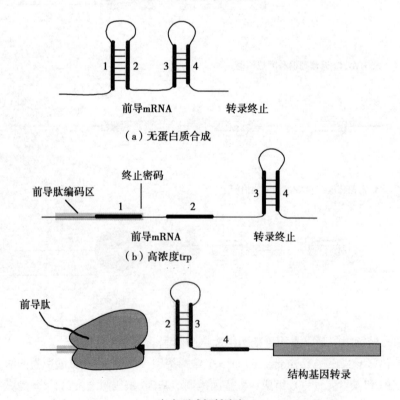

图 18-12 衰减子对色氨酸操纵子转录的影响

色氨酸操纵子中的操纵元件和衰减子可以起双重负调节作用。衰减子可能比操纵元件更灵敏，只要色氨酸一增多，即使不足以诱导阻遏蛋白结合操纵元件，也足可以使大量的 mRNA 提前终止。反之，当色氨酸减少时，即使失去了诱导阻遏蛋白的阻遏作用，但只要还可以维持前导肽的合成，仍继续阻止转录。这样可以保证尽可能充分地消耗色氨酸，使其合成维持在满足需要的水平，防止色氨酸堆积和过多地消耗能量。同时，这种机制也使细菌能够优先将环境中的色氨酸消耗完，然后开始自身合成。

色氨酸操纵子 L 基因的翻译产物中具有相邻的色氨酸残基这一现象，在具有衰减调节作用的 *pheA*、*his*、*leu*、*thr* 等操纵子中也存在。显然，这类操纵子要比 *lac* 操纵子和 *ara* 操纵子调控更精确、有效，是基因进化的结果。

### （三）DNA 片段倒位和阻遏蛋白的协同作用

倒位蛋白（inversion protein）是一种位点特异性的重组酶（site-specific recombination enzyme）。关于倒位蛋白调控基因表达的作用，沙门氏菌的两种抗原基因的表达调控是一个典型的例子。沙门氏菌的 H1 和 H2 鞭毛蛋白分别由两个基因编码。在 *H2* 基因所在的操纵子中，还有一个编码 *H1* 基因阻遏蛋白的基因。当 H2 基因表达时，同时转录翻译出 *H1* 基因的阻遏蛋白，使 *H1* 基因关闭（图 18-13）。在 *H2* 结构基因的上游有一个 1000bp 的 DNA 片段，可以发生位点特异性倒位（site specific inversion）。*H2* 基因的启动子就包含在这一片段内。当倒位基因 *hin* 表达时，其表达产物（倒位蛋白）可使上述片段倒位，启动子的方向转向基因的上游，不能启动 *H2* 基因的转录。在这种情况下，*H2* 基因关闭，*H1* 基因则因失去阻遏蛋白而开始表达，产生 H1 鞭毛蛋白。这种倒位重组的发生频率很低，大约在 $10^5$ 次细胞分裂中才发生一次。因此，在一个细菌克隆中以表达一种鞭毛抗原为主。

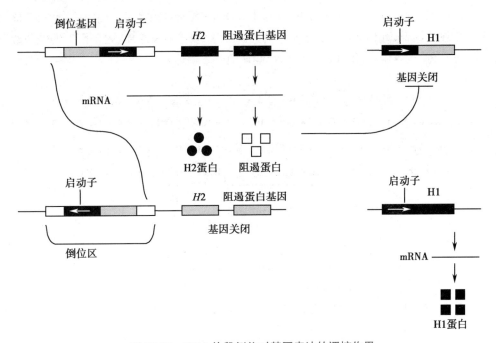

图 18-13　DNA 片段倒位对基因表达的调控作用

## 第三节　原核生物基因表达的翻译水平调控

翻译水平的调控是原核生物基因表达调控的另一个重要层次。基因表达可在翻译水平控制蛋白质的产量和类型。如乳糖操纵子转录后产生一条 mRNA 分子作为翻译的模板，但 3 个顺反子所翻译产生的蛋白质的量并不相同，因为乳糖代谢对 3 种酶的需要量并不相同；转座酶在

Notes

细菌细胞内只是以极低水平表达；而翻译终止因子在细胞内只需足量即可。这些蛋白质的表达量都可在翻译水平进行控制。另一方面，当不需要基因产物时，不仅需要立即停止转录，而且需要立即停止蛋白质合成，这需要通过适当的翻译控制机制才能实现。本节介绍 4 种类型的调节作用。需要强调的是，并不是每一个基因的表达都受到所有这些调控作用的影响，一个基因的表达中可能只存在其中一种或几种类型的调控作用。

## 一、SD 序列决定翻译起始效率

### （一）SD 序列的碱基序列影响翻译起始的效率

在多顺反子 mRNA 中，每一个开放阅读框都有一个起始密码子 AUG，在 AUG 上游都有一个 SD 序列（SD sequence）。核糖体可以直接结合到 mRNA 上的任何一个 SD 序列，并从其后的 AUG 开始翻译。

在翻译的起始阶段，fMet-tRNA$_f^{Met}$-IF-2•GTP 三元复合物、核糖体 30S 小亚基和 mRNA 结合形成起始复合物，在此复合物中，mRNA 的起始密码子和 fMet-tRNA$_f^{Met}$ 必须准确地定位于 30S 亚基上的正确部位，由于有 IF-1 和 IF-2 这两种起始因子的协助，不同的 mRNA 都能结合 30S 亚基并起始翻译，但 SD 序列与核糖体结合的效率却有很大差异，SD 序列与 AUG 之间的距离对复合物形成的速率也有很大的影响。

不同的 SD 序列有一定的差异，其核心序列是六个嘌呤（AGGAGG）或其中部分序列（图 18-14）。SD 序列与核糖体小亚基中 16S rRNA 3′- 端的序列互补（图 18-14），当 mRNA 与小亚基结合时，SD 序列与 16S rRNA 3′- 端的互补序列配对结合，使起始密码子定位于翻译起始部位。16S rRNA 中与 SD 序列互补部位的序列是固定不变的，而不同 mRNA 或同一 mRNA 上不同开放阅读框上游的 SD 序列却是不同的。不同 SD 序列与 16S rRNA 结合的效率是不同的，这意味着核糖体与不同 SD 序列结合、起始翻译的效率是不同的。SD 序列与 16S rRNA 之间配对的碱基数目越多，亲和力越高，核糖体与 mRNA 结合、起始翻译的效率就越高。

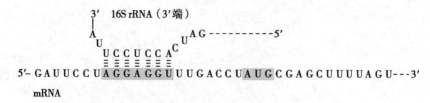

图 18-14    SD 序列及其与 16S rRNA 的配对结合

SD 序列与起始密码子之间的距离也影响 mRNA 翻译起始效率。SD 序列位于起始密码子 AUG 上游，不同的开放阅读框上游的 SD 序列与起始密码子之间的距离是不同的（图 18-14），这使得起始密码子在翻译起始部位定位的精确度不同，因而翻译的起始效率也不相同。在研究重组白细胞介素 -2（IL-2）原核表达载体时发现，在 lac 启动子控制的表达元件中，SD 序列距 AUG 为 7 个核苷酸时，IL-2 表达最高，而间隔 8 个核苷酸时，IL-2 表达水平可降低 500 倍。说明 SD

Notes

序列与 AUG 的间距显著地影响 IL-2 基因在大肠杆菌中的表达效率。

此外,某些蛋白质与 SD 序列的结合也会影响 mRNA 与核糖体的结合,从而影响蛋白质的翻译。

### (二) SD 序列的定位影响翻译起始的效率

在某些 mRNA 分子中,核糖体结合位点(SD 序列)可位于一个二级结构(茎环)中,使核糖体无法结合,只有打破茎环结构,核糖体才能结合。

红霉素可通过结合核糖体 23S rRNA 上一个特定位点而结合于核糖体,抑制蛋白质合成。红霉素抗性的细菌中携带有一个质粒,该质粒编码一种酶,称为红霉素甲基化酶(erythromycin methylase),但该酶并不是使红霉素甲基化,而是将 23S rRNA 上红霉素结合位点的一个腺嘌呤甲基化,阻止红霉素的结合,从而产生红霉素抗性。

红霉素甲基化酶的 mRNA 的结构类似于色氨酸操纵子转录下来的 mRNA,含有前导 mRNA,编码前导肽。在 mRNA 中有 4 个特殊的序列(图 18-15),序列 1/2、2/3、3/4 分别可以互补结合,形成发夹结构。没有红霉素时,核糖体合成前导肽,使序列 1 和 2 不能参与形成发夹结构,而序列 3 和 4 则形成发夹结构;红霉素甲基化酶编码区的核糖体结合位点(SD 序列)位于序列 3/4 形成的茎环结构中,不能与核糖体结合,因此,不能合成红霉素甲基化酶。有红霉素存在时,红霉素与核糖体结合,使合成前导肽的核糖体停止移动,只影响序列 1,导致序列 2 和 3 形成发夹结构,序列 4 则游离,因而 SD 序列可结合核糖体,翻译出红霉素甲基化酶。

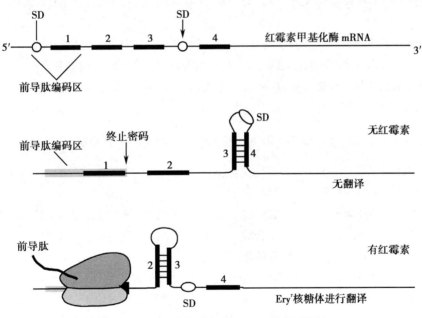

图 18-15　红霉素甲基化酶 mRNA 的翻译调控

无红霉素时,可能有很低水平的翻译。因为,核糖体通过序列 1 时,序列 2 和 3 可能短暂形成发夹结构而使序列 4 在短时间内游离,表达微量的红霉素甲基化酶,产生少量对红霉素抗性的核糖体。当有红霉素存在时,这些有抗性的核糖体可以完成甲基化酶基因的翻译。

## 二、mRNA 的稳定性是决定翻译产物量的重要因素

细菌 mRNA 通常很不稳定,利用一个 mRNA 分子进行的翻译只能持续几分钟。mRNA 的降解速度是翻译调控的另一个重要机制。蛋白质合成速率的快速改变,不仅是因为 mRNA 不断合成以及 mRNA 合成与蛋白质翻译偶联,更重要的是,许多细菌 mRNA 降解速度很快。*E.coli* 的许多 mRNA 在 37℃时的平均半衰期大约为 2 分钟,很快被酶解,这意味着,诱导基因表达的因

素一旦消失，蛋白质的合成就会迅速停止。

细菌的生理状态和环境因素都会影响 mRNA 的降解速度。另外，mRNA 的一级结构和次级结构对 mRNA 的稳定性也有很大影响，一般在其 5′- 端和 3′- 端的发夹结构可保护其不被外切酶迅速水解。mRNA 的 5′- 端与核糖体结合，可明显提高其稳定性。

不同操纵子转录出的 mRNA 分子的平均寿命是不同的，有些 mRNA 编码的蛋白质是持续存在的，mRNA 也较稳定。mRNA 的稳定与其序列和结构有关。如 RNase Ⅲ 识别一种特殊的发夹结构，将其裂解，使 RNA 能够被其他 RNA 酶降解。而这种发夹结构可能是其他 RNA 酶所不能破坏的。如果这种发夹结构被保护，mRNA 的寿命就延长了。有些特殊的调控蛋白可以结合这种发夹结构，调节 mRNA 的稳定性。

细菌 mRNA 的降解是由核酸内切酶和核酸外切酶共同完成的。核酸内切酶是通过识别特定的核苷酸序列，沿 5′→3′ 方向将 mRNA 一段一段切下（尾随最后一个核糖体的移动），核酸外切酶则将小段的 RNA 沿 3′→5′ 方向将核苷酸一个一个切下。

细菌中有 12 种核糖核酸酶，其中核糖核酸酶 E 是一种内切酶，该酶可通过一个特定的内切酶位点从初级转录物加工 rRNA，也参与 mRNA 的降解，可以是许多 mRNA 降解过程中第一个参与裂解的酶。

多聚腺苷酸化在细菌的一些 mRNA 起始降解中发挥作用。Poly（A）多聚酶在细菌中是与核糖体相关联的，可将 10～40 个腺苷酸（A）加到一些 mRNA 的 3′- 末端。这种短的 poly（A）可作为核酸酶的结合位点而发挥作用，这种作用与真核细胞 mRNA 的 poly（A）的作用完全不同。

细菌 mRNA 的降解可能涉及多酶复合体的催化作用，其中包括核糖核酸酶 E（RNase E）、PNPase 和一个解旋酶（helicase）。RNase E 具有两种功能，其 N 端结构域具有核酸内切酶的活性，C 端结构域则是将其他组分联系在一起。实际上，RNase E 发挥的是起始切割作用，然后将核酸片段传递给复合物中的其他组分进一步将其降解。

## 三、翻译产物可对翻译过程产生反馈调节效应

有些 mRNA 编码的蛋白质，本身就是在蛋白质翻译过程中发挥作用的因子。这些因子可对自身的翻译产生调控作用。

1. **核糖体蛋白控制多顺反子 mRNA 的翻译**　在细菌中，每个核糖体含有约 50 种不同的蛋白质，必须以同样的速率合成，而且，合成这些蛋白质的速率是与细胞增殖相适应的。生长条件的改变，可以导致所有核糖体组分的迅速增加或降低，翻译水平调控在这些协调控制中起着关键作用。50 种核糖体蛋白的基因分布在几个不同的操纵子中，最大的操纵子可含有 11 个基因。这些操纵子在转录水平是可调控的。但是，如果把额外的操纵子导入细菌，mRNA 量会相应增加，但蛋白质的合成几乎不变，这是因为核糖体蛋白合成的控制主要是在翻译水平。每个操纵子转录的 mRNA 所编码的蛋白质中都有一种蛋白（或两种蛋白形成的一个复合物）可以结合到多顺反子上游的一个特定部位，阻止核糖体结合和起始翻译。几个连续的基因在 mRNA 上是连锁的，可被同时打开或关闭。有人认为每一个核糖体结合位点都是由前一个编码区滑过来的核糖体识别与结合。各个编码区的 SD 序列为何不能直接与核糖体结合，机制尚不清楚。

2. **翻译终止因子 RF2 调节自身的翻译**　RF2 识别终止密码子 UGA 和 UAA，RF1 识别终止密码子 UAG 和 UAA。RF2 的 mRNA 不是一个连续的开放阅读框，前面 25 个氨基酸与后面 315 个氨基酸不是同一阅读框，两个编码区之间是一个终止密码子 UGA 和一个 C（UGAC）。RF1 不能识别 UGA，该终止密码子是由 RF2 自身识别的。当有 RF2 时，RF2 的 mRNA 翻译到第 25 个氨基酸时，即在其后的 UGA 处将肽链释放（不成熟的多肽）。没有 RF2 时，在 UGA 处不能释放

Notes

25 肽，却会慢慢发生阅读框移动，以 GAC 形成了第 26 个密码子，继续翻译，直至出现终止密码子 UAG，在 RF1 的作用下释放完整的 RF2。

## 四、小分子反义 RNA 参与调节蛋白质合成

小分子 RNA 调控翻译的作用，主要介绍两种类型。

### （一）小分子 RNA 参与基因表达产物类型转换的调控

大肠杆菌渗透压调节基因 *ompR* 的产物 OmpR 蛋白，在不同的渗透压时具有不同的构象，分别结合渗透压蛋白 *ompF* 和 *ompC* 基因的调控区。在低渗环境下，OmpR 蛋白对 *ompF* 基因的表达起正调控作用（图 18-16），对 *ompC* 基因无调控作用；在高渗条件下，OmpR 蛋白发生构象改变，对 *ompC* 基因的表达起正调控作用，对 *ompF* 基因无调控作用。

当环境渗透压由低渗转为高渗时，不仅 *ompF* 基因的转录停止，已经转录出来的 mRNA 的翻译也被抑制。此抑制物不是蛋白质，而是一种小分子 RNA（约 170bp），它的碱基顺序恰好与 ompF-mRNA 的 5'- 末端附近的顺序互补，故叫 mRNA 干扰性互补 RNA（mRNA interfering complementary RNA，micRNA）。由于 micRNA 能与 ompF-mRNA 特异结合，阻碍其翻译，从而抑制 *ompF* 基因的表达（图 18-16）。micRNA 的基因也受 OmpR 蛋白调控，与 *ompC* 基因同时被激活转录。

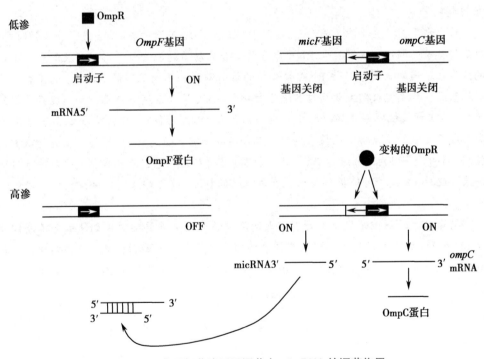

图 18-16　大肠杆菌渗透压调节中 mic RNA 的调节作用

### （二）小分子 RNA 参与维持极低水平的基因表达

在细菌中有一种 Tn10 转座酶，以极低的水平存在于细胞内。一种小分子的 RNA 阻遏物在翻译水平上严格限制着 Tn10 转座酶基因的表达。

Tn10 转座酶基因由 pIN 启动子控制，RNA 阻遏物的基因由 pOUT 启动子控制。两个启动子方向相反，交叉进行转录，使得基因转录效率很低。两个转录区有 35 个碱基重叠（图 18-17）。因此，两个基因的转录物中有 35 个碱基是互补的，互补区覆盖了 Tn10 转座酶 mRNA 的翻译起始区，因而可以干扰翻译，其结果是转座酶的表达效率非常低。

Notes

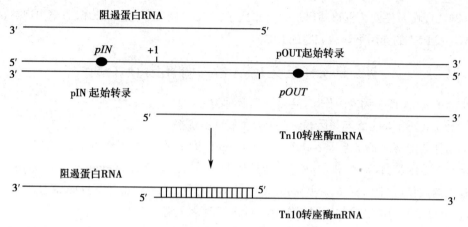

图 18-17    小分子 RNA 在翻译水平的调控作用

## 小    结

基因表达调控是指细胞内的特定因素控制特定基因的表达,即启动或停止基因的转录和翻译;或调节特定基因的表达水平,即在转录水平调控细胞内特定 mRNA 的量、或在翻译水平控制特定蛋白质的量。原核生物基因表达的调控主要是在转录水平,其次是在翻译水平。

转录水平调控主要涉及启动子、σ 因子、阻遏蛋白、正调控蛋白、衰减子等多种因素。对基因转录的调控主要是控制 RNA 聚合酶结合启动子的能力以及形成开放起始复合物的能力。不同的 σ 因子引导 RNA 聚合酶的核心酶结合不同基因的启动子,选择表达特定的基因。负调控机制主要通过阻遏蛋白抑制 RNA 聚合酶结合启动子和形成开放起始复合物,正调控机制则是通过特定的蛋白质结合 DNA 后促进 RNA 聚合酶结合启动子和形成开放起始复合物。原核生物的大部分操纵子都是受到正、负调控机制进行双重调控,不同的诱导因素分别激活正、负调控机制,使得特定的基因只能在特定的条件下启动转录。此外,衰减子可依据原核细胞生命活动的特点,将某些基因的转录控制在很低的水平。

翻译水平的调控是原核生物基因表达调控的另一个重要层次。翻译水平的调控涉及 SD 序列、mRNA 的稳定性以及翻译产物的调控作用。主要调控机制是控制核糖体与mRNA 模板的结合、控制核糖体沿 mRNA 模板移动的能力、控制 mRNA 模板的数量。

(冯作化)

Notes

# 第十九章　真核生物基因表达调控

与原核基因表达调控相比，真核基因表达调控的环节更多，机制更复杂。包括人类在内，由单一受精卵产生的多细胞生物由数百种各不相同的细胞组成，这些细胞的多样性表型是发育过程中精确基因表达调控的结果。多细胞生物的几乎所有类型的细胞均含有相同的基因组，但每种细胞根据自身的特点，依时空特异性，与环境因素相呼应，只表达其中的部分基因，从而发挥完全不同的生物学功能，以满足各种生命活动的需要。可见，对基因表达调控的了解是认识生命体不可或缺的重要内容。本章着重阐述真核基因表达的染色质水平调控、转录调控、转录后调控以及翻译调控。

## 第一节　真核基因表达的染色质水平调控

以染色质形式组装在细胞核内的 DNA 所携带的遗传信息的表达首先会受到染色质结构的制约，因此，染色质水平的调控是真核基因表达调控的重要环节。染色质水平调控的主要机制是对组蛋白和 DNA 进行修饰，通过各种修饰的组合，影响染色质的结构，从而控制特定染色质区域内的基因的表达。

### 一、常染色质区内的基因有转录活性

真核细胞间期核中的染色质按其基因是否有转录活性可分为常染色质（euchromatin）和异染色质（heterochromatin）。位于常染色质区的基因有转录活性，而位于异染色质区内的基因无转录活性。具有转录活性的常染色质又被称为活性染色质（active chromatin）。

因为活性染色质结构松弛，所以对核酸酶 DNase Ⅰ 敏感。在有转录活性的基因中，有转录调节蛋白结合的 DNA 序列比无转录调节蛋白结合的 DNA 序列更能抵抗 DNase Ⅰ 的消化，因此，当用 DNase Ⅰ 处理活性染色质 DNA 时，会出现一些超敏感位点（hypersensitive site），这些位点位于基因的 5'- 或 3'- 侧翼转录调控区的转录调节蛋白结合位点旁侧的"裸"DNA 中。另外，在活性染色质区域还会发生诸如组蛋白修饰、CpG 岛的 DNA 甲基化修饰等，这些均属染色质水平的基因表达调控范畴，是当今表观遗传学（epigenetics）领域研究的热点。

### 二、组蛋白修饰改变染色质活性

在真核细胞中，核小体是染色质的主要结构元件，四种组蛋白（H2A，H2B，H3 和 H4 各 2 个分子）组成的八聚体构成核小体的核心区（core particle），其外面盘绕着 DNA 双螺旋链。每个组蛋白的氨基端都会伸出核小体外，形成组蛋白尾巴（图 19-1）。这些尾巴可以形成核小体间相互作用的纽带，同时也是发生组蛋白修饰的位点。每个核小体之间连续的 DNA 再结合一个组蛋白 H1，形成串珠样高级结构（第二章）。

（一）各种组蛋白均可发生特异的化学修饰

各种组蛋白均可发生不同的化学修饰，包括乙酰化（acetylation）、磷酸化（phosphorylation）、甲基化（methylation）、泛素化（ubiquitination）以及多聚 ADP- 核糖基化［poly（ADP-ribosyl）ation］

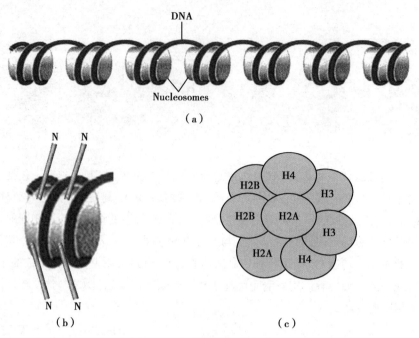

图 19-1　组蛋白及核小体结构

(a)组蛋白与 DNA 组成的核小体；(b)组蛋白的氨基端伸出核小体，形成组蛋白尾巴；
(c)四种组蛋白组成的八聚体

等。这些多样化的修饰以及各种修饰在时间、空间上的组合与生物学功能的关系被视为一种重要的标志或语言，称为组蛋白密码（histone code）。相同组蛋白氨基酸残基的乙酰化与去乙酰化、磷酸化与去磷酸化、甲基化与去甲基化等，以及不同组蛋白氨基酸残基的上述各种修饰之间既可相互协同，又可互相拮抗，形成了一个复杂的调节网络。

### （二）组蛋白修饰改变染色质转录活性

转录活跃区域的染色质中的组蛋白的特点是：①富含赖氨酸的 H1 组蛋白含量降低；② H2A-H2B 组蛋白二聚体的不稳定性增加，使它们容易从核小体核心中被置换出来；③组蛋白 H3、H4 可发生乙酰化、磷酸化、泛素化等修饰。这些都使得核小体的结构变得松弛而不稳定，降低核小体对 DNA 的亲和力，易于基因转录。

1. **组蛋白修饰参与调节染色质重塑**　组蛋白特异性位点的化学修饰，可引发染色质结构改变，即染色质重塑（chromatin remodeling）（有时又称核小体重塑），进而影响相关基因的转录。染色质重塑需要特异的染色质重塑复合体（chromatin remodeling complex）。染色质重塑复合体是调节染色质结构的蛋白复合体，这些复合体结合到染色质上，可使染色质结构发生改变。目前已知的染色质重塑复合体主要有两类，即 ATP 依赖的染色质重塑复合体和染色质共价修饰复合体；前者利用 ATP 水解的能量以非共价方式调节染色质结构，而后者主要通过给组蛋白或 DNA 加上或去掉共价修饰物来调节染色质结构。

组蛋白修饰常发生在组蛋白中富含的赖氨酸、精氨酸、组氨酸等带有正电荷的碱性氨基酸残基部位。一般来说，乙酰化修饰能够中和组蛋白尾巴上碱性氨基酸残基的正电荷，减弱组蛋白与带有负电荷的 DNA 之间的结合，选择性地使某些染色质区域的结构从紧密变得松散，有利于转录因子与 DNA 的结合，从而开放某些基因的转录，增强其表达水平。而组蛋白甲基化通常不会在整体上改变组蛋白尾巴的电荷，但是能够增加其碱性度和疏水性，因而增强其与 DNA 的亲和力。乙酰化修饰和甲基化修饰都是通过改变组蛋白尾巴与 DNA 之间的相互作用发挥基因表达调控的功能，而乙酰化修饰和甲基化修饰往往又是相互排斥的。组蛋白的磷酸化修饰在细胞有丝分裂和减数分裂期间染色体浓缩以及基因转录激活过程中发挥重要的调节作用。

Notes

2. 组蛋白 H3 和 H4 的化学修饰对染色质活性的影响极为重要　组蛋白 H3 和 H4 的乙酰化、磷酸化和甲基化修饰对染色质结构和功能的影响总结于表 19-1。组蛋白修饰对于基因表达影响的机制包括两种相互包容的理论，即组蛋白的修饰直接影响染色质或核小体的结构，以及化学修饰募集了其他调控基因转录的蛋白质，为其他功能分子与组蛋白结合搭建了一个平台。

表 19-1　组蛋白 H3 和 H4 的化学修饰对染色质结构与功能的影响

| 组蛋白 | 氨基酸残基位点 | 修饰类型 | 功能 |
|---|---|---|---|
| H3 | Lys-4 | 甲基化 | 激活 |
| H3 | Lys-9 | 甲基化 | 染色质浓缩 |
| H3 | Lys-9 | 甲基化 | DNA 甲基化所必需 |
| H3 | Lys-9 | 乙酰化 | 激活 |
| H3 | Ser-10 | 磷酸化 | 激活 |
| H3 | Lys-14 | 乙酰化 | 防止 Lys-9 的甲基化 |
| H3 | Lys-79 | 甲基化 | 端粒沉默 |
| H4 | Arg-3 | 甲基化 | |
| H4 | Lys-5 | 乙酰化 | 装配 |
| H4 | Lys-12 | 乙酰化 | 装配 |
| H4 | Lys-16 | 乙酰化 | 核小体装配 |
| H4 | Lys-16 | 乙酰化 | Fly X 激活 |

发挥组蛋白共价修饰作用的一些蛋白质分子，如组蛋白乙酰化酶（histone acetyltransferase，HAT）和组蛋白去乙酰化酶（histone deacetylase，HDAC），在染色质水平的基因表达调控中具有重要作用。HAT 使组蛋白发生乙酰化，促使染色质结构松弛，有利于基因的转录，被称为转录辅激活因子（coactivator），而 HDAC 促进组蛋白的去乙酰化，抑制基因的转录，被称为转录辅抑制因子（corepressor）。

## 三、转录活性基因启动子区甲基化程度低

真核 DNA 分子中的胞嘧啶碱基约有 5% 被甲基化修饰为 5- 甲基胞嘧啶（5-methylcytosine）。胞嘧啶碱基的甲基化修饰常发生在基因上游调控序列的 CpG（岛）富含区。调控区 CpG 岛甲基化修饰的范围、程度通常与基因的表达水平呈反比关系。处于活性染色质区、呈现转录活性状态的基因的 CpG 序列一般总是低甲基化的；而不表达或处于低表达水平的基因的 CpG 序列则总是高甲基化的。实际上，DNA 分子胞嘧啶碱基的甲基化修饰是一个动态的过程。DNA 甲基转移酶（DNA methyltransferase，DNMT）或甲基化酶（methylase）催化甲基与胞嘧啶的共价结合，而去甲基化酶（demethylase）则负责去除 5- 甲基胞嘧啶上的甲基。DNA 甲基化对基因转录的抑制作用需要甲基化 CpG 结合蛋白（methyl-CpG-binding protein，MBP）的参与。

DNA 胞嘧啶的甲基化与去甲基化在真核基因的表达调控中发挥着重要作用。基因组印迹（genomic imprinting）是 DNA 甲基化修饰调控基因表达的一个典型例证。基因组印迹是指源于父母双方同一等位基因的选择性差异表达的现象（即一个基因的活性由其亲本来源决定）。来自父系和母系的等位基因在通过精子和卵子传递给子代时，原有的源于亲代的甲基化印迹被全部消除，在配子形成过程中产生新的甲基化修饰模式，使得等位基因具有不同的表达特性。例如，*H19* 基因在由母本而非父本提供时表达，而 *Igf2*（insulin like growth factor 2）基因则在由父本而非母本提供时才表达。基因组印迹不仅参与控制胚胎的生长发育、分化和存活，也与某些遗传病和肿瘤（特别是小儿肿瘤）的发生有关。

Notes

## 四、非编码 RNA 参与调控染色质结构

如上所述,染色质的结构变化包括结构重塑、组蛋白修饰、DNA 修饰等,这些结构变化是影响基因转录的关键因素之一。除蛋白质(包括酶)外,非编码 RNA(non-coding RNA, ncRNA)特别是长链非编码 RNA(long non-coding RNA, lncRNA)也密切参与调控染色质结构的变化。

### (一)lncRNA 促进形成致密的染色质结构

lncRNA 可通过与 DNA 相互作用或与染色质蛋白相互作用而结合到染色质上,并进一步募集调控染色质结构的蛋白质,改变染色质的结构和活性。染色质重塑复合体并不能直接与染色质结合,而是通过 lncRNA 与染色质结合。lncRNA 结合到染色质上,并募集特定的染色质重塑复合体,后者可使染色质结构发生改变,通过形成致密的染色质结构而形成基因沉默区(图 19-2)。

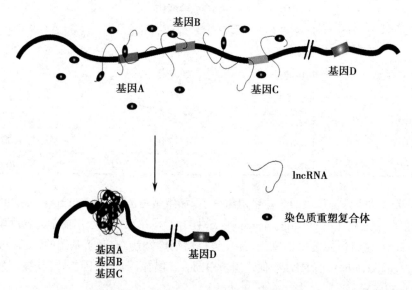

图 19-2　lncRNA 促进形成致密的染色质结构

### (二)lncRNA 通过募集染色质重塑复合体调控组蛋白修饰

lncRNA 募集的染色质重塑复合体中的一些酶,实际上就是修饰组蛋白的酶,因而能够通过修饰组蛋白而调控基因表达。

1. lncRNA 介导组蛋白修饰酶与染色质的结合　染色质重塑复合体中具有酶活性的蛋白质(如组蛋白修饰酶)并没有 DNA 结合域,而具有 RNA 结合域,通过与 lncRNA 结合而被募集到染色质上,从而调控组蛋白修饰,进而调控相应基因的表达。例如,在 X 染色体上,lncRNA XIST(X inactive specific transcript)通过其分子中的重复 A 区域(repeat A region, RepA)与多梳抑制性复合体 2(polycomb repressive complex 2, PRC2)中的 EZH2 和 SUZ12 组分相互作用,将 PRC2 募集到一条 X 染色体,修饰产生大量的 H3K27 三甲基化,从而导致 X 染色体失活。

2. lncRNA 可结合不同的染色质重塑复合体　lncRNA 分子较大,分子中形成的蛋白质结合位点不只一个。因此,有的 lncRNA 可以与两种以上的染色质重塑复合体结合。例如,在哺乳动物中,lncRNA HOTAIR 的 5′- 端可结合 PRC2 复合体,3′- 端可结合 LSD1/CoREST 复合体,从而将两种复合体同时募集到染色质的 *HOXD* 位点,使该位点的 H3K27 甲基化、H3K4 去甲基化,从而使位于该位点的基因沉默。

3. 一种染色质重塑复合体可被不同 lncRNA 募集到不同位点　一种染色质重塑复合体可与多种 lncRNA 结合,而 lncRNA 则决定该染色质重塑复合体与染色质结合的具体位点。也就是说,一种染色质重塑复合体可以被不同的 lncRNA 募集到不同的染色质位点,调控不同基因的

Notes

表达。例如，PRC2 与 HOTAIR 结合，可靶向抑制 *HOXD* 位点的基因表达；而 PRC2 与 lncRNA Kcnq1ot1 结合，则会靶向抑制 *KCNQ1* 位点的基因表达。

（三）微 RNA 可间接影响组蛋白修饰

有些微 RNA（micro RNA，miRNA）可影响表观遗传调控蛋白的表达，从而间接影响基因表达的表观遗传调控（如组蛋白修饰），因而这些 miRNA 也被称为 epi-miRNA。例如，miR-1、miR-140、miR-29b 可直接靶向组蛋白去乙酰化酶 4 基因（*HDAC4* 基因），抑制 HDAC4 的表达；miR-449a 则结合 *HDAC1* mRNA 的 3'-UTR，抑制 HDAC1 的表达。

（四）ncRNA 参与调控 DNA 甲基化

ncRNA 可通过不同的机制影响 DNA 的甲基化水平，从而影响基因的表达。

1. lncRNA 可促进 DNA 甲基化　lncRNA 可通过调控组蛋白修饰而调控 DNA 的甲基化状态。例如，G9a 是组蛋白甲基转移酶，可催化 H3K9 二甲基化和三甲基化。甲基化的 H3K9 可与 HP1 蛋白结合，后者可募集 DNA 甲基转移酶（DNMT），将 DNA 甲基化。因此，当 lncRNA 将 G9a 募集到特定的染色质区域后，不仅可使该区域的组蛋白发生甲基化，也可导致该区域的 DNA 发生甲基化。

2. miRNA 可通过调控 *DNMT* 的表达而调控 DNA 甲基化　miRNA 调控 *DNMT* 表达的机制包括：①直接抑制 *DNMT* 的表达。例如，*DNMT3a* 和 *DNMT3b* 基因都是 miR-29 家族（miR-29a、miR-29b、miR-29c）的直接靶基因。因此，miR-29 家族的成员可通过直接抑制 *DNMT3a* 和 *DNMT3b* 的表达而影响 DNA 甲基化。②间接抑制 *DNMT* 的表达。例如，转录因子 SP1 是 *DNMT1* 基因的转录激活因子，而 *SP1* 基因是 miR-29b 的靶基因，因此，miR-29 也可间接抑制 *DNMT1* 的表达，进而影响 DNA 的甲基化。③间接促进 *DNMT* 的表达。当 miRNA 的靶基因是 *DNMT* 基因的转录抑制因子时，miRNA 则可间接促进 *DNMT* 的表达。如 RBL2 是 *DNMT3a* 和 *DNMT3b* 基因转录的抑制因子，而 *RBL2* 基因是 miR-290 的靶基因。因此，miR-290 可通过下调 *RBL2* 表达而促进 *DNMT3* 基因的表达，进而影响 DNA 的甲基化。

# 第二节　真核基因转录的调控

真核基因表达调控的环节很多，相对而言，转录起始是真核基因表达调控的最重要环节。参与转录调控的因素主要是顺式作用元件和转录因子，而顺式作用元件和转录因子对转录的调控作用都包括正调控作用和负调控作用。不同元件和因子的组合可将基因的转录活性控制在不同的水平。

## 一、顺式作用元件是调控转录起始的 DNA 序列

在真核基因的转录调控区，含有能与特异转录因子结合并影响转录水平的 DNA 序列，即顺式作用元件（*cis*-acting elements），包括启动子（promoter）、增强子（enhancer）、沉默子（silencer）和绝缘子（insulator）。这些顺式作用元件是控制基因转录的基本要素，参与调控基因转录的蛋白质需要结合到特定的顺式作用元件，方可发挥调节基因转录的功能。

（一）启动子的序列组成决定参与调控转录的蛋白因子及其组合

真核基因启动子通常含有若干具有独立转录调控功能的 DNA 序列元件（第十三章），每个元件长约 7～30bp。其中，核心启动子元件是保证 RNA 聚合酶起始转录所必需的、最小的 DNA 序列。Ⅱ类启动子中最典型的核心元件是 TATA 盒（TATA box），通常位于转录起始位点（transcription start site，TSS）上游 −30～−25bp 处，共有序列为 TATAAAA，是基本转录因子 TFⅡD 的识别和结合位点，控制着基因转录起始的准确性与频率。上游启动子元件包括 CAAT 盒（GGCCAATCT）、GC 盒（GGGCGG）、八联体元件（ATTTGCAT）以及距 TSS 更远的上游元件，相应的蛋白因子通

过结合这些元件调节转录起始的频率,从而影响转录效率。

有些启动子不含 TATA 盒,主要包括:①富含 GC 的启动子:最初发现于管家基因,一般含有数个分离的 TSS,对基础转录活化具有重要作用;②既无 TATA 盒,又无 GC 富含区的启动子:这类启动子有一个或多个 TSS,其转录活性大多很低或根本没有转录活性,主要在胚胎发育、组织分化或再生过程中发挥作用。

不同基因启动子元件的组成和数量是不同的,从而使得不同基因的表达调控也各不相同。如 SV40 早期基因的启动子由 TATA 盒和 GC 盒组成,组蛋白 *H2B* 基因的启动子由 TATA 盒、CAAT 盒和八联体元件组成,胸苷激酶基因的启动子由 TATA 盒、GC 盒、八联体元件和 CAAT 盒组成(图 19-3)。GC 盒、CAAT 盒、八联体元件在各个基因中的数量也不相同,因此,参与这些基因转录调控的蛋白质因子也相应形成了不同的组合。

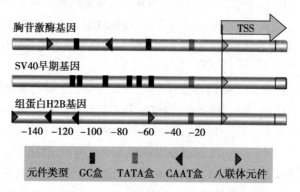

图 19-3　不同基因中启动子元件的不同组合

### (二)增强子能提高启动子的活性

增强子是特定的转录激活因子识别和结合的位点,转录激活因子只有在结合增强子(DNA 序列)后,才能发挥增强转录的作用。

同启动子一样,增强子也由若干短序列功能元件组成。增强子中的功能元件是特异性转录因子结合 DNA 的核心序列,其长为 8~12bp,以单拷贝或多拷贝串联形式存在。从功能上讲,没有启动子,增强子则根本无法发挥作用,因此,增强子发挥作用需要有启动子存在。而另一方面,没有增强子,启动子往往不能表现活性或活性很低。增强子的作用主要是提高启动子的活性。

增强子的作用特点主要有:①增强子对启动子没有严格的专一性,同一增强子可以增强不同类型启动子的转录活性。②增强子的位置并不固定,既可位于启动子的上游,也可位于启动子下游,有的还可位于内含子中。增强子可以远离 TSS 起作用(数百至数千 bp),甚至在某些情况下可以调控 30kb 以外的基因。③增强子发挥作用与其序列的正反方向无关,增强子的序列颠倒后仍能起作用。④有些增强子与启动子在结构上相互连续、甚至交错而不能区分。在文献中,有时将这类兼含启动子和增强子功能的基因转录调控结构也称作"启动子"(广义启动子);为了区分,将只含有 RNA 聚合酶结合位点和 TSS 的序列称为微(小)启动子(minipromoter)或核心启动子。⑤增强子常具有组织或细胞特异性,其活性的表现由这些细胞或组织中特异性转录激活因子来决定,因此,增强子及其相关的特异性转录激活因子决定了基因的时空特异性(temperospatial specificity)表达。

### (三)沉默子可负性调控转录起始

沉默子是指位于某些真核基因转录调控区中的、能抑制或阻遏该基因转录的一段(数百 bp)DNA 序列。作为基因表达的负性调控元件,沉默子一方面能促进局部染色质形成致密结构,从而阻止转录激活因子与 DNA 结合;另一方面能够同反式作用因子结合,阻断增强子及反式激活

Notes

因子的作用,从而抑制基因的转录活性。

有的沉默子与增强子相似,由多个功能元件构成,不同的元件和特异蛋白因子结合后协同产生复杂的阻遏模式;同时,沉默子的作用也不受序列方向的影响,亦可远距离发挥作用。此外,基因转录调控区中的某些顺式作用元件有时作为增强子发挥作用,有时又有沉默子样作用,这主要取决于细胞内所存在的 DNA 结合蛋白的性质;这样的 DNA 序列仍属增强子,不属沉默子。

### (四) 绝缘子可防止基因转录受邻近区域的调控因素的影响

绝缘子是染色质上相邻转录活性区的边界序列,它将染色质隔离成不同的转录结构域,使其一侧基因的表达免受邻近区域调控元件的影响。绝缘子作为一种转录调控元件,当其位于增强子和启动子之间时,可以阻断增强子对启动子的调控作用。这也许可以解释为什么增强子会受约束而只作用于特定启动子。一般而言,多数增强子可调控其附近的任何启动子,而绝缘子则可限制增强子对启动子不加选择的作用,从而使增强子只作用于特定启动子。

染色质结构中的异染色质区域可发生扩展和传播,通过延伸致密结构区域,使更多的基因被抑制。在异染色质延伸过程中,绝缘子可以充当异染色质传播的屏障,当绝缘子位于活性基因和异染色质之间时,可使启动子保持活性,保护活性基因免受邻近异染色质沉默效应的影响。有的绝缘子可同时具有阻断增强子和屏障异染色质的作用,而有的绝缘子则只具有其中一种功能。绝缘子的上述作用提高了基因转录调控的时空准确性。

## 二、转录激活因子可激活或促进基因转录起始

在真核细胞中,能够帮助 RNA 聚合酶转录 RNA 的蛋白质统称转录因子(transcription factor, TF)。以反式作用方式调节基因转录的 TF 称为反式作用因子(*trans*-acting factor),以顺式作用方式调节基因转录的 TF 称为顺式作用蛋白(*cis*-acting protein)(图 19-4),前者占 TF 的大多数,后者仅占 TF 的一小部分。

依据功能特点,可将 TF 分为三类:①通用 TF(general TF)或基本 TF(basal TF):这些 TF 直接或间接结合 RNA 聚合酶,为转录起始前复合体装配所必需的;②特异性 TF:指特异性

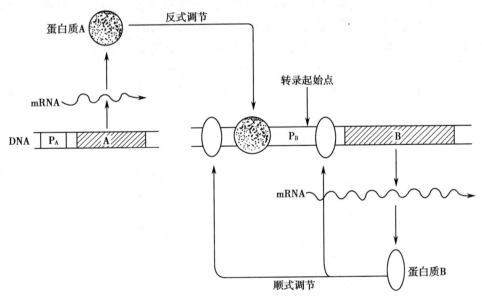

图 19-4　反式作用因子和顺式作用蛋白调节基因转录的作用方式

蛋白质 A 由 *A* 基因表达,通过结合 *B* 基因的顺式作用元件而调节 *B* 基因的转录,这是反式作用因子介导的反式调节作用。蛋白质 B 由 *B* 基因表达,通过结合自身基因的顺式作用元件而调节自身基因的转录,这是顺式作用蛋白介导的顺式调节作用

Notes

识别和结合顺式作用元件的 TF，包括转录激活因子（transcription activator）和转录抑制因子（transcription repressor）；③辅助 TF：指自身不与 DNA 结合，而是通过蛋白质相互作用连接 TF 和基础转录装置（basal transcription apparatus）的蛋白质，包括辅激活因子（coactivator）和辅抑制因子（corepressor）。

---

**框 19-1    关键转录因子可以改变一个细胞的命运**

2006 年日本京都大学 Yamanaka S 课题组在 *Cell* 杂志上报道了诱导多能干细胞（induced pluripotent stem cell, iPS cell）的研究。他们把 Oct3/4、Sox2、c-Myc 和 Klf4 这四种转录因子的基因克隆入病毒载体，然后引入小鼠成纤维细胞，发现可诱导细胞核重新编程并使细胞发生转化，产生的细胞在形态、基因表达、表观遗传修饰状态、细胞倍增能力、类胚体和畸形瘤生成能力、分化能力等方面都与胚胎干细胞相似，因此称其为诱导多能干细胞。2007 年 11 月，Yamanaka S 课题组和美国 Thompson J 的实验室几乎同时报道，利用这种技术诱导人的皮肤纤维细胞成为 iPS 细胞。2012 年 10 月 8 日，Yamanaka S 与英国发育生物学家 Gurdon JB 因在细胞核重新编程研究领域的杰出贡献而获得诺贝尔生理学 / 医学奖。

---

### （一）转录激活因子包含 DNA 结合结构域和转录激活结构域

典型的转录激活因子含有 DNA 结合结构域（DNA-binding domain, DBD）和转录激活结构域（transcription-activating domain, TAD）、蛋白质 - 蛋白质相互作用结构域以及核输入信号结构域等。DBD 的主要作用是结合 DNA，并将 TAD 带到基础转录装置的邻近区域；TAD 通过与基础转录装置相互作用而激活转录；蛋白质 - 蛋白质相互作用结构域介导 TF 之间以及 TF 与其他蛋白质之间的相互作用，最常见的是二聚化结构域；核输入信号一般是转录因子中富含精氨酸和赖氨酸残基的区段。

1. **DBD 多具有特定的蛋白质模体**    常见的模体主要有以下几种：①锌指（zinc finger）模体：是一类含 $Zn^{2+}$ 的形似手指的蛋白模体。每个重复的"指"状结构约含 23 个氨基酸残基，形成 1 个 α- 螺旋和 2 个反向平行的 β- 折叠的二级结构。每个 β- 折叠上有一个半胱氨酸残基，而 α- 螺旋上有 2 个组氨酸或半胱氨酸残基。这 4 个氨基酸残基与二价 $Zn^{2+}$ 之间形成配位键（图 19-5）。一个 TF 分子可有多个这样的锌指重复单位，每个单位可将其指部深入 DNA 双螺旋的大沟内，接触 5 个核苷酸。例如，与 GC 盒结合的人成纤维细胞转录因子 SP1 中就有 3 个锌指重复结构。②碱性亮氨酸拉链（basic leucine zipper, bZIP）模体：其特点是在 C- 端的氨基酸序列中，每隔 6

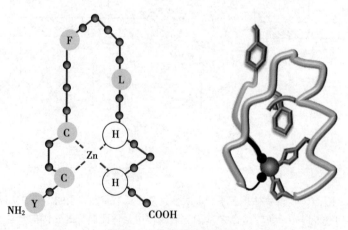

图 19-5    锌指模体的结构
C = 半胱氨酸；H = 组氨酸；F = 苯丙氨酸；L = 亮氨酸；Y = 酪氨酸

Notes

个氨基酸残基是一个疏水性的亮氨酸残基。当 C- 端形成 α- 螺旋结构时，肽链每旋转两周就出现一个亮氨酸残基，并且都出现在 α- 螺旋的同一侧。这样的两条肽链能借助疏水力形成二聚体，形同拉链一样（图 19-6）。该二聚体的 N- 端是富含碱性氨基酸的区域，可借助其正电荷与 DNA 骨架上的磷酸基团结合。③碱性螺旋 - 环 - 螺旋（basic helix-loop-helix，bHLH）模体：两个 α- 螺旋间由一个短肽段形成的环连接，其中一个 α- 螺旋的 N- 端富含碱性氨基酸残基，负责与 DNA 结合（图 19-7）。bHLH 模体通常以二聚体形式存在，而且两个 α- 螺旋的碱性区之间的距离大约与 DNA 双螺旋的一个螺距相近（3.4nm），使两个 α- 螺旋的碱性区刚好分别嵌入 DNA 双螺旋的大沟内。

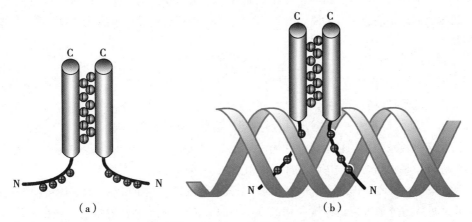

图 19-6　bZIP 模体的结构

（a）bZIP 模体的结构示意图；（b）bZIP 模体与 DNA 结合的示意图。两个 α- 螺旋上的亮氨酸残基彼此接近，形成了类似拉链的结构，而富含碱性氨基酸的区域与 DNA 骨架上的磷酸基团结合

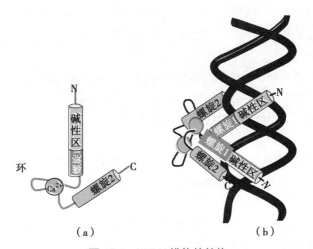

图 19-7　bHLH 模体的结构

（a）独立的 bHLH 模体的结构示意图；（b）bHLH 模体二聚体与 DNA 结合的示意图。两个 α- 螺旋的碱性区分别嵌入 DNA 双螺旋的大沟内

2. 常见的 TAD 主要有三类　根据氨基酸的组成特点，可将 TAD 分为三类：①酸性激活结构域（acidic activation domain）：是一段富含酸性氨基酸的保守序列，常形成带负电荷的 β- 折叠；②富含谷氨酰胺的结构域（glutamine-rich domain）：其 N- 端的谷氨酰胺残基含量可高达 25% 左右；③富含脯氨酸的结构域（proline-rich domain）：其 C- 端的脯氨酸残基含量可高达 20%～30%。

Notes

### （二）转录激活因子结合DNA元件后激活或促进基因转录起始

转录激活因子发挥作用的基本前提有两个，一是本身被激活，激活方式包括化学修饰（如磷酸化等）、阻遏蛋白释放等；二是与特异的顺式作用元件结合，转录激活因子需要通过结合特异的顺式作用元件而激活转录。

转录激活因子激活或促进基因转录起始的作用由TAD介导，主要有两种方式：①通过与通用TF相互作用而发挥转录调控功能。例如：某些含有酸性激活结构域的TF可通过与TFⅡD相互作用协助转录起始复合体的组装，从而促进转录。②通过辅激活因子而起作用：辅激活因子含有TAD，但不能结合DNA；因此，能结合顺式作用元件而没有TAD的激活因子可通过结合辅激活因子而起作用。辅激活因子的作用机制基本相同，即通过蛋白质间的非共价结合而发挥作用。辅激活因子不能直接与DNA结合，其调控基因转录的特异性由能结合DNA的转录激活因子决定。

## 三、转录抑制因子可抑制基因转录起始

转录抑制因子抑制转录起始的机制复杂多样，此处主要介绍如下两类机制。

### （一）某些转录抑制因子可通过干扰基础转录装置而发挥抑制作用

作用于基础转录装置的转录抑制作用常导致整个转录的彻底终止，许多转录抑制因子就是通过与基础转录装置结合而发挥转录抑制作用的，其主要作用方式有如下3类。

**1. 修饰RNA聚合酶Ⅱ的羧基末端结构域**　某些转录抑制因子可在转录起始过程中对RNA聚合酶Ⅱ大亚基的羧基末端结构域（carboxyl-terminal domain，CTD）进行糖基化和去磷酸化修饰，而在延长过程中对CTD进行磷酸化和去糖基化修饰。通过对CTD修饰的时效和程度上的调整，转录抑制因子可达到抑制转录的目的。例如，Srb10是一种细胞周期蛋白依赖性激酶，可通过磷酸化CTD而抑制一系列与分化、减数分裂、糖代谢等相关基因的转录。

**2. 抑制TATA结合蛋白与DNA的结合**　有些转录抑制因子可通过与TATA结合蛋白（TATA-binding protein，TBP）相互作用而阻止TBP与TATA盒结合，从而抑制基础转录装置的装配。然而这种抑制作用可能是基因特异性的，因为RNA聚合酶Ⅱ转录的某些基因并不含有TATA盒或是不需要TBP的作用。

**3. 抑制通用TF之间的相互作用**　如甲状腺激素受体（TR）被配体激活后可作为转录激活因子与TFⅡB结合，但在没有配体存在时，TR可以直接与TBP结合，从而干扰TBP-TFⅡA或TBP-TFⅡA-TFⅡB复合体的形成；MDM2（murine double mimute 2）可通过结合TFⅡE和TBP而直接干扰转录。

### （二）某些转录抑制因子可通过抑制转录激活因子的功能而发挥抑制作用

某些转录抑制因子可通过调节转录激活因子的活性及定位来抑制转录，其主要作用方式有如下4种。

**1. 阻止转录激活因子入核**　转录激活因子必须入核才能发挥调控基因转录的作用。某些转录抑制因子可在胞质中与转录激活因子结合，并掩盖后者的穿膜结构域，从而阻止其入核。例如，转录激活因子NF-κB的核输入信号可被其抑制蛋白IκB覆盖，从而阻碍NF-κB的核转位，进而使NF-κB靶基因的转录受到抑制。

**2. 与转录激活因子竞争DNA结合位点**　某些转录抑制因子与转录激活因子有相同或重叠的DNA结合区域，从而与转录激活因子竞争结合DNA位点。例如，AP-1通常是一个转录激活因子，但是它却能抑制视黄酸诱导的骨钙素基因的转录，这是由于它与视黄酸受体的DNA结合位点存在着交叠，因而可通过阻碍视黄酸受体与相应DNA位点的结合来发挥转录抑制作用。

**3. 封闭转录激活因子的TAD**　即使转录激活因子已经结合于DNA元件（如增强子），某些转录抑制因子也可与转录激活因子结合并封闭其TAD，从而阻止其发挥功能，这种抑制作用通

Notes

常被称为屏蔽效应（masking）。

4. 促进转录激活因子的降解　某些转录抑制因子可通过对转录激活因子进行特殊修饰而调节后者的稳定性，从而促进后者的降解。例如，MDM2 蛋白可促使转录激活因子 p53 泛素化，引发 p53 核输出，从而加速其降解，进而抑制 p53 的促转录功能。

## 四、RNA 聚合酶Ⅱ CTD 的磷酸化促进转录延长

真核 RNA 聚合酶Ⅱ大亚基的 CTD 是一段共有的 7 个氨基酸残基（YSPTSPS）的重复序列。所有真核 RNA 聚合酶Ⅱ都具有 CTD，只是重复序列的重复程度不同，而 RNA 聚合酶Ⅰ和Ⅲ则没有 CTD。CTD 的磷酸化改变在转录的起始和延长过程中发挥重要作用。

### （一）催化 CTD 磷酸化的激酶有多种

CTD 的磷酸化可由多种激酶催化，主要包括：①细胞周期蛋白依赖性激酶（cyclin-dependent kinase，CDK）：主要是 CDK7 和 CDK9。在转录起始期，CDK7 使 CTD 的 Ser5 和 Ser7 磷酸化；而在转录延伸期，则需要一个称为 P-TEFb（positive transcription elongation factor b）的激酶复合体来使 CTD 磷酸化。P-TEFb 由 CDK9 和 cyclin T 组成，CDK9 能使 CTD 的 Ser2 和 Thr4 磷酸化。除 CDK9 外，在一些基因的转录延长期也发现 CDK12 可使 Ser2 磷酸化。② Plk3（polo-like kinase 3）：能使 CTD 的 Thr4 磷酸化。③酪氨酸激酶 Abl1 和 Abl2：可使 CTD 上的酪氨酸残基磷酸化。

### （二）CTD 磷酸化修饰的动态变化密切调控 RNA 聚合酶Ⅱ的转录进程

去磷酸化的 CTD 在转录起始中发挥作用，当 RNA PolⅡ完成转录启动后，在 CDK7 的作用下，CTD 的 Ser5 和 Ser7 发生磷酸化，导致 RNA 聚合酶Ⅱ的构象发生改变，进而离开启动子，沿模板进行转录。进入转录延长期后，Rtr1（regulator of transcription 1）（可能间接结合其他磷酸酶）和 Ssu72（在脯氨酰异构酶 Pin1 的辅助下）使磷酸化的 p-Ser5 和 p-Ser7 去磷酸化，而 CDK9 则使 Ser2/Thr4 磷酸化（CDK12 也可使 Ser2 磷酸化），直到进入转录终止期，再由 FCP1（TFⅡF-associated CTD phosphatase 1）使 p-Ser2/p-Thr4 去磷酸化，最终使 CTD 回到非磷酸化状态，RNA 聚合酶Ⅱ进入新的转录循环周期（图 19-8）。因此，CTD 磷酸化修饰的动态变化可密切调控 RNA 聚合酶Ⅱ的转录循环周期。

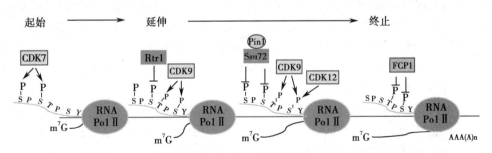

图 19-8　CTD 磷酸化的动态变化对 RNA 聚合酶Ⅱ转录进程的调控

## 五、CTD 的进一步磷酸化可挽救不成功的转录起始

在某些基因的启动子上，当 RNA 聚合酶Ⅱ开始转录时会进行得不顺利，RNA 聚合酶Ⅱ在前进了一小段距离后便终止转录，已转录出的小段 RNA 会被迅速降解，这种现象称为流产起始（abortive initiation）。通过 CTD 的进一步磷酸化修饰，可以防止流产起始，挽救不成功的起始，使不成功的转录起始能够继续下去并进入到转录延伸。

在 CDK7 使 CTD 的 Ser5 和 Ser7 磷酸化的基础上，P-TEFb 激酶复合体中的 CDK9 可作用于 CTD 的 Ser2，使 CTD 进一步磷酸化，从而使转录得以继续。另外，P-TEFb 还可调节延伸因

Notes

子 DSIF（DRB sensitivity-inducing factor）和 NELF（negative elongation factor）的活性。当转录起始后，DSIF 和 NELF 结合于 RNA 聚合酶Ⅱ，阻止转录的延伸。为了克服这种阻力，P-TEFb 使这两个因子磷酸化，从而使其从 RNA 聚合酶Ⅱ复合体上脱离，使转录得以延伸。在昆虫和人类中，大约有三分之一基因的 RNA 聚合酶Ⅱ在 TSS 下游会发生流产转录起始，这种转录暂停的现象被认为是机体在进化过程中或适应更多外界刺激时，为了获得更快速或更多协同转录调节的一个机制。至于这种不成功的转录起始及其调节还有待深入研究。

## 第三节 真核基因的转录后调控

真核基因转录产生的大分子前体 mRNA，需经正确加工后才能转变为成熟 mRNA，并最终定位于细胞质而执行功能。多种因素参与调控 mRNA 的加工、转运、细胞质定位以及稳定性等。

### 一、mRNA 5′- 端加帽和脱帽由相应的酶和其他蛋白质调控

加帽酶（capping enzyme）的鸟苷酸转移酶结构域与 Ser5 磷酸化的 RNA 聚合酶Ⅱ的 CTD 结合后，可促进 mRNA 5′- 端帽结构的形成。在胞核中，已加帽的 mRNA 与帽结合复合体（cap binding complex，CBC）结合，从而促进 mRNA 的核输出。到达胞质后，真核细胞翻译起始因子4E（eukaryotic translation initiation factor 4E，eIF4E）取代 CBC，形成 eIF4E-5′- 帽 -RNA 复合体，该复合体与核糖体亚基相互作用，从而促进翻译装置的起始和再循环。

由于翻译起始依赖于 mRNA 5′- 端帽结构的存在，脱帽便成为抑制 mRNA 翻译的重要机制。mRNA 的脱帽受脱帽酶和其他多种蛋白质的调控。脱帽全酶由脱帽蛋白 1（decapping protein 1，DCP1）和 DCP2 组成，其中 DCP2 为催化亚基，DCP1 主要起提高 DCP2 功能的作用。带帽 mRNA 经脱帽形成 5′- 单磷酸 mRNA，后者可激活具有 5′→3′ 外切核酸酶活性的 Xrn1p（exoribonuclease 1），从而使 mRNA 降解。

除脱帽酶外，大多数 mRNA 的高效脱帽还需要其他多种蛋白质的参与，包括脱帽必需和非必需蛋白：① mRNA 脱帽所必需的蛋白：主要有两类，一类是 mRNA 特异结合蛋白 PUF（Pumilio/Fem-3-binding factor），能与 mRNA 结合并控制脱帽速率；另一类是在由无义介导的 mRNA 衰减（nonsense-mediated mRNA decay，NMD）所诱导的快速脱帽中所必需的 UPF1（up-frameshift protein 1）、UPF2 和 UPF3 蛋白；②参与脱帽但并不是必需的蛋白：主要包括 Lsm（Sm like protein）1～7 形成的复合体、Pat1p/Mrt1p 和 Dhh1p，三者可通过相互作用而促进脱帽。同时，Dhh1p 还可通过与 DCP1 相互作用而促进脱帽。另外，EDC1P（enhancer of decapping protein 1）、EDC2P和 EDC3P 等蛋白也能促进脱帽。

除上述促进脱帽的蛋白外，也有一些蛋白可抑制脱帽过程，如 poly（A）结合蛋白Ⅰ（poly（A）binding protein Ⅰ，PABPⅠ）可显著抑制脱帽的发生。此外，翻译起始复合体的成员（如 eIF4E）也能抑制脱帽。这些抑制脱帽的机制可促进 mRNA 的翻译。

### 二、CTD 参与调节 RNA 的转录后加工

RNA 聚合酶Ⅱ的 CTD 磷酸化和去磷酸化修饰在 RNA 的转录后加工过程中发挥重要调节功能（图 19-9），主要包括：①当 mRNA 的 5′- 端刚被合成时，就被加帽酶修饰，使 mRNA 免遭核酸酶的攻击。Ser5 磷酸化的 CTD 与加帽酶的鸟苷酸转移酶结构域结合，可促进 5′- 帽结构的形成。②在前体 mRNA 的剪接过程中，Ser2 磷酸化同时 p-Ser5 去磷酸化的 CTD 可募集许多剪接因子，包括识别 5′- 剪接位点的 PRP40（pre-mRNA-processing protein 40）、识别 3′- 剪接位点的 U2AF（U2 auxiliary factor）和识别剪接分支点下游序列的 PSF[polypyrimidine tract-binding protein (PTB) -associated splicing factor] 等，这些剪接因子都直接与磷酸化的 CTD 结合，加速剪接过程。

Notes

③在 3′- 端加 poly(A)尾过程中, CTD 可结合多种 3′- 端加工因子, 促进 3′- 端加尾修饰。例如, Ser2 磷酸化的 CTD 可募集 3′- 端加工因子, 如 CStF50(cleavage stimulatory factor 50)、CPSF160 (cleavage and polyadenylation specificity factor 160)等, 因此, Ser2 磷酸化的 CTD 在前体 mRNA 3′- 端加 poly(A)尾的修饰中发挥着重要作用。

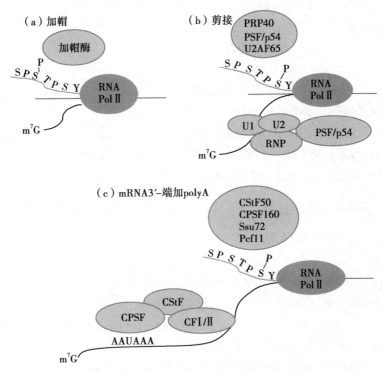

图 19-9　CTD 磷酸化对 mRNA 转录后加工的调节

## 三、剪接过程受调控元件和调控因子的调控

通过剪接可使前体 mRNA 转变为成熟 mRNA, 该过程受到多种因素的调控。如前面提到了 RNA 聚合酶Ⅱ大亚基的 CTD 参与前体 RNA 的剪接调控过程。此处主要介绍选择性剪接(又称可变剪接)的调控。

选择性剪接的调控机制与剪接位点的选择及相关剪接因子密切相关。剪接位点的选择受到许多反式作用因子和存在于前体 mRNA 中的顺式作用元件的调控。根据顺式作用元件在前体 mRNA 中的位置以及对剪接的作用, 将其分为外显子剪接增强子或沉默子(exonic splicing enhancer or silencer, ESE 或 ESS)和内含子剪接增强子或沉默子(intronic splicing enhancer or silencer, ISE 或 ISS)。反式作用因子可通过识别剪接增强子或剪接沉默子而对不同的剪接位点进行选择。

1. **调控元件可调节选择性剪接**　ESE 多位于前体 mRNA 中被调节的剪接位点附近, 有助于吸引剪接因子结合到剪接位点上。ESE 位置的变更可使剪接活性发生很大改变, 甚至可转变为负调控元件。最常见的 ESE 是一类富含嘌呤核苷酸的序列, 如果蝇 *dsx* 基因第四外显子序列中的 ESE, 可通过加强较弱的 3′- 剪接位点的作用而促进上游内含子序列的剪切。

2. **调控因子可调控选择性剪接**　目前, 已知的剪接调控因子主要有 SR(serine/arginine-rich)蛋白家族、hnRNP(heterogeneous nuclear ribonucleoprotein)家族、TIA-1(T cell intracellular antigen-1)、多聚嘧啶结合蛋白(polypyrimidine tract-binding protein, PTB)、SF2/ASF(splicing factor 2/alternative splicing factor)等。

剪接调控因子可以促进或抑制在特定剪接位点发生剪接, 从而选择性地保留或除去外显子

Notes

或内含子序列。不同的剪接调控因子通过不同的机制影响剪接：① SR 蛋白可与富含嘌呤的剪接增强子结合，从而促进 U1 和 U2 snRNP 与剪接位点的结合，并募集 U4/U6/U5 snRNP 三聚体到剪接体上，对特定位点的剪接产生促进作用。② hnRNP 蛋白通常识别剪接沉默子，抑制剪接位点的选择和利用，从而抑制特定位点的剪接。如 hnRNP A1 可结合 mRNA 前体，使 U1 snRNP 只能结合远端较强的 5′- 剪接位点，而不能结合近端较弱的 5′- 剪接位点。③ PTB 也是一种剪接负调控因子，能与 U2AF 竞争结合多聚嘧啶区域，对 5′- 及 3′- 剪接位点均起负调控作用，并可通过包裹外显子使其不被剪接体识别和结合，从而使该外显子不被剪接。④ SF2/ASF 是一种可变剪接因子，其水平的增加可促进 U2AF65 与 3′- 剪接位点保守区结合，而 hnRNP A1 水平的增加则可抑制这种结合，也就是说，剪接因子的相对浓度是影响选择性剪接发生的重要原因之一。

除上述常见的剪接调节因子外，还有一些特异性剪接因子只在特定组织或特定的发育阶段起作用，如果蝇的 SXL（sex-lethal）蛋白（类似 hnRNP 蛋白）。SXL 与 *Tra* 基因 mRNA 前体中的多聚嘧啶区结合后，可阻遏 U2AF 与多聚嘧啶区的结合，迫使 U2AF 选择下游较弱的 3′- 剪接位点，从而导致 *Tra* 只在雌性个体中表达，最终决定了果蝇的性别分化。

## 四、mRNA 3′- 端加尾受 poly（A）信号和多种蛋白因子的调控

poly（A）尾是在转录后加到 mRNA 上的（第十六章），加尾过程受 poly（A）信号以及多种蛋白因子的调控。

### （一）poly（A）信号由多个元件组成

poly（A）信号包括断裂点（cleavage site）、AAUAAA 序列、富含 GU 的下游序列（downstream element，DSE）以及辅助序列（auxiliary sequences）（图 19-10）。辅助序列是一些可以增强或减弱 3′- 端加尾修饰的序列，最常见的是位于 AAUAAA 序列上游的增强序列（upstream of the AAUAAA element，USE）。USE 通常富含 U，但在不同物种间，USE 没有保守的特定序列。

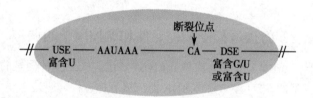

图 19-10　poly（A）信号的组成

### （二）多种蛋白因子和某些序列元件可促进 poly（A）尾的形成

poly（A）是前体 mRNA 在核内由 poly（A）聚合酶（poly（A）polymerase，PAP）催化生成的，在该过程中，多种蛋白因子和某些序列元件发挥正性调控作用。

1. **多种蛋白因子可促进 poly（A）尾的形成**　在 poly（A）形成过程中，除了 CPSF、CStF、CF Ⅰ、CF Ⅱ识别和结合 poly（A）信号、断裂前体 RNA、协同 PAP 启动 poly（A）形成外，还有其他蛋白影响 poly（A）的聚合过程。包括：① RNA 聚合酶Ⅱ：其大亚基的 CTD 可促进 3′- 端加尾修饰；② PABPⅡ：可与慢速期加入的多聚腺苷酸结合，通过调节 CPSF 和 PAP 之间的相互作用而加速 PAP 催化反应的速度，使 AMP 快速加入。当 poly（A）足够长时，PABPⅡ又可使 PAP 停止作用，从而控制 poly（A）尾的长度；③ U2AF65：可结合于最后一个内含子的 3′- 端剪接位点的多聚嘧啶区，通过在 poly（A）位点募集异源二聚体断裂因子 CFIm（cleavage factor Im）59/25 而促进断裂和多聚腺苷酸化，从而促进 poly（A）尾的生成。

2. **某些序列元件也可促进 poly（A）尾的形成**　例如前体 mRNA 断裂位点附近的 USE 和DSE 通常可提高断裂效率，从而促进 poly（A）尾的生成。USE 可作为结合位点来募集辅助或必需的加工因子；DSE 可通过结合调节因子而促进断裂尾部的形成。

Notes

（三）有些蛋白因子可抑制 poly（A）尾的形成

抑制 poly（A）尾形成的蛋白因子主要包括：①多聚腺苷酸化因子：多聚腺苷酸化装置的组装依赖于 CPSF 和 CStF 与 poly（A）信号序列的结合，而多聚腺苷酸化因子（polyadenylation factor）可通过识别和结合 poly（A）信号序列而竞争抑制 CPSF-CStF-RNA 复合体的形成。大多数情况下，多聚腺苷酸化因子通过直接结合于 DSE 来阻止 CStF 与 DSE 的结合，进而使断裂反应受阻，从而抑制 poly（A）尾的形成。②多聚嘧啶结合蛋白 PTB：PTB 可通过直接竞争 CStF 的 DSE 结合位点而抑制 mRNA 3′- 端 poly（A）尾的形成。此外，如果 PTB 与 USE 结合，则可促进 3′- 端的加工，因为 PTB 可增加另一个结合于 DSE 区的 3′- 端加工因子 hnRNP H 与 RNA 的结合活性，然后由 hnRNP H 募集 CStF 或 PAP 促进 3′- 端加工反应。也就是说，PTB 对 poly（A）的生成具有双向调节作用。③U1A 等剪接因子：U1A（U1 snRNP A）通常结合于 poly（A）裂解位点下游的两个富含 G/U 的区域之间，从而抑制 CStF64 与富含 G/U 区和 poly（A）位点断裂区的结合，导致多聚腺苷酸化的位点发生改变。同时，U1A 具有 PAP 调节蛋白结构域，能抑制 PAP 的活性。有的剪接因子可结合于 AAUAAA 的上游，从而封闭加 poly（A）尾的位点。此外，U1 snRNP 的 U170K 亚基和富含丝氨酸 / 精氨酸的蛋白 U2AF65 及 SRp75，都有和 U1A 类似的 PAP 调节蛋白结构域，也能抑制 PAP 的活性，进而抑制 poly（A）尾的形成。④引起靶蛋白转位的 CSR1 和 IRBIT 蛋白：CSR1（cellular stress response 1）可通过与 CPSF73 相互作用，诱导 CPSF73 从胞核转位至胞质，从而抑制 poly（A）化的发生。IRBIT（IP3R-binding protein released with inositol 1，4，5-triphosphate）可与 PAP 及 CPSF 的 hFip1（human factor 1 interacting with PAP）亚基结合，从而抑制 poly（A）化，并导致 hFip1 转位到胞质。

## 五、mRNA 的转运及细胞质定位受多种序列元件和蛋白因子调控

mRNA 在细胞核内完成转录和加工后，经核孔运输到胞质，进而在正确的时间定位至正确的地点，随后作为模板用于蛋白质的生物合成。mRNA 在核输出及胞质运输过程中，均以核糖核蛋白（ribonucleoprotein，RNP）复合体的形式进行。在到达目标区域后，其锚定也需相关的蛋白因子参与。因此，在 mRNA 的转运及定位过程中，mRNA 分子中的某些序列元件及与之结合的蛋白因子必不可少。调节 mRNA 定位的序列元件可为相应蛋白因子提供识别和结合位点。大多数 mRNA 定位相关的序列元件位于 3′-UTR，一个可能的原因是这些区域对翻译无太大的干扰。但有的元件也可位于 5′-UTR，甚至位于编码序列中。

（一）mRNA 的核输出需要运送载体与核孔复合体相互作用

含有 9 种以上蛋白质的外显子连接复合体（exon junction complex，EJC）对 mRNA 的核输出具有重要作用。EJC 通过识别剪接复合体而结合于前体 RNA，经剪接后，EJC 仍然保留在外显子 - 外显子连接处。EJC 含有一组 RNA 输出因子（RNA export factor，REF）家族的蛋白。REF 蛋白与转运蛋白（称为 TAP 或 Mex）结合，形成复合体；而 TAP/Mex 可直接与核孔相互作用，从而将 mRNA 携带出核。可见，REF 和 TAP/Mex 是 mRNA 出核的关键蛋白质。当 mRNA 到达胞质后，TAP/Mex 便与 REF 解离，从复合体中释放出来。

（二）调节 mRNA 定位的蛋白因子可识别并结合 mRNA 分子中的定位元件

调节 mRNA 定位的蛋白因子可作为中介分子，在与 mRNA 分子中的定位元件结合后，可使 mRNA 与马达蛋白结合（或通过其他蛋白质间接结合到马达蛋白上），从而介导 mRNA 的运输。mRNA 的定位信号序列也叫邮政编码（zip code），因此，与之结合的蛋白因子也被称为邮政编码结合蛋白（zip code binding protein，ZBP）。根据结合 mRNA 的结构域的不同，可将 ZBP 分为 3 类：①核不均一 RNP 样蛋白（hnRNP-like protein）：具有 mRNA 识别结构域；②ZBP-1 样蛋白（ZBP-1-like protein）：具有 mRNA 识别结构域和 KH（K-homology）结构域；③双链 mRNA 结合蛋白：具有双链 RNA 结合结构域。

Notes

## 六、mRNA 的稳定性受多种因素调控

mRNA 的稳定性（即 mRNA 的半衰期）可显著影响基因表达。mRNA 半衰期的微弱变化可在短时间内使 mRNA 的丰度发生上千倍的改变，因此，调节 mRNA 的稳定性是调节基因表达的重要机制之一。参与调控 mRNA 稳定性的因素复杂多样，以下简要介绍几种主要调节因素。

（一）mRNA 自身的某些序列可调控 mRNA 稳定性

参与调控 mRNA 稳定性的自身序列主要包括：① 5′- 端帽结构：帽结构可保护 mRNA 5′- 端免受磷酸酶和核酸酶的水解，并能提高 mRNA 的翻译活性。② 5′-UTR：其序列过长或过短、GC 含量过高或存在复杂的二级结构等因素时，都可导致 mRNA 稳定性的改变，也会阻碍 mRNA 与核糖体的结合，从而降低翻译效率。③编码区：有些基因 mRNA 的编码区序列突变后，其半衰期可比正常转录本增加 2 倍以上。④ poly（A）尾：能抑制 3′→5′ 外切核酸酶对 mRNA 的降解，从而增加 mRNA 的稳定性。去除 poly（A），可使 mRNA 的半衰期大幅下降。通常在 poly（A）尾剩下不足 10 个 A 时，mRNA 便开始降解，因为少于 10 个 A 的序列长度无法与结合蛋白稳定结合。⑤ 3′-UTR：由 3′-UTR 中的稳定子序列（即反向重复序列）形成的茎环结构具有促进 mRNA 稳定的作用；而 3′-UTR 中的不稳定子序列，即 AU 富含元件（AU-rich element，ARE）可降低 mRNA 的稳定性，加速 mRNA 降解。ARE 在哺乳动物 mRNA 的 3′-UTR 中普遍存在，其核心序列通常是 AUUUA。ARE 启动 mRNA 降解的机制是：先激活某一特异内切核酸酶切割转录本，使之脱去 poly（A）尾，从而使 mRNA 对外切核酸酶的敏感性增加，进而发生降解过程。

（二）mRNA 的结合蛋白可调控 mRNA 稳定性

影响 mRNA 稳定性的 RNA 结合蛋白（RNA binding protein，RBP）主要包括：①帽结合蛋白（CBP）：主要有两种，一种存在于胞质中，即 eIF4E；另一种是存在于胞核内的蛋白复合体，即帽结合蛋白复合体（CBC）。两种 CBP 以不同的方式识别和结合帽结构，从而调控 mRNA 的稳定性。②编码区结合蛋白：一些能与 mRNA 编码区结合的蛋白也能调控 mRNA 的稳定性，如 p70 蛋白与 c-*Myc* mRNA 的编码区结合后，可防止 mRNA 降解；而竞争性 RNA 与 p70 蛋白结合后，则会促进 c-*Myc* mRNA 编码区暴露，导致 mRNA 被核酸酶降解。③ 3′-UTR 结合蛋白：这类蛋白可增加 mRNA 的稳定性。④ PABP：在哺乳类动物细胞，PABP 与 poly（A）结合形成复合体后，可保护 mRNA 不被迅速降解。然而在酵母细胞中，PAPB-poly（A）复合体却可启动 poly（A）的降解，因为在酵母中 PABP 具有可激活 poly（A）-RNase 复合体的活性。

（三）翻译产物可调控 mRNA 稳定性

有些 mRNA 的稳定性受自身翻译产物的调控。如在 S 期，组蛋白 mRNA 的合成达到高峰，所翻译出的大量组蛋白与新合成的 DNA 组装成核小体。随着基因组 DNA 复制的减缓和终止，组蛋白基因的转录和翻译也减慢和停止，此时，已合成的组蛋白 mRNA 在基因组 DNA 合成结束后剩余组蛋白的作用下被迅速降解，推测可能是由于组蛋白与组蛋白 mRNA 3′- 端结合后，改变了组蛋白 mRNA 的稳定性所致。

（四）无义介导的 mRNA 衰减系统可降解异常的 mRNA

真核 mRNA 的质量受到严密监控，异常的 mRNA 将被监督系统发现并降解，这种降解是 mRNA 稳定性调控的重要内容。异常 mRNA 的降解途径主要有无义介导的 mRNA 衰减（NMD）、无终止降解、无停滞降解、核糖体延伸介导的降解等。此处着重介绍 NMD。

NMD 是真核细胞中广泛存在的一种保守性 mRNA 质量监控系统，可快速、选择性地降解含有提前终止密码子的异常 mRNA，避免产生对机体有害的截短蛋白质（当然，NMD 系统也可降解约三分之一的自然生成的选择性剪接 mRNA）。NMD 异常与肿瘤的发生、发展密切相关。

mRNA 分子被 NMD 系统感知"无义"（即提前出现的翻译终止密码子）的关键在于阅读框架内第一终止密码子与最后两个外显子交界处的空间关系。若终止密码位于最后两个外显子交

界处下游（3′-端），则 mRNA 降解不会发生；若终止密码子提前出现在最后两个外显子交界处上游（5′-端），则 mRNA 可被 NMD 系统发现而被降解（图 19-11）。这提示 NMD 可能与核糖体有某种关联，具体机制尚不清楚。现在提出的一种作用模式是：mRNA 前体经核内剪接后，某种蛋白质结合在 mRNA 外显子交界处，称为标记物；离开核后的 mRNA 分子仍位于核周边，NMD 相关蛋白、核糖体与 mRNA 结合，翻译开始。首次翻译仅仅是为了评估 mRNA 质量，判断其是否适合作为模板。只有通过检测的 mRNA 分子才能离开核周边扩散到胞质，开始真正的翻译；否则，会被迅速降解。

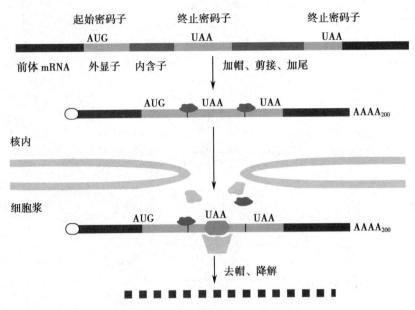

图 19-11　NMD 系统对 mRNA 的降解

### （五）某些非编码 RNA 可促进 mRNA 降解

某些非编码 RNA（包括长链和短链非编码 RNA）可通过促进 mRNA 降解而调控 mRNA 稳定性，进而调控相应蛋白编码基因的表达。

1. **某些 lncRNA 可促进 mRNA 降解**　一些 lncRNA 可通过影响特定 RBP 与 mRNA 的结合而改变 mRNA 的稳定性。

（1）某些 lncRNA 可募集特定蛋白因子而促进 mRNA 降解：*Alu* 元件是人类基因组 DNA 中最常见的重复序列。在一些 mRNA 的 3′-UTR 中存在 *Alu* 元件，而一些 lncRNA 中也含有 *Alu* 元件。mRNA 3′-UTR 中的 *Alu* 元件与 lncRNA 中的 *Alu* 元件通过不完全碱基配对的方式结合，可产生 Staufen 1 蛋白结合位点。因此，这些 lncRNA 称为 1/2-sbsRNA（1/2-Staufen 1-binding site lncRNA）。Staufen 1 是一种结合双链 RNA 并促进其降解的蛋白质。1/2-sbsRNA 与靶 mRNA 结合产生 Staufen 1 蛋白结合位点，从而可以募集 Staufen 1 蛋白，促进靶 mRNA 的降解。

（2）某些 lncRNA 可竞争结合 RNA 稳定蛋白而促进 mRNA 降解：细胞内的许多 mRNA 通过结合特定的 RBP 而保持其稳定性。例如，RNA 结合蛋白 TDP-43 是 *CDK6* mRNA 的稳定蛋白。DNA 损伤可诱导 lncRNA gadd7 表达，后者可竞争结合 TDP-43，使 TDP-43 不能结合 *CDK6* mRNA，从而加速 *CDK6* mRNA 的降解，降低 CDK6 的水平，导致细胞周期停滞。

2. **某些短链非编码 RNA 可促进 mRNA 降解**　miRNA 和 siRNA 可影响 mRNA 的稳定性，其作用主要是通过引导相应的 RNA 诱导的沉默复合体（RNA-induced silencing complex，RISC）与靶 mRNA 结合，促进 mRNA 降解。

（1）miRNA 可通过促进脱腺苷化作用而促进 mRNA 降解：miRNA 通过部分互补序列将 miRISC 引导到靶 mRNA 分子并与靶 mRNA 结合，miRISC 主要与靶 mRNA 的 3′-UTR 结合。高

Notes

效靶向 mRNA 需要 miRNA 种子区的 7 个核苷酸与靶 mRNA 的序列连续配对（种子区与 mRNA 的靶序列完全互补）。miRNA 的种子区以外的序列则不一定与靶 mRNA 的序列互补结合。miRISC 结合靶 mRNA 后，可促进 CCR4-NOT 复合体催化的脱腺苷化作用（图 19-12）。mRNA 的脱腺苷化是由 GW182 介导。GW182 的 N- 端部分与 AGO 蛋白结合，而其 C- 端部分则与 PABP 相互作用，募集脱腺苷酶（deadenylase）CCR4-NOT 或 CAF1，去除 poly（A）尾，从而促进 mRNA 降解。

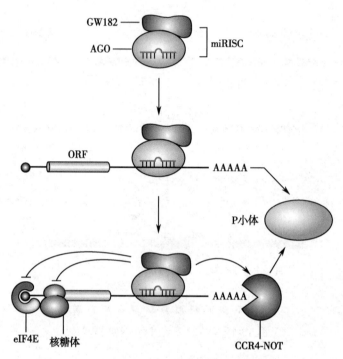

图 19-12　miRISC 促进脱腺苷化作用和抑制翻译作用

（2）接近完全互补的 miRNA 促进 AGO2 蛋白剪切 mRNA：虽然 miRNA 主要以不完全互补的方式与靶 mRNA 结合，并通过各种机制抑制蛋白质合成，但如果 miRNA 与 mRNA 的靶序列接近或几乎完全互补，miRISC 中的 AGO2 则可发挥内切核酸酶的作用，将 mRNA 切断，导致 mRNA 降解。

（3）siRNA 促进 mRNA 降解：当 mRNA 分子存在与 siRNA 完全互补的序列时，siRNA 可引导相应 RISC 与靶 mRNA 分子结合，使 AGO2 裂解靶 mRNA 分子，从而导致 mRNA 降解。

### 框 19-2　RNA 干扰现象的发现

科学家们最早在植物中发现了 dsRNA 诱导的 RNA 沉默现象。1995 年，Guo S 和 Kemphues K 在线虫中利用反义 RNA 技术特异性地阻断 par-1 基因表达的同时，在对照实验中给线虫注射正义 RNA 以期观察到基因表达的增强。但发现二者都同样抑制了 par-1 基因的表达。后来，Fire A 和 Mello CC 等通过实验阐明了这一反常现象：将反义 RNA 和正义 RNA 同时注射到线虫比单独注射反义 RNA 或正义 RNA 能够更有效地诱导基因沉默。由此推断，反义 RNA 和正义 RNA 形成的 dsRNA 触发了高效的基因沉默机制并极大降低了靶 mRNA 水平。这一现象被称为 RNA 干扰（RNA interference，RNAi）。1998 年，他们将其研究成果发表在《Nature》期刊上。这一发现揭示了双链 RNA 基因剪切的原理。为此，Fire A 和 Mello CC 荣获 2006 年度诺贝尔生理学 / 医学奖。

Notes

## （六）多种其他因素可调控 mRNA 稳定性

除上述调控因素外，其他许多因素（激素、病毒、核酸酶、离子等）也能影响 mRNA 的稳定性。如雌激素可提高两栖动物卵黄蛋白原 mRNA 的稳定性，生长激素有助于催乳素 mRNA 的稳定；单纯疱疹病毒通过加速降解宿主细胞的 mRNA 来获得足够的核糖体与病毒 RNA 偶联，合成病毒所需要的蛋白质；参与 poly（A）降解的 RNase（与其他真核 RNase 不同，需要蛋白质 -RNA 复合体作为底物）可通过降解 poly（A）而降低 mRNA 的稳定性；铁离子的水平可影响转铁蛋白受体 mRNA 的稳定性等。

# 第四节　真核基因的翻译调控

在翻译水平上，目前发现的一些调节点主要在起始阶段和延长阶段，尤其是起始阶段。翻译水平的调控主要是通过蛋白质与 mRNA 相互作用、或干预蛋白质与 mRNA 的相互作用而实现。调控作用不仅涉及多种蛋白质，也与 mRNA 的结构和分子中的特定序列元件有关。

## 一、翻译起始因子的磷酸化调节蛋白质翻译

翻译起始的快慢在很大程度上决定着蛋白质翻译的速率，而真核翻译起始因子（eIF）的磷酸化修饰可调控翻译的起始。

### （一）eIF-2 α 亚基的磷酸化抑制翻译起始

eIF-2 由 α、β、γ 三个亚基组成，是典型的 GTP 结合蛋白，主要参与甲硫氨酰 - 起始 tRNA（Met-tRNAi）的进位过程。eIF-2 通过与 GTP 和 Met-tRNAi 结合形成 Met-tRNAi/eIF-2/GTP 三元复合体，该复合体与核糖体小亚基结合后，再结合 mRNA 的 5'- 端并逐步向 3'- 端移动扫描。当起始密码子 AUG 被识别时，GTP 被 eIF-2 水解成 GDP，而 eIF-2 自身发生构象变化而失活，与 GDP 一起从小亚基上被释放出来。随后大亚基结合上去，形成完整的核糖体，肽链翻译开始。

失活的 eIF-2 与 GDP 结合得十分紧密，需要结合鸟苷酸交换因子（guanine nucleotide exchange facto, GEF，又称 eIF-2B）后，才能将 GDP 释放，使 eIF-2 结合新的 GTP，实现循环利用（图 19-13A）。而当与 GDP 结合的 eIF-2 的 α 亚基被磷酸化时（由 cAMP 依赖性蛋白激酶催化），eIF-2 不但不能释放 GDP，而且与 GEF 之间的结合也异常紧密，致使 eIF-2 及数目有限的 GEF 再利用受到抑

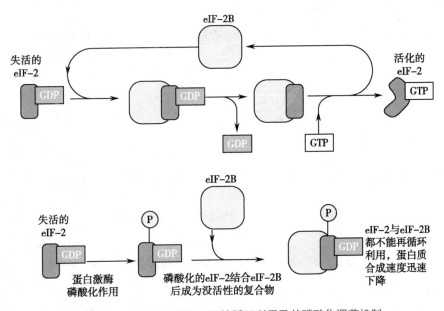

图 19-13　eIF-2 启动蛋白翻译的循环利用及其磷酸化调节机制

制,蛋白质翻译速率大为降低(图 19-13B)。在哺乳动物细胞中,eIF-2 活性的调节十分重要。例如,生长期细胞是非生长细胞($G_0$ 期)蛋白质翻译速率的 5 倍,细胞由生长期进入 $G_0$ 期的部分机制涉及 eIF-2 的磷酸化调节;血红素对珠蛋白合成的调节是由于血红素能抑制 cAMP 依赖性蛋白激酶的活化,从而防止或减少了 eIF-2 α 亚基的磷酸化(即防止或减少了 eIF-2 的失活),进而促进了蛋白质的合成;在病毒感染细胞中,细胞抗病毒机制之一就是通过双链 RNA 激活一种蛋白激酶,使 eIF-2 的 α 亚基磷酸化,从而抑制蛋白质翻译的起始。

### (二)eIF-4E 的磷酸化激活翻译起始

eIF-4E 为帽结合蛋白,其与 mRNA 帽结构的结合是翻译的限速步骤。磷酸化修饰可增加 eIF-4E 的活性(磷酸化 eIF-4E 与帽结构的结合是非磷酸化 eIF-4E 的 4 倍),从而提高翻译效率。另外,eIF-4E 结合蛋白(eIF-4E binding protein,4E-BP,包括 4E-BP1,2,3)可通过与 eIF-4E 结合而抑制 eIF-4E 的活性;而 4E-BP 的磷酸化可降低其与 eIF-4E 的亲和力,使 eIF-4E 得以释放,从而增加 eIF-4E 的活性,加速翻译起始。胰岛素及其他一些生长因子均可增加 eIF-4E 的磷酸化,从而加速翻译,促进细胞生长。同时,胰岛素还可通过激活相应的蛋白激酶而使 4E-BP 磷酸化,致使 4E-BP 与 eIF-4E 解离,从而活化 eIF-4E。

## 二、某些 RBP 可通过与 mRNA 的 5′- 或 3′-UTR 结合而抑制翻译

有些 RBP 为翻译阻遏蛋白,在这些 RBP 中,有的可通过结合 mRNA 的 5′-UTR 而抑制翻译的起始;而有的则可与 3′-UTR 中的特异位点结合,干扰 3′- 端 poly(A)尾与 5′- 端帽结构之间的联系,从而抑制翻译起始。例如,铁反应元件(iron response element,IRE)结合蛋白(IRE-binding protein,IRE-BP)作为特异的 RBP,可通过与铁蛋白 mRNA 5′-UTR 中的 IRE 结合而抑制翻译的起始。当细胞内可溶性铁离子为低水平时,IRE-BP 处于活化状态,通过结合 IRE 而阻碍 40S 小亚基与 mRNA 5′- 端起始部位结合,从而抑制铁蛋白的翻译起始。当细胞内可溶性铁离子的水平升高时,铁例子结合 IRE-BP,使之失活,IRE-BP 从 mRNA 5′-UTR 中的 IRE 上脱落,蛋白质翻译抑制被解除,翻译速率增加上百倍(图 19-14)。此外,IRE-BP 还以类似的机制调节 ALA 合酶(血红素合成的限速酶)的翻译起始。

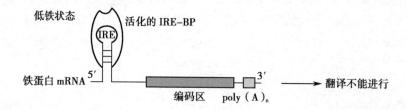

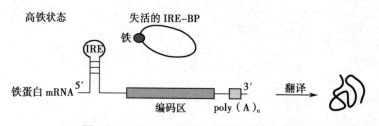

图 19-14　IRE-BP 对铁蛋白翻译的负性调节

## 三、真核 mRNA 可通过 5′-AUG 调控翻译起始效率

近 90% 的真核 mRNA 是从 5′- 端帽结构下游第一个 AUG 密码子开始翻译的,因为该密码子被核糖体小亚基首先扫描到;但第一个 AUG 上、下游的邻近序列对翻译起始效率也会有一定

Notes

影响。当不利于起始密码子扫描/识别情况出现时,核糖体小亚基可能无视第一个 AUG 而滑向第二个,甚至第三个 AUG,这种现象被称为遗漏扫描(leaky scanning)。由于遗漏扫描现象的发生,一条 mRNA 分子模板有时可以产生两个以上的相关蛋白质。在某些情况下,细胞会通过遗漏扫描机制调节相关蛋白质翻译的相对丰度。

有些 mRNA 分子,在其正常的起始密码子 AUG 的上游往往有一个或多个 AUG,这些 AUG 不是正常开放读框(ORF)起始密码子,被称为 5'-AUG。如果核糖体从 5'-AUG 开始翻译,翻译后会很快遇到终止密码子而释出一个无功能的多肽。核糖体也可略过 5'-AUG,而从正常起始密码子 AUG 开始翻译,产生完整的多肽。5'-AUG 存在的意义可能在于起调节作用,使正常的翻译产物维持在较低水平。

真核细胞内还存在另一种特殊的 mRNA,其翻译起始点不是 AUG,而是远离 mRNA 5'- 端的一段特异序列,也称为内部核糖体进入位点(internal ribosome entry site,IRES)。在一些极端情况下,在同一 mRNA 分子上,从 AUG 和从 IRES 开始的翻译可以同时进行。IRES 被偏爱使用的情况主要见于正常翻译过程受到限制,整体蛋白质合成能力降低,而从 IRES 开始的翻译未受影响。例如,当真核细胞进入 M 期时,由于翻译起始因子 eIF-4E 的周期性脱磷酸化,与 mRNA 5'- 端帽结构的结合能力显著降低,正常的翻译难以顺利进行,整体蛋白质翻译速率下降到仅为间期时的 25%。此时,细胞启动从 IRES 开始的蛋白质翻译,保持 M 期所需蛋白质的合成。

## 四、miRISC 结合靶 mRNA 而抑制翻译

miRNA 的主要功能是调控翻译,而且以负调控作用为主。但 miRNA 并不是通过与 mRNA 的简单互补结合而抑制翻译,而是通过与蛋白质结合形成 miRISC 而对翻译过程产生抑制作用。

miRISC 抑制 mRNA 翻译的主要机制如下:①直接抑制 mRNA 的翻译:miRISC 可抑制 eIF-4E 的活性,从而抑制翻译的起始。miRISC 也可与核糖体相互作用,使肽链合成反应停止(图 19-12);②通过将 mRNA 引入 P 小体(processing body)而阻止翻译:miRISC 结合靶 mRNA 后,可聚集于胞质中的 P 小体内(图 19-12)。在 P 小体中,mRNA 的翻译被完全抑制。P 小体中含有抑制翻译的蛋白质、促进 mRNA 脱腺苷化和脱帽的蛋白质以及促进 mRNA 降解的蛋白质,因此,P 小体可抑制翻译或将靶 mRNA 降解。但 P 小体也可以暂时储存 mRNA。在一定的条件下,储存于 P 小体的 mRNA 可被释放,重新进入翻译过程。

P 小体是一种动态变化的结构,蛋白质和 mRNA 可以进入或脱离 P 小体。P 小体的大小及数量与细胞内的翻译活性有关。在 P 小体内存在大量的 AGO 蛋白、GW182 蛋白、miRNA 和受抑制的 mRNA。GW182 蛋白是介导 miRISC 和 mRNA 参与组成 P 小体的关键蛋白,沉默 GW182 表达可导致 P 小体的消失。

## 五、lncRNA 可调控 mRNA 的翻译

lncRNA 调控翻译的机制复杂多样,有的 lncRNA 可抑制翻译,而有的 lncRNA 则可促进翻译。

### (一)某些 lncRNA 可抑制 mRNA 的翻译

lncRNA 除了通过促进 mRNA 降解而抑制翻译外,还可以通过其他机制调控翻译。

1. lncRNA 抑制翻译相关蛋白与 mRNA 的结合  在翻译前起始复合体的组装过程中,eIF-4E 结合 mRNA 的 5'- 帽结构,然后介导 mRNA 与 40S 小亚基、起始因子/起始 tRNA 复合体的结合,形成翻译起始复合体。这一组装过程还需要 PABP 的共激活作用。某些 lncRNA 可通过直接结合 eIF-4E 而抑制其功能。例如,lncRNA BC1 的 3'- 端的茎环结构可直接与 eIF-4E 结合,而 BC1 序列中富含 A 的区域则可与 PABP 结合,从而抑制 eIF-4E 和 PABP 与 mRNA 结合,进而抑制翻译起始复合体的组装。

2. lncRNA 结合 mRNA 并募集翻译的阻遏蛋白    有些可作为翻译阻遏蛋白的 RBP 可结合双链 RNA。当某些 mRNA 能够形成链内的局部双链时，这些阻遏蛋白可结合 mRNA 而抑制翻译。一些 lncRNA 可通过互补序列与靶 mRNA 结合，形成双链结构，从而可被特定的翻译阻遏蛋白识别与结合。例如，在 *CTNNB1* mRNA（编码 β-catenin）和 *JUNB* mRNA（编码 JunB）的编码区和 UTR 中，有几处序列与 lncRNA-p21 互补，lncRNA-p21 可与之结合形成局部双链。翻译阻遏蛋白 Rck 和 Fmrp 可识别 lncRNA-p21 与 mRNA 之间形成的双链结构并与之结合。因此，lncRNA-p21 可通过募集 Rck 和 Fmrp 而抑制 *CTNNB1* mRNA 和 *JUNB* mRNA 的翻译。

（二）某些 lncRNA 促进 mRNA 翻译

lncRNA 对翻译的影响并不单纯只是抑制作用，有些 lncRNA 对翻译具有促进作用，其促进翻译的主要机制如下。

1. lncRNA 通过促进 mRNA 与核糖体的相互作用而促进翻译    有些 lncRNA 与 mRNA 的 5′- 端结合时，可促进 mRNA 与核糖体的相互作用，从而促进翻译。lncRNA AS-UCHL1 是以泛素羧端水解酶 L1（ubiquitin carboxy-terminal hydrolase L1，UCHL1）基因反向转录而产生的，由于转录区部分重叠，AS-UCHL1 与 *UCHL1* mRNA 在 5′- 端互补，两个 RNA 分子可在 5′- 端互补结合（图 19-15）。而 AS-UCHL1 的 3′- 序列中有一个 SINEB2 元件。SINEB2 元件可促进核糖体与 *UCHL1* mRNA 的结合，促进翻译起始，而且更容易形成多聚核糖体，从而提高翻译效率。除了 AS-UCHL1，其他具有相同结构特点的 lncRNA（如 AS-UXT）也可以促进相应靶 mRNA 的翻译活性（图 19-15）。

虽然 AS-UCHL1 的转录有可能产生转录干扰而影响 *UCHL1* 基因的转录，但实际上，AS-UCHL1 的短暂表达对 *UCHL1* mRNA 水平的影响不大，但可以大幅度增强 UCHL1 蛋白的合成。

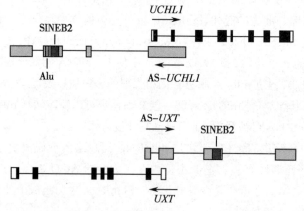

图 19-15    *UCHL1* 和 *UXT* 基因及与之部分重叠的 AS 基因的转录

AS：antisense

2. lncRNA 通过结合 mRNA 而防止 miRNA 的抑制作用    lncRNA 与 mRNA 的互补结合可能封闭 miRNA 的识别位点，从而防止 miRNA 对翻译的抑制作用。例如：从 β 淀粉样裂解酶 1（BACE1）的基因可反义转录出 lncRNA BACE1-AS。BACE1-AS 一方面可与 *BACE1* mRNA 互补结合，防止 RNA 酶降解 *BACE1* mRNA，从而增强该 mRNA 的稳定性，促进翻译；另一方面，在 *BACE1* mRNA 中有 miR-485-5p 的识别位点，BACE1-AS 与含有 miR-485-5p 识别位点的区域完全互补，能够防止 miR-485-5p 引导 miRISC 结合 *BACE1* mRNA，从而防止 miRNA 介导的翻译抑制效应，促进 *BACE1* mRNA 的翻译。

3. lncRNA 通过吸收 miRNA 而促进翻译    miRNA 通过识别靶 mRNA 的部分互补序列而引导 miRISC 与靶 mRNA 结合，进而抑制 mRNA 的翻译。在一些 lncRNA 中，也存在与 miRNA 互补的序列，因此，这些 lncRNA 能够竞争性结合 miRNA，使 miRISC 结合 lncRNA，从而不能抑制相应的靶 mRNA。除了发挥内源性"海绵"效应吸收 miRNA 外，lncRNA 与 miRNA 的结合也可加速 miRNA 的降解。

有的 lncRNA 含有多种 miRNA 的识别位点，因而可结合多个 miRISC，从而促进多种 mRNA 的翻译。如 HULC 是在肝癌细胞中表达的一种 lncRNA，含有许多 miRNA 的识别位点。通过结合相应的 miRNA，HULC 可消除 miRNA 对靶基因的翻译抑制效应。除了吸收多种 miRNA，HULC 还可促进其中一些 miRNA（如 miR-372 和 miR-613）的降解。有些 lncRNA 识别的 miRNA 较少，调控的靶基因也较少。如 lncRNA linc-MD1 主要结合 miR-133 和 miR-135，相应地促进 *MAML1* mRNA 和 *MEF2C* mRNA 的翻译。

有些假基因转录产生的 lncRNA 也可结合 miRNA，从而使亲本基因的翻译水平增高。如假基因 *PTENP1* 的亲本基因是抑癌基因 *PTEN*，由 *PTENP1* 转录产生的 lncRNA 中的一段序列与 *PTEN* mRNA 的 3′-UTR 序列高度同源，因而可以结合许多靶向 *PTEN* mRNA 的 miRNA（如 miR-17、miR-21、miR-214、miR-19、miR-46），从而促进 *PTEN* mRNA 的翻译。

## 小　结

真核基因表达调控的环节比原核更多，机制更复杂，包括染色质水平调控、转录调控、转录后调控、翻译调控等。

染色质水平的调控是真核基因表达调控的重要环节。染色质结构的改变（即染色质重塑）需要特异的染色质重塑复合体。位于常染色质区的基因有转录活性，而组蛋白修饰可改变染色质活性；DNA 的甲基化修饰通常可抑制基因的转录活性；非编码 RNA 也参与调控染色质结构，其中的 lncRNA 可促进形成致密的染色质结构、可通过募集染色质重塑复合体而调控组蛋白修饰、可促进 DNA 甲基化，而 miRNA 可间接影响组蛋白修饰、可通过调控 *DNMT* 的表达而调控 DNA 甲基化。

转录起始是真核基因表达调控的最重要环节。顺式作用元件是调控转录起始的 DNA 序列，包括启动子、增强子、沉默子和绝缘子；转录激活因子通过结合顺式作用元件而激活转录、可通过与通用 TF 相互作用而促进转录、没有 TAD 的激活因子则可通过结合含有 TAD 的辅激活因子而发挥促转录功能；转录抑制因子可通过干扰基础转录装置、抑制转录激活因子的功能等机制而抑制基因转录起始；RNA 聚合酶Ⅱ CTD 的磷酸化修饰密切调控着转录进程，CTD 的进一步磷酸化可挽救一些不成功的转录起始。

转录后调控包括对 mRNA 的加工修饰、转运、细胞质定位以及稳定性等多个方面的调控。加帽酶可促进 mRNA 加帽，mRNA 的脱帽受脱帽酶和其他多种蛋白质的调控；RNA 聚合酶Ⅱ的 CTD 可促进 mRNA 加帽、剪接、加 poly(A)尾等转录后加工过程；mRNA 的剪接、转运及细胞质定位均受到诸多调控元件和蛋白因子的调控；mRNA 3′-端加尾受 poly(A)信号和多种蛋白因子的调节；mRNA 的稳定性受自身的某些序列、RBP、翻译产物、NMD 系统、非编码 RNA 等诸多因素的调控。

翻译调控点主要在起始阶段和延长阶段，尤其是起始阶段。翻译起始因子的磷酸化可调节蛋白质翻译；某些 RBP 可结合 mRNA 的 5′- 或 3′-UTR 而抑制翻译；mRNA 可通过 5′-AUG 调控翻译起始效率；miRNA 通过形成 miRISC 而结合靶 mRNA，进而抑制翻译；lncRNA 调控翻译的机制复杂多样，有的 lncRNA 可抑制翻译，而有的则可促进翻译。

（何凤田）

# 第二十章　细胞信号转导

高等生物所处的环境无时无刻不在变化，机体在功能上的协调统一至关重要。为此，生物体的新陈代谢活动除物质和能量的动态转变之外，还存在着信息流（information flow）用以控制物质流和能量流的有序运行。信息流构成了一个完善的细胞通讯（cell signaling, cell communication）系统。在细胞通讯系统中，细胞感受信号，通过检测、放大、整合细胞内外多种分子的作用，使细胞的代谢速度与方向、基因转录、基因复制、细胞分裂等行为发生改变。这种针对外源信息所发生的细胞应答反应的全过程称为信号转导（signal transduction），其最终目的是保证机体在整体上对外界环境的变化产生最为适宜的反应。阐明细胞信号转导的机制，对于认识各种细胞在整个生命过程中的增殖、分化、代谢及死亡等诸方面的表现和调控方式，进而理解各种生命活动的本质具有重大的理论意义，同时对于在分子水平认识各种疾病的发病机制，建立新的诊断与治疗手段亦具有重要的实用价值。

> **框 20-1　信号转导概念的形成**
>
> 　　1969 年，为解释细胞如何接收信号并在细胞内播散信号，Rodbell M 在一次学术会议前与著名内分泌学家和生物化学家 Hechter S 的交谈中形成了"signal transduction"的概念框架。在接下来的会议上，Rodbell 提出了一个三步模型来描述细胞信号传递的基本步骤："discriminator-transducer-amplifier"。他以"discriminator"定义能够识别外源信号的细胞表面受体，"amplifier"则是腺苷酸环化酶所起的作用。Rodbell 推断在"discriminator（receptor）"和"amplifier（enzyme）"之间应该存在着另一个开关分子，他将之称为"transducer"，而此时 G 蛋白尚没有被发现。Rodbell 正确地描述了后来称之为"cell signaling"概念中的基本步骤。1994 年，Rodbell 和发现 G 蛋白的 Gilman A 分享了诺贝尔医学 / 生理学奖。

## 第一节　细胞信号转导概述

信号转导是细胞通讯的最主要环节，指的是细胞通过内部多种分子相互作用引起的序贯反应，将来自细胞外的信息传递到细胞内各种效应分子的过程。细胞所感受的环境信息包括物理和化学信号（chemical signaling）两大类。物理信号包括光、压力、温度、机械触碰等，化学信号更是种类繁多复杂，是多细胞生物体内调节细胞活动的主要信号。本章仅讨论机体内环境中的化学信号及细胞对化学信号的反应过程。细胞化学通讯的全过程包括：①特定的细胞释放信息物质；②信息物质经扩散或血循环到达靶细胞；③信息物质与靶细胞的受体专一性结合；④受体对信号进行转换并启动靶细胞内信号传递系统；⑤靶细胞内的序贯分子变化产生应答反应而改变细胞行为。

### 一、细胞外化学信号有可溶型和膜结合型两种形式

细胞间的化学信号包括蛋白质和肽类、氨基酸及其衍生物、类固醇激素、脂类衍生物和气体分子等。化学信号通讯的建立是生物为适应环境而不断变异、进化的结果。单细胞生物可直

接从外界环境接收信息；而多细胞生物中的单个细胞则主要接收来自其他细胞的信号，或所处微环境的信息。最原始的通讯方式是细胞与细胞间通过孔道进行的直接物质交换，或者是通过细胞表面分子相互作用实现信息交流，这种调节方式至今仍然是高等动物细胞分化、个体发育及实现整体功能协调、适应的重要方式之一。但是，相距较远细胞之间的功能协调必须有可以远距离发挥作用的信号。

（一）可溶型信号分子作为游离分子在细胞间传递

多细胞生物中，细胞通过分泌作用释放出可溶型信号分子。根据可溶型信号分子的溶解特性将其分为脂溶性化学信号和水溶性化学信号两大类；而根据其在体内的作用距离，则可分为内分泌（endocrine）信号、旁分泌（paracrine）信号和神经递质（neural transmitter）三大类（表 20-1）。有些旁分泌信号还作用于发出信号的细胞自身，称为自分泌（autocrine）。

表 20-1　可溶型化学信号分子的分类

| | 神经突触分泌 | 内分泌 | 旁分泌及自分泌 |
| --- | --- | --- | --- |
| 化学信号的名称 | 神经递质 | 激素 | 细胞因子 |
| 作用距离 | nm | m | μm |
| 受体位置 | 质膜 | 质膜或胞内 | 质膜 |
| 举例 | 乙酰胆碱 | 胰岛素、甲状腺素、生长激素 | 表皮生长因子、白细胞介素、神经生长因子 |

（二）膜结合型信号分子需要细胞间接触才能传递信号

每个细胞质膜的外表面都存在众多蛋白质、糖蛋白、蛋白聚糖和糖脂等分子。细胞之间可经由这些分子所具有的特殊结构，相互识别相互作用来传递信息，促使对方发生各种功能变化。这种细胞通讯方式称为膜表面分子接触通讯（contact signaling by plasma membrane bound molecules）。属于这一类通讯的有相邻细胞间黏附因子的相互作用、T 淋巴细胞与 B 淋巴细胞表面分子的相互作用等。

## 二、细胞经由受体接收细胞外信号

只有通过受体（receptor），细胞才能接收信号。受体通常是细胞膜上或细胞内能识别外源化学信号并与之结合的蛋白质分子，个别糖脂也具有受体作用。能够与受体特异性结合的分子称为配体（ligand）。可溶型和膜结合型信号分子都属于配体。

（一）受体有细胞内受体和膜受体两种类型

依据细胞内位置，受体可分为细胞内受体和细胞表面受体（图 20-1）。前者包括位于细胞质或胞核内的受体，其相应配体都是脂溶性信号分子，如类固醇激素、甲状腺素、维甲酸等。水溶性信号分子和膜结合型信号分子（如生长因子、细胞因子、水溶性激素分子、黏附分子等）不能直接进入靶细胞，其受体位于靶细胞的细胞质膜表面。

（二）受体结合配体并转换信号

受体识别配体并与之结合，是细胞接收外源信号的第一步反应。受体有两个方面的作用：一是识别外源信号分子并与之结合；二是转换配体信号，使之成为细胞内分子可识别的信号，并传递至其他分子引起细胞应答。

1. 细胞内受体能够直接传递信号　接受脂溶性化学信号的细胞内受体大部分属于转录因子，与进入细胞的信号分子结合后，可以直接调控基因表达。事实上，细胞内部的异常化学变化（如 DNA 损伤、ATP 不足等细胞应激反应）也可视为产生化学信号，接受这些信号的信号感受分子在广义上亦可以被称为受体。这些分子可以直接激活效应分子或通过一定的信号转导通路激活效应分子。

Notes

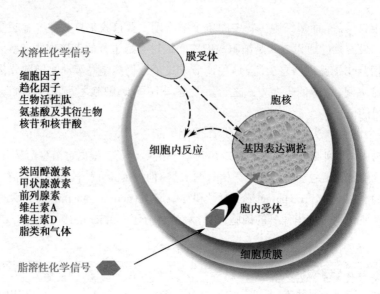

图 20-1　水溶性和脂溶性化学信号的转导

2. 膜受体识别细胞外信号分子并转换信号　膜受体识别并结合细胞外信号分子,将细胞外信号转换成为能够被细胞内分子识别的信号,通过信号转导通路将信号传递至效应分子,引起细胞的应答。

（三）受体与配体的相互作用具有共同的特点

受体在膜表面和细胞内的分布可以是区域性的,也可以是散在的,其作用都是识别和接收外源信号。受体与配体的相互作用有以下特点:

1. 高度专一性　受体选择性地与特定配体结合,这种选择性是由分子的空间构象所决定的。受体与配体的特异性识别和结合保证了调控的准确性。信号分子与受体的专一结合取决于各自的分子结构。受体的氨基酸序列及其空间结构、糖化修饰、脂类修饰等都对受体与信号分子的特异性结合具有决定性影响。信号分子与受体结合的专一性很强,但是并不绝对排斥交叉结合的存在。在机体内,存在着一些不同配体共用一个受体的现象。这种相对选择性为机体对外源信号控制的代偿性和有效性提供了基础。

2. 高亲和力　体内化学信号的浓度非常低。受体与信号分子的亲和力一般高于酶与底物、抗原与抗体相互作用的亲和力,这就保证了很低浓度的信号分子即可充分起到调控作用。

3. 可饱和性　一个靶细胞的受体数目是有限的。当全部受体均为配体占据时,再提高配体的浓度,也不会增加细胞的效应,这充分体现了细胞对外源环境变化的自身保护作用。每个细胞的受体数目并非一成不变,而是处于动态调节中。尤其是细胞外信号分子浓度增加时,可以导致相应受体的表达下调,起到对细胞的保护作用。细胞对信号反应发生"脱敏"(desensitization),即高剂量和长时间的信号分子刺激可以诱导细胞对同一信号的耐受的机制之一就是调节细胞中的受体数目。

4. 可逆性　受体与配体以非共价键结合,当生物效应发生后,配体即与受体解离。配体与受体结合的可逆性使细胞在外源信息分子浓度下降后,可以迅速终止针对该信息所发生的变化,受体也可恢复到原来的状态再次接收配体信息。

## 三、细胞内信使构成信号通路并形成复杂网络

细胞内的信号转导过程是由复杂的网络系统完成。这一网络系统的结构基础是一些关键的蛋白质分子和一些小分子活性物质,其中的蛋白质分子常被称为信号转导分子(signal transduction protein),小分子活性物质常被称为第二信使(second messenger)。参与信号转导的蛋白质和小

Notes

分子都属于细胞内信使,两者的作用相互依存,缺一不可。

在细胞中,多种信号转导分子依次相互识别、相互作用,有序转换和传递信号。由一组分子完成的序贯分子变化被称为信号转导通路(signal transduction pathway)。每一条信号转导通路都是由多种信号转导分子所组成,不同分子间有序相互作用,上游分子引起下游分子的数量、分布或活性状态变化,从而使信号向下游传递。信号转导分子相互作用的机制构成了信号转导的基本机制。

由一种受体分子转换的信号,可通过一条或多条信号转导通路进行传递;而不同类型受体分子转换的信号,也可通过相同的信号通路进行传递。不同的信号转导通路之间又存在着广泛的交联互动(cross talking),形成了复杂的信号转导网络(signal transduction network)(图20-2)。信号转导通路和网络的形成是动态过程,随着信号的种类和强度而不断变化。

在高等动物体内,细胞通讯的全过程都具有网络调节特点。如一种细胞因子或激素的作用会受到其他细胞因子或激素的影响,或协同,或拮抗。发出信号的细胞又受到其他细胞信号的调节。细胞外信号分子的产生及其调控、细胞内信号转导网络在多层次上形成复杂的网络系统。网络调节使得机体内的细胞因子或激素的作用都具有相当程度的冗余和代偿性,单一缺陷不会导致对机体的严重损害。

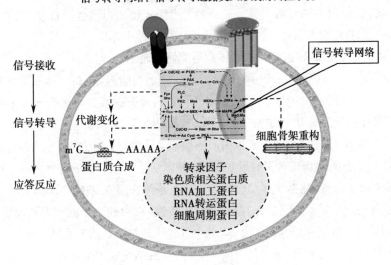

信号转导分子:介导信号在细胞内传递的所有分子
信号转导通路:信号转导分子的序贯反应
信号转导网络:信号转导通路交叉形成的调控系统

图20-2  细胞信号转导基本方式示意图

## 四、细胞信号转导存在共同的规律和特征

复杂的信号转导通路和网络的运行存在一些共同的规律和特点:①对于外源信息的反应信号的发生和终止十分迅速,即可以迅速满足功能调整的需要,已经产生的信号又可及时终止以便细胞恢复常态;②信号转导过程是多级酶反应,因而具有级联放大效应,以保证细胞反应的敏感性;③细胞信号转导系统具有一定的通用性,亦称为信号的会聚(signal convergence),指的是不同信号产生相同或者类似生物学效应的现象。一些信号转导分子和信号转导通路常常为不同的受体共用,而不是每一个受体都有自己完全专用的分子和途径,使得细胞内有限的信号转导分子即可以满足多种受体信号转导的需求;④不同信号转导通路之间存在广泛的信号交联互动,导致信号的发散(signal divergence),即一种信号可以产生多种不同生物学效应的现象。信号发散的原因是一种信号往往可以激活多条信号转导通路。这是细胞内信号通路网络的体现和必然结果。

Notes

# 第二节    主要的信号转导分子及其作用方式

细胞外的信号经过受体转换，通过细胞内一些蛋白质分子和小分子活性物质进行传递。受体和这些信号转导分子（signal transducer）传递信号的基本方式包括：①改变胞内信号转导及效应蛋白质分子的构象；②改变信号转导和效应蛋白质分子的亚细胞定位；③信号转导分子蛋白质复合体的形成或解聚；④改变第二信使的细胞内浓度或分布等。

## 一、GTP 结合蛋白是许多信号通路的分子开关

信号转导通路中有许多信号转导分子通过分子间的相互作用被激活、或激活下游分子。这些信号转导分子主要包括 G 蛋白和衔接蛋白等。

G 蛋白是鸟苷酸结合蛋白（guanine nucleotide-binding protein, G protein）的简称。G 蛋白之所以能够成为信号转导通路的开关，是因其存在着结合 GTP 和结合 GDP 这两种分子形式，因而可处于不同的构象。G 蛋白结合 GDP 时处于无活性状态。GDP 被 GTP 取代时，G 蛋白成为活化形式，能够与下游分子结合，并通过变构效应激活下游分子，使相应信号通路开放。G 蛋白既可以结合 GTP，本身又具有 GTP 酶活性，可将 GTP 水解为 GDP，分子又回到非活化状态，使下游信号通路关闭。

目前已知的 G 蛋白主要有两大类。一类是与七跨膜受体相结合的 G 蛋白，第二类是低分子质量 G 蛋白（21kD），它们都是多种细胞信号转导通路的开关。

### （一）三聚体 G 蛋白是 G 蛋白偶联受体介导的信号通路的开关

异源三聚体 G 蛋白以 αβγ 三聚体的形式存在于细胞质膜内侧，每一种亚基都有多种亚型，不同亚型组合形成了开关的多样性。这一类 G 蛋白直接接受 G 蛋白偶联受体（G protein-coupled receptor, GPCR）的信号，并激活如腺苷酸环化酶、磷脂酶等各种酶或离子通道等效应分子，通过产生的 cAMP 等第二信使，激活下游蛋白质激酶信号通路，进而改变细胞的各种功能。

三聚体 G 蛋白中的 α 亚基负责与受体结合，并以活性形式改变下游效应分子的活性状态。α 亚基存在多个功能位点，包括受体结合部位、βγ 亚基结合部位、GDP 或 GTP 结合部位、下游效应分子相互作用部位等。α 亚基还具有 GTP 酶活性，可促使分子回到非活性状态。在细胞内，β 和 γ 亚基始终形成紧密结合的二聚体，其主要作用是与 α 亚基形成复合体并定位于质膜内侧。受体的活化可使 α 亚基与 βγ 亚基分离，信号静止后又恢复三聚体状态（图 20-3）。βγ 亚基也可以独立作用在某些下游效应分子。

### （二）低分子量 G 蛋白是多种信号转导通路的开关分子

细胞内有多种信号转导通路利用一类 21kD 左右的低分子量 G 蛋白作为信号开关分子。低分子量 G 蛋白与异源三聚体 G 蛋白一样，具有 GTP 酶活性，故亦称为低分子量 GTP 酶（small GTPases）。RAS 是第一个被发现的低分子量 G 蛋白，因此这类蛋白质被称为 RAS 超家族 GTP 酶（RAS superfamily GTPases）。目前已知的 RAS 家族成员已超过 50 种，在细胞内分别参与不同的信号转导通路。例如，位于蛋白质激酶 MAPKKK 上游的 RAS 分子，在接受上游信号转导分子的信号时，会转变为 GTP 结合形式，可启动下游的蛋白质激酶级联反应。

在细胞中存在一些专门控制低分子量 G 蛋白活性的调节因子（图 20-4）。其中，有的可增强其活性，如鸟嘌呤核苷酸交换因子（guanine nucleotide exchange factor, GEF），促进 G 蛋白结合 GTP 而将其激活；有的可以降低其活性，如 GTP 酶活化蛋白（GTPase activating protein, GAP）等，可促进 G 蛋白将 GTP 水解成 GDP。这些低分子量 G 蛋白调节分子都是细胞内重要的信号转导分子。

Notes

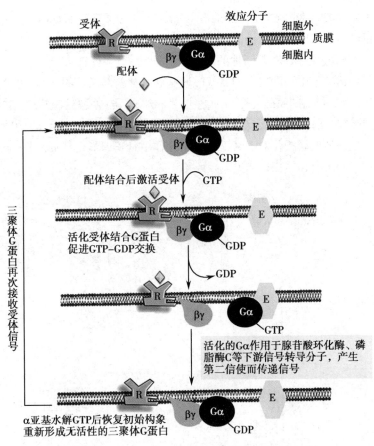

图 20-3　三聚体 G 蛋白作为 GPCR 信号通路开关

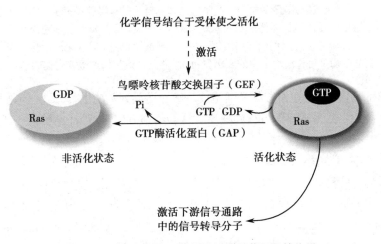

图 20-4　低分子量 G 蛋白活性的调节因子的作用

## 二、蛋白质激酶广泛参与细胞信号通路的构成

许多信号转导分子都是酶。依据其转导信号的方式，作为信号转导分子的酶主要有两大类，一是催化蛋白质化学修饰的酶类，如蛋白质激酶、蛋白质磷酸酶等；二是催化小分子信使生成和转化的酶，如腺苷酸环化酶、鸟苷酸环化酶、磷脂酶 C、磷脂酶 D 等。蛋白质激酶是细胞信号转导通路中最广泛存在的酶。

### （一）可逆磷酸化是细胞信号转导通路的重要开关

可逆磷酸化是生物进化中形成的最主要的蛋白质分子活性调节方式，因而也成为细胞内各

Notes

种信号通路的主要开关。蛋白质激酶（protein kinase）和蛋白质磷酸酶（protein phosphatase，PP）共同负责催化蛋白质的可逆性磷酸化修饰（图20-5）。

各种蛋白质的磷酸化修饰对其活性的影响是不同的，有些修饰可提高活性，有些则降低其活性。同一种蛋白质分子中不同位点的氨基酸残基磷酸化对其活性的影响亦不相同，有的位点磷酸化使之激活，有的位点的磷酸化则可使之失活。例如，蛋白质酪氨酸激酶 SRC 的第527位酪氨酸（Y527）的磷酸化使之处于无活性状态，而其第416位酪氨酸（Y416）的磷酸化则是其活化所必需。无论蛋白质的磷酸化对于其下游分子的作用是正调节还是负调节，蛋白质的去磷酸化都将对蛋白质激酶所引起的变化产生衰减或终止效应。

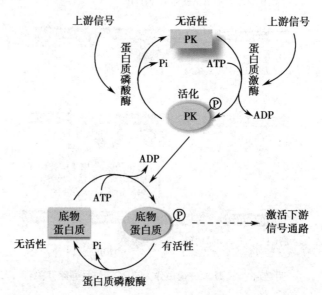

图 20-5 蛋白质的可逆磷酸化作为信号转导通路的开关
上游信号激活蛋白质激酶（PK）或蛋白质磷酸酶，这些酶可使细胞内其他
的蛋白质分子，包括蛋白质激酶发生可逆磷酸化修饰，磷酸化而活化的蛋
白质激酶又可作用在下游的底物蛋白质，通过磷酸化修饰改变它们的活性

需要指出的是，尽管可逆磷酸化是细胞信号转导通路开关的主要方式，但是其他蛋白质化学修饰方式亦控制着信号通路的方向和速率。这些修饰方式包括蛋白质的泛素化、甲基化、乙酰化、脂酰化等。

### （二）不同蛋白质激酶构成多种形式的信号转导通路

蛋白质激酶是催化 ATP 的 γ- 磷酸基转移至靶蛋白质的特定氨基酸残基上的一类酶。蛋白质激酶种类繁多，迄今已发现近千种。主要的几类蛋白质激酶见表20-2。目前对蛋白质丝 / 苏氨酸激酶（protein serine/threonine kinase）和蛋白质酪氨酸激酶（protein tyrosine kinase）类的结构与功能研究较多，而其他蛋白质激酶受限于研究工具，其结构和功能尚不清楚。

细胞内几乎所有的信号转导通路中，都有蛋白质激酶的参与。有的通路以蛋白质丝 / 苏氨酸激酶为主而构成，有的则以蛋白质酪氨酸激酶为主。

表 20-2 蛋白质激酶的分类

| 蛋白质激酶 | 磷酸基团的受体 |
| --- | --- |
| 蛋白质丝 / 苏氨酸激酶 | 丝 / 苏氨酸羟基 |
| 蛋白质酪氨酸激酶 | 酪氨酸的酚羟基 |
| 蛋白质组 / 赖 / 精氨酸激酶 | 咪唑环、胍基、ε- 氨基 |
| 蛋白质半胱氨酸激酶 | 巯基 |
| 蛋白质天冬 / 谷氨酸激酶 | 酰基 |

（三）细胞内蛋白质磷酸化大部分由蛋白质丝/苏氨酸激酶催化

生物体内的蛋白质磷酸化有 90% 发生在丝氨酸或苏氨酸残基上，所以蛋白质丝/苏氨酸激酶在信号转导通路中具有重要作用。这些蛋白质激酶包括受环核苷酸调控的蛋白质激酶 A 和蛋白质激酶 G、受甘油二酯/$Ca^{2+}$ 调控的蛋白质激酶 C、受 $Ca^{2+}$/钙调蛋白调控的 $Ca^{2+}$/CaM- 蛋白质激酶、受三磷酸磷脂酰肌醇调控的蛋白激酶 B、受丝裂原激活的蛋白质激酶（mitogen activated protein kinase，MAPK）。前几类酶将在介绍第二信使的下游信号转导分子时讨论，这里仅以 MAPK 为例，介绍蛋白质丝/苏氨酸激酶在信号通路构成中的作用。

不同蛋白质激酶分子的逐级序贯磷酸化并激活是细胞信号通路的重要特征。MAPK 级联激活是多种信号通路的中心环节，可将膜受体接受的信号转导至核内以控制基因表达，是细胞生长、分化和应激反应的共同信号通路。

位于 MAPK 分子上游的两级信号转导分子也是蛋白质激酶，分别称为 MAPK 激酶（MAP kinase kinase，MAPKK）和 MAPKK 激酶（MAP kinase kinase kinase，MAPKKK）。细胞未受刺激时，这些激酶处于无活性状态。当细胞受到生长因子信号或其他刺激时，经由受体，信号转导分子被依次活化。活化的 MAPKKK 使 MAPKK 磷酸化而将其激活，MAPKK 再促进 MAPK 的磷酸化修饰而将其激活，从而形成逐级磷酸化的级联激活反应（图 20-6）。激活的 MAPK 转移至细胞核内，使一些转录因子发生磷酸化，改变细胞内基因表达状态。此外，MAPK 也可以将一些其他的酶修饰激活。

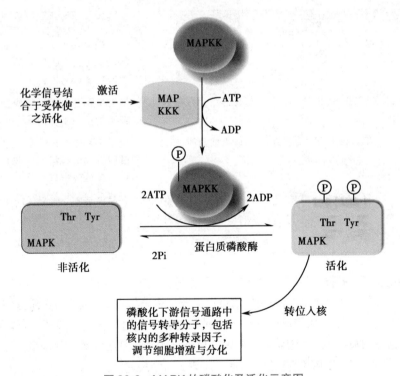

图 20-6　MAPK 的磷酸化及活化示意图

MAPK 家族成员活化需要分子中一个 Thr-X-Tyr 模体中的 Tyr 和 Thr 残基同时磷酸化，这 2 个残基的磷酸化是由 MAPKK 单独完成的，MAPKK 具有双功能激酶作用。MAPK 被激活后转移至细胞核内，使一些转录因子发生磷酸化，改变细胞内基因表达状态。另外，MAPK 也可以使一些其他的酶发生磷酸化使之活性改变

哺乳动物存在多个 MAPK 亚家族，最重要的有 ERK（extracellular regulated kinase）、JNK/SAPK（c-jun N-terminal kinase/stress-activated protein kinase）和 p38 MAPK 等。ERK 参与细胞增殖与分化的调控，多种生长因子受体、营养相关因子受体等都需要 ERK 的活化来完成信号转导

过程。JNK 家族是细胞对各种应激原诱导的信号进行转导的关键分子,参与细胞对辐射、渗透压、温度变化等的应激反应。p38 MAPK 亚家族介导炎症、凋亡等应激反应。

### (四)蛋白质酪氨酸激酶转导细胞增殖与分化信号

蛋白质酪氨酸激酶(PTK)催化蛋白质分子中的酪氨酸残基磷酸化。酪氨酸磷酸化修饰的蛋白质大部分对细胞增殖具有正向调节作用,无论是生长因子作用后正常细胞的增殖、恶性肿瘤细胞的增殖,还是 T 细胞、B 细胞或肥大细胞的活化都伴随着瞬间发生的多种蛋白质分子的酪氨酸磷酸化。以 PTK 为靶位的小分子抑制剂已经作为抗肿瘤药物用于临床。

1. 部分膜受体具有 PTK 功能　许多生长因子的受体本身具有 PTK 活性,被称为受体型 PTK。它们在结构上均为单跨膜蛋白质,其胞外部分为配体结合区,中间有跨膜区,细胞内部分含有 PTK 的催化结构域。受体型 PTK 与配体结合后形成二聚体,同时激活其酶活性,使受体胞内部分的酪氨酸残基磷酸化(自身磷酸化)。磷酸化的受体募集含有 SH2 结构域的信号分子,从而将信号传递至下游分子。

2. 细胞内有多种非受体型的 PTK　这些 PTK 本身并不是受体,而是作为受体和效应分子之间的信号转导分子。有些 PTK 是直接与受体结合,由受体激活而向下游传递信号;有些则是存在于胞质或胞核中,由其上游信号转导分子激活,再向下游传递信号。非受体型 PTK 的主要作用见表20-3。

表 20-3　非受体型 PTK 的主要作用

| 基因家族名称 | 举例 | 细胞内定位 | 主要功能 |
|---|---|---|---|
| *SRC* 家族 | SRC、FYN、LCK、LYN | 存在于质膜内侧常与受体结合 | 接受受体传递的信号发生磷酸化而激活,通过催化底物的酪氨酸磷酸化向下游传递信号 |
| *ZAP70* 家族 | ZAP70、SYK | 与受体结合存在于质膜内侧 | 接受 T 淋巴细胞的抗原受体或 B 淋巴细胞的抗原受体的信号 |
| *TEC* 家族 | BTK、ITK、TEC 等 | 存在于细胞质 | 位于 ZAP70 和 SRC 家族下游接受 T 淋巴细胞的抗原受体或 B 淋巴细胞的抗原受体的信号 |
| *JAK* 家族 | JAK1、JAK2、JAK3 等 | 与一些白细胞介素受体结合存在于质膜内侧 | 介导白细胞介素受体活化信号 |
| 核内 PTK | ABL、WEE | 细胞核 | 参与转录过程或细胞周期调节 |

### (五)蛋白质磷酸酶衰减或终止蛋白质激酶诱导的效应

蛋白质磷酸酶在细胞内催化磷酸化的蛋白质发生去磷酸化,与蛋白质激酶共同构成了蛋白质活性的调控系统。蛋白质磷酸酶的分类也是依据其所作用的氨基酸残基。目前已知的蛋白质磷酸酶包括蛋白质丝/苏氨酸磷酸酶和蛋白质酪氨酸磷酸酶两大类。有少数蛋白质磷酸酶具有双重作用,可同时除去酪氨酸和丝/苏氨酸残基上的磷酸基团。

各种蛋白质激酶和蛋白质磷酸酶在细胞内仅仅选择性作用于有限的底物分子,它们的催化作用专一性及其在细胞内的分布特异性决定了信号转导通路的差异性和精确性。

## 三、第二信使的浓度和分布变化是重要的信号转导方式

很多小分子的化学物质可以作为外源信号在细胞内的信使,对相应靶分子的活性进行调节。它们在上游信号转导分子的作用下可以发生浓度的迅速上升或者下降,进而使其相应的靶分子(蛋白质分子)的活性增高或降低,从而使信息向信号通路的下游传递,因而称为细胞内小分子信使,亦被称为第二信使(second messenger)。

Notes

（一）第二信使分子具有共同特点

细胞内作为第二信使的分子一般具有 5 个特点：①不属于物质和能量代谢途径中的核心代谢物；②在细胞中的浓度或亚细胞部位的分布可以迅速地改变；③作为变构效应剂作用于相应的靶分子；④其结构类似物可模拟细胞外信号对细胞功能的影响；⑤阻断该分子变化的药物可阻断细胞对外源信号的反应。

环腺苷酸（cyclic AMP，cAMP）、环鸟苷酸（cyclic GMP，cGMP）、甘油二酯（diacylglycerol，DAG）、三磷酸肌醇（inositol 1，4，5-triphosphate，IP$_3$）、磷脂酰肌醇 -3，4，5- 三磷酸（phosphatidy-linositol 3，4，5-trisphosphate，PIP$_3$）、Ca$^{2+}$ 等都是典型的细胞内第二信使。此外，细胞内还存在其他一些小分子信使如神经酰胺、一氧化氮等。

---

**框 20-2　第二信使的发现**

20 世纪 40—50 年代，美国生物化学家 Sutherland E 及其同事在《J Biol Chem》上连续发表了 4 篇研究论文，阐述了肾上腺素和胰高血糖素升高血糖的机制。主要发现均围绕着肝细胞中参与糖原分解的一种磷酸化酶的磷酸化调控。这一系列论文的第四篇在 1956 年发表，第一次揭示了 cAMP 的存在和作用。他们在不含激素的肝细胞匀浆中分离到一种热稳定因子，该因子可导致磷酸化酶激活，加速糖原分解，这种因子后来被鉴定为 cAMP。随后，腺苷酸环化酶和磷酸二酯酶先后被鉴定，明确了 cAMP 的生成与水解过程。1965 年，Sutherland 正式提出第二信使学说，即激素是"第一信使"，cAMP 作为激素在细胞内的"第二信使"。Sutherland 在 1971 年获得诺贝尔生理学 / 医学奖。

---

（二）第二信使在细胞内的产生依赖于可调节的酶促反应

具有酶活性的信号转导分子被其上游分子激活后，催化产生相应第二信使，使其含量迅速增高。这是信号转导的一种重要方式，主要的第二信使及其相关酶促反应见图 20-7。

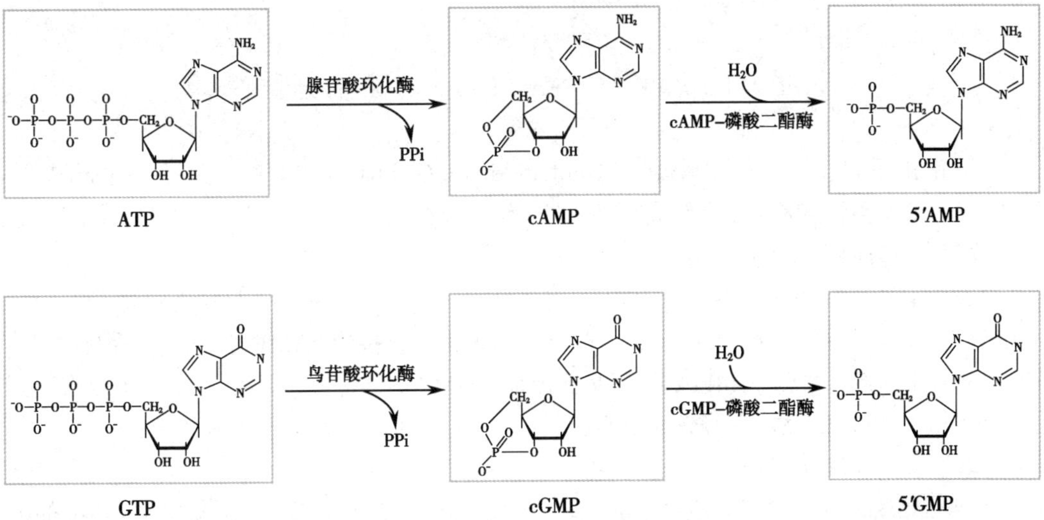

图 20-7　第二信使环核苷酸的产生和水解

第二信使的浓度变化是传递信号的重要机制，其浓度在细胞接收信号后变化非常迅速，可以在数分钟内被检测出来。而细胞内存在相应的水解酶，可迅速将它们清除，使信号迅速终止，细胞回到初始状态，再接受新的信号。只有当其上游分子（酶）持续被激活，才能使它们持续维持在一定的浓度。

### （三）环核苷酸是重要的细胞内第二信使

目前已知的细胞内环核苷酸类第二信使有 cAMP 和 cGMP 两种。

1. **cAMP 和 cGMP 的上游信号转导分子是相应的核苷酸环化酶**　cAMP 的上游分子是腺苷酸环化酶（adenylate cyclase，AC）。AC 是膜结合的糖蛋白，哺乳类动物组织来源的 AC 至少有 8 型同工酶。cGMP 的上游分子是鸟苷酸环化酶（guanylate cyclase，GC），GC 有两种形式，一种是膜结合型的受体分子；另一种存在于细胞质。细胞质中的 GC 含有血红素辅基，可直接受一氧化氮（NO）和相关化合物激活。

2. **磷酸二酯酶催化环核苷酸水解**　细胞中存在多种催化环核苷酸水解的磷酸二酯酶（phosphodiesterase，PDE）。在脂肪细胞中，胰高血糖素在升高 cAMP 水平的同时会增加 PDE 活性，促进 cAMP 的水解，这是调节 cAMP 浓度的重要机制。PDE 对 cAMP 和 cGMP 的水解具有相对专一性。

3. **环核苷酸在细胞内调节蛋白质激酶活性**　cAMP 的下游分子是蛋白质激酶 A（protein kinase A，PKA）。PKA 属于丝 / 苏氨酸蛋白质激酶类，是由 2 个催化亚基（C）和 2 个调节亚基（R）组成的四聚体。R 亚基抑制 C 亚基的催化活性。cAMP 特异性结合 R 亚基，使其变构，从而释放出游离的、具有催化活性的 C 亚基（图 20-8）。

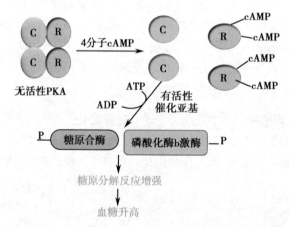

图 20-8　cAMP 激活 PKA 而升高血糖作用机制示意图

cGMP 的下游分子是蛋白质激酶 G（protein kinase G，PKG）。PKG 是由相同亚基构成的二聚体。与 PKA 不同，PKG 的调节结构域和催化结构域存在于同一个亚基内。PKG 在心肌及平滑肌收缩调节方面具有重要作用。

4. **蛋白质激酶并非 cAMP 和 cGMP 的唯一靶分子**　环核苷酸作为变构效应剂还可以作用于细胞内其他非蛋白质激酶类分子。一些离子通道可以直接受 cAMP 或 cGMP 的变构调节。例如，视杆细胞膜上富含 cGMP- 门控阳离子通道，cGMP 的结合使其开放；同样，嗅觉细胞内的 cAMP 增高时可使核苷酸 - 门控钙通道开放。

### （四）脂类也可衍生出胞内第二信使

1. **磷脂酰肌醇激酶和磷脂酶催化生成第二信使**　磷脂酰肌醇激酶（phosphatidylinositol kinase，PIK）催化磷脂酰肌醇的磷酸化。根据肌醇环的磷酸化羟基位置不同，这类激酶有 PI-3K、PI-4K 和 PI-5K 等。而磷脂酰肌醇特异性磷脂酶 C（phophatidylinositol-specific phospholipase C，PI-PLC）可将磷脂酰肌醇 -4,5- 二磷酸（phosphatidylinositol-3,4-diphosphate，$PIP_2$）分解成为 DAG 和 $IP_3$。磷脂酰肌醇激酶和磷脂酶催化产生的第二信使如图 20-9 所示。

2. **脂类第二信使作用于相应的靶蛋白分子**　DAG 是脂溶性分子，生成后仍留在质膜上。$IP_3$ 是水溶性分子，可在细胞内扩散至内质网或肌质网膜上，并与其受体结合。$Ca^{2+}$ 通道是 $IP_3$ 的受

Notes

体,结合 IP$_3$ 后开放,促进细胞钙库内的 Ca$^{2+}$ 迅速释放,细胞中局部 Ca$^{2+}$ 浓度迅速升高。DAG 和 Ca$^{2+}$ 在细胞内的靶分子之一是蛋白质激酶 C(protein kinase C,PKC)。

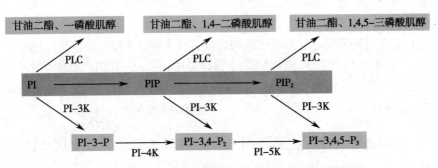

图 20-9　磷脂酶和磷脂酰肌醇激酶催化第二信使的生成
PI:磷脂酰肌醇;PI-4K:磷脂酰肌醇 4- 激酶;PI-5K:磷脂酰肌醇 5- 激酶

**（五）钙离子可以激活信号转导相关的酶类**

**1. 钙离子在细胞中的分布具有明显的区域特征**　细胞外液游离钙浓度远高于细胞内钙浓度,而细胞内的 Ca$^{2+}$ 则有 90% 以上储存于细胞内钙库(内质网和线粒体内),胞质内的钙浓度很低。如果细胞质膜或细胞内钙库的 Ca$^{2+}$ 通道开启,可引起胞外钙的内流或细胞内钙库的钙释放,使胞质内 Ca$^{2+}$ 浓度急剧升高。而 Ca$^{2+}$ 进入胞质后,又可再经细胞质膜及钙库膜上的钙泵(Ca$^{2+}$-ATP 酶)返回细胞外或细胞内钙库,维持细胞质内的低钙状态。

**2. 钙离子的下游信号转导分子是钙调蛋白**　钙调蛋白(calmodulin,CaM)是一种钙结合蛋白,分子中有 4 个结构域,每个结构域可结合 1 个 Ca$^{2+}$。胞质中 Ca$^{2+}$ 浓度低时,钙调蛋白不易结合 Ca$^{2+}$;随着胞质中 Ca$^{2+}$ 浓度增高,钙调蛋白可结合不同数量的 Ca$^{2+}$,形成不同构象的 Ca$^{2+}$/CaM 复合物。钙调蛋白本身无活性,形成 Ca$^{2+}$/CaM 复合物后则具有调节功能,可调节钙调蛋白依赖性蛋白质激酶的活性。

**3. 钙调蛋白不是钙离子的唯一靶分子**　除了钙调蛋白,Ca$^{2+}$ 还结合 PKC、AC 和 cAMP-PDE 等多种信号转导分子,通过变构效应激活这些分子。

**（六）NO 等小分子也具有信使功能**

细胞内一氧化氮(nitrogen monoxide,NO)合酶可催化精氨酸分解产生瓜氨酸和 NO。NO 可通过激活鸟苷酸环化酶、ADP- 核糖转移酶和环氧化酶等而传递信号。除了 NO 以外,CO 和 H$_2$S 的第二信使作用近年来也得到证实。

## 四、信号转导的根本机制是蛋白质分子的构象变化调节

许多蛋白质信号转导分子可通过构象变化而在有活性和无活性两种状态之间进行转换,这些分子经上游蛋白质分子或小分子信使作用而激活,激活后又可激活其下游分子或产生新的小分子信使。信号转导通路中上游分子变构激活下游分子的模式主要有以下几种。

**（一）配体结合并激活受体**

脂溶性信号分子进入细胞后,作为配体与受体结合,使受体构象变化,暴露出 DNA 结合部位,从而能够与 DNA 结合,发挥转录因子作用。水溶性信号分子与细胞膜表面受体结合后,也是通过诱导受体蛋白质构象改变而将其激活。

**（二）酶分子通过共价修饰变构激活下游转导分子**

许多蛋白质信号转导分子可经共价修饰而发生构象改变,从而在有活性和无活性两种状态之间转换。蛋白质激酶将磷酸基团转移到这些蛋白质分子中的丝氨酸、苏氨酸、或酪氨酸残基的羟基上(磷酸化),使其构象改变而引起活性的改变。

Notes

### （三）第二信使结合并激活下游分子

第二信使都没有酶活性，一般是直接结合其下游分子，作为变构效应剂引起所结合的蛋白质分子的变构而将其激活。如 cAMP 激活 PKA，cGMP 激活 PKG 等。

### （四）上游蛋白质分子结合并激活下游蛋白质分子

许多蛋白质信号转导分子也可通过变构调节的方式结合并激活下游蛋白质分子。在这种调节作用中，上游蛋白质分子激活后才能与下游蛋白质分子相互作用。其机制一是上游分子激活后形成或暴露出相互作用部位；二是共价修饰后产生特定结合位点，如某些蛋白质磷酸化后产生结合位点，从而能够与下游蛋白质分子中的相应结构域结合。

## 五、细胞信号转导通路和网络的结构基础是蛋白质复合体

细胞信号转导通路的结构基础是依靠蛋白质相互作用而形成的蛋白质复合体（protein complex）。在信号转导过程中，上游分子与下游分子的相互作用并不总是一对一地进行。有时需要几种分子结合在一起，才能发生相互作用，或产生更强的作用。几种信号转导分子结合形成的复合体称为信号转导复合体（signaling complex 或 signalsome）。信号转导复合体的形成是一个动态过程，针对不同外源信号，可聚集形成不同成分的复合体。信号转导复合体形成的基础是蛋白质相互作用。

### （一）蛋白质相互作用结构域是信号转导分子相互作用的结构基础

细胞内蛋白质相互作用的结构基础是各种蛋白质分子中存在的蛋白质相互作用结构域（protein interaction domain）。蛋白质相互作用结构域大部分由 50～100 个氨基酸残基构成，目前已经确认的蛋白质相互作用结构域已经超过 40 种。它们的特点是（图 20-10）：①一种信号分子中可含有两种以上的蛋白质相互作用结构域，因此可同时结合两种以上的其他信号分子；②同一类蛋白质相互作用结构域可存在于不同的分子中。这些结构域的一级结构不同，因此选择性结合下游信号分子；③这些结构域没有催化活性。

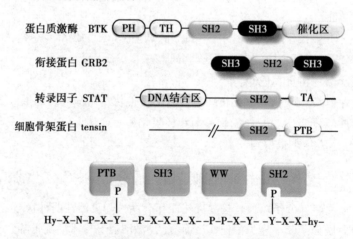

图 20-10　信号转导分子中蛋白质相互作用结构域的分布及作用
图上方为蛋白质相互作用结构域在 4 个不同种类蛋白质中的分布，
下方为几种结构域可识别和结合的结构

蛋白质相互作用结构域是通过相应的结合位点而介导蛋白质分子间的相互作用。例如，一个蛋白质分子中有 SH2 结构域，另一个蛋白质分子经磷酸化作用而产生 SH2 结合位点，两个蛋白质分子就可以通过 SH2 结构域和 SH2 结合位点相互作用（表 20-4）。

随着对蛋白质复合体的重要性的认识逐步深入，相互作用组（interactome）已经被作为生命科学研究的重要内容而提出。相互作用组指的是个体和细胞存在的一套完整的大分子物理的和遗传的相互作用模式，包含了稳定和瞬时的蛋白质-蛋白质相互作用。

Notes

表 20-4　蛋白质相互作用结构域及其识别模体举例

| 结构域名称 | 缩写 | 存在分子种类 | 识别模体 |
| --- | --- | --- | --- |
| Src homology 2 | SH2 | 蛋白质激酶、磷酸酶、衔接蛋白等 | 含磷酸化酪氨酸模体 |
| Src homology 3 | SH3 | 衔接蛋白、磷脂酶、蛋白质激酶等 | 富含脯氨酸模体 |
| Pleckstrin homology | PH | 蛋白质激酶、细胞骨架调节分子等 | 磷脂衍生物 |
| Protein tyrosine binding | PTB | 衔接蛋白、磷酸酶 | 含磷酸化酪氨酸模体 |

### （二）衔接蛋白和支架蛋白连接信号通路与网络

信号转导复合体的形成需要衔接蛋白（adaptor protein）和支架蛋白（scaffolding protein）。衔接蛋白的功能是特异性地介导信号蛋白质分子之间或蛋白质与脂类分子之间的相互结合，因此，衔接蛋白往往是信号转导复合体的核心成分。

1. **衔接蛋白连接信号转导分子**　衔接蛋白是信号转导通路中不同信号转导分子之间的接头，通过连接上游信号转导分子和下游信号转导分子而形成信号转导复合体。大部分衔接蛋白含有 2 个或 2 个以上的蛋白质相互作用结构域。例如衔接蛋白 NCK 就是由 1 个 SH2 结构域和 3 个 SH3 结构域构成的衔接蛋白，通过 SH2 和 SH3 结构域结合多种分子，将信号通路中的上下游分子组织在一起（图 20-11）。

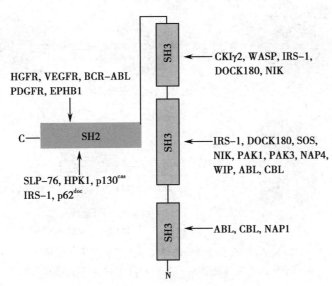

图 20-11　衔接蛋白 NCK 的结构域和相互作用分子
可与 NCK 相结合的蛋白质种类分别以箭头指向相应结构域

2. **支架蛋白保证特异和高效的信号转导**　支架蛋白一般是分子量较大的蛋白质，可同时结合同一信号转导通路中的多个信号转导分子。信号转导分子结合在支架蛋白上的意义是：①保证相关信号转导分子容纳于一个隔离而稳定的信号转导通路内，避免与其他不需要的信号转导通路发生交叉反应，以维持信号转导通路的特异性；②增加调控复杂性和多样性。

## 第三节　受体介导的细胞内信号转导的主要类别

不同信号转导分子的特定组合及有序相互作用，构成了不同的信号转导通路。因此，信号转导研究的关键是阐明各种信号转导通路中信号转导分子的基本组成、相互作用及引起的细胞应答。信号转导通路从信号分子与受体相互作用起始。受体可分为胞内受体和膜受体两大类，其中膜受体又有离子通道受体、G 蛋白偶联受体和酶偶联受体等三类。尽管每一类型的受体种类繁多，但同一类型的受体所介导的信号转导通路常有许多共同之处。

Notes

## 一、位于细胞内的受体大部分属于转录因子

固醇类激素及维生素 A、维生素 D 等脂溶性化学信号的受体存在于细胞内,大部分属于转录因子,可以直接结合在一些基因的调控区,改变转录速度。具体作用将在本章第五节叙述。

## 二、膜离子通道受体将化学信号转变为电信号

离子通道型受体(ligand-gated receptor channel)是一类自身为离子通道的受体,通道的开放或关闭直接受化学配体(主要的配体为神经递质)的控制。离子通道是由寡聚体形成的孔道,每个单体都有 4 个跨膜区段。图 20-12a 显示了作为离子通道受体典型代表的乙酰胆碱受体的结构模式。乙酰胆碱结合受体并改变其构象,从而控制离子通道的开放(图 20-12b)。

离子通道型受体可以是阳离子通道,如乙酰胆碱、谷氨酸和五羟色胺的受体;也可以是阴离子通道,如甘氨酸和 γ- 氨基丁酸的受体。离子通道受体信号转导的作用是改变细胞膜电位,这类受体引起的细胞应答主要是去极化与超极化。

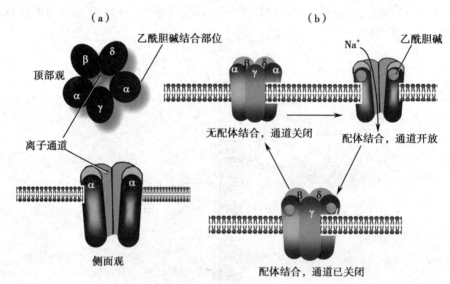

图 20-12　离子通道受体将化学信号转变为电信号
(a)离子通道型受体结构示意;(b)乙酰胆碱受体作用示意图

## 三、膜 G 蛋白偶联受体通过 G 蛋白和小分子信使介导信号转导

神经递质、肽类激素、趋化因子、外源性刺激(味、光等)等细胞外信号可以通过 G 蛋白偶联受体(G protein-coupled receptor,GPCR)传递信号。GPCR 在结构上均为单体蛋白质,氨基端位于细胞膜外表面,羧基端在胞膜内侧,完整的肽链反复跨膜七次,因此又称为七跨膜受体。由于肽链反复跨膜,在膜外侧和膜内侧形成了几个环状结构,它们分别负责接受外源信号(化学、物理信号)的刺激和细胞内的信号传递,其细胞质部分可以与三聚体 G 蛋白相互作用。此类受体通过 G 蛋白向下游传递信号,因此称为 G 蛋白偶联受体(图 20-13)。

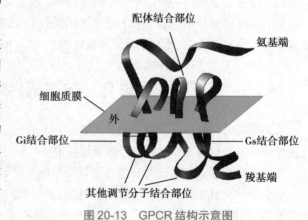

图 20-13　GPCR 结构示意图

Notes

## 框 20-3 七次跨膜受体关键信号转导分子——G 蛋白的发现

　　自发现第二信使 cAMP 后,腺苷酸环化酶(AC)活化的详细机制成为当时最引人入胜的生物化学研究领域。Rodbell M 在 1969 年首先证明了 AC 本身不是外源信号的受体,接着发现 GTP 为 AC 活化所必需。1971 年,Gilman AG 分离到一种细胞株,该株细胞含有正常的肾上腺素受体和 AC,但是却不能在肾上腺素作用下发生 cAMP 的升高。经细胞膜成分重组,他们发现一种新的 GTP 结合蛋白质为此信号转导所必需,并最终纯化了该蛋白质,进而证明了 G 蛋白是受体与 AC 之间的信号中介分子,由此开辟了认识细胞内近千种 G 蛋白偶联受体信号转导机制的先河。Gilman AG 和 Rodbell M 分享了 1994 年诺贝尔生理 / 医学奖。

　　前已述及,由 α、β、γ 亚基组成三聚体 G 蛋白是信号转导通路的重要开关分子。目前已经发现了 20 余种 α 亚基,β 和 γ 亚基亦有数种,从而可以产生多种不同组合的三聚体,形成功能不同的 G 蛋白。不同的 G 蛋白可与不同的下游分子组成信号转导通路。尽管 GPCR 介导的信号传递可通过不同的途径产生不同的效应,但信号转导通路的基本模式大致相同,主要包括以下几个步骤或阶段(图 20-14)。

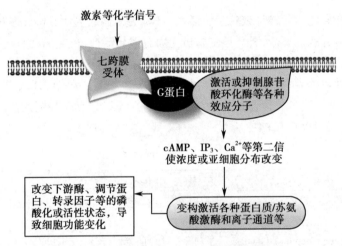

图 20-14　GPCR 介导信号通路的基本模式

　　1. 配体结合并激活受体　细胞外信号分子结合 GPCR,通过变构调节作用将其激活。当细胞外信号分子的浓度降至一定水平,即与受体解离,受体恢复到无活性状态,停止传递信号。GPCR 的配体以小分子化学物质(如肾上腺素)和寡肽类(如胰高血糖素)为主,结合界面相对较小,配体和受体间的结合较易受到小分子化学物质干预,胞外区的多个环状结构也为小分子的别位结合并干扰受体的作用提供了结构基础。因此,GPCR 是理想的小分子化学药物作用靶点,临床上使用的许多心血管系统药物是针对 GPCR 的。

　　2. G 蛋白激活 / 失活循环　活化的受体进一步作用于与其结合在一起的 G 蛋白,G 蛋白通过 GTP/GDP 结合转换进入有活性和无活性状态的循环,称为 G 蛋白激活失活循环(G-protein activation/deactivation cycle)。如果细胞外配体信号持续存在,活化受体就可以不断地激活 G 蛋白,向下游传递信号。

　　3. G 蛋白激活下游效应分子　活化的 G 蛋白,主要是 α 亚基,可激活其下游的效应分子。不同种类的 α 亚基激活不同的效应分子,如 AC、PLC 等效应分子都是由不同的 G 蛋白所激活(表 20-5)。有的 α 亚基可以激活腺苷酸环化酶,称为 $\alpha_s$(s 代表 stimulate);有的 α 亚基可以抑制腺苷酸环化酶,称为 $\alpha_i$(i 代表 inhibit)。

Notes

表 20-5 哺乳动物细胞中的 Gα 亚基种类及效应举例

| G 蛋白种类 | 效应分子及其变化 | 第二信使及其变化 | 靶分子及其变化 |
|---|---|---|---|
| $\alpha_s$ | AC 活化↑ | cAMP↑ | PKA 活性↑ |
| $\alpha_i$ | AC 活化↓ | cAMP↓ | PKA 活性↓ |
| $\alpha_q$ | PLC 活化↑ | $Ca^{2+}$、$IP_3$、DAG↑ | PKC 活化↑ |
| $\alpha_t$ | cGMP-PDE 活性↑ | cGMP↓ | $Na^+$ 通道关闭 |

PDE: phosphodiesterase, 磷酸二酯酶

**4. 第二信使的产生或分布变化** G 蛋白的效应分子向下游传递信号的主要方式是催化第二信使的产生, 如 AC 催化产生 cAMP, PLC 催化产生 DAG 和 $IP_3$。有些效应分子还可以通过对离子通道的调节改变 $Ca^{2+}$ 在细胞内的分布, 其效应与 $IP_3$ 的效应相似。

**5. 第二信使激活蛋白质激酶** 第二信使作用于相应的靶分子(主要是蛋白质激酶), 使之构象改变而激活。

**6. 蛋白质激酶激活效应蛋白质** 蛋白质激酶通过磷酸化作用激活一些与代谢相关的酶、与基因表达相关的转录因子以及一些与细胞运动相关的蛋白质, 从而产生各种细胞应答反应。

## 四、膜的酶偶联受体主要通过蛋白质化学修饰和相互作用传递信号

许多膜受体介导的信号转导依赖于酶活性, 故称为酶偶联受体(enzyme-linked receptor)。这些受体中有些自身就是酶, 另外一些受体虽无固有催化活性, 但是需要直接依赖酶的催化作用作为信号传递的第一步反应。这一类受体大多是只有 1 个跨膜区段的糖蛋白, 故亦称为单跨膜受体。酶偶联受体种类繁多, 自 1981 年发现第一个具有蛋白酪氨酸激酶(PTK)活性的生长因子受体以来, 陆续发现多种具有 PTK 活性的受体, 后来又发现了一些具有其他催化活性的受体(表 20-6), 但是仍然以具有 PTK 活性和与 PTK 偶联的受体居多。

表 20-6 各种具有其他催化活性的受体

| 英文名 | 中文名 | 举例 |
|---|---|---|
| receptors tyrosine kinase（RTK） | 受体型蛋白酪氨酸激酶 | 表皮生长因子受体、胰岛素受体等 |
| tyrosine kinase-coupled receptors（TKCRs） | 蛋白酪氨酸激酶偶联受体 | 干扰素受体、白细胞介素受体、T 细胞抗原受体等 |
| receptors tyrosine phosphatase（RTP） | 受体型蛋白酪氨酸磷酸酶 | CD45 |
| receptors serine/threonine kinase（RSTK） | 受体型蛋白丝 / 苏氨酸激酶 | 转化生长因子 β 受体、骨形成蛋白受体等 |
| receptors guanylate cyclase（RGC） | 受体型鸟苷酸环化酶 | 心钠素受体等 |

单跨膜受体主要接受生长因子和细胞因子的信号, 调节细胞内蛋白质的功能和表达水平、调节细胞增殖和分化, 因此基因表达调节是单跨膜受体的重要效应。此类受体介导的信号转导主要是调节蛋白质的功能和表达水平, 很多是通过蛋白质分子间的相互作用激活细胞内蛋白质激酶。

蛋白质激酶偶联受体介导的信号转导通路较复杂。细胞内的蛋白质激酶有许多种, 不同蛋白质激酶的组合形成不同的信号转导通路, 具体作用模式也有差别。但蛋白质激酶偶联受体介导的信号转导通路的基本模式大致相同, 主要包括以下几个阶段。

**1. 胞外信号分子与受体结合** 这一类受体所结合的配体主要是生长因子、细胞因子等蛋白质分子。与 GPCR 相比, 酶偶联受体与配体间的结合界面较大, 用小分子化学物质进行干预的难度大, 因此需要使用单克隆抗体等方可阻止配体的结合。故抑制受体 - 配体结合的专一性高

Notes

选择性药物主要是抗体类药，小分子化学药物主要针对的是这一类受体的胞内区，尤其是激酶活性结构域。由于不同受体的激酶结构域相似性较大，因此这类药物的专一性受到一定限制。

2. 第一个蛋白质激酶被激活 这一步反应是"蛋白质激酶偶联受体"名称的由来。但是，"偶联"却有两种形式。有的受体本身具有蛋白质激酶活性，此步骤是激活受体胞内结构域的蛋白质激酶活性。有些受体本身没有蛋白质激酶活性，此步骤是受体通过蛋白质 - 蛋白质相互作用激活直接与受体结合着的蛋白质激酶。

3. 下游信号转导分子的序贯激活 通过蛋白质 - 蛋白质相互作用或蛋白质激酶的磷酸化修饰作用，有序地激活下游信号转导分子，完成信号传递。大部分信号传递是激活一些特定的蛋白质激酶，有些是级联激活。蛋白质激酶通过磷酸化修饰激活代谢途径中的关键酶、转录调节中的反式作用因子等，影响代谢途径、基因表达、细胞运动、细胞增殖等细胞行为。

## 第四节 以调节代谢或蛋白质活性为主要效应的信号转导通路

环境中的信号经细胞受体接收并转导后，会导致一系列细胞内分子功能及细胞行为的调整。有些信号分子可诱导细胞内代谢改变或效应蛋白质活性改变，反应较为迅速，但持续时间较短，如肾上腺素、胰高血糖素、胰岛素等信号分子，诱导的主要效应是代谢调节酶的化学修饰导致的代谢速度改变。有些信号分子刺激细胞后则需要一定时间才能产生效应，如表皮生长因子，诱导的主要效应是基因表达谱变化导致的细胞增殖速度与分化方向的改变。前者主要激活第二信使相关通路，如 GPCR 信号通路和胰岛素受体介导的 PI-3K-AKT 通路等；而后者则主要与酶偶联受体信号通路有关。当然，上述两类信号分子诱导的效应之间并无严格界限，GPCR 通路和 PI-3K-AKT 通路同样也可以影响基因表达，调控细胞增殖与分化。本节主要介绍 GPCR 介导的 3 条主要通路和 PI-3K-AKT 信号通路。

许多细胞外信号分子与其受体结合后，可通过 G 蛋白传递信号，但由于 G 蛋白种类不同，传入细胞内的信号并不一样。这是因为不同的 G 蛋白与不同的下游分子组成了不同的信号转导通路。

### 一、cAMP-PKA 通路

此类信号转导通路中的细胞外信号分子包括胰高血糖素、肾上腺素、促肾上腺皮质激素等。激素与受体结合后激活 G 蛋白，GTP 结合形式的活化 α 亚基激活腺苷酸环化酶（AC）。AC 催化产生小分子信使 cAMP。cAMP 结合 PKA，通过变构调节作用激活 PKA（图 20-15）。

PKA 通过磷酸化作用激活或抑制各种效应蛋白质，产生多种细胞效应。其中最主要的是对物质代谢的调节。PKA 可通过磷酸化作用调节十几种代谢关键酶的活性，对不同的代谢途径发挥调节作用，如激活磷酸化酶 b 激酶、激素敏感脂肪酶、胆固醇酯酶，促进糖原、脂肪、胆固醇的分解代谢；抑制乙酰 CoA 羧化酶、糖原合酶等，抑制脂肪合成和糖原合成。

需要指出的是，尽管 cAMP-PKA 通路的主要效应是代谢调节，但 PKA 也参与基因表达的调控（见下节）。PKA 还可通过磷酸化作用激活离子通道，调节细胞膜电位，参与脑的认知、记忆等功能。

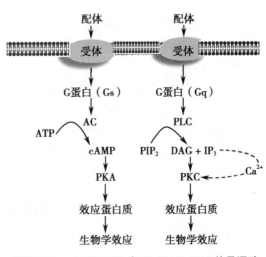

图 20-15 cAMP-PKA 和 IP$_3$/DAG-PKC 信号通路

## 二、IP₃/DAG-PKC 途径

此类信号转导通路中的细胞外信号分子包括促甲状腺素释放激素、去甲肾上腺素、抗利尿素等。与激素结合的受体激活 G 蛋白,活化的 α 亚基激活 PLC。PLC 水解膜组分 $PIP_2$,生成 DAG 和 $IP_3$。$IP_3$ 与内质网和肌浆网上的 $IP_3$ 受体($Ca^{2+}$ 通道)结合,促进 $Ca^{2+}$ 释放入细胞质。$Ca^{2+}$ 可与细胞质内的 PKC 结合并聚集至质膜。DAG 生成后仍留在质膜上,当结合有 $Ca^{2+}$ 的 PKC 聚集到质膜时,DAG、磷脂酰丝氨酸与 $Ca^{2+}$ 共同作用于 PKC 的调节结构域,使 PKC 变构而暴露出活性中心。PKC 通过磷酸化作用激活各种功能蛋白质,调节物质代谢、基因表达等生理活动(图 20-15)。

## 三、$Ca^{2+}$/ 钙调蛋白依赖的蛋白质激酶途径

$Ca^{2+}$ 浓度升高后,除了可与 DAG 协同激活 PKC 以外,还可以形成信号转导的另一途径,即 $Ca^{2+}$/ 钙调蛋白(CaM)依赖的蛋白质激酶途径。此信号转导通路不是一条完全独立的途径,$Ca^{2+}$ 浓度升高可由不同信号引起,但最终形成一条独特的信号转导通路(图 20-16)。

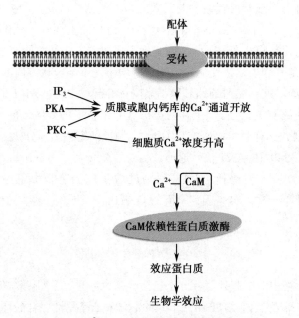

图 20-16    $Ca^{2+}$/CaM 依赖的蛋白质激酶信号通路

G 蛋白偶联受体至少可通过 3 种途径引起细胞内 $Ca^{2+}$ 浓度升高:①某些 G 蛋白可以直接激活细胞质膜上的钙通道;② PKA 通过磷酸化作用激活钙通道;③ $IP_3$ 和 PKC 亦可以促使细胞质内钙浓度升高。

细胞质内 $Ca^{2+}$ 浓度升高后,增加 $Ca^{2+}$/CaM 复合物的含量。$Ca^{2+}$/CaM 复合物的下游信号分子是钙调蛋白依赖性蛋白质激酶。钙调蛋白依赖性激酶属于蛋白质丝 / 苏氨酸激酶,如肌球蛋白轻链激酶(MLCK)、磷酸化酶激酶(PHK)、钙调蛋白依赖性激酶(CAL-PK)Ⅰ、Ⅱ、Ⅲ等。这些激酶可激活各种效应蛋白质,在运动、物质代谢、神经递质的合成、细胞分泌和分裂等多种生理过程中发挥重要作用。

## 四、PI-3K-AKT 信号通路

PI-3K-AKT 信号通路是胰岛素受体的主要下游通路,在此通路中,PI-3K 催化产生第二信使 $PIP_3$,$PIP_3$ 激活蛋白质丝 / 苏氨酸激酶 AKT。胰岛素受体(insulin receptor)属于受体型蛋白

Notes

质酪氨酸激酶,结合胰岛素后活化,催化胰岛素受体底物-1(insulin receptor substrate,IRS-1)磷酸化,IRS-1激活磷脂酰肌醇3-激酶(phosphatidylinositol 3-kinase,PI-3K),催化第二信使3,4,5-三磷酸磷脂酰肌醇(phosphatidylinositol(3,4,5)-trisphosphate,$PIP_3$)的产生。

$PIP_3$位于细胞膜内,可以被蛋白质中的PH结构域所识别,因此可以在细胞膜上募集含有PH结构域的磷酸肌醇依赖的激酶1(phosphoinositide-dependent kinase-1,PDK1)和AKT。PDK1依次将AKT的Thr308和Ser473位点磷酸化,磷酸化激活的AKT进一步使糖原合酶激酶-3(glycogen synthase kinase 3,GSK-3)、mTOR(mammalian target of rapamycin)等下游分子磷酸化,从而调节葡萄糖转运、糖原合成、蛋白质合成等代谢过程(图20-17)。PTEN(phosphatase and tensin homologue)则是PI-3K信号通路的重要负调节因子。PI-3K在调节胰岛素敏感性、缓解胰岛素抵抗及抑制糖异生过程中都起到重要作用。

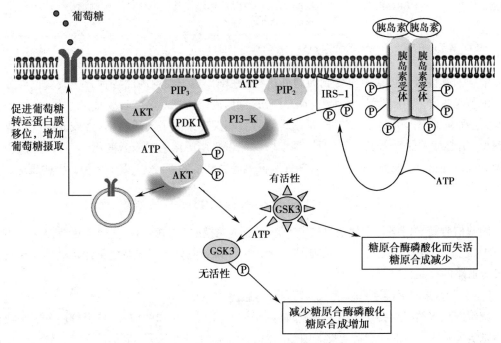

图20-17　胰岛素介导的PI-3K/AKT通路在糖稳态中的作用

糖原合酶是GSK3的底物,GSK3又是AKT的底物。糖原合酶和GSK3都属于磷酸化修饰会使其失活的分子。存在胰岛素时,AKT处于活化状态,可促使GSK3磷酸化而失活,糖原合酶的磷酸化减少,糖原合酶活性增强,糖原合成增加

## 第五节　以调控基因表达为主要效应的信号转导通路

基因表达的所有环节都会受到环境变化信号的影响,细胞内外信号可通过信号转导通路控制染色质结构重塑、转录因子激活/失活、翻译调控分子激活/失活、以及非编码RNA分子的表达等,从而对细胞内的基因表达进行调控。这些调控作用属于细胞信号转导-基因表达调控的偶联机制问题,是当前分子生物学的热点研究领域。限于篇幅,本章主要讨论的是转录水平的调节信号。

### 一、细胞通过改变基因表达状态适应细胞内外环境

化学信号传递的许多中间环节和终点效应都涉及基因表达的调节控制。表20-7列举了一些典型的细胞间化学信号影响基因转录的例证。

Notes

表 20-7　细胞间化学信号影响基因转录调节典型举例

| 信号分子 | 代表性信号通路 | 代表性基因表达变化 | 相应细胞功能变化 |
|---|---|---|---|
| 胰岛素 | PI-3K-AKT | 下调葡糖 -6- 磷酸酶；下调磷酸烯醇丙酮酸激酶 | 抑制肝组织糖原分解和糖异生 |
| 血管紧张素 II | SRC-Arrestin | 上调转录因子 c-FOS | 心肌细胞过度增殖导致心肌肥厚 |
| 表皮生长因子 | RAS-MAPK | 上调转录因子 c-FOS | 细胞增殖 |
| 血管内皮生长因子 | PLCγ-IP$_3$-Ca$^{2+}$ | 上调环氧化酶 -2（COX-2） | 内皮细胞增殖；增加前列腺素合成，扩张血管 |
| 转化生长因子 β | SMAD | 抑制 c-MYC 的表达，上调 p15 的表达 | 细胞周期阻滞 |
| WNT | β-catenin-Axin | 上调细胞周期素 D2、c-MYC | 细胞增殖 |
| 雌激素 | ERα-ERE | 细胞周期素 D1、黄体酮受体，c-MYC，血管内皮生长因子 | 细胞增殖 |

c-MYC：属于原癌基因的一种转录因子；p15：一种 CDK 抑制蛋白

细胞的基因表达模式不仅受到细胞外信号的控制，对于细胞内的各种分子改变也十分敏感。细胞代谢产生的活性氧、细胞内 DNA 损伤、细胞内低氧等变化可以被细胞内的一些分子所感受，进而在细胞内引发信号转导，最后也会导致相关转录因子的活性、含量或亚细胞定位发生改变，引起相关的基因表达变化，协调细胞功能以平衡所遭遇的应激变化。例如，低氧诱导因子（hypoxia-inducible factor, HIF）可在细胞低氧等应激条件下活化，调节多种基因的表达。

## 二、细胞内存在控制基因表达的信号转导网络

细胞信号转导网络是实现信号转导与基因表达调控的基本机制。基因表达调控的主要元素，如染色质、各种转录因子及转录辅因子、miRNA、翻译起始因子等都受到经由受体介导的信号转导通路的控制。

### （一）在转录水平调控基因表达的信号转导通路

细胞内众多的组织特异性或可调控的转录因子接受受体传递的信号，依据细胞分工和功能的需求实现基因表达的时空特异性。图 20-18 显示了转录因子可受不同信号调节。转录因子直接受到细胞内多种信号分子的调节，其中重要的调节方式之一是可逆磷酸化修饰，在信号转导通路中广泛存在的蛋白质激酶在这一调节中的作用至关重要。

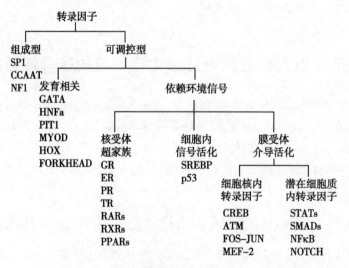

图 20-18　接受细胞信号诱导的转录因子分类

Notes

**（二）在转录后水平调控基因表达的信号转导网络**

无论是在转录后水平，还是在翻译水平，miRNA 对基因表达的负性调节作用都是对转录调节的重要补充，并使调节更为精细。miRNA 的含量受到细胞各种信号转导通路和网络的控制，是细胞外信号对基因表达进行转录后调控的重要中介分子。这一研究领域发展迅速，对其调控网络的认识刚刚起步。

基因表达的翻译过程同样处于细胞信号转导网络的控制之下。翻译起始复合体中的一些重要成分，如 eIF-4F 复合物的形成受到 PI-3K-AKT-mTOR 通路的控制；其他翻译起始因子的磷酸化也受到细胞中相应信号通路的调节。

## 三、核受体超家族分子直接调节靶基因的转录

脂溶性的化学信号的受体蛋白质有的位于细胞核内，有的位于细胞质中，但是大多为 DNA 结合蛋白，具有转录因子活性，直接调节细胞的基因表达，因此被称为核受体（nuclear receptors，NR）。核受体是人体中含量最丰富的转录调节因子之一，它们在新陈代谢、性别决定与分化、生殖发育和稳态的维持等方面发挥着重要的功能。酵母中没有核受体，提示核受体在细胞间通讯进化中出现较晚。

**（一）核受体超家族大多具有转录因子结构**

典型的核受体由 A/B、C、D、E 和 F（从 N- 端到 C- 端）等 5 个区域组成（图 20-19）：N- 端结构域（A/B 结构域）为转录激活域，是整个分子可变性最高的部分，其长度从 50 个到 500 个氨基酸不等；C 结构域为 DNA 结合域（DNA binding domain，DBD），是最保守的区域；E 结构域是配体结合域（ligand binding domain，LBD），位于羧基端，是最大的结构域，其保守性仅次于 DBD；D 结构域是铰链区，起连接 DBD 和 LBD 两个结构域的作用，核定位信号 NLS 亦位于铰链区。

**（二）配体类型或结构域是核受体分类的依据**

根据受体的配体类型，核受体超家族可以分为类固醇激素受体、非类固醇激素受体和孤儿核受体（配体尚未确定）等。国际药理学会和受体命名与药物分类联合会于 1999 年提出了核受体的系统命名原则。该原则根据 DNA 结合结构域（C 结构域）和配体结合结构域（E 结构域）在不同核受体间的同源性进行命名。目前共计分为 6 个亚家族，28 个组别。核受体的名称用 NRxyz 来表示。其中 NR 表示核受体；x 代表亚家族，用阿拉伯数字表示；y 代表亚家族中的组别，用英文字母表示；z 代表组别中的成员，用阿拉伯数字表示。例如，人的甲状腺素受体（TR）属于第 1 亚家族 A 组中的第一个成员，因此被称为 NR1A1。

**（三）核受体作为转录因子直接调节靶基因的表达**

位于细胞内的受体与相应脂溶性信号分子结合后，可与 DNA 上的顺式作用元件结合，在转录水平调节基因表达。有些配体可直接与其位于细胞核内的受体相结合形成激素 - 受体复合物，有些则先与其在细胞质内的受体相结合，然后以激素 - 受体复合物的形式穿过核孔进入核内。

在无信号存在时，受体往往与具有抑制其作用的蛋白质分子，如热激蛋白（heat shock proteins，Hsps）形成复合体，阻止受体向细胞核的移动及其与 DNA 的结合。当激素信号与受体结合后，受体构象发生变化，导致热激蛋白解离，暴露出受体的核内转移部位及 DNA 结合部位，激素 - 受体复合物向核内转移，并结合于 DNA 上其靶基因邻近的激素反应元件（hormone response element，HRE）上，进而改变基因表达状态（图 20-19）。

核受体介导的基因转录调节因其各自特异的基因识别序列而具有特异性。不同的激素 - 受体复合物结合于不同的顺式作用元件——激素反应元件（表 20-8）。结合于激素反应元件的激素 - 受体复合物再与位于启动子区域的基本转录因子及其他的转录调节分子作用，从而开放或关闭其下游基因。

Notes

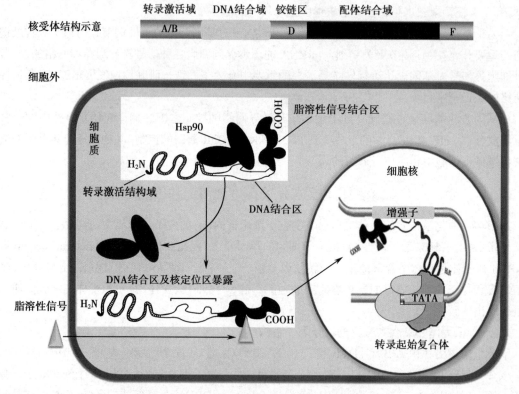

图 20-19    核受体调节基因表达的作用机制

表 20-8    激素反应元件举例

| 激素举例 | 受体所识别的 DNA 特征序列 |
| --- | --- |
| 肾上腺皮质激素 | 5' AGAACAXXXTGTTCT 3'<br>3' TCTTGTXXXACAAGA 5' |
| 雌激素 | 5' AGGTCAXXXTGACCT 3'<br>3' TCCAGTXXXACTGGA 5' |
| 甲状腺素 | 5' AGGTCATGACCT 3'<br>3' TCCAGTACTGGA 5' |

**（四）核受体介导的基因表达调控信号需要辅调节因子**

核受体介导的基因转录调节还依赖于一些辅因子。1995 年，Onate SA 等报道了第一个类固醇激素辅激活因子 -1（steroid hormone receptor superfamily coactivator, SRC-1）；同年，辅抑制因子 N-CoR（nuclear receptor corepresser）也被发现。由此，不仅加深了对核受体的基因表达调节作用的认识，而且推动了整个基因转录调控领域的发展。目前，已经发现了近 300 种辅调节因子，参与核受体和其他转录因子的转录调节作用。辅调节因子自身没有 DNA 结合能力，也不参加 RNA 聚合酶 II 起始复合体的构成，但是通过结合于核受体等转录因子，影响染色质的局部结构，在转录调控过程中发挥重要的作用。

## 四、转录因子可作为膜受体介导的信号通路的关键效应靶分子

水溶性化学信号的受体位于细胞膜表面，本身不具有直接作用于基因表达调节因子的功能。然而细胞外信号作用后细胞大多会发生基因表达的变化，这些变化需要复杂的信号转换并最终在转录因子或转录调节分子的活性和含量上体现出细胞信号转导的效应。在三类重要的膜受体中，除离子通道型受体外，G 蛋白偶联受体和单跨膜的酶偶联受体所介导的信号通路都

Notes

直接有基因表达调节分子作为最终效应分子,相关的信号转换引起基因表达谱的改变,实现细胞间信号对细胞功能的调节。

### (一)受体可直接作用于转录因子

有的膜受体直接激活的信号转导分子就属于转录因子,如广泛参与分化、迁移等多种细胞活动的转化生长因子 β(transform growth factor β, TGFβ)基因超家族的受体。TGFβ 受体介导的信号转导通路中最重要的信号转导分子是具有转录因子功能的 SMAD 分子,因而此通路称为SMAD 通路。

SMAD 家族是最早被证实的 TGFβ 受体激酶的底物。SMAD 的名称取自于果蝇的 *Mad* 基因和线虫的 *Sma* 基因。细胞内至少有9种 SMAD 分子存在,各自负责 TGFβ 家族不同成员的信号转导。

TGFβ 受体的特征是自身具有蛋白质丝氨酸激酶结构域,主要有Ⅰ型和Ⅱ型受体,激活后都具有丝/苏氨酸蛋白质激酶活性。TGFβ 受体介导的信号转导基本步骤是:①TGFβ 同时结合2个Ⅰ型受体和2个Ⅱ型受体,形成异源四联复合物,Ⅱ型受体被激活,其激酶活性将Ⅰ型受体磷酸化并活化;②膜相关蛋白 SARA(SMAD anchor for receptor activation)结合 SMAD2 和 SMAD3,并提呈给活化的Ⅰ型受体;③受体将 SMAD2 和 SMAD3 磷酸化;④磷酸化的 SMAD2 和 SMAD3与 SMAD4 形成三聚体转移至细胞核内,结合于 SMAD 结合元件,调节相应基因的转录速度(图 20-20),最后引起细胞行为改变。

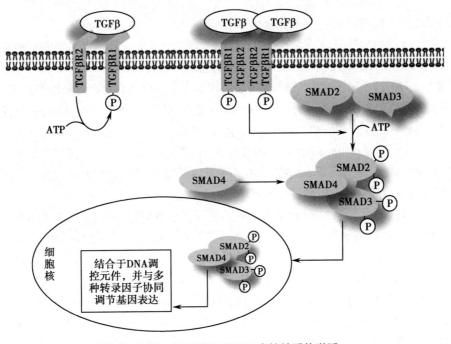

**图 20-20 转录因子 SMAD 直接被受体激活**

### (二)第二信使可以通过蛋白质激酶激活转录因子

第二信使可以通过作用于相应的蛋白质激酶,改变转录调节因子的磷酸化状态而调节基因表达。

例如,PKA 对转录因子 cAMP 反应元件结合蛋白(cAMP response element binding protein,CREB)具有调节作用。在 cAMP-PKA 通路,活化的 PKA 催化亚基可以进入细胞核内,催化CREB 的第 113 位丝氨酸残基的磷酸化(图 20-21)。磷酸化的 CREB 在基因组中结合到特定的顺式作用元件,即 cAMP 反应元件(cAMP response element, CRE)上。磷酸化修饰还增强了CREB 与属于转录共激活因子的 CREB 结合蛋白(CREB-binding protein, CBP)的相互作用,与

Notes

CREB 结合后的 CBP 再作用于 TFⅡB 等通用转录因子,促进转录起始复合物的组装,增强了 CREB 的靶基因(如糖异生通路所需的酶的编码基因)的转录,保证了代谢调节的需求。

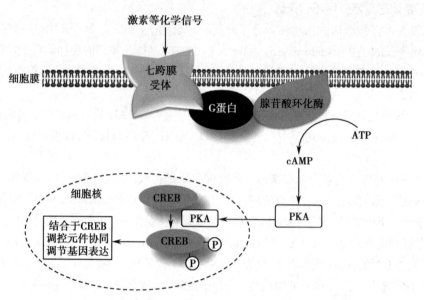

图 20-21　转录因子 CREB 接受 G 蛋白偶联型受体信号

### (三) 受体经由细胞内蛋白质激酶激活转录因子

单跨膜受体的信号转导通路大多会经由蛋白质激酶相关的信号转导通路改变转录因子的活性,这里以 JAK-STAT 通路和 NF-κB 通路为例介绍。

1. JAK-STAT 通路　干扰素、白细胞介素等细胞因子的受体自身没有激酶结构域,而是与蛋白质酪氨酸激酶 JAK(Janus kinase)结合在一起。受体与配体结合后,激活 JAK,催化受体自身和胞内底物磷酸化。JAK 的底物是一种特殊的转录因子,称为信号转导及转录激活蛋白(signal transducer and activator of transcription, STAT)。STAT 既是信号转导分子,又是转录因子。磷酸化的 STAT 分子形成二聚体后进入胞核,调控相关基因的表达,改变靶细胞的增殖与分化。JAK-STAT 通路是细胞因子信息内传最重要的信号转导通路之一。

细胞内有数种 JAK 和数种 STAT 的亚型存在,不同的受体可与不同的 JAK 和 STAT 组成信号通路,分别转导不同细胞因子的信号。例如,γ 干扰素(interferon γ, IFN-γ)激活 JAK-STAT1 途径的主要步骤是(图 20-22):①IFN-γ 结合受体并诱导受体聚合和激活;②受体将 JAK1/JAK2 激活,JAK1 和 JAK2 位置上相邻,可相互磷酸化;③ JAK 将 STAT1 磷酸化,使其产生 SH2 结合位点,磷酸化的 STAT 分子彼此间通过 SH2 结合位点和 SH2 结构域结合而二聚化,并从受体复合物中解离;④磷酸化的 STAT 同源二聚体转移到核内,作为转录因子调控基因的转录。

2. NF-κB 信号通路　NF-κB(nuclear factor kappa-light-chain-enhancer of activated B cells)是重要的炎症和应激反应信号相关的转录因子。肿瘤坏死因子受体、白介素 1β 受体等重要的促炎细胞因子受体家族所介导的主要信号转导通路之一是 NF-κB 通路(图 20-23)。NF-κB 最初作为 B 淋巴细胞中免疫球蛋白 κ 轻链基因转录所需的核内转录因子被发现,后来证明 NF-κB 是一种几乎存在于所有细胞的转录因子,广泛参与机体防御反应、组织损伤和应激、细胞分化和凋亡以及肿瘤生长等过程。

NF-κB 是由 p50 和 p65 两个亚单位以不同形式组合形成的同源或异源二聚体,在体内发挥生理功能的主要是 p50-p65 二聚体。NF-κB 的结构包括 DNA 结合区、蛋白质二聚化区和核定位信号。IκB 激酶(inhibitor-κB kinase, IKK)是这一信号通路的关键转导分子。静止状态下,NF-κB 在细胞质内与 NF-κB 抑制蛋白(inhibitor-κB, IκB)结合成无活性的复合物。受体激活时,

Notes

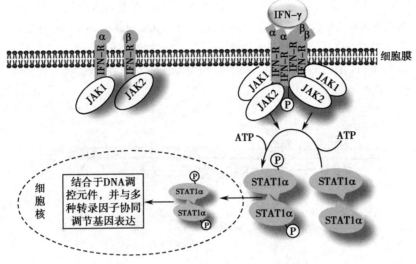

图 20-22　JAK-STAT 信号转导通路

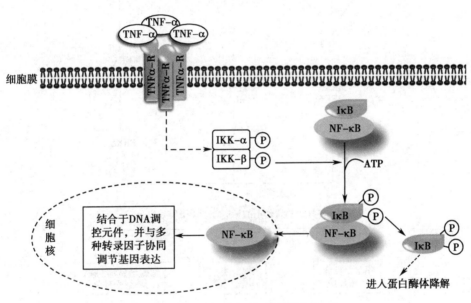

图 20-23　NF-κB 信号转导通路

IKK 被活化，IKK 催化 IκB 的磷酸化，导致 IκB 与 NF-κB 解离，NF-κB 得以活化和释放。活化的 NF-κB 转位进入细胞核，作用于相应的增强子元件，影响多种细胞因子、黏附因子、免疫受体、急性时相蛋白和应激反应蛋白基因的转录。

（四）信号转导分子转位入核调控转录因子

膜受体信号通路中的信号转导分子在接受上游的序贯激活信号后，有的可以转位进入细胞核（如 MAPK），在核内再作用于转录因子。这些信号转导分子是基因表达的重要调节信号。这里以 RAS-MAPK 通路为例。

RAS-MAPK 通路是多种受体型蛋白质酪氨酸磷酸酶（receptor tyrosine kinase，RTK）的共同信号通路，主要接受各种生长因子信号。受体结合配体后，发生自我磷酸化（autophosphorylation），经历低分子量 G 蛋白活化、蛋白质激酶级联活化等信号转换，最终 MAPK 进入核内，通过对转录子进行化学修饰而调节基因表达，实现对细胞增殖和分化的调控。

RAS-MAPK 通路的主要特点是具有 MAPK 级联激活反应。在不同的细胞中，MAPK 通路的成员组成及诱导的细胞应答有所不同。MAPK 至少有 12 种，分属于 ERK 家族、p38 MAPK

Notes

家族、JNK 家族。这 3 条信号转导通路的组成和信号转导的细胞内效应见图 20-24。

最为经典的 RAS-MAPK 通路是在表皮生长因子（epidermal growth factor，EGF）受体的信号转导机制研究中被发现的。这些研究逐步揭示了构成该信号通路的关键信号转导分子，其中关于低分子量 G 蛋白、蛋白质相互作用结构域（SH2、SH3）等作用的发现，奠定了理解酶偶联型受体的信号转导机制的基础。

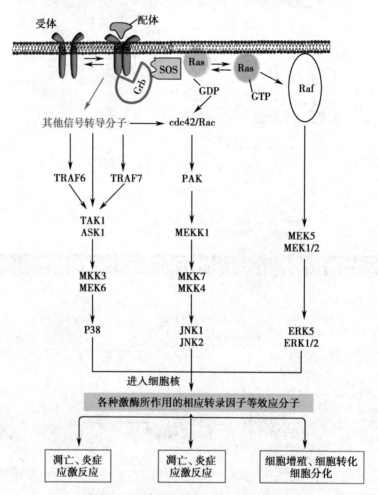

图 20-24    主要的 MAPK 信号转导通路

EGF 是多肽分子，具有促进创伤后表皮愈合等作用。EGF 受体（EGFR）是一典型的 RTK，分子质量约 170kD。该受体的信号转导过程如图 20-25 所示：①受体形成二聚体改变构象，PTK 活性增强，通过自我磷酸化作用将受体胞内区数个酪氨酸残基磷酸化。②酪氨酸磷酸化的 EGFR 产生了可被 SH2 结构域所识别和结合的位点，含有 1 个 SH2 结构域和 2 个 SH3 结构域的生长因子结合蛋白（growth factor binding protein，GRB2）作为衔接分子结合到酪氨酸磷酸化的受体上。③GRB2 通过募集 SOS 而激活 RAS（低分子量 G 蛋白）。SOS 含有可以被 GRB2 的 SH3 识别和结合的模体结构，结合到 GRB2 后被活化。SOS 是 RAS 的正调节因子，促进 RAS 的 GDP 释放和 GTP 结合。④活化的 RAS（Ras-GTP）引起 MAPK 级联活化。活化的 RAS 作用于其下游分子 RAF，使之活化。RAF 是 MAPK 磷酸化级联反应的第一个分子（属于 MAPKKK），作用于 MEK（属于 MAPKK），磷酸化的 MEK 再作用于 ERK1（属于 MAPK），至此完成了 MAPK 的三级磷酸化及激活过程。⑤转录因子磷酸化。活化的 ERK 转位至细胞核。一些转录调控因子是 ERK 的底物，在其作用下发生磷酸化，进而影响靶基因表达水平，调节细胞对外来信号产生生物学应答。

Notes

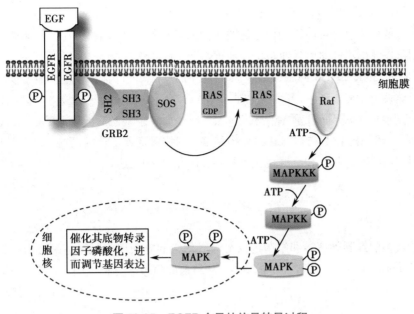

图 20-25　EGFR 介导的信号转导过程

上述 RAS-MAPK 通路是 EGFR 的主要信号通路之一。此外，许多单跨膜受体也可以激活这一信号通路，甚至 G 蛋白偶联受体也可以通过一些调节分子作用在这一通路。由于 EGFR 的胞内段存在着多个酪氨酸磷酸化位点，因此除 GRB2 外，还可募集其他含有 SH2 结构域的信号转导分子，连接 PLC-IP$_3$/DAG-PKC 通路、PI-3K 等其他信号通路。

## 五、信号转导网络决定基因表达调控的复杂模式

生物体内信号转导网络极其复杂，因此其对基因表达的影响同样具有网络特征。

### （一）一条信号通路可同时调节多个转录激活因子

细胞行为的改变绝非一个基因产物所能决定，因此信号通路中的信号转导分子对于转录因子的调控具有群体效应，一个信号转导分子可以作用于多种底物，直接或间接地激活或抑制一群功能相关联的转录因子，促进所有相关基因的表达变化。

例如 PI-3K-AKT 通路上的蛋白质激酶 AKT1 可作用于众多底物，产生有利于细胞存活的综合效应。一方面，AKT1 可以催化转录因子 FOXO3A 磷酸化，使之滞留在细胞质，关闭那些不利于细胞存活的 FOXO3A 的靶基因；另一方面，AKT1 可以通过 IKK 激活 NF-κB，增加细胞存活相关基因的表达。通过对不同转录因子的调节，产生高效细胞存活效应。此外，AKT1 还可以催化细胞凋亡相关分子 BAD 和 caspase-9 等的磷酸化，使其失去促凋亡活性。

### （二）不同信号通路可协同调节基因表达

细胞所处的微环境是非常复杂的，存在着多种化学信号。细胞对这些信号的应答必须是整合式的，综合各种信号给出最适宜的功能改变。为此，多条信号通路可以作用于共同的下游转录因子。例如，肿瘤坏死因子 α、IL-1β、Toll 样受体（TLR）、B 淋巴细胞抗原受体（BCR）等多种受体介导的信号转导，都可以激活转录因子 NF-κB 通路。

细胞上皮间质转换（epithelial-to-mesenchymal transition，EMT）是肿瘤转移的重要机制，与其关系最为密切的转录因子之一是 Snail。Snail 可以被 RAS-MAPK、PI-3K-AKT、JAK-STAT、SMAD、NF-κB、HIF-1α 等多条信号通路所激活或上调。激活这些信号通路的生长因子、促炎细胞因子等因此可协同增强 EMT 相关基因的表达，从而促进肿瘤转移。

TGFβ 受体信号通路中的 SMAD2/3/4 分子，进入细胞核后，除直接作用在它们的靶基因以外，还可以与数十种其他转录因子相互作用，形成新的复合体共同协调靶基因的表达。

Notes

**（三）不同信号通路可拮抗基因表达调控效应**

功能相近的化学信号可经不同信号通路协同调节一种转录因子的活性，而功能上相拮抗的信号分子则可以经由不同的信号通路相互拮抗基因表达变化。

例如，ERK、JNK 和 p38 MAPK 信号转导通路的激活，可以抑制糖皮质激素受体 GR 所产生的基因表达调节效应。其中，JNK 可以直接使 GR 的 246 位丝氨酸磷酸化，抑制 GR 的功能。p38 MAPK 则通过直接或间接磷酸化非受体蛋白质，如转录辅激活因子，来发挥对 GR 的抑制作用。再如，上述调控 EMT 的 Snail 在被多种信号通路激活或上调的同时，也会受到其他一些通路的抑制，如雌激素受体（ER）通路就可抑制 Snail 的基因表达。

## 第六节 信号转导的基本规律和复杂性

细胞中众多的细胞外信号和细胞内信号转导网络的复杂程度仍然是人们难以想象的。然而，生命活动的运行始终都有着一定的规律，从目前的信号转导机制中，亦可以归纳出其运行特点。

### 一、各种信号转导机制具有共同的基本规律

**（一）信号的传递和终止涉及许多双向反应**

信号的传递和终止实际上就是信号转导分子的数量、分布、活性转换的双向反应。如 AC 催化生成 cAMP 而传递信号，磷酸二酯酶则将 cAMP 迅速水解为 5'-AMP 而终止信号传递。以 $Ca^{2+}$ 为细胞内信使时，$Ca^{2+}$ 可以从其贮存部位迅速释放，然后又通过细胞 $Ca^{2+}$ 泵作用迅速恢复初始状态。对于蛋白质信号转导分子，则是通过与上、下游分子的迅速结合与解离而传递信号或终止信号传递，或者通过磷酸化作用和去磷酸化作用在活性状态和无活性状态之间转换而传递信号或终止信号传递。

**（二）细胞信号在转导过程中被逐级放大**

细胞在对外源信号进行转换和传递时，许多变化都属于酶促反应。这些信号的转导大都具有信号逐级放大的信号瀑布效应（signaling cascade），或称级联放大（cascade amplification）效应。G 蛋白偶联受体介导的信号转导过程和蛋白质激酶偶联受体介导的 MAPK 通路都是典型的级联反应过程。

**（三）细胞信号转导通路既有通用性又有专一性**

细胞内许多信号转导分子和信号转导通路常常被不同的受体共用，而不是每一个受体都有专用的分子和通路。换言之，细胞的信号转导系统对不同的受体具有通用性。信号转导通路的通用性使得细胞内有限的信号转导分子可以满足多种受体信号转导的需求。另一方面，不同的细胞含有不同受体，而同样的受体在不同细胞又可利用不同的信号转导通路，同一信号转导通路在不同细胞中的最终效应蛋白质又有所不同。因此，配体 - 受体 - 信号转导通路 - 效应蛋白质可以有多种不同组合模式，而一种特定组合决定了一种细胞对特定的细胞外信号分子的专一性应答。

### 二、细胞信号转导复杂且具有多样性

配体 - 受体 - 信号转导分子 - 效应蛋白质并不是以一成不变的固定组合构成信号转导通路，细胞信号转导是复杂的，且具有多样性。这种复杂性和多样性反映在以下几个方面。

**（一）受体与信号转导通路有多样性组合**

一种受体并非只能激活一条信号转导通路，例如，有些受体自身磷酸化后产生多个与其他蛋白质相互作用的位点，可以激活几条信号转导通路。如血小板衍生生长因子（PDGF）的受体

Notes

激活后,可激活 SRC 激酶活性、结合 GRB2 并激活 RAS、激活 PI-3K、激活 PLCγ,因而同时激活多条信号转导通路而引起复杂的细胞应答反应。

一条信号转导通路也不是只能由一种受体激活,如多种受体都可以激活 PI-3K 通路和 RAS-ERK 通路等。

### (二)一条信号转导通路中的功能分子可影响和调节其他通路

例如,GPCR 主要是促进第二信使产生而调节代谢,因而 GPCR 一般是在分化成熟的组织细胞参与信号转导。但 GPCR 在某些增殖细胞中也可表达。在这些细胞中,G 蛋白的 βγ 二聚体可激活 SRC 或 SRC 样激酶(如 FYN、LYN 和 YES 等蛋白质酪氨酸激酶),后者使 SHC 的酪氨酸残基磷酸化,形成 SH2 结合位点,从而与 GRB2 结合形成 SHC-GRB2 复合物,通过 SOS、RAS 激活 MAPK 通路,调控细胞增殖所需基因的转录。

再如,RAS-ERK 通路转导的信号可促进细胞增殖,而 SMAD 通路转导的信号则抑制细胞增殖。对于正常上皮细胞,作为维持细胞稳态的 TGFβ 占主导地位,并对抗由生长因子经 RAS 通路激活的增殖反应。然而,当大量的生长因子(如 EGF、HGF)刺激细胞或 RAS 持续激活后,RAS-ERK 通路持续活化,ERK1/2 可将 SMAD2/3 等分子的特定位点磷酸化,使 SMAD2/3 向核内聚集的能力减弱,从而削弱了 SMAD 传递信号的作用。此时增殖成为细胞的主要反应。

### (三)不同信号转导通路可参与调控相同的生物学效应

趋化因子是体内一类能够诱导特定细胞趋化运动的分子。趋化因子受体是一类表达于不同类型细胞上的 GPCR。然而趋化因子可以通过不同的信号转导通路传递信号,如激活 PKA 通路、调节细胞内 $Ca^{2+}$ 浓度、G 蛋白 βγ 亚单位和磷酸酪氨酰肽协同作用可激活 PI-3K 通路、MAPK 通路,还可以激活 JAK-STAT 通路。这些信号通路不同,但都参与调控细胞趋化运动。

### (四)细胞内的特殊事件也可以启动信号转导或调节信号转导

一些特殊的细胞内事件也可以在细胞内启动信号转导通路。如 DNA 损伤、活性氧(ROS)、低氧状态等,可通过激活特定的分子而启动信号转导。这些通路可以与细胞外信号分子共用部分转导通路、共用一些信号分子,也可以是一些特殊的通路(如凋亡信号转导通路)。

## 第七节 细胞信号转导异常与疾病

阐明细胞信号转导机制对于认识生命活动的本质具有重要的理论意义,同时也为医学的发展带来了新的机遇和挑战。信号转导机制研究在医学发展中的意义主要体现在两个方面,一是对发病机制的深入认识,二是为新的诊断和治疗技术提供靶位。目前,人们对信号转导机制及信号转导异常与疾病关系的认识还相对有限,该领域研究的不断深入将为新的诊断和治疗技术提供更多的依据。

### 一、信号转导异常及其与疾病的关系具有多样性

细胞信号转导异常主要表现在两个方面,一是信号不能正常传递,二是信号通路异常地处于持续激活或高度激活的状态,从而导致细胞功能的异常。引起细胞信号转导异常的原因是多种多样的,基因突变、细菌毒素、自身抗体和应激等均可导致细胞信号转导的异常。细胞信号转导异常可以局限于单一通路,亦可同时或先后累及多条信号转导通路,造成信号转导网络失衡。

细胞信号转导异常在疾病中的作用亦表现为多样性,既可以作为疾病的直接原因,引起特定疾病的发生;亦可参与疾病的某个环节,导致特异性症状或体征的产生。疾病时的细胞信号转导异常可涉及受体、细胞内信号转导分子等多个环节。在某些疾病,可因细胞信号转导系统的某个环节原发性损伤引起疾病的发生;而细胞信号转导系统的改变也可继发于某种疾病的病理过程,其功能紊乱又促进了疾病的进一步发展。

Notes

## 二、信号转导异常可发生在两个层次

细胞信号转导异常的原因和机制虽然很复杂，但基本上可从两个层次来认识，即受体功能异常和细胞内信号转导分子的功能异常。

### （一）受体异常激活和失能

**1. 受体异常激活**　在正常情况下，受体只有在结合外源信号分子后才能激活，并向细胞内传递信号。但基因突变可导致异常受体的产生，不依赖外源信号的存在而激活细胞内的信号通路。如 EGF 受体只有在结合 EGF 后才能激活 MAPK 通路，但 *erb-B* 癌基因表达的变异型 EGF 受体则不同，该受体缺乏与配体结合的胞外区，而其胞内区则处于活性状态，因而可持续激活 MAPK 通路。

在某些条件下，受体基因可因某些因素的调控作用而过度表达，使细胞表面呈现远远多于正常细胞的受体数量。在这种情况下，外源信号所诱导的细胞内信号转导通路的激活水平会远远高于正常细胞，使靶细胞对外源信号的刺激反应过度。

外源信号异常也可导致受体的异常激活。如自身免疫性甲状腺病中，患者产生针对促甲状腺激素（TSH）受体的抗体。TSH 受体抗体分为两种，其中一种是刺激性抗体，与 TSH 受体结合后能模拟 TSH 的作用，在没有 TSH 存在时也可以激活 TSH 受体。

**2. 受体异常失能**　受体分子数量、结构或调节功能发生异常变化时，可导致受体失能。如胰岛素受体异常可包括：①受体合成减少或结构异常的受体在细胞内分解加速导致受体数量减少；②受体与配体的亲和力降低，如精氨酸 735 突变为丝氨酸（R735S）可导致受体与胰岛素亲和力下降；③受体 PTK 活性降低，如甘氨酸 1008 突变为缬氨酸（G1008V）可致胞内区 PTK 结构域异常，从而使之磷酸化酪氨酸残基的能力减弱。在这些情况下，受体均不能正常传递胰岛素的信号。

自身免疫性疾病中产生的自身抗体，也可能导致特定受体失活。如前述自身免疫性甲状腺病中产生的 TSH 受体的两种抗体中，有一种是阻断性抗体。这种抗体与 TSH 受体结合后，阻止受体与 TSH 结合，从而减弱或抑制 TSH 受体信号。

### （二）信号转导分子的异常激活和失活

细胞内信号转导分子可因各种原因而发生功能的改变。如果其功能异常激活，可持续向下游传递信号，而不依赖外源信号及上游信号转导分子的激活。如果信号转导分子失活，则导致信号传递的中断，使细胞失去对外源信号的反应性。

**1. 细胞内信号转导分子异常激活**　细胞内信号转导分子的结构发生改变，可导致其激活并维持在活性状态。如三聚体 G 蛋白的 α 亚基 201 位精氨酸被半胱氨酸或组氨酸所取代、或 227 位谷氨酰胺被精氨酸取代时，可致其失去 GTP 酶活性，因而通路处于持续激活状态。此外，霍乱毒素的 A 亚基进入小肠上皮细胞后，可直接结合 G 蛋白的 α 亚基，使其发生 ADP-核糖化修饰，抑制其 GTP 酶活性，导致 α 亚基持续激活。小分子 G 蛋白 RAS 的 12 位甘氨酸、61 位谷氨酰胺被其他氨基酸取代时，亦可导致 RAS 的 GTP 酶活性降低，使其处于持续活化状态。

**2. 细胞内信号转导分子异常失活**　细胞内信号转导分子含量降低或结构改变，可导致信号通路的抑制。例如，基因突变可导致 PI-3K 的 p85 亚基表达下调或结构改变，使 PI-3K 不能正常激活或不能达到正常激活水平，因而不能正常传递胰岛素信号。在遗传性假性甲状旁腺素低下疾病中，甲状旁腺素信号通路中 G 蛋白的 α 亚基编码基因的起始密码子突变为 GTG，使得核糖体只能利用第二个 ATG（第 60 位密码子）起始翻译，产生 N 端缺失了 59 个氨基酸残基的异常 α 亚基，从而使 G 蛋白不能向下游传递信号。

Notes

## 三、信号转导异常可导致疾病的发生

异常的信号转导可使细胞获得异常功能或者失去正常功能，从而导致疾病的发生，或影响疾病进程。本节主要通过一些具体的例子说明较典型的信号转导异常与疾病的关系。

（一）信号转导异常导致细胞获得异常功能或表型

**1. 细胞获得异常的增殖能力**　正常细胞的增殖在体内受到严格控制。机体通过生长因子调控细胞的增殖能力。当 *erb-B* 癌基因异常表达时，细胞不依赖 EGF 的存在而持续产生活化信号，从而使细胞获得持续增殖的能力。MAPK 通路是调控细胞增殖的重要信号转导通路，*RAS* 基因突变时，使 RAS 处于持续激活状态，因而使 MAPK 通路持续激活，这是肿瘤细胞持续增殖的重要机制之一。

**2. 细胞的分泌功能异常**　生长激素（GH）的功能是促进机体生长。GH 的分泌受下丘脑 GH 释放激素和生长抑素的调节，GH 释放激素通过激活 G 蛋白、促进 cAMP 水平升高而促进分泌 GH 的细胞增殖和分泌功能；生长抑素则通过降低 cAMP 水平抑制 GH 分泌。当 α 亚基由于突变而失去 GTP 酶活性时，G 蛋白处于异常的激活状态，垂体细胞分泌功能活跃。GH 的过度分泌，可刺激骨骼过度生长，在成人引起肢端肥大症，在儿童引起巨人症。

**3. 细胞膜通透性改变**　霍乱毒素的 A 亚基使 G 蛋白处于持续激活状态，持续激活 PKA。PKA 通过将小肠上皮细胞膜上的蛋白质磷酸化而改变细胞膜的通透性，$Na^+$ 通道和氯离子通道持续开放，造成水与电解质的大量丢失，引起腹泻和水电解质紊乱等症状。

（二）信号转导异常导致细胞正常功能缺失

**1. 失去正常的分泌功能**　如 TSH 受体的阻断性抗体可抑制 TSH 对受体的激活作用，从而抑制甲状腺素的分泌，最终可导致甲状腺功能减退。

**2. 失去正常的反应性**　慢性长期儿茶酚胺刺激可以导致 β- 肾上腺素能受体（β-AR）表达下降，并使心肌细胞失去对肾上腺素的反应性，细胞内 cAMP 水平降低，从而导致心肌收缩功能不足。

**3. 失去正常的生理调节能力**　胰岛素受体异常是一个最典型的例子。由于细胞受体功能异常而不能对胰岛素产生反应，不能正常摄入和贮存葡萄糖，从而导致血糖水平升高。抗利尿激素（ADH）的受体位于远端肾小管或集合管上皮细胞膜，属于 G 蛋白偶联受体。该受体激活后，通过 cAMP-PKA 通路使微丝微管的蛋白质磷酸化，促进位于胞质内的水通道蛋白向集合管上皮细胞管腔侧膜移动并插入膜内，增加对水的通透性，管腔内水进入细胞，并按渗透梯度转移到肾间质，使肾小管腔内尿液浓缩。基因突变可导致 ADH 受体合成减少或受体胞外环结构异常，不能传递 ADH 的刺激信号，集合管上皮细胞不能有效进行水的重吸收，导致肾性尿崩症的发生。

## 四、细胞信号转导分子是重要的药物作用靶位

细胞信号转导机制研究的发展，尤其是对于各种疾病过程中的信号转导异常的不断认识，为发展新的疾病诊断和治疗手段提供了更多的机会。在研究各种病理过程中发现的信号转导分子结构与功能的改变为新药的筛选和开发提供了靶位，由此产生了信号转导药物这一概念。信号转导分子的激动剂和抑制剂是信号转导药物研究的出发点，尤其是各种蛋白质激酶的抑制剂更是被广泛用作母体药物进行抗肿瘤新药的研发。

一种信号转导干扰药物是否可以用于疾病的治疗而又具有较小的副作用，主要取决于两点。一是它所干扰的信号转导通路在体内是否广泛存在，如果该通路广泛存在于各种细胞内，其副作用则很难控制。二是药物自身的选择性，对信号转导分子的选择性越高，副作用就越小。基于上述两点，人们一方面正在努力筛选和改造已有的化合物，以发现具有更高选择性的信号

Notes

转导分子的激动剂和抑制剂，同时也在努力了解信号转导分子在不同细胞的分布情况。这些努力已经使得一些药物得以用于临床，特别是在肿瘤治疗领域。

## 小　结

细胞通讯和细胞信号转导是机体内一部分细胞发出信号，另一部分细胞接收信号并将其转变为细胞功能变化的过程。细胞信号转导的相关分子包括细胞外信号分子、受体、细胞内信号转导分子。

细胞外化学信号有可溶型和膜结合型两种形式。可溶型化学信号可分为脂溶性化学信号和水溶性化学信号两大类，其受体分别位于细胞内和细胞质膜。受体可以分为细胞内受体和膜表面受体两大类。膜受体又有离子通道型受体、G蛋白偶联型受体和酶偶联受体三个亚类。受体的功能是结合配体并将信号导入细胞。受体与配体的相互作用具有高度专一性、高亲和力、可饱和性、可逆性等4个特点。

各种信号转导分子的特定组合和序贯反应构成了不同的信号转导通路和网络，这些通路和网络的结构基础是蛋白质复合体。信号转导分子通过引起下游分子的数量、分布或活性状态变化而传递信号。第二信使以浓度和分布的迅速变化为主，蛋白质信号转导分子通过蛋白质的相互作用和构象改变而传递信号。

细胞内的脂溶性信号受体大部分属于转录因子，可以直接结合在一些基因的调控区，改变转录速度。膜离子通道受体将化学信号转变为电信号，膜G蛋白偶联受体通过G蛋白和小分子信使介导信号转导，膜的酶偶联受体主要通过蛋白质化学修饰和相互作用传递信号。

细胞内以调节代谢或蛋白质活性为主要效应的重要信号转导通路有cAMP-PKA、$IP_3$/DAG-PKC、$Ca^{2+}$/CaM依赖的蛋白质激酶和PI-3K-AKT等。

细胞内存在复杂的控制基因表达的信号转导网络。核受体超家族分子属于转录因子，调节靶基因的转录，激素-受体复合物可结合于各种顺式作用元件，开启或关闭其靶基因。转录因子也可作为膜受体介导的信号通路的关键效应靶分子，由受体直接激活，或由第二信使通过蛋白质激酶激活，或经由细胞内蛋白质激酶激活。

信号的传递和终止、信号转导过程中的级联放大效应、信号转导通路的通用性和特异性、信号转导通路的交互联系形成了细胞信号转导的基本规律。

受体或细胞内信号转导分子的数量或结构改变，可导致信号转导通路的异常激活或失活，从而使细胞产生异常功能或失去正常功能，导致疾病的发生或影响疾病的进程。

（药立波）

Notes

# 第四篇　基因研究与分子医学

医学科学的发展，是人类同疾病及影响健康的一切不利因素进行不间断斗争的经验总结和循序提高的过程。如今，主导 21 世纪生命科学前沿的分子生物学的发展已经引领现代医学进入了分子医学时代。分子生物学理论和技术在医学实践中的应用日益广泛，是当代医学生需要掌握的新知识体系。

基因和疾病的关系是医学的重大问题之一，人类的多种疾病都与基因的结构、功能、或表达异常有关。要阐明疾病发生的分子机制和进行有效的诊断与防治，均需首先揭示基因的结构与功能。基因的活动是分子水平生命活动的核心内容，也是医学研究的核心内容之一。现代医学研究，是包括整体水平、细胞水平、分子水平的全方位研究，在多个层次发现和阐明疾病发生发展的机制，寻找疾病诊断和治疗的分子靶点。因此，在医学研究中，对基因的研究是必不可少的内容。

对基因功能的研究包括对基因的结构与表达调控的研究，结构研究包括对基因一级结构、转录起点、编码序列、调控序列、基因拷贝数的分析，表达调控研究则主要分析转录和翻译的相关机制及调控因素。通过这些研究可了解基因的正常功能、认识基因表达对细胞功能和表型影响的分子机制。而对基因正常功能的认识和了解，又是研究疾病相关基因的基础。疾病相关基因能够导致疾病发生或影响疾病的发生发展。通过研究基因在什么情况下可导致或影响疾病的发生，不但可以详尽地了解疾病病因和发病机制，而且可开发新的特异性诊断和干预技术。

对基因的研究需要许多复杂的实验技术，依赖于分子生物学技术体系的建立和发展。分子生物学技术体系不是简单的实验方法组合，而是与分子生物学理论体系相辅相成的理论和技术的组合。了解分子生物学技术所涉及的相关理论、原理及其用途，不仅是应用分子生物技术进行科学研究的基础，也可加深对分子生物学理论体系的认识和理解，对于深入认识疾病的发生和发展机制、理解和应用基于分子生物学的新的诊断和治疗方法极有帮助。本篇介绍一些在医学研究中应用广泛的分子生物学技术，包括常用的基本技术和基因操作的基本知识，以及基因分析、基因功能研究和基因克隆与表达的有关基本知识和研究策略，这些知识是从事医学科学研究、掌握医学各学科研究进展、了解分子生物学在临床医学中的应用所必备的基础知识。

对基因正常功能的认识、对疾病相关基因的了解、以及分子生物学技术的发展，是建立基因诊断和基因治疗手段的基础。人类大多数疾病都与基因变异或基因异常表达相关，从基因水平了解病因及疾病的发病机制，可在基因水平采用针对性的手段对疾病进行诊断、矫正疾病紊乱状态。基因治疗虽然还存在技术瓶颈问题，但在遗传病、恶性肿瘤、病毒性疾病等方面已取得重要进展。

生物遗传信息的传递和表达具有整体性。体内各基因的功能和表达调控都不是孤立的，而是相互关联的。因此，在了解各个基因的功能及其表达调控的基础上，需要进行整体性研究。基因组学、转录组学、蛋白质组学是对基因结构、功能及其表达的整体性认识和研究。组学是基于组群和集合的认识论，而系统生物学是一种更高层面的集合，是组学网络与生物表型的整合。系统生物学将在各种组学的基础上完成由生命密码到生命过程的诠释，并将驱动新一轮医学科学革命。

（冯作化　药立波）

# 第二十一章　常用的分子生物学技术

分子生物学理论研究的突破无一不与分子生物学技术的产生和发展息息相关,可以说两者是科学与技术相互促进的最好例证,即理论上的发现为新技术的产生提供思路,而新技术的产生又为证实原有理论和发展新理论提供有力工具。另一方面,基因研究是分子医学研究的核心领域,围绕基因的功能和基因表达调控(包括信号转导)的各种实验研究中,都需要应用DNA操作、DNA-蛋白质和蛋白质-蛋白质之间相互作用的实验技术。因此,了解分子生物学技术原理及其用途,对于加深理解现代分子生物学的基本理论和研究现状、深入认识疾病的发生和发展机制、理解和应用基于分子生物学的新的诊断和治疗方法极有帮助。

## 第一节　分子杂交与印迹技术

不同单链核酸分子通过互补序列结合,即分子杂交(见第二章)。印迹(blotting)是将待检测的生物大分子转移到固定基质上,再通过分子杂交,使其得到显现的过程。通过印迹技术不仅能够检测DNA或RNA分子,还能够利用抗原、抗体相互识别结合的特点,对蛋白质分子进行检测。分子杂交和印迹技术是分子生物学研究中应用最为广泛的实验技术。

### 一、分子杂交和印迹技术的原理

不同来源的单链核酸分子之间的结合,并不要求两条核酸单链的碱基顺序完全互补,只要彼此之间有一定程度的互补顺序就可以形成双链杂交分子。利用这一原理,用已知序列的单链核酸片段作为探针(probe),即可检测各种不同来源的样品中同源基因或同源序列以及基因的表达情况。核酸探针既可以是人工合成的寡核苷酸片段,也可以是基因组DNA片段、cDNA全长或部分片段,还可以是RNA片段。常用放射性核素、生物素或荧光染料来标记探针。在硝酸纤维素(nitrocellulose,NC)膜杂交反应中,标记探针的序列如果与NC膜上的核酸序列互补,就可以结合到膜上的相应DNA或RNA区带,经放射自显影或其他检测手段就可以判定膜上是否有互补的核酸分子存在。

蛋白质分子之间的"杂交"主要是基于抗原抗体之间的特异结合。进行蛋白质检测时,作为"探针"的是特异性识别待检测蛋白(又称靶蛋白)的抗体(一抗),可以直接将这种抗体耦联某种酶(如碱性磷酸酶、辣根过氧化物酶等)或生物素,或将识别一抗的抗体(二抗)偶联酶或生物素,利用二抗检测"一抗",最后通过显色反应来显示靶蛋白的存在以及量的多少。蛋白质印迹需要将蛋白质样品通过聚丙烯酰胺凝胶电泳分离,再将蛋白质转移到NC膜或其他膜上。

印迹技术是利用各种物理方法将电泳凝胶中的生物大分子,如DNA、RNA或蛋白质等转移并固定在NC膜上,膜上分子的位置与其在凝胶中的位置对应,即形成"印迹",然后用带有标记的核酸探针或抗体与膜上的待测分子进行杂交结合,依据标记物的特性进行相应的显色,显现出待测分子(核酸或蛋白质)的区带。

### 二、分子杂交和印迹技术的类别及应用

通常将DNA印迹技术称为Southern blotting,RNA印迹技术称为Northern blotting,蛋白质

印迹技术称为 Western blotting。这些方法都涉及将待测分子经过凝胶电泳分离并转移到 NC 膜等固相支持物。另外也有其他方法进行转印，称为斑点印迹（Dot blotting）。此外，还可在细胞或组织水平对 DNA 或 RNA 进行原位杂交，包括组织原位杂交、细胞染色体 DNA 原位杂交、菌落原位杂交以及根据分子杂交原理发展起来的芯片技术等，都是常用的分子杂交技术。

---

### 框 21-1　核酸分子杂交技术的发展

核酸杂交技术是从 20 世纪 60 年代逐渐发展起来的。1960 年，美国科学家 Marmur J 和 Lane D 首先建立了 DNA-DNA 杂交方法，随后 Hall BD 和 Spiegelman S 建立了 DNA-RNA 杂交方法。最初的杂交反应都是在溶液中进行，杂交后需要通过密度梯度离心分离杂交体，费时、费力，精确度差。1962 年，Bolton ET 和 Mccarthy BJ 建立了 DNA- 琼脂固相杂交方法，用放射性标记的 DNA 或 RNA 探针与胶中 DNA 杂交，洗脱去除游离探针后，检测琼脂结合的探针量。这是一种开创性的固相杂交反应。在此基础上，Nygaard AP 和 Hall BD 等发展了用标记探针检测固定在硝酸纤维素膜上的 DNA 序列的方法，奠定了现代膜杂交的基础。1969 年，Gall JH 和 Pardue ML 建立了原位杂交方法，利用溶液中的 RNA 探针，与细胞中的 DNA 形成杂交分子，以检测其在细胞中的定位。1975 年，英国科学家 Southern EM 首先提出了分子印迹的概念，这项用于检测被转移到硝酸纤维素膜上 DNA 分子的技术以其姓氏命名为 Southern blot，即 DNA 印迹。1977 年，美国斯坦福大学的 Alwine JC，Kemp DJ 和 Stark GR 建立了类似于 Southern blot 的方法，用来检测被转移到硝酸纤维素膜上的 RNA 分子，这一方法被称为 Northern blot。1979 年，Towbin H，Staehelin T 和 Gordon J 发明了用于检测蛋白质的 blot 技术，Burnette WN 将这项技术命名为 Western blot。

伴随着人类基因组计划的实施和分子生物学及其相关学科的发展，分子杂交技术得到了进一步的发展和应用。基因芯片技术可以说是在这样一种大背景下产生的。利用这一技术可以同时将大量探针固定于支持物上，能够一次性完成对大量样品序列的检测和分析，使得分子杂交技术进入到高通量检测的阶段。

---

#### （一）Southern 印迹可用于多种 DNA 相关分析

DNA 印迹杂交技术（Southern 印迹，Southern blot）的基本操作过程包括：①待检测 DNA 样品的制备和基因探针的标记；②待检测 DNA 样品在琼脂糖凝胶中进行电泳分离；③将凝胶电泳的 DNA 经 NaOH 处理变性为单链，并从凝胶中转移、固定到合适的固相支持物如 NC 膜或尼龙膜上；④以带标记的探针与膜上 DNA 杂交，然后进行显影或显色，检测目的 DNA 的存在。

利用 Southern 印迹法可进行克隆基因的酶切图谱分析、基因组中某一基因的定性及定量分析、基因突变分析及限制性片段长度多态性分析（restriction fragment length polymorphism，RFLP）等。此外，还可以对进行基因拷贝数分析。如果基因拷贝数发生变化（增多或减少），但基因序列没有改变，可以根据基因序列合成探针，探测染色体中能与探针结合的 DNA 序列。根据检测信号的有无、强弱对样品进行定性、定量分析，从而计算出基因的拷贝数。

#### （二）Northern 印迹可用于基因转录的定性和相对定量分析

基因表达的一级产物是 RNA 分子，RNA 水平的变化可以反应基因转录水平的变化。一般情况下，利用 Northern 印迹（Northern blot）等技术，对不同组织来源的 RNA 进行定性杂交检测，就可以确定特定基因的组织分布情况以及确定基因的表达时相。

RNA 印迹（Northern 印迹）技术是定性分析 mRNA 的方法。如果对不同样本总 RNA 或 mRNA 定量后再进行杂交反应，也可以相对定量分析特定 RNA 的表达水平。Northern 印迹法的基本

Notes

程序与 Southern 印迹法相似,只是被检测的对象是 RNA。不同的是,Southern 印迹法是在电泳后将 DNA 分子变性,Northern 印迹法则是在电泳分离前用甲基氢氧化银、乙二醛或甲醛(更常用)使 RNA 变性,使 RNA 分子在电泳中仅依据分子量的大小而分离;此外,所有操作均应避免 RNA 酶的污染。尽管 Northern 印迹法有很多优点,但由于需要对 RNA 进行电泳分离,增加了 RNA 降解的机会,因此,操作技巧成为实验成功与否的关键因素之一。自从 RT-PCR 技术出现以后,对 RNA 的初步分析多倾向于采用 RT-PCR。

（三）Western 印迹可在蛋白质水平检测基因表达的变化

蛋白质在电泳之后从胶中转移并固定到膜材料上,再利用特异性抗体对膜上的靶分子进行检测,称为免疫印迹(immunoblotting)。蛋白质印迹技术用于检测样品中特异性蛋白质的存在、细胞中特异蛋白质的半定量分析以及蛋白质分子的相互作用研究等。

除上述 3 种基本印迹技术外,还有一些方法可用于核酸和蛋白质的分析。例如,可以不经电泳分离而直接将样品点在 NC 膜上用于杂交分析,这种方式被称为斑点印迹(dot blotting);将多种已知序列的 DNA 排列在一定大小的尼龙膜或其他支持物上用于检测细胞或组织样品中的核酸种类,这种技术称为 DNA 芯片技术(本章第四节)。利用组织切片或细胞涂片直接进行杂交分析,称为原位杂交(*in situ* hybridization, ISH)。

（四）原位分子杂交技术可用于基因及其表达产物的定位分析

原位杂交是进行基因及其表达产物定位分析的一种技术,基本原理是利用标记的核酸分子探针与组织、细胞或染色体上待测 DNA 或 RNA 结合,经一定的检测手段将待测核酸在组织、细胞或染色体上的位置显示出来。原位杂交必须具备 3 个重要条件:组织、细胞或染色体的固定,具有能与待测特定片段互补的核苷酸序列(探针),以及与探针结合的标记物。

---

### 框 21-2　原位杂交技术发明史话

原位杂交技术是由分子生物学、细胞生物学结合免疫组织化学技术而建立的一项专门技术。最早的原位杂交是在 1969 年由美国耶鲁大学的 Gall JG 和 Pardue ML 报道。他们用爪蟾核糖体基因探针与其卵母细胞内的核酸杂交,进行了染色体定位;用小鼠卫星 DNA 作为探针,将其定位于染色体的着丝点。1970 年 Buongiorno-Nardelli M 和 Amaldi F 利用同位素标记的核酸探针在组织切片中进行了定位分析。进入 20 世纪 80 年代,原位杂交技术已被大量用于单拷贝基因在染色体上的定位检测,包括人的 β 珠蛋白基因和胰岛素基因在第 11 号染色体上的定位,人的生长激素基因在第 17 号染色体长臂的定位等。此后,原位杂交技术因其高度的灵敏性和准确性而被广泛应用到基因定位、性别鉴定和基因图谱的构建等研究领域。

---

1. DNA 荧光原位杂交可检测染色体、细胞和组织原位的 DNA 或 RNA　荧光原位杂交(fluorescence *in situ* hybridization,FISH)是用特殊荧光素标记核酸(DNA)探针,在染色体、细胞和组织切片标本上进行 DNA 杂交,对检测细胞内 DNA 或 RNA 的特定序列是否存在非常有效。由于多色荧光标记技术的发展,目前可用不同荧光染料同时进行多重原位杂交,分辨率可达到 100～200kb。

2. 通过原位杂交技术可以确定特定基因的表达定位　研究基因在不同组织或不同时相的表达情况时,不仅需要明确其表达水平,还需要进一步确定它的表达定位。除了利用 Northern blotting 等方法来确定特定基因的表达产物——RNA 的组织分布以及相对表达水平(丰度)外,还可以利用 RNA 寡核苷酸探针,采用原位杂交技术进一步确定特定基因的细胞、亚细胞表达定位。其基本原理是:在细胞或组织结构保持不变的条件下,用标记的已知 RNA 核苷酸片段,与

Notes

细胞或组织中的靶 RNA 分子杂交,所形成的杂交体经显色反应后在光学显微镜或电子显微镜下观察其细胞内相应的 mRNA、rRNA 和 tRNA 分子。RNA 原位杂交与 DNA 原位杂交的主要区别有:①使用的探针不同:RNA 原位杂交中多采用 RNA 或寡核苷酸探针,特异性更强;②检测的目的不同:RNA 原位杂交检测和分析的主要为内源性基因,包括细胞内固有基因、异常基因和变异基因的表达变化。DNA 原位杂交多用于外源性基因插入的检测。

## 第二节　聚合酶链式反应

聚合酶链式反应(polymerase chain reaction,PCR)是一种在体外特异性地扩增已知 DNA 片段的方法。扩增 DNA 片段的前提是已知该 DNA 序列,在待扩增 DNA 片段两端设计引物,由耐热 DNA 聚合酶(如 *Taq* 酶)催化,通过循环扩增的方式,使产物达到指数倍增的效果。对于未知序列,可以借助同源序列和简并引物来设计引物。美国国立生物技术信息中心(National Center for Biotechnology Information,NCBI)的 GenBank 数据库为全世界科研人员免费提供海量核酸序列,使得人们进行 PCR 反应日益便捷,从而成为获得目的基因的首选。

> ### 框 21-3　DNA 聚合酶与 PCR 技术
>
> DNA 聚合酶 I 是美国科学家 Kornberg A(获 1959 年诺贝尔生理学/医学奖)在 1956 年从大肠杆菌中分离得到的,具有 3′→5′ 和 5′→3′ 外切酶活性,以及 5′→3′ 脱氧核苷酸聚合酶活性。1970 年代初,Klenow H 发现用枯草杆菌素处理大肠杆菌 DNA 聚合酶 I 后生成两个片段,其中的大片段(Klenow fragment)保存了 DNA 聚合酶活性和 3′→5′ 外切酶活性,但没有 5′→3′ 外切酶活性,这个片段又被称为 Klenow 聚合酶,被广泛应用于分子生物学实验中。但此酶不耐高温,所以不适合高温变性的聚合酶链式反应(PCR)。1971 年,Kleppe K 等人运用 DNA 变性/复性进行 DNA 修复复制;1985 年,Mullis KB 建立了现代意义上的 PCR 技术,由于最初使用的不是耐高温的 DNA 聚合酶,这一技术的应用受到极大限制。目前广泛应用的耐热 DNA 聚合酶(简称 *Taq* 聚合酶,最适温度 75~80℃)是于 1976 年从温泉耐热菌中分离得到的,非常适用于 PCR 反应。随着 *Taq* 聚合酶的应用和发展,PCR 技术在生物科学和临床医学中得以广泛应用,成为分子生物学研究的最重要技术之一。Mullis 也因此获得了 1993 年诺贝尔化学奖。

### 一、PCR 技术的原理

DNA 片段的体外扩增是模拟了 DNA 在细胞内的天然复制过程,是在模板 DNA、引物和四种脱氧核糖核苷酸存在的情况下,依赖于 DNA 聚合酶的一种酶促合成反应。在 PCR 反应中,DNA 聚合酶以单链 DNA 为模板,通过人工合成的寡核苷酸引物与单链 DNA 模板中的一段互补序列结合,DNA 聚合酶将脱氧单核苷酸加到引物 3′-OH 末端,使引物沿模板 5′→3′ 方向延伸,合成一条新的 DNA 互补链。PCR 反应依赖于与靶序列两端互补的特异性寡核苷酸引物,由变性-退火-延伸三个基本反应步骤构成一个循环。首先,以高温将双链 DNA 变性,解离成为单链,为下轮反应作准备;其次,单链模板 DNA 与引物的低温退火(复性),引物与模板 DNA 单链的互补序列配对结合;第三,在 *Taq* DNA 聚合酶的作用下,合成一条新的与模板 DNA 链互补的半保留复制产物,即延伸。经过变性-退火-延伸这三个步骤的重复循环,在每一个循环合成出来的半保留复制产物又可成为下次循环的模板。因此,在 2~3 小时内就能将待检测的目的基因扩增几百万倍。

Notes

## 二、利用 PCR 技术分析基因及其表达产物

PCR 技术的最大特点是可以对极其微量的待检测 DNA 片段进行扩增。通过特异性引物的设计，以及退火温度的把握，可以使 PCR 反应具有很好的特异性。PCR 反应尤其在微量样品检测中有很大优势。例如，应用 PCR 方法可以对单个细胞、单根毛发或微量血迹进行 DNA 检测。此外，利用 PCR 可以快速简便的从 cDNA 文库或基因组文库中获得序列相似的新基因片段或新基因，可以设计引物在体外对目的基因片段进行嵌合、缺失和点突变改造等。

PCR 技术诞生之后，衍生出许多新型的 PCR 技术，其中逆转录 -PCR（reverse transcription PCR，RT-PCR）就是一种广泛应用的 PCR 衍生形式。RT-PCR 是将 RNA 的逆转录与 PCR 扩增技术相结合，以 mRNA 为模板逆转录合成互补 DNA（complementary DNA，cDNA）、再以 cDNA 为模板进行特异性 PCR 扩增。RT-PCR 广泛应用于基因表达检测（第二十三章）和分子（DNA）诊断（第二十五章）。由于指数级扩增，故可以检测极低拷贝数的 RNA，且可相对定量。

## 三、利用 PCR 技术可以进行实时、定量分析

实时定量 PCR（real-time quantitative PCR，real-time qPCR）技术是在 PCR 反应体系中加入荧光基团，利用荧光信号积累实时监测整个 PCR 进程，使每一个循环变得"可见"，最后通过 $C_t$ 值和标准曲线对样品中的 DNA（cDNA）的起始浓度进行定量的方法。$C_t$ 值是指样品的荧光信号到达设定的荧光域值时所经历的循环数。当进行 PCR 反应时，如果固定循环数，荧光信号与模板数成正比；但当固定荧光信号值后，模板数则与循环数成反比。每个模板的 $C_t$ 值与该模板的起始拷贝数的对数存在线性关系，起始拷贝数越多，$C_t$ 值越小。利用已知起始拷贝数的标准品可绘制标准曲线，其纵坐标是 $C_t$ 值，横坐标是起始拷贝数的对数。只要获得未知样品的 $C_t$ 值，即可从标准曲线上计算出该样品的起始拷贝数。实时荧光定量 PCR 是目前确定样品中 DNA（或 cDNA）拷贝数最敏感、最准确的方法。如果用于 RNA 检测，被称为实时定量 RT-PCR（real-time quantitative RT-PCR，real-time qRT-PCR）。

根据是否使用探针，可将实时定量 PCR 分为非探针类和探针类实时定量 PCR。非探针类实时定量 PCR 与常规 PCR 的主要不同之处在于加入了能与双链 DNA 结合的荧光染料，由此来实现对 PCR 过程中产物量的全程监测。最常用的荧光染料为 SYBR Green，它能结合到 DNA 双螺旋小沟区域。该染料处于游离状态时，荧光信号强度较低，一旦与双链 DNA 结合之后，荧光信号强度大大增强（约为游离状态的 1000 倍），而荧光信号的强度和结合的双链 DNA 的量成正比。因此，该荧光染料可用来实时监测 PCR 产物量的多少。由于非探针类实时定量 PCR 成本低廉，近年来得到很快的发展，技术日趋完善，从而得到了大量应用。

与非探针类实时定量 PCR 相比，探针类实时定量 PCR 不是通过向反应体系中加入的荧光染料产生荧光信号，而是通过使用探针来产生荧光信号。探针除了能产生荧光信号用于监测 PCR 进程之外，还能和模板 DNA 待扩增区域结合，因此大大提高了 PCR 的特异性。目前，常用的探针类实时定量 PCR 包括 TaqMan 探针法、分子信标（molecular beacons）探针法和荧光共振能量转移（fluorescence resonance energy transfer，FRET）探针法等。

1. TaqMan 探针法　在该类实时定量 PCR 系统中，在常规正向和反向引物之间，增加了一条能与模板 DNA 特异性结合的 TaqMan 探针（图 21-1）。探针的 5′- 端有一个荧光报告基团（reporter，R），3′- 端有一个荧光淬灭基团（quencher，Q）。没有扩增反应时，探针保持完整，R 和 Q 基团同时存在于探针上，无荧光信号释放。随着 PCR 的进行，*Taq* DNA 聚合酶在链延伸过程中遇到与模板结合着的荧光探针，其 5′→3′ 核酸外切酶就会将该探针逐步切断，R 基团一旦与 Q 基团分离，便产生荧光信号。后者被荧光监测系统接收，用于数据分析。

Notes

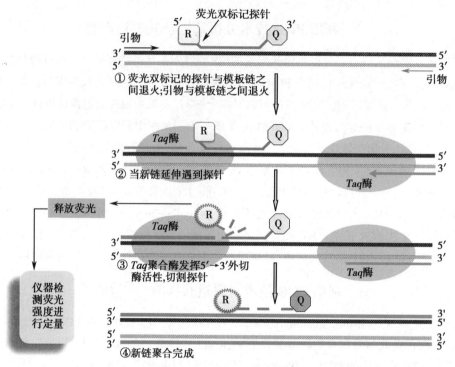

图 21-1　TaqMan 探针法实时定量 PCR 基本原理

**2. 分子信标探针法**　与 TaqMan 探针法相似,探针的两端分别标记有 R 基团和 Q 基团,但不同的是分子信标探针是一种呈发夹结构的茎环寡核苷酸探针,即其两端的核苷酸序列互补配对。探针在没有与靶序列杂交时会形成发夹状态,此时 R 基团和 Q 基团靠近,荧光几乎完全淬灭。探针与靶序列杂交后,发夹展开,R 基团与 Q 基团分开,荧光得以恢复,荧光检测系统即可接收到 R 基团的荧光信号。

**3. FRET 探针法**　FRET 探针又称双杂交探针或者 Light Cycle 探针,其由两条能与模板 DNA 互补、且相邻的特异探针组成(距离 1～5bp),上游探针的 3′- 端标记荧光供体基团,相邻下游探针的 5′- 端标记 Red640 荧光受体基团。当复性时,两探针同时结合在模板上,荧光供体基团和 Red640 荧光受体基团紧密相邻,激发供体产生的荧光能量被 Red640 基团吸收(即发生 FRET),于是可检测到 Red640 发出的荧光。当变性时,两探针游离,两荧光基团距离远,检测不到 Red640 的荧光。因此,FRET 探针法检测的是实时信号,是可逆的,这是 TaqMan 探针法无法做到的。其原因是 TaqMan 探针属水解类探针,一旦 R 基团被水解离开 Q 基团后,就一直游离于反应体系中可被检测,所以 TaqMan 探针法检测的是累积荧光,是不可逆的。两方法相比,FRET 探针法在突变分析、SNP 基因分型等方面更具有优势。

实时荧光定量 PCR 法最大的优点是克服了常规 PCR 法(也称为终点 PCR 法)进入平台期或饱和期后才进行定量的较大误差,而实现 DNA/RNA 的精确定量,因此在分子生物学、特别是医学临床检验及研究方面有着重要的意义,目前已经在肿瘤、病毒或病原微生物的感染和遗传病的诊断中得到广泛的应用。

## 四、PCR 结合免疫沉淀扩增可检测与蛋白质结合的 DNA 序列

染色质免疫沉淀(chromatin immunoprecipitation,ChIP)是结合了 PCR 和免疫沉淀两种技术而发展起来的,在利用抗体结合特定的染色质蛋白、并利用免疫共沉淀方法获得结合该蛋白的 DNA 后,可利用 PCR 方法对该蛋白结合的 DNA 进行分析,这是研究体内 DNA 与蛋白质相互作用的重要方法(本章第五节)。

Notes

## 第三节　DNA 测序技术

对绝大部分生物而言,基因就是一段特定的 DNA 序列。因此,DNA 序列测定(DNA sequencing)是分析基因结构的核心技术。1975 年—1977 年,双脱氧链终止法和化学裂解法测定 DNA 序列的技术几乎同时问世。后来,PCR 技术、荧光标记技术出现,人们将 DNA 序列测定与 PCR、荧光标记结合,发展为 DNA 自动测序技术,为后来人类基因组计划的大规模自动测序法奠定了基础。

### 一、DNA 序列分析有双脱氧链终止法和化学裂解法

（一）Sanger 双脱氧链终止法利用 2′, 3′- 双脱氧核苷酸掺入终止聚合反应

Sanger 法是在 DNA 聚合酶催化下,以单链或双链 DNA 为模板,采用 DNA 引物引导新链 DNA 的合成。DNA 链中的核苷酸是以 3′, 5′- 磷酸二酯键相连接,2′- 脱氧核苷三磷酸(dNTP)是合成 DNA 的底物,但如果在底物中加入 2′, 3′- 双脱氧核苷三磷酸(dideoxynucleoside triphosphate, ddNTP),当 ddNTP 掺入到新生链中时,由于 ddNTP 没有 3′-OH,不能再与其他 dNTP 上的磷酸基团形成 3′, 5′- 磷酸二酯键,造成新生链的延伸在此终止,通过聚丙烯酰胺凝胶电泳就可分辨出具有特定末端不同长短的 DNA 片段。

以该法为基础,Sanger 后来对它进行了许多改进,使之更适合实际操作。其中一个重要改进是利用单链 DNA 噬菌体载体将随机打断的 DNA 片段分别测序,再拼成完整 DNA。该法在积累数据方面迅速,简便,利用限制性酶 Mbo I 获得的人类线粒体 DNA 中最大的片段(2771 个核苷酸)就是用这种方法测得的。自 PCR 技术出现后,Sanger 法有了进一步的改进,采用 4 种不同荧光素标记的 ddNTP,在一个 PCR 反应体系中对 DNA 序列进行分析,从而使 DNA 测序工作走向了全自动化,而自动化测序已成为当今 DNA 序列分析的主流。

（二）Maxam-Gilbert 化学裂解法利用化学试剂裂解修饰碱基

Maxam-Gilbert 法是将待测 DNA 片段 3′- 或 5′- 端进行放射性同位素标记,然后将标记后的 DNA 片段分成 4 组,每组用不同的化学试剂处理,造成碱基的特异性切割,使各组分别形成以特异性碱基为结尾的长度不同的 DNA 片段,4 组产物经变性聚丙烯酰胺凝胶电泳及放射自显影后便可以读出样品的序列。化学修饰包括对特定碱基进行不完全甲基化修饰;对修饰碱基进行不同程度的处理使其从糖环上脱落;用嘌呤或嘧啶特异性的裂解试剂处理修饰碱基,使其 3′- 和 5′- 磷酸二酯键断裂,最后得到一组长度不等的末端标记核苷酸分子。

化学裂解法有以下几个优点:所测序列是原待测 DNA 分子(Sanger 法所测的是模板 DNA 的拷贝);可以分析诸如甲基化等 DNA 修饰的情况;可以通过化学保护及修饰干扰实验来研究 DNA 二级结构及蛋白质与 DNA 的相互作用。由于化学修饰法操作比较繁琐,在 DNA 序列分析中最常用的方法还是 Sanger 双脱氧链终止法;但在特殊试验中,双脱氧链终止法不能替代化学裂解法。

### 二、新一代测序技术的发展

伴随着 PCR 技术和荧光标记技术的出现,新的 DNA 自动测序技术得到迅速发展和广泛应用,第二代和第三代测序技术相继诞生。

（一）焦磷酸测序是基于聚合原理并结合发光技术的测序方法

焦磷酸测序(pyrosequencing)技术于 1996 年由瑞典科学家 Ronaghi M 等建立,适用于对短到中等长度(通常 <400bp)的 DNA 样品进行高通量测序分析的技术。它也是基于聚合原理,但与 Sanger 双脱氧链终止法不同,它不是通过双脱氧核苷三磷酸的掺入使合成终止,而是依赖于

Notes

焦磷酸盐的释放。释放的焦磷酸在 ATP 硫酸化酶（ATP sulfurylase）的作用下形成 ATP；ATP 在荧光素酶（luciferase）的催化下与荧光素结合形成氧化荧光素，每一个 dNTP 的掺入都与一次荧光信号释放相耦联，通过检测荧光的释放和强度，便可实时测定 DNA 序列。焦磷酸测序技术具有快速、准确、灵敏度高和自动化的特点，其不足是测定序列较短。

### （二）循环芯片测序被称为第二代测序技术

循环芯片测序（cyclic-array sequencing）的基本原理是对 DNA 芯片样品重复进行 DNA 模板变性、退火杂交和延伸的聚合反应，通过设备观察并记录测序循环中释放的荧光信号，确定 DNA 序列。目前常用的第二代测序技术平台有 454 技术、Solexa 技术和 SOLiD 技术等。

第二代测序技术最主要的优势是可实现高通量分析，其缺点一是可靠读取的序列短，二是由于在测序前要通过 PCR 对待测片段进行扩增，增加了测序的错误率。

### （三）单分子实时测序被称为第三代测序技术

针对第二代测序技术存在的问题，新近发展的第三代测序技术通过增加荧光的信号强度和提高仪器的灵敏度等方法，可以实现单分子序列分析，无需 PCR 扩增，并继承了高通量测序的优点，如 Heliscope 单分子测序技术和 SMRT 技术。最近提出的纳米孔单分子技术，则是利用不同碱基产生的电信号进行测序。

第三代测序有效地将序列读取长度提高到数千个碱基，减少了测序后的拼接工作量；可以实现对未知基因组、RNA 和甲基化修饰 DNA 的测序。

## 第四节　生物芯片技术

生物芯片包括基因芯片、蛋白质芯片和组织芯片等。生物芯片技术是在 20 世纪末发展起来的规模化生物分子分析技术，目前已被应用于生命科学的众多领域。包括基因表达检测、基因突变检测、基因诊断、基因组作图和新基因发现、功能基因组学以及蛋白质组学研究等多个方面。

### 一、基因芯片

研究基因功能的最好方式之一是监测基因在不同组织、不同发育阶段以及不同健康状况机体中表达的变化，而大规模监测基因表达的最好方法之一是基因芯片（gene chip）技术，又称为 DNA 微阵列（DNA microarray）技术、或 DNA 芯片（DNA chip）技术。利用这种技术可以同时测定成千上万个基因的转录活性。基因芯片技术是通过在固相支持物上原位合成（*in situ* synthesis）寡核苷酸或者直接将大量预先制备的 DNA 探针以显微打印的方式有序地固化于支持物表面，然后与待测的荧光标记样品杂交，通过对杂交信号的检测分析，得出样品的遗传信息（基因序列及表达）。根据芯片上固定的探针不同，基因芯片主要包括：cDNA 芯片（cDNA chip）和寡核苷酸微阵列（oligo microarray）。基因芯片可在同一时间内分析大量的基因功能，高密度基因芯片可以在 $1cm^2$ 面积内排列数万个基因用于分析，实现了基因信息的大规模检测。

### （一）利用 DNA 芯片技术可同时进行高通量基因转录活性的分析

基因芯片特别适用于分析不同组织细胞或同一细胞不同状态下的基因差异表达情况，其原理是基于双色荧光探针杂交。该系统将两个不同来源样品的 mRNA 在逆转录合成 cDNA 时用不同的荧光分子（如正常样品用红色、肿瘤样品用绿色）进行标记（图 21-2），标记的 cDNA 等量混合后与基因芯片进行杂交，在两组不同的激发光下进行检测，获得两个不同样品在芯片上的全部杂交信号。呈现绿色荧光的位点代表该基因只在肿瘤组织表达，呈现红色信号的位点代表该基因只在正常组织表达，呈现两种荧光互补色（黄色）的位点则表明该基因在两种组织中均有表达。

Notes

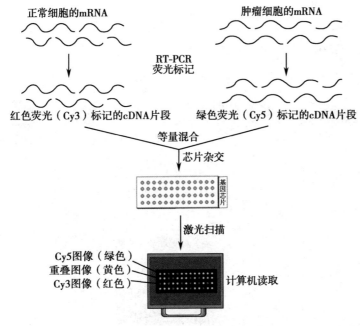

图 21-2　基因芯片检测流程示意图

1. cDNA 芯片又被称为 cDNA 微阵列　cDNA 微阵列（cDNA microarray）技术的基本原理与核酸分子杂交方法相似，不同的是 cDNA 微阵列是在一个微小的基片（硅片、玻片、塑料片等）表面集成了大量的分子识别探针。此类芯片被称为 cDNA 芯片（cDNA chip）。cDNA 芯片技术的主要技术流程包括：芯片设计和制备、待测样品与芯片的杂交和杂交信号的检测。

利用 cDNA 芯片可以同时定量监测大量基因的表达水平，阐述基因功能，探索疾病原因及机制，发现可能的诊断及治疗靶基因等。但由于在 cDNA 芯片中每个探针是 cDNA 片段或基因的一段 PCR 产物，可以同任何具有同源序列的样品形成杂交体，这种探针设计很难特异性区分诸如 RNA 剪接体、重叠基因和具有较高同源序列的基因家族中不同成员，因此在应用时需引起注意。

2. 寡核苷酸微阵列也被称为寡核苷酸芯片　寡核苷酸微阵列（oligo microarray）又称为寡核苷酸芯片（oligo chip），这项技术是利用基因特异的寡核苷酸片段为探针，每个基因一般都有 10～20 个相对应的探针，通常每个基因还有一个对应的错配探针使其能够检测低丰度的靶序列，以保证基因表达检测的特异性和灵敏性。因此，利用寡核苷酸芯片可以更好地检测基因的表达情况，尤其针对低丰度基因表达水平变化的检测具有高度的灵敏性。

（二）染色质免疫共沉淀与芯片技术结合检测蛋白质 -DNA 相互作用

染色质免疫共沉淀与芯片（chip）技术结合形成了染色质免疫共沉淀 - 芯片（chromatin immuno-precipitation-chip，ChIP-on-chip）技术，也称为基因组范围的定点结合分析（genome-wide location analysis）。

1. ChIP-on-chip 是染色质免疫共沉淀与芯片技术的结合　ChIP-on-chip 基本原理是在 ChIP 的基础上，特异性的富集目的蛋白结合的 DNA 片段，解交联后对目的片段进行纯化、扩增和荧光标记，再用于芯片分析（图 21-3）。通过芯片数据的分析，可以进行特定反式因子靶基因的高通量筛选，有利于确定全基因组范围内染色质蛋白的分布模式以及组蛋白修饰情况，为高通量筛选已知蛋白质的未知 DNA 靶点和研究反式作用因子在基因组上的分布提供了一个非常有效的工具。

2. ChIP-on-chip 适于 DNA- 核蛋白相互作用及表观遗传学研究　ChIP-on-chip 可用于高通量筛选与已知蛋白质相结合的未知 DNA 靶点，即确定任何一个特定转录因子的靶基因群以及

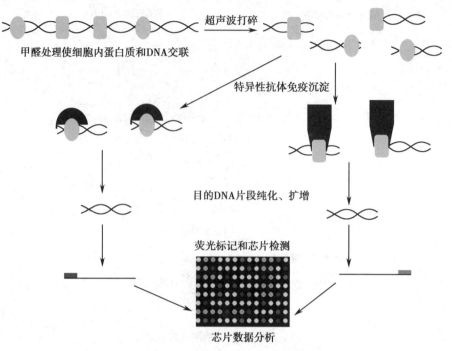

图 21-3　染色质免疫共沉淀 - 芯片技术基本原理

研究反式作用因子在整个基因组上的分布情况。ChIP-on-chip 技术也是大规模研究顺式作用元件调控信息的必要工具。目前 ChIP-on-chip 技术研究主要集中在两个领域：第一，确定转录因子及其作用位点。由 ChIP-on-chip 获得的数据，可以直接用于生物信息学分析，更直接地识别转录因子结合元件。第二，确定基因表观遗传修饰，应用于表观遗传学研究。表观遗传学的主要研究内容包括甲基化修饰、组蛋白修饰和染色质重塑等。ChIP-on-chip 技术可以提供基因编码区中 DNA 甲基化分布模式的信息，CpG 岛表达序列标签芯片，可以显示基因组内 CpG 甲基化和组蛋白修饰之间的联系，因此可以同时研究基因表达、DNA 甲基化和组蛋白乙酰化。

## 二、蛋白质芯片和组织芯片

如何研究众多基因在生命过程中所担负的功能，是生命科学研究中的重要课题，生物芯片技术的发展为此提供了强有力的技术平台。在基因芯片的基础上，人们建立、发展了蛋白质芯片和组织芯片等。

### （一）蛋白质芯片技术是研究蛋白质组学的有力工具

蛋白质芯片（protein chip）是将高度密集排列的蛋白质分子作为探针点阵固定在固相支持物上，当与待测蛋白样品反应时，可捕获样品中的靶蛋白，再经检测系统对靶蛋白进行定性和定量分析。蛋白质芯片的基本原理是蛋白质分子间的亲和反应，例如抗原 - 抗体或受体 - 配体之间的特异性结合。最常用的探针蛋白是抗体。在用蛋白质芯片检测时，首先要将样品中的蛋白质标记上荧光分子，经过标记的蛋白质一旦结合到芯片上就会产生特定的信号，通过激光扫描系统来检测信号。

蛋白质芯片目前主要有两类。一类是蛋白质检测芯片，是将成千上万种蛋白质如抗原、抗体、受体或酶等在固相载体表面高度密集排列构成探针蛋白点阵，然后依据蛋白质分子间相互作用的原理与待测样品杂交，实现高通量的检测和分析。第二类是蛋白质功能芯片，其本质就是微型化凝胶电泳板，样品中的待测蛋白在电场作用下通过芯片上的微孔道进行分离，然后利用质谱仪进行分析，对待测蛋白质进行功能检测。

蛋白质芯片技术具有快速和高通量等特点,它可以对整个基因组水平的上千种蛋白质同时进行分析,是蛋白质组学研究的重要手段之一,已广泛应用于蛋白质表达谱、蛋白质功能、蛋白质间的相互作用的研究。在临床疾病的诊断和新药开发的筛选上也有很大的应用潜力。

（二）组织芯片以形态学为基础进行高通量检测基因表达信息

组织芯片（tissue chip, tissue microarray）是基因芯片和蛋白质芯片的发展和延伸,利用成百上千的处于自然或病理状态下的组织标本,同时研究一个或多个特定基因及其表达产物。组织芯片是将数十个、数百个乃至上千个小的组织标本集成在一张固相载体上（通常是载玻片）,形成微缩组织切片。以形态学为基础,在组织切片上高通量获取基因的表达信息。组织芯片一般可分为多组织片、组织阵列和组织微阵列 3 种类型。1998 年 Kononen J 等构建了世界上第一块组织芯片,同时对数以百计甚至上千例的肿瘤标本进行研究。目前该技术已经广泛用于肿瘤病理学等方面的研究,主要集中在肿瘤的病因学、诊断和鉴别诊断、肿瘤标记物的筛选、治疗和预后评估等方面,已作为临床病理学研究的一个标准平台。

组织芯片技术可以与其他很多常规技术如免疫组化、核酸原位杂交、荧光核酸原位杂交和原位 PCR 等相结合;与基因芯片相结合可以组成从 RNA 到蛋白质水平的完整基因表达分析系统;与蛋白质芯片相结合可以组成免疫组化细胞表型检测分析系统。其特点是能在细胞水平定位基因、基因转录以及表达产物的生物学功能三个水平进行检测。

# 第五节 生物大分子相互作用研究技术

生物大分子之间可相互作用并形成各种复合物,所有的重要生命活动,包括 DNA 的复制、转录、蛋白质的合成与分泌、信号转导和代谢等,都是由这些复合物所介导或指导完成。研究细胞内各种生物大分子的相互作用方式,分析各种蛋白质、蛋白质 -DNA、蛋白质 -RNA 复合物的组成和作用方式是理解生命活动基本机制的基础。有关研究技术发展迅速,本节选择性介绍部分方法的原理和用途。

## 一、蛋白质相互作用研究技术

目前常用的研究蛋白质相互作用的技术包括酵母双杂交、各种亲和分离分析（亲和色谱、免疫共沉淀、标签融合蛋白沉淀等）、荧光共振能量转移（fluorescence resonance energy transfer, FRET）效应分析、噬菌体显示系统筛选等。本部分简要介绍标签融合蛋白（tagged fusion protein）结合实验和酵母双杂交技术（yeast two-hybrid system）。

（一）标签融合蛋白结合实验可分析蛋白质直接相互作用

标签融合蛋白结合实验是一个基于亲和色谱原理的、分析蛋白质体外直接相互作用的方法。该方法利用一种带有特定标签（tag）的纯化融合蛋白作为钓饵,在体外与待检测的纯化蛋白或含有此待测蛋白的细胞裂解液温育,然后用可结合蛋白标签的琼脂糖珠将融合蛋白沉淀回收,洗脱液经电泳分离并染色。如果两种蛋白有直接的结合,待检测蛋白将与融合蛋白同时被琼脂糖珠沉淀（pull-down）,经电泳分离可见到相应条带（图 21-4）。

目前最常用的标签是谷胱甘肽 S- 转移酶（gultathione S transferase, GST）,有各种商品化的载体用于构建 GST 融合基因,并在大肠杆菌中表达为 GST 融合蛋白。利用 GST 与还原型谷胱甘肽（glutathione）的结合作用,可以用共价偶联了还原型谷胱甘肽的琼脂糖珠一步纯化 GST 融合蛋白。另一个常用的易于用常规亲和色谱方法纯化的标签分子是可以与镍离子琼脂糖珠结合的 6 个连续排列组氨酸（6×His）标签蛋白。

标签融合蛋白结合实验主要用于证明两种蛋白质分子是否存在直接物理结合、分析两种分子结合的具体结构部位及筛选细胞内与融合蛋白相结合的未知分子。

Notes

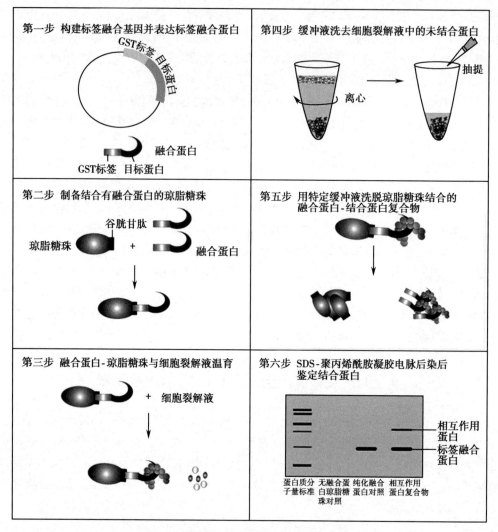

**第一步　构建标签融合基因并表达标签融合蛋白**

GST标签　目标蛋白

融合蛋白

GST标签　目标蛋白

**第二步　制备结合有融合蛋白的琼脂糖珠**

谷胱甘肽

琼脂糖珠　　　＋　　　融合蛋白

**第三步　融合蛋白-琼脂糖珠与细胞裂解液温育**

＋　细胞裂解液

**第四步　缓冲液洗去细胞裂解液中的未结合蛋白**

抽提

离心

**第五步　用特定缓冲液洗脱琼脂糖珠结合的融合蛋白-结合蛋白复合物**

**第六步　SDS-聚丙烯酰胺凝胶电脉后染后鉴定结合蛋白**

相互作用蛋白
标签融合蛋白

蛋白质分子量标准　无融合蛋白琼脂糖珠对照　纯化融合蛋白对照　相互作用蛋白复合物

图21-4　标签融合蛋白沉淀实验流程示意图

### (二)酵母双杂交探测蛋白-蛋白的相互作用

酵母双杂交系统(yeast two-hybrid system)是研究蛋白质间相互作用的一种非常有效的方法。此系统是利用报告基因检测两个蛋白质之间是否存在相互作用,可以用来研究两个蛋白质之间是否存在相互作用以及作用的位点/结构域;还可以用已知或已有的蛋白质筛选与其存在特异性相互作用的蛋白质。因此,寻找与靶蛋白相互作用的新蛋白成为其最广泛和最有价值的应用之一。

1. **酵母双杂交系统利用报告基因的表达探测蛋白质之间的相互作用**　真核基因转录因子通常含有两个功能相对独立的结构域,即 DNA 结合域(DNA binding domain,DBD)和转录激活结构域(activation domain,AD),其转录激活作用需要这两个结构域共同完成。酵母双杂交系统就是利用这一特点,将可能存在相互作用的 A 蛋白和 B 蛋白分别与 BD 或 AD 构成杂合蛋白,在酵母中进行表达;如果 A 蛋白能结合 B 蛋白,就可以将 BD 和 AD 在空间上拉近,联结为一个整体,BD 和 AD 共同激活报告基因表达,报告基因的表达产物通常是某种酶,通过酶催化的反应,能够显而易见地观察到报告基因的表达(图21-5)。常见的报告基因包括 β-半乳糖苷酶基因(*lacZ*)、二氢叶酸还原酶(dihydrofolate reductase,*DHFR*)基因和荧光素酶基因等。

在酵母双杂交研究体系中有两个载体:含 DNA 结合结构域(BD)编码序列的载体和含转录激活结构域(AD)编码序列的载体。编码一个蛋白的基因与 BD 编码序列重组连接,表达融合

Notes

蛋白 A-BD；编码另一个蛋白基因与 AD 编码序列重组连接，表达融合蛋白 B-AD。将激活结构域融合基因转入已经带有结合结构域融合基因的酵母细胞中，如果两蛋白间存在相互作用，则会驱动报告基因（如 *lacZ*）表达，报告基因所编码的蛋白产物（β- 半乳糖苷酶）催化其底物发生转化（蓝色代谢产物），从而可分析蛋白质间的结合作用。

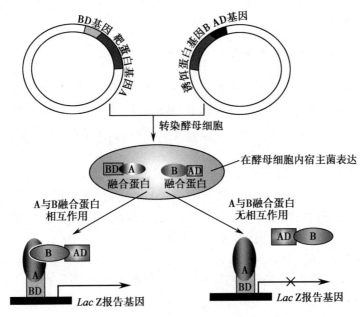

图 21-5 酵母双杂交基本原理

**2. 酵母双杂交可鉴定 / 分离新的相互作用蛋白及其编码基因** 分析已知蛋白质之间的相互作用和分离新的与已知蛋白相互作用的配体及其编码基因是目前酵母双杂交系统最主要的应用。可采用不同组织、器官、细胞类型和分化时期的材料构建 cDNA 文库，然后与 DNA 结合结构域载体重组，转入酵母细胞进行表达，用已知蛋白为诱饵（bait）蛋白，寻找与其相互作用的新配体及其编码基因。

酵母双杂交系统还可应用于确定两个已知具有相互作用的蛋白质之间的作用位点或结构域，发现影响或抑制它们相互作用的因素，例如，利用基因修饰改变某个氨基酸后观察是否会影响它们之间的相互作用。应用酵母双杂交系统还可以筛选药物的作用靶点以及药物对蛋白质之间相互作用的影响。如果某种相互作用与疾病发生密切相关，发现能够阻断这些蛋白之间相互作用的药物，就可能达到预防或治疗的目的。

**3. 酵母双杂交系统是建立哺乳动物双杂交系统的基础** 哺乳动物双杂交系统（mammalian two-hybrid system）是在酵母双杂交系统上建立起来的一个类似、而又具有不同特点的系统，可以更好地用于研究蛋白质间的相互作用。该系统比酵母双杂交系统更为快速简便，在转染 48 小时内即可得到结果，且在哺乳动物细胞内能更好模拟体内的蛋白 - 蛋白相互作用。因此，哺乳动物双杂交系统可作为酵母双杂交系统的有效辅助手段。

哺乳动物双杂交系统也是一种基因水平上研究蛋白质相互作用的体内分析方法。哺乳动物细胞提供了一个更类似于生理环境的蛋白质合成、加工及反应环境，蛋白质可以进行正常的翻译后修饰，有利于发现比较弱的蛋白质间相互作用。当细胞接受某些生理、病理刺激后，蛋白质相互作用的变化可以得到体现，而这些可能在酵母中得不到正确的反映。因此，利用这一系统，可以得到动态的蛋白质相互作用信息。在此系统中，一种载体含有 GAL4 DNA 结合结构域，与蛋白 A 构成融合蛋白，另一载体含有单纯疱疹病毒 VP16 蛋白的激活结构域，是真核基因的转录激活子，蛋白 B 与其构成融合蛋白。此外，还有一个可被调控的报告基因载体共同转染

Notes

细胞。氯霉素乙酰转移酶（chloramphenicol acetyltransferase，CAT）和荧光素酶都是常用的报告基因。CAT 是由大肠杆菌 *cat* 基因编码的，它能够催化乙酰基团从乙酰辅酶 A 转移到氯霉素分子上，导致 1～2 个羟基发生乙酰化作用，从而使其失去活性。当表达融合蛋白的载体与报告载体（CAT）共同转染哺乳动物细胞系时，报告质粒含有 *gal4* 启动子，其序列中存在着 GAL4 结合位点，*cat* 基因位于其下游。只有当两个融合蛋白发生相互作用，*gal4* 启动子才能被激活，*cat* 报告基因表达水平方能增高。

## 二、蛋白质 -DNA 相互作用分析技术

蛋白质与 DNA 相互作用是基因表达及其调控的基本机制。分析各种转录因子所结合的特定 DNA 序列及基因的调控序列所结合的蛋白质是阐明基因表达调控机制的主要研究内容。酵母单杂交技术、电泳迁移率变动分析和染色质免疫共沉淀技术都是常用的研究蛋白质与 DNA 相互作用的技术。

### （一）酵母单杂交可在相对天然条件下确定并筛选 DNA 结合蛋白

酵母单杂交技术（yeast one-hybrid）是 1993 年由 Li J 等从酵母双杂交技术发展而来，是体外分析 DNA 与细胞内蛋白质相互作用的一种方法，通过对酵母细胞内报告基因表达状况的分析，来鉴别 DNA 结合位点并发现潜在的结合蛋白基因。

酵母的 GAL4 蛋白是一种转录因子，含有 DNA 结合结构域（BD）和转录激活结构域（AD）。BD 结合 DNA，AD 可与 RNA 聚合酶或转录因子 TFII 相互作用，提高 RNA 聚合酶的活性。如果将 GAL4 的 DNA 结合结构域置换为其他蛋白，只要这种蛋白能与目的基因相互结合，就可以通过 GAL4 的转录激活结构域激活 RNA 聚合酶，从而启动对下游报告基因的转录（图 21-6）。酵母单杂交系统由两个质粒组成：一是设计携带编码"靶蛋白"的文库质粒，使文库蛋白编码基因置换酵母转录因子 GAL4 的 DNA 结合结构域并表达"靶蛋白"；二是构建含有报告基因的报告质粒。报告基因含有我们感兴趣的目的基因启动子，下游结构基因受目的基因启动子调控，可有多种选择，如：*lacZ*、*DHFR* 和荧光素酶基因等。在实验中，首先将报告质粒转入酵母，产生带有报告基因的酵母报告株；再将文库质粒转入报告株。如果"靶蛋白"与目的基因启动子存在相互作用，便可通过 GAL4 转录激活域激活 RNA 聚合酶，启动报告基因的转录，同时将表达"靶蛋白"的基因筛选出来。理论上，在酵母单杂交系统中，任何目的基因都可捕获能够与其特异结合的蛋白。

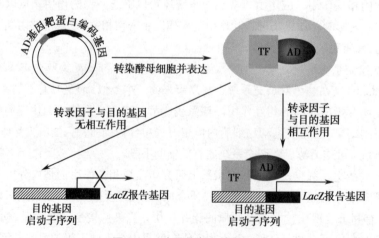

图 21-6　酵母单杂交基本原理

Notes

酵母单杂交技术的应用主要在 3 个方面。一是确定 DNA- 蛋白质之间是否存在相互作用；二是对已经证实的具有相互作用的 DNA 结合蛋白的结合结构域及核苷酸序列进行定位；第三，

也是最重要的一点，鉴别 DNA 结合位点，并发现潜在的与其结合的蛋白及其编码基因。由于经酵母单杂交体系筛选得到的蛋白质是在相对天然条件下有结合功能的蛋白质，比通过其他体外技术获得的结果更能体现基因表达调控的真实情况，而且无需复杂的蛋白质分离纯化操作，所以在生物医学领域得到了很好的应用。

（二）电泳迁移率变动分析可鉴定蛋白质与特定核酸序列的相互作用

电泳迁移率变动分析（electrophoretic mobility shift assay，EMSA）或称凝胶迁移变动分析（gel shift assay），最初用于研究 DNA 结合蛋白与相应 DNA 序列间的相互作用，可用于定性和定量分析，已经成为研究转录因子作用的经典方法。目前这一技术也被用于研究 RNA 结合蛋白和特定 RNA 序列间的相互作用。

DNA 结合蛋白与特定 DNA 探针片段的结合会增大其分子量，在凝胶中的电泳速度慢于游离探针，即表现为条带相对滞后（图 21-7）。在实验中预先用放射性核素或生物素标记待检测的 DNA 探针，再将标记好的探针与细胞核提取物温育一定时间，使其形成 DNA- 蛋白质复合物，然后将温育后的反应液进行非变性（不加 SDS，以免形成的复合物解离）聚丙烯凝胶酰胺电泳，最后用放射自显影等技术便显示出标记 DNA 探针的条带位置。

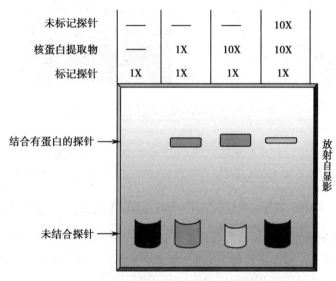

图 21-7　凝胶迁移率变动分析示意图

如果细胞核提取物中不存在能结合标记探针 DNA 的蛋白质，那么所有标记探针都将集中出现在凝胶的前沿（底部），如有 DNA- 蛋白质复合物的形成，标记探针 DNA 条带就将出现在较靠近凝胶顶部的位置。为证明所检测到的 DNA- 蛋白质复合物的特异性，可以加入足量的未标记探针，这些未标记探针将与标记探针竞争特异结合的蛋白质，原有的滞后 DNA- 蛋白质复合物条带将消失。用于竞争的未标记探针也被称为竞争 DNA（competitor DNA）或冷探针（cold probe）。

（三）染色质免疫共沉淀技术可揭示蛋白质与 DNA 在染色质环境下的相互作用

真核生物的基因组 DNA 以染色质的形式存在。因此，研究蛋白质与 DNA 在染色质环境下的相互作用是阐明真核生物基因表达机制的重要途径。染色质免疫沉淀技术（chromatin immunoprecipitation，ChIP）是目前可以研究体内 DNA 与蛋白质相互作用的主要方法。ChIP 是结合了 PCR 和免疫沉淀两种技术而发展起来的，它的基本原理是在活细胞状态下用甲醛固定蛋白质 -DNA 复合物，并将其随机切断为一定长度范围内的染色质小片段（200～2000bp，多为 600bp 左右），然后通过特异的抗原 - 抗体反应沉淀此复合体，特异性地富集与目的蛋白结合的 DNA 片段，通过对目的片段的纯化和 PCR 扩增及检测，从而获得蛋白质与 DNA 相互作用的信息（图 21-8）。

Notes

ChIP 能真实、完整地反映结合在 DNA 序列上的调控蛋白,是目前确定与特定蛋白质结合的基因组区域或确定与特定基因组区域结合的蛋白质的最好方法。ChIP 不仅可以检测体内反式因子与 DNA 的动态作用,还可以用来研究组蛋白的各种共价修饰与基因表达的关系。

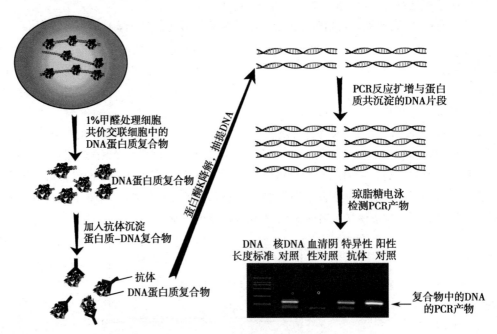

图 21-8　染色质免疫共沉淀技术基本原理

将 ChIP 和芯片技术结合在一起建立的 ChIP 芯片(ChIP-on-chip)技术,可在全基因组范围筛选与特定蛋白质相结合的 DNA 序列,即鉴定特定核蛋白的 DNA 结合靶点(本章第四节)。

### 三、蛋白质 -RNA 相互作用可采用酵母三杂交系统进行分析

酵母三杂交系统是用于分析体内蛋白质和 RNA 间相互作用关系的一种技术。实际上,三杂交系统原理应用广泛,可用于任何联系两种蛋白质的第三种分子的鉴定。这里仅就三杂交系统原理在蛋白质 -RNA 相互作用研究中分析和应用进行讨论。

（一）用于蛋白质 -RNA 相互作用分析的酵母三杂交系统需要杂交 RNA

酵母三杂交系统在很大程度上与酵母双杂交的原理一致,不同之处在于酵母三杂交系统需要构建一个杂交 RNA 分子。在实验中,首先构建两个重组表达质粒,一个质粒表达一个已知的 RNA 结合蛋白(蛋白 A)与某一转录因子(如 LexA)的 DNA 结合结构域的重组蛋白(蛋白 A-BD),另一个质粒表达待测的 RNA 结合蛋白(蛋白 B)与转录激活结构域的重组蛋白(蛋白 B-AD)。其次,需要构建一个含有蛋白 A 结合位点和蛋白 B 结合位点的杂合 RNA。两个 RNA 结合蛋白通过与杂合 RNA 结合而连接到一起,蛋白 A 可借助融合蛋白的 DNA 结合结构域与报告基因启动子结合,蛋白 B 则通过与其融合的转录激活结构域激活报告基因的表达(图 21-9)。酵母三杂交系统提供了快速、多用的体内检测 RNA- 蛋白质间相互作用的新方法。

（二）酵母三杂交系统应用范围广泛

应用酵母三杂交系统可进行与特定蛋白质结合的未知 RNA 的筛选;确定 RNA- 蛋白质相互作用的结构域;鉴定、分离能够识别具有重要生理功能 RNA 的 RNA 结合蛋白。酵母三杂交系统也存在一定的局限性,在下述情况下不适于利用它来进行 RNA 和蛋白质的相互作用研究:需要辅因子才能与 RNA 相结合的蛋白质,而这种辅因子在酵母细胞核内不存在;需要修饰或者转录后加工才能与蛋白质相结合的 RNA,而这种修饰或转录后加工在酵母细胞中不能完成;在

Notes

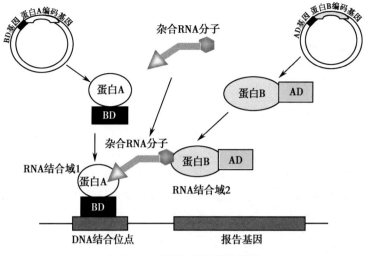

图 21-9 酵母三杂交基本原理

核中可能会被切断的 RNA 等。

随着 RNA 组学（RNomics）的提出和兴起，蛋白质与 RNA 的相互作用得到了越来越多的关注。人类非编码 RNA 的种类及其生物学功能、RNA 介导的基因时空表达和转录后加工，以及 RNA 与细胞分化和疾病发生的关系等领域都有许多重大问题亟待解决。酵母三杂交系统作为一种高通量双向筛选技术平台，必将会在这些领域的研究中发挥重要的作用。

值得强调是，如果已知两种蛋白质均可分别与第三种蛋白质相互作用，而已知的两种蛋白质又不能直接相互作用，采用相应的酵母三杂交系统可以分析、鉴定两个已知蛋白质分子之间的桥梁分子，因此酵母三杂交系统有广泛应用潜力。

## 小　结

分子杂交是在分子生物学研究中应用最为广泛的实验技术之一。印迹技术是利用各种物理方法将电泳凝胶中的生物大分子，如 DNA、RNA 或蛋白质等转移并固定在固定基质上，经过分子杂交和放射自显影或其他检测技术显现杂交分子。

核酸分子杂交的基本原理是利用核酸分子之间可以通过碱基互补配对、通过变性-复性形成杂交分子。其中，Southern blotting 的检测对象是 DNA，可用于多种 DNA 相关分析；Northern blotting 的检测对象是 RNA，可用于分析基因转录水平的变化；原位杂交可以确定基因在染色体的定位，以及特定基因在细胞、组织及胚胎的表达定位。蛋白质分子之间的"杂交"是基于抗原抗体之间特异的免疫反应，被称为 Western blotting。

原位杂交是利用分子杂交技术来确定基因在染色体上定位的一类技术，包括 DNA 荧光原位杂交（FISH）、基因组原位杂交（GISH）；以及确定特定基因的表达定位，包括 RNA 原位杂交和动物胚胎、分离器官的 RNA 整体原位杂交（WISH）。

聚合酶链式反应（PCR）是一种在体外特异扩增已知 DNA 片段的方法。RT-PCR 广泛应用于基因表达的检测，例如遗传病、癌症的诊断，传染性病原体的检测。实时定量 PCR 技术是目前确定样品中 DNA（或 cDNA）拷贝数最敏感、最准确的方法，可分为非探针类和探针类实时定量 PCR，后者又包括 TaqMan 探针法、分子信标探针法和荧光共振能量转移探针法等。PCR 技术结合免疫沉淀反应发展出来的染色质免疫沉淀技术（ChIP），是研究体内 DNA 与蛋白质相互作用的方法。

DNA 测序依据的原理是 Sanger 双脱氧链终止法和 Maxam-Gilbert 化学裂解法的基本原理。自动化测序已成为当今 DNA 序列分析的主流。

生物芯片包括基因芯片、蛋白质芯片和组织芯片等。基因芯片主要包括：cDNA 芯片和寡核苷酸芯片。基因芯片技术可用于同时分析大量基因的功能，实现基因信息的大规模检测。染色质免疫共沉淀与芯片技术结合（ChIP-on-chip）用于高通量筛选与已知蛋白质相结合的未知 DNA 靶点，确定基因的表观遗传修饰。芯片技术还包括蛋白质芯片和组织芯片等，是进行蛋白质组学研究的有力工具。

研究蛋白质相互作用的技术包括标签融合蛋白沉淀和酵母双杂交等。标签融合蛋白结合实验是分析蛋白质体外直接相互作用的方法，常用的标签有谷胱甘肽 S- 转移酶和组氨酸（6×His）标签蛋白。酵母双杂交技术可以用来研究两个蛋白质之间是否存在相互作用。

研究蛋白质与 DNA 相互作用的技术包括酵母单杂交技术、电泳迁移率变动分析和染色质免疫共沉淀技术等。此外，利用酵母三杂交系统可以研究蛋白质与 RNA 间的相互作用。

（周春燕）

Notes

# 第二十二章　DNA重组与重组DNA技术

DNA重组（DNA recombination）是指不同DNA分子经断裂和连接产生DNA片段的交换并重新组合形成新DNA分子的过程。自然界中生物体间的DNA重组构成了基因变异、物种进化或演变的遗传基础。重组DNA技术（recombinant DNA technology）是指在体外将两个或两个以上DNA分子重新组合并在适当细胞中复制扩增形成新DNA分子的过程。重组DNA技术可组合不同来源的DNA序列信息，从而创造自然界以前可能从未存在过的遗传修饰生物体，为在分子水平上研究生命奥秘提供可操作的活体模型。此外，重组DNA技术亦已成为现代医药产业中制备重组蛋白质/多肽药物与疫苗的主导技术。

## 第一节　自然界DNA重组

DNA是自然界生物体的遗传物质，既具有保守性，也有变异性和流动性，后两种特性与DNA重组关系密切。自然界DNA重组可发生在生物体内，也可发生在生物体间，从而增加了生物群体的遗传多样性。DNA重组方式主要有同源重组、位点特异性重组及转座重组，其中同源重组是自然界中最基本的DNA重组方式。

### 一、DNA的同源重组

同源重组（homologous recombination）是指发生在两个相同或相似DNA同源序列之间的单链或双链核苷酸片段互换的过程，是生物体内最基本的DNA重组方式，也称作基本重组（general recombination）。同源重组的最基本方式是Holliday模式，在此基础上的其他几种模式如SDRB模式、SDSA模式、SSA模式等可用于解释Holliday模式无法解释的重组现象。

#### （一）DNA的Holliday模式同源重组

在同源重组过程中，双链DNA断裂可诱发断裂处5'-端序列被切除一部分，从而在断端形成3'-端突出的单链DNA（single-stranded DNA，ssDNA）；3'-ssDNA侵入另一染色体DNA的双链之间，通过碱基互补与同源序列结合，形成十字形结构，称作Holliday交叉（Holliday junction）（图22-1）；在Holliday交叉的基础上，3'-ssDNA以同源序列为模板延伸合成新链，以此修补断裂缺失的序列。由于在同源重组过程中经历了Holliday交叉，故将这种同源重组方式称作Holliday模式。

同源重组的Holliday模式是1964年由Holliday R提出的。在Holliday模式中，同源重组主要经历4个关键步骤：①两个同源染色体DNA整齐排列；②一条染色体DNA的双链断裂，经断端局部修剪后形成3'-突出ssDNA，3'-ssDNA与另一染色体DNA同源链交叉，形成Holliday交叉中间体（intermediate）；③以Holliday交叉为支点，通过分支移动（branch migration）产生DNA的异源双链（heteroduplex）；④Holliday交叉中间体被切开，经连接修复形成两个双链重组体DNA。由于切开Holliday交叉中间体的方式不同，可产生2种重组体（图22-1），一种是在异源双链区两侧是来自同一染色体DNA的重组体，称作片段重组体（patch recombinant），另一种是在异源双链区的两侧是来自不同染色体DNA的重组体，称作拼接重组体（splice recombinant）。

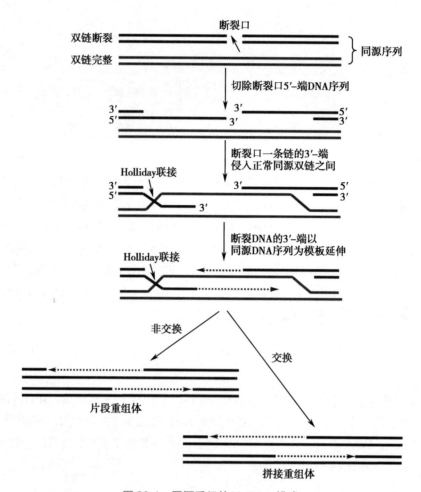

图 22-1　同源重组的 Holliday 模式

---

**框 22-1　同源重组的其他几种模式**

　　同源重组还有 DSBR 模式、SDSA 模式和 SSA 模式。在 DSBR（double-strand break repair，双链断裂修复）模式中，DNA 在断裂处的两个 3′- 突出端分别与同源染色体 DNA 形成两个 Holliday 交叉，核酸内切酶在两个 Holliday 交叉处切开产生 DNA 片段重组体或拼接重组体。一般认为，细胞减数分裂中的 DSBR 模式同源重组可产生片段重组体或拼接重组体，DNA 损伤修复中的 DSBR 模式同源重组只产生片段重组体。在 SDSA（synthesis-dependent strand annealing，依赖合成链退火）模式中，DNA 断裂口的一个 3′- 突出端侵入同源染色体 DNA 双链间，在 DNA 聚合酶的作用下沿着同源 DNA 链延伸，合成一段新链，在 Holliday 交叉处被切开释放，被释放的新链作为断裂口另一 3′- 端的模板，通过碱基互补配对发生退火，随后延伸合成另一条新链。在 SSA（single strand annealing，单链退火）模式中，重复序列双链 DNA 断裂，断端经修剪形成两个 3′- 突出端，排列对齐、退火、延伸，以重复序列将断裂双链重新修补成连续双链体。

---

### （二）细菌的 RecBCD 途径同源重组

　　目前对细菌同源重组的分子机制了解最清楚的是 RecBCD 途径。

　　RecBCD 途径是细菌利用 RecBCD 复合物、RecA 蛋白和 RuvC 蛋白对双链断裂 DNA 进行修复时最常采用的同源重组模式。RecBCD 复合物有三种酶活性：依赖 ATP 的核酸外切酶活性、可被 ATP 增强的核酸内切酶活性和需要 ATP 的解螺旋酶活性；RecA 是一种单链 DNA 结合

Notes

蛋白，可与 ssDNA 结合形成 RecA-ssDNA 复合物；RuvC 是专一性识别 Holliday 交叉的核酸内切酶。

RecBCD 途径同源重组的基本过程是：① RecBCD 复合物结合到 DNA 双链断裂处，然后利用 ATP 水解提供的能量沿着 DNA 链滑行，并以较快的速度将其前方的双链 DNA 解旋；②当 RecBCD 复合物滑行至 Chi 位点（5′GCTGGTGG3′）时，DNA 链被切割，多个 RecA 蛋白装载到新产生的 3′- 端单链上，形成 RecA-ssDNA 复合物；③ RecA-ssDNA 复合物在同源染色体上找相同或相似序列并侵入到同源双链 DNA 之间，形成 Holliday 交叉中间体；④ RuvC 蛋白专一性识别 Holliday 交叉，并利用其内切酶活性选择性地切开 Holliday 交叉中间体（图 22-2），最终通过 DNA 连接酶的连接形成 DNA 片段重组体或拼接重组体（图 22-1）。

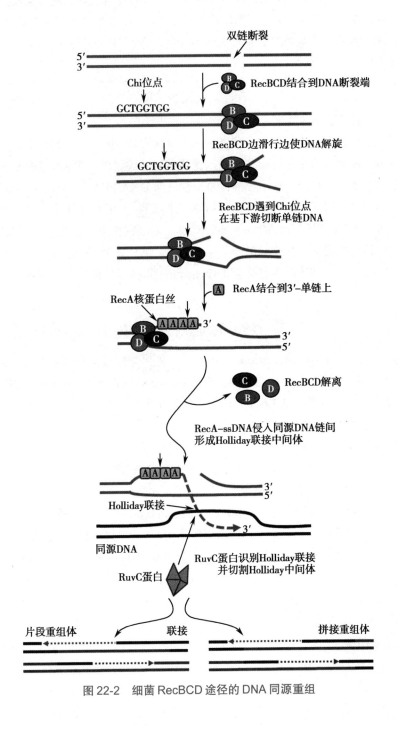

图 22-2    细菌 RecBCD 途径的 DNA 同源重组

#### （三）同源重组的生物学意义

　　同源重组在真核生物、原核生物及病毒中都具有保守性，几乎可以被看作是一种通用生物学原理。供体 DNA 通过水平基因转移可插入受体生物基因组中。细菌间 DNA 转移可通过细胞 - 细胞的直接接触，以 RecBCD 途径同源重组使外源 DNA 插入宿主基因组。两个相似病毒感染同一宿主细胞时，同源重组就可使两种病毒交换基因，产生病毒变种。同源重组缺陷与人类癌症关系密切，例如，抑癌基因 *BRCA1* 和 *BRCA2* 缺陷或突变可引起细胞染色体 DNA 的同源重组率降低，个体发生乳腺癌和卵巢癌的易感性增加。除此之外，同源重组原理也用于遗传修饰，制备模式生物，例如，利用基因打靶技术（gene targeting）以同源重组原理定向改变生物体的遗传性状。

## 二、DNA 的位点特异性重组

　　位点特异性重组（site-specific recombination），也称保守位点特异性重组（conservative site-specific recombination），是指利用位点特异性重组酶（site-specific recombinase）识别及结合 DNA 短序列（位点）在序列同源性较低 DNA 之间引发片段互换的过程。位点特异性重组酶是决定重组方式的关键要素。

#### （一）位点特异性重组酶

　　位点特异性重组酶有两种类型，酪氨酸重组酶和丝氨酸重组酶。虽然它们的基本化学反应是相同的，但引起 DNA 重组的方式却是不同的。

　　1. **酪氨酸重组酶**　酪氨酸重组酶（tyrosine recombinase），也称整合酶（integrase），能在位点序列上切割一条 DNA 链，并利用酶蛋白的酪氨酸基团形成类似 Holliday 交叉的一条链交换，以此可直接切除跨越两个重组位点的 DNA 片段，也可使跨越的 DNA 片段发生整合或方向倒转。例如，来自 P1 噬菌体的 Cre 重组酶能使两个不同 DNA（至少一个是环状）之间在位点处发生整合（插入），或同一分子内位于相同方向（正向重组）或相反方向（反向重复）两位点之间的 DNA 片段发生移除或倒转（图 22-3）。

　　2. **丝氨酸重组酶**　丝氨酸重组酶（serine recombinase），也称整合酶（integrase）、解离酶（resolvase）或转化酶（invertase），例如，γδ 解离酶和 Tn3 解离酶。这种重组酶可同时切割交错排列在 2bp 位点上的四条 DNA 链，通过酯交换反应使 DNA 的 5'- 磷酸和酶蛋白丝氨酸残基（S10）的羟基形成 DNA- 蛋白质键，从而引起 DNA 链的交换。

Notes

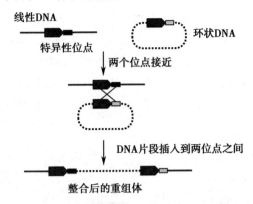

（a）两个DNA分子之间重组

线性DNA

环状DNA

特异性位点

两个位点接近

DNA片段插入到两位点之间

整合后的重组体

（b）同一DNA分子内部重组

（1）两个位点方向一致　　　　（2）两个位点方向相反

两个位点接近　　　　　　　　两个位点接近

两个位点之间片段倒转

切除两个位点之间的片段

移除后的重组体　　　　　　　　倒转后的重组体

图 22-3　Cre 重组酶的位点特异性重组方式

### （二）几个位点特异性重组的例子

位点特异性重组广泛存在于病毒、细菌及真核生物中，在基因表达调控、生物体发育中的程序性 DNA 重排以及一些病毒和质粒 DNA 复制过程的基因整合或切除中发挥重要作用。

1. λ噬菌体的 DNA 整合　　λ噬菌体 DNA 的整合是发生在 λ 噬菌体 DNA（环状）的 *attP* 位点和宿主染色体 DNA 的 *attB* 位点之间的位点特异性重组，其基本过程是：由整合酶（Int）和整合宿主因子（IHF）将 *attP* 位点和 *attB* 位点拉近，然后在 Xis 蛋白参与下将 λ噬菌体 DNA 插入到宿主染色体 DNA 中（图 22-4）。

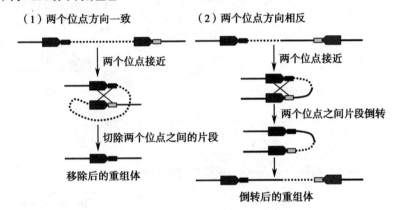

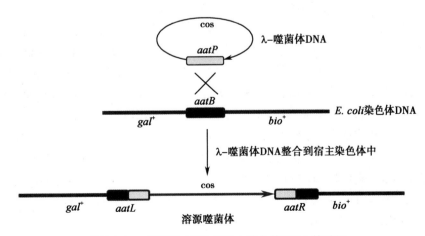

cos

*aatP*

λ–噬菌体DNA

*aatB*

*gal*[+]　　　　　　　*bio*[+]　　*E. coli*染色体DNA

λ–噬菌体DNA整合到宿主染色体中

cos

*gal*[+]　　*aatL*　　　　　　　　　*aatR*　*bio*[+]

溶源噬菌体

图 22-4　λ噬菌体 DNA 与宿主染色体 DNA 的重组

Notes

**2. 细菌的位点特异性重组**　细菌的位点特异性重组是基因表达的一种有效调控方式。例如，鼠伤寒沙门杆菌编码 H2 鞭毛蛋白的 *H2* 基因的表达，就是通过 DNA 重组来控制的（第十八章）。在 *H2* 基因上游的 H 片段两端含有两个启动子（图 22-5），一个负责启动编码倒转酶（一种位点特异性重组酶）的 *hin* 基因，另一个负责启动 *H2* 基因和阻遏蛋白（rH1）编码基因，在启动子外侧是两个方向相反的重组位点 hix（长度 14bp）。当 *hin* 基因表达产生倒转酶时，倒转酶催化 H 片段发生位点特异性重组，结果使 H 片段倒转，控制 *H2* 基因所在操纵子的表达（图 22-5、图 18-12）。

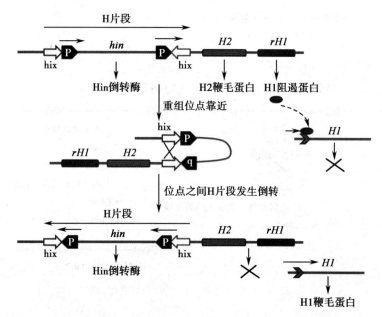

图 22-5　伤寒沙门氏菌 H 片段位点特异性重组调控 *H2* 基因表达的机制

**3. 免疫球蛋白基因的重排**　B 细胞产生的免疫球蛋白（immunoglobulin, Ig）由两条轻链（L链）和两条重链（H 链）组成，它们分别由三个独立的基因簇编码，其中两个基因簇负责编码 L 链（κ 和 λ），一个基因簇负责编码 H 链。决定 L 链的基因簇上有 L、V、J、C 四类基因片段，其中 L 代表前导片段（leader segment），V 代表可变片段（variable segment），J 代表连接片段（joining segment），C 代表恒定片段（constant segment）。决定 H 链的基因簇上有 L、V、D、J、C 五类基因片段，其中 D 代表多样性片段（diversity segment）。

每一个免疫球蛋白的基因都是通过 H 链基因的 V-D-J 重组和 L 链基因的 V-J 重组形成的，这种 V(D)J 重组是发生在基因簇上 V、D、J 片段两端特异位点序列上的位点特异性重组。在 V 片段下游、J 片段上游和 D 片段两侧都有保守的重组信号序列（recombination signal sequence, RSS），重组酶可通过识别 RSS 将位于 RSS 中间的 V、D 或 J 片段移除，图 22-6 显示以位点特异性重组移除 D3 片段的过程。当发生 V(D)J 重组时，V、D、J 各保留一个片段，重组连接在一起，其余片段被重组酶移除，从而形成编码一个特定抗体的基因（图 22-7）。

RSS 是由一个保守的七核苷酸回文序列（CACAGTG）和一个保守的富含 A 的九核苷酸序列（ACAAAAACC）组成，中间为固定长度的间隔序列（一般为 12～23 个核苷酸）。参与免疫球蛋白基因重排的重组酶有 RAG1 和 RAG2 两种，分别由 *rag1*（recombination-activating gene 1）和 *rag2* 基因编码。在 V(D)J 重组过程中，RAG1 负责识别 RSS 上的九核苷酸序列，并与 RAG2 共同形成联会复合物，在七核苷酸序列位置切割 DNA。

Notes

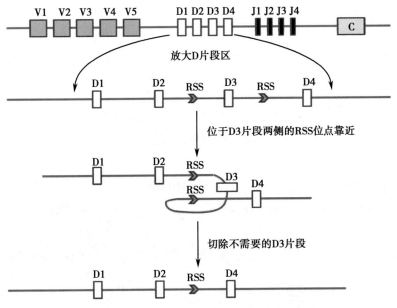

图 22-6　免疫球蛋白编码基因 D3 片段的移除过程

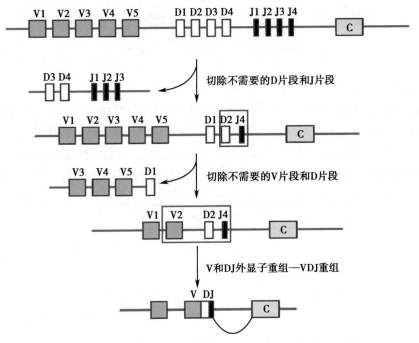

图 22-7　免疫球蛋白编码基因的 V（D）J 重排

# 三、DNA 的转座重组

大多数基因在基因组内的位置是固定的，但有些基因可以从一个位置移动到另一位置。这些可移动的 DNA 序列包括插入序列（insertion sequences，IS）和转座子（transposon，Tn）。由插入序列和转座子介导的基因移位或重排称为转座重组（transpositional recombination）或转座（transposition）。

## （一）插入序列转座

典型的插入序列是长度为 750～1500bp 的 DNA 片段，其两端是 9～41bp 的反向重复序列（inverted repeat sequence），外侧是 4～12bp 的正向重复序列（direct repeat sequence），中间是转座

Notes

酶（transposase）的编码基因，后者的表达产物可引起转座。

插入序列转座有保守性转座（conservative transposition）和复制性转座（duplicative transposition）两种形式，前者是指插入序列从原位迁至新位；后者是指插入序列先原位复制，然后将复本迁移至新位（图 22-8）。

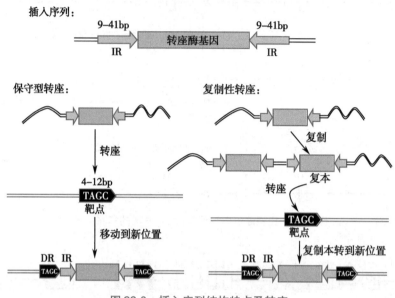

图 22-8　插入序列结构特点及转座

## （二）转座子转座

转座子（Tn）的结构与插入序列类似，两侧是反向重复序列（IR），中间是转座酶编码基因；与插入序列不同的是，转座子还含有抗生素抗性基因或编码其他蛋白质的基因，而且许多转座子的侧翼序列本身就是插入序列。例如，转座子 Tn10 含有四环素抗性基因和两个相同的插入序列 IS10L 和 IS10R；转座子 Tn3 含有转座酶、β- 内酰胺酶及阻遏蛋白的编码基因（图 22-9）。

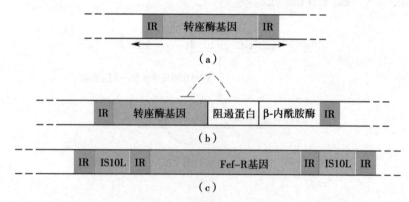

图 22-9　细菌的可移动元件
（a）IS：转座酶编码基因两侧连接 IR（箭头所示）；（b）转座子 Tn3：含有转座子酶、β- 内酰胺酶及阻遏蛋白编码基因；（c）转座子 Tn10：含四环素抗性基因及两个相同的插入序列 IS10L

Tn 普遍存在于原核和真核细胞中，不但可以在一条 DNA 上移动，也可以从一条 DNA 跳到另一条 DNA 上，甚至从一个细胞进入另一个细胞。Tn 在移动过程中，DNA 链经历断裂及再连接的过程，可能导致某些基因开启或关闭，引起插入突变、新基因生成、染色体畸变及生物进化。

Notes

**框 22-3　转座子的发现**

　　早在 20 世纪 50 年代，美国遗传学家 McClintock B 在对玉米籽粒颜色遗传进行观察时，认为存在一种跳跃基因（jumping gene）控制着籽粒的颜色，这些因子可以在染色体上移动，控制着某些基因的表达。20 世纪 70 年代，Shapiro J 用大肠杆菌操纵子突变株进行杂交分析后，才确认转座子的存在。1983 年，McClintock B 因发现跳跃基因而获诺贝尔生理学 / 医学奖。转座子普遍存在于原核细胞和真核细胞中，不但可以在一条 DNA 上移动，也可以从一条 DNA 跳到另一条 DNA 上，甚至从一个细胞进入另一个细胞。

## 四、细菌的接合、转化和转导

　　原核细胞可通过接合、转化和转导方式在细菌 - 细菌、细菌与病毒或细菌与质粒之间进行基因转移或重组。

　　1. 接合　接合（conjugation）是指细菌与细菌通过菌毛相互接触引起质粒 DNA 从一个细菌进入另一细菌的过程。能够通过接合在细菌之间转移的质粒一般都比较大，如 F 因子（F factor）。F 因子是决定细菌表面性菌毛的一种质粒，当 F⁺ 细菌与 F⁻ 细菌接触时，两种细菌通过性菌毛形成连接桥，这时质粒 DNA 一条链断裂，有单链切口的质粒 DNA 单链通过菌毛连接桥进入 F⁻ 细菌，然后，两条单链质粒 DNA 在各自宿主细胞中作为模板合成互补链，重新形成双链 DNA。

　　2. 转化　转化（transformation）是指细菌主动获取或通过外力获取外源 DNA 并使其遗传性质发生改变的过程。例如，当溶菌发生时，细菌基因组 DNA 片段就可作为外源 DNA 被另一细菌摄取，随后，受体菌通过重组机制将外源 DNA 整合到其基因组中，从而获得新的遗传形状。然而，由于较大的外源 DNA 进入细胞非常难，使自然界中的转化率很低。

　　3. 转导　转导（transduction）是指病毒从一个细胞（供体）进入另一个细胞（受体）时引起供体和受体之间 DNA 转移或基因重组的过程。自然界中最常见的例子是噬菌体介导的转导，包括普遍性转导和特异性转导。

　　（1）普遍性转导：普遍性转导（generalized transduction）是指部分供体菌染色体 DNA 被包装入噬菌体颗粒，并随着噬菌体感染进入受体菌中，进而与受体菌染色体 DNA 发生重组。

　　（2）特异性转导：特异性转导（specialized transduction）是指噬菌体 DNA 整合到供体菌染色体 DNA 中，当解离时将位于噬菌体 DNA 侧翼的供体菌染色体 DNA 的一部分也一并切下来，并包装入噬菌体颗粒中，当噬菌体感染受体菌时，供体菌染色体 DNA 也一并进入受体菌，并整合到受体菌染色体 DNA 中。由于特异性转导的供体菌染色体 DNA 只限于噬菌体 DNA 整合位点的侧翼序列，因此也称限制性转导（restricted transduction）。

## 第二节　重组 DNA 技术

　　重组 DNA 技术，又称分子克隆（molecular cloning）技术、DNA 克隆（DNA cloning）技术、或基因工程（genetic engineering）技术，是利用 DNA 的基本结构特征在体外将两种或两种以上 DNA 片段连接或重组形成一个重组 DNA 分子，并在体内进行克隆扩增的过程。这个过程主要包括：利用各种工具酶在体外将目的 DNA 片段与能自主复制的遗传元件（又叫载体）连接或重组到一起，形成重组 DNA 分子，进而利用载体在体内使目的 DNA 片段随同载体一起复制、扩增及克隆化（图 22-10）。在克隆目的基因后，还可针对该基因进行表达产物蛋白质或多肽的制备以及基因结构的定向改造。现在，人们几乎可以随心所欲地分离、分析及操作基因，而且这项技术在生物制药、基因诊断与基因治疗等诸多方面得到了广泛应用。

Notes

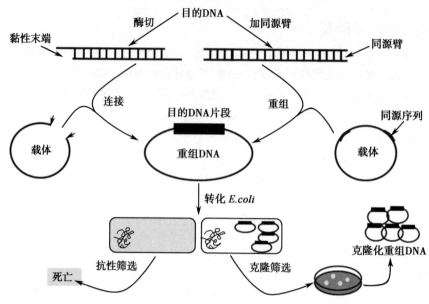

图 22-10　重组 DNA 技术的基本过程

---

**框 22-4　重组 DNA 技术的创建与应用**

　　1972 年,美国斯坦福大学生物化学家 Berg P 成功构建第一个重组 DNA 分子,即将噬菌体 DNA 和猿猴病毒 DNA 经酶切 - 连接构建了新的嵌合 DNA 分子。1973 年,Boyer H 和 Cohen S 成功创建了重组 DNA 技术,即将两种质粒 DNA 经酶切 - 连接组成新的质粒 DNA,然后转入细菌中进行克隆扩增。1974 年,Boyer H 和 Cohen S 申请了重组 DNA 技术的发明专利。1976 年,Boyer H 和 29 岁的 Swanson 作为发起人一起创建了生物技术公司 Genentech Inc.。1982 年,Genentech Inc. 的第一个基因工程产品——重组人胰岛素上市。

---

## 一、重组 DNA 技术中常用的工具酶

　　在 DNA 重组技术中,目的 DNA 片段与载体的连接是重组 DNA 技术的核心步骤,是使不同来源 DNA 片段经过连接形成一个重组 DNA 分子的过程,是通过工具酶的切割和连接实现的,所谓"切 - 连"就是指这个过程。可见,工具酶是操作 DNA 的重要工具。

　　（一）几种常用的工具酶

　　在重组 DNA 技术中,一般根据操作 DNA 的需要选择合适的工具酶。例如,对目的 DNA(target DNA)进行处理时,需选择序列特异的限制性核酸内切酶(restriction endonuclease)在特定位置切割 DNA,使较大的 DNA 分子成为一定大小的 DNA 片段。表 22-1 中列出一些常用的工具酶及基本功能特性。

　　（二）限制性核酸内切酶

　　限制性核酸内切酶(restriction endonuclease, RE),简称为限制性内切酶或限制酶,是一类核酸水解酶,能识别双链 DNA 分子内部的特异位点并裂解 3′, 5′- 磷酸二酯键。除极少数 RE 来自绿藻外,绝大多数来自细菌,与相伴存在的甲基化酶共同构成细菌的限制 - 修饰体系(restriction modification system),限制外源 DNA 的入侵,保护自身 DNA 的完整,对细菌遗传性状的稳定具有重要意义。

　　1. 限制性内切酶的种类及命名　目前发现的限制性内切酶有 1800 种以上。根据组成、所

Notes

表 22-1　重组 DNA 技术中常用的工具酶

| 工具酶 | 功能特性 |
| --- | --- |
| 限制性核酸内切酶<br>（restriction endonuclease） | 大多数Ⅱ型酶识别双链 DNA 上的特异性回文序列，切割双链 DNA 的 3′, 5′-磷酸二酯键，使双链 DNA 断裂 |
| DNA 连接酶<br>（DNA ligase） | 催化 DNA 中相邻 5′-磷酸基和 3′-羟基之间形成磷酸二酯键，封合 DNA 切口或链接两个 DNA 分子或片段 |
| DNA 聚合酶Ⅰ<br>（DNA polymerase Ⅰ） | 具有 5′→3′ 聚合、3′→5′ 外切和 5′→3′ 外切活性。用于：①合成 DNA 链；②缺口平移法制作高比活性探针；③ DNA 序列分析；④填补双链 DNA 的 3′-末端 |
| Klenow 片段<br>（klenow fragment） | 又名 DNA 聚合酶Ⅰ大片段，具有完整 DNA 聚合酶Ⅰ的 5′→3′ 聚合、3′→5′ 外切活性，而无 5′→3′ 外切活性。常用于 cDNA 第二链合成，双链 DNA 3′-端标记等 |
| 逆转录酶<br>（reverse transcriptase） | RNA 依赖的 DNA 聚合酶，用于：①合成 cDNA；②替代 DNA 聚合酶Ⅰ进行末端填补、标记或 DNA 序列分析 |
| 多聚核苷酸激酶<br>（polynucleotide kinase） | 催化多聚核苷酸 5′-羟基末端磷酸化，或标记探针 |
| 末端转移酶<br>（terminal transferase） | 在 3′-羟基末端进行同质多聚物加尾 |
| 碱性磷酸酶<br>（alkaline phosphatase） | 水解核酸末端磷酸基 |

需因子及裂解 DNA 方式的不同，限制性内切酶可分为三种类型：Ⅰ和Ⅲ型均为复合功能酶，同时具有限制和 DNA 修饰两种作用，这两型酶不在所识别的位点切割 DNA（即特异性不强）。Ⅱ型限制性内切酶能识别 DNA 双链内部的特异序列并精确切割 DNA。重组 DNA 技术中所用的限制性内切酶通常特指Ⅱ型。

限制性内切酶的命名采用 Smith HO 和 Nathane D 提出的细菌属名与种名相结合的命名法，即：①第一个字母是酶来源的细菌属的词首字母，用大写斜体；②第二及第三个字母是细菌种的词首字母，用小写斜体；③第四个字母（有时无），表示分离出这种酶的细菌的特定菌株，用大写或小写；④罗马数字表示酶发现的先后顺序。例如 *Eco*R Ⅰ的命名：*E*＝*Escherichia*，埃希氏菌属；*co*＝*coli*，大肠杆菌菌种；R＝RY13，菌株名；I＝在相应菌株中第一个被分离到的内切酶。

2. Ⅱ型限制性内切酶的特点　Ⅱ型限制性内切酶可以在特异性序列位点切割双链 DNA，形成黏性末端或平端，表 22-2 列举了一些常用Ⅱ型限制性内切酶。

（1）识别位点的序列特征：Ⅱ型限制性内切酶的识别位点通常是 6 或 4 个碱基序列，有些是 8 或 8 个以上碱基序列。大多数序列为回文结构（palindrome），即反向重复序列，是指在两条核苷酸链中，从 5′→3′ 方向的两条链序列完全一致。例如，*Eco*R Ⅰ的识别序列在两条链上从 5′→3′ 方向均为 GAATTC。

（2）切割方式及末端特征：多数Ⅱ型限制性内切酶都是错位切割双链 DNA，产生 5′- 或 3′-单链突出的末端，称为黏性末端（sticky end），简称黏端。也有一些限制性内切酶是在识别位点序列的中间切割，产生两条链平齐的末端，称为钝性末端（blunt end），简称钝端或平端。

（3）同尾酶和同裂酶：有些Ⅱ型限制性内切酶所识别的序列虽不完全相同，但切割 DNA 双链后，可产生相同的黏端，这样的酶彼此互称同尾酶（isocaudarner），所产生的相同黏端称为配伍末端（compatible end）。例如，*Bam*H Ⅰ（G′GATCC）和 *Bgl*Ⅱ（A′GATCT）在切割不同序列后可产生相同的 5′-黏端，即配伍末端（—GATC—）。配伍末端可共价连接，连接后的序列一般不再被两个酶中的任何一个识别和切割。

有些Ⅱ型限制性内切酶来源不同，但能识别同一序列（切割位点可相同或不同），这样酶互

表 22-2　常用Ⅱ型限制性内切酶的基本特性

| Ⅱ型限制性内切酶 | 识别序列及切点（′） | 其他特点 |
|---|---|---|
| *Bam*H Ⅰ | G↓GATCC<br>CCTAG↑G | 5′-突出黏端，与 *Bgl*Ⅱ是同尾酶 |
| *Bgl* Ⅰ | GCCNNNN↓NGGC<br>CGGN↑NNNNCCG | 识别序列是 8 个以上，N 为任意碱基 |
| *Bgl*Ⅱ | A↓GATCT<br>TCTAG↑A | 5′-突出黏端，与 *Bam*H Ⅰ是同尾酶 |
| *Eco*R Ⅰ | G↓ATATC<br>CTATA↑G | 5′-突出黏端 |
| *Eco*R Ⅴ | GAT↓ATC<br>CTA↑TAG | 平端 |
| *Hea*Ⅰ Ⅲ | GG↓CC<br>CC↑GG | 平端，与 *Hpa* Ⅲ和 *Msp* Ⅰ是同裂酶 |
| *Hind* Ⅲ | A↓AGCTT<br>TTCGA↑A | 5′-突出黏端 |
| *Hpa*Ⅱ | C↓CGG<br>GGC↑C | 5′-突出黏端，与 *Hea* Ⅲ和 *Msp* Ⅰ是同裂酶 |
| *Kpn* Ⅰ | GGTAC↓C<br>C↑CATGG | 3′-突出黏端 |
| *Mlu* Ⅰ | A↓CGCGT<br>TGCGC′A | 5′-突出黏端 |
| *Msp* Ⅰ | C↓CGG<br>GGC↑C | 5′-突出黏端，与 *Hea* Ⅲ和 *Hpa* Ⅱ是同裂酶 |
| *Nco* Ⅰ | C↓CATGG<br>GGTAC↑C | 5′-突出黏端 |
| *Not* Ⅰ | GC↓GGCCGC<br>CGCCGG↑CG | 5′-突出黏端 |
| *Pst* Ⅰ | CTGCA↓G<br>G↑ACGTC | 3′-突出黏端 |
| *Sac*Ⅱ | CCGC↓GG<br>GG↑CGCC | 3′-突出黏端 |
| *Sal* Ⅰ | G↓TCGAC<br>CAGCT↑G | 5′-突出黏端 |
| *Sma* Ⅰ | CCC↓GGG<br>GGG↑CCC | 平端，与 *Xma* Ⅰ是同裂酶 |
| *Sph* Ⅰ | GCATG↓C<br>CG↑TACG | 3′-突出黏端 |
| *Xba* Ⅰ | T↓CTAGA<br>AGATC↑T | 5′-突出黏端 |
| *Xho* Ⅰ | C↓TCGAG<br>GAGCT↑C | 5′-突出黏端 |
| *Xma* Ⅰ | C↓CCGGG<br>GGGCC↑C | 5′-突出黏端，与 *Sma* Ⅰ是同裂酶 |

Notes

称同裂酶（isoschizomer）或异源同工酶。例如，*Bam*H Ⅰ 和 *Bst* Ⅰ 能识别并在相同位点切割同一 DNA 序列（G′GATCC）；*Xma* Ⅰ 和 *Sma* Ⅰ 虽能识别相同序列（GGGCCC），但切割位点不同，前者的切点在识别序列的第一个核苷酸后（G′GGCCC），而后者的切点则在序列的中间（GGG′CCC）。同裂酶为 DNA 操作增加了酶的选择余地。

## 二、重组 DNA 技术中常用的载体

载体（vector）是指能携带目的 DNA 片段并在宿主细胞中复制及（或）表达的 DNA 分子，一般具备自主复制起始位点、单一酶切位点或整合位点及筛选标志。按功能可将载体分为克隆载体和表达载体两大类；按种类可将载体分为质粒载体、病毒载体、染色体载体等。

### （一）克隆载体

克隆载体（cloning vector）是指能携带外源 DNA 在宿主细胞中复制扩增的 DNA 分子。能够作为克隆载体的 DNA 分子包括质粒、噬菌体、人工染色体 DNA 等，其中质粒是最常用的克隆载体。

**1. 克隆载体的基本特性**　克隆载体一般具备如下基本特性：①具有自主复制起点。一般来说，克隆载体应至少有一个复制起点（replication origin），使外源 DNA 片段与载体同步在宿主细胞中复制扩增。②筛选标志（selection marker），一般至少应有一个用于筛选载体是否存在于宿主细胞中的标志，如抗生素耐药基因可以赋予含载体的宿主细胞具有抵抗这种抗生素的特性，可以作为筛选含载体的宿主细胞的标志。③单一酶切位点或整合位点。载体上一般都构建一段含多个单一限制性内切酶位点的核苷酸序列，称作多克隆位点（multiple cloning sites，MCS），用于外源 DNA 片段的插入；也可以根据同源重组或转座重组的原理，在载体上构建同源臂或转座位点序列，供外源基因与载体的同源整合或转座重组。

**2. 常用质粒克隆载体**　质粒是最常用的载体，最早用作克隆载体的是 pBR322 质粒。pBR322 质粒具有两个抗生素筛选标志基因（*amp^R* 和 *tet^R*），3 个单酶切位点，其中 2 个分别位于 *amp^R* 和 *tet^R* 内部，使这个载体可以采用插入失活方式进行筛选（图 22-11）。目前常用的质粒载体多是以 pBR322 为基础改造的，例如 pUC18/19 质粒及其衍生物。下面简介几种具有代表性的质粒载体。

（1）pUC18 质粒载体：pUC18 质粒是一种具有代表性的 pBR322 衍生克隆质粒载体，含质粒复制起点（*ori*）、一个氨苄青霉素抗性基因（*amp^R*）及多克隆位点（图 22-12）。可以将外源 DNA 片段插入到载体的多克隆位点区域的任一酶切位点，利用氨苄青霉素对转化后的受菌菌进行筛选。多克隆位点是构建在 β-半乳糖苷酶（β-gal）N 端 146 个氨基酸残基的编码基因 *lacZ′* 内部，*lacZ′* 编码 β-gal 的 α 亚基（β-gal-α）。这种构建使质粒在插入外源片段后，可通过蓝白菌落进行筛选。

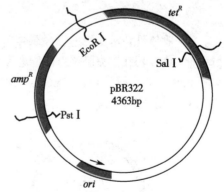

**图 22-11　pBR322 质粒图谱**

蓝白筛选是利用跨越多克隆位点的 *LacZ′* 基因实现的。β-gal-α 与受体菌编码的 ω 亚基（*lacZ*-ω）可以互补结合发挥 β- 半乳糖苷酶（β-gal）的活性，称作 α- 互补（α-complement）。α- 互补一旦形成即可催化底物 X-gal（5- 溴 -4- 氯 -3- 吲哚 -β-D- 半乳糖苷）产生蓝色产物，菌落变蓝（图 22-13）。由于质粒的多克隆位点位于 *LacZ′* 内部，插入外源 DNA 片段后，使 *lacZ′* 不能产生有功能的 β-gal-α，不能发生 α- 互补，在 X-gal 存在情况下受体菌落就会呈白色。因此，蓝色菌落代表载体中 *LacZ′* 基因活性完好无损，没有插入外源 DNA 片段，白色菌落则表明起所含质粒带有外源 DNA 片段。

Notes

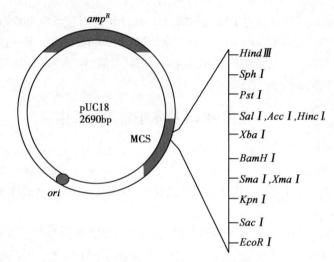

图 22-12  pUC18 质粒图谱

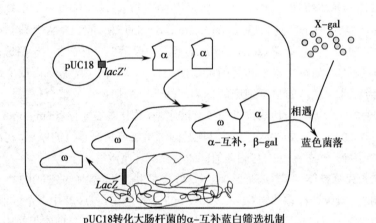

pUC18转化大肠杆菌的α-互补蓝白筛选机制

图 22-13  α- 互补蓝白筛选机制

(2) 兼体外转录功能的克隆载体：pGEM-3Z 质粒也是一种克隆载体，其主干部分来源于
pUC18 质粒，但在多克隆位点部位进行了一定的改造，在 LacZ′ 的两端加上来源于噬菌体的启
动子 Sp6 和 T7。这种构建使 pGEM-3Z 不仅具备了一般克隆载体的特性，还获得了另外一个特
性：体外转录（图 22-14）。

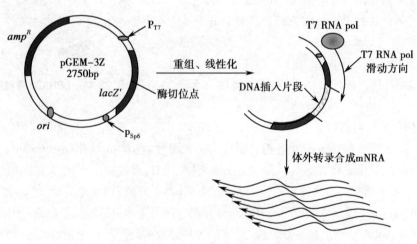

图 22-14  pGEM-3Z 质粒图谱及体外转录

Notes

体外转录（transcription in vitro）是利用 pGEM-3Z 质粒多克隆位点两端的启动子，在试管中加入启动子特异性 RNA 聚合酶实现的。当将外源基因插入 pGEM-3Z 质粒中后，线性化质粒，然后利用 Sp6 或 T7 RNA 聚合酶（RNA Pol）在体外转录合成 RNA。图 22-14 是利用 pGEM-3Z 质粒的 T7 启动子进行体外转录。

（3）用于 PCR 产物的 T-A 克隆载体：T-A 克隆载体一般是线性质粒载体，在线性载体的 3′-末端有一个不配对 T（胸腺嘧啶脱氧核苷酸），以便与 PCR 产物 3′- 末端不配对 A（腺嘌呤脱氧核苷酸）互补。Taq DNA 聚合酶在催化 DNA 合成时，当四种脱氧核糖核酸（4×dNTPs）都存在的条件下，优先在新合成的 DNA 片段 3′- 末端加一个不配对 A。根据 PCR 产物 3′- 末端不配对 A 的结构特点，利用克隆载体即可构建 T-A 克隆载体。例如，pMT-18T 是在 pUC18 质粒的基础上构建的一种 T-A 克隆质粒载体。

3. 其他克隆载体　其他克隆载体包括噬菌体 DNA、酵母人工染色体、黏粒等。用作克隆载体的噬菌体 DNA 有 λ 和 M13 噬菌体 DNA。稍早经 λ 噬菌体 DNA 改造成的载体系统有 λgt 系列（插入型载体，适用于 cDNA 克隆）和 EMBL 系列（置换型载体，适用于基因组 DNA 克隆）。经改造的 M13 载体有 M13mp 系列，是在 M13 的基因间隔区插入了 *LacZ′*，使其具有蓝白筛选功能。

此外，为增加克隆载体插入外源基因的容量，还设计有柯斯质粒（cosmid）载体（又称黏粒载体）、细菌人工染色体（bacterial artificial chromosome，BAC）载体和酵母人工染色体（yeast artificial chromosome，YAC）载体等。

（二）表达载体

表达载体（expression vector）是指能携带外源基因在宿主细胞中表达的 DNA 分子。一般来说，表达载体除了具备载体的必备条件外，还具备用于外源基因在宿主细胞中表达的重要元件，如启动子和终止子组成的完整转录单位。根据宿主细胞的不同可将表达载体被分为原核表达载体和真核表达载体。

1. 原核表达载体　原核表达载体（prokaryotic expression vector）是指能携带外源基因在原核细胞中表达的载体，以质粒表达载体最常用。原核表达载体除含有克隆载体的必备元件外，还跨越多克隆位点构建了原核基因转录单位操纵子的基本转录调控元件，如启动子、终止子及核糖体结合位点 SD 序列（Shine-Dalgarno sequence），将任何结构基因插入到克隆位点，都成为操纵子的一部分，在启动子控制下使外源基因得以转录和翻译（图 22-15）。

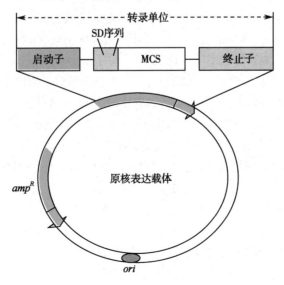

图 22-15　原核表达载体结构示意图

常用的原核质粒表达载体大多以乳糖操纵子为表达框架,这种载体的结构特点是:乳糖操纵子的启动子和终止子跨越多克隆位点,以便使外源基因位于启动子和终止子之间;其他调控元件如阻遏蛋白编码基因(*LacI*)位于载体的合适位置。如果将外源基因插入多克隆位点,即可由乳糖操纵子的调控元件控制转录,在诱导剂如乳糖或 IPTG 存在的情况下,表达外源基因产物。处于载体其他位置的调控元件如 *LacI* 也可通过编码阻遏蛋白参与外源基因表达的调控。目前常用的 pET 系列质粒载体就是这样一类原核表达质粒载体,基本表达框架是乳糖操纵子,例如:pET28a + 质粒载体(图 22-16)。

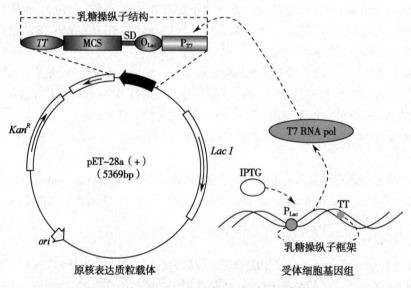

图 22-16    pET28a + 质粒载体图谱及诱导表达方式

pET28a + 质粒载体及其宿主细胞是一个配套的表达系统,在载体的表达框架上利用 T7 噬菌体启动子($P_{T7}$)替换了乳糖操纵子启动子($P_{Lac}$),而在受体菌基因组中用 T7 RNA 聚合酶(T7 RNA Pol)编码基因替换了乳糖操纵子中的结构基因,从而实现了间接诱导外源基因表达的目的。由图 22-16 可以看出,当诱导剂乳糖或 IPTG 存在时,受体基因组上乳糖操纵子的启动子被激活,诱导 T7 RNA Pol,然后 T7 RNA Pol 作为诱导剂使载体上的外源基因诱导表达。由于 $P_{T7}$ 是强启动子,以这种载体与宿主细胞调控元件互换及配合的方式,实现外源基因高效表达的目的。

**2. 真核表达载体**    真核表达载体(eukaryotic expression vector)除了具备克隆载体的基本条件(多克隆或单一克隆位点、复制起点及筛选标志)外,还具有真核基因的基本转录调控元件(包括启动子、增强子、poly(A)加尾信号等)、真核细胞的复制起始序列、真核细胞的筛选标志等,从而使外源基因能在真核细胞中诱导表达或自主表达。

由于真核生物基因的转录调控机制比较复杂,真核基因的转录调控元件一般来自真核病毒。例如,pRC/CMV 质粒是一种用于哺乳类细胞的真核表达载体,载体的基本框架来自 pBR322 质粒,含有原核复制起点和筛选标志 $amp^R$ 基因;载体的大部分是根据真核病毒的转录调控元件、复制起始序列等构建的。例如,用于外源基因表达的启动子($P_{CMV}$)来自巨细胞病毒,用于载体在哺乳细胞中筛选的新霉素耐药基因调控元件来自 SV40 病毒(图 22-17)。另外,由于这类载体携带外源基因在原核细胞中复制扩增,在真核细胞中表达,又称为穿梭载体(shuttle vector)。

根据真核细胞的不同,真核表达载体主要有酵母表达载体、昆虫表达载体和哺乳类细胞表达载体。

酵母是最简单的单细胞真核生物,但用于酵母的质粒表达载体一般不需要真核病毒转录调控元件,可以采用酵母 2μm 质粒。2μm 质粒存在于酵母的细胞核中,可独立于酵母染色体进行复制,常被用于构建酵母质粒表达载体。一般来说,酵母的质粒表达载体也是穿梭载体。

Notes

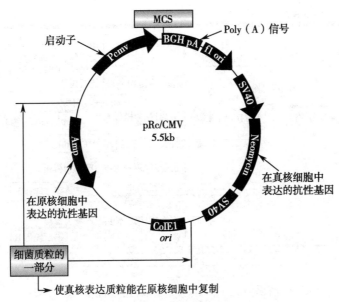

图 22-17 pRc/CMV 真核质粒表达载体图谱

## 三、重组 DNA 的克隆筛选

重组 DNA 的体外构建有两种方法，一种是酶切 - 连接法，另一种是体外重组法。酶切连接法是 DNA 克隆的典型过程，包括五个步骤：目的 DNA 的分离获取（分）、载体的选择与构建（选）、目的 DNA 与载体的酶切连接（接）、重组 DNA 转化宿主细胞（转）和重组体的筛选、鉴定及克隆化（筛）。随着科学的不断发展和工具酶种类的增多，利用重组酶也可使目的 DNA 与载体在试管中以同源重组的方式形成重组 DNA。

### （一）目的 DNA 的获取

分离获取目的 DNA 的方法主要包括：PCR 法、化学合成法、化学合成 -PCR 法等，其中 PCR 法是最常用、最方便及最灵活的方法。

**1. PCR 法** PCR 是一种高效特异的体外扩增 DNA 的方法，可以采用基因组 DNA 或 mRNA 为模板直接合成目的 DNA 片段。使用 PCR 法的前提是：至少需要知道待扩增目的 DNA 两端的序列，并根据该序列合成适当引物。这种方法的一个显著优点是在引物序列上可以加合适的酶切位点或特殊元件序列，用于重组 DNA 构建时的酶切连接或重组。此外，用 PCR 法还可通过错配改变目的 DNA 的特定碱基序列，从而获得突变的 DNA 片段。

**2. 化学合成法** 化学合成法是获取小分子肽类编码基因的最简单方法，一般可根据小肽的氨基酸序列推导出相应的核苷酸序列，然后设计两条完全互补的单链引物，经等量退火即可形成双链 DNA。

**3. 化学合成 -PCR 搭接法** 化学合成法与 PCR 法相结合也是一种获取目的 DNA 的实用方法，可用于不易获取标本的基因合成或人工设计基因的合成。基本流程是：根据基因序列设计贯穿基因全长的多条引物，并使相邻序列的引物之间有 15～18 个核苷酸互补配对；以 PCR 搭接方式经多轮 PCR 获取目的 DNA（图 22-18）。

**4. 文库筛选扩增法** 从基因组文库和 cDNA 文库中通过筛选可以获取目的 DNA。由于 PCR 技术的出现和广泛应用，出现了一种 PCR-cDNA 文库，即以 cDNA 为模板，利用工具酶在 cDNA 末端加尾，然后采用一对靶向加尾序列的通用引物扩增 cDNA 片段，并将经 PCR 扩增后的片段插入到载体中。PCR-cDNA 文库筛选方法的优点是可以将丰度低的 mRNA 扩增出来。文库筛选法在某种情况下仍然是获得新基因的有效方法。

Notes

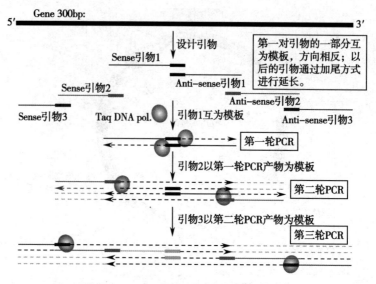

图 22-18　PCR 搭接法获取目的 DNA 片段

**5. 其他方法**　此外，利用酵母单杂交系统可获取 DNA 结合蛋白的编码基因，利用酵母双杂交系统可获取特异性相互作用蛋白质的编码基因。

**（二）载体的选择和准备**

重组 DNA 技术中所用的载体一般都是商品化的，操作者需要在众多载体中选择出适合目的 DNA 克隆的载体，并根据载体上的酶切位点或序列位点对载体进行一些操作，以便适合目的 DNA 片段的插入或整合。

**1. 载体的选择**　选择载体的要素主要有两点，一是了解载体的基本结构和功能元件，二是明确选用载体的目的。

选择合适载体一般应遵循如下基本原则：①明确实验对象，包括目的 DNA 片段的大小、来源或其他重要信息。如果是利用 PCR 获取的目的 DNA 片段，可以选择 T-A 克隆质粒载体；如果目的 DNA 片段很大，超出质粒载体的容纳能力，可以选择病毒载体或更大载量的载体如黏粒。②明确实验目的。如果只需单纯对 DNA 片段进行克隆扩增，选择克隆载体即可；如果需要表达克隆基因的编码产物，需要选择表达载体。③弄清载体容量。不同载体携带外源 DNA 片段的能力可能不同，一般质粒载体的容量较小，病毒载体的容量大（表 22-3）。④确定克隆方式。如果采用酶切 - 连接法，还应考虑载体上的酶切位点；如果采用同源重组法，应考虑载体上的同源位点序列。

表 22-3　不同载体的克隆容量及宿主细胞

| 载体 | 插入 DNA 片段大小 | 宿主细胞 |
| --- | --- | --- |
| 质粒 | <5～10kb | 细菌，酵母 |
| λ 噬菌体载体 | ～20kb | 细菌 |
| 黏粒 | ～50kb | 细菌 |
| BAC | ～400kb | 细菌 |
| YAC | ～3Mb | 酵母 |

**2. 载体的准备**　选择到合适的载体后，还要对载体进行适当的处理，如利用适当的内切酶将载体线性化或构建上合适的同源重组臂序列。

（1）酶切载体：酶切载体有两种方式：单酶切和双酶切。

1）单酶切：就是选择一种合适的限制性内切酶切割载体 DNA。如果选择能产生黏性末端的内切酶切割载体,线性化载体 DNA 就有互补的黏性末端,在合适条件下容易互补结合重新环化,因此,单酶切后的线性载体应放在低温环境中减少分子运动速率,从而减少黏性末端的碰撞机会。另外,可以采用碱性磷酸酶将线性载体 5′- 末端的磷酸基团切除,使两个黏性末端之间即使互补结合也不能形成磷酸二酯键,从而降低线性载体自身环化的几率。

2) 双酶切:就是采用两种合适的限制性内切酶切割载体 DNA。双酶切的载体 DNA 自身环化率低,一般不需要用碱性磷酸酶对末端进行处理。

(2) 在载体上构建重组位点序列:DNA 体外重组也可以不依赖限制性内切酶,而是利用载体上的特定重组位点和重组酶将外源 DNA 片段插到载体上或从一个载体移到另一个载体上。因此,利用特定 DNA 序列之间可以在重组酶作用下发生位点重组或同源重组的原理,在载体上构建重组位点序列。基本思路是:用酶切连接法在载体的合适位置构建特定重组位点,使线性化后的载体末端至少有 15～18bp 的重组位点序列,并以此作为载体平台提供特异性重组的载体系统。Gateway 系统就是一种以 λ- 噬菌体 *attP* 位点和大肠杆菌基因组 DNA 的 *attB* 位点之间点特异性重组为基本原理的商品化载体系统。

### (三) 目的 DNA 与载体的重组

目的 DNA 需要借助载体才能在合适的宿主细胞中扩增及(或)表达,因此,将目的 DNA 片段插入载体是 DNA 重组的重要过程。目的 DNA 与载体的重组有两种方法:一种是连接法,另一种是非连接性重组法。

**1. 目的 DNA 与载体的连接**　目的 DNA 与载体的连接有两种方式:黏端连接和平端连接,其中黏端连接效率比较高,但平端连接可为 DNA 重组提供更宽泛的选择空间。

(1) 黏端连接:黏端连接(cohesive end ligation)是指 DNA 片段和线性载体末端的互补单链之间碱基配对形成氢键,然后 DNA 连接酶在单链缺口处催化形成磷酸二酯键,从而将 DNA 片段与载体连接起来。

1) 单一相同黏端连接:如果目的 DNA 序列两端和线性化载体两端为同一限制酶(或同裂酶,或同尾酶)切割所致,那么所产生的黏端完全相同。这种单一相同黏端连接时,会有三种连接结果:载体自连、载体与目的 DNA 连接以及 DNA 片段自连(图 22-19)。可见,这种连接存在如下缺点:容易出现载体自身环化、目的 DNA 双向插入载体(即正向和反向插入)和多拷贝现象,从而给后续筛选增加了困难。采用碱性磷酸酶预处理线性化载体 DNA,使之去磷酸化,可有效减少载体自身环化。目的 DNA 如果反向插入载体,虽不影响基因克隆,但却影响外源基因的表达。

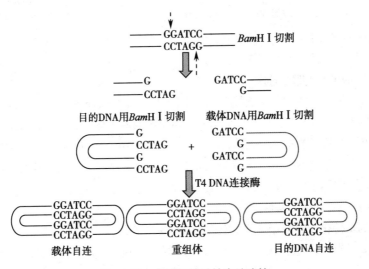

图 22-19　单酶切的黏性末端连接

2）不同黏端连接：如果用两种不同的限制酶分别切割载体和目的 DNA，则可使载体和目的 DNA 的两端形成两个不同的黏端，这样可让外源 DNA 定向插入载体。这种使目的基因按特定方向插入载体的克隆方法称为定向克隆（directed cloning）。定向克隆也可通过一端为平端，另一端为黏端的连接方式来实现。定向克隆有效避免了载体自连以及 DNA 片段的反向插入和多拷贝现象。

3）通过其他措施产生黏端进行连接：常用的在末端为平端的目的 DNA 片段制造黏端的方法有：①人工接头法：化学合成法获得含有限制酶切点的平端双链寡核苷酸接头（adaptor 或 linker），将此接头连接在目的 DNA 的平端上，然后用相应的限制酶切割人工接头产生黏端，进而连接到载体上；②加同聚物尾法：用末端转移酶将某单一核苷酸（如 dC）逐一加到目的 DNA 的 3'- 端，形成同聚物尾（如同聚 dC 尾）；同时又将与之互补的另一核苷酸（如 dG）加到载体 DNA 的 3'- 端，使载体和目的 DNA 的末端形成互补的单链同聚物尾，因而可高效率地连接到一起；③ PCR 法：针对目的 DNA 的 5'- 和 3'- 端，设计一对特异引物，在每条引物的 5'- 端分别加上不同的限制酶位点，然后以目的 DNA 为模板，经 PCR 扩增便可得到带有引物序列的目的 DNA，再用相应限制酶切割 PCR 产物，产生黏端，随后便可与带有相同黏端的线性化载体进行有效连接。另外，在使用 *Taq* DNA 聚合酶进行 PCR 时，扩增产物的 3'- 端可加上一个单独的腺苷酸残基（A）而成为黏端，这样的 PCR 产物可直接与带有 3'-T 的线性化载体（T 载体）连接，此即 T-A 克隆。

（2）平端连接：若目的 DNA 两端和线性化载体两端均为平端，则二者之间也可在 DNA 连接酶的作用下进行连接，但连接效率较低。为了提高连接效率，可采用提高连接酶用量、延长连接时间、降低反应温度、增加 DNA 片段与载体的摩尔比等措施。平端连接同样存在载体自身环化、目的 DNA 双向插入和多拷贝现象等缺点。

（3）黏 - 平端连接：黏 - 平端连接是指目的 DNA 和载体之间通过一端为黏端、另一端为平端的方式进行连接。以该方式连接时，目的 DNA 被定向插入载体（定向克隆）。该连接方式的连接效率介于黏端和平端连接之间。

**2. 目的 DNA 与载体的特异序列重组**　利用特定 DNA 序列之间可以在重组酶作用下发生位点重组或同源重组的原理，在载体和片段之间构建重组序列，并以位点特异性重组的方式将 DNA 片段插入载体的特定位置。基本思路：①构建或购买一种具有特殊序列末端的线性载体。②采用 PCR 法扩增目的 DNA 片段，但所用引物除了含有 DNA 片段特异性序列外，还需要在 5'- 端加上 15bp 的延伸序列，这段延伸序列与载体末端序列是同源序列。用这对引物扩增目的 DNA 片段，获得两端有与载体末端相同同源序列的 DNA 片段。③用重组酶使 DNA 片段与线性载体之间发生重组。Clontech 的 In-Fusion HD Cloning Kit 是一种依赖重组酶的 DNA 体外重组系统；Gateway 系统则是一种以位点特异性重组为基本原理的克隆体系。两种技术平台都实现了不用酶切 - 连接的基因克隆方法。

**（四）重组 DNA 转入宿主细胞**

将目的 DNA 片段与载体重组连接后，重组 DNA 需要导入合适的宿主细胞才能复制扩增，并依据细胞克隆对重组 DNA 进行克隆化筛选。这里涉及两个概念：①转化（transformation）：将重组 DNA 分子导入原核细胞（如大肠杆菌）中的过程；②转染（transfection）：将重组 DNA 分子导入真核细胞的过程。无论是转化还是转染都是将 DNA 分子导入宿主细胞（host cells）。

由于 DNA 体外重组更多操作是将重组质粒导入细菌中进行克隆扩增，因此，本节主要介绍重组 DNA 转化大肠杆菌以及克隆鉴定。

**1. 重组 DNA 转化大肠杆菌**　大肠杆菌是 DNA 重组技术中最常用的宿主细胞，一般是经过一定改造使其具有适合重组 DNA 扩增或表达的特性。因此，宿主细胞的选择是重组 DNA 转化的重要环节。

Notes

（1）大肠杆菌作为宿主细胞：大肠杆菌与其他细胞一样有其特定的基因型和表型，基因型（genotype）是指细胞基因组上所具有的特定基因，表型（phenotype）是指基因表达后所赋予细胞的生理学表现。基因型和表型也在一定程度上代表了细胞的某些特性。

1）大肠杆菌的特性标识：基因工程大肠杆菌的基本特性一般用一些符号加以标记。对大肠杆菌的基因型或表型进行标记的主要标识有：①基因野生型：基因符号的右上标记 $^+$，如 $his^+$；②基因突变型：基因符号的右上方标记 $^-$，如 $his^-$；③表型一般以"+"代表有、"−"代表缺失；④特殊表型标记，如氨苄青霉素抗性标记为 $Amp^R$；⑤缺失的基因标记为"Δ"，比如用 $proAB$ 代替了 $lac$，标记为 Δ（$lac$-$proAB$）；⑥融合基因用"$Φ$"表示，如 $Φ$（$hisD$-$lacZ$）9953。

2）大肠杆菌作为宿主细胞的基本条件：作为宿主细胞的大肠杆菌一般应具备如下条件：①限制性缺陷，即外切酶和内切酶活性缺陷，如 $recB^-$，$recC^-$，$hsdR^-$；②重组整合缺陷，即细胞本身的重组酶基因失活，如 $recA^-$，以防重组 DNA 与其染色体 DNA 发生重组整合；③感染寄生缺陷，即细胞丧失在人体等宿主中生存的能力；④具有较高的转化效率；⑤具有与载体选择性标记互补的表型。

3）常用大肠杆菌的基本特性：大肠杆菌有许多优点使其成为基因工程最常用的宿主细胞，主要包括：①遗传背景清楚；②载体 - 受体系统比较完备；③细胞生长周期短，倍增时间约 20min；④重组 DNA 稳定。然而，大肠杆菌可以产生结构复杂、种类繁多的、对组织细胞和人体有毒性的内毒素，因此，用大肠杆菌制备的重组 DNA 在用于真核细胞或人体前需要去除内毒素。

（2）大肠杆菌的选择：大肠杆菌的选择依据是载体上的一些重要结构元件，包括复制起点、抗性基因等。有些菌株是特定载体的宿主细胞，而有些菌株则具有通用性。例如，pET 原核质粒表达载体的宿主细胞是大肠杆菌 BL21（DE3），因为载体上供外源基因表达的乳糖操纵子中的启动子 $P_{Lac}$ 被换成了 T7 RNA 聚合酶能够识别和结合的启动子 $P_{T7}$，相应地，细胞基因组上乳糖操纵子的结构基因被换成了编码 T7 RNA 聚合酶的基因，因而使载体与宿主细胞之间形成一种互补关系。当用乳糖诱导外源基因表达时，实际上细胞先启动 T7 RNA 聚合酶的表达，然后由 T7 RNA 聚合酶启动外源基因的表达（图 22-16）。由此可见，这类载体只有在与之配套的宿主细胞中才能发挥其功能。另外，大肠杆菌有 DNA 腺嘌呤甲基化酶（DNA adenine methylase，dam）和 DNA 胞嘧啶甲基化酶（DNA cytosine methylase，dcm），有时可导致重组 DNA 的甲基化修饰。

**2. 重组 DNA 的克隆筛选**　将转入重组 DNA 的宿主细胞克隆扩增，然后利用单克隆细胞制备单克隆重组 DNA。单克隆细胞是指来源于一个细胞通过无性繁殖产生的细胞群。利用单克隆细胞制备的重组 DNA 就是一个克隆的重组 DNA 分子。细胞克隆化的方法有两种：一种是有限稀释法，另一种是集落扩增法。有限稀释法是将细胞悬液进行稀释，然后种植到培养板孔中，一般从理论上保证每孔细胞数平均 0.4 个，一旦板孔中长出细胞集落，即可认为是一个细胞克隆，多用于真核细胞的克隆化。集落扩增法是在平板培养基上划线接种细胞，从而获得单个集落，即一个克隆，多用于原核细胞的克隆化。重组 DNA 被导入宿主细胞后，可采用遗传标志筛选法、序列特异性筛选法、亲和筛选法等对含重组 DNA 的宿主细胞进行筛选。

（1）借助载体筛选标志进行筛选：载体的遗传标志可以赋予宿主细胞特殊的表型或生长特性，也成为筛选重组 DNA 的方法。

1）利用抗生素抗性标志筛选：将含有某种抗生素抗性基因的载体转化宿主细胞后，将细胞在含有相应抗生素的培养基中培养，无载体转入的细胞将被杀死，生长的细胞即是含有载体的细胞。至于细胞中的载体是否含有目的 DNA 的重组载体，尚需进一步鉴定。

2）利用基因的插入失活 / 插入表达特性筛选：针对某些带有抗生素抗性基因的载体，当外源 DNA 插入某一抗性基因后，便可使该抗性基因失活。借助该抗性标志及载体上的其他标志，便可筛选出带有重组载体的克隆。例如 pBR322 质粒含有 $amp^R$ 和四环素抗性（$tet^R$）两个抗性基因,如将外源 DNA 插入 $tet^R$ 基因序列中,便可使 $tet^R$ 失活,经相应重组载体转化的细菌只能在含有氨苄青霉素的培养基上生长,而不能在含有四环素的培养基上生长(图 22-20)。

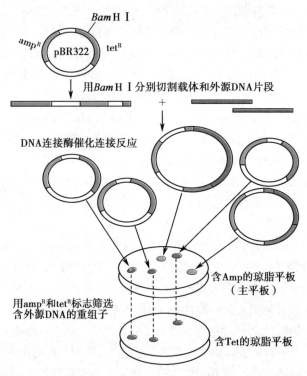

图 22-20　插入失活筛选重组 DNA

利用基因的插入表达也可筛选带有重组载体的克隆。例如,质粒 pTR262 携带来自 λ 噬菌体的 $CI$ 基因,该基因在正常情况下表达产生阻遏蛋白,从而使 $tet^R$ 基因不能表达。当在 $CI$ 基因中插入外源 DNA 后,将导致 $CI$ 基因失活,从而使 $tet^R$ 基因去阻遏而表达。如果细菌内含有插入表达的重组体,则可在含有四环素的培养基上生长。

3) 利用标志补救筛选:标志补救(marker rescue)是指当载体上的标志基因在宿主细胞中表达时,通过互补宿主细胞的相应缺陷而使细胞在相应选择培养基中存活。利用该策略可初步筛选带有载体的重组子。例如,S.cerevisiae 酵母菌株因 trp1 基因突变而不能在缺少色氨酸的培养基上生长;当转入带有功能性 trp1 基因的载体后,转化子则能在色氨酸缺陷的培养基上生长。标志补救也可用于外源基因导入哺乳类细胞后的阳性克隆的初筛。例如,当把带有二氢叶酸还原酶($dhfr$)基因的真核表达载体导入 $dhfr$ 缺陷的哺乳类细胞后,则可使细胞在无胸腺嘧啶的培养基中存活,从而筛选出带有载体的克隆(DHFR 可催化二氢叶酸还原成四氢叶酸,后者可用于合成胸腺嘧啶)。要确定是否为带有重组载体的阳性克隆,还需进一步鉴定。利用 α 互补筛选携带重组质粒的细菌也是一种标志补救选择方法(图 22-21)。

4) 利用噬菌体的包装特性进行筛选:λ 噬菌体的一个重要遗传特性就是其在包装时对 λ DNA 大小有严格要求。只有重组 λ DNA 的长度达到其野生型长度的 75%～105% 时,方能包装形成有活性的噬菌体颗粒,进而在培养基上生长时呈现清晰的噬斑;而不含外源 DNA 的单一噬菌体载体 DNA 因其长度太小而不能被包装成有活性的噬菌体颗粒,故不能感染细菌形成噬斑。根据此原理,可初步筛选出带有重组 λ 噬菌体载体的克隆。

(2) 序列特异性筛选:根据序列特异性进行筛选的方法包括酶切法、PCR 法、核酸杂交法、DNA 测序法等。

1) 酶切法:针对初筛为阳性的克隆,提取重组 DNA,以合适的限制性内切酶进行消化,经琼脂糖凝胶电泳判断有无 DNA 片段的插入及插入片段的大小。同时,根据酶切位点在插入片

Notes

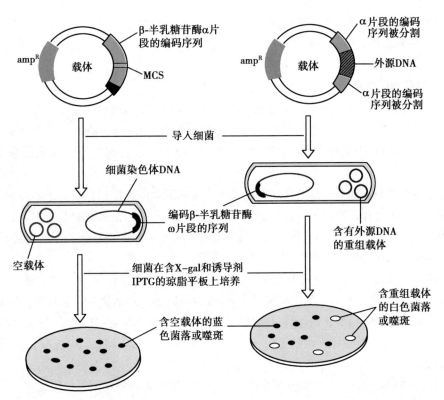

图 22-21　利用 α- 互补的蓝白筛选

段内部的不对称分布,可用该方法鉴定 DNA 片段的插入方向;也可用多种限制性内切酶制作和分析插入片段的酶切图谱。

2）PCR 法:利用序列特异性引物,用 PCR 可鉴定出含目的 DNA 的阳性克隆。如果利用克隆位点两侧序列设计引物进行 PCR,再结合序列分析,便能可靠地证实插入片段的方向、序列和阅读框的正确性。

3）核酸杂交法:该方法可直接筛选和鉴定含有目的 DNA 的克隆。常用方法是菌落或噬斑原位杂交法,其基本过程是:将转有外源 DNA 的菌落或噬斑影印到硝酸纤维素膜上,使细菌裂解所释放的 DNA 吸附在膜上;将膜与标记的核酸探针杂交;检测探针信号确定含重组 DNA 的克隆。根据核酸探针标记物的不同,可通过放射自显影、化学发光、酶作用于底物显色等方法来显示探针的存在位置,也就是阳性克隆存在的位置。

4）DNA 测序法:该法是最准确的鉴定目的 DNA 的方法。针对已知序列,通过 DNA 测序可明确具体序列和阅读框的正确性;针对未知 DNA 片段,可揭示其序列,为进一步研究提供依据。

（3）亲和筛选法:亲和筛选法的前提是重组 DNA 进入宿主细胞后能够表达出其编码产物。常用的亲和筛选法的原理是基于抗原 - 抗体反应或配体 - 受体反应。一般做法与上述菌落或噬斑原位杂交相似,只是被检测的靶分子换成吸附于硝酸纤维素膜上的蛋白质,检测探针换为标记的抗体 / 抗原或配体 / 受体。

## 四、克隆基因的表达

经上述分、选、接、转、筛五个步骤,便完成了 DNA 克隆过程,获得了特异序列的基因组 DNA 或 cDNA 克隆,这是进行重组 DNA 技术操作的基本目的之一。此外,采用重组 DNA 技术还可进行目的基因的表达,实现生命科学研究、医药或商业目的,这是基因工程的最终目标。基因表达涉及正确的基因转录、mRNA 翻译及适当的转录后、翻译后加工过程,这些过程的进行在不同的表达体系是不同的。

Notes

基因工程的表达体系一般可分为两类：一类是原核表达体系，另一类是真核表达体系。前者多采用大肠杆菌作为克隆基因表达的宿主细胞，后者的宿主细胞种类较多，包括酵母细胞、昆虫细胞及哺乳类细胞等。

（一）原核表达体系

原核表达体系由原核表达载体和原核细胞组成。原核表达载体通常是细菌的质粒，也可以是噬菌体，是克隆基因能否表达的关键，大肠杆菌（E.coli）是原核表达体系中最常用的宿主细胞。

1. 原核表达载体的特点　原核表达载体可分为非融合型表达载体、融合型表达载体和分泌型表达载体。

（1）非融合型表达载体：非融合型表达载体不为外源基因提供起始密码子和终止密码子，外源基因的 5′- 端应有起始密码子，3′- 端应有终止密码子，从而保证表达出来的蛋白质不携带任何载体上的序列信息。用此载体时可直接将自带起始密码子和终止密码子的外源基因直接克隆入多克隆酶切位点，不需要考虑酶切位点与阅读框架的关系。

（2）融合型表达载体：融合型表达载体一般在多克隆位点的上游及（或）下游设计了一段含起始密码子和（或）终止密码子的小肽编码基因，外源基因插入到小肽编码基因的下游或上游或之间，并按载体提供的起始密码子进行阅读，表达产物一般在 N- 端和（或）C- 端带有载体信息编码的一段肽。用这类载体表达的重组蛋白一般属于融合蛋白。例如，pET28a 原核质粒表达载体（图 22-16）。

（3）分泌型表达载体：分泌型表达载体是在启动子和多克隆酶切位点之间设计了一段分泌用的小肽编码序列，外源基因被克隆到这段分泌小肽编码区的下游，在某种意义上说，这种载体类似于融合表达载体，只是融合部分能将外源基因编码产物分泌到细胞外，大肠杆菌的分泌型表达载体通常是将重组蛋白分泌到周间隙中。例如，pET26b 原核质粒表达载体。

2. 外源基因在原核细胞中表达的影响因素　外源基因在原核细胞中能否表达除了与外源基因的完整性有关外，还与基因表达调控元件如启动子、终止子等是否完整以及载体与宿主细胞是否配套有关。下面简述几种影响因素。

（1）外源基因本身有问题：外源基因在下列几方面出现问题可影响基因表达：①翻译框架内缺乏起始密码子或（和）终止密码子，导致外源基因结构不完整；②外源基因插入融合表达载体时导致阅读框架位移；③外源基因插入载体时方向错误。

（2）宿主细胞的配套性：表达载体上的重要元件（如启动子）一般是根据特定宿主细胞设计的，如果宿主细胞与其不匹配，即使外源基因被正确插入到表达载体中也不能得到表达。例如，pET28a 原核质粒表达载体（图 22-16），在多克隆酶切位点的上游是 T7 噬菌体来源的 RNA 聚合酶（T7 RNA 聚合酶）识别并结合的启动子序列，与之配套的宿主基因组上的乳糖操纵子中的结构基因被 T7 RNA 聚合酶的编码基因所替换，乳糖或乳糖类似物可诱导宿主细胞产生 T7 RNA 聚合酶。如果宿主细胞不能表达 T7 RNA 聚合酶，导入 pET28a 表达载体就不能表达外源基因。

（3）SD 序列的位置：起始密码子与其上游 SD 序列之间的距离对翻译效率的影响很大（见第十八章）。如果采用融合表达载体，SD 序列与起始密码子之间的距离已经被固定；如果采用非融合表达载体，一定要使 SD 序列处于最合适的位置。

（4）启动子与密码子：表达载体上启动子的强弱可直接影响外源基因的表达水平，外源基因密码子的选择也对表达水平影响很大。偏爱性密码子是指宿主细胞中有丰富的与之相配的 tRNA，选择偏爱性密码子会增加外源基因的表达量。

3. 原核表达体系的缺点　E.coli 表达体系是目前最常用的原核表达体系，但在实际应用中尚有一些不足之处：①由于缺乏转录后加工机制，E.coli 表达体系只能表达克隆的 cDNA，不宜表达真核基因组 DNA；②由于缺乏适当的翻译后加工机制，E.coli 表达体系表达的真核蛋白质不能形成适当的折叠或进行糖基化修饰；③表达的蛋白质常常形成不溶性的包涵体（inclusion

body），欲使其具有活性尚需进行复杂的变性 - 复性处理；④很难在 *E.coli* 表达体系表达大量的可溶性蛋白。

**（二）真核表达体系**

真核表达体系是由真核表达载体和真核细胞组成的。真核表达载体上的表达框架是根据真核基因的转录单位构建的，包括真核启动子、加尾信号和加帽信号等。根据宿主细胞的不同，真核表达体系可分为酵母表达体系、昆虫表达体系、哺乳类细胞表达体系等。

1. **酵母表达系统**　酵母是最简单的单细胞真核生物，在某些方面与原核细胞相似，诸如：繁殖速度快，培养和发酵等操作比较简单。多数酵母细胞内有一内源性质粒 2μm，能在酵母细胞中稳定地自主复制，成为构建酵母质粒载体重要元件，多数酵母表达质粒载体是利用酵母质粒 2μm 上的复制起始位点和自主复制序列（ARS 片段）与细菌质粒片段重组构建而成的。除此之外，酵母又具备真核细胞的特点，能对重组蛋白进行一定程度的翻译后修饰，因此，可以解决原核表达系统不能解决的一些问题。

酵母表达系统是由表达载体及其宿主酵母组成的。表达载体可以是含酵母 2μm 的质粒载体，也可以是酵母人工染色体或根据其他原理构建的载体。酵母表达系统可根据酵母种属不同分为毕赤酵母表达系统、酿酒酵母表达系统、汉逊酵母表达系统等，下面仅简单介绍毕赤酵母表达系统。

毕赤酵母为甲醇型酵母，即能在以甲醇为唯一碳源的培养基上生长的酵母，遗传背景尚不十分清楚。毕赤酵母表达系统是由表达载体及其宿主毕赤酵母组成的，表达载体通常为整合型质粒，通过同源重组整合入酵母染色体中，从而使外源基因可以稳定传代。另外，毕赤酵母表达系统还具有如下特点：①高表达量，表达载体一般采用强启动子，如果能促使载体以多拷贝方式整合到宿主染色体中可进一步提高重组蛋白的表达产量；②高分泌性，毕赤酵母分泌蛋白的能力强；③高实用性，毕赤酵母对重组蛋白的糖基化修饰更接近高等真核生物，同时可对重组蛋白进行胞内或分泌表达，也适于高密发酵，利于工业化生产。然而，毕赤酵母表达系统也有不足，诸如发酵周期长、由于密码子偏爱性问题容易导致转录提前终止、有些重组蛋白过度糖基化等，因此，在应用过程中需对这些问题加以注意。

2. **昆虫表达系统**　昆虫是高等真核生物，能对蛋白质进行翻译后修饰加工。昆虫细胞具有生长速度快、不需 $CO_2$ 及（或）血清、易于悬浮培养并高水平表达外源蛋白等特点。昆虫表达系统是以昆虫细胞为宿主细胞的真核表达系统，昆虫杆状病毒表达系统是最常用的昆虫表达系统。

杆状病毒表达系统是以 Sf9 和 Sf21 细胞系及家蚕为表达宿主、昆虫杆状病毒为表达载体的昆虫表达系统。昆虫杆状病毒（Baculovirus）的基因组是双链环状 DNA 分子，其中多角体蛋白（polyhedrin）编码基因是编码构成病毒包涵体的主要蛋白。在自然界中，昆虫杆状病毒常以包涵体形式从宿主中释放到外界环境中，使病毒在恶劣的环境中不被降解，直到遇到新的宿主，病毒包涵体在昆虫肠道的碱性环境中被降解，病毒颗粒被释放出来并感染宿主细胞，因此，多角体蛋白编码基因对于自然环境中的病毒是必需的。但以培养的昆虫细胞作为宿主细胞传代培养杆状病毒时，病毒不必形成包涵体，多角体蛋白编码基因就是非必需基因，从而可以将外源基因插入多角体蛋白编码基因的启动子下游。

杆状病毒表达载体是指移除多角体蛋白编码基因大部分编码序列后的病毒 DNA，通过转递质粒以同源重组（如 BaculoGold 表达系统）或转座（如 Bac-Bac 表达系统）原理将外源基因从质粒转移到病毒 DNA 上，从而使外源基因位于多角体蛋白编码基因的启动子下游。当重组病毒 DNA 被转入宿主细胞后可包装成病毒颗粒，并随着病毒的复制扩增而表达出重组蛋白。

在应用杆状病毒表达系统时，大部分基因操作都是针对转递质粒进行的。转递质粒（transfer plasmid）是一种用于运送基因片段的克隆质粒，与杆状病毒载体配套的质粒应具备如下特点：①在质粒的多克隆酶切位点上游应含有杆状病毒多角体蛋白编码基因的启动子序列；②在多克

Notes

隆酶切位点的下游应有部分多角体蛋白编码基因的序列（用于同源重组）或两侧有转座臂序列（用于转座重组）。

3. **哺乳类细胞表达系统**　哺乳类细胞表达系统是由真核表达载体及其宿主哺乳类细胞组成的。哺乳类细胞是指来源于哺乳动物的细胞，种类很多，其中中国仓鼠卵巢细胞（Chinese hamster ovary cell, CHO）是目前应用最广的哺乳类基因表达的宿主细胞，非洲绿猴肾细胞系 CV-1 经 SV40 基因组 DNA 转化后所得的 COS 细胞是广泛用于哺乳类基因的瞬时表达。

哺乳类细胞表达外源基因通常有两种方式，一种是稳定表达，另一种为瞬时表达。稳定表达（stable expression）是在重组表达载体转入宿主细胞后先进行克隆筛选，获得稳定表达外源基因的细胞并建立细胞株，这种细胞通常在其基因组上已经整合了外源基因，然后再用克隆化的转染细胞进行外源基因的稳定表达。瞬时表达（transient expression）是指表达载体进入宿主细胞后直接启动外源基因的表达，由于外源基因并没有与宿主染色体发生整合，只能在细胞中短暂存留，因此，这种方式的外源基因表达也是短暂的。

哺乳类细胞表达系统的优势在于：能使外源蛋白更精确地折叠成正确构象，能进行复杂的糖基化修饰加工，能准确地定位表达，从而使表达产物在分子结构、理化特性和生物学活性等方面最接近于天然高等生物蛋白质。因此，哺乳类细胞表达系统适于表达结构复杂且需要精确修饰的功能性蛋白。

# 第三节　重组 DNA 技术在医学中的应用

重组 DNA 技术已广泛应用于生命科学和医学研究、疾病诊断与防治、法医学鉴定、物种修饰与改造等诸多领域，在生物制药领域尤其突出。世界上第一个基因工程药物是利用重组 DNA 技术在大肠杆菌中表达的重组人胰岛素。基因工程制药已经成为当今医药发展的一个重要方向，有望成为 21 世纪的支柱产业之一。该技术一方面可用于改造传统的制药工业，例如使用该技术可改造制药所需要的工程菌种或创建新的工程菌种，从而提高抗生素、维生素、氨基酸等药物的产量；另一方面就是利用该技术生产有药用价值的蛋白质 / 多肽与疫苗等产品。目前上市的基因工程药物已逾百种，表 22-4 列出了部分药物和疫苗。

表 22-4　经重组 DNA 技术制备的部分蛋白质 / 多肽类药物与疫苗

| 产品名称 | 主要功能 |
| --- | --- |
| 组织纤溶酶原激活剂 | 抗凝血、溶解血栓 |
| 凝血因子 Ⅷ、Ⅸ | 促进凝血、治疗血友病 |
| 粒细胞 - 巨噬细胞集落刺激因子 | 刺激白细胞生成 |
| 促红细胞生成素 | 促进红细胞生成，治疗贫血 |
| 多种生长因子 | 刺激细胞生长与分化 |
| 生长素 | 治疗侏儒症 |
| 胰岛素 | 治疗糖尿病 |
| 多种干扰素 | 抗病毒、抗肿瘤、免疫调节 |
| 多种白细胞介素 | 免疫调节、调节造血 |
| 肿瘤坏死因子 | 杀伤肿瘤细胞、免疫调节、参与炎症 |
| 骨形态形成蛋白 | 修复骨缺损、促进骨折愈合 |
| 超氧化物歧化酶 | 清除自由基、抗组织损伤 |
| 单克隆抗体 | 利用其结合特异性进行诊断、肿瘤靶向治疗 |
| 乙肝疫苗 | 预防乙肝 |
| 重组 HPV 衣壳蛋白（L1） | 预防 HPV 感染 |
| 口服重组 B 亚单位霍乱菌苗 | 预防霍乱 |

# 小　结

自然界中的 DNA 至少可采用三种方式发生重组,即同源重组、位点特异性重组和转座重组。同源重组是发生在相同或相似 DNA 之间的互换过程,Holliday 交叉是互换中间产物,可产生交换重组体和非交换重组体。位点特异性重组是发生在序列同源性较低间的一种 DNA 链的互换,条件性基因打靶所用的 Cre-lox 系统就是位点特异性重组的应用,免疫球蛋白基因重排也是位点特异性重组的结果。转座重组是指染色体上 DNA 片段从一个位置移动到另一位置的过程,插入序列是最简单的转座子。

重组 DNA 技术是目的 DNA 插入载体并随载体在宿主细胞中复制扩增或表达的一种方法,主要过程包括:目的 DNA 的获取、载体的选择和准备、目的 DNA 与载体的体外连接或重组、重组体 DNA 导入宿主细胞、重组 DNA 的克隆筛选。限制性内切酶是重组 DNA 技术中最常用的工具酶,可以在 DNA 特定位点水解 3′, 5′-磷酸二酯键,形成黏性末端或平头末端,DNA 片段的末端特性直接影响 DNA 连接的方式,如黏端连接、平端连接、黏端-平端连接。酶切-连接是 DNA 体外重组最常用的方法,利用重组酶也可在体外使目的 DNA 与载体以同源重组或位点重组的方式组合成重组 DNA。重组 DNA 不仅用于目的 DNA 片段的克隆扩增,也可利用表达载体在合适的宿主细胞中表达外源基因产物。原核表达体系多采用大肠杆菌作为宿主细胞,真核表达体系有酵母、昆虫、哺乳类细胞表达体系等。

重组 DNA 技术已经成为现代医药产业的新兴技术,一批具有药用价值的蛋白质或多肽及疫苗是利用重组 DNA 技术生产的。

(王丽颖)

Notes

# 第二十三章　基因结构与功能分析

人类的多种疾病都与基因的结构或功能异常有关,因此,要阐明疾病发生的分子机制和进行有效的诊断与防治,均需首先揭示基因的结构与功能。DNA 序列测定可解析基因一级结构;基因转录起点及其启动子的分析有助于揭示基因的转录特征;基因编码序列的分析有助于揭示mRNA 的结构特点;基因拷贝数及其表达产物的分析有助于揭示基因功能改变的原因。基因功能获得和(或)缺失策略以及随机突变筛选策略是鉴定基因功能的常用手段。早期分析基因结构的方法是将基因序列从基因组文库或 cDNA 文库"钓"出,经克隆、测序后确定基因的结构,随着基因和基因组数据库的建立,现在可以对基因序列通过各种数据库进行检索、比对,对基因结构进行预测,同时结合分子生物学实验操作验证预测,或可通过实验获得新发现,补充数据库。

## 第一节　基因序列结构的生物信息学检索和比对分析

对基因序列进行生物信息学(bioinformatics)分析,可以从简单的基因序列中获得尽可能多的信息,如基因序列的编码区、调控区及其在染色体上的定位,并可对基因表达产物的结构和功能进行预测。随着各种数据库的诞生和发展,生物信息学分析技术已经具备强大的功能,甚至衍生出电子克隆基因的新技术,在电脑中对基因序列进行检索、比对、拼接及结构分析和预测等。生物信息学数据库已经成为分析基因结构的重要手段,灵活运用不同数据库及软件工具可达到分析基因、基因组及其他生物信息的目的。目前有很多序列比对软件工具及数据库可供学习者和专业工作者在相关网站查询。

### 一、通过数据库进行基因序列的同源性检索及比对

#### (一)利用公共资源提供的核苷酸数据库及检索工具进行分析

核苷酸数据库是由国际核苷酸序列数据库成员美国国立生物技术信息学中心(National Center for Biotechnology Information,NCBI)的遗传序列数据库(genetic sequence database,GenBank)、日本 DNA 数据库(DNA Data Bank of Japan,DDBJ)和英国 Hinxton Hall 的欧洲分子生物学实验室数据库(European Molecular Biology Laboratory,EMBL)3 部分数据组成。

NCBI 除了建有 GenBank 核酸序列数据库外,还提供多功能数据检索及分析工具。BLAST(Basic Local Alignment Search Tool)是可以对核苷酸数据库进行相似性比较的分析工具,其中BLASTn 是根据核苷酸序列搜索相似性较高的核苷酸序列的工具,尤其适用于对新 DNA 序列和 EST 的分析;tBLASTn 是根据蛋白质序列检索核苷酸序列的工具,可用于寻找数据库中没有标注的基因编码区;tBLASTx 是以核苷酸序列检索同源核苷酸序列的工具,特别适于分析EST。BLAST 程序可以迅速与公开数据库进行相似性比较,其比较结果以一种对相似性进行统计后的得分来表示,得分负值越大相似性越高。

NCBI 还提供数据库检索查询系统 Entrez。Entrez 是一种综合生物信息数据库的检索系统,既可以检索 GenBank 中的核酸数据,也可以检索来自 GenBank 或其他数据库中的蛋白质序列数据、蛋白质三维结构数据、基因组图谱数据以及 PubMed 的 Medline 文献数据等。

（二）核酸序列的同源性比对

利用数据库可对不同基因的核酸序列进行相似性比对，比较两条核酸序列之间（双序列比对）或多序列之间（多序列比对）的相似性，并对相似性序列的碱基及氨基酸对应位置关系进行分析。相似性（similarity）和同源性（homology）是两个不同的概念。相似性是被比较的序列之间相同碱基所占比例的大小，而同源性是被比较序列来源于一共同祖先序列的可能性，相似性高的序列可能是同源序列。利用相似性搜索比对可以在两条 mRNA 序列中寻找开放阅读框架，或通过多序列比对确定基因家族新成员，或对基因进化进行分析并绘制进化系统树，或拼接发现新基因。

1. **通过两条核酸序列的比对进行相似性搜索**　在获得一个基因或 DNA 序列后，需要对其进行生物信息学分析，从而判断序列的正确性或变异情况。采用 PCR 或 RT-PCR 将目的基因钓取出来，经克隆测序后，将测序获得的序列放在 GenBank 数据库中进行两两比对。

PCR 引物序列也需要比对。Primer-BLAST 是一套用于设计及分析 PCR 引物的工具。一般来说，首先根据模板设计引物序列，然后利用 Primer-BLAST 分析两条引物序列与模板序列的匹配程度，并在目标数据库中比对引物与其他序列之间的匹配性，保证选取特异性序列作为引物。这套分析工具也可以在没有模板序列的情况下在数据库中分析引物的最佳匹配模板序列。

2. **通过多条核酸序列的比对进行相似性搜索**　利用核酸序列相似性搜索比对，可以根据一个特征性序列在数据库中寻找家族中的其他成员，并依此进行多序列比对。例如，利用病毒癌基因 *v-sis* 在数据库中进行相似性搜索比对，结果发现与其具有同源性的序列是哺乳动物细胞血小板衍生因子（platelet-derived growth factor，PDGF）的编码基因序列，并依此确定了细胞癌基因 *c-sis*。

基于表达序列标签（expression sequence tag，EST）在数据库中进行相似性搜索，是拼接新基因序列的一种有效方法。EST 一般是从 cDNA 克隆中通过随机挑取克隆并测序后所获得的 DNA 序列，长度一般在 200～500bp 左右。GenBank 数据库中的数据有 56% 是人类的基因组序列，其中 34% 序列是人类的 EST 序列。基于已知的 EST 序列在 GenBank 的 EST 数据库中进行 BLAST 比对，由于不同 EST 序列之间可能存在部分序列重叠现象，对具有一定同源性的 EST 序列进行比较分析，并将旁侧序列进行人工拼接，并反复在数据库中搜索比对，然后将拼接后的基因序列在基因数据库中比对，可能发现新基因序列。

利用同源性比对的方法，可以从数据库中钓取与检测序列有一定同源性的序列，并可利用 cDNA 与基因组序列的特征性，根据遗传密码子和内含子的 GT……AG 序列原则，可以对同源的基因组序列中的内含子、外显子进行注释，也可以推测基因的起始密码子位置。

## 二、利用基因数据库查找基因序列

利用数据库可以查找已知的基因序列，也可以查找未知的基因序列，无论哪种需求，都有一种以上的策略供选择。

（一）利用基因数据库检索/比对已知的基因序列

这是一种目标明确的搜索过程，可根据已掌握的信息在 GenBank 上进行查找。基本策略为：①根据基因的 ID 号进行查找。如果在文献中了解感兴趣的基因，而且文献亦提供了该基因在 GenBank 中的 ID 号，到 http://www.ncbi.nlm.nih.gov 网页上直接通过 Search 下拉框找到 Nucleotide，将 GenBank ID 号输入检索框中即可查找。②根据基因的名称进行查找。多数文献不会提供基因在 GenBank 中的 ID 号，但都会提供基因的名称，以基因的名称作为关键词即可在 GenBank 中进行查找。如果利用基因的来源叠加关键词，可以缩窄查找范围。③利用全基因序列进行查找。很多情况下，待查找的基因序列已经获得，例如，采用 PCR 扩增获得某一基因，并进行测序分析，但需要确定所获得基因序列是否与数据库中的序列完全一致，在这种情况下，

Notes

可以直接采取两两比对的方法,即先将基因序列从数据库中查找出来,然后利用BLAST分别将数据库中的基因序列和测序获得的基因序列输入相应框中即可。

（二）对未知基因序列检索需要选择查找线索

如果在实验研究中获得了一段DNA序列,但并不知道属于哪个基因,可以此DNA序列作为"检索探针",在数据库中查找相关序列。在这种情况下,选择作为查找的线索非常重要。有以下方法可用于未知基因序列的查找:①通过EST进行电子克隆。利用相似性搜索,在EST数据库中找到具有一定同源序列的EST,然后根据各EST序列之间的重叠部分延长序列,继续在数据库中进行搜寻,如此反复,最后经过聚类分析等可以获得EST所代表的基因序列。②利用不同生物基因数据库进行同源性比对。查找一段DNA序列所代表的未知基因序列,可以将其输入不同基因数据库中进行搜索比对,可能由于不同种属基因存在一定同源性的关系提供一些线索,然后再寻找线索进行定向搜索。③通过预测查找基因序列。确定一段DNA序列是一个基因需要有证据的支持,假如一段DNA序列的推导产物与某个已知蛋白质序列有较高的相似性,可能预示这个DNA片段是基因的外显子;在一段DNA序列上含有密码子的开放阅读框架,说明这段DNA极有可能是基因的编码序列。

## 三、将基因序列定位到染色体（定位分析）

在以一个新认识或新发现的基因为研究对象（目的基因）时,可利用不同生物基因组数据库,根据"基因非编码区的进化一般比编码区快"这一事实,通过对不同种属已知基因序列的同源性比对,以基因编码区有高度同源性的特性进行基因作图及基因定位,从而确定目的基因在染色体中的位置。目的基因一旦被定位到动物染色体的某一特定区域,即可根据这个区域得到一些相关的信息,并将这些信息移植到人或其他生物的相关染色体区域。

将目的基因序列定位到染色体的某一位置后,可根据基因组图谱对其上下游的基因进行浏览,通过观察相应区域上下游基因对目的基因进行精确定位。具体操作是:先进入基因组数据库对目的基因序列进行BLAST搜索,然后通过"Genome view"观察基因组结构,最后点击相应染色体区域进行定位分析。

## 第二节　基因结构的分析

对一个新基因的了解,不仅需要通过序列测定了解一级结构,还要确定基因的具体结构,包括启动子、转录起点、编码序列等。对基因结构的了解有助于揭示基因的转录特征、mRNA的结构特点,有利于深入研究基因表达调控的分子机制。因此,对基因结构的分析是基因研究的重要内容之一。

### 一、基因转录起始点的鉴定

基因的转录起始点（transcription start site, TSS）是开始转录RNA的位点,也是基因结构的重要特性。有关转录起始点的精确位置信息以及它们的表达水平对于鉴定基因可能的上游启动子位置和理解转录调节是非常重要的。本节主要介绍真核生物结构基因转录起始点的鉴定方法。

（一）基因转录起始点位于起始子序列内

II类启动子一般由核心元件（core element）和上游启动子元件（upstream promoter element, UPE）组成,其中核心元件主要包括TATA盒（TATA box）和转录起始位点。转录起始点是指与mRNA第一个碱基相对应的DNA序列。不同基因的转录起始点一般没有同源序列,但mRNA的第一个碱基倾向于A（+1）,侧翼序列一般为嘧啶（Py）,由此组成Py2CAPy5（其中Py代表嘧啶）的序列特征,这一区域被称作起始子（initiator, Inr）,位于基因的-3~+5区域。RNA聚合酶

Notes

启动基因转录时,Inr 是不可或缺的,Inr 对于启动子的强弱和起始位点的选择是非常重要的。

（二）可用于基因转录起始点序列分析的几种方法

利用 mRNA 提供模板合成 cDNA,通过克隆、扩增及测序的方法,可对基因转录起始点序列进行分析鉴定。

1. cDNA 克隆直接测序鉴定转录起始点 利用真核 mRNA 特有的 3′- 端 poly（A）尾,通过 Oligo（dT）引导合成第一链 cDNA;然后利用逆转录酶特有的末端转移酶活性,在第一链 cDNA 的末端加上 poly（C）尾,以 Oligo（dG）引导合成第二链 cDNA,将双链 cDNA 克隆到合适的载体中,通过对 cDNA 克隆的 5′- 端进行测序分析即可确定基因的转录起始点序列（图 23-1）。

2. cDNA 末端快速扩增技术鉴定转录起始点 cDNA 末端快速扩增技术（rapid amplification of cDNA ends, RACE）是一种基于 PCR 从低丰度的基因转录本中快速扩增 cDNA 的 5′- 端和 3′- 端的方法。其中锚定 PCR（anchored PCR）就是一种主要用于分析具有可变末端 DNA 序列的方法。锚定 PCR 也是先合成 cDNA,然后用末端转移酶在 3′ 可变区末端加上一个 polyG 尾,并根据已知的部分基因序列设计一个引物,另一条引物是靶向 polyG 尾的,利用这两条引物进行 PCR 扩增,靶向 polyG 尾的引物可以将扩增产物的一个末端固定,从而实现用已知的部分基因序列得到完整 cDNA 末端序列的目的（图 23-2）。

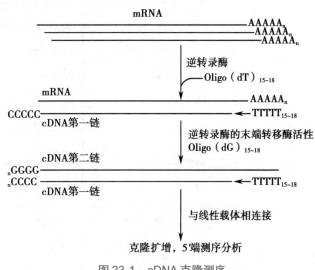

图 23-1 cDNA 克隆测序

3. 连续分析基因转录起始点 在 RACE 的基础上,通过在转录本 5′- 端引入一个特殊的 II 型限制性核酸内切酶识别位点,实现了基因 5′- 端短片段串联连接产物一次测序分析多个基因转录起始点的目的,其中 5′- 端连续分析基因表达（5′-end serial analysis of gene expression,5′-SAGE）

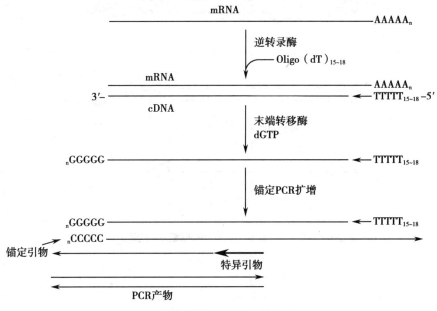

图 23-2 传统 RACE 的基本流程

Notes

和帽分析基因表达（cap analysis gene expression, CAGE）就是两种能连续分析基因转录起始点的方法。

（1）5′-SAGE 用于分析基因转录起始点：5′-SAGE 是在 PCR 过程中将 *Mme* I 酶切位点引物 cDNA 的 5′- 端，通过酶切和连接获得不同短片段重复序列，并对重复序列进行测序获得大量片段序列信息，不同序列的短片段代表不同基因的转录起始点。

5′-SAGE 需要在 RNA 上首选去除 5′- 磷酸和帽结构，然后将含有 *Mme* I 和另一种用于后续短片段连接的内切酶（如 *Xho* I）识别位点的寡核苷酸接头连接到 RNA 的 5′- 端，以随机引物进行第一链 cDNA 的合成，然后以生物素标记的 PCR 引物进行 PCR 扩增（图 23-3）。在获得 PCR

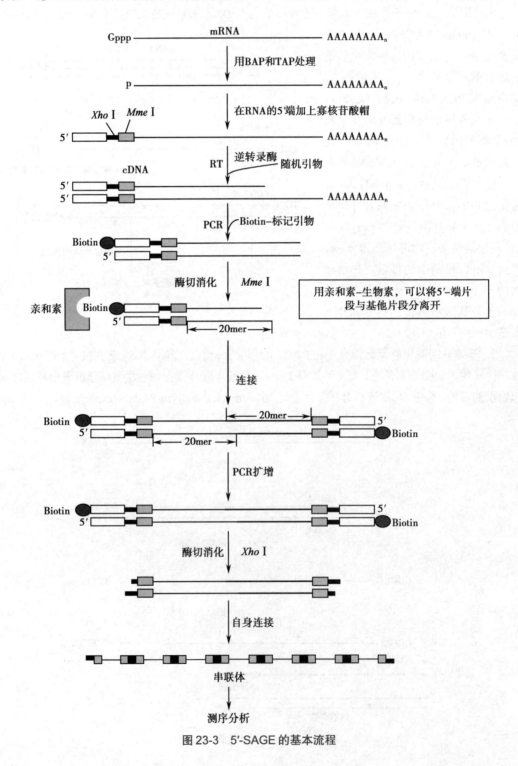

图 23-3　5′-SAGE 的基本流程

产物后，需要用 *Mme* I 和 *Xho* I 处理 PCR 产物，从而产生 *Xho* I 黏性末端的 20bp 短片段，用连接酶将所产生的短片段连接成串联重复序列，最后进行测序分析。根据 5'- 末端序列信息，在基因组数据库中通过同源性比对，实现将 20bp 碱基序列与基因组序列直接对应分析。

（2）CAGE 用于分析基因转录起始点：CAGE 流程（图 23-4）与 5'-SAGE 非常相似，不同的是，CAGE 不需要在 RNA 上加接头，而是用 Oligo（dT）引物先进行第一链 cDNA 的合成，然后通过捕获帽结构，将含有 *Mme* I 和另一内切酶位点如 *Xma*J I 的接头加到单链全长 cDNA 的 3'-末端，并以接头为模板进行第二链 cDNA 的合成；用 *Mme* I 消化双链 cDNA，然后将含有第三种内切酶如 *Xba* I 的接头连接到短双链 cDNA 的另一端，PCR 扩增短双链 cDNA；用 *Xma*J I 和 *Xba* I 切割 PCR 产物，纯化后进行连接，并对连接体进行测序分析。

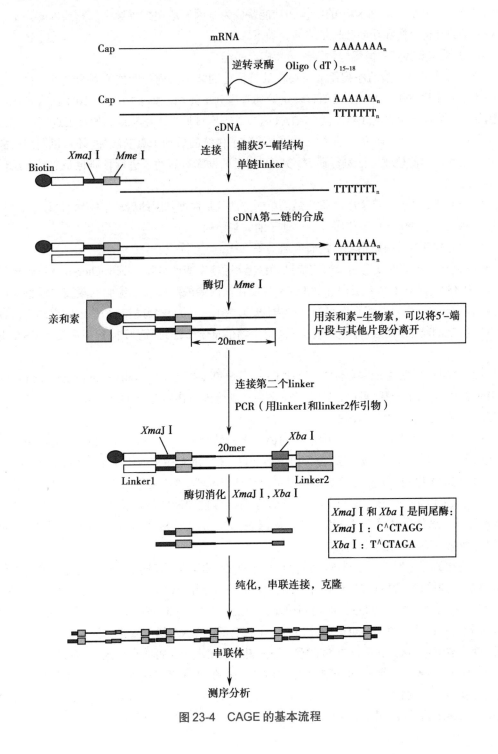

图 23-4 CAGE 的基本流程

4. 利用数据库搜索转录起始点　利用对寡核苷酸帽法构建的全长 cDNA 文库 5′- 端测序所得的数据信息，目前已建立了一个转录起始点数据库（DataBase of Transcription Start Stites，DBTSS）。在此基础上，通过将寡核苷酸帽法和大量平行测序技术相结合，开发了一种 TSS 测序法，从而实现了一次测试可产生 $1 \times 10^7$ TSS 数据。

利用数据库资源可以为基因转录起始点的鉴定提供重要参考，随着实验数据的不断积累，数据库资源必将成为分析基因表达及调控以及确定转录起始点的重要工具。

## 二、启动子的结构和功能分析

启动子是基因的重要结构成分（第十三章），启动子的结构和功能直接影响基因的表达水平（第十九章），因此，分析启动子的结构和功能就成为基因表达调控领域中的重要内容。本节针对启动子的结构分析和功能分析策略简介如下。

### （一）采用实验结合信息检索策略分析启动子结构

分析启动子核苷酸的序列组成主要以其特征性的共有序列和所处位置为线索。尽管各个基因的启动子序列不尽相同，但都有一定的共有序列单元，比如，约 10%～20% 的真核蛋白质编码基因的启动子都含有 TATA 盒（TATA box），这一区域通常距离转录起始点很近，能与 TATA 结合蛋白结合。因此，研究启动子结构的方法除了传统的启动子克隆法外，还可以利用核酸与蛋白质相互作用的检测方法进行研究，另外，利用数据库对启动子进行预测也是启动子结构的研究方法。

1. 利用 PCR 技术克隆启动子　最简单的方法就是根据基因的启动子序列，设计一对引物，然后以 PCR 法扩增启动子，测序分析启动子的碱基序列。

2. 利用核酸 - 蛋白质相互作用研究启动子

（1）用电泳迁移率变动实验研究启动子：电泳迁移率变动实验（electrophoretic mobility shift assay，EMSA）是利用结合蛋白质的 DNA 片段在聚丙烯酰胺凝胶或琼脂糖凝胶中迁移滞后的特点，研究核酸 - 蛋白质相互作用的一种方法（第二十一章）。在分析某个基因的启动子区域是否存在特定的转录因子结合位点时，可采用生物信息学方法进行预测，然后采用 EMSA 进行鉴定。

（2）用染色质免疫沉淀技术鉴定启动子：染色质免疫共沉淀（chromatin immuno precipitation，ChIP）技术（第二十一章）可确定特定的蛋白质在细胞内与特异性 DNA 序列的结合。此方法也可以鉴定转录因子是否与基因的启动子结合。

（3）采用足迹法揭示启动子中潜在的调节蛋白结合位点：EMSA 和 ChIP 法通常是鉴定特定的转录因子与启动子区域的结合。如果结合位点的 DNA 序列并不清楚，这两个方法并不能用于鉴定 DNA 序列。采用足迹法则可以鉴定启动子区域中的转录因子结合位点的具体序列。

足迹法（footprinting）是利用 DNA 电泳条带连续性中断的图谱特点判断与蛋白质结合的 DNA 区域。这种方法需要对被检测的 DNA 进行切割消化。根据切割 DNA 试剂的不同，足迹法可分成酶足迹法和化学足迹法。

足迹法的基本原理（图 23-5）：将含有待分析的（启动子）双链 DNA 片段进行单链末端标记，并与核抽提物（含核蛋白）进行体外结合反应，然后利用酶（如 DNase Ⅰ）或化学法随机切割 DNA，而被蛋白质结合的 DNA 区段则被保护，通过控制反应时间产生一系列长短不同的 DNA 片段，经变性电泳分离后即可形成以相差一个核苷酸的 DNA 梯度条带。因为被结合蛋白结合的区域未被消化，从而在凝胶电泳的感光胶片图像上出现无条带的空白区域（足迹）。对照未经结合反应的 DNA 序列标志，即可判断蛋白质结合区的 DNA 精确序列。如果根据生物信息学检索已经获得潜在的特异调节蛋白结合位点信息，在进行结合反应时，不是加入核抽提物，而是纯化了的转录因子，利用足迹法很容易确定结合转录因子的 DNA 序列。

Notes

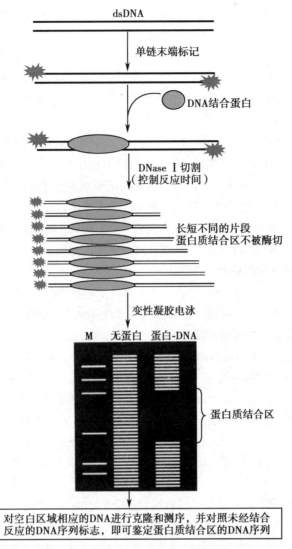

图 23-5　DNase I 足迹法的基本原理

**3. 采用生物信息学方法预测启动子**　目前已经累积很多完整真核生物基因组的序列信息。对基因组注释工作之一就是界定、描绘启动子，因此，启动子的预测就显得非常重要。预测启动子是发现新基因或其他方面漏掉基因的有效方法，也可以指导实验研究工作。

（1）预测启动子的结构特性：启动子存在于基因的上游区域，该区域含有调控基因激活或抑制的序列。对启动子进行结构解析或描述（定义）时应包括 3 个部分：①核心启动子（core promoter）：即实际结合转录装置（transcription apparatus）的区域，典型的区域是转录起始点（TSS）上游 −35 区域以内；②近端启动子（proximal promoter）：是含有几个调控元件的区域，其范围一般涉及 TSS 上游几百个碱基；③远端启动子（distal promoter）：范围涉及 TSS 上游几千个碱基，含有增强子（enhancer）和沉默子（silencer）的调控元件。

启动子区域的其他结构特征包括 GC 含量、CpG 比率、转录因子结合位点（TFBS）密度。约 70% 以上哺乳动物基因 5′ 区都含有 CpG 岛（CpG island），常与启动子序列重叠或交盖，故可用于鉴定启动子。也可以根据始祖启动子与 mRNA 转录本之间的相似性鉴定启动子。

（2）利用启动子数据库和启动子预测算法定义启动子：用于启动子预测的数据库有多种，比如，EPD（eukaryotic promoter databases）数据库，主要预测真核 RNA 聚合酶 II 型启动子，数据库中的所有启动子数据信息都经过实验证实；TRRD（transcription regulatory regions databases）

Notes

是一个转录调控区数据库,数据来源于已发表的科学论文。这些数据库主要通过计算机识别、判断及分析,在数据库中寻找启动子的特异性特征结构。然而,有些结构特征是有种属特异性的,比如,TATA 盒在酵母启动子中的出现频率非常高,而在哺乳动物和植物启动子中并不经常出现。另外,有些数据库本身的数据是根据特定种属建立的,比如,PLACG(plant cis-acting regulatory DNA elements)是根据文献中植物顺式作用元件相关数据资料建立的模体数据库,从而限制了数据库的应用。

根据启动子的共有序列进行预测可以鉴定一定数量的启动子,比如人基因组中含有 TATA 盒的启动子约有 5%~30%,但显然是有限的。有研究根据长的、伸展 DNA 的一些特性预测核心启动子,比如,Eps(easy promoter prediction program)是利用 DNA 的 GC 含量等结构特征预测基因组中的核心启动子,这些结构特征包括 GC 序列特征、DNA 理化特性、DNA 变性值、蛋白质诱导的 DNA 可变形性、DNA 双链解离能量等,其中 TSS 附近的 GC 含量是启动子的一个重要特征,因此,基因转录起始点数据库(DBTSS)资源也成为启动子预测的辅助工具。

### (二)采用实验方法分析启动子的功能

启动子是控制基因转录的 DNA 序列。由于启动子区域的顺式作用元件在基因的特异性表达中发挥重要作用,因此,可以通过连接报告基因研究启动子的功能。

**1. 分析启动子功能需要报告基因**  报告基因(reporter gene)可提供一种在细胞培养条件下或动植物体内作为筛选标志的易检测信号,因而是研究启动子功能的有效手段。

(1)常用的报告基因有多种:常用的报告基因有荧光蛋白基因、荧光素酶(luciferase,luc)基因。水母绿色荧光蛋白(green fluorescent protein,GFP)编码基因是最常用的一种报告基因,其编码的 GFP 能在蓝色光源照射下发出绿光。荧光素酶编码基因编码的荧光素酶能催化荧光素(luciferin)发光。编码红色荧光蛋白(red fluorescent protein)的 dsRed 基因及编码 β- 半乳糖苷酶(β-galactosidase)的 LacZ 基因也是常用的报告基因,其中 β- 半乳糖苷酶可以使细菌在含 X-gal 培养基中生长时变成蓝色。

(2)报告基因的应用:研究启动子活性时,将荧光蛋白或酶的编码基因(结构基因)重组连接到拟研究的启动子序列的下游,构建成报告基因的表达载体,可通过荧光蛋白或酶的表达水平而检测其启动子的活性。这是研究启动子功能的重要方法,启动子捕获就是利用报告基因研究启动子功能的一种技术。

**2. 利用报告基因可分析启动子活性或捕获启动子**

(1)利用荧光素酶系统分析启动子的转录激活能力:在生物学研究中,荧光素酶常被作为一种报告蛋白用来评价启动子的转录活性。将荧光素酶的结构基因与拟研究的启动子序列重组连接,构建报告基因,使荧光素酶结构基因的转录完全受控于这个启动子。将含有报告基因的质粒(报告质粒)转染到合适的细胞中,当培养液中含有荧光素时,荧光素酶催化荧光素发光。荧光素酶系统也可以在动物体内研究启动子的活性,通过给荧光素酶基因阳性动物注射荧光素,可以用敏感的偶联电荷设备照相机(charge-couple device camera,CCD camera)观测动物体内的发光情况。

(2)利用报告基因捕获启动子序列:启动子捕获技术(promoter trapping)是利用启动子捕获载体(promoter trap vector)筛选获取含有启动子的 DNA 序列。启动子捕获载体通常含有一个报告基因(结构基因)及其上游的多克隆酶切位点。将待检测的 DNA 片段插入载体,使其处于报告基因上游,如果 DNA 序列中含有启动子元件,当将重组载体导入合适的宿主细胞中后,报告基因即可表达。利用启动子捕获载体构建启动子捕获文库,即将酶切产生的基因组 DNA 片段随机插入启动子捕获载体上,通过检测报告基因的表达,可筛选获得含有启动子的 DNA 片段。

启动子捕获载体可以研究已知启动子活性位点,在构建启动子捕获载体时,可以通过缺失

Notes

突变将不同长短的启动子序列插入报告基因上游,构建含不同长度启动子片段的转化菌,经诱导后观察报告基因的表达水平,从而判断启动子的重要功能元件。

## 三、基因编码区结构分析

基因编码区有两种含义:一是指结构基因编码成熟 RNA 的序列(外显子),二是指编码蛋白质的序列(即转录到 mRNA 中的开放阅读框)。以 mRNA 为模板构建 cDNA 文库是研究基因结构的重要手段,并以此为基础出现了多种用于研究基因结构的方法。本节对基因编码序列的分析策略做一简单介绍。

（一）基因编码区具有结构特征

基因的编码序列具有一些特征性序列,比如,开放阅读框、蛋白质翻译的起始密码子和终止密码子,而且真核基因的外显子和内含子之间有特殊序列等,都为基因编码区的鉴定提供了线索。

1. **基因编码序列含有开放阅读框**　合成蛋白质的直接模板是 mRNA,因此,密码子是在 mRNA 水平上定义的。相应地,将 DNA 中的对应序列也称作密码子,结构基因中含有与开放阅读框(open reading frame,ORF)对应的序列。一般来说,ORF 的存在,尤其较长序列中存在连续的 ORF,通常提示基因序列的存在。

分析一段 DNA 序列中是否存在 ORF,从理论上说,一般需要对双链 DNA 序列的 6 种阅读框架进行分析,每一条链分析 3 种阅读框架,从起始密码子到终止密码子的最长序列通常可以被确定为 ORF,尤其是原核基因。

2. **真核基因内含子与外显子交界区有 mRNA 选择性剪接序列特征**　mRNA 的选择性剪接(alternative splicing)是指基因外显子转录产物 RNA 以不同方式进行切割再连接的过程。一般情况下,真核基因的内含子在与外显子交界区域有共有序列——在内含子的 5'- 端有 GU 序列,3'- 端有 AG 序列。另外,在接近内含子 3'- 端还有一个分叉点,这个分叉点总是 A,其周围序列在不同生物可能不一样,比如,脊椎动物多为 CURAY(其中 R 代表嘌呤,Y 代表嘧啶),而酵母为 UACUAAC。

3. **基因外显子的序列包括 3 部分**　基因外显子可以被分成 3 部分——能够被翻译成蛋白质的编码区、5'- 非翻译区(5'-UTR)和 3'- 非翻译区(3'-UTR)。5'-UTR 中有作为蛋白质翻译起始重要元件的 Kozak 序列,3'-UTR 位于终止密码子下游,含有 poly(A)尾的加尾信号 AATAAA 序列。

Kozak 序列由起始密码子 AUG 及其周围序列组成,将起始密码子 AUG 的第一个碱基标记为 +1 位,+4 位的偏好碱基一般为 G。但不同生物基因的 Kozak 序列可能不同,比如,脊椎动物基因的 Kozak 序列为 gccRccAUGG(其中 R 一般为嘌呤),酵母基因的 Kozak 序列为 aAaAaAAUGUCu。一般认为,+4 位和 −6 位碱基对蛋白质的翻译起始非常重要,在意大利东南部的一个家庭发现 β- 球蛋白(β+)mRNA 中 Kozak 序列的 −6 位 G 变成了 C,使血红蛋白的球蛋白比例出现错误,β 链减少而 α 链相对过剩,导致地中海贫血的发生。

（二）可用于基因编码区结构分析的几种技术

基因的编码序列是指能出现在成熟 mRNA 中的核苷酸序列,以 mRNA 为模板,逆转录合成 cDNA,并对 cDNA 进行克隆测序或构建 cDNA 文库是最早分析基因编码序列的方法。目前根据基因编码序列的结构特征,微点阵技术、交联 - 免疫沉淀技术以及数据库搜索比对等也成为编码序列的分析手段。

1. **用 cDNA 文库分析基因编码序列**　构建 cDNA 文库,通过 cDNA 文库筛选可以分析基因组中的编码序列,确定基因编码区的结构或发现新基因。

cDNA 文库是包含某一组织细胞在一定条件下所表达的全部 mRNA 经逆转录而合成的 cDNA

Notes

序列的克隆群体，它以 cDNA 片段的形式贮存着该组织细胞的基因表达信息。经典 cDNA 文库的构建一般采用 Oligo(dT)为逆转录引物，在逆转录酶的催化下，以 mRNA 为模板合成 cDNA 的第一链，并在第二链合成后将接头加到 cDNA 末端，连接到适当的载体中，经过分析、扩增及鉴定后获得 cDNA 文库。

cDNA 文库是否能提供基因完整的序列和功能信息，有赖于文库中重组 cDNA 片段的长度。全长 cDNA 文库一般可以通过 mRNA 的结构特征进行判断，即 5′-UTR、编码序列和 3′-UTR，其中编码序列是以起始密码子开头、终止密码子结尾的开放阅读框。

以 cDNA 文库作为编码序列的模板，利用 PCR 法即可将目的基因的编码序列钓取出来。若按基因的保守序列合成 PCR 引物，可从 cDNA 文库中克隆未知基因的编码序列，还可以通过分析 PCR 产物观察到 mRNA 的不同拼接方式。

为了高效率钓取未知基因的编码序列，可以采用 RACE(rapid amplification of cDNA end)法，即以 mRNA 内很短的一段序列即可扩增与其互补的 cDNA 末端序列，以此为线索，经过多次扩增及测序分析，最终可以获得基因的全部编码序列。

也可以采用核酸杂交的方法从 cDNA 文库中获得特定基因编码序列的 cDNA 克隆，这种方法为寻找同源基因编码序列提供了可能。根据其他生物的基因序列合成一段 DNA 探针，然后以核酸杂交法筛选 cDNA 文库，并对阳性克隆的 cDNA 片段进行序列分析。

2. 用 RNA 间接分析法确定基因编码序列　分析选择性剪接是一项具有挑战性的工作。通常情况下，选择性剪接的转录产物可以通过 EST 序列的比较进行鉴定，但这种方法需要进行大量的 EST 序列测定，而且大多数 EST 文库是来源于非常有限的组织，组织特异性剪接变异体也很可能丢失。高通量分析 RNA 剪接的方法主要有 3 种：基于 DNA 微点阵分析、交联免疫沉淀(cross-linking and immunoprecipitation, CLIP)和体外报告基因测定法。

在 DNA 微点阵分析中，常用的是代表外显子的 DNA 阵列(如 Affymetrix 外显子微阵列)或外显子/外显子交界的 DNA 片段阵列(如 ExonHit 或 Jivan 阵列)。以 cDNA 为探针，通过微点阵技术平台筛选 RNA 剪接体，以此为线索可以确定基因的编码序列。

采用 CLIP 检测 RNA 剪接体，首先用紫外线将蛋白质和 RNA 交联在一起，再用蛋白质特异性抗体将蛋白质 -RNA 复合物沉淀析出，分析蛋白质结合的 RNA 序列，即可确定 RNA 的剪接位点，以此为线索即可推导基因编码序列和内含子交界区序列。

利用报告基因也可以检测 RNA 剪接体，即将报告基因克隆到载体中，使 RNA 剪接成为活化报告基因的促使因素，通过分析报告基因的表达水平，即可推测克隆片段的 RNA 剪接情况，以此为线索即可分析基因的编码序列。

3. 利用数据库分析基因编码序列　将各种方法所获得的 cDNA 片段的序列在基因数据库中进行同源性比对，通过染色体定位分析、内含子/外显子分析、ORF 分析及表达谱分析等，可以明确基因的编码序列，并可对其编码产物的基本性质如跨膜区、信号肽序列等进行分析。

随着基因数据库的信息量增大，利用有限序列信息即可通过相似性搜索获得全长基因序列，使用 NCBI 的 ORF Finder 软件或 EMBOSS 中的 getorf 软件进行 ORF 分析，并根据编码序列和非编码序列的结构特点，确定基因的编码序列。

# 第三节　基因表达的分析策略

研究基因功能和基因表达调控，则必须要检测基因的表达水平。基因表达分析在医学研究中几乎是必不可少的实验技术。由于基因表达包括转录和翻译，而基因表达的调控既可发生在转录水平，也可发生在翻译水平，基因表达分析通常需要同时在 mRNA 水平和蛋白质水平同时进行检测。

Notes

## 一、通过检测 mRNA 分析基因转录活性

　　基因表达分析分为封闭性系统和开放性系统研究策略。封闭性系统，例如 DNA 微阵列、Northern 印迹、实时 RT-PCR 等方法，其应用范围仅限于已测序的物种，只能研究已知的基因。开放性系统研究方法，如差异显示 PCR、双向基因表达指纹图谱、分子索引法、随机引物 PCR指纹分析等，可以发现和分析未知的基因。这里主要介绍已知基因的常用表达分析方法。

　　（一）聚合酶链式反应是常用的 mRNA 检测方法

　　1. 逆转录 PCR 可用于 mRNA 定性或半定量分析　逆转录 PCR（第二十一章）可对基因表达水平进行半定量分析。但逆转录 PCR 更多地是用于定性分析，即确定一个基因在细胞中或组织中是否表达。

　　2. 实时定量 PCR 常用于 mRNA 的定量分析　实时定量 PCR（第二十一章）是定量分析mRNA 的主要方法。采用实时定量 PCR 进行检测分析，能够较准确地反应基因表达在转录水平的变化。

　　（二）基于杂交原理的方法检测 mRNA 表达

　　1. Northern 印迹可用于分析 mRNA 表达及验证 cDNA 新序列　Northern 印迹（第二十一章）是鉴定 mRNA 转录本、分析其大小的标准方法。Northern 印迹不适合高通量分析，但是对于通过差异显示 RT-PCR 或 DNA 微阵列等技术获得的差异表达的 mRNA，可用 Northern 印迹来验证；尤其对于新克隆的 cDNA 序列，以其为探针对组织或细胞的 mRNA 制备（即 RNA 样品）进行 Northern 印迹分析，可确定与之互补的 mRNA 的真实存在（cDNA 克隆的正确性）。此外，Northern 印迹还可以用于 mRNA 差异表达的半定量分析，需要其他探针与非调控的管家基因产物杂交使结果标准化。

　　2. 核糖核酸酶保护实验用于 mRNA 定量及剪接分析　核糖核酸酶保护实验（ribonuclease protection assay，RPA）是一种基于杂交原理分析 mRNA 的方法，既可对 mRNA 进行定量分析又可研究其结构特征。RPA 分析原理见图 23-6，该技术需要利用含特异序列 DNA 的质粒为模板，经体外转录，制备 RNA 探针（riboprobe）；将 RNA 探针与样品 RNA 杂交后，采用核糖核酸酶（核糖核酸酶 A 及 T1，只水解单链 RNA）处理，去除多余游离的探针，将水解物回收、进行测序胶（sequencing gel）电泳分析，显示对应探针大小的 RNA 片段。

　　RNA 剪接可以直接影响基因的表达，使一个基因表达多种编码产物（多肽链），是导致基

Notes

因功能多样化的一个原因。RPA 技术可对 RNA 分子的末端以及内含子的交界进行定位,确定 RNA 的剪接途径,是分析转录后 RNA 剪接的基本技术。

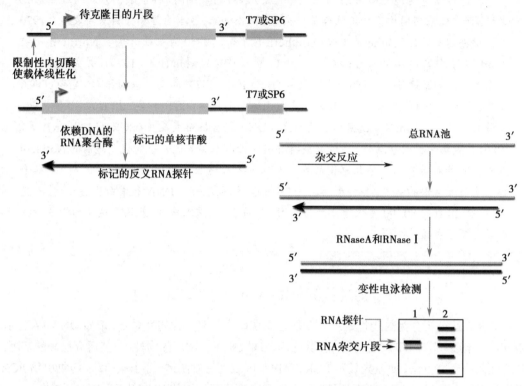

图 23-6　核糖核酸酶保护实验原理示意图

3. 原位杂交可对 mRNA 表达进行区域定位　原位杂交(*in situ* hybridization,ISH)可对细胞或组织中表达的 mRNA 进行定位,也可作为定量分析的补充。该技术主要用于组织中的基因表达分析,有较高的稳定性、较广泛的靶点和组织适用性。

## 二、通过蛋白质检测分析基因表达的翻译水平特征

蛋白质是结构基因表达的最终产物,是体内真正发挥生物学作用物质,蛋白质的质和量的变化直接影响基因的功能,对蛋白质表达进行定性、定量及定位分析至关重要。

### (一)采用特异性抗体经 Western 印迹可直接测定基因编码多肽

Western 印迹(第二十一章)多用于对细胞或组织总蛋白质中特异蛋白质进行定性和半定量分析。基本过程:蛋白质样品的制备、SDS-PAGE 分离、蛋白质转膜、特异抗体(一抗)与膜上的蛋白质抗原印迹杂交,结合偶联可检测标记信号的二抗(商品试剂盒中多采用偶联辣根过氧化物酶的二抗),最后与酶的底物反应而显影、成像,经扫描后获取免疫印迹信息。

### (二)酶联免疫吸附可用于定量分析蛋白质表达

酶联免疫吸附分析(Enzyme-linked immunosorbent assay,ELISA)也是一种建立在抗原 - 抗体反应基础上的蛋白质分析方法。该方法是预先将样品包被在支持体上,然后顺序结合(即"吸附")特异抗体(一抗)及与酶连接的第二抗体(也可预先包被抗体,"吸附"抗原),再进行酶 - 底物反应。反应后用酶标仪测定、记录数据。

### (三)免疫组化实验可对组织 / 细胞蛋白质表达进行定位分析

免疫组织化学(immunohistochemistry)与免疫细胞化学(immunocytochemistry)原理相同,是利用标记的特异性抗体通过抗原 - 抗体反应和显色反应,在组织或细胞原位检测特定抗原(即目标蛋白质)的方法,简称为免疫组化实验。近年由于荧光标记抗体的广泛应用,这两种方

Notes

法又被统称为免疫荧光法(immunofluorescence),可应用荧光(倒置)显微镜或激光共聚焦显微镜(confocal microscopy)对靶分子进行定性、定量和定位分析,激光共聚焦显微镜还可进行断层成像,是在蛋白质水平分析基因表达的直观方法。

### (四)流式细胞术用于分析表达特异性蛋白质的阳性细胞

流式细胞术(flow cytometry)在细胞水平分析特定蛋白质表达的基本原理也是抗原 - 抗体反应,它利用荧光标记抗体与抗原的特异性结合,经过流式细胞仪分析荧光信号,从而根据细胞表达特定蛋白质的水平对某种蛋白质阳性细胞(即特异基因表达的细胞)作出判断。流式细胞术可以检测活细胞或用甲醛固定的细胞,广泛用于细胞表面和细胞内分子表达水平的定量分析。

## 三、高通量检测技术成为基因表达研究的有利工具

高通量筛选(high throughput screening, HTS)技术是在大量核酸、多肽信息累计(即资料库)基础上,采用微板作为分子载体,制作集成"芯片",以自动化操作系统进行分子杂交的试验过程。因为快捷、灵敏,信息量大,适合大规模操作,故称"高通量"。高通量检测技术适合"组学"(omics)研究,更适合生命活动过程相关的基因表达谱分析。

### (一)基因芯片和高通量测序技术可在基因水平高通量分析基因表达

1. **基因芯片已成为基因表达谱分析的常用方法** 基因表达谱分析是目前基因芯片应用最多的一个方面,主要采用 cDNA 芯片,基因表达谱芯片便于对不同状态(如生理和病理条件)下的基因表达谱进行比较,揭示转录组(transcriptome)差异表达的规律,对探索发病机制、评价治疗效果、筛选药物靶标具有重要意义。

"微阵列实验最小信息量标准"(minimum information about a microarray experiment, MIAME)最先由 Brazma 等(2001 年)提出,后经包括瑞士联邦苏黎世技术研究所等在内的国际协作组(2003 年)修正,确立了生物芯片标准化的概念,使世界各地研究室的芯片实验数据可以为所有的研究者共享。同时,美国国立生物技术信息中心(NCBI)和欧洲生物信息研究所(EBI)也建立了 GEO(http://www.ncbi.nlm.nih.gov/geo/)和 ArryExpress(http://www.ebi.ac.uk/arrayexpress/)公共数据库,接受、储存全球研究者根据 MIAME 标准提交的生物芯片数据,使研究人员可以下载感兴趣的芯片原始数据。目前基因芯片分析的重点已不再停留于单纯的基因表达谱描述和差异表达基因的筛选上,开始转向对基因芯片信息深度挖掘,获得更多的生物学解释。

2. **高通量测序技术是新一代基因表达谱分析方法** 高通量测序技术可以一次对几十万到几百万个 DNA 片段进行序列测定,快速获得转录组或基因组的全貌,被称为深度测序(deep sequencing)。在 RNA 水平,高通量测序技术可以对 RNA 片段进行扫描、定量与鉴定,对全基因组进行广谱表达研究。已被广泛应用于小分子 RNA 或长非编码 RNA(lncRNA)研究。测序能轻易地解决芯片技术在检测小分子时遇到的技术难题(短序列,高度同源),而且小分子 RNA 短序列正好配合了高通量测序的长度,同时测序可发现新的小分子 RNA。

### (二)蛋白质芯片和双向电泳可在蛋白质水平高通量的分析基因表达

1. **蛋白质芯片技术有多种形式和用途** 蛋白质芯片(protein chip)是对蛋白质表达和功能进行高通量分析的技术,根据芯片制作方法和用途不同,分为蛋白质检测芯片和蛋白质功能芯片两大类。蛋白质检测芯片包括抗体芯片、抗原芯片、配体芯片、碳水化合物芯片等,将具有高度亲和特异性的探针分子(如单克隆抗体)固定在基片上,用以识别生物样品溶液中的目标多肽;蛋白质功能芯片可用来研究蛋白质修饰、蛋白质 - 蛋白质 /DNA- 蛋白质 /RNA- 蛋白质,以及蛋白质与脂质、蛋白质与药物、酶与底物、小分子 - 蛋白质等的相互作用。

2. **蛋白质芯片可用于蛋白质表达谱分析** 与基因芯片类似,采用蛋白质芯片可以检测组织 /细胞来源的样品中蛋白质的表达谱;其精确程度、信息范畴取决于芯片上已知多肽的信息多寡。由于多肽合成昂贵,蛋白质来源受限,加之蛋白质操作技术难,使蛋白质芯片的应用受到限制。

Notes

3. 双向电泳结合质谱分析可用于蛋白质表达谱的分析和鉴定　目前比较和鉴定蛋白质表达谱更多采用双向聚丙烯酰胺凝胶电泳结合质谱技术。双向聚丙烯酰胺凝胶电泳技术又称二维电泳（two-dimensional electrophoresis，简称 2-D 电泳），可同时分离成百上千的蛋白质，其原理是根据蛋白质分子的等电点和分子质量分离蛋白质。电泳后经染色，既可对不同样品中蛋白质的表达谱进行比较；还可从凝胶中切下特定蛋白质点，经胰蛋白酶消化后得到短肽片段，利用质谱（mass spectrum）技术进行定性分析，对差异表达的蛋白质进行鉴定。

# 第四节　生物信息学在预测基因功能中的应用

生物信息学分析可以获得与基因功能相关的重要信息，具有方便、快捷和经济等优点。研究者可利用该方法首先对目的基因功能进行初步推测，再制定实验室研究方案，目前生物信息学分析方法已成为基因功能研究的常用方法。

## 一、利用生物信息学方法进行基因功能注释

基因组研究的重点已从传统的序列基因组学转向功能基因组学，基因组功能注释（genome annotation）是功能基因组学的主要任务，包括应用生物信息学方法高通量地注释基因组所有编码产物的生物学功能。目前该领域已经成为后基因组时代的研究热点之一。

（一）通过序列比对预测基因功能

基因或蛋白质在序列水平上的相似性，预示着它们的同源性，或具有相同的功能。目前，NCBI 等公共数据库中已经保存了来自上千个物种的核酸和蛋白质的序列信息，对这些序列信息的相关性分析可以由序列比对来完成。

将目的 DNA 或蛋白质序列与已知的 DNA 和蛋白质序列数据库进行比对，搜索与目的序列高度同源且功能已知的基因或蛋白质，利用已知基因和蛋白质预测目的基因和蛋白质的功能。BLAST 是进行序列比对的基本工具，可将一条查询序列与一个数据库进行比对，找到数据库中与输入的查询序列相匹配的项。BLAST 是一个程序家族，其中包括许多有特定用途的程序，见表 23-1。

表 23-1　BLAST 序列数据库搜索程序家族

| 程序 | 查询序列类型 | 数据库类型 | 注 |
| --- | --- | --- | --- |
| BLASTN | DNA | DNA | |
| BLASTP | 蛋白质 | 蛋白质 | |
| BLASTX | DNA | 蛋白质 | 将待搜索的核酸序列按 6 个阅读框翻译成蛋白质序列，然后与数据库中的蛋白质序列比对 |
| TBLASTN | 蛋白质 | DNA | 将数据库中的核酸序列按 6 个阅读框翻译成蛋白质序列，然后与待搜索的蛋白质序列比对 |
| TBLASTX | DNA | DNA | 无论是待搜索的核酸序列还是数据库中的核酸序列都按 6 个阅读框翻译成蛋白质序列，然后比对 |

（二）分析基因芯片数据

基因芯片检测结果提供了包括基因功能、信号通路和基因的相互作用等信息。处理和分析这些信息最常用的方法有：差异表达分析（又称基因表达差异分析）和聚类分析。

差异表达分析是识别两个条件下表达差异显著的基因，即一个基因在两个条件中的表达水平，在排除各种偏差后，其差异具有统计学意义。常用的分析方法有 3 类：①倍数分析，计算每个基因在两个条件下的表达比值；②统计分析中的 $t$ 检验和方差分析，通过计算表达差异的置

Notes

信度来分析差异是否具有统计学意义；③建模的方法，通过确定两个条件下的模型参数是否相同来判断表达差异的显著性。

聚类分析所依据的基本假设是若组内基因具有相似的表达模式，则它们可能具有相似的功能，例如受共同的转录因子调控的基因，或者产物构成同一个蛋白复合体的基因，或者参与相同调控路径的基因。因此，在具体应用中可按照相似的表达谱对基因进行聚类，从而预测组内未知基因的功能。目前已经有很多种聚类的方法应用到基因芯片的研究当中，如层次聚类（hierarchical clustering）、K 均值聚类（K-means clustering）、自组织映射（self organizing map）、PCA（principlecomponet analysis）等。

### （三）通过分析蛋白质结构预测蛋白质功能

在氨基酸序列整体同源性不明显的情况下，分析蛋白质的功能域可为预测基因功能提供重要的信息。目前已通过多序列比对将蛋白质的同源序列收集在一起，确定了大量蕴藏于蛋白质结构中的保守区域或序列，如结构域（domain）和模体（motif），这些共享结构域和保守模体通常与特定的生物学活性相关，反映了蛋白质分子的一些重要功能。运用蛋白质序列模体搜索工具预测蛋白质功能，可利用现有的蛋白质家族的模体数据库，通过搜索该数据库确定查询序列是否具有可能的序列模体，判断该序列是否属于一个已知的蛋白质家族；最后根据该蛋白质家族的已知功能预测未知蛋白质功能。常用的模体数据库有 INTERPROSCAN、PROSITE、SMART 等。

## 二、利用生物网络全面系统地了解基因的功能

生物功能不是单纯由一个或几个基因控制，而是由生物体内众多的分子（如 DNA、RNA、蛋白质和其他小分子物质等）共同构成的复杂生物网络实现的。当前生物学面临的巨大挑战之一是了解生物体内复杂的相互作用网络以及它们的动态特征，这需要大量相关数据的积累，基因芯片、蛋白质芯片等大规模数据采集技术加快了这一进程。目前人们已经利用生物技术和信息技术建立了多种生物网络数据库和网站，为研究者提供了基因调控、信号转导、代谢途径、蛋白质相互作用等方面的信息。

### （一）利用生物网络研究基因调控

细胞内一个基因的表达既影响其他的基因，又受其他基因的影响，基因之间相互作用，构成一个复杂的调控网络。基因调控网络研究是利用生物芯片等高通量技术所产生的大量基因表达谱数据，以及蛋白质 -DNA 相互作用等信息，结合实验室研究结果，用生物信息学方法构建基因调控模型，对某一物种或组织的基因表达关系进行整体性研究，推断基因之间的调控关系，揭示支配基因表达和功能的基本规律。表 23-2 列举了一些常用的基因转录调控数据库。

表 23-2　常用基因转录调控数据库

| 数据库 | 网址 | 描述 |
|---|---|---|
| EPD 真核生物启动子数据库 | http://www.epd.idb-sib.ch | 包含已被实验证明的转录起始位点和组织特异性等启动子的一般信息 |
| TFD 转录因子数据库 | http://www.ifti.org/ | 是转录因子及其特性的专门数据库，收集有关多肽相互作用的信息 |
| TRANSFAC 数据库 | http://www.gene-regulation.com/pub/database.html#transcompel | 提供转录因子结构、功能、序列、DNA 结合谱以及分类，还包括基因的转录因子结合位点的信息 |
| TRRD 转录调控区数据库 | http://www.bionet.nsc.ru/trrd/celcyc/ | 收集了关于真核基因整个调控区分级结构和基因表达模式的信息 |

### （二）利用生物网络研究信号转导

细胞内各种信号通路之间存在相互联系和交叉调控，形成了信号转导网络。信号转导网络研究是期望通过建立细胞信号传导过程的模型，找出参与此过程的蛋白质间的相互作用关系，阐明其在基因调控、疾病发生中的作用。生物信息学方法利用已知数据和生物学知识进行通路推断，可以帮助阐释信号分子作用机制，辅助实验设计，节省大量的人力物力。有关信号转导通路的网上数据库资源较多，表 23-3 中给出了该领域较常用的信号通路数据库。

表 23-3　常用信号通路数据库

| 数据库 | 网址 | 描述 |
| --- | --- | --- |
| Reactome | http://www.reactome.org | 生物核心通路及反应的挖掘知识库 |
| PID | http://pid.nci.nih.gov | 从其他数据库导入及文献挖掘的人信号通路数据库 |
| STKE | http://stke.sciencemag.org | 参与信号转导的分子及其相互作用关系的信息 |
| AfCS | http://www.signaling-gateway.org | 参与信号通路的蛋白质相互作用和信号通路图 |
| DOQCS | http://doqcs.ncbs.res.in | 细胞信号通路的量化数据库，提供反应参数及注释信息 |
| SigPath | http://sigpath.org | 提供细胞信号通路的量化信息 |

### （三）利用生物网络研究代谢途径

代谢网络处于生物体的功能执行阶段，其结构组成方式反映了生物体的功能构成。代谢网络将细胞内所有生化反应表示为网络形式，反映了代谢活动中所有化合物及酶之间的相互作用。通过基因组注释信息可以识别出编码催化生物体内生化反应的酶的基因，结合相关的酶反应数据库可预测物种特异的酶基因、酶，以及酶催化反应，产生很多代谢数据库。可以方便地检索某一生物代谢网络中的代谢反应，见表 23-4。

表 23-4　常用代谢网络数据库

| 数据库 | 网址 | 描述 |
| --- | --- | --- |
| KEGG | http://www.genome.ad.jp/kegg/ | 包括了 700 个以上物种的代谢、信号转导、基因调控、细胞过程的通路 |
| BioCyc | http://www.biocyc.org/ | 包括了 260 个物种的代谢通路及基因组数据 |
| PUMA2 | http://compbio.mcs.anl.gov/puma2/ | 存放了预先计算的超过 200 个物种的代谢通路信息 |
| BioSilico | http://biosilico.kaist.ac.kr:8017/biochemdb/index.jsp | 整合信息的数据库，提供对多个代谢数据库的访问 |

### （四）利用生物网络研究蛋白质相互作用

从某种程度上可以说，细胞进行的生命活动，是蛋白质在一定条件下相互作用的结果，若蛋白质相互作用网络被破坏或稳定性丢失，会引起细胞功能障碍。阐明蛋白质相互作用的完整网络结构有助于从系统的角度加深对细胞结构和功能的认识。近年来各种预测蛋白质相互作用的计算方法被不断提出，将这些方法与实验方法结合，挖掘出了蛋白质相互作用网络中更多的相互作用节点，目前已有多个蛋白质相互作用的数据库应运而生，可用来研究蛋白质相互作用的生物学过程，见表 23-5。

Notes

表 23-5　常用蛋白质相互作用网络数据库

| 数据库 | 网址 | 描述 |
| --- | --- | --- |
| BIND | http://www.bind.ca | 提供参与通路的分子的序列和相互作用信息 |
| DIP | http://dip.doe-mbi.ucla.edu | 专门存放实验确定的蛋白质之间相互作用的数据,既包括经典实验手段也包括高通量实验手段确定的蛋白质相互作用数据 |
| STRING | http://string.embl.de | 存储实验确定的和预测得到的蛋白质相互作用数据,并对各种预测方法得到的结果的准确性给出了相应的权重 |
| MIPS | http://mips.gsf.de | 包括酵母和哺乳动物的 PPI,可靠性很高,被作为准金标准使用 |
| Yeast Interactome | http://structure.bu.edu/rakesh/myindex.html | 综合多种来源的由酵母双杂交技术确定的酵母 PPI 数据集,利用基因表达信息、蛋白亚细胞定位信息以及已知的各种知识对其进行验证形成高可信度的相互作用数据 |

# 第五节　基因的生物学功能鉴定

在人类基因组的 3 万多个编码基因中,大约 70% 的基因功能尚不清楚,有 90% 的基因在体内的确切生理作用尚不明确,因此,基因组中功能未知基因的作用将是"后基因组时代"研究的主要内容。生物信息学利用已知数据和生物学知识可进行合理推断,但基因功能最终仍需要通过实验进行鉴定。通常采用基因功能获得和(或)基因功能缺失的策略,观察基因在细胞或生物个体中的作用,鉴定基因的功能。

## 一、采用功能获得策略鉴定基因的功能

基因功能获得策略是将目的基因直接导入某一细胞或个体中,使细胞获得该基因的表达或更高水平的表达,通过细胞或个体生物性状的变化来研究基因的功能。常用的方法有转基因和基因敲入技术等。

### (一)用转基因技术获得基因功能

转基因技术(transgenic technology)是指将外源基因导入受精卵或胚胎干细胞(embryonic stem cell),即 ES 细胞,外源基因通过随机重组插入细胞染色体 DNA,然后将受精卵或胚胎干细胞植入受体动物的子宫,使得外源基因能够随细胞分裂遗传给后代。

**1. 转基因动物可在整体水平研究基因的功能**　转基因动物(transgenic animal)是指应用转基因技术培育出的携带外源基因、并能稳定遗传的动物。基本制作过程(图 23-7)包括:转基因表达载体的构建,外源基因的导入,转基因动物的获得和鉴定,转基因动物品系的建立,以及外源基因表达的鉴定。通过观察分析特定的生物学表型,可以确定基因在生物体内的功能。

**2. 转基因技术在不断完善**　转基因动物模型仍存在一些亟待解决的问题,如外源基因插入宿主基因组是随机的,可能产生插入突变,破坏宿主基因组功能;外源基因在宿主染色体上整合的拷贝数不等;整合的外源基因遗传丢失而导致转基因动物症状的不稳定遗传等。

目前,科学家已经采取了多种方法完善转基因技术。例如,为了精确调控所转基因的表达,在构建转基因表达载体时,选择只在特定的细胞类型或特定时期才启动基因表达的启动子,使外源基因获得时空特异性表达。可调控的基因表达系统也是一种常用的方法,例如四环素调控系统,可使动物体内外源基因的表达受诱导剂(四环素)调控,通过加入诱导剂,实现对外源基因表达时间及水平的控制。将具有组织特异性的启动子应用于四环素调控系统,可实现以时空特异的方式调控所转基因的表达。

Notes

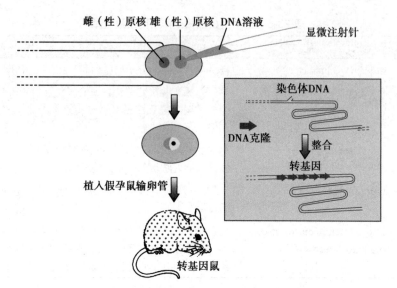

图 23-7　转基因动物制作原理示意图

目前转基因动物所涉及的转基因片段长度大多在几十个 kb 以下，但也需要进行大片段 DNA、多基因或基因簇的转基因。克隆大片段 DNA 常应用酵母人工染色体（YAC）、细菌人工染色体（BAC）等，可获得 200kb 以上的大 DNA 片段，能携带包含完整的基因或多个基因，以及基因的所有外显子和附近的染色体调控区，为目的基因提供与其在正常染色体上一致的环境，保证了转基因在正常细胞中的时空表达。

（二）基因敲入可以实现基因的定向插入

基因敲入（gene knock-in）是通过同源重组的方法，用某一基因替换另一基因，或将一个设计好的基因片段插入到基因组特定位点，使之表达并发挥作用。通过基因敲入可以研究特定基因在体内的功能；也可以与之前基因的功能进行比较；或将正常基因引入基因组中置换突变基因以达到靶向基因治疗的目的。

基因敲入是基因打靶技术的一种，基因打靶技术是 20 世纪 80 年代后半期发展起来的一种按预期方式准确改造生物遗传信息的实验手段。除基因敲入外，基因打靶还包括基因敲除、点突变、缺失突变、染色体组大片段删除等。

基因打靶的原理和基本步骤如图 23-8 所示：首先，从小鼠囊胚分离出未分化的胚胎干细胞，然后利用细胞内的染色体 DNA 与导入细胞的外源 DNA 在相同序列的区域内发生同源重组的原理，用含有正 - 负筛选标记的打靶载体，对胚胎干细胞中的特定基因实施"打靶"，之后将"中靶"的胚胎干细胞移植回小鼠囊胚（受精卵分裂至 8 个细胞左右即为囊胚，此时受精卵只分裂不分化）。移植进去的中靶胚胎干细胞进入囊胚胚层，与囊胚一起分化发育成相应的组织和器官，最后产生出具有基因功能缺陷的"嵌合鼠"。由于中靶的胚胎干细胞保持分化的全能性，因此它可以发育成为嵌合鼠的生殖细胞，使得经过定向改造的遗传信息可以代代相传。

## 二、采用功能失活策略鉴定基因的功能

基因功能研究的功能失活策略是将细胞或个体的某一基因功能被部分或全部失活，然后观察细胞生物学行为或个体遗传性状表型的变化，以此来鉴定基因的功能。常用的方法主要有基因敲除和基因沉默技术。

（一）基因敲除可以使基因的功能完全缺失

基因敲除（gene knock-out）属于基因打靶技术的一种，其操作步骤和原理与基因打靶技术相同。基因敲除技术是利用细胞染色体 DNA 可以与导入的外源 DNA 在相同序列的区域发生同

Notes

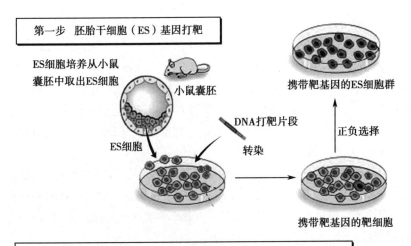

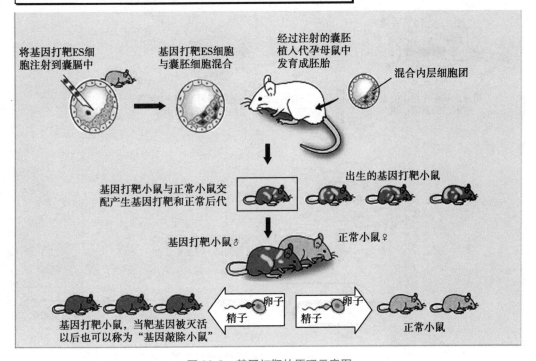

图 23-8 基因打靶的原理示意图

源重组的现象,在 ES 细胞中定点破坏内源基因,然后利用 ES 细胞发育的全能性,获得带有预定基因缺陷的杂合子,通过遗传育种最终获得目的基因缺陷的纯合个体。1987 年,Thompsson 首次建立了完整的 ES 细胞基因敲除的小鼠模型,此后基因敲除技术得到进一步的发展和完善,目前该技术已经成为研究基因功能最直接、最有效的方法之一。

基因敲除策略的应用还是受到很多限制,例如:有些重要的靶基因被敲除后会引起胚胎早期死亡,无法分析该基因在胚胎发育晚期和成年期的功能;某些基因在不同的细胞类型中执行不同功能,完全敲除会导致突变小鼠出现复杂的表型,很难判断异常的表型是由一种细胞引起的,还是由多种细胞共同引起的。条件性基因打靶(conditional gene targeting)系统的建立使得对基因靶位时间和空间上的操作更加明确,可达到对任何基因在不同发育阶段和不同器官、组织的选择性敲除。

以 Cre/loxP 系统为代表的条件敲除的原理如图 23-9 所示:Cre 重组酶属于位点特异性重组酶,介导两个 34bp 的 loxP 位点之间的特异性重组,使 loxP 位点间的序列被删除。重组酶介导

Notes

的条件性基因打靶通常需要两种小鼠：一种是在特定阶段、特定组织或细胞中，表达 Cre 重组酶的转基因小鼠；一种是在基因组中引入了 loxP 位点的小鼠，即靶基因或其重要功能域片段被两个 loxP 位点锚定的小鼠。该小鼠在与 Cre 重组酶转基因小鼠交配后，Cre 基因表达产生的 Cre 重组酶就会介导靶基因两侧的 1oxP 间发生切除反应，结果将一个 loxP 和靶基因切除。由于可以控制 Cre 重组酶在特定阶段、特定组织或细胞中表达，使得 Cre 介导的重组可以发生在特定的阶段、组织或细胞中，导致这些组织或细胞中的靶基因在特定的阶段被删除，而其他组织或细胞中由于 Cre 不表达，靶基因不会被删除。

条件性基因打靶的优势在于克服了重要基因被敲除所导致的早期致死，并能客观、系统地研究基因在组织器官发生、发育以及疾病发生、治疗过程中的作用和机制。但这一技术亦存在一些缺点，如费用太高、周期较长，而且许多基因在剔除后并未产生明显的表型改变，可能是这些基因的功能为其他基因代偿所致。

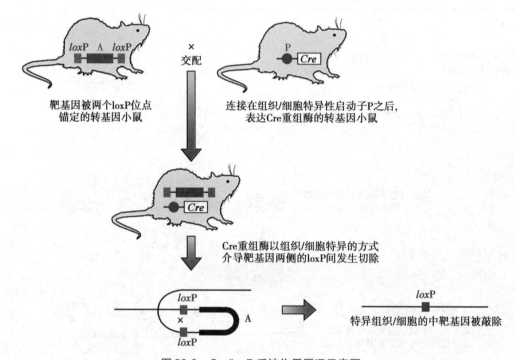

图 23-9　Cre/loxP 系统作用原理示意图

### （二）基因沉默可以使基因的功能部分缺失

这里所讲的基因沉默（gene silencing）是指由外源基因导入引起的生物体内的特定基因不表达或表达受抑制的现象。目前最常用的基因沉默技术包括 RNA 干涉（RNA interference，RNAi）和反义寡核苷酸（antisense oligonucleotide，ASON）。

**1. RNA 干涉技术可用来研究基因的功能**　RNAi 是指双链 RNA 介导同源序列的 mRNA 特异性降解而导致的转录后基因沉默。目前利用 RNAi 能够在短时间内高效特异地抑制靶基因表达的特点研究基因的功能已成为功能基因组学的热点之一。

RNAi 的作用机制如图 23-10 所示：外源双链 RNA（dsRNA）可直接被导入细胞，或者通过转基因、病毒感染等方式导入细胞，整合到基因组中获得表达；各种来源的 dsRNA 被核酸酶 RNase Ⅲ 家族中特异识别 dsRNA 的 Dicer 酶，以一种 ATP 依赖的方式逐步切割成长约 21~23nt 的双链小干扰 RNA；siRNA 主要是与 AGO2 蛋白结合形成复合体，称为 RNA 诱导的沉默复合体（RNA-induced silencing complex，RISC），RISC 定位到靶 mRNA 上，并在距离 siRNA 3'- 端 12 个碱基的位置切割 mRNA。

Notes

目前有 5 种方法可用于制备 siRNA：化学合成法、体外转录法、长链 dsRNA 的 RNase Ⅲ体外消化法、siRNA 表达载体法和 siRNA 表达框架法。前 3 种方法是在体外制备然后导入到细胞中；后两种则是基于具有合适启动子的载体或转录元件，在哺乳动物或细胞中转录生成。目前多采用 RNA 聚合酶Ⅲ启动子构建 siRNA 的表达载体或表达框架，常用的 RNA 聚合酶Ⅲ的启动子有人、鼠 U6 启动子、人 H1 启动子。

将 siRNA 导入特定细胞，可在细胞水平上研究基因的功能；也可以通过转基因的方法，在动物体内实现特异、稳定、长期地抑制靶基因的表达，从而在整体水平上研究基因的功能。若将 RNAi 技术与 Cre/loxP 重组系统以及基因表达调控系统相结合，建立转基因动物模型，不仅具有稳定、可遗传、可诱导等特点，而且无需使用胚胎干细胞技术和基因打靶技术，与基因敲除相比具有简单、易操作、周期短等优势，已被作为广泛用于基因功能的研究。然而，该技术可能对靶基因的相似序列发生作用，导致脱靶（off-targeting）效应，还可能诱导干扰素和其他细胞因子的表达。

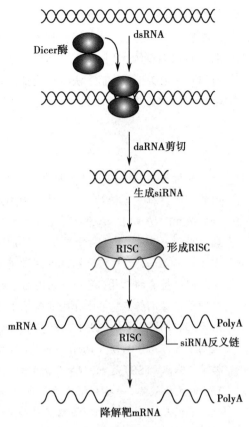

图 23-10 RNAi 的作用机制示意图

**2. 反义寡核苷酸也可以引发基因沉默** 反义寡核苷酸是指能与 mRNA 互补配对的 RNA 分子，长度 20nt 左右。反义寡核苷酸引发基因沉默的机制是通过与靶 mRNA 互补结合后以位阻效应抑制靶 mRNA 的翻译，或者通过与双链 DNA 结合形成三股螺旋而抑制转录，或者也激活细胞内的 Dicer 酶进入 RNA 干涉途径而降解靶 mRNA。由于反义寡核苷酸技术简便易行，已成为研究基因功能的方法之一。

# 三、随机突变筛选策略

利用转基因、基因敲除等技术从特定基因的改造到整体动物表型分析是一种"反向遗传学"研究策略，而从异常表型到特定基因突变的随机突变筛选策略则是基于"正向遗传学"的一种研究策略。

随机突变筛选策略首先通过物理诱变、化学诱变或生物技术产生大量的基因组 DNA 突变。其中乙基亚硝基脲（ENU）诱变是近年研究基因功能的新手段。ENU 是一种化学诱变剂，通过对基因组 DNA 碱基的烷基化修饰，诱导 DNA 在复制时发生错配产生突变。它主要诱发单碱基突变，造成单个基因发生突变（双突变的情况非常少），近于人类遗传性疾病的基因突变。ENU 的突变效率非常高，可以达到 0.2%，是其他突变手段的 10 倍左右。ENU 处理后雄鼠精子基因组发生点突变，使后代小鼠可能出现突变表型，经筛选及遗传试验即可得到突变系小鼠。通过对突变小鼠的深入研究、对突变基因定位及位置候选法克隆突变碱基就会得到突变基因的功能信息。

基因捕获（gene trapping）技术是一种产生大规模随机插入突变的便利手段，对于揭示基因序列功能有重要的应用价值。基因捕获的基本过程是：将含报告基因的 DNA 载体随机插入基因组，产生内源基因失活突变，通过报告基因的表达，提示插入突变的存在及内源基因的表达特点。利用基因捕获可建立一个携带随机插入突变的 ES 细胞库，每一种 ES 细胞克隆中含有不

Notes

同的突变基因, ES 细胞克隆经囊胚注射发育为基因突变动物模型, 通过对动物模型的表型分析鉴定突变基因的功能。基因捕获技术可节省构建特异打靶载体及筛选染色体组文库的工作及费用, 可同时对基因序列、基因表达以及基因功能进行高效研究。

随机突变筛选策略能够获得功能基因研究的新材料及人类遗传性疾病的新模型, 这种"表型驱动"的研究方式可能成为功能基因组研究最有前景的手段。

## 小　结

分析基因的结构可以从两方面入手: 实验检测和数据库搜索比对, 基本依据都是基因的结构特征。笼统地说, 基因是由编码序列和非编码序列组成的, 编码序列是指能编码成熟 mRNA 的 DNA 序列 (即外显子序列), 其中也含有开放阅读框, 而非编码序列 (内含子序列) 与编码序列 (外显子) 之间具有的结构特征成为在基因组水平上预测基因的重要标志之一, 也是利用 cDNA 推导基因的标志性结构。另外, 启动子及转录起始位点是基因所特有的结构, 是分析基因结构的重要靶点。分析启动子的结构和功能主要依据启动子本身的特点, 即含有能被转录因子识别及结合的位点。Ⅱ型启动子一般位于结构基因上游, 能在适当条件下启动其下游结构基因的转录, 因此, 核酸 - 蛋白质相互作用的检测方法可用于启动子的结构研究, 报告基因也是研究启动子活性的重要手段。基因的转录起始点 (TSS) 是 mRNA 合成的起点, 所以沿着 mRNA 的 5'- 端序列寻找就成为研究 TSS 的主要策略, 一些分析方法基本上都是建立在 cDNA 的基础上。

基因表达分析是一项策略性很强的工作。分析基因表达主要从 RNA 和蛋白质水平上进行。用于分析基因表达的技术很多, 根据实验目的和条件选择最佳的实验方法是关键。

生物信息学具有方便快捷和经济的优点, 充分利用已知数据和生物学知识, 可以得到与目的基因功能有关的重要信息, 预测其功能, 进而制定正确的实验研究方案。

从生物体内整体水平对基因功能进行研究, 是鉴定基因功能的最终解决方案。应用不同技术建立的模式生物是基因功能研究必不可少的工具, 各种方法都有各自的特点和局限性。结合基因功能获得和失活技术, 从正反两方面验证基因功能是目前最佳的研究策略。

(高　旭)

Notes

# 第二十四章 疾病相关基因及其鉴定

基因和疾病的关系是医学的重大问题之一,疾病相关基因的鉴定也是医学分子生物学最重要的领域。鉴定疾病相关基因,不但可以详尽地了解基因的功能、疾病病因和发病机制,而且可开发新的特异诊断和干预技术,因而一直以来都是生物医学工作者关注的重点。2003年人类基因组计划的完成,极大地促进了对常见病、多发病的基因鉴定。目前,疾病相关基因的鉴定已有相当成熟的研究策略,研究成果也以相关数据库的形式得到了广泛应用。NCBI的GenBank是基因序列的数据库,载录了每个基因所有序列的信息,可作为基因异常检测的重要参考。在线孟德尔人类遗传(Online Mendelian Inheritance in Man,OMIM)数据库是以互联网为基础的孟德尔遗传疾病数据平台,详细记载了遗传疾病与相关基因异常的最新信息,成为研究者和医学遗传学工作者的重要工具。

## 第一节 基因与疾病的关系

17世纪,荷兰科学家Leeuwenhoek A和Graaf A发现了精子和卵子的存在,使人们初步认识到女性和男性都具备传递疾病性状的能力。18世纪和19世纪,不少科学家和医生开始对遗传疾病进行研究,其中较为著名的有通过遗传家谱来研究多趾症和白化病的法国科学家Maupertuis P和研究不同疾病的遗传模式并率先开展遗传咨询的英国医生Adams J。然而,直到20世纪,随着分子生物学研究的发展,人们才在分子水平逐步揭示了基因在疾病发生、发展以及遗传中的作用。

### 一、人类所有疾病均可视为基因病

以现代医学遗传学的观点来看,人类几乎所有的疾病都与基因和基因组异常直接或间接相关,都是遗传因素和环境因素的相互作用的结果。为讨论方便,将影响疾病发生发展的基因,统称为疾病相关基因(disease related genes)。

（一）疾病相关基因主要有两种类型

依据基因变异在疾病发生、发展中的作用,疾病相关基因主要有两类。

1. 致病基因 如果一种疾病的表型和一个基因型呈现直接对应的因果关系,即该基因结构或表达的异常是导致该病的发生的直接原因,那么该基因就属于致病基因(causative gene)。这类疾病主要是单基因病,即传统的遗传性疾病,环境因素的影响较小。疾病在群体中的发生遵从孟德尔遗传定律,故亦称之为孟德尔遗传病。

2. 疾病易感基因 复杂性疾病,也是常见疾病,诸如肿瘤、心血管疾病、代谢性疾病、自身免疫性疾病等,遗传因素和环境因素均起着一定作用,遗传因素表现为2个以上基因的"微效作用"的相加,或者多基因间的相互作用;单一基因的变异仅增加对疾病的易感性。这类基因称为疾病易感基因(susceptibility gene)。

（二）基因与疾病并不总是简单对应的关系

在许多情况下,基因与疾病的关系,并不是一个基因导致一种疾病这样简单对应的关系。

一种基因可参与不同的疾病发病过程,不同基因的相互作用可参与同一种疾病的发病过程,表现出基因参与疾病发病机制的复杂性和异质性。另外,需要特别说明的是,某些被冠以疾病名称的基因并不是只有致病作用而无其他功能的基因,如"白化病基因""肺癌基因"等,正常人也有这些基因,只不过形式不同,即等位基因不同。

## 二、不同基因对疾病发生发展的影响程度不同

人类基因的发生和发展既受疾病相关基因的影响,也受环境因素的影响。疾病相关基因对疾病的影响程度体现了携带该基因型的特定人体对相应疾病的遗传易感性。遗传因素(疾病相关基因)在特定疾病发病中作用的大小称为遗传度。遗传度可通过同卵双生子的共患率和病人亲属发病率进行计算。遗传度达到 100% 时,表明在发病过程中遗传因素起到了决定性作用,单基因疾病一般属于这种类型。当遗传度在 50%~100%,则表明遗传因素在发病过程中起到重要作用,而环境因素也参与了致病过程。当遗传度在 0~50%,则表明环境因素在发病过程中起到的作用比遗传因素更大,许多多基因疾病就属于这种类型。

根据目前已经确定的 3000 多种单基因疾病致病基因的统计发现,按表达产物蛋白质的功能,可分为 14 个大类:酶、调节蛋白、受体、转录因子、细胞内基质、细胞外基质、跨膜转运体、离子通道、细胞信号转导分子、激素、细胞外转运体、免疫球蛋白、其他以及未知基因。这些蛋白质编码基因在单基因疾病致病机制中贡献的程度并不相同。平均来说,酶、调节蛋白、受体以及转录因子等 4 类基因对单基因疾病的发生贡献率的总和高达 60% 左右,酶类基因在很多代谢过程中起到至关重要的作用,因而最为突出,其疾病贡献率大于 30%,提示人类众多遗传疾病往往都涉及到了代谢过程的异常。

## 三、多种原因可导致不同类型的基因和基因组异常

人基因组及基因可在多种因素的影响下发生变异,有些变异不会影响表型,而许多变异可导致异常的表型,引起疾病。

### (一) 基因与基因组异常具有多种类型

基因异常一般可分为结构异常和表达异常两种形式。本节仅介绍基因与基因组结构异常的不同类型。结构异常可能发生在基因组 DNA 的所有区段。有些分布广泛且不引起异常表型的变异可用作遗传标记(genetic marker),如单核苷酸多态性、短串联重复序列和拷贝数目变异(copy number variation,CNV)等,它们在疾病相关基因的定位和克隆中有重要的作用。而许多类型的基因和基因组异常(即基因型的改变)可导致截然不同的表型和生物学效应。确定基因型和疾病表型的关系是医学遗传学的核心内容。

1. **染色体数目和结构的异常**　染色体数目异常可出现多倍体(polyploidy)和非整倍体(aneuploidy)、染色体断裂导致的数目的异常增多或丢失,以及结构上的断裂和其他异常。染色体数目的异常增多或丢失可对个体产生不可逆的影响,这种异常一般可导致多系统性的严重紊乱,表现为不同的综合症候群。人体胚胎如有严重的染色体结构异常,可直接导致妊娠的终止。

2. **单个核苷酸的改变**　DNA 链中单个碱基的变异称为点突变(point mutation),嘌呤替代嘌呤(A 与 G 之间的互换)、嘧啶替代嘧啶(C 与 T 之间的互换)称为转换(transition),嘌呤与嘧啶之间的互换称为颠换(transversion)。

发生在蛋白质编码区的单核苷酸突变分为错义突变(mis-sense mutation)、同义突变(same-sense mutation)和无义突变(non-sense mutation)。错义突变是指碱基的改变使决定某一氨基酸的密码子变为决定另一种氨基酸的密码子,这种突变有可能使基因所编码的蛋白质部分或完全失活。有一些错义突变不影响或基本不影响蛋白质活性,不表现明显的性状变化,称为中性突变(neutral mutation)。同义突变是指碱基替换并没有真正改变密码子(密码子的简并性),并不

Notes

影响基因所编码的氨基酸序列。无义突变指碱基的改变使得某一氨基酸的密码子变成终止密码子，基因只能表达截短的多肽（truncated peptide），失去原有功能。

如果单个核苷酸的变异对表型影响不明显，而且在人群中等位基因出现的最小频率达 1%以上，这种单个核苷酸的变异就称为单核苷酸多态性（single nucleotide polymorphism，SNP）。SNP 是普遍存在于人类基因组中的序列变异，在人类基因组上大约每 300bp 有一个 SNP 位点。

3. **多个核苷酸序列异常**　多个核苷酸序列异常包括插入、缺失、基因重排和可变数目串联重复等。

（1）插入和缺失：插入和缺失可以是一个核苷酸或一段核苷酸序列插入到 DNA 链中，或者从 DNA 链丢失。碱基的插入或缺失以及片段的插入或缺失均可能使突变位点之后的三联体密码阅读框发生改变，导致插入或缺失部位之后的所有密码子都随之发生变化，结果产生一种异常的多肽链，即所谓移码突变（frame-shift mutation）（图 24-1）。此外，有些突变的发生可严重影响到必需蛋白质活性甚至完全失去活性，从而直接影响到生命的维系，这种突变称为致死突变（lethal mutation）。突变若位于基因内含子与外显子内或交界处则可影响 mRNA 剪接和正常基因表达，若位于启动子区，则可影响基因转录，使受累基因转录水平抑制或增强。

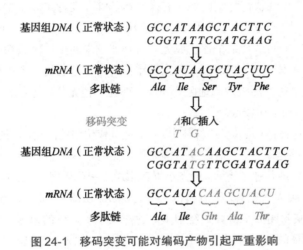

图 24-1　移码突变可能对编码产物引起严重影响

（2）基因重排：基因重排（gene rearrangement）指不同基因片段以不同方向和衔接模式排列组合形成新的转录单位。基因重排是一种重要的基因变异方式，有可能导致基因的异常激活或失活。

（3）可变数目串联重复序列：以相同的核心核苷酸序列为重复单元、按首尾相接的方式串联排列、形成重复数不同的序列，称为可变数目串联重复序列（variable number of tandem repeat，VNTR）。其中 1～6bp 为重复单元的 VNTR 又叫做短串联重复序列（short tandem repeat，STR）。有些串联重复拷贝数的增加可随世代的传递而扩大，因而称作动态突变（dynamic mutation），是解释遗传早现（genetic anticipation）现象和临床表现逐代加重的重要机制。

4. **基因拷贝数目的变化**　人类基因组中存在着大小不等的 DNA 大片段的拷贝数目变异（CNV），与之对应的是基因所编码的蛋白质的数量变化。

**（二）基因异常的产生具有多种原因**

引起基因与基因组异常的原因有很多，包括自然条件下发生随机突变，同源重组，物理、化学和生物因素诱导的致病突变以及自然选择与遗传漂移等。

1. **自然条件下可发生随机突变**　DNA 复制过程中，以母链 DNA 为模板合成子链 DNA 时，偶然的碱基错配、互变异构、脱氨基作用以及各种碱基修饰都可能自发产生。虽然 DNA 聚合酶的 3′→5′ 外切核酸酶活性可对错配的核苷酸发挥校正作用，加上 DNA 损伤修复的存在，使

Notes

DNA 分子整体错配率降至极低的 $10^{-9}\sim10^{-10}$ 左右，但由于人类基因组序列庞大，实际上碱基的错配难以避免。

2. 同源重组是导致基因异常的原因之一　同源重组（homologous recombination）是姐妹染色单体或同源染色体上具有同源序列的 DNA 分子间或分子内产生的重新组合。由此可产生基因倒位、交换和易位等多种现象，许多基因因此而发生异常。此外，有些病原体可通过同源重组整合入宿主基因组，干扰宿主内源性基因的转录和翻译，从而导致内源性基因的表达异常。

3. 各种物理、化学和生物因素可诱发基因突变　各种物理、化学和生物的致突变因素可作用于 DNA 分子引起结构的改变，即 DNA 损伤，如果这种损伤不能通过相应的 DNA 修复机制得以修复，便导致蛋白质结构异常，从而引起疾病的发生。引起突变的因素广泛存在于机体内外环境中，包括物理因素（如紫外线照射、电离辐射如 X 射线等）、化学因素（如羟胺、吖啶类染色剂、烷化剂、亚硝酸盐和碱基类似物等）和生物因素（麻疹、风疹等病毒及真菌、细菌产生的毒素如黄曲霉素等）等。

4. 自然选择与遗传漂移可导致基因异常　自然选择（natural selection）是促进进化的关键要素，也能促使某种遗传性状在特定区域内有差异地延续。在特定环境中，若某基因异常可导致子代存活率的增加，则这种异常将在种群的繁衍中体现出选择优势。以遗传疾病镰状红细胞症为例，携带该基因异常的杂合子个体一般无大碍。非洲中西部地区致命恶性疟疾肆虐，携带该基因异常的杂合子个体不易罹患疟疾，因此远比携带正常基因纯合子的个体有存活优势，使得该致病等位基因频率在非洲中西部地区相当高。而在其他无疟疾地区，该基因异常不再体现出选择优势，因而基因频率均较低。

某基因异常在特定群体（尤其是小群体中）可出现世代传递的波动，导致某些等位基因消失，特定异常等位基因被固定下来，从而改变了群体遗传结构。在大群体中，各种等位基因在个体自由婚配的过程中均匀地传递了下来，但在小群体中由于子代数量有限，若婚配方式受到控制，可使一些异常基因得到大量积累，称为遗传漂移（genetic drift）。最为极端的例子就是近亲婚配，严重时可能导致某封闭的小群体最终消失。建立某个小群体的祖辈若携带某些遗传突变，则这些突变在该小群体的世代繁衍过程中会以高于普通人群的频率保留下来，导致该遗传疾病的累积，称为建立者效应（founder effect）。这些隔离族群（如芬兰人、一些犹太部落等）的 DNA 样本，成为鉴定某些遗传病基因的珍贵资源。

（三）基因异常的检测技术多种多样

目前对不同基因结构或者表达异常都有相应的检测方法。染色体数目和结构的异常较为宏观，一般直接使用核型分析（karyotype analysis）或荧光原位杂交（fluorescence in situ hybridization，FISH）直接观察和分析染色体数目形态结构的异常。对于点突变可以直接使用测序法，高通量准确地得到待测 DNA 序列的线性核苷酸序列信息。也可使用单链构象多态性（single-strand conformational polymorphism，SSCP）法、梯度变性胶电泳（denaturing gradient gel electrophoresis，DGGE）、DNA 错配裂解法、质谱、基因芯片和变性高效液相色谱（denaturing high performance liquid chromatography，DHPLC）等。而基因插入或缺失可使用 Southern 印迹、测序法、SSCP、DGGE、DNA 错配裂解法、质谱、基因芯片、FISH、HPLC、多重 PCR 等方法进行检测。基因重排可使用 Southern 印迹、直接测序、FISH、DHPLC 等检测。SNP 的检测方式更为丰富，包括直接测序、等位基因特异性寡核酸杂交（allele-specific oligonucleotide hybridization，ASOH）、基因芯片、限制性片段长度多态性（restriction fragment length polymorphism，RFLP）、DHPLC 和 Taqman 探针等方法。VNTR 可使用以平板胶和毛细管电泳为基础的分型法、芯片分型、测序法、质谱法等。而拷贝数目变异一般使用基因芯片和 FISH。外源基因组的整合则使用测序、芯片、FISH、定性 PCR 等方法。

Notes

## 四、基因异常可导致表达产物的质/量变化而引起疾病

基因异常对表型的影响通过两种主要途径实现：一是影响了其产物的组成或结构，二是影响了产物的表达水平。基因异常的生物学效应可分为功能丧失和功能获得两种情况。

### （一）基因突变可导致表达产物结构和功能异常

基因突变具有多种类型。其中，错义突变有可能带来表达产物结构的异常改变，如果结构改变发生在蛋白质的活性中心、催化中心或分子结合部位的，可能导致其功能丧失。无义突变的发生导致表达出来的多肽链截短，从而丧失正常功能。移码突变使得密码子错乱，其表达产物可能与正常基因产物相距甚远。即使基因突变发生在编码区以外，也可能通过参与异常剪切等方式而导致基因表达产物结构的改变。生殖细胞在减数分裂期间由于同源染色单体在重组时可能由于配对不精确而产生不等交换，即可造成染色体水平的结构改变，带来更为严重的影响。产物结构异常既可引起基因原有功能的丧失，又可使异常蛋白具有新功能。

### （二）基因突变可导致表达水平的异常

基因突变可导致表达产物量的改变，基因表达产物量的减少，导致基因功能丧失（loss of function）；基因表达产物量增加，则导致基因功能获得（gain of function）。基因表达产物过多或过少，往往对于维持细胞的正常代谢和生命活动都是不利的，严重时就会导致疾病的发生。下面介绍通过影响基因表达产物量的改变，而导致严重疾病发生的几种重要分子机制。

1. **单倍型不足**　单倍型不足（haplotype insufficiency）是指某个基因的两个拷贝中的一个等位基因发生突变或缺失，另一个拷贝的表达产物（即该基因的 50% 蛋白产物）不足以维持正常的细胞功能的需要。常染色体显性遗传病如家族性高胆固醇血症中，杂合子突变可减少 50% 低密度脂蛋白受体的量，杂合子个体与正常纯合个体相比，胆固醇水平几乎是后者的两倍，因而心血管疾病风险大大升高。而在突变纯合体中，疾病则更为严重。

2. **显负性效应**　显负性（dominant negative）指突变杂合体中，由于等位基因的一个突变导致正常等位基因产生的蛋白也完全失去或丧失了部分正常功能。显负性效应一般出现在编码蛋白复合体（完整蛋白由 2 种或以上蛋白亚基组成）的基因中。例如由三股螺旋亚基组成的 I 型胶原中单个位点突变导致的异常亚基可与其正常亚基结合，造成各种扭曲继而导致严重损毁的三股螺旋胶原蛋白。

3. **杂合子丢失**　杂合子丢失（loss of heterozygosity, LOH）是指从亲代遗传而来的受精卵开始就带有某等位基因突变的杂合子个体再次发生遗传损伤，导致野生型显性基因突变或缺失形成突变纯合子，失去原有的杂合性状（图 24-2）。LOH 是肿瘤遗传易感性的主要机制之一。

4. **突变导致转录因子活性降低**　转录因子基因变异可影响其靶基因的正常转录，产生基因功能减弱的生物学效应。造血过程中重要的调节蛋白 GATA-1 是一种含有锌指结构的转录因子，该蛋白氨基端的锌指基序负责与 DNA 分子的结合。β- 地中海贫血中，GATA-1 蛋白的 N 端锌指区的第 216 位氨基酸由精氨酸突变为谷胺酰胺，使得转录因子与 DNA 分子的结合稳定性下降。该基因的突变会造成人 β- 珠蛋白基因转录水平下降，使 β- 珠蛋白表达减少而不能合成足够的血红蛋白，由此引发疾病。

5. **转录增强作用**　特定基因的转录调节序列出现异常时会增强基因转录，使基因表达水平提高，产生异常表型。如在人类遗传性胎儿血红蛋白持续增多症个体中，已经鉴定了若干种位于 γ 基因启动子区的可促进该基因转录的点突变，这些启动子变异可上调 γ 基因的表达水平，使成人期本已关闭的表达胎儿珠蛋白链的 γ 基因重新开放，引起成人红细胞中 γ 链持续高表达状态，产生疾病表型。

6. **增强子位置效应**　在人群中发现的一类 δβ- 地中海贫血症以成人期胎儿血红蛋白异常持续升高为主要特征，其分子基础为基因片段缺失，3′- 端缺失位点下游远端鉴定出特异性增强

Notes

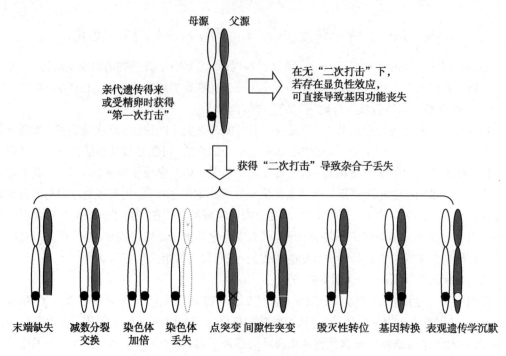

图 24-2 杂合子丢失理论示意图

子序列，该增强子序列因大段丢失而被带到了邻近 $^G\gamma$ 基因位点，此增强子可通过"距离效应"激活 $^G\gamma$ 基因，其结果是使 $^G\gamma$ 基因开放，上调 γ- 珠蛋白链的表达水平。

**7. 剂量效应** 基因拷贝数变异是使基因功能增强的主要机制之一。在肿瘤发生过程中，细胞某些原癌基因的拷贝数异常增加。如在小细胞肺癌细胞株中就有 *L-MYC*、*N-MYC* 和 *C-MYC* 基因拷贝数的扩增，其中尤以 *C-MYC* 的扩增更为明显，其拷贝数增加了数十倍甚至 200 倍之多。

**8. 反义 RNA 转录位置效应 / 表观遗传学修饰** 这是因反义 RNA 的出现及 DNA 甲基化而导致 mRNA 水平的降低。在特殊表型的 α- 地中海贫血家系的研究中发现，正常人一条染色体上有二个功能性 α 珠蛋白基因（*HBA2* 和 *HBA1*），该家系病例成员中均被鉴定缺失 *HBA1*，*HBA2* 基因结构正常，但却表现出二者均缺失的典型血液学特征。患者 *HBA2* 基因下游存在 23kb 的 DNA 片段缺失，其下游与 *HBA2* 基因转录方向相反的 *LUC7L* 基因靠近了 *HBA2* 基因，这使得 *LUC7L* 基因的转录区覆盖了 *HBA2* 基因及其启动子，*LUC7L* mRNA 成了 *HBA2* mRNA 的反义 RNA，与 *HBA2* 的转录本形成部分双链，导致 RNA 降解，同时介导 *HBA2* 上游位点的 CpG 岛发生甲基化。因此，结构完整的 *HBA2* 基因表达水平降低，导致 α- 珠蛋白缺乏和疾病发生。

**9. 突变导致 mRNA 稳定性降低** 真核生物编码蛋白基因的 3'- 端非翻译区（3'-UTR）与基因功能的实现密切相关，其异常可影响 mRNA 稳定性，导致疾病发生。α- 地中海贫血中，α- 珠蛋白 3'-UTR 的保守序列 AAUAAA 发生突变导致无法在正常多聚腺苷酸剪切位点进行 mRNA 加尾，产生大量超长 mRNA 产物，这种异常 mRNA 被认为是"异己"而迅速被胞内 mRNA 降解机制清除。

**10. 突变导致新启动子的产生及干扰作用** α- 地中海贫血的病因中，存在由于基因调控区单个核苷酸突变导致启动子产生的情况。新的启动子与原有的内源 α- 珠蛋白启动子发生竞争，干扰原有的内源性启动子活性，使其下游的 α- 珠蛋白基因的表达显著下调，导致 α- 地中海贫血发生。

**11. 获得性 RNA 堆积** 强直性肌营养不良症和近肢端肌营养不良症这两种疾病都与 RNA 在细胞内异常堆积有关。基因中编码 mRNA 的 3'-UTR 区域中的不同短串联重复序列发生扩增，这些不同的串联重复序列扩增导致大量异常 RNA 转录本的堆积，可抑制肌细胞分化或损伤

Notes

肌细胞,另外也可通过与反义作用因子结合干预正常基因 mRNA 转录本的剪接过程,导致新的异常剪接体的产生,最终导致发育障碍和肌萎缩。

## 第二节　单基因疾病和多基因疾病

基因异常可导致基因功能丧失或获得,在个体水平体现为各种疾病的发生。基因异常导致的疾病主要可分为染色体疾病、体细胞疾病、线粒体疾病、单基因疾病以及多基因疾病等五大类。其中染色体疾病导致的病理缺陷不可逆且尤为严重,常常直接导致自发流产。体细胞疾病发生在体细胞中,疾病表型一般不具有遗传性。线粒体疾病则呈现母系遗传模式。本节主要介绍单基因疾病和多基因疾病。

### 一、单基因疾病的致病基因可按孟德尔遗传模式传递

单基因疾病又称为孟德尔遗传病,包括常染色体单基因遗传病和性染色体单基因遗传病两大类。

#### (一)常染色体基因异常可导致显性或隐性遗传病

常染色体单基因显性和隐性遗传病具有不同的致病机制和遗传模式。

1. **常染色体单基因显性遗传病是常染色体上一对等位基因其中之一发生突变导致的疾病**　患病个体具有一个正常等位基因和一个突变等位基因时,称为该基因位点的杂合子。患者子代的患病率可能为 50%,常染色体显性疾病呈现出垂直的遗传模式,且男性或女性的患病可能性几乎一致(图 24-3)。研究常染色体遗传疾病患者的遗传家谱时,需要考虑到表型异质性的影响。不同个体对疾病异常的表型程度存在差异,即外显率(penetrance)的差异。临床表现未见异常的个体依然可能携带并将常染色体显性突变遗传给子代。有些常染色体显性性状的表达可能受到性别的影响,如斑秃几乎只有男性才患病,其遗传模式非常类似于 X 染色体隐性遗传疾病。因此要同时考虑影响表达的因素以及外显率的差异。同时要排除性腺镶嵌现象的干扰,此类突变发生在亲代之一的性腺中,该情况下患儿的父母都正常,患儿的兄弟姐妹也很少携带其他异常,但该突变的再现率高达 50%。另外,遗传异质性也是一个重要影响因素,因此要考虑到拟基因型和拟表型的可能。拟基因型(genetic mimic)是指疾病表型相似,功能也相关,在位点紧密连锁的基因,似等位基因但非等位基因。染色体上位置完全不同的基因异常可能导致极其相似的疾病表型,即有环境因素导致的类似基因异常的疾病,为拟表型(phenocopy)。

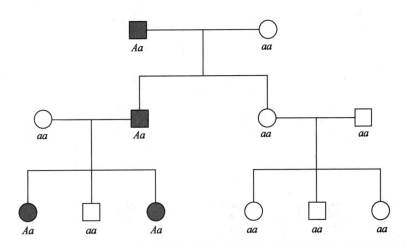

图 24-3　以轴后性多趾症患者家谱为例显示常染色体单基因显性疾病的遗传模式
疾病受累者用蓝色阴影表示

Notes

2. **常染色体单基因隐性遗传病是常染色体上一对等位基因都发生突变导致的疾病** 该类疾病患者的一对等位基因携带相同突变，属于纯合子。一般患者的父母未患病，且每人携带一个隐性的缺陷疾病基因，他们子代的患病概率为25%，但家族其他成员患病率较低，因此常染色体隐性遗传病的遗传模式呈现出水平传递的方式（图24-4）。患者兄弟姐妹可能患病，一般无家族病史。但近亲婚配可大大提高常染色体隐性遗传病的发病率，这是由于增加了自合体（autozygoty）的概率。

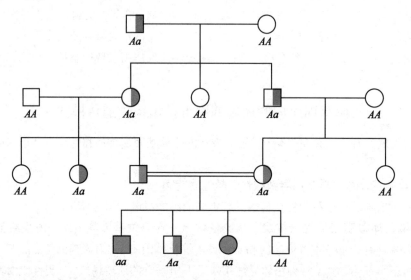

图24-4 以酪氨酸酶阴性白化病患者家谱显示常染色体单基因隐性疾病的遗传模式
该家谱中受累个体的父母双亲用两条杠表示，疾病受累个体用蓝色阴影表示，携带者只显示一半阴影

### （二）性染色体疾病是由性染色体上的基因突变引起

性染色体基因异常所致疾病与性别有关，其基因异常可导致严重遗传病，且呈现伴性遗传模式。性染色体异常分为X染色体显性基因异常，X染色体隐性基因异常以及Y染色体基因异常。

X染色体显性遗传病不出现男传男的现象，故此女性发病率略高。患者双亲之一必有一人患有此疾病。该类疾病可以连续几代遗传，但患者的正常子女不会有致病基因再传给后代。女性患者与正常男子结婚后，生育的子女各自患病率为1/2左右。而男性患者与正常女性结婚，则生育的女儿都可能是患者，而儿子则不患病。该类疾病主要有脆性X综合征，肯尼迪氏症等。此外男性的疾病严重程度一致，但女性存在X染色体失活现象，故患病情况迥异（图24-5）。

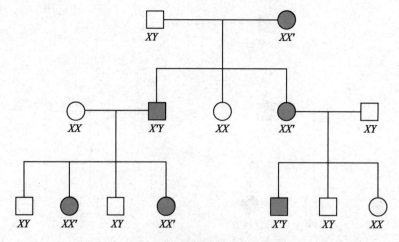

图24-5 X-连锁显性性状的遗传家谱
疾病受累个体用实心蓝色阴影表示，携带疾病等位基因的X染色体用X'表示

在 X 染色体隐性遗传病中（图 24-6），男性一般容易患病。男性只携带一条 X 染色体，为半合子（hemizygote），一旦男性遗传到一条缺陷的 X 染色体就会患病。而女性在两条 X 染色体都缺陷的情况下才患病，且由于女性的 X 染色体失活现象，往往女性隐性纯合缺陷基因携带者不发病或发病较轻。该类疾病的特点是，男性患病率远高于女性；男性患者若与健康纯合体女性结婚，生育的子女不出现该疾病，而女儿都是致病基因的携带者；女性患者与健康纯合体男性结婚，则生育的女儿中 1/2 为携带者，儿子中也有 1/2 的患者；近亲结婚者其子女患病几率增加。血友病、葡萄糖 -6- 磷酸脱氢酶缺乏症和 Duchenne 氏肌营养不良（Duchenne muscular dystrophy，DMD）等均属于该类疾病。而 Y 连锁疾病则单纯呈现男传男的遗传模式（图 24-7）。

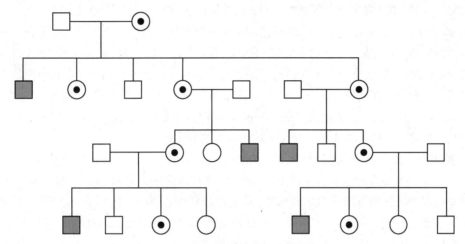

图 24-6 X- 连锁隐性性状的遗传家谱
疾病受累个体用实心蓝色阴影表示，杂合子携带者用点表示

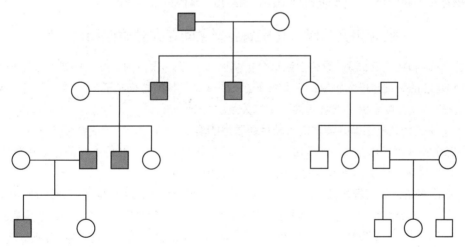

图 24-7 Y- 连锁性状的遗传家谱
疾病受累个体用实心蓝色阴影表示，其传递方式为男传男

## 二、多基因疾病涉及多个基因和多种因素

很多常见复杂疾病是多基因和多种因素共同作用的结果。

### （一）多基因突变或表观遗传学改变导致疾病发生

很多常见疾病中，可能参与疾病发生发展的分子事件极其复杂，环境等各种因素都与疾病的发生存在一定联系。遗传上，多个遗传位点参与疾病的发病过程，呈现微效作用；遗传模式不遵循孟德尔遗传规律，但患者近亲人群患病率远高于一般人群。研究复杂性疾病时，一般用该病先证者同胞患病率与同一群体该病总患病率之比值（即 λ 值）来表示遗传作用的程度，λ 大于

Notes

3，就被认为遗传因素起着肯定的作用。双生子罹患调查在确定常见复杂性疾病的遗传因素方面，起着难以替代的作用。对于单基因疾病而言，同卵双生子群体共同患病的可能性是 100%，而对于复杂性疾病而言，一般小于 100% 但高于异卵双生子和同胞群体的患病率。

（二）常见多基因复杂性疾病举例

1. **糖尿病**　糖尿病主要分为 4 大类，Ⅰ型、Ⅱ型、妊娠糖尿病以及特殊类型，其中Ⅱ型糖尿病占 95%。Ⅰ型糖尿病主要由于胰岛素自身免疫反应引起 β 细胞分泌胰岛素功能缺陷，现已鉴定出 40 余个候选易感基因，但其作用机制不清。Ⅱ型糖尿病中胰岛素基因、胰岛素受体、相关信号通路等发生缺陷，导致 β 细胞胰岛素分泌功能紊乱以及外周组织（骨骼肌、脂肪、肝脏）对胰岛素敏感性的下降（发生胰岛素抵抗），目前鉴定得到的候选易感基因超过 20 种。

2. **高血压**　高血压包括单基因遗传性高血压和原发性高血压两类。单基因遗传性高血压包括醛固酮增多症、盐皮质激素增多症、Liddle 综合征等，分别由醛固酮合成酶基因、11β- 羟化醇脱氢酶Ⅱ基因、肾脏远曲小管上皮钠通道基因突变所致。而原发性高血压发病机制较为复杂并不明确。目前发现在病理条件下，有些基因如血管紧张素原、血管紧张素转换酶、肾素、α- 内收蛋白、G 蛋白 β3 亚单位、上皮钠通道等基因发生了结构或表达改变。此外，GWAS 的结果显示包括某种钙泵蛋白在内的多种基因与原发性高血压的发病有关。

3. **类风湿性关节炎**　类风湿性关节炎（rheumatoid arthritis，RA）为代表的慢性炎症性免疫疾病是多基因疾病，RA 全球发病率达 1%。某些病毒和细菌感染如 EB 病毒、细小病毒 B19、流感病毒及结核分枝杆菌可能作为始动因子，启动携带易感基因的个体发生免疫反应，进而导致类风湿关节炎的发病。吸烟、寒冷、外伤及精神刺激等因素也可能诱发 RA。即使只关注参与 RA 的遗传因素都可以发现太多异常都与该疾病的发生发展存在一定相关性。根据 2012 年 8 月的 GWAS 研究结果报道，多条染色体上如 *PADI4*、*IRF1*、*HLA*、*TRAF1* 等的很多基因位点都与 RA 致病存在关联，其中 $p$ 值小于 $5.3 \times 10^{-8}$ 的 RA 相关基因就多达 40 种。

## 三、疾病相关基因与其疾病表型之间存在异质性和复杂性

关于基因和疾病的关系，遗传学注重分析基因与表型（疾病）的关联；生物化学则研究蛋白质结构和功能的异常与发病机制的关系；分子生物学探索基因结构和活动异常与发病机制之间的联系。三者相互联系促进理解基因和疾病关系的复杂性。

（一）疾病相关基因型的异质性以及疾病表型的复杂性

疾病相关基因可以是同一基因的不同类型的结构异常，也可以是不同的基因引起同一疾病；同时，疾病表型还受其他因素的影响，从而表现出复杂性。

1. **基因异常的高度异质性**　除了少数疾病由基因单个位点发生特定突变导致的之外，很多疾病的致病基因突变往往发生在不同的位点、涉及多种不同类型的结构异常。许多疾病的致病基因更不止一个。诱导基因突变的机制也十分多样化，如自发突变、环境诱导、转座效应、二次突变等。

2. **异常的基因型与疾病表型之间关系的高度复杂性**　单个或复合的基因型异常可能导致同一疾病表型，疾病表型的严重程度与发生异常的基因型数量以及不同的类型也有关联。同一种基因突变型可决定一种或多种不同表型，其程度也具有异质性。甚至有些疾病以综合征形式的复合表型呈现，这种疾病相关的基因型与疾病表型之间的关系相当复杂。基因型与疾病表型之间的关系也可受到表观遗传学效应影响，即某些不涉及基因序列改变的基因修饰型（表观基因型）影响了疾病表型。

（二）基因组印记现象

当父母双方来源的等位基因或染色体片段呈现出不同的表达状态，则认为出现了基因印记（gene imprinting）或基因组印记（genomic imprinting）现象。印记具有以下重要特点：可遗传性，

Notes

生殖细胞中产生的印记在细胞分裂过程中一直保留,后代可从双亲遗传印记;印记基因在基因组中非随机分布;某些印记基因聚集成簇;印记的等位基因或染色体片段是失活的,因此其任何突变都不会导致疾病表型,但仅剩的另一个等位基因一旦发生突变,则直接导致了该基因的失活,由此导致印记相关疾病的发生。

### (三)表观遗传学现象

表观遗传(epigenetics)是指不改变基因结构而影响基因表达和表型的遗传修饰。表观遗传现象包括染色体高级结构的变化——常染色质和核小体修饰、解体等的染色质活化过程,基因组 DNA 与组蛋白的重新装配,不同凝聚态异染色质结构,核心组蛋白的修饰(乙酰化、磷酸化、甲基化、泛素化、SUMO 化、生物素化等多种形式),基因组 DNA 甲基化以及依赖于 ATP 的染色质重塑复合物形成等。表观遗传在亲代与子代间具有可遗传性,可引起可逆性基因沉默,可影响遗传学过程,且其中 DNA 甲基化以及组蛋白修饰这两种表观遗传修饰形式可相互协作共同参与基因表达调控。

### (四)某些疾病相关基因在进化过程中充当复杂角色

关于疾病相关基因的产生原因,可以用 1809 年生物学家 Larmarck JB 提出的"用进废退"进化论观点来解释。例如,北欧发病率很高的囊纤维化症致病基因的杂合子携带者,在遭受霍乱杆菌和伤寒杆菌毒素的作用下,其体液以及氯离子的流失程度与普通个体相比大大减少,使得携带者不易遇到脱水的生命危险,因而可天然地抵御痢疾。此外,严重血红蛋白疾病如地中海贫血和镰状细胞贫血症虽然是众所周知的不幸顽疾,但此类个体的红细胞较小,不利于疟原虫寄生,因而不易受到致命高发的疟疾侵害。这些疾病相关基因型本身可能是在抵御某地域长年肆虐的大规模致命疾病侵袭的过程中逐渐进化获得的,在较长的历史时期体现了足够的进化优势,因而稳定地遗传给了后代。

## 第三节　基因异常与肿瘤

正常机体中,细胞增殖在两类基因的编码产物调控之下有序地进行,一类是正向调节信号,促进细胞的生长和增殖,阻碍细胞的终末分化,支持细胞存活;另一类为负向调节信号,抑制增殖、促进分化和细胞程序性死亡(凋亡)。这两类信号在细胞内的效应相互拮抗,维持平衡。但在环境信号刺激下,细胞在生长发育过程中生长增殖与死亡的信号调控可能会出现不当,导致其恶性改变,甚至肿瘤的发生(图 24-8)。本节重点阐述癌基因和肿瘤抑制基因的基本概念,以及基因异常参与肿瘤发生发展的作用机制。

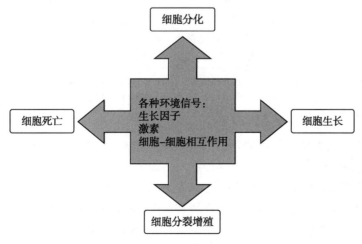

图 24-8　细胞应答各种环境信号,来决定分裂增殖、生长、分化及死亡不同方向

Notes

# 一、癌　基　因

癌基因（oncogene）是基因组内正常存在的基因，其编码产物通常参与细胞增殖的正向调控信号通路，在功能上促进细胞的增殖和生长。而癌基因发生突变或表达异常导致其异常活化是细胞发生恶性转化（癌变）的重要原因。

（一）癌基因的基本概念

癌基因一般指所有能编码生长因子、生长因子受体、细胞内信号转导分子以及与生长增殖有关的转录因子的基因，癌基因及其表达产物是细胞维持正常生理功能的重要组成部分，其本身的表达产物在正常条件下并不具有致癌活性，癌基因异常活化才与肿瘤发生有关。

（二）常见癌基因的主要类型及功能

癌基因可根据来源和基因产物功能分成不同类型，异常活化可导致癌症发生。

1. 根据癌基因的种属来源可分为细胞癌基因和病毒癌基因两类　癌基因原本就存在于大部分生物的正常基因组中，因此又称为细胞癌基因（cellular oncogene, c-onc）或原癌基因（proto-oncogene, pro-onc）。一般将病毒中存在的癌基因称为病毒癌基因（virus oncogene, v-onc）。

（1）细胞癌基因：细胞癌基因在进化上高度保守，从单细胞酵母、无脊椎生物到脊椎动物乃至人类的正常细胞中普遍存在。细胞癌基因的表达产物对细胞正常生长、繁殖、发育和分化都起到了精确的调控作用。在某些因素（如射线、有害化学物质等）的刺激之下，这类基因结构发生异常或表达失去调控，则会导致细胞生长增殖和分化的异常，部分细胞发生恶变从而形成肿瘤。表 24-1 显示的是已知的几种常见细胞癌基因。

表 24-1　已知的几种常见人类细胞癌基因

| 细胞癌基因名称 | 基因编码产物 |
| --- | --- |
| SIS | PDGF-2（生长因子） |
| HST | FGF（生长因子） |
| INT-2 | FGF 同类物（生长因子） |
| ERBB | EGF（蛋白酪氨酸激酶类生长因子）受体 |
| HER-2 | EGF 受体类似物 |
| FMS、KIT | M-CSF、SCF 受体 |
| SRC、ABL | 作为与膜结合的蛋白酪氨酸激酶，介导受体下游的信号转导过程 |
| TRK | 细胞内蛋白酪氨酸激酶，介导细胞内信号转导 |
| RAF | 细胞内蛋白丝 / 苏氨酸激酶，参与 MAPK 通路 |
| RAS | 作为与膜结合的 GTP 结合蛋白，参与 MAPK 通路 |
| CDK4 | 周期蛋白依赖性激酶 |
| MYC | DNA 结合蛋白，参与下游增殖相关靶基因的活化过程 |
| FOS、JUN | 核内转录因子，促进增殖相关基因表达 |

EGF: epidermal growth factor, 表皮生长因子；M-CSF: macrophage colony-stimulating factor, 巨噬细胞集落刺激因子；PDGF: platelet-derived growth factor, 血小板来源生长因子；FGF: fibroblast growth factor, 成纤维细胞生长因子；SCF: stem cell factor, 干细胞因子

许多细胞癌基因在结构上具有相似性，功能上互相关联，属于不同的基因家族。下面介绍几个重要的癌基因家族。

SRC 家族包括 SRC、ABL、LCK 等多个基因。SRC 最初是在引起肉瘤（sarcoma）的病毒中发现的，病毒基因名为 src。该基因家族的产物具有蛋白酪氨酸激酶活性，在细胞内位于膜的内侧，接收蛋白酪氨酸激酶类受体活化信号而激活并介导细胞增殖的促进过程。这个家族基因突变导致其异常活化是肿瘤发生的重要机制。

Notes

*RAS* 家族包括 *H-RAS*、*K-RAS*、*N-RAS* 等成员。*RAS* 基因编码的蛋白产物是低分子量 G 蛋白，在肿瘤中发生的突变主要是使得 GTP 酶活性的丧失，使得 Ras 始终以 GTP 结合形式存在，处于持久活化状态，导致细胞内增殖信号通路的持续激活。*H-RAS* 最初在 Harvey 大鼠肉瘤中克隆得到。*K-RAS* 在 81% 胰腺癌患者的肿瘤组织中都可检测到其突变，是恶性肿瘤中的常见基因突变。

*MYC* 家族包括 *C-MYC*、*N-MYC*、*L-MYC* 等多个基因。*MYC* 最初在禽骨髓细胞瘤病毒中被发现并由此命名。该家族的基因编码核内转录因子，有直接调节其下游靶基因转录水平的作用。*MYC* 下游的靶基因涉及多种编码细胞增殖信号的分子，因此，细胞内 *MYC* 含量的升高可促进细胞的增殖过程。

（2）病毒癌基因：实际上，癌基因最早是在逆转录病毒中发现的。1911 年，Rous F 医生首次提出病毒可能引发肿瘤的理论，该理论在 20 世纪 50 年代得到实验证实，并将该病毒命名为罗氏肉瘤病毒（Rous sarcoma virus, RSV）。在 RSV 的机制研究中，Martin GS 比较了具备或不具备转化特性的 RSV 基因组序列，发现了特殊的基因 *src*，将该基因导入正常细胞可导致其恶性转化。此后，人们又陆续在其他逆转录病毒中发现可使宿主患肿瘤的基因。为了加以区别，存在于病毒中的致癌基因以 v- 前缀辅助命名，如病毒来源的 *src* 基因标记为 v-*src*。目前已发现的病毒癌基因有几十种。

1979 年，Bishop JM 和 Varmus H 发现，正常宿主细胞本身也存在 *SRC* 基因，并证实 RSV 本身携带的 *src* 基因来源于被其感染的宿主细胞。RSV 感染宿主后，以病毒 RNA 为模板，在逆转录酶的催化下合成双链 DNA，随着病毒 DNA 随机整合到宿主细胞基因组内，通过基因重排或同源重组，可将细胞中的原癌基因 *SRC* 导入 RSV 基因组内，使得 RSV 转变为携带 *SRC* 的病毒，由此获得了致癌能力（图 24-9）。虽然病毒癌基因来源于宿主细胞，但是整合重组过程中，其结构发生了许多变化，如内含子缺失、编码区截短及突变等。这些变化使得病毒癌基因对细胞的恶性转化能力较细胞内原癌基因明显增强。

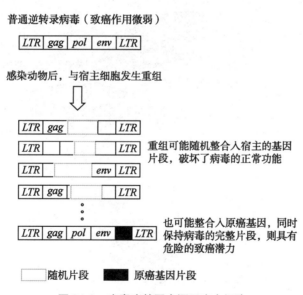

图 24-9　病毒癌基因来源于宿主细胞

正常的逆转录病毒基因组包含几个重要片段：*gag*（group specific antigen，种群特异性抗原）基因、*pol*（reverse transcriptase，逆转录酶）基因、*env*（envelope，衣壳蛋白）基因、LTR（long terminal repeat，长末端重复）。它们可与宿主细胞发生基因重组，病毒基因组内部发生的重组可能整合入随机片段或原癌基因

2. 根据癌基因在细胞增殖分化生长过程的功能不同分为四类　原癌基因编码的蛋白质参与细胞增殖、分化与生长调控过程的各个环节（图 24-10）。根据它们各自的功能，可分为四类。

Notes

（1）细胞外生长因子：生长因子是细胞外增殖信号，它们作用于细胞膜上的受体，经各种信号通路，如 MAPK 通路等，引发一系列细胞增殖相关基因的转录激活。生长因子的过量表达，可持续作用于相应的细胞，造成大量正向生长信号的输入，从而使得细胞增殖出现失控。目前已知的与恶性肿瘤的发生和发展有关的生长因子有：PDGF、EGF、TGF-β、FGF、IGF-1 等。

表皮生长因子（EGF）及其受体（EGFR）的异常活化往往能引起细胞恶性转化，而这与多种肿瘤的发生发展、恶性程度以及预后具有密切的相关性。许多恶性肿瘤如非小细胞肺癌、乳腺癌等均出现 EGF/EGFR 过度表达的情况。另外，EGF 还参与了肿瘤的血管生成作用，因此，其异常活化会促进肿瘤致病过程。EGF 促进肿瘤的一个重要机制就是通过活化 Ras-MAPK 通路，而使得癌基因 *c-FOS* 活化。c-Fos 蛋白可与 c-JUN 蛋白结合形成 AP-1，这是一种在肿瘤细胞中广泛存在的高度活化的异源二聚体转录因子，能促进肿瘤的发生发展。生长因子的异常活化常常可作为肿瘤靶向治疗的潜在药物靶点。

（2）跨膜生长因子受体：跨膜生长因子受体接收细胞外的生长信号并将其转入细胞内。跨膜生长因子受体的细胞内结构域往往具有酪氨酸特异性的蛋白激酶活性。受体型蛋白酪氨酸激酶通过多种信号通路（如 MAPK、PI-3K-AKT 通路等）加速增殖信号在细胞内的转导过程。*HER2* 基因就是一种跨膜生长因子受体，它作为表皮生长因子受体家族成员，具有蛋白酪氨酸激酶活性，能激活下游信号通路，从而促进细胞增殖和抑制细胞凋亡。30% 的乳腺癌中 *HER2* 基因发生扩增或过度表达的现象，其表达水平与治疗后的复发率以及不良预后效应显著相关。

（3）细胞内信号转导分子：生长信号传入细胞内后，通过各种信号转导通路将信号传导至核内，激活增殖相关基因的表达，促进细胞的生长。这些细胞内信号转导通路中的许多成员都是癌基因的产物，如非受体酪氨酸激酶 Src、Abl、蛋白丝/苏氨酸激酶 Raf、低分子量 G 蛋白 Ras 等。

（4）核内转录因子：核心的转录因子也有部分是癌基因的表达产物，通过与靶基因的顺式作用元件相结合，直接促进参与细胞增殖过程的靶基因转录。

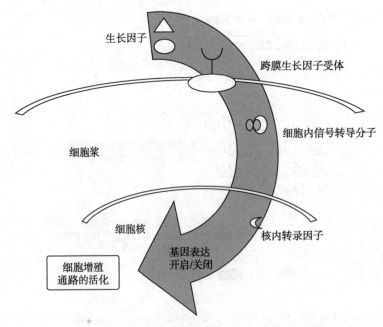

图 24-10　四类癌基因参与细胞增殖过程的信号转导通路

## 二、肿瘤抑制基因

早在 20 世纪 20 年代，Boveri T 就提出正常细胞中存在特异的抑制细胞增殖的因素，并认为与染色体有关，肿瘤细胞若失去该抑制性染色体成分则获得无限增殖能力。经过半个世纪的研究，人们发现了肿瘤抑制基因。20 世纪 60 年代，Harris H 开创了杂合细胞的致癌性研究，将肿瘤细胞株与正常细胞融合得到杂合细胞，或将导入了正常细胞染色体的肿瘤细胞接种到动物体内，结果并不产生肿瘤，提示了正常细胞中肿瘤抑制基因的存在。

### （一）肿瘤抑制基因的基本概念

肿瘤抑制基因（tumor suppressor gene）又称抑癌基因（anti-cancer gene）是负向调控细胞生长和增殖的基因，该基因产物的失活可导致细胞异常的生长和增殖，最终导致癌变的结局，而回复其活性或导入该基因片段可抑制细胞的恶性表型。抑癌基因与癌基因相互制约，其动态平衡是维持细胞增殖在合理调控下稳定进行的要素。

### （二）常见肿瘤抑制基因

肿瘤抑制基因的编码产物的主要功能包括诱导细胞分化、维持基因组稳定、触发或诱导细胞凋亡等一系列细胞生长相关活动中的负向调控过程。常见的肿瘤抑制基因编码产物和相关功能见表 24-2。

表 24-2　常见肿瘤抑制基因

| 基因名称 | 基因编码产物及其功能 |
| --- | --- |
| TP53 | 转录因子 p53，参与细胞周期的负向调节以及 DNA 损伤后的凋亡过程 |
| RB | 转录因子 p105 Rb |
| PTEN | 参与磷脂类信使的去磷酸化过程，抑制 PI-3K-Akt 通路 |
| P16 | p16 蛋白，参与细胞周期检查点的负向调控 |
| P21 | 抑制 Cdk1、2、4、6 |
| APC | G 蛋白，细胞黏附与信号转导 |
| DCC | 表面糖蛋白（细胞黏附分子） |
| NF1 | GTP 酶激活剂 |
| NF2 | 链接膜与细胞骨架的蛋白 |
| VHL | 转录调节蛋白 |
| WT1 | 转录因子 |

TP53: tumor protein p53，肿瘤蛋白 p53；NF: neurofibromatosis，神经纤维瘤；APC: adenomatous polyposis coli，多发性结肠腺癌；VHL: Von Hippel-Lindau 综合征，血管母细胞瘤合并肾或胰腺等多种肿瘤；WT: Wilms tumor，威尔姆肿瘤；DCC: deleted in colorectal carcinoma，结肠癌缺失基因

1. *RB* 基因　在家族性视网膜母细胞瘤（retinoblastoma，Rb）的研究中，人们发现与散发病例相比，家族性视网膜母细胞瘤患者更容易发生双侧性和多发性病灶，并且发病年龄相比较早。根据 Knudson AF 提出的二次打击理论（two hits hypothesis），视网膜母细胞瘤发病依赖于先后两次相应基因的突变。对于家族性视网膜母细胞瘤患者来说，其第一次基因突变遗传于父母双亲。在其有生之年只需要一次基因突变即可导致视网膜母细胞瘤的发病。而普通散发型的患者则需要在后天环境中经历两次基因突变才达到致病的效果。这就解释了家族性视网膜母细胞瘤患者发病早、易出现双发、多发的临床现象。在对该疾病的深入研究中，发现视网膜母细胞瘤患者外周血细胞以及皮肤成纤维细胞染色体的 *13q14* 位点存在缺失情况，并且只有当视网膜母细胞中该基因的两个基因拷贝均出现突变缺失时才发生癌变。在后续的分子杂交实验帮助下，终于将该候选基因成功克隆分离鉴定，得到肿瘤抑制基因 *RB*，这是人类初次对肿瘤抑制基因的成功探索。*RB* 基因的失活除了可导致视网膜母细胞瘤外，还参与骨肉瘤、小细胞肺癌、乳腺癌等多种肿瘤的发生，说明 *RB* 基因的肿瘤抑制作用具有一定的广泛性。

2. *TP53* 基因　*TP53* 基因一般认为是目前人类肿瘤中突变最为广泛的肿瘤抑制基因，50%～60% 的人类各系统肿瘤中都发现 *TP53* 基因突变现象。人类的 *TP53* 基因编码蛋白为 p53，具有转录因子活性。正常状态下，细胞内 p53 蛋白含量很低，因为其半衰期只有 20～30 分钟，所以

Notes

一般方法很难检测得到，在细胞增殖与生长过程中，其含量可升高 5～100 倍以上。野生型 p53 蛋白在维持细胞的正常生长、抑制其恶性增殖中起到重要作用，被称为基因组卫士。p53 在细胞内时刻监控着染色体 DNA 的完整体，一旦 DNA 遭到损伤，p53 将与特定基因的 DNA 序列结合，起到转录因子作用，激活 *P21* 等相关基因的转录，使得细胞停止于 $G_1$ 期；并且可以抑制解链酶的活性，并与复制因子 A 相互作用，参与 DNA 的复制与修复过程。一旦修复失败，p53 即启动凋亡过程诱导细胞自杀，阻止有癌变倾向的突变细胞的生成，从而防止肿瘤的发生。

3. *APC* 基因　*APC*（adenomatous polyposis coli）基因是另一个研究较为广泛的肿瘤抑制基因，它在 85% 的结肠癌中发生缺失或功能失活现象。APC 蛋白直接参与 Wnt 信号通路，精确调控该信号通路的活化程度。APC 蛋白 C 端含有降解 β-catenin 的功能域，能够避免 β-catenin 的异常积累。*APC* 基因发生突变后，可导致 Wnt 信号通路的异常活化。

4. *VHL* 基因　*VHL*（Von Hippel-Lindau）基因也是一类肿瘤抑制基因，编码 pVHL 蛋白，发挥抑癌作用。pVHL 蛋白是 E3 泛素连接酶家族成员，可将靶蛋白质泛素化而促进其降解过程，对正常机体条件下清除蛋白质的异常堆积具有重要作用。*VHL* 基因失活包括突变、甲基化、杂合性丢失等多种不同机制。其功能缺失与小细胞肺癌、宫颈癌、肾透明细胞癌关系密切。

5. *PTEN* 基因　*PTEN*（phosphatase and tensin homolog，磷酸酶与张力蛋白同源物）基因是具有双特异性磷酸酶活性的肿瘤抑制基因，其编码产物 PTEN 具有磷脂酰肌醇 -3，4，5- 三磷酸 -3- 磷酸酶活性，催化水解磷脂酰肌醇 -3，4，5- 三磷酸（$PIP_3$）的三个磷酸基团反应成为二磷酸，从而抑制了 PI-3K-AKT 信号通路，对细胞生长过程起负向调节作用。

许多肿瘤抑制基因的异常在多种不同类型的肿瘤中均可检测到，说明肿瘤抑制基因的失活可能以共同的致病机制参与许多不同肿瘤的发生发展中。

## 三、基因异常参与肿瘤发生发展的作用机制

在肿瘤发生发展过程中，有几十种甚至上百种基因的表达异常。最近的研究表明，肿瘤的发生发展是一个循序渐进的过程，多个基因相互作用组成信号网络，控制着肿瘤的各个发展时期。各个基因在网络中发挥作用，总有某些基因处于关键节点部位，主宰肿瘤细胞的命运，这些基因可成为肿瘤治疗的靶点。

（一）癌基因异常活化

细胞癌基因在物理、化学及生物因素作用下发生突变，表达产物的质和量变化，时空特异性表达水平发生改变，都有可能使得细胞脱离正常的信号调控，获得不受控制的异常增殖能力而发生恶性转化。从正常的癌基因转变为使细胞具有转化能力的癌基因的过程称为癌基因的活化。导致癌基因活化的机制主要有四种。

1. 点突变　癌基因在射线或化学诱变剂作用下，可发生点突变，从而改变表达产物的氨基酸组成，造成结构的变异。如 *H-RAS* 中的 GCC 在膀胱癌中突变为 GTC，使得表达产物 Ras 的第 12 位甘氨酸突变为缬氨酸，使其丧失 GTP 酶的活性，始终以与 GTP 结合的活性形式存在。

2. 获得外源强启动子或增强子　逆转录病毒基因组中长末端重复序列（long terminal repeat，LTR）内有强启动子或增强子元件，当其感染细胞时可随机整合到宿主细胞的基因组中。如果这类强启动子或增强子恰好不幸地整合到癌基因区域，该癌基因就有可能不再接受原有的正常调控，而受到病毒来源启动子或增强子的控制，导致基因的过表达。鸡的白细胞增生病毒引起的淋巴瘤，就是因为该病毒 LTR 序列整合到宿主 *C-MYC* 基因附近，LTR 中强启动子使得 *C-MYC* 的表达增加 30～100 倍。

3. 染色体易位　染色体易位过程中发生的某些基因的易位和重排，可能使得原来没有活化的癌基因转位到强启动子或增强子的附近而发生活化，使得癌基因异常活化。例如，人 Burkitt 淋巴瘤细胞中，位于 8 号染色体上的 *C-MYC* 基因易位到 14 号染色体的免疫球蛋白重链基因的

Notes

启动子附近并有效连接起来,导致 *C-MYC* 基因在这个高活性启动子作用下大量表达。

4. 基因扩增　癌基因可通过基因扩增使得基因拷贝数升高几十甚至上千倍,导致基因的表达产物过量表达。例如小细胞肺癌中 *C-MYC* 的扩增和乳腺癌中 *HER2* 的扩增都在肿瘤发生中起到重要作用。

### (二)抑癌基因失活

单倍型不足和二次打击是造成抑癌基因失活的重要机制。当抑癌基因的两个拷贝中的一个等位基因发生突变或缺失,另一个拷贝的表达产物不足以维持正常的细胞功能的需要,则发生单倍型不足的情况,造成抑癌基因活性降低。二次打击是指某种肿瘤抑制性基因(抑癌基因)先后发生两次突变,使得两个等位基因均失活,导致肿瘤的发生。视网膜母细胞瘤癌变是肿瘤抑制基因 *RB* 突变或缺失引起,2 个等位基因都发生缺失或者突变才致癌。1971 年,Knudson A 根据视网膜母细胞瘤的发生,提出了"二次打击"理论:亲代遗传而来的 1 个 *rb* 基因或者生殖细胞已经遭受第一次打击(*RB* 突变 *rb*),此 *RB/rb* 杂合体再次发生突变可使得原有的正常 *RB* 也丢失,由此引起癌变。

### (三)基因组不稳定

在基因组层次上,基因组不稳定性是肿瘤细胞的重要特点。基因组的不稳定性的体现包括:各种基因的单核苷酸突变、微卫星的动态变化、基因组拷贝数的变异、基因扩增、重排、缺失,染色体杂合性或纯合性丢失,以及其他表观基因组效应等。在肿瘤中,经常还存在 DNA 损伤修复基因失活的情况,则各种微小的基因突变可轻易地积累,并达到影响基因组稳定性的地步。

### (四)表观遗传学

肿瘤的表观遗传学致病机制主要表现为肿瘤细胞 DNA 甲基化发生异常。

1. 恶性肿瘤的基因组 DNA 呈现广泛的低甲基化状态　5- 甲基胞嘧啶含量明显降低。低甲基化作用主要发生在卫星序列、重复序列、中心粒区域和原癌基因中,其后果是引起染色体不稳定性和非整倍体、转座子激活和原癌基因激活。

2. 肿瘤细胞基因组范围内 CpG 岛的甲基化程度增高　这种 CpG 岛的甲基化程度增高呈现出离散分布的局部高甲基化,这类特征在直肠癌、膀胱癌、前列腺癌、结肠癌、肺癌、乳腺癌、睾丸癌、脑癌、白血病中均有报道。某些肿瘤抑制基因可因 CpG 岛的特异性高甲基化而不能表达或表达水平极低。

3. 肿瘤细胞中常出现基因印记丢失的情况　在某些儿童肿瘤中,细胞染色体 11p15 的 H19/IGF-2 位点存在基因印记,但印记基因 IGF-2 原来在甲基化修饰下的等位基因发生了去甲基化,导致两个等位基因都表达,基因印记效应丢失,使得基因呈现过表达的情况,引起转化抑制 RNA(H19)的丢失。

## 第四节　鉴定疾病相关基因的原则

目前疾病相关基因的定位、克隆及鉴定过程,多选用"疾病表型→基因→基因产物"的思路进行研究,也就是从确认疾病的表型开始。遗传性疾病表型的出现,必然是由于基因组内致病基因的异常引起的;而出现异常的基因在基因组中具有一定的位点;该位点与个体中广泛存在的 DNA 分子标记之间必然有一定的联系,通过 DNA 标记与该位点之间的连锁分析和关联分析就能不断窄化疾病相关基因的定位区间,确定候选基因;最终进行细致分析,阐明基因功能及其与疾病的关系。

### 一、鉴定疾病相关基因的关键是确定疾病表型和基因间的实质联系

正确的诊断是鉴定疾病基因的基础。对于一些复杂性疾病,有必要进行进一步的分类,以

减少检测样本的疾病异质性。在此基础上，需要确定疾病的遗传因素，通过孪生子分析、领养分析和同胞罹患率分析等确定遗传因素是否在疾病发病中有作用及其作用程度。在遗传因素作用较小的疾病中，成功鉴定并克隆疾病相关基因的可能性很小。如果确定遗传因素在疾病中具有重要作用，就可进一步确定存在于人类基因组中决定疾病表型的基因，确定该基因的基因组位点（locus）以及该位点与基因组其他位点的联系。

## 二、鉴定克隆疾病相关基因需要多学科多途径的综合策略

鉴定疾病相关基因是一项艰巨的系统工程（图24-11），需要多学科的紧密配合，针对不同疾病采用不同的策略。首先通过对不同疾病家系的连锁分析，可粗略将疾病的基因定位于某个染色体的特定区段上，此时确切的基因尚不明了。随着对某些疾病发病机制的研究，可以进一步阐明疾病相关蛋白质的生物化学和细胞生物学特征，以此为切入点，寻找基因结构的异常，确定基因DNA序列碱基突变及其导致蛋白质结构或表达异常的分子机制，最终克隆疾病相关基因。此外，疾病动物模型对于疾病相关基因的克隆也具有重要帮助。对不同疾病动物模型的研究，可以确定导致实验动物异常表型的基因，进而鉴定人类的同源基因在疾病中的作用。借助生物信息数据库中有关的基因序列信息，亦可极大地促进疾病相关基因克隆的效率。

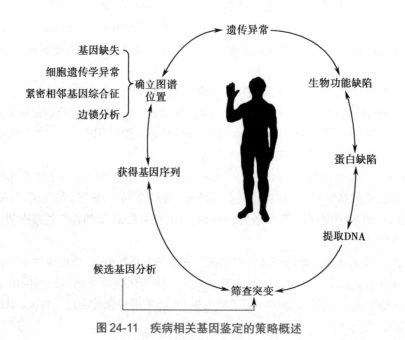

图 24-11  疾病相关基因鉴定的策略概述

## 三、确定候选基因是多种克隆疾病相关基因方法的交汇

许多途径能够达到最终鉴定疾病相关基因的目的，这些方法以找到候选基因（candidate gene）为共同核心目标。当某基因的典型特征（如基因产物）提示了其导致特定遗传疾病的可能性，则可视为候选基因。一旦候选基因被鉴定，即可筛检患者中该基因的异常。鉴定候选基因可不依赖其在染色体位置，但常用的策略仍然是首先找出候选染色体区域，然后在此区域内鉴定候选基因。在特定的区域中分析鉴定候选基因称作疾病相关基因的定位克隆。人类基因组计划的完成提供了人类所有基因的信息。尽管从众多的候选基因中寻找基因变突仍然是一项耗时的工作，但鉴定候选基因较以往还是相对容易。这是由于位置信息从2万基因降低到候选区域的10以内的基因。在候选区域内简单预测可能的候选基因目前仍难以实现，需要重复、逐个排除等较大的工作量，才能最终确定候选基因异常以及该异常和疾病的联系。

Notes

目前已经鉴定出的多种疾病相关基因见表24-3。

表24-3 定位并克隆鉴定得到的疾病相关基因举例

| 疾病名称 | 染色体上位置 | 基因表达产物 |
|---|---|---|
| α1-抗胰蛋白酶缺陷症 | 14q | 丝氨酸蛋白酶抑制剂 |
| α-珠蛋白生成障碍性贫血 | 16p | 血红蛋白的α-珠蛋白组分 |
| β-珠蛋白生成障碍性贫血 | 11p | 血红蛋白的β-珠蛋白组分 |
| 软骨发育不全 | 4p | 成纤维细胞生长因子受体3 |
| 多囊性肾病 | 16p | 多囊蛋白1膜蛋白组分 |
| | 4p | 多囊蛋白2膜蛋白组分 |
| | 6p | 纤维囊蛋白可能的受体 |
| 白化病 | | |
| Ⅰ型 | 11q | 酪氨酸酶 |
| Ⅱ型 | 15q | 酪氨酸转运子 |
| Alzheimer症（老年痴呆） | 14q | 早老素1 |
| | 1q | 早老素2 |
| | 19q | 载脂蛋白E |
| | 21q | β样淀粉蛋白前体 |
| 肌萎缩性脊髓侧索硬化 | 21q | 过氧化物歧化酶1 |
| Angelman综合征 | 15q | 泛素蛋白连接酶E3A |
| 共济失调性毛细血管扩张症 | 11q | 细胞周期控制蛋白 |
| 家族性乳腺癌 | 17q | BRCA1肿瘤抑制基因/DNA修复蛋白 |
| | 13q | BRCA2肿瘤抑制基因/DNA修复蛋白 |
| | 22q | CHEK2 DNA修复蛋白 |
| 家族性恶性黑色素瘤 | 9p | 周期蛋白依赖性激酶抑制剂（肿瘤抑制基因） |
| | 12q | 周期蛋白依赖性激酶4 |

## 第五节 疾病相关基因鉴定的策略和方法

人类携带的各种基因异常可导致疾病的发生。鉴定疾病相关基因，是研究基因病发生机制的基础，也为疾病的治疗带来希望。而这一切研究的基础是对疾病相关基因的染色体位置以及结构异常进行精细分析。

### 一、疾病基因的定位需要借助各种遗传标记进行分析

基因定位就是将各种基因确定到染色体物理图谱的特定位置上，并分析基因的结构和疾病状态下基因的突变。基因定位是基因鉴定和克隆的基础，目的是确定基因在染色体的位置以及基因在染色体上的线性排列顺序和距离。染色体是基因的载体，而物理图谱则是以特异的DNA序列为界标来展示的染色体图，它能反映生物基因组中基因或标记间的实际距离，图上界标之间的距离是以物理长度即核苷酸对的数目如bp、kb、Mb等来表示的。这些特定的DNA序列可以是多态性遗传标记，如单核苷酸多态性（single nucleotide polymorphism，SNP），短串联重复（short tandem repeat，STR），拷贝数目变异（copy number variation，CNV）等，但可以是非多态的，如STS、EST和特定的基因序列等。疾病基因的定位可从家系分析、细胞、染色体和分子水平等几个层次进行，不同方法又可联合使用。常用的方法有通过融合细胞的筛查定位基因的体

Notes

细胞杂交法,在细胞水平定位基因的染色体原位杂交法,直接借助染色体异常进行基因定位和连锁分析及关联分析等。

## 二、定位克隆是鉴定疾病相关基因的经典策略

根据疾病基因在染色体上的大体位置,鉴定克隆疾病相关基因,称为定位克隆(positional cloning)。定位克隆是研究人类遗传病基因工作中最为常用的方法。

定位克隆是从鉴定目标基因附近已经克隆的标记开始的,因此首先需要获取基因在染色体上的位置信息,然后通过采用各种实验方法克隆基因和进行定位。基因的定位克隆策略大体上可以分成四个步骤:①通过家系连锁分析资料或染色体异常等数据,确定基因在染色体上的位置;②通过染色体步移(chromosome walking)、染色体区带显微切割等技术,获得基因所在区段的克隆重叠群(contig),绘制出更精细的染色体图谱,包括用邻近的标记作为探针在基因组文库中筛选重叠克隆,由于人类基因组计划的完成,使得该步骤可用生物信息学的方法替代;③确定含有候选基因的染色体片段;④从这些片段中进一步筛选目的基因,并作突变检测验证和功能分析。通过以上几步即可对目标基因进行定位和克隆。

定位克隆过程中需要尽可能缩小染色体上的候选区域,同时需要构建目的区域的物理图谱。在得到区域性很窄的 DNA 重叠群克隆后,可以使用多种方法对变异位点进行确定。常用的方法主要有:① cDNA 直接筛选法:如果知道该种疾病发生的特异组织,还可以将该组织中的 cDNA 直接与得到的克隆杂交,筛选出此区域内的特异表达基因,再对这些基因作进一步分析;②候选基因克隆法:对该区域中的已知基因位点进行测序,比较变异情况,确定变异位点;③对克隆直接进行序列分析。在该部分的基因定位过程中,可从家系分析、细胞、染色体和分子水平等几个层次进行,不同手段与方法联合使用。

## 三、不依赖染色体定位的策略以疾病相关基因功能、表型等为出发点

不依赖染色体定位的疾病相关基因克隆策略包括功能克隆、表型克隆及采用位点非依赖的 DNA 序列信息和动物模型来鉴定和克隆疾病基因。

### (一)从已知蛋白质的功能和结构出发克隆疾病基因

在掌握或部分了解基因功能产物(蛋白质)的基础上鉴定蛋白质编码基因的方法,称为功能克隆(functional cloning)。该方法采用的是从蛋白质到 DNA 的研究路线。如果对影响疾病的功能蛋白具有一定的了解,就可采用这种方法克隆疾病基因。

1. 依据蛋白质的氨基酸序列信息鉴定克隆疾病相关基因　如果疾病相关的蛋白质在体内表达丰富,可分离纯化得到一定纯度的足量蛋白质,就可用质谱或化学方法进行氨基酸序列分析,获得全部或部分氨基酸序列信息。在此基础上,设计 1 套含有全部简并密码子信息的寡核苷酸探针,用此混合探针去筛查 cDNA 文库,可筛选出目的基因。除 cDNA 文库筛查技术外,还可采用部分简并混合寡核苷酸作为 PCR 引物,采用多种 PCR 引物组合,以获得候选基因的 PCR 产物。

2. 用蛋白质的特异性抗体鉴定疾病相关基因　有些疾病相关的蛋白质在体内含量很低,难以纯化得到足够纯度的蛋白质用于氨基酸序列测定。但是少量低纯度的蛋白质仍可用于免疫动物获得特异性抗体,用以鉴定基因。获得的抗体可用于直接结合正在翻译过程中的新生肽链,此时会获得同时结合在核糖体上的 mRNA 分子,最终克隆未知基因。特异性抗体也可用来筛查可表达的 cDNA 文库,筛选出可与该抗体反应的表达蛋白质的阳性克隆,进而可获得候选基因。此外,也可利用患者自体的血清对重组的 cDNA 文库进行筛选,以分离得到疾病相关抗原基因。

功能克隆技术是对单基因疾病进行疾病相关基因克隆的常用策略。其技术瓶颈在于特异

Notes

功能蛋白质的确认、鉴定及其纯化都相当困难，微量表达的基因产物在研究中难以获得，因而几乎不能用于多基因疾病的基因分离。

（二）从疾病的表型差异出发鉴定疾病相关基因

表型克隆（phenotype cloning）是疾病相关基因克隆领域中一个新的策略。该策略建立在对疾病表型和基因结构或基因表达的特征有所认识的基础上。依据 DNA 或 mRNA 的改变与疾病表型的关系，可有几种策略。

1. 从疾病的表型出发　比较患者基因组 DNA 与正常人基因组 DNA 的不同，直接对产生变异的 DNA 片段进行克隆，而不需要基因的染色体位置或基因产物的其他信息。例如，在一些遗传性神经系统疾病中，患者基因组中含有的三联重复序列的拷贝数可发生改变，并随世代的传递而扩大，称为基因的动态突变。此时，采用基因组错配筛选（genome mismatch scanning）、代表性差异分析（representative difference analysis，RDA）等技术即可检测患者的 DNA 是否有三联重复序列的拷贝数增加，从而确定患病原因。

2. 针对已知基因　如果高度怀疑某种疾病是由于某个特殊的已知基因所致，可通过比较患者和正常对照者该基因表达的差异来确定该基因是否为该疾病相关基因。常用分析方法有 Northern 印迹法、RNA 酶保护试验、RT-PCR 及实时定量 RT-PCR 等。

3. 针对未知基因　可通过比较疾病和正常组织中的所有 mRNA 的表达种类和含量间的差异，从而克隆疾病相关基因。这种差异可能源于基因结构改变，也可能源于表达调控机制的改变。常用的技术有 mRNA 差异显示（mRNA differential display，mRNA-DD）、抑制消减杂交（suppressive substractive hybridization，SSH）、基因表达系列分析（SAGE）、cDNA 微阵列（cDNA microarray）和基因鉴定集成法（integrated procedure for gene identification）等。

（三）采用位点非依赖的 DNA 序列信息辅助克隆疾病相关基因

随着人类基因组计划和多种模式生物基因组测序的完成、生物信息学的发展、计算机软件的开发应用和互联网的普及，人们可以通过已获得的序列与数据库中核酸序列及蛋白质序列进行同源性比较，或对数据库中不同物种间的序列比较分析、拼接，预测新的全长基因等，进而通过实验证实，从组织细胞中克隆该基因，这就是所谓的电子克隆（in silico cloning）。

人类新基因克隆大都是从同源 EST 分析开始的。应用同源比较，在人类 EST 数据库中，识别和拼接与已知基因高度同源的人类新基因的方法包括：①以已知基因 cDNA 序列对 EST 数据库进行搜索分析（Basic Local Alignment Search Tool，BLAST），找出与已知基因 cDNA 序列高度同源的 EST；②用 Seqlab 的 Fragment Assembly 软件构建重叠群，并找出重叠的一致序列；③比较各重叠群的一致序列与已知基因的关系；④对编码区蛋白质序列进行比较，并与已知基因的蛋白质的功能域进行比较分析，推测新基因的功能；⑤用新基因序列或 EST 序列对序列标签位点（sequence-tagged site，STS）数据库进行 BLAST 分析，如果某一 EST（非重复序列）与某一种 STS 有重叠，那么，STS 的定位即确定了新基因的定位。

电子克隆充分利用网络资源，可大大提高克隆新基因的速度和效率。由于数据库的不完善、错误信息的存在及分析软件的缺陷，电子克隆往往难以真正地克隆基因，而只作为一种辅助手段。

（四）使用动物模型帮助鉴定疾病相关基因

人类的部分疾病，可以借助相应的动物模型进行研究。具有动物某种疾病表型的突变基因与其相似人类疾病相关基因很可能存在于人染色体的同源区域。此外，当疾病相关基因在动物模型上已完成鉴定，可以采用荧光原位杂交来定位分离人的同源基因。肥胖相关的瘦素（leptin）基因的克隆就是一个成功例证。小鼠和人的瘦素基因有 84% 的同源性。利用突变的肥胖近交系小鼠通过定位克隆分离得到了位于小鼠 6 号染色体的瘦素基因，依据小鼠瘦素基因侧翼标记，将人的瘦素基因定位于人染色体 7q31 区。

Notes

## 四、鉴定疾病相关基因的主要方法

鉴定疾病相关基因的方法有多种，既有经典的遗传学和细胞生物学方法，也有新兴的基因组学方法，根据研究具体情况选择，但往往要联合应用。

### （一）连锁分析是定位疾病未知基因的常用方法

两位点在同一条 DNA 链上物理位置越接近，每条姐妹染色单体上的等位基因越有可能一起分离。当观察到同源染色体上的等位基因以完整单位的形式进行分离，背离自由组合定律时，即发生连锁现象（图 24-12）。连锁分析（linkage analysis）是根据基因在染色体上呈直线排列，不同基因相互连锁成连锁群的原理，即应用被定位的基因与同一染色体上另一基因或遗传标记相连锁的特点进行定位。其优点是无需细致了解致病基因结构及其分子机制，适用于大多数由未知的基因缺陷引起的遗传性疾病的基因诊断，是过去在不了解致病基因的情况下进行单基因遗传病基因诊断的一种有效手段。利用该手段人们成功地诊断和分析包括镰刀型细胞贫血症、β- 地中海贫血、Huntington 舞蹈症和囊性纤维化等多种人类单基因遗传病。

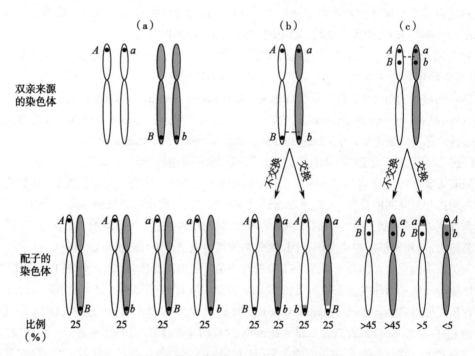

图 24-12　不同基因位点的等位基因在减数分裂时分离的几种可能性

（a）两个位点分别在不同的染色体上；（b）两个位点在同一条染色体上，但是距离甚远，
在减数分裂过程中自由组合；（c）位点紧密相邻，发生连锁现象

连锁分析中使用 DNA 标记来鉴定某尚未定位的基因的精确遗传模式（图 24-13）。在单基因遗传病家系中，可以利用遗传标记找到病患共享的染色体区域，捕捉到其中的致病基因，实现基因定位。将正常人和患者的相应序列进行比较，从而识别出致病基因和突变。例如已知血型基因 Xs 定位于 X 染色体上，普通鱼鳞病和眼白化病基因与其连锁，因此判定这两个基因也在 X 染色体上，计算患者子代的重组率（单位为 cM），即可确定这些基因间的相对距离。这种鉴定疾病相关基因的方法的局限性在于，目标基因只能定位于染色体上很大的区域内。只有通过观察足够多的重组交换才能获得有效信息，因而精确分析的前提是拥有大量家系或者大型家系。近年来，在罹患同胞对的核心家系中，采用血缘同一（identity by descent，IBD）原理，定位了许多疾病相关基因。对于涉及多个位点和环境因素的复杂疾病来说，就需要其他手段才能有效定位。

Notes

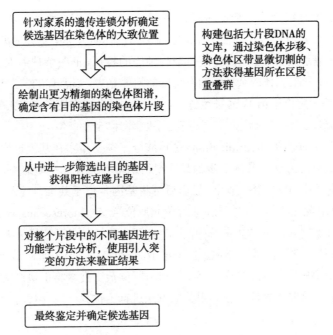

图 24-13　利用连锁分析定位疾病相关基因的技术路线示意图

### （二）针对已知候选基因可进行关联分析

特定的遗传变异在疾病人群中与对照人群相比以较高频率出现时即被称为与该疾病相关。疾病相关的遗传异常意味着在该人类基因组区段上可能存在可引起疾病的潜在异常。候选基因关联分析（association study）是观察候选基因异常与疾病性状在人群中的统计学关系，理论上，疾病相关基因与疾病性状共同出现的频率应该高于随机发生频率。

### （三）在无假设条件下可使用全基因组关联分析进行研究

候选基因关联分析法主要目的是证明某特定候选基因与疾病相关这个假设，而全基因组关联分析（genome-wide association study，GWAS）则是一种无假设驱动的方法。通过扫描整个基因组观察哪些基因与疾病表型间存在关联，将这些不同的遗传变异与某些性状例如疾病联系起来。在基因定位克隆中，常用一些分子遗传标记进行 GWAS，极大地提高了基因克隆的效率。GWAS 法具体操作中，通常收集成千上万个正常与患病个体基因组 DNA 的标本，利用高通量芯片检测，即基因定型，计算机上进行生物信息学分析，确定基因型和疾病的关系（图 24-14）。该方法已成功鉴定了常见多发病的多种基因位点，不仅有效简化了常见病的相关基因鉴定过程，而且为研究疾病的发病机制和干预靶点提供了极有价值的信息。

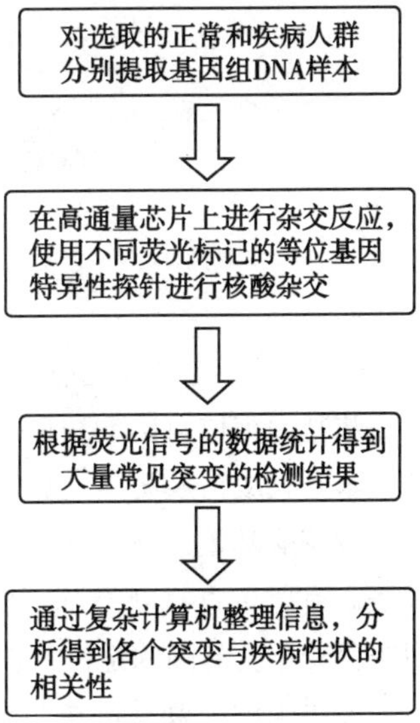

全外显子测序（whole exon sequencing）则是对全部外显子区域进行 DNA 测序的一项技术。全外显子测序技术针对外显子区域的序列进行检测，也适用于单基因和复杂性疾病的研究。疾病表型往往与疾病相关基因外显子变异导致的蛋白产物功能性紊乱存在密不可分的关系，在鉴定和分析疾病相关基因的研究中，对外显子序列的分析具有重要的价值。

图 24-14　GWAS 技术路线示意图

### （四）体细胞杂交法可通过融合细胞的筛查定位基因

体细胞杂交（somatic cell hybridization）又称细胞融合（cell fusion），是将来源不同的两种细胞融合成一个新细胞。大多数体细胞杂交是用人的细胞与小鼠、大鼠或仓鼠的体细胞进行杂

Notes

交。这种新产生的融合细胞称为杂种细胞（hybrid cell），含有双亲不同的染色体。杂种细胞有一个重要的特点是在其增殖传代过程中保留啮齿类染色体而人类染色体逐渐丢失，最后只剩一条或几条。Miller 等运用体细胞杂交，结合杂种细胞的特征，证明杂种细胞的存活需要胸苷激酶（TK）。含有人 17 号染色体的杂种细胞在特殊的培养基中，都因有 TK 活性而存活，反之则死亡，从而推断 *TK* 基因定位于第 17 号染色体上。利用这一方法定位了许多人的基因。

**（五）染色体原位杂交是在细胞水平定位基因的常用方法**

染色体原位杂交（*in situ* hybridization）是核酸分子杂交技术在基因定位中的应用，也是一种直接进行基因定位的方法。其主要步骤是获得组织培养的分裂中期细胞，将染色体 DNA 变性，与带有标记的互补 DNA 探针杂交，显影后可将基因定位于某染色体及染色体的某一区段（图 24-15）。如果用荧光染料标记探针，即为荧光原位杂交（fluorescence *in situ* hybridization，FISH）。1978 年首次用 α 及 β 珠蛋白基因的 cDNA 为探针，与各种不同的人 / 鼠杂种细胞进行杂交，从而将人 α 及 β 珠蛋白基因分别定位于第 16 号和第 11 号染色体上。这种染色体原位杂交技术特别适用于那些不转录的重复序列，如利用原位杂交技术将卫星 DNA 定位于染色体的着丝粒和端粒附近。这些重复序列很难用其他方法进行定位。

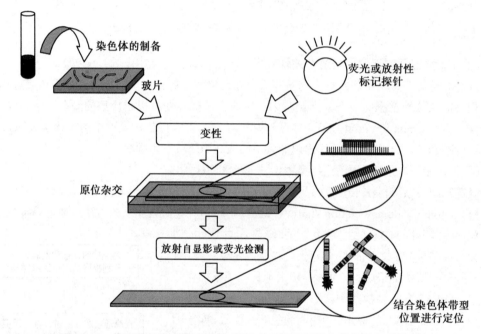

图 24-15　使用原位杂交的方法将 DNA 片段定位到染色体特异区段的过程

**（六）染色体异常可提示疾病基因定位的重要信息**

从基因定位克隆的角度来看，对于任何已知与染色体异常直接相关的疾病来说，染色体的异常本身就成为疾病定位克隆的一个绝好的位置信息。染色体的异常有时可替代连锁分析，用于定位疾病基因。在一些散发性、严重的显性遗传病，染色体变异分析是获得候选基因的唯一方法。有时可直接获得基因的正确位置，而无需进行连锁分析。诸如多囊肾、巨肠症、假肥大型肌营养不良基因的定位在很大程度上借助于染色体的异常核型表现。

如果细胞学观察的染色体异常与某一基因所表达的异常同时出现，即可将该基因定位于这一染色体的异常区域内。例如对一具有 6 号染色体臂间倒位的家系分析表明，凡是有此倒位者，同时也都有某一 *HLA* 等位基因的表达，而家族中无此倒位者，也无该等位基因的表达，因此将人 *HLA* 基因定于 6 号染色体短臂的远侧区。

染色体非整倍体分析中，可通过基因剂量法进行基因定位。在先天愚型（核型 47，+21）的

Notes

病人中过氧化物歧化酶 -1 的活性比正常人高 1.5 倍,因此将该酶基因定位于 21 号染色体上。但是并非所有基因的拷贝数都有明显的剂量效应作用。

## 小　结

　　疾病相关基因是影响疾病发生发展的基因。依据其变异在疾病发生、发展中的作用,疾病相关基因可分为致病基因和疾病易感基因。致病基因的结构或表达的异常可成为疾病发生的直接原因,而疾病易感基因的变异仅增加机体对疾病的易感性。

　　人基因组及基因可在多种因素的影响下发生各种变异,包括染色体数目和结构的异常、单个核苷酸改变、多个核苷酸序列的插入或缺失、基因重排、可变数目串联重复序列等,有些变异不会影响表型,而许多变异可导致异常的表型,引起疾病。

　　基因异常对表型的影响通过两种主要途径实现:一是影响其产物的组成或结构,二是影响了产物的表达水平。基因异常的生物学效应可分为功能丧失和功能获得两种情况。基因表达产物过多或过少,对于维持细胞的正常代谢和生命活动都是不利的,严重时就会导致疾病的发生。

　　癌基因是基因组内正常存在的基因,其编码产物通常参与细胞增殖的正向调控信号通路,在功能上促进细胞的增殖和生长。细胞癌基因表达四类:细胞外生长因子、跨膜生长因子受体、细胞内信号转导分子、核内转录因子。癌基因发生突变或表达异常导致其异常活化是细胞发生恶性转化(癌变)的重要原因。从原癌基因转变为具有促进细胞恶性转化的致癌基因的过程称为原癌基因活化。原癌基因活化主要有点突变、启动子或增强子获得、染色体易位和基因扩增等机制。

　　肿瘤抑制基因(抑癌基因)是负向调控细胞生长和增殖的基因,此类基因产物的失活可导致细胞异常的生长和增殖,最终导致癌变的结局,而恢复其活性或导入该基因片段可抑制细胞的恶性表型。抑癌基因与癌基因相互制约,其动态平衡是维持细胞增殖在合理调控下稳定进行的要素。

　　疾病相关基因的鉴定和克隆,可采取非染色体定位的基因功能鉴定和定位克隆两类策略。前者包括功能克隆、表型克隆及采用位置非依赖的 DNA 序列信息和动物模型来鉴定和克隆疾病基因;后者则是先进行基因定位作图,确定疾病相关基因在染色体上的位置,然后寻找来自该区的基因并进行克隆,采用包括体细胞杂交法、原位杂交法、连锁分析及染色体异常定位来克隆疾病相关基因。

(吕社民)

Notes

# 第二十五章　基因诊断与基因治疗

人类大多数疾病都与基因变异或基因异常表达相关。从基因水平分析病因及疾病的发病机制，并采用针对性的手段矫正疾病紊乱状态，是医学发展的新方向。基因诊断和基因治疗已成为现代分子医学的重要领域。基因诊断是许多重大疾病（如遗传病、感染病、肿瘤等）的早期诊断、产前诊断、疾病基因携带者检查、疗效判断、预后评估等的重要手段，在分子流行病学、法医学等方面也被普遍应用。人类基因治疗，即体细胞基因治疗是通过基因转移技术，直接或间接将目的基因导入疾病受累靶器官或细胞，实现治疗目的。基因治疗在遗传病、恶性肿瘤、病毒性疾病等方面已取得重要进展。

## 第一节　基因诊断学基础

基因诊断（gene diagnosis）是通过分析基因及其表达产物——DNA、RNA 和蛋白质对疾病作出诊断的方法。检测的基因有内源性和外源性两类。基因诊断技术主要有核酸分子杂交、PCR、SSCP、RFLP、DNA 序列测定、生物芯片、蛋白免疫印迹等，这些技术、方法可单独或者联合应用。

---

### 框 25-1　基因诊断始于 DNA 分子杂交

基因诊断诞生于 20 世纪 70 年代末。1976 年，美国加州大学旧金山分校的华裔科学家 Kan YW 采用 DNA 分子杂交技术，在世界上首次完成了对 α- 珠蛋白生成障碍性贫血（α- 地中海贫血）的基因诊断。随着科学技术发展，尤其是基因克隆、基因扩增技术（PCR 技术）的发展，基因诊断技术日趋成熟；随着人类基因组计划的完成及很多疾病基因的发现，基因诊断应用越来越广泛。

---

### 一、基因诊断检测的目标分子是核酸或蛋白质

#### （一）基因诊断属于分子诊断

基因诊断又称分子诊断，是通过检测基因及基因表达产物的存在或状态，对人体疾病作出诊断。基因诊断检测的目标分子是 DNA、RNA 或者蛋白质。检测的基因有内源性（即机体自身的基因）和外源性（如病毒、细菌等）两类，前者主要分析基因结构或基因表达是否正常，后者则是检测有无病原体感染。

#### （二）基因诊断可用于单基因病、多基因病及感染性疾病诊断

疾病的发生、发展过程中都存在基因结构或表达水平的改变。遗传性疾病主要是由于一个或多个基因突变，造成体内相应的蛋白质缺失或不能执行正常功能。如 α- 珠蛋白和 β- 珠蛋白生成障碍性贫血症，就是由于患者的 α- 珠蛋白和 β- 珠蛋白基因突变，不能正常表达珠蛋白，进而导致红细胞的数量和质量发生变化而表现出贫血症。遗传性相关疾病是一类具有明显家族倾向性发病的疾病，其致病基因尚未研究清楚，但与某种遗传标记具有显著相关性。心血管疾

病、糖尿病、高血压病等疾病的发生都存在相关基因的变化。感染性疾病的特点是在患者体内常常含有致病病原体的遗传物质。肿瘤的发生、发展具有多因素、多阶段性,在每一个阶段都可能存在基因结构和功能的改变。基因诊断的目的就是要探寻基因异常改变(包括发现外源基因)及其与人体生理状态或疾病的关系,诊断相关疾病。

**(三) 基因诊断的样品来源**

临床上可用于基因诊断的样品有血液、组织块、羊水和绒毛、精液、毛发、唾液和尿液等。在选择被测样品时,可根据材料来源和分析目的提取其基因组 DNA 或各种 RNA,后者可经逆转录形成 cDNA。RNA 的分析必须用新鲜样品。在开展胎儿 DNA 诊断时,除传统的羊水、绒毛和脐带血样品外,从母亲外周血中提取胎儿细胞或胎儿 DNA 的先进技术已经初步应用于临床实践。

# 二、基因诊断可采用多种分子生物学技术

基因诊断技术的发展大致可分为六个阶段:① DNA 液相杂交和斑点杂交;②限制性片段长度多态性(RFLP)连锁分析;③寡核苷酸探针杂交;④聚合酶链式反应(PCR)及其衍生技术;⑤ DNA 序列分析;⑥ DNA 芯片技术。本节将主要介绍目前在基因诊断领域常用的分子生物学技术。

**(一) 核酸分子杂交有多种形式**

核酸分子杂交技术在基因诊断中占有重要地位。下面介绍在基因诊断中常用的杂交技术,其中有些技术不是一般临床检验科开展的检查项目,而是在基础研究实验室进行的。

1. **Southern 印迹杂交用于基因缺陷诊断**　Southern 印迹(Southern blotting)技术可用于基因缺失型突变、短串联重复序列型疾病的诊断,还可进行 RFLP 分析和酶谱分析等。

2. **Northern 印迹杂交检测 mRNA**　Northern 印迹(Northern blotting)可鉴定特定 mRNA 分子的含量及其大小,适于基础研究相关疾病机制和实验诊断。

3. **斑点杂交方法简便快捷**　斑点杂交(dot blot)也称点杂交。这种杂交方法是直接将样品 DNA 或 RNA 点在滤膜上,固定后,加入标记的核酸探针进行杂交。其优点主要是在同一张膜上可以进行多个样品的检测;根据斑点杂交的结果,可以推算出杂交阳性的拷贝数。用于基因组中特定基因及表达产物的定性和定量分析,方法简便、快速、灵敏、样品用量少,适于临床应用;缺点是不能鉴定所测基因的分子量,特异性不高,可能出现假阳性结果。

4. **反向斑点杂交是一种检测点突变的新技术**　反向斑点杂交(reverse dot blot)是将探针固定于膜上,用一张含有多种特异性寡核苷酸探针的膜与待测目的基因杂交,经过一次杂交便可同时筛查出样品 DNA 中的多种突变。近年来反向斑点杂交技术在遗传病的基因诊断、病原微生物的鉴定分型及癌基因的点突变分析等领域中显示了良好的应用前景。

寡核苷酸中的碱基错配会大大影响杂交分子的稳定性,因此可用人工合成的针对正常和突变等位基因特异性寡核苷酸(allele specific oligonucleotide, ASO)探针进行反向斑点杂交,检测点突变,可大大提高检测结果的可靠性。

5. **原位分子杂交检测细胞或组织中的靶核酸分子**　原位分子杂交技术可以用来检测 DNA 在细胞核或染色体上的分布及特定基因在细胞中表达情况,还可以用于组织、细胞中某种病菌和病毒等病原体的检测。

6. **夹心杂交法是一种固相杂交**　夹心杂交法(sandwich hybridization)采用位于待测靶基因序列上两个相邻但不重叠的 DNA 片段(A、B 片段),分别作为捕捉探针(未标记的 A 片段)和检测探针(标记的 B 片段),同时与靶基因杂交。先将捕捉探针吸附于固相支持物上,它与靶基因序列 A 部分杂交,经漂洗去除杂质,再加入标记的检测探针,检测探针与靶基因序列 B 部分杂交,随后检测杂交信号(图 25-1)。夹心杂交法的优点是特异性好,对核酸样品纯度要求不高,定量较准确。

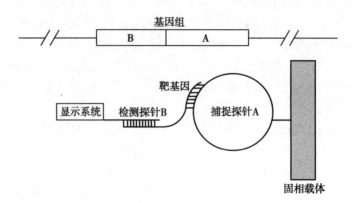

图 25-1　固相夹心杂交法示意图

### （二）聚合酶链式反应衍生了多种相关技术

聚合酶链式反应（polymerase chain reaction，PCR）衍生了多种以 PCR 为基础的技术，在基因诊断中可用于不同的目的。

1. **RT-PCR 用作半定量分析 mRNA**　逆转录 PCR（RT-PCR）可以使低丰度的 mRNA 通过得到扩增，便于检测。如果设立一定的 RNA 竞争性参考标准，可对 mRNA 水平进行半定量分析，检测样品中特定 mRNA 的水平。

2. **实时定量 RT-PCR 可对 mRNA 进行定量分析**　实时定量 RT-PCR（RT-qPCR）的主要优点是可在封闭状态下对扩增产物进行检测，避免了扩增产物污染而引起的假阳性，检测样品时的准确性更高。

3. **原位 PCR 可在单个细胞中进行 PCR 扩增**　原位 PCR（*in situ* PCR）直接用细胞涂片或组织切片在单个细胞中进行 PCR 扩增，然后用特异探针进行原位杂交检测；其关键步骤是制备细胞。通常用 1%～4% 的聚甲醛固定细胞，并用蛋白酶 K 消化完全。为了使原位分子杂交时能计算细胞数目，PCR 的变性步骤不能破坏细胞结构。进行原位 PCR 时，须防止短片段 PCR 扩增产物扩散到细胞外，还要防止扩增过程中组织变干燥。

4. **固相锚定 PCR 以结合在固相基质上的 cDNA 为 PCR 模板**　固相锚定 PCR（solid-anchored PCR）是利用耦合于一固相基质上的特异性寡核苷酸链作为引物合成 cDNA，从而使合成的 cDNA 与固相基质以共价键相结合。典型的固相基质有琼脂糖、丙烯酰胺、磁珠或乳胶等。用 oligo（dT）为引物合成的附着于固相基质上的 cDNA 包含了与一个 cDNA 文库相似的序列信息，因此也称为固相文库。结合在固相基质上的 cDNA 可直接或经修饰后作为 PCR 模板。由于 cDNA 结合在固相基质上，所以在 PCR 过程中改变缓冲液或引物组成十分方便，只需洗涤固相基质，然后将其重悬于不同的 PCR 反应混合液中即可。

固相锚定 PCR 可用于自动化临床检验方法中对 PCR 产物的检测，也可用于产生高度特异性的单链 DNA 探针，也适合 PCR 产物单链的自动化序列分析。

5. **多重 PCR 同时扩增不同序列**　多重 PCR（multiple PCR）是在一次反应中加入多种引物，同时扩增一份 DNA 样品中的不同序列。每对引物所扩增的产物序列长短不一。根据不同长度序列的存在与否，检测是否有某些基因片段的缺失或突变。进行多重 PCR 扩增时，需要注意的是各对引物扩增片段的长度要有差别，这样经过电泳后才能区分开来。

### （三）单链构象多态性检测 DNA 突变位点和多态性

单链构象多态性（single-strand conformation polymorphism，SSCP）分析是一种基于单链 DNA 构象差别检测 DNA 突变位点和多态性的方法。在非变性条件下，DNA 分子可自身折叠形成一定的空间构象，这种构象是由单链 DNA 分子中的碱基序列所决定，DNA 分子中的碱基变异（即使只有一个碱基）可导致其空间构象改变，从而导致电泳迁移率发生改变。常用的 SSCP

Notes

分析法为 PCR-SSCP。首先将待测 DNA 片段进行 PCR 扩增,使双链 DNA 变性成单链 DNA,然后进行聚丙烯酰胺凝胶电泳,将样品 DNA 与正常 DNA 对比,观察是否有条带位置的改变,可判断特定的 DNA 序列中是否有不同的碱基。

**(四)限制性片段长度多态性检测限制性内切酶识别位点突变**

在同种生物不同个体中出现的不同长度限制性片段类型称为限制性片段长度多态性(restriction fragment length polymorphism,RFLP)。如果由于缺失、重排或核苷酸置换使 DNA 分子中原有的某种限制性内切酶的识别位点发生改变,而这种变化又与某种遗传性疾病的基因有关,就可作为这种遗传病的诊断指标。PCR 扩增后用相应的内切酶切割 DNA 片段,然后用琼脂糖或聚丙烯酰胺凝胶电泳进行分析,通过与正常人的限制性酶谱比较而推断该个体是否患有该种疾病。

**(五)DNA 序列测定检测基因结构变异或表达产物异常**

许多遗传病(包括单基因遗传病和多基因遗传病)、恶性肿瘤以及各种传染病(包括细菌性和病毒性)都与基因结构变异或者基因表达产物异常有关,通过 PCR(或 RT-PCR)技术扩增相关基因及其转录产物,再直接对扩增的 DNA 片段进行测序分析,即可达到对疾病进行诊断的目的。

**(六)专门的生物芯片可用于各种目的检测**

蛋白质芯片可检测生物样品中抗原蛋白质表达模式,可用于检测某一特定的生理或病理过程相关蛋白的表达水平。常用于肿瘤和其他疾病的辅助诊断。

按应用目的,用于基因诊断的基因芯片(DNA 芯片)可分为 2 类:①诊断芯片,主要含有特定基因相关的基因探针,用于诊断与特定疾病相关的基因变化。如肝癌、糖尿病等的诊断用基因芯片。②检测芯片,主要检测特定的核酸序列。如检疫芯片、病原体检测芯片等。基因芯片为临床医学提供了一种直接、高效的疾病诊断工具。

DNA 芯片技术在基因表达谱分析、基因突变、基因测序、多态性分析、遗传病产前诊断、感染性疾病诊断等方面已经得到广泛应用。如感染性疾病的诊断,可以利用已知病原生物的全部或部分基因组序列,将其保守或特异序列集成在一块芯片上,即可快速、简便地检测出病原体,从而对疾病做出快速诊断及鉴别诊断。另外,用 DNA 芯片技术可以快速、简便地搜寻和分析DNA 多态性。人的体型、相貌约与 500 多个基因相关,应用 DNA 芯片的检测结果原则上可以推测人的外貌特征,因此在法医学领域可发挥重要作用。应用 DNA 芯片还可以在胚胎早期对胎儿进行遗传病相关基因的监测及产前诊断,防止出生缺陷。

**(七)免疫组织化学法可以检测蛋白质**

对于某些基因表达水平发生改变的疾病,在获得相应的组织切片后,可采用特异性抗体进行免疫组化染色,通过确定特定蛋白质的表达而对疾病进行定性诊断。

## 三、结合诊断目的选择基因诊断技术路线和方法

进行基因诊断时,需要目的明确和合理设计方案。首先应看临床提示的疾病致病基因或相关基因是否属于已知基因及突变位点是否已有线索,然后再决定基因诊断的技术路线。基因诊断技术路线有两条:直接诊断途径和间接诊断途径。

**(一)直接诊断途径检测致病基因结构及表达异常**

直接诊断途径能对疾病进行直接基因诊断。采用直接诊断途径的必要条件是:①被检基因的突变类型与疾病发病有直接的因果关系;②被检基因的正常结构已被确定;③被检基因突变位点固定而且已知。

1. 点突变的诊断有两种情况

(1)导致限制性内切酶位点改变的基因点突变:当单个核苷酸的取代或少数几个核苷酸的

Notes

缺失或插入,正好使某一限制性酶切位点丢失或新增加位点时,可用 RFLP 技术进行分析,或者用 PCR 技术对 DNA 进行扩增后,再用 RFLP 进行分析。

(2)无限制性酶切位点改变的基因点突变:绝大多数点突变并不改变限制性酶的切割位点,如 β- 珠蛋白生成障碍性贫血的基因缺陷多由于 β- 珠蛋白基因点突变所致。现已知的 β- 珠蛋白基因的点突变不低于 170 种,其中在中国人群中常见有 27 种。这些突变大多数不导致限制性酶切位点的丢失或产生。目前常用的检测非限制性酶切位点突变的方法有 PCR-ASO 斑点杂交或反向斑点杂交及等位基因特异 PCR(allele specific-PCR, AS-PCR)等技术。

**2. 采用分子杂交或 PCR 方法检测基因重排**　基因重排(或 DNA 重排)影响一个或多个基因的功能,导致遗传病的发生。对 DNA 重排的基因诊断首先可通过核酸分子杂交的方法,如 Southern blot、斑点杂交、原位杂交等。通过设计一系列相应于缺失区域的探针,进行杂交分析。正常个体的 DNA 样品会出现杂交信号,而患者的 DNA 样品则因缺失这一区域而不能结合探针,检测不到杂交信号。其次,可采用基于 PCR 的技术,如采用多重 PCR 技术对基因中的多个区段同时进行检测,发现重排的位点。

**3. 在转录水平检查基因表达异常**　对于基因表达异常而引起的疾病,可通过检测基因表达水平而进行诊断,即直接检测基因能否转录、转录产物(mRNA)的结构是否正常以及转录水平的高低等。基因表达异常诊断的对象主要是 mRNA,与针对 DNA 的基因诊断方法相比,其检测范围大为缩小。

(1)相对定量分析 mRNA:利用 PCR 技术扩增特异 cDNA 片段及内对照 cDNA 片段。PCR 产物通过光密度扫描计算出两种片段的相对比例,即得出 mRNA 的相对含量。

(2)绝对定量分析 mRNA:采用 RT-PCR 和竞争性 PCR 技术,通过点突变构建一标准 cDNA,其 5'- 端和 3'- 端序列与待测 mRNA 相似,但长度相差约 100bp。将此标准 cDNA 稀释成不同的递减浓度,然后在不同稀释度的每一反应管中加入等量的待测 mRNA,利用共同的引物进行竞争性 PCR。当待测 mRNA 的扩增产物量相当于相应标准管 cDNA 时,待测 mRNA 浓度就等于此标准管的 cDNA 浓度。

(3)分析 mRNA 长度:对 RT-PCR 产物电泳条带的长度和大小进行分析,可获悉突变基因中外显子或编码序列的插入和缺失的信息;辅以 DNA 序列测定,还可以知道插入和缺失的范围或 mRNA 剪接加工的缺陷。

**(二)间接诊断途径是利用多态性遗传标志进行连锁分析**

采用间接基因诊断途径的主要原因是致病基因未知,或未能克隆成功,或基因序列尚未确定,也可能因为突变位点不明确,有时致病基因虽已知,但片段长度不易全面分析。导致无法设计 PCR 引物,也无法制备特异性的基因探针。在这些情况下,无法进行基因突变的直接检测,只能借助与致病基因关联的遗传标记进行连锁分析,进而间接进行疾病的诊断。

DNA 多态性是指群体中的 DNA 分子存在至少两种不同的基因型,即个体间同一染色体的相同位置上 DNA 序列存在一定的差异或变异。这种多态性的任一变异在人群中出现的频率应大于 1%。DNA 多态性有的与遗传病无直接联系,故称为"中性突变",但有的与某遗传性致病基因有一定的连锁关系。

**1. 以 RFLP 为标志进行连锁分析**　人类基因组序列中,平均每 200~300 个碱基对就可能有一多态性位点。由此估计人类基因组约有 $1.4 \times 10^7$ 碱基具有多态性,但其中仅约 10% 可导致限制性酶位点的改变。这种改变可能使原来存在的某限制性内切酶识别位点消失,也可能出现新的限制性内切酶位点,因此可用 RFLP 进行分析。用相应的限制性内切酶消化时,可见酶解生成的 DNA 片段长度发生变化。

在进行 RFLP 的连锁分析时,必须具备某些必要的条件:即父母均健在,可进行 DNA 的检测,且均为变异基因杂合子;子代中必须有一患病的纯合子。只有具备这些条件,才可能进行

Notes

RFLP 位点及（或）单体型检测，并将其与变异基因进行连锁分析，得出较明确的诊断。

2. **采用单个多态位点进行连锁分析** 用正常 β- 珠蛋白基因的 DNA 片段作为探针与用 *Hap* I 消化的正常人和镰状红细胞贫血患者的 DNA 进行分子杂交，结果显示正常人 β- 珠蛋白基因出现一个 7.6kb 长的 DNA 片段，而镰状细胞贫血患者的异常 βs- 珠蛋白基因则与一较大的（13kb）DNA 片段相连锁。在西非人群中，βs- 珠蛋白基因和 *Hap* I 酶切生成的 13kb 片段之间的相关频率约为 0.8～0.9，而人群中的正常 β- 珠蛋白基因大多数则与 7.6kb DNA 片段相连锁（图 25-2）。

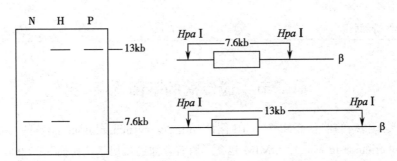

图 25-2　正常 β- 珠蛋白基因和异常 βs- 珠蛋白基因的 *Hpa* I 酶谱
N: 正常人；H: 杂合子；P: 患者（纯合子）

3. **采用多个多态位点进行连锁分析** 为了提高疾病诊断的可信度和检出率，可采用多种限制性内切酶对目的 DNA 进行酶解分析，从而可获得一组多态性位点，增加了遗传信息含量，也就是单体型分析。所谓单（倍）体型（haplotype）是指存在于一条染色体上某一区域内的两个或两个以上的限制性位点的特定组合或排列，即构成该染色体或某区域基因 DNA 的"单体型"。

在基因诊断中，可以寻找出与待测遗传病基因有关的某一特定单体型，该单体型与疾病基因的突变连锁在一起，因而可作为这种疾病的遗传标记，用于疾病的诊断。

4. **采用串联重复序列长度多态性分析** 除上述限制性酶切位点多态性外，真核基因组 DNA 还有另一种因重复序列串联重排列次数差异而出现的 RFLP，称为"重复序列长度多态性"，也可作为遗传标记进行基因连锁分析或诊断。这种多态性普遍存在于人类基因组中，其特点是相同的核心序列（core sequence）按首尾相接的方式串联排列在一起形成具高度多态性的特殊 DNA 序列，被称为可变数目串联重复序列（variable number of tandem repeat, VNTR）。不同个体串联重复的次数不同，因而这段序列的长短各不相同。不同的 VNTR 位点其核心序列组成也不同，其中有一类核心序列较短，约 2～6 bp 为重复单元。正常时多以 10～50 次重复串联而成，一般位于相应结构基因的侧翼区或非编码区。这种序列被称为短串联重复序列（short tandem repeat, STR），又名微卫星序列。STR 是 RFLP 之后的第二代遗传标记。

现已发现，至少有 5 种遗传性疾病，如脆性 X 染色体综合征、肌强直性营养不良、X 连续脊髓、延髓肌萎缩症和亨廷顿舞蹈病，与某一段特殊的核苷酸重复序列长度改变有一定的关系。

5. **分析动态突变相关疾病** 在一些神经性肌肉系统遗传性疾病中发现存在三核苷酸重复的过度扩增，拷贝数超过了正常人的范围，这种 DNA 序列的突变速率与重复序列的拷贝数有关，子代突变体与亲代的突变速率不同，拷贝数随着世代传递而不断增多，因此称其为动态突变。动态突变遗传病的最大特点是：发病年龄逐代提前，临床表现逐代加重。常见的动态突变遗传病见表 25-1。

动态突变遗传疾病的基因诊断在方法上非常简明。因为除脆性 X 染色体综合征有极少数缺失和点突变外，其他疾病都是因为重复序列拷贝数过多，并且正常人、携带者和患者的拷贝数依次增多，各有一定范围，一般不重叠，因此运用 PCR 及聚丙烯酰胺凝胶电泳直接测定受检者的三核苷酸重复拷贝数，即可对其作出判断。

表 25-1　动态突变遗传病

| 疾病种类 | 重复的核苷酸序列 | 突变区域 |
|---|---|---|
| 脆性 X 综合征 | CGG | 5′-UTR |
| 强直性肌萎缩 | CTG | 3′-UTR |
| 亨廷顿舞蹈病 | CAG | 编码区 |
| 小脑脊髓共济失调 | CAG | 编码区 |
| 马赫多-约瑟夫病 | CAG | 编码区 |
| 延髓脊髓肌萎缩 | CAG | 编码区 |

# 第二节　遗传病的基因诊断

有关人类遗传病的信息可参考 NCBI 网站（http://www.ncbi.nlm.nih.gov）的 OMIM（Online Mendelian Inheritance in Man）。OMIM 包含了所有已知的孟德尔遗传病和 12 000 多个基因信息。OMIM 主要集中于表型和基因型之间的关系，每日更新，并且与其他遗传学资源广泛链接。本节以血红蛋白病和血友病为例，简要介绍一些在遗传病基因诊断中常用的技术和策略。

## 一、血红蛋白病针对血红蛋白结构或珠蛋白肽链量异常进行诊断

血红蛋白病（hemoglobinopathy）是人类遗传病中研究得最深入、最透彻的分子病，也是最常见的遗传病之一，包括异常血红蛋白病和珠蛋白生成障碍性贫血两大类。本节以血红蛋白疾病中的镰状细胞贫血病（sickle cell disease）和 β-珠蛋白生成障碍性贫血病为例，讨论基因诊断在这两种血红蛋白病中的具体应用。

### （一）镰状细胞贫血病可采用限制性酶切图谱和 PCR 分析

临床上可对镰状血红蛋白病作出明确诊断，但只有通过基因诊断才能实现早期诊断和产前诊断。

1. 采用限制性核酸内切酶 Mst Ⅱ 进行限制性酶切图谱分析　基因组 DNA 被此酶消化并与 β-珠蛋白基因探针进行杂交后，正常 β-珠蛋白基因（CCTGAGGAG）产生 1.15kb 与 0.20kb 的片段；而 HbS 的 β-珠蛋白基因（CCTGTGGAG）不含 Mst Ⅱ 酶切位点，因此不被切割而产生 1.35kb 的片段。再通过凝胶电泳分析完成基因诊断。

2. PCR 分析 β-珠蛋白基因第 6 密码子区域　采用 PCR 扩增 β-珠蛋白基因第 6 密码子区域 110bp 片段，用限制性内切酶 Mst Ⅱ 消化后，进行凝胶电泳。Mst Ⅱ 识别的核苷酸序列为 CCTGAGG，是 β-珠蛋白基因第 5、6 密码子序列和第 7 密码子的第一个碱基组成。正常人的扩增产物经 Mst Ⅱ 消化可生成 54bp 和 56bp 两个片段，而患者扩增的 DNA 片段不被酶切，电泳条带为一条（110bp），镰状细胞贫血症 HbS 杂合子可见三条带（图 25-3）。

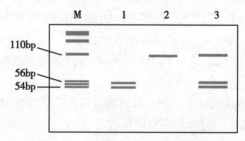

图 25-3　PCR 扩增后限制性酶切分析图谱
M：DNA 分子量标志；1：杂合子；2：患者；3：正常人

Notes

## （二）β- 珠蛋白生成障碍性贫血症可采用 PCR 和分子杂交技术进行诊断

β- 珠蛋白生成障碍性贫血症中除极少数是由于基因缺失引起以外，绝大多数是由于 β- 珠蛋白基因不同类型的点突变所致，所以其基因诊断主要为点突变分析。

1. **PCR-RFLP 分析 β- 珠蛋白基因突变**　该基因第 17 位碱基 β17A→T 突变是中国人一种常见的 β- 珠蛋白基因突变。如用 PCR 扩增 β- 珠蛋白基因的 −140 至 +473 之间的 613bp DNA 片段，扩增产物经 *Mae* I 酶切后，正常 β- 珠蛋白基因（βA）可产生 445bp、114bp、54bp 等三个片段；而 β17 突变（A→T）可产生一个新的 *Mae* I 酶切位点（CAAG→C ↓ TAG），使 445bp 片段被酶解为 72bp 与 373bp 两个片段。所以，PCR 产物经 *Mae* I 酶切后进行电泳，如出现 373bp 片段，则表明有 β17A→T 突变。

2. **PCR-ASO 分析 β- 珠蛋白基因 βT 的突变**　PCR 结合 ASO 探针斑点杂交技术可检测已知 β- 珠蛋白基因 βT 的突变。先用两对引物扩增整个 β 基因，第一对引物在 β- 珠蛋白基因的 −140 至 +473 间扩增 613bp DNA 片段。此片段包含了中国人最常见的 15 种突变中的 14 种类型。第二对引物在 β- 珠蛋白基因的 +952 至 +1374 间扩增出 423bp 片段，可用于第 15 种突变（IVS-II654）的检测。两对引物可加入到同一反应管中，同时扩增。将合成的各种突变和相应正常的寡核苷酸探针成对点在尼龙膜上，将 PCR 产物分别与标记的 ASO 探针进行杂交分析。若两个等位基因均含有相应点突变时，则仅与突变探针杂交；若均不含突变，则仅与正常探针杂交；一个等位基因带有突变而另一个等位基因正常时，则与两种探针均可杂交，据此即可作出诊断。

3. **AS-PCR 分析 β- 珠蛋白基因突变**　设计 3′- 端碱基分别只能与正常模板或突变模板配对的特异 PCR 引物，如果 PCR 产物有突变引物特异性扩增带，表明模板 DNA 有该种突变，反之则表明没有这种突变。

4. **反向印迹杂交检测 β- 珠蛋白基因突变**　图 25-4 为采用反向印迹杂交（RDB）法对 β- 珠蛋白生成障碍性贫血症进行基因诊断的示意图。第一张杂交膜上固定了中国人中常见的 6 种点突变，分别为正常（N）和突变（M）各六对特异性 ASO 探针，第二张杂交膜显示正常人 RDB 结果，第 3～9 张膜为一名 β- 珠蛋白生成障碍性贫血症患者家系的 RDB 结果：父亲为 41/42 突变杂合子，母亲为 654 突变杂合子，患儿为 41/42 和 654 双重突变杂合子，第 6～9 张杂交膜为这对夫妇后代可能的突变类型。

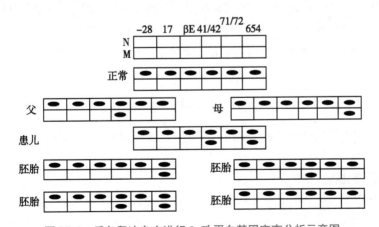

图 25-4　反向印迹杂交进行 β- 珠蛋白基因突变分析示意图

## 二、对血友病先检查基因倒位再进行遗传标志连锁分析及其他分析

血友病（hemophilia）是一组遗传性凝血功能障碍的血液疾病，可分为甲、乙、丙和血管性假血友病 4 种类型。本节主要介绍甲型血友病的基因诊断。甲型血友病是由于血浆凝血因子Ⅷ

Notes

（FⅧ）缺陷造成。FⅧ基因含 26 个外显子。甲型血友病基因诊断主要是鉴定患者家系中的携带者或对未出生的胎儿进行产前诊断。

1. **DNA 印迹分析 FⅧ 基因倒位**　约 40% 的重型患者的 FⅧ 基因是由于大片段 DNA 倒位所致的 FⅧ 基因同源重组（基因重排），因此，对重型血友病家系进行基因诊断时，可首先采用 DNA 印迹法进行 FⅧ 基因倒位分析。将基因组 DNA 用 *Nco* I、*Dra* I 或 *Bcl* I 等内切酶（酶切位点位于交换点两侧）消化，再用标记的特异探针杂交，分析相关 DNA 条带，正常人为 21.5、16、14kb 三个条带；I 型倒位患者为 20、17.5、14kb；II 型倒位患者表现为 20、16、15.5kb。另外，在一些重型甲型血友病家系中有其他异常带型出现。

2. **通过连锁分析检测 FⅧ 基因的可能突变**　FⅧ 基因点突变是引起轻、中型甲型血友病的主要病因。由于 FⅧ 基因的点突变较多，很难对每一甲型血友病患者作点突变的检测，所以 DNA 多态性连锁分析是甲型血友病基因诊断的常用手段，主要是依赖 FⅧ 基因内或旁侧的多态性标记进行连锁分析：但注意其应用前提是：①存在先证者；②先证者的母亲必须是该突变位点的杂合子。

（1）以 RFLP 为标志进行连锁分析：中国人 FⅧ 基因中 RFLP 已报道了 6 种；基因内多态位点有 4 个，其中包括外显子 18 中的 *Bcl* I 位点，内含子 22 中的 *Xha* I 位点。近年来 RFLP 连锁分析已广泛地采用 PCR 结合 *Bcl* I 和 *Xha* I 的酶谱分析，或对应于这两个 RFLP 多态性的 ASO 探针杂交技术。

（2）利用短串联重复序列（STR）进行连锁分析：在 FⅧ 基因内含子 13 中发现（CA）n 和内含子 22 中的（GT）n、（AG）n 等微卫星序列，可通过 STR-PCR 技术进行基因诊断。

（3）基于 st14-1 位点的 VNTR 与 FⅧ 基因紧密连锁：中国人中已发现基于 FⅧ 基因外侧的 DS52（st14-1）的 VNTR 与 FⅧ 基因紧密连锁，相距约 2Mb，以 60bp 为一重复单位，重复单位中含有 *Taq* I 酶切位点，所以可通过 Southern 印迹技术、PCR 技术进行检测。

## 第三节　恶性肿瘤的基因诊断

大多数人类肿瘤都已检测到癌基因或抑癌基因的缺失或点突变，这些改变可作为某些肿瘤的基因标志，有些基因的表达产物也可作为标志物，如甲胎蛋白（AFP）可作为原发性肝癌诊断的标志物。目前已比较明确一些肿瘤与特定基因之间的联系，如视网膜母细胞瘤与 *Rb* 基因，肾母细胞瘤、I 型神经纤维瘤与 *WT1* 基因，结肠癌与 *APC* 基因，Li-Fraumeni 综合征与 *p53* 基因，乳腺癌与 *BRCA* 基因。常见的肿瘤基因诊断技术包括 PCR、PCR-SSCP、DNA 测序、RFLP 分析、斑点杂交、基因芯片等。

### 一、检测原癌基因和抑癌基因

有些原癌基因和抑癌基因的突变或活性改变是在多种肿瘤中常见的，这些基因常作为肿瘤诊断的指标之一。

#### （一）检测原癌基因 *RAS*

*RAS* 原癌基因是人类肿瘤中最易被激活的癌基因，其最常见的点突变是第 12、13、59 位或第 61 位密码子突变。*RAS* 基因家族由 *H-RAS*、*K-RAS* 和 *N-RAS* 组成。不同的 *RAS* 基因在不同的肿瘤具有优势激活现象，胰腺癌、结肠癌、肺癌以 *K-RAS* 突变为主，如 *K-RAS* 第 12 位密码子突变，由编码甘氨酸的 GGT 突变为 TGT、GTT 或 GAT，少数突变为 GCT。在急性淋巴细胞白血病、慢性淋巴细胞白血病等血液系统肿瘤中以 *N-RAS* 突变为主；泌尿系统肿瘤则以 *H-RAS* 突变为主。检测 *RAS* 基因突变，对判断这些肿瘤的发生发展以及了解肿瘤的治疗效果具有一定意义。

*RAS* 原癌基因突变常用的检测方法有：① PCR 及 PCR-SSCP 分析：扩增 *H-RAS* 基因第 12

Notes

位密码子点突变部位。再用 SSCP 技术进行分析,或者直接测序法就可确定患者 *N-RAS* 原癌基因点突变的位置。②寡核苷酸探针杂交检测 *H-RAS* 基因第 12 位密码子点突变。

### (二)检测抑癌基因 *p53*

约 50% 以上的癌症都有 *p53* 基因的突变,其中密码子第 175 位、第 248 位、第 249 位、第 273 位及第 282 位点突变率最高。*p53* 基因以点突变多见,另有少量插入或缺失突变,其基因表达产物也可出现异常,这些突变有助于形成肿瘤。抑癌基因 *p53* 的活性丧失则预示着肿瘤的形成。在结直肠癌、乳腺癌、小细胞肺癌,都可见异常的 *p53* 基因蛋白。

1. PCR-SSCP 分析 *p53* 基因　引物设计是选自突变频率最高的外显子 5~8 特异保守区。采用巢式 PCR 技术,先用一对引物进行第一轮扩增 2.9kb 片段,然后再分别用 5、6、7、8 外显子引物进行第二轮扩增。然后采用 SSCP 对扩增的 DNA 片段进行分析,确定 DNA 片段中是否存在碱基改变。

2. DNA 序列分析检测 *p53* 基因　经 PCR-SSCP 检测到 *p53* 基因有突变,可对相应的 DNA 片段进行测序,进一步确定突变。目前已确定的 *p53* 基因突变包括:①移码突变:157 位密码子 GTC→GATC,199 位密码子 GGA→TGGA,200 位密码子 AAT→TAAT。②错义突变:159 位密码子 GCC→CCC,153 位密码子 CCC→CGC,198 位密码子 GAA→TAA。

3. PCR-RFLP 分析 *p53* 基因　可对突变后有酶切位点消失或增加的突变类型进行检测。

## 二、相对特异的肿瘤基因诊断

某些肿瘤相关基因的变异可主要发生某一类肿瘤,在这种情况下,变异基因可作为某一种肿瘤诊断的辅助指标。

### (一)检测 *BRCA* 基因诊断乳腺癌

1. 乳腺癌常见 BRCA 基因变异　乳腺癌患者中有 5%~10% 具有家族遗传性。虽然原癌基因 *MYC*、*erbB2*、*H-RAS* 及抑癌基因 *p53* 突变均与乳腺癌的高发有关,乳腺癌高危家族中常有属于抑癌基因的 *BRCA* 基因(breast cancer gene)突变。目前发现 *BRCA* 基因有两个。*BRAC1* 基因的突变易导致乳腺癌发生。突变分布于整个编码序列,没有明显的突变簇或突变热点。70% 的缺失或插入导致编码序列的移码和翻译提前终止。另一个为 *BRCA2* 基因,30%~40% 的散发性乳腺癌有 *BRCA2* 的杂合性缺失(LOH),这些变异一般形成截短的蛋白质。*BRCA1* 在 N 端的一半部位截短,与乳腺癌和卵巢癌的高风险相关;而在 C 端截短则主要与乳腺癌高危有关。*BRCA2* 基因的突变主要是提高乳腺癌易感性。

2. 检测 BRCA1 基因突变可诊断乳腺癌　因 *BRCA1* 基因没有明显的突变族或热点,因此可用 PCR 方法直接检测 *BRCA1* 基因的点突变。根据正常和患者的基因序列在引物设计时引入一个或破坏一个限制酶切点,使 PCR 产物具有相应的碱基,之后用限制性内切酶消化产生不同的片段。此外还可采用其他检测方法,如利用荧光原位杂交(FISH)检测发现 *BRCA2* 基因扩增,PCR-SSCP 法检测乳腺癌中的点突变等。

### (二)检测 *APC* 基因可能预测结肠癌的发生

1. 结肠癌的形成是多基因参与的过程　在癌症发展过程的不同阶段可发生不同的基因突变,如 *APC*(adenomatous polyposis coli)是结肠癌发生过程中第一个发生突变的基因,生殖细胞 *APC* 基因的突变及其后体细胞 *APC* 基因另一个等位基因的突变,导致遗传性腺瘤样息肉综合征,若不及时治疗,最终发展为结肠癌。*K-RAS* 原癌基因的突变也是结肠癌发展过程的早期事件。在结肠癌发展过程的后期,*p53* 基因肠癌发生突变;染色体 18q 的杂合性缺失,使抑癌基因 *DCC* 基因失活;抑癌基因 *DPC4* 和 *MADR2* 也可能会因 18q 等位基因丢失而失活。除了癌基因与抑癌基因外,DNA 修复基因也与结肠癌发生相关。如生殖细胞 *hMSH2*、*hMLH1*、*hPMS1* 或 *hPMS2* 基因的突变所致的 DNA 错配修复缺陷与遗传性非息肉性结肠癌的发生有关。许多结肠

Notes

癌患者还显示有微卫星的不稳定性。

**2. 基于 *APC* 基因变异诊断结肠癌**　由于 *APC* 基因的变异发生在多数结肠癌的早期。因此,对腺瘤样息肉患者作 *APC* 基因的检查,对预测结肠癌形成的可能性是有用的手段。*APC* 基因有 15 个外显子,常见的突变发生在外显子 7、8、10、11,对 *APC* 基因突变的检测方法可从如下几个方面进行:①对腺瘤样息肉患者 *APC* 基因进行 PCR-SSCP 分析。② Western blot 可检测因基因突变而缩短了的 APC 蛋白:*APC* 基因突变都会产生截短了的 APC 蛋白。APC 全蛋白>300kD,截短了的 APC 蛋白在 80～200kD,出现截短了的蛋白质条带,即显示有 *APC* 基因突变。若有两条不同的截短蛋白质带,提示 2 个等位基因有不同的突变;出现 1 条正常带,1 条短的肽链,提示 1 个等位基因正常,另 1 个等位基因有突变;只显示 1 条截短的带,提示有这个基因完全缺失。从截短的 APC 蛋白的相对分子质量可推算突变的位点。

# 第四节　基因诊断在法医学上的应用

目前基因诊断在法医学上的应用,主要是采用基于 STR 的 DNA 指纹技术进行个体认定,已成为刑侦样品的鉴定、排查犯罪嫌疑人、亲子鉴定和确定个体间亲缘关系的重要技术手段。

## 一、多态性遗传标记具有个体特异性

人类染色体上小卫星 DNA 的高度可变区(hypervariable region,HVR)是由头尾相连的串联重复序列(tandem repeat,TR)组成,TR 的核心序列同源性很高,等位 HVR 的长度由于 TR 的重复次数不同而有很大的差别,具高度多态性,经限制性内切酶消化,在 Southern 印迹杂交图上表现为丰富的 RFLP,这样的序列被称之为可变数目串联重复序列(variable number of tandem repeat,VNTR)。1985 年,英国遗传学家 Jeffeys 等人用 TR 的核心序列为探针进行 RFLP 分析时,检测到许多 HVR,并产生相应的图谱,所得图谱具有高度的个体特异性,如同人指纹那样的高度专一性,所以称为 DNA 指纹(DNA fingerprinting)。自 Jeffrey 等应用小卫星 DNA 探针创建 DNA 指纹技术进行个体识别后,引起了法医学界的革命性变化,1989 年美国国会批准 DNA 指纹技术作为法庭物证分析手段,美国联邦调查局(FBI)建立了自己的实验室进行 DNA 分析。

基于 VNTR 的 DNA 指纹技术,检材用量大,谱带较容易丢失。PCR 反应中,在 VNTR"核心序列"较长时,会使杂合子的长短等位基因片段(尤其是相差 200kb 以上)扩增效率不一致,扩增结果就会显示一深一浅的两条谱带,甚至只有一条谱带,从而出现错误结果。短串联重复序列(STR)作为普遍存在于人类基因组中的第二类遗传标记在法医物证应用方面则就显示出更大的优势:① STR 位点 PCR 扩增成功率和灵敏度都很高。因为 STR 仅为 2～4bp 的"核心序列"串联重复,尤其对降解检材的扩增分型十分有效。②可通过在同一反应体系中同时扩增几个 STR 位点来提高有限样品的利用率和检验速度。

当生物样品中提取的 DNA 量足够、DNA 分子较完整时,可以进行传统的 DNA 指纹分析。但法医物证检材通常是微量的,因此,可用 PCR 方法进行特异性片段扩增后,再进行其他分析。由于 STR 位点具有突变率低、扩增成功率高、电泳易分离、对检材的质和量要求低的特点,DNA 指纹技术进行 DNA 分型逐步被 PCR-STR 分型取代。

## 二、DNA 指纹鉴定是法医学个体识别的核心技术

目前,基于 PCR 扩增的 DNA 指纹技术已取代了上述基于 DNA 印迹的操作程序。选择若干个基因位点,如 STR 或者人类白细胞抗原(HLA)位点等,设计相应的 PCR 引物,对待测 DNA 样本进行 PCR 扩增和带型比较后即可判断结果。该方法快速、灵敏,可以对微量血痕、精液、唾液和毛发进行个体鉴定(图 25-5)。

Notes

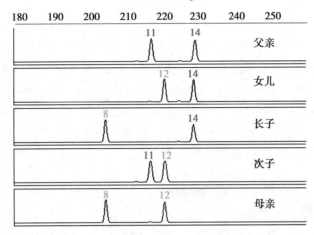

图 25-5 STR 等位基因在家族中遗传示意图
此图以 D13S317 位点为例，3 个子女基因型的一个等位基因
来自于父亲，另外一个等位基因来自于母亲

## 第五节 基因治疗的概念及策略

基因治疗（gene therapy）主要是体细胞基因治疗，通过基因转移技术，直接或间接将目的基因导入疾病受累靶器官或细胞，实现治疗目的。基因治疗基本策略有基因置换、基因添加、基因干预、自杀基因治疗和基因免疫治疗等。

### 一、基因治疗有几种策略

#### （一）基因置换校正基因缺陷

基因置换（gene replacement）又称为基因矫正（gene correction），是指将特定的目的基因导入特定的细胞，通过定位重组，以导入的正常基因置换基因组内原有的缺陷基因。基因置换的目的是纠正缺陷基因，将缺陷基因的异常序列进行矫正，对缺陷基因的缺陷部位进行精确的原位修复，不涉及基因组的任何改变。

利用基因同源重组（homologous recombination）技术（又称为基因打靶，gene targeting）在体外细胞实验研究中已成功实现了基因置换，这使经体外（ex vivo）基因治疗某些基因缺陷病变得可能。

#### （二）基因添加校正基因缺陷

基因添加（gene augmentation）又称为基因增补，是通过导入外源基因使靶细胞表达其本身不表达的基因。基因添加有两种类型：一是针对特定的缺陷基因导入其相应的正常基因，使导入的正常基因整合到基因组中，而细胞内的缺陷基因并未除去，通过导入正常基因的表达产物，补偿缺陷基因的功能；二是向靶细胞中导入靶细胞本来不表达的基因，利用其表达产物达到治疗疾病的目的。例如，将细胞因子基因导入肿瘤细胞进行表达，即属于这一类型。

#### （三）基因干预抑制某个基因的表达

基因干预（gene interference）是指采用特定的方式抑制某个基因的表达，或者通过破坏某个基因的结构而使之不能表达，以达到治疗疾病的目的。此类基因治疗的靶基因往往是过度表达的癌基因或者是病毒基因。常用的方法是采用反义核酸、核酶或者干扰 RNA 技术等抑制基因表达。

#### （四）自杀基因治疗恶性肿瘤

自杀基因（suicide gene）治疗恶性肿瘤原理是将"自杀"基因转移入宿主细胞中，这种基因编码的酶能使无毒性的药物前体转化为细胞毒性代谢物,诱导靶细胞产生"自杀"效应,从而达到清除肿瘤细胞的目的。

自杀基因通常来自病毒或细菌。TK/GCV 是目前研究最多的自杀基因系统。单纯疱疹病毒(herpes simplex virus,HSV)Ⅰ型胸苷激酶基因(HSV-tk)编码的胸苷激酶(thymidine kinase,TK),特异性地将无毒的核苷类似物丙氧鸟苷(ganciclovir,GCV)转变成毒性 GCV 三磷酸,后者能抑制 DNA 聚合酶活性,阻止 DNA 合成,导致细胞死亡(图 25-6)。肿瘤细胞的消除还有赖于旁观者效应(bystander effect),即转导自杀基因的细胞可以影响周边没有被转导的肿瘤细胞。旁观者效应显著增强了自杀基因对肿瘤细胞的杀伤作用,在很大程度上弥补了基因转导效率低的问题,对恶性肿瘤的治疗具有重要的意义。

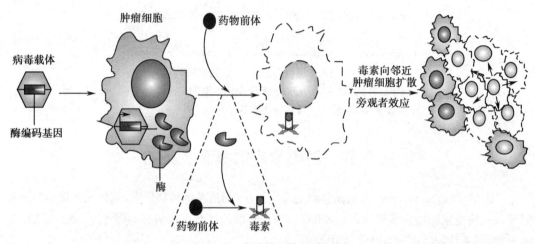

图 25-6  自杀基因的作用机制

**(五)基因免疫治疗肿瘤**

基因免疫治疗是通过将抗癌免疫增强细胞因子或 MHC 基因导入肿瘤组织,以增强肿瘤微环境中的抗癌免疫反应。

## 二、基因转移技术有直接和间接两条途径

**(一)基因治疗有经体外基因治疗和体内基因治疗两种**

按基因转移(gene transfer)途径,基因治疗可分为两类:一类称为 *ex vivo*(经活体)基因治疗,是将靶细胞在体外导入外源基因,经体外增殖、筛选、药物处理或其他操作后,再将细胞输回患者体内;另一类称为 *in vivo*(活体内)基因治疗,是将无复制能力的、含外源基因的重组病毒直接应用于患者体内,此外还包括将脂质体包埋或裸露 DNA 直接注射到患者体内等方法。*ex vivo* 的方法比较经典、安全,同时治疗效果比较容易控制,但操作步骤多,技术较复杂,不容易推广;*in vivo* 的方法操作简便,容易推广。虽然 *in vivo* 方法目前尚不成熟,未能彻底解决疗效短、免疫排斥以及安全性等问题,但仍是基因转移方法的重点研究方向。

**(二)基因转移可由病毒介导和非病毒介导**

基因转移有病毒介导的基因转移系统(生物学方法)和非病毒介导的基因转移系统(非生物学方法)两大类型。

**1. 有几种病毒载体可介导基因转移**  病毒载体介导的基因转移效率较高,它是使用最多的基因治疗载体。

(1)逆转录病毒载体:逆转录病毒是一种 RNA 病毒,其感染颗粒是由包装蛋白包装的两条 RNA 链组成。逆转录病毒前病毒的结构主要有以下特点(图 25-7a):①两端各有一长末端重复序列(long terminal repeat,LTR),由 U3、R 和 U5 三部分组成。LTR 是病毒 DNA 整合进入细胞

Notes

基因组 DNA 过程中的关键性结构；在 U3 内有增强子和启动子；U3 和 U5 两端分别有病毒整合序列（IS）；在 R 内有 poly（A）加尾信号。②病毒有三个结构基因：*gag* 基因，编码核心蛋白和属特异性抗原；*pol* 基因，编码逆转录酶；*env* 基因，编码病毒外壳或包膜糖蛋白。③在 5′- 端 LTR 下游有一段病毒包装所必需的序列 ψ 及剪接供体位点（SD）和剪接受体位点（SA）。

用于基因治疗的逆转录病毒载体系统由两部分组成：①逆转录病毒基因组为缺陷型，保留了病毒的包装信号 ψ，而缺失病毒的包装蛋白基因；它可以克隆并表达外源治疗基因，但不能自我包装成有增殖能力的病毒颗粒。②辅助细胞株（如 PA317 等），是由另一种缺陷型逆转录病毒（即带有全套病毒包装蛋白基因，但缺失包装信号 ψ 的逆转录病毒）感染构建而成。该细胞株能合成包装蛋白，用于逆转录病毒载体包装，但本身却不能包装成辅助病毒颗粒。将上述两部分结合使用，即可产生携带治疗基因，只有一次感染能力的重组逆转录病毒颗粒。用它们感染靶细胞后，可将治疗基因带入宿主细胞并发挥治疗作用（图 25-7b）。

逆转录病毒载体的主要缺点就在于其随机整合，有插入突变、激活癌基因的潜在危险；同时，逆转录病毒载体的容量较小，只能容纳 7kb 以下的外源基因。

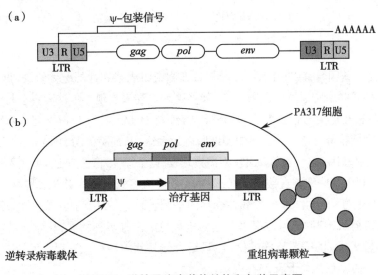

图 25-7 逆转录病毒载体结构和包装示意图

（2）腺病毒载体：腺病毒（adenovirus，AV）属 DNA 病毒，可引起人上呼吸道和眼部上皮细胞的感染。人的腺病毒共包含 50 多个血清型，其中 C 亚类的 2 型和 5 型腺病毒（Ad 2 和 Ad 5）在人体内为非致病性病毒，适合作为基因治疗用载体。腺病毒载体不会整合到染色体基因组，因此不会引起患者染色体结构的破坏，安全性高；而且对 DNA 包被量大、基因转染效率高，此外对静止或慢分裂细胞都具有感染作用，故可用细胞范围广。腺病毒载体的缺点是基因组较大，载体构建过程较复杂；由于治疗基因不整合到染色体基因组，故易随着细胞分裂或死亡而丢失，不能长期表达。此外，该病毒的免疫原性较强，注射到机体后很快会被机体的免疫系统排斥。

（3）腺相关病毒载体：腺相关病毒（adeno-associated virus，AAV）是一类单链线状 DNA 缺陷型病毒。AAV 不能独立复制，只有在辅助病毒如腺病毒、单纯疱疹病毒、痘苗病毒存在的条件下才能进行复制。AAV 载体是一类正在研究的新型安全载体，它对人类无致病性。其中一种 B19 病毒可以高效定位整合至人 19 号染色体的特定区域 19q13.4 中，并能较稳定地存在。这种靶向整合可以避免随机整合可能带来的抑癌基因失活和原癌基因激活的潜在危险性，而且外源基因可以持续稳定表达，并可受到周围基因的调控，兼具逆转录病毒载体和腺病毒载体两者的优点。AAV 载体的主要缺点是容量小（只能容纳 5kb 以下的外源 DNA 片段）、感染效率低，可能引起免疫排斥。

Notes

**2. 几种非病毒载体介导的基因转移系统**　非病毒载体法所用的表达载体主要是重组表达质粒。与病毒载体介导的基因转移相比，具有下列优点：①制备质粒 DNA 重组体的技术比较容易；②排除病毒载体潜在的致癌性；③基因直接注射法可反复使用，而病毒载体则可能诱导体内免疫应答，致使反复治疗效果下降。

（1）脂质体介导基因转移：其基本原理是利用阳离子脂质体单体与 DNA 混合后，可以自动形成包埋外源 DNA 的脂质体，然后与细胞一起孵育，即可通过细胞内吞作用将外源 DNA（即目的基因）转移至细胞内（图 25-8）。

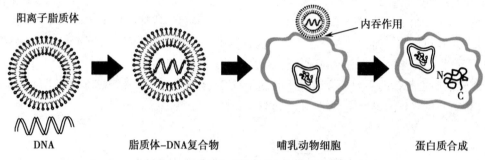

图 25-8　脂质体介导的基因转移示意图

（2）受体介导基因转移：将 DNA 片段与有细胞或组织亲和性的配体偶联，即可使 DNA 具有靶向性。这种偶联通常通过多聚阳离子，如多聚赖氨酸来实现。多聚阳离子与配体共价连接后，又通过电荷相互作用与带负电荷的 DNA 结合，将 DNA 包围，只留下配体暴露于表面。这样形成的复合物可被带有特异性受体的靶细胞有效吞饮，从而将外源 DNA 导入靶细胞。

（3）直接注射基因：这一方法简单，不需繁琐操作，而直接将裸露 DNA 注入动物肌肉或某些组织器官内，利用某些细胞直接摄取裸露 DNA 的能力将表达载体摄入细胞内。

（4）还有其他方法可用：非病毒载体介导的基因转移系统还包括磷酸钙共沉淀法、电穿孔法、DEAE- 葡聚糖法、细胞显微注射以及基因枪颗粒轰击等多种物理、化学方法。这些转移方法的效率差异较大，有的需要特殊的仪器，只适合体外基因转移，在基因治疗中极少使用。各种基因转移方法的特点归纳于表 25-2 中。

表 25-2　各种基因转移方法比较

| 类型 | 方法 | 主要优点 | 主要缺点 |
| --- | --- | --- | --- |
| 病毒介导 | 逆转录病毒 | 稳定整合，易操作 | 仅转染分裂细胞，有插入突变风险 |
| | 腺病毒 | 安全性高，易制备 | 短暂表达，可诱导免疫反应 |
| | 腺相关病毒 | 定点整合，无致病性 | 难制备，容量较小 |
| 非病毒介导 | 脂质体介导 | 易制备，操作简便 | 转导效率低，短暂表达 |
| | 受体介导 | 组织特异靶向性 | 易降解，表达水平较低 |
| | 直接注射 | 安全性高，操作简便 | 转移效率低 |
| | 磷酸钙共沉淀 | 易制备 | 转移效率低 |
| | 细胞显微注射 | 特异细胞靶向性 | 操作复杂，表达效率差异大 |

## 三、基因干预抑制基因表达实现治疗目的

### （一）采用反义技术干预基因表达

反义 RNA（antisense RNA）技术是通过反义 RNA 与细胞中 mRNA 特异结合而调控其翻译。反义 RNA 具有安全性高，设计和制备方便，具有剂量调节效应等特点，并能直接作用于一些 RNA

病毒。反义 RNA 主要面临两个问题：特异性转移问题以及进入靶细胞前的降解问题。

反义 RNA 技术的发展已经不再局限于反义 RNA 自身的特性，而是可以让反义 RNA 带上其他活性，从而使受体介导的反义 RNA 技术在基因治疗方面更具优势。例如：用硫代磷酸核苷酸代替通常的核苷酸，可以增强反义 RNA 的抗降解作用。设计出具有核酶活性的反义 RNA，不仅可以阻断特定 mRNA 的翻译，而且能通过它带上的核酶来切割 mRNA 分子。

福米韦生（Fomivirsen，商品名为 Vitravene）是一种反义抗病毒药物，由 21 个硫代磷酸脱氧寡核苷酸组成，可以抵抗核酸酶的降解，其核苷酸序列为：5′-GCG TTT GCT CTT CTT CTT GCG-3′。该药为注射剂，主要用于艾滋病患者中十分常见的巨细胞病毒（CMV）性视网膜炎。患者每月只需注射一次药物（利用专用针头直接注射进眼球内），有效率高达 80%～90%。该药是美国 FDA 正式批准（1998 年 8 月 27 日）的第一个反义药物。

### （二）采用核酶干预基因表达

天然核酶（ribozyme）多为单一的 RNA 分子，具有自剪切作用。但核酶也可以由两个 RNA 分子组成，只要两个 RNA 分子通过互补序列相结合，形成锤头状的二级结构（3 个螺旋区），并能组成核酶的核心序列，就可在锤头右上方产生剪切反应（图 25-9a）。在这种情况下，组成核酶的两个 RNA 分子中，带有被剪切位点的 RNA 分子实际上是被剪切的靶分子，而与之结合的 RNA 分子虽然只是构成了核酶的一部分（图 25-9b），但实际上是作为一个酶在起作用，这种 RNA 分子也被称为核酶。在基因治疗时，利用这种核酶分子结合到靶 RNA 分子中的适当部位，形成锤头状核酶结构，将靶 RNA 分子切断，通过破坏靶 RNA 分子达到治疗疾病的目的。核酶具有较稳定的空间结构，不易受到 RNA 酶的攻击，核酶在切断 mRNA 后，又可从杂交链上解脱下来，重新结合和切割其他的 mRNA 分子。

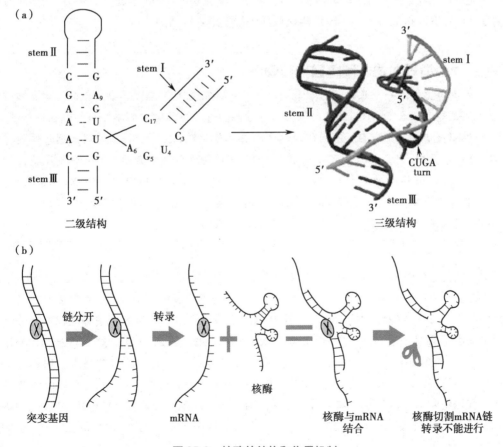

图 25-9　核酶的结构和作用机制

（a）核酶的二级与三级结构；（b）核酶的作用机制

## （三）利用 miRNA 和 siRNA 干扰基因表达

miRNA 和 siRNA 均可沉默靶基因。由于这两类非编码小 RNA 皆通过与互补序列结合，导致 mRNA 裂解，既可抑制基因功能，又不产生突变的生物体，因此利用 miRNA 或 siRNA 开展基因治疗研究极有潜力。

# 四、基因治疗研究显示应用前景

世界上第一个正式被批准可进行基因治疗的疾病是先天性腺苷脱氨酶（adenosine deaminase，ADA）缺乏症。1990 年 9 月美国 Blaese RM 博士成功地将正常的人的 ADA 基因植入 ADA 缺乏症患者的淋巴结内，完成世界上首例基因治疗试验。在此后十几年中，基因治疗在临床上的试验审慎地进行。

## （一）单基因遗传病基因治疗研究有希望

对遗传病进行基因治疗研究必须符合以下要求：①在 DNA 水平明确其发病原因及机制；②必须是单基因遗传病，而且属隐性遗传；③该基因的表达不需要精确调控；④该基因能在一种便于临床操作的组织细胞（如皮肤细胞、骨髓细胞等）中表达并发挥其生理作用；⑤该遗传病不经治疗将有严重后果（如不治疗难以存活等）。可供选择并符合上述条件的遗传病只有 30 余种。以下列举几种已经在临床进行基因治疗的单基因遗传病。

ADA 缺乏症是常染色体隐性遗传性代谢缺陷性疾病，患者体内 T 和 B 淋巴细胞代谢产物累积，从而抑制 DNA 合成，对淋巴细胞产生毒性作用，造成 T 和 B 细胞功能缺陷，最终导致重症联合免疫缺陷，患者常因感染而危及生命。临床上该病只能用骨髓移植治疗。ADA 主要在未成熟的造血细胞中表达，而且只需少量 ADA（如正常量的 5%～10%）即可缓解症状。在鼠和猴体内成功进行 ADA 基因治疗试验的基础上，美国科研人员于 1990 年进行了 ADA 缺乏症的第一例基因治疗并获得成功，并在 1992 年又成功进行了第二例基因治疗。

---

### 框 25-2  世界上第一例基因治疗病例

人类历史上第一个基因治疗方案应用于一患腺苷脱氨酶（ADA）缺乏症的 4 岁女孩。1990 年，美国批准了 ADA 缺陷的基因治疗方案。患儿血细胞中的单个核细胞在体外进行培养增殖并用携带 ADA 基因的逆转录病毒感染细胞，数日后将细胞输回患儿体内。在 10 个半月中，患儿共接受了 7 次携带 ADA 基因的逆转录病毒感染的自体细胞输注，免疫功能增强，临床症状改善。单个核细胞群中 ADA 含量的 PCR 分析表明，在血液中约有相当于正常人的 20%～25% 的 ADA 基因转染细胞。患儿基因治疗奏效后较少发生感染，且未见由细胞输注和 ADA 基因转移自身带来的副作用。

---

血友病为遗传性凝血功能障碍的出血性疾病。虽然大多数凝血因子在肝细胞内合成，但是这些凝血因子基因在其他组织细胞中也可以表达，只需少量表达的蛋白质进入血液即可缓解血友病症状。血友病 A（凝血因子Ⅷ缺乏）及 B（凝血因子Ⅸ缺乏）均为 X 染色体连锁的隐性遗传病。凝血因子Ⅷ基因的 cDNA 很大，目前尚未进行基因治疗尝试；而凝血因子Ⅸ基因的 cDNA 较小，所以血友病 B 的基因治疗已经开展。将表达载体导入体内，可以使凝血因子Ⅸ基因在肝细胞以外的许多细胞中表达，特别是在人皮肤成纤维细胞中能得到 100% 的具有凝血活性的Ⅸ因子。我国科学家将携带凝血因子Ⅸ基因的巨细胞病毒载体导入患者自身皮肤的成纤维细胞，经体外培养后再植入患者皮下，结果患者血浆中凝血Ⅸ因子浓度上升，凝血活性改善，取得了较为满意的结果。

苯丙酮酸尿症（phenylketonuria，PKU）是由于肝内苯丙氨酸羟化酶（phenylalanine hydroxylase，

Notes

PAH）缺乏，致使苯丙氨酸不能转变为酪氨酸而产生的病症。在动物试验中，采用逆转录病毒为载体，将 PAH 基因的 cDNA 成功地转移至新生小鼠肝细胞并获得较高水平的表达，为 PKU 的基因治疗迈出重要的一步。

### （二）恶性肿瘤基因治疗研究在探索中

恶性肿瘤基因治疗研究主要集中在以下几个方面：①通过基因置换和基因补充，导入多种抑癌基因以抑制癌症的发生、发展和转移；②抑制癌基因的活性，通过干扰癌基因的转录和翻译，发挥抑癌作用；③增强肿瘤细胞的免疫原性，通过对肿瘤组织进行细胞因子修饰，刺激免疫系统产生对肿瘤细胞的溶解和排斥反应；④通过导入"自杀基因"杀死肿瘤细胞。

### （三）病毒感染性疾病的基因治疗有潜力

病毒性疾病的基因治疗主要集中在两个方面：①调节机体免疫应答。如将细胞因子（如干扰素、白介素等）的基因导入机体免疫细胞，增强机体的细胞和体液免疫应答，促进机体清除病毒感染细胞和游离病毒。也可以将能够诱导机体产生保护性免疫应答的病毒抗原基因，直接导入机体，诱导机体产生保护性抗体，并引发特异性的细胞免疫应答，产生对野生型病毒的防御作用。②抗病毒复制。可以利用基因干预技术，如反义 RNA、RNAi 以及核酶等，抑制病毒基因组的复制和蛋白质合成。

## 五、基因治疗尚有重要困难（问题）待解决

基因治疗仍处研究、探索阶段，目前还不是成熟的疾病治疗技术，还存在着一系列理论和技术问题，需要通过大量基础研究和临床试验来解决。

### （一）基因治疗存在安全性问题

美国一位鸟氨酸氨甲酰基转移酶部分缺失症患者在宾夕法尼亚大学接受基因治疗 4 天后，因发烧、凝血障碍而死亡。针对这一事件，2000 年 3 月 7 日，美国食品与药品监督管理局（FDA）和美国国立卫生研究院（NIH）公布了两项新措施：一是制订基因治疗临床试验检查计划；二是定期开办基因治疗安全性专题研讨会。目前，世界各国对基因治疗产品、方法的安全性与质量控制都采取了严格的措施和周密的临床前研究与评估。

### （二）基因治疗尚有社会和伦理问题

这种争论从来就没有停止过，这是因为，人类基因治疗技术如果轻率地使用的话将会产生巨大危害。科学家们担心，生殖细胞的基因治疗将有可能永久地改变某个个体后代的遗传结构，因此人类生殖细胞的基因治疗是被禁止的。

### （三）当前还存在一些技术问题

第一，基因调控元件的选择：为了使治疗基因导入细胞后获得高效且受控表达，必须选择合适的 DNA 顺式作用元件，对治疗基因的表达进行有效调控。目前虽有一些办法调控这些基因的表达，但都不十分理想。因此，选择更好的基因调控元件显得非常必要。不同基因的表达调控机制虽存在共性，但也存在独特的性质，因此需要深入开展系统的和有针对性的基础理论研究。

第二，安全高效载体的构建和转移技术的选择：目前所用的各种载体及相应转移技术还不是十分完善，均存在影响实际应用的明显缺点。因此，只有加强安全高效载体构建和转移技术的研究工作，才可能早日实现基因治疗的广泛临床应用。

第三，靶细胞的选择：对于不同的疾病而言，其主要累及的细胞类型是不同的，同时治疗基因在不同类型细胞中的表达水平也存在明显差异。因此选择合适的细胞作为靶细胞，才能取得良好的效果。

随着人类基因组计划的完成和功能基因组学的实施，以及基因功能的逐步阐明，有理由相信，人类将能了解自身全部基因的功能及调控机制，上述问题有可能得到最终解决。

## 小　结

　　基因诊断是基于分子生物学的理论和技术，检测基因及其表达产物的存在状态，对人体疾病作出诊断的方法。基因诊断检测的目标分子是 DNA、RNA 和蛋白质。检测的基因有内源性（即机体自身的基因）和外源性（如病毒、细菌等）两类，在许多重大疾病的早期诊断、疗效判断、预后评估等方面具有重要作用。基因诊断技术主要有核酸分子杂交、PCR、SSCP、RFLP、DNA 序列测定、生物芯片、免疫组化等，这些方法可单独或者联合应用。基因诊断在遗传病、传染病、肿瘤以及法医学等领域得到广泛应用。

　　基因治疗是指将目的基因通过基因转移技术（病毒载体介导或者非病毒载体介导）导入靶细胞内，目的基因表达产物对疾病起治疗作用。基因治疗的基本策略有基因置换、基因添加、基因干预、自杀基因治疗和基因免疫治疗等。基因治疗是现代分子生物学技术与医学科学交叉渗透而形成的一个全新治疗领域，在遗传病、恶性肿瘤、病毒性疾病等方面有广泛应用前景。

（胡维新）

Notes

# 第二十六章　组学与系统生物学

本世纪以来,生命科学进入了空前的"大数据(big data)"时代。生命科学研究模式亦正在发生重大转变,其主要标志就是生命科学正从"微观"(实验科学)向"宏观"(组学与系统生物学)和"微观"科学并驾齐驱的方向发展,这种模式的转变将深刻影响人们对疾病机制与发展过程的认知、新靶点药物的开发、新诊治方法的发展,乃至终生(全程)健康管理模式的建立等所有环节。

　　生物的遗传信息传递具有方向性和整体性。组学(-omic science, -omics)和系统生物学(systems biology)是基于组群或集合的认识论,注重事物和过程之间的相互联系,即整体性。遗传学将转录组学、蛋白质组学和代谢组学归于基因组学领域的功能基因组学范畴内,而生物信息学则将所有这些组学并列。本章按照遗传信息传递的方向性和生物信息学分类,将组学按基因组学、转录组学、蛋白质组学、代谢组学等层次加以叙述。系统生物学是一种更高层面的集合,实则为组学网络与生物表型的整合(图26-1)。系统生物学将在各种组学的基础上完成由生命密码到生命过程的诠释,并将驱动新一轮医学科学革命。

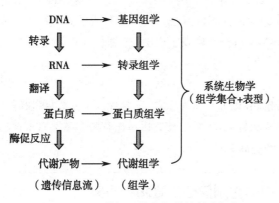

图26-1　组学与系统生物学的基本框架

## 框26-1　组学的演绎

　　生物学中心法则(1968年)确立了遗传信息传递的方向性和整体性;1990年后相继崛起的各种组学则是从DNA→RNA→蛋白质→生物学效应的各个环节对这种传递规律整体性的具体揭示。在结构基因组学研究开始至人类基因组计划完成(2003年)期间,生命科学研究已经在酝酿从单纯揭示基因组结构转向功能诠释;几乎与此同时,随着转录、翻译水平整体性分析技术的不断涌现和完善,这些技术策略与生物信息学、计算生物学等结合,不但促进了以人类基因组计划实施为基础的结构基因组学的研究进程,还极大地推动了功能基因组学的发展。从21世纪初,基因组学、转录组学、蛋白质组学和代谢组学研究策略与各种专业领域主流方向相结合和整合,使组学研究扩展至各个领域,从而揭示不同环境或状态下生物表型与全基因组网络调节之间的联系,以解释生命科学的根本问题,如生命的发生、繁殖、存活与死亡,以及生物进化的机制与规律等。

# 第一节　基因组学

基因组代表了一种生物所拥有的全部遗传信息,贮藏于 DNA/RNA 中。基因组学是阐明整个基因组结构、功能以及基因之间相互作用的科学。根据研究目的不同而分为结构基因组学(structural genomics)、功能基因组学(functional genomics)和比较基因组学(comparative genomics)。结构基因组学通过基因作图和序列测定,揭示基因组全部 DNA 序列及其组成;比较基因组学通过模式生物基因组之间或模式生物与人类基因组之间的比较与鉴定,发现同源基因或差异基因,为研究生物进化提供依据;功能基因组学则利用结构基因组学所提供的信息,分析和鉴定基因组中所有基因(包括编码和非编码序列)的功能。

## 一、结构基因组学揭示基因组序列信息

结构基因组学重点是通过人类基因组计划(human genome project, HGP),解析人类自身 DNA 的序列和结构。研究内容就是通过基因作图和大规模序列测定等方法,构建人类基因组图谱,即遗传图谱(genetic map)、物理图谱(physical map)、序列图谱(sequence map)和转录图谱(transcription map)。

### (一)通过遗传作图和物理作图绘制人类基因组草图

人染色体 DNA 很长,不能直接进行测序,必须先将基因组 DNA 进行分解、标记,使之成为可操作的较小结构区域,这一过程称为作图。HGP 实施过程采用了遗传作图和物理作图的策略。

1. 遗传作图就是绘制连锁图　遗传图谱又称连锁图谱(linkage map)。遗传作图(genetic mapping)就是确定连锁的遗传标志位点在一条染色体上的排列顺序以及它们之间的相对遗传距离,用厘摩尔根(centi-Morgan, cM)表示,当两个遗传标记之间的重组值为 1% 时,图距即为 1cM。

在 HGP 实施过程中先后采用了三代 DNA 标志。第一代以限制性片段长度多态性(restriction fragment length polymorphism, RFLP)作为标志,第二代以可变数目串联重复序列(variable number of tandem repeat, VNTR)作为标志,而第三代则以单核苷酸多态性(single nucleotide polymorphism, SNP)为标志,精确度不断提高。

---

**框 26-2　遗传作图中应用的三代 DNA 标志**

第一代遗传标志——RFLP:就是利用特定的限制性内切酶识别并切割基因组 DNA,得到大小不等的 DNA 片段,所产生的 DNA 数目和各个片段的长度实际上反映了 DNA 分子上不同酶切位点的分布情况。由于不同个体等位基因之间碱基的替换、重排、缺失等变化导致限制性内切酶点发生改变从而造成基因型间 RFLP 长度的差异。

第二代遗传标志——VNTR:又称微卫星 DNA(mini-satellite DNA),是一种重复 DNA 短序列(每个重复单位仅由 2~6bp 组成,故又称为短串联重复序列(short tandem repeat, STR)。不同数目的重复单位呈串联重复排列而呈现出长度多态性,不同个体基因组 VNTR 重复单位的数目是可变的,因此,形成了极其复杂的等位基因片段长度多态性。VNTR 基本原理与 RFLP 大致相同,通过限制性内切酶的酶切和 DNA 探针杂交,可一次性检测到众多微卫星位点,得到个体特异性的 DNA 指纹图谱。

第三代遗传标志——SNP:是指在基因组水平上由单个核苷酸的变异所引起的 DNA 序列多态性。SNP 在人类基因组中广泛存在,平均每 500~1000bp 中就有 1 个,估计其总数可达 300 万个甚至更多。在人群中 SNP 的发生频率至少大于 1%,因此不同于点突变。

---

Notes

SNP 是人类可遗传变异中最常见的一种，也是基因组中最为稳定的变异。SNP 最大限度地代表了不同个体之间的遗传差异，因而成为研究多基因疾病、药物遗传学及人类进化的重要遗传标记。SNP 与其他 DNA 标记的主要不同是不再以"长度"的差异作为检测手段，而直接以序列的变异作为标记。

2. 物理作图就是描绘杂交图、限制性酶切图及克隆系图　物理作图（physical mapping）是在遗传作图基础上绘制的更详细的人类基因组图谱。物理作图包括荧光原位杂交图（fluorescent *in situ* hybridization map，FISH map；将荧光标记的探针与染色体杂交确定分子标记所在的位置）、限制性酶切图（restriction map；将限制性酶切位点标定在 DNA 分子的相对位置）及连续克隆系图（clone contig map）等。在这些操作中，构建连续克隆系图是最重要的一种物理作图，它是在采用酶切位点稀有的限制性内切酶或高频超声破碎技术将 DNA 分解成大片段后，再通过构建酵母人工染色体（yeast artificial chromosome，YAC）或细菌人工染色体（bacterial artificial chromosome，BAC）获取含已知基因组序列标签位点（sequence tagged site，STS）的 DNA 大片段。STS 是指在染色体上定位明确、并且可用 PCR 扩增的单拷贝序列，每隔 100kb 距离就有一个标志。在 STS 基础上构建能够覆盖每条染色体的大片段 DNA 连续克隆系就可绘制精细物理图。可以说，通过克隆系作图就可以知晓特异 DNA 大片段在特异染色体上的定位，这就为大规模 DNA 测序做好了准备。

（二）通过 EST 文库绘制转录图谱

人类基因组 DNA 中只有约 2% 的序列为蛋白质编码序列，对于一个特定的个体来讲，其体内所有类型的细胞均含有同样的一套基因组，但成年个体每一特定组织中，细胞内一般只有 10% 的基因是表达的；即使是同一种细胞，在其发育的不同阶段，基因表达谱亦是不一样的。因此，了解每一组织细胞及其在不同发育阶段、不同生理和病理情况下 mRNA 转录情况，可以帮助我们了解不同状态下细胞基因表达情况，推断基因的生物学功能。

转录图谱又称为 cDNA 图或表达图（expression map），是一种以表达序列标签（expressed sequence tag，EST）为位标绘制的分子遗传图谱。通过从 cDNA 文库中随机挑取的克隆进行测序所获得的部分 cDNA 的 5'- 或 3'- 端序列称为 EST，一般长 300~500bp 左右。将 mRNA 逆转录合成的 cDNA 片段作为探针与基因组 DNA 进行分子杂交，标记转录基因，绘制出可表达基因的转录图谱，最终绘制出人体所有组织、所有细胞以及不同发育阶段的全基因组转录图谱。

（三）通过 BAC 克隆系和鸟枪法测序等构建序列图谱

在基因作图的基础上，通过 BAC 克隆系的构建和鸟枪法测序（shotgun sequencing），就可完成全基因组的测序工作，再通过生物信息学手段，即可构建基因组的序列图谱。

细菌人工染色体（bacterial artificial chromosome，BAC）载体是一种装载较大片段 DNA 的克隆载体系统，用于基因组文库构建。全基因组鸟枪法测序是直接将整个基因组打成不同大小的 DNA 片段，构建 BAC 文库，然后对文库进行随机测序，最后运用生物信息学方法将测序片段拼接成全基因组序列（图 26-2）。该法的主要步骤是：①建立高度随机、插入片段大小为 1.6~4kb 左右的基因组文库；②高效、大规模的克隆双向测序；③序列组装（sequence assembly）。借助 Phred/Phrap/Consed 等软件将所测得的序列进行组装，产生一定数量的重叠群；④缺口填补。利用引物延伸或其他方法对 BAC 克隆中还存在的缺口进行填补。

（四）HGP 实现了人类基因组的破译和解读

人类基因组计划（human genome project，HGP）的发起单位为美国能源部和人类基因组研究所，美国、英国、日本、法国、德国和中国等 6 个国家参与了这一庞大国际协作项目的研究。计划于 1990 年 10 月正式启动，至 2003 年 4 月完成，历时 13 年。

Notes

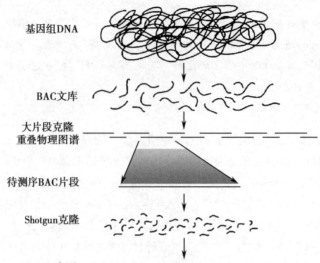

基因组DNA

BAC文库

大片段克隆
重叠物理图谱

待测序BAC片段

Shotgun克隆

Shotgun序列 ACCGTAAATGGGCTGATCATGCTTAAA
　　　　　　　　　　TGATCATGCTTAAACCCTGTGCATCCTACTG

拼接与组装 ACCGTAAATGGGCTGATCATGCTTAAACCCTGTGCATCCTACTG

图 26-2　BAC 文库的构建与鸟枪法测序流程示意图

　　HGP 的主要任务是阐明人类基因组和其他模式生物基因组的特征，在整体上破译遗传信息。2003 年 4 月，在 DNA 双螺旋结构发表 50 周年之际，HGP 顺利完成。HGP 获得了 1cM 精度的遗传图谱，鉴定了 52 000 个 STS，定位了基因组序列中 99% 的基因，完成图精度 99.99%。此外，HGP 还分析了 15 000 条全长人 cDNA，定位了 3 700 000 个 SNP。

　　目前已清楚，人类基因组大小为 3099.37Mb，已鉴定出 41 507 个编码基因（包括重复编码基因，但不包括未定位的 112 个基因），绝大部分基因分布在 23 对染色体 DNA 上，少数分布在线粒体 DNA 上。其中 1 号染色体上的基因数目最多，为 3958 个；Y 染色体上的基因数目最少，为 458 个（截止到 2014 年 2 月）。线粒体 DNA 仅含 37 个编码基因，其中 13 个编码蛋白质，其余 24 个基因中，22 个编码 tRNA、2 个编码 rRNA。

　　HGP 的实施与完成实现了人类基因组的破译，对于认识各种基因的结构与功能，了解基因表达及调控方式，理解生物进化的基础，进而阐明所有生命活动的分子基础具有十分重要的意义。现今，生命科学已进入到后基因组时代。

## 二、比较基因组学鉴别基因组的相似性和差异性

　　比较基因组学是在基因组序列的基础上，通过与已知生物基因组的比较，鉴别基因组的相似性和差异性，一方面可为阐明物种进化关系提供依据，另一方面可根据基因的同源性预测相关基因的功能。在医学上，比较基因组学可利用模式生物与人类基因组之间编码序列和结构的同源性，揭示基因功能，阐明疾病发生、发展的分子机制。

　　比较基因组学可在物种间和物种内进行，前者称为种间比较基因组学，后者则称为种内比较基因组学，两者均可采用 BLAST 等序列比对工具。

　　（一）种间比较基因组学阐明物种间基因组结构的异同

　　种间比较基因组学通过比较不同亲缘关系物种的基因组序列，可以鉴别出编码序列、非编码（调控）序列及特定物种独有的基因序列。而对基因组序列的比对，可以了解不同物种在基因构成、基因顺序和核苷酸组成等方面的异同，从而用于基因定位和基因功能的预测，并为阐明生物系统发生进化关系提供数据。

　　1. 全基因组比较揭示基因组相关性　比较基因组学实际上是比较相关生物基因组在组成和顺序等方面的相似性与差异性。例如，两种生物进化阶段越近，它们的基因组相关性就越高，反

Notes

之亦然。如果两种生物之间存在很近的亲缘关系,那么它们的基因组就会表现出同线性(synteny),即基因序列的大部分或全部保守,此称为种间同源基因(orthologous gene)。利用与模式生物基因组编码序列和结构同源性或相似性的比对结果,通过已知基因组的作图信息可以定位其他物种基因组中的同源基因,这对于了解基因组的结构、揭示基因的潜在功能和物种进化关系极有帮助作用。

2. 种间比较基因组学从分子水平分析系统发生的进化关系　生物系统发育(phylogeny)是指现存物种在进化上的关系,自上世纪 70 年代以来一直以 16S rRNA 或 18S rDNA 为工具来描绘生物的系统发育。随着基因组研究的不断深入,系统发育组学(phylogenomics)应运而生,它运用进化的规律来解读基因组,其中重建生物进化的历史就是这门学科的重要分支。

种间基因组学研究前所未有地丰富和发展了分子进化理论。对多种生物基因组进行序列比较,可以得到序列在系统发生树中的进化关系。越来越多生物基因组测序的完成使得在基因组水平上研究分子进化成为可能。通过对多种生物基因组数据及其垂直进化、水平演化过程进行研究,就可了解与生命至关重要的基因的结构及其调控作用模式。

**(二)种内比较基因组学阐明群体内基因组结构的变异和多态性**

同种群体内各个个体基因组存在大量的变异和多态性,这种基因组序列的差异构成了不同个体与群体对疾病的易感性和对药物、环境因素等不同反应的分子遗传学基础。

1. 鉴别单核苷酸多态性是开展个体化医疗的基础　SNP 最大限度地代表了不同个体之间的遗传差异,对于定位人群突变基因、发现人类疾病相关基因、鉴定特定遗传病人群中含有的罕见致病基因以及药物新靶点的发现和新的治疗方法的建立均具有十分重要的意义,是开展个体化医疗(personalized medicine)的重要基础。

2. 拷贝数多态性揭示疾病易感性和对药物的反应性　正常表型的人群中,不同个体间在某些基因的拷贝数上存在差异,一些人丢失了大量的基因拷贝,而另一些人则拥有额外、延长的基因拷贝,将这种现象称为基因拷贝数多态性(copy number polymorphism,CNP)或拷贝数变异(copy number variation,CNV)。CNP 的平均长度为 465kb,平均 2 个个体间存在 11 个 CNP 的差异,其中半数以上的 CNP 在多个个体中重复出现。CNP 与个体的疾病易感性、药物的疗效和副作用等相关。

## 三、功能基因组学探讨基因的活动规律

功能基因组学的主要研究内容包括基因组的表达、基因组功能注释、基因组表达调控网络及机制的研究等。它从整体水平上研究一种组织或细胞在同一时间或同一条件下所表达基因的种类、数量、功能,或同一细胞在不同状态下基因表达的差异。它可以同时对多个表达基因或蛋白质进行研究,使得生物学研究从以往的单一基因或单一蛋白质分子研究转向多个基因或蛋白质的系统研究。

**(一)通过全基因组扫描鉴定 DNA 序列中的基因**

这项工作以人类基因组 DNA 序列数据库为基础,加工和注释人类基因组的 DNA 序列,进行新基因预测、蛋白质功能预测及疾病基因的发现。主要采用计算机技术进行全基因组扫描,鉴定内含子与外显子之间的衔接,寻找全长开放读码框架(open reading frame,ORF),确定多肽链编码序列。

**(二)通过 BLAST 等程序搜索同源基因**

同源基因在进化过程中来自共同的祖先,因此通过核苷酸或氨基酸序列的同源性比较,就可以推测基因组内相似基因的功能。这种同源搜索涉及序列比较分析,NCBI 的 BLAST 程序是基因同源性搜索和比对的有效工具。每一个基因在 GenBank 中都有一个序列访问号(accession number),在 BLAST 界面上输入 2 条或多条访问号,就可实现一对或多对序列的比对。

Notes

（三）通过实验验证基因功能

可设计一系列的实验来验证基因的功能，包括转基因、基因过表达、基因敲除、基因敲除或基因沉默等方法，结合所观察到的表型变化即可验证基因功能。由于生命活动的重要功能基因在进化上是保守的，因此可以采用合适的模式生物进行实验。

（四）通过转录组和蛋白质组描述基因表达模式

基因的表达包括转录和翻译过程，研究基因的表达模式及调控需借助转录组学和蛋白质组学相关技术与方法（本章第二、三节）。

## 四、ENCODE 识别人类基因组所有功能元件

HGP 提供了人类基因组的序列信息（符号），并定位了大部分蛋白质编码基因。如何解密这些符号代表的意义，特别是还有 98% 左右的非蛋白质编码序列的功能，仍然是一项十分繁重的任务。

（一）ENCODE 是 HGP 的延续与深入

若要全面理解生命体的复杂性，必须全面确定基因组中各个功能元件及其作用。在此背景下，美国于 2003 年 9 月启动了 DNA 元件百科全书（encyclopedia of DNA element, ENCODE）计划。如果说，HGP 的完成是印刷了一部生命的"天书"，ENCODE 相当于给这本"天书"加上对于重要字句的注解，使我们能够解读"天书"中这些字句的含义。可以说，从 HGP 到 ENCODE 实际上是基因组从"结构"到"功能"的必然。

ENCODE 计划的目标是识别人类基因组的所有功能元件，包括蛋白质编码基因、各类 RNA 编码序列、转录调控元件以及介导染色体结构和动力学的元件等，当然还包括有待明确的其他类型的功能性序列（图 26-3），其目的是完成人类基因组中所有功能元件的注释，帮助我们更精确地理解人类的生命过程和疾病的发生、发展机制。

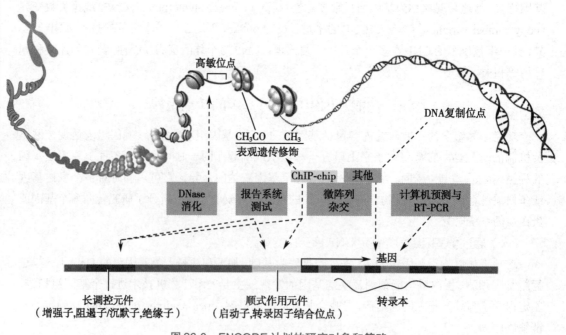

图 26-3　ENCODE 计划的研究对象和策略

（二）ENCODE 已取得重要阶段性成果

2012 年 9 月 6 日，*Nature* 发表了 ENCODE 计划联盟有关"人类基因组的整合 ENCODE"的报道。该报告分析了 1640 组覆盖整个人类基因组的 ENCODE 数据，其中的主要结论包括：①人类基因组的大部分序列（80.4%）具有各种类型的功能，而并非之前认为的大部分是"垃圾"DNA；

②人类基因组中有 399 124 个区域具有增强子样特征，70 292 个区域具有启动子样特征，还有数百至数千个休眠区域；③个体基因组中位于 ENCODE- 注释功能区域的非编码变异体数量，至少与存在于蛋白质编码基因中的数量相等；④非编码功能元件富含与疾病相关的 SNP，大部分疾病的表型与转录因子相关。这些发现有助于深入理解基因受到控制的途径，以及澄清某些疾病的遗传学风险因子。

# 第二节　转录组学

转录组（transcriptome）指生命单元所能转录出来的全部转录本，包括 mRNA、rRNA、tRNA 和其他非编码 RNA。因此，转录组学（transcriptomics）是在整体水平上研究细胞编码基因（编码 RNA 和蛋白质）转录情况及转录调控规律的科学。与基因组相比，转录组最大的特点是受到内外多种因素的调节，因而是动态可变的。这同时也决定了它最大的魅力在于揭示不同物种、不同个体、不同细胞、不同发育阶段和不同生理病理状态下的基因差异表达信息。

## 一、转录组学全面分析基因表达谱

转录组学是基因组功能研究的一个重要部分，它上承基因组，下接蛋白质组，其主要内容为大规模基因表达谱分析和功能注释。

大规模表达谱或全景式表达谱（global expression profile）是生物体（组织、细胞）在某一状态下基因表达的整体状况。长期以来，基因功能的研究通常采用基因的差异表达方法，效率低，无法满足大规模功能基因组研究的需要。利用基因表达谱微阵列（microarray）或基因芯片（DNA chip）技术，可以同时监控成千上万个基因在不同状态（如生理、病理、发育不同时期、诱导刺激等）下的表达变化，从而推断基因间的相互作用，揭示基因与疾病发生、发展的内在关系。

借助近年来建立起来的一些新技术如基因表达系列分析（serial analysis of gene expression，SAGE）、大规模平行信号测序系统（massively parallel signature sequencing，MPSS）等，可更为完整地获得基因组的表达信息，并且有助于检测一些在特定时段表达或表达水平较低的基因。

## 二、转录组研究可应用多种技术

任何一种细胞在特定条件下所表达的基因种类和数量都有特定的模式，称为基因表达谱，它决定着细胞的生物学行为。而转录组学就是要阐明生物体或细胞在特定生理或病理状态下表达的所有种类的 RNA 及其功能。有多种技术可用于大规模转录组研究。

（一）微阵列是大规模基因组表达谱研究的主要技术

微阵列或基因芯片（第二十一章）可以同时测定成千上万个基因的转录活性，甚至可以对整个基因组的基因表达进行对比分析，因而成为基因组表达谱研究的主要技术。

（二）SAGE 在转录物水平研究细胞或组织基因表达模式

SAGE 的基本原理是用来自 cDNA 3′- 端特定位置 9～10bp 长度的序列所含有的足够信息鉴定基因组中的所有基因。可利用锚定酶（anchoring enzyme，AE）和位标酶（tagging enzyme，TE）这两种限制性内切酶切割 DNA 分子的特定位置（靠近 3′- 端），分离 SAGE 标签，并将这些标签串联起来，然后对其进行测序。这种方法可以全面提供生物体基因表达谱信息。它还可用来定量比较不同状态下组织或细胞的所有差异表达基因。此外，基因表达帽分析（cap analysis of gene expression，CAGE）（第二十三章）也可提供特定组织基因表达及其表达强度的信息。

（三）MPSS 是以基因测序为基础的基因表达谱自动化和高通量分析新技术

MPSS 的原理是一个标签序列（10～20bp）含有能够特异识别转录子的信息，标签序列与长的连续分子连接在一起，便于克隆和序列分析。通过定量测定可以提供相应转录子的表达

Notes

水平,也就是将 mRNA 的一端测出一个包含 10~20bp 的标签序列,每一标签序列在样品中的频率(拷贝数)就代表了与该标签序列相应的基因表达水平,所测定的基因表达水平是以计算 mRNA 拷贝数为基础,是一个数字表达系统。只要将目的样品和对照样品分别进行测定,即可进行严格的统计检验,能测定表达水平较低、差异较小的基因,而且不必预先知道基因的序列。

### 三、转录组测序和单细胞转录组分析是转录组学的核心任务

目前,转录组学的核心任务侧重于转录组测序和单细胞转录组分析两个方面。

#### (一)高通量转录组测序是获得基因表达调控信息的基础

转录组测序即 RNA 测序(RNA sequencing, RNA-seq),其研究对象为特定细胞在某一功能状态下所能转录出来的所有 RNA。基于高通量测序平台的 RNA-seq 技术能够在单核苷酸水平对任意物种的整体转录活动进行检测,在分析转录本的结构和表达水平的同时,还能发现未知转录本和低丰度转录本,发现基因融合,识别可变剪切位点以及编码序列单核苷酸多态性(coding SNP, cSNP),提供全面的转录组信息。

#### (二)单细胞转录组有助于解析单个细胞行为的分子基础

不同类型的细胞具有不同的转录组表型,并决定细胞的最终命运。从理论上讲,转录组分析应该以单细胞为研究模型。单细胞测序可解决用全组织样本测序无法解决的细胞异质性问题,有助于解析单个细胞行为、机制、与机体的关系等的分子基础。

单细胞转录组测序是单细胞测序的一个重要内容。单细胞转录组分析主要用于在全基因组范围内挖掘基因调节网络,尤其适用于存在高度异质性的干细胞及胚胎发育早期的细胞群体。与活细胞成像系统相结合,单细胞转录组分析更有助于深入理解细胞分化、细胞重编程及转分化等过程以及相关的基因调节网络。单细胞转录组分析在临床上可以连续追踪疾病基因表达的动态变化,监测病程变化、预测疾病预后。但是,鉴于目前的技术手段,单细胞转录组测序仍然存在覆盖率低的问题,难以检测除 mRNA 以外的长链非编码 RNA(long ncRNA, lncRNA)。最近发展的单分子测序技术无需逆转录和扩增步骤而直接对单个细胞的全长 mRNA 进行测序,从而可准确地检测 mRNA 不同剪接体的表达水平。

## 第三节　蛋白质组学

蛋白质组(proteome)是指细胞、组织或机体在特定时间和空间上表达的所有蛋白质。蛋白质组学(proteomics)也是以所有这些蛋白质为研究对象,分析细胞内动态变化的蛋白质组成、表达水平与修饰状态,了解蛋白质之间的相互作用与联系,并在整体水平上阐明蛋白质调控的活动规律,故又称为全景式蛋白质表达谱(global protein expression profile)分析。

中国人类蛋白质组计划(CNHPP)已于 2014 年 6 月全面启动实施,主要目标是以我国重大疾病的防治需求为牵引,发展蛋白质组研究相关设备及关键技术,绘制人类蛋白质组生理和病理精细图谱、构建人类蛋白质组"百科全书",全景式揭示生命奥秘,为提高重大疾病防诊治水平提供有效手段,为我国生物医药产业发展提供原动力。

### 一、蛋白质组学研究细胞内所有蛋白质的组成及其活动规律

蛋白质组学的研究主要涉及两个方面:一是蛋白质组表达模式的研究,即结构蛋白质组学(structural proteomics);二是蛋白质组功能模式的研究,即功能蛋白质组学(functional proteomics)。由于蛋白质的种类和数量总是处在一个新陈代谢的动态过程中,同一细胞的不同周期,其所表达的蛋白质是不同的;同一细胞在不同的生长条件下(正常、疾病或外界环境刺激),所表达的蛋白质也是不同的。以上动态变化增加了蛋白质组研究的复杂性。

Notes

（一）蛋白质鉴定是蛋白质组学的基本任务

1. **蛋白质种类鉴定是基本任务**　细胞在特定状态下表达的所有蛋白质都是蛋白质组学的研究对象。一般利用二维电泳和多维色谱并结合生物质谱、蛋白质印迹、蛋白质芯片等技术，对蛋白质进行全面的鉴定研究。

2. **翻译后修饰的鉴定有助于蛋白质功能的阐明**　很多 mRNA 表达产生的蛋白质要经历翻译后修饰如磷酸化、糖基化等过程。翻译后修饰是蛋白质功能调控的重要方式，因此，研究蛋白质翻译后修饰对阐明蛋白质的功能具有重要意义。

（二）蛋白质功能确定是蛋白质组学的根本目的

1. **各种蛋白质均需要鉴定其基本功能特性**　蛋白质功能研究包括蛋白质定位研究，基因过表达／基因敲除（减）技术分析蛋白质活性，此外，分析酶活性和确定酶底物，细胞因子的生物学作用分析，配基 - 受体结合分析等也属蛋白质功能研究范畴。

2. **蛋白质相互作用研究是认识蛋白质功能的重要内容**　细胞中的各种蛋白质分子往往形成蛋白复合物共同执行各种生命活动。蛋白质 - 蛋白质相互作用是维持细胞生命活动的基本方式。要深入研究所有蛋白质的功能，理解生命活动的本质，就必须对蛋白质 - 蛋白质相互作用有一个清晰的了解，包括受体与配体的结合、信号转导分子间的相互作用及其机制等。目前研究蛋白质相互作用常用的方法有酵母双杂交、亲和层析、免疫共沉淀、蛋白质交联、荧光共振能量转移等（第二十一章）。

## 二、2-DE-MALDI-MS 和 LC-ESI-MS 是蛋白质组研究常用技术

目前常用的蛋白质组研究主要有两条技术路线，一是基于二维（双向）凝胶电泳（two-dimensional gel electrophoresis, 2-DE）分离为核心的研究路线：混合蛋白首先通过 2-DE 分离，然后进行胶内酶解，再用质谱（mass spectroscopy, MS）进行鉴定；二是基于液相色谱（liquid chromatography, LC）分离为核心的技术路线：混合蛋白先进行酶解，经色谱或多维色谱分离后，对肽段进行串联质谱分析以实现蛋白质的鉴定。其中，质谱是研究路线中不可缺少的技术。

（一）2-DE-MALDI-MS 根据等电点和分子量分离鉴定蛋白质

1. **2-DE 是分离蛋白质组的有效方法**　2-DE 是分离蛋白质组最基本的方法，其原理是蛋白质在高压电场作用下先进行等电聚焦（isoelectric focusing, IEF）电泳，利用蛋白质分子的等电点不同使蛋白质得以分离；随后进行 SDS- 聚丙烯酰胺凝胶电泳（SDS-PAGE），使依据等电点分离的蛋白质再按分子量的大小进行分离（图 26-4）。目前 2-DE 的分辨率可达到 10 000 个蛋白质点。

2. **MALDI-MS 鉴定 2-DE 胶内蛋白质点**　MS 是通过测定样品离子的质荷比（m/z）来进行成分和结构分析的方法。2-DE 胶内蛋白质点的鉴定常采用基质辅助激光解吸附离子化（matrix-assisted laser desorption ionization, MALDI）技术。MALDI 作为一种离子源，通常用飞行时间（time of flight, TOF）作为质量分析器，所构成的仪器称为 MALDI-TOF-

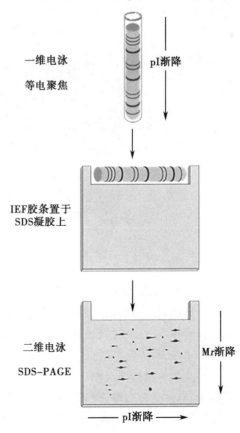

一维电泳
等电聚焦

pI渐降

IEF胶条置于
SDS凝胶上

二维电泳
SDS–PAGE

Mr渐降

pI渐降

图 26-4　蛋白质组的 2-DE 示意图

Notes

MS。MALDI 的基本原理是将样品与小分子基质混合共结晶，当用不同波长的激光照射晶体时，基质分子所吸收能量转移至样品分子，形成带电离子并进入 MS 进行分析，飞行时间与 $(m/z)^{1/2}$ 成正比。MALDI-TOF-MS 适合微量样品（fmol～amol）的分析。

利用质谱技术鉴定蛋白质主要通过两种方法：①肽质量指纹图谱（peptide mass fingerprinting，PMF）和数据库搜索匹配。蛋白质经过酶解成肽段后，获得所有肽段的分子质量，形成一个特异的 PMF 图谱，通过数据库搜索与比对，便可确定待分析蛋白质分子的性质。②肽段串联质谱（MS/MS）的信息与数据库搜索匹配。通过 MS 技术获得蛋白质一段或数段多肽的 MS/MS 信息（氨基酸序列）并通过数据库检索来鉴定该蛋白质。混合蛋白质酶解后的多肽混合物直接通过（多维）液相色谱分离，然后进入 MS 进行分析。质谱仪通过选择多个肽段离子进行 MS/MS 分析，获得有关序列的信息，并通过数据库搜索匹配进行鉴定（图 26-5）。

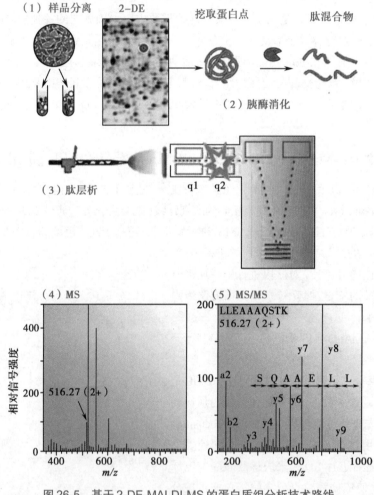

图 26-5　基于 2-DE-MALDI-MS 的蛋白质组分析技术路线

## （二）LC-ESI-MS 通过液相层析技术分离鉴定蛋白质

基于 LC-ESI-MS 的蛋白质组研究技术通常称之为鸟枪法（shotgun）策略（图 26-6）。其特点是组合多种蛋白质或肽段分离手段，首选不同的层析技术，实现蛋白质或多肽的高效分离，并与 MS/MS 技术结合，实现多肽序列的准确鉴定。

1. 层析分离肽混合物　从组织中提取的目标蛋白质混合物首先进行选择性酶解，获得肽段混合物，然后进行二维液相分离。一维液相分离一般采用强阳离子交换层析，利用肽段所带电荷数差异进行分离；二维分离常常选择纳升反相层析，利用肽段的疏水性差异进行分离。

2. 电喷雾串联质谱鉴定肽段　在肽段鉴定中，纳升级液相层析（nano-LC）常与电喷雾串联

Notes

质谱（electrospray ionization，ESI）相连。ESI 的基本原理是利用高电场使 MS 进样端的毛细管柱流出的液滴带电，带电液滴在电场中飞向与其所带电荷相反的电势一侧。液滴在飞行过程中变得细小而呈喷雾状，被分析物离子化成为带单电荷或多电荷的离子，使被分析物得以鉴定。Nano-LC-ESI-MS 可以实现对复杂肽段混合物的在线分离、柱上富集与同步序列测定，一次分析可以鉴定的蛋白质数目超过 1000 个，而结合多维层析分离技术，可以利用鸟枪法一次实现鉴定上万个蛋白质。

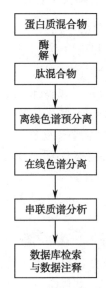

图 26-6　基于 LC-ESI-MS 的蛋白质组分析技术

# 第四节　代　谢　组　学

细胞内的生命活动大多发生于代谢层面，因此代谢物的变化实际上更直接地反映了细胞所处的环境，如营养状态、药物作用和环境影响等。代谢组学（metabonomics）就是测定一个生物所有的小分子（Mr≤1000）代谢物组成，描绘其动态变化规律，建立系统代谢图谱，并确定这些变化与基因、转录、蛋白质层面以及生物过程的联系。

## 一、代谢组学分析生物代谢产物全貌

代谢组学分为 4 个层次：①代谢物靶标分析（metabolite target analysis）：对某个或某几个特定组分的分析；②代谢谱分析（metabolic profiling analysis）：对一系列预先设定的目标代谢物进行定量分析。如某一类结构、性质相关的化合物或某一代谢途径中所有代谢物或一组由多条代谢途径共享的代谢物进行定量分析；③代谢组学：对某一生物或细胞所有代谢物进行定性和定量分析；④代谢指纹分析（metabolic fingerprinting analysis）：不分离鉴定具体单一组分，而是对代谢物整体进行高通量的定性分析。

代谢组学主要以生物体液为研究对象，如血样、尿样等，另外还可采用完整的组织样品、组织提取液或细胞培养液等进行研究。血样中的内源性代谢产物比较丰富，信息量较大，有利于观测体内代谢水平的全貌和动态变化过程。尽管尿样所含的信息量相对有限，但样品采集不具损伤性。

## 二、核磁共振、色谱及质谱是代谢组学的主要分析工具

由于代谢物的多样性，常需采用多种分离和分析手段，其中，核磁共振（nuclear magnetic

resonance，NMR）、色谱及 MS 等技术是最主要的分析工具。① NMR：是当前代谢组学研究中的主要技术。代谢组学中常用的 NMR 谱是氢谱（$^1$H-NMR）、碳谱（$^{13}$C-NMR）及磷谱（$^{31}$P-NMR）；② MS：按质荷比（m/z）进行各种代谢物的定性或定量分析，可得到相应的代谢产物谱；③色谱 - 质谱联用技术：这种联用技术使样品的分离、定性、定量一次完成，具有较高的灵敏度和选择性。目前常用的联用技术包括气相色谱 - 质谱联用（GC-MS）和液相色谱 - 质谱联用（LC-MS）。

### 三、代谢组学数据依赖生物统计学方法进行分析

同其他组学研究一样，代谢组学研究得到的也是海量的数据。为了从数据中挖掘更多潜在的信息，需借助一系列的生物统计学和化学计量学方法对数据进行分析。通常借助一定的软件，联合多种数据分析技术，将多维、分散的数据进行总结、分类及判别分析，发现数据间的定性、定量关系，解读数据中蕴藏的生物学意义，进而阐述其与机体代谢的关系。

如今，代谢组学的数据更为庞大和复杂，特别是 NMR 对病理生理过程的研究，将代谢物的表达谱与时间相联系，分析时更加困难，需要借助复杂的模型或专家系统进行分析。已有学者建立了包括酵母糖酵解在内的一系列代谢模型，并在仿真器上开展代谢仿真等研究工作。

## 第五节 糖组学与脂组学

生物界丰富多样的聚糖类型覆盖了有机体所有细胞，它们不仅决定细胞的类型和状态，也参与了细胞许多生物学行为，如细胞发育、分化，肿瘤转移，微生物感染，免疫反应等。生物脂质具有化学多样性和功能多样性的特点，其代谢与多种疾病的发生、发展密切相关，很多疾病都与脂代谢紊乱有关，如糖尿病、肥胖症、癌症等。因此，脂质的分析量化对研究疾病发生机制和诊断治疗、以及医药研发具有非常重要的生物学意义。

### 一、糖组学研究生命体聚糖多样性及其生物学功能

糖组学（glycomics）侧重于糖链组成及其功能的研究，主要研究对象为聚糖，研究内容包括糖与糖之间、糖与蛋白质之间、糖与核酸之间的联系和相互作用。糖组学是基因组学和蛋白质组学等的后续和延伸。因此，要深入了解生命的复杂规律，就必须有"基因组 - 蛋白质组 - 糖组"的整体观念，这样才有可能揭示生物体全部基因功能，从而为重大疾病发生、发展机制的进一步阐明和有效控制，以及为疾病预测、新的诊断标记物的筛选及药物靶标的发现提供依据。

#### （一）糖组学分为结构糖组学与功能糖组学两个分支

糖组（glycome）指单个个体的全部聚糖，糖组学则对糖组（主要针对糖蛋白）进行全面地分析研究，包括结构和功能两方面内容，因此可将其分为结构糖组学（structural glycomics）和功能糖组学（functional glycomics）两个分支。糖组学的内容主要涉及单个个体的全部糖蛋白结构分析，确定编码糖蛋白的基因和蛋白质糖基化的机制。因此，糖组学主要要回答 4 个方面的问题：①什么基因编码糖蛋白，即基因信息；②可能糖基化位点中实际被糖基化的位点，即糖基化位点信息；③聚糖结构，即结构信息；④糖基化功能，即功能信息。

#### （二）色谱分离 /MS 鉴定和糖微阵列技术是糖组学研究的主要技术

1. **色谱分离与 MS 鉴定糖蛋白和糖基化位点** 色谱分离与质谱鉴定技术为糖组学研究的核心技术，被广泛地应用于糖蛋白的系统分析。通过与蛋白质组数据库结合使用，这种方法能系统地鉴定糖蛋白和可能的糖基化位点。

具体策略包括如下几个步骤：①凝集素亲和层析 -1（用于糖蛋白分离）：依据待分离糖蛋白的聚糖类型单独或串联使用不同的凝集素；②蛋白质消化：将分离得到的糖蛋白用蛋白酶 I 消化以生成糖肽；③凝集素亲和层析 -2（用于糖肽分离）；采用与步骤①相同的凝集素柱从消化液

Notes

中捕集目的糖肽；④ HPLC 纯化糖肽；⑤序列分析、MS 和解离常数测定；⑥数据库搜索和聚糖结构分析以获得相关遗传和糖基化信息。然后使用不同的凝集素柱进行第二和第三次循环，捕集其他类型的糖肽，以对某个细胞进行较全面的糖组学研究。其中凝集素亲和层析亦称为糖捕获（glyco-catch）法。

**2. 糖微阵列提供了高通量糖组分析技术**　糖微阵列技术是生物芯片中的一种，是将带有氨基的各种聚糖共价连接在包被有化学反应活性表面的玻璃芯片上，一块芯片上可排列 200 种以上的不同糖结构，几乎涵盖了全部末端糖的主要类型。糖微阵列技术可广泛用于糖结合蛋白的糖组分析，以对生物个体产生的全部蛋白聚糖结构进行系统鉴定与表征。但目前可用于微阵列的糖数量还非常有限，糖微阵列技术有待进一步的发展。

**3. 生物信息学有效帮助糖组检索和分析**　糖蛋白糖链研究的信息处理、归纳分析以及糖链结构检索都要借助生物信息学来进行。目前这方面的数据库和网络包括 CFG、KEGG 和 CCSD 等。

## 二、脂组学揭示生命体脂质多样性及其代谢调控

脂组学（lipidomics）就是对生物样本中脂质进行全面系统的分析，从而揭示其在生命活动和疾病中发挥的作用。

### （一）脂组学是代谢组学的一个分支

脂组学的研究内容为生物体内的所有脂质分子，并以此为依据推测与脂质作用的生物分子的变化，揭示脂质在各种生命活动中的重要作用机制。通过研究脂质提取物，可获得脂质组（lipidome）的信息，了解在特定生理和病理状态下脂质的整体变化。因此，脂组学实际上是代谢组学的重要组成部分。

脂组学的研究有以下优势：①只研究脂质物质及其代谢物。脂质物质在结构上的共同特点决定了样品前处理及分析技术平台的搭建较为容易，而且可以借鉴代谢组学的研究方法；②脂组学数据库的建立和完善速度较快，并能建立与其他组学的网络联系；③脂质组分析的技术平台可用于代谢组学的研究，促进代谢组学发展。

脂组学从脂代谢水平研究疾病的发生、发展过程的变化规律，寻找疾病相关的脂生物标志物，进一步提高疾病的诊断效率，并为疾病的治疗提供更为可靠的依据。脂组学能够在一定程度上促进代谢组学的发展，并通过代谢组学技术的整合运用建立与其他组学之间的关系，实现系统生物学的整体进步。

### （二）脂组学研究的三大步骤——分离、鉴定和数据库检索

**1. 有机溶剂萃取是样品分离的有效办法**　脂质主要从细胞、血浆、组织等样品中提取。由于大部分脂质物质在结构上有共同特点，即有极性的头部和非极性的尾部。所以，采用氯仿、甲醇及其他有机溶剂的混合提取液，能够较好地溶出样本中的脂质物质。

**2. 色谱、MS 等能有效鉴定脂质**　随着分析技术的不断发展，脂类的分析方法也在不断地改进。总体而言，大部分的分析技术都能用来分析脂质，包括脂肪酸、磷脂、神经鞘磷脂、甘油三酯和类固醇等。常规的技术有薄层色谱（TLC）、气相色谱 - 质谱联用（GC-MS）、电喷雾质谱（ESI/MS）、液相色谱 - 质谱联用（LC/MS）、高效液相色谱 - 芯片 - 质谱联用（HPLC-Chip/MS）、超高效液相色谱 - 质谱联用（UPLC/MS）、超高效液相色谱 - 傅立叶变换质谱联用（UPLC/FT-MS）等。

**3. 数据库建设促进了脂组学发展**　随着脂组学的迅速发展，相关数据库也逐步建立。现有数据库能够查询脂质物质结构、质谱信息、分类及实验设计、实验信息等，其功能也越来越完善。数据库的建立无疑成为推动脂组学自身发展的良好工具。国际上最大的数据库为 LIPID Maps（http://www.lipidmaps.org/），它包含了脂质分子的结构信息、质谱信息、分类信息、实验设计等。数据库包含了游离脂肪酸、胆固醇、甘油三酯、磷脂等 8 个大类共 37 566 种脂类的结构信息（2014 年 6 月）。

Notes

## 第六节　系统生物学

20世纪的生命科学经历了由宏观到微观、由表型描述到分子功能的发展过程，因此又称为还原科学（reductionistic science），其发展方向就是各种组学。21世纪的生命科学研究强调系统性，特别强调分子与行为（表型）的统一，因而是整合科学（integrative science）。

### 一、系统生物学是一门"整合"的大科学

系统生物学是研究一个生物系统中所有组成成分（基因、mRNA、蛋白质等）的构成，以及在特定条件下这些组分间的相互关系的科学。以往的实验生物学仅关心个别或一批基因和蛋白质，系统生物学则不同，它要研究一个生物系统内所有的基因、所有的蛋白质，特别是所有生物分子间的所有相互关系。显然，系统生物学是以整体性研究为特征的一种大科学。

系统生物学的研究以生命为对象。生物体是由大量结构和功能不同的元件组成的复杂系统，并由这些元件选择性和非线性的相互作用产生复杂的功能和行为。为阐明生命活动的复杂性，必须在大规模实验生物学（组学）数据的基础上，通过计算生物学用数学语言定量描述和预测生物学功能和生物体表型和行为。因此，系统生物学又是一门使生命科学由描述式科学转变为定量描述和预测的科学。

### 二、生命系统的复杂性促进了系统生物学的形成

系统生物学的产生源于分子生物学本身对生命本质研究的局限性。分子生物学主要研究生物大分子，例如基因、mRNA、蛋白质等的结构与功能，以及它们之间有限的相互作用。但一个活的生物个体是一个复杂的包含着众多相关成分及其相互作用的生物系统，即便是再大规模的实验生物学也不能充分揭示这一复杂生物系统的表型和行为。在这样的情况下，系统生物学应运而生。

---

**框26-3　系统生物学的两个学派**

美国科学家 Hood L 是现代系统生物学的创始人之一，也是 HGP 计划最早的倡导者之一。以 Hood 为代表的一批学者关注的是"完整的生物复杂系统"，他们希望阐明生物系统完整的基因、蛋白质、信号通路和代谢途径，整合这些数据，并建立数学模型以描述系统的结构和对外部作用的反应。这种系统生物学研究思路称为"整体分析学派"（global-analysis school）。整体分析学派研究的系统可以是一个完整的个体，也可以是细胞内完整的代谢网络或信号转导网络。

在系统生物学研究领域，也有许多科学家侧重于研究生物复杂系统的某一个局部。哈佛大学的 Kirschner M 认为当前系统生物学的"目标是要重构和描述同样是复杂系统的某个局部"，如以色列科学家 Alon U 侧重于转录调控网络基本单元的研究。这种研究思路称为"局域分析学派"（partial-analysis school）。对局域分析学派的研究者来说，选择复杂系统中恰当的"局部"作为其研究对象是研究工作的核心。这一学派的学者对复杂系统有一个基本假设：不论网络有多大，有多复杂，都是用简单的基序（motif）和模块（module）作为"砖块"搭建而成的。

两个学派均有自己的优势，整体分析学派强调系统的整体性，但缺乏对系统的动力学过程进行详细地定量研究；局域分析学派能深入地研究系统的动力学特性，并可以对系统的结构和功能进行深入的分析。显然，整体分析学派与局域分析学派是一种互补关系，在系统生物学的发展中均有重要的作用。

---

Notes

### 三、"整合""信息"和"干涉"是系统生物学的特点

系统生物学的特点主要体现在"整合(integration)""信息(information)"和"干涉(perturbation)"三个方面。

#### （一）整合是系统生物学的"灵魂"

系统生物学的研究思路强调整体性,其"整合"特点主要体现在 3 个方面:①构成要素的整合。强调将生物系统内所有的组成成分(基因、mRNA、蛋白质、生物小分子等)整合在一起进行研究,这实际上是各种"组学"的集合研究。②研究层次的整合。系统生物学强调要实现从基因到细胞、组织、个体的各个层次的整合研究,以解释层次内和层次间的相互作用在生命个体表型和行为中的作用。③研究方法的整合。传统的分子生物学研究可以认为是一种"垂直型"的研究,即采用多种手段研究个别的基因和蛋白质的结构与功能;而"组学"技术则是"水平型"研究,即以单一的手段同时研究成千上万个基因或蛋白质。系统生物学把"水平型"研究和"垂直型"研究整合起来,成为一种"三维"的研究。

#### （二）信息是系统生物学的"基础"

系统生物学视生命为信息的载体,一切特性都可以从信息的流动中得到实现,因此系统生物学也是一门信息科学。系统生物学的"信息"特点主要体现在:①生命的遗传密码是数字化(digital)的。基因组的信息无非是 A、T、C、G 的不同组合排列,因此生命密码完全可以被破译。②生命的遗传信息流也是数字化的。例如,DNA 中三联碱基 GAA 必定被转录为 mRNA 中的 CUU(密码子),又被翻译成蛋白质中的亮氨酸,编码蛋白质基因的转录和翻译都遵循这一生物界的通用密码原则。另外值得强调的是,基因调控网络的信息从本质上说也是数字化的,因为控制基因表达的转录因子结合位点也是核苷酸序列。③生物信息是有等级次序的。流动方向为 DNA→mRNA→蛋白质→蛋白质相互作用网络→细胞→器官→个体→群体。胞外信号向胞内的传导也是这样:信号分子→受体→接头分子 1(adaptor)→接头分子 2……→接头分子 n→DNA→信号输出。

#### （三）干涉是系统生物学的"钥匙"

系统生物学一方面要了解生命系统的结构组成,另一方面要揭示系统在不同条件、不同时间的动态行为方式。实验生物学往往人为设计一些影响因素,以观察这些影响因素对实验系统的影响,这一过程就是干涉,如通过诱导基因突变或修饰蛋白质,由此研究其性质和功能。系统生物学同样是一门实验性科学,也离不开干涉这一重要的工具。

系统生物学中的"干涉"特征主要体现在:①系统性干涉。例如人为诱导基因突变,过去大多是随机的;而系统生物学采用的则是定向的系统性突变技术。如 Hood 在对酵母进行的果糖代谢通路的系统生物学研究时,将所有已知的参与果糖代谢的 9 个基因逐一进行突变,研究在每一个基因突变下的系统变化。②高通量干涉。如采用高通量遗传变异,可以在短时间内将酵母的全部 6000 多个基因逐一进行突变。再如近年来出现 RNAi 技术,使得干扰手段可以在最大范围内应用于对真核生物的研究中。③设计性干涉。系统生物学的干涉主要分为从上到下(top-down)或从下到上(bottom-up)两种。从上到下,即由外及里,主要指在系统内添加新的元素,观察系统变化。例如,在系统中增加一个新的分子以阻断某一反应通路。而从下到上,即由内到外,主要是改变系统内部结构的某些特征,从而改变整个系统。如利用基因敲除,改变在信号传导通路中起重要作用的蛋白质的转录和翻译水平。

### 四、系统生物学的工作流程包含了从系统结构的鉴定到系统设计的全过程

系统生物学的基本工作流程有 6 步。

#### （一）系统结构鉴定

对选定的某一生物系统的所有组分进行了解和确定,描绘出该系统的结构框架,包括基因

Notes

相互作用网络、信号转导通路和代谢途径等，并构建一个初步的系统模型。

（二）系统行为分析

采用干涉的方法，系统地改变被研究对象的内部组成成分（如基因突变）或外部生长条件，然后观测在这些情况下系统组分或结构所发生的相应变化，包括基因表达、蛋白质表达和相互作用、代谢途径等的变化，并把得到的有关信息进行整合，以解释系统水平的特征。

（三）系统模型建立

将通过实验得到的数据与根据模型预测的情况进行比较，并对初始模型进行修订。

（四）系统模型修正

是根据上述模型的预测或假设，设定和实施新的改变系统状态的实验，重复第二步和第三步，不断通过实验数据对模型进行修正。系统生物学的目标就是要得到一个理想的模型，并能反映出生物系统的真实性。

（五）系统控制

在真实系统模型的基础上，尝试建立控制生物系统状态的方法，如：将功能异常的细胞转化为正常细胞，控制癌细胞分化成为正常细胞或诱导其凋亡，将处于分化状态的特定细胞转化为干细胞并进一步控制其分化为需要的细胞类型。完成这些控制技术将对人类健康造福无穷。

（六）系统设计

最后，系统生物学将发展重要的生物系统设计技术。如设计患者自身的细胞或组织培养器官，这种"自身"器官将对器官移植所起的作用将是革命性的。

# 第七节  组学和系统生物学在医学上的应用

各种组学的不断发展，系统生物学理论框架的建立，相关原理/技术与医学、药学等领域的交叉等，导致了疾病基因组学、药物基因组学、疾病转录组学、药物蛋白质组学、医学代谢组学、系统生物医学等的产生，相关研究将从分子和整体水平突破对疾病的传统认识，从而改变和革新现有的诊断、治疗模式。

## 一、疾病基因组学阐明疾病发病机制

疾病基因/疾病相关基因和疾病易感性的遗传学基础是疾病基因组学研究的两大任务。一旦疾病基因的功能被揭示，或结合组织或细胞水平 RNA、蛋白质，以及细胞功能或表型的综合分析，将会对疾病发病机制产生新的认识。

（一）采用定位克隆技术发现和鉴定疾病基因

HGP 在医学上最重要的意义是确定各种疾病的遗传学基础，即疾病基因或疾病相关基因的结构基础。定位克隆技术推动了疾病基因的发现和鉴定。定位候选克隆，是将疾病相关位点定位于某一染色体区域后，根据该区域的基因、EST 或模式生物所对应的同源区的已知基因等有关信息，直接进行基因突变筛查，经过多次重复，可最终确定疾病相关基因（第二十四章）。

（二）研究 SNP 阐明疾病易感性的遗传学基础

基因组序列中有些 SNP 与疾病的易感性密切相关，疾病基因组学的研究将在全基因组 SNP 制图基础上，通过比较患者和正常对照人群之间 SNP 的差异，鉴定与疾病相关的 SNP，从而彻底阐明各种疾病易感人群的遗传学背景，为疾病的诊断和治疗提供新的理论基础。

## 二、药物基因组学揭示遗传变异对药物效能和毒性的影响

药物基因组学（pharmacogenomics）以提高药物效应及安全性为目标，研究各种基因突变与药效及安全性的关系。因此，药物基因组学可为患者或者特定人群寻找合适的药物，是研究高

Notes

效/特效药物的重要途径。药物基因组学将使药物治疗模式由诊断定向治疗转为基因定向治疗。

**（一）药物基因组学预测药物反应性并指导个体化用药**

药物基因组学研究遗传变异对药物效能和毒性的影响，即患者的遗传组成如何决定对药物反应性，利用人类基因组中基因信息指导临床用药和新药研究与开发。药物基因组学还包括在分子水平阐明药物疗效、药物作用靶点和模式以及产生毒、副作用的机制，阐明影响药物吸收、转运、代谢、清除等个体差异的基因特性，以及基因变异所致的不同患者对药物的不同反应性，并以此为平台，指导合理用药和设计个体化用药，以提高药物作用的有效性、安全性和经济性。

**（二）基因多态性是药物基因组学的基础和重要研究内容**

导致个体对药物不同反应性的基因多态性是药物基因组学的重要研究内容，所涉及的基因多态性主要包括药物代谢酶、药物转运蛋白、药物作用靶点等基因的多态性。药物代谢酶多态性由同一基因位点上具有多个等位基因引起，其多态性决定表型多态性和药物代谢酶的活性，并呈显著的基因剂量-效应关系，从而造成不同个体间药物代谢反应的差异，是产生药物毒副反应、降低或丧失药效的主要原因。转运蛋白在药物的吸收、排泄、分布、转运等方面起重要作用，其变异对药物吸收和清除具有重要意义。大多数药物与其特异性靶蛋白相互作用产生效应，药物作用靶点的基因多态性使靶蛋白对特定药物产生不同的亲和力，导致药物疗效的不同。

**（三）鉴定基因序列的变异是药物基因组学的主要研究策略**

药物基因组学研究的主要策略包括选择药物起效、活化、排泄等相关过程的候选基因进行研究，鉴定基因序列的变异。既可以在生物化学与分子生物学水平研究基因变异对药物作用的影响，也可以在人群中进行研究，用统计学原理分析基因突变与药效的关系。

## 三、疾病转录组学阐明疾病发生机制并推动新诊治方式的进步

疾病转录组学是通过比较研究正常和疾病条件下、或疾病不同阶段基因表达的差异情况，为阐明复杂疾病的发生发展机制、筛选新的诊断标志物、鉴定新的药物靶点、发展新的疾病分子分型技术、以及开展个体化治疗提供理论依据。

**（一）疾病转录组学揭示复杂疾病的可能机制和候选药物靶点**

疾病转录组学是在疾病状态下研究基因转录情况及转录调控规律，通常可以发现表达发生变化的基因，并提示基因表达变化与疾病的相关性，为进一步研究相关基因在疾病发生发展过程中的作用、特别是多基因的可能作用提供依据，也可能揭示新的候选药物靶点。如 Raf 信号通路与多种恶性肿瘤的发生、发展密切相关。对前列腺癌、胃癌、肝癌、黑色素瘤等样本的转录组测序表明，存在于 Raf 信号途径中的 *BRAF* 和 *RAF1* 基因可发生融合现象，提示 Raf 信号途径中的融合基因有可能成为抗肿瘤治疗与抗肿瘤药物筛选的靶点。

**（二）疾病转录组学提供新的疾病诊断标志物、指导临床个体化治疗**

外周血转录组谱可作为冠状动脉疾病诊断与判定病程、预后的生物标志物。例如，在进行心肌扩张患者心肌细胞转录组研究时，发现 *ST2* 受体基因表达显著升高，在随后的研究中发现心力衰竭患者其外周血可溶性 ST2 亦显著上升，美国 FDA 近期已批准可溶性 ST2 试剂盒 Presage 用于慢性心力衰竭的预后评估。

## 四、疾病相关蛋白质组学发现和鉴别药物新靶点

药物作用靶点的发现与验证是新药发现阶段的重点和难点，成为制约新药开发速度的瓶颈。近年来，随着蛋白质组学技术的不断进步和各种新技术的出现和发展，蛋白质组学在药物靶点的发现应用中亦显示出越来越重要的作用。

Notes

### （一）疾病相关蛋白质组学的研究是发现和验证药物新靶点的有效途径

蛋白质组学研究可以发现和鉴定在疾病条件下表达异常的蛋白质，这类蛋白质可作为药物候选靶点。疾病相关蛋白质组学还可对疾病发生的不同阶段进行蛋白质变化分析，发现一些疾病不同时期的蛋白质标志物，不仅对药物发现具有指导意义，还可形成未来诊断学、治疗学的理论基础。

### （二）耐药病原体的蛋白质组学研究将为新一代抗生素的发现提供新的契机

感染性疾病仍是当今世界人类死亡的主要原因，因此，抗感染药物一直是各国新药研究开发的热点之一。随着抗生素耐药株的大量出现，亟待研究和开发新的有效的抗生素。蛋白质组学技术可以让人们清楚地认识病原体内哪些蛋白质在抗生素的作用下发生改变，以及发生何种变化。根据这些变化，并以耐药相关蛋白质作为新药设计的靶点，可筛选出新一代有效的抗生素。

### （三）信号传导分子和途径是药物设计的合理靶点

许多疾病与信号传导途径异常有关，因而信号分子和途径可以作为治疗药物设计的靶点。在信号传递过程中涉及数十或数百个蛋白质分子，蛋白质 - 蛋白质相互作用发生在细胞内信号传递的所有阶段。而且，这种复杂的蛋白质作用的串联效应可以完全不受基因调节而自发地产生。通过与正常细胞作比较，掌握与疾病细胞中某个信号途径活性增加或丧失有关的蛋白质分子的变化，将为药物设计提供更为合理的靶点。

## 五、医学代谢组学是开展预测医学和个体化医学的重要手段

代谢组学经过十余年的发展，方法正日趋成熟，其应用已逐步渗透到生命科学研究领域的多个方面，在医学科学中亦日益彰显出其强有力的潜能。

### （一）代谢组学丰富预测医学的内涵

与基因组学和蛋白质组学相比，代谢组学研究侧重于代谢物的组成、特性与变化规律，与生理学的联系更加紧密。疾病导致机体病理生理过程变化，最终引起代谢产物发生相应的改变。通过对某些代谢产物进行分析，并与正常人的代谢产物比较，可发现和筛选出疾病新的生物标志物，对相关疾病作出早期预警，并发展新的有效的疾病诊断方法。

### （二）代谢组学促进了个体化医学的发展

个体对药物具有不同的反应性，尽管这是由个体基因型的差异造成的，但其根本原因还是在代谢层面上。开展药物代谢组学的研究，可阐明药物在不同个体体内的代谢途径及其规律，将为合理用药和个体化医疗提供重要依据。

## 六、系统生物医学的发展将有力地促进医药领域的全面进步

系统生物学使生命科学由描述式的科学转变为定量描述和预测的科学，改变了 21 世纪生物学的研究策略与方法，并将在医学、新药研究等方面起到巨大的推动作用。

### （一）系统生物医学正在形成

系统生物学已在预测医学、预防医学和个性化医学中得到应用，并正在形成一门新的整合学科——系统生物医学（systems medicine）。如应用代谢组学的生物指纹预测冠心病人的危险程度和肿瘤的诊断和治疗过程的监控；应用基因多态性图谱预测患者对药物的应答，包括毒副作用和疗效。

### （二）系统生物学推动药物研发

表型组学的细胞芯片和代谢组学的生物指纹将广泛用于新药的发现和开发，使新药的发现过程由高通量逐步发展为高内涵。未来的治疗不再依赖于单一的药物，而是使用一组药物（系统药物）协调作用来控制故障细胞的代谢状态，以减少药物的副作用，维持疾病治疗的最大效果。

Notes

# 小　结

生物遗传信息传递具有方向性和整体性。组学和系统生物学是一种基于组群或集合的认识论，这种认识论注重事物和过程之间的相互联系，即整体性。

基因组学是阐明整个基因组结构、功能以及基因之间相互作用的科学。主要研究内容包括结构基因组学、功能基因组学和比较基因组学。结构基因组学的主要任务是基因作图和序列测定；比较基因组学通过不同生物基因组之间的比较，研究基因组的功能及其进化关系；功能基因组学利用结构基因组所提供的信息，分析基因组中所有基因（包括编码和非编码序列）的功能。

转录组学在整体水平上研究生命单元所能转录出来的全部转录本（包括 mRNA 和所有非编码 RNA）的转录情况及转录调控规律。转录组受到内外多种因素的调节，因而是动态可变的。

蛋白质组学以细胞、组织或机体在特定时间和空间上表达的所有蛋白质为研究对象，分析细胞内动态变化的蛋白质组成、表达水平与修饰状态，揭示蛋白质之间的相互作用及其调控规律。二维电泳和多维色谱是分离蛋白质组的有效方法，生物质谱是蛋白质组鉴定的主要工具。蛋白质组学研究还包括蛋白质翻译后修饰以及蛋白质 - 蛋白质相互作用。

代谢组学的主要任务就是测定一个生物所有的小分子（$M_r \leqslant 1000$）代谢物组成，描绘其动态变化规律，建立系统代谢图谱，并确定这些变化与基因、转录、蛋白质层面以及生物过程的联系。

糖组学主要研究对象为聚糖，重点研究糖与糖之间、糖与蛋白质之间、糖与核酸之间的联系和相互作用。脂组学是对生物样本中脂质进行全面系统的分析。

系统生物学是研究一个生物系统中所有组成成分（基因、mRNA、蛋白质等）的构成与动态变化，以及在特定条件下这些组分间及与生物表型间的相互关系。系统生物学将在组学研究累积巨量数据的基础上，借助数学、计算机科学和生物信息学等工具，从整合的角度检视生物学，完成由生命密码到生命过程的诠释和生命的仿真和模拟，从而建立起全新的生物学理论架构。

各种组学的不断发展和系统生物学理论框架的建立及其原理 / 技术与医学、药学等领域交叉，产生了疾病基因组学、药物基因组学、疾病转录组学、药物蛋白质组学、医学代谢组学、系统生物医学等，相关研究将从分子和整体水平突破对疾病的传统认识，改变和革新现有的诊断、治疗模式。

（焦炳华）

# 参 考 文 献

1. 查锡良，药立波. 生物化学与分子生物学. 第8版. 北京：人民卫生出版社，2013
2. 贾弘禔. 生物化学. 第3版. 北京：北京大学医学出版社，2005
3. 药立波. 医学分子生物学. 第3版. 北京：人民卫生出版社，2007
4. 胡维新. 医学分子生物学. 北京：科学出版社，2007
5. 周春燕，冯作化. 医学分子生物学. 北京：人民卫生出版社，2014
6. 焦炳华. 现代生命科学概论. 北京：科学出版社，2014
7. Agutter PS，Wheatley DN. About Life-Concepts in Modern Biology. Amsterdam: Springer Netherlands，2007
8. Berg JM，Tymoczko JL，Stryer L. Biochemistry. 7$^{th}$ ed. New York：W.H. Freeman and Company，2010
9. Champe PC，Harvey RA，Ferrier DR. Lippincott's Illustrated Reviews: Biochemistry. 3$^{rd}$ ed. Baltimore: Lippincott Williams & Wilkins，2005
10. Carey J，White B. Medical Genetics. St. Louis: Mosby Inc，2006
11. Devlin TM. Textbook of Biochemistry with Clinical Correlation. 6$^{th}$ ed. New York：John Wiley & Sons，2006
12. Garrett RH，Grisham CM. Biochemistry. 3$^{rd}$ ed. New York: Thomson，2005
13. Green MR，Sambrook J. Molecular Cloning: A Laboratory Manual. 4$^{th}$ ed. New York: Cold Spring Harbor Laboratory Press，2012
14. Lewin B. Genes X. Sudbury: Pearson education，2010
15. Murray RK，Bender D，Botham KM，Kennelly PJ，Rodwell VW，Weil PA. Harper's Illustrated Biochemistry. 29$^{th}$ ed. New York：McGraw-Hill Companies，2012
16. Nelson DL，Cox MM. Lehninger Principles of Biochemistry. 6$^{th}$ ed. New York：W.H. Freeman and Company，2013
17. Sambrook J，Russell DW. The Condensed Protocols from Molecular Cloning: A laboratory manual. New York: Cold Spring Harbor Laboratory Press，2008
18. Weaver R. Molecular Biology. 4$^{th}$ ed. New York：McGraw Hill Higher Education，2007

5′-cDNA 末端快速扩增（5′-rapid amplification of cDNA end，5′-RACE） 是一种基于 PCR 从低丰度的基因转录本中快速扩增 cDNA 5′- 末端的有效方法，可鉴定基因的转录起点。包括给 mRNA 去帽、加 5′-RACE 适配体（adapter）、逆转录合成 cDNA、巢式 PCR 扩增等过程。

cDNA 文库（cDNA library） 即互补 DNA 文库。指包含某一组织或细胞在一定条件下所表达的全部 mRNA 经反转录而合成的 cDNA 序列的随机克隆群体，它以 cDNA 片段的形式贮存了全部的基因表达信息。

CpG 岛（CpG island） 基因组中 GC 含量约 60%、长度为 300～3000bp 的某些区段，主要位于启动子和第一外显子区域。其中的胞嘧啶通常是未被甲基化修饰的。

DNA 印迹（DNA blotting） 亦称 Southern blot。将电泳分离的 DNA 片段变性为单链后转移到膜性材料上，跟含有与目标序列互补的 DNA 或 RNA 序列作为探针的溶液进行杂交反应，用于基因组 DNA 的定性和定量分析的技术。

DNA 变性（DNA denature） 在某些理化因素（温度、pH、离子强度等）作用下，DNA 双链的互补碱基对之间的氢键断裂，使双螺旋结构松散，形成单链的构象，不涉及一级结构的改变。

DNA- 蛋白质交联（DNA protein cross-linking） DNA 分子与蛋白质以共价键的形式结合在一起，称为 DNA- 蛋白质交联。

DNA 聚合酶（DNA polymerase） 指以 3′→5′ 单链 DNA 为模板，dNTP 为原料，按 5′→3′ 方向催化 DNA 链不断聚合延伸的酶，称 DNA 聚合酶。

DNA 双螺旋结构（DNA double helix） 构成 DNA 分子的两条多聚核苷酸链在空间的走向呈反向平行，围绕着一个螺旋轴形成的空间构象。

DNA 损伤（DNA damage） 由辐射或药物等引起的 DNA 结构的改变，包括 DNA 结构的扭曲和点突变。前者干扰复制、转录；后者则扰乱正常的碱基配对，从而改变子代细胞的 DNA 序列。

DNA 损伤链间交联（DNA interstrand cross-linking） 指 DNA 双螺旋链中的一条链上的碱基与另一条链上的碱基以共价键的形式结合在一起。

DNA 损伤链内交联（DNA intrastrand cross-linking） DNA 双螺旋链中的同一条链内的两个碱基以共价键结合，称为 DNA 损伤链内交联。紫外线照射后形成的嘧啶二聚体就是 DNA 损伤链内交联的典型例子。

DNA 重组（DNA recombination） 是指不同 DNA 分子断裂和链接而产生 DNA 片段的交换并重新组合形成新 DNA 分子的过程。

D- 环复制（D-loop replication） 是线粒体 DNA 的复制形式。mtDNA 为闭合环状双链结构，D 环复制的特点是复制起始点不在双链 DNA 同一位点，内、外环复制有时序差别，复制中呈字母 D 形状而得名。

G 蛋白偶联受体（G protein-coupled receptor） 亦称七跨膜受体；一类重要的细胞表面受体，具有 7 个跨膜 α- 螺旋，并直接与异源三聚体 G 蛋白偶联结合。

G 蛋白循环（G protein cycle） 在 GPCR 介导的信号通路中，G 蛋白在有活性和无活性状态之间连续转换，称为 G 蛋白循环。其关键机制是受体不断促进 G 蛋白释放 GDP、结合 GTP，而使其激活；而 G 蛋白的效应分子又不断激活其 GTP 酶活性，促进 GTP 水解成为 GDP，而使其回复到无活性状态。

L-α- 氨基酸（L-α-amino acid） 氨基连接在与羧基相连的 α- 碳原子上的氨基酸；蛋白质 / 多肽链的结构单位。

$K_m$ 值（$K_m$ value）　等于酶促反应速率为最大反应速率一半时的底物浓度。$K_m$ 值是酶的特征性常数，在一定条件下可表示酶对底物的亲和力。

MAPK 途径（MAPK pathway）　以丝裂原激活的蛋白激酶（MAPK）为代表的信号转导途径称为 MAPK 途径，其主要特点是具有 MAPK 级联反应。

Northern 印迹（Northern blot, RNA 印迹）　确定一段 DNA 在某种特定组织中是否被转录的一种实验方法。RNA 电泳后从凝胶转移至特殊的膜上，然后与标记（同位素或生物素）的 DNA 或 cDNA 探针杂交，通过放射自显影或链亲和素结合的荧光染料反应进行鉴定。

RNA 复制（RNA replication）　由 RNA 依赖的 RNA 聚合酶（RNA-dependent RNA polymerase）催化合成 RNA 的过程，常见于病毒，是逆转录病毒以外的 RNA 病毒在宿主细胞以病毒的单链 RNA 为模板合成 RNA 的途径。

RNA 干扰（RNA interference, RNAi）　由一段长度为 21～24 个核苷酸的 RNA 分子介导的一种序列特异性的真核基因表达调控方式。生物体中普遍存在的一种由序列特异性 RNA 引发的基因"沉默"机制；在此过程中，双链 RNA 被特异机制转变为干扰小 RNA（siRNA），siRNA 与同源的靶 mRNA 互补结合，降解 mRNA，抑制该基因表达。亦指基于这一机制建立的基因敲除技术。

RNA 剪接（RNA splicing）　除去内含子、将邻近的外显子连接起来，形成只含有外显子的成熟的 mRNA 的过程。

RNA 聚合酶（RNA polymerase）　以 DNA 或 RNA 为模板，以 5'- 三磷酸核苷为原料催化合成 RNA 的酶。

RNA 探针（riboprobe）　是用同位素或生物素标记的、与待检 mRNA 序列互补的一段核糖核酸片段。

SD 序列（Shine-Dalgarno sequence）　原核生物 mRNA 翻译起始点上游与 16S rRNA 的 3'- 端富含嘧啶的 7 核苷酸序列互补的富含嘌呤的 3～7 个核苷酸序列（AGGAGG），是 mRNA 与核糖体小亚基结合并形成前起始复合体的一段序列。

SH2 结构域（SH2 domain）　是可与某些蛋白质（如受体酪氨酸激酶）的磷酸酪氨酸残基紧密结合的蛋白质结构域，启动信号转导通路中的多蛋白质复合物的形成。

Western 印迹（Western blot）　经过聚丙烯酰胺凝胶电泳分离的蛋白质样品，转移到固相载体（例如硝酸纤维素膜 NC 膜）上，以固相载体上的蛋白质或多肽作为抗原，与特异的抗体发生免疫反应，再与酶或同位素标记的二抗反应，经过底物显色或放射自显影检测样品中蛋白质的含量。

α- 互补（alpha complementation）　pUC、pGEM 及 M13mp 等载体系列均携带 β- 半乳糖苷酶 N 端 146 个氨基酸残基（α 片段）的编码序列，在该序列中含有多克隆位点；经过改造的宿主菌基因组 DNA 含有 β- 半乳糖苷酶 C 端（ω 片段）的编码序列。只有当载体与宿主细胞同时共表达该酶的 α 和 ω 片段时，才能形成有活性的 β- 半乳糖苷酶，该现象称为 α- 互补。

α- 螺旋（α-helix）　多肽链的一种螺旋构象，通常为具有最大氢键联系的右手螺旋；蛋白质中常见的二级结构之一。

癌基因（oncogene）　是细胞基因组内正常存在的基因，其编码产物通常作为正调控信号促进细胞的增殖和生长，包括编码生长因子、生长因子受体、细胞内生长信号传递分子、转录因子等的基因。癌基因突变或表达异常是细胞恶性转化的重要原因。

氨基酸代谢库（metabolic pool）　食物蛋白质经消化而被吸收的氨基酸与体内组织蛋白质降解产生的氨基酸及体内合成的非必需氨基酸混在一起，分布于体内参与代谢。

半保留复制（semiconservative replication）　一种 DNA 复制方式；在 DNA 复制产生的子代 DNA 分子中，一条链来自父代 DNA 模板链，另一条链为新合成的。

半不连续复制（semi-discontinuous replication）　DNA 的复制方式；在以 DNA 双链为模板合成新的 DNA 链过程中，一条链的合成是连续的，而另一条链的合成是不连续的。

必需脂肪酸（essential fatty acids）　机体必需但自身又不能合成或合成量不足、必须靠食物提供的多价不饱和脂酸。

**标志补救**（marker rescue）　是指当载体上的标志基因在宿主细胞中表达时,通过互补宿主细胞的相应缺陷而使细胞在相应选择培养基中存活。

**表观遗传**（epigenetic inheritance）　是指与 DNA 序列本身无关的,但可以传递给子代细胞的遗传信息。通过对染色质结构的修饰,如 DNA 甲基化,组蛋白乙酰化等,影响基因表达、并对表型产生影响。

**表型**（phenotype）　又称性状（trait）,指个体形态、生化、生理等各方面可观察的特征,疾病也可作为一种表型。具有同种基因型的生物在不同环境条件下或因表达水平的不同可呈现不同的表型;同时,不同的基因型也可能显现出相同的表型。

**表型克隆**（phenotype cloning）　基于对疾病表型和基因结构或基因表达的特征联系已经有所认识的基础上来分离鉴定疾病相关基因。

**变构调节**（allosteric regulation）　小分子化合物与酶蛋白分子活性中心以外的部位结合,引起酶蛋白分子构象变化、从而改变酶的活性。

**变构酶**（allosteric enzyme）　通过特异代谢物非共价地与活性中心外的部位结合、调节催化活性的一类调节酶。

**变构效应**（allosteric effect）　小分子化合物或配基与调节分子（酶、蛋白质）结合后引起其构象变化,调节分子功能。

**不对称转录**（asymmetric transcription）　基因组中,按细胞不同的发育时序、生存条件和生理需要,只有少部分的基因发生转录。在 DNA 分子双链上,一股链用作模板指引转录,另一股链不转录。

**补救合成**（salvage pathway）　利用生物分子分解途径的中间代谢产物合成诸如核苷酸这类生物分子的过程;再循环途径,与从头合成不同的途径。

**操纵子**（operon）　是原核生物最基本的转录单位,由调控区与信息区组成,调控区,包括启动子与操纵元件两部分;信息区,由串联在一起的 2 个以上结构基因组成,最后是转录终止子。

**长链非编码 RNA**（long noncoding RNA, lncRNA）　是一类转录本长度超过 200 个核苷酸的 RNA 分子,不直接参与基因编码和蛋白质合成,但是可在表观遗传水平、转录水平和转录后水平调控基因的表达。

**超家族基因**（superfamily gene）　DNA 序列相似,但功能不一定相关的若干个单拷贝基因或若干组基因家族可以被归为超家族基因。

**沉默子**（silencer）　是可抑制基因转录的特定核苷酸序列,当其结合一些反式作用因子时对基因的转录起阻遏作用,使基因沉默。

**重组 DNA 技术**（recombinant DNA technology）　又称分子克隆或 DNA 克隆技术,是指在体外将目的 DNA 片段与能自主复制的遗传元件（又叫载体）连接,形成重组 DNA 分子,进而在受体细胞中复制、扩增,从而获得单一 DNA 分子的大量拷贝。

**初级转录物**（primary transcript）　转录后加工前的 RNA 即刻转录产物。

**从头合成**（de novo pathway）　利用简单前体分子合成诸如核苷酸一类生物分子的代谢途径;与补救合成途径不同的途径。

**错配修复**（mismatch repair）　是 DNA 损伤修复的一种特殊形式,是维持细胞中 DNA 结构完整稳定的重要方式,主要负责纠正:①复制与重组中出现的碱基配对错误;②因碱基损伤所致的碱基配对错误;③碱基插入;④碱基缺失。

**代谢调节**（metabolic regulation）　当代谢途径流量改变时,同时会导致代谢物浓度变化,细胞对抗代谢物浓度变化的机制即代谢调节。

**代谢组学**（metabonomics）　代谢组学就是测定一个生物 / 细胞中所有的小分子代谢产物的组成和丰度,描绘其动态变化规律,建立系统代谢图谱,并确定这些变化与生物过程的有机联系。

**单纯酶**（simple enzyme）　是指仅由氨基酸残基组成的酶。

**单拷贝序列**（single copy sequences）　在单倍体基因组中只出现一次或数次的核苷酸序列,大多数为蛋白质编码的基因属于这一类。

**单顺反子 mRNA**（monocistronic mRNA）　是指只带有一个结构基因的信息（编码一个蛋白质）的 mRNA 分子。

**单体**（monomer）　形成多聚体或聚合体的单一分子。

**单体酶**（monomeric enzyme）　是指由一条多肽链构成的仅具有三级结构的酶。

**胆固醇逆向转运**（reverse cholesterol transport，RCT）　新生 HDL 从肝外组织细胞获取胆固醇，使其酯化形成成熟的 HDL，经血液运输至肝转化成胆汁酸排出体外，此过程称为胆固醇逆向转运。

**胆汁酸的肠肝循环**（enterohepatic circulation of bile acid）　在肝细胞合成的初级胆汁酸，随胆汁进入肠道并转变为次级胆汁酸。肠道中约 95% 胆汁酸可经门静脉被重吸收入肝，并与肝新合成的胆汁酸一起再次被排入肠道，构成胆汁酸的肠肝循环。

**蛋白激酶**（protein kinase）　将 ATP 或其他核苷三磷酸的 γ- 磷酸基转移给靶蛋白的 Ser、Thr、Tyr、Asp 或 His 的侧链的一类酶，调节蛋白质的活性或其他性质。

**蛋白聚糖**（proteoglycan）　以聚糖含量为主、由糖胺聚糖与蛋白质形成的复合物。

**蛋白质变性**（protein denature）　多肽 / 蛋白质的特定空间构象的部分或完全非折叠过程或形式。

**蛋白质的靶向输送**（protein targeting）　具有信号序列的蛋白质新生肽链被定向输送到其执行功能的靶部位的过程。

**蛋白质等电点**（protein isoelectric point，pI）　蛋白质净电荷为零时的溶液 pH 值。

**蛋白质相互作用结构域**（protein interaction domain）　指介导蛋白质分子直接相互作用的结构域，本身无催化活性，而是识别并结合其他蛋白质分子中的相应结合位点。其结合位点可通过蛋白质磷酸化而产生，也可以是具有特定氨基酸序列的肽段。

**蛋白质芯片**（protein chip）　蛋白质芯片又称蛋白质微阵列（protein microarray），是指固定于支持介质上的蛋白质构成的微阵列。蛋白质芯片与基因芯片类似，是在一个基因芯片大小的载体上，按使用目的的不同，点布相同或不同种类的蛋白质，然后再用标记了荧光染料的蛋白质结合，扫描仪上读出荧光强弱，计算机分析出样本结果，从理论上讲，蛋白质芯片可以对各种蛋白质、抗体以及配体进行检测。

**蛋白质组学**（proteomics）　蛋白质组学以细胞、组织或机体在特定时间和空间上表达的所有蛋白质为研究对象，分析细胞内动态变化的蛋白质组成、表达水平与修饰状态，揭示蛋白质之间的相互作用及其调控规律。

**氮平衡**（nitrogen equilibrium，nitrogen balance）　机体吸收氮与排泄氮之间的（差异）关系。

**倒位蛋白**（inversion protein）　是一种位点特异性的重组酶，具有介导特定 DNA 位点特异性倒位的作用。

**底物循环**（substrate cycle）　一个由一种酶催化的向前反应与由不同酶催化的逆反应相结合，形成原来底物同时损失一个或多个高能磷酸的反应，又称耗能性无效循环。

**第二信使**（second messenger）　环腺苷酸（cAMP）、环鸟苷酸（cGMP）、甘油二酯（DAG）、三磷酸肌醇（IP$_3$）、磷脂酰肌醇 -3，4，5- 三磷酸（PIP$_3$）、Ca$^{2+}$ 等可以作为外源信息在细胞内传递的信号转导分子，又称细胞内小分子信使。

**电泳**（electrophoresis）　在电场作用下，带电溶质向正极或负极的移动；经常用于蛋白质、核酸或其他带电的颗粒混合物的分离。

**定位克隆**（positional cloning）　仅根据疾病基因在染色体上的大体位置，鉴定克隆疾病相关基因。

**定向克隆**（directed cloning）　使目的基因按特定方向插入载体的克隆方案称为定向克隆。

**等位基因**（allele）　指位于一对同源染色体的相同位置上控制相对性状的一对基因。基因突变可导致 2 个以上不同等位基因的产生，不同的等位基因可产生不同的遗传特征。在许多情况下，描述的基因实际上是指基因的不同形式，即等位基因。

**端粒及端粒酶**（telomere and telomerase）　由特殊 DNA 即短的 GC 丰富区重复序列及蛋白质组成，覆盖在染色体两个末端的特殊结构称为端粒，对保护染色体及维持染色体线性长度有重要意义。端粒酶是由特殊 RNA 及蛋白质组成的复合体，能以自身的 RNA 为模板，催化端粒的延伸。

**断裂基因**（split gene 或 interrupted gene） 由若干个编码区和非编码区互相间隔开但又连续镶嵌而成，去除非编码区再连接后，可翻译出由连续氨基酸组成的完整蛋白质的基因被称为断裂基因。

**多胺**（polyamine） 有鸟氨酸、S-腺苷甲硫氨酸等衍生的聚阳离子化合物，包括腐胺、精胺和精脒；具有调节细胞分裂、生长等作用。

**多基因家族**（multigene family） 是指由某一祖先基因经过重复和变异所产生的一组在结构上相似、功能上相关的基因。

**多聚体**（polymer） 由分子质量较低的结构单元首尾共价相连形成的多聚化合物，如蛋白质/多肽链，核酸等。有时也指由多个单体通过非共价联系所形成的复合物，如多蛋白质复合物。

**多克隆位点**（multiple cloning sites，MCS） 载体上一般都构建有一段特异性核苷酸序列，在这段序列中包含了多个限制性内切酶的单一切点，可供外源基因插入时选择，这样的序列叫多克隆位点。

**多顺反子 mRNA**（polycistronic mRNA） 是指带有编码几个甚至十几个蛋白质的序列信息的 mRNA 分子。

**翻译**（translation） 在多种因子辅助下，核糖体结合 mRNA 模板，通过 tRNA 识别模板 mRNA 序列中的密码子和转移相应氨基酸，进而按照模板 mRNA 信息合成蛋白质肽链的过程。

**翻译后加工**（post-translational processing） 指新生肽链转变成为有特定空间构象和生物学功能的蛋白质的过程。包括肽链的折叠和二硫键的形成、肽链的剪切、肽链中某些氨基酸残基侧链的修饰、肽链聚合及连接辅基等。

**反式作用因子**（trans-acting factor） 通过直接结合或间接作用于 DNA、RNA 等核酸分子，对基因表达发挥不同调节作用（激活或抑制）的蛋白质分子。

**反义寡核苷酸**（antisense oligonucleotides，ASON） 人工合成的与靶基因或 mRNA 某一区段互补的核酸片段，可以通过碱基互补原则结合于靶基因/mRNA 上，从而封闭基因的表达。

**反义 RNA**（antisense RNA） 能够与靶核酸（mRNA 或有义 DNA）序列互补 RNA 分子，可抑制靶核酸的功能。

**泛素**（ubiquitin） 一种高度保守的小分子多肽；在细胞内蛋白质的蛋白酶体降解途径中，在特异泛素化酶催化下，几个泛素分子串联地共价结合靶蛋白的赖氨酸残基。

**分子伴侣**（molecular chaperon） 参与肽链的折叠、蛋白质穿膜进入细胞器、应激后蛋白质复性或降解、蛋白质与蛋白质的相互作用调控及信号转导等过程的一类保守的多肽结合性蛋白质。

**负超螺旋**（negative supercoil） 双链或环状 DNA 分子依 DNA 双螺旋相反方向进一步缠绕形成的超螺旋结构。

**辅助因子**（cofactor） 结合酶中的非蛋白质部分称为辅助因子。按其与酶蛋白结合的紧密程度与作用特点不同可分为辅酶与辅基。

**复合糖类**（complex carbohydrate） 糖基分子与蛋白质或脂以共价键结合而形成的化合物。糖蛋白、蛋白聚糖、肽聚糖、糖脂及脂多糖的统称。

**干扰小 RNA**（small interfering RNA，siRNA） 是一类双链 RNA 在特定情况下通过一定酶切机制，转变为具有特定长度（21～23 个碱基）和特定序列的小片段 RNA。双链 siRNA 与特异的靶 mRNA 完全互补结合，导致靶 mRNA 降解，阻断翻译过程。

**甘油酸 -2,3- 二磷酸旁路**（2,3-BPG shunt pathway） 在甘油酸 -1,3- 二磷酸处形成分支，生成中间产物甘油酸 -2,3- 二磷酸，再转变成甘油酸 -3- 磷酸而返回糖酵解。红细胞内此支路占糖酵解的 15%～50%，主要生理功能是调节血红蛋白运氧。

**冈崎片段**（Okazaki fragment） 在 DNA 不连续复制过程中合成的、短的单链 DNA 片段，后被连接成完整的 DNA 链。

**高通量筛选**（high throughput screening，HTS） 是在大量核酸、多肽信息累计（即资料库）基础上，采用微板作为分子载体，制作集成"芯片"，以自动化操作系统进行分子杂交的试验过程。因为快捷、灵敏，信息量大，适合大规模操作，故称"高通量"。

**功能克隆**（functional cloning）　在掌握或部分了解基因功能产物蛋白质的基础上，鉴定蛋白质相关基因，进而克隆该基因。

**共价修饰酶**（covalently modified enzyme）　由其他酶催化发生共价化学修饰而改变其酶活性的一种调节酶。

**共有序列**（consensus sequence）　各种原核基因启动序列特定区域内，通常在转录起始点上游 -10 及 -35 区域存在一些共同的核苷酸序列。

**管家基因**（house-keeping gene）　是指对所有细胞的生存提供基本功能，因而在所有细胞中表达的基因。其产物在不同细胞中保持一定的浓度，不易受环境条件的影响，具有稳定的调控机制。

**核苷酸切除修复**（nucleotide excision repair，NER）　DNA 损伤修复的一种。在一系列酶的作用下，将 DNA 分子中受损伤部分切除，并以完好的那条链为模板，合成和连接得到正常序列，使 DNA 恢复原来的正常结构。

**核酶**（ribozyme）　具有催化活性的核酸。

**核酸分子杂交**（nucleic acid hybridization）　具有互补碱基序列的 DNA 或 RNA 分子，通过碱基对之间氢键形成稳定的双链结构，包括 DNA 与 DNA 的双链，RNA 与 RNA 的双链，或 DNA 与 RNA 的双链。

**核糖核蛋白复合物**（ribonucleoprotein complex，RNP complex）　由 RNA 和蛋白质组成的颗粒体。如信号识别颗粒、端粒酶、核糖体、剪接体等。

**核受体**（nuclear receptor）　主要位于细胞核内的受体，包括甾体激素受体、甲状腺激素受体、维甲酸受体和维生素 D3 受体等。它们实际上是激素依赖性转录调节因子，对激素发挥功能起重要作用。

**核糖核酸酶保护实验**（ribonuclease protection assay，RPA）　是将标记（同位素或生物素）的特异 RNA 探针与待测的 RNA 样品液相杂交，标记的特异 RNA 探针按碱基互补的原则与目的基因特异性结合，形成双链 RNA；未结合的单链 RNA 经 RNA 酶 A 或 RNA 酶 T1 消化形成寡核糖核酸，而待测目的基因与特异 RNA 探针结合后形成双链 RNA，免受 RNA 酶的消化，故该方法命名为 RNA 酶保护实验。杂交双链进行变性聚丙酰胺凝胶电泳，通过放射自显影或链亲和素结合的荧光染料反应检测杂交信号。

**核小 RNA**（small nuclear RNA，snRNA）　细胞核内的小 RNA，在 mRNA、tRNA 和 rRNA 的剪接反应中去除内含子过程发挥作用。

**呼吸链**（respiratory chain）　又称电子传递链，指线粒体内膜中按一定顺序排列的一系列具有氢 / 电子传递功能的酶复合体，可通过链锁的氧化还原将电子最终传递给氧生成水。

**Hoogsteen 碱基配对**（Hoogsteen base pairing）　在形成 3 链结构时，两条链以不同于沃森 -Crick 配对的碱基配对方式配对，同时第三条链与双链其中的碱基形成胡斯坦配对。

**化学渗透假说**（chemiosmotic hypothesis）　电子经呼吸链传递释放的能量通过泵出质子，以形成跨线粒体内膜质子电化学梯度（质子浓度和电位差）形式储存能量，在质子顺梯度回流时消耗梯度势能促进 ATP 的合成。

**基因**（gene）　能够编码蛋白质或 RNA 的核酸序列，包括基因的编码序列（外显子）和编码区前后具有基因表达调控作用的序列和单个编码序列间的间隔序列（内含子）。

**基因表达**（gene expression）　指基因表达出蛋白质或 RNA 的过程，包括基因转录及翻译。

**基因表达调控**（regulation and control of gene expression）　随着环境的变化，细胞内的基因可以有规律的选择性、程序性、适度地表达，以适应环境，发挥其生理功能。在特定环境信号刺激下，有些基因的表达开放或增强，有些基因的表达则关闭或下降。基因表达的变化是通过特定的因素控制的，这就是所谓的调控，即基因表达的调节和控制。

**基因表达谱**（expression profile）　通过构建处于某一特定状态下的细胞或组织的非偏性 cDNA 文库，大规模 cDNA 测序，收集 cDNA 序列片段、定性、定量分析其 mRNA 群体组成，从而描绘该特定细胞或组织在特定状态下的基因表达种类和丰度信息，这样编制成的数据表就称为基因表达谱。该谱实际上从 mRNA 水平反映了细胞或组织特异性表型和表达模式。

**基因捕获**（gene trapping）**技术**　是将一含报告基因的 DNA 载体随机插入基因组，产生内源基因失活突变，通过报告基因的表达，提示插入突变的存在，以及内源基因的表达特点。

**基因沉默**（gene silencing）　是指由外源基因导入引起的生物体内的特定基因不表达或表达受抑制的现象。

**基因打靶**（gene targeting）　是指利用同源重组原理，使靶基因失活或置换，从而观察目的基因的功能。

**基因定位**（gene location）　确定基因在染色体上的位置以及基因在染色体上的线性排列顺序和距离。

**基因定位的连锁分析**（linkage analysis）　根据基因在染色体上呈直线排列，不同基因相互连锁成连锁群的原理，即应用被定位的基因与同一染色体上另一基因或遗传标记相连锁的特点进行定位。

**基因敲除**（gene knock-out）　是指通过同源重组而失活或剔除某一基因。

**基因敲入**（gene knock-in）　是通过同源重组的方法，用某一基因替换另一基因，或将一个设计好的基因片段插入到基因组的特定位点，使之表达并发挥作用。

**基因芯片**（gene chip）　又称 DNA 微阵列（DNA microarray）、DNA 芯片（DNA chip），是将大量已知序列的核酸片段（包括寡核苷酸、cDNA、基因组 DNA、microRNA 等）集成在同一基片（如玻片、膜）上，组成密集分子排列，通过与标记样品进行杂交，检测、获取细胞或组织的基因信息。

**基因型**（genotype）　又称遗传型，是某一生物个体全部基因组合的总称，多用于指决定某一性状的等位基因组合形式。

**基因诊断**（gene diagnosis）　就是用分子生物学技术，通过检测基因及基因表达产物的存在状态，对人体疾病作出诊断的方法。基因诊断检测的目标分子是 DNA、RNA，也可以是蛋白质或者多肽。

**基因治疗**（gene therapy）　将外源正常基因导入到病变细胞中，产生正常基因的表达产物以补充缺失的或失去正常功能的蛋白质；而且可以采用适当的技术抑制细胞内过度表达的基因；还可以将特定的基因导入非病变细胞，在体内表达特定产物；也可以向功能异常的细胞（肿瘤细胞）中导入该细胞中本来不存在的基因（如自杀基因），利用这些基因的表达产物达到治疗疾病的目的。

**基因转移**（gene transfer）　指利用物理、化学或者生物学方法，将基因或 DNA 片段在不同物种之间或者同种生物的不同个体、细胞之间的传递与交流。

**基因组**（genome）　是指一个生物体内所有遗传信息的总和。

**基因组 DNA 文库**（genomic DNA library）　是指包含某一个生物细胞或组织全部基因组 DNA 序列的随机克隆群体，以 DNA 片段的形式贮存了所有的基因组 DNA 信息。

**基因组学**（genomics）　是阐明整个基因组的结构、结构与功能的关系以及基因之间相互作用的科学。基因组学包括结构基因组学、功能基因组学和比较基因组学。

**基因组印记**（genomic imprinting）　基因组印记是指同一等位基因根据其是母方还是父方的来源进行选择性差异表达的现象。

**疾病相关基因**（disease related genes）　影响疾病发生发展的基因。

**假基因**（psuedogene）　是基因组中存在的一段与正常基因非常相似但不能表达的 DNA 序列。

**剪接体**（spliceosome）　在真核 mRNA 前体剪接中，由核小 RNAs（snRNA 如 U1、U2、U4、U5 和 U6 等）和蛋白质组成的复合体。

**碱基切除修复**（base excision repair, BER）　DNA 碱基修复机制的一种。通过不同酶的作用切除错误碱基后，由一系列的酶加工进行正确填补。

**结构域**（domain）　多肽链中的不同结构单元。结构域有相对独立的功能，并可折叠为独立的密集结构单位。

**结合酶**（conjugated enzyme）　是指由蛋白质部分和非蛋白质部分共同组成，其中蛋白质部分称为酶蛋白，非蛋白质部分称为辅助因子。

**解偶联剂**（uncoupler）　某些物质可破坏呼吸链电子传递过程形成的跨线粒体内膜电化学梯度，抑制 ATP 的生成，使氧化与磷酸化反应分离，将消耗的梯度势能转变为热能散失。

**聚合酶链式反应**（polymerase chain reaction，PCR）　一种体外快速扩增 DNA 序列的技术。PCR 是在模板 DNA、寡核苷酸引物、4 种脱氧核苷酸底物（dNTP）和 *Taq* DNA 聚合酶存在下进行的酶促反应。

**聚糖**（glycan）　由单糖通过糖苷键连接的多聚物。

**开放阅读框架**（open reading frame，ORF）　从 mRNA 的 5′- 端起始密码子 AUG 开始至 3′- 端终止密码子前的一段能编码并翻译出氨基酸序列的核苷酸序列（不含终止密码子）。开放阅读框架通常代表某个基因中编码蛋白质的序列。

**可诱导基因**（inducible gene）　指在通常情况下不表达或表达水平很低的某些基因，在特定环境信号刺激或诱导物作用下，基因表达产物增加。

**可阻遏基因**（repressible gene）　是指在环境信号应答时被抑制的基因。

**磷脂**（phospholipid）　含有 1 个或多个磷酸基的脂类化合物，是甘油磷脂和鞘磷脂的总称。

**螺旋 - 环 - 螺旋**（helix-loop-helix，HLH）　存在于很多单体 $Ca^{2+}$- 结合蛋白和二聚体真核转录因子中的一种高度保守的结构域，两个 α- 螺旋间由一个短肽段形成的环连接。

**酶**（enzyme）　是由活细胞产生的，具有高效、高专一性的一类生物催化剂。就化学本质而言，酶是蛋白质。

**酶促反应动力学**（kinetics of enzyme-catalyzed reaction）　是研究酶促反应速率以及各种因素对酶促反应速率影响机制的科学。酶促反应速率可受酶浓度、底物浓度、pH、温度、抑制剂及激活剂等因素的影响。

**酶的活性中心**（active center）或活性部位（active site）　是酶分子中能与底物特异地结合并催化底物转变为产物的具有特定三维结构的区域。

**酶的转换数**（turnover number）　酶被底物完全饱和时，单位时间内每个酶分子（或活性中心）催化底物转变成产物的分子数。

**酶偶联受体**（enzyme-linked receptor）　自身具有酶活性，或者自身没有酶活性，但与酶分子结合存在的一类受体，如生长因子和细胞因子的受体；亦称单次跨膜受体。

**酶原**（zymogen）　有些酶在细胞内合成及初分泌时，只是没有活性的酶的前体，只有经过蛋白质水解作用，去除部分肽段后才能成为有活性的酶。这些无活性的酶的前体称为酶原。

**米氏常数**（Michaelis constant）　在某一给定底物时，酶促反应的动力学常数，也是酶的特征性常数，用 $K_m$ 表示；其值等于反应速率为最大反应速率一半时的底物浓度。

**免疫组织化学**（immunohistochemistry）　是指带显色剂标记的特异性抗体在组织细胞原位通过抗原抗体反应和组织化学的呈色反应，对相应抗原进行定性、定位、定量测定的技术。

**模体**（motif）　在一个或几个蛋白质中出现的数个二级结构元件的不同折叠形式；又称超二级结构。

**内含子**（intron）　在基因中位于外显子之间的 DNA 序列，又被称为间插序列。内含子序列可以被转录到前体 RNA 中，然后经过剪接被去除，最终不存在于成熟 mRNA 分子中。

**逆转录**（reverse transcription）　指以 RNA 为模板，按照碱基配对原则，在逆转录酶的作用下，催化合成 DNA 的过程。

**鸟氨酸循环**（ornithine cycle）　肝中利用氨合成尿素的代谢通路，又称尿素循环。

**鸟苷酸结合蛋白**（guanine nucleotide binding protein，G protein）　简称 G 蛋白；一类在细胞内信号转导途径中发挥功能的异源三聚体 GTP- 结合蛋白，与细胞表面 7 次跨膜受体结合，在配体结合受体后被激活。G 蛋白固有 GTP 酶活性。

**柠檬酸循环**（citric acid cycle）　在线粒体内乙酰 CoA 进行八步酶促反应并构成循环反应系统。共经历 4 次脱氢、2 次脱羧，生成 4 分子还原当量和 2 分子 $CO_2$，循环的各中间产物没有量的变化。它是糖、脂肪、氨基酸的共同供能途径和物质转变枢纽。

**葡萄糖耐量试验**（glucose tolerance test）　对葡萄糖代谢速度的一种测定。用以作为糖尿病的筛查试验。给禁食的个体以一定剂量葡萄糖，然后测定其血糖的浓度与时间关系。正常人在约 30min 内血糖浓度达到最高值，并在约 2h 内降回到最初的水平。糖尿病患者血糖的浓度上升较高，并且不能像正常人那样快地降回到原来的水平。

**启动子**（promoter）　是 RNA 聚合酶特异性识别和结合的 DNA 序列，启动子有方向性，位于转录起始点上游。RNA 聚合酶与之结合后，可启动基因的转录，但启动子本身并不被转录。

**切除修复**（excision repair）　细胞内最重要的修复机制，主要由 DNA 聚合酶 I 及连接酶执行。

**人工接头**（adaptor 或 linker）　是借助化学合成和（或）结合退火的方法而得到的含有一种或一种以上限制性内切酶切点的平端双链寡核苷酸片段。

**实时定量 PCR**（real-time quantitative PCR，qPCR）　是指在 PCR 反应体系中加入荧光基因，在 PCR 指数扩增期间通过连续监测荧光信号强弱的变化来实时监测整个 PCR 进程，并据此推断目的基因的初始量，不需要取出 PCR 产物进行分离。

**受体**（receptor）　是细胞膜上或细胞内能识别外源化学信号并与之结合的蛋白质分子（少数为糖脂分子）。受体可识别外源信号分子并与之结合、转换配体信号，使之成为细胞内分子可识别的信号，并传递至其他分子引起细胞应答。

**衰减**（attenuation）　某些细菌合成代谢操纵子控制基因表达的一种机制，即由前导肽的翻译决定操纵子中的结构基因是否被转录的调控过程。

**衰减子**（attenuator）　位于操纵子中第一个结构基因之前，是一段能减弱转录作用的顺序。

**双向复制**（bidirectional replication）　一种常见的 DNA 复制方式；一个复制起点产生两个复制叉，这两个复制叉的前进方向相反。

**顺式作用元件**（cis-acting element）　DNA 分子中的一些调控序列，包括启动子、上游调控元件、增强子、加尾信号和一些细胞信号反应元件等。

**肽键**（peptide bond）　一个氨基酸的 α- 氨基与另一个氨基酸的 α- 羧基脱水而形成的酰胺键连接。

**探针**（probe）　是带有放射性核素或其他标记的核酸片段，它具有特定的序列，能够与待测的核酸片段互补结合，因此可用于检测核酸样品中存在的特定基因。

**糖胺聚糖**（glycosaminoglycan）　蛋白聚糖中聚糖部分的总称。由糖胺的二糖重复单位组成，二糖单位中通常有一个是含氨基的糖，另一个是糖醛酸（多见），并且糖基的羟基常常被硫酸酯化。

**糖蛋白**（glycoprotein）　糖类分子与蛋白质分子共价结合形成的蛋白质。

**糖的无氧氧化**（anaerobic oxidation）　缺氧时葡萄糖先经糖酵解生成丙酮酸，然后在胞液还原成乳酸，这一过程净生成 2 ATP，是糖的辅助产能途径。

**糖的有氧氧化**（aerobic oxidation）　有氧时葡萄糖依次经糖酵解生成丙酮酸，丙酮酸入线粒体氧化脱羧生成乙酰 CoA，乙酰 CoA 进行柠檬酸循环彻底氧化成 $H_2O$ 和 $CO_2$，同时偶联电子传递并释放能量，此过程净生成 30 或 32ATP，是糖的主要产能途径。

**糖基化**（glycosylation）　非糖生物分子与糖形成共价结合的过程（反应）。

**糖酵解**（glycolysis）　葡萄糖或葡糖磷酸转变为丙酮酸并产生 ATP 的过程。可在无氧条件下发生。

**糖生物学**（glycobiology）　研究糖类及其衍生物的结构、代谢以及生物学功能，探索糖链的生物信息机制与生命现象关系的专门领域。

**糖形**（glycoform）　蛋白质部分相同，因糖链的结合位置、糖基数目、糖基序列不同，而产生的不同的糖蛋白分子形式。

**糖异生**（gluconeogenesis）　从非糖化合物（乳酸、甘油、生糖氨基酸等）转变为葡萄糖或糖原的过程称为糖异生。

**糖组学**（glycomics）　糖组学研究生物体所有聚糖或聚糖复合物的组成、结构及其功能，具体内容包括糖与糖之间、糖与蛋白质之间、糖与核酸之间的联系和相互作用，以阐明聚糖的生物学功能以及与细胞、生物个体表型的联系。

**通用转录因子**（general transcription factor）　RNA 聚合酶介导基因转录时所必需的一类辅助蛋白质，帮助聚合酶与启动子结合并起始转录，对所有基因都是必需的。

**同工酶**（isoenzyme）　是指催化的化学反应相同，但酶分子的结构、理化性质乃至免疫学性质不同的一组酶。

**同源重组**（homologous recombination）　又称基本重组，是指发生在同源序列间的重组。

**酮体**（ketone bodies）　脂肪酸在肝经有限氧化分解后转化形成的中间产物，包括乙酰乙酸、β-羟基丁酸和丙酮；是肝向肝外输出能量的一种方式。

**退火**（annealing）　通过加热变性的双链 DNA 经缓慢冷却后，两条互补链重新恢复天然的双螺旋构象的过程。

**外显子**（exon）　真核基因中编码成熟 RNA 的序列；其转录产物在转录后加工时仍被保留，并翻译成蛋白质或掺进 RNA 结构。

**微 RNA**（microRNA，miRNA）　是一类没有开放阅读框，长度约 22 个核苷酸的小分子 RNA，可以通过与靶 mRNA 分子的 3′-端非编码区域特异结合，抑制该 mRNA 分子的翻译，对基因表达发挥调节作用。

**微量元素**（microelement）　微量元素是指人体每日需要量小于 100mg 的化学元素，主要包括铁、碘、铜、锌、锰、硒、氟、钼、钴、铬等。微量元素的主要功能是作为酶的辅助因子发挥其生理作用。

**维生素**（vitamin）　维生素是一类人体内不能合成或合成量甚少，必须由食物供给的小分子有机物，按其溶解性质的不同可分为脂溶性维生素和水溶性维生素。维生素的主要功能是调节人体物质代谢和维持正常生理功能等。

**位点特异性重组**（site-specific recombination）　是指依赖整合酶、在两个 DNA 序列的特异位点间发生的整合。

**无碱基位点**（abasic site）　是指 DNA 上受损伤的碱基被一种特异的 DNA-糖基化酶除去，形成的无嘌呤或无嘧啶位点，这些位点在内切酶的作用下可形成 DNA 链断裂。

**无义介导的 mRNA 降解**（nonsense-mediated mRNA decay，NMD）　真核生物有一种特殊的监督 mRNA 分子质量的系统，能够选择性降解含有翻译提前终止密码子的 mRNA 分子，防止截短型蛋白的产生。

**无义突变**（nonsense mutation）　导致编码肽链提前终止的突变。

**细胞色素**（cytochrome）　是一类以血红素为辅基的蛋白质，可在生物氧化呼吸链、光合作用及其他氧化还原反应中作为单电子传递体。

**细胞色素 $P_{450}$ 单加氧酶**（cytochrome $P_{450}$ monooxygenase）　又称羟化酶、混合功能氧化酶，是存在于肝微粒体的氧化还原酶类，由细胞色素 $P_{450}$ 和 NADPH-$P_{450}$ 还原酶（黄酶）组成。

**细胞通讯**（cell communication）　由一些细胞发出信号，而另一些细胞则接收信号并将其转变为自身功能变化，这一过程称为细胞通讯。

**细胞外基质**（extracellular matrix）　由动物细胞分泌的、包括各种多糖、纤维蛋白和黏着蛋白等的可溶性组成结构。为组织提供结构支持，并影响细胞的发育和细胞的生物化学功能。

**系统生物学**（systems biology）　系统生物学是研究一个生物系统中所有组成成分（基因、mRNA、蛋白质等）的构成与动态变化，以及在特定条件下这些组分间、以及与生物表型间的相互关系。

**限制性核酸内切酶**（restriction endonuclease）　简称为限制性内切酶或限制酶，是一类核酸内切酶，能识别双链 DNA 分子内部的特异位点并裂解磷酸二酯键。限制性内切酶有 3 种类型，其中Ⅱ型在重组 DNA 技术中常用。

**锌指结构**（zinc finger）　一种常见的 DNA 结合结构域。因为其二维结构形如手指，而且含有锌离子而得名。

**信号转导**（signal transduction）　指外源信息引发细胞内多种分子相互作用的一系列有序反应，将细胞外信息传递到细胞内各种效应分子。

**信号转导复合物**（signaling complex）　衔接蛋白和支架蛋白通过蛋白质相互作用结构域将一些信号转导分子结合在一起，形成复合物，既可使信号转导分子有序相互作用，又可使相关的信号转导分子容纳于一个隔离而稳定的信号转导通路内，避免信号途径之间的交叉反应，维持信号转导通路的高效和专一性。

**信号转导途径**（signal transduction pathway）  细胞内多种信号转导分子依次相互识别、相互作用，有序地转换和传递信号。

**血脂**（plasma lipids）  血浆中脂类物质的总称，包括甘油三酯、胆固醇、胆固醇酯、磷脂和游离脂肪酸等。

**亚基**（subunit）  具有四级结构的蛋白质的次级结构单位。

**氧化磷酸化**（oxidative phosphorylation）  即由代谢物脱下的氢，经线粒体呼吸链电子传递释放能量，偶联驱动 ADP 磷酸化生成 ATP 的过程，因此又称为偶联磷酸化。

**原位杂交**（*in situ* hybridization, ISH）  是应用特定标记的核酸探针与组织或细胞中待测的核酸按碱基配对的原则进行特异性结合，形成杂交体，杂交后的信号可以在光镜或电镜下进行观察。

**载体**（vector）  是为携带目的外源 DNA 片段，实现外源 DNA 在受体细胞中的无性繁殖或表达有意义的蛋白质所采用的一些 DNA 分子。

**载脂蛋白**（apolipoprotein）  脂蛋白中的蛋白质部分，分为 A、B、C、D、E 等几大类，在血浆中起运载脂质的作用，还能识别脂蛋白受体、调节血浆脂蛋白代谢酶的活性。

**增强子**（enhancer）  增强特定基因转录的 DNA 序列。增强子可位于基因的 5′- 端，也可位于基因的 3′-端或某个内含子中。在酵母中，增强子被称为上游激活序列。

**正超螺旋**（positive supercoil）  双链或环状 DNA 分子依 DNA 双螺旋方向进一步缠绕形成的超螺旋结构。

**脂蛋白**（lipoprotein）  血浆脂蛋白是脂质与载脂蛋白结合形成的复合体，表面为载脂蛋白、磷脂、胆固醇的亲水基团，这些化合物的疏水基团朝向球内，内核为甘油三酯、胆固醇酯等疏水脂质。血浆脂蛋白是血浆脂质的运输和代谢形式。

**脂肪动员**（fat mobilization）  储存在脂肪细胞中的脂肪在脂肪酶的作用下，逐步水解，释放出游离脂肪酸和甘油供其他组织细胞氧化利用的过程。

**脂类**（lipids）  水不溶性生物小分子，常含有脂肪酸、固醇或类异戊二烯化合物。

**脂组学**（lipidomics）  脂组学研究生物体内所有脂质分子的组成与结构，并以此为依据推测与脂质作用的生物分子的变化，揭示脂质在各种生命活动中的重要作用。

**质粒**（plasmid）  是广泛存在于包括细菌和酵母在内的多种微生物中的、独立于宿主细胞染色体外的、能自主复制和稳定遗传的 DNA 分子，通常为环状双链的超螺旋结构。

**肿瘤抑制基因**（tumor suppressor gene）  也称抗癌基因（anticancer gene），是调节细胞正常生长和增殖的基因。当这些基因不能表达，或者当它们的产物失去活性时，细胞就会异常生长和增殖，最终导致细胞癌变。反之，若导入或激活它则可抑制细胞的恶性表型。

**转基因动物**（transgenic animal）  是指应用转基因技术培育出的携带外源基因，并能稳定遗传的动物。

**转基因技术**（transgenic technology）  是指将外源基因导入受精卵或胚胎干细胞中，通过随机重组使外源基因插入细胞染色体 DNA，再将受精卵或胚胎干细胞植入受体动物的子宫，使得外源基因能够随细胞分裂遗传给后代。

**转录**（transcription）  遗传信息从 DNA 传递到 RNA 的（RNA 聚合）酶促反应过程；以 DNA 序列为遗传信息模板，催化合成序列互补 RNA 的过程。

**转录后加工**（transcriptional processing）  初级 RNA 转录产物的酶促反应过程；使 RNA 前体转变为有功能的 RNA 的过程。

**转录偶联修复**（transcription-coupled repair）  核苷酸切除修复不仅能够修复整个基因组中的损伤，而且能够修复那些正在转录的基因的模板链上的损伤，后者又称为转录偶联修复。在转录偶联修复中，所不同的是由 RNA 聚合酶承担起识别损伤部位的任务。

**转录因子**（transcription factor, TFs）  也称转录调节因子或转录调节蛋白，为激活基因转录或增强基因转录频率所需要的一类核蛋白，分为基本转录因子和特异转录因子两大类。

**转录组**（transcriptome）  从基因组 DNA 转录的 mRNA 总和即转录组。

**转录组学**（transcriptomics）  是在细胞或个体水平上研究编码基因转录情况及转录调控规律的科学。

**自(我)磷酸化**（autophosphorylation）　狭义的指自身激酶活性催化蛋白质分子中的氨基酸残基的磷酸基修饰；广义的自我磷酸化包括同源二聚体蛋白激酶的两个单体相互催化的磷酸基修饰。

**自杀基因**（suicide gene）　是指将某些基因导入靶细胞中，其表达的酶可催化无毒的药物前体转变为细胞毒性物质，从而导致携带该基因的受体细胞被杀死，此类基因称为自杀基因。自杀基因通常来自病毒或细菌。自杀基因治疗是恶性肿瘤基因治疗的主要方法之一。

**阻遏**（repression）　一个基因对一种调节信号（或调节蛋白活性）变化所发生的反应性（基因）表达减弱或抑制。

**阻遏蛋白**（repressor）　是一类在转录水平对基因表达产生负调控作用的蛋白质，阻遏蛋白主要通过抑制开放启动子复合物的形成而抑制基因的转录。

**组成性基因表达**（constitutive gene expression）　又称为基本表达，通常指在任何情况下不经诱导均在细胞中有所表达的基因表达方式。

# 致 谢

　　继承与创新是一本教材不断完善与发展的主旋律，在该版教材付梓之际，我们再次由衷地感谢那些曾经为该书前期的版本作出贡献的作者们，正是他们的辛勤的汗水和智慧的结晶为该书的日臻完善奠定了坚实的基础。下面是该教材前期的版本及其主要作者：

7 年制规划教材
全国高等医药教材建设研究会规划教材
全国高等医药院校教材·供 7 年制临床医学等专业用

## 《医学分子生物学》（人民卫生出版社，2001）

主　编　冯作化


全国高等医药教材建设研究会·卫生部规划教材
全国高等学校教材·供 8 年制及 7 年制临床医学等专业用

## 《生物化学》（人民卫生出版社，2005）

主　编　贾弘禔
副主编　屈　伸


全国高等医药教材建设研究会·卫生部规划教材
全国高等学校教材·供 8 年制及 7 年制临床医学等专业用

## 《医学分子生物学》（人民卫生出版社，2005）

主　编　冯作化
副主编　药立波　周春燕


普通高等教育"十一五"国家级规划教材
全国高等医药教材建设研究会规划教材·卫生部规划教材
全国高等学校教材·供 8 年制及 7 年制临床医学等专业用

## 《生物化学与分子生物学》（第 2 版，人民卫生出版社，2010）

主　编　贾弘禔　冯作化
副主编　屈　伸　药立波　方定志　冯　涛

方定志（四川大学华西医学中心）　　　　屈　伸（华中科技大学同济医学院）
方福德（北京协和医学院）　　　　　　　查锡良（复旦大学上海医学院）

王丽颖（吉林大学白求恩医学部）　　胡维新（中南大学生物科学与技术学院）

冯　涛（重庆医科大学）　　药立波（第四军医大学）

冯作化（华中科技大学同济医学院）　　贺俊崎（首都医科大学）

田余祥（大连医科大学）　　贾弘禔（北京大学医学部）

关一夫（中国医科大学）　　高　旭（哈尔滨医科大学）

吕社民（西安交通大学医学院）　　高国全（中山大学中山医学院）

何凤田（第三军医大学）　　崔　行（山东大学医学院）

李恩民（汕头大学医学院）　　焦炳华（第二军医大学）

汪　渊（安徽医科大学）　　德　伟（南京医科大学）

周春燕（北京大学医学部）

**编写秘书**　朱　滨（北京大学医学部）